U0913357

生物降解
高分子材料
丛书

二氧化碳共聚物的制备及应用

孟跃中　许泳行　黄　盛　等编著

化学工业出版社
·北京·

内容简介

本书基于作者团队十余年的二氧化碳基生物降解高分子材料的研发及产业化成果，系统总结了各类二氧化碳共聚物的制备技术和应用进展。全书共五章，包括二氧化碳利用概述、二氧化碳基脂肪族聚碳酸酯、二氧化碳与环氧化物及第三单体的共聚物、二氧化碳基聚氨酯、其他二氧化碳共聚物等。本书主要内容为作者团队研究的成果及产业化案例，同时也汇集了该领域国内外的相关研究进展，以供读者参考学习。

本书适合化学工业、高分子材料（尤其是生物降解塑料）相关领域的科研人员、企业的管理人员及生产技术人员，各大高校和科研院所高分子材料、生物材料等相关专业的师生，同时也适合政府管理决策、投资、咨询等行业的相关人员参阅。

图书在版编目（CIP）数据

二氧化碳共聚物的制备及应用 / 孟跃中等编著.
北京 : 化学工业出版社, 2025. 2. --(生物降解高分子
材料丛书). -- ISBN 978-7-122-46910-6

Ⅰ. TB324

中国国家版本馆 CIP 数据核字第 2024E0C052 号

责任编辑：高　宁　仇志刚　　　文字编辑：范伟鑫　王云霞
责任校对：宋　玮　　　　　　　装帧设计：张　辉

出版发行：化学工业出版社
（北京市东城区青年湖南街 13 号　邮政编码 100011）
印　　装：北京建宏印刷有限公司
787mm×1092mm　1/16　印张 21½　字数 537 千字
2026 年 1 月北京第 1 版第 1 次印刷

购书咨询：010-64518888　　　售后服务：010-64518899
网　　址：http://www.cip.com.cn
凡购买本书，如有缺损质量问题，本社销售中心负责调换。

定　　价：158.00 元　　　版权所有　违者必究

前言

在国家“双碳”目标的指引下，减少化石燃料的使用进而改变能源结构是节能减排的重中之重，而二氧化碳（CO_2）的化学利用潜力更加巨大且更具有时代意义。CO_2 基生物降解高分子材料以 CO_2 为主要合成原料，“一石三鸟”地实现了 CO_2 资源化利用、减少石油依赖、保护环境，其合成是目前“双碳”目标指导下化工及材料领域最受关注的碳中和技术之一。市场上常见的可降解塑料，价格无一例外地远高于传统塑料，而 CO_2 本为废气，所以原料成本几乎为零，在碳排放配额的市场条件下，使用 CO_2 作为化工原料甚至可能获利，将极大地促进 CO_2 基生物降解塑料产业的发展。CO_2 基生物降解塑料为聚碳酸酯型聚合物，分子链柔顺、密度很大，因此具有极好的气体阻隔性，属于高附加值的极少数塑料品种之一，非常适合作为各类包装材料、膜材料和医用材料等。这些应用领域都属于塑料使用量巨大的领域。在国家全面禁塑政策和“双碳”目标的引领下，CO_2 基生物降解塑料的成本将进一步接近，甚至低于传统的非降解塑料，这必将对相关产业造成重大影响，引发产业链的重构。

CO_2 基生物降解塑料中最先被合成、目前使用最多的是聚碳酸丙烯酯（PPC），但其玻璃化转变温度较通用的塑料产品偏低，导致热稳定性不高以及机械强度较低，甚至其储存和运输都成为问题，实际应用受到了很大的限制，所以，尽管相关研究单位和工业企业多年来持续攻关，付出较大的代价，其产业化仍一直没有形成规模。针对以上问题的研究工作应聚焦于提高高分子材料的玻璃化转变温度，改善力学性能，拓宽使用场景，进而实现 CO_2 基生物降解塑料的产业化。

我国在 20 世纪 80 年代就由国家自然科学基金立项开始研究 CO_2 共聚物，此后学术界和产业界投入了大量的人力、物力进行以 CO_2 共聚物为基础的功能材料和生物降解塑料方面的研究，进入 21 世纪，特别是近十年来，国内基础研究和产业化进展日新月异，目前已进入快速产业化阶段。

我们在团队十多年的研究成果基础上，对 CO_2 共聚物的制备技术及应用进展进行收集整理，编写本书，供相关领域的研究者和产业从业者参考。全书共五章，包括二氧化碳利用概述、二氧化碳基脂肪族聚碳酸酯、二氧化碳与环氧化物及第三单体的共聚物、二氧化碳基聚氨酯、其他二氧化碳共聚物。主要编写人员为中山大学孟跃中教授、佛山大学许泳行副教授、中山大学黄盛副教授。另外，中山大学博士生耿茂宁参与编写了第一章，中山大学博士生赵婷婷参与编写了第五章。

鉴于编者知识水平有限，恳请读者多多批评指正，促使这一领域更快、更好发展。

孟跃中
中山大学

目录

第一章　二氧化碳利用概述

第二章　二氧化碳基脂肪族聚碳酸酯

第三章 二氧化碳、环氧化物及第三单体的共聚物

第四章 二氧化碳基聚氨酯

第五章 其他二氧化碳共聚物

第一章　二氧化碳利用概述

二氧化碳既可以让太阳短波辐射透过，又吸收地面反射的辐射、阻碍着地球向宇宙释放热量，是主要的温室气体。自工业革命以来，人类向大气中排放的二氧化碳量逐年增加（图1-1）。资料显示，自工业革命开始以来的一个半世纪里，大气层里的二氧化碳浓度几乎升高了1/3，这使得温室效应也随之增强[1]。温室效应使得全球正以前所未有的速度变暖，这导致干旱、森林火灾和海平面上升等一系列恶性的地球生态环境破坏事件频发[2]。更严重的是温室气体排放量不是按线性规律递增，而是呈现指数式加速增长的趋势。为应对全球气候变暖给人类经济和社会带来不利的影响，人类一直在致力于控制二氧化碳等温室气体的排放量[3]：1992年联合国大会通过了《联合国气候变化框架公约》（以下简称《公约》）[4]，有190多个国家先后加入了《公约》；1997年《公约》第3次缔约方大会通过了《京都议定书》；2015年第21次缔约方大会（即第21届联合国气候变化大会）通过了《巴黎协定》。

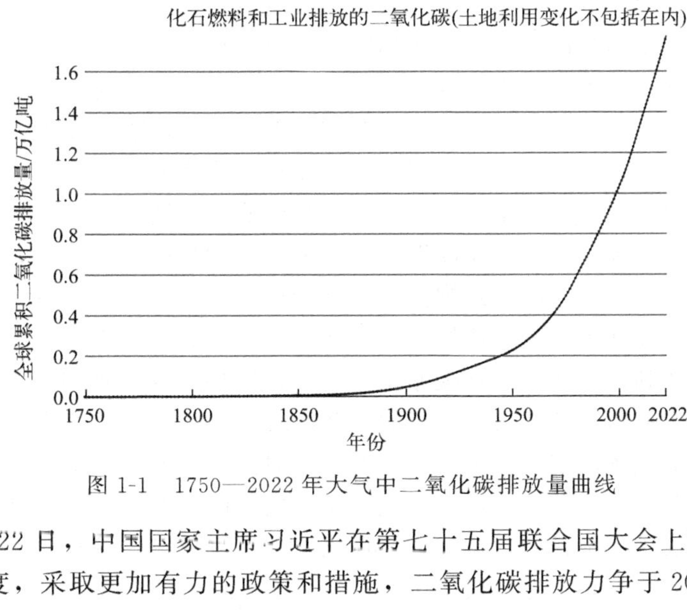

图1-1　1750—2022年大气中二氧化碳排放量曲线

2020年9月22日，中国国家主席习近平在第七十五届联合国大会上宣布：中国将提高国家自主贡献力度，采取更加有力的政策和措施，二氧化碳排放力争于2030年前达到峰值，努力争取2060年前实现碳中和[5]。其中，“碳中和”指排出的二氧化碳或温室气体被植树造林、节能减排等带来的温室气体减少所抵消。“双碳”（“碳达峰”与“碳中和”）目标是中国迈向高质量发展的必由之路，是我国贯彻新发展理念、推动高质量发展的必然要求，可以带来环境质量改善和产业发展的多重效应。我国向全世界宣布碳中和目标，除了响应《巴黎协定》约定、积极应对气候变化、彰显大国责任和担当外，这在加速我国经济和能源转型方面具有高瞻远瞩的战略意义。

要实现“双碳”目标，首先要从控制产生碳排放的源头做起。碳排放的主要来源是化石能源燃烧。根据世界资源研究所的统计，我国碳排放主要来源于能源电力、建筑、工业生产、交通运输、农业等领域。其中，能源电力占比最大，为40%左右；其次是建筑领域，占比超20%；工业生产、交通运输、农业领域各自占比5%～10%。根据以上基本情况，要实现降低碳排放的目标，需要能源生产端、能源消费端、固碳端“三端发力”。

从能源生产端发力，我国积极推动能源结构绿色转型，大力发展风能、太阳能和生物质能等可再生能源。在荒漠地区加快规划建设大型风电光伏基地项目，在兼顾经济发展的同时，努力实现将以上绿色能源作为主要能源的目标，从而推动我国发展从以化石能源为主向非化石能源过渡。这对我国实现能源独立、确保能源安全具有重要意义[6]。

从能源消费端发力，我国稳步进行产业和交通结构的重构，形成绿色生产生活方式。一方面着力于取缔污染严重的碳密集型产业和发展低碳产业；另一方面努力实现新能源汽车100%替代燃油汽车、航空航运全面使用氢能和生物质能替代现有化石燃料等目标。此外，国家也在进行碳中和知识的普及，极力倡导绿色生活方式，降低物质产品消耗和浪费，实现节能、减污、降碳。

从固碳端发力，通过提高生态系统的碳汇能力进行固碳。我国生态系统的固碳能力巨大。研究发现，我国陆地生态圈的碳汇能力主要来自重要林区（西南林区、东北林区）的固碳贡献。这也是我国近40年来恢复天然森林植被、加强人工林培育取得的成果[7]。植物虽然能固碳，但时效慢，难以在短时间内遏制二氧化碳排放增加的强劲趋势。于是，通过工程干预进行碳捕集的思路便应运而生。当前碳捕集技术的核心目的，是将人类活动产生的二氧化碳收集起来，加以储存甚至利用，避免其排放到大气中。主要技术方向有三个，分别是：碳捕集与储存、碳捕集与能源化利用、碳捕集与资源化利用[8]。

碳捕集与储存即从人类工业生产或单纯的化石燃料燃烧的尾气中分离出二氧化碳，储存起来使其不进入大气，主要是把二氧化碳封存在地下。该过程通过燃烧后技术或低碳的燃烧前技术，直接从烟道气流中去除二氧化碳。完成二氧化碳捕集后，再通过管道将其注入一定深度的地下岩层中封存起来。通常的封存地点是废弃油田、气田等。虽然有研究表明，采用高压注水等途径，可以加速使二氧化碳以碳酸盐的形式和地壳岩块结合，实现稳定储存[9]，但这些碳终究只是以“打盹”的形式维持着微妙的平衡存在于地壳之中。一些科学家担心，终有一天，频繁的地壳活动会将这些气体送回地面，其技术安全性还有待加强。

碳捕集与能源化利用是将二氧化碳捕集之后，再次用来获取能量的一项技术。简单说，就是把二氧化碳变成燃料。碳捕集后进行能量开发时，人们最先考虑的是利用太阳能模拟植物光合作用，将二氧化碳固定成燃料。结果发现，即使实现了这个反应，也只能算是对高品位能源的储能再释放，有点儿得不偿失。直到对热机工作原理产生新认识，相关技术才开始突飞猛进。以往热机工作都是通过燃料燃烧加热腔室，使密闭空间的气体膨胀，从而驱动热机运转。应该认识到，加热不是热机工作的目的，而只是手段。如果工作介质原本就是极低温的，使其恢复到正常温度也会产生巨大膨胀压；即便不燃烧，也能驱动热机运转。二氧化碳恰是这样一种神奇物质。常压和−78.5℃超低温下，它以固态（干冰）的形式存在；到了温度和压力均高于其三相点的特定环境条件下，又会变成液态，便于输送。制备好的干冰作为工作介质时，可以吸收环境中的热量，升华转变为气态。如果这一过程被限制在一个封闭容器中，就可以得到数十标准大气压（1atm＝101325Pa）的常温二氧化碳气体。理论上，这种高压、常温气体，完全可以推动气动机械做功。根据这一理念，低温热机迅速诞生。这几乎是第一次工业革命之后，人类对驱动能源做过的最有意思的尝试之一。碳捕集完成后形成的干冰，作为驱动热机运转的工作介质，升华后释放到空气中，之后再次被捕集回来，从而保持一种人类活动与大气状态之间的平衡。

碳捕集与资源化利用是把二氧化碳作为工业生产的原料使用。我们当前绝大多数的人造材料、合成制品，都是石油化工的产物。换句话说，这些产物都源自地球上数亿年前的动植物收集的二氧化碳。理论上，以今天人类对物质的认识和改造水平，完全可以将捕集到的二氧化碳，用于制备当前从石油中衍生得到的化学品和材料[10]。其关键在于，在改造中怎样有效控制成本。二氧化碳是一种极其稳定的分子，作为原料参与化工合成，需要吸收大量能量。这也意味着其转化成本非常高昂。科学家们必须先找到一条低能耗的转化路径。因此，二氧化碳的活化显得尤为重要，这必然需要相关基础理论的重大创新和关键技术的重大突破。接下来，本章将简要介绍二氧化碳的物理化学性质及活化方式。

1.1　二氧化碳的物理化学性质

1.1.1　二氧化碳的物理性质

二氧化碳的化学式为CO_2，分子量为44.01。CO_2又称碳酸气或碳酸酐，是碳元素氧化的最终产物。CO_2是大气的重要成分，其在大气中的体积分数为0.03%～0.04%大气中CO_2总量约为2.75×10^{12}t，主要由含碳物质的燃烧和动物的新陈代谢产生。

常温常压下CO_2是无色气体，在较低浓度时没有气味，但是当浓度较高时有刺激性的酸味。CO_2熔点为−78℃，沸点为−56.6℃，密度为$1.977kg/m^3$（0℃，1×10^5Pa），液态黏度为0.07mPa·s（−78℃），水中溶解度为1.45g/mL（25℃，1×10^5Pa）。CO_2有固态、液态、气态和超临界态四种状态，这对于处理、运输、存储、利用CO_2非常重要。图1-2是CO_2的相图。CO_2的三相点大约在518kPa、−56.6℃，在压力低于518kPa时CO_2不能以液态形式存在。

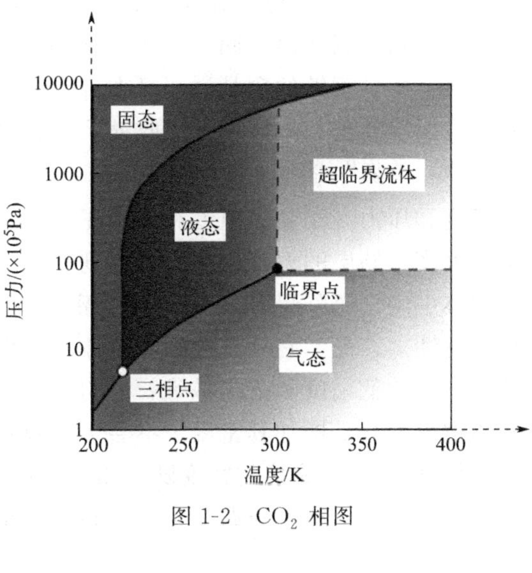

图1-2　CO_2相图

常见的CO_2为气态。由于CO_2分子中含有碳氧双键，因此红外和拉曼光谱测试成了定

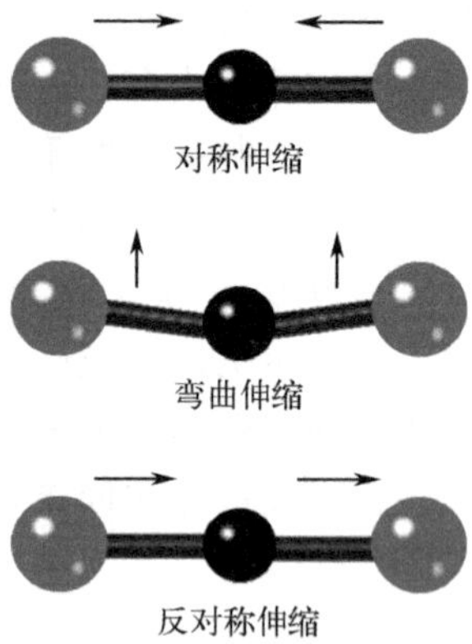

图 1-3 CO_2 伸缩振动示意图

性和定量检测 CO_2 分子的有效手段。在气态时，CO_2 分子可以如图 1-3 所示的三种方式运动：对称伸缩、弯曲伸缩和反对称伸缩。这与 CO_2 的红外和拉曼光谱数据相对应（表 1-1）。当 CO_2 分子发生弯曲和反对称伸缩时，破坏了其对称性，就能够形成正负极，从而与电磁波发生反应，吸收电磁波能量。值得注意的是，因为分子构型不同，每种分子能够吸收的辐射波段也不同。

CO_2 的吸收带在 2.7μm、4.3μm、12μm 和 18μm 附近，主要集中在 11～14μm，所以，气态 CO_2 对太阳较短的波透明，却能吸收地球辐射波能量。在强烈吸收地面长波辐射后，CO_2 能向地面辐射出波长更长的长波辐射，对地面起到了保温作用。这是 CO_2 造成温室效应的主要原因。

表 1-1 CO_2 的红外和拉曼光谱数据

状态	对称伸缩 C═O/cm^{-1}	弯曲伸缩/cm^{-1}	不对称伸缩 C═O/cm^{-1}
气态	1285～1388(拉曼)	667	2359
液态	—	—	2342
固态	—	660,653	2344

通过施加高压和降低温度的方法，可以将气态 CO_2 液化为液体形态，1823 年英国的法拉第和汉弗里·戴维首次液化了 CO_2。液态 CO_2 的密度为 1.101g/cm^3（－37℃）。液态 CO_2 在温度为－20℃～－18℃、压力 2MPa 时，汽化热为 137kcal/kg（1cal＝4.1868J），是一种制冷剂，可以用来保藏食品，也可用于人工降雨，还可用于进行飞机、导弹和电子部件的低温试验。在 15℃、1atm 下，液态 CO_2 将迅速转化为气态 CO_2。1t 液态 CO_2 体积可膨胀至 640m^3，因而可作为灭火材料。在灭火时 CO_2 气体可以排走火源周围的空气，包围在燃烧物体的表面或分布于密闭的火区空间中，降低可燃物周围或密闭空间内的氧浓度，产生窒息作用从而灭火。

将液态 CO_2 进行降温或者加压处理可以得到白色冰状的固态 CO_2。1834 年德国的奇络列首次成功地制造出了固态 CO_2。固态 CO_2 不仅广泛用于冷藏奶制品、肉类、冷冻食品和其他转运中易腐败的食品，而且在许多工业加工中作为冷冻剂，例如粉碎热敏材料、橡胶磨光、金属冷处理、机械零件的收缩装配、真空冷阱等。

CO_2 的临界温度（T_c）为 31.1℃，临界压力（p_c^*）为 7.38MPa，临界密度为 0.466g/cm^3。当温度和压力高于临界温度和临界压力时，CO_2 处于超临界状态[11]。例如在 CO_2 地质储存中，大多数储层的温度和压力均达到了临界点以上，因此 CO_2 常常是以超临界状态储存于地质体中的。超临界 CO_2 是一种高密度流体，具有独特的物化性质，兼有了气体和液体的双重特性。首先，它具有超临界流体的共性，既有类似液体的密度、溶解能力和传热系数，又有气体的低黏度和高扩散性，并且性质（如密度）在很大范围内可调。例如超临界 CO_2 流体被压缩只是增加其密度，不会形成液相，温度与压力对超临界流体的密度具有直接的影响。超临界 CO_2 流体的密度随着压力升高而增大，随着温度升高而减小，当处于临界点附近时，密度对于压力和温度十分敏感，很小的温压变化就会导致密度的急剧变化。同时，超

临界 CO_2 又有自身的特性，例如其介电常数随着压力的升高而增大，这种变化趋势在临界点附近更加明显。处于超临界状态的 CO_2 具有一般化学反应物所没有的优点，可高效地促进反应进行，提高目标产物产率，因此越来越受到了科研工作者的重视。例如，在一定的相对温度（T_r，$T_r=T/T_c$）和相对压力（p_r，$p_r=p/p_c$）范围内（$1.00<T_r<1.10$，$1.00<p_r<2.00$），超临界 CO_2 表现出非极性溶剂的性质，适于溶解非极性物质，其溶解性能与正己烷类似。尤其是，超临界 CO_2 与一些非晶态有机高分子具有较强的相互作用，尽管它只溶解极少数聚合物（主要是含氟和含硅的聚合物），但它在聚合物中却有较高的溶解度，并能使大多数聚合物溶胀；以均相 $RuCl_2(dppe)_2$ ［dppe 为 1,2-双(二苯基膦)乙烷］为催化剂，在反应温度为 120℃、气体压力为 15MPa（CO_2 与 H_2 摩尔比大约为 3∶2）条件下，邻苯二胺、CO_2 和 H_2 三组分环化反应得到苯并咪唑的产率（87%）远远大于其在相同温度、气压为 5MPa 时的产率（4%）[12]。这是由于，一方面 CO_2 本身就是反应原料；另一方面，超临界 CO_2 对 H_2 的溶解度较大，可以降低传质阻力，增加反应相中反应物的溶解度，从而促进反应进行。目前，超临界 CO_2 已广泛应用于萃取分离、化学反应、材料加工与合成等领域。尤其，超临界 CO_2 作为反应介质，可以实现反应分离一体化，显示了广阔的应用前景。

1.1.2 二氧化碳的化学性质

CO_2 的原子轨道如图 1-4(b) 所示，其中碳原子的 2s 轨道上电子的能量是 −19.4eV，2p 轨道上电子的能量为 −10.7eV，氧原子的 2p 轨道上电子的能量是 −15.9eV，这三个轨道上电子的能量比较接近。氧原子的 2s 轨道能量则相对较大，约为 −32.4eV。在 CO_2 的分子轨道中，碳原子和每个氧原子都分别由 1 个 2s 原子轨道和 3 个 2p 原子轨道（$2p_x$、$2p_y$、$2p_z$）构成，这些原子轨道绕主轴旋转时对应的波函数可能会产生符号变化，符号改变的匹配形式对应的是 π 键，符号不变的匹配形式对应的则是 σ 键[13]。

CO_2 的分子轨道［图 1-4(c)］由具有相同的、不可约表示的能量相近的原子轨道线性组合而成，原子轨道的最大重叠是 CO_2 分子产生 sp 杂化的原因。因此，CO_2 分子中碳原子的两个 sp 杂化轨道分别与两个氧原子生成 σ 键。碳原子上两个未参与杂化的 p 轨道与 sp 杂化轨道呈直角，并且在侧面和氧原子的 p 轨道分别肩并肩地发生重叠，生成两个三中心、四电子型的离域 π 键。正常 C═O 和 C≡O 的键长分别为 122 pm 和 110 pm，而 CO_2 中 C═O 键长为 116.3 pm，即碳氧原子间的距离缩短，因此 CO_2 中 C═O 具有一定程度的三键特征。CO_2 为典型的直线形三原子分子，决定分子形状的是 sp 杂化轨道，其基态电子构型为 $(1\sigma_g)^2(1\sigma_u)^2(2\sigma_g)^2(2\sigma_u)^2(1\pi_u)^4(1\pi_g)^4(2\pi_u)^0$，其中，$(1\sigma_g)^2$ $(1\sigma_u)^2$ $(1\pi_u)^4$ 为成键轨道，$(2\sigma_g)^2$ $(2\sigma_u)^2$ $(1\pi_g)^4$ 为非键轨道[14]。CO_2 羰基不对称伸缩振动的红外吸收在 $2349cm^{-1}$；弯曲振动在 $666cm^{-1}$；拉曼光谱信号在 $1388cm^{-1}$；其溶解状态的核磁共振碳谱信号位于 126。

结构决定性质。CO_2 是十六电子的直线形分子，具有 D_h 对称形式。尽管 CO_2 具有两个极性 C—O 双键，但其分子整体呈现非极性。早期研究认为 CO_2 是配位能力较弱的配体，随着 CO_2 化学研究的深入，人们逐渐发现 CO_2 分子也具有一定的配位能力，能够与某些过渡金属和有机分子以多种方式配位。总体来说，CO_2 分子具有两个活性位点。

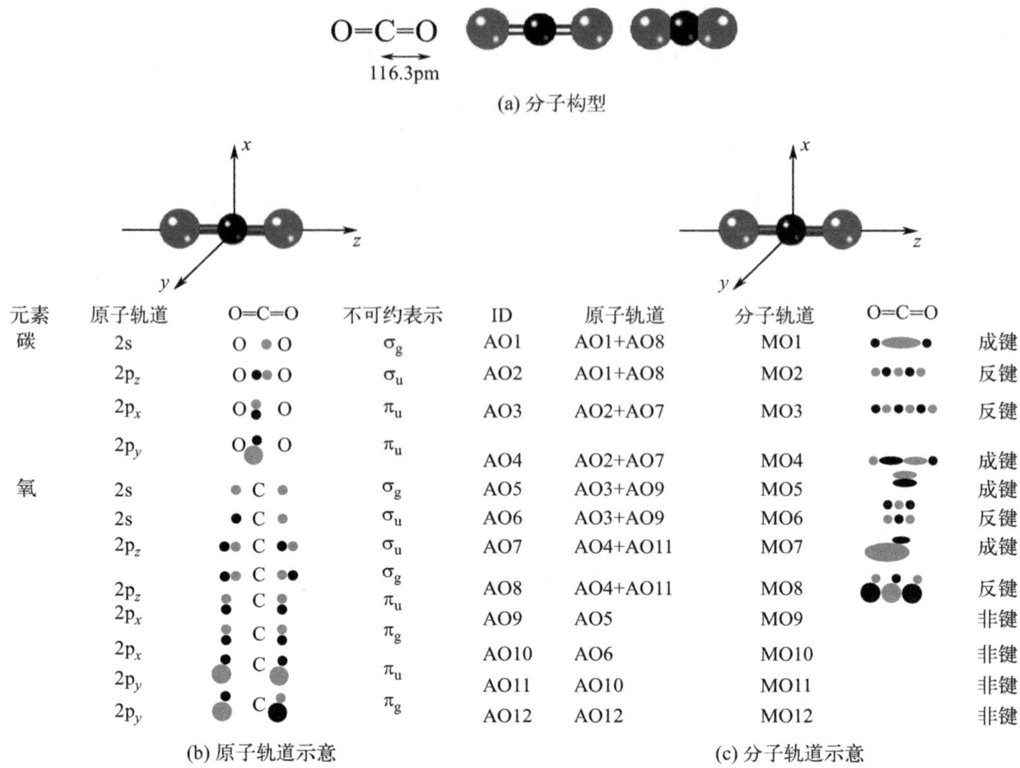

图 1-4 二氧化碳分子构型及原子、分子轨道示意图

1.1.2.1 二氧化碳与无机物的反应

CO_2 属于酸性氧化物（碳酸的酸酐），可以与水、碱性氧化物、碱反应。

（1）与水反应

CO_2 可以溶于水并和水反应生成碳酸，而不稳定的碳酸容易分解成水和 CO_2，相应的化学反应方程式为：

$$CO_2+H_2O \longrightarrow H_2CO_3 \tag{1-1}$$

$$H_2CO_3 \longrightarrow H_2O+CO_2 \tag{1-2}$$

（2）与碱性氧化物反应

CO_2 能与碱性氧化物反应生成相应的盐，如：

$$CO_2+CaO \longrightarrow CaCO_3 \tag{1-3}$$

$$CO_2+Na_2O \longrightarrow Na_2CO_3 \tag{1-4}$$

（3）与碱反应

① 与氢氧化钙反应：向澄清的石灰水中加入 CO_2，会使澄清的石灰水变浑浊，生成碳酸钙沉淀（此反应常用于检验 CO_2 的存在）。相应的化学反应方程式为：

$$CO_2+Ca(OH)_2 \longrightarrow H_2O+CaCO_3 \tag{1-5}$$

当 CO_2 过量时，生成碳酸氢钙：

$$CO_2+Ca(OH)_2 \longrightarrow H_2O+CaCO_3 \tag{1-6}$$

$$H_2O+CaCO_3+CO_2 \longrightarrow Ca(HCO_3)_2 \tag{1-7}$$

由于碳酸氢钙溶解性大，长时间往已浑浊的石灰水中通入 CO_2，可发现沉淀渐渐消失。

② 与氢氧化钠反应：CO_2 会使氢氧化钠变质。相应的化学反应方程式为：

$$CO_2+2NaOH \xlongequal{} Na_2CO_3+H_2O \tag{1-8}$$

当 CO_2 过量时，生成碳酸氢钠：

$$Na_2CO_3+H_2O+CO_2 \xlongequal{} 2NaHCO_3 \tag{1-9}$$

CO_2 具有弱氧化性，可以把碳和镁氧化。高温条件下，CO_2 能与碳单质反应生成一氧化碳，相应的化学反应方程式为：

$$C+CO_2 \xlongequal{高温} 2CO \tag{1-10}$$

在点燃的条件下，镁条能在 CO_2 中燃烧，相应的化学反应方程式为：

$$2Mg+CO_2 \xlongequal{点燃} 2MgO+C \tag{1-11}$$

1.1.2.2 二氧化碳参与有机反应

CO_2 中的碳原子的最低未占据分子轨道（LUMO）具有路易斯（Lewis）酸性，可以作为亲电试剂参与反应；氧原子的最高占据分子轨道（HOMO）则显示弱 Lewis 碱性，可以作为亲核试剂参与反应。

1.1.2.3 形成金属配合物

CO_2 的 π 电子还可以与过渡金属空 d 轨道发生 Dewar-Chatt-Duncanson 配位作用。一旦 CO_2 的 LUMO 通过电子转移被占据（与过渡金属配位或受激发而得失电子），那么直线形的 CO_2 分子将转变为弯曲形。例如，CO_2 负电子自由基 $\cdot CO_2^-$ 就处于弯曲状态，键角为 134°。这可以改变 CO_2 的活性，在接下来 CO_2 的活化部分将进行详细介绍。

1.2 二氧化碳的活化

CO_2 整个分子处于能量最低态，其中碳元素的化合价为 +4 价，处于碳元素的最高价态，标准生成吉布斯自由能（$\Delta_f G_m^{\ominus}$）为 −394.3kJ/mol，性质非常稳定，是一种惰性分子。因此，绝大多数与 CO_2 化学转化有关的反应需要克服热力学的能垒，至少需要一种形式的 CO_2 配位活化，或者是亲电配位（与其氧原子配位），或者是亲核配位（与其碳原子配位），也可以是二者兼有（与其氧原子和碳原子同时配位）。因为 CO_2 分子的第一电离能（13.97eV）较大，难以提供电子；而 CO_2 分子具有较低能级的空轨道和较高的电子亲和能（38eV），相对而言更容易接受电子。所以，活化 CO_2 分子最有效的手段是采用合适的方式输入电子，即外界提供富电子物质与 CO_2 分子作用，这也是有机合成中最常见的活化分子方法。同时需要施加高温和高压等条件。

在 CO_2 配位研究基础上，主要发展了以下四种化学活化方法以及一种光电活化策略。

① 胺活化：CO_2 能够与碱性基团发生酸碱作用，生成酸碱加合物而被活化。

其分子形态由直线形变为弯曲形。例如，仲胺、叔胺和 CO_2 形成的氨基甲酸铵盐可被看作是 CO_2 的活化载体，用于合成氨基甲酸酯、噁唑啉酮、环状碳酸酯和甲酰胺等。此外，一些具备强亲核性阴离子（如钨酸根、氟离子、唑类阴离子、酚羟基阴离子等）的季铵盐、季鏻盐和离子液体等，也可以通过形成氨基甲酸盐的形式实现 CO_2 的有效活化。例如，含有三氟乙醇阴离子的功能型离子液体，通过对 CO_2 的有效吸附和活化，能够在室温常压的条件下催化 CO_2 和邻氨基苯腈反应[15]。

② 空间受阻的 Lewis 酸碱对（frustrated Lewis pairs，FLPs）试剂活化：FLPs 通过酸碱作用与具有 Lewis 酸碱两性的 CO_2 发生配合作用，实现 CO_2 活化[16]。例如，2,2,6,6-四甲基哌啶/$B(C_6F_5)_3$ 组成的 FLPs 体系，能够活化 CO_2，催化其氢化制备甲醇[15]。

③ 氮杂卡宾（*N*-heterocyclic carbenes，NHCs）活化：NHCs 可与 CO_2 发生更强的亲核配位作用，生成的卡宾羧酸盐可作为羧基化试剂参与许多化学转化[17]。例如，以氢硅烷为还原剂，NHCs 能够催化 CO_2 还原制备甲醇。在反应体系中引入芳香醛作为氧受体，能催化 CO_2 裂分生成 CO。NHCs-CO_2 可以作为 CO_2 载体，与甲醇反应得到单甲基碳酸盐，或与其他具有活泼氢的底物（如酮类、苯乙腈等）发生羧化反应。得到相应的甲亚基环状碳酸酯。NHCs 还可以催化炔醇和 CO_2 的羧环化反应，得到相应的 α-甲亚基环状碳酸酯。

④ 过渡金属活化：过渡金属能以其空 d 轨道与 CO_2 分子的 π 电子作用，活化 CO_2[18]。常见过渡金属有铜、锌、钛、钨、铑、镍等，配体主要是羧酸、醚、酯、胺、膦等。在很多情况下，引入位阻大的配位基团能够有效改善其活化性能。过渡金属与 CO_2 有四种配合形式，包括 η^1-C、η^2-C(C,O)、η^1-O、η^2-C(O,O)。η^1-C 配合，过渡金属的空 d_{z^2} 轨道与 CO_2 反键 π^* 轨道发生较强的电荷迁移，富电子金属一般容易与 CO_2 以此种形式配合。η^2-C(C,O) 配合，过渡金属的空轨道与 CO_2 分子的 π 轨道形成 σ 键，同时过渡金属被占据的 d_{xy} 轨道与 CO_2 分子的 π^* 轨道形成反馈键。Aresta 配合物（Aresta's complex）是典型的以 η^2-C(C,O) 配合形式活化 CO_2 的策略[19]。η^1-O 模式一般出现在缺电子过渡金属与 CO_2 的配合过程中，此时 CO_2 仍处于直线形或稍显弯曲，而 η^2-C(O,O) 结构则类似于羧酸盐（$M^+CO_2^-$），该配合形式广泛存在于金属阳离子与 CO_2 的配合过程中。

金属配位活化 CO_2 的另一有效方式是与烯烃、炔烃、二烯、联烯或氧气等不饱和化合物、金属配合物通过氧化偶联方式，形成五元环状中间体，然后，在还原剂存在的条件下将五元环状中间体转化为相应的目标产物。该类型催化转化的金属有 Ni(0) 和 Pd(0)。

在一定条件下，CO_2 可以顺利插入 M—C、M—H、M—O、M—N、M—P、M—S、M—Si 等化学键中[20]。这类插入反应主要有两种方式：一种是 CO_2 的碳原子与富电子端成键，形成类似 M—O—C═O 的羧酸酯，此为“正常”方式；另一种是 CO_2 的碳原子与缺电子端连接，形成具有 M—C 键、含有羧酸的配合物，此为“反常”方式。

⑤ 光电活化：利用光能或电能将 CO_2 转化为燃料或基本化学原料是 CO_2 利用的理想途径。从能量转换的角度考虑，光电条件下催化还原 CO_2 是对 CO_2 还原的同时，将光能或电能转变成化学能的过程[21]。在 CO_2 的光化学活化中，各种无机/有机半导体、过渡金属配合物、大环配合物或芳香烃用作光敏剂或共催化剂，CO_2 接受光生电子生成 $\cdot CO_2^-$ 自由基，进一步参与化学反应，生成多电子还原产物（包括 CO、甲酸盐、甲烷、甲醇等）。在电化学活化中，CO_2 在阴极表面接受电子生成 $\cdot CO_2^-$ 自由基，进一步被还原[22]。电极材料和电解液均对 CO_2 的还原反应有重要影响。

在对 CO_2 分子结构和化学活化了解并深入研究的基础上，日本产业技术综合研究所 Sakakura 教授提出的 CO_2 活化转化策略被广为接受[23]。首先，设计合适的催化剂以较低的活化能活化 CO_2，如过渡金属催化剂、FLPs 试剂、NHCs 和胺类等；然后，使用高能起始原料，将 CO_2 固定为低能产物。例如，使用胺类、不饱和烃类、环氧（氮）化物和金属有机试剂等与 CO_2 反应。另外，借助可再生能源（如太阳能）产生高能光电等物理激发，以实现 CO_2 活化转化。

综上所述，虽然 CO_2 具有很强的热力学稳定性和动力学惰性，其化学活化转化需要大量能量，但通过建立适当的催化体系或活化转化策略，如 CO_2 的生物酶催化活化、热表面催化活化、光催化活化和电催化活化等（图 1-5），可实现将 CO_2 转化为化学品、能源产品或高分子材料。其中，探索高效的催化剂材料是以上相关 CO_2 活化研究的核心内容。掺杂、合金化、带隙调控、晶面控制、缺陷设计、纳米结构设计等思路被广泛应用于改善催化剂的催化活性和催化选择性等方面的研究中[24]。此外，计算科学以及先进表征手段的发展为新的高效催化剂的开发和探索提供了新的机遇。接下来进行相应的 CO_2 活化介绍。

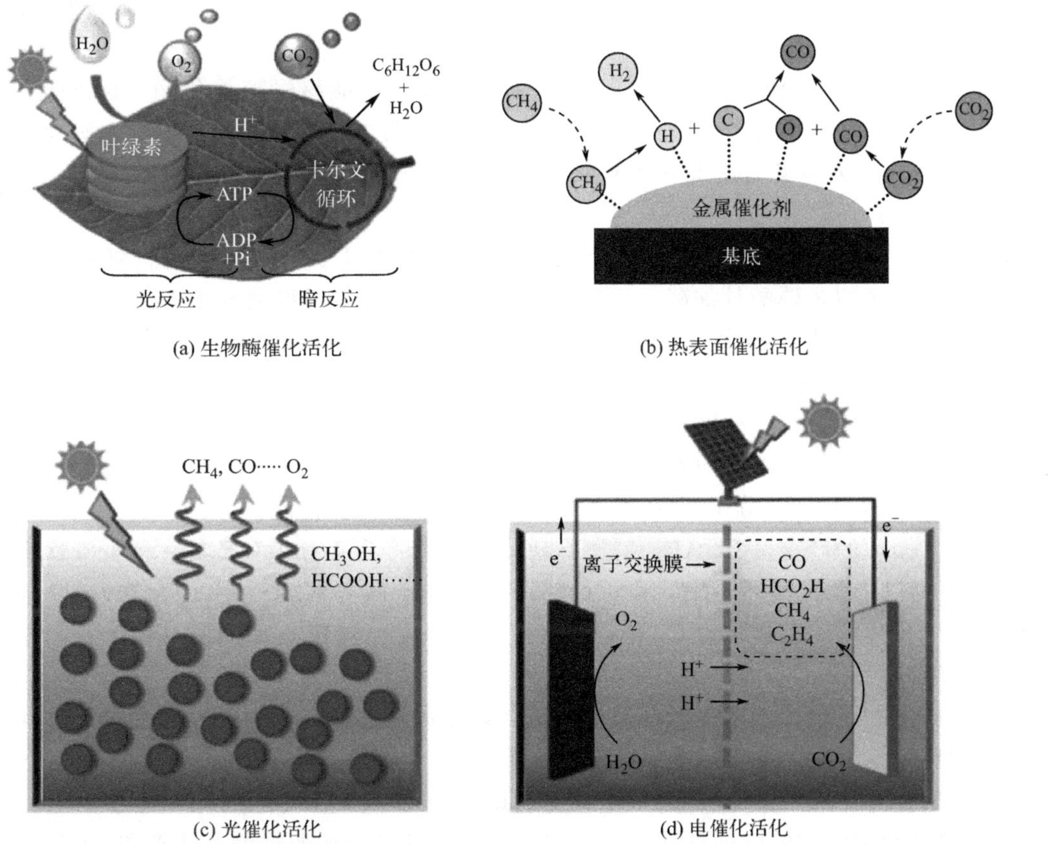

图 1-5　二氧化碳生物酶催化活化、热表面催化活化、光催化活化及电催化活化原理示意图

（注：ATP/ADP：三/二磷酸腺苷；Pi：磷酸）

1.2.1　二氧化碳的生物酶催化活化

绿色植物是一个巨型的能量转换站，通过生物酶催化（光合作用）将 CO_2 和水转化为有机物，同时将光能转化为可存储的化学能并释放氧气。光合作用主要包括光反应、暗反应两个阶段，涉及：①光能的吸收、传递和转换；②电子传递和光合磷酸化，形成活跃化学能[三磷酸腺苷（ATP）和还原型辅酶Ⅱ（NADPH）]；③碳同化，把活跃的化学能转变为稳定的化学能（固定 CO_2，形成糖类）等重要反应步骤。首先，光反应阶段利用光能将水分

子氧化，同时将 $NADP^+$（NADPH 的氧化形式）还原为 NADPH 并释放氧气。此外，二磷酸腺苷（ADP）磷酸化生成 ATP。暗反应阶段是将光反应生成的 NADPH 和 ATP 在各种生物酶催化下进行碳的同化，使气体 CO_2 还原为糖。温度直接影响相关酶的活性，因此，温度对 CO_2 生物酶催化过程影响很大。温度过高或者过低都会使酶的活性降低。一般植物可在 10～35℃下正常地进行光合作用，其中以 25～30℃最适宜。值得注意的是，高等植物 CO_2 同化途径已发现有三种：卡尔文循环（Calvin cycle）、C_4 途径和景天科植物酸代谢，其中以第一种最为基本、普遍。不同的 CO_2 同化途径需要不同的酶进行 CO_2 的活化和固定。接下来进行简要介绍。

（1）卡尔文循环

该途径是光合作用暗反应的一部分，其反应场所是叶绿体内的基质，可分为三个阶段：碳的固定（羧化）、磷酸甘油醛的合成（还原）和 1,5-二磷酸核酮糖（RuBP）的再生。

第一阶段：羧化。

大部分植物会将吸收到的 1 分子 CO_2 通过 1,5-二磷酸核酮糖羧化酶（RuBP Case）的作用整合到 1 个五碳糖分子，即 1,5-二磷酸核酮糖的第二位碳原子上，形成六碳化合物，称为 CO_2 的固定。六碳化合物非常不稳定，分解为 2 分子的 3-磷酸甘油酯（PGA）。

第二阶段：还原。

每个 PGA 分子从 ATP 获得一个磷酸，再从 NADPH 获得 2 个电子，将羧基还原为醛基成为贮能更多的 3-磷酸甘油醛（PGAL）。每 3 个 CO_2 可以得到 6 个 PGAL，但只有 1 个能够被用于合成糖类，其余 5 个生成 3 个一磷酸核酮糖（RuMP），RuMP 磷酸化转变为 RuBP，继续进行暗反应。

第三阶段：RuBP 的再生。

为完成这一步骤，需要耗费 3 个 ATP。在合成 1 分子 RuMP 的过程中，卡尔文循环共需消耗 9 分子 ATP 和 6 分子 NADPH，可借由光反应进行补充。

卡尔文循环的产物是 PGAL，2 分子 PGAL 化合产生 1 分子葡萄糖，需要 6 次循环。

C_3 植物以卡尔文循环同化碳素，最初产物是 3-磷酸甘油酯（C_3 化合物），以这种反应途径进行光合作用的植物称为 C_3 植物，如水稻、小麦、棉花、大豆等。

（2）C_4 途径

碳素同化除了进行卡尔文循环外，还进行以草酰乙酸（C_4 化合物）为最初产物的 C_4 途径的植物称为 C_4 植物，如甘蔗、玉米、高粱等。C_4 途径本身不能真正将固定的 CO_2 转化为糖，它的作用是改善 CO_2 供应，形成糖的途径仍是 C_3（卡尔文循环）途径。

C_4 植物叶肉细胞的叶绿体含有与 CO_2 亲和力很强的磷酸烯醇式丙酮酸羧化酶（PEP-Case），叶肉细胞通过这个酶最初把 CO_2 固定到草酰乙酸（OAA）中，然后转运到鞘细胞中脱下 CO_2，在鞘细胞中（含 C_3 途径一系列酶）进行 C_3 途径合成淀粉。

（3）景天科植物酸代谢

CAM 植物（景天科、仙人掌科及凤梨科等肉质植物），生存在干旱地区，它们的气孔往往是白天关闭，夜间开放。这种植物有一种特殊的 CO_2 固定方式，它们在夜间从大气中吸收 CO_2，在 PEPCase 的作用下与磷酸烯醇式丙酮酸（PEP）结合生成 OAA，进一步还原为苹果酸（Mal）大量积累于液泡中。与 C_4 植物一样，在白天的光照下，夜间积累的 Mal 脱羧，释放出的 CO_2 经 RuBP Case 的作用被固定形成淀粉。淀粉在夜间又可分解，生成 CO_2 和受体 PEP。

光合作用实现了自然界的能量转换和碳的自然循环，为人类提供了赖以生存的食物和可再生碳资源，同时维持了大气的“碳—氧”平衡。

1.2.2　二氧化碳的热表面催化活化

CO_2 热催化还原制备能源产品是其资源化利用的重要方面。H_2 是一种高能燃料，被视为可引发 CO_2 还原反应的理想试剂，随着催化、表面科学、纳米技术、生物技术等多学科领域的迅速发展，关于 CO_2 热催化加氢的科学研究和技术研发发展迅猛，涌现出一大批创新性成果。此外，氢硅烷、氢硼烷等还原剂也用于 CO_2 的还原反应，在相对温和条件下实现 CO_2 还原生成能源产品。热催化过程实现 CO_2 还原制备能源产品的相关研究见图 1-6，产品包括一氧化碳（CO）、甲醇及 C_{2+} 醇、甲烷及长链烃等。

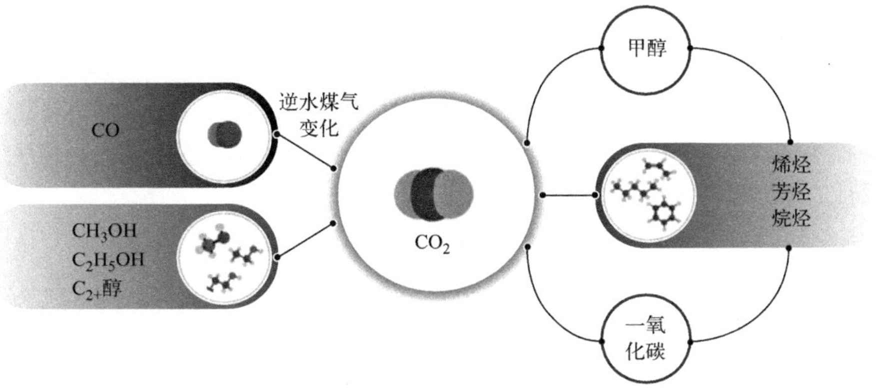

图 1-6　热催化过程实现 CO_2 还原制备能源产品的相关研究

1.2.2.1　制备一氧化碳

CO 是一种重要的气体工业原料，由 CO 出发可以制备几乎所有的液体燃料或基础化学品。随着石油资源的日趋枯竭和合成化学的发展，由 CO 出发的碳一（C_1）化学路线已成为一种重要的化学品生产途径。虽然 CO 已经可由多种技术路线生产，但低耗、绿色 CO 的生产技术和研发仍然具有重要现实意义。

将低值 CO_2 转化为 CO 是 CO_2 高值利用的重要途径，从节约资源和能源的角度考虑，也是生产 CO 的绿色途径。CO_2 转化为 CO 包括 CO_2 高温裂解和 CO_2 还原两类方法。高温裂解法是指在高温条件下（通常是 1300～1600℃），首先使氧载体在较低温度下与 CO_2 反应产生 CO，同时氧载体被氧化再生，并进一步反应实现循环。接下来将介绍 CO_2 制备 CO 的相关内容。

（1）逆水煤气变换反应

CO_2 热催化加氢制 CO 是水煤气变换（water gas shift，WGS）反应的逆过程，称为逆水煤气变换（reverse water gas shift，RWGS）反应，是利用 CO_2 生成 CO 的有效方法之一。其反应方程式为

$$H_2+CO_2 \xrightarrow{\text{加热}} CO+H_2O,\quad \Delta H^{\ominus}=+41\text{kJ/mol} \tag{1-12}$$

这是一个吸热反应过程，需要高的反应温度来断裂 CO_2 中热力学稳定的 C=O 键（键能=783kJ/mol）[25]。因此，研究开发高活性和高稳定性的 RWGS 反应催化剂，以高效快速制备 CO，是实现 RWGS 反应过程制备 CO 的关键。目前，对于 RWGS 反应，催化剂普遍

存在稳定性较差的问题。例如：Cu 催化剂在高温下易烧结、氧化失活，工业应用中易发生硫中毒；Al/Zn 催化剂易高温还原失活；Pt/Ce 催化剂易积碳失活。

关于 RWGS 反应机理，没有统一的观点，与催化剂和反应条件密切相关。Cu 是典型的 RWGS 反应催化剂，其催化 CO_2 加氢生成 CO 有两种可能的反应机理：

① 表面氧化还原机理[26]　在 Cu 催化剂表面发生式(1-13) 和式(1-14) 反应，金属 Cu 提供反应所需的活性位点。

$$CO_2(g)+2Cu^0(s) \longrightarrow CO(g)+Cu_2O(s) \tag{1-13}$$

$$H_2(g)+Cu_2O(s) \longrightarrow H_2O(g)+2Cu^0(s) \tag{1-14}$$

以 $CuO/ZnO/Al_2O_3$ 为催化剂，研究 RWGS 反应的机理[27]。在 230℃和常压下，CO_2 在催化剂表面的解吸附是反应速率的控制步骤，在 $p^0_{H_2}/p_{CO_2}\geqslant 3$ 时，催化剂对 CO_2 的解吸附效果较好。当向催化体系通入 CO_2/N_2 混合气体时，只有 CO 生成，与式(1-13) 反应结果一致；而只通入 H_2 时，有 H_2O 生成，与式(1-14) 结果一致。采用热重法测试发现，反应体系中 CO_2 后，所得物质的总质量符合 O/Cu(s)＝0.4～0.5 的氧原子吸附率，这与式(1-14) 预测的 O/Cu(s)＝0.5 的饱和吸附率相接近。此外，通入 H_2，所获得物质的实际质量与催化剂损失的质量相同。这一结果与以下基元反应所表示的总体氧化还原机理相吻合。

基元反应：

$$CO_2(g)+2L \longrightarrow CO \cdot L+O \cdot L \tag{1-15}$$

$$CO \cdot L \longrightarrow CO(g)+L \tag{1-16}$$

$$H_2(g)+2L \longrightarrow 2H \cdot L \tag{1-17}$$

$$2H \cdot L+O \cdot L \longrightarrow H_2O \cdot L+2L \tag{1-18}$$

$$H_2O \cdot L \longrightarrow H_2O(s)+L \tag{1-19}$$

式中，L 表示活性空位，并且与吸附物之间没有相互作用。

② 甲酸盐中间体分解机理　该机理的核心思想是 CO_2 首先氢化生成甲酸盐中间体，然后中间体的 C═O 键断裂，生成 CO。因此，RWGS 催化剂必须同时具备催化加氢和催化 C═O 键断裂的功能。一般地，金属氧化物（如 Al_2O_3 等）负载的纳米金属（如 Cu 纳米粒子）是有效的催化剂。分散的金属颗粒解离 H_2，得到高活性的氢原子分散于载体表面，用以催化还原吸附在金属氧化物表面的 CO_2 分子。采用 Cu/Al_2O_3 纳米催化剂，在 500℃条件下进行 RWGS 反应，检测到式(1-13) 和式(1-14) 反应及甲酸盐的分解反应同时存在[28]。反应后对 Cu/Al_2O_3 进行程序升温还原（TPR）表征，研究发现反应过程中 H_2 主要参与了催化剂对 CO_2 的裂解过程，并在催化剂表面与 CO_2 反应生成了大量的甲酸盐中间体。在以 Cu/SiO_2 为催化剂进行的 RWGS 研究中，直接检测到大量的甲酸盐中间体存在。对于中间体的形成，Cu^0 和 Cu^+ 是催化剂活性中心，前者的主要作用是活化 CO_2 和 H_2，催化氢原子与 CO_2 结合形成甲酸盐中间体；Cu^+ 的作用是为中间体的形成和分解提供活性位。在 K 助剂存在下，中间体形成可能经历如下路径：

$$K—CO_2+Cu—H \longrightarrow K—HCOO+Cu \longrightarrow K+Cu—HCOO \tag{1-20}$$

因此，甲酸盐中间体的分解机理对 CO 的形成至关重要。

（2）其他 CO 制备路径

H_2 还原 CO_2 制备 CO 的 RWGS 反应通常需要高温（＞200℃）反应条件，并且 CO_2 转化率较低。近年来，一些活泼氢源如氢硅烷、氢硼烷等被用于 CO_2 的还原反应，实现了温和条件下 CO_2 转化制 CO。

以 CsF 为催化剂，二甲基亚砜（DMSO）为溶剂，二硅烷为还原剂，在室温下即可将 CO_2 高选择性（100%）还原为 CO[29]。多种氢硅烷如 $(Ph_2MeSi)_2$、$(PhMe_2Si)_2$ 和 $(Me_3Si)_3SiH$ 表现出相似的反应活性。采用非吸水性的氟化物如 KHF_2，无需惰性气氛亦可使反应进行。用硅硼烷（pinacolato）$BSiMe_2Ph$ 代替氢硅烷，依然能够保持体系的高活性。

以二芳基硅烷为还原剂，通过氧化还原反应，可同时得到 CO 和二芳基硅氧烷[29]。而二芳基硅氧烷可进一步通过 Pd 催化的 Hiyama-Denmark 羰基化偶联，生成与药物分子相关的二芳基酮。这里，二芳基硅烷试剂用于夺取 CO_2 中的氧，通过氧插入 Si—Si 键生成含硅副产物；而含硅副产物作为试剂应用于羰基偶联反应。这一氧化还原反应协同活化理念为 CO_2 的转化提供了新思路。

1.2.2.2 制备甲烷和长链烃

（1）CO_2 甲烷化反应

法国科学家 Paul Sabatier 较早提出 CO_2 的甲烷化技术，因此 CO_2 甲烷化反应又称为 Sabatier 反应[30]。随后 Hashimoto 等提出了 CO_2 循环策略来解决全球的 CO_2 排放问题[31]，该策略主要包括三个环节：第一，利用太阳能发电，然后电解水产生 H_2；第二，H_2 和 CO_2 反应生成 CH_4 和少量其他碳氢化合物；第三，生成的 CH_4 作为能源消耗又生成了 CO_2，如此循环往复。其中的核心环节是利用太阳能发电和 CO_2 催化加氢甲烷化反应。不仅如此，甲烷化反应还被广泛应用于混合气体中 CO_2 和 CO 的脱除。例如，氨合成气（氢氮混合气）中微量 CO_2 和 CO 的脱除。利用水煤气的甲烷化反应生成还可以生产城市煤气：有公司开发了一种对生活垃圾进行甲烷化处理的工艺，将垃圾变成肥料和沼气。因此，CO_2 催化加氢甲烷化凭借其战略意义和实用性成为 C_1 化学研究中引人瞩目的课题。

① CO_2 甲烷化反应热力学。

CO_2 甲烷化反应方程式：

$$CO_2 + 4H_2 \longrightarrow CH_4 + 2H_2O \tag{1-21}$$

该反应为强放热反应，每消耗 1kg CO_2 释放出 4160kJ 的热量。大量的反应热可能导致催化剂失活，使反应难以继续进行。该反应还与原料气的组成密切相关，较高的 H_2/CO_2 比例有利于提高 CH_4 产率。一般情况下，压力对反应影响不大；但在温度超过 425℃时，压力对反应有较大影响。较高的压力可使反应在较低的 H_2/CO_2 比下进行，而不发生催化剂表面积炭，但可能使放热增多而造成催化剂失活。因此，进行 CO_2 甲烷化反应需综合考虑各因素，控制反应条件，保持较低温度、较高的 H_2/CO_2 比、适当的压力范围及良好的散热条件等。

② CO_2 甲烷化典型催化剂。

Ni 基催化剂：Ni 基催化剂具有良好的催化加氢性能。雷尼 Ni 是一种经典的 Ni 基催化剂，是 Ni-Al 合金的细小晶粒在酸溶液淋洗过程中形成的具有三维多孔结构的固体非均相催化剂，其孔结构和尺寸都不规则，对 H_2 有很强的吸附性，因而有很高的加氢活性，被广泛用于多种催化加氢过程。雷尼 Ni 是有效的 CO_2 甲烷化反应催化剂[32]，在一定范围内减少 Al 含量时，催化活性更好，对 CH_4 的选择性更高。其主要原因是相比于 Al，Ni 具有更好的 CO 分解能力，故 Ni 含量增加有利于 CO 分解，从而提高 CH_4 选择性[33]。大多数 Ni 基催化剂为负载型催化剂。为了提高 Ni 的分散性，一般选用具有高比表面积的金属氧化物、多孔 SiO_2 或碳材料作为金属 Ni 的载体。CO_2 分解成 CO 被认为是 CO_2 甲烷化反应的决速步，提高其反应速率有利于提高甲烷化效率。CeO_2 和 V_2O_5 由于富含氧空位而有利于 CO_2，并能将其分解成 CO，所以这两种金属氧化物常被用作催化剂载体[34]。

贵金属催化剂：Ni 基催化剂的主要缺陷是在低温下与 CO 反应生成羰基镍而失活，而贵金属催化剂可避免这样的问题。Ru[35]、Rh[36] 和 Pd[37] 是 CO_2 甲烷化中常用的贵金属催化剂。Rh/γ-Al_2O_3 催化 CO_2 甲烷化反应的 CH_4 选择性达到 100%，其产量取决于反应温度、压力及原料中气体促进剂（如 CO 和 O_2）的添加与否。机理研究发现，CO_2 分解造成 Rh 氧化，而氧化态的 Rh 促进了吸附在催化剂上物种的分解，最终促使 CH_4 生成[36]。

③ CO_2 甲烷化反应机理。

关于 CO_2 甲烷化的催化反应机理，一般认为 CO_2 先通过与催化剂及其他反应物的作用，生成吸附于催化剂表面的含碳中间体，再进一步转化为 CH_4[38]。根据反应中间体的不同，反应机理大体可分为以下三类。

a. 基于 CO 中间体的反应机理：CO 甲烷化过程常伴有 CO 产生，而且 CO 可在完全相同的催化条件下甲烷化。由此推断，CO_2 甲烷化过程可能经历 CO 中间体，即 CO_2 首先在催化剂上分解为 CO 和氧原子，CO 再进一步氢化为 CH_4 气体[39]。

b. 基于 CO 和含氧酸中间体的反应机理：用红外光谱技术研究 Ni/ZrO_2 催化剂对 CO_2 和 H_2 的共吸附发现，在 $1600cm^{-1}$ 和 $1350cm^{-1}$ 出现了对应于表面吸附的碳酸盐和甲酸盐中间体的特征峰，同时观测到 $2060cm^{-1}$ 附近出现线式 CO 吸附态的特征峰，尽管实验中并未获得 CO 产物[40]。因此，总反应有可能经历 CO 中间体和含氧酸中间体两条平行反应路径[41]。

c. 不经历 CO 的反应机理：对比 CO_2 甲烷化和 CO 甲烷化反应发现，前者选择性高于后者，CO_2 中 CO 的存在对 CO_2 甲烷化有阻碍作用，CO_2 甲烷化反应温度低于 CO 甲烷化反应温度。因此研究者提出了不经历 CO 中间体的反应机理，代表性的两种反应途径如下。Medsforth[42] 认为，CO_2 甲烷化反应路径为：

$$CO_2 \xrightarrow{+2H_2} CH_2(OH)_2 \xrightarrow{-H_2O} CH_2O \xrightarrow{+H_2} CH_3OH \xrightarrow{-H_2O} CH_2 \xrightarrow{+H_2} CH_4 \qquad (1\text{-}22)$$

Vlasenko 和 Yuzefovich 认为，吸附于催化剂表面的 H_2 与气相中的 CO_2 相互作用，通过表面的含氧 C 物种生成产物 CH_4 气体[43]。

虽然以上三种机理有所不同，但总体上都遵循以下原则：H_2 和 CO_2 分别吸附于催化剂表面的活性中心，前者分解为 H，而后者转化为含碳中间体；中间体可能是吸附态的 CO、甲酸根、碳酸根及含氢的吸附态，它们进一步氢化为 CH_4。

（2）生成甲烷的其他路径

采用合适的催化体系，氢硅烷与 CO_2 的氧化还原反应能够在温和条件下高选择性地生成 CO 和 CH_4。在 1.5h 的反应时间内，甲烷的转化频率（TOF）达到 $150h^{-1}$，转化数（TON）为 225，产率达到 98%[44]。考察氢硅烷对反应的影响，发现氢硅烷中 Si—H 键的空间位阻（L^3）对 $Zr(CH_2Ph)_2/B(C_6F_5)_3$ 的催化活性影响显著。例如，Et_3SiH 的反应速率比 Et_2MeSiH 慢，而空间位阻更大的 Ph_3SiH 不能参加反应。

（3）CO_2-费托合成制备长链烷烃和烯烃

另一个有效的 CO_2 氢化路径是通过 CO_2 和 H_2 的费托（Fischer-Tropsch，FT）合成直接制备长链碳氢化合物，包括烷烃和烯烃。实现 CO_2-FT 合成过程的关键是高效催化剂，它需同时具备 RWGS 反应和 FT 反应的催化活性。热力学研究表明，生成较长链的化合物对 CO_2-FT 合成过程是有利的，这是因为 RWGS 反应是轻微吸热的，而 CO_2-FT 合成过程是放热的。并且，只有 CO_2-FT 合成过程足够快时 CO_2 才能达到较高的转化率，克服 RWGS 反应的热力学限制，这也是 CO_2-FT 合成过程的主要难题。CO_2-FT 合成过程催化剂的设计还需要考虑以下两点：①CO_2 能轻微毒化 CO 氢化的催化剂；②副产物 H_2O 也具有一定的毒化催化剂的作用，影响其催化活性和产物选择性[45]。

1.2.2.3 制备甲醇及 C_{2+} 醇

（1）CO_2 加氢合成甲醇

甲醇是基本有机化工原料，广泛用于有机合成、医药、农药、涂料、燃料、汽车和国防等工业中，它也是汽油的替代燃料。目前，工业主要采用以煤炭为原料经过气化合成甲醇的技术路线，不仅浪费了大量的煤炭资源，还排放了大量的 CO_2。CO_2 加氢合成甲醇是指在一定温度、压力下，利用 H_2 与 CO_2 作为原料气，通过在催化剂上的加氢反应生产甲醇[46]。

CO_2 加氢合成甲醇一般采用气/固相固定床催化反应器进行加氢反应，主要涉及的化学反应如下：

$$CO_2+3H_2 \rightleftharpoons CH_3OH+H_2O,\quad \Delta H^{\ominus}_{298K}=-49.01kJ/mol \tag{1-23}$$

$$CO_2+H_2 \rightleftharpoons CO+H_2O,\quad \Delta H^{\ominus}_{298K}=41.17kJ/mol \tag{1-24}$$

$$CO+2H_2 \rightleftharpoons CH_3OH,\quad \Delta H^{\ominus}_{298K}=-90.01kJ/mol \tag{1-25}$$

在反应体系达到化学平衡时，产物中 H_2O 的含量比较高。H_2O 的存在直接影响反应进行的程度及平衡时甲醇的含量，而脱除 H_2O 可以打破原有化学平衡，使平衡向有利于甲醇生成的方向移动。CO_2 加氢合成甲醇反应过程中，副产物 H_2O 可以从系统中脱出，而未反应的 H_2、CO_2 和 CO 可循环回反应器中进一步反应转化为甲醇。因此，CO_2 加氢合成甲醇可以最大限度地利用 CO_2 资源，尽可能地消除反应过程中废物的排放，是环境友好的绿色化学合成过程。

CO_2 加氢合成甲醇研究可以追溯到 20 世纪 40 年代。1945 年，Ipatieff 和 Monroe[46] 首次报道了在 Cu-Al 催化剂上 CO_2 加氢合成甲醇的研究，讨论了催化剂组成、反应温度、H_2/CO_2 配比及反应压力等因素对甲醇合成反应的影响。Cu 基催化剂的诞生，实现了低温、低压合成甲醇的工艺技术，是一次重大突破。目前，以 CO_2 和 H_2 为原料制备甲醇的反应体系的反应温度多在 200～300℃，催化剂以 Cu-Zn 系催化剂为主，典型的有 CuO-ZnO-Al_2O_3、CuO-ZnO-ZrO_2 及 CuO-ZnO-SiO_2 等。通过添加技术组分（如 Fe、V、Pd、Ga、Mn 等）、变换助剂及改变载体（如 Al_2O_3[47]、ZrO_2[48]、SiO_2[49]）等手段，可有效改善催化剂的结构与性能，获得性能更优良的催化剂。

关于 Cu 基催化剂催化 CO_2 加氢合成甲醇的反应机理，主要考虑以下因素：反应活性中心的确定、反应中间物种的确定及碳源的确定（CO_2 还是 CO）等。催化活性中心研究对设计与开发催化剂非常重要。迄今，对 Cu 催化剂活性中心没有统一说法，归纳起来主要有如下观点：Cu^0 催化活性中心、Cu^+ 催化活性中心及 Cu^0-Cu^+ 共同催化活性中心。Cu-ZnO 催化剂的研究结果表明，金属 Cu^0 是催化活性中心，载体 ZnO 使金属 Cu^0 簇保持高度分散[50]。超细 CuO-ZnO-ZrO_2 催化剂的研究结果可以支持这一观点[51]。$LaMn_{1-x}Cu_xO_3$（$0\leqslant x\leqslant 1$）催化剂经过 H_2 还原后，Cu 以 Cu^+ 物种状态存在，H_2 吸附在 Cu^+ 物种上，由于 Cu^+ 和 Mn 之间存在较强的相互作用，抑制了 Cu^+ 还原为 Cu^0 的反应，改善了碱性位的分散性，有利于 CO_2 的吸附[51,52]。因此，在这一催化剂中 Cu^+ 是活性中心。也有研究发现，催化剂表面的 Cu^+/Cu^0 物种数目比例决定了催化剂活性，即 Cu^0-Cu^+ 为共同催化活性中心[53]。另外，CO_2 加氢过程涉及多个基元反应，催化体系和反应条件均影响中间体的形成。随着原位表征技术的发展，可以容易地监测反应过程的中间体。目前，检测到的中间物种主要有 CO、甲酸盐、甲醛、碳酸盐、甲酰基、甲氧基及羧基中间体等[54]。

(2) CO_2 间接合成甲醇

CO_2 加氢还原直接合成甲醇通常需要很高的温度条件。而借助于 CO_2 与胺、醇、环氧化物等反应生成中间化合物（如甲酸甲酯[55]、碳酸二甲酯[55]、氨基甲酸甲酯[55]、脲、甲酰胺[56,57] 等），再经加氢反应，则可实现温和条件下 CO_2 间接加氢合成甲醇。

(3) CO_2 加氢合成 C_{2+} 醇

乙醇和长链醇（C_{2+}醇）用途广泛，由 CO_2 加氢合成 C_{2+} 醇具有重要意义。但是，通过 CO_2 加氢合成 C_{2+} 醇比合成甲醇更加困难，不仅需要更为苛刻的反应条件，还需要特别的催化体系。不同于甲醇合成，C_{2+} 醇合成涉及 C—C 键形成，因此要求催化剂具有催化 C—C 键生成的功能。迄今报道的非均相催化剂种类繁多，没有统一的规律。例如，在碱促进下，Mo/SiO_2 能够催化 CO_2 的氢化生成 C_{2+} 醇，所需温度条件较为温和（如 250℃），C_{2+}醇在醇中的最高选择性达到 75.6%[58]。负载型的 Rh-Fe-Cu 催化剂，在 330～370℃条件下，能够有效催化 CO_2 加氢反应，主要生成乙醇，C_{2+} 醇在醇中的最高选择性达到 70%[59]。[$Rh_{10}Se$]/TiO_2 能够催化 CO_2 氢化生成乙醇（250～450℃），最高选择性可达 83%[60]。CoMoS 催化 CO_2 氢化合成 C_1～C_3 醇（反应温度为 340℃），C_{2+} 醇在醇中的最高选择性为 35.6%[61]。以 K/Cu-Zn-Fe 为催化剂，得到的 C_{2+} 醇选择性达到 87.1%（300℃）[62]。但是，非均相催化剂普遍存在活性低、C_{2+} 醇选择性低和反应温度高等缺点。相对而言，均相催化体系可在相对温和的条件下，催化 CO_2 加氢生成 C_{2+} 醇。例如，Ru-Co 均相催化剂，在 200℃ 条件下催化 CO_2 氢化生成甲醇和乙醇，产物中乙醇含量为 26.4%[63]。CO_2 氢化合成 C_{2+} 醇受到很多研究者关注，但是温和条件下高选择性催化该反应仍然是挑战性课题。

1.2.3 二氧化碳的光催化活化

光催化是藤岛昭教授首次发现的：在 1967 年的一次试验中，他用紫外灯照射放入水中的氧化钛单晶，结果发现水被分解成了氧和氢。在光的照射下，光催化材料可催化有机污物彻底降解为二氧化碳与水，同时光催化材料自身无损耗。光催化技术是一种在能源和环境领域有着重要应用前景的绿色技术，被环保界认为是 21 世纪环境净化领域的革命性突破，被誉为“当今世界最理想的环境净化技术”。如果能直接利用光催化剂使 CO_2 还原成为有机物，将会节省更多的能源。

相比于人工光合作用，我们可以开发合适的半导体催化剂作为光催化工作站的催化介质。光催化手段还原 CO_2 并使之转变成对人类有益的碳氢化合物燃料的技术极具吸引力，因为这种方法可以在常温常压下进行，所需的能量可以直接由太阳能提供，真正实现了碳元素的循环使用。CO_2 光催化的核心在于：如何激活惰性的 CO_2 分子并促使其进行还原转化。此外，光催化过程的电子迁移和 CO_2 活化过程本质上就是一个电化学过程，可以通过适当的助催化剂来增强。

光催化的原理如图 1-7 所示。通常情况下，光催化氧化反应以半导体为催化剂，以光为能量，将有机物降解为二氧化碳和水。半导体光催化的关键步骤是：催化剂的光激发，光生电子和空穴的迁移和俘获，光生电子和空穴与吸附之间表面电荷迁移以及电子和空穴的体内或表面复合。如果光子的能量大于半导体能带间隙，那么吸收光子能量之后，半导体将被激发，从价带上跃迁出的电子到达导带，从而在价带上产生相对应的空穴，这种空穴-电子对彼此分离，迁移到半导体表面（如果可能的话借助催化剂加以捕获）用于表面催化氧化还原反应。对于激发产生的用于还原 CO_2 的光生电子，相应的氧化还原电势在热力学上应该低于半导体的导带能级。

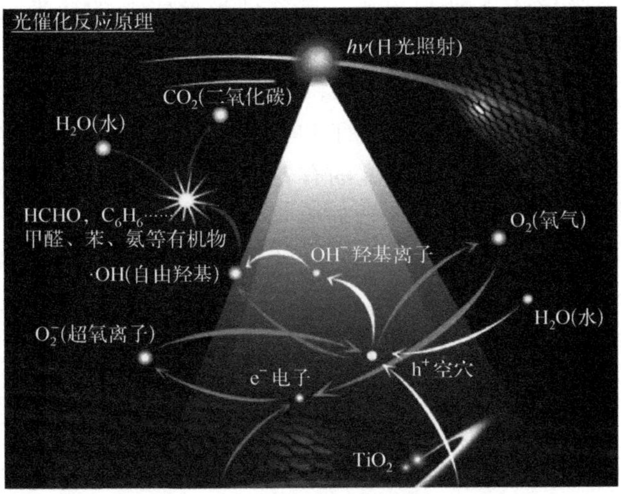

图 1-7　二氧化碳光催化原理示意图

在光催化 CO_2 的活化还原过程中，光的吸收、载流子的分离和迁移以及反应物的吸附和活化制约了光催化 CO_2 还原的转化效率和产物选择性。催化剂被激发产生的一个电子先转移到 CO_2 分子的 LUMO 上，形成 $\cdot CO_2^-$ 自由基。这个过程在热力学上讲是不利的，因为 CO_2 的 LUMO 和 HOMO 之间的能隙较大（13.7eV），同时 CO_2 分子对电子有很强的亲和力（0.6eV±0.2eV），还原电势非常负，因此该过程是很难进行的。基于 CO_2 分子的 LUMO 会随着分子弯曲而下降，弯曲的 CO_2 会具有更高的活性，因而将 CO_2 吸附在光催化剂表面产生相互作用使分子弯曲是降低反应能垒的最佳方式。

光催化反应的量子效率低是其难以实用化最为关键的因素。光催化反应的量子效率取决于电子和空穴的复合概率，抑制光生电子-空穴的复合，延长光生电子和空穴的寿命可以提高光催化反应的量子效率。而电子和空穴的复合过程则主要取决于两个因素：电子和空穴在催化剂表面的俘获过程和表面电荷的迁移过程。为了提高反应效率和产物选择性，我们需要筛选具有光的吸收区域和适当导带位置的半导体催化剂。

典型的光催化体系由光吸收中心和催化活性位点两个部分组成。光吸收中心吸收入射光子，产生“电子-空穴”。光吸收作为催化反应的一个决定因素，往往与半导体催化材料的禁带宽度相关，因此设计光催化剂通常要考虑材料对整个太阳光谱段的吸收，较宽的吸收范围可提高对太阳能的利用率。光生载流子的分离和输运对于催化反应尤为重要，直接决定催化剂的催化活性和量子效率。因此，构建利于光生电荷分离的结构对于光催化反应而言非常重要。此外，设计催化体系还要考虑催化剂对 CO_2 的吸附和活化能力。

光催化材料中光生电荷的有效分离与输运是实现高效光催化反应的首要条件。目前，已经发展了包含异质结内建电场、降低空穴有效质量、晶体极化场、晶面工程等多种方法来促进光生电荷的分离和输运过程。对于单一半导体光催化材料来说，不同晶面的原子分布不同，导致电子结构差异，其空穴有效质量也将有所差别，这种差异可提高光生电荷的分离效率。在材料界面或表面形成内建电场是一种有效的分离光生电荷的方法。常见的内建电场存在于两种不同的半导体材料之间或者同一类半导体的不同晶面或者晶相结构之间。这一类内建电场中的电子-空穴在电场力的作用下，分别向相反的方向移动，因此提高了分离效率。

将两种半导体材料复合，形成异质结，通过光生电荷在二者间的传输，可实现电荷的有效分离。通常，光激发半导体 A 产生电子，转移到半导体 B 的导带（CB）；而空穴则由半导体 B 的价带转移到半导体 A 的价带（VB），从而实现光生载流子的有效分离。由于半导体禁带及价带和导带电势存在位置匹配关系，光生电荷在两种半导体之间亦可按照 Z 型模式传输。光激发半导体 A 和 B 分别产生电子和空穴，半导体 B 上的光生电子与半导体 A 价带上的空穴复合，从而实现光生电子-空穴的有效分离。光生电子通过半导体 A 的导带参与 CO_2 的还原反应，而空穴则通过半导体 B 的价带参与氧化反应，使得催化体系保持强的氧化还原能力[64]。除此之外，催化剂的粒径、比表面积、形貌和表面特性等因素直接影响光催化还原 CO_2 的反应效率和产物选择性。

用于 CO_2 光还原的催化剂分为均相和异相催化剂两大类。均相催化剂主要是一类金属配合物，由金属原子或离子与有机配体通过配位形成。金属原子/离子通过与有机配体的结合，实现光吸收、光生电荷分离及 CO_2 还原反应。异相催化剂通常是指固态半导体材料和通过表面化学设计而成的半导体杂化结构材料。在异相催化体系中，半导体材料作为光吸收中心，其禁带宽度和价/导带边缘电位决定着光吸收波段和对应载流子的氧化还原能力。催化反应的活性位点往往位于半导体表面或者复合体的表/界面，电子给体和电子受体反应物于此发生氧化还原反应。通常，单一半导体材料所提供的催化活性位点有限，因而经常需要负载金属（如 Pt、Au 等）或者助催化剂，以实现 CO_2 光还原。异相催化剂种类繁多，主要包括金属氧化物/硫化物等无机半导体材料、有机金属框架杂化材料、基于共轭聚合物和碳材料的非金属多相催化剂以及它们的复合结构材料。两类催化剂各具优缺点。均相催化剂的催化活性优异，但存在难以分离的缺点，因而可循环效率较低。而异相催化剂易于回收循环利用，但其催化活性、太阳能利用率较低，且有效反应活性位点的研究还不够成熟。

CO_2 光催化活化的催化剂主要有以下几种。

（1）金属配合物催化体系

金属配合物具有高度可设计性，其氧化还原电位可以通过选择不同配体进行调节，而获得适配的氧化还原电位。作为均相光催化剂，金属配合物吸收光子后产生金属到配体或者配体到金属的电荷转移而处于激发态，与还原剂相遇而发生光生电子转移，形成缺电子金属配合物，因而具有很强的氧化性。但是，单一的金属配合物往往光吸收范围窄，光生电荷的分离效率低，氧化还原电位不足以还原 CO_2 和氧化水。因此，金属配合物催化体系通常需要由光敏剂（photosensitizer，PS）、金属配合物催化剂和电子供体牺牲剂三组分构成。PS 作为光子吸收中心，需要有强的吸光能力、长的发光寿命和较高的稳定性。在光照下，PS 吸收光子生成激发态 PS^*。如果 PS^* 被电子供体牺牲剂猝灭，而生成能够进一步还原 CO_2 的物种，则称为还原猝灭机理。如果 PS^* 被金属配合物氧化猝灭而还原 CO_2，则称为氧化猝灭机理。电子供体一般为三乙胺、乙醇胺等有机胺牺牲试剂，很少采用水。

金属配合物主要包括贵金属配合物，如联吡啶 Ru(Ⅱ) 配合物、环 Ir(Ⅲ) 配合物、三羰基二胺 Re(Ⅰ) 配合物、金属卟啉、有机染料等，以及 Fe、Co、Ni、Mn 等廉价金属的配合物。

Re 配合物对于光催化还原 CO_2 表现出优异的催化活性。在 *N*,*N*-二甲基甲酰胺（DMF）溶液中，以 Re 配合物 [Re(dmbpy)$(CO)_3$Cl]（dmbpy＝二甲基联吡啶）为光催化剂，三乙胺（TEA）为电子供体，在紫外光辐照下（<365nm），可催化还原 CO_2 生成 CO。该催化体系无需额外光敏剂。Re 初始配合物 [Re(dmbpy)$(CO)_3$Cl] 吸收光子形成三线态^{3}MLCT，与 TEA 作用，历经单电子还原过程，生成阴离子自由基 [Re(dmbpy)$(CO)_3$Cl]$\cdot^-$；随后，配合物中的 Cl^- 消去，被溶剂 DMF 取代，生成单电子还原的 DMF 配位 Re 配合物自由基 [Re(dmbpy)$(CO)_3$DMF]$\cdot$；进一步，经过 CO_2 的亲电进攻和质子化，生成 Re 配合物与 CO_2 加合物的阳离子自由基 [Re(dmbpy)$(CO)_3$COOH]$\cdot^+$。该自由基可通过冷冻喷雾离子质谱仪检测，它接受另外一个电子，脱去 OH^- 生成 Re 配合物阳离子 [Re(dmbpy)$(CO)_3$CO]$^+$；进一步与溶剂 DMF 交换，释放出 CO，同时配合物 [Re(dmbpy)$(CO)_3$DMF]$^+$ 获得再生，再生后的 [Re(dmbpy)$(CO)_3$DMF]$^+$ 继续吸收光子，驱动下一轮 CO_2 的还原过程[65]。

在光敏剂存在下，Fe、Ni 金属配合物同样能够高效催化 CO_2 转化反应。例如，在二甲基乙酰胺（DMA）/H_2O（体积比为 9∶1）混合溶剂中，以 [Ru$(bpy)_3$]$^{2+}$（bpy＝2,2-联吡啶）为光敏剂，1,3-二甲基-2-苯基苯并咪唑（BIH）为电子供体牺牲剂，具有 S_2N_2-型四配位的 Ni(Ⅱ) 配合物（[Ni^{II}(bpet)]$^{2+}$）[bpet＝双(2-吡啶甲基)-1,2-乙二硫醇] 为催化剂，该催化体系能够高效还原 CO_2 为 CO，转化数可达 700，CO 选择性>99%，光子产率可达 1.42%。机理如下：[Ru$(bpy)_3$]$^{2+}$ 吸收光子被激发生成三线态^3{[Ru$(bpy)_3$]$^{2+}$}*；该物质被 BIH 猝灭生成 [Ru$(bpy)_2$(bpy$\cdot^-$)]$^+$ 和 BIH$\cdot^+$；BIH$\cdot^+$ 去质子化，生成 BI$\cdot$；BI$\cdot$ 是强还原剂，其 $E^0(BI/BI^+)=-2.06V$（vs. SCE），能够将另外一分子 [Ru$(bpy)_3$]$^{2+}$ 还原，致使在反应过程中生成 2 倍物质的量（vs. BIH）的 [Ru$(bpy)_2$(bpy$\cdot^-$)]$^+$；[Ru$(bpy)_2$(bpy$\cdot^-$)]$^+$ 还原 Ni(Ⅱ) 配合物生成 [Ni^0(bpet)]^0 中间体。随后，该中间体与 CO_2 反应生成 [NiL-CO_2]^0，再与水反应最终生成 CO 气体[66]。

采用四苯基卟啉配位的 Fe(Ⅲ) 配合物（Fe-*p*-TMA）为催化剂，Ir$(ppy)_3$（ppy＝苯基吡啶）为光敏剂，在可见光（λ>420nm）辐照下，可将 CO_2 还原为 CH_4。在该催化剂与光敏剂共同作用下，CO_2 首先发生光还原过程，生成 CO，随后进一步转化为 CH_4。两步反应均可在常温常压下进行，CH_4 的选择性可达 82%，量子产率为 0.18%[67]。可能的催化反应路径如下：光照下，Fe(Ⅲ) 配合物逐步还原得到具有亲核性的 Fe^0 物种，Fe^0 与 CO_2 形成 Fe-CO_2 的复合物；质子化后，发生 C—O 键断裂，得到还原产物 CO。这一反应过程成功的关键在于催化剂四苯基卟啉中的苯基对位进行了三甲基铵阳离子基团修饰，使得催化剂通过配体框架的静电相互作用提高了 Fe^1/Fe^0 的氧化还原电位，从而在水及非质子型溶剂 DMF 的中性或碱性条件下具有较低的超电势和良好的稳定性。在可见光的照射下，以三乙胺作为电子给体，常压条件下与饱和 CO_2 的乙腈混合，47h 后便可得到 CO，选择性高达 95%，但 CO 相对于催化剂浓度的 TON 较低，仅为 33。

在体系中加入 Ir$(bpy)_3$ 光敏剂，可极大提高 CO_2 的催化还原效率，47h 可见光照射后

CO 的转换数提高到 198，并伴随少量 CH_4 与 H_2 生成。采用三氟乙醇为添加剂，可进一步改善 CO 的 TOF，而 CH_4 与 H_2 的选择性也随之提高。生成的 CH_4 全部来源于 CO_2，随着光照时间的延长，CH_4 的选择性逐渐提高。通过紫外-可见吸收光谱可观察到在不加入光敏剂的情况下体系存在 Fe^{II}-CO 物种。由此说明，反应中 CO_2 在铁催化剂的作用下首先转化为 CO，CO 作为中间产物与四苯基卟啉 Fe(Ⅱ) 配合物的金属中心结合，随后参与六电子还原过程。光敏剂 $Ir(ppy)_3$ 对 CO 进一步还原为 CH_4 起到了关键作用。

尽管在该体系中 CO_2 发生光还原的主要产物为 CO，但是通过设计两步反应，使 CO_2 先在 Fe(Ⅲ) 配合物作用下还原为 CO，然后在反应趋近完全时引入光敏剂 $Ir(ppy)_3$，可实现 CO_2 向 CH_4 的高效转化。廉价的铁催化剂的使用克服了以往需要借助贵金属催化剂才能解决的问题，这在 CO_2 的光还原研究中是一个重要的突破。

除上述 Fe(Ⅲ) 催化剂之外，还有一些非贵金属配合物展现出优异的光催化性能。例如，将 Ni-氮杂环卡宾异喹啉配合物 $[Ni(^{Pr}bimiq1)]^{2+}$ (^{Pr}bimiq1＝双[3-(咪唑基)异喹啉基]丙烷) 与光敏剂 $Ir(ppy)_3$ 耦合，以三乙胺为牺牲剂，在可见光下可催化 CO_2 还原生成 CO，其 TON 和 TOF 分别可高达 98000 和 $3.9s^{-1}$[68]。铁卟啉金属配合物 (Fe-O-OH) 与 $Ir(ppy)_3$ 耦合，以三乙胺为牺牲剂，在可见光下可催化 CO_2 转化为 CO，CO 选择性高达 93%。而采用便宜的氰基 (9CNA) 为光敏剂，则没有检测到 H_2 产生，CO 的选择性达到 100%[69]。

(2) 金属氧化物/硫化物等无机半导体光催化材料

金属氧化物/硫化物等无机半导体光催化材料在光催化领域得到广泛应用，显示出良好的催化性能。金属氧化物/硫化物等无机半导体光催化材料可在无牺牲剂、仅有水存在情况下，将 CO_2 催化还原生成能源产品。二氧化钛 (TiO_2) 具有无毒、价廉、性质稳定、耐光腐蚀等优点，是应用最为广泛的光催化材料，以下以 TiO_2 基材料为主，介绍无机半导体材料在光催化 CO_2 还原领域的应用和进展。锐钛矿和金红石是 TiO_2 最常用的两种晶相，其能带宽度分别为 3.2eV 和 3.0eV，对应的吸收阈值分别为 380nm 和 420nm，是紫外光响应的光催化材料。从利用太阳能的角度来说，TiO_2 对太阳光的利用率较低。另外，其光生载流子的复合概率很高，导致量子产率低。常规 TiO_2 半导体的量子产率不到 4%。因此，为利用太阳能并提高量子产率，可通过金属沉积、杂原子掺杂或构筑复合材料等方式，使 TiO_2 基材料在可见光下具有催化活性。此外，调控其晶面和形貌可增强其光子效率。

1979 年 Honda 等首次发现，CO_2 在 TiO_2 电极上可用光使其还原成甲醇和甲醛，这一具有里程碑意义的发现让人们看到利用半导体光催化还原来固定 CO_2，从而实现人工模拟光合作用的可能性。后来研究发现，在水存在下 TiO_2 光还原 CO_2 的产物主要为 CO 和 CH_4，TiO_2 的晶相、晶面、形貌等均对 CO_2 还原的反应活性和产物选择性有影响。与金红石相比，锐钛矿型 TiO_2 显示出更高的活性，主要是金红石的光生电子与光生空穴复合概率更高，导致其光催化活性降低：$TiO_2(010) > TiO_2(101) > TiO_2(001)$[70,71]。

通过调控半导体的晶相或者暴露的晶面可提升光催化速率。例如，采用水热法合成四棱柱垂直生长的 CeO_2 八面体结构，在 (111) 晶面暴露的八面体上，通过调节 (100) 晶面暴露的四棱柱的长度和数量，提高光生载流子的分离和传输效率，使光催化 CO_2 还原生成 CH_4 的速率大幅度提升[72]。模拟太阳光辐照条件下，在水溶液中 CO_3^{2-} 通过较弱的 Bi—O 作用吸附在 Bi^{3+} 位点处，能够有效地从 $BiVO_4$ 的钒的 3d 轨道上捕获光生电子，从而高选择性地将 CO_2 还原为乙醇。并且，单斜晶系的 $BiVO_4$ 比四方晶系的有更高的活性和选择性。体系中，加入 NaOH 能够增加甲醇的选择性[73,74]。

TiO_2 所处环境是影响其光催化活性和 CO_2 还原产物选择性的重要因素。四面体配位的 TiO_2 分散在 SiO_2 载体上，可高效高选择性地将 CO_2 还原为甲醇；而八面体配位的 TiO_2 负载到 Y 型分子筛上则导致甲烷的生成[75]。载体的亲疏水性是影响催化剂活性和产物选择性的关键因素。在载体表面所含羟基较少情况下，生成甲醇的可能性更高。相反地，载体表面羟基数量多，则利于甲烷生成。这是因为，高的表面羟基密度可能导致水分子与激发态的 Ti 氧化物间存在较强的相互作用，影响甲醇的生成。例如，F^- 诱导生成的 Ti-β 分子筛，由于催化剂表面较少的羟基，可高选择性地光催化还原 CO_2 生成甲醇[76]。此外，TiO_2 在载体上的分散状态和催化剂的孔结构也对甲醇选择性有较大影响。将 TiO_2 高度分散在具有三维孔结构的 Y 型分子筛上，可高选择性地获得甲醇。基于相同的原因，分子筛 Ti-MCM-48 比 TS-1 或者 Ti-MCM-41 显示更高的反应活性和甲醇选择性[77]。

由于金属能够促进载流子的分离、传输，以及等离子产生的热电子可增强光催化活性，将贵金属负载于半导体表面被认为是提高半导体光催化性能的重要手段。将金属（如 Pt、Pd、Au、Rh、Ag、Ni、Cu、Au_3Cu 合金等）沉积到 TiO_2 表面，形成一类金属/TiO_2 光催化材料。TiO_2 费米能级比金属的费米能级高，在光照射下生成的电子向费米能级低的金属方向发生迁移，并聚集在金属表面，从而导致光生电子和空穴分别在贵金属和 TiO_2 上停留，起到阻止电子和空穴复合的作用，提高了光催化活性。负载金属的种类对催化材料的光催化反应活性和产物选择性有影响。例如，含有贵金属 Pt 和 Pd 的 TiO_2 催化剂，其产物以甲烷为主；而负载 Ru、Rh、Au 等，则可生成 C_{2+} 产物，如乙醇、乙酸等。

将适量（如质量分数为 0.12%）的 Pt 负载到 TiO_2 上能显著提高 CO_2 还原生成甲烷的产率。因为金属 Pt 有比 TiO_2 更高的功函，一些光生电子可经 Pt 颗粒传输，有效避免了电子和空穴的复合，延长了电子和空穴的寿命。当然，金属的负载量并非越多越好，过多的金属负载会抑制质子在催化剂表面的吸附，导致反应活性降低。较高的温度有利于产物的脱附，因此能产生更多的甲烷。催化剂的形貌对产物产率也有较大影响。Pt/TiO_2 纳米管比 Pt/TiO_2 纳米颗粒有更高的催化活性，而纳米薄膜结构的 Pt/TiO_2 显示更优异的催化性能，可选择性地将 CO_2 还原为甲烷，其产率可以达到 1361μmol/(g_{cat} · h)（下标 cat 为催化剂）的高水平[77]。而将 Pd 负载到 TiO_2 上能够实现 CO_2/HCO_3^- 还原制甲酸，其反应机理为：光生电子由 TiO_2 导带转移至 Pd 颗粒表面，质子在 Pd 颗粒表面获得电子被还原，生成氢原子或氢物种；而 CO_2/HCO_3^- 在 Pd 颗粒表面加氢生成甲酸[78]。

虽然负载贵金属后催化剂的活性和选择性得到提升，但是在实际应用中需要考虑成本等因素，因此非贵金属材料受到广泛关注。研究发现，Cu 由于其本身的性质，在光催化 CO_2 还原中展现出优异的性能，具有取代贵金属的潜能。将 Cu、Ag 等金属负载到 TiO_2 颗粒表面能增强其催化还原 CO_2 的活性和生成甲醇的选择性。由于 Ag 与光生电子间的亲和性，Ag/TiO_2 比 Cu/TiO_2 催化活性要低。25%（以摩尔分数计）的 Cu/TiO_2 可高效催化 CO_2 还原生成甲醇，其产量高达 1000mmol/g_{cat}，远高于 TiO_2 载体和 P25 的催化活性。此外，在反应体系中加入 NaOH，可导致 CO_2 溶解度增加，以及光生空穴猝灭，从而提高甲醇产率[79]。在 Cu/TiO_2 催化剂中，Cu 捕获光生电子使其在催化剂表面重新分配，CO_2 和水分子在 Cu 颗粒表面与捕获的电子发生反应，导致 CO_2 的还原和水分子的分解，二者存在竞争。OH^- 与 TiO_2 表面的空穴反应生成 · OH，而这些自由基可进一步与产生于 CO_2 的碳物种反应，进而生成甲醇。Cu 在 TiO_2 表面的氧化态在 CO_2 还原中起重要作用，独立的 Cu(Ⅰ) 是光还原的主要活性位点。

Au-Cu 合金纳米颗粒负载到 TiO_2 形成的催化剂（Au-Cu/TiO_2），可在模拟太阳光下催化还原 CO_2，并极大地增加了生成甲烷和氢气的速率。紫外光激发 TiO_2 分别在导带和价带产生电子-空穴，导带的电子转移到 Au-Cu 合金颗粒上，用于还原 H^+ 生成 H_2；而价带的空穴氧化 H_2O 生成 O_2 和 H^+。Au-Cu 合金中的 Au 由于表面等离子效应吸收可见光，产生的热电子主要转移到 Cu 组分用于还原 CO_2 生成 CH_4，而空穴则用于氧化 H_2O 生成 O_2 和 H^+。CO_2 在 Cu 表面被还原的机理遵循卡宾路径，即依次还原生成 CO_2 自由基负离子，CO、CO 自由基负离子，C、CH 自由基，CH_2、CH_3 自由基，最终生成 CH_4 气体[80]。

燃料敏化可增加催化剂对光的吸收范围，是促进 TiO_2 在可见光下催化还原 CO_2 的一种重要途径。例如，将非对称羧酸基取代锌卟啉（ZnPY-COOH）作光敏剂，负载到 TiO_2 表面形成 ZnPY-COOH/TiO_2 复合结构。在可见光辐照下，光敏剂吸收可见光，电子跃迁至其最低未占分子轨道能级（－0.9V），进而转移到 TiO_2 的导带（－0.53V）上。由于 CO_2/CO、CO_2/CH_4 的还原电位分别为－0.48V 和－0.24V，因此光生电子能够将吸附的 CO_2 还原为 CO 和 CH_4 气体[81]。

将单核环戊二烯钌配合物（C_5H_5-RuH）接枝在 TiO_2 锐钛矿颗粒表面，集电子给体、光催化剂、电子受体（donor-catalyst-acceptor，D-C-A）于一体，形成一个模拟光合作用的三元光催化体系（C_5H_5-RuH-TiO_2）。在可见光下，以水为还原剂，该体系可将 CO_2 还原为 CH_4，其选择性几乎接近 100%，光子效率达 0.56%。其反应的基本原理：接枝在 TiO_2 表面的 C_5H_5-RuH 基团吸收光子产生电子，快速（约 0.5ps）转移至 TiO_2 颗粒表面，使得电子和空穴分离，形成长寿命的 D^+-C-A^- 状态，即 $C_5H_5{}^+$-RuH-TiO_2^-。在 TiO_2 表面光生电子与吸附的 CO_2 反应生成甲烷，而处于高氧化态的 Ru 配合物氧化水生成氧气和 H^+。与纯 TiO_2 相比，该体系不仅适用于可见光，其光生载流子（包括空穴和电子）浓度增加了约 3 倍，光生电子的弛豫时间也大大延长（约 43.6ps），并且在模拟太阳光下，CH_4 的生成速率增加了约 6 倍[82]。

ZnO 是有较低介电常数和较高电子输运性的 n 型半导体，在光/光电领域有重要用途。但是 ZnO 受光响应范围窄和光催化活性低的限制，通常需要与窄带隙半导体复合，以达到增加对光的吸收范围和促进光生电子-空穴分离的目的。常见的窄带隙半导体有 CdS、MoS_2、Fe_2O_3、Cu_2O。其中，Cu_2O 作为常见的 p 型半导体，与 n 型复合后能够形成 p-n 结，可促进光生电子-空穴的分离。以六水乙酰丙酮锌和乙酰丙酮铜为前驱体，聚吡咯烷酮（PVP）为结构诱导剂，1,5-戊二醇为溶剂，采用两步溶剂热法可制备以 ZnO 微球为核的 ZnO-Cu_2O 杂化纳米胶粒。ZnO 微球由尺寸约 8.0nm 的晶粒构成，呈六方纤锌矿结构；而 Cu_2O 粒子则由呈立方晶相的 Cu_2O 纳米晶构成。这种杂化结构的胶粒中，ZnO 和 Cu_2O 的带隙分别为 3.3eV 和 2.3eV，其杂化结构具有可见光吸收特性。采用 ZnO-Cu_2O 杂化纳米胶粒为催化剂，在可见光辐照、常温常压、Na_2CO_3 水溶液中可直接将 CO_2 还原为甲烷，其选择性高达＞99%，产率可达 1080μmol/(g_{cat} · h)，量子效率达到 1.5%的水平[83]。

光照射下，ZnO 和 Cu_2O 分别产生电子和空穴，ZnO 导带上的光生电子迁移至 Cu_2O 价带上与空穴复合，导致激发态电子和空穴在 Cu_2O 导带和 ZnO 价带的长时间分离。最终，光生电子被表面吸附的 CO_2 分子捕获，继而发生 CO_2 还原反应；而空穴被水分子捕获，导致水分子的氧化裂解。基于这样的电荷传输过程，ZnO-Cu_2O 杂化催化材料的高活性可作如下解释。首先，ZnO 较低的介电常数和较高的电子输运能力，有利于载流子的传输和分离；ZnO 的价带边缘能［2.8eV（vs. NHE❶）］远高于水的氧化电位［0.82eV（vs. NHE)］，满足水氧化所需的较高过电位；Cu_2O 具有较大的带宽（2.4eV）和较高的导带边缘电势［−1.4V（vs. NHE)］，远高于 CO_2 的还原电势［−0.24～0.58eV（vs. NHE)］，具备还原 CO_2 能力。因此，ZnO 和 Cu_2O 能带及能量间的匹配致使二者的杂化结构成为 CO_2 光还原的良好催化剂。此外，催化剂中均匀的区域结构有利于光生电子和空穴传输至反应物，而催化剂大的比表面积利于 CO_2 分子及 H^+ 质子的吸附。以上几种因素共同导致了催化剂的高活性。

WO_3 是另一种常见的光催化剂，其 CB 和 VB 边缘能分别约为＋0.4V（vs. NHE）和＋3.2V（vs. NHE)，因此在光催化过程中通常显示氧化能力，不能还原 CO_2。即便将 Au 沉积到 WO_3 表面，Au 的表面等离子共振效应也不能提高 WO_3 载流子的还原能力[84]。

In_2S_3 的 CB 和 VB 边缘能分别约为−0.7V（vs. NHE）和＋1.8V（vs. NHE)，能够在光照下还原 CO_2 到 CH_4。将 Au 纳米颗粒负载到 WO_3 表面，然后在 Au 颗粒表面沉积一层 In_2S_3 薄膜，构建 $WO_3/Au/In_2S_3$ 复合纳米结构。光照下，该体系中的光生电荷传输遵循 Z 型模式。In_2S_3 中的光生空穴经由 Au 纳米颗粒从其价带传递到 WO_3 的导带，并与 WO_3 导带中的光生电子复合。即利用 Au 作为电荷传输层，有效地促进了 WO_3 与 In_2S_3 之间的光生电荷快速迁移，使光生电子与空穴有效分离，并保持较强的氧化还原能力，提高光催化 CO_2 还原生成 CH_4 的能力。在可见光照射下，$WO_3/Au/In_2S_3$ 上生成 CH_4 的速率为 0.42μmol/(g_{cat}·h)，比 WO_3/In_2S_3 提高了近 2 倍[84]。

TaON 是一种典型的氮氧化物，带隙为 24eV，吸收阈值为 516nm，具有良好的可见光响应性。但是，其能带位置导致其还原电位较低，即便是 Ag 负载的 TaON（Ag/TaON）也不能实现光还原 CO_2。为实现对 CO_2 的还原，将具有光敏基元［$Ru(dmb)_2(BL)^{2+}$］（dmb＝4,4′-二甲基-2,2′-联吡啶）和催化基元［$Ru(BL)(CO)_2Cl_2$］的双核 Ru(Ⅱ）配合物（RuBLRu′）经甲基膦酸基团吸附到 Ag/TaON 上，构建 Ag/TaON/RuBLRu′三元组分光催化体系。该催化体系，在可见光下可将 CO_2 还原为 HCOOH，其光生电子的传输遵循 Z 型模式：半导体 Ag/TaON 和吸附在 Ag/TaON 表面的 Ru 光敏剂基元 $Ru(dmb)_2(BL)^{2+}$ 吸收光子，激发电子至各自的导带；Ag/TaON 导带电子转移至光敏基元的价带上与空穴复合；而光敏基元导带上的电子转移至 Ru′催化剂基元，与吸附的 CO_2 反应，实现 CO_2 还原生成 HCOOH；TaON 价带上的空穴用于把牺牲试剂 CH_3OH 氧化成 HCHO。在这一催化体系中，双核 Ru 配合物的作用至关重要，它不仅用作可见光光敏剂，还起到增强催化体系催化 CO_2 还原能力。可见光条件下，相比双核 Ru 配合物 RuBLRu′，Ag/TaON/RuBLRu′三元组分催化体系光还原 CO_2 生成 HCOOH 和 CO 的产率分别提高了约 30 倍（TON_{HCOOH}＝969）和约 1.5 倍（TON_{CO}＝68)。产率提高的主要原因是 Z 型光催化体系一方面增强了从半导体 Ag/TaON 额外光生电子的能力，另一方面增强了在 Ag 作催化剂下牺牲试剂的耦合拉动作用[85]。

在 CO_2 的光催化还原中，CO_2 在催化剂表面的吸附同样对其催化转化起重要作用。因此，构建具有较强 CO_2 吸附能力的结构尤为重要。介孔材料通常具有较大的比表面积和较

❶ NHE：normal hydrogen electrode.

强的气体吸附能力，因此构建具有介孔结构的光催化材料有利于促进 CO_2 分子吸附和进一步转化。例如，相较于传统固相法合成的 ss-ZnG_2O_4（比表面积为 $4.6m^2/g$），具有介孔结构的 Meso-$ZnGa_2O_4$（比表面积为 $110.4m^2/g$）对光催化还原 CO_2 生成 CH_4 显示更高的活性。而将质量分数为1%的 RuO_2 负载到 Meso-$ZnGa_2O_4$ 表面，可大幅度提高 CH_4 的生成速率，这是因为 RuO_2 增强了光生电子和空穴的分离效率。在构建介孔结构的同时，引入碱性位点进一步增强 CO_2 气体在光催化材料表面的吸附，有利于提高材料的催化活性[86]。

除上述常见的氧化物半导体，其他金属氧化物半导体，如 Zr-Co-Ir 氧化物、Nb_2O_5、层状 Zn_6TiO_x 水滑石、$KTaO_3$、$In(OH)_3$、$SrTiO_3$、$ZnGa_2O_4$、Zn_2GaO_4、$HNbO_3$、$NaNbO_3$、$InNbO_4$ 等均可在水为还原剂条件下光催化还原 CO_2，生成甲烷、CO、甲醇、甲醛等。

钙钛矿复合氧化物是一种具有独特的电、磁性能及光催化活性的新型无机半导体材料。内部金属的互相掺杂使完整的晶型产生畸变和缺陷，从而形成了掺杂能级，有利于光的吸收和光生电子-空穴对的分离。一些含 Ti 离子的隧道结构化合物，如钛酸碱金属盐 $M_2Ti_6O_{13}$ 和 $BaTi_4O_9$ 等，其发生形变的八面体可产生偶极矩，能有效地光激发产生电荷。例如，以含有隧道结构的 $K_2Ti_6O_{13}$ 为催化剂光还原 CO_2，当添加 Cu 作为活性中心时，可以提高 HCHO 和 HCOOH 的产率[87]。Pt/$K_2Ti_6O_{13}$ 催化还原 CO_2 生成的产物比较复杂，除 CH_4 外，还有 HCOOH、HCHO 和 H_2[88]。

（3）金属有机框架材料

金属有机框架（metal-organic frameworks，MOFs）是一类以金属中心或者无机簇团为节点，由羧酸类或含氮类等有机多齿配体通过配位作用自组装而成，具有周期性多维规整孔道结构的多孔晶体材料。与传统的多孔材料如沸石分子筛、活性炭相比，MOFs 具有更大的比表面积和孔隙率。由于金属、有机配体、配位形式及自组装方式的多样性，MOFs 种类繁多，其结构和性能具有高度可设计性，因此在诸多领域得到广泛应用。与无机半导体和分子筛材料相比，MOFs 作为光催化材料有以下优势：组成与结构易控制；MOFs 中各个金属-氧单元之间被有机配体隔开，成为孤立的半导体量子点，使材料在使用过程中不易团聚，有助于催化剂长期使用不变性；微孔结构有助于对 CO_2 的吸附，有利于光催化反应的进行。因此，MOFs 光催化材料在 CO_2 光还原中受到关注[89,90]。对光催化 CO_2 还原显示良好性能的 MOFs 材料主要包括基于变价金属 Ti、Fe、Zr 等的 MOFs，如 MIL-125(Ti)、UiO-66、MIL-101(Fe) 及其 NH_2 功能化的 MOFs 材料等[91,92]。

MIL-125(Ti) 是最早作为光催化剂应用于 CO_2 光还原的 MOFs 材料。它由 Ti-O 八面体的八聚环和对苯二甲酸自组装而成，具有三维孔状结构。氨基修饰的 Ti 基 MOFs 材料 NIL-MIL-125(Ti)，由2-氨基对苯二甲酸与四异丙基钛酸酯自组装而成。与 MIL-125(Ti) 相比，氨基功能化使 NH_2-MIL-125(Ti) 的光吸收拓展至 550nm，并且大大提高了 MOFs 材料对 CO_2 的吸附能力，吸附容量从 $98.6cm^3/g$ 提高至 $132.2cm^3/g$。以三乙醇胺（TEOA）为牺牲试剂，在可见光照射下，NH_2-MIL-125(Ti) 对催化还原 CO_2 生成甲酸显示良好的活性。在光照下，光生电子由配体向 Ti^{4+} 迁移，使激发电荷分离，这一过程类似于光照无机半导体产生电子和空穴。MOFs 中的 Ti^{4+} 被电子供体 TEOA 还原为 Ti^{3+}。在体系中引入 CO_2 时，CO_2 被还原生成 $HCOO^-$。然而，NH_2-MIL-125(Ti) 催化 CO_2 转化效率并不高。对其进行 Pt、Au 修饰后，大大提高了光催化反应效率。

UiO-66（[$Zr_6O_4(OH)_4(CO_2)_{12}$]）是一种以 Zr 为金属中心、对苯二甲酸（H_2BDC）为有机配体的刚性 MOFs 材料，具有较好的水热稳定性和化学稳定性，并且耐酸碱。氨基修饰的 UiO-66 材料（NH_2-UiO-66），可由 2-氨基对苯二甲酸与 Zr(Ⅳ) 配位自组装而成，具有很强的吸附 CO_2 能力，对还原 CO_2 生成甲酸显示良好的催化活性。与 NH_2-MIL-125(Ti) 的催化机理类似，光照射下光生电子由有机配体传输至 $Zr^{Ⅳ}$-O 簇中心，将 $Zr^{Ⅳ}$ 还原为 $Zr^{Ⅲ}$，进一步还原 CO_2 生成甲酸。因为，$Zr^{Ⅳ}/Zr^{Ⅲ}$ 有比 $Ti^{Ⅳ}/Ti^{Ⅲ}$ 更负的氧化还原电位，对于 CO_2 还原，NH_2-UiO-66 比 NH_2-MIL-125(Ti) 显示更高的活性[93]。

Fe 基 MIL 系列的 MOFs 材料，包括 MIL-101(Fe)、MIL-53(Fe)、MIL-88(Fe)、MIL-101(Fe)，由对苯二甲酸与 $FeCl_3$ 自组装而成，它们均能在可见光下催化还原 CO_2 生成甲酸。氨基修饰的相应 MOFs 材料，对 CO_2 有更高的吸附容量，并显示出更好的催化性能[94]。基于变价金属 Ti、Fe、Zr 等的 MOFs 虽然展现了较好的光催化 CO_2 转化性能，但是材料中有机配体的稳定性差，以及光催化反应需要牺牲试剂是亟须解决的问题。

金属卟啉是一种具有大环共轭结构、参与光合作用的有机化合物。模拟自然界的光合作用，构筑以金属卟啉为结构单元的 MOFs 材料，可实现 CO_2 光催化还原。金属卟啉构筑的 MOFs 材料与上述的 MOFs 材料相比，有更好的稳定性。以酚基卟啉作为配体，具有氧化铌（NbO）拓扑网络结构的酚基卟啉 MOFs 材料具有很好的耐酸碱稳定性。在卟啉环中可以引入金属 Co^{2+} 位点作为催化活性中心，可光催化 CO_2 还原。当卟啉环中引入 Co^{2+} 时，其光催化 CO_2 还原活性最好，研究人员还通过实验与理论计算证实了当卟啉环中引入不同金属时，其表现出不同催化活性的原因。

MOF-525[$Zr_6O_4(OH)_4(TCPP\text{-}H_2)_3$，TCPP＝5,10,15,20-四(4-羧基苯基)卟啉四甲酯] 以 Zr_6 簇为金属结点、以卟啉基分子为有机配体单元，具有刚性四方结构，能够吸收可见光和吸附 CO_2。将金属 Co 或 Zn 植于卟啉共轭环中心，可获得 Zr-Co 或 Zr-Zn 双金属卟啉 MOFs 材料，即 MOF-525-Co 和 MOF-525-Zn。它们均可在可见光下高效催化 CO_2 转化为 CO 和 CH_4。在这一材料中，Co 或 Zn 原子的植入能够增强卟啉单元中光生电子和空穴的分离效率，使得光生电子从卟啉结构向 Co 或 Zn 原子迁移，在 Co 或 Zn 原子表面与吸附的 CO_2 分子发生反应[95]。

随着研究的进一步深入，研究人员发现单一的 MOFs 由于受自身结构和性质的限制，难以将其光催化 CO_2 转化性能显著提升。如果将具有微孔结构、能够捕获 CO_2 的 MOFs 材料与常规的半导体复合，形成新的杂化体系将是实现 CO_2 光还原的有效手段，也逐渐成为新的研究方向。

(4) 非金属半导体材料

常规的非金属半导体主要有石墨烯、磷烯（phosphorene）、类石墨氮化碳（g-C_3N_4）等。氮化碳作为一种新型的非金属、聚合物半导体光催化剂，由三嗪（triazine）或三均二嗪（tri-striazine）两种基本单元构成。它具有类似于石墨的层状结构，层间距 d = 0.326nm。g-C_3N_4 具有良好的热稳定性，在空气氛围下能耐受 600℃高温，这归因于 C—N 杂环芳香结构具有良好的化学稳定性，能够耐受有机溶剂和强酸、强碱等。尤其，g-C_3N_4 具有适中的能带宽度（2.7～2.8eV），吸收边在 450～460nm 之间，导带位置在－1.23V（vs. NHE，pH＝7），低于 CO_2 还原生成甲烷（－0.24V）、甲醇（－0.38V）、甲醛（－0.48V）、乙醇（－0.33V）、甲酸（－0.61V）等的还原电位，也低于 H_2 的生成电位 [－0.41V（vs. NHE，pH＝7)]；而其价带位置在＋1.47V（vs. NHE，pH＝7），高于水的氧化电位［+1.23V（vs. NME）］。因此，g-C_3N_4 适用于光催化还原 CO_2、氧化水和氧化有机污染物，在光催化领域有广阔的应用前景。此外，g-C_3N_4 具有一个适合于可见光下发生水氧化和 CO_2 还原的带隙结构，因此可同时催化 CO_2 还原和水氧化，从而得到广泛应用[96]。但是，g-C_3N_4 存在比表面积小、可见光响应范围窄、导电性差、光生电子-空穴对复合快、光量子效率低等缺陷。采用不同的聚合单体、引入有序介孔结构、非金属元素掺杂、贵金属沉积、与其他半导体复合等策略可以克服这些缺陷，提高 g-C_3N_4 的光催化性能。

通过采用不同单体合成 g-C_3N_4，能够调节其结构和性能。例如，双氰胺与巴比妥酸（barbituric acid，BA）共聚合成的 g-C_3N_4 对可见光的吸收范围增加至 750nm，电荷转移效率提高了 4 倍[97]。用苯环上连有氨基或氰基的有机物作为共聚前体与双氰胺聚合成 g-C_3N_4，所得材料的比表面积、层间堆积的结构参数都会不同程度地有所差异，并且 g-C_3N_4 表面富含氨基、氰基等官能团[98]。由尿素为原料制备的介孔片状 g-C_3N_4，能催化 CO_2 还原生成甲醇和乙醇；而由三聚氰胺为原料制备的无孔片状 g-C_3N_4，则催化 CO_2 还原，高选择性地生成乙醇。反应体系中产生的 H^+ 数量通常决定产物的选择性，催化材料中晶相尺寸、结晶度和微观结构最终影响甲醇和乙醇的选择性[99]。采用尿素和巴比妥酸共聚制备的 BA-g-C_3N_4 材料，形成了表面分子异质结结构，不仅可见光吸收增强，而且提高了光生电荷的迁移速率和分离效率，可使光催化 CO_2 生成 CO 的速率提高 15 倍。但 BA 的含量并非越多越好，共聚时过多的 BA 单体会导致 g-C_3N_4 主体结构的破坏，影响其光催化性能[100]。

通过调控 g-C_3N_4 形貌可调控其能带宽度，进而调控其催化 CO_2 光还原的产物选择性[101]。通过剥离得到的 g-C_3N_4 纳米片，其能带宽度由块体材料的 2.77eV 变为 2.97eV，纳米片的价带比块体的价带降低了 80meV，而其导带升高了 120meV。在相同的可见光催化条件下，块体状的 g-C_3N_4 材料将 CO_2 催化转化为乙醛；而 g-C_3N_4 纳米片则将 CO_2 主要转化为甲烷。这是因为与块体 g-C_3N_4 相比，纳米片有更强的热力学驱动力使光生电子和空穴分离，并且分离时间延长，而且纳米片中更快的电子传输，有利于甲烷的生成。这一现象在富含羟基的 g-C_3N_4 光催化还原 CO_2 时也观测到[102]。

由于元素性质的相似性，一些非金属元素（如 B、F、P、S 等）可掺杂进入 g-C_3N_4 骨架中。由于掺杂元素离子半径和电负性的差异，其掺杂会不同程度地改变 g-C_3N_4 价带结构和光电性质，从而为性质调变提供了多种可能。通过元素掺杂改变 g-C_3N_4 的电子结构，可增大对可见光的吸收范围，进而拓宽其应用范围和提高其催化性能。例如，将 F 掺杂进入骨架中，形成了 C—F 键，使部分 sp^2-C 转化为 sp^3-C，并导致 g-C_3N_4 的平面结构不规整。并且，随着 F 掺入量的增多，在可见光区的吸收范围随之扩大，而对应能带宽度可由 2.69eV 降至 2.63eV。P 取代 C 掺杂进入骨架中，形成 P—C 键，明显改变了其电子结构，使其在可见光区的吸收范围拓展到 800nm。在高温条件下（如 450℃）将 g-C_3N_4 在高纯的 H_2S 气氛中处理，可将 S 取代 N 掺入 g-C_3N_4 骨架中。由于 S 的电负性（2.58）较 N 的电负性（3.04）小，当 S 均匀地分布于骨架中后，可使其能带宽度由 2.73eV 增大至 2.85eV；同时 S 的这种掺杂使其比表面积增大，催化活性大为提高[103]。用硫脲作前驱体制备的 S 掺杂的 S-g-C_3N_4，S 掺杂导致能带宽度从 2.70eV 降至 2.63eV，光吸收范围变宽。在可见光下，S-g-C_3N_4 能够将 CO_2 光还原生成甲醇[104]。

将贵金属沉积到 g-C_3N_4 表面上，能够促进光生电子-空穴的分离和转移，降低它们的复合概率，从而提高其光催化性能。同时，金属粒子本身的特性使所得复合材料产生新的性能，在光催化还原 CO_2 中得到应用。例如，Pt/g-C_3N_4 可将 CO_2 还原生成 CH_4。由于 Pt 较低的费米能级，光生电子通过有效的界面传输从 g-C_3N_4 导带传输至 Pt 纳米颗粒，抑制了电子和空穴的复合，从而提高其光催化效率，使得 CH_4 的生成速率提高了 5 倍[105]。

采取构建纳米结构、非金属元素掺杂、贵金属沉积等策略，均能在一定程度上改变 g-C_3N_4 本身性质，提高光催化效率，但是仍无法满足高效光催化还原 CO_2 的需求。将其与特定半导体复合形成异质结，不仅可有效促进光生电子-空穴的分离，不同程度地提高光催化效率，而且可实现更多的功用，如提高催化剂的稳定性、简化分离步骤等。将无机金属半导体与 g-C_3N_4 复合所形成的异质结，对提高光还原 CO_2 速率发挥了重要作用。

通过 In_2O_3 在 g-C_3N_4 表面的原位生长，可获得 In_2O_3/g-C_3N_4 异质结结构。由质量分数为 10%的 In_2O_3 与 g-C_3N_4 构建的异质结，在可见光下催化 CO_2 生成甲烷，其生成速率比纯 In_2O_3 提高了 4 倍，比纯 g-C_3N_4 提高了 3 倍[106]。这归因于两种半导体界面间快速的电荷传输和延长的电荷寿命。In_2O_3 的导带电势比 g-C_3N_4 的更负，因此，光生电子能够快速从 g-C_3N_4 导带转移至 In_2O_3 导带；而 g-C_3N_4 的价带电势［+1.6eV（vs. NHE)］比 In_2O_3 的［+2.2eV（vs. NHE)］低，因此光生空穴能够从 g-C_3N_4 的价带转移至 In_2O_3 价带，进而氧化水生成氧气和质子。在质子存在下，富集在 In_2O_3 导带的电子有效地还原 CO_2 生成甲烷。这种异质结结构大大提高了光催化活性。

其他，如 N 掺杂 TiO_2（N-TiO_2）与 g-C_3N_4 构建的 *N*-TiO_2/g-C_3N_4 异质结、B 掺杂 g-C_3N_4(*B*-g-C_3N_4）与 TiO_2 形成的 TiO_2/*B*-g-C_3N_4 异质结，也对光催化还原 CO_2 显示良好的催化性能。TiO_2/*B*-g-C_3N_4 催化 CO_2 还原生成 CH_4 的速率是 g-C_3N_4 的 16 倍，420nm 光照下的光子效率达到 1.68%[107]。通过类似的理念，构建了各种氧化物半导体与 g-C_3N_4 的复合结构，包括 $NaNbO_3$/g-C_3N_4、CeO_2/g-C_3N_4、UiO-66/g-C_3N_4 等，均比单一的 g-C_3N_4 光催化还原 CO_2 显示更强的催化效果。对于 CeO_2/g-C_3N_4，在该材料中由于 Ce^{4+} 与 Ce^{3+} 两种价态的共同存在，Ce 通过价态转变不仅能够阻止 g-C_3N_4 光生电子空穴的复合，而且能够促进 CO_2 在其表面被还原生成 CO 和 CH_4 气体[108]。

上述催化材料的异质结结构能够实现光生载流子的传输和有效分离，但是也存在明显的缺陷，即得到的光生电荷的氧化还原能力变弱。基于 Z 型电荷传输机制的复合材料，可以克服这一缺陷，在提高光生电荷传输和分离效率的同时，保持其较强的氧化还原能力。拥有该机制的 g-C_3N_4 复合材料如 WO_3/g-C_3N_4、SnO_{2-x}/g-C_3N_4、Bi_2WO_6/g-C_3N_4、Ag_3PO_4/g-C_3N_4 等，在 CO_2 光催化还原中显示良好催化性能。通过球磨法制备得到的 WO_3/g-C_3N_4 纳米复合结构，在可见光下可将 CO_2 光还原为甲醇，通过双光束光声光谱表征证实光生电荷传输遵循 Z 型模式，因此保持了 WO_3 的强氧化能力和 g-C_3N_4 的强还原能力，从而显示出很好的催化活性[109]。而 Bi_2WO_6/g-C_3N_4 光还原 CO_2 生成 CO 的速率分别是 g-C_3N_4 和 Bi_2WO_6 的 22 倍和 6.4 倍[110]。由于复合材料结构的差异，Z 型电荷传输机制在复合材料中通常以两种形式出现。第一种，以 SnO_{2-x}/g-C_3N_4 为例，光照下 SnO_{2-x} 导带的电子与 g-C_3N_4 价带上的空穴复合，从而保证 CO_2 在 g-C_3N_4 导带上被高效还原为甲醇[109]。第二种情况，如 Ag_3PO_4/g-C_3N_4 在光照下产生金属 Ag，Ag_3PO_4 导带上的电子和 g-C_3N_4 价带上的空穴分别传输到 Ag 颗粒，并在此复合。即借助金属 Ag 颗粒在两种半导体之间形成 Z 型电荷传输，实现光生电荷分离。该材料具有较强的氧化还原能力，可将 CO_2

催化还原为多种产物，包括CH_4、CO、甲醇和乙醇，大大提高了CO_2转化速率，大约是g-C_3N_4催化转化速率的6倍[111]。

在金属配合物与g-C_3N_4构成的复合催化体系中，g-C_3N_4可视为光敏剂，在光照条件下产生光生电子：金属配合物接收到光生电子，作为催化活性中心，实现CO_2的还原。将不同的金属Ru配合物负载到g-C_3N_4上，通过酸碱作用或静电作用负载到g-C_3N_4上。可见光辐照下，光生电子从g-C_3N_4快速传输至Ru配合物，Ru配合物作为催化剂还原CO_2，生成甲酸[112]。由于金属配合物与g-C_3N_4间良好的能带匹配关系，以TEOA为电子供体牺牲剂，在波长为400nm时，量子效率达到5.7%，并且光反应的TON超过1000。将廉价的过渡金属配合物如二茂铁甲醛、联吡啶Co^{2+}等与g-C_3N_4构成催化体系，均可有效催化CO_2的还原，但光子效率相对于Ru金属配合物要低很多[113]。

1.2.4 二氧化碳的电催化活化

电催化CO_2化学转化制备能源产品和化学品是CO_2资源化利用的重要途径。与传统的热催化化学转化相比，电催化CO_2转化有诸多优势，如反应在温和条件下进行，并可通过电位改变控制反应速率和产物选择性；电解液可以循环使用，减少了化学品的消耗和废液的产生；所需电能可由风能、太阳能、潮汐能等可再生能源提供，反应过程绿色、清洁等。因此，电催化还原CO_2（electrochemical CO_2 reduction，ECR）制能源产品和电催化CO_2合成化学品已经引起人们的广泛关注[114]。尤其，随着纳米科技和材料科学的发展，涌现了众多新型电催化材料。这些材料实现了CO_2的高效转化，还能获得不同种类的能源产品和化学品，使得电催化CO_2转化成为CO_2资源化利用的重要手段[115]。

1.2.4.1 电化学还原CO_2的基本原理

电化学还原CO_2是溶液中的CO_2分子或CO_2溶剂化离子从电极表面获得电子而发生还原反应的过程，是一个涉及多电子转移的多步反应过程，包括CO_2在阴极表面的吸附、阴极表面的电子转移及产物从电极表面的脱附过程[116]。ECR电解池的阴极和阳极用质子交换膜分隔开来，在阴极上发生CO_2的还原反应，而阳极上发生水氧化析氧的反应，同时产生H^+。H^+在电场作用下，透过质子交换膜，迁移到阴极，为CO_2的还原反应提供氢源。从热力学角度来看，在不同的电位下进行ECR反应，可发生不同的多电子转移反应，包括两电子、四电子、六电子、八电子的转移等，生成不同的还原产物。目前，文献报道的ECR还原产物主要包括一氧化碳、甲酸、甲醇、甲醛、甲烷、乙烯、乙醇、乙酸盐等。

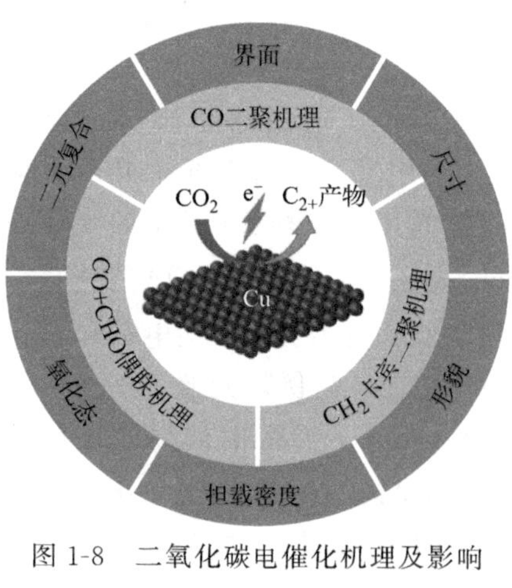

图1-8 二氧化碳电催化机理及影响催化剂活性因素汇总图

大量研究表明，ECR反应中，电流密度、产物种类和选择性在很大程度上取决于电极材料和还原电位。CO_2电催化还原经历不同的反应途径，生成不同的产物（图1-8）。

① 生成CO的反应路径。首先，CO_2在电极（如Au、Ag、Zn和Cu等）表面捕获电子，生成

$\cdot CO_2^-$ 中间体，然后发生质子转移生成 $\cdot$ COOH 中间体，进一步还原生成 CO。其决速步既可能是电子转移过程，也可能是质子转移过程，取决于电催化材料的电子传输性能和材料的表面结构。

② 生成 HCOOH 的反应路径。与生成 CO 的路径类似，在电极（如 Cd、Sn、In、Pb、Tl 和 Hg 等）表面先产生 $\cdot CO_2^-$ 中间体，再经过质子转移生成 $\cdot$ COOH 中间体，然后进一步发生质子转移，最终生成 HCOOH。

③ 生成多电子的还原产物的反应路径。多电子的产物的生成经历复杂的反应路径。首先，CO_2 在电极表面得到电子生成 $\cdot CO_2^-$ 中间体，再经历质子转移生成 $\cdot$ COOH 中间体；然后，经过一系列的电子转移和质子化过程，生成不同的还原产物。CO 也是比较重要的反应中间体，可在更负的电压下被电极再次吸附，并进一步还原为醇类和碳氢化合物。$\cdot$ COOH 中间体在电极表面接受质子，最终生成 HCOOH，而不再参与进一步的还原反应。

对于以上不同反应路径，$\cdot CO_2^-$ 中间体的形成是在电极表面进一步发生还原反应的决速步。Hori 等最早提出，电子转移过程是 CO_2 在 Cu 电极表面生成乙烯的决速步，而电子转移和质子化过程都可以作为生成甲烷路径的决速步[117]。Schouten 等认为 CO 在电极表面的二聚及第一个电子转移过程，是生成乙烯的控制步，而甲酰基中间体的 C—O 键断裂是生成甲醇的决速步[118]。

一般认为 ECR 产物的选择性取决于电催化材料与 $\cdot$ CO、$\cdot CO_2^-$、$\cdot$ COOH 等反应中间体之间的结合能（图 1-9）。当 CO_2 在电极表面被还原为 CO 之后，电极材料与 CO 之间的结合能决定了电催化还原的产物选择性。与 CO 结合能较弱的电极材料，其电催化产物往往具有较高的 CO 选择性。这是因为还原生成的 CO 易脱离电极表面，不再进入下一步的还原反应。与 CO 结合能太强的电极材料，则几乎不产生 CO_2 还原产物。因为 CO 在生成之后与表面的金属位点形成强相互作用，而无法进行下一步还原反应。此时，H^+ 还原占据主导地位，发生析氢反应。与 $\cdot$ CO、$\cdot CO_2^-$、$\cdot$ COOH 等反应中间体之间结合能适中的电极材料，由于恰好可稳定中间体，进而促使其生成超过两电子转移的还原产物，还有可能发生 C—C 偶联反应，而得到 C_{2+} 产物。

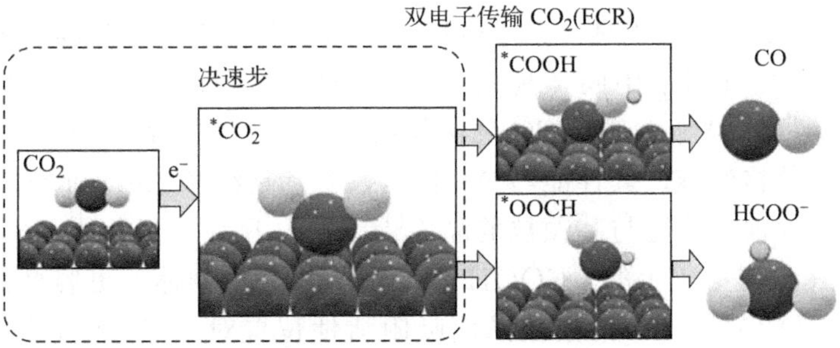

图 1-9 二氧化碳电化学双电子还原过程示意图

电催化材料在 ECR 反应中起关键作用，直接决定反应的效率和产物选择性。因此，关于 ECR 研究主要集中在发展高效电催化材料方面，以期实现 CO_2 的高效、高选择性转化。目前，除传统的金属电极之外，已有多种具有微/纳米结构的电催化材料用于 ECR 反应。尤其，新型碳材料、金属有机框架材料、共轭导电高分子材料、有机/无机杂化材料等新型材料的不断涌现，极大地推动了电催化材料的发展，为 ECR 研究注入新的活力[119]。以下介绍金属基电催化材料、碳基电催化材料和其他电催化材料，以及相关研究成果。

1.2.4.2 金属基电催化材料

金属电极具有良好的导电性和较强的 CO_2 活化能力，被广泛用于 ECR 反应[120,121]。根据还原产物，大体上可将金属基电催化材料分为四类。第一类，将 CO_2 高选择性还原为 CO，包括 Au、Ag、Zn、Pd、Ga 等。这类金属与·COOH 有较强结合能，可以进一步进行还原催化反应，但是它们对·CO 的吸附能力较弱，导致反应生成 CO。第二类，将 CO_2 高选择性还原为 $HCOOH/HCOO^-$，如 Pb、Hg、In、Sn、Cd、Tl 等，这类金属与·CO_2^- 中间体的结合能较低。第三类，将 CO_2 还原为 $2e^-$ 以上产物，主要是 Cu 基纳米催化材料。Cu 是一个对 ECR 反应非常特殊的催化材料，能够与·CO、·COOH 等反应中间体相结合，并进一步催化还原生成乙醇和 C_{2+} 碳氢化合物，同时保持了较好的选择性和较高的催化效率。

金属电极材料表面与 CO 的结合能强弱，能够很大程度地影响总体 ECR 的反应产物，与 CO 结合能太强会导致 CO 在金属表面脱附困难，从而使 CO 脱附成为 CO_2 在金属表面电催化还原的决速步。甲烷和甲醇的起始还原电位，与电极材料和 CO 间的结合能没有绝对关联。强亲氧性的金属能够产生较强的 C—O 键，从而对产生甲醇具有较高的选择性。然而无论采用怎样的金属催化剂，析氢反应（hydrogen evolution reaction，HER）都是主要的竞争反应。因此，欲实现对特定碳氢产物的高选择性，调控 CO_2 在电极表面的还原电位，使其低于析氢电位是需要解决的关键问题。

（1）可实现生成 CO 的金属催化剂

这类金属催化材料主要包括 Au、Ag、Pd、Zn、Ga 等的单金属或合金催化剂，它们的结构、形貌、组成影响它们对 ECR 反应生成 CO 的法拉第效率和电流密度。

① 单金属催化剂　以贵金属 Au、Ag、Pd 为代表，有较好的 ECR 催化性能。不同形貌的 Au 纳米结构如纳米颗粒[122-124]、纳米片[125]、纳米线[126] 及 Au 纳米复合材料，对 ECR 反应均显示良好的催化性能和 CO 选择性。例如，尺寸分别为 4nm、6nm、8nm、10nm 的单分散 Au 纳米颗粒用于 ECR 反应，在 25℃ 的 $KHCO_3$（0.5mol/L）电解液中，8nm 的 Au 纳米颗粒产生最高的法拉第效率［90%，−0.67V（vs RHE❶）］，密度泛函理论（DFT）计算表明，边缘活性位利于稳定碳物种中间体，如·COOH，进而产生 CO，而角位点利于析氢反应。体系中，加入离子液体［BMIm］［PF_6］（1-丁基-3-甲基咪唑六氟磷酸盐），Au 与离子液体相互作用，更有利于中间体稳定，提高了催化活性。在 −0.52V（vs. RHE）下，催化剂反应质量活性达 3A/g，产物 CO 的法拉第效率达 97%之高[122]。

Ag 相对于 Au 价格便宜，其性能与 Au 相当，尤其是纳米 Ag 显示优良的催化性能。纳米 Ag 对 ECR 反应的催化性能与其颗粒的晶面[127,128]、尺寸、形貌[129] 等密切相关。DFT 计算表明，在 ECR 过程中产生的·COOH（吸附，ads）中间体，更容易在高指数晶面［如 Ag(211)］上产生且较为稳定，高指数晶面吸附活性位置对于 ECR 过程更为有利[128]。与通常使用的金属 Ag 电极催化反应相比，纳米结构 Ag 催化的反应在较低的电位下便可进行。

Pd 是典型的析氢反应催化剂[130,131]，体相 Pd 电极上的 CO_2 还原过电势高，析氢反应导致 ECR 转化的法拉第效率低。研究发现，在 2.4～10.3nm 范围内，Pd 纳米粒子的 CO_2 还原选择性和活性表现了明显的尺寸依赖性[132]。在 −0.89V（vs. RHE）时，随着 Pd 颗粒尺寸由 10.3nm 降至 3.7nm，ECR 生成 CO 的法拉第效率从 5.8%到 91.2%。生成 CO 的转

❶ RHE：reversible hydrogen electrode.

化频率（TOF）与粒径呈现火山形曲线关系，最高达到 600h^{-1}。这表明可以通过改变 Pd 纳米粒子的尺寸来调变 CO_2 的吸附、中间物种·COOH 的形成及 CO 的脱附等，从而实现 Pd 纳米粒子从析氢催化剂到高效 ECR 催化剂的转变。

一些非贵金属，如利用配合物分子前驱体和原位电沉积法在碳电极上制备的 In 纳米粒子，在咪唑类离子液体电解液中，还原 CO_2 的起始过电位（－1.9V）可与 Ag 电极媲美，为非贵金属催化材料同比最低值。其催化 CO_2 转化为 CO 的法拉第效率为 99%，且催化剂性能稳定，连续工作 15h 仍保持活性不变[133]。

② 合金催化剂　以上贵金属催化剂可以高选择性地将 CO_2 还原为 CO，然而其昂贵的价格限制了它们的应用。双组分合金集各组分性能于一体，既可以产生协同效应，提高电催化还原 CO_2 的性能，又可以降低贵金属的用量，是一种制备新型催化剂的有效手段。Wang 等[134] 利用理论计算发现，Au-Fe 合金中，Au 在粒子表面重新排列，可形成以 Au 为外壳、Au-Fe 合金为核心的核壳结构——Au-Fe-CSNP。在 ECR 反应过程中，Au-Fe-CSNP 在 －0.4V 将 CO_2 转化为 CO 的法拉第效率高达 97.6%，质量活性达到 48.2mA/mg，是 Au 纳米粒子催化剂质量活性（0.5mA/mg）的近 100 倍。对该 Au-Fe 核壳结构纳米粒子进行 90h 的反应测试，电流密度基本没有衰减，这表明该核壳结构材料性能稳定。另外，纳米粒子表面的 Fe 溶解导致表面的 Au 壳产生大量的空位缺陷。这些缺陷大大提高了对 ECR 反应的催化性能，而次外层的 Fe 可以稳定 Au 壳层的缺陷，使该 Au-Fe 核壳结构纳米材料具有优异的还原 CO_2 的催化性能及稳定性。

其他一些金属合金（如 Cu-Au[135,136]、Cu-In[137-139]、Cu-Sn[140] 等）用于 ECR 反应，也可有效抑制析氢反应，高选择性地获得 CO。对于双金属催化剂而言，是结构效应还是电子效应影响催化剂的性能有不同的研究结果[136]。

③ 金属硫化物和金属氧化物　过渡金属二硫属化合物纳米结构催化剂，如 MoS_2、WS_2、$MoSe_2$ 和 WSe_2 等，在 ECR 反应中显示独特的催化性能[141,142]，效率远高于 Au、Ag 催化剂，而成本仅为 Au 的二十分之一左右。例如，在 [EMIm][BF_4](1-乙基-3-甲基咪唑四氟硼酸盐)-水（体积比 1∶1）电解液中进行 ECR 反应，体相 MoS_2 和 WSe_2 纳米片均显示出比体相 Ag 电极和 Ag 纳米颗粒更好的催化性能。其中，WSe_2 纳米片对 ECR 反应性能最优，过电位为 54mV 时，起峰为－0.164V，电流密度达 18.95mA/cm^2；在－0.200～－0.764 电压区间，在高选择性生成 CO 的 TOF 比 Ag 纳米催化剂高 3 个数量级，其催化活性显著高于贵金属催化剂。此外，WSe_2 纳米片性能稳定，连续测试 27h，性能仅衰减了 10%[141]。

金属氧化物与 CO 通常有较强的相互作用，因此难以实现催化 CO_2 生成 CO 的反应[143,144]。通过对金属氧化物材料进行表面修饰，进而调控其电化学性质，可实现催化 ECR 反应生成 CO。例如，通过原子沉积法，将超细 SnO_2 纳米粒子包覆在 CuO 纳米线表面，形成 SnO_2/CuO 纳米复合材料，SnO_2 的引入可削弱 CO 与 CuO 表面的相互作用。将 SnO_2/CuO 复合材料用于 ECR 反应，SnO_2 纳米颗粒显著提高了 CuO 纳米线阵列的催化性能，可以实现 97%的 CO 选择性[144]。

（2）可实现生成 HCOOH 的金属催化剂

这类催化材料主要包括 Cd、Hg、Pb、Sn、In、Tl 等惰性金属。在 ECR 反应过程中，催化剂表面的作用位点与碳原子之间形成了较强的 M—C 键，从而降低了催化剂表面的电流密度，使得还原反应停留在生成甲酸阶段，获得产物甲酸或甲酸酯[145]。

Cd 和 Hg 电极具有较高的氢超电势。Cd 电催化材料对 ECR 生成 HCOOH 的法拉第效率为 39%[146]，而产生 CO 的法拉第效率仅 14.4%。Hg 电催化材料对 HCOOH 的法拉第效率高达 94%，几乎检测不到 CO，显然 Hg 电催化材料对 ECR 生成 HCOOH 具有更高的选择性。Hg 电极曾被认为是还原 CO_2 最好的电极体系[147]，在接近 7 的 pH 范围内，几乎所有的电流都用于将 CO_2 催化还原为 HCOOH；而在酸性电解液中，还原产物还有少量的 H_2。

Pb 金属电极在非水相电解液中还原 CO_2 主要生成草酸，而在水相电解液中倾向于生成 HCOOH[148-150]。在低温下生成甲酸的法拉第效率明显高于常温的法拉第效率，电解池中 CO_2 压力增加也有利于提升生成甲酸的效率[149]。

Sn 是廉价的、地球储量最丰富的过渡金属，是目前报道的水相电解液中将 CO_2 还原为 HCOOH 电流效率最高的金属电极材料[151]。采用 $NaHCO_3$ 水溶液为电解液，Sn 金属电极将 CO_2 还原为甲酸盐的法拉第效率＞95%[152]。但是，随着电解时间的增加，在电极表面易生成一些“有机-金属”配合物，导致 CO_2 还原效率降低，析氢效率增大。SnO_2 则可选择性地将 CO_2 电还原为甲酸或甲酸盐（pH＞3.8），在中等过电位下法拉第效率高达 90%[153,154]，但对实际应用而言，其活性太低，电流密度＜$1mA/cm^2$。通过对 SnO_2 结构和形貌的调控，可提升其 ECR 催化活性[155]。

二维材料的催化性能通常来源于边缘活性位点。从体相材料到二维材料，由于大量边缘活性位点的暴露，对于特定反应，催化性能通常有质的变化。例如，体相金属 Sb 电极不具备电催化还原 CO_2 能力，而二维 Sb 片则是一种良好的 ECR 反应催化剂。以块体 Sb 作为负极，利用电化学剥离方法可将体相材料转变为二维的 Sb 纳米薄片。以厚度约为 3.5nm 的二维 Sb 片为工作电极，在 CO_2 饱和的 0.5mol/L $NaHCO_3$ 电解质水溶液中进行 ECR 反应，可高效获得 $HCOO^-$。相比于大尺寸的 Sb 片，小尺寸的 Sb 片具有更强的 CO_2 还原电流密度，这可能是因为小尺寸的 Sb 片有更长的边缘长度，而有更多的催化活性位点[156]。

（3）可生成 $2e^-$ 以上化合物的金属催化剂

电催化还原 CO_2，除发生两电子转移生成 CO 和甲酸外，还可发生 $2e^-$ 以上转移而生成甲醇、甲烷及多碳产物。其中，电催化还原 CO_2 生成甲醇的金属催化剂，主要有 Cu、Mo、Ru/Cu、RuO_2-TiO_2 等，但这些催化体系的甲醇法拉第效率都较低，一般在 40%左右；仅 Mo-Bi 双金属硫化物有较高的法拉第效率。采用 Mo-Bi 双金属硫化物纳米片作为阴极电催化材料，以 0.5mol/L [BMIm][BF_4]（1-丁基-3-甲基咪唑四氟硼酸盐）的乙腈溶液作为电解质，可以高效、稳定地电催化还原 CO_2 生成甲醇[157]。当 Mo-Bi 摩尔比为 1∶1 时，生成甲醇的法拉第效率最高可达 71.2%，电流密度为 $12.1mA/cm^2$。其催化高活性和高选择性，归因于金属 Mo 与 Bi 之间的协同作用。金属 Bi 作为活性位点还原 CO_2 生成 CO，Mo 则起到稳定生成 CO_{ads} 的作用，保证还原进一步进行，减少 CO 的生成。其反应机理可能为，在电解液中溶解的 CO_2 首先与离子液体阳离子 $[BMIm\text{-}CO_2]^+$ 复合物，在吸附到工作电极表面后，通过捕获一个电子被还原成 $\cdot CO_2^-$ 中间体。这一过程是整个反应的决速步。吸附的 $CO_2^-\cdot$ 继续捕获一个电子而形成吸附在电极表面的 CO_{ads} 物种，CO_{ads} 进一步被还原成 CHO_{ads}。随着 CHO_{ads} 通过质子化形成 CH_3O_{ads}，再捕获最后一组电子和质子，形成甲醇。

Cu 在金属电催化剂中性能最为独特，既能够催化 CO_2 生成 CO、CH_4 等 C_1 产物，又可以高选择性地生成乙烷、乙烯等多碳产物，因此它一直是电还原 CO_2 研究领域中的热门材料。传统铜电极催化还原 CO_2 需要较高的超电势 [−1.0V（vs. RHE）]，产物分布较广，选择性不高[118]。随着电极材料制备技术的发展，通过设计不同的纳米结构，或者通过将其与其他材料进行复合等方式，发展了一系列 Cu 基电催化材料，在降低电还原 CO_2 超电势、提高 CO_2 还原产物的选择性，尤其是多碳产物以及研究反应机理等方面取得了一些重要进展。

1.2.4.3 碳基电催化材料

相比于金属电极材料，碳材料电极不仅具有更好的化学稳定性、环境友好，而且由于其析氢超电势较高，可以更好地抑制竞争反应，有利于提高 ECR 的电流效率，是一种比较理想的电催化还原 CO_2 电极材料[158,159]。近年来，随着碳纳米管材料的迅猛发展，出现了众多新型碳纳米材料，如碳纤维、石墨烯、碳纳米管、类石墨烯碳氢材料及其纳米复合材料，在电催化还原 CO_2 反应中得到广泛应用。碳基电催化剂电催化还原 CO_2 的产物主要包括甲酸、甲酸盐、甲醛、甲醇、甲烷等，少数催化剂还可产生 C_2 产物。

纯碳材料虽然有性能稳定、价格便宜等优势，但单独用作电极还原 CO_2，其超电势较高，主要是因为反应初始阶段还原 CO_2 生成 $CO_2^-\cdot$ 比较困难。针对这一缺陷，对碳材料进行杂原子掺杂可有效解决这一问题。常用于碳材料掺杂的杂元素包括 N、B、S、P 等。其中 N 掺杂碳材料研究最为广泛。通过杂原子掺杂可大大降低材料对 ECR 反应的超电势，提高材料的催化活性、产物选择性及材料使用稳定性，其中一些材料的性能甚至可超过金属催化剂。例如，石墨对 CO_2 活化的自由能垒高达 1.3eV，而吡啶 N 掺杂的石墨 CO_2 活化自由能垒降低至 0.58eV[160]。N 掺杂的泡沫石墨烯对 ECR 反应的初始超电势降至 0.19eV，在超电势为 0.47V 时，生成 CO 的法拉第效率可达 85%，催化性能比 Au 和 Ag 电极更好[161]。B 掺杂的石墨烯，在 0.1mol/L $KHCO_3$ 溶液中和 −1.4V（相对于 SCE）还原电位下，催化 ECR 反应生成 HCOOH 的法拉第效率达到 66%[162]。迄今，掺杂型电催化材料在 ECR 反应中的应用得到广泛关注，推动了电催化 CO_2 转化的发展。

N 掺杂碳纳米材料。N 是与 C 最具相似性的元素，容易掺杂进入碳材料骨架，实现对碳材料的改性。根据 N 掺杂碳材料中 N 的电子态，掺杂 N 可分为吡啶 N、吡咯 N 和石墨 N 三种，它们因 C—N 结合能的微小差别而在 ECR 反应过程中显示不同的性能。N 掺杂碳材料种类繁多，性能各异，催化 ECR 反应可生 HCOOH、CO、甲烷、甲醇、C_2 或 C_2 以上产物，一些 N 掺杂碳材料甚至展现出比金属催化剂更好的催化性能。

石墨烯因其独特的二维结构和优良的导电性能而备受关注。作为电催化材料，虽然石墨烯有较多的边缘位点，有利于 CO_2 的吸附和活化，但表面自由能垒高，在 ECR 反应中阻碍生成 $HCOO^-$ 反应中间体，因此反应活性较低[161]。在石墨烯中掺杂 N、B、P 等杂原子是降低其表面能垒，增强其电催化活性的有效手段。DFT 计算发现，N 掺杂使得石墨烯表面的自由能垒降低，利于生成 $HCOO^-$ 中间体；并且，$HCOO^-$ 在 N 掺杂石墨烯（NG）表面的吸附能在 1.27～3.24eV 之间，明显高于在传统石墨烯表面的吸附能（0.18eV），这表明 N 掺杂有利于稳定 $HCOO^-$ 中间体。NG 对还原产物 HCOOH 和 CO 的吸附能较低，因此还原产物主要为 HCOOH 和 CO。吡啶 N、吡咯 N 及石墨 N 对提升碳材料的电催化活性和 CO 或 HCOOH 的选择性均有贡献[163,164]。吡啶 N 上还原 CO_2 生成 $CO_2^-\cdot$ 反应中间体的能垒最低，吡啶 N 自身的吸电子作用会导致与其相邻的 C 原子表面带有部分正电荷，从而可与 $HCOO^-$ 相结合，并起到稳定 $HCOO^-$ 反应中间体的作用。因此，一般认为吡啶 N 是最具催化活性和产物选择性的活性位点，增加其含量可以有效提升材料的催化性能。例如，N 含量为 5.6%（原子分数）的 NG，在 0.5mol/L $KHCO_3$ 电解液和 −0.18V（vs. RHE）

下，电催化还原 CO_2 的活性大大提高，生成 HCOOH 选择性可达到 73%[165]。N 掺杂碳材料中吡啶 N 含量越高，能够制造的活性位点越多，可以增强材料的催化活性。但是，吡啶 N 含量过多，又可能导致材料导电性减弱和电荷转移能力下降，不利于电催化反应的发生。因此，在碳材料中掺杂吡啶 N 的含量需要控制在一定范围内，以保持平衡。

石墨烯量子点（graphene quantum dots，GQDs）是指横向尺寸＜100nm，纵向尺寸为几纳米，具有一层、两层或者几层的石墨烯结构，即非常小的石墨烯碎片。GQDs 作为电极材料，在－0.4～0.95V（vs. RHE）还原电压范围内，可有效地将 CO_2 还原为 CO、HCOOH 及多电子和多碳产物，但 ECR 反应的法拉第效率低（＜30%）；而 N 掺杂 GQDs（NGQDs）对 ECR 反应的催化活性大幅度提升，在相同的实验条件下法拉第效率最高可达 90%，并且有更多的 C_2 产物（如 C_2H_4、C_2H_6OH、CH_3COO^-，甚至 C_3 产物（n-C_3H_7OH）产生。相比于 N 掺杂的还原氧化石墨烯材料（NRGOs），NGQDs 具有更多的缺陷和 N 原子边缘位点。这些特性使得 NGQDs 对 ECR 有更强的催化活性，并具有更高的分电流密度。NGQDs 催化 C—C 键形成的起始还原电位仅为－0.16V（vs. RHE）。当还原电位在－0.70～－0.80V（vs. RHE）之间时，还原 CO_2 的总电流效率最高，主要还原产物包含 CO、$HCOO^-$、CH_4、C_2H_4、C_2H_6OH、CH_3COO^- 及 n-C_3H_7OH，对 C_2H_4 产物的法拉第效率最高可达 31%。在还原电位不低于－0.8V（vs. RHE）情况下，NGQDs 点催化还原 CO_2 生成 C_2H_4 的分电流密度可高达 $40mA/cm^2$。

与 NRGOs 相比，NGQDs 具有更高的总法拉第效率，C_2 和 C_3 产物的选择性也更高，这可能是 NGQDs 具有更小的尺寸，从而暴露更多的 N 活性位点所致。GQDs 电极的塔费尔（Tafel）斜率为 371mV/dec，而 NGQDs 电极具有更小的 Tafel 斜率（198mV/dec），这说明对 GQDs 进行 N 掺杂有效提升了其催化活性。在 NGQDs 中吡啶 N 也被认为是最具催化活性的 N 掺杂形式，这一结论与之前 N 掺杂碳材料中所得到的结论一致。第一性原理模拟结果表明，当吡啶 N 活性位点在 GQDs 中成为边缘作用位点时，它与 $HCOO^-$ 反应中间体的键合能会增强，同时会大幅度降低 CO_2 活化能垒，促进 CO_2 向 $\cdot CO_2^-$ 反应中间体的转变。与 Cu 纳米电催化材料相比，NGQDs 具有更低的 CO_2 还原超电势，这一优势使得 NGQDs 有望成为 Cu 电极材料的替代品[166]。

N 掺杂的碳纳米管（NCNTs）在超级电容器及氧化还原反应中都具有重要的应用，但在 CO_2 电催化还原领域中应用较少[164]。为区分 NCNTs 中不同电子态 N 对 ECR 的促进作用，研究人员通过控制 CNTs 的生长时间及掺杂所使用的氮供体（乙腈、二甲基甲酰胺和三乙胺）制备了一系列 NCNTs。研究发现，NCNTs 的 N 含量能有效提升其对 CO 的选择性且吡啶 N 含量增加可进一步提升 CO 选择性及催化活性，这是因为吡啶 N 的缺陷不仅可以使 N 原子具有额外的负电荷，而且 N 原子上的孤对电子也可以稳定存在并起到与 CO_2 键合的作用。此外，吡啶 N 与 CO 之间的结合能较弱，使得产生的 CO 很容易从 NCNTs 表面脱附。而对于石墨 N 来说，由于外层电子都分布在 π 反键轨道上，使其很难与 CO_2 发生作用，从而限制了其 ECR 反应活性。吡咯 N 掺杂对 CNTs 的 ECR 活性及产物选择性并没有太大影响。这些均与先前的研究结论相吻合。

将 CNTs 嵌入 N 掺杂的纳米多孔碳薄膜（NCM），形成碳纳米复合材料（CNTs/NCM）。因其独特的结构，在 0.1mol/L $KHCO_3$ 水溶液中，CNTs/NCM 能够在比 NCM［－0.37V（vs. RHE）］更低的还原电位［－0.18V（vs. RHE）］下还原 CO_2，生成甲酸盐，法拉第效率最高可达 81%。CNTs/NCM 电极材料的多孔结构，可以像气体扩散电极一样使气、固、液三相充分接触，使得 CO_2 在电极表面的还原反应效率最大化。此外，CNTs/NCM 材料坚固的立体结构和较好的电化学稳定性，在 ECR 反应 36h 之后不会发生明显的结构变化，具有较好的使用稳定性。CNTs 的引入有效克服了 NCM 导电性差和电极表面电导率衰减的问题[167]。

金刚石是呈正四面体的纯碳晶体材料，每个碳原子都以 sp^3 杂化轨道与另外 4 个碳原子形成共价键。纳米金刚石是一种具有独特性质的纳米碳材料，具有广泛用途。N 和 B 掺杂的纳米金刚石材料，在电催化还原 CO_2 方面显示优异的催化性能。例如，N 掺杂的纳米金刚石（N-doped nanodiamond，NDD）棒阵列电极（NDD/Si RAs）用于 ECR 反应，使用 1mol/L $KHCO_3$ 电解液，还原电位为 −1.0V 时，主要得到 CH_3COOH，其法拉第效率最高可达 77%。电极表面具有非常高的氢超电势，有效抑制了析氢反应。电极表面的催化还原反应经历了如下路线：$CO_2 \rightarrow \cdot CO_2^- \rightarrow (COO)_2 \cdot \rightarrow CH_3COO^-$[168]。

由聚丙烯腈纤维碳化制备的含 N 掺杂纳米碳纤维材料（N-CNFs）具有超低的 CO_2 起始还原电位（0.17V），比碳膜的要低 0.23V 左右。催化 CO_2 电还原的最大电流密度可达到 3.5mA/cm^2，是相同条件下 Ag 电极还原 CO_2 时电流密度的 13 倍。在 −0.573V（vs. SHE）还原电位下，CO 法拉第效率高达 98%。N-CNFs 特殊的波纹状纳米线状结构使得材料表面与还原反应中间体具有较强的相互作用，并且该结构在催化过程中可以维持稳定，保证其性能不发生变化[169]。

类石墨碳氮材料（g-C_3N_4）是一种新型的非金属半导体材料，虽然 g-C_3N_4 的导电性较差，但具有较强的 CO_2 吸附能力，通过与导电性强的材料复合，能够催化 ECR 反应。例如，与多壁碳纳米管（MWCNTs）复合后生成的 g-C_3N_4/MWCNTs 复合材料，电催化还原 CO_2 生成 CO，在还原电位为 −0.95V（vs. RHE）时，CO 的法拉第效率为 60%，电流密度为 1.02mA/cm^2，而在相同条件下纯的 g-C_3N_4 电极的还原电流密度仅为 0.01mA/cm^2，远远低于 g-C_3N_4/MWCNTs 复合材料的催化性能[170]。

材料形貌结构也影响 ECR 产物选择性。分别以酚醛树脂和双氰胺作为 C 源和 N 源，通过软模板法制备的具有规整圆柱形孔道结构的碳材料可高选择性地电还原 CO_2 生成 C_2H_5OH，几乎没有 CO 生成，法拉第效率为 76% [−0.56V（vs. NHE）]。而圆柱形的多孔碳材料（i-NC），在相同条件下生成 C_2H_5OH 的法拉第效率最高为 44% [−0.50V（vs. NHE）]，并且还有 CO（5%～16%）生成。两种碳材料的比表面积分别为 631m^2/g 和 1000m^2/g，孔尺寸分别为 5.1nm 和 3.3nm，含氮量一致（约为 7%）且吡啶 N、吡咯 N 和石墨 N 含量相当[171]。

除上述 N 掺杂的碳材料外，B、S、P 等掺杂的碳材料也在 ECR 反应中得到良好的应用[162]。DFT 计算表明，石墨烯掺杂的 B 原子使得石墨烯表面的电荷分布及自旋密度平均化。在 ECR 反应中，带正电的 B 和 C 原子作为活性位点，与 $HCOO^-$ 反应中间体相互作用，起到稳定反应中间体的作用。例如，通过微波等离子化学气相沉积法，以硼酸三甲酯为物质源在硅片表面生长一层 B 掺杂的纳米金刚石（B-doped nanodiamond，BDD）薄膜[172]。BDD 具有 p 型半导体性质，有较宽的电化学窗口、较低的背景电容电流和较高的电化学稳定性等。以 BDD 薄膜为电极，使用 1mol/L 四丁基胺高氯酸盐的甲醇溶液为电解液，可以高选择性地将 CO_2 电催化还原为 HCHO，法拉第效率达 74%。该电极具有良好的电化学稳定性，使用20h后其电催化活性仍得以保持。通常，在水相电解液中阴极表面的pH值较高，电还原生成的HCHO很容易发生歧化反应而变为HCOOH和CH_3OH，因此很难生成HCHO产物。有趣的是，当这种BDD电极分别在0.1mol/L NaCl和海水电解液中进行CO_2电催化还原反应时，可高选择性获得HCHO产物，法拉第效率分别为62%和36%。研究者推测，可能因为BDD中存在sp^3杂化形式的C原子，相比于石墨烯等含有sp^2杂化C原子的电极材料，BDD电极具有更强的甲醛选择性。

S掺杂的碳材料及S/N共掺杂的碳材料同样具有良好的ECR电催化活性[173]。其中，共掺杂的碳材料相比于仅有S掺杂的碳材料，具有更低的还原超电势[−0.99V (vs. RHE)]，以及更高的CO法拉第效率（92%）。与N掺杂的碳材料类似，S/N共掺杂的碳材料中吡啶N同样起到了增强催化活性的作用，而含有S元素的噻吩基团对催化过程起到了促进作用。此外，S/N共掺杂的碳材料表面具有较强的碱性，有效抑制了催化材料表面的析氢反应，从而提升了CO_2电催化还原的效率。

1.2.4.4 其他电催化材料

(1) 金属有机配合物

金属有机配合物是一类由金属原子或离子与有机配体通过配位键形成的化合物，金属在配合物中以单原子活性位点存在，具有高的金属元素分散性。由于有机配体的多样性和功能可设计性，金属有机配合物种类繁多，性能各异。作为电催化材料，金属-酞菁类、金属-卟啉类、金属-联吡啶类等金属有机配合物，自20世纪80年代开始应用于电催化CO_2还原的研究[174]。有机配体的精细结构和配位的中心金属原子，均对CO_2电催化还原的催化活性和产物选择性有重要影响。因此，合理选用配体及中心金属原子是获得性能优良的有机金属配合物电催化材料的关键。这类催化材料最突出的特点是动力学上对H·具有较高的吸附能垒，导致电极表面的析氢过程遵循Heyrovsky机理，而不是Tafel机理。因此，金属有机配合物电极往往需要更高的析氢过电位，以提高CO_2还原的电流效率[175,176]。

(2) 多孔有机框架材料

多孔有机框架材料包括金属有机框架材料（metal-organic frameworks，MOFs）和共价有机框架（covalent-organic frameworks，COFs）材料，前者由金属簇与有机构筑单元通过配位键连接而成，而后者则是有机单元通过共价键连接而成。这两种材料均具有高维网络结构，并且具有结构可设计、孔尺寸/形状易调控等优点。通过结构设计，可赋予MOFs或COFs高的比表面积、良好的CO_2吸附和活化能力及良好导电性等，因此它们在ECR反应中得到应用，并显示良好的应用前景。

以MOFs材料为电催化剂，在水相电解质中催化ECR反应，主要生成CO。应用较多的是基于金属卟啉分子配体单元的MOFs和COFs材料。Kornienko[177]等采用羧基功能化的Co(Ⅱ)卟啉分子与氧化铝纳米棒分别作为有机配体和连接点，在掺氟氧化锡（FTO）表面组装成结构稳定、厚度为纳米级的卟啉骨架MOFs薄膜[$Al_2(OH)_2$TCPP-Co，TCPP-H_2=间-四(4-羧基苯基)卟吩][177]。以此作为工作电极，在0.1mol/L $KHCO_3$水溶液中，薄膜厚度为30～70nm时显示良好的催化性能，可高选择性生成CO。当还原电位为−0.7V (vs. RHE)时，CO法拉第效率高达76%，TON可达1400，电流密度J_{CO}=1.8mA/cm^2。该MOFs材料的Tafel斜率为165mV/dec。由此可推断，ECR反应过程中CO_2在MOFs表面经单电子转移生成$\cdot CO_2^-$反应中间体的过程为反应的决速步。

以氨基功能化的金属 Co 卟啉作为构筑单元，通过与对联苯二胺生成亚胺腱连接，形成具有高比表面积的 COF-367-Co 多孔材料，其孔径尺寸为 26.5Å（1Å=10^{-10}m），有利于传质过程。以 Co 为主要中心金属的这类 COFs 材料，在 0.5mol/L $KHCO_3$ 水溶液中可将 CO_2 电还原，裂分为 CO 和 O_2。COFs 的厚膜结构易使电子从电极传到 COFs 材料的卟啉单元上，材料的多孔结构使得 CO_2 能够扩散并接触卟啉核心具有催化活性的钴原子。采用少量铜原子稀释钴组分，有利于 CO_2 选择性吸附于 Co 原子上，增加其分解概率。在过电位−0.55V 下，COF-36-Co（1%Cu）催化 ECR 反应生成 CO 的法拉第效率高达 90%，TON>290000，比只有钴的 COF-367 快 25 倍。这类 COFs 材料具有钴卟啉分子所不具有的前边缘特征，COFs 的共轭结构环境调节了金属中心的电子结构，并与其耦合延伸至外晶格。金属和 COFs 晶格的相互作用给 Co 中心提供更多的非定域化的电子结构，使其具有高效催化活性[178]。

ZIF-8 是 Zn^{2+} 中心和 2-甲基咪唑通过自组装形成具有微孔结构的 MOFs 材料，具有很好的热稳定性。以 ZIF-8 为催化剂，在 0.5mol/L $KHCO_3$ 水溶液中进行 ECR 反应，可高选择性获得 CO[179,180]，ZIF-8 的产物选择性与还原电位密切相关，在还原电位为−1.4V（vs. SCE）时，H_2 为要产物，CO 的法拉第效率仅为 20%。随着还原电位上升，生成 H_2 的法拉第效率逐渐降低，CO 成为主产物。当还原电位为−1.9V（vs. SCP）时，CO 的法拉第效率达到了 69.8%，而电流密度为 7.37mA/cm^2，H_2 的法拉第效率降至 30%。

以 ZIF-8 作为前驱体，通过 Ni 离子交换 ZIF-8 中 Zn^{2+} 可得到氮配位的 Ni 单原子位点 Ni 单原子通过配位被很好地锚定在含氮基底上，这种特殊结构使得催化剂具有很好的 ECR 催化活性和使用稳定性。在−1.0V 工作电位下，电流达到 10.48mA/cm^2，CO 的法拉第效率达到 71.9%，TOF 达到 5273h^{-1}。材料工作时间大于 60h，仍保持一定的电流密度（约 10mA/cm^2）[179,180]。

以上 MOFs 材料，在水相电解液中实现 ECR 反应生成 CO。Carl H Hamann 等[181] 采用离子液体电解液，实现 ECR 反应生成甲烷。他们用含量为 38%（摩尔分数）的 $ZnCl_2$ 与均三苯甲酸制备了层状 Zn-BTC-MOF 材料，通过电沉积方法沉积到碳纸上，形成 Zn-MOF/CP 电极，Zn-MOF 厚度 10μm 左右。以咪唑类离子液体（如 [BMIm][BF_4]、[BMIm][PF_6]、[BMIm][ClO_4] 等）为电解液，在−2.2V（vs. Ag/Ag^+）工作电压下，Zn-MOF 催化 ECR 反应，高选择性生成 CH_4，其法拉第效率>80%。

（3）导电聚合物催化材料

导电聚合物如聚吡咯（polypyrrole，PPy）和聚苯胺（polyaniline，PAn）等，具有密度小、易合成、成本低、电导率范围宽和可调控等性质。这类材料应用于 ECR 反应，不仅可获得很高的催化活性，还可高选择性获得金属电催化材料难以获得的还原产物（如乙酸等），被认为是一类很有前途的 ECR 反应催化材料[182,183]。

Aydin 等[184] 首次将 PPy 薄膜负载在铂网电极表面，以此为工作电极进行 ECR 反应研究，得到的主要产物为 HCOOH、HCHO 和 CH_3COOH。当还原电位为−0.4V 时（vs. Ag/AgCl），HCOOH、HCHO 和 CH_3COOH 的法拉第效率最高分别可达 41.3%、11.6%和 33.7%，可见，PPy 材料具有较为特殊的甲酸和乙酸选择性。但是，PPy 在电还原过程中难以抑制析氢反应，随着电催化反应的进行，ECR 反应的法拉第效率逐渐降低。电催化还原 5h 后，HCOOH、HCHO 和 CH_3COOH 的法拉第效率分别降至 23.4%、6.1%和 19.3%。使用导电的 PAn 薄膜作为电极进行 ECR 反应，可高选择性获得乙酸。例如，在还原电位为−0.4V（vs. SCE）时，获得乙酸的法拉第效率可达 78%。因此，相较于

PPy，PAn 具有更强的乙酸选择性。但是 PAn 与 PPy 一样难以抑制析氢反应，随着电催化反应的进行，析氢反应会成为电极表面的主反应，而 ECR 反应效率大幅下降。

对于以 PPy 和 PAn 等导电聚合物为电催化材料的体系，普遍存在析氢严重、性能不稳定的问题。因此，如何通过材料改造或者电解液耦合等方式抑制电催化过程中的析氢反应，增加材料使用的稳定性，将是今后人们需要考虑的重要问题。

综上所述，虽然 CO_2 具有很高的热力学稳定性和动力学惰性，其化学活化转化需要大量能量，但通过建立适当的催化体系或活化转化策略，可实现 CO_2 转化为化学品、能源产品或高分子材料[30]。迄今，在发展 CO_2 化学转化新方法和相关技术基础上，研究获得了一系列高附加值化学品，包括氨基甲酸酯、环状碳酸酯、碳酸二甲酯、芳香/脂肪羧酸、异氰酸酯、甲醇、甲酸等，而基于 CO_2 的聚合物材料（如聚碳酸酯、聚氨酯、聚脲等）将在后续章节详细介绍。虽然 CO_2 的化学转化途径和产物多种多样，但目前实现工业生产的小分子产物仅限于尿素、水杨酸、环状碳酸酯等几种产品，其中尿素生产占最大份额，1.4 亿吨 CO_2 可产出 2 亿吨尿素。而随着聚碳酸丙烯酯 PPC 等可生物降解塑料的推广，已建成或即将建成的生产线年产量近百万吨，未来 CO_2 基塑料将成为 CO_2 资源化利用最重要的产物之一。目前，CO_2 的年资源化利用量仅有 1 亿多吨，远远小于其排放量（>400 亿吨），CO_2 化学利用还面临产品结构单一和转化效率不高等问题，更大规模 CO_2 资源化利用技术的发展取决于相关科学和技术的突破。将 CO_2 高效转化为能源产品、重要化学品和材料，拓展 CO_2 的转化利用途径，开发 CO_2 转化新技术，将是一项长期的重要工作。

1.3 二氧化碳在可降解材料领域的资源化利用

我国在 20 世纪 80 年代就由国家自然科学基金立项开始研究 CO_2 共聚物，此后学术界和产业界投入了大量的人力物力进行以 CO_2 共聚物为基础的功能材料和生物降解塑料方面的研究。CO_2 基生物降解塑料中最先被合成、目前使用最多的是聚碳酸丙烯酯（PPC），但其玻璃化转变温度较通用的塑料产品偏低，导致热稳定性不高以及机械强度较低，甚至其储存和运输都成为问题，实际应用受到了很大的限制，所以，尽管研究单位和工业企业多年来持续攻关，付出较大的代价，其产业化仍一直没有形成规模。针对以上问题，国内近二十年的研究工作聚焦于提高其玻璃化转变温度，改善其力学性能，拓宽其使用场景，进而实现 CO_2 基生物降解塑料的产业化。进入 21 世纪，特别是近十年来，基础研究和产业发展日新月异，目前 CO_2 基生物降解材料已进入快速产业化阶段。

孟跃中教授领导的中山大学、河南省科学院和郑州大学的跨单位研究团队在第一代 PPC 项目（由河南天冠企业集团有限公司产业化）的基础上经过 10 年研发与改进，采用全新一代的非金属高效催化剂，通过加入第三单体——邻苯二甲酸酐（苯酐，PA）进行共聚，在高分子链中引入芳香性结构，开创了半芳香无定形聚酯-聚碳酸酯结构的二氧化碳共聚物——PPC-P［poly(propylene carbonatephthalate)］的生产工艺，也称第二代 PPC 生产技术或产品工艺。以 CO_2、环氧丙烷和苯酐为原料生产的 PPC-P 全生物降解塑料，具有力学性能好（拉伸强度>40MPa）、玻璃化转变温度高（48～55℃）、完全透明（透光率≥88%，属玻璃体塑料）、超高的气体和水汽阻隔性能、满足相关的生物降解标准要求、生产工艺极为简单、生产过程无三废、投资极小、原料成本超低等突出优点。对 PPC-P 共聚物，通过调整苯酐含量的不同，可获得性能各异的产品，以适应不同的市场需要。

PPC-P 产品的高玻璃化转变温度能满足普通塑料的基本应用场景，但对于更高温度的应用场景，就需要进一步提高产品的玻璃化转变温度，孟跃中研究团队在 PPC-P 产品的基础上进一步开发，研发了新的催化体系，拓展了聚合单体的适用范围。通过引入第四单体进一步提高玻璃化转变温度，如与环氧环己烷（CHO）进行共聚，在高分子链中引入这一刚性结构，合成了聚酯-聚碳酸酯结构的二氧化碳共聚物——PPC-X [poly(propylene cyclohexene carbonate phthalate)]。以 CO_2、环氧丙烷、环氧环己烷和苯酐为原料生产的 PPC-X 全生物降解塑料，与 PPC-P 产品一样，也具有力学性能好（拉伸强度>45MPa）、透明（透光率≥88%）、超高的气体和水汽阻隔性能、满足相关的生物降解标准要求、生产工艺简单、生产过程无三废、投资极小、原料成本超低等突出优点。通过调整环氧环己烷的含量，可获得不同玻璃化转变温度（60～90℃）的产品。

根据上述 CO_2 基生物降解塑料的材料结构特性，其主要的功能特性和针对应用为：①薄膜材料，PBAT 中加入量为 15%～30%（质量分数）时，其水汽阻隔性能大大超过国家标准，而且降解速度降低，满足农膜要求；②可以采用各种发泡工艺，发泡倍率高达 50 倍，完全可以与 PS 发泡塑料媲美，用作各种发泡包装材料；③其良好的加工特性及玻璃体透明性，使其可作为透明板材制作各种食品（如鸡蛋和蔬菜）包装盒；④由于其超高的气体阻隔性，可以应用于保鲜食品（如火腿肠）的包装；⑤由于其良好的透明和阻隔性能，可以用于农药、医药包装和注射器；⑥由于其优异的加工性能，可以方便进行纺丝，单丝直径小于 2μm，可以用作无纺材料、纺织布料的原材料，也可以制备与低廉植物纤维混纺压延的高性能复合材料，用于超低价格的包装材料，如全链条解决快递包装材料；⑦由于其超好的熔体流动性能，可以用作纸张表面的流延复合，用于纸杯、方便食品和快餐包装。总之，其适用场景和应用领域非常广泛。

此外，PPC-P 和 PPC-X 均以二氧化碳、环氧丙烷和苯酐为主要原料，除二氧化碳外，环氧丙烷和苯酐是目前石油化工和煤化工的“大路货”产品，中国的产能和产量都大大过剩，相关企业对其前景十分担忧，这进一步使得 PPC-P 和 PPC-X 两个技术产品的优势凸显。因此，目前我国正在掀起一轮 CO_2 基生物降解塑料投资热潮。

2013 年，河南中聚天冠采用孟跃中团队的技术，在国家“863 计划”重点项目的支持下，建成 2.5 万吨级 PPC 工业化生产线。2021 年初以来，运用孟跃中团队研发的 PPC-P 和 PPC-X 树脂产品及其系列相关技术，山东联欣环保股份有限公司规划建设 120 万吨/年产线，中化集团规划建设 10 万吨/年产线，广东茂名天源石化、中国旭阳集团、河北信诺立兴（沧州渤海新区）化工有限公司、珠海中冠石化有限公司各规划建设 3 万吨/年产线，达产后每年总产量达 142 万吨。142 万吨/年的产量可以满足广东省一年降解塑料需求量，CO_2 基生物降解塑料将成为中国第一大产量的生物降解塑料品种；每年生产 142 万吨降解塑料将利用和减排 CO_2 超 42 万吨/年，相当于 26 万辆汽车一年的 CO_2 排放量。CO_2 聚合得到生物降解塑料，对于国家“双碳”目标的实现、“禁塑令”的实施将起到极大的推进作用。在不久的将来，CO_2 基生物降解塑料必将在人们的生活中随处可见。

参考文献

[1] 蓝颖春．二氧化碳：温室气体“主犯”．地球，2013（09）：34-37.

[2] 王云英．浅析温室效应对环境的影响及对策．科技创新导报，2012（01）：125.

[3] 赵天．从《京都议定书》到《巴黎协定》．国家电网，2017（01）：47.

[4] 边际．联合国气候变化框架公约．国土绿化，2017（02）：53.

[5] 习近平．在第七十五届联合国大会一般性辩论上的讲话．中华人民共和国国务院公报，2020（28）：5-7.

[6] 韩景城．过渡期替代能源的选择．中外能源，2008（04）：20-23.

[7] 余红辉．提升林业碳汇能力 贡献中国方案智慧．中国新闻发布（实务版），2022（08）：25-28.

[8] 肖钢，常乐．CO_2 减排技术．武汉：武汉大学出版社，2015.

[9] Wilcox J. 碳捕集．西安热工研究院，译．北京：中国电力出版社，2015.

[10] 朱跃钊，廖传华，王重庆，等．二氧化碳的减排与资源化利用．北京：化学工业出版社，2010.

[11] Leitner W. Supercritical carbon dioxide as a green reaction medium for catalysis. Accounts of Chemical Research，2002，35：746-756.

[12] Yu B，Zhang H Y，Zhao Y F，et al. Cyclization of *o*-phenylenediamines by CO_2 in the presence of H_2 for the synthesis of benzimidazoles. Green Chemistry，2013，15：95-99.

[13] Wasson JR. Introduction to molecular orbital theory（Liberles，Arno）. Journal of Chemical Education，1967，44：117.

[14] 何良年，等．二氧化碳化学．北京：科学出版社，2013.

[15] Zhao Y F，Yu B，Yang Z Z，et al. A protic ionic liquid catalyzes CO_2 conversion at atmospheric pressure and room temperature：Synthesis of quinazoline-2,4(1H,3H)-diones. Angewandte Chemie International Edition，2014，53：5922-5925.

[16] Mömming CM，Otten E，Kehr G，et al. Cover picture：Reversible metal-free carbon dioxide binding by frustrated Lewis pairs. Angewandte Chemie International Edition，2009，48：6563.

[17] Duong H A，Tekavec T N，Arif A M，et al. Reversible carboxylation of *N*-heterocyclic carbenes. Chem Commun，2004：112-113.

[18] Yin X，Moss JR. Recent developments in the activation of carbon dioxide by metal complexes. Coordination Chemistry Reviews，1999，181：27-59.

[19] Aresta M，Nobile CF，Albano VG，et al. New nickel-carbon dioxide complex：Synthesis，properties，and crystallographic characterization of（carbon dioxide)-bis（tricyclohexylphosphine）nickel. Journal of the Chemical Society Chemical Communications，1975：636-637.

[20] 杨瑞娜，侯益民，胡晓院，等．过渡金属配合物催化的二氧化碳的固定．化学进展，2000（01）：41-50.

[21] 周天辰，何川，张亚男，等. CO_2 的光电还原．化学进展，2012，24（10）：1897-1905.

[22] Indrakanti VP，Kubicki JD，Schobert HH. Photoinduced activation of CO_2 on Ti-based heterogeneous catalysts：Current state，chemical physics-based insights and outlook. Energy Environ Sci，2009，2：745-758.

[23] Sakakura T，Choi J-C，Yasuda H. Transformation of carbon dioxide. Chem Rev，2007，107：2365-2387.

[24] 刘志敏．二氧化碳化学转化．北京：科学出版社，2018.

[25] Riedel T，Schaub G，Jun K-W，et al. Kinetics of CO_2 hydrogenation on a K-promoted Fe catalyst. Industrial & Engineering Chemistry Research，2001，40：1355-1363.

[26] Fujita S-I，Usui M，Takezawa N. Mechanism of the reverse water gas shift reaction over Cu/ZnO catalyst. Journal of Catalysis，1992，134：220-225.

[27] Purnama H，Ressler T，Jentoft RE，et al. CO formation/selectivity for steam reforming of methanol with a commercial $CuO/ZnO/Al_2O_3$ catalyst. Applied Catalysis A：General，2004，259：83-94.

[28] Chen C-S，Cheng W-H，Lin S-S. Mechanism of CO formation in reverse water-gas shift reaction over Cu/Al_2O_3 catalyst. Catalysis Letters，2000，68：45-48.

[29] Lescot C, Nielsen DU, Makarov IS, et al. Efficient fluoride-catalyzed conversion of CO_2 to CO at room temperature. J Am Chem Soc, 2014, 136: 6142-6147.

[30] 靳治良，钱玲，吕功煊．二氧化碳化学——现状及展望．化学进展，2010，22 (6)：1102-1115.

[31] Hashimoto K, Yamasaki M, Meguro S, et al. Materials for global carbon dioxide recycling. Corrosion Science, 2002, 44: 371-386.

[32] Sane S, Bonnier J M, Damon J P, et al. Raney metal catalysts: Ⅰ. comparative properties of raney nickel proceeding from Ni-Ai intermetallic phases. Applied Catalysis, 1984, 9: 69-83.

[33] Lee G D, Moon M J, Park J H, et al. Raney Ni catalysts derived from different alloy precursors Part Ⅱ. CO and CO_2 methanation activity. Korean Journal of Chemical Engineering, 2005, 22: 541-546.

[34] Tada S, Shimizu T, Kameyama H, et al. Ni/CeO_2 catalysts with high CO_2 methanation activity and high CH_4 selectivity at low temperatures. Int J Hydrog Energy, 2012, 37: 5527-5531.

[35] Abe T, Tanizawa M, Watanabe K, et al. CO_2 methanation property of Ru nanoparticle-loaded TiO_2 prepared by a polygonal barrel-sputtering method. Energy Environ Sci, 2009, 2: 315-321.

[36] Beuls A, Swalus C, Jacquemin M, et al. Methanation of CO_2: Further insight into the mechanism over Rh/γ-Al_2O_3 catalyst. Applied Catalysis B: Environmental, 2012, 113-114: 2-10.

[37] Kim H Y, Lee H M, Park J N. Bifunctional mechanism of CO_2 methanation on Pd-MgO/SiO_2 catalyst: Independent roles of MgO and Pd on CO_2 methanation. The Journal of Physical Chemistry C, 2010, 114: 7128-7131.

[38] Darensbourg D J, Bauch C, Ovalles C. Mechanistic aspects of catalytic carbon dioxide methanation. Chem Inform, 1985, 7: 315-340.

[39] Weatherbee G D, Bartholomew C H. Hydrogenation of CO_2 on group Ⅷ metals: Ⅱ. Kinetics and mechanism of CO_2 hydrogenation on nickel. Journal of Catalysis, 1982, 77: 460-472.

[40] 江琦，林强，黄仲涛，等．二氧化碳甲烷化催化剂研究Ⅲ. Ni-Ru-稀土/ZrO_2 作用下的催化反应机理. 催化学报，1997 (03)：16-20.

[41] Prairie M R, Renken A, Highfield J G, et al. A fourier transform infrared spectroscopic study of CO_2 methanation on supported ruthenium. Journal of Catalysis, 1991, 129: 130-144.

[42] Medsforth S. Promotion of catalytic reations: Part Ⅰ. J Chem Soc Trans, 1923, 123: 1452-1469.

[43] Vlasenko V M, Yuzefovich G E. Mechanism of the catalytic hydrogenation of oxides of carbon to methane. Russ Chem Rev. 1969, 38: 728.

[44] Matsuo T, Kawaguchi H. From carbon dioxide to methane: Homogeneous reduction of carbon dioxide with hydrosilanes catalyzed by zirconium-borane complexes. J Am Chem Soc, 2006, 128: 12362-12363.

[45] Pan Y X, Liu C J, Ge Q. Effect of surface hydroxyls on selective CO_2 hydrogenation over Ni_4/γ-Al_2O_3: A density functional theory study. Journal of Catalysis, 2010, 272: 227-234.

[46] Ipatieff V N, Monroe G S. Synthesis of methanol from carbon dioxide and hydrogen over copper-alumina catalysts. Mechanism of reaction. J Am Chem Soc, 1945, 67: 2168-2171.

[47] Qi G X, Fei J H, Hou Z Y, et al. Methanol synthesis by CO_2 hydrogenation over titanium modified γ-Al_2O_3 supported copper catalysts. Reaction Kinetics and Catalysis Letters, 2001, 73: 151-160.

[48] 刘源，钟炳，王琴，等．氧化铜/氧化锆甲醇合成催化剂的性能研究．催化学报，1995 (06)：442-446.

[49] 邵昌平，杨秀芝，王捷宇. SiO_2 负载的 Pt—M、Rh—M 异双核络合物催化剂催化 CO_2 氢化反应．分子催化，1996 (05)：45-49.

[50] Qu J, Zhou X, Xu F, et al. Shape effect of Pd-promoted Ga_2O_3 nanocatalysts for methanol synthesis by CO_2 hydrogenation. The Journal of Physical Chemistry C, 2014, 118: 24452-24466.

[51] Gao P，Li F，Zhao N，et al. Influence of modifier（Mn，La，Ce，Zr and Y）on the performance of Cu/Zn/Al catalysts via hydrotalcite-like precursors for CO_2 hydrogenation to methanol. Applied Catalysis A：General，2013，468：442-452.

[52] Behrens M，Studt F，Kasatkin I，et al. The active site of methanol synthesis over $Cu/ZnO/Al_2O_3$ industrial catalysts. Science，2012，336：893-897.

[53] Wang G，Zhao Y，Cai Z，et al. Investigation of the active sites of CO_2 hydrogenation to methanol over a Cu-based catalyst by the UBI-QEP approach. Surface Science，2000，465：51-58.

[54] Uzunova E L，Seriani N，Mikosch H. CO_2 conversion to methanol on Cu(Ⅰ) oxide nanolayers and clusters：An electronic structure insight into the reaction mechanism. Physical Chemistry Chemical Physics，2015，17：11088-11094.

[55] Balaraman E，Gunanathan C，Zhang J，et al. Efficient hydrogenation of organic carbonates，carbamates and formates indicates alternative routes to methanol based on CO_2 and CO. Nature Chemistry，2011，3：609-614.

[56] Balaraman E，Ben-David Y，Milstein D. Unprecedented catalytic hydrogenation of urea derivatives to amines and methanol. Angewandte Chemie International Edition，2011，50：11702-11705.

[57] Balaraman E，Gnanaprakasam B，Shimon L J W，et al. Direct hydrogenation of amides to alcohols and amines under mild conditions. J Am Chem Soc，2010，132：16756-16758.

[58] Yoneyama H，Wakamoto K，Hatanaka N，et al. Photoelectrochemical reduction of carbon monoxide on iron(Ⅱ) tetraphenylporphyrin-coated *p*-type GaP electrodes. Chemistry Letters，1985，14：539-542.

[59] Inui T，Yamamoto T. Effective synthesis of ethanol from CO_2 on polyfunctional composite catalysts. Catalysis Today，1998，45：209-214.

[60] Kurakata H，Izumi Y，Aika K. Ethanol synthesis from carbon dioxide on TiO_2-supported [$Rh_{10}Se$] catalyst. Chem Commun，1996：389-390.

[61] Nieskens D L S，Ferrari D，Liu Y，et al. The conversion of carbon dioxide and hydrogen into methanol and higher alcohols. Catalysis Communications，2011，14：111-113.

[62] Li S，Guo H，Luo C，et al. Effect of iron promoter on structure and performance of K/Cu-Zn catalyst for higher alcohols synthesis from CO_2 hydrogenation. Catalysis Letters，2013，143：345-355.

[63] Tominaga K I，Sasaki Y，Saito M，et al. Homogeneous Ru-Co bimetallic catalysis in CO_2 hydrogenation：The formation of ethanol. Journal of Molecular Catalysis，1994，89：51-55.

[64] 王其召，佘厚德，王磊. TiO_2 基材料及光催化还原 CO_2 制备碳氢燃料. 北京：中国石化出版社，2020.

[65] Kou Y，Nabetani Y，Masui D，et al. Direct detection of key reaction intermediates in photochemical CO_2 reduction sensitized by a rhenium bipyridine complex. J Am Chem Soc，2014，136：6021-6030.

[66] Hong D，Tsukakoshi Y，Kotani H，et al. Visible-light-driven photocatalytic CO_2 reduction by a Ni(Ⅱ) complex bearing a bioinspired tetradentate ligand for selective CO production. J Am Chem Soc，2017，139：6538-6541.

[67] Rao H，Schmidt L C，Bonin J，et al. Visible-light-driven methane formation from CO_2 with a molecular iron catalyst. Nature，2017，548：74-77.

[68] Thoi V S，Kornienko N，Margarit C G，et al. Visible-light photoredox catalysis：Selective reduction of carbon dioxide to carbon monoxide by a nickel *N*-heterocyclic carbene-isoquinoline complex. J Am Chem Soc，2013，135：14413-14424.

[69] Bonin J，Robert M，Routier M. Selective and efficient photocatalytic CO_2 reduction to CO using visible light and an iron-based homogeneous catalyst. J Am Chem Soc，2014，136：16768-16771.

[70] Ye L, Mao J, Peng T, et al. Opposite photocatalytic activity orders of low-index facets of anatase TiO_2 for liquid phase dye degradation and gaseous phase CO_2 photoreduction. Physical Chemistry Chemical Physics, 2014, 16: 15675-15680.

[71] Yu J, Low J, Xiao W, et al. Enhanced photocatalytic CO_2-reduction activity of anatase TiO_2 by co-exposed {001} and {101} facets. J Am Chem Soc, 2014, 136: 8839-8842.

[72] Li P, Zhou Y, Zhao Z, et al. Hexahedron prism-anchored octahedronal CeO_2: Crystal facet-based homojunction promoting efficient solar fuel synthesis. J Am Chem Soc, 2015, 137: 9547-9550.

[73] Mao J, Peng T, Zhang X, et al. Selective methanol production from photocatalytic reduction of CO_2 on $BiVO_4$ under visible light irradiation. Catalysis Communications, 2012, 28: 38-41.

[74] Liu Y, Huang B, Dai Y, et al. Selective ethanol formation from photocatalytic reduction of carbon dioxide in water with $BiVO_4$ photocatalyst. Catalysis Communications, 2009, 11: 210-213.

[75] Yamashita H, Fujii Y, Ichihashi Y, et al. Selective formation of CH_3OH in the photocatalytic reduction of CO_2 with H_2O on titanium oxides highly dispersed within zeolites and mesoporous molecular sieves. Catalysis Today, 1998, 45: 221-227.

[76] Ikeue K, Yamashita H, Anpo M, et al. Photocatalytic reduction of CO_2 with H_2O on Ti-β zeolite photocatalysts: Effect of the hydrophobic and hydrophilic properties. The Journal of Physical Chemistry B, 2001, 105: 8350-8355.

[77] Anpo M, Yamashita H, Ikeue K, et al. Photocatalytic reduction of CO_2 with H_2O on Ti-MCM-41 and Ti-MCM-48 mesoporous zeolite catalysts. Catalysis Today, 1998, 44: 327-332.

[78] Goren Z, Willner I, Nelson A J, et al. Selective photoreduction of carbon dioxide/bicarbonate to formate by aqueous suspensions and colloids of palladium-titania. The Journal of Physical Chemistry, 1990, 94: 3784-3790.

[79] Tseng I H, Chang W C, Wu JCS. Photoreduction of CO_2 using sol-gel derived titania and titania-supported copper catalysts. Applied Catalysis B: Environmental, 2002, 37: 37-48.

[80] Neaţu Ş, Maciá-Agulló J A, Concepción P, et al. Gold-copper nanoalloys supported on TiO_2 as photocatalysts for CO_2 reduction by water. J Am Chem Soc, 2014, 136: 15969-15976.

[81] Li K, Lin L, Peng T, et al. Asymmetric zinc porphyrin-sensitized nanosized TiO_2 for efficient visible-light-driven CO_2 photoreduction to CO/CH_4. Chem Commun, 2015, 51: 12443-12446.

[82] Huang H, Lin J, Zhu G, et al. A long-lived mononuclear cyclopentadienyl ruthenium complex grafted onto anatase TiO_2 for efficient CO_2 photoreduction. Angewandte Chemie International Edition, 2016, 55: 8314-8318.

[83] Bae K L, Kim J, Lim C K, et al. Colloidal zinc oxide-copper(Ⅰ) oxide nanocatalysts for selective aqueous photocatalytic carbon dioxide conversion into methane. Nat Commun, 2017, 8: 1156.

[84] Li H, Gao Y, Zhou Y, et al. Construction and nanoscale detection of interfacial charge transfer of elegant Z-scheme $WO_3/Au/In_2S_3$ nanowire arrays. Nano Lett, 2016, 16: 5547-5552.

[85] Sekizawa K, Maeda K, Domen K, et al. Artificial Z-scheme constructed with a supramolecular metal complex and semiconductor for the photocatalytic reduction of CO_2. J Am Chem Soc, 2013, 135: 4596-4599.

[86] Yan S, Yu H, Wang N, et al. Efficient conversion of CO_2 and H_2O into hydrocarbon fuel over $ZnAl_2O_4$-modified mesoporous ZnGaNO under visible light irradiation. Chem Commun, 2012, 48: 1048-1050.

[87] Guan G, Kida T, Harada T, et al. Photoreduction of carbon dioxide with water over $K_2Ti_6O_{13}$ photocatalyst combined with Cu/ZnO catalyst under concentrated sunlight. Applied Catalysis A: General, 2003, 249: 11-18.

[88] Arakawa H, Sayama K. Solar hydrogen production. Significant effect of Na_2CO_3 addition on water splitting using simple oxide semiconductor photocatalysts. Catalysis Surveys from Japan, 2000, 4: 75-80.

[89] Chen D, Xing H, Wang C, et al. Highly efficient visible-light-driven CO_2 reduction to formate by a new anthracene-based zirconium MOF via dual catalytic routes. J Mater Chem A, 2016, 4: 2657-2662.

[90] Xu H Q, Hu J, Wang D, et al. Visible-light photoreduction of CO_2 in a metal-organic framework: Boosting electron-hole separation via electron trap states. J Am Chem Soc, 2015, 137: 13440-13443.

[91] Zeng L, Guo X, He C, et al. Metal-organic frameworks: Versatile materials for heterogeneous photocatalysis. ACS Catal, 2016, 6: 7935-7947.

[92] Li Y, Xu H, Ouyang S, et al. Metal-organic frameworks for photocatalysis. Physical Chemistry Chemical Physics, 2016, 18: 7563-7572.

[93] Sun D, Fu Y, Liu W, et al. Studies on photocatalytic CO_2 reduction over NH_2-Uio-66(Zr) and its derivatives: Towards a better understanding of photocatalysis on metal-organic frameworks. Chemistry-A European Journal, 2013, 19: 14279-14285.

[94] Wang D, Huang R, Liu W, et al. Fe-based MOFs for photocatalytic CO_2 reduction: Role of coordination unsaturated sites and dual excitation pathways. ACS Catal, 2014, 4: 4254-4260.

[95] Zhang H, Wei J, Dong J, Liu G, Shi L, An P, et al. Efficient visible-light-driven carbon dioxide reduction by a single-atom implanted metal-organic framework. Angewandte Chemie International Edition, 2016, 55: 14310-14314.

[96] Ong W J, Tan L L, Ng Y H, et al. Graphitic carbon nitride ($g-C_3N_4$)-based photocatalysts for artificial photosynthesis and environmental remediation: Are we a step closer to achieving sustainability? Chem Rev, 2016, 116: 7159-7329.

[97] Zhang J, Chen X, Takanabe K, et al. Synthesis of a carbon nitride structure for visible-light catalysis by copolymerization. Angewandte Chemie International Edition, 2010, 49: 441-444.

[98] Zhang J, Zhang G, Chen X, et al. Co-monomer control of carbon nitride semiconductors to optimize hydrogen evolution with visible light. Angewandte Chemie-International Edition, 2012, 51: 3183-3187.

[99] Mao J, Peng T, Zhang X, et al. Effect of graphitic carbon nitride microstructures on the activity and selectivity of photocatalytic CO_2 reduction under visible light. Catalysis Science & Technology, 2013, 3: 1253-1260.

[100] Qin J, Wang S, Ren H, et al. Photocatalytic reduction of CO_2 by graphitic carbon nitride polymers derived from urea and barbituric acid. Applied Catalysis B: Environmental, 2015, 179: 1-8.

[101] Niu P, Yang Y, Yu J C, et al. Switching the selectivity of the photoreduction reaction of carbon dioxide by controlling the band structure of a $g-C_3N_4$ photocatalyst. Chem Commun, 2014, 50: 10837-10840.

[102] Huang Y, Wang Y, Bi Y, et al. Preparation of 2D hydroxyl-rich carbon nitride nanosheets for photocatalytic reduction of CO_2. RSC Adv, 2015, 5: 33254-33261.

[103] Liu G, Niu P, Sun C, et al. Unique electronic structure induced high photoreactivity of sulfur-doped graphitic C_3N_4. J Am Chem Soc, 2010, 132: 11642-11648.

[104] Wang K, Li Q, Liu B, et al. Sulfur-doped $g-C_3N_4$ with enhanced photocatalytic CO_2-reduction performance. Applied Catalysis B: Environmental, 2015, 176-177: 44-52.

[105] Ong W J, Tan L L, Chai S P, et al. Heterojunction engineering of graphitic carbon nitride ($g-C_3N_4$) via Pt loading with improved daylight-induced photocatalytic reduction of carbon dioxide to

methane. Dalton Transactions，2015，44：1249-1257.

[106] Cao S W，Liu X F，Yuan Y P，et al. Solar-to-fuels conversion over In_2O_3/g-C_3N_4 hybrid photocatalysts. Applied Catalysis B：Environmental，2014，147：940-946.

[107] Raziq F，Qu Y，Zhang X，et al. Enhanced cocatalyst-free visible-light activities for photocatalytic fuel production of g-C_3N_4 by trapping holes and transferring electrons. The Journal of Physical Chemistry C，2016，120：98-107.

[108] Li M，Zhang L，Wu M，et al. Mesostructured CeO_2/g-C_3N_4 nanocomposites：Remarkably enhanced photocatalytic activity for CO_2 reduction by mutual component activations. Nano Energy，2016，19：145-155.

[109] Ohno T，Murakami N，Koyanagi T，et al. Photocatalytic reduction of CO_2 over a hybrid photocatalyst composed of WO_3 and graphitic carbon nitride（g-C_3N_4）under visible light. Journal of CO_2 Utilization，2014，6：17-25.

[110] Li M，Zhang L，Fan X，Zhou Y，et al. Highly selective CO_2 photoreduction to CO over g-C_3N_4/Bi_2WO_6 composites under visible light. J Mater Chem A，2015，3：5189-5196.

[111] He Y，Zhang L，Teng B，et al. New application of Z-scheme Ag_3PO_4/g-C_3N_4 composite in converting CO_2 to fuel. Environmental Science & Technology，2015，49：649-656.

[112] Kuriki R，Sekizawa K，Ishitani O，et al. Visible-light-driven CO_2 reduction with carbon nitride：Enhancing the activity of ruthenium catalysts. Angewandte Chemie International Edition，2015，54：2406-2409.

[113] Lin J，Pan Z，Wang X. Photochemical reduction of CO_2 by graphitic carbon nitride polymers. ACS Sustainable Chemistry & Engineering，2014，2：353-358.

[114] Endrödi B，Bencsik G，Darvas F，et al. Continuous-flow electroreduction of carbon dioxide. Progress in Energy and Combustion Science，2017，62：133-154.

[115] 白晓芳，陈为，王白银，等．二氧化碳电化学还原的研究进展．物理化学学报，2017，12：2388-2403.

[116] 景维云，毛庆，石越，等. CO_2 电催化还原制烃类产物的研究进展．化工进展，2017，36（6）：2150-2157.

[117] Hori Y，Wakebe H，Tsukamoto T，et al. Electrocatalytic process of CO selectivity in electrochemical reduction of CO_2 at metal electrodes in aqueous media. Electrochim Acta，1994，39：1833-1839.

[118] Schouten K J P，Kwon Y，van der Ham CJM，et al. A new mechanism for the selectivity to C_1 and C_2 species in the electrochemical reduction of carbon dioxide on copper electrodes. Chemical Science，2011，2：1902-1909.

[119] Mistry H，Varela A S，Kühl S，et al. Nanostructured electrocatalysts with tunable activity and selectivity. Nature Reviews Materials，2016，1：16009.

[120] Wang Y，Liu J，Wang Y，et al. Tuning of CO_2 reduction selectivity on metal electrocatalysts. Small，2017，13：1701809.

[121] Feng D M，Zhu Y P，Chen P，et al. Recent advances in transition-metal-mediated electrocatalytic CO_2 reduction：From homogeneous to heterogeneous systems. Catalysts，2017，7：373.

[122] Zhu W，Michalsky R，Metin Ö，et al. Monodisperse Au nanoparticles for selective electrocatalytic reduction of CO_2 to CO. J Am Chem Soc，2013，135：16833-16836.

[123] Chen Y，Li C W，Kanan M W. Aqueous CO_2 reduction at very low overpotential on oxide-derived Au nanoparticles. J Am Chem Soc，2012，134：19969-19972.

[124] Mistry H，Reske R，Zeng Z，et al. Exceptional size-dependent activity enhancement in the electroreduction of CO_2 over Au nanoparticles. J Am Chem Soc，2014，136：16473-16476.

[125] Koh J H，Jeon H S，Jee M S，et al. Oxygen plasma induced hierarchically structured gold electrocatalyst for selective reduction of carbon dioxide to carbon monoxide. The Journal of Physical Chemistry C，2015，119：883-889.

[126] Zhu W，Zhang Y J，Zhang H，et al. Active and selective conversion of CO_2 to CO on ultrathin Au nanowires. J Am Chem Soc，2014，136：16132-16135.

[127] Hoshi N，Kato M，Hori Y. Electrochemical reduction of CO_2 on single crystal electrodes of silver Ag(111)，Ag(100) and Ag(110). J Electroanal Chem，1997，440：283-286.

[128] Rosen J，Hutchings GS，Lu Q，et al. Mechanistic insights into the electrochemical reduction of CO_2 to CO on nanostructured Ag surfaces. ACS Catal，2015，5：4293-4299.

[129] Lu Q，Rosen J，Zhou Y，et al. A selective and efficient electrocatalyst for carbon dioxide reduction. Nat Commun，2014，5：3242.

[130] Butler J N，Makrides A C. Hydrogen evolution at dilute platinum and palladium amalgam electrodes. Transactions of the Faraday Society，1964，60：938-946.

[131] Bensalem A，Bozon-Verduraz F，Perrichon V. Palladium-ceria catalysts：Reversibility of hydrogen chemisorption and redox phenomena. Journal of the Chemical Society，Faraday Transactions，1995，91：2185-2189.

[132] Gao D，Zhou H，Wang J，et al. Size-dependent electrocatalytic reduction of CO_2 over Pd nanoparticles. J Am Chem Soc，2015，137：4288-4291.

[133] Ding C，Li A，Lu S M，et al. In situ electrodeposited indium nanocrystals for efficient CO_2 reduction to CO with low overpotential. ACS Catal，2016，6：6438-6443.

[134] Sun K，Cheng T，Wu L，et al. Ultrahigh mass activity for carbon dioxide reduction enabled by gold-iron core-shell nanoparticles. J Am Chem Soc，2017，139：15608-15611.

[135] Christophe J，Doneux T，Buess-Herman C. Electroreduction of carbon dioxide on copper-based electrodes：Activity of copper single crystals and copper-gold alloys. Electrocatalysis，2012，3：139-146.

[136] Kim D，Resasco J，Yu Y，et al. Synergistic geometric and electronic effects for electrochemical reduction of carbon dioxide using gold-copper bimetallic nanoparticles. Nat Commun，2014，5：4948.

[137] Jedidi A，Rasul S，Masih D，et al. Generation of Cu-In alloy surfaces from $CuInO_2$ as selective catalytic sites for CO_2 electroreduction. J Mater Chem A，2015，3：19085-19092.

[138] Hoffman Z B，Gray T S，Moraveck K B，et al. Electrochemical reduction of carbon dioxide to syngas and formate at dendritic copper-indium electrocatalysts. ACS Catal，2017，7：5381-5390.

[139] Li C W，Kanan M W. CO_2 reduction at low overpotential on Cu electrodes resulting from the reduction of thick Cu_2O films. J Am Chem Soc，2012，134：7231-7234.

[140] Sarfraz S，Garcia-Esparza AT，Jedidi A，et al. Cu-Sn bimetallic catalyst for selective aqueous electroreduction of CO_2 to CO. ACS Catal，2016，6：2842-2851.

[141] Asadi M，Kim K，Liu C，et al. Nanostructured transition metal dichalcogenide electrocatalysts for CO_2 reduction in ionic liquid. Science，2016，353：467-470.

[142] Asadi M，Kumar B，Behranginia A，et al. Robust carbon dioxide reduction on molybdenum disulphide edges. Nat Commun，2014，5：4470.

[143] Oh Y，Vrubel H，Guidoux S，et al. Electrochemical reduction of CO_2 in organic solvents catalyzed by MoO_2. Chem Commun，2014，50：3878-3881.

[144] Schreier M，Héroguel F，Steier L，et al. Solar conversion of CO_2 to CO using Earth-abundant electrocatalysts prepared by atomic layer modification of CuO. Nat Energy，2017，2：17087.

[145] He J，Johnson N J J，Huang A，et al. Electrocatalytic alloys for CO_2 reduction. ChemSusChem，

2018, 11: 48-57.

[146] Noda H, Ikeda S, Oda Y, et al. Electrochemical reduction of carbon dioxide at various metal electrodes in aqueous potassium hydrogen carbonate solution. Bulletin of the Chemical Society of Japan, 1990, 63: 2459-2462.

[147] Paik W, Andersen T N, Eyring H. Kinetic studies of the electrolytic reduction of carbon dioxide on the mercury electrode. Electrochim Acta, 1969, 14: 1217-1232.

[148] Eggins B R, McNeill J. Voltammetry of carbon dioxide: Part Ⅰ. A general survey of voltammetry at different electrode materials in different solvents. Journal of Electroanalytical Chemistry and Interfacial Electrochemistry, 1983, 148: 17-24.

[149] Todoroki M, Hara K, Kudo A, et al. Electrochemical reduction of high pressure CO_2 at Pb, Hg and In electrodes in an aqueous $KHCO_3$ solution. J Electroanal Chem, 1995, 394: 199-203.

[150] Köleli F, Balun D. Reduction of CO_2 under high pressure and high temperature on Pb-granule electrodes in a fixed-bed reactor in aqueous medium. Applied Catalysis A: General, 2004, 274: 237-242.

[151] Jitaru M, Lowy D A, Toma M, et al. Electrochemical reduction of carbon dioxide on flat metallic cathodes. Journal of Applied Electrochemistry, 1997, 27: 875-889.

[152] Hori Y, Kikuchi K, Suzuki S. Production of CO and CH_4 in electrochemical reduction of CO_2 at metal electrodes in aqueous hydrogencarbonate solution. Chemistry Letters, 1985, 14: 1695-1698.

[153] Chen Y, Kanan M W. Tin oxide dependence of the CO_2 reduction efficiency on tin electrodes and enhanced activity for tin/tin oxide thin-film catalysts. J Am Chem Soc, 2012, 134: 1986-1989.

[154] Zhang S, Kang P, Meyer T J. Nanostructured tin catalysts for selective electrochemical reduction of carbon dioxide to formate. J Am Chem Soc, 2014, 136: 1734-1737.

[155] Li F, Chen L, Knowles G P, MacFarlane DR, Zhang J. Hierarchical mesoporous SnO_2 nanosheets on carbon cloth: A robust and flexible electrocatalyst for CO_2 reduction with high efficiency and selectivity. Angewandte Chemie International Edition, 2017, 56: 505-509.

[156] Li F, Xue M, Li J, et al. Unlocking the electrocatalytic activity of antimony for CO_2 reduction by two-dimensional engineering of the bulk material. Angew Chem-Int Edit, 2017, 56: 14718-14722.

[157] Sun X, Zhu Q, Kang X, et al. Molybdenum-bismuth bimetallic chalcogenide nanosheets for highly efficient electrocatalytic reduction of carbon dioxide to methanol. Angewandte Chemie International Edition, 2016, 55: 6771-6775.

[158] Yang N, Waldvogel S R, Jiang X. Electrochemistry of carbon dioxide on carbon electrodes. ACS Appl Mater Interfaces, 2016, 8: 28357-28371.

[159] Duan X, Xu J, Wei Z, et al. Metal-free carbon materials for CO_2 electrochemical reduction. Adv Mater, 2017, 29: 1701784.

[160] Chai G L, Guo Z X. Highly effective sites and selectivity of nitrogen-doped graphene/CNT catalysts for CO_2 electrochemical reduction. Chemical Science, 2016, 7: 1268-1275.

[161] Wu J, Liu M, Sharma P P, et al. Incorporation of nitrogen defects for efficient reduction of CO_2 via two-electron pathway on three-dimensional graphene foam. Nano Lett, 2016, 16: 466-470.

[162] Sreekanth N, Nazrulla M A, Vineesh TV, et al. Metal-free boron-doped graphene for selective electroreduction of carbon dioxide to formic acid/formate. Chem Commun, 2015, 51: 16061-16064.

[163] Liu Y, Zhao J, Cai Q. Pyrrolic-nitrogen doped graphene: A metal-free electrocatalyst with high efficiency and selectivity for the reduction of carbon dioxide to formic acid: A computational study. Physical Chemistry Chemical Physics, 2016, 18: 5491-5498.

[164] Wu J, Yadav R M, Liu M, et al. Achieving highly efficient, selective, and stable CO_2 reduction

on nitrogen-doped carbon nanotubes. ACS Nano, 2015, 9: 5364-5371.

[165] Wang H, Chen Y, Hou X, et al. Nitrogen-doped graphenes as efficient electrocatalysts for the selective reduction of carbon dioxide to formate in aqueous solution. Green Chemistry, 2016, 18: 3250-3256.

[166] Wu J, Ma S, Sun J, et al. A metal-free electrocatalyst for carbon dioxide reduction to multi-carbon hydrocarbons and oxygenates. Nat Commun, 2016, 7: 13869.

[167] Wang H, Jia J, Song P, et al. Efficient electrocatalytic reduction of CO_2 by nitrogen-doped nanoporous carbon/carbon nanotube membranes: A step towards the electrochemical CO_2 refinery. Angewandte Chemie International Edition, 2017, 56: 7847-7852.

[168] Liu Y, Chen S, Quan X, et al. Efficient electrochemical reduction of carbon dioxide to acetate on nitrogen-doped nanodiamond. J Am Chem Soc, 2015, 137: 11631-11636.

[169] Kumar B, Asadi M, Pisasale D, et al. Renewable and metal-free carbon nanofibre catalysts for carbon dioxide reduction. Nat Commun, 2013, 4: 2819.

[170] Jhong H R M, Tornow C E, Smid B, et al. A nitrogen-doped carbon catalyst for electrochemical CO_2 conversion to CO with high selectivity and current density. ChemSusChem, 2017, 10: 1094-1099.

[171] Song Y, Chen W, Zhao C, et al. Metal-free nitrogen-doped mesoporous carbon for electroreduction of CO_2 to ethanol. Angewandte Chemie International Edition, 2017, 56: 10840-10844.

[172] Nakata K, Ozaki T, Terashima C, et al. High-yield electrochemical production of formaldehyde from CO_2 and seawater. Angewandte Chemie International Edition, 2014, 53: 871-874.

[173] Li W, Seredych M, Rodríguez-Castellón E, et al. Metal-free nanoporous carbon as a catalyst for electrochemical reduction of CO_2 to CO and CH_4. ChemSusChem, 2016, 9: 606-616.

[174] Qiao J, Liu Y, Hong F, et al. A review of catalysts for the electroreduction of carbon dioxide to produce low-carbon fuels. Chem Soc Rev, 2014, 43: 631-675.

[175] Costentin C, Drouet S, Robert M, et al. A local proton source enhances CO_2 electroreduction to CO by a molecular Fe catalyst. Science, 2012, 338: 90-94.

[176] Lim RJ, Xie M, Sk M A, et al. A review on the electrochemical reduction of CO_2 in fuel cells, metal electrodes and molecular catalysts. Catalysis Today, 2014, 233: 169-180.

[177] Kornienko N, Zhao Y, Kley C S, et al. Metal-organic frameworks for electrocatalytic reduction of carbon dioxide. J Am Chem Soc, 2015, 137: 14129-14135.

[178] Lin S, Diercks C S, Zhang Y B, et al. Covalent organic frameworks comprising cobalt porphyrins for catalytic CO_2 reduction in water. Science, 2015, 349: 1208-1213.

[179] Wang Y, Hou P, Wang Z, et al. Zinc imidazolate metal-organic frameworks (ZIF-8) for electrochemical reduction of CO_2 to CO. Chem Phys Chem, 2017, 18: 3142-3147.

[180] Zhao C, Dai X, Yao T, et al. Ionic exchange of metal-organic frameworks to access single nickel sites for efficient electroreduction of CO_2. J Am Chem Soc, 2017, 139: 8078-8081.

[181] Köleli F, Röpke T, Hamann C H. The reduction of CO_2 on polyaniline electrode in a membrane cell. Synthetic Metals, 2004, 140: 65-68.

[182] Aydin R, Köleli F. Electrocatalytic conversion of CO_2 on a polypyrrole electrode under high pressure in methanol. Synthetic Metals, 2004, 144: 75-80.

[183] Coskun H, Aljabour A, De Luna P, et al. Biofunctionalized conductive polymers enable efficient CO_2 electroreduction. Science Advances, 2017, 3 (8): e1700686.

[184] Angamuthu R, Byers P, Lutz M, et al. Electrocatalytic CO_2 conversion to oxalate by a copper complex. Science, 2010, 327: 313-315.

第二章 二氧化碳基脂肪族聚碳酸酯

对二氧化碳的固定，大自然已经为人类树立了杰出的榜样——据报道，每年通过光合作用转化成碳水化合物的二氧化碳高达2000亿t[1]。与之相比，虽然人们已经发现了20多个有效转化二氧化碳的化学反应，可合成尿素、无机碳酸盐、甲醇、水杨酸和有机碳酸酯等产品，但是人类在生产实际中利用二氧化碳的规模依然是非常有限的[2]。生产全生物降解二氧化碳基共聚物（包括聚碳酸酯及其衍生的三元共聚物）是一种大规模回收利用二氧化碳的有效方式[2-23]。由二氧化碳与环氧化物共聚反应（图2-1）得到的脂肪族聚碳酸酯具有热塑性、高透明度、紫外线稳定和高杨氏模量等性能，是一种极具潜力的环境友好高分子材料。二氧化碳基脂肪族聚碳酸酯可在空气中完全燃烧或在土壤中完全降解，只产生二氧化碳和水，没有其他有毒气体或者剩余灰渣。二氧化碳基脂肪族聚碳酸酯不仅来源于温室气体的转化，而且降解过程清洁环保，是公认的符合未来“绿色化学”发展要求的理想材料。总的来说，二氧化碳和环氧化物的共聚反应有较多吸引人的特点：①它代表了一种原子经济型反应，反应过程受控且聚合物的分子量随环氧化物的转化率呈线性增加；②生成的聚碳酸酯通常有低分散性，引发步骤通常比链增长快；③这种开环聚合方式可以通过改变环氧化物单体，快速调节聚碳酸酯的结构和性能。

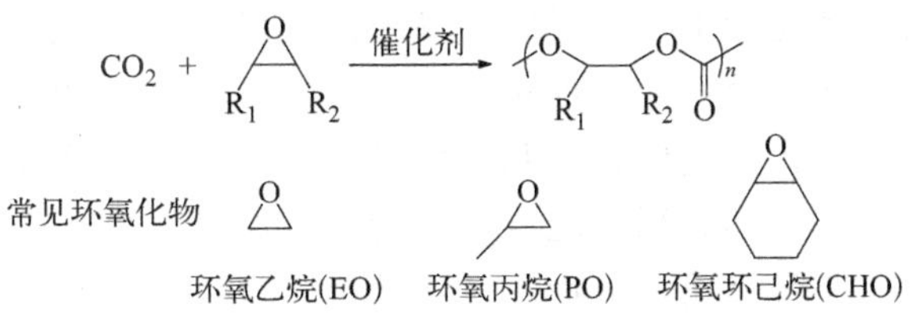

图2-1 二氧化碳与环氧化物的交替共聚反应

当今生产生活中大规模使用的传统合成塑料如聚乙烯（PE）、聚丙烯（PP）、聚苯乙烯（PS）和聚氯乙烯（PVC）等，它们的成分都是100%来源于石油，而且据估算每生产1t普通塑料就要排放出约6t二氧化碳[24]。由于使用二氧化碳基塑料替代传统合成塑料可降低对化石能源的消耗，因此进一步研究二氧化碳共聚物的合成及性能显得非常有意义。目前被研究最多的二氧化碳共聚物是聚碳酸丙烯酯（PPC），它是由二氧化碳与环氧丙烷交替共聚反应得到的。PPC的聚合重复单元的分子量为102，而二氧化碳的分子量为44，也就是说每生产1t PPC塑料将节约超过40%（以质量分数计）的石油原料。PPC可以作为包装材料、气体阻隔材料以及生物医用材料等，拥有巨大的工业化应用潜力。在原材料成本和供给方面，环氧丙烷是一种相对便宜和易得的化工产品，其价格仅是丙烷的约 1.5 倍，全球年均产量将近 700 万 t[25]。

由于二氧化碳基脂肪族聚碳酸酯具有较好的热学、力学、抗划痕性能且价格便宜，因此它正在越来越多的领域中被推广应用，比如生物医学、电化学研究等。在生物医学材料研究中，可生物降解聚碳酸酯的生物相容性和有限时间稳定性恰好满足了医学安全、功能的要求[26]。可生物降解的高分子器件可根据应用要求，通过控制材料的组分调整其降解周期，这样的器件在植入生物机体内后可在伤口愈合后一定时间内自行降解成水和二氧化碳，避免了二次手术进行摘除[27]。电化学应用方面，二氧化碳聚合物电解质已经展现了与金属锂良好的界面稳定性，这十分有利于提高锂离子在电解质中的传输效率[28-31]。另外，脂肪族聚碳酸酯链段中较高的氧含量可促进金属盐的解离[32-35]。综上所述，二氧化碳基脂肪族聚碳酸酯的组成和性能使其具有环境友好、节省能源和生物医学应用的特性。因此，在实验室研究以及工业应用中不断地改进二氧化碳基聚合物的合成与改性工艺具有深远意义，是一举多得的可持续发展途径。

脂肪族聚碳酸酯的合成已经研究了 50 多年，研究人员希望能抑制反应中环状碳酸酯副产物和聚醚的生成。根据聚合方法的不同，既可以获得高分子量聚碳酸酯，也能合成具有反应性基团末端的低聚物（多元醇等）。如图 2-2 列出了多种与 CO_2 共聚的环氧化物，包括简单的脂肪族末端环氧化物、官能化环氧化物和二取代环氧化物。其中，环氧乙烷（ethylene oxide，EO）、环氧丙烷（propylene oxide，PO）、环氧氯丙烷（epichlorohydrin，ECH）和环氧环己烷（cyclohexene oxide，CHO）是在二氧化碳共聚研究中使用最多的环氧化物，它们与二氧化碳共聚得到的聚合物分别为聚碳酸乙烯酯［poly(ethylene carbonate)，PEC］、聚碳酸丙烯酯［poly(propylene carbonate)，PPC］、聚碳酸氯丙烯酯［poly(epichlorohydrin carbonate)，PECHC］和聚碳酸环己烯酯［poly(cyclohexene carbonate)，PCHC］。

人们对于二氧化碳和环氧化物共聚反应研究主要关注催化剂、反应机理和反应条件等三个方面。由于二氧化碳是典型的惰性物质，具有很高的热力学稳定性，因此需要催化剂进行活化才能参加聚合反应，寻求高效廉价的催化剂是二氧化碳共聚的关键。用于二氧化碳与环氧化物共聚反应的催化剂可分为均相、非均相和有机催化剂三种，基本上都是有机金属化合物、有机金属配合物和有机硼类化合物，目前研究较多的主要有二乙基锌-多质子体系、金属羧酸盐类、稀土配位化合物、双金属氰根配合物、卟啉金属配合物、席夫碱金属配合物和 β-二亚胺金属配合物、三乙基硼及其他硼类化合物等。性能优良的二氧化碳共聚催化体系应具备活性高、副产物少、可获得高的分子量和规整的微观结构、安全无毒、制备工艺简单等基本条件。

反应机理对于预测新产物的生成和新反应的发生至关重要，有关 CO_2 与环氧化物共聚合成聚碳酸酯机理的报道很多。通常情况下，CO_2 与环氧化物共聚遵循以下普遍规律。

① 基本机理：环氧化物与 CO_2 交替共聚，并分两步进行。一是 CO_2 先插入金属-烷氧键生成金属-碳酸盐键，紧接着环氧化物插入金属-碳酸盐键；二是环氧化物先插入金属-烷氧键，紧接着 CO_2 再插入。因此，大部分催化剂含有金属-烷氧键或金属-碳酸盐键。

② 区域选择性：在脂肪族环氧化物（如环氧丙烷等）与 CO_2 的共聚过程中，环氧化物的两个 C—O 键都可以断裂，形成非规整聚合物。

③ 共聚物和环状碳酸酯的产物选择性：环状碳酸酯是 CO_2 与脂肪族环氧化物共聚时的副产物。很多催化体系主要生成热力学上比聚碳酸酯稳定的环状碳酸酯产物，共聚物的比例

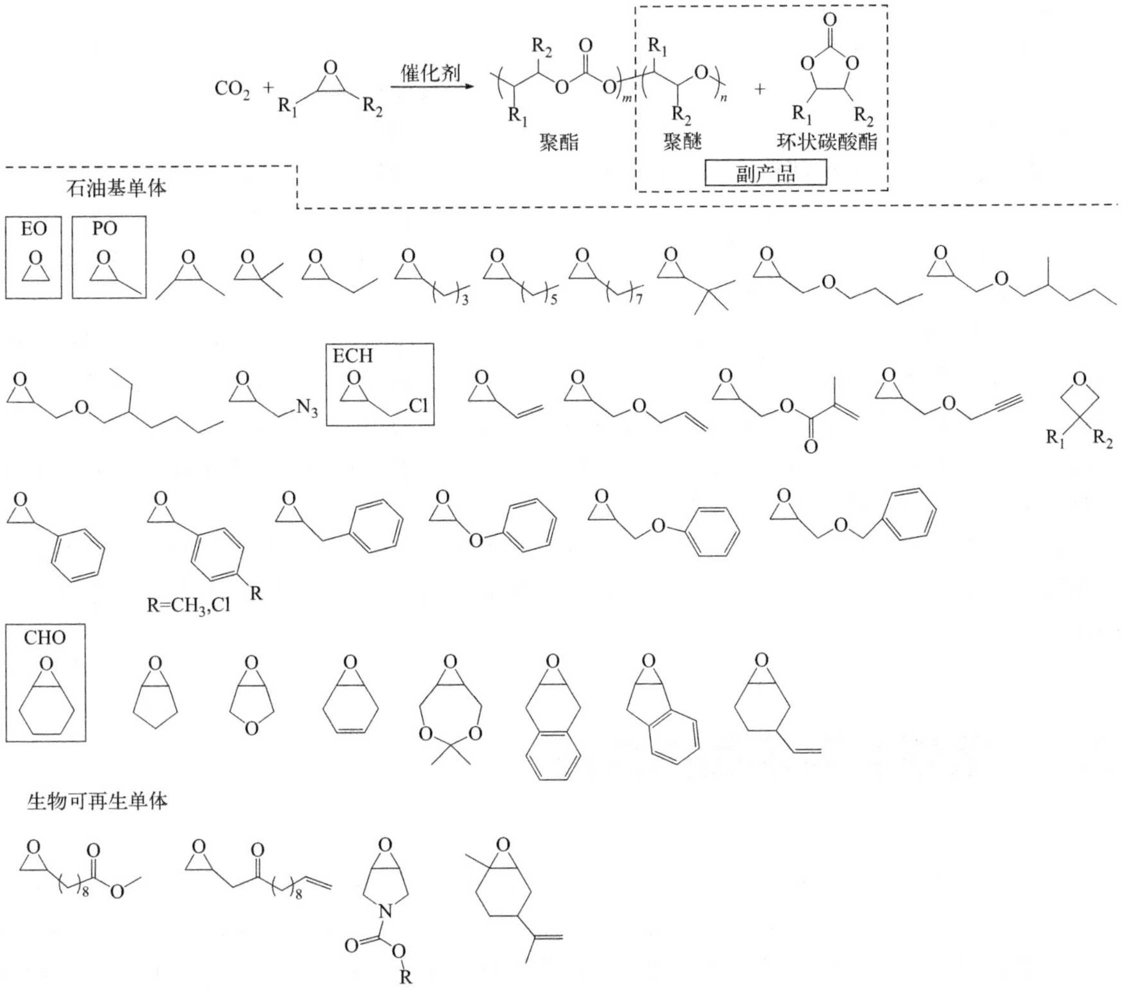

图 2-2 目前已报道的用于二氧化碳共聚的环氧化物结构式[36,37]

随反应温度的降低而增加。可以通过改变催化剂、共催化剂、CO_2 的压力、环氧化物的浓度及反应温度等有针对性地获得共聚物或环状碳酸酯。环状碳酸酯被认为是通过聚合物增长链的降解或“回咬”发生解聚而产生的，大部分情况下是由金属-烷氧键“回咬”邻近的碳酸酯键中的碳原子而产生的（与金属相连的 O 进攻邻近 C═O 中的 C）。

④ 聚合物链中醚键或连续碳酸酯键的形成问题：部分脂肪族碳酸酯链中会出现醚键，这是聚合时环氧化物连续插入的结果。碳酸酯含量可以通过选择合适的催化剂、调节 CO_2 压力、改变环氧化物的浓度和反应温度进行调节。由于反应的焓变不利，难以形成过氧化物，因此，两个 CO_2 分子连续插入形成两个连续碳酸酯结构的情况不易发生，至今未见相关报道。

CO_2 与环氧化物共聚的反应条件很宽，其中 CO_2 压力、反应温度和时间、溶剂等都对共聚反应有影响，具体影响如下。

① CO_2 压力：共聚物的产率和分子量随 CO_2 压力的升高而增加，当压力大于 1.5MPa 时，共聚物的产率和分子量基本保持不变；而碳酸酯含量随 CO_2 压力的升高而增加。即使 CO_2 压力低于 0.1MPa 时，某些共聚反应也能发生。但随 CO_2 压力的降低，催化剂效率和

活性均降低，副产物增加。

② 反应温度：升高反应温度会加快聚合反应速率，增加产率，但使共聚物的分子量下降，聚醚含量增加。对于某些共聚反应体系，反应温度过高或过低，均可导致共聚物中聚碳酸酯的含量降低，聚醚含量增加。对有些共聚反应，共聚物的产率和分子量随温度的变化出现一个峰值，一般认为最佳反应温度是 60℃左右。最近，研究人员开始致力于研究适合于高温反应的催化剂，以加快反应速率，提高反应的选择性，减少反应过程中聚醚的生成。

③ 反应时间：共聚物的产率和分子量随反应时间的延长而增加，直至达到最大值，进一步延长反应时间会导致共聚物的分子量减小，但共聚物产率保持不变。

④ 溶剂：共聚反应所用溶剂是具有弱给电子能力的极性非质子溶剂。在共聚体系中，强给电子体的存在阻碍或完全终止了共聚反应的进行，这归因于给电子体与环氧化物在催化剂活性中心上的配位竞争。对聚合物有良好溶解能力的溶剂可使大分子的分子量增大而不至于过早地发生沉淀。环氧丙烷作聚合单体兼作溶剂时，对聚合物有良好的溶解能力，而未反应物又能回收利用，是绿色的化学反应过程。

在本章内容中，我们将分别对聚碳酸丙烯酯、聚碳酸乙烯酯、聚碳酸环己烯酯及脂肪族共聚碳酸酯的催化合成、分子结构、理化性能及加工改性、产业化应用等方面进行详细阐述。

2.1 聚碳酸丙烯酯的合成

1969 年日本东京大学的井上祥平课题组首次报道了二氧化碳和环氧丙烷的交替共聚合反应，成功制备了聚碳酸丙烯酯，成为该领域最受关注的科学发现。在此后的 40 余年里，科学工作者相继发现多种可与二氧化碳共聚合的环氧单体，如环氧乙烷、环氧环己烷、环氧环戊烷、环氧氯丙烷、氧化苯乙烯、乙烯基环氧环己烷和多种缩水甘油醚等。在这许多种单体中，最具工业化价值的仍然是最初发现的环氧丙烷，通过二氧化碳和环氧丙烷共聚合成聚碳酸丙烯酯也是研究最为广泛的。通常 CO_2 与 PO 聚合时，CO_2、PO 交替插入形成 PPC 链段，PO 的连续插入形成聚醚 PPO 链段，其分子结构如图 2-3。其原料成本相对其他生物降解塑料较低，有助于打破长期制约生物降解塑料发展的成本瓶颈。

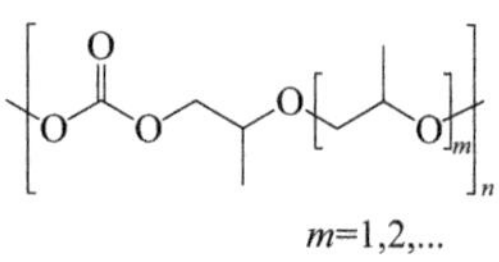

图 2-3 PPC 分子结构

PPC 的红外光谱图见图 2-4(a)，特征峰归属如下：1460cm^{-1}，1380cm^{-1}，2990cm^{-1}（—CH_3）；790cm^{-1}，1460cm^{-1}，2890cm^{-1}（—CH_2—）；2890cm^{-1}，1340cm^{-1}（—CH—）；1750cm^{-1}（>C=O）；1250cm^{-1}（=C—O）。PPC 的^{1}H-NMR（$CDCl_3$）谱图见图 2-4(b)：化学位移 δ 5.0[1H，—CH(OCOO)—]、4.2[2H，—CH_2(OCOO)—]、1.3(3H，—CH_3)，归属于聚碳酸酯链段；δ 3.5～3.8[2H，—CH_2CH(O)—]、1.2(3H，—CH_3)，归属于聚醚链段。PPC 的^{13}C-NMR（$CDCl_3$）谱图化学位移包括聚碳酸酯链段 δ 154.2(—CO_3—)，72.3(—CH—)，69.2(—CH_2—)，16.2(—CH_3)；若存在 PPO 均聚单元，则在 δ 73.6(—CH—)，72.1(—CH_2—)，16.5(—CH_3) 有信号。

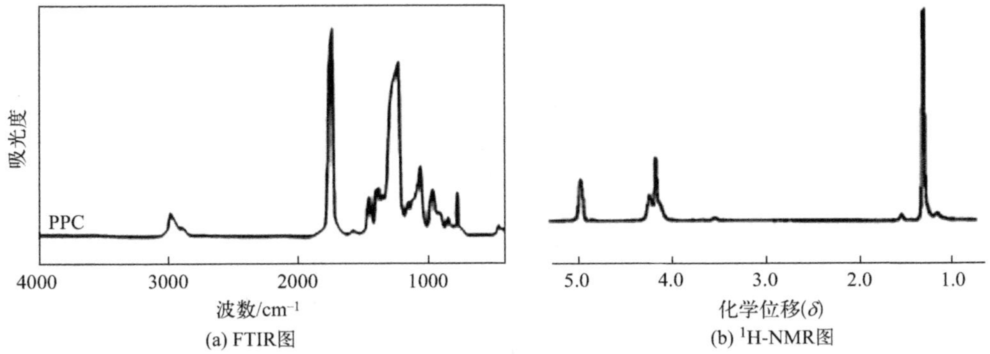

图 2-4 PPC 的红外光谱 FTIR 图和核磁共振氢谱^{1}H-NMR 图

2.1.1 二氧化碳和环氧丙烷共聚反应机理和动力学

2.1.1.1 二氧化碳和环氧丙烷共聚反应机理

自 1969 年 Inoue 首次报道实现 CO_2 与 PO 合成聚合物以来，各种各样的均相或非均相的催化剂被开发出来。不同的催化剂催化机理不同，甚至同一催化剂的催化机理还存在着争议，但环氧化合物和 CO_2 聚合反应为配位/插入机理已被广泛地接受。一种机制是 CO_2 先配位插入。二元羧酸锌是常见的非均相催化剂之一，它是由 Zn 和 O 之间的离子键或配位键连接起来的三维网络结构。以二元羧酸锌催化 CO_2 和 PO 共聚为例，聚合反应基本流程为（图 2-5）：CO_2 先插入烷氧-锌键，生成碳酸金属盐，然后 PO 经配位活化，开环并插入金属-碳酸盐键，完成一次重复单元的增长。周而复始，形成聚合反应的整个过程。通过分子内亲核进攻，增长中的高分子链也可以发生环消除反应，生成环状碳酸酯。

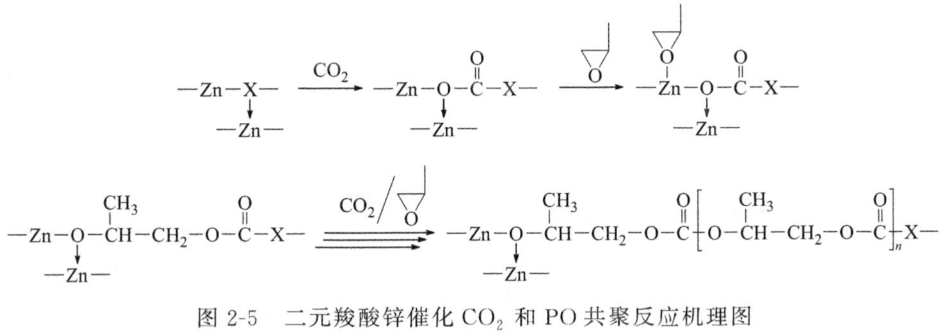

图 2-5 二元羧酸锌催化 CO_2 和 PO 共聚反应机理图

另一种机制是 PO 先开环插入，然后 CO_2 配位插入，这样完成一个重复单元的增长。其中，PO 的配位插入方式与催化剂有关，单金属与双金属催化 PO 开环基本示意图见图 2-6[38]。在完成第一个重复单元增长后，PO 和 CO_2 配位插入，PO 的连续插入形成聚醚链段，PO 和 CO_2 的交替插入形成聚碳酸酯，“回咬”生成小分子的环状碳酸酯，见图 2-7[39]。

在 CO_2 与 PO 聚合过程中，PO 的开环可以发生在两个不同的碳氧键上。PO 有一个不对称的手性碳原子，两种开环方式的产物在聚合物主链上就可以有三种不同的排列形式，分别是尾尾（TT）、头尾（HT）、头头（HH）连接，见图 2-8[40]。由于亚甲基碳原子位阻较小，一般都认为开环过程主要遵循 SN_2 亲核开环机理。但事实上，很多催化体系得到的聚

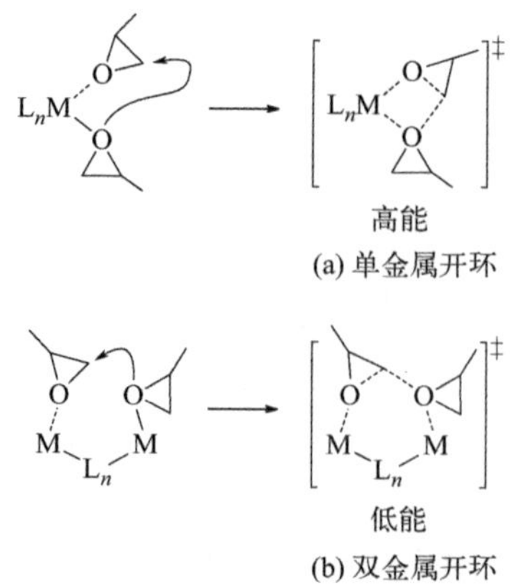

图 2-6 过渡金属配合物催化环氧丙烷开环反应示意图

L—配位体；M—金属

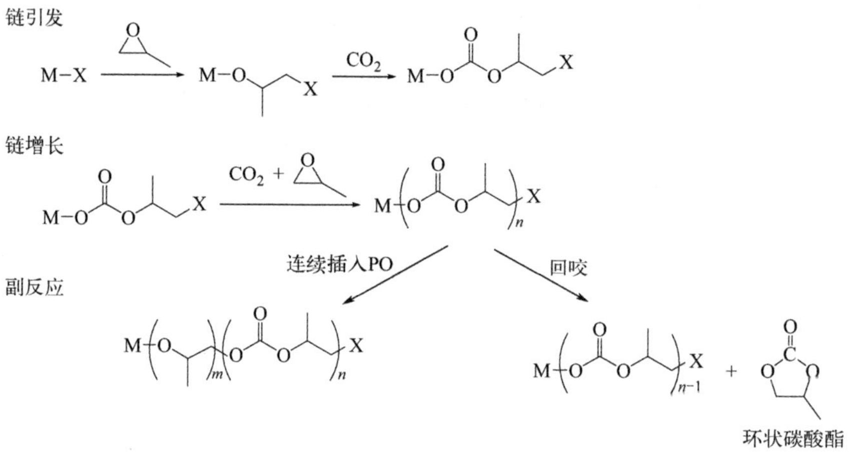

图 2-7 过渡金属配合物催化 PO 和 CO_2 共聚反应机理图

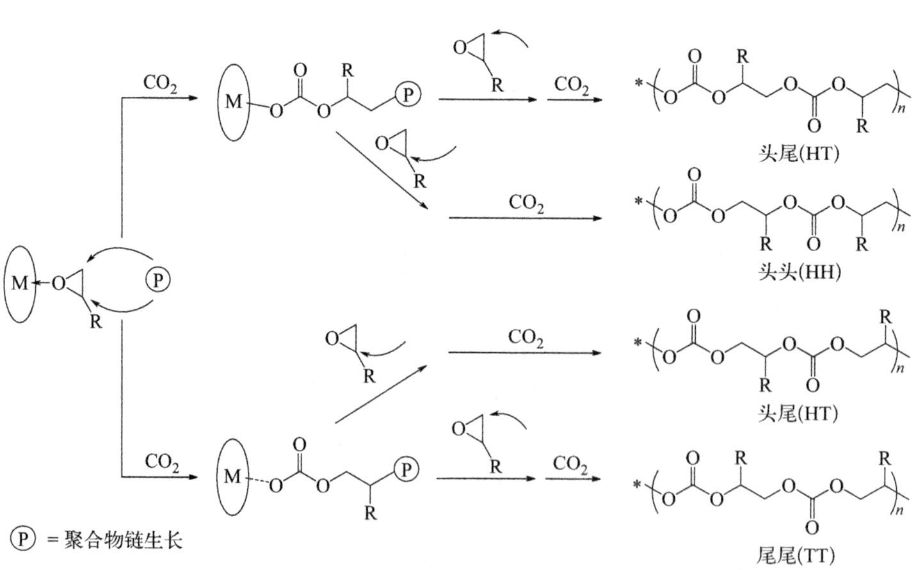

图 2-8 CO_2 和 PO 交替共聚反应的区域选择性

碳酸酯是区域无规的，表明开环也能发生在碳正离子上，即次甲基碳上或具有亲核取代反应（SN_1）反应的性质，这就是聚合的区域选择性[41]。通过解析聚合物的精细结构，如^{13}C-NMR 等，可以获得更多反应过程中价键断裂和形成的信息，从而获得 PO 的开环方式[42]。

2.1.1.2　共聚反应动力学

CO_2 与 PO 的共聚反应既是一个聚合反应，又是一个不对称催化反应。CO_2 和 PO 交替共聚反应的势能曲线如图 2-9 所示[43]。下面结合势能曲线对 CO_2 和 PO 共聚的动力学加以说明。在 CO_2 与环氧化物的共聚产物中，除了聚碳酸酯，还有聚醚链段的存在，聚醚的形成是环氧烷烃连续插入聚合物链端增长的结果[44]。研究表明聚醚含量和 CO_2 的压力、环氧烷烃的浓度、聚合温度有关，一般 CO_2 的压力过低会造成 CO_2 在催化剂金属活性中心的竞争配位变弱，从而环氧烷烃更容易连续插入自聚形成聚醚链段。反应温度过高，聚醚链段含量也会更多。从这些实验现象推导出环氧丙烷与 CO_2 共聚的势能变化曲线[45]，如图 2-9 所示，该反应生成聚醚的活化能比生成聚碳酸酯的活化能更高，聚醚比聚碳酸酯在热力学上更稳定。

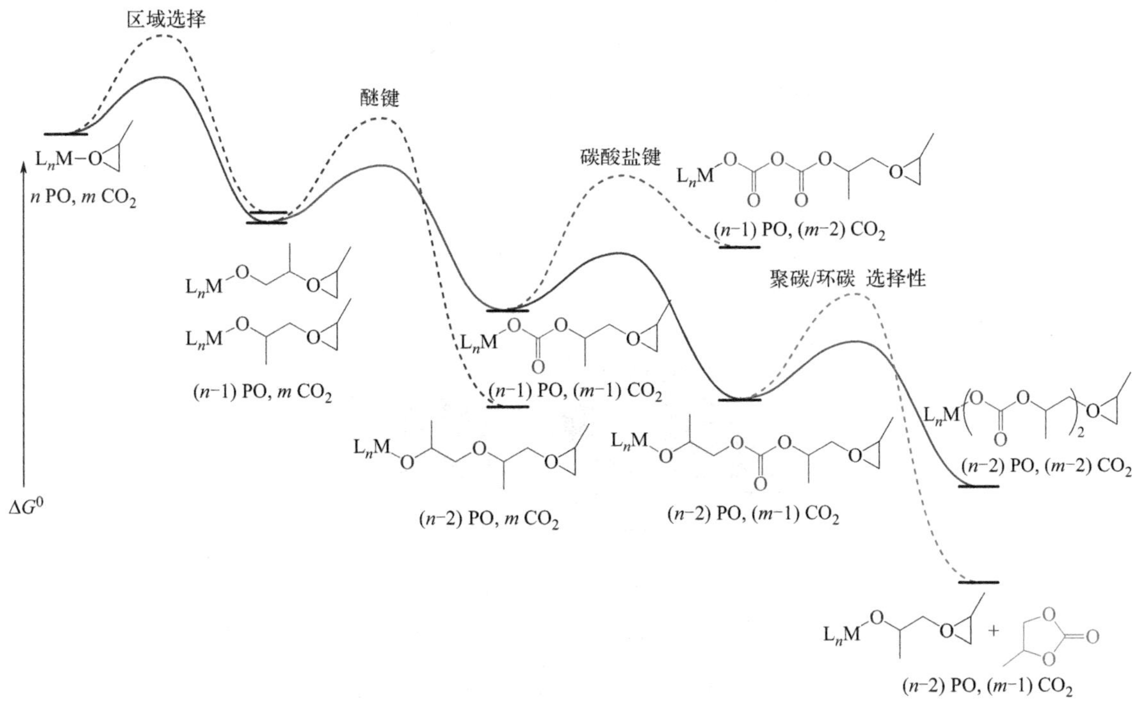

图 2-9　CO_2 和环氧丙烷共聚过程的势能变化曲线

此外，环状碳酸酯也是 CO_2 和环氧烷烃交替共聚的副产物，甚至还有很多催化体系催化 CO_2 和环氧烷烃反应的产物主要是环状碳酸酯[46]，这是因为环状碳酸酯在热力学上比聚碳酸酯更稳定。一般认为环状碳酸酯的形成是由于活性链末端回咬造成的[47]。

2003 年，Darensbourg 等[48] 用原位红外吸收波谱法对 Salen-Cr^{III} Cl 配合物催化 CO_2 和 PO 动力学进行了研究。研究表明，该体系中 CO_2 和 PO 反应速率与催化剂浓度呈一级关系。他们考察了不同反应温度下生成聚碳酸酯（PPC）和环状碳酸酯（CPC）的速率，计算了生成聚碳酸酯和环状碳酸酯的活化能，结果显示环状碳酸酯活化能要高，见图 2-10(a)。利用在线原位红外实时监测反应体系各组分红外吸收光谱变化，图 2-10(b) 原位红外三维监测图给出了产物的红外谱图随时间变化的曲线，波数 $1750cm^{-1}$ 是 PPC 的 C=O 振动吸收峰，代表聚碳酸酯增长。同时计算了 Salen-$Cr^{Ⅲ}$Cl 为催化剂、700psi（1psi=6894.757Pa）CO_2、不同反应温度下，反应生成聚碳酸酯和环状碳酸酯的速率，见表 2-1。在较低温度下，几乎不生成环状碳酸酯；当温度达到 373K 时，产物几乎全部是环状碳酸酯。生成聚碳酸酯和环状碳酸酯的速率均随反应温度的升高而加快。

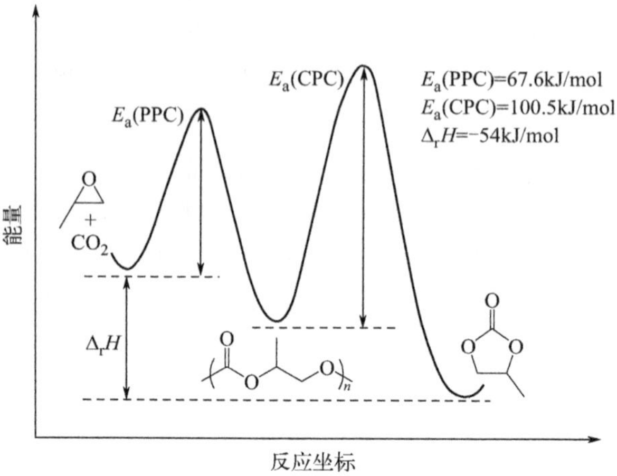

(a) 反应活化能

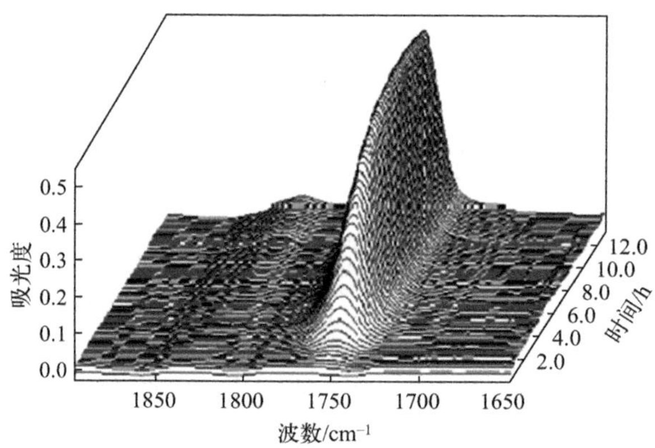

(b) 原位红外三维监测图

图 2-10 CO_2 和环氧丙烷反应活化能及其共聚的原位红外三维监测图[48]

表 2-1 在不同温度下 CO_2 和 PO 共聚的反应速率

温度/K	速率/（$\times 10^5 s^{-1}$）	
	聚碳酸酯	环状碳酸酯
303	3.893	—
323	20.72	—
338	64.36	3.213
353	172.3	15.51
373	—	92.71

陈立班[49] 在气液相平衡的基础上，以甲苯为溶剂，研究了双金属氰化物催化 CO_2 与 PO 的共聚合动力学，建立了一套高压环境下的气液相平衡的模型，推导出了该反应的动力

学方程：

$$R_p = kCM_2/M_1$$

式中，R_p 为聚合速率；k 为反应速率常数；M_1 和 M_2 分别为 CO_2 和 PO 的浓度；C 为催化剂的浓度。

2.1.2 二氧化碳和环氧丙烷共聚催化体系

二氧化碳与环氧丙烷共聚反应催化剂的发展是从非均相催化体系开始的。1969 年，井上祥平课题组制备 PPC 使用的催化剂是非均相的二乙基锌（$ZnEt_2$）/H_2O 混合体系[50,51]。值得注意的是，单独的 $ZnEt_2$ 没有催化活性，需要与水、间苯二酚、二羧酸或伯胺等组合才能实现二氧化碳和环氧化物的聚合。但 $ZnEt_2$ 类催化剂的催化活性和产物的选择性等并不令人满意，而且 $ZnEt_2$ 催化体系对空气和水敏感，对储存和使用环境要求较高[52]。在这项开创性研究之后，基于不同金属原子的各种各样的非均相与均相催化剂被开发出来，应用于合成二氧化碳基聚合物。一般情况下，二氧化碳共聚催化剂的设计需考虑以下几个方面：①催化聚合反应的效率高；②催化剂稳定性好，不易失活；③聚合产物中聚碳酸酯的选择性高，即醚键含量低且副产物环状碳酸酯少；④聚合产物的链结构（单体结构、序列结构）可控、分子量高；⑤可在较低的压力和温度下实现高效共聚合；⑥安全性高，催化剂残留物少且毒性低。

2.1.2.1 非均相催化剂

（1）二元羧酸锌催化剂

虽然多数非均相催化剂的微观结构尚未明确，且催化效率相比均相催化剂不占优势，但是由于其更具稳定性，目前工业上生产的大部分聚碳酸丙烯酯都是使用非均相催化剂。表 2-2 中列出了本领域里 5 种最常见的非均相催化剂，其中二元羧酸锌是研究比较多的非均相催化剂，比如商品化的 PPC 多数是使用戊二酸锌［zinc glutarate，ZnGA；见图 2-11(a)］催化合成的[57]。戊二酸锌之所以能成为工业上有效的、经济上可行的催化剂，是由于它的高催化活性、无毒性、制备简单以及高稳定性。早在 1981 年，Soga 等用 $Zn(OH)_2$ 和戊二酸（GA）反应制备了该催化剂，催化二氧化碳和环氧丙烷共聚表现出良好的催化活性[58]。Ree 等用不同的锌源和不同的戊二酸反应，考察了所得催化剂的催化活性及其构效关系。研究表明，以氧化锌和戊二酸制备的戊二酸锌的催化活性最好，产率最高可达 70g 聚合物/g 催化剂，而且在戊二酸分子上引入吸电子基团或者给电子基团，均会导致其催化活性下降[59]。根据 Coates 定义的催化活性（即转化频率 TOF）分类方法，将现有的催化体系分为三类：低催化活性 TOF$<5h^{-1}$，中等催化活性 TOF 为 $5\sim200h^{-1}$，高催化活性 TOF$>200h^{-1}$[60]。2002 年之前报道的戊二酸锌的 TOF 为 $3.4h^{-1}$[61]，因此二元羧酸锌体系曾被归类为低活性催化剂。此后，中山大学孟跃中课题组通过优化合成反应条件，细化（球磨或超声粉碎）固体颗粒，以及加入负载形成复合催化剂，制备了小粒径和大比表面积的戊二酸锌，使得其 TOF 提高到 $7.8h^{-1}$[53]。Kim 等利用碳 K 边和氧 K 边的 X 射线近边吸收精细结构光谱，详细探究了戊二酸锌催化环氧丙烷与二氧化碳共聚反应的初始引发过程[62]。2011 年，Rieger 团队结合实验和理论计算结果，证明二元羧酸锌分子中合适的 Zn—Zn 空间距离和表面金属位点的活化对催化活性的提升至关重要，且需要通过活化才能在催化剂表面产生引发共聚的基团[63]。如图 2-12 所示，该反应的第一步是环氧丙烷被吸附在 Zn 上进而开环插入 Zn—O 键之间，接着第二步才是二氧化碳的插入，然后进入环氧丙烷与二氧化碳交替插入的链增长阶段。

表 2-2 用于二氧化碳和环氧丙烷交替共聚的几种主要非均相催化剂

催化剂	二氧化碳压力/MPa	时间/h	温度/℃	m(PPC)/m(Zn)	参考文献
$ZnEt_2/H_2O$	2～5	48	80	4.2	[51]
戊二酸锌(ZnGA)	5	40	60	480	[53]
己二酸锌	5	40	60	354	[54]
双金属氰化物	5	10	70	6460	[55]
稀土金属配合物	4	12	60	37	[56]

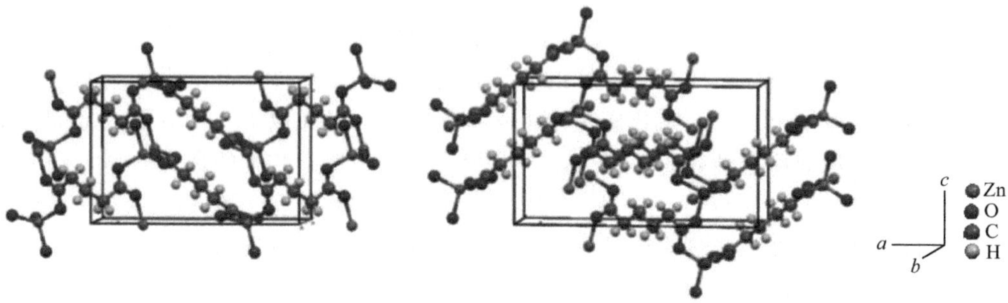

图 2-11 戊二酸锌[64] 和己二酸锌[65] 的单晶结构图

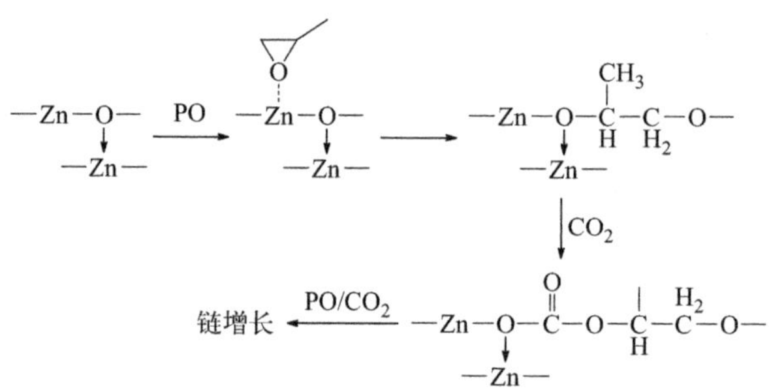

图 2-12 ZnGA 催化环氧丙烷和二氧化碳共聚的引发机理示意图[62]

此外，另一种二元羧酸锌催化剂——己二酸锌［zinc adipate，ZnAA；见图 2-11(b)］也被证实可用于合成二氧化碳共聚物[66]，而且己二酸的价格仅仅是戊二酸的八分之一，大大降低了催化剂的成本[67]。更重要的，据报道，经过优化制备工艺，己二酸锌的催化活性由原来的 TOF=0.9h^{-1} 提高到了 5.4h^{-1}[54]。随后，孟跃中课题组制备了己二酸锌/叔胺复合催化剂，通过混合和老化过程使叔胺与 ZnAA 配位以增强 Zn 的配位能力，提高了催化效率和选择性，因为链末端回咬形成环状碳酸酯的过程被抑制了（图 2-13）[68]。与 ZnGA、ZnAA 相比，庚二酸锌（ZnPA）的活性较低，这是由于后者催化剂表面 Zn—Zn 的空间距离较远[69]。提高二元羧酸锌类催化剂活性的策略主要集中在增加催化剂的表面积，或通过抑制表面附着来防止催化活性位点被占据，包括制备时采用合适的搅拌方式[70]、研磨催化剂[71]、调整反应参数[72] 和使用表面积大的模板进行负载[73,74] 等物理改性方式，而化学改性的效果不明显。

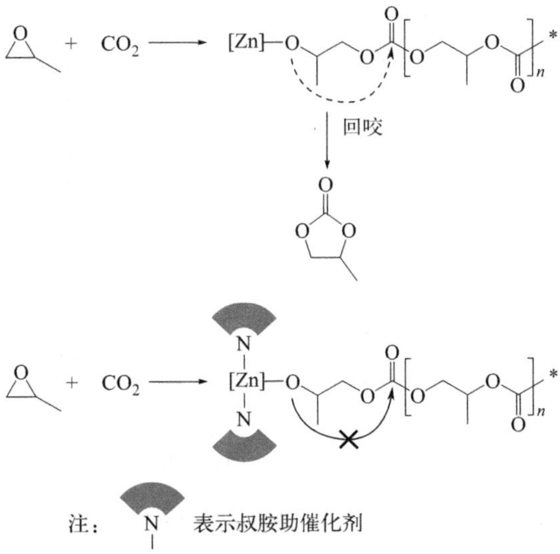

图 2-13 叔胺作为助催化剂时抑制环状碳酸酯形成的机理[68]

【PPC 合成案例】 羧酸锌催化二氧化碳和环氧丙烷共聚合成 PPC 及产物结构分析

负载戊二酸锌催化 PO/CO_2 交替共聚的典型反应流程为：将容积为 500mL 的高压反应釜于 120℃烘干 3 小时，然后冷却至 80℃；加入 1g 负载戊二酸锌催化剂，在 80℃下抽真空 6 小时后冷却到室温；注射 PO 100mL，充入 CO_2 至 3MPa 并升温，等温度升到设定温度时加压至 5MPa。反应结束后停止加热将反应釜冷却到室温，释放 CO_2 气体。打开反应釜将里面黏稠的聚合物倒入容积为 1000mL 的烧杯中，必要时从烧杯中直接取出 1mL 样品进行核磁检测。然后，往烧杯中加入一定量的氯仿搅拌至完全溶解，再加入 5%的稀盐酸溶液搅拌十分钟除去复合羧酸锌催化剂，再加入蒸馏水洗涤三次。然后用甲醇把聚合物沉淀出来，放入 80℃真空烘箱烘干 48 小时后取出称重。

聚合物分子量测试：采用 Waters 公司的 GPC 测试仪（Waters515 HPLC 泵，Waters2414 检测器），Waters Styragel 500Å、10000Å 和 100000Å 柱子。氯仿为流动相，以分子量为 2000～1950000 的聚苯乙烯（分布指数 1.01）为基准。

聚合物结构的表征：聚合物的 ^{1}H-NMR 和 ^{13}C-NMR 的测试采用的是 Bruker 核磁共振波谱仪（DRX 400MHz），用氯仿作为溶剂。提纯后聚合物 ^{1}H-NMR 谱图如图 2-14 所示，特征信号峰 δ 值为：1～1.5(3H，—CH_3)，3.3～3.9(3H，O—CH_2CH—O—)，4.1～4.4[2H，—OC(O)O—CH_2CH—]，5.0[1H，—OC(O)O—CH_2CH—]。聚碳酸酯以及聚醚结构单元的含量 f 按以下公式计算：

$$f_{PPC}=\frac{A_{5.0}}{A_{5.0}+A_{3.3\sim3.9}/3}\times100\% \tag{2-1}$$

$$f_{PPO}=\frac{A_{3.3\sim3.9}/3}{A_{5.0}+A_{3.3\sim3.9}/3}\times100\% \tag{2-2}$$

式中，A 为峰位面积。

反应结束后的粗产物直接进行 ^{1}H-NMR 测试，所得的谱图如图 2-15 所示。该反应液中含有聚合物（包含 PPC 链段和 PPO 链段）和环状碳酸酯（CPC）。PPC 和 PPO 的各特征信号峰与上面提纯后的聚合物相同，CPC 的特征信号峰为：δ 1.5(3H，—CH_3)，4.05 和

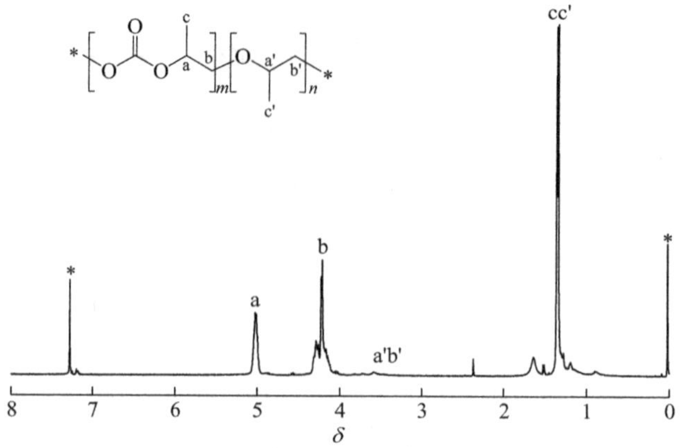

图 2-14 提纯后的 PO/CO_2 共聚物的核磁氢谱图

4.55[2H，—OC(O)O—CH_2CH—]，4.85[1H，—OC(O)O—CH_2CH—]，5.0（聚碳酸酯，PPC），3.3～3.9（聚醚 PPO）以及环状碳酸酯（CPC）结构单元的含量 f 按以下公式计算：

$$f_{\mathrm{PPC}}=\frac{A_{5.0}}{A_{5.0}+A_{4.85}+A_{3.3\sim3.9}/3}\times100\% \tag{2-3}$$

$$f_{\mathrm{PPO}}=\frac{A_{3.3\sim3.9}/3}{A_{5.0}+A_{4.85}+A_{3.3\sim3.9}/3}\times100\% \tag{2-4}$$

$$f_{\mathrm{CPC}}=1-f_{\mathrm{PPC}}-f_{\mathrm{PPO}} \tag{2-5}$$

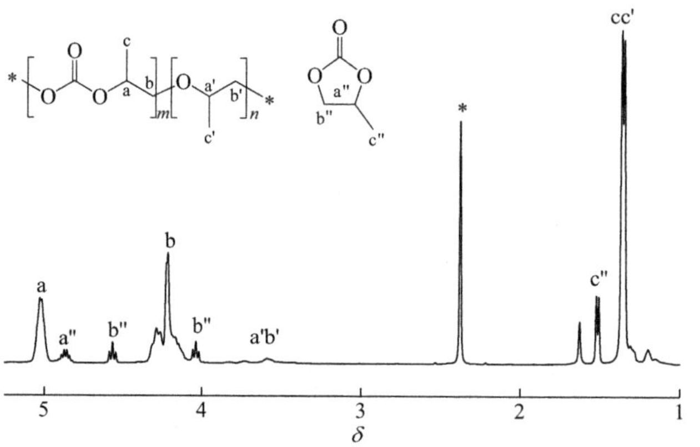

图 2-15 PO/CO_2 共聚反应结束后粗产物的核磁氢谱图

（2）稀土金属配合物催化剂

稀土金属（rare earth metal，REM）配合物催化剂是高分子合成领域中一种重要的催化剂，其最初被发现能有效地催化环氧化物、环硫烷化合物进行均聚反应。20 世纪 90 年代初，第一代稀土金属催化剂是由稀土金属磷酸盐、三异丁基铝和甘油构成的三元催化体系 [$RE(P_{204})_3$-$Al(i\text{-}Bu)_3$-$R(OH)_n$]。通过二氧化碳和环氧丙烷的共聚反应实验发现，使用钇（Y）金属的稀土催化剂的活性最高[75,76]，聚合产率可达 3000g 聚合物/mol Y，数均分子量（M_n）高达 476000，但产物中聚醚含量较高、聚碳酸酯含量偏低（约 33%）。后来，Tan 和 Hsu 发现另一个稀土催化剂体系——羧酸钇 [$Y(CF_3COO)_3$ 或者 $Y(RCH_2COO)_3$，R=H，

OH，Me，NO_2]、二乙基锌（$ZnEt_2$）和甘油，能够催化聚合得到含95.6%碳酸酯单元且分子量高于100000的PPC[77]。中国科学院长春应用化学研究所在稀土金属配合物催化二氧化碳和环氧丙烷的共聚上也开展了大量的研究工作。2003年该所研究人员制备了新的稀土配合物［$Nd(CCl_3COO)_3$-$ZnEt_2$-glycerine］，聚合反应产率可达6875g聚合物/(mol Nd·h)[78]。2011年他们[79]进一步将［$Y(CCl_3OO)_3$-Glycerin-$ZnEt_2$］负载于各种金属氧化物载体上，发现当采用γ-Al_2O_3作为载体时，其催化效率可达861.5g聚合物/mol Zn，比未负载的催化剂提高了36%，所得聚合物的分子量为104000，碳酸酯链节含量为96.5%；而当载体为MgO时，催化效率虽然仅有8%的提高，但所得产物的聚碳酸酯链含量>99%。值得注意的是，在这个三元催化体系中$ZnEt_2$被证明是聚合反应中真正的活性组分，而不是此前所认为的稀土金属原子。由于稀土金属三元催化体系具有高活性、高稳定性、无色的特征，以及产物的分子量很高，而且我国稀土资源较为丰富，因此它也具备应用于工业化PPC生产的潜力。

（3）双金属氰化物催化剂

双金属氰化物（double metal cyanide，DMC）最早于20世纪60年代由美国Milgrom公司制备出来，DMC是一种具有复杂三维网络结构的配合物，但其确切结构至今还未解析出来。DMC具有高活性、高稳定性和耐湿性等特点，其最初作为催化剂广泛应用于环氧化物均聚，可产生作为合成聚氨酯重要原料的聚酯多元醇[80]。DMC催化剂是一种含有过量卤化锌的典型非化学计量化合物，常常加入醇、聚醚等配位剂来提高体系的无规度以提高反应活性[81,82]。纳米层状结构的Zn-Co DMC催化剂具有高比表面积，既降低了反应温度，又提高了聚合物产率[55]。后来，人们发现Zn-Co DMC催化剂也可用于环氧化物和二氧化碳共聚反应，得到醚-碳酸酯共聚物[55,80-86]。自1985年Kruper等[79]首先将Zn-Fe(Ⅲ) DMC催化剂应用于二氧化碳与环氧化物的共聚反应，人们围绕这类催化剂开展了广泛的研究工作，开发了多种DMC催化剂应用于二氧化碳聚合反应。比如，用其他的金属离子代替Zn-Fe(Ⅲ)，或者用其他的配体离子代替CN^-，以调节催化剂的催化活性和聚合物选择性[87-89]。DMC作为非均相催化剂，其形态结构是影响性能的主要因素。Kim等[90]采用不同的卤化锌与$K_3[Co(CN)_6]$制备了一系列DMC催化剂，研究发现，低结晶度的催化剂具有更多暴露的活性位点，具有更好的催化活性。其次，DMC的催化活性也受到不同有机配体结构的影响。Le-Khac等[91]合成了以不同脂肪族醇为配体的DMC催化剂，经过二氧化碳共聚反应发现以叔丁醇为配体的DMC催化活性最高，这是由于其具有较多的无定形结构。随后，Le-Khac等[92]进一步在DMC制备过程中引入了聚丙二醇作为配体，大幅度提高了其催化活性，反应效率可达40kg聚合物/g催化剂。此外Kim等[93]添加聚乙二醇作共配位体，Zhang等[94]制备了18-冠醚-6配位的DMCC催化剂，均表现出不错的催化活性。DMC催化剂成本低、制备工艺简单，对水和空气不敏感，具有比较好的发展前景。

2.1.2.2 均相催化剂

由于均相催化剂的微观结构和催化机理能够被完全地解析，因此对应用于二氧化碳共聚物合成的均相催化剂的研究比较清晰、方便，相关催化剂的报道也更多[57]。如图2-16所示，1978年Takeda和Inoue发现了第一代用于环氧丙烷/二氧化碳和环氧环己烷/二氧化碳共聚反应的单活性点催

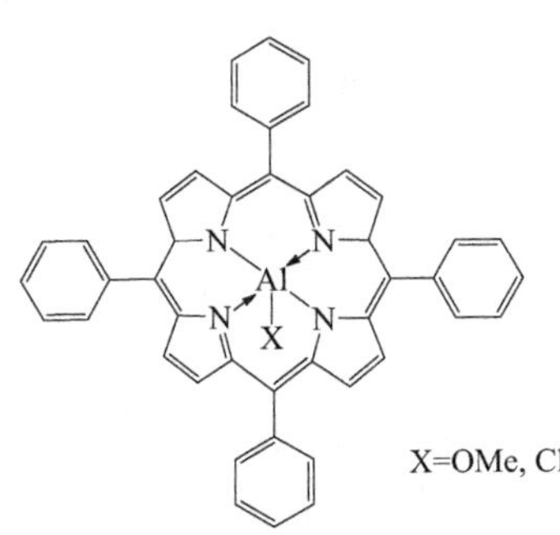

图2-16 TPP Al配合物的典型结构

化剂——四苯基卟啉铝（TPP-Al），并以乙基三苯基溴化鏻作为共催化剂，但反应时间长达19天，而且共聚物的分子量较低仅为3900，聚碳酸酯含量也较低[95]。近三十年来，研究人员开发出了一系列具有高活性、高选择性的均相金属配合物催化剂。

2004年，美国俄亥俄州立大学的Chisholm等[96]以四苯基卟啉铝为催化剂，详细了研究了其催化二氧化碳和环氧丙烷共聚反应的机制，为新型卟啉类催化剂的设计提供了指导。在此基础上，人们相继开发了多种类型的金属卟啉类催化剂，考察了配体的取代基、金属离子种类和助催化剂对催化活性的影响。如2011年Chisholm团队报道了一种带有吸电子取代基团的卟啉铝配合物，与氯化双(三苯基膦亚基)铵（PPNCl）搭配使用合成了不带醚键且分子量高的PPC（M_n=33500，多分散系数PDI=1.05），这是因为铝中心的路易斯酸性增加了。2013年，中国科学院长春应用化学研究所研究人员开发了双功能的卟啉钴催化剂，在50℃和4MPa CO_2压力下，反应4h，TOF为$120h^{-1}$，碳酸酯单元占比为99%，数均分子量为38000[97]。随后，研究人员进一步将季铵盐锚定在卟啉骨架上的双功能配合物，通过改变苯基和季铵盐上的取代基、助催化剂与铝中心的烷烃链子长度来调节铝金属中心的电子和空间特性，优选的配合物能合成单分散的PPC，其碳酸酯键含量高达98%，选择性约90%，M_n=24000～128000，且TOF值达到$3400h^{-1}$[98-100]。但是，卟啉类催化剂的制备工艺较复杂、价格昂贵，铝离子属于重金属且易使聚合物染色，因此限制了其发展。

Salen是二亚胺类四齿形席夫碱配体的总称，其与金属中心构成的配合物被称为Salen-MX，其中M=Cr、Co、Al、Zn、Yb、Sc、Y和Ti，X通常是卤素元素。该类催化剂因其配体骨架、金属中心元素种类和个数的可调性较高，在近些年来成为二氧化碳共聚催化研究的热点。

2003年Coates团队报告了首个用于CO_2和环氧化物共聚的Salen-Co催化剂［图2-17(b)］[101]，在25～40℃和55bar CO_2（1bar=10^5Pa）下催化CO_2/PO共聚时选择性大于99%，聚醚含量可低至1%且分子量达35900，此外还有优异的区域选择性（70%～80%的头-尾连接结构）和稳定性。Salen-CoX的催化活性、区域选择性以及立体选择性可以通过添加助催化剂来提高，如加入铵盐、有机碱等[102,103]。Lee等首次将助催化剂接枝到催化剂链上得到高催化性双功能单组分催化剂［图2-17(c)］，合成了完全交替的PPC（选择性>90%）[104]。这是因为季铵阳离子和PPC链的活性阴离子中心存在库仑相互作用，能将阴离子活性中心稳定在金属阳离子的配位层中。而将四个季铵阳离子固定到Salen-CoX结构中进一步提高了催化性能和选择性，如能将PO和催化剂的比例提高到10000/1（选择性>99%），PPC的分子量高达300000[105]。

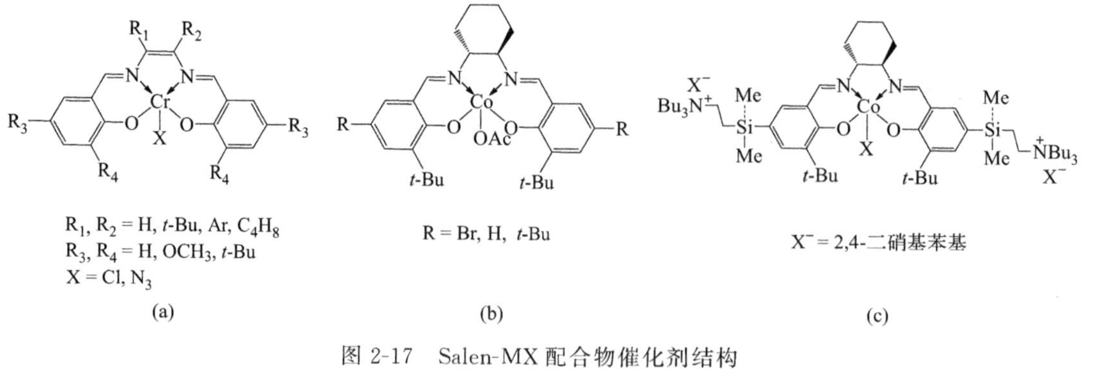

图2-17 Salen-MX配合物催化剂结构

大连理工大学吕小兵课题组[106-108] 以手性 Salen-CoX 配合物为主催化剂、以季铵盐为助催化剂，在温和的条件下，催化 CO_2 与 PO 的交替共聚反应，合成了有光学性质的 PPC。并且头尾相连的 PPC 含量为 96%，此类催化剂得到的共聚物结构规整性相比其他催化剂好。虽然此类催化剂具有催化条件温和、碳酸酯链节的含量高、产物的选择性好等优点，但其同样存在合成复杂的问题，同时所使用的钴和铬等毒性较大，也限制了其工业应用。

2.1.2.3 有机催化剂

金属催化剂催化 CO_2 与环氧化物交替共聚已蓬勃发展了 50 多年。然而，多数催化剂往往需要进行多步制备过程以及存在有色金属残留在产品中的问题，限制了产品的应用范围。直到 2016 年，冯晓双等[109] 首次将非金属催化剂用于 CO_2/PO 和 CO_2/CHO 的共聚反应中，这是 CO_2 和环氧化物共聚反应催化剂领域的重大突破。非金属催化剂一般为路易斯（Lewis）酸碱复合催化剂：三乙基硼（TEB）等有机硼化合物为酸性组分，用以活化环氧化物以及稳定活性链末端；碱性成分中阴离子常作为引发剂，阳离子能与 TEB 配合来活化 CO_2，其碱性以及所形成阳离子的体积会影响催化活性[109]。图 2-18 列举了目前文献中报道用于 CO_2 和环氧化物共聚的催化剂，多数为商业化产品或者经过简单反应过程制备得到。对于硼催化剂，大位阻的三苯基硼（TPB）和全氟代三苯基硼（BCF）的活性没有 TEB 好，其中路易斯酸性更强的 BCF 活性更差[110]。对于 Lewis 碱组分，鎓盐中负离子常作为引发剂；磷腈碱常与醇类搭配使用（醇为引发剂）；吡啶类、胍类、脒类和胺类[111] 催化剂既可以作为引发剂，也能与醇类搭配使用（此时醇为引发剂）。为了提高催化剂活性、拓宽其使用范围，伍广朋等将亲电硼中心和亲核季铵卤化物固定到一个分子上获得双功能催化剂，按照分子内硼原子的个数将催化剂分为单核、双核、三核和四核催化剂，并用于环氧化物均聚、环氧化物/酸酐聚合以及 CO_2/环氧化物共聚等反应[112]，特别是四核催化剂（^{tetra}B），能用于 CO_2/ECH 的共聚，选择性和碳酸酯含量均高于 99%[113]。

双组分催化剂中酸碱的比例对反应影响较大，特别是对于 CO_2/PO 共聚反应。以三乙基硼/四正丁基氯化铵（TEB/Bu_4NCl）为例，冯晓双等[114] 通过理论计算发现当比例为 2/1 时最合适（TEB 量多了或少了都会增加过渡态的能垒），且相同反应条件下 CHO 在反应过程中的能垒比 PO 的更低，计算结果与实验结果（CHO/CO_2 反应速率比 PO/CO_2 的快）相符。根据计算结果提出反应机理如图 2-19：①步骤 1 为引发步骤，Cl^- 进攻被 TEB 活化的环氧化物使其开环形成被 TEB 稳定的 RO^- 末端；②步骤 2 为 CO_2 的插入步骤，过程很快，形成碳酸酯键的能垒低于环氧化物插入形成醚键的；③步骤 3 为环氧化物的插入步骤，其能垒低于分子内环化和 CO_2 的插入；④步骤 4 是链上 TEB 的离去步骤，在热力学和动力学上对后续反应有利，解离的 TEB 能活化另一个环氧化物以进行下一轮循环链增长。所以引发步骤 1 发生后，后续重复步骤②～④就能获得聚碳酸酯，而聚合中环氧化物的活化很重要，如被活化的 PO 插入碳酸根末端时的能垒（17.2kcal/mol，1cal＝4.1868J）远低于未活化的 PO 插入时的能垒（34.6kcal/mol）。但理论计算的时候没有考虑阳离子的作用，一般来说阳离子会与活性链负离子末端结合形成离子对。

硼催化体系能催化不同类型环氧化物/CO_2 的共聚反应，文献报道的环氧化物种类见图 2-20[109,113,115-119]。其中氧杂环丁烷及其衍生物（OX）和 CO_2 共聚反应的非金属催化剂除硼催化体系[118] 之外，还有氟化醇/鎓盐[120]、碱/碘单质[121] 和离子液体/碘单质[122] 三种催化体系，但目前报道的最高分子量只有 6800[118]。

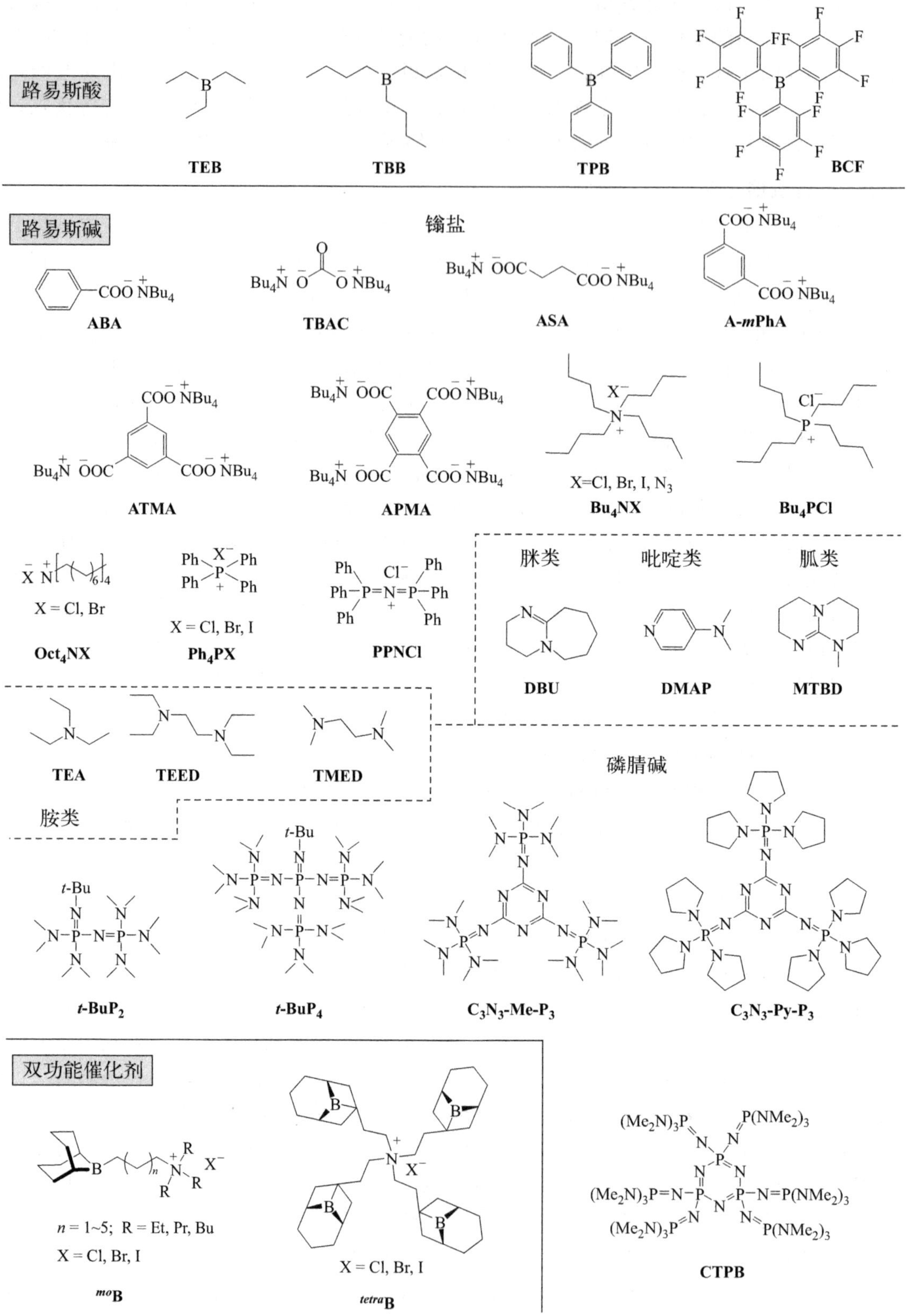

图 2-18 CO_2 和环氧化物共聚的非金属催化剂

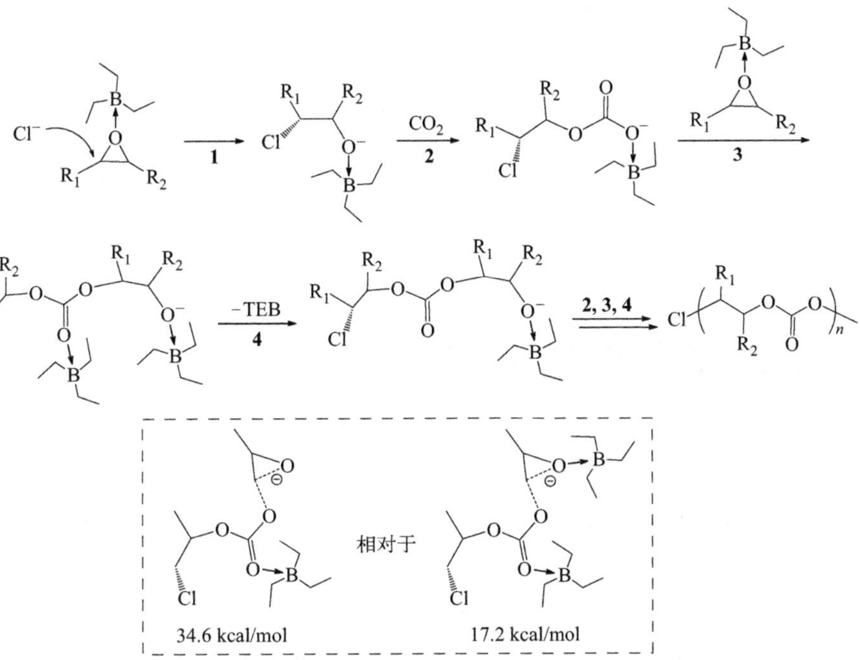

图 2-19 CO_2 和环氧化物共聚的机理[114]

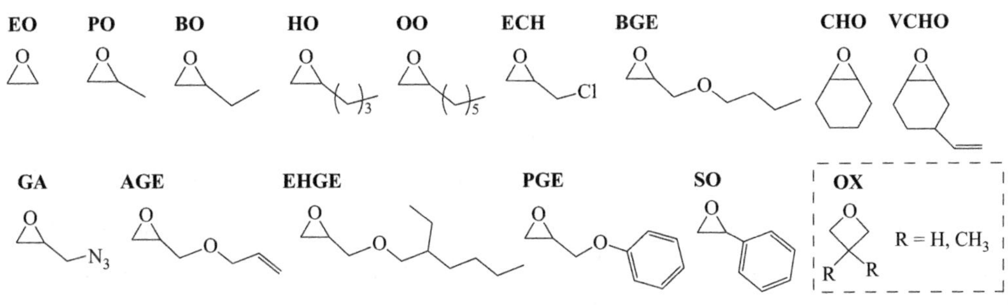

图 2-20 非金属催化剂下与 CO_2 共聚的环氧化物类型

张兴宏等用带吸电子取代基的氧化苯乙烯（SO）与 CO_2 共聚时，需要加入更多的 TEB 才能有较好的催化活性[116]。冯晓双等用 CO_2 或二元酸与四正丁基氢氧化铵（TBAOH）合成的双引发剂能用于合成低分子量 PPC 二元醇（M_n＝1100～9300），并将产物用于聚氨酯的合成[123]，他们还研究了催化剂的回收循环利用过程[124]。为了消除体系中微量水的影响，他们用三异丁基铝干燥 CO_2，并对单体、催化剂进行纯化干燥，合成了高分子量聚碳酸酯，在环氧化物/氯化双(三苯基膦亚基)铵（PPNCl）＝16000/1 时，合成的 PPC 和 PCHC 分子量分别为 203000 和 450000，催化剂转化数（TON）分别达到 3840 和 9280[125]。

伍广朋课题组首次报道的双功能单核催化剂（图 2-18 中化合物^{mo}B）在 15bar CO_2 及宽温度范围（25～150℃）内对 CHO/CO_2 共聚有高活性（TOF＝4900h^{-1}）和高选择性（＞99%），产物没有聚醚链段[126]。当 CHO/^{mo}B＝20000/1 时，实现了 5.0kg 聚合物/g 催化剂的催化效率，是迄今为止达到的最高纪录，适合公斤级产品的制备。李志波团队在合成有机磷腈碱催化剂领域做出很大贡献，他们选用碱性较强的环三磷腈碱（CTPB）以及两种弱碱膦腈 2,4,6-三[三(二甲氨基)亚氨基膦]-1,3,5-三嗪（C_3N_3-Me-P_3）和 2,4,6-三[三(1-吡咯烷基)亚氨基膦]-1,3,5-三嗪（C_3N_3-Py-P_3）搭配 TEB 和二醇，催化 CHO/CO_2 共聚[127]。TEB/C_3N_3-Py-P_3 具有高催化效率（TON 高达 12240），所得 PCHC 分子量高达 275500，没有环状碳酸酯和聚醚产生。TEB/磷腈碱的催化剂组合能在常温常压下催化 CO_2 与 CHO 共聚得到低分子量二元醇（M_n=2200～5800），采用 TEB/C_3N_3-Py-P_3 为催化剂时反应的 TOF 可达到 $95h^{-1}$。

2.2 聚碳酸乙烯酯的合成

环氧乙烷是最简单的三元环醚，沸点才 11℃左右，它无色微甜、易燃易挥发且具有高反应性，同时是一种有致癌性和致突变性的强毒性物质。EO 由乙烯直接与氧气或空气在银催化剂下的反应得到[128]，常用来生产乙二醇和聚环氧乙烷（PEO）。出于安全和操作复杂的原因，EO 和 CO_2 的共聚反应在学术上研究得比较少。继 1969 年首次报道了环氧丙烷和 CO_2 共聚得到聚碳酸丙烯酯之后，1986 年日本井上祥平课题组又采用 $ZnEt_2/H_2O$ 为催化剂首次实现了二氧化碳和环氧乙烷的共聚反应，制备出聚碳酸乙烯酯（PEC）。在此之后，不少的研究小组也相继投入 EO 与 CO_2 的共聚反应制备聚碳酸乙烯酯的研究工作中[129-132]。

1997 年，Acemoglu 等采用 $ZnEt_2$/乙二醇催化该共聚反应，得到了高碳酸酯含量、窄分子量分布的 PEC[130]。2005 年，Lee 等用膦化合物配位的卤化锌配合物合成 PEC，选择性高达 100%[131]。2010 年，Yamada 等使用二(酮亚胺)钴配合物催化合成完全交替的 PEC，且环状碳酸酯含量很低[132]。2012 年，中国科学院长春应用化学所王献红课题组使用双金属氰化物催化二氧化碳-环氧乙烷聚合，通过控制反应温度和压力合成出了碳酸酯含量在 1%～44.2%、数均分子量 2700～247000 的共聚物，这些共聚物在水中具有可逆的热响应性，其临界相溶温度（LCST）在 21～84.5℃之间可以调节。

2.3 聚碳酸环己烯酯的合成

在学术界研究二氧化碳共聚的报道中，环氧环己烷（CHO）是开环共聚领域研究最多的单体，这是由于很多催化体系中 CHO 的反应活性都比 PO 的高，而且 CHO 与 CO_2 聚合过程中发生副反应的可能性比 PO 小，所以常用 CHO 为底物合成 PCHC 来评价催化剂的性能。聚碳酸环己烯酯 [poly(cyclohexene carbonate)，PCHC] 的主链上具有刚性六元环使得其聚合物硬度较高、有一定脆性，其 T_g 高达 125℃，使 PCHC 拥有与 PPC 不同的应用领域，具有工程塑料的应用潜力。PCHC 不足之处在于其分子链中源自 CO_2 的链段质量占比仅有约 31%，相比之下低于 PPC 和 PEC，并且由于 CHO 产量较低，其价格比 PO 高。

1995 年美国得克萨斯农工大学 Darensbourg 课题组合成了可溶性锌配合物，作为催化剂用于二氧化碳和环氧环己烷的共聚反应，得到 $M_n=38000$ 的聚碳酸环己烯酯，且碳酸酯键含量（以摩尔分数计）达到 91%，但催化效率不高[133]。1997 年，中国台湾研究人员 Hsu 和 Tan 也报道了将稀土金属配合物用于环氧环己烷和二氧化碳的交替共聚，得到含 100%碳酸酯单元的聚碳酸环己烯酯，分子量在 100000～300000 之间[77]。随后，Darensbourg 团队对苯酚锌配合物结构进行优化，使其具有高催化活性，所合成的聚碳酸环己酯分子无法催化二氧化碳与环氧丙烷的聚合反应（该反应只能得到环状碳酸酯），但仍能够催化环氧丙烷/环氧环己烷/二氧化碳的三元共聚[134]。在此基础上，Ding 和 Scott 报道了一组多金属中心（包括三、四、五、六核）苯酚锌催化剂，如图 2-21 所示[135]。二氧化碳/环氧环己烷共聚实验结果显示，三核的苯酚锌催化剂，分子量在 45000～173000 之间[136] 活性较好，而其他具有更多金属中心的催化剂活性较差，研究者把原因归咎于多金属中心配合物在聚合物过程的稳定性较差，以及存在较大的位阻效应。他们还发现卤素取代的苯酚锌配合物中氟(F) 取代的活性最高而溴(Br) 取代的最低，这是因为 F 取代基的空间位阻小有利于催化剂形成双核结构（图 2-21），与甲基取代相比，卤素取代的催化剂在空气中也相对稳定[137]。

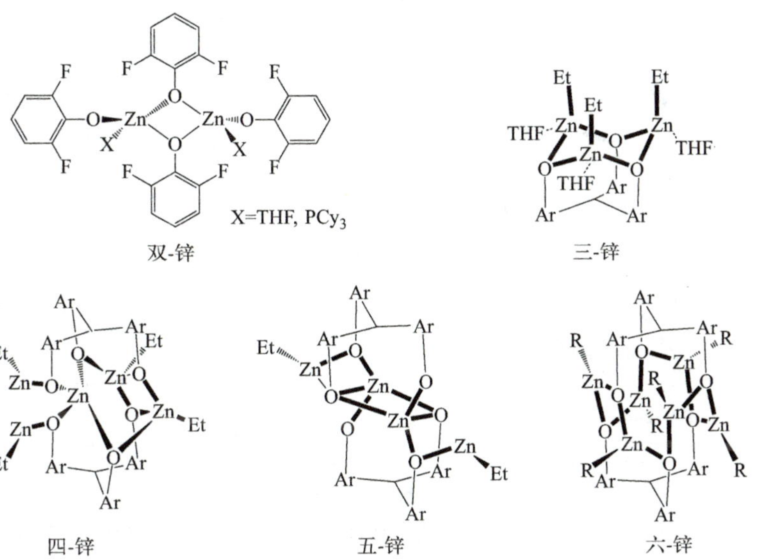

图 2-21 双金属、三金属及多金属中心的苯酚锌配合物

另一个开创性的工作是 Coates 课题组报道的 β-二亚胺（β-diiminate，BDI）锌类催化剂，包括单分子和双分子结构的配合物（图 2-22），它们显示了更高的催化活性[3,4,138,139]。他们还探讨了配合物上的取代基和引发基团对催化活性的影响，同时也发现适中的位阻效应可以显著提高催化效率（图 2-23）[139]。一组化学计量吸附实验的结果表明，带乙酸基的 BDI-Zn 配合物是首先与环氧环己烷发生活化反应的，而带烷氧基的 BDI-Zn 是先与二氧化碳进行反应。这个重要发现阐明了聚合反应的引发阶段的细节，同时也为同类型催化剂的机理研究提供了参考。此外，引入非对称的配体框架和吸电子基团也能明显地增强催化剂活性，开拓了一个催化剂设计的新思路。基于以 BDI-Zn 配合物为催化剂的共聚反应活性、反应速率、动力学参数，以及单体插入步骤的各项探究，他们发现催化剂中呈四面体的双核结构才是活性中心，且二聚体结构要处在活性态才有催化活性，并提出了双金属协同催化的链增长

机理（图 2-24）。其中，一个金属中心与氧配位并活化环氧环己烷，另一个金属中心把碳酸酯增长链传递到环氧环己烷的背面进行开环反应。

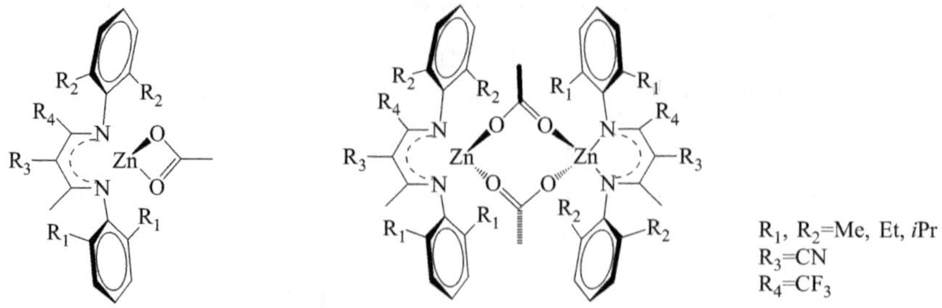

图 2-22 (BDI)Zn 配合物催化剂的典型分子结构

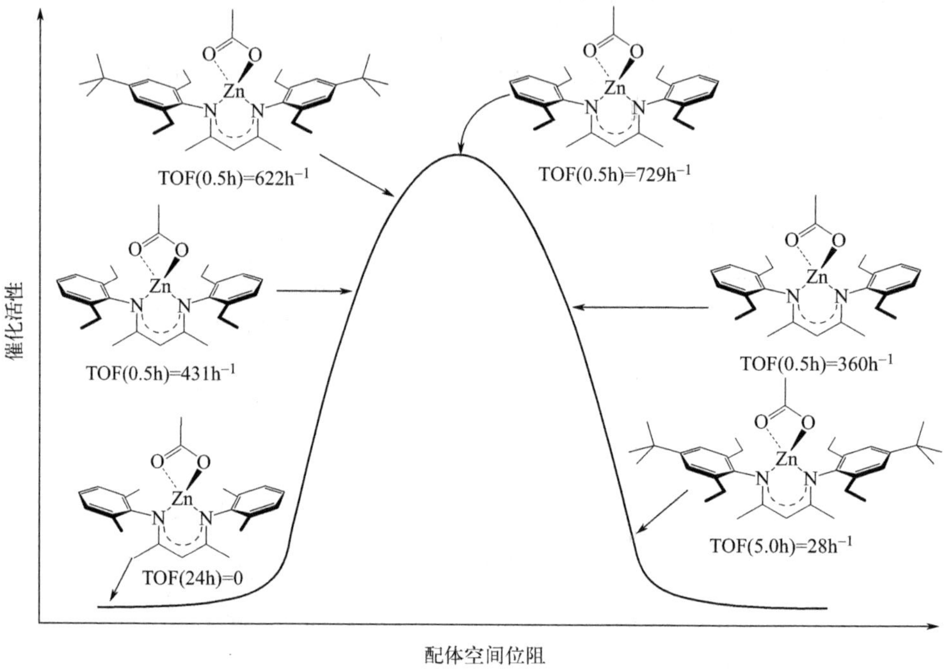

图 2-23 (BDI)ZnOAc 配合物催化剂的催化活性与其配体位阻的关系图（CHO 与 CO_2 共聚反应条件：[CHO]∶[Zn]＝1000，100psi CO_2，50℃）[139]

在早期的研究中，Salen 配合物催化剂主要用于二氧化碳和环氧环己烷的共聚反应合成聚环己烯碳酸酯。1995 年，Jacobsen 等首先报道了 Salen-CrCl 配合物可高效地催化环氧环己烷、环氧环戊烷等环状环氧化物的开环反应，且具有一定的对映选择性[140]。1999 年，Jacobsen 又率先报道了将 Salen-CrX 配合物用于催化二氧化碳和环氧化物的共聚反应，该催化剂具有较好的催化活性[141]。随后，Darensbourg 课题组发现 Salen-Cr 催化剂（图 2-25）在二氧化碳与环氧环己烷的共聚反应中展现了非常高的活性、立体选择性和稳定性，为接下来十年 Salen 型金属配合物催化剂的发展奠定基础。在二氧化碳与环氧环己烷的共聚反应中，Salen-Cr 催化体系需要加入有机共催化剂，且反应只要在温和条件（温度、压力等）下便能进行[5,142]。如图 2-26 所示，使用催化体系的共聚反应会形成双链增长模式：①单体环氧环己烷/二氧化碳在金属中心与共催化剂之间交替插入；②单体在金属中心（Cr）与阴离子（X^-）之间插入[143]。两种链增长模式的速率有所差别，一般以前者为主，因此产物的

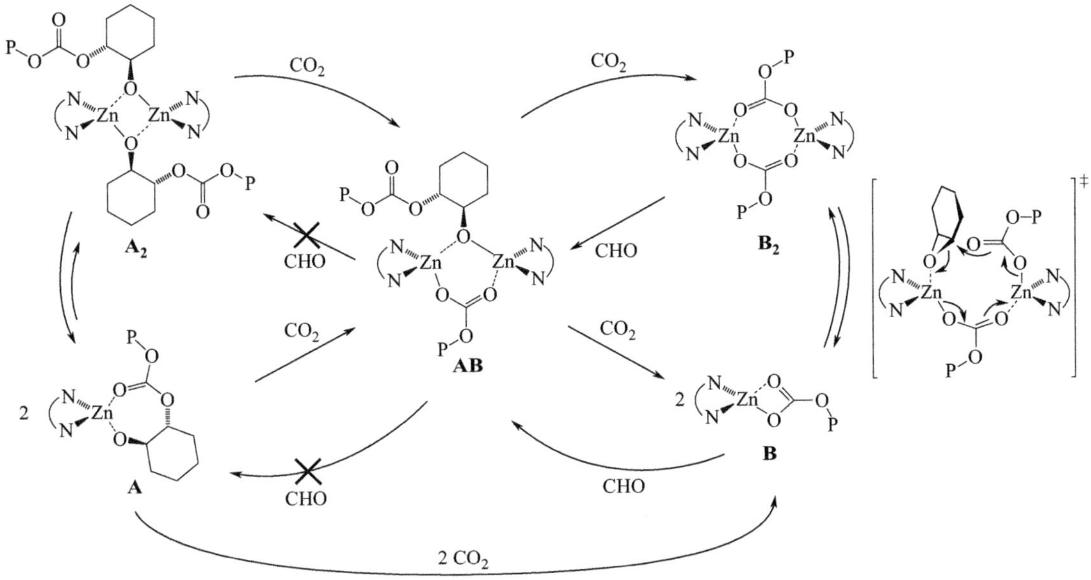

图 2-24 CHO/CO_2 共聚反应的双金属协同催化的链增长机理示意图[139]

分子量出现“双峰”分布。在此基础上，研究人员开发了一系列含其他金属离子的催化体系，比如 Salen-CoX[144,145] Salen-MnX[146] 和 Salen-AlX[7] 催化剂。其中 Salen-CoX 催化剂同时也能在温和条件下高效催化二氧化碳和环氧丙烷共聚。

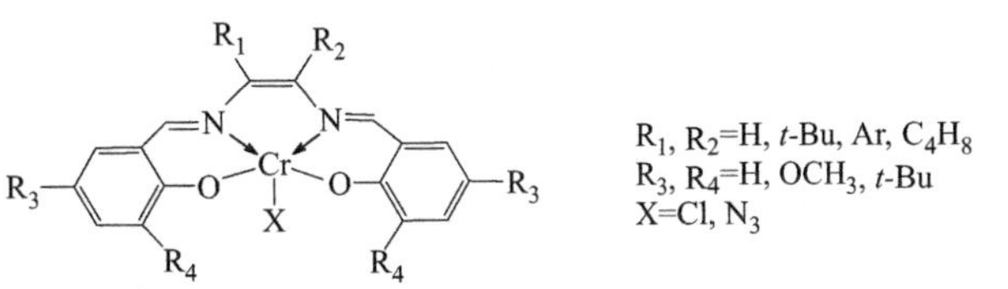

图 2-25 Salen-Cr^{Ⅲ}X 配合物催化剂的典型结构

后来，人们又发现了更为高效的 Salen-Co 催化体系，具有极好的区域选择性[2]。近年来，研究人员利用 Salen-Co 催化体系合成的二氧化碳共聚物，在聚合物的立体选择性、区域选择性以及链段立体规整度等方面取得重要进展。由于聚合物的立构规整度对材料的热学、力学性能有很大的影响，因此在反应催化过程中对聚合物的立体结构进行精确控制显得很有意义[16]。比如人们已经发现，全同立构规整度超过 90%的二氧化碳共聚物是可结晶的，且聚合物的结晶行为依赖于高分子链上的手性中心[19,147]。大连理工大学吕小兵课题组在合成立构规整的二氧化碳共聚物领域做了很多突破性的工作，其中催化剂的合成非常重要，他们开发出一系列 Salen-Co 催化剂用于二氧化碳和环氧化物的聚合反应中，合成了种类多样的结晶型二氧化碳基聚碳酸酯，这些结晶的聚碳酸酯与无规的聚碳酸酯相比，具有更好的热性能等[36]。比如，他们使用含金刚烷基和叔丁基基团的手性 Salen-Co 配合物催化剂（图 2-27）合成 PCHC，聚合物的立构规整度达到 98%，其熔点（T_m）为 216℃[148]。接着，他们用手性的双金属 Salen-Co 催化剂并加入亲核试剂，合成了 T_m 高达 272℃的 PCHC[149]。

Williams 课题组报道了以带大环配体的双锌配合物作为催化剂，可在常压下催化二氧化碳与 CHO 共聚反应（图 2-28）[150]。他们通过翔实的动力学和机理探究，揭示了二氧化碳与环氧环己烷共聚反应是双金属插入链增长过程[151]。随后，一系列以相同大环配体为框架的三锌[9]、双铁[152]、双钴[153] 和双镁[154] 配合物催化剂被开发出来，并应用于合成 PCHC。值得注意的是，异核双金属 Zn-Mg 催化剂在共聚反应中表现出的活性，比对应的

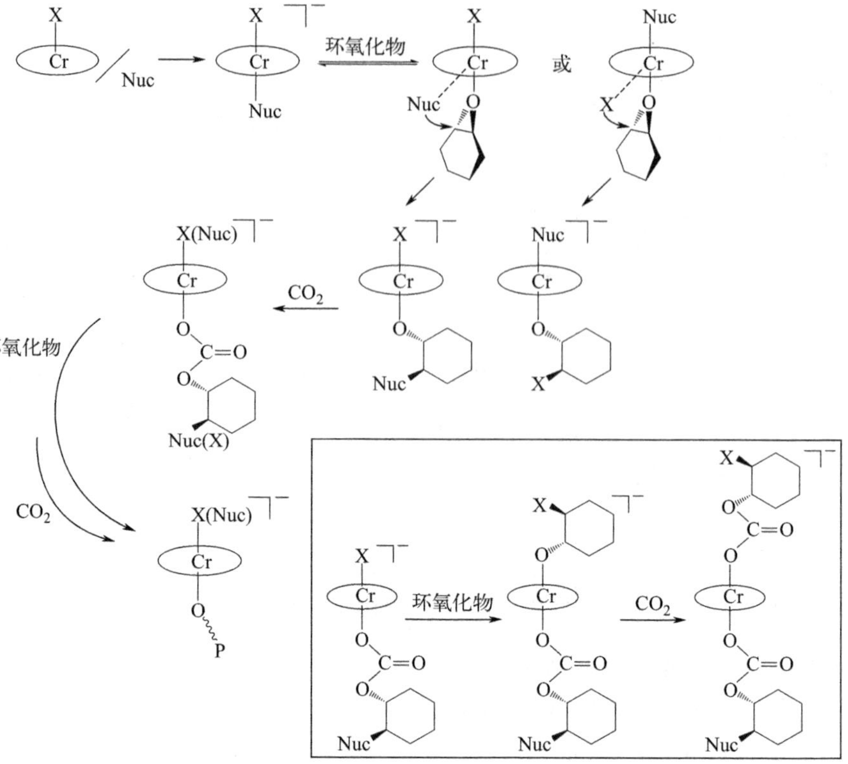

图 2-26 Salen-CrX 配合物和助催化剂催化 CHO/CO_2 共聚反应的双链增长机理示意图[143]
（Nuc：亲核试剂）

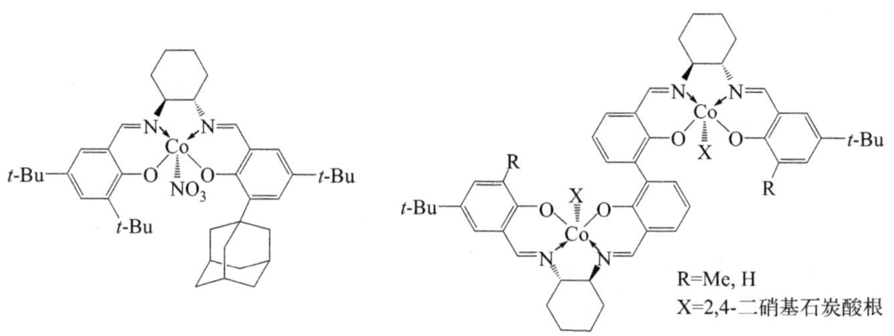

(a) 含金刚烷基和叔丁基基团　　(b) 手性双金属

图 2-27 含金刚烷基和叔丁基基团的手性 Salen-Co 配合物催化剂以及手性双金属 Salen-Co 配合物催化剂

同核 Zn-Zn、Mg-Mg 两类催化剂，以及它们的共混物的活性都要高出许多[155]。另外，他们运用原位红外研究了双锌催化体系下二氧化碳与环氧环己烷共聚反应的动力学参数，并综合 GPC、^{1}H-NMR 和 MALDI-ToF MS 的测试结果，提出了双金属中心协同的单分子链增长的反应机理，如图 2-29 所示[151]。他们认为在聚合反应引发时，催化剂首先与环氧环己烷反应形成金属烷氧基活性种，随后二氧化碳、环氧环己烷交替地与活性中心配位、插入，始终保持单一高分子链的增长方式，因而增长中的高分子链在两个锌原子上来回摆动。

此外，作为一种廉价且易得的原材料，环氧氯丙烷（ECH）与二氧化碳共聚反应研究也有不少的报道。ECH 是一种重要的功能化环氧化物，在环氧树脂、黏合剂、有机合成原料等化工领域有着广泛的应用[156]。但由于 ECH 含有 Cl 取代基，其与 CO_2 选择性合成聚碳酸酯仍然是一个挑战。2011 年 Darensbourg 团队用 Salen-Co 催化剂在 0℃、2MPa CO_2 条件下反应 24h 后得到分子量达 25900 的聚氯代碳酸亚丙酯（PECHC），其选择性和聚碳酸酯含量均高于 99%，T_g 为 31℃[157]，解决了 ECH/CO_2 共聚物选择性差以及产生醚单元的问题。接着，他们利用手性双功能 Salen-Co 催化剂研究 ECH 与 CO_2 的高立体定向交替共聚反应，合成了全同立构的 PECHC，它是一种典型的半结晶聚合物，T_g 达 42℃，T_m 为 108℃，力学性能测试表明，半结晶 PECHC 的拉伸强度

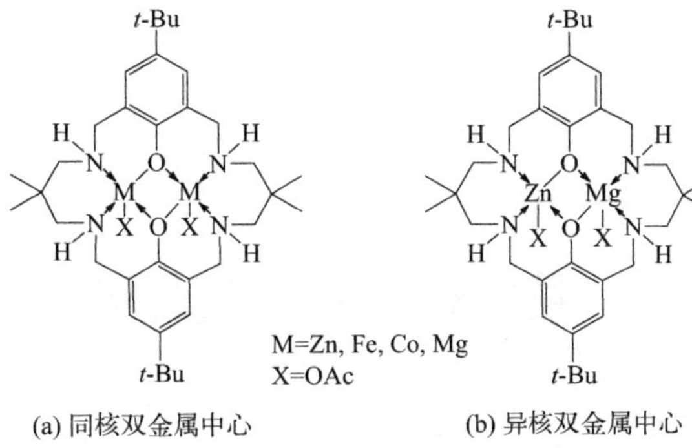

图 2-28 具有大环配体的双金属配合物催化剂

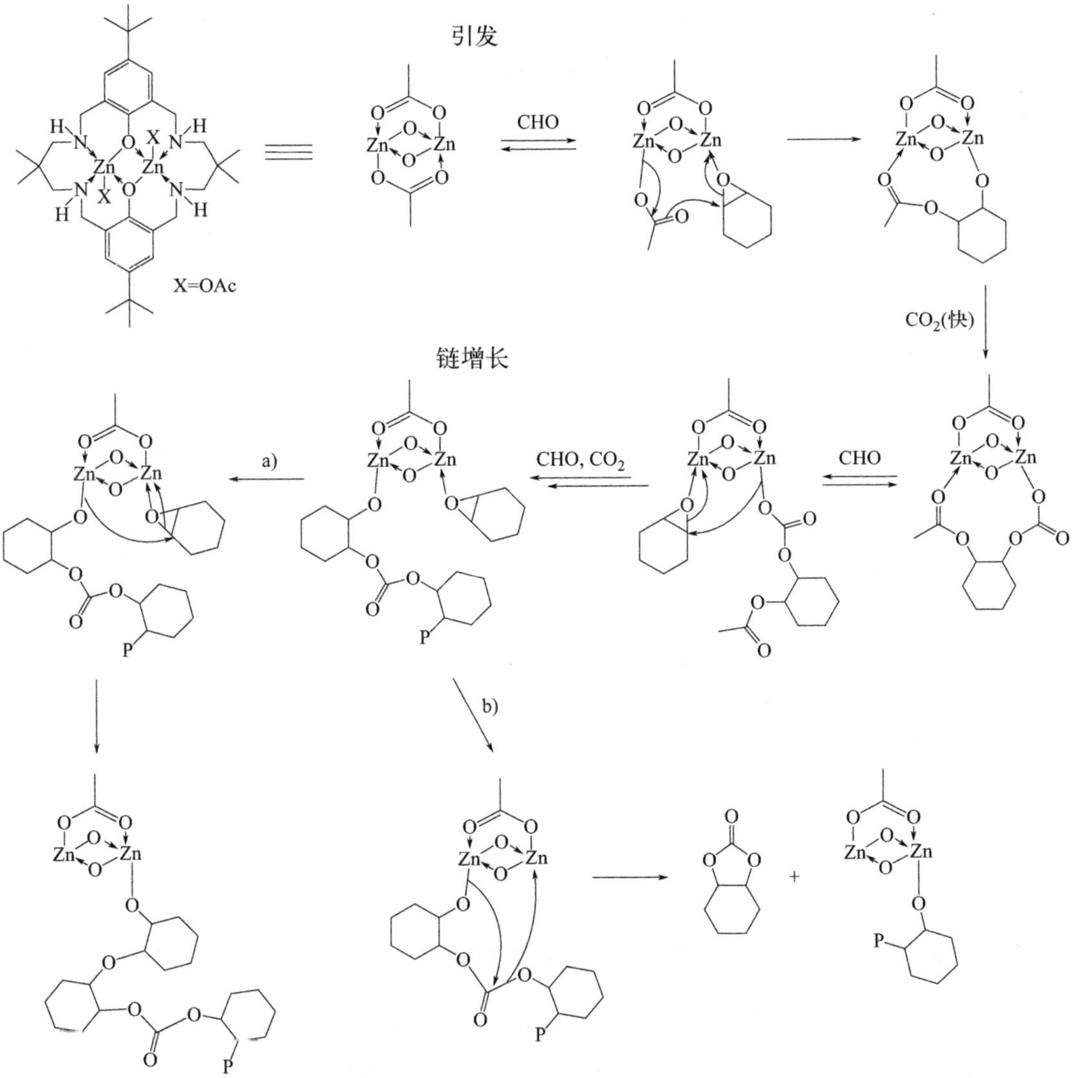

图 2-29 双锌配合物催化剂催化 CO_2 和 CHO 共聚反应的机理示意图[151]

是其无定形共聚物的 30 倍左右[158]。2021 年，伍广朋团队利用非金属四核硼催化剂将 ECH/CO_2 共聚反应温度提升至 25℃，其选择性和聚碳酸酯含量均高于 99%，分子量达 36500[113]。

2.4 脂肪族多元共聚碳酸酯的合成

一般来说，二氧化碳基聚碳酸酯为无定形态，通过采用不同的环氧化物参与共聚反应，能改变聚碳酸酯的力学性能（拉伸强度、断裂伸长率、弹性模量等）和热性能（玻璃化转变温度、热分解温度等）。然而，单一链结构的聚碳酸酯的材料理化性能有其局限性，很多时候不能满足生产生活实际的应用需求。因此，将二氧化碳与两(多)种不同的环氧化物进行三(多)元共聚反应，通过链结构的设计和共聚合工艺的调节，可制备结构多样、性能不同的脂肪族多元共聚碳酸酯。可采用不同的投料方式，或者利用不同单体的化学选择性差异性调控制备具有不同序列结构（无规、梯度、嵌段）的脂肪族多元共聚碳酸酯（图 2-30），下文将分类进行介绍。

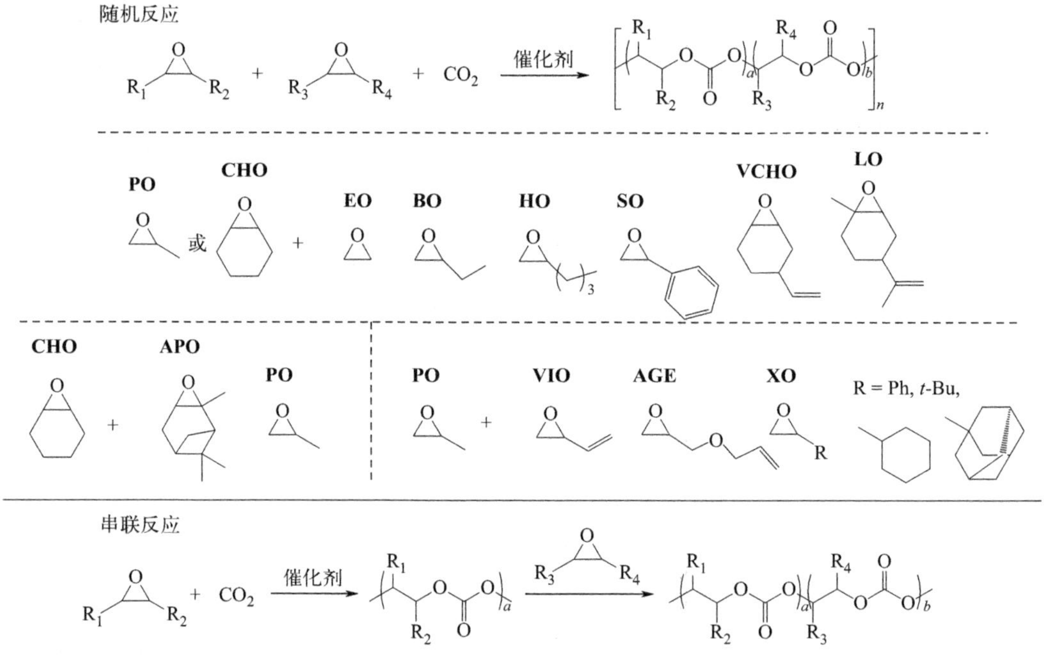

图 2-30 CO_2/环氧化物三元共聚合成无规和嵌段共聚物

2.4.1 无规序列结构的脂肪族多元共聚碳酸酯

在二氧化碳和环氧丙烷的共聚反应中引入其他环氧化物单体是人们研究最多的脂肪族多元共聚碳酸酯合成路线。具有刚性环的环氧环己烷常被用作第三单体参与二氧化碳和环氧丙烷的共聚反应，制备聚碳酸丙烯酯（PCHC）和聚碳酸环己烯酯的共聚物。PCHC 具有较高的机械强度、玻璃化转变温度和热分解温度，能够与 PPC 较高的韧性、较低的热变形温度和分解温度形成互补。

大连理工大学吕小兵课题组[159] 在脂肪族共聚碳酸酯的合成方面做了大量的工作。他们首先开发了 Salen-Co(Ⅲ)X/氯化双(三苯基膦亚基)铵(PPNCl)二元催化剂，用于催化 CO_2/PO/CHO 的三元共聚反应，所得产物的玻璃化转变温度和热分解温度均随 CHO 含量的增加而提高，但产物的分子量较低、催化效率不高。而且，该催化剂只能在低温聚合，高温下容易产生环状碳酸酯。随后，该课题组又开发了一种单组分双功能催化剂 Salen-Co(Ⅲ)X[23]，该催化剂不仅实现了对聚合物结构的有效调控，在高温下表现出很高的催化活性，而且聚合反应的选择性和聚碳酸酯含量均非常高。值得注意的是，他们合成的三元共聚物均只有一个 T_g，介于 50～100℃之间，这是由于碳酸丙烯酯和碳酸环己烯酯是随机排列形成的无规序列。

中山大学孟跃中课题组[160,161] 以刚性的 2-萘基缩水甘油醚（NMO）和 9-咔唑基缩水甘油醚（NEC）为第三单体，成功实现了与 CO_2 和 PO 的三元共聚，所得共聚物的热性能得到了提高，但同时也导致了聚合物断裂伸长率的下降。分子侧链上大体积的萘基和咔唑基虽会阻碍主链的旋转运动，但同时这些基团也增加分子链间的距离，导致分子间作用力降低，最终所得共聚物的玻璃化转变温度没有明显改善。此外，这两个单体的引入也引起催化剂催化活性下降，以及聚合物分子量降低。近期，该课题组采用三乙基硼烷（TEB）催化环氧化物/环氧乙烷（EO）/CO_2 一釜共聚的方法成功合成了随机三元聚合物[162]。由 CHO/EO/CO_2 共聚得到的序列无规的三元共聚物具有单一的玻璃化转变温度，其 T_g 可通过改变 CHO 含量在 26～126℃范围内调节。随后，采用串联策略，先通过 CHO/CO_2 共聚得到聚碳酸环己烯酯（PCHC）作为双官能团大引发剂，然后触发 EO/CO_2 共聚得到聚碳酸乙烯酯（PEC）作为两个外嵌段，制备了一系列具有相分离微结构（M_n=126000～275000）的高分子量 PEC-PCHC-PEC 三嵌段共聚物。将 PEC-PCHC-PEC 中 PCHC 的摩尔分数调整在 30%～35%可以有效提高 PEC 的拉伸强度和 PCHC 的脆性。

将含柔性侧基的环氧化物用作第三单体也有报道，如 Lee 等[163] 分别将 1,2-环氧丁烷（BO）和 1,2-环氧己烷用作第三单体引入反应体系，日本庆应大学的 Yamada 等[164] 研究了不同碳链长度的环氧化合物类化合物参与 PO 和 CO_2 三元共聚的效果。研究结果表明，第三单体的引入抑制了 PPC 的降解，提高热稳定性，但同时也由于这些柔性侧基的存在，所得的材料的玻璃化转变温度下降，而且侧链长度越长，玻璃化转变温度下降越明显。

除了单环氧的化合物，一些多官能团的环氧化物（如双环氧和三环氧的化合物或含双键的环氧化物）也被用作第三单体对 PPC 进行改性。得到的共聚物还可以做进一步的处理，赋予材料更优越的性能。如 Wang 等[164] 将含有双键的烯丙基缩水甘油醚（AGE）作第三单体，成功将双键引入 PPC 链上。在光敏引发剂的存在下，该聚合物经紫外光辐照使双键发生自由基交联反应，使最终所得材料的热性能和力学性能得到了显著改善。Darensbourg 等[165] 采用类似的策略以 AGE 为第三单体将双键引入 PPC 的侧链上，以双(3-巯基丙酸)乙二醇和季戊四醇四巯基乙酸酯为交联剂，通过点击反应的方法实现了 PPC 的交联。Wang 等[166] 分别将 1,4-乙二醇二缩水甘油醚（EGDE）、1,4-丁二醇二缩水甘油醚（BUDE）、新戊二醇缩二水甘油醚（NPGDE）作第三单体参与环氧乙烷和 CO_2 共聚，Gao 等[167] 甚至将含有三个环氧基团的 1,3,4-三缩水甘油-S-三嗪三酮（TGIC）参与共聚。这些含有两个或三个环氧基团参与共聚的反应，均得到了交联的产物。与二元共聚物相比，所得材料的热性能和力学性能都有所提高。Tao 等[168] 将二氧化碳、环氧丙烷、烯丙基缩水甘油醚进行共聚，然后在 1-羟环己基苯乙酮与紫外线的作用下制备了交联 PPC，研究发现，当加入的 AGE（以摩尔分数计）为环氧丙烷的 5%时，引入侧基的双键含量为 0.36mol/kg 聚合物，经紫外线照射生成交联 PPC，凝胶含量达到了 85.1%，交联 PPC 能够显著改善 PPC 的热稳定性和力学性能。玻璃化转变温度和热分解温度相比于未改性的 PPC，分别提高了 5.9℃和 47.4℃、40℃下的拉伸强度，由 20MPa 增长到 100MPa。Lee 等[169] 将二氧化碳、环氧丙烷、二氧化乙烯基环己烯进行共聚直接合成了交联 PPC，研究发现，二氧化乙烯基环己烯用量少时，形成个别分子链相连的大分子量 PPC，重均分子量可以达到 606000，有少量甚至达 1000000。二氧化乙烯基环己烯用量增多时能形成交联 PPC，交联 PPC 的玻璃化转变温度和 50%分解温度达到了 42℃和 250℃。

引入其他环氧单体进行三元共聚，除了改善二元共聚物的热性能和力学性能外，也可以用该策略制备功能性的 PPC 材料。如 Grinstaff 等[170] 实现了苄基缩水甘油醚与 PO 和 CO_2 的三元共聚，所得共聚物在 Pd/C 催化剂和氢气的作用下脱去苄基保护基，实现了共聚物的羟基化，赋予了聚合物亲水性。Luinstra 等[171] 采用更巧妙的策略实现了此目的，其首先将邻硝基苄基缩水甘油醚与 PO 和 CO_2 共聚，然后用紫外光辐照的方法实现了保护基团的脱去，达到了羟基化聚合物的目的。

2.4.2 嵌段序列结构的脂肪族多元共聚碳酸酯

虽然不同环氧化物与 CO_2 共聚时存在速率差异，但这种差异不足以选择性地优先且完全消耗某一种环氧化物。如果要形成 AB 或 ABA 型嵌段共聚物，必须采用多步投料的方式，且投料之前要保证前一种环氧化物单体已消耗完。

2002 年 Tan 课题组用稀土金属催化剂合成了 PPC-PCHC 和 PPC-PVCHC（PVCHC 是 $VCHO/CO_2$ 共聚物）两种二嵌段共聚物[172]。接着 PPC-PHC（PHC 为 HO/CO_2 共聚物）[173]、PPC-PCHC-PVCHC[174] 嵌段聚碳酸酯也被合成出来。PPC-PCHC 嵌段共聚物的研究较多，但多数只显示一个 T_g，这是因为两种链段的分子量太低，链段相容性较好，没出现相分离[175,176]。2012 年孟跃中课题组用负载的戊二酸锌催化合成一系列不同 PCHC 含量的高分子量 PPC-PCHC 嵌段共聚物，所得 PPC-PCHC 的热性能和力学性能均介于 PPC 和 PCHC 之间，嵌段共聚物同时显示有三个 T_g（40℃、66℃、和 115℃），分别归属于 PPC、聚环氧环己烷和 PCHC 链段[177]。其中，采用“一锅两步”法制备嵌段共聚物聚甲基亚乙基-亚环己基碳酸酯（PPC-*b*-PCHC）。第一步：CO_2 配位到负载戊二酸锌的 Zn 活性中心，插入 Zn—O 键形成大碳酸酯阴离子；随后大碳酸酯阴离子进攻 PO 导致 PO 开环并插入其中，CO_2、PO 交替重复插入生成聚碳酸酯链段，如果是 PO 的重复插入，则生成聚醚链段。生成带有活性端的 PPC，称为“带活性端 PPC 低聚物”。第二步：CO_2 配位“带活性端 PPC 低聚物”的催化活性中心，插入 Zn—O 键形成大碳酸酯阴离子；随后大碳酸酯阴离子进攻 CHO 导致 CHO 开环并插入其中，CO_2、CHO 交替重复插入生成聚碳酸酯链段，如果是 CHO 的重复插入，则生成聚醚链段。最后得到嵌段共聚物 PPC-*b*-PCHC。2019 年，冯晓双课题组用非金属催化体系合成了高分子量的 PPC-PCHC 嵌段共聚物（M_n=270000），测试发现两个 T_g 分别为 38℃和 131℃，而分子量为 10000 的 PPC-PCHC 只显示一个 T_g 为 61℃[125]。

合成侧链上带有双键的聚碳酸酯，然后通过双键与带巯基的化合物进行反应修饰后可以得到具有不同性能和用途的聚碳酸酯材料，这是拓展聚碳酸酯材料应用范围的有效途径之一。2015 年 Darensbourg 团队合成了含有易水解三氟乙酸基团（TFA）的 Salen-Co(Ⅲ) TFA 配合物用于催化 CO_2/PO 聚合，体系中加入少量水作为链转移剂，得到末端为羟基的 PPC 二元醇，然后再加入 AGE 进行反应得到 PAC-PPC-PAC（PAC 是 AGE/CO_2 共聚物）三嵌段共聚物[178]。接着他们通过硫醇-烯点击反应在 PAC-PPC-PAC 中引入乙酰基半胱胺，即在 PAC 链段中引入酰胺键（—NH—CO—）侧基得到 PACC-PPC-PACC 共聚物，这是第一个聚碳酸酯型的自修复材料，其自愈能力来源于酰胺基团之间的氢键作用和酰胺基团与碳酸酯键之间的氢键作用[179]。2019 年，伍广朋课题组首次报道了 CO_2 基热塑性弹性体（CO_2-TPE），参照上述方法，先合成 AGE/CO_2 的共聚物 PAC，再加入 CHO 合成 PCHC-PAC-PCHC 三嵌段共聚物，最后加入 3-巯基-1,2-丙二醇（MTG）修饰 PAC 得到 PCHC-PACC-PCHC[180]。PCHC-PACC-PCHC 中 PCHC 为硬链段，PACC 为软链段，表现出热塑性弹性体的特性，此外通过添加少量硼酸酯作为动态交联剂，可以获得强大的自愈能力。除了后修饰的办法，选用合适的环氧化物也能合成弹性体。2020 年冯晓双团队用非金属催化剂合成了 CO_2-TPE，他选用带有较长烷基链的环氧辛烷（OO）和 CO_2 共聚得到 POC 作为软链段，再加入 CHO 进行共聚得到 PCHC-POC-PCHC，其断裂伸长率和拉伸强度与其他天然/合成橡胶相近，特别是那些用于组织工程等应用的橡胶[117]。表 2-3 对比了三种嵌段共聚物的性能，可见热塑性弹性体的两个 T_g 值相差较远，拉伸强度较低，但断裂伸长率高。

表 2-3 CO_2/环氧化物三元共聚物的热性能和力学性能

聚合物	M_n	PCHC(摩尔分数)/%	T_g/℃	$T_{-5\%}$/℃	拉伸强度/MPa	断裂伸长率/%
PPCHC[181]	198000	2.4	38	257	34	2.8
PPC-PCHC[177]	309000	28	40,60①,117	261	43	9.3
PCHC-PACC-PCHC[180]	28000	24	−20,98	—	5	490
PCHC-POC-PCHC[117]	372000	29	−19,119	—	3	454

① 属于聚环己烯氧化物。

【嵌段脂肪族共聚酯合成案例】 PPC-*b*-PCHC 嵌段共聚物的合成及聚合产物分析

PPC-*b*-PCHC 嵌段共聚物反应示意图如图 2-31 所示。其制备过程的第一步基本按照合成 PPC 的方法进行，CO_2 和 PO 反应时间为 20 小时。然后用冰水浴迅速将反应釜冷却，释放 CO_2 并抽真空后，迅速吸入 CHO、通入 CO_2，搅拌速度为 100r/min，反应釜加热到 80℃，调节高压釜内压力为 5.0～5.2MPa，再反应 20 小时后冷却到室温，释放 CO_2，并将釜内黏稠的混合物取出。产物溶于一定量 $CHCl_3$，用质量分数为 5%的稀 HCl 溶液除去产物中的催化剂，并用去离子水洗涤三次。然后将所得共聚合物的 $CHCl_3$ 溶液通过旋蒸调节至一定浓度后，用乙醇来沉淀析出，过滤后聚合物在 120℃真空干燥 24 小时，获得白色嵌段共聚物 PPC-*b*-PCHC。

IR 测试：聚合物使用薄膜直接在 PerkinElmer 公司 Spectra 100 型 FTIR 光谱仪测定，在 4000～400cm^{-1}范围内摄谱。

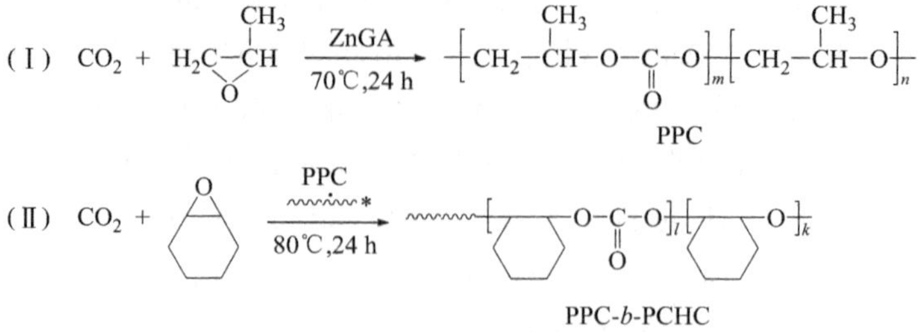

图 2-31 PPC-*b*-PCHC 嵌段共聚物的合成

核磁共振谱测定：四甲基硅烷（TMS），氘代氯仿为溶剂，¹H-NMR 和¹³C-NMR 测定用美国 Varian 公司 NOVA 500NB 型核磁共振仪。

TG 测试：氮气气氛保护下，升温速率为 10℃/min，测温范围为 30～500℃，用美国 Perkin-Elmer 公司 TGS-2 型热重分析仪测试。

DSC 测试：氮气保护下升温速率 10℃/min，测温范围－20～150℃，在德国 Netzsch 公司 DSC-204 型差示扫描量热仪测试，玻璃化转变温度为二次扫描记录值。

聚合物的分子量及其分布测定：聚合物的样品配制成 0.5%的氯仿溶液备用，分子量及其分子量分布以分子量为 2000～1950000 的聚苯乙烯（分布指数 1.01）为基准，以氯仿为流动相，采用 Waters 公司 GPC 系统测试。

聚合物的静态力学性能测定：首先用上海西玛伟力橡塑机械公司 YP-250 型半自动压力成型机在 170℃、20MPa 压力下将所得的聚合物压制成 1mm 的薄片。然后将薄片按 ASTME-104 标准，制作 5 个 25mm×4mm×1mm 的哑铃形样条。样条在 25℃、50%±5% 湿度、拉伸速度 50mm/min 条件下，用深圳新三思万能材料试验机（模式：CMT）进行拉伸性能测试，结果取平均值。

聚合物的动态力学性能测定：氮气气氛保护下，升温速率 2℃/min，测温范围－30～150℃，测试频率分别为 0.3Hz、0.5Hz、1.0Hz、3.0Hz、5.0Hz、10.0Hz，采用 Mettler ToleDo 公司 DMA 系统测试。

2.5 二氧化碳基脂肪族聚碳酸酯的性能

近年来，CO_2 与环氧化物共聚合成工艺取得了许多的发展，但是 CO_2 基脂肪族聚碳酸酯能否被应用到生产生活实际中，取决于材料的力学性能、热稳定性以及可加工性能等重要指标能否达到要求。表 2-4 中[182] 列举了几种重要的 CO_2 基脂肪族聚碳酸酯以及对应材料的热性能和力学性能。目前研究最广泛的是 CO_2 与 PO 的共聚物 PPC 和 CO_2 与 CHO 的共聚物 PCHC，这两种脂肪族聚碳酸酯的透明度都较好，分子链结构无规，为完全无定形态的聚合物。另一种备受关注的二氧化碳基脂肪族聚碳酸酯是由环氧乙烷和 CO_2 共聚得到的 PEC。PEC 是可被生物体内存在的酶降解的有机高分子，这样的高分子并不多见，而且其降解产物经过验证完全无毒[183-186]。因此 PEC 被广泛应用在生物医药方面的研究和应用。

由于脂肪族聚碳酸酯属于无定形态，分子主链上不含有刚性或强极性的基团，分子间的作用力较小，导致脂肪族聚碳酸酯的玻璃化转变温度不高，因此其耐热性和力学性能都较劣香族聚碳酸酯低很多。如双酚 A 型芳香族聚碳酸酯的玻璃化转变温度为 140～150℃，PPC 的玻璃化转变温度在 30～46℃之间，与室温以及人体体温较接近，导致其力学性能受气温变化影响大。气温稍高时，拉伸强度低而断裂伸长率大，表现出软而韧的性能；气温降低，则拉伸强度增大但断裂伸长率变小，表现出硬而脆的性能。此外，PPC 耐热性能不佳，加工温度不宜超过 180℃，加工时间需控制在 10 分钟以内，否则将会导致聚合物分解，分子量下降，使材料各方面性能下降。以上所述不足使得 PPC 用作工程塑料或者橡胶类应用等时遇到不少麻烦[187]。因此，采用不同方法进行物理或化学改性来提高脂肪族聚碳酸酯的热性能和力学性能，对拓展 PPC 在实际生产生活中的应用是非常必要的，在下一小节将作进一步详细叙述。

表 2-4 部分聚碳酸酯的热性能和力学性能

聚合物	密度/(g/cm^3)	T_g/℃	$T_{5\%}$/℃	拉伸强度/MPa	断裂伸长率/%	杨氏模量/MPa	硬度/MPa
PEC	1.43	0～5	—	5.9	—	2.1	—
PPC	1.28～1.30	30～46	254	32.6～30.6	23	974～1470	155
PBC	1.18	约 60	—	36.3	—	2147	—
PCHC	—	125	284	29.4	1.3	2707	—

比如，对于单取代的环氧化物，如环氧丙烷，可以在不同的位置选择性开环共聚，它的开环可以在两个不同的碳氧键上，形成非规整聚合物。两种开环形式可形成三种不同的聚合物主链排列方式，包括头尾（HT）、头头（HH）或尾尾（TT）。共聚物链除区域选择性外，还有不同的立体化学结构，包括全同立构、间同立构或无规立构（图 2-32）。改善聚合物链的区域选择性和立体结构可以提高规整度和有序度进而影响聚合物的耐热性、韧性、硬度、不透明度和密度特性等。

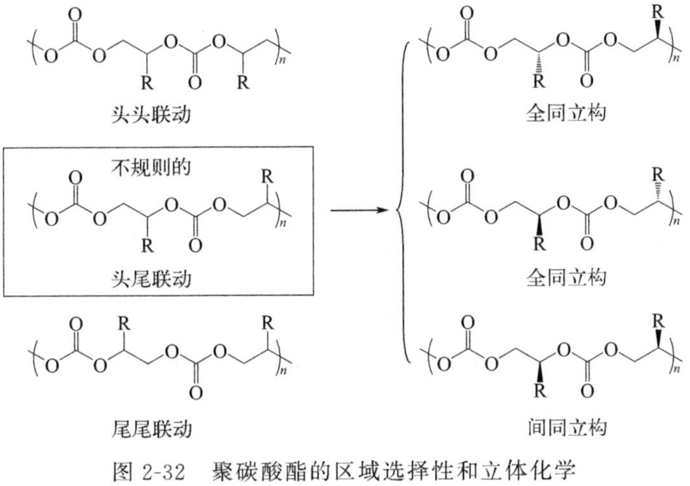

图 2-32 聚碳酸酯的区域选择性和立体化学

2.5.1 热性能

以研究最为广泛的 PPC 为例。PPC 分子主链为柔顺链，每个碳酸酯单元中都有一个侧甲基，破坏了聚合物链的规整性，另一方面，碳酸酯单元中两个较长的 C—O 单键造成高分子链难以有序排列，呈无定形态。PPC 的玻璃化转变温度远低于芳香族聚碳酸酯的玻璃化转变温度。通常认为，影响玻璃化转变温度的因素有以下几个：①立构规整性，聚合物链中头尾结构含量越多，其 T_g 越高；②聚醚含量，聚合物链中聚醚含量越高，T_g 值越低；③分子量，聚合物分子量越高，T_g 值越高[188]。

常被用于研究 PPC 稳定性和分解行为的方法有热失重分析（TGA），傅里叶变换红外光谱（FTIR）和裂解气质联用（Py-GC/MS）等。通过 Py-GC/MS 和 TG-FTIR 等技术的分析结果发现，对于分子量较低的 PPC，热分解过程完全为解拉链反应，得到环状碳酸酯；而对于分子量较高 PPC，高温裂解首先进行聚合物链无规断链，形成活性羟基末端（—OH），进而进行解拉链反应，最终生成环碳酸酯和少量的丙二醇，如图 2-33 所示。残留在聚合物中的催化剂对 PPC 热分解机理不影响，但会降低聚合物热分解的活化能，特别是金属离子会显著加速聚合物的分解反应。

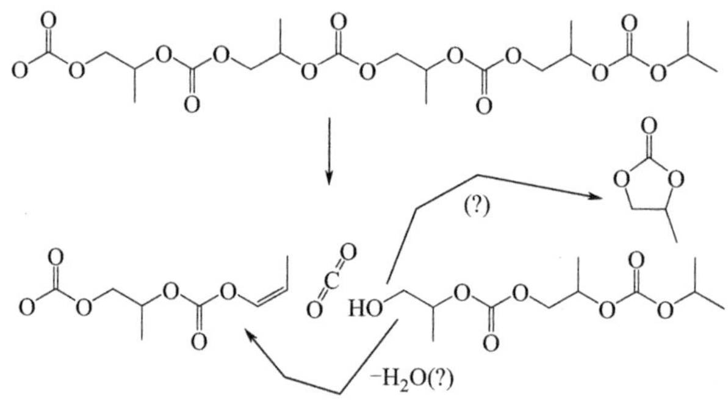

200℃以上的热分解：部分形成环状碳酸酯

(a)

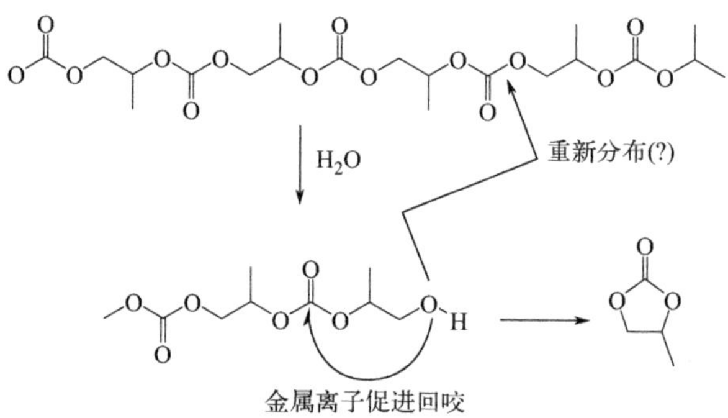

200℃以下热分解：端基和纯度是关键

(b)

图 2-33 PPC 热分解反应机理

（“?”表示分解路径具有不确定性）

不同链结构的 PPC 热稳定性和分解性能在一定程度上也有所差异，不同分子量的 PPC 的热稳定特征有所不同。高分子量的 PPC 热稳定性较低分子量的 PPC 要好，低分子量的 PPC 由于具有更高含量的末端基团，更容易使聚合物发生解拉链反应而使分解速度变越快[189]。表 2-5 列出了不同分子量的 PPC 基本的热学性质[190]。

表 2-5 不同分子量 PPC 的热性能

M_n	T_g/℃(来自 DSC)	T_g/℃(来自 DMA)	$T_{5\%}$/℃	$T_{50\%}$/℃
29000	24	30	178	208
58000	25	32	188	208
112000	27	36	204	220
141000	37	36	216	231

在已有的研究中，提高 PPC 热稳定性的方法主要有以下几种：一种方法是使用“封端剂”与共聚物分子链末端羟基反应得到稳定的末端基团，从而阻止“解拉链”反应的进行，常用的封端剂包括异氰酸酯、磷酰氯、磺酸酐、酰氯、酰氯等[191]，采用该方法可以将聚合物的热分解温度提高 20～40℃；另一种方法是对合成出来的 PPC 进行提纯，除去残留在聚合物中的催化剂，保持聚合物有较高的活化能，减小催化剂对热分解影响；此外还有一种方法是在共聚反应过程中引入第三单体，以改变主链的结构，通过这个方法可以将聚合物的热分解温度提高数十摄氏度[192-194]。

2.5.2 力学性能

在不同的研究报道中的脂肪族聚碳酸酯的力学性能存在一定区别，这是由于聚合物分子的链结构（含一级、二级结构）和聚集态结构（即三级结构）有所不同，其中聚合物的力学性能对分子量依赖性较大。表 2-6 列出了室温下不同分子量的 PPC 的基本力学性能，从表格中的数据发现聚合物的拉伸强度随着其分子量的增加呈现增大趋势。当分子量高于 90000 时，聚合物断裂伸长率突然变小，分子量高，材料由韧变脆。由于 PPC 的断裂伸长率普遍可达近 600%，在与其他填料共混后，可获得强而韧的复合材料[195]。同样地，脂肪族聚碳酸酯的杨氏模量也会随着分子量的升高而增大。研究表明[196]，在室温下 PPC 的杨氏模量与玻璃化转变温度有较大联系，玻璃化转变温度在 30℃时，聚合物杨氏模量在 200～1000MPa 范围内变化；而玻璃化转变温度提高到 40℃时，聚合物杨氏模量在 700～1400MPa 范围变化。

表 2-6 室温下不同分子量 PPC 的力学性能

数均分子量 M_n	拉伸强度/MPa	断裂伸长率/%	断裂能/J	杨氏模量/MPa
27000	11.65	583.9	5.30	405.5
36000	17.49	604.3	6.26	709.6
45000	23.90	533.4	8.65	1050
50000	33.09	519.9	8.03	1209
72000	32.86	337.1	4.95	1341
89000	37.43	14.80	0.37	1532
99000	34.70	14.54	0.44	1739
114000	40.20	21.51	0.34	1755

2.5.3 生物降解性能

一般认为聚合物的生物降解并非单一机理，而是复杂的生物物理、生物化学作用，同时伴有其他的物理化学作用如水解、氧化等。生物作用与物理化学作用相互促进，具有协同效应。作用机理可归为三类：①生物物理作用，是由于生物细胞的增大而使物质发生机械性的毁坏；②生物化学作用，是微生物对聚合物的作用而产生新的物质；③酶直接作用，则是微生物侵蚀塑料导致塑料分裂或氧化崩裂，通过细菌、真菌等微生物的作用产生酶，然后由酶催化生物化学反应所引起的降解反应。在这里，酶起着一种催化剂的作用，酶攻击高分子，通过水解和氧化反应将高分子断成较小的碎片（低分子量聚合物）。一旦高分子成为低分子量的聚合物（分子量<500），它就能被微生物所吸收或消耗，最终形成 CO_2、H_2O 及生物质。起生物降解作用的微生物主要包括真菌、细菌或藻类。微生物利用高分子作为底物的方式有两种：一是微生物将酶释放到周围的介质中，将底物分解为同化的分子；另一种就是微生物与高分子紧密接触，使细胞表面的酶发挥作用。许多微生物能够分解特定的酶来分解高分子化合物，这种酶称为诱发酶，底物不存在时，微生物一般也不会分泌此酶。

由于主链为富含碳酸酯基团的脂肪链，CO_2 基脂肪族聚碳酸酯可以被微生物分解，多种以 CO_2 基聚碳酸酯为基体的环保塑料被开发出来以缓解传统石油基塑料造成的环境问题[197,198]。Zhou 等[199] 探究 PPC 的酶促分解时，发现 PPC 薄膜在温度为 37℃时可以被含有脂肪酶、pH 为 5.6～7.2 的缓冲液所分解。Du 等[200] 做了两组实验，分别把 PPC 薄膜埋在土壤中以及浸泡在 pH=6.0 的模拟缓冲溶液中，研究聚合物的分解行为，结果表明：埋在土壤中的 PPC，第一个月分解速率较快，4 个月后聚合物失重降低；而浸泡在 pH=6.0 的模拟缓冲溶液中 PPC，同样是前两个月分解速率较快，4 个月后聚合物失重减缓，同时，比较不同分子量的 PPC 发现，分子量越低，分解速率越快。Kawaguchi 等[201] 在小鼠活体上的实验表明，CO_2 基脂肪族聚碳酸酯可以在生物组织中分解而且不会引发生物体中组织结构的炎症。

【PPC 降解性能研究案例】 PPC 生物降解和热降解性能研究

近年来，孟跃中课题组系统研究了不同分子量的 PPC 及其复合材料在堆肥条件和非堆肥条件下的降解动力学过程，揭示 PPC 材料的降解机理，并对其降解类型（可崩解、可生物降解、可环境降解）作出判定。

堆肥降解实验：实验所用城市固体垃圾来自广州市城乡接合部地区。将垃圾中的石块等大块物剔出后，过 5mm 筛，在电热恒温恒湿箱中进行半个月的模拟堆肥处理，电热恒温恒湿箱保持恒温（58±2)℃，恒湿 85%，并保证充足的空气。测得堆肥的有机质含量为 19.3%，在堆肥中加入适量的尿素，调整碳氮比约 25，测得 pH 值为 7.7，符合国家标准对垃圾堆肥的质量要求。堆肥性能测试所用试剂均为分析纯，用于配制溶液的水为去除了空气的去离子水。

将 PPC 薄膜制成 60mm×60mm 的尺寸，在真空干燥箱中室温干燥至恒重，用精细天平称重。将薄膜埋于装有已培养堆肥的容器中，薄膜距容器底部约 5cm、距堆肥顶部约 4cm，做好标记后将容器置于恒温恒湿箱，该箱体保持恒温（58±2)℃、恒湿 85%。用空气泵通过流量计通入空气，流量计的流速每天 24 小时不间断地保持在 50mL/min，实验历时半年。堆肥前的 PPC 薄膜无色透明、表面光滑，呈现非常好的延展性。经过堆肥后，试样表面粘上大量泥土，完全失去了原有的光滑透明。如图 2-34 所示，经 10 天堆肥实验后，薄膜已变得支离破碎，残存部分的表面布满了孔洞，无法通过超声清洗去除；20 天后，经微生物的侵袭，只剩零星的几块。堆肥降解实验表明，PPC 的生物降解性和堆肥能力随分子量的变化及实验环境的改变而不同。如表 2-7 所示，低分子量的 PPC 比高分子量的 PPC 表现出更好的生物降解性能，堆肥条件比非堆肥条件更加有利于 PPC 的生物降解。

(a) 10天　(b) 20天

图 2-34 经过 10 天和 20 天堆肥降解的 PPC 薄膜样品照片

表 2-7 不同条件下 PPC 的生物降解性能

条件	$\overline{M}_n$ 约 2 万	$\overline{M}_n$ 约 8 万
垃圾堆肥	一个月内完全崩解，具有良好的堆肥能力	半年堆肥的崩解率为 54%
垃圾土埋	良好的生物降解性能	降解速度较慢
塘泥土埋	一定的降解速度	降解速度较慢

热分解实验结果表明，PPC 的降解主要通过无规断链反应进行，断链处在化学键相对较弱的羰基处。实验未观察到 PPC 热分解中出现的另一反应机理——解拉链反应。当 PPC 发生无规断链，分子量下降到一定程度后就会发生崩解，PPC 生物降解的最终产物包含 CO_2 气体，但不包括作为 PPC 热分解主要分解产物之一的环状碳酸酯。微生物不能渗入 PPC 内部，降解仅在 PPC 表面进行，微生物降解 PPC 的机制较复杂，难以用常规方法分离降解菌。

PPC 的热分解动力学过程表明：在 10℃/min 的升温速度时，数均分子量为 2 万～12 万的 PPC 的 5%热失重温度在 212～254℃范围，PPC 的热稳定性稍逊于传统塑料。用 Ozawa、Friedman、Kissinger 三种理论计算方法得到的 PPC 热分解活化能的数值基本一致，数均分子量为 2 万～12 万的 PPC 的热分解活化能值在 102～158kJ/mol 之间。PPC 的热分解活化能值介于聚苯乙烯和聚丙烯之间，远小于 PE 的活化能。用 Satava-Sestak 法分析 PPC 热分解的最概然动力学机理函数：在失重百分数 $\alpha \leqslant 0.30$ 时降解机理函数的积分形式为 $1-(1-a)^4$，为具有圆柱对称性的反应级数为 4 的相边界反应过程；而在 $\alpha > 0.30$ 时机理函数的积分形式则为 $1/(1-a)$，为二级化学反应过程。

PPC 基复合材料堆肥降解实验：进一步的研究发现，PPC/淀粉复合材料具有优良的堆肥能力，在半年之内不同淀粉含量的薄膜几乎全部崩解，PPC/淀粉复合材料在非堆肥条件下（城市固体垃圾土埋和塘泥土埋实验）也表现出比纯 PPC 更好的生物降解性能，这可归结于 PPC 分子与淀粉分子的氢键作用和淀粉良好的生物降解性能，降解后留下的大量孔洞与相界有利于降解 PPC 的微生物进驻。

此外，PPC/木粉复合材料在堆肥条件下发生了部分崩解，由于木粉的加入，使 PPC 在降解前期更容易崩解。$PPC/CaCO_3$ 复合材料在堆肥实验中的降解速度不如 PPC/淀粉和

PPC/木粉，而且 $CaCO_3$ 的加入，导致 PPC 在熔融加工时发生严重的化学降解。

2.5.4 立构规整性对性能的影响

CO_2 和不同的环氧化物共聚能得到结构丰富的聚碳酸酯材料，通常情况下，得到聚碳酸酯是一种典型的无规聚合物[202]。CO_2 和端位环氧化物共聚所得聚合物的 T_g 较低，如 PPC 树脂的 T_g 与室温相差不大，在长时间的储存和运输中，粒状 PPC 容易黏结成块，不利于后续加工。所以通过催化剂的设计合成立构规整的 PPC 以提高其 T_g 具有十分重要的意义。而 CO_2 和环状环氧化物共聚所得聚合物的 T_g 虽然较高，但由于价格和实用性方面的限制，其作为可降解塑料方面的应用价值没有 PPC 高，但研究其规整性和结晶性具有深远的学术价值。全同立构的聚碳酸酯除了可以单独作为材料外，还能通过构型相反的分子自组装得到结晶性的立体复合物，不仅丰富了结晶性碳酸酯材料的种类，还能提高了材料的热力学性能[203]。

（1）CO_2/端位环氧化物

二氧化碳和端位环氧化物开环聚合得到聚碳酸酯时既存在产物的选择性，如产生环状碳酸酯和聚醚链段，也存在区域和立体化学问题[204]。吕小兵课题组[204,205]在调控聚碳酸酯的区域选择性和立构规整性上做出了突出贡献。Salen-Cr(Ⅲ)X[206,207] 和 Salen-Co(Ⅲ)X[208-213] 配合物被用于二氧化碳和环氧丙烷的立体选择性共聚。在合成 PPC 中，用手性 Salen-Co(Ⅲ)X 配合物 1（图 2-35）催化得到的产物醚含量极少（低于 1%）且区域选择性很高：头-尾相连的聚碳酸酯单元高于 95%[212]。往 Salen-Co(Ⅲ)X 配合物上引入大位阻基团得到立构规整性催化剂 2（图 2-35）和 3（图 2-35），进一步提高头-尾相连的聚碳酸酯单元至 99%[209,213]，其中选用手性 PO 与 CO_2 进行共聚得到接近 100%全同立构的 PPC，其 T_g 达到 47℃，较无规 PPC 高 10～12℃[213]。

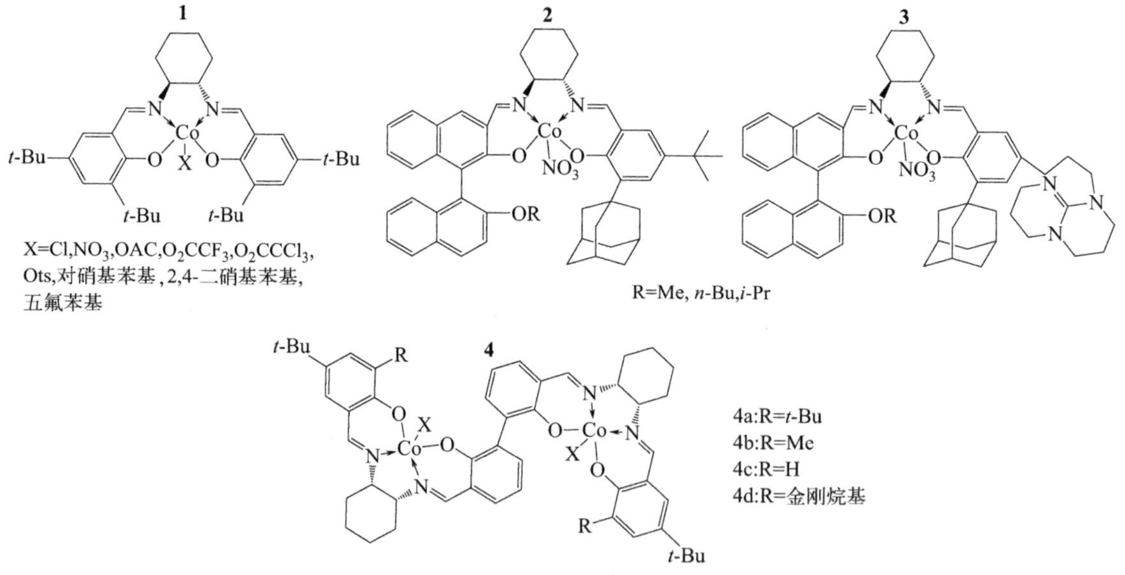

图 2-35 用于二氧化碳和环氧化物共聚的 Salen-Co(Ⅲ)X 催化剂

具有吸电子取代基的端位环氧化物也能与二氧化碳进行立体选择性共聚，如氧化苯乙烯[214]、环氧氯丙烷[215] 和苯基缩水甘油醚[216]。氧化苯乙烯与二氧化碳共聚所得产物的聚碳酸酯单元达到 99%[217,218]，但即使采用不对称（*S*,*S*,*S*)-Salen-Co(Ⅲ)X 配合物做催化剂也很难得到立体选择性共聚物[219]，因为次甲基 C—O 键的断裂导致次甲基碳的立体构型发生变化。直到 2017 年，通过采用多手性 Salen-Co(Ⅲ)X 配合物做催化体系催化亚甲基 C—O 键的断裂，合成了半结晶聚碳酸酯，其全同立构规整度为 98%，熔点为 137℃，玻璃化转变温度为 101℃[214]。环氧氯丙烷和二氧化碳交替共聚得到碳酸酯含量高于 99%的共聚物[220]，进一步使用双功能（*S*,*S*)-Salen-Co(Ⅲ)X 催化剂催化（*R*)-环氧氯丙烷和二氧化碳共聚反应，得到 97%全同立构的半结晶聚碳酸酯[215]。差式扫描量热仪（DSC）结果表明此聚合物在 108℃出现明显的结晶熔融吸收峰，且在 42℃有一个玻璃化转变温度（比相应的无规聚合物高 12℃）。力学性能测试表明，该结晶共聚物的屈服强度和拉伸强度分别是其非晶态对应物的 10 倍和 30 倍。苯基缩水甘油醚和二氧化碳交替共聚得到立构规整的聚碳酸酯，具有>99%的头-尾相连结构和>99%的全同立构，熔点为 75℃。端位环氧化物和二氧化碳共聚得到的立构规整性聚碳酸酯大多是无定形材料，即使得到少许结晶聚合物，也存在结晶度和熔点偏低等问题。

（2）CO_2/环状环氧化物

环状环氧烷烃刚性大，与 CO_2 的共聚物通常具有比较高的 T_g，为了进一步改善其性能，以期与某些商用工程塑料的性能相匹配，研究人员在调整它们的立构规整度上投入了许多精力。其中，环氧环己烷（CHO）和二氧化碳的立体选择性共聚是研究最广泛的，目前主要采用手性的 Zn(Ⅱ)[221-225]、Co(Ⅲ)[226-229] 和 Al(Ⅲ)[230] 配合物做催化剂。吕小兵课题组[228] 发现具有不对称结构的催化剂有利于合成立构规整的聚碳酸环己烯酯（PCHC），改变催化剂的不对称结构能调节产物中的对映体选择性。高度全同立构的 PCHC 具有半结晶结构，其熔点受聚合物链的对映体选择性的影响很大，例如，在 DSC 曲线上，相对低全同度（92%）的 PCHC 能在 122℃处观测到玻璃化转变温度，又在 207℃处观察到熔点；而高全同度（98%）PCHC 在 216℃出现非常明显的熔融吸收峰，却难以在 120℃左右观察到玻璃化转变温度。进一步发现，高分子量（$M_n=3.56\times10^4$）的全同 PCHC（98%全同度）的熔点高达 272.4℃[227]。一般来说，对于内消旋环氧化物的去对称开环反应，单核金属催化剂的活性比双金属配合物的低，如简单联苯桥连的双核钴(Ⅲ)配合物 4（图 2-35）对不对称共聚具有非常高的活性和对映选择性[227,228,231]。在这些全同结构聚碳酸酯中，除 PCHC 外，3,4-环氧四氢呋喃[35]、3,5-二氧杂环氧烷烃类衍生物（如 4,4-二甲基-3,5,8-三氧杂-双环[5.1.0]-辛烷)[231] 分别与二氧化碳共聚得到的聚碳酸酯也具有比较好的结晶性能，熔点在 180～271℃。

（3）立体复合物

实验发现，全同结构的聚碳酸酯只有少数能结晶，多数是不能结晶的。2012 年，吕小兵课题组[232] 首次发现结晶的二氧化碳基聚碳酸立体复合物，即全同度为 98%的（*S*)-PCHC 和（*R*)-PCHC 立体复合物（1∶1，质量比）拥有全新的结晶形态，且熔点提高到 227℃，比单个对应异构体的熔点高 11℃。进一步实验发现，构型相反的全同结构聚碳酸酯等质量混合，均容易形成紧密堆积结构的立体复合物[233,234]。如：全同结构的 CO_2/3,4-环氧四氢呋喃交替共聚物（PCOPC）的熔点为 271℃，而其（*R*)-PCOPC 和（*S*)-PCOPC 组成的立体复合物的熔点高达 300℃；全同结构的 CO_2/4,4-二甲基-3,5,8-三氧杂-双环[5.1.0]-辛烷（PCXC）的熔点为 242℃，其立体复合物由广角 X 射线衍射谱图证明是结晶的，但 DSC 曲线上测不到熔融吸收峰，因为它的熔点高于分解温度；同时，全同度超过

99%的聚碳酸环戊烯酯（PCPC）和聚碳酸2,3-丁烯酯（PCBC）均为无定形聚合物，但对应的立体复合物是典型的半结晶性材料，熔点分别为199℃和177℃。有趣的是，不同结构和不同构型的无定形全同聚碳酸酯经过简单的自组装，也可以形成高结晶性的聚碳酸酯立体复合物[235]。以上结晶立体复合物需要通过混合具有相反构型的对映聚合物来制备，而合成单一构型的聚合物需要使用昂贵的手性催化剂。但利用外消旋双核钴催化剂，就能实现了二氧化碳与内消旋环氧化物的立构规整性交替共聚合反应，一步法获得高结晶性的二氧化碳基聚碳酸酯[235]。

2.6 二氧化碳基脂肪族聚碳酸酯的改性

二氧化碳和环氧化物共聚物中研究最为广泛的是二氧化碳和环氧丙烷的共聚物PPC。PPC的主链是由大量的酯基和少量的醚键构成，这样的结构特点赋予了PPC生物可降解性、生物相容性和气体阻隔性等一系列优良性能。然而，无论是酯键还是醚键，分子链均易围绕其发生内旋转，使PPC分子链具有比较好的柔性。在宏观性能上的体现就是其玻璃化转变温度比较低，一般在40℃左右，而维卡软化点仅在30℃左右。而且PPC是非晶材料，分子链间的作用力比较弱，造成其力学强度低。由于PPC等CO_2基脂肪族聚碳酸酯在成本、性能、加工等方面与传统石油基塑料相比均存在一定差距，使其无法大规模在实际生活生产中应用。因此，为了提高或改变PPC的性能，通常可以采用加工改性（物理改性）或者化学改性等办法。

聚合物材料在某一领域的应用必须满足该领域对材料特殊的性能要求，虽然可以根据需要合成具有特定性能的聚合物，但这样需要大量资金投入且周期长，增加了获得合格产品的成本和风险。而单一聚合物受限于自身性能，应用领域受到限制。与合成新材料和使用单一聚合物材料相比，针对单一材料性能的不足之处，选择合适的改性材料采用共混的方式制备高分子合金，具有方法简单、设备简单、周期短、干扰因素少、可预测等优点。所谓脂肪族聚碳酸酯加工改性（物理改性），就是将PPC等脂肪族聚碳酸酯与其他材料进行简单的物理共混，达到提高PPC的热性能和力学性能、开发出性能更加优异的PPC共混合金或复合材料的目的，物理共混改性是促进PPC产业化和应用的便捷途径。这种方法的改性材料来源广泛，且工艺简单，对设备要求低，适宜于规模化生产，因此得到了广泛的研究。

聚合物共混实现性能的提高需要各组分之间有一定的相容性。聚合物材料混合的热力学方程为：$\Delta G_{mix}=\Delta H_{mix}-T\Delta S_{mix}$。式中，$\Delta G_{mix}$为混合自由能；$\Delta H_{mix}$为相容性材料混合的混合焓，负值；$T$为温度；$\Delta S_{mix}$为混合熵。以两相共混为例，混合前后熵值变化不大，焓值的正负往往起到决定作用，当焓值为负，混合放热，混合效果好。通常相容性好的混合体系，各组分之间存在一定的相互作用，如形成化学键、氢键、配位键等[236]。共混物的相容性除了具备热力学相容性条件，还应从动力学考虑，具备混合工艺相容性，如聚合物A、B组分热力学上具有较好相容性，但在分子量、结晶度、黏度上差异过大，以及混合条件不合适，仍不能实现相容，反之，如果A、B两组分热力学相容性较差，而聚合物黏度差异小，混合工艺得当，尽管热力学上存在相分离趋势，冷却成型后聚合物分子链段移动困难，保持长时间的宏观均相，也能获得性能稳定的共混物。

具体来说，PPC固有的性能缺陷包括：①玻璃化转变温度接近室温，表现出常温下力学性能不稳定[237]；②在环境温度较高时，材料强度低，容易软化变形[238,239]；③在环境温度较低时，材料由韧变脆，易断裂；④材料的热降解稳定性差，加工温度低于200℃；⑤用作薄膜材料时，PPC的熔体强度低，不容易吹塑成型，薄膜材料开口性能差，耐撕裂性能差且堆放时容易黏结[240]。另外，PPC熔体黏度低、易流动且分子链上含有端羟基等极性基团，适合通过熔融共混的方式加工改性。因此，对PPC的加工改性研究可主要围绕提高力学强度、增加尺寸稳定性、提高薄膜材料柔韧性和提高材料的热降解稳定性等方面展开。

目前用于PPC等脂肪族聚碳酸酯的改性材料主要包括无机材料和高分子材料。无机材料尤其是纳米无机材料被广泛地应用于PPC的共混改性，如纳米碳酸钙、纳米二氧化硅、蒙脱土、埃洛石纳米管以及纳米氧化锌等对PPC的改性均有文献报道。无机填料的添加可以在不同程度上改善PPC的性能，但同时也会牺牲PPC自身的韧性、透明度等。提高无机填料在PPC基体中的分散性以及增强两者之间的界面作用是提高改性效果的关键所在，也是研究的重点。

用于PPC加工改性的高分子材料种类较多，主要可分为可降解的和不可降解的两大类。不可降解的高分子材料主要有聚苯乙烯、聚对乙烯基苯酚、聚甲基丙烯酸甲酯和聚丙烯等。这类均为通用高分子材料，价廉易得，有利于降低所得复合材料的成本。但同时这些材料不可降解，因此最终得到的材料也不能完全降解。为得到完全可降解的PPC复合材料，采用可降解高分子材料对其进行共混改性受到了人们的关注。人工合成的可降解高分子材料如聚乳酸、聚丁二酸丁二醇酯和聚羟基丁酸戊酸酯等，天然的高分子材料如淀粉、纤维素及纤维素衍生物、木质素、木粉、壳聚糖、羊毛粉等均已经广泛地应用于PPC的共混改性。高分子材料虽然可以在一定程度上改善聚合物的性能，但由于两者之间的相容性一般比较差，界面作用力低，致使改性效果有限。通过添加增容剂等手段增加二者之间的相容性，提高其界面作用，进而改善脂肪族聚碳酸酯的综合性能是发展此类材料的关键。本小节将对PPC等脂肪族聚碳酸酯的加工改性研究进展情况作详细阐述。

2.6.1 与无机物的共混改性

已报道的共混改性无机粒子有碳酸钙、蒙脱土、二氧化硅、蛭石、累托石、羟基磷灰石、石墨、氧化石墨、氧化铝等。PPC与无机物共混可以提高力学性能、尺寸稳定性、热稳定性，并降低成本。其中，处理过的蒙脱土、高岭土、累托石等层状硅酸盐及片状铝粉等可以提高PPC材料的阻隔性。

中山大学孟跃中课题组在PPC与无机填料共混改性方面做了大量工作。他们首先将PPC与$CaCO_3$共混，比较了无机颗粒尺寸对材料性能的影响，发现纳米级（粒径约65nm）的碳酸钙对PPC复合材料具有很好的增强增韧性能[241]。随后，他们又分别剥离了片状的有机蛭石和无机蒙脱土，然后与PPC熔融共混得到分散性好、力学强度高、阻隔性高的材料[242]。此外，他们利用溶液插层法制得PPC/层状双氢氧化物（LDH）纳米复合材料。用十二烷基磺酸根有机阴离子撑开LDH片层后，通过离子交换将PPC长链引入层间[243]。测试结果证明生成了部分剥离和部分插层的结构。由于PPC基体与OMgAl-LDH薄层间的强相互作用，增强了树脂的力学性能。Jiao等[244-246]在此基础上以偶氮二甲酰胺作化学发泡剂，通过熔融共混制备了碳酸钙增强的PPC的复合泡沫材料。测试结果证明$CaCO_3$的引入明显改善了PPC的力学性能，均匀分散的$CaCO_3$微粒增强了复合材料的耐压性能。经发泡所形成的良好而均匀的多孔状泡沫结构能有效吸收和扩散冲击力从而提高了复合材料的压缩强度，并明显降低了材料的密度和成本。Zhai 等[247] 采用片状铝粉作为阻隔材料加入 PPC，制得的 PPC 阻隔材料，材料的氧气透过率下降 72%，水蒸气透过率下降 35%，力学强度大幅提高并仍能维持较高的断裂伸长率。

2.6.2 与可降解高分子材料的共混改性

PPC 作为生物降解塑料，应优先选择同样可降解的聚合物材料做改性料。一种为生物基降解塑料，有淀粉[248]、纤维素[249]、木质素[250]、壳聚糖[251] 类等动植物中直接提取的天然可降解高分子材料，也有聚乳酸（PLA）、聚羟基脂肪酸酯（PHA）这类单体由微生物合成的可降解高分子材料。另一种为石油基可降解高分子材料[252,253]，如聚己内酯（PCL）、聚己二酸/对苯二甲酸丁二醇酯（PBAT）、聚丁二酸丁二醇酯（PBS）、聚乙二醇（PEG）、聚乙烯醇（PVA）等。

常见的天然高分子如淀粉、纤维素、木质素为多糖类高分子，种类多价格便宜，主链上因为含有大量的羟基而排列紧密，熔融共混前经过预塑化等处理可以降低熔点，与 PPC 的分子链上的羰基和端羟基形成氢键，有很好的混合效果，可获得一系列性能优异的共混改性材料。万春杰等用碱液处理苎麻后与 PPC 混合，复合材料有很好的力学性能。Zhang 等[254] 用马来酸酐封端的 PPC 与乙基纤维素（EC）溶液法共混获得 MA-PPC/EC 复合材料，提高了 PPC 的热稳定性，在 EC 含量较高时，PPC 材料表现出热致液晶性。Wang D 等[249] 在研制食物包装材料时将纤维素纳米微晶（CNWs）与 PPC 溶液共混，制得的薄膜透光率高，拉伸强度提高到 27MPa 的同时，断裂伸长率仍高达 900%。

孟跃中课题组之前通过熔融共混的方法制备了 PPC 和天然玉米淀粉的复合材料，该复合材料具有完全可降解性，而且廉价淀粉的引入可以大大降低 PPC 改性材料的成本，提高竞争优势。研究发现，随着淀粉（质量分数＜60%）的加入，PPC 改性材料的拉伸强度、拉伸模量和硬度都得到了很大程度的提高，热失重研究结果表明材料的耐热性也得到了一定程度的提高。红外光谱结果显示淀粉和 PPC 中的羰基存在氢键作用，这是材料的力学性能及热稳定性得到改善的关键原因。但该复合材料的扫描电镜照片显示淀粉颗粒与 PPC 基体间的界面相容性不是很好。因此在随后的工作中，研究人员又对淀粉进行了相关改性，如葛祥才等[255,256] 用丙烯酸甲酯对玉米淀粉进行接枝改性后，玉米淀粉与聚碳酸丙烯酯的界面结合力增强，力学性能也随之提高了；曾嵩山等[257] 采用乙酸酐对玉米淀粉进行酯化，与 PPC 混合后分布均匀相接面更加模糊，制备了相容性和力学性能良好的 PPC 与酯化淀粉共混材料。通过研究不同酯化度对共混物综合性能的影响，发现淀粉酯化后，共混材料的韧性得到了一定程度的提高。Ma X F 等[248] 在甘油塑化淀粉（GPTPS）的基础上，进一步加入活化剂琥珀酸酐（SA），材料相容性进一步提高，热稳定性、拉伸强度和断裂伸长率更高。乙酸酐酯化前后淀粉与 PPC 共混物的断裂面微观形貌和珀酸酐活化前后 PPC/GPTPS 的微观形貌如图 2-36 所示。

(1) 与聚乳酸的共混改性

聚乳酸是一种典型的脂肪族聚酯，是以微生物发酵产物乳酸为单体聚合而成的一类可生物降解聚合物，具有生物相容性、生物降解性、循环再生性及良好的力学性能和热稳定性。PLA 虽然强度较高，但结晶度不高、韧性差且易断裂，而 PPC 属于完全非晶态聚合物，常温下处于高弹态，具有很好的柔韧性，断裂伸长率可以达到 900%，但材料的强度差、模量

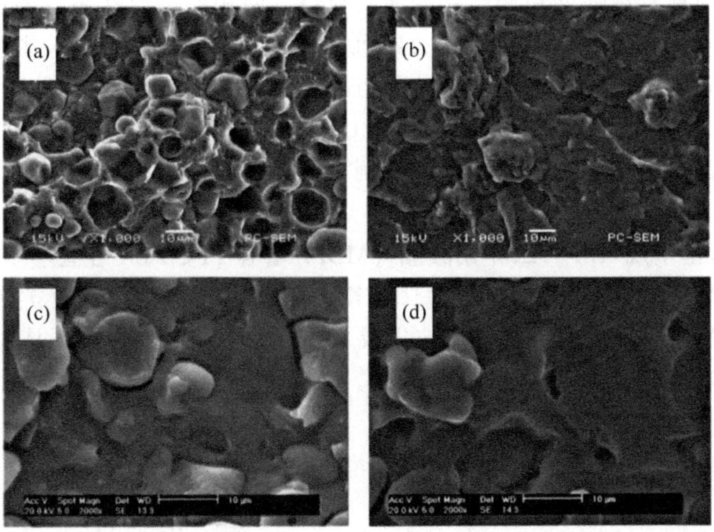

图 2-36 SEM 观察 PPC 与淀粉的微观相界面形貌：(a) 与 (b) 分别是用 0.88 份乙酸酐酯化前后的玉米淀粉对比图，(c) 与 (d) 分别是含有 0.0 份和 1.0 份琥珀酸酐的甘油塑化淀粉[257,258]

低，这与 PLA 这种高强度、异相成核结晶但柔韧性差、断裂伸长率低的材料存在性能上的互补。

张亚男、王淑芳等[259,260] 用溶液浇铸法制得了 PPC/PLA 复合材料，并经过测试发现 PLA 的加入不仅可以改善材料的生物降解性和力学性能，还可以改善材料的成膜性与热稳定性。陈卫丰等[261] 利用熔融共混法制备了 PPC/PLA 共混复合材料，通过 SEM 分析表明两相间的相容性较好，而且通过测试发现 PLA 的引入提高了 PPC 的拉伸强度和热稳定性。王勋林等[240] 研究了纯化过程对 PPC/PLA 复合材料体系的影响，发现 PPC 经纯化精制后，复合材料力学性能和热稳定性有了明显的改善。Ma X F 等[258] 将 PPC 与 PLA 共混，验证 PPC 与 PLA 可以部分相容，PPC 玻璃化转变温度得到提高。招启强等[262] 在 PPC/PLA 共混体系中加入甲苯-2,4-二异氰酸酯（TDI），TDI 在共混体系中发挥了扩链、增容作用，PPC 与 PLA 之间的相容性和结合能力明显提高，同时，力学性能和热分解稳定性能都有很大提高。采用同样思路，Gao J 等[263] 将聚醋酸乙烯酯（PVAc）加入 PPC/PLA 共混物中，获得增容型 PPC/PLA 共混物，PVAc 存在于 PPC 与 PLA 两相之间，不但提高了材料的相容性，而且填补了相界面的缺陷，从而提高了材料的力学性能，共混物的拉伸强度从 17.3MPa 提高到 28.5MPa，模量、断裂伸长率以及玻璃化转变温度都有明显提高。Hao 等[264] 先用聚 1,2-丙二醇己二酸酯（PPA）增韧 PLA，再与 PPC 进行共混，所得的 PPC/PLA/PPA 共混物的熔体强度明显提高，用该共混物吹塑制得的 PPC/PLA/PPA 薄膜具有较高的撕裂强度。Sung Wook Hwang 等[265] 在 PLLA/PPC 共混物中加入 MA 和 Luperox 101（L 101）作为反应性相容剂，向 80 质量份的 PLA 与 20 质量份的 PPC 中加入 0.1 质量份的 L 101 和 4 质量份的 MA，拉伸强度少量降低，从 61MPa 降低到 57MPa，而材料的断裂伸长率从 64%提高到 157%。PLA 的结晶度从 10%提高到 40%。Zhou 等[265] 用钛酸四丁酯作为聚酯材料链转移剂加入 PLA/PPC 体系中，促进了两相的相容并成功提高了材料的断裂伸长率。

虽然 PPC 与 PLA 部分相容，但仍存在明显相界面，因此 PLA 对 PPC 的力学性能的改善有限，若要得到具有高强度和韧性好的薄膜材料，两相的相容性还需要进一步提高。改善聚合物相容性致力于改善不相容共混物的界面性能，增加界面黏合力，主要方法有加入非反应性增容剂、加入反应性增容剂、引入相互作用的基团、共溶剂法和互穿聚合物网络（IPN）法、控制混合工艺等。下面将介绍中山大学孟跃中课题组近期在提升 PPC/PLA 共混物中两相的相容性研究工作的两个具体案例。

【案例一】 二苯基甲烷-4,4′-二异氰酸酯（MDI）增容 PPC/PLA 合金

孟跃中课题组采用二苯基甲烷-4,4′-二异氰酸酯作为扩链剂，通过扩链反应，制备同时含有 PPC 和 PLA 链段的扩链产物，原位生成 PPC 和 PLA 的增容剂，从而提高体系中 PPC 和 PLA 的界面结合力，提高材料的综合性能。该体系共混过程中的反应除了有扩链反应外，还有交联等副反应，反应式如图 2-37 所示。

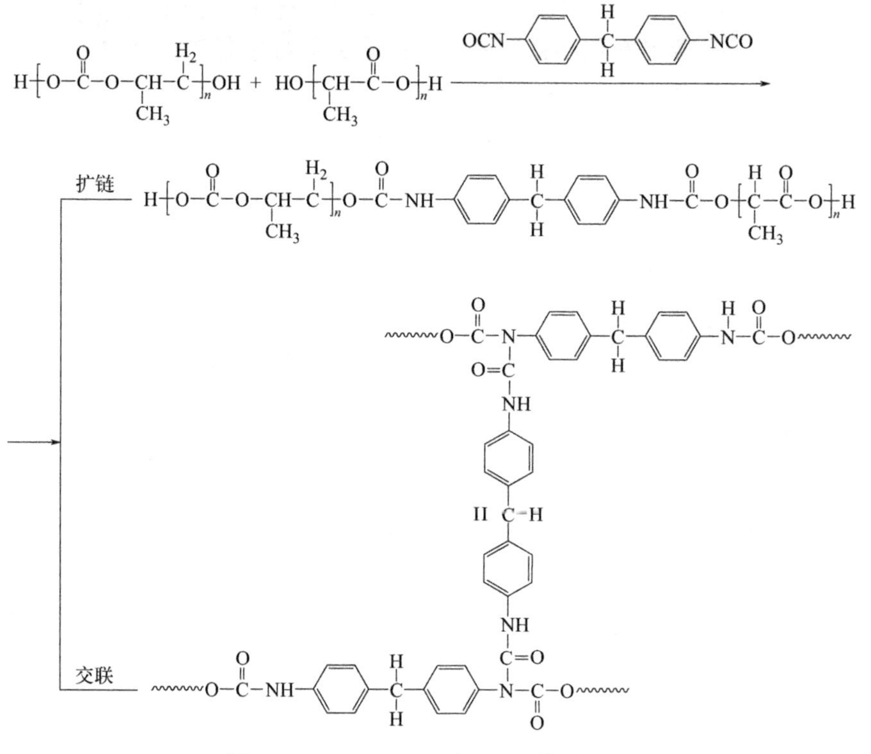

图 2-37 PPC、PLA 和 MDI 的反应式

图 2-38 为不同 MDI 添加量下，增容型 PPC/PLA 合金的微观形貌图。从图中可以看出，未添加 MDI 时，PPC 与 PLA 的共混体系中存在明显的两相结构，PLA 以颗粒状的形式较为均匀地分散在 PPC 的基体中，然而两者之间存在明显的界面，说明两者的界面结合力较差，相容性不佳。而当 MDI 加入后，PPC 与 PLA 的界面慢慢变得模糊，直至消失。表明 PPC 和 PLA 的界面结合力增强了，相容性变好。这是由于共混过程中，体系中的 PPC 和 PLA 发生了扩链反应，PPC-*b*-PLA 扩链产物的形成改善了 PPC 和 PLA 的相容性，界面结合力越来越强，因此界面变得模糊了。可见 MDI 的加入可以促进体系相容性的改善和界面结合力的提高。

增容型 PPC/PLA 合金材料的力学性能：材料的显微结构表明，MDI 的加入对体系的

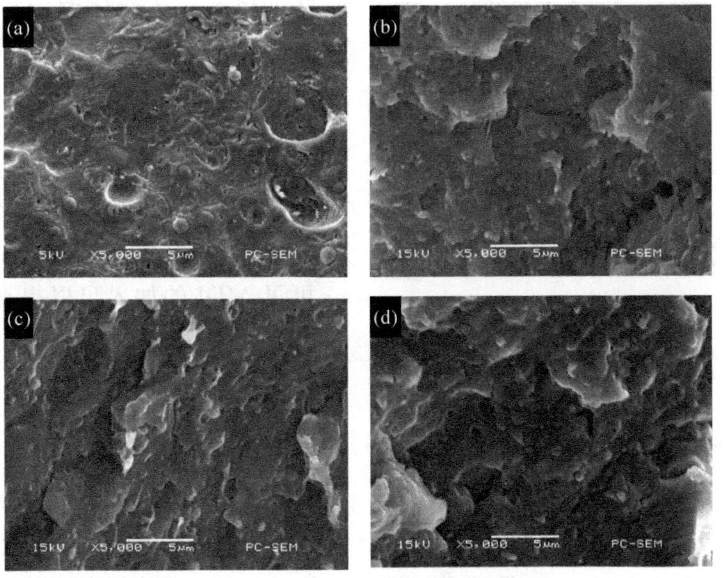

图 2-38 不同 MDI 含量下，PPC/PLA 共混物的微观形貌图：(a) 0.0 质量份 MDI；(b) 1.0 质量份 MDI；(c) 3.0 质量份 MDI；(d) 5.0 质量份 MDI

相容性有改善作用，这将使得材料在力学性能方面发生一定程度的变化。表 2-8 给出了增容型 PPC/PLA 合金材料的拉伸性能和冲击强度数据。表中的结果表明，拉伸强度随着 MDI 加入量的增加而明显提高，由未添加 MDI 时的 28.6MPa 提高到添加 2 质量份 MDI 时的 35.6MPa，再到 MDI 加入量为 5 质量份时的 46.7MPa，增强效果十分明显。而拉伸断裂伸长率和冲击强度的变化规律则与拉伸强度有所不同，材料的断裂伸长率和冲击强度都随着 MDI 加入量的提高先升高后降低，在 MDI 加入量为 2 质量份时达到最大值。

表 2-8 PPC/PLA 合金材料力学性能随 MDI 加入量的变化情况

样品(PPC/PLA/MDI)	拉伸应力/MPa	断裂应变/%	冲击强度/(kJ/m^2)
70/30/0	28.6	14.7	1.71
70/30/1	31.2	20.6	2.43
70/30/2	35.6	38.9	3.51
70/30/3	38.8	26.2	3.27
70/30/4	43.5	13.6	2.64
70/30/5	46.7	10.8	2.72

少量 MDI 的加入（小于 2 质量份）一方面提高了体系的相容性，另一方面交联副反应也不明显，因此材料的各项力学性能表现出明显的提高；但是前面的分析表明 MDI 加入量在 3 质量份以上后，交联反应较为明显，过多的交联导致了材料韧性的下降，因此必然使得拉伸断裂伸长率和冲击强度下降。

增容型 PPC/PLA 合金材料的热性能：PPC/PLA 体系由于 MDI 的加入而产生了扩链反应，甚至是交联副反应，这些反应的进行促进了体系分子量的提高，分子量的提高将使得材料内部分子间的缠绕更加复杂，分子链段的运动更加艰难，因此相应的热性能也应该会得到一定程度的提高。图 2-39 给出了增容型 PPC/PLA 合金的维卡软化温度随 MDI 加入量的变

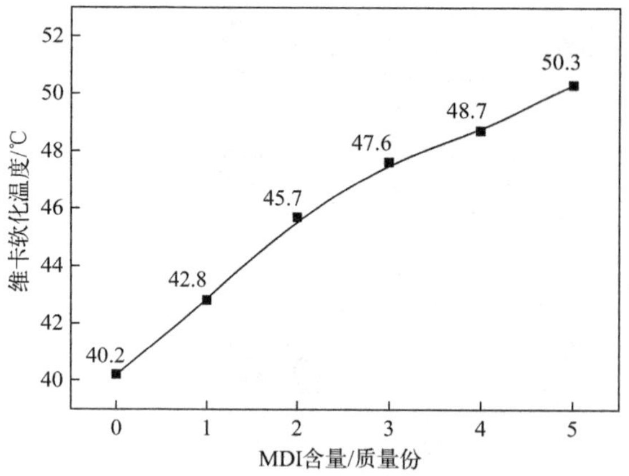

图 2-39 PPC/PLA 合金材料维卡软化温度随 MDI 加入量的变化情况

化曲线图。从曲线图中可以看出，合金的维卡软化温度随着 MDI 加入量的提高而上升。合金的维卡软化温度从未添加 MDI 时的 40.2℃提高到 MDI 的添加量为 2 质量份时的 45.7℃，提高了 5.5℃；当 MDI 的加入量提高到 5 质量份时，合金的维卡软化温度进一步上升至 50.3℃，提高了 10.1℃。可见 MDI 的加入可以提高材料的使用温度上限，拓宽材料的应用领域。

【案例二】 聚酯低聚物 OET 增容 PPC/PLA 合金

孟跃中课题组合成主链分别用邻苯二甲酸酐、顺丁烯二酸酐和己二酸为单体与二元醇共聚合成邻苯型（OET-P）、不饱和型（OET-M）和饱和型（OET-A）等三种聚酯低聚物（OET），并研究比较了不同结构聚酯低聚物对 PPC/PLA 增容增韧效果，考察聚酯增塑剂对 PLA 相容性、增韧性能、结晶性能、迁出性的影响。首先研究聚酯低聚物 OET 对 PLA 的增韧增塑效果，通过扫描电镜分析（图 2-40）发现 OET 增塑的 PLA，断裂面光滑平整，OET 与 PLA 无明显分相，具有很好的增塑效果；而对照组乙酰柠檬酸三丁酯（ATBC）在 PLA 基体表面有很多球形微孔，呈现出明显的海-岛结构，表明 ATBC 与 PLA 基体之间存在明显的相分离。

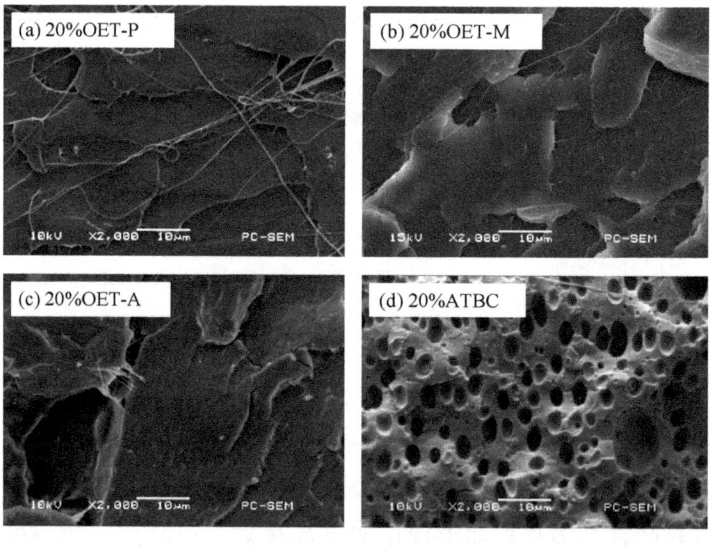

图 2-40 分别含 20%的 OET-P、OET-M、OET-A 及 ATBC 的 PLA 共混物扫描电镜图片（样品表面均经过乙醇清洗处理）

如图 2-41(a) 所示，通过广角 X 射线衍射（WAXD）发现加入三种 OET 增塑剂的 PLA 与纯 PLA 具有相同位置的结晶峰［PLA 的 α 晶相：16.6°（110）与（200）晶面，14.7°（010）晶面，19.0°（203）晶面，22.3°（210）晶面］，并且结晶峰强度有所增强。如图 2-41(b) 所示，偏光显微镜（POM）表征结果表明与纯 PLA 相比，OET 增塑的 PLA 球晶的晶核明显增多，球晶生长速率也增加了。因此，可以认为聚酯低聚物 OET 提高了 PLA 的结晶速度和结晶度。

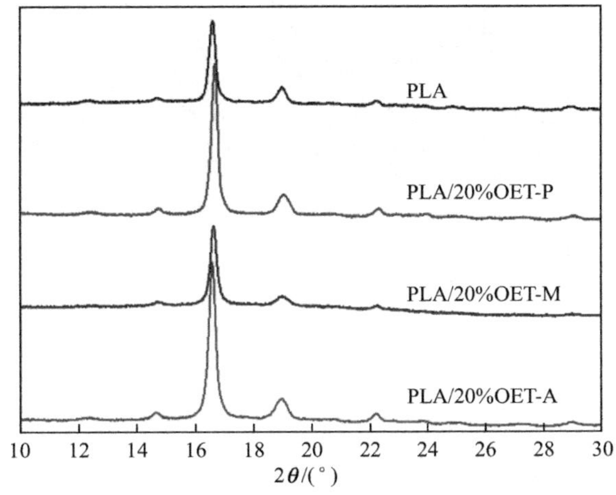

(a) WAXD谱图

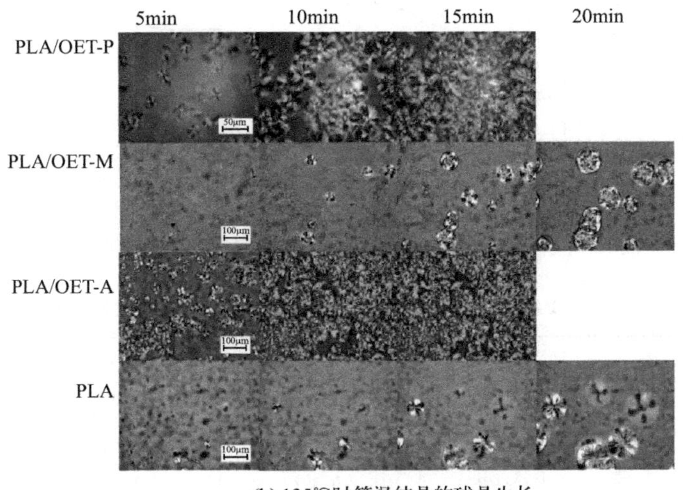

(b) 135℃时等温结晶的球晶生长

图 2-41 PLA 及其共混物的 WAXD 谱图以及偏光显微镜观察 PLA 及其共混物（20%改性剂含量）在 135℃时等温结晶的球晶生长

三种聚酯低聚物对 PLA 的增韧性能，由于 OET-M 具有较好的增韧性能和极低的迁出性，选取 OET-M 作为 PPC/PLA 的共混相容剂做进一步研究。图 2-42 是 PPC/PLA 与 PPC/(PLA/OET-M) 的扫描电镜，观察 PLA 在加入 OET-M 前后，与 PPC 的相容性。在图 2-42(a) 中，PPC 与 PLA 存在较为模糊的相界面，但仍能分辨出 PPC 相与 PLA 相，而加入 OET-M 增塑的 PLA、PPC 与 PLA/OET-M 的相界面更为模糊。证明加入相容性材料 OET-M 后，PPC 与 PLA 的相容性提高。

图 2-43 和表 2-9 的力学性能测试结果表明，加入 30%的 PLA 可以明显提高 PPC 的拉伸强度，但是断裂伸长率降低从 851%降低至 73%，成为脆性材料。经过改性的 PLA，与 PPC 的相容性更好，PPC 的屈服强度和断裂强度提高的同时，仍有 512%的断裂伸长率。以上结果充分说明，加入这种聚酯低聚物 OET-M，可以提高 PPC 的强度，同时减少断裂伸长率的降低。

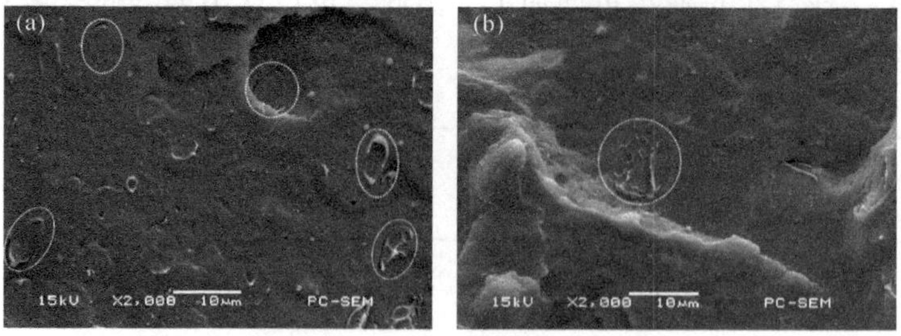

图 2-42 PPC/PLA 的扫描电镜图

(a) 纯 PPC/PLA，70/30；(b) OET-M 增容 PPC/(PLA/OET-M) 70/30 (80/20)

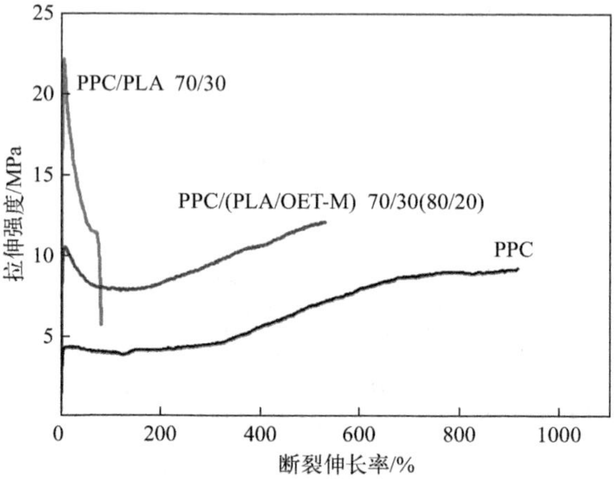

图 2-43 PPC、PPC/PLA 及 PPC/(PLA/OET-M) 共混物的拉伸-位移曲线

表 2-9 PPC、PPC/PLA、PPC/(PLA/OET-M) 拉伸测试

样品	比例	屈服强度/MPa	断裂强度/MPa	断裂伸长率/%
PPC	100/0	5.34	9.30	851
PPC/PLA	70/30	23.3	12.3	73.6
PPC/(PLA/OET-M)	70/30(80/20)	9.14	11.0	513

(2) 与聚丁二酸丁二醇酯的共混改性

PBS 是一种脂肪族聚酯。它具有如下几个主要特点：①良好的生物降解性，可以在土壤、酶等环境中得到充分分解，最终分解成二氧化碳和水；②较高的耐热性，日本昭和公司生产的 PBS（商品名：Bionole）的熔点为 114℃，由于结晶性能良好，其维卡软化温度可以达到 100℃以上；③优异的力学性能，柔韧性可以与低密度聚乙烯（LDPE）相媲美。图 2-44 列出了 PPC、PBS 和 TTI 的反应式。表 2-10 列出了 PSB、LDPE、HDPE（高密度聚乙烯）和 PP（聚丙烯）的各项性能比较。

将 PPC 与 PBS 进行共混改性：一方面 PBS 优良的耐热性可以提高 PPC 的热变形温度，PBS 的高韧性可以改善 PPC 的低温脆性；另一方面 PPC 对水蒸气优良的阻隔性可以阻碍水分子对 PBS 的攻击，既可以缓解 PBS 的水解老化，又可以提高 PBS 的气体阻隔性。孟跃中课题组[266] 之前已对 PPC/PBS 共混材料进行各项性能的研究，结果发现 PBS 对 PPC 的拉伸性能和热性能有一定程度的改善，但是也发现 PPC 与 PBS 的相容性有待提高。考虑到

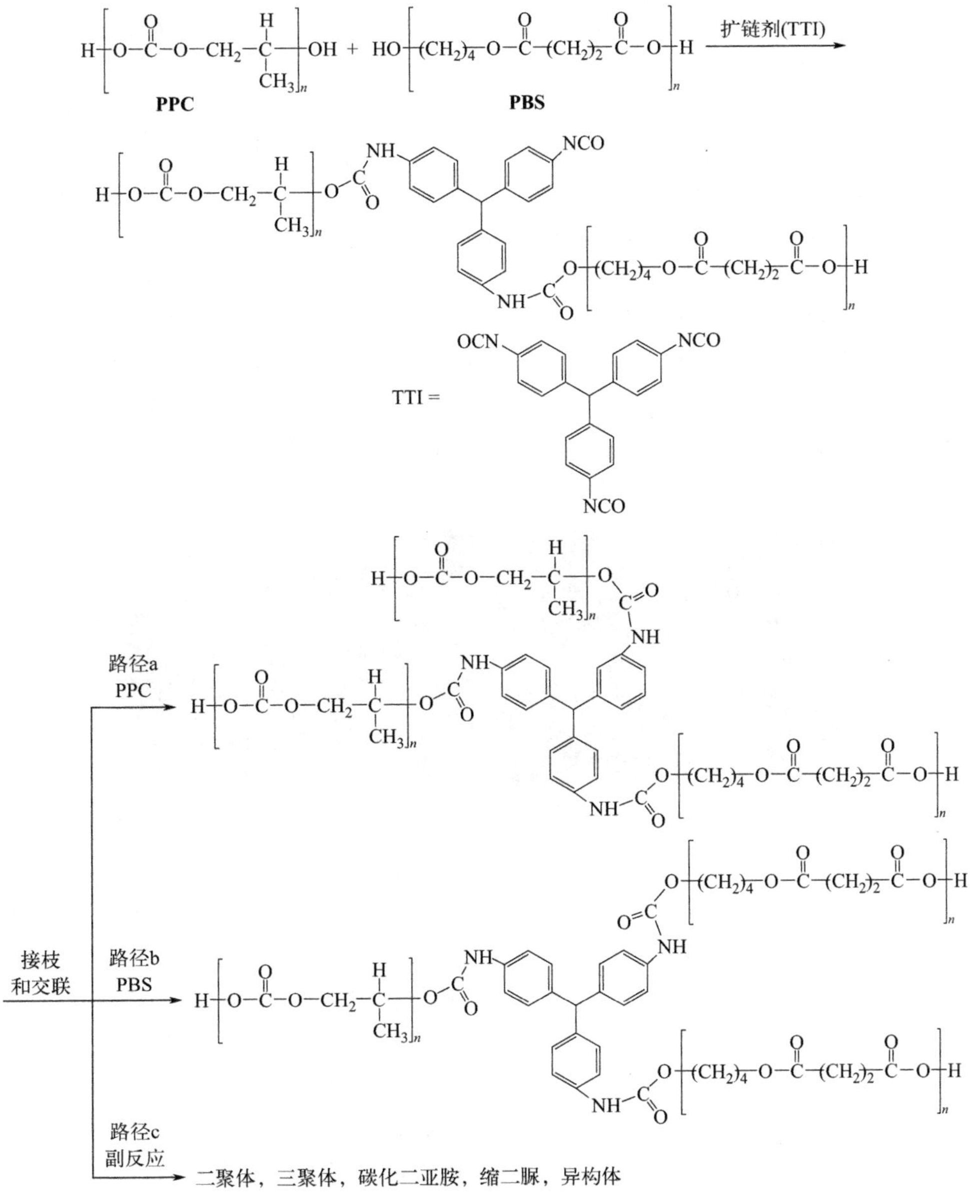

图 2-44 PPC、PBS 和 TTI 的反应式

表 2-10 PBS、LDPE、HDPE 和 PP 的基本性能

性能参数	PBS(Bionole)	LDPE	HDPE	PP
拉伸强度/MPa	58	17	29	30
断裂伸长率/%	300～800	700	300	800
悬臂梁冲击强度/(kJ/cm^2)	30	50	4	2
弯曲模量/MPa	5300	—	1200	13500
熔点/℃	114	110	129	163
结晶度/%	30～45	40	70	45

PPC 与 PBS 都存在端羟基，可以与异氰酸酯进行反应，因此可采用异氰酸酯进行扩链，以提高两者的相容性。Harada M 等通过比较二异氰酸酯和三异氰酸酯的加入对 PLA/PBS 共

混材料性能的影响，发现三异氰酸酯对 PLA/PBS 共混材料性能的提高要比二异氰酸酯明显，因此采用三苯基甲烷-4,4′,4″-三异氰酸酯（TTI）作为扩链剂，与 PPC 和 PBS 的端羟基进行反应（图 2-44 所示），生成含有 PPC 和 PBS 链段结构的扩链产物，起到原位增容共混体系的作用。从而改善 PPC 与 PBS 共混材料的力学性能和热性能。

增容型 PPC/PBS 合金材料的微观形貌：图 2-45 为未添加 TTI 和 TTI 添加量为 0.36 质量份的 PPC/PBS 合金材料的微观形貌图。从图中可以看出，未添加 TTI 时，PPC 与 PBS 的共混体系中存在明显的两相结构，PBS 以颗粒状的形式较为均匀地分散在 PPC 的基体中，然而两者之间的界面较为清晰可见，说明两者的界面结合力不佳，相容性不够好。而当 0.36 质量份 TTI 加入后，PPC 与 PBS 的界面变得模糊了，分辨不出 PPC 和 PBS 的两相结构。这是由于体系中扩链反应的进行（如图 2-45 所示），PPC-*b*-PBS 扩链产物的形成改善了 PPC 和 PBS 的相容性，界面结合力越来越强，因此界面变得模糊了。可见 TTI 的加入可以促进体系相容性的改善和界面结合力的提高。

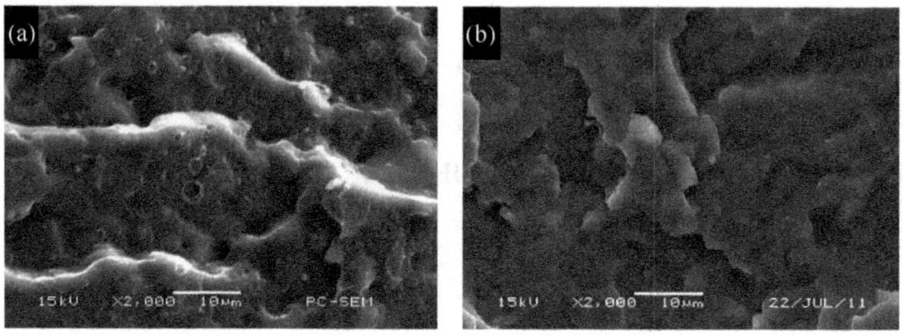

图 2-45 PPC/PBS 合金材料的微观形貌：(a) 0.0 份 TTI；(b) 0.36 质量份 TTI

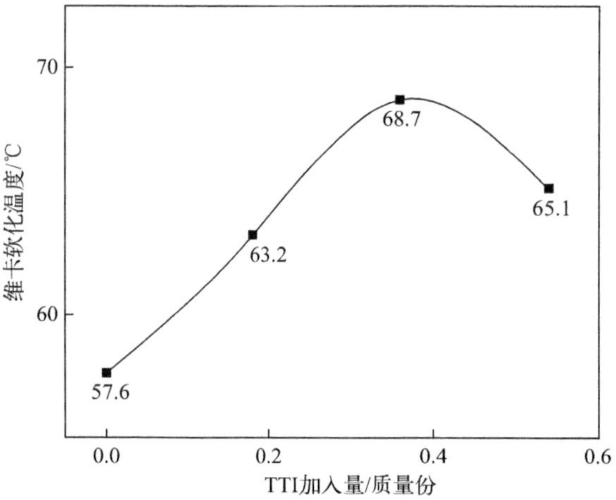

图 2-46 PPC/35PBS 合金材料维卡软化温度随 TTI 加入量的变化情况

共混物的耐热性：PBS 由于具有较高的结晶度，因此其维卡软化温度（VST）也较高（103℃）。35% PBS 的加入使 PPC 的维卡软化温度由原来的 30℃ 提高到 57.6℃，大大提高了材料的应用范围。而从图 2-46 的曲线图中可以看出，TTI 的加入使材料的维卡软化温度得到进一步提高。随着 TTI 含量的提高，材料的维卡软化温度逐渐上升，在 TTI 含量为 0.36%时达到最高，为 68.7℃，然后随着 TTI 含量的继续提高，材料的维卡软化温度反而出现下降的趋势。这是因为 TTI 的加入促使体系中扩链反应的发生，这一方面使体系的分子量得到提高，另一方面体系两组分的相容性也得到了提高，因此维卡软化温度逐渐提高。而当 TTI 含量增加至 0.54%时，由于体系中交联反应较为明显，影响了 PBS 的结晶性能，从而使其结晶度下降，导致材料的维卡软化温度反而下降。

共混物的结晶性能：图 2-47 分别为 PPC、PBS、PPC/35PBS、PPC/35PBS/0.36TTI 的 XRD 谱图。从 PBS 的 XRD 图可以看出，PBS 在 2θ 角为 19.84°、21.86°、22.90°处有三个较强的衍射特征峰，在 29.34°处还有一个较弱的衍射峰。根据相关文献报道，其中 19.84°、22.28°、22.90°的衍射峰分别归属于（020）、（021）、（110）晶面，而 29.34 处则归属于

(111) 面。在 PPC 与 PBS 的共混物中，(020)、(021)、(110)、(111) 面的衍射峰位置都向低角度方向偏移，分别下降为 19.68°、21.62°、22.66°、29.05°，说明了 PPC 对 PBS 的晶型有一定程度的影响，根据 Bragg 方程可以得知，2θ 值的下降，代表着晶面间距的增大，这是因为 PPC 的介入，影响了 PBS 分子链段的排布，增大了 PBS 分子间的间距，因此使得 PBS 结晶后，晶面间距增大了。另外，TTI 的加入，使 PPC/PBS 共混物的结晶度也出现了下降的情况，由原来未添加 TTI 时的 18.9%下降到添加 0.36 质量份 TTI 时的 12.6%，这也说明了 TTI 的加入使得 PPC 和 PBS 的相容性变好了，二者的相互作用也提高了，因此 PBS 的结晶性能也更加明显地受到了 PPC 的影响。

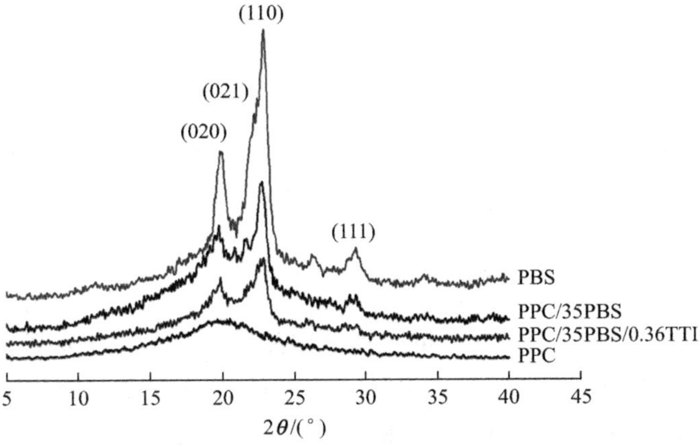

图 2-47 PPC、PBS 及其共混物的 XRD 曲线

表 2-11 和图 2-48 给出了共混物拉伸性能随 TTI 加入量的变化情况。从结果可以看出，TTI 的加入不仅提高了材料的拉伸强度，更显著的是提高了材料的断裂伸长率。表 2-11 的平均值结果显示，0.36% TTI 的加入使材料的断裂伸长率由 46.3%提高至 212.0%，提高了 4 倍左右。这充分地说明了，TTI 的加入提高了共混物两组分的相容性。表 2-11 还给出了材料的简支梁缺口冲击强度随 TTI 加入量的变化情况。结果显示，材料的缺口冲击强度先是随着 TTI 加入量的增加而提高，当加入 0.36% TTI 时，冲击强度由 4.5kJ/m^2 上升至 9.0kJ/m^2，提高了 1 倍；这也说明了共混物两组分的相容性得到了改善。随着 TTI 含量继续提高至 0.54%，材料的冲击强度反而出现小幅的下降。结合上面凝胶含量的分析，此时材料发生了一定程度的交联，使得共混物两组分混合不是很均匀，因此冲击强度反而出现小幅下降。

表 2-11 PPC/35PBS 合金材料力学性能随 TTI 加入量的变化情况

TTI 含量/%	拉伸强度/MPa	断裂伸长率/%	简支梁缺口冲击强度/(kJ/m^2)
0.00	26.5	46.3	4.55
0.18	27.2	128	7.63
0.36	27.8	212	9.08
0.54	27.1	340	8.16

(3) 与其他可降解高分子材料的共混改性

除以上所述高分子材料之外，聚羟基丁酸戊酸酯 (PHBV)、聚己二酸/对苯二甲酸丁二酯 (PBAT) 等可降解聚合物也被用于对 PPC 进行共混改性。比如，刘慧宏等[267] 用 PH-

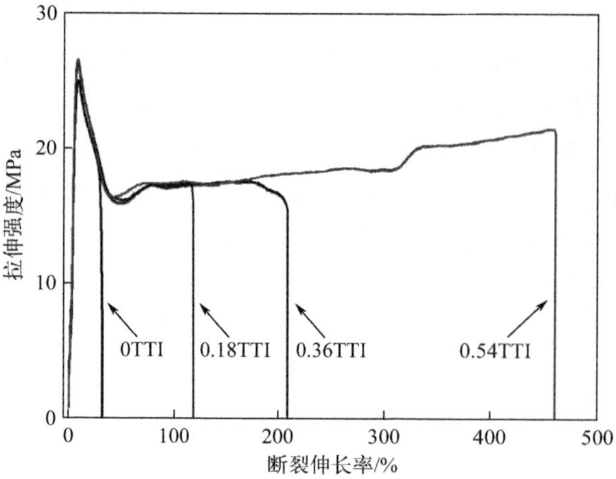

图 2-48 不同 TTI 含量下 PPC/35PBS 合金材料的拉伸曲线

BV 与 PPC 混合吹膜，获得力学性能明显改善的薄膜材料。李静等[268] 进一步在 PPC/PHBV 共混体系中加入甲基丙烯酸缩水甘油酯（GMA），原位反应获得 PPC-*g*-PHBV，提高了 PPC 与 PHBV 的相容性，改善了材料的性能。聚己二酸/对苯二甲酸丁二醇酯具有很好的成膜性和与其他聚酯材料的相容性，随着合成工艺的改进和成本的降低而逐渐受到关注，Kim J H 等[269] 用 PBAT 与 PPC 提高，共混物部分相容，PPC 玻璃化转变温度提高。王勋林等[240] 在 PBAT 与 PPC 之间引入异氰酸酯类扩链剂，获得的吹塑包膜撕裂强度提高 30%。

2.6.3 与其他高分子材料的共混改性

可降解塑料有时不能解决的问题，可以尝试用品种多样、技术成熟的不可降解塑料来解决，然而 PPC 为极性聚合物，热降解稳定性较差，因此与非极性聚合物相容性差且不能与高熔点聚合物共混，改性材料的选取受到限制。Yang G H 等[270] 在 PPC 上原位合成聚甲基丙烯酸甲酯（PMMA），以纳米级尺寸分布在 PPC 基体中，这种 PPC/PMMA 与纯 PPC 相比，模量和拉伸强度提高近 4 倍的同时，竟没有降低 PPC 的断裂伸长率。Pang H 等[271] 尝试将 PPC 与天然橡胶（NR）共混，TEM 显示混合效果差，引入交联剂过氧化二异丙苯（DCP），通过凝胶含量测试发现 NR 和 PPC 都有交联反应，材料的机械强度并未随 DCP 含量的上升而一直上升，PPC/NR 共混物仅 PPC 的热降解稳定性得到了提高。Jiao J 等[272] 用乙烯-乙烯醇共聚物（EVOH）与 PPC 熔融共混表现出很好的相容性，改善了 PPC 的力学性能和热稳定性。在此基础上，Chen X 等[252] 制备了 EVOH/PVA 共混物作为 PPC 改性材料，PPC 的力学性能和热稳定性进一步提高。Chen 等[273] 用 EVOH 首先与 PVA 共混得到聚合物塑化的 PVA/EVOH 共混物，再与 PPC 共混获得拉伸强度高，虽然 PPC/PVA/EVOH 仍有清晰的两相微观结构，但 PPC 与 PVA/EVOH 两相很好地粘合在一起。Cui 等[274] 将 15%的水塑化的 PVA 与 PPC 熔融共混，获得相容性很好的 PPC/TPU 材料，实验证明两相之间形成大量氢键，10%PVA 的 PPC/PVA 强度提高 3.5 倍，但断裂伸长率低于 25%，成为硬质材料，在低温和常温下性能稳定。

热塑性聚氨酯弹性体（thermoplastic polyurethane，TPU）是聚氨酯合成材料中的一个品种，由于其结构具有软、硬两个链段（如图 2-49），可对其进行分子设计而赋予材料优异的物理性能，如弹性好、强度高、耐撕裂、耐磨损且易于加工，在日用品、体育用品、玩具、装饰材料等领域得到广泛应用。

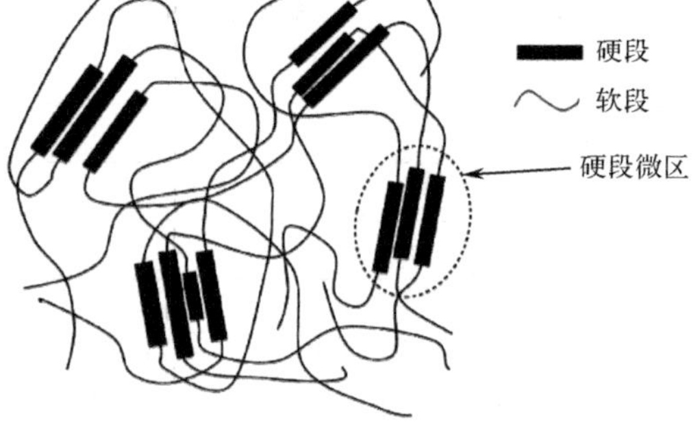

图 2-49 TPU 微观相结构示意图

热塑性聚氨酯是分子链由硬段和软段交替

组成的嵌段共聚物，其中，硬段是由二异氰酸酯和链增长剂，在聚合物中呈微晶态分布，而软段一般是多元醇，在聚合物中呈无定形态分布。其中，软段的多元醇为聚酯多元醇或聚醚多元醇。考虑到生物基材料作为可再生资源具有绿色环保可持续的优点，合成 TPU 所用原料可以来自生物基，因此制备价廉、易得、质优的新型生物基 TPU 材料受到研究者和企业的关注，如巴斯夫推出的生物基聚四氢呋喃 1000、Reverdia 公司推出的生物基丁二酸、三菱化学公司研发的新型生物基聚碳酸酯二醇、Carmen B 等[275] 从菜籽油中获得的脂肪酸二聚体等。

TPU 分子链内含有端羟基—OH 和氨酯键—NHCOO—等极性基团，可以形成氢键，靠分子间氢键交联或大分子链间轻度交联，随着温度的升高或降低，这两种交联结构具有可逆性。TPU 也可与其他塑料共混制备具有优异性能的新型弹性体合金，被称为“连接塑料与橡胶的桥梁”。由于 TPU 易加工，具有较高的机械强度和优异的柔韧性和相容性，可以作为增韧增强改性剂来提高其他材料的力学性能。如 K Palanivelu 等[276] 用 TPU 增韧聚(对苯二甲酸丁二醇酯)(PBT)，添加 5%（以质量分数计，下同）获得近 10 倍的冲击强度提高；Joyeeta Dutta 等[277,278] 将 TPU 用在 EVA 电缆护套上，对 EVA 的力学性能、耐电、耐油性能都有明显改善；S M Lai[279,280] 发现 TPU 加入生物基材料 PLA 中，具有很好的形状记忆性能；Xin Jing[131] 发现其用在 PCL 中同样具有很好的形状记忆性，加入 25%TPU 可使材料具有 98%形状固定率和 90%形状恢复率；N Jamaluddin 等[281] 发现 TPU 含量越高，对聚丁二酸丁二醇酯（PBS）的结晶、断裂伸长率和拉伸性能有明显改善；Liang Qiao 等[282] 用 11%TPU 令聚苯硫醚（PPS）的抗冲击性提高了 51%。作为第一个可以热塑加工的弹性体，按照软段多元醇结构不同分为聚酯型和聚醚型，聚酯型具有较高的力学性能，聚醚型比聚酯型具有较好的水解稳定性和低温韧性。水解的难易顺序如下所示：

酸酐	>	酯	≫	氨基酯	≈	酰胺	>	醚
$O(RCO)_2$		R—COO—R′		R—NH—COO—R′		R—NH—CO—R′		R—O—R′

由此可以看出酯基对水分子敏感，而聚酯型 TPU 由聚酯多元醇（软段）与异氰酸酯（硬段）组成，分子软段含有大量的酯键，所以聚酯型 TPU 往往被认为是可降解塑料。

PPC 的玻璃化转变温度接近室温，导致在正常使用中力学性能不稳定，当冬天环境温度较低时材料表现为强度高、断裂伸长率低、硬而脆；而夏天环境温度较高时，材料表现为强度低、断裂伸长率高、软而韧。为了克服 PPC 自身的缺陷，获得常温下稳定性好、材料柔韧性高的材料，可以从两个方面入手解决这一问题。一种是设法提高 PPC 的玻璃化转变温度，获得常温下为玻璃态的 PPC，并提高其韧性；一种是设法降低 PPC 的玻璃化转变温度，获得常温下为高弹态的 PPC，并提高其强度。TPU 在常温下是柔韧的高弹态聚合物，玻璃化转变温度低，且强度高、韧性好，分子内含有氨酯基、端羟基等可以成氢键的极性基团，且加工温度窗口宽，与不耐高温的 PPC 进行共混具有可行性。

孟跃中课题组在之前的研究中，验证了 PPC 与 TPU 之间存在氢键相互作用，质量分数 20%的 TPU 对 PPC 在室温下具有明显增韧增强效果。在此基础上，他们进一步探究了 TPU 的种类对 PPC 改性效果的影响。分别选取聚酯型 TPU 与聚醚型 TPU，考察其在 PPC 共混物中的作用作了比较，同时还考察了 TPU 不同硬度下对 PPC 力学性能、阻隔性能的改性进行分析。考虑到商品化的 TPU 属于不可降解塑料，在接下来的实验中，依据 GB/T 20197—2006 中对于降解塑料堆肥化生物分解率≥60%的要求，需要将 TPU 用量控制在 30%以内。首先，通过 SEM 分析不同类型 TPU 与 PPC 共混的相容性。如图 2-50 所示，加入 ES（聚酯）型与 ET（聚醚）型两种 TPU 材料后，从 SEM 形貌图中可以观察到 TPU 呈现圆球颗粒状的凸起，均匀分散于 PPC 基体中，两相没有明显的相界面，说明 PPC 和两类 TPU 表现出很好的相容性。

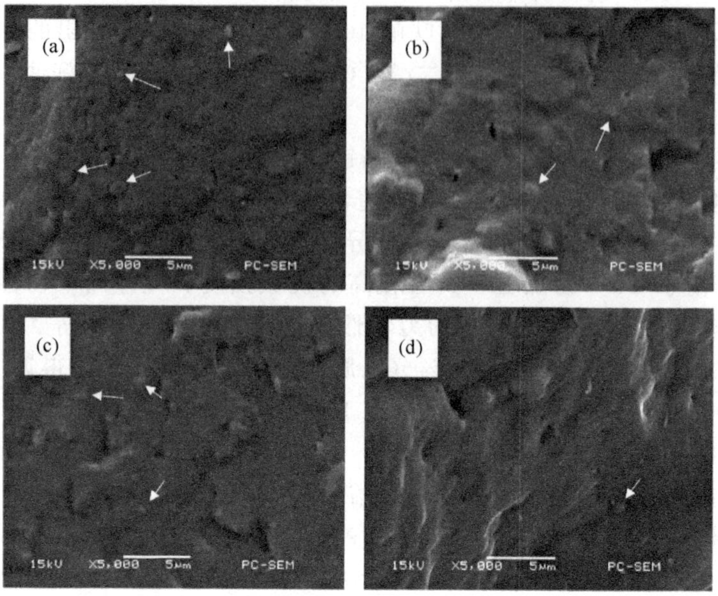

图 2-50 PPC/TPU 共混物的断面微观形貌：(a) PPC/30%TPU (ES)；(b) PPC/50%TPU (ES)；(c) PPC/30%TPU (ET)；(d) PPC/50%TPU (ET)

力学性能测试结果表明（表 2-12）：在室温下，纯 PPC 的屈服强度与断裂强度值较低，断裂伸长率较高，TPU（ES）含量的上升，PPC 改性材料的屈服强度下降，断裂强度先下降后上升，在 30%含量达到 12.5MPa 的最大断裂强度，而断裂伸长率没有明显的变化；在低温时，纯 PPC 处于玻璃态，断裂强度高、断裂伸长率低，TPU（ES）含量的上升降低了 PPC 改性材料的强度，提高了材料的断裂伸长率。表 2-13 所示 TPU（ET）含量上升，PPC 改性材料的屈服强度和断裂强度都稍有提升，材料的断裂伸长率变化不明显；而在低温下，TPU（ET）的加入同样降低了 PPC 的力学强度并提高了材料的断裂伸长率。

表 2-12 PPC/TPU（ES）在 23℃和 0℃拉伸测试

TPU 含量/%		0	5	10	20	30
屈服强度/MPa	23℃	11.0	9.20	9.20	9.70	9.60
断裂强度/MPa		10.5	9.70	10.2	10.2	12.5
断裂伸长率/%		750	775	804	704	753
断裂强度/MPa	0℃	53.4	44.6	37.4	32.1	22.4
断裂伸长率/%		6.70	6.60	11.7	25.5	37.5

比较两种 PPC/TPU 在不同温度下的拉伸性能，可以发现 TPU（ES）与 TPU（ET）在常温下对 PPC 材料的力学性能改善并不明显；而在低温下，两者都能明显提高 PPC 在低温时的韧性，TPU（ET）的改善效果优于 TPU（ES），这是由于聚醚类 TPU 具有更好的耐低温性能，在低温时仍能保持良好的韧性。

表 2-13 PPC/TPU（ET）在 23℃和 0℃拉伸测试

TPU 含量/%		0	5	10	20	30
屈服强度/MPa	23℃	11.0	13.4	12.9	12.5	12.0
断裂强度/MPa		10.5	11.8	10.9	10.2	11.9
断裂伸长率/%		750	708	688	635	763
断裂强度/MPa	0℃	53.4	40.8	39.3	30.1	22.6
断裂伸长率/%		6.70	7.80	15.0	31.2	49.3

纯聚酯型 TPU 的玻璃化转变温度为−17.1℃。随着 TPU 在 PPC 中含量的上升，损耗峰表示的 PPC 的玻璃化转变温度先下降后上升。在 TPU 质量分数为 5%时 T_g 达到最低值，而 TPU 含量超过 5%时，T_g 随着 TPU 含量的上升而上升，50%TPU（ES）时 PPC 的 T_g 达到 41.3℃。而 TPU（ES）的玻璃化转变温度在混合 PPC 后不断下降。PPC 玻璃化转变温度的下降与上升，体现出两者相互作用的复杂过程，既有 PPC 与 TPU 之间稳定氢键的形成对 PPC 的玻璃化转变温度的提高，又有高弹态的 TPU 分子链的自由运动对 PPC 分子链空间稳定性的破坏造成 PPC 的玻璃化转变温度的降低。PPC 与 TPU 玻璃化转变温度受两者分子链的相互作用而变化，体现出两者存在一定的相容性。图 2-51 为不同配比 PPC/TPU（ES）的 tanδ 曲线。

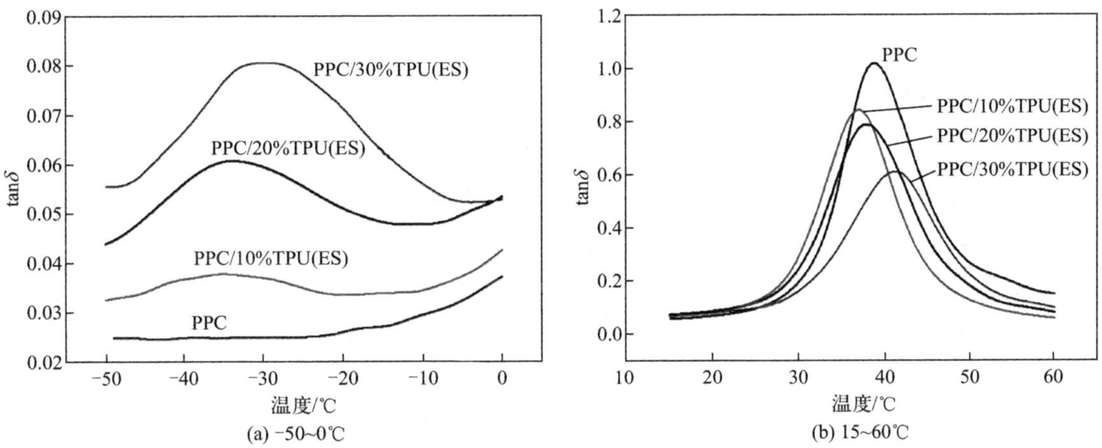

图 2-51 不同配比 PPC/TPU（ES）的 tanδ 曲线

纯 ET 型 TPU 的玻璃化转变温度更低，为−22.7℃，表现出良好的耐低温性能。在 TPU 低含量时，随着 TPU 含量的上升，损耗峰表示的 PPC 的玻璃化转变温度上升，而 ET 型 TPU 含量超过 10%时，PPC 的玻璃化转变峰有所下降而后上升。这是由于 TPU 在低含量时呈分散相分布，TPU 的端羟基和氨酯基以及醚基与 PPC 的碳酸酯基团充分接触并相互作用，两相通过极性基团的相互作用和氢键等分子间作用力使得 PPC 的分子结构更稳定，提高了其玻璃化转变温度；TPU（ET）含量提高，材料由于相容性好，在高于 TPU 玻璃化转变温度而低于 PPC 的玻璃化转变温度范围内，处于高弹态的 TPU 分子链的链节和链段处于可以自由运动状态，TPU 分子链链段的运动影响 PPC 分子链的空间稳定性，PPC 的玻璃化转变温度降低，反之，TPU 的玻璃化转变温度附近，处于玻璃态的 PPC 分子链限制了高弹态 TPU 分子链的自由运动，PPC 含量越高且相容性好，这种阻碍越明显，所以 TPU 的玻璃化转变温度因为 PPC 含量的升高而降低；TPU（ET）含量继续上升，TPU 呈连续相而 PPC 呈分散相，分散的 PPC 相与四周的 TPU 极性基团及氢键相互作用，分子链空间稳定性提高玻璃化转变温度上升。图 2-52 为不同配比 PPC/TPU（ET）的 tan δ 曲线。

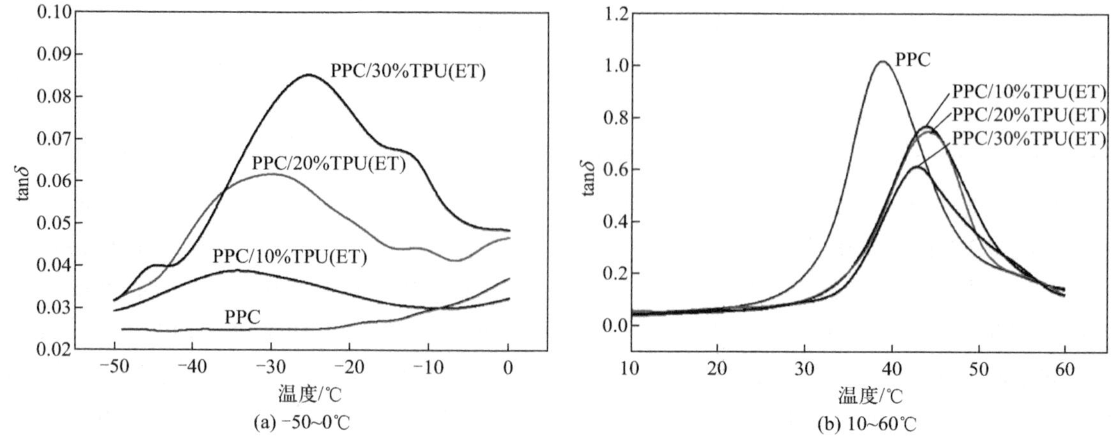

图 2-52 不同配比 PPC/TPU（ET）的 tan δ 曲线

比较两幅图可知，ES 型和 ET 型 TPU 都与 PPC 有较好的相容性，两者相互作用使两者的玻璃化转变温度发生变化。ET 型比 ES 型 TPU 更加耐低温。当 TPU 含量高于一定值，PPC 的玻璃化转变温度随着 TPU 含量升高而升高。

2.6.4 化学改性

化学改性是运用分子设计的思想从根本上改变 PPC 的一级链结构，通过将刚性基团、极性基团或者功能性基团引入分子链上，以期改善分子链自身的柔顺性，调节其分子间作用，最终达到改善其性能的目的。目前，化学改性 PPC 主要有共聚改性（如三元共聚）和聚合物化学改性（如封端、接枝和嵌段共聚、扩链和交联等）。经过化学改性的聚合物一般具有良好的热学性能和力学性能。本小节将重点介绍封端、扩链和交联等改性方法和研究进展。

（1）封端

PPC 的热分解主要有两种方式，分别是聚合物解拉链（即从聚合物链的末端向内分解）和随机断链（即聚合物内部重复单元随机发生反应）。在解拉链过程中，聚合物末端因为热能变得有活性，并与聚合物主链上的特定碳位点发生反应从而发生聚合物的降解反应[283]。封端是抑制解拉链反应的有效措施，一般可以采用马来酸酐、吡啶、氯甲酸乙烯酯等对 PPC 进行封端，抑制其在热加工过程中的解拉链反应。Xie 等[284] 使用马来酸酐（MA）、乙酸酐、均苯四甲酸酐、甲苯-2,4-二异氰酸酯、己二异氰酸酯缩二脲等封端剂对 PPC 进行封端，并对封端后 PPC 的热分解进行了详细研究，研究发现封端后 PPC 只会进行无规降解，而未使用封端剂封端的 PPC 既可以进行无规降解，同时还会进行因为端羟基“回咬”而引起的解拉链式降解，因此利用封端剂对 PPC 进行封端的确能够有效提高 PPC 的热稳定性。此外，未进行封端的 PPC 热分解温度随分子量的提高而提高，但是分子量对封端 PPC 热分解温度的影响不大。

有研究人员利用 MA 对 PPC 进行封端，发现能够有效地改善 PPC 的热稳定性，封端后的聚合物的 5%热分解温度和最大分解温度相比于 PPC 提高了 43.9℃和 29.4℃。此外研究发现，利用 MA 对 PPC 进行封端会对其玻璃化转变温度产生两种效果相反的影响，MA 封端后产生的封端基团会使玻璃化转变温度提高，MA 封端后的孤立双键会使玻璃化转变温度降低。Jiang 等[285] 利用马来酸酐对 PPC 进行封端，使用反应挤出法制备了 MA-PPC 封端材料。研究发现，PPC 材料的拉伸强度、失重温度、储存模量、损失模量和复黏度与端封效率(ECE) 和分子量有关；当 MA 过量时，PPC 在酸性条件下发生降解，热、力学性能反而下降。Pang S 等[286] 用二苯甲烷-4,4′-二异氰酸酯（MDI）作为封端剂与 PPC 熔融共混，验证了 MDI 的封端效应，当 MDI 含量过高时，材料发生交联反应，力学强度和热稳定性提高。

（2）扩链

通常通过扩链反应能够有效提高聚合物的分子量和增强分子间作用力，同时插入的新基团能够提高聚合物的综合性能。通过扩链对 PPC 进行改性就是通过扩链剂与 PPC 分子链末端的羟基反应，从而使 PPC 分子链扩展，分子量增大。PPC 扩链改性中所用到的扩链剂主要包括 2,4-甲苯二异氰酸酯、乙二醇二缩水甘油醚、丁二醇二缩水甘油醚、新戊二醇二缩水甘油醚、马来酸酐等含有双官能团的化合物。异氰酸酯是一种高度不饱和化合物，具有很好的反应活性，能够与含有活泼氢的化合物进行反应，二异氰酸酯在对 PPC 进行扩链的同时，还会起到对 PPC 进行封端的作用，因而对 PPC 的改性效果较为显著，使用异氰酸酯对 PPC 进行扩链的报道也比较多[287]。

2007 年，孟跃中课题组[288] 以 N,N'-二硝基五亚甲基四胺（DPT）为化学发泡剂，尿素为降低 DPT 分解温度的活化剂，制备了以二氧化碳和环氧丙烷为原料的完全可生物降解的 PPC 发泡材料。同时，DPT 作为一种有效的扩链剂能够进一步提高 PPC 的热性能和力学性能。2017 年，王闻等[289] 使用转矩流变仪作为工具，利用二苯基甲烷二异氰酸酯对 PPC 进行扩链，改性后 PPC 的热学性能、拉伸性能和阻透性能均有一定提升。当 MDI 的添加量为 5%时，改性 PPC 的玻璃化转变温度相比于 PPC 由 30.37℃改善到 33.48℃，拉伸强度相应地由 20.9MPa 改善到 49.0MPa，同时断裂伸长率由 175%降低到 40%。

王勋林等[290] 利用 ADR-4380、二苯基甲烷二异氰酸酯、三苯基甲烷四异氰酸酯(DTTI)、4,4′,4″-三苯基甲烷三异氰酸酯（TTI）、硫代磷酸三(4-异氰酸基苯基)酯(TPTI) 等扩链剂对 PPC 进行扩链，研究发现，MDI、DTTI、TTI 和 TPTI 对 PPC 有明显的扩链作用，ADR-4380 对 PPC 几乎没有什么扩链效果，扩链效果的顺序为 DTTI＞TPTI＞TII＞MDI。

Hu 等[291] 利用 MDI 对 PPC 进行扩链，研究发现改性 PPC 的热稳定性得到了显著改善。当 MDI 用量为 0.5%时，改性 PPC 的最大分解温度由 PPC 的 257.6℃增长到 274.4℃，此外，由于 MDI 还起到了封端剂的作用，改性 PPC 的热分解方式主要为无规降解。

（3）交联

交联改性则是通过分子链间形成的交联网状结构提高聚合物的热学和力学性能，分子链间形成的化学键彼此相连，从而降低链段的移动能力。2019 年，高利军课题组[292] 通过戊二酸锌催化以马来酸酐低聚物（MAO）作为交联剂的 CO_2/PO 共聚反应，合成了具有交联网络的 PPC，综合提高了其热稳定性、尺寸稳定性和机械强度。2020 年，该课题组[293] 利用马来酸酐/顺-1,2,3,6-四氢邻苯二甲酸酐（MA/THPA）低聚物作为交联剂参与 PO/CO_2 共聚，并对 PPC 进行交联改性。通过化学改性形成的交联结构能够有效改善 PPC 的热学性能、力学性能和尺寸稳定性。

三元共聚就是将第三单体引入聚合体系，在分子链上修饰上第三种结构单元。基于

CO_2 和环氧化合物反应的特点，目前能用作第三单体的化合物主要是一些环状化合物，主要包括环氧化合物、内酯和环酸酐。关于脂肪族聚碳酸酯的三元共聚研究进展将在第三章中详细介绍。

2.7 聚碳酸丙烯酯薄膜的制备

将 PPC 制成塑料薄膜，代替传统的非降解塑料塑料薄膜具有非常重要的意义。然而，由于 PPC 维卡软化温度低、机械强度不够高、低温脆性大等缺点限制了它的应用，因此需要在 PPC 共混改性和薄膜制备工艺方面进行研究。下面，将介绍中山大学孟跃中课题组在提升 PPC 基薄膜材料的制备工艺及其性能方面研究工作的三个具体案例。

【案例一】 PPC/TPU 共混改性薄膜的制备及其性能

采用 PPC/TPU 共混合金制备柔韧的 PPC/TPU 薄膜。吹膜材料采用聚醚（ET）型 TPU 与 PPC 共混，取干燥过的 PPC 与 TPU。ET（聚醚）型 TPU 含量分别为 0、10%、15%、20%、30%。材料先经双螺杆（螺杆直径 22mm，长径比 40∶1）共混，共混时调节各腔温度 1 至 9 个控温段从进料段开始分别为：150℃、165℃、173℃、175℃、178℃、180℃、178℃、175℃、173℃，调节主机转速 135r/min，喂料机转速约为 3.0r/min。料混好后进行 24 小时烘干，然后用单螺杆挤出机（螺杆直径 20mm，长径比 25∶1）吹塑成型，吹膜设备如图 2-53 所示，吹膜机模头间隙 0.5mm，螺杆温度为 170～180℃，模头温度 190℃，转速约 35r/min，牵引转速约 9r/min。薄膜厚度在 0.09～0.12mm 之间。

图 2-53 薄膜的吹塑成型

吹塑成型薄膜的吹胀比为 4±0.5，牵引比为 2.5±0.05。PPC 与 TPU 通过双螺杆共混，在单螺杆挤出机吹塑成型。PPC 薄膜在低温下柔韧性低，这是 PPC 的固有缺陷，也是制约 PPC 应用在薄膜领域广泛应用的难题，选用 85A 的两种 TPU 作为增韧改性材料，通过断裂前的拉伸做功来表征材料的柔韧性，表 2-14 与表 2-15 表示 PPC 薄膜材料沿牵引方向的单位体积拉伸做功、拉伸的应力应变及牵引、横向的撕裂强度和单位剪切面上的撕裂功。比较 PPC/TPU 共混薄膜不同 TPU 含量的单位体积上的拉伸断裂功和单位剪切面上的撕裂功，加入 TPU 可以明显提高薄膜低温下的拉伸柔韧性能和耐撕裂性，TPU（ET）较 TPU（ES）的低温下拉伸功和撕裂功更高，撕裂强度更高，增韧性能更好。0℃下的拉伸功在 30%TPU 含量下提高近 20 倍，其中 TPU（ET）在 10%即具有 400%多的断裂伸长率，当 TPU 含量到 30%时 PPC 薄膜具有 34.1MPa 的断裂强度和 747%的断裂伸长率、174N/mm 的撕裂强度和 $196\times10^3 J/m^2$ 的撕裂功，具有优异的耐低温性能。

表 2-14 PPC/TPU（ES）共混合金薄膜在 0℃的拉伸、撕裂性能

TPU含量	拉伸功/($\times10^6$J/m^3)	屈服强度/MPa	断裂强度/MPa	断裂伸长率/%	撕裂强度/(N/mm)		单位撕裂功/($\times10^3$J/m^2)	
					MD	TD	MD	TD
0	7.18	29.5	26.9	34.6	155	157	9.19	6.94
10%	18.3	34.2	30.4	69.9	132	114	10.9	8.63
20%	90.1	32.5	30.8	307	149	134	38.1	30.1
30%	136	25.1	33.0	522	162	146	67.5	73.3

注：MD—纵向；TD—横向。

表 2-15 PPC/TPU（ET）共混合金薄膜在 0℃的拉伸、撕裂性能

TPU含量	拉伸功/($\times10^6$J/m^3)	屈服强度/MPa	断裂强度/MPa	断裂伸长率/%	撕裂强度/(N/mm)		单位撕裂功/($\times10^3$J/m^2)	
					MD	TD	MD	TD
0	7.18	29.5	26.9	34.5	155	158	9.19	6.94
10%	105	29.3	26.8	401	174	143	81.4	55.2
20%	135	21.7	31.1	492	173	182	136	133
30%	145	—	34.1	747	174	149	196	161

PPC/TPU 薄膜阻隔性能表征：PPC 具有优异的阻水性能，样品的透水性由水蒸气透过率系数（moisture-vapor transmission rate，WVTR）表示，水蒸气透过率系数越低，材料的阻水性能越好：

$$\mathrm{WVTR}=\frac{(m_2-m_1)\times d}{S\times(t_2-t_1)}\times 24 \qquad (2\text{-}6)$$

式中，WVTR 为水蒸气透过率系数，g·mm/(m^2·d)；t_1，t_2 为测试初始时间和结束时间，h；d 为测试薄膜厚度，mm；m_1，m_2 为初始透过水蒸气质量和结束水蒸气质量，g；S 为测试面积，m^2。

选择相同含量下不同类型及硬度的 TPU 与 PPC 薄膜的水蒸气透过率系数如表 2-16 所示。以硬度为 85A 的两种 TPU 进行比较，相同硬度下，ET 型 TPU 的水蒸气透过率系数高于 ES 型 TPU，这是由于醚键与酯键相比，亲水性更好，更容易吸水并传导水分子通过薄膜。比较两种 TPU 在不同硬度下的透过率系数，硬度越高，PPC 改性材料的水蒸气透过率越低。PPC 改性料的水蒸气透过率系数与 TPU 硬度有关，硬度越高，PPC 改性料的阻水性能越好；而且 ES 型 TPU 较 ET 型 TPU 的阻水性能更好。

表 2-16 PPC/TPU 薄膜的水蒸气透过率

PPC/TPU	TPU	WVTR/[g·mm/(m^2·d)]
70/30	90ES	3.68
	85ES	4.01
	85ET	4.25
	80ET	4.77
	75ET	4.59

注："ES" 与 "ET" 前的数字表硬度。

【案例二】 PPC/（PVA-TPU）三元共混合金薄膜的制备及其性能

聚乙烯醇（PVA）是一种全生物降解型高分子聚合物，无色无毒。PVA 的分子链中含有大量的羟基，羟基的亲水性使得这种高聚物具有一定的水溶性。同时，由于其侧基的体积很小，可以进入结晶点中不造成应力，所以 PVA 又具有高度的结晶性，对气体的阻隔效果很好。利用 PVA 对 PPC 进行改性，有助于提高 PPC 的成膜性以及各方面的力学性能。但是，在湿度较大的情况下，由于 PVA 中的存在大量的羟基，材料对气体的阻隔性能、力学性能以及稳定性都会大打折扣。另外，在 PVA 的改性应用中，热塑加工一直是一个难题，因为 PVA 中存在着大量的羟基，它们使得 PVA 的分子内和分子之间产生了大量的氢键（图 2-54），熔融温度（220～240℃）接近于分解温度（200～250℃），在热塑加工中容易分解。由于采用的加工方式为热塑加工，而普通 PVA 的熔融温度与分解温度十分接近，在热塑加工中，往往在达到加工温度（熔融温度）时便出现分解。

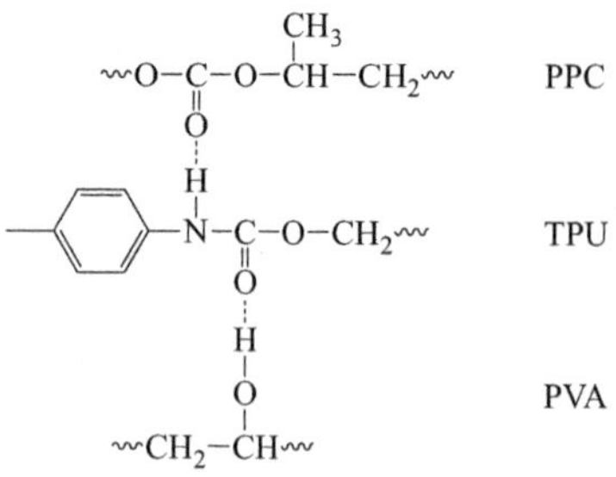

图 2-54 PPC 与 PVA 和 TPU 的分子间氢键作用示意图

在之前的研究中，中山大学孟跃中课题组研究人员发现 PPC 与 TPU 具有很好的相容性，TPU 能提高 PPC 及其吹塑薄膜制品的低温柔韧性、耐撕裂性能。然而，TPU 虽然强度高韧性好且聚酯型 TPU 分子链含有易水解的酯键，但它的市场价格较高，水解速率不如 PPC、PCL、PLA 之类的传统可生物降解塑料，而且 PPC 在常温下易软化变形的问题仍然存在。在此，可利用 TPU 对 PVA 进行热塑性加工改性，使其熔融温度低于分解温度，以 TPU 塑化 PVA，避免了加入普通小分子增塑剂对材料力学性能的降低以及增塑剂迁出对材料力学性能的损害，使热塑成膜加工成为可能。聚酯型 TPU 能够与多种聚合物共混得到混合效果良好的高分子合金，在 PPC 共混体系中可以增强增韧 PPC。TPU 在熔融加工中属于切敏性材料，熔体流动性随剪切速率变化明显。研究人员采用双螺杆对几种高聚物原料进行热塑性共混，然后再通过压片机压片和单螺杆制备 PPC/(PVA-TPU）薄膜，并探究共混材料的微观形貌、相容性、力学性能以及热学性能。

PPC/(PVA-TPU）共混物的微观形貌：当选择 PVA-50%TPU 为改性材料时，它与 PPC 的共混物的相容性如图 2-55 所示。图中依然可以观察到共混物断裂面上分散着的微小颗粒，说明 PVA-50%TPU 内的 PVA 未融化的晶体颗粒依然存在。PPC 融入无定形区域，显示出两相结构，而两相不明显的界面表明这种三元共混材料具有很好的相容性。

PPC/(PVA-TPU）共混物的动态机械分析：PPC、PVA-TPU 及 PPC/(PVA-TPU）三元共混物的玻璃化转变温度变化用动态机械分析仪 DMA 测试，损耗因子 tan δ 随温度的变化曲线如图 2-56 所示。通过 PPC、PVA、TPU 各自玻璃化转变温度的变化考察三元共混物的相容性及 PPC 改性材料的热稳定性。PVA-50%TPU 存在两个玻璃化转变温度，分别是 1.2℃和 74.12℃，代表 TPU 和 PVA 只是有部分相容性。而与 PPC 混合后的 PPC/(PVA-50%）只有在 45℃附近的一个峰。结果表明，在加入 PPC 后，PVA 中的非晶态区域的分子链与 PPC 和 TPU 的分子链相互缠绕相互作用，PPC、PVA、TPU 三元混合后的共混物有很好的相容性。

PPC/(PVA-TPU）共混物的结晶性能：PVA 是半结晶聚合物，这种结晶结构使 PVA 有一个较高的熔点而难以塑化，通过广角 XRD 测试观察三元共混合金中，PPC 与 TPU 对

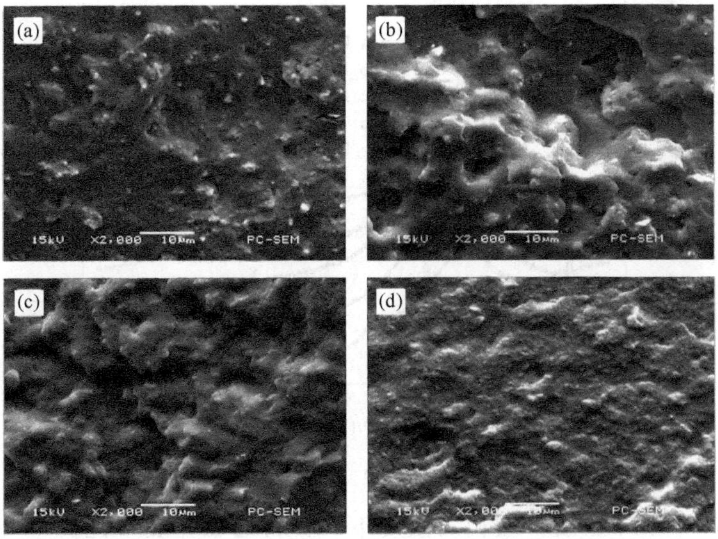

图 2-55 PPC 与（PVA-TPU）共混物断裂面微观形貌
（a）PPC/20%（PVA-50%TPU）；（b）PPC/40%（PVA-50%TPU）；
（c）PPC/60%（PVA-50%TPU）；（d）PPC/80%（PVA-50%TPU）

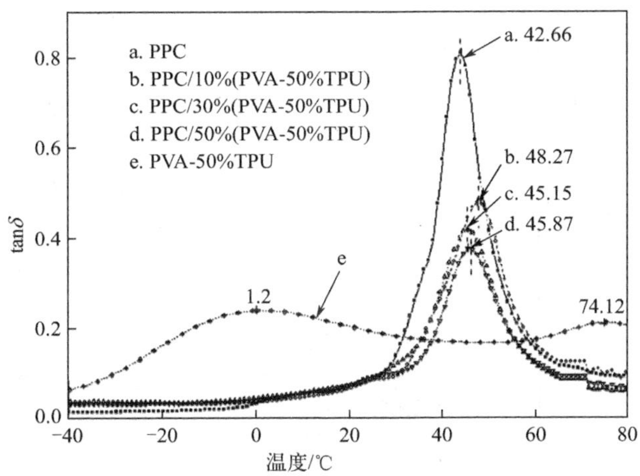

图 2-56 PPC、PVA-TPU 和 PPC/(PVA-TPU) 的 tanδ 随温度变化曲线

PVA 结晶性能的影响如图 2-57 所示。纯 PVA 在 XRD 图上的 2θ 角为 11.0°、19.5°和 40.5°的位置有明显尖锐的结晶峰，分别对应晶面（100）、（101）和（111）。TPU 和 PPC 在 XRD 上的 2θ 角为 20°附近出现隆起的峰，表现出无定形态的结构。其中 PPC 在 XRD 图中 12.5°和 22.5°处的两个峰是属于工业生产的 PPC 含有的催化剂杂质出现的峰。对比 PVA 和它的共混物可以发现，PVA 在 40.5°处的特征峰随着 TPU 和 PPC 的加入而不断下降直至消失。这表明在混入 TPU 和 PPC 之后，PVA 的结晶性得到了抑制。混合前后聚合物结晶度有明显变化。

PPC/(PVA-TPU) 共混物的软化性能：PPC 玻璃化转变温度接近室温，容易在较低温度软化，降低材料的使用性能。采用针入法测试 PPC/(PVA-TPU) 三元共混物的热机械稳定性，穿刺的深度与温度的关系曲线如图 2-58 所示。纯 PPC 在静态力的作用下对温度敏

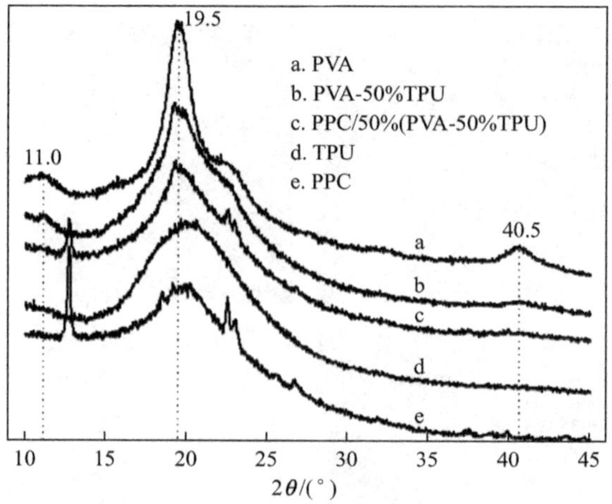

图 2-57 PPC/50%（PVA-TPU）及各组分的 XRD 图

感，而加入 PVA-50%TPU 后，在相同温度下，材料的软化变形能力下降。如果定义针入 1000μm 的深度为软化点，则纯 PPC 的软化温度为接近室温的 42℃，随着改性材料的加入，软化点向高温区移动，加入 30%的 PVA-50%TPU，软化点接近 60℃，远离室温。实验表明，加入改性材料 PVA-50%TPU 提高了 PPC 的静态热机械性能，这种 PPC 改性材料可以应用到更高使用温度中而不会软化变形，扩宽了 PPC 的应用领域。

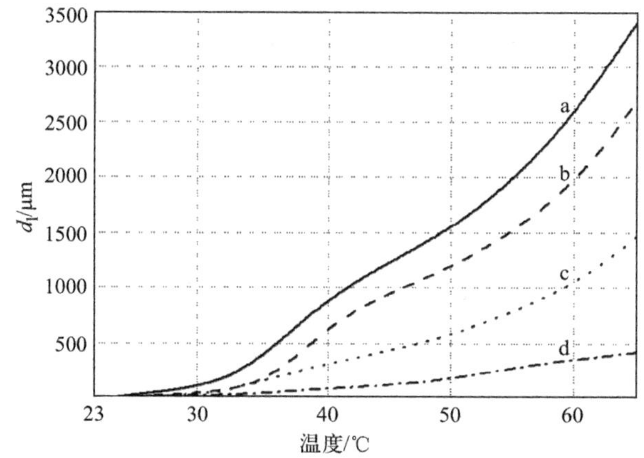

图 2-58 PPC 及 PPC/（PVA-50%TPU）共混合金的针入深度曲线

a—纯 PPC；b—PPC/10%（PVA-50%TPU）；c—PPC/30%（PVA-50%TPU）；
d—PPC/50%（PVA-50%TPU）

PPC/（PVA-TPU）共混物吸水性及对力学性能影响：表 2-17 给出了 PPC/（PVA-50% TPU）吸水前后的力学性能。PVA-50%TPU 中，PVA 表面含有大量的羟基容易吸收潮湿空气中的水分，如表中所示，吸水前，加入改性材料提高了 PPC 的力学强度而降低了材料的断裂伸长率。经过潮湿条件处理，材料的吸水性能随着改性材料的加入而提高，在相对湿度 98%，37℃下放置 24h，纯 PPC 吸水率只有 0.84%，加入改性材料吸水率明显提高，加入 40%的 PVA-50%TPU 时材料有 5.17%的吸水率。比较吸水前后材料的性能，纯 PPC 对水敏感，较低的吸水率使 PPC 屈服强度降低为原来的 1/2，断裂强度明显下降，伸长率却没有明显的提高。改性材料的加入，在提高材料吸水率的同时，与吸水后的 PPC 相比，屈服强度仍有明显提高，断裂强度稍有下降，含量在40%以内维持了较高的断裂伸长率，且与吸湿前相比，40%改性材料的断裂伸长率从之前的219%提高到了450%，断裂伸长率明显提高，表现出吸水增韧性能。

表 2-17 PPC/(PVA-50%TPU) 吸水性及对力学性能影响（潮湿条件：37℃，相对湿度98%，24h）

PPC/(PVA-50%TPU)	100/0	90/10	80/20	60/40	40/60	20/80
屈服强度/MPa	6.30	8.70	7.60	10.2	11.3	13.8
断裂强度/MPa	11.1	10.7	9.00	10.6	11.6	14.1
断裂伸长率/%	978	826	738	219	85.0	89.0
吸水率/%	0.84	1.85	2.79	5.17	7.89	8.66
吸水后的屈服强度/MPa	3.00	4.00	4.10	5.00	4.70	4.90
吸水后的断裂强度/MPa	8.10	8.70	7.20	6.70	6.60	8.60
吸水后的断裂伸长率/%	985	906	754	450	252	309

PPC/(PVA-TPU) 共混物薄膜微观形貌：图2-59为PPC和三元共混物PPC/(PVA-TPU) 的吹塑包膜淬断面及薄膜表面微观形貌。白色圈出的区域为淬断面，黑色圈出的区域为薄膜的表面。比较两幅图片，PPC与PPC/(PVA-50%TPU) 的薄膜表面平滑且均一，PPC/(PVA-50%TPU) 的断面形貌比纯PPC薄膜断面更加平滑。三元共混物薄膜表面模糊的相界面证明了各组分之间良好的相容性，这与DMA的测试结果一致。

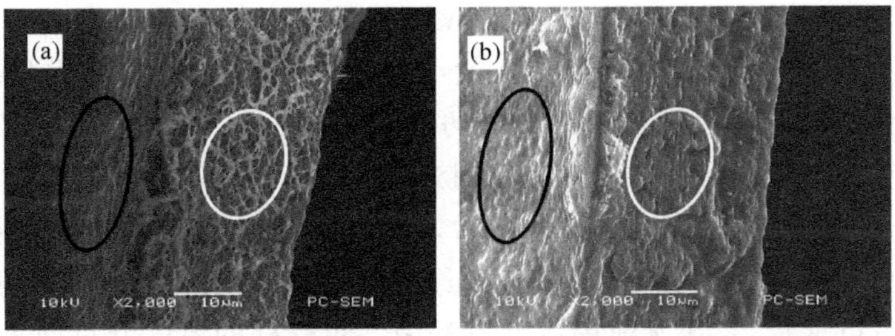

图 2-59 PPC 和 PPC/(PVA-TPU) 薄膜断裂面微观形貌
(a) 纯 PPC 膜；(b) PPC/(PVA-50%TPU) 膜

PPC/(PVA-TPU) 共混物薄膜力学性能：表2-17和表2-18给出了PPC/(PVA-50%TPU) 吹塑薄膜在常温和低温下的拉伸性能。表2-18中，常温下薄膜纵向机械方向（MD）上的拉伸强度和断裂伸长率高于横向（TD）。随着PPC改性材料PVA-50%TPU含量的上升，薄膜的拉伸强度有少许下降而断裂伸长率有较大幅度上升。当PVA-50%TPU含量为30%时，薄膜MD方向上的断裂伸长率为纯PPC的两倍。对于塑料薄膜，要满足使用性能应具备一定的柔韧性和抗撕裂性能。以MD方向上的力学强度做比较，纯PPC薄膜的拉伸强度较高为30.0MPa，但断裂伸长率低为243%，而且存在较低的撕裂强度和撕裂功（分别为106kN/m和24.7kJ/m^2），而与PVA-50%TPU共混改性后，断裂伸长率和撕裂强度及撕裂功有了显著提高。总而言之，PPC/(PVA-50%TPU) 吹塑薄膜较纯PPC，薄膜的撕裂性能得到显著改善。

表 2-18 PPC/(PVA-50%TPU) 薄膜拉伸测试

样品	PPC/(PVA-50%TPU	拉伸强度/MPa		断裂伸长率/%		撕裂强度/(kN/m)		撕裂功/(kJ/m²)	
		MD	TD	MD	TD	MD	TD	MD	TD
1	100/0	30.0	27.9	243	27.3	106	94.7	24.7	20.4
2	90/10	30.8	24.9	470	242	101	87.3	22.9	12.9
3	70/30	26.0	22.5	484	312	142	124	80.4	68.5
4	50/50	22.2	27.6	400	240	126	132	112	120
5	PE	17.8	10.0	183	267	82.0	153	97.4	499

为了满足薄膜在低温下的使用性能，研究者在 0℃下测试了吹塑薄膜的力学性能。表 2-19 中，纯 PPC 薄膜在低温下变得僵硬，断裂伸长率和撕裂功很低，分别只有 8.7%和 5.8kJ/m^2。随着加入的 PVA-50%TPU 含量的上升，拉伸强度和断裂伸长率都得到了提高。综合比较后，配比为 50/50 的共混物对 PPC 在常温和低温下，都有优异的性能提升。

表 2-19 PPC/(PVA-50%TPU) 薄膜低温力学性能测试

样品	PPC/(PVA-50%TPU)	拉伸强度/MPa	断裂伸长率/%	撕裂强度/(kN/m)	撕裂功/(kJ/m²)
1	100/0	26.5	8.7	75.6	5.8
2	90/10	34.9	9.6	78.7	5.3
3	70/30	40.7	28	107	11
4	50/50	33.3	37	165	70

【案例三】 二苯基甲烷-4,4′-二异氰酸酯（MDI）增容 PPC/PLA 合金薄膜的制备及性能

基于此前对所制得的增容型 PPC/PLA 合金进行各项性能测试后，研究人员选用力学性能、热性能和流变性能等综合性能最佳的配方（PPC/PLA/MDI=70/30/2）进行压延薄膜成型。增容型 PPC/PLA 合金颗粒在单螺杆挤出机和压延模块配套下进行压延薄膜成型。(如图 2-60 所示，物料经过螺杆熔融推送之后，通过扁平片材模头挤出熔融物料，片材再通过压延辊的压制和压延辊的牵引形成薄膜，压延辊中通有冷却水，使得成膜后，薄膜迅速冷却下来，使取向得以保持。）压延薄膜成型过程中，单螺杆的温度分布如表 2-20 所示，螺杆转速为 70r/min；同时改变压延辊的转速（15r/min、20r/min、25r/min、30r/min、35r/min），以制备不同取向度的压延薄膜。

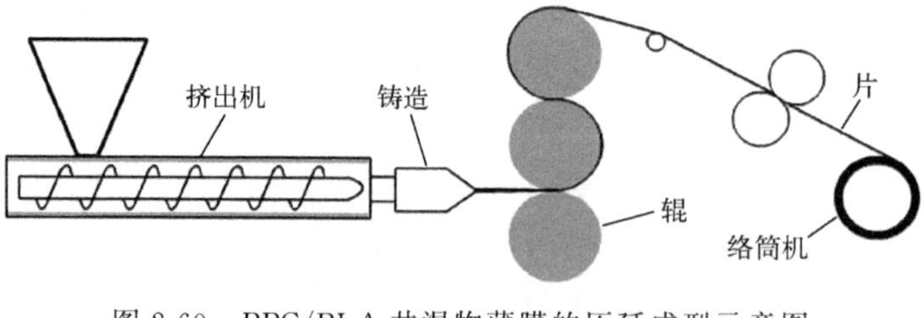

图 2-60 PPC/PLA 共混物薄膜的压延成型示意图

表 2-20 薄膜压延成型时单螺杆的温度分布

部分	1 号	2 号	3 号	口模部分
温度/℃	160	170	185	200

研究人员对增容型 PPC/PLA 合金材料进行了流动性、力学性能和热性能的测试，通过对各项性能的研究，确定添加 2 质量份 MDI 的 PPC/PLA 合金具有较佳的综合性能，因此选取该合金材料进行薄膜的制备和薄膜性能的研究。由于采用压延薄膜成型的方法进行 PPC/PLA 薄膜的制备，压延成型过程中，薄膜在纵向方向受到了拉伸作用，而在横向则没有，因此制备的薄膜是沿着纵向单轴取向的薄膜，纵横向的各项性能必定会有所差异。在固定单螺杆的温度和转速的情况下，改变压延辊的转速（15r/min、20r/min、25r/min、30r/min、35r/min），通过改变薄膜在纵向的拉伸作用而制备在纵向上具有不同取向度的薄膜。

压延薄膜取向的微观形貌：对 PPC/PLA 压延薄膜的纵向和横向分别进行微观形貌的观测，两个方向的微观形貌图如图 2-61 所示，结果显示薄膜纵向和横向的微观形貌存在着很大的差别。在纵向上，可以明显地看出有一些细长的条状物沿着纵向方向取向，而横向却看不出明显的取向行为。由此可以看出薄膜是沿着纵向方向单轴取向的。

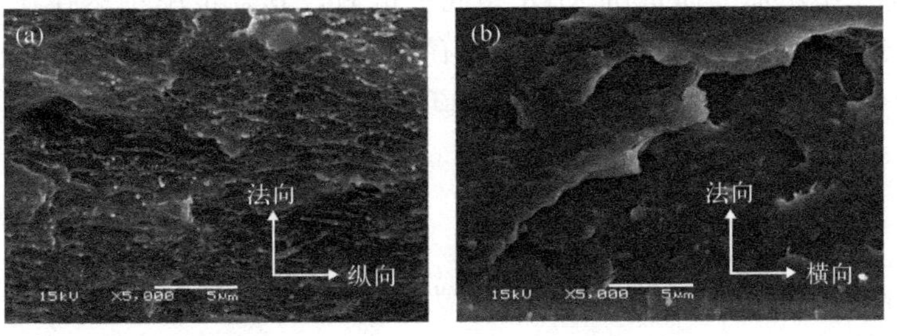

图 2-61 压延薄膜纵横向的微观形貌

压延薄膜的热性能及结晶行为：图 2-62 给出了压延辊转速为 35r/min 的压延薄膜样品的 DSC 测试曲线。为了研究薄膜样品在成型过程中，热历史和拉伸作用对样品的影响，将薄膜 DSC 曲线的第一次升温与第二次升温进行比较。从对比中可以发现，第一次升温的 PLA 玻璃化转变要比第二次升温的 PLA 玻璃化转变明显得多，并且形成了一个峰，这是 PLA 的非晶区发生取向的有力证据。

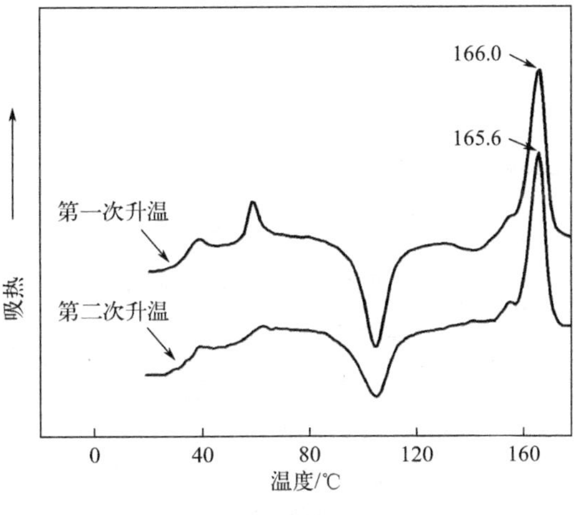

图 2-62 压延薄膜第一次和第二次升温的 DSC 曲线

从表 2-21 中数据可以看出，PPC 和 PLA 的玻璃化转变温度都在取向后得到了提高，这是因为分子链取向后排列得比较紧密，分子间作用力较大，因此需要更高的温度才能让分子链段运动。从曲线中还可以看出，两次升温的曲线都出现了冷结晶峰，这表明 PLA 在体系中的结晶能力较差，从第一次升温的熔融焓和结晶焓的差值（$|\Delta H_m|-|\Delta H_{cc}|=0.9J/g$）可以看出薄膜材料的结晶度相当低。从结果中还可以看出第一次升温熔点要稍高于第二次升温的，这是因为薄膜材料中存在着取向的非晶态聚合物，取向的存在使得分子排列更加规整，因此结晶后晶型较完善，熔点相对更高。

表 2-21 压延薄膜的热性能

参数	第一次升温	第二次升温
T_g(PPC)/℃	38.2	36.3
T_g(PLA)/℃	58.7	57.2
T_{cc}/℃	105.0	105.1
ΔH_{cc}/(J/g)	−15.3	−10.4
T_m/℃	166.0	165.6
ΔH_m/(J/g)	16.2	14.8
$\lvert\Delta H_m\rvert-\lvert\Delta H_{cc}\rvert$/(J/g)	0.9	4.4

图 2-63 为 PPC、PLA、PPC/PLA 薄膜及其对应共混物的 XRD 图，由图可知：PPC 为非晶聚合物；PLA 则有一定的结晶性，在 $2\theta=16.0°$、18.3°、25.7°处都有明显的衍射特征峰。当 PPC、PLA 中添加 2 质量份 MDI 共混扩链后，其合金中仍然存在着明显的 PLA 结晶衍射特征峰，这说明共混物中的 PLA 仍然存在着结晶；然而，不同的是，共混物中 PLA 晶体对应的三个衍射特征峰相对于纯 PLA 出现了偏移，分别为 $2\theta=15.7°$、18.1°、25.4°，根据 Bragg 方程

$$d=\frac{n\lambda}{2\sin\theta}\quad n=1,2\cdots$$

式中，d 为晶面间距；n 为衍射级数；λ 为 X 射线波长；θ 为衍射角。

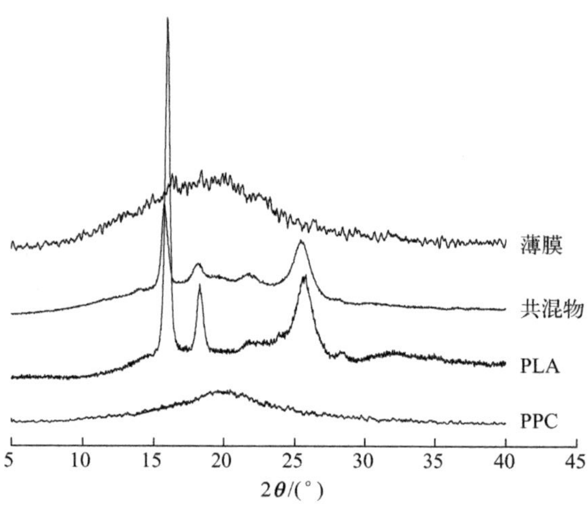

图 2-63 PPC、PLA、PPC/PLA 共混物及薄膜的 XRD 曲线

可以看出，在其他参数不变的情况下，衍射角 θ 变小，意味着晶体的晶面间距 d 增大了，也就是说，在 PPC/PLA 合金中，PLA 晶体的晶面间距要比纯 PLA 的大。这是因为 PPC 分子的介入撑开了 PLA 分子间的距离，改变了 PLA 本身的结晶行为和晶体结构。

图 2-63 中可以看出，PPC/PLA 合金经过压延成膜后，很难清晰地看出 PLA 的结晶衍射特征峰，可见压延成膜后 PLA 的结晶度大幅度下降，这是因为 PPC/PLA 合金的熔体从扁平片材模头挤出之后，在经过通有循环冷却水的压延辊时，被迅速冷却下来，而 PLA 本身结晶能力较差，从模头出来后，分子链还没来得及结晶就被冷却固定下来，因此薄膜中 PLA 的结晶不明显。这与前面 DSC 的研究结果是相一致的。

压延薄膜的取向度计算：由于压延薄膜中 PLA 的结晶度相当低，XRD 图中未能观测到明显的衍射特征峰，因此主要研究压延薄膜中非晶部分的取向情况及其对薄膜机械性能的影响。图 2-64 是对压延薄膜样品的非晶包峰位所处 2θ 值进行径向（ϕ 角的扫描范围为−90°～90°）扫描的曲线图。从图中可以看出每条曲线都在 0°位置出现一个峰值，这正是样品发生取向的有力证据。随着压延过程中压延辊转速的提高，曲线峰位的强度越来越大，峰的半高

宽也越来越小，这是取向度越来越大的表现。通过 ϕ 角扫描的曲线数据和 Hermans-Stein 取向因子的计算公式便可计算出 PPC/PLA 压延薄膜非晶部分的 Hermans-Stein 取向因子 f_{am}，从而对取向度进行量化。f_{am} 的计算结果列于表 2-22 中，结果表明，随着压延辊转速的提高，所制得的压延薄膜在纵向方向的取向度越来越高。f_{am} 从压延辊转速为 15r/min 时的 0.058 提高到 35r/min 时的 0.102，提高了 75.9%。

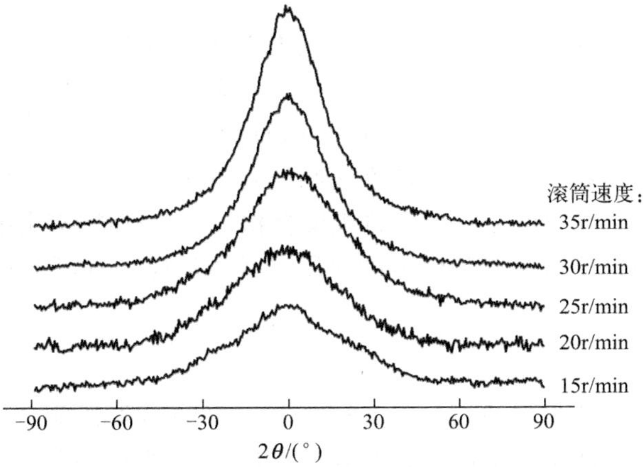

图 2-64　压延薄膜非晶包峰位的径向扫描强度分布

表 2-22　PPC/PLA 压延薄膜的力学性能

辊转速/(r/min)	取向度(f_{am})	拉伸强度/MPa		断裂伸长率/%		撕裂强度/(N/mm)		撕裂功/(J/mm)	
		TD	MD	TD	MD	TD	MD	TD	MD
15	0.058	37.3	38.8	165	297	142	125	2.28	1.05
20	0.064	35.7	41.3	146	263	153	112	2.57	0.822
25	0.076	34.6	42.2	135	235	162	103	3.12	0.534
30	0.091	33.6	45.3	120	214	172	96.7	3.46	0.412
35	0.102	32.5	48.6	109	198	185	88.4	4.03	0.316

压延薄膜的力学性能：通过 WAXD 的测试和 Hermans-Stein 取向因子 f_{am} 的计算，已经得出薄膜在纵向方向存在着取向，且取向度随着压延辊转速的提高而增大。取向度的变化必然导致薄膜纵横向的力学性能发生变化。表 2-22 列出了不同取向度压延薄膜的力学性能。从表中数据可以看出，薄膜纵横向的拉伸强度都在 30MPa 以上，具有较高的强度；而断裂伸长率都大于 100%，纵向的断裂伸长率甚至都在 200%以上，表现出了较好的柔韧性，这一方面与薄膜厚度和薄膜的取向有关，另一方面是因为薄膜中 PLA 的结晶度很低，才给薄膜带来了良好的柔韧性。随着取向度的提高，薄膜纵横向的拉伸和撕裂性能差异越来越大。纵向的拉伸强度和横向的撕裂强度、撕裂功逐渐提高，纵向拉伸强度由取向度为 0.058 时的 38.8MPa 提高到取向度为 0.102 时的 48.6MPa，提高了 9.8MPa；横向撕裂强度由取向度为 0.058 时的 142N/mm 提高到取向度为 0.102 时的 185N/mm，提高了 43.1N/mm；横向的撕裂功由取向度为 0.058 时的 2.28J/mm 提高到取向度为 0.102 时的 4.03J/mm，提高了 1.75J/mm。相反，横向的拉伸强度和纵向的撕裂强度则随着取向度的提高而逐渐下降，这是因为 PPC/PLA 薄膜中，分子链是沿着纵向方向取向的，也就说分子链是倾向于沿着纵向反应排列的，取向度越大，这种排列越明显，因此纵向的拉伸强度和横向的撕裂强度会越来

越大，而横向的拉伸强度和纵向的撕裂强度会越来越小。

2.8 二氧化碳基脂肪族聚碳酸酯的应用

聚碳酸酯是主链上包含碳酸酯基团的一系列聚合物，可以根据主链是否含有苯环将其分为芳香族聚碳酸酯和脂肪族聚碳酸酯[294]。芳香族聚碳酸酯由于苯环的刚性不能旋转，因此芳香族聚碳酸酯一般具有较高的玻璃化转变温度和良好的机械强度。而脂肪族聚碳酸酯具有良好的生物相容性和可生物降解性，能够在药物缓释、手术缝合线以及骨骼材料方面得到应用[295]。CO_2 和 PO 共聚得到可降解的脂肪族聚合物，一方面能够利用二氧化碳资源以及缓解温室效应，另一方面也能减少石油燃料的使用。具体的应用有以下几点。

2.8.1 阻隔材料

聚合物作为包装、容器材料使用时，希望其有良好的阻隔性能，这有利于食品的保鲜、保色与保香，材料阻隔性能提高能减少盛装物的渗出，有利于食品安全与环保。聚合物的阻隔性能是指聚合物对小分子气体和液体的屏蔽能力，物质对聚合物的透过性取决于透过物的种类、聚合物的结构与性能以及透过物与聚合物的相互作用。由于聚合物的结晶结构链段排列整齐、堆砌密度大，小分子难以渗入，小分子主要是通过聚合物非晶区、结晶缺陷部分而透过的，材料的微裂纹、针孔、缺陷也会导致透过率增加。小分子在聚合物表面的吸附与聚合物的成分、结构以及表面状态有关，表面缺陷有利于小分子吸附、透过。小分子物质在聚合物基体中的渗透与聚合物的自由体积有很大关系，自由体积大，渗透性强。温度和湿度等的变化，也会造成透过率的变化，如升高温度导致聚合物自由体积变大，透过率系数增大；随湿度升高，环境中的水分会向聚合物中扩散，聚合物因为吸收水分而产生膨润或塑化效应，相当于加入了一定量的增塑剂，不仅会使包装材料中自由体积增加，也使高分子的一些运动单元的重排运动易于进行，使气体的渗透系数增大。

归纳得到影响小分子透过率的因素包括：①气体分子本身特性的影响，一般情况下，小分子气体比大分子气体扩散快，线型分子中体积较大的分子扩散快，非极性分子比极性分子扩散快，特别是在极性聚合物中；②聚合物的分子结构和聚集态结构（结晶性、自由体积等）的影响；③聚合物共混体系相形态结构的影响；④聚合物和气体分子所处的环境因素（温度、湿度等）[296] 的影响。

随着科技的进步和人们生活水平的提高，各行各业对高性能阻隔材料的需求越来越大，且制备阻隔材料的工艺、方法层出不穷。目前提高材料阻隔性能的常见方法有多层复合法、共混改性法和特殊处理法。多层复合法是以一种材料为主，通过加入其他气体阻隔性较好的材料，形成多层状的具有优异阻隔性能的复合材料。而共混改性的方法是指以一种聚合物材料为基体，通过加入另外一种或几种聚合物，或者加入纳米粒子，经过共聚或共混工艺来制备出具有优异阻隔性能的复合材料，这也是目前使用最广泛的制备技术。此外，为制备出满足工业生产和生活中特殊需求的功能型阻隔材料，有时需要采用特殊的处理方法才能实现，如在阻隔材料上涂布环氧阻隔层、进行等离子体处理或其他的化学处理方法等。

PPC分子链具有一定的柔性，当PPC处于高弹态时，具有较高的断裂伸长率，材料柔韧性能好，因此将PPC制备成薄膜材料用在包装领域具有可行性。并且，PPC的熔体强度低、不易吹塑成型、薄膜低温下的耐撕裂性能较差等问题可通过加工改性得到改善。PPC主链包含疏水链段和极性碳酸盐链，分子间具有较强的相互作用，这使得聚合物链之间凝聚力增强，从而具有更大的分子堆积密度和更小的自由体积，因而PPC具有优越的气体阻隔性能。但是与聚乙烯醇（PVA）、EVOH和聚偏二氯乙烯（PVDC）等高阻隔聚合物材料相比，PPC的竞争力不足。要拓展PPC在高阻隔材料领域的应用，还需要对其阻隔性能进行改性研究。2013年，Han等[297]利用片层石墨（EFG）对PPC进行改性，并通过溶液共混法制备了系列PPC/FEG纳米复合薄膜。通过研究复合薄膜的物理性能和阻隔性能与EFG的关系，发现随着EFG含量的增加，复合薄膜的玻璃化转变温度从48.3℃上升到52.1℃，该复合薄膜的吸水率、氧气透过率（OTR）和水蒸气透过率（WVTR）也显著降低。中山大学孟跃中课题组采用厚度为50～80nm的铝薄片（ALFs）制备了PPC/ALFs复合材料，该复合材料具有较低的气体传输速率［在23℃干燥条件下（1atm＝101325Pa），OTR为$1.30cm^3/(m^2 \cdot 24h \cdot atm)$；23℃，85％相对湿度，WVTR为$1.40g/(m^2 \cdot d)$］[298]。

中国科学院长春应用化学研究所研究人员[299]专门研究了PPC链段中聚醚链段的含量对其气体阻隔性能的影响，发现当醚键含量从0.6％升高到54.1％时，其氧气阻隔性能由$14cm^3/(m^2 \cdot 24h \cdot atm)$增大到$116cm^3/(m^2 \cdot 24h \cdot atm)$，这表明聚醚链段对PPC气体阻隔性能有明显的影响，且随其含量的增加，PPC气体阻隔性能变差。因而得到一种可以改善PPC阻隔性能的方法，即在合成PPC的过程中，选择合适的条件，尽量避免环氧丙烷自聚产生聚醚链段。

韩国延世大学Haksoo Han课题组[300,301]采用溶液法分别制备了PPC/ZnO、PPC/剥离石墨复合薄膜材料，重点研究了ZnO和剥离石墨对PPC阻隔性能的改善效果。研究发现，当ZnO的含量增加到10％时，其氧气透过率由$554cm^3/(m^2 \cdot 24h \cdot atm)$降低到$140cm^3/(m^2 \cdot 24h \cdot atm)$，水吸收率由2.01％降低到0.65％；当剥离层状石墨的含量增加到5％时，其氧气透过率由$93.4cm^3/(m^2 \cdot 24h \cdot atm)$降低到$51.8cm^3/(m^2 \cdot 24h \cdot atm)$，水蒸气透过率由$24.8g/(m^2 \cdot 24h \cdot atm)$降低到$20.4g/(m^2 \cdot 24h \cdot atm)$。这表明纳米级ZnO和剥离层状石墨的加入，都能够提高PPC的阻隔性能，但效果不是很理想，仍有待进一步研究。

法国Yves Grohens课题组[302]通过熔融法制得PHA/PPC共混材料，研究发现，PHA本身具有很好的气体阻隔性能，用来改性PPC阻隔性能达到了预期的效果，当PHA的含量增加到50％时，其氧气透过率由$1.16cm^3 \cdot \mu m/(m^2 \cdot 24h \cdot atm)$降低到$0.37cm^3 \cdot \mu m/(m^2 \cdot 24h \cdot atm)$，水蒸气透过率由$1.3\times10^{-11}g/(m \cdot s \cdot pa)$降低到$3.4\times10^{-12}g/(m \cdot s \cdot pa)$。随着PHA含量的增加，PPC的阻隔性能逐渐提高，但仍存在相容性问题，需继续研究。

孟跃中课题组利用溶液法和抽提法对工业化生产的PPC进行精制纯化，精制后聚醚在PPC中含量降低至8％～11％，环状碳酸酯含量降低至1.0％～2.3％，锌催化剂含量降低至0.4％～1.5％。在聚合物杂质种类和含量基本确定的基础上，考察不同方法纯化前后PPC的阻隔性能，研究发现纯化后PPC的阻隔性能要比未纯化的PPC阻隔性能优良，这主要是由于未纯化的PPC中含有催化剂有机锌化合物和一些小分子副产物，前者使PPC在热压成膜过程中，因其不能熔融而使薄膜存在一些针孔等缺陷，后者使PPC分子自由体积增大，降低了分子堆砌密度，这都可能导致PPC薄膜阻隔性能的下降。溶液沉淀法纯化的PPC阻隔性能最佳，混合溶剂抽提法纯化的PPC阻隔性能几乎和纯PPC相差不大，这进一步证明了残留的催化剂确实降低了PPC的阻隔性能。

对于不同分子量PPC的阻隔性能，通过表2-23中数据可以观察到，发现未精制的不同低分子量的PPC阻隔性能还是存在一定的差别，这主要是由于工厂生产的不同批次PPC也存在一定的差距而导致的，精制后，发现分子量为5万（5w）和8万（8w）的PPC阻隔性能相差不大，而13万（13w）的PPC却有一定差别，主要是由于分子量大的PPC，其存在一定量的微交联结构，在成膜过程中因为不溶解部分会形成一定的缺陷而影响阻隔性能。比较不同分子量对PPC阻隔性能的影响，发现分子量的影响不是很大，在中等阻隔材料测试允许的上下波动范围内。

表2-23 未精制PPC和精制PPC的阻隔性能

样品	OPR/[cm^3·μm/(m^2·d·atm)]	WVPR/[g·μm/(m^2·d)]
PPC-5w	1950	1180
纯化-PPC-5w-溶液法	1189	886
纯化-PPC-5w-提取法	1650	1140
PPC-8w	2250	1130
纯化-PPC-8w-溶液法	1268	856
纯化-PPC-8w-提取法	1720	1044
PPC-13w	2390	1262
纯化-PPC-13w-溶液法	1575	866
纯化-PPC-13w-提取法	1715	1108

取M_n=80000的PPC样品研究温度对其阻隔性能的影响，发现随着温度的升高，PPC的阻隔性能变差，尤其是对于氧气阻隔性能的影响更明显。这主要是由于温度升高，PPC自由体积增大，链段重排运动或其他类型运动单元重排运动的能力增强，导致气体分子扩散通过的瞬时缝隙的机会多，因而渗透性大。

2.8.2 发泡材料

目前，发泡塑料已经成为高分子材料应用的一大领域，更是包装材料的重要分支，也是现代塑料工业的重要组成部分。发泡塑料是以高分子材料为基体，通过物理或化学方法使大量气泡分布其中，与纯塑料相比，具有密度小、比强度高、能量吸收能力强、热导率低、隔声隔热性好等一系列优点，并且制备工艺简单可控，价格低廉，已经在交通运输、航空航天、日用品、军工等领域得到了广泛的应用，如各种坐垫、保温隔热材料以及建筑材料等等。发泡材料种类繁多，而得到大量应用的一般为不可降解塑料，如聚苯乙烯（PS）、低密度聚乙烯（LDPE）、聚氨酯（PUR）等。随着白色污染问题的日益突出，人们急需可降解的环境友好的发泡材料来取代这些不可降解发泡材料。

发泡材料的发泡方法一般分为物理发泡法、化学发泡法以及机械发泡法三个大类型。上述三种方法具有的共同特点：塑料树脂都是在黏流态或者是溶液态，或者处于黏度较低的塑性状态才可以使发泡剂或者气体均匀地混入到塑料树脂中，才能够形成发泡材料。因此发泡材料的制备对原料的选择，发泡剂的选择以及加工工艺有严格的要求。聚碳酸丙烯酯作为一类抗冲击性能良好、无毒且绿色环保的可生物降解塑料，可以使用物理发泡和化学发泡的手段合成具有优异性能的发泡材料[303]。2018 年，Manavitehrani 等[304] 以聚碳酸丙烯酯、淀粉和生物玻璃为原料，设计了一种气体发泡多孔支架，并系统研究了基于 PPC 淀粉支架用于组织工程的应用。通过调整反应压力、减压速率和温度在内的实验参数，使用气体发泡的方法高效合成了具有高孔隙互穿的多孔结构。通过制作多孔螺钉用于体外和体内证明了支架的生物相容性和组织浸润。刘宪、汪扬烨、Yang、Peng 等利用超临界 CO_2 对 PPC 进行发泡研究，探索了发泡饱和压力、饱和温度、饱和时间以及 PPC 熔体强度改性等因素对所制备的泡沫材料的影响[305-308]。

孟跃中课题组采用熔融共混的方法制备了多种 PPC 基复合材料，并将该复合材料制成发泡倍率较好的 PPC 基发泡材料。比如，关丽涛等探究了多种化学发泡剂对 PPC 发泡结果的影响，并对所制得的 PPC 泡沫材料进行堆肥试验，试验 90 天时泡沫生物降解率达到 49.9%，说明该发泡材料依然具有很好的生物降解性[309,310]。王艳艳等以水作为淀粉的增塑剂兼物理发泡剂，通过连续挤出的方法制备了 PPC/淀粉发泡材料，并探究了物料配方和工艺参数对发泡倍率的影响[311,312]。

【案例】 聚碳酸丙烯酯及其复合材料发泡工艺性能研究

化学发泡法制备 PPC 基发泡材料：将 PPC（或 165℃共混后 PPC/LDPE），偶氮二甲酰胺（AC）发泡剂，ZnO 等原料在 Haake 转矩流变仪中共混均匀。共混温度为 85℃，转速为 50r/min，混合时间为 7min。所得样品在平板硫化机上进行压片，压力为 15MPa，温度为 120℃，制成 2mm 的片材。之后，将该片材在烘箱中不同温度不同时间下进行发泡制得 PPC/AC-ZnO 发泡材料。

挤出发泡法制备 PPC 基发泡材料：将木粉与水（或木粉、淀粉、水）按照一定的比例高速搅拌均匀，之后分别与 PPC、PS 以及滑石粉按照一定的比例加入到单螺杆挤出机中，进行连续挤出发泡，制备（PPC/WF)/Starch［(PPC/木粉)/淀粉］发泡材料。工艺条件为：单螺杆各区温度分别为 50℃、170℃、170℃、150℃，转速刚开始为 35r/min，当发泡材料出来时加速到 90r/min。

（PPC/WF)/Starch 及（PPC/MH)/Starch［(PPC/氢氧化镁)/淀粉］发泡材料：将淀粉与水按照一定的比例高速搅拌均匀，使淀粉充分吸收去离子水。之后分别与 PPC/WF 复合材料、PPC/MH 复合材料、PS 以及滑石粉按照一定的比例加入单螺杆挤出机中，进行连续挤出发泡。工艺条件为：单螺杆各区温度分别为 50℃、170℃、170℃、150℃，转速刚开始为 35r/min，当发泡材料出来时加速到 90r/min。

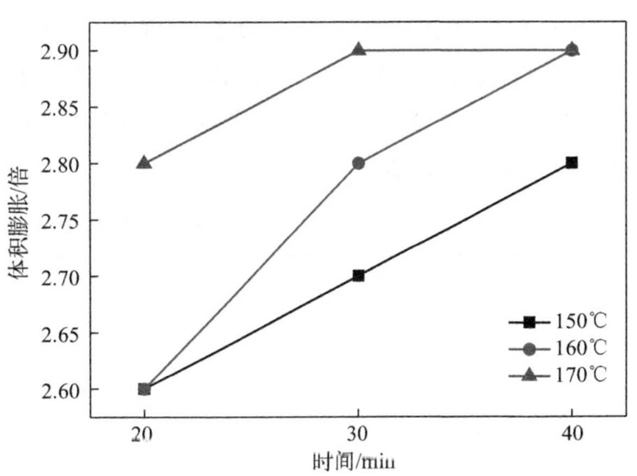

图 2-65　发泡温度与时间对 PPC 发泡倍率的影响

（1）PPC 及其复合材料化学发泡性能

首先探究纯 PPC 以 AC-ZnO 为发泡剂的发泡效果，如图 2-65 考察了发泡温度和发泡时间对 PPC 发泡倍率的影响。发现纯

PPC 的发泡倍率并不高，最高才达到 2.9 倍。这是因为在发泡温度较低时，PPC 熔体的黏弹性大，AC 分解产生的气体也不多，不能很好地撑开 PPC 熔体而形成气泡，随着时间延长，PPC 很容易发生降解而熔体强度急剧下降，气体又会撑破熔体壁而发生气泡塌陷；当发泡温度较高时，PPC 熔体强度下降，AC 分解产生气体的速度增大使 PPC 熔体易发生破裂，最终表现为 PPC 的发泡倍率低。

由于使用 AC-ZnO 对 LDPE 进行化学发泡时，发泡效果较好，因此接下来探索 PPC/LDPE 复合材料的化学发泡性能。如图 2-66 所示，当发泡剂 AC 的含量不变、发泡温度以及发泡时间不变时，随着 LDPE 含量的增加，PPC/LDPE 发泡材料发泡倍率呈现逐步升高的趋势，且在 LDPE 的含量为 50%时，发泡倍率达到 6.9 倍，与纯 PPC 发泡倍率相比有显著的提高。

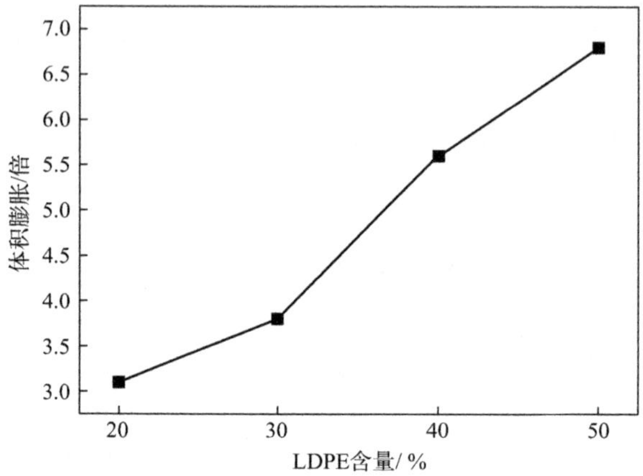

图 2-66 LDPE 含量对 PPC/LDPE 发泡倍率的影响

最后，如表 2-24 所示的配方，采用 PPC/LDPE 比例为 1∶1，探索发泡剂 AC 的份数对 PPC/LDPE 复合材料发泡效果的影响。从图 2-67 可以看出，当 AC-ZnO 的含量（以质量份计）从 8 份增加到 10 份时，发泡倍率在 165～170℃时有所提高，并在 170℃时达到 6.9 倍，在 175℃时又有所下降；而当 AC-ZnO 的含量为 12 份时，发泡倍率在 165℃时最高，为 6.2 倍。主要原因：当 AC-ZnO 含量为 8 和 10 份时，在温度较低时，PPC/LDPE 的熔体黏弹性较大，且 AC-ZnO 的分解产生的气体量也较少，因此倍率不高；在温度较高时，PPC/LDPE 的熔体流动性变好，黏弹性降低，发泡剂产生气体也较多，倍率有所提高；当 AC-ZnO 的含量为 12 份时，在温度较低的情况下，PPC/LDPE 的黏弹性虽然偏大，但是 AC-ZnO 分解的总量还是较多，当温度较高时，发泡剂产生的气体量过多，材料熔体强度变弱，很容易导致泡孔破裂。

表 2-24 制备 PPC/LDPE 发泡材料配方 单位：g

样品	1 号	2 号	3 号
PPC	50	50	50
LDPE	50	50	50
AC	8	10	12
ZnO	0.8	1.0	1.2

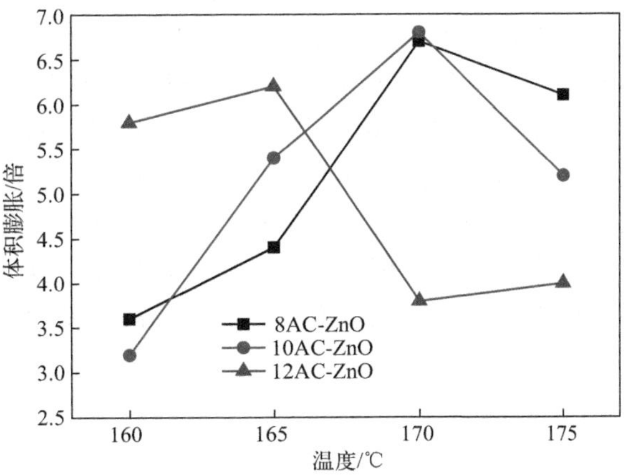

图 2-67 AC 的含量对 PPC/LDPE 发泡倍率的影响

(2) (PPC/WF)/Starch 发泡材料性能

采取更为廉价的木粉代替或部分代替淀粉的方法，通过单螺杆挤出发泡法制备(PPC/WF)/Starch 发泡材料。表 2-25 和图 2-68 分别为 (PPC/WF)/Starch 发泡材料的发泡结果和电镜图片。从发泡结果来看，在保证木粉和淀粉的总含量不变的前提下，随着木粉的含量增加，(PPC/WF)/Starch 发泡材料的发泡倍率和孔隙率均呈现逐渐下降的趋势。微观形态图片中也可以看出，随着木粉的含量增加，发泡样条的直径逐渐减小，泡孔越来越不均匀。这是因为木粉的吸湿性没有淀粉的强，不能很好地作为发泡剂水的载体，致使发泡材料中表现出发泡剂量少，或水分分布不均匀，最终导致发泡材料发泡倍率明显下降，且所得泡孔也极不均匀。

表 2-25 (PPC/WF)/Starch 发泡材料的发泡效果

样品配方	木粉/质量份	淀粉/质量份	发泡倍率	发泡孔隙率
70(85PPC/15PS)/9W/3T	0	30	27.8	96.4%
70(85PPC/15PS)/9W/3T	10	20	13.7	92.7%
70(85PPC/15PS)/9W/3T	15	15	9.9	89.8%
70(85PPC/15PS)/9W/3T	20	10	6.9	85.5%
70(85PPC/15PS)/9W/3T	30	0	3.8	73.6%

注：W 为 water，水；T 为 talcum，滑石粉。

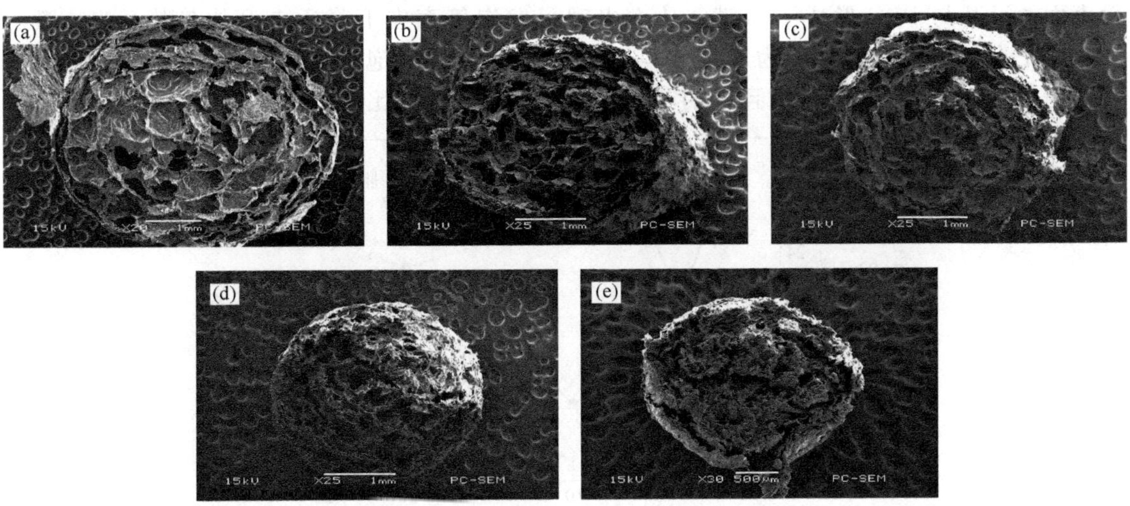

图 2-68 (PPC/WF)/Starch 发泡材料扫描电镜图：(a) 0WF/30Starch；(b) 10WF/20Starch；(c) 15WF/15Starch；(d) 20WF/10Starch；(e) 30WF/0Starch

(3) (PPC/WF)/Starch 发泡材料性能

由上可以得出，直接加入木粉会导致发泡材料的发泡性能急剧下降，因此考虑木粉先与PPC共混均匀得到PPC/WF复合材料，而后再进行单螺杆挤出发泡。首先，探索了单螺杆模头温度对 (PPC/WF)/Starch 发泡效果的影响。如图 2-69 所示，发泡倍率随着模头温度升高呈现为先升高再降低的趋势，并在 150℃时，发泡材料的发泡倍率达到最大。这是因为随着模头温度的升高，发泡材料的熔体强度下降，这样有利于发泡材料的泡孔增大，发泡倍率表现为升高；但模头温度较高时，熔体强度下降较为明显，水分挥发加快，这样极易导致泡孔破裂或塌陷，或发泡材料温度较高，冷却变慢，使泡孔不能快速固化致使泡孔塌陷，最终表现为发泡倍率下降。

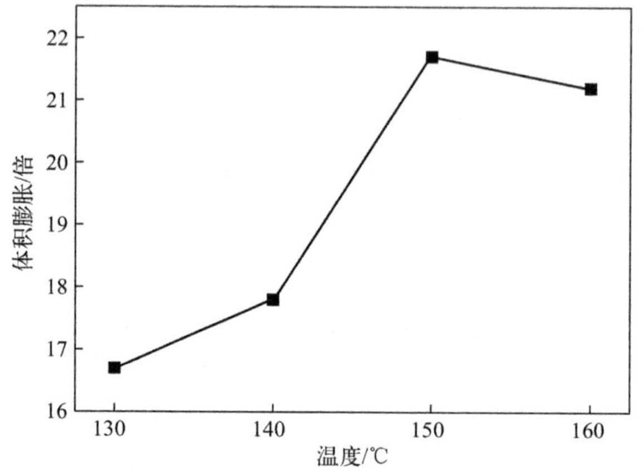

图 2-69 模头温度对 (PPC/WF)/Starch 发泡材料发泡倍率的影响

对 (PPC/WF)/Starch 发泡材料的发泡倍率、孔隙率以及密度进行表征，如图 2-70 所示。发现随着木粉含量的增加，该发泡材料发泡效果并未呈现出比较明显的规律性，但相对于纯 PPC 的发泡效果，PPC/WF/Starch 的发泡倍率均有所下降，并随着 PPC/WF 中木粉比例的增加呈现先下降后上升而后又下降的趋势。具体原因：一方面为木粉与 PPC 相容性差，削弱了高分子之间的相互作用，致使发泡易塌陷，因此总体发泡倍率下降；另一方面木粉表面的羟基与 PPC 形成了氢键，从而出现了发泡倍率先下降后上升的趋势。当木粉在 PPC/WF 复合材料中的比例为 20%时，发泡效果最好，发泡倍率达到 22.4 倍，孔隙率为 95.5%，密度为 65mg/cm^3，且此时 PPC 在该发泡材料的比例与 PPC 发泡材料对比，由

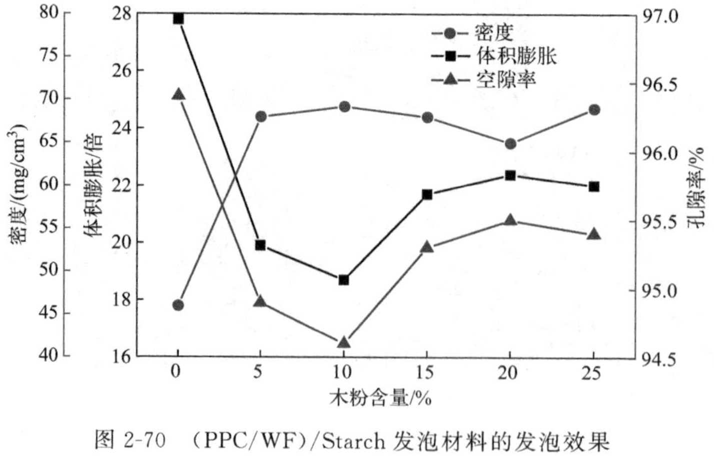

图 2-70 (PPC/WF)/Starch 发泡材料的发泡效果

57.7%降到了46.2%，详见表2-26。

表2-26 PPC/Starch发泡材料和（PPC/WF）/Starch发泡材料中的各组分含量对比 单位：%

材料	PPC	PS	木粉	淀粉(Starch)	滑石粉
PPC/Starch 发泡材料	57.7	10.1	0	29.1	2.9
(PPC/WF)/Starch 发泡材料	46.2	10.1	11.5	29.1	2.9

接下来对（PPC/WF）/Starch发泡材料进行微观形态分析，如图2-71所示。可以看出相对于纯PPC的发泡材料，（PPC/WF）/Starch发泡材料的直径都有所降低。随着木粉在PPC/WF复合材料的比例增加，（PPC/WF）/Starch发泡材料的泡孔直径越来越小，且更加密集。这是因为木粉与PPC的相容性较差，致使发泡过程中气体不能很好地被保留，发泡倍率下降，另外木粉在发泡材料中也可能起到了成核剂的作用，致使气泡孔不能够长大。

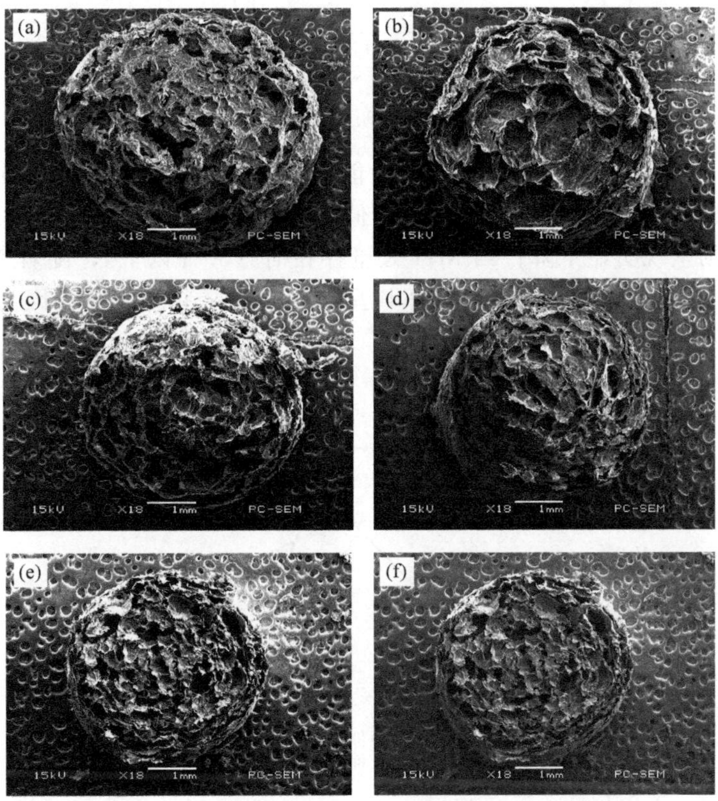

图2-71 （PPC/WF）/Starch发泡材料扫描电镜图

(a) PPC/0WF；(b) PPC/5WF；(c) PPC/10WF；(d) PPC/15WF；(e) PPC/20WF；(f) PPC/25WF

在将木粉引入PPC基发泡材料后，发现（PPC/20WF）/Starch发泡材料的发泡倍率达到最高，此时配方中PPC所占比例为46.2%，相对于未加入木粉时PPC的比例57.7%，有了明显的降低，而发泡倍率并未下降过多，这在一定程度上降低了PPC及其复合材料发泡产品的生产成本，也充分说明了该实验方案的可行性。

(4) (PPC/MH)/Starch复合材料发泡性能

首先对PPC/MH（氢氧化镁）复合材料的热稳定性能进行表征，如图2-72所示，随着

MH 的比例增加，PPC/MH 复合材料的初始分解温度以及最大分解温度都有了明显的降低，即 PPC/MH 的热稳定性能明显下降。主要原因可能是：氢氧化镁本身呈现弱碱性，且带有羟基促进了 PPC 的降解，破坏了 PPC 的热稳定性能。

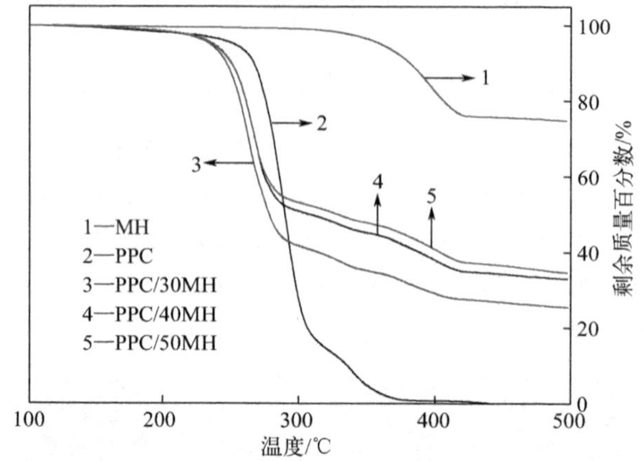

图 2-72　PPC/MH 复合材料热重分析曲线

接下来，对 PPC/MH 复合材料的拉伸性能进行表征分析。从图 2-73 可以看出，相对于纯 PPC，PPC/MH 复合材料的拉伸强度（拉伸应力）有所提高或相差不大，但是断裂伸长率（拉伸应变）则呈现明显下降；当 MH 大量存在时（30%以上），随着 MH 的含量增加，PPC/MH 复合材料拉伸强度和断裂伸长率均呈现明显下降趋势。这是因为，当氢氧化镁大量存在时，破坏了 PPC 的内部结构，削弱了 PPC 分子之间的相互作用力，致使 PPC/MH 复合材料的拉伸性能明显下降。

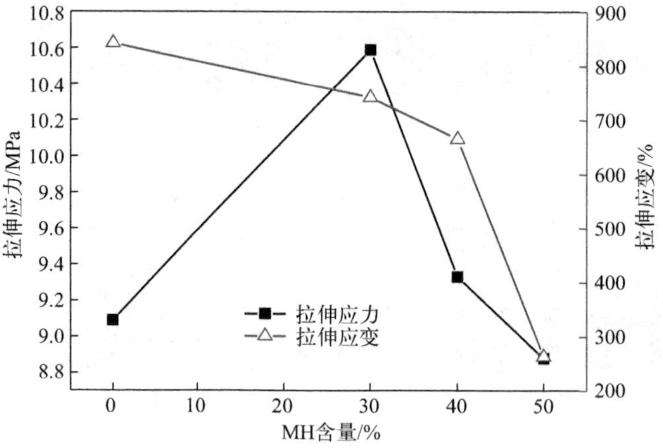

图 2-73　PPC/MH 复合材料拉伸性能曲线

对（PPC/MH）/Starch 发泡材料的发泡效果进行表征，如图 2-74 所示。研究发现，随着氢氧化镁的含量增加，（PPC/MH）/Starch 发泡材料的发泡倍率以及孔隙率都呈现递降趋势，这说明氢氧化镁的加入降低了 PPC 的发泡性能。这也是因为氢氧化镁的大量存在，破坏了 PPC 的内部结构，致使 PPC 的熔体强度下降，发泡倍率降低。当 MH 在 PPC/MH 复合材料中比例为 50%和 60%时，发泡倍率分别为 10.2 倍和 7.8 倍，空隙率分别为 90.1%和 87.1%。

最后，通过观察该发泡材料的燃烧现象对其阻燃性能进行了判定分析，如图 2-75 所示。

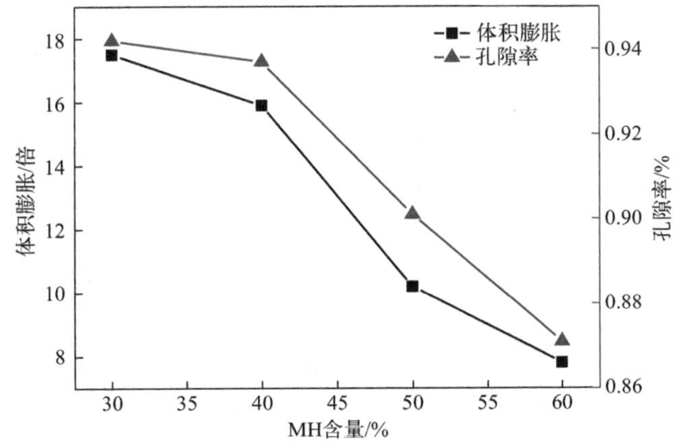

图 2-74 MH 含量对（PPC/MH）/Starch 发泡材料发泡效果的影响

可以看出（PPC/50MH）/Starch 发泡材料相对于 PPC/Starch 发泡材料，燃烧火焰更小，且烟雾更少，燃烧后并没有出现熔滴现象，且可保持材料结构不变，具有明显的自熄现象，即说明（PPC/50MH）/Starch 发泡材料的阻燃性能明显提高，说明（PPC/MH）/Starch 发泡材料可以具有很好的阻燃性能。综合 PPC/MH 复合材料的发泡性能和阻燃性能来看，（PPC/MH）/Starch 发泡材料具有比较好的阻燃性能，但是发泡性能较差，如（PPC/50MH）/Starch 发泡材料的发泡倍率较低，为 10.2 倍。经过对材料比例和发泡工艺的探索相信未来能达到一个较好的发泡效果，PPC 阻燃发泡材料还是具有一定潜力的。

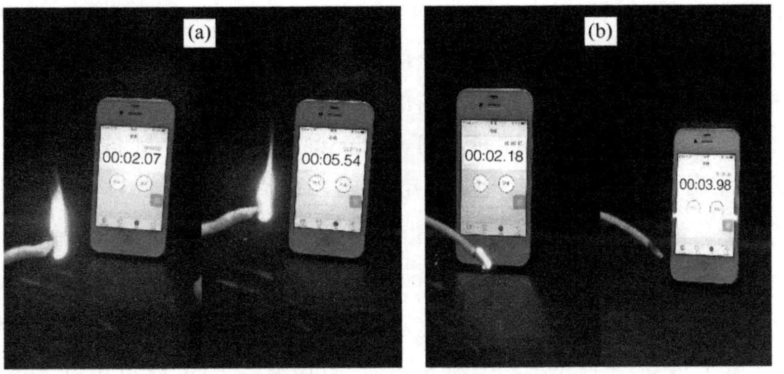

图 2-75 （PPC/MH）/Starch 发泡材料的阻燃性能

（a）PPC/Starch 发泡材料；（b）（PPC/50MH）/Starch 发泡材料

2.8.3 电池材料

脂肪族聚碳酸酯材料与传统电池凝胶电解质中使用的碳酸盐类有机溶剂有相似的化学结构，这意味着脂肪族聚碳酸酯能够与电解液溶剂、锂离子具有良好的相容性，同时具有与电极良好接触的优点[313]。研究得最为广泛的是 CO_2 与环氧乙烷的共聚物、CO_2 与 PO 的共聚物。

（1）凝胶电解质

Tominaga 等[314-316] 采用 ZnGA 合成了六种具有不同取代基（苯基、叔丁基、丁基、甲氧基乙基、乙基和异丙基）的缩水甘油醚聚碳酸酯，测量了含有 LiTFSI 固态电解质的离子传导率，研究发现，室温下具有乙基缩水甘油侧链电解质传导率最高，为 2.9×10^{-7}S/

cm。Zhou 等[317] 制备了一系列的以聚碳酸丙烯酯为基体无溶剂的离子液聚合物电解质，在室温下高氯酸锂和 1-丁基-3-甲基咪唑四氟硼酸盐（$BMIM^+BF_4^-$）所制备的凝胶聚合物电解质离子传导率高达 1.5×10^{-3} S/cm。Huang 等[318-320] 研究了聚碳酸丙烯酯/聚甲基丙烯酸甲酯涂覆聚乙烯凝胶聚合物电解质、聚偏氟乙烯/聚碳酸丙烯酯聚合物凝胶电解质和通过物理共混的聚丁二烯橡胶互穿交联的聚碳酸丙烯酯网络凝胶聚合物电解质等不同系列的凝胶聚合物电解质以及相应的扣式电池，并都取得了良好的充放电容量、循环稳定性和倍率性能。Yu 等[321] 利用 CO_2、PO 与顺丁烯二酸酐共聚物，得到的凝胶聚合物电解质，其离子传导率在室温达到 8.43×10^{-3}S/cm，在 50℃下可达到最大的 1.42×10^{-2}S/cm。Cui 等[322] 研究了一种 $LiNi_{0.5}Mn_{1.5}O_4$ 基刚柔耦合纤维素负载聚碳酸丙烯酯电解质电池，结果表明，在25℃下，聚合物电解质具有较宽的电化学稳定窗口（0～5V），较高的离子迁移数（0.68）和良好的离子传导率（1.14×10^{-3}S/cm）。2018 年，Xu 等[323] 研制了一种以 7.3%的醚基电解质为增塑剂的新型聚碳酸丙烯酯基复合凝胶聚合物电解质（G-PPC-CPE），用于硫/聚丙烯腈锂电池，所包埋的 SiO_2 纳米颗粒具有多功能填料的作用，可提高界面稳定性、离子导电性和锂离子迁移数，并与 PPC 聚合物基体协同抑制 LiPSs 扩散。2019 年，Zhuang 等[324] 研究了 $LiNi_{0.5}Co_{0.2}Mn_{0.3}O_2$（NMC532）与聚碳酸丙烯酯固体聚合物电解质（PPC-SPE）的电化学和化学界面反应机理，由于在充电过程中被 Ni^{2+} 和 Co^{3+} 电化学氧化的 Ni^{3+} 和 Co^{4+} 会诱导 PPC 的分解，故在体系中加入了氧化石墨烯来抑制 PPC 的分解。

（2）固态电解质

Novakov 等[325] 制备了一种聚碳酸酯/高氯酸锂的固态电解质，研究发现，复合材料中聚合物的支化度的增加，聚合物的本征传导率增加。Zhang 等[326] 制备了适用于常温固体聚合物锂电池安全增强的聚碳酸丙烯酯基全固态聚合物电解质，与普通的聚环氧乙烷固体电解质相比，这种固体聚合物电解质具有更高的离子导电率、更宽的电化学窗口、更好的机械强度以及在 20℃下优良的倍率性能。Tominaga 等[327-330] 制备了一种 PEC/LiTFSI/Pyr_{14}TFSI/SiF 四组分的固态聚合物锂电池电解质，得到一个完全自支撑的电解质薄膜，其锂离子传导率室温下为 10^{-7}S/cm，同时锂离子迁移数为 0.36。Yu 等[331] 制备了 PEO/PPC/$LiClO_4$ 固态电解质，室温下锂离子传导率为 6.83×10^{-5}S/cm，且电化学稳定窗口可到 4.5V。Cui 等[332] 制备了 PPC/$Li_{6.75}La_3Zr_{1.75}Ta_{0.25}O_{12}$ 复合固态锂离子电池电解质，该电解质在 20℃下离子传导率为 5.2×10^{-4}S/cm，且电化学稳定窗口可到 4.6V，锂离子迁移数为 0.75，机械强度为 6.8MPa，电解质膜可以自支撑。2021 年，Luo 等[333] 报道了一种纤维网络增强的 3D 复合固体电解质（composite solid electrolyte，CSE）的设计，以柔性、机械强度高、多孔且不易燃的 PI 薄膜为主体，$Li_{6.75}La_3Zr_{1.75}Ta_{0.25}O_{12}$（LLZTO）和 PPC 基质作为离子导电材料。LLZTO 填料的均匀分布有利于锂离子的快速传输和均匀沉积，机械强度高的 PI 膜主体可以有效抑制锂枝生长，离子导电性良好的 PPC 作为填料也利于锂离子的传输。得益于这些优点，所制备的复合固体电介质表现出良好离子电导率（2.7×10^{-4}S/cm，30℃）和优异的拉伸强度（11.78MPa）。

2.8.4 胶黏剂材料

PPC 的分子链有一定的极性。分子量较低的 PPC，T_g 低于室温，表现出一定的流动性和黏结性，目前已有多个研究团队和企业开发出不同的 PPC 胶黏剂。美国的 Micron Display Technology 公司用 PPC 和无机组分混合作为胶黏剂，黏合磷光颗粒和玻璃屏幕，制造场发射显示装置[334]。美国 Atlantic Research 公司将 PPC 用作胶黏剂黏结黏土、二氧化硅、玻璃、铝土等无机填料以及燃料和燃烧速率控制剂等，应用于汽车气体膨胀保护装置的气体发生装置[335]。

孟跃中课题组探究了一套热熔胶实验室制备和性能测试的方法和工艺，根据 PPC/30EVOH 以及 PE 的结构和性能特点，设计以（PPC/30EVOH）/PE-*g*-MAH 共混物作为热熔胶主要组成，研究了含不同的增黏树脂配方的热熔胶对 PPC/30EVOH 与 PE 之间黏结性能的影响，最终制备了一种能使两者很好地黏结在一起的复合热熔胶。所制得的最优复合热熔胶体系为：（PPC/30EVOH）/PE-*g*-MAH/POE/（松香甘油酯/环氧树脂），其中（PPC/30EVOH）/PE-*g*-MAH/POE=2/2/1，（松香甘油酯/环氧树脂）含量为5%。该复合胶能够很好地黏结 PPC/EVOH 与 PE 体系，且具有良好的热稳定性，具有实际工业生产应用前景。随后，该课题以熔融共混的方法制备的聚碳酸酯丙烯酯基热熔胶，制作工艺简单方便，成本较低，可以较好地黏结聚乙烯和 PPC/EVOH 阻隔材料，同时也达到了国家对绿色环保的要求，为 PPC/EVOH 阻隔材料的应用推广提供了技术上的支持。

2.8.5　其他功能化材料

带有易氧化的不饱和支链的聚碳酸酯可作为制备功能性高分子的前驱体，比如可用来合成带有反应性的环氧基、羟基等基团的高分子。具有生物相容性和生物可降解的功能性二氧化碳基聚碳酸酯在药物运输和释放、医疗器材和组织工程等方面的应用正得到广泛关注。Lukaszczyk 等[336] 第一次报道以二乙基锌/焦棓酸（diethyl zinc/pyrogallol，$ZnEt_2$/PG）体系催化二氧化碳和烯丙基缩水甘油醚共聚制得功能性的二氧化碳基聚碳酸酯（图 2-76）。随后，通过氧化乙烯基得到带环氧基的聚碳酸酯。近几年，Frey 课题组使用 $ZnEt_2$/PG 体

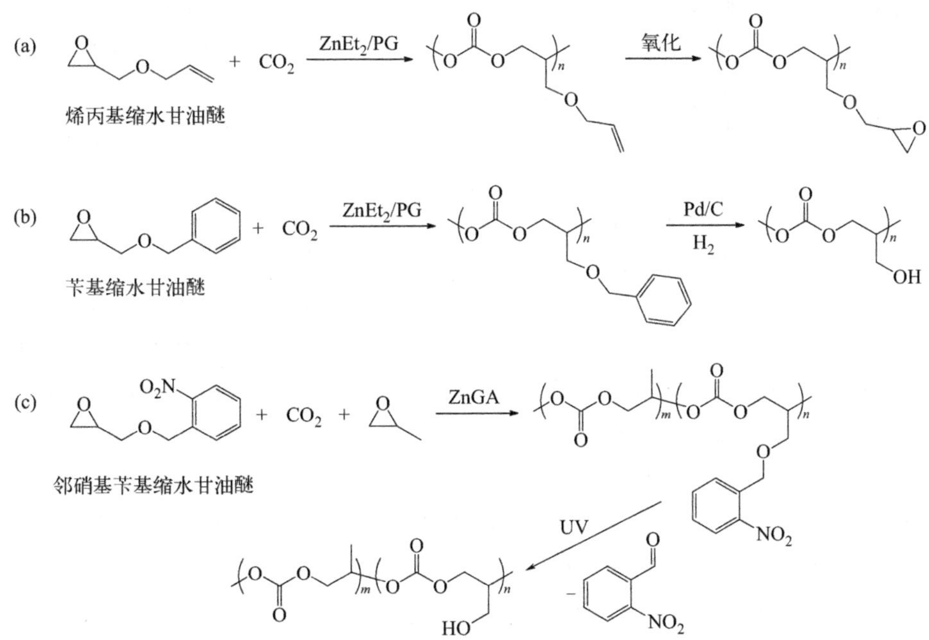

图 2-76　CO_2/缩水甘油醚共聚制备功能化脂肪族聚碳酸酯：（a）烯丙基缩水甘油醚[336]；（b）苄基缩水甘油醚[337]；（c）邻硝基苄基缩水甘油醚[338]

系催化二氧化碳和不同的缩水甘油醚共聚制得一系列的功能化的二氧化碳基聚碳酸酯[337,339-341]。同时，Zhang 等[337] 使用 Salcy-Co(Ⅲ)X 配合物为催化剂成功得到二氧化碳和苄基缩水甘油醚的共聚物，其首尾选择性达到 98%。另外，Wu 等[338] 用戊二酸锌催化二氧化碳、PO 和邻硝基苄基缩水甘油醚（*o*-nitrobenzyl-glycidyl ether，ONBGE）三元共聚，得到带功能性侧基的 PPC。经过简单的 UV 处理去除苄基最终得到侧链带羟基的 PPC，聚合物的羟基含量可通过改变 ONBGE 的投料比进行调节。

此外，因为 PPC 具有优异的可生物降解性、良好的生物相容性以及优异的力学性能，能够在体内生物酶的作用下完全降解为水和二氧化碳，也可以作为理想的医用材料应用于三维支架、可植入混合器官以及骨骼和软骨修复领域。2015 年，Peng 等[342] 利用静电纺丝技术制备了平行排列的 PPC 纤维，并通过氧等离子体处理技术对 PPC 进行改性。进一步，将壳聚糖纳米纤维作为添加剂加入 PPC 纤维中达到提高体系的杨氏模量的目的。研究发现，壳聚糖-PPC 支架在细胞黏附、增殖等相互作用方面表现出优异性能。

2.9 二氧化碳基脂肪族聚碳酸酯的产业化

2.9.1 发展现状

利用废弃的二氧化碳生产 PPC（二氧化碳质量分数>40%）在充分的商业规模中大大降低了工业制造成本。尤其重要的是，与传统的石油基塑料相比，在这一绿色化学过程中，聚合物材料的碳足迹更低（图 2-77）。因此，采用 CO_2 作为原料来制造脂肪族聚碳酸酯在工业领域同样引起人们的广泛兴趣。

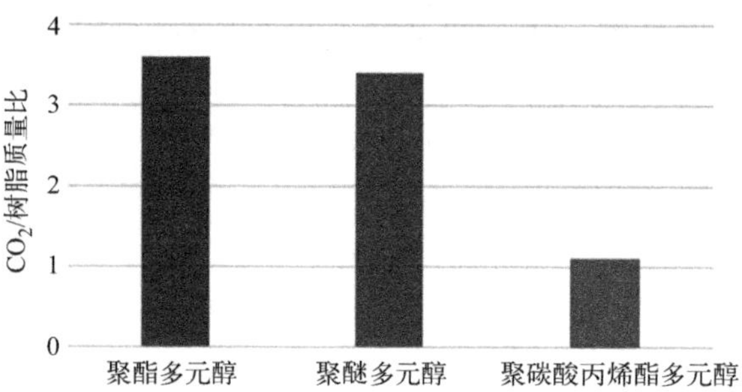

图 2-77 聚酯多元醇、聚醚多元醇及 PPC 多元醇的合成过程中的二氧化碳足迹（以 CO_2/树脂质量比体现）[343]

国外对脂肪族聚碳酸酯的产业化研究始于 1969 年，日本一个公司首先发现 CO_2 和 PO 在催化剂作用下共聚可得聚碳酸酯，且这种聚合物具有良好的可生物降解性。美国通过催化剂的改进，于 1994 年生产出了可分解 CO_2 共聚物。到目前为止，美国、韩国和日本均形成了年产万吨级规模。美国的 Empower materials 公司有百公斤级的 CO_2 基塑料销售，主要有聚碳酸丙烯酯（QPAC® 40）、聚碳酸乙烯酯（QPAC® 25）、聚碳酸丁烯酯（QPAC® 60）和聚碳酸环己烯酯（QPAC® 130）。由于 CO_2 基塑料的热分解温度较低（低于 300℃）可作为陶瓷和电子产品的黏结剂和造孔剂，降低电子陶瓷产品的能耗。此外，一些国际大型公司如美国 Novomer 公司、韩国 SK 集团、德国 BASF 公司、日本三菱化学等从 2005 年开始纷纷筹建 CO_2 基塑料的工业化生产线。2008 年，Novomer 公司推出了其第一款产品 NB-180，即为 CO_2 和 PO 的共聚物 PPC 黏合剂。美国 Novomer 公司也与 Praxair 和 Kodak Specialty Chemicals 建立合作关系用 Cornell 大学开发的催化剂技术共同商业化 CO_2 共聚物。CO_2 基多元醇是非常适合作为用于保护和装饰金属、木材和塑料的表面树脂。潜在应用包括食品和饮料罐的涂层和衬里、卷材涂料以及汽车和工业涂料。Novomer 公司生产的基于二氧化碳的低分子量多元醇与聚酯和聚醚混合，制成高性能聚氨酯反应性热熔胶（RHM）。2007 年，新能源产业技术综合开发机构（NEDO）推出以东京大学为首的商业化高分子量 CO_2 共聚物的项目。项目投资 4.6 亿日元，随后又有四所大学和四家公司加入。这个项目中，CO_2 基塑料的商品化计划于 2012 年开始。2008 年，韩国 Ajou 大学将 CO_2 基塑料核心技术转让给 SK 基团，并称其为“Green Alchemy to Turn Carbon Dioxide into Plastics”。SK 基团计划将这项技术商业化，2011 年有数万吨生产能力。拜耳集团与 RWE 电力公司和 Aachen 大学合作也启动了 CO_2 合成聚氨酯材料项目。据该公司称，这项名为“dream production”的研究开始于 2010 年，获得德国联邦教育与研究部超过 450 万欧元的支持。拜耳公司决定自 2016 年起使用 CO_2 替代石油生产塑料产品，并设计了一条产能达 5000 吨的生产线。这种塑料每年全球需求达百万吨，可用于生产塑料瓶、DVD 光盘等制品。

我国开展 CO_2 基全分解塑料始于 20 世纪 80 年代，中山大学、中国科学院广州化学研究所、浙江大学、中国科学院长春应用化学研究所和大连理工大学等单位都开展了卓有成效的研究。目前我国在 CO_2 基塑料的研发和产业化上的发展已走在世界领域前沿。2006 年，中山大学孟跃中课题组与中国河南天冠集团启动了一个利用酒精发酵过程中释放的高纯度废二氧化碳生产二氧化碳基完全可降解塑料的项目（图 2-78）。该项目采用低成本羧酸锌催化剂，2012 年产能达到 2.5 万吨（表 2-27），并在 2018 年扩大到 10 万吨。除此之外，天冠集团使用 PPC 制造出阻隔和泡沫包装材料、一次性用品、农用薄膜产品

图 2-78 河南天冠集团 2.5 万吨 PPC 生产线示意图

表 2-27 PPC 的工业化生产情况及其应用

企业	催化体系	分子量	规模/t	地点	主要应用
天冠集团	羧酸锌	20000～>200000①	25000	南阳	阻隔和泡沫包装材料、一次性用品、农用薄膜产品
邦丰塑料	稀土金属三元催化剂	—	10000	台州	薄膜、医疗塑料
Novomber	钴基	1000～2000	1000	美国休斯敦	聚氨酯反应性热熔胶、胶黏剂
Empower Materials	—	220000～300000(M_w)	—	美国纽卡斯尔	胶黏剂、造孔剂
SK 集团	—	—	—	韩国	—
拜耳集团	—	—	5000	德国	塑料瓶、DVD 光盘

① 表示分子量从 20000 到 200000 以上均有。

等产品。这一二氧化碳基聚合物产业化的成功案例，引起了全球各国政府和企业对这些低碳清洁化工产品的高度关注和投资。据报道，2022 年中山大学孟跃中课题组与天津石化合作，计划生产聚碳酸丙烯酯二元醇（PPCDL），并与异氰酸酯合成可交联型的光伏板密封膜材料，以替代市场现有的乙烯-醋酸乙烯共聚物（EVA）型光伏密封膜材料（市场需求大于 80 万吨/年）。

目前 PPC 树脂及其衍生物主要用于生产阻隔和泡沫包装、一次性用品、薄膜产品、黏合剂、聚氨酯乳液和泡沫等，这些产品目前在市场上都有销售。例如，天冠集团将 PPC 与 PP、PE 薄膜夹在一起，开发了夹层高阻隔复合材料，用于包装牛奶、牙膏、和化妆品（图 2-79）。PPC 泡沫也是通过挤压改性 PPC，然后压制成型来生产缓冲包装材料。此外，改性 PPC 树脂可以注塑到勺子、叉子、饭盒、高尔夫球座上。此外，PPC 吹膜还用于制作购物袋和垃圾袋以及农业地膜。邦丰科技建立了年产 1 万吨的 PPC 生产设施。公司生产的 PPC 树脂产品用于开发农业塑料、医疗塑料、食品包装材料等。

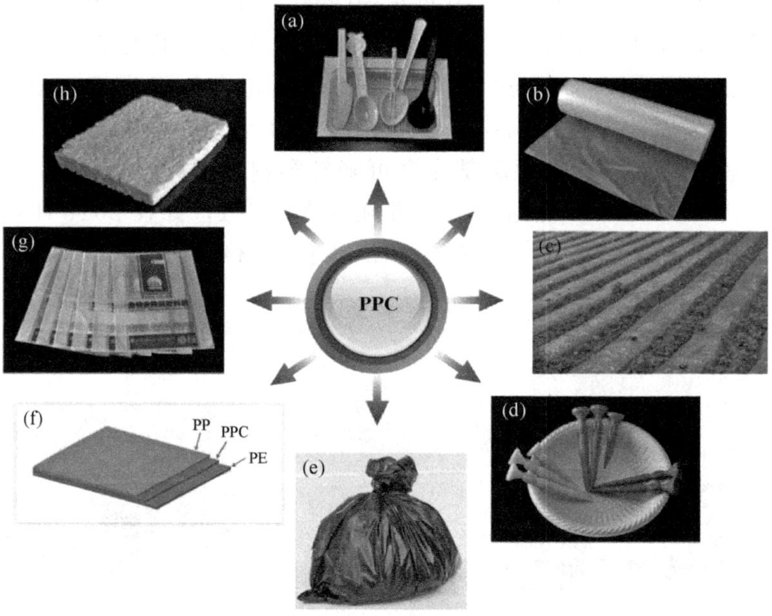

图 2-79 PPC 产品

（a）一次性餐具；（b）保鲜袋；（c）农业膜；（d）高尔夫球座；（e）垃圾袋；（f）多层阻隔材料；（g）购物袋；（h）泡沫材料

2.9.2 未来展望

几十年来，二氧化碳与环氧化物共聚物的合成工艺在抑制醚链段形成、提高聚合物选择性、调节立体和区域选择性等方面取得了长足发展。但是，二氧化碳基聚合物被应用到生产生活实际的决定性因素是材料的力学、热学性能，和可加工性等重要指标。表 2-28 中列举了几种重要的二氧化碳基聚碳酸酯及其对应的聚醚材料，以及两种常见的商品化可生物降解聚酯材料的性能。目前研究最广泛的 PPC 和 PCHC 均是完全无定形的聚合物，具有高透明度。PPC 的 T_g 在 30～46℃之间，这使其很难作为工程材料，或者橡胶、改性剂等进行使用。纯 PPC 具有非常高的韧性，而且它的屈服强度可达 30MPa，这与常规品级的 PP

(27MPa) 和 PE (22MPa) 接近[344]。PCHC 的 T_g 在 110～120℃之间，是一种比 PPC 硬得多的聚碳酸酯。然而，PCHC 的缺点是其脆性，而且加工过程容易发生热降解。因此，通过物理、化学改性改善聚合物性能对拓展 PPC 和 PCHC 的实际应用是非常必要的。由环氧乙烷和二氧化碳反应制得的 PEC 是另一种备受瞩目的脂肪族聚碳酸酯。PEC 是少数几种可以在机体内发生酶促生物降解的高分子，而且降解产物无毒性[130,345-347]。因此 PEC 被广泛应用于药物缓释方面的研究，药物释放的速率可以通过调节聚合物的降解速度进行控制。

表 2-28 脂肪族聚醚、聚酯和聚碳酸酯的热性能和力学性能[348]

聚合物	T_g/℃	$T_{5\%}$/℃	杨氏模量/MPa	硬度	拉伸强度/MPa	断裂伸长率/%	密度/(g/cm³)
PEO	−68～−27		206～482				
PEC	0～5		2.1		5.9		1.43
PPO	−73～−61		20.7～34.5				1.00
PPC	30～46	254[177]	974～1470	155	32.6～30.6	23[177]	1.28～1.30
PBO	4				38.2～41.2		<1.01
PBC	约 60		2147		36.3		1.18
PCHC[349]	125	284[177]	2707		29.4	1.3	
PPCHC①			4028	221			
PPC-*b*-PCHC②	41/66/113	260	4379	235	37.1	10.2	
PLA[350]	60(T_m 为 171℃)	249	6872	392	40～50		1.23
PCL[350]	−60(T_m 为 59℃)	282	1262	87			

① 无规三元共聚物，4.0% (摩尔分数，下同) PCHC[351]。

② PPC 和 PCHC 的嵌段共聚物，含 PCHC 5.8% (摩尔分数)[351]。

表 2-28 中所列的参数表明，聚乳酸比二氧化碳共聚物拥有更高的软化点、拉伸强度和硬度，而聚己内酯的热分解温度最高。提高二氧化碳共聚物的物理化学性能可以通过优化聚合工艺，或者后处理 (共混、接枝等) 等方法。一般来说，高分子量的聚合物有较高的玻璃化转变温度，这是由于越长的分子链运动越困难，如表 2-29 所示。M_n=144600 与 26900 的 PPC 的玻璃化转变温度相差可达 20℃。同样地，分子量的变化也会影响 PPC 的热稳定性，这是因为 PPC 的热降解主要是由分子末端羟基引发的解拉链反应，即回咬反应，而 PPC 的分子链变长就会稀释聚合物中羟基的浓度，从而抑制了降解[352]。通过封端反应使 PPC 的末端变成更稳定的基团也可以提高热稳定性，比如用酸酐、异腈、有机硫化物、有机磷酸酯等化合物可以与 PPC 末端羟基反应，形成更稳定的 O—C，O—P 或 O—S 键。在力学性质上，表 2-29 表明提高 PPC 的分子量可十分有效地提高材料的拉伸强度和杨氏模量。此外，可加工性是评价聚合物材料的另一个重要参数。PPC 树脂可以在 150～180℃之间进行熔融挤出加工，这与 PE 的加工温度接近[344]。

表 2-29 聚合物分子量对 PPC 的热性能和力学性能的影响[344,348]

M_n	T_g/℃	$T_{5\%}$/℃	拉伸强度/MPa	杨氏模量/MPa
26900	26.7	239	11.65±1.07	405.5±78.4
36200	36.0	233	17.49±1.95	709.6±88.9
50200	—	—	33.09±2.31	1341±69.0
88900	41.0	251	37.43±2.96	1532±473
114000	42.1	258	40.20±2.44	1755±219
144600	46.5	256	—	—

由环氧化物带入的取代基团可以调节共聚物的强度、柔韧性和立构规整度，以提升材料的热学和力学性能。氧化苯乙烯和二氧化碳共聚得到聚碳酸苯乙烯酯 [poly(styrene carbonate)，PSC]，其热分解温度为 225℃，T_g 为 80℃几乎是 PPC 的两倍[353]。苯基缩水甘油醚和二氧化碳共聚产物是可结晶的碳酸酯-聚醚共聚物，T_m 高达 180℃，其中聚醚链段是结晶性的，而聚碳酸酯是无规的链段[354]。使用手性 Salen-Co 配合物催化环氧氯丙烷与二氧化碳进行立体定向交替共聚，可得到等规立构的共聚物，T_g 和 T_m 分别为 42℃和 108℃[19]。而且，该半晶共聚物的屈服强度和拉伸强度分别是它对应的无规共聚物的 10 倍和 30 倍。Darensbourg 报道了氧化茚和二氧化碳共聚得到具有刚性主链的高分子，其 T_g 为 134℃[355]。目前报道的二氧化碳基聚合物中熔点最高的是以 CXO(4,4-二甲基-3,5,8-三氧杂双环[5.1.0]辛）和二氧化碳交替共聚得到全同立构的聚碳酸酯，其 T_m 为 242℃。

综上所述，由于二氧化碳基脂肪族聚碳酸酯具有良好的热学性能、力学性能、生物相容性和生物降解性能，其具备的广泛应用前景已显而易见。表 2-30 列出了可生物降解 PPC 在各个材料领域的潜在需求量及其竞争优势。目前，高分子材料产业研发人员正努力进一步商业化二氧化碳基脂肪族聚碳酸酯材料，包括高分子量交替共聚 PPC、低分子量的交替共聚 PPC 或聚醚酯二醇。相信随着二氧化碳基脂肪族聚碳酸酯材料综合性能的进一步改进、成本进一步降低，该材料将会有更大规模的应用市场。

表 2-30 可生物降解 PPC 的潜在应用和需求

用途	需求量	竞争优势
低温(−80℃)保鲜膜	10 万吨级	高阻隔性、透明、可降解
可降解口香糖树脂胶	万吨级	白色、可降解、无污染
可降解泡沫防震材料	10 万吨级	白色、可降解
一次性食品包装材料	10 万吨级	无色、透明、可降解
一次性餐具材料	10 万吨级	耐 100℃水、耐油、防霉、易加工成型、价格便宜
全塑饮料瓶、饮料盒	10 万吨级	高阻隔性、透明、可降解、优良的可印刷性

参考文献

[1] Kember M R, Buchard A, Williams C K. Catalysts for CO_2/epoxide copolymerisation. Chemical Communications, 2011, 47: 141-163.

[2] Lu X B, Darensbourg D J. Cobalt catalysts for the coupling of CO_2 and epoxides to provide polycarbonates and cyclic carbonates. Chemical Society Reviews, 2012, 41: 1462-1484.

[3] Cheng M, Moore D R, Reczek J J, et al. Single-site β-diiminate zinc catalysts for the alternating copolymerization of CO_2 and epoxides: Catalyst synthesis and unprecedented polymerization activity. J Am Chem Soc, 2001, 123: 8738-8749.

[4] Allen S D, Moore D R, Lobkovsky E B, et al. High-activity, single-site catalysts for the alternating copolymerization of CO_2 and propylene oxide. Journal of the American Chemical Society, 2002, 124: 14284-14285.

[5] Darensbourg D J, Mackiewicz R M, Rodgers J L, et al. (Salen) CrⅢ-X catalysts for the copolymerization of carbon dioxide and epoxides: Role of the initiator and cocatalyst. Inorganic Chemistry, 2004, 43: 1831-1833.

[6] Cohen C T, Chu T, Coates G W. Cobalt catalysts for the alternating copolymerization of propylene oxide and carbon dioxide: Combining high activity and selectivity. Journal of the American Chemical Society, 2005, 127: 10869-10878.

[7] Darensbourg D J, Billodeaux D R. Aluminum salen complexes and tetrabutylammonium salts: A binary catalytic system for production of polycarbonates from CO_2 and cyclohexene oxide. Inorg Chem, 2005, 44: 1433-1442.

[8] Sugimoto H, Ohtsuka H, Inoue S. Alternating copolymerization of carbon dioxide and epoxide catalyzed by an aluminum Schiff base-ammonium salt system. Journal of Polymer Science Part A: Polymer Chemistry, 2005, 43: 4172-4186.

[9] Kember M R, White A J P, Williams C K. Di-and tri-zinc catalysts for the low-pressure copolymerization of CO_2 and cyclohexene oxide. Inorg Chem, 2009, 48: 9535-9542.

[10] Nakano K, Nakamura M, Nozaki K. Alternating copolymerization of cyclohexene oxide with carbon dioxide catalyzed by (salalen) CrCl complexes. Macromolecules, 2009, 42: 6972-6980.

[11] Kember M R, White A J P, Williams C K. Highly active di-and trimetallic cobalt catalysts for the copolymerization of CHO and CO_2 at atmospheric pressure. Macromolecules, 2010, 43: 2291-2298.

[12] Nakano K, Kobayashi K, Nozaki K. Tetravalent metal complexes as a new family of catalysts for copolymerization of epoxides with carbon dioxide. Journal of the American Chemical Society, 2011, 133: 10720-10723.

[13] Darensbourg D J, Poland R R, Strickland A L. (Salan) CrCl, an effective catalyst for the copolymerization and terpolymerization of epoxides and carbon dioxide. J Polym Sci, Part A: Polym Chem, 2012, 50: 127-133.

[14] Lehenmeier M W, Kissling S, Altenbuchner P T, et al. Flexibly tethered dinuclear zinc complexes: A solution to the entropy problem in CO_2/epoxide copolymerization catalysis? Angew Chem, 2013, 52: 9821-9826.

[15] Nakano K, Kobayashi K, Ohkawara T, et al. Copolymerization of epoxides with carbon dioxide catalyzed by iron-corrole complexes: Synthesis of a crystalline copolymer. Journal of the American Chemical Society, 2013, 135: 8456-8459.

[16] Liu Y, Ren W M, Wang M, et al. Crystalline stereocomplexed polycarbonates: Hydrogen-bond-driven interlocked orderly assembly of the opposite enantiomers. Angewandte Chemie, 2015, 54: 2241-2244.

[17] Liu Y, Wang M, Ren W M, et al. Stereospecific CO_2 copolymers from 3,5-dioxaepoxides: crystallization and functionallization. Macromolecules, 2014, 47: 1269-1276.

[18] Liu Y, Ren W M, He K K, et al. Crystalline-gradient polycarbonates prepared from enantioselective

terpolymerization of meso-epoxides with CO_2. Nature communications, 2014, 5: 5687.

[19] Wu G P, Xu P X, Lu X B, et al. Crystalline CO_2 copolymer from epichlorohydrin via Co (Ⅲ)-complex-mediated stereospecific polymerization. Macromolecules, 2013, 46: 2128-2133.

[20] Wu G P, Xu P X, Zu Y P, et al. Cobalt (Ⅲ)-complex-mediated terpolymerization of CO_2, styrene oxide, and epoxides with an electron-donating group. J Polym Sci, Part A: Polym Chem, 2013, 51: 874-879.

[21] Huijser S, HosseiniNejad E, Sablong R, et al. Ring-opening co-and terpolymerization of an alicyclic oxirane with carboxylic acid anhydrides and CO_2 in the presence of chromium porphyrinato and salen catalysts. Macromolecules, 2011, 44: 1132-1139.

[22] Seong J E, Na S J, Cyriac A, et al. Terpolymerizations of CO_2, propylene oxide, and various epoxides using a cobalt(Ⅲ) complex of salen-type ligand tethered by four quaternary ammonium salts. Macromolecules, 2010, 43: 903-908.

[23] Ren W M, Zhang X, Liu Y, et al. Highly active, bifunctional Co (Ⅲ)-salen catalyst for alternating copolymerization of CO_2 with cyclohexene oxide and terpolymerization with aliphatic epoxides. Macromolecules, 2010, 43: 1396-1402.

[24] Dormer A, Finn DP, Ward P, et al. Carbon footprint analysis in plastics manufacturing. J Clean Prod, 2013, 51: 133-141.

[25] Lee BY, Cyriac A. Polymer synthesis: Making the gradient. Nature chemistry, 2011, 3: 505-507.

[26] Feng J, Zhuo R X, Zhang X Z. Construction of functional aliphatic polycarbonates for biomedical applications. Progress in Polymer Science, 2012, 37: 211-236.

[27] Nair L S, Laurencin C T. Biodegradable polymers as biomaterials. Progress in Polymer Science, 2007, 32: 762-798.

[28] Yu X Y, Xiao M, Wang S J, et al. Fabrication and characterization of PEO/PPC polymer electrolyte for lithium-ion battery. Journal of Applied Polymer Science, 2010, 115: 2718-2722.

[29] Huang X, Huang J, Wu J, et al. Fabrication and properties of polybutadiene rubber-interpenetrating cross-linking poly(propylene carbonate) network as gel polymer electrolytes for lithium-ion battery. RSC Advances, 2015, 5: 52978-52984.

[30] Yu X, Xiao M, Wang S, et al. Fabrication and properties of crosslinked poly(propylene carbonate maleate) gel polymer electrolyte for lithium-ion battery. Journal of Applied Polymer Science, 2010, 118: 2078-2083.

[31] Konieczynska M D, Lin X, Zhang H, et al. Synthesis of aliphatic poly(ether 1,2-glycerol carbonate)s via copolymerization of CO_2 with glycidyl ethers using a cobalt salen catalyst and study of a thermally stable solid polymer electrolyte. ACS Macro Letters, 2015, 4: 533-537.

[32] Kimura K, Hassoun J, Panero S, et al. Electrochemical properties of a poly(ethylene carbonate)-LiTFSI electrolyte containing a pyrrolidinium-based ionic liquid. Ionics, 2015, 21: 895-900.

[33] Tominaga Y, Yamazaki K, Nanthana V. Effect of Anions on Lithium Ion Conduction in Poly(ethylene carbonate)-based Polymer Electrolytes. Journal of the Electrochemical Society, 2015, 162: A3133-A3136.

[34] Tominaga Y, Shimomura T, Nakamura M. Alternating copolymers of carbon dioxide with glycidyl ethers for novel ion-conductive polymer electrolytes. Polymer, 2010, 51: 4295-4298.

[35] Nakamura M, Tominaga Y. Utilization of carbon dioxide for polymer electrolytes [Ⅱ]: Synthesis of alternating copolymers with glycidyl ethers as novel ion-conductive polymers. Electrochimica Acta, 2011, 57: 36-39.

[36] 吕小兵．立构规整性二氧化碳共聚物：从无定型到结晶性材料转变．高分子学报，2016 (9):

1166-1178.

[37] Grignard B, Gennen S, Jérôme C, et al. Advances in the use of CO_2 as a renewable feedstock for the synthesis of polymers. Chemical Society Reviews, 2019, 48: 4466-4514.

[38] Ian C M, M L J, J V Z N, et al. Stereoselective epoxide polymerization and copolymerization. Chemical Reviews, 2014, 114: 8129-8152.

[39] Kember M, Buchard A, Williams CK. Catalysts for CO_2/epoxide copolymerisation. Chemical Communications, 2011, 47: 141-163.

[40] Lu X B, Darensbourg D J. Cobalt catalysts for the coupling of CO_2 and epoxides to provide polycarbonates and cyclic carbonates. Chemical Society Reviews, 2012, 41: 1462-1484.

[41] Chisholm M H, Zhou Z P. New generation polymers: The role of metal alkoxides as catalysts in the production of polyoxygenates. Journal of Materials Chemistry: An Interdisciplinary Journal dealing with Synthesis, Structures, Properties and Applications of Materials, Particulary Those Associated with Advanced Technology, 2004, 14: 3081-3092.

[42] Chisholm M H, Zhou Z P. Concerning the mechanism of the ring opening of propylene oxide in the copolymerization of propylene oxide and carbon dioxide to give poly(propylene carbonate). Journal of the American Chemical Society, 2004, 126: 11030-11039.

[43] Wen Q, Cai Q, Fu P, et al. Key progresses of MOE key laboratory of macromolecular synthesis and functionalization in 2021. Chin Chem Lett, 2023, 34: 107592.

[44] Klaus S, Lehenmeier M W, Anderson C E, et al. Recent advances in CO_2/epoxide copolymerization—New strategies and cooperative mechanisms. Coordination Chemistry Reviews, 2011, 255: 1460-1479.

[45] Zhang C J, Geng X W, Zhang X H, et al. Alkyl borane-mediated metal-free ring-opening (co) polymerizations of oxygenated monomers. Prog. Polym. Sci, 2023, 136: 101644.

[46] Whiteoak C J, Gjoka B, Martin E, et al. Reactivity control in iron(Ⅲ) amino triphenolate complexes: Comparison of monomeric and dimeric complexes. Inorganic Chemistry, 2012, 51: 10639-10649.

[47] Luinstra G A, Haas G R, Molnar F, et al. On the formation of aliphatic polycarbonates from epoxides with chromium(Ⅲ) and aluminum(Ⅲ) metal-salen complexes. Chemistry (Weinheim an der Bergstrasse, Germany), 2005, 11: 6298-6314.

[48] Darensboury D J, Yarbrough J C, Ortiz C, et al. Comparative kinetic studies of the copolymerization of cyclohexene oxide and propylene oxide with carbon dioxide in the presence of chromium salen derivatives. In situ FTIR measurements of copolymer vs cyclic carbonate production. Journal of the American Chemical Society, 2003, 125: 7586-7591.

[49] Li C, Huang B, Zhan B, et al. Kinetics of Carbon dioxide-propylene oxide copolymerization. Journal of Nature Gas Chemistry, 1994, 4: 19-29.

[50] Inoue S, Koinuma H, Tsuruta T. Copolymerization of carbon dioxide and epoxide. J Polym Sci, Part B, 1969, 7: 287-292.

[51] Inoue S, Koinuma H, Tsuruta T. Copolymerization of carbon dioxide and epoxide with organometallic compounds. Die Makromol Chem, 1969, 130: 210-220.

[52] 李庆硕. 二氧化碳与环合物反应的调控研究. 郑州:河南大学, 2019.

[53] Meng Y Z, Du L C, Tiong S C, et al. Effects of the structure and morphology of zinc glutarate on the fixation of carbon dioxide into polymer. Journal of Polymer Science Part A: Polymer Chemistry, 2002, 40: 3579-3591.

[54] Wang J T, Shu D, Xiao M, et al. Copolymerization of carbon dioxide and propylene oxide using zinc

adipate as catalyst. Journal of Applied Polymer Science, 2006, 99: 200-206.

[55] Zhang X H, Wei R J, Sun X K, et al. Selective copolymerization of carbon dioxide with propylene oxide catalyzed by a nanolamellar double metal cyanide complex catalyst at low polymerization temperatures. Polymer, 2011, 52: 5494-5502.

[56] Quan Z, Wang X, Zhao X, et al. Copolymerization of CO_2 and propylene oxide under rare earth ternary catalyst: Design of ligand in yttrium complex. Polymer, 2003, 44: 5605-5610.

[57] Klaus S, Lehenmeier M W, Anderson CE, et al. Recent advances in CO_2/epoxide copolymerization—New strategies and cooperative mechanisms. Coordin Chem Rev, 2011, 255: 1460-1479.

[58] Soga K, Imai E, Hattori I J P J. Alternating copolymerization of CO_2 and propylene oxide with the catalysts prepared from $Zn(OH)_2$ and various dicarboxylic acids, 1981, 13: 407-410.

[59] Ree M, Bae J Y, Jung J H, et al. A new copolymerization process leading to poly(propylene carbonate) with a highly enhanced yield from carbon dioxide and propylene oxide, 1999, 37: 1863-1876.

[60] Coates G W, Moore D R. Discrete metal-based catalysts for the copolymerization of CO_2 and epoxides: Discovery, reactivity, optimization, and mechanism. Angewandte Chemie, 2004, 43: 6618-6639.

[61] Ree M, Bae J Y, Jung J H, et al. A new copolymerization process leading to poly(propylene carbonate) with a highly enhanced yield from carbon dioxide and propylene oxide. Journal of Polymer Science Part A: Polymer Chemistry, 1999, 37: 1863-1876.

[62] Kim J S, Ree M, Lee S W, et al. NEXAFS spectroscopy study of the surface properties of zinc glutarate and its reactivity with carbon dioxide and propylene oxide. Journal of Catalysis, 2003, 218: 386-395.

[63] Klaus S, Lehenmeier M, Herdtweck E, et al. Mechanistic insights into heterogeneous zinc dicarboxylates and theoretical considerations for CO_2-epoxide copolymerization. Journal of the American Chemical Society, 2011, 133: 13151-13161.

[64] Kim J S, Kim H, Ree M. Hydrothermal synthesis of single-crystalline zinc glutarate and its structural determination. Chemistry of Materials, 2004, 16: 2981-2983.

[65] Klaus S, Lehenmeier M W, Herdtweck E, et al. Mechanistic insights into heterogeneous zinc dicarboxylates and theoretical considerations for CO_2-epoxide copolymerization. Journal of the American Chemical Society, 2011, 133: 13151-13161.

[66] Motika S A, Pickering T L, Rokicki A, et al. Catalyst for the copolymerization of epoxides with CO_2. US 19900513325. 1990-04-20.

[67] 康寿东．己二酸生产工艺技术路线．化学工程与装备，2023，7：44-45.

[68] Tang L, Xiao M, Xu Y, et al. Zinc adipate/tertiary amine catalytic system: Efficient synthesis of high molecular weight poly(propylene carbonate). Journal of Polymer Research, 2013, 20: 190.

[69] Zhu Q, Meng Y, Tjong S, et al. Catalytic synthesis and characterization of an alternating copolymer from carbon dioxide and propylene oxide using zinc pimelate. Polymer International, 2003, 52: 799-804.

[70] Meng Y, Du L, Tiong S, et al. Effects of the structure and morphology of zinc glutarate on the fixation of carbon dioxide into polymer. Journal of Polymer Science Part A: Polymer Chemistry, 2002, 40: 3579-3591.

[71] Ree M, Bae J, Jung J, et al. A green copolymerization of carbon dioxide and propylene oxide. Korea Polymer Journal, 1999, 7: 333-349.

[72] Ree M, Hwang Y, Kim J, et al. New findings in the catalytic activity of zinc glutarate and its application in the chemical fixation of CO_2 into polycarbonates and their derivatives. Catalysis Today, 2006, 115: 134-145.

［73］ Kim J，Kim H，Yoon J，et al. Synthesis of zinc glutarates with various morphologies using an amphiphilic template and their catalytic activities in the copolymerization of carbon dioxide and propylene oxide. Journal of Polymer Science Part A：Polymer Chemistry，2005，43：4079-4088.

［74］ Salmi L，Mattinen M，Niemi T，et al. Atomic layer deposition of zinc glutarate thin films. Advanced Materials Interfaces，2017，4：1700512.

［75］ Chen X，Shen Z，Zhang Y. New catalytic systems for the fixation of carbon dioxide. 1. Copolymerization of carbon dioxide and propylene oxide with new rare-earth catalysts-RE(P_{204})$_3$-Al(i-Bu)$_3$-R(OH)$_n$. Macromolecules，1991，24：5305-5308.

［76］ Shen Z，Chen X，Zhang Y. New catalytic systems for the fixation of carbon dioxide，2. Synthesis of high molecular weight epichlorohydrin/carbon dioxide copolymer with rare earth phosphonates/triisobutyl-aluminium systems. Macromol Chem Phys，1994，195：2003-2011.

［77］ Tan C S，Hsu T J. Alternating Copolymerization of Carbon Dioxide and Propylene Oxide with a Rare-Earth-Metal Coordination Catalyst. Macromolecules，1997，30：3147-3150.

［78］ Liu B，Zhao X，Wang X，et al. Copolymerization of carbon dioxide and propylene oxide with neodymium trichloroacetate-based coordination catalyst，Polymer，2003，44：1803-1808.

［79］ Lu H，Qin Y，Wang X，et al. Copolymerization of carbon dioxide and propylene oxide under inorganic oxide supported rare earth ternary catalyst. Journal of Polymer Science Part A Polymer Chemisty，2011，49：3797-3804.

［80］ 李浩，赵宝成，严定尧，等．二氧化碳基聚碳酸酯-聚醚的合成与应用研究．聚氨酯工业，2023，38(05)：17-20.

［81］ 刘振，吴玉龙，聂迎芳，等．戊二酸锌体系催化合成二氧化碳基聚碳酸酯研究进展．分子催化，2023，37 (05)：498-511.

［82］ Dienes Y，Leitner W，Müller MGJ，et al. Hybrid sol-gel double metal cyanide catalysts for the copolymerisation of styrene oxide and CO_2. Green Chemistry，2012，14：1168.

［83］ Sun X K，Zhang X H，Liu F，et al. Alternating copolymerization of carbon dioxide and cyclohexene oxide catalyzed by silicon dioxide/Zn Co^{III} double metal cyanide complex hybrid catalysts with a nanolamellar structure. Journal of Polymer Science Part A：Polymer Chemistry，2008，46：3128-3139.

［84］ Dharman M M，Ahn J Y，Lee M K，et al. Moderate route for the utilization of CO_2-microwave induced copolymerization with cyclohexene oxide using highly efficient double metal cyanide complex catalysts based on $Zn_3[Co(CN)_6]$. Green Chemistry，2008，10：678-684.

［85］ 牛乐朋，陈一帆，张鹏远，等．聚碳酸亚环己酯及其制备技术研究进展．化学通报，2023，86(08)：967-976.

［86］ Wei R J，Zhang X H，Du B Y，et al. Highly regioselective and alternating copolymerization of racemic styrene oxide and carbon dioxide via heterogeneous double metal cyanide complex catalyst. Macromolecules，2013，46：3693-3697.

［87］ Chen S，Xiao Z，Ma M. Copolymerization of carbon dioxide and epoxides with a novel effective Zn-Ni double-metal cyanide complex. Journal of Applied Polymer Science，2010，107：3871-3877.

［88］ Zhang X H，Chen S，Wu X M，et al. Highly active double metal cyanide complexes：Effect of central metal and ligand on reaction of epoxide/CO_2. Chinese Chemical Letters，2007，18：887-890.

［89］ Robertson N J，Qin Z，Dallinger G C，et al. Two-dimensional double metal cyanide complexes：Highly active catalysts for the homopolymerization of propylene oxide and copolymerization of propylene oxide and carbon dioxide. 2006：5390-5395.

［90］ Kim I，Min J Y，Lee K J，et al. Aliphatic polycarbonate synthesis by copolymerization of carbon dioxide with epoxides over double metal cyanide catalysts prepared by using ZnX2(X=F，Cl，Br，I)，

2006，111：292-296.

[91] Bi L K. Double metal cyanide complex catalysts. US20050101477. 2005-05-12.

[92] Le Khac B I. Polyurethane foam-supported double metal cyanide catalysts for polyol synthesis. US19960713299. 1996-09-13.

[93] Lee I K，Ju Y H，Cao C，et al. Effect of complexing agents of double metal cyanide catalyst on the copolymerizations of cyclohexene oxide and carbon dioxide. Catalysis Today，2009，148：389-397.

[94] Zhang M，Yang Y，Li B. Preparation of crown ether complexing highly active double metal cyanide catalysts and copolymerization of CO_2 and propylene oxide. Chinese Journal of Catalysis，2015，36：1304-1311.

[95] Takeda N，Inoue S. Polymerization of 1，2-epoxypropane and copolymerization with carbon dioxide catalyzed by metalloporphyrins. Die Makromolekulare Chemie，1978，179：1377-1381.

[96] Chisholm M，Zhou Z. Concerning the mechanism of the ring opening of propylene oxide in the copolymerization of propylene oxide and carbon dioxide to give poly(propylene carbonate). Journal of the American Chemical Society，2004，126：11030-11039.

[97] Wu W，Qin Y，Wang X，Wang F. New bifunctional catalyst based on cobalt-porphyrin complex for the copolymerization of propylene oxide and CO_2. Journal of Polymer Science Part A：Polymer Chemistry，2013，51：493-498.

[98] Sheng X，Wang Y，Qin Y，et al. Aluminum porphyrin complexes via delicate ligand design：Emerging efficient catalysts for high molecular weight poly(propylene carbonate). RSC Advances，2014，4：54043-54050.

[99] Wu W，Sheng X，Qin Y，et al. Bifunctional aluminum porphyrin complex：Soil tolerant catalyst for copolymerization of CO_2 and propylene oxide. Journal of Polymer Science Part A：Polymer Chemistry，2014，52：2346-2355.

[100] Sheng X，Wu W，Qin Y，et al. Efficient synthesis and stabilization of poly(propylene carbonate) from delicately designed bifunctional aluminum porphyrin complex. Polymer Chemistry，2015，6：4719-4724.

[101] Qin Z，Thomas C，Lee S，Coates G W. Cobalt-based complexes for the copolymerization of propylene oxide and CO_2：Active and selective catalysts for polycarbonate synthesis. Angewandte Chemie International Edition，2003，42：5484-5487.

[102] Cohen C，Chu T，Coates G. Cobalt catalysts for the alternating copolymerization of propylene oxide and carbon dioxide：Combining high activity and selectivity. Journal of the American Chemical Society，2005，127：10869-10878.

[103] Lu X，Shi L，Wang Y，et al. Design of highly active binary catalyst systems for CO_2/epoxide copolymerization：Polymer selectivity，enantioselectivity，and stereochemistry control. Journal of the American Chemical Society，2006，128：1664-1674.

[104] Noh E，Na S J，Sujith S，Kim S W，Lee B Y. Two components in a molecule：Highly efficient and thermally robust catalytic system for CO_2/epoxide copolymerization. Journal of the American Chemical Society，2007，129：8082-8083.

[105] Sujith S，Min J，Seong J，Na S J，Lee B Y. A highly active and recyclable catalytic system for CO_2/propylene oxide copolymerization. Angewandte Chemie International Edition，2008，47：7306-7309.

[106] Lu X B，Shi L，Wang Y M，et al. Design of highly active binary catalyst systems for CO_2/epoxide copolymerization：Polymer selectivity，enantioselectivity，and stereochemistry control，2017，128：1664.

[107] Lu X B，Wang Y. Highly active，binary catalyst systems for the alternating copolymerization of

CO_2 and epoxides under mild conditions. Angewandte Chemie International Edition, 2004, 43: 3574-3577.

[108] Shi L, Lu X B, Zhang R, et al. Asymmetric alternating copolymerization and terpolymerization of epoxides with carbon dioxide at mild conditions. Macromolecules, 2006, 39: 5679-5685.

[109] Zhang D, Boopathi S, Hadjichristidis N, et al. Metal-free alternating copolymerization of CO_2 with epoxides: Fulfilling "green" synthesis and activity. Journal of the American Chemical Society, 2016, 138: 11117-11120.

[110] Andrea K, Kerton F M. Triarylborane-catalyzed formation of cyclic organic carbonates and polycarbonates. ACS Catalysis, 2019, 9: 1799-1809.

[111] Wang Y, Zhang J, Yang J, et al. Highly selective and productive synthesis of a carbon dioxide-based copolymer upon zwitterionic growth. Macromolecules, 2021, 54: 2178-2186.

[112] Yang G, Zhang Y, Wu G. Modular organoboron catalysts enable transformations with unprecedented reactivity. Accounts of Chemical Research, 2021, 54: 4434-4448.

[113] Yang G, Xu C, Xie R, et al. Pinwheel-shaped tetranuclear organoboron catalysts for perfectly alternating copolymerization of CO_2 and epichlorohydrin. Journal of the American Chemical Society, 2021, 143: 3455-3465.

[114] Zhang D, Feng X, Gnanou Y, et al. Theoretical mechanistic investigation into metal-free alternating copolymerization of CO_2 and epoxides: The key role of triethylborane. Macromolecules, 2018, 51: 5600-5607.

[115] Boopathi S, Hadjichristidis N, Gnanou Y, et al. Direct access to poly(glycidyl azide) and its copolymers through anionic (*co*-) polymerization of glycidyl azide. Nature Communications, 2019, 10: 293.

[116] Chen Z, Yang J, Lu X, et al. Triethyl borane-regulated selective production of polycarbonates and cyclic carbonates for the coupling reaction of CO_2 with epoxides. Polymer Chemistry, 2019, 10: 3621-3628.

[117] Jia M, Zhang D, Kort G, et al. All-polycarbonate thermoplastic elastomers based on triblock copolymers derived from triethylborane-mediated sequential copolymerization of CO_2 with various epoxides. Macromolecules, 2020, 53: 5297-5307.

[118] Zhang C, Wu S, Boopathi S, et al. Versatility of boron-mediated coupling reaction of oxetanes and epoxides with CO_2: Selective synthesis of cyclic carbonates or linear polycarbonates. ACS Sustainable Chemistry & Engineering, 2020, 8: 13056-13063.

[119] Jia M, Zhang D, Gnanou Y, Feng X. Surfactant-emulating amphiphilic polycarbonates and other functional polycarbonates through metal-free copolymerization of CO_2 with ethylene oxide. ACS Sustainable Chemistry & Engineering, 2021, 9: 10370-10380.

[120] Alves M, Grignard B, Boyaval A, et al. Organocatalytic coupling of CO_2 with oxetane. ChemSusChem, 2017, 10: 1128-1138.

[121] Huang J, De Winter J, Dove A, et al. Metal-free synthesis of poly(trimethylene carbonate) by efficient valorization of carbon dioxide. Green Chemistry, 2019, 21: 472-477.

[122] Huang J, Jehanno C, Worch J, et al. Selective organocatalytic peparation of trimethylene carbonate from oxetane and carbon dioxide. ACS Catalysis, 2020, 10: 5399-5404.

[123] Patil N, Boopathi S, Alagi P, et al. Carboxylate salts as ideal initiators for the metal-free copolymerization of CO_2 with epoxides: Synthesis of well-defined polycarbonates diols and polyols. Macromolecules, 2019, 52: 2431-2438.

[124] Patil N, Bhoopathi S, Chidara V, et al. Recycling a borate complex for synthesis of polycarbonate

polyols: Towards an environmentally friendly and cost-effective process. ChemSusChem, 2020, 13: 5080-5087.

[125] Jia M, Hadjichristidis N, Gnanou Y, et al. Monomodal ultrahigh-molar-mass polycarbonate homopolymers and diblock copolymers by anionic copolymerization of epoxides with CO_2. ACS Macro Letters, 2019, 8: 1594-1598.

[126] Yang G, Zhang Y, Xie R, et al. Scalable bifunctional organoboron catalysts for copolymerization of CO_2 and epoxides with unprecedented efficiency. Journal of the American Chemical Society, 2020, 142: 12245-12255.

[127] Zhang J, Wang L, Liu S, et al. Synthesis of diverse polycarbonates by organocatalytic copolymerization of CO_2 and epoxides: From high pressure and temperature to ambient conditions. Angewandte Chemie International Edition, 2022, 61: E202111197.

[128] Fazeli A, Naseri A, Eslamjamal F. Kinetic models of ethylene oxide production on Ag catalysts: A review. Kinetics and Catalysis, 2020, 61: 603-612.

[129] Aida T, Ishikawa M, Inoue S. Alternating copolymerization of carbon dioxide and epoxide catalyzed by the aluminum porphyrin-quaternary organic salt or-triphenylphosphine system. Synthesis of polycarbonate with well-controlled molecular weight. Macromolecules, 1986, 19: 8-13.

[130] Acemoglu M, Nimmerfall F, Bantle S, et al. Poly(ethylene carbonate)s, part Ⅰ: Syntheses and structural effects on biodegradation. Journal of Controlled Release, 1997, 49: 263-276.

[131] Kim H, Bae J, Lee J, et al. Phosphine-bound zinc halide complexes for the coupling reaction of ethylene oxide and carbon dioxide. Journal of Catalysis, 2005, 232: 80-84.

[132] Okada A, Kikuchi S, Nakano K, et al. New class of catalysts for alternating copolymerization of alkylene oxide and carbon dioxide. Chemistry Letters, 2010, 39: 1066-1068.

[133] Darensbourg D, Holtcamp M. Catalytic activity of zinc(Ⅱ) phenoxides which possess readily accessible coordination sites. copolymerization and terpolymerization of epoxides and carbon dioxide. Macromolecules, 1995, 28: 7577-7579.

[134] Darensbourg D, Zimmer M, Rainey P, et al. Phosphine adducts of monomeric zinc (bis-phenoxides): Solution and solid-state structures of (2,6-Di-tert-butylphenoxide) ZnL complexes (L = $PMePh_2$ and PCy_3). Inorganic Chemistry, 1998, 37: 2852-2853.

[135] Dinger M B, Scott M J. Synthesis, characterization, and reactivity of multinuclear zinc(Ⅱ) alkyl derivatives of linked phenoxides. Inorganic Chemistry, 2001, 40: 1029-1036.

[136] Darensbourg D J, Holtcamp M W, Struck G E, et al. Catalytic activity of a series of Zn(Ⅱ) phenoxides for the copolymerization of epoxides and carbon dioxide. J Am Chem Soc, 1999, 121: 107-116.

[137] Darensbourg D, Wildeson J, Yarbrough J, et al. Bis 2,6-difluorophenoxide dimeric complexes of zinc and cadmium and their phosphine adducts: Lessons learned relative to carbon dioxide/cyclohexene oxide alternating copolymerization processes catalyzed by zinc phenoxides. Journal of the American Chemical Society, 2000, 122: 12487-12496.

[138] Rieth L R, Moore D R, Lobkovsky E B, et al. Single-site β-diiminate zinc catalysts for the ring-opening polymerization of β-butyrolactone and β-valerolactone to poly(3-hydroxyalkanoates). J Am Chem Soc, 2002, 124: 15239-15248.

[139] Moore D R, Cheng M, Lobkovsky E B, et al. Mechanism of the alternating copolymerization of epoxides and CO_2 using beta-diiminate zinc catalysts: Evidence for a bimetallic epoxide enchainment. Journal of the American Chemical Society, 2003, 125: 11911-11924.

[140] Martinez L E, Leighton J L, Carsten D H, Jacobsen E N. Highly enantioselective ring opening of epoxides catalyzed by (salen)Cr(Ⅲ) complexes. Journal of the American Chemical Society, 1995,

117：5897-5898.

[141] Jang S S，Jo W H. Analysis of the mechanical behavior of poly(trimethylene terephthalate) in an amorphous state under uniaxial extension-compression condition through atomistic modeling. The Journal of Chemical Physics，1999，110：7524-7532.

[142] Darensbourg D J，Mackiewicz R M，Rodgers J L，et al. Cyclohexene oxide/CO_2 copolymerization catalyzed by chromium(Ⅲ) salen complexes and *N*-methylimidazole：Effects of varying salen ligand substituents and relative cocatalyst loading. Inorganic Chemistry，2004，43：6024-6034.

[143] Darensbourg D J. Making plastics from carbon dioxide：Salen metal complexes as catalysts for the production of polycarbonates from epoxides and CO_2. Chem Rev，2007，107：2388-2410.

[144] Qin Z，Thomas C M，Lee S，et al. Cobalt-based complexes for the copolymerization of propylene oxide and CO_2：Active and selective catalysts for polycarbonate synthesis，2003，42：5484-5487.

[145] Tokunaga，Science MJ. Asymmetric catalysis with water：Efficient kinetic resolution of terminal epoxides by means of catalytic hydrolysis. Science，1997，277：936-938.

[146] Sugimoto H，Inoue S. Copolymerization of carbon dioxide and epoxide. Journal of Polymer Science Part A：Polymer Chemistry，2004，42：5561-5573.

[147] Cheng M，Darling N A，Lobkovsky E B，et al. Enantiomerically-enriched organic reagents via polymer synthesis：Enantioselective copolymerization of cycloalkene oxides and CO_2 using homogeneous，zinc-based catalysts. Chem Commun，2000，2007-2008.

[148] Wu G P，Ren W M，Luo Y，et al. Enhanced asymmetric induction for the copolymerization of CO_2 and cyclohexene oxide with unsymmetric enantiopure salenCo(Ⅲ) complexes：Synthesis of crystalline CO_2-based polycarbonate. Journal of the American Chemical Society，2012，134：5682-5688.

[149] Liu Y，Ren W M，Liu J，et al. Asymmetric copolymerization of CO_2 with meso-epoxides mediated by dinuclear cobalt(Ⅲ) complexes：Unprecedented enantioselectivity and activity. Angewandte Chemie，2013，52：11594-11598.

[150] Kember M R，Knight P D，Reung P T，et al. Highly active dizinc catalyst for the copolymerization of carbon dioxide and cyclohexene oxide at one atmosphere pressure. Angewandte Chemie，2009，48：931-933.

[151] Jutz F，Buchard A，Kember M R，et al. Mechanistic investigation and reaction kinetics of the low-pressure copolymerization of cyclohexene oxide and carbon dioxide catalyzed by a dizinc complex. J Am Chem Soc，2011，133：17395-17405.

[152] Buchard A，Kember M R，Sandeman K G，et al. A bimetallic iron(Ⅲ) catalyst for CO_2/epoxide coupling. Chem Commun，2011，47：212-214.

[153] Kember M R，Jutz F，Buchard A，et al. Di-cobalt(Ⅱ) catalysts for the copolymerization of CO_2 and cyclohexene oxide：Support for a dinuclear mechanism? Chem Sci，2012，3：1245-1255.

[154] Kember M R，Williams C K. Efficient magnesium catalysts for the copolymerization of epoxides and CO_2；Using water to synthesize polycarbonate polyols. J Am Chem Soc，2012，134：15676-15679.

[155] Saini P K，Romain C，Williams C K. Dinuclear metal catalysts：Improved performance of heterodinuclear mixed catalysts for CO_2-epoxide copolymerization. Chemical communications，2014，50：4164-4167.

[156] 范振兴，朱红军．简述环氧氯丙烷的应用及发展．中国氯碱，1998（2）：27-28.

[157] Wu G，Wei S，Ren W，et al. Perfectly alternating copolymerization of CO_2 and epichlorohydrin using cobalt(Ⅲ)-based catalyst systems. Journal of the American Chemical Society，2011，133：15191-15199.

[158] Wu G，Xu P，Lu X，et al. Crystalline CO_2 copolymer from epichlorohydrin via Co(Ⅲ)-complex-

mediated stereospecific polymerization. Macromolecules, 2013, 46: 2128-2133.

[159] Shi L, Lu X B, Zhang R, et al. Asymmetric alternating copolymerization and terpolymerization of epoxides with carbon dioxide at mild conditions. Macromolecules, 2006, 39: 5679-5685.

[160] Gao L J, Du F G, Mao M, et al. Thermally stable aliphatic polycarbonate containing bulky carbazole pendants. Journal of Applied Polymer Science, 2008, 108: 3626-3631.

[161] Gao L J, Xiao M, Wang S J, et al. Thermally stable poly(propylene carbonate) synthesized by copolymerizing with bulky naphthalene containing monomer. Journal of Applied Polymer Science, 2008, 108: 1037-1043.

[162] Ye S, Ren Y, Liang J, et al. One-pot construction of random, gradient and triblock copolymers from CO_2, epoxides and phthalic anhydride by metal-free catalyst. Journal of CO_2 Utilization, 2022, 65: 102223.

[163] Seong J E, Na S J, Cyriac A, et al. Terpolymerizations of CO_2, propylene oxide, and various epoxides using a cobalt(Ⅲ) complex of salen-type ligand tethered by four quaternary ammonium salts. Macromolecules, 2010, 43: 903-908.

[164] Okada A, Kikuchi S, Yamada T. Alternating copolymerization of propylene oxide/alkylene oxide and carbon dioxide: Tuning thermal properties of polycarbonates. Chemistry Letters, 2011, 40: 209-211.

[165] Darensbourg D J, Wang Y. Terpolymerization of propylene oxide and vinyl oxides with CO_2: Copolymer cross-linking and surface modification via thiol-ene click chemistry. Polymer Chemistry, 2015, 6: 1768-1776.

[166] Tao Y, Wang X, Zhao X, et al. Double propagation based on diepoxide, a facile route to high molecular weight poly(propylene carbonate). Polymer, 2006, 47: 7368-7373.

[167] Feng J Y, Gao L J, Chen B, et al. A one-step strategy for reinforced poly(propylene carbonate) with partial crosslinking via terpolymerization of CO_2 and propylene oxide using triglycidyl isocyanurate. Chemistry Letters, 2013, 42: 714-716.

[168] Tao Y, Wang X, Zhao X, et al. Crosslinkable poly(propylene carbonate): High-yield synthesis and performance improvement. Journal of Polymer Science Part A: Polymer Chemistry, 2006, 44: 5329-5336.

[169] Cyriac A, Lee S H, Lee B Y. Connection of polymer chains using diepoxide in CO_2/propylene oxide copolymerizations. Polymer chemistry, 2011, 2: 950-956.

[170] Zhang H, Grinstaff M W. Terpolymerization of benzyl glycidyl ether, propylene oxide, and CO_2 using binary and bifunctional[*rac*-SalcyCo^{Ⅲ} X] complexes and the thermal and mechanical properties of the resultant poly(benzyl 1,2-glycerol-*co*-propylene carbonate)s and poly(1,2-glycerol-*co*-propylene carbonate)s. Journal of Applied Polymer Science, 2014, 131: 39893.

[171] Wu X, Zhao H, NöRnberg B, et al. Synthesis and characterization of hydroxyl-functionalized poly(propylene carbonate). Macromolecules, 2014, 47: 492-497.

[172] Hsu T, Tan C. Block copolymerization of carbon dioxide with cyclohexene oxide and 4-vinyl-1-cyclohexene-1,2-epoxide in based poly(propylene carbonate) by yttrium-metal coordination catalyst. Polymer, 2002, 43: 4535-4543.

[173] Nakano K, Kamada T, Nozaki K. Selective formation of polycarbonate over cyclic carbonate: Copolymerization of epoxides with carbon dioxide catalyzed by a cobalt(Ⅲ) complex with a piperidinium end-capping arm. Angewandte Chemie International Edition, 2006, 45: 7274-7277.

[174] Darensbourg D, Ulusoy M, Karroonnirum O, et al. Highly selective and reactive (salan) CrCl catalyst for the copolymerization and block copolymerization of epoxides with carbon dioxide.

Macromolecules, 2009, 42: 6992-6998.

[175] Li X, Duan R, Pang X, et al. Rigid linked dinuclear salph-Co(Ⅲ) catalyst for carbondioxide/epoxides copolymerization. Applied Catalysis B: Environmental, 2016, 182: 580-586.

[176] Jiang Y, Ren W, Liu Y, et al. Synthesis of polycarbonate block terpolymers using robust cobalt catalyst systems. Chinese Journal of Polymer Science, 2019, 37: 1200-1204.

[177] Chen S, Xiao M, Wang S, et al. Novel ternary block copolymerization of carbon dioxide with cyclohexene oxide and propylene oxide using zinc complex catalyst. J Polym Res, 2012, 19: 9800-9810.

[178] Wang Y, Fan J, Darensbourg D. Construction of versatile and functional nanostructures derived from CO_2-based polycarbonates. Angewandte Chemie International Edition, 2015, 54: 10206-10210.

[179] Yang G, Zhang Y, Wang Y, et al. Construction of autonomic self-healing CO_2-based polycarbonates via one-pot tandem synthetic strategy. Macromolecules, 2018, 51: 1308-1313.

[180] Yang G, Wu G. High-efficiency construction of CO_2-based healable thermoplastic elastomers via a tandem synthetic strategy. ACS Sustainable Chemistry & Engineering, 2019, 7: 1372-1380.

[181] Wu J, Xiao M, He H, et al. Synthesis and characterization of high molecular weight poly(1,2-propylene carbonate-co-1,2-cyclohexylene carbonate) using zinc complex catalyst. Chinese Journal of Polymer Science, 2011, 29: 552-559.

[182] Meng Y, Wu J, Xiao M, et al. Progress and application of biodegradable plastic derived from copolymerization of carbon dioxide with epoxides. Petrochemical Technology, 2010, 39: 241-248.

[183] Acemoglu M, Nimmerfall F, Bantle S, et al. Poly(ethylene carbonate)s, part Ⅰ: Syntheses and structural effects on biodegradation. Journal of Controlled Release, 1997, 49: 263-276.

[184] Du Y, Wang J Q, Chen J Y, et al. A poly(ethylene glycol)-supported quaternary ammonium salt for highly efficient and environmentally friendly chemical fixation of CO_2 with epoxides under supercritical conditions. Tetrahedron Letters, 2005, 47: 1271-1275.

[185] Pitt C G, Hendren R W, Schindler A, et al. The enzymatic surface erosion of aliphatic polyesters. Journal of Controlled Release, 1984, 1: 3-14.

[186] Zhu K J, Hendren R W, Jensen K, et al. Synthesis, properties, and biodegradation of poly(1,3-trimethylene carbonate). Macromolecules, 1991, 24: 1736-1740.

[187] Li X H, Meng Y Z, Zhu Q, et al. Melt processable and biodegradable aliphatic polycarbonate derived from carbon dioxide and propylene oxide. Journal of Applied Polymer Science, 2010, 89: 3301-3308.

[188] Hauenstein O, Reiter M, Agarwal S, et al. Bio-based polycarbonate from limonene oxide and CO_2 with high molecular weight, excellent thermal resistance, hardness and transparency. Green chemistry, 2016, 18: 760-770.

[189] Li X H, Meng Y Z, Zhu Q, et al. Thermal decomposition characteristics of poly(propylene carbonate) using TG/IR and Py-GC/MS techniques. Polymer Degradation and Stability, 2003, 81: 157-165.

[190] Wang X L, Li R K Y, Cao Y X, et al. Essential work of fracture analysis of poly(propylene carbonate) with varying molecular weight. Polymer Testing, 2005, 24: 699-703.

[191] Peng S, An Y, Chen C, et al. Thermal degradation kinetics of uncapped and end-capped poly(propylene carbonate). Polymer Degradation and Stability, 2003, 80: 141-147.

[192] Hwang Y, Jung J, Ree M, et al. Terpolymerization of CO_2 with propylene oxide and ε-caprolactone using zinc glutarate catalyst. Macromolecules, 2003, 36: 8210-8212.

[193] Lee SH, Cyriac A, Jeon J Y. Preparation of thermoplastic polyurethanes using in situ generated poly

(propylene carbonate)-diols. Polymer chemistry, 2012, 3: 1215-1220.

[194] Liu Y F, Huang K L, Peng DM, et al. Synthesis and properties of novel aliphatic polycarbonate from carbon dioxide with 1,2-butylene oxide and ε-caprolactone. Chinese Chemical Letters, 2006, 18: 209-212.

[195] Thorat S D, Phillips P J, Semenov V, et al. Physical properties of aliphatic polycarbonates made from CO_2 and epoxides. Journal of Applied Polymer Science, 2003, 89: 1163-1176.

[196] Ge X C, Li X H, Zhu Q, et al. Preparation and properties of biodegradable poly(propylene carbonate)/starch composites. Polymer Engineering & Science, 2004, 44: 2134-2140.

[197] Jung J H, Ree M, Kim H. Acid-and base-catalyzed hydrolyses of aliphatic polycarbonates and polyesters. Catalysis Today, 2006, 115: 283-287.

[198] Kuran W, Górecki P. Degradation and depolymerization of poly(propylene carbonate) by diethylzinc. Macromolecular Chemistry and Physics, 1983, 184: 907-912.

[199] Zhou M, Takayanagi M, Yoshida Y, et al. Enzyme-catalyzed degradation of aliphatic polycarbonates prepared from epoxides and carbon dioxide. Polymer Bulletin, 1999, 42: 419-424.

[200] Du L C, Meng Y Z, Wang S J, et al. Synthesis and degradation behavior of poly(propylene carbonate) derived from carbon dioxide and propylene oxide. Journal of Applied Polymer Science, 2004, 92: 1840-1846.

[201] Kawaguchi T, Nakano M, Juni K, et al. Examination of biodegradability of poly(ethylene carbonate) and poly(propylene carbonate) in the peritoneal cavity in rats. Chemical and Pharmaceutical Bulletin, 1983, 31: 1400-1403.

[202] Wang Y, Darensbourg D J. Carbon dioxide-based functional polycarbonates: Metal catalyzed copolymerization of CO_2 and epoxides. Coordination Chemistry Reviews, 2018, 372: 85-100.

[203] 梁嘉欣，叶淑娴，王拴紧，等．二氧化碳共聚物的序列结构控制及其结构与性能的关系．科学通报，2021，66：798-815.

[204] Lu X B, Ren W M, Wu G P. CO_2 copolymers from epoxides: Catalyst activity, product selectivity, and stereochemistry control. Accounts of chemical research, 2012, 45: 1721-1735.

[205] Liu Y, Lu X B. Stereoregular CO_2 copolymers: From amorphous to crystalline materials. 第七届国际高分子化学学术研讨会．中国吉林长春，2016.

[206] Li B, Wu GP, Ren WM, et al. Asymmetric, regio-and stereo-selective alternating copolymerization of CO_2 and propylene oxide catalyzed by chiral chromium Salan complexes. Journal of Polymer Science Part A: Polymer Chemistry, 2008, 46: 6102-6113.

[207] Li B, Zhang R, Lu X B. Stereochemistry control of the alternating copolymerization of CO_2 and propylene oxide catalyzed by SalenCrX complexes. Macromolecules, 2007, 40: 2303-2307.

[208] Salmeia K A, Vagin S, Anderson CE, et al. Poly(propylene carbonate): Insight into the microstructure and enantioselective ring-opening mechanism. Macromolecules, 2012, 45: 8604-8613.

[209] Ren W M, Wu G P, Lin F. Role of the *co*-catalyst in the asymmetric coupling of racemic epoxides with CO_2 using multichiral Co(Ⅲ) complexes: Product selectivity and enantioselectivity. Chemical Science, 2012, 3: 2094-2102.

[210] Koji N, Shinichi H, Mitsuru N, et al. Stereocomplex of poly(propylene carbonate): Synthesis of stereogradient poly(propylene carbonate) by regio-and enantioselective copolymerization of propylene oxide with carbon dioxide. Angewandte Chemie, 2011, 50: 4868-4871.

[211] Ren W, Zhang W, Lu X. Highly regio-and stereo-selective copolymerization of CO_2 with racemic propylene oxide catalyzed by unsymmetrical (*S*,*S*,*S*)-salenCo(Ⅲ) complexes. Science China Chemistry, 2010, 53: 1646-1652.

[212] Lu X B, Wang Y. Highly active, binary catalyst systems for the alternating copolymerization of CO_2 and epoxides under mild conditions. Angewandte Chemie, 2004, 43: 3574-3577.

[213] Ren W, Liu Y, Wu G, et al. Stereoregular polycarbonate synthesis: Alternating copolymerization of CO_2 with aliphatic terminal epoxides catalyzed by multichiral cobalt(Ⅲ) complexes. Journal of Polymer Science, Part A: Polymer Chemistry, 2011, 49: 4894-4901.

[214] Ren W, Yue T, Zhang X, et al. Stereoregular CO_2 copolymers from epoxides with an electron-withdrawing group: Crystallization and unexpected stereocomplexation. Macromolecules, 2017, 50: 7062-7069.

[215] Wu G P, Xu P X, Lu X B, et al. Crystalline CO_2 copolymer from epichlorohydrin via Co(Ⅲ)-complex-mediated stereospecific polymerization. Macromolecules, 2013, 46: 2128-2133.

[216] Ren W M, Liang M W, Xu Y C. Trivalent cobalt complex mediated formation of stereoregular CO_2 copolymers from phenyl glycidyl ether. Polymer chemistry, 2013, 4: 4425-4433.

[217] Wei R J, Zhang X H, Du B Y, et al. Highly regioselective and alternating copolymerization of racemic styrene oxide and carbon dioxide via heterogeneous double metal cyanide complex catalyst. Macromolecules, 2013, 46: 3693-3697.

[218] Wu G P, Wei S H, Lu X B, et al. Highly selective synthesis of CO_2 copolymer from styrene oxide. Macromolecules, 2010, 43: 9202-9204.

[219] Wu G P, Wei S H, Ren W M, et al. Alternating copolymerization of CO_2 and styrene oxide with Co(Ⅲ)-based catalyst systems: Differences between styrene oxide and propylene oxide. Energy & Environmental Science, 2011, 4: 5084-5092.

[220] Wu G P, Wei S H, Ren W M, et al. Perfectly alternating copolymerization of CO_2 and epichlorohydrin using cobalt(Ⅲ)-based catalyst systems. Journal of the American Chemical Society, 2011, 133: 15191-15199.

[221] Ellis W C, Jung Y, Mulzer M, et al. Copolymerization of CO_2 and meso epoxides using enantioselective β-diiminate catalysts: A route to highly isotactic polycarbonates. Chemical Science, 2014, 5: 4004.

[222] Abbina S, Du G. Chiral amido-oxazolinate zinc complexes for asymmetric alternating copolymerization of CO_2 and cyclohexene oxide. Organometallics, 2012, 31: 7394-7403.

[223] Xiao Y, Wang Z, Ding K. Copolymerization of cyclohexene oxide with CO_2 by using intramolecular dinuclear zinc catalysts. Chemistry, 2005, 11: 3668-3678.

[224] Cheng M, Darling N A, Lobkovsky E B, et al. Enantiomerically-enriched organic reagents via polymer synthesis: Enantioselective copolymerization of cycloalkene oxides and CO_2 using homogeneous, zinc-based catalysts. Chemical communications, 2000 (20): 2007-2008.

[225] Kyoko N, Koji N, Tamejiro H. Optically active polycarbonates: Asymmetric alternating copolymerization of cyclohexene oxide and carbon dioxide. Journal of the American Chemical Society, 1999, 121: 11008-11009.

[226] Liu Y, Fang L M, Ren B H, et al. Asymmetric alternating copolymerization of CO_2 with mesoepoxides: Ring size effects of epoxides on reactivity, enantioselectivity, crystallization, and degradation. Macromolecules, 2020, 53: 2912-2918.

[227] Liu Y, Ren W M, Liu J, et al. Asymmetric copolymerization of CO_2 with meso-epoxides mediated by dinuclear cobalt(Ⅲ) complexes: Unprecedented enantioselectivity and activity. Angewandte Chemie, 2013, 52: 11594-11598.

[228] Wu G P, Ren W M, Luo Y, et al. Enhanced asymmetric induction for the copolymerization of CO_2 and cyclohexene oxide with unsymmetric enantiopure salenCo(Ⅲ) complexes: Synthesis of crystalline CO_2-based polycarbonate. Journal of the American Chemical Society, 2012, 134: 5682-5688.

[229] Shi L, Lu X B, Zhang R. Asymmetric alternating copolymerization and terpolymerization of epoxides with carbon dioxide at mild conditions. Macromolecules, 2006, 39: 5679-5685.

[230] Nishioka K, Goto H, Sugimoto H. Dual catalyst system for asymmetric alternating copolymerization of carbon dioxide and cyclohexene oxide with chiral aluminum complexes: Lewis base as catalyst activator and lewis acid as monomer activator. Macromolecules, 2012, 45: 8172-8192.

[231] Liu Y, Wang M, Ren W M, et al. Stereospecific CO_2 copolymers from 3,5-dioxaepoxides: Crystallization and functionallization. Macromolecules, 2014, 47: 1269-1276.

[232] Wu G P, Jiang S D, Lu X B, et al. Stereoregular poly(cyclohexene carbonate)s: Unique crystallization behavior. Chinese Journal of Polymer Science, 2012, 30: 487-492.

[233] Liu Y, Ren W M, Zhang W P, et al. Crystalline CO_2-based polycarbonates prepared from racemic catalyst through intramolecularly interlocked assembly. Nature Communications, 2015, 6: 2041-2048.

[234] Liu Y, Ren W M, Wang M, et al. Crystalline stereocomplexed polycarbonates: Hydrogen-bond-driven interlocked orderly assembly of the opposite enantiomers. Angewandte Chemie, 2015, 54: 2241-2244.

[235] Liu Y, Wang M, Ren W M, et al. Crystalline hetero-stereocomplexed polycarbonates produced from amorphous opposite enantiomers having different chemical structures. Angewandte Chemie, 2015, 54: 7148-7152.

[236] Hu H, Li Z, Liu J, et al. Enhanced dispersion of carbon nanotube in silicone rubber assisted by graphene. Polymer, 2012, 53: 3378-3385.

[237] Soler C A B, Hansen E W, Fredriksen S. Novel organic solvent free purification of poly(propylene carbonate): Tailoring the composition and thermal properties-proceding contribution. 7th MoDeSt Conference 2012.

[238] Wang D, Yu J, Zhang J, et al. Transparent bionanocomposites with improved properties from poly (propylene carbonate)(PPC) and cellulose nanowhiskers (CNWs). Composites Science & Technology, 2013, 85: 83-89.

[239] Wu D D, Li W, Liang H Y, et al. Thermal, mechanical and rheological properties of eco-friendly poly(propylene carbonate)/poly(1,2-propylene succinate) blends. Chinese Journal of Polymer Science, 2014, 32: 914-922.

[240] 王勋林，张敬勋，赵保才，等. PPC/PBAT 薄膜制品性能研究. 塑料科技，2015, 43: 70-72.

[241] Li X H, Tjong S C, Meng Y Z, et al. Fabrication and properties of poly(propylene carbonate)/calcium carbonate composites. Journal of Polymer Science Part B: Polymer Physics, 2003, 41: 1806-1813.

[242] Xu J, Li R K Y, Meng Y Z, et al. Biodegradable poly(propylene carbonate)/montmorillonite nanocomposites prepared by direct melt intercalation. Materials Research Bulletin, 2005, 41: 244-252.

[243] Du L, Qu B, Meng Y, et al. Structural characterization and thermal and mechanical properties of poly(propylene carbonate)/MgAl-LDH exfoliation nanocomposite via solution intercalation. Composites Science & Technology, 2006, 66: 913-918.

[244] Guan L T, Du F G, Wang G Z, et al. Foaming and chain extension of completely biodegradable poly(propylene carbonate) using DPT as blowing agent. Journal of Polymer Research, 2007, 14: 245-251.

[245] Jiao J, Xiao M, Shu D, et al. Preparation and characterization of biodegradable foams from calcium carbonate reinforced poly(propylene carbonate) composites. Journal of Applied Polymer Science, 2006, 102: 5240-5247.

[246] Guan L T, Xiao M, Meng Y Z, et al. Chemically foaming of biodegradable poly(propylene carbon-

ate) derived from carbon dioxide and propylene oxide. Polymer Engineering & Science, 2005, 46: 153-159.

[247] Zhai L, Li G, Xu Y, et al. Poly(propylene carbonate)/aluminum flake composite films with enhanced gas barrier properties. Journal of Applied Polymer Science, 2015, 132: 41663.

[248] Ma X, Chang P R, Yu J, et al. Preparation and properties of biodegradable poly(propylene carbonate)/thermoplastic dried starch composites. Carbohydrate Polymers, 2007, 71: 229-234.

[249] Wang D, Yu J, Zhang J, et al. Transparent bionanocomposites with improved properties from poly (propylene carbonate)(PPC) and cellulose nanowhiskers (CNWs). Composites Science and Technology, 2013, 85: 83-89.

[250] Ge X C, Zhu Q, Meng Y Z. Fabrication and characterization of biodegradable poly(propylene carbonate)/wood flour composites. Journal of Applied Polymer Science, 2006, 99: 782-787.

[251] Qin Y, Chen L, Wang X, et al. Enhanced mechanical performance of poly(propylene carbonate) via hydrogen bonding interaction with *o*-lauroyl chitosan. Carbohydrate Polymers, 2011, 84: 329-334.

[252] Chen X, Wang S J, Xiao M, et al. Miscibility, properties and morphology of biodegradable blends of UHMW-PPC/PVA/EVOH. Journal of Polymer Research, 2011, 18: 715-720.

[253] Hazelwood T, Jefferson A D, Lark R J, et al. Long-term stress relaxation behavior of predrawn poly(ethylene terephthalate). Journal of Applied Polymer Science, 2014, 131: 41208.

[254] Yao M. Modification of poly(lactic acid)/poly(propylene carbonate) blends through melt compounding with maleic anhydride. eXPRESS Polymer Letters, 2011, 5: 937-949.

[255] Ge X C, Xu Y, Meng Y Z, et al. Thermal and mechanical properties of biodegradable composites of poly(propylene carbonate) and starch-poly(methyl acrylate) graft copolymer. Composites Science and Technology, 2005, 65: 2219-2225.

[256] Lu L X, Du F G, Ge X C, et al. Biodegradability and thermal stability of poly(propylene carbonate)/starch composites. Journal of Biomedical Materials Research Part A, 2006, 77: 653-658.

[257] Zeng S, Wang S, Xiao M, et al. Preparation and properties of biodegradable blend containing poly (propylene carbonate) and starch acetate with different degrees of substitution. Carbohydrate Polymers, 2011, 86: 1260-1265.

[258] Ma X, Yu J, Wang N. Compatibility characterization of poly(lactic acid)/poly(propylene carbonate) blends. Journal of Polymer Science: Part B, Polymer Physics, 2006, 44: 94-101.

[259] Wang J Y, Bai J, Zhang Y Q, et al. Shear-induced enhancements of crystallization kinetics and morphological transformation for long chain branched polylactides with different branching degrees. Scientific reports, 2016, 6: 26560.

[260] Yun X, Zhang X, Jin Y, et al. Studies on comonomer compositional distribution of poly(propylene carbonate-propylene oxide) copolymer and its effect on the thermal, mechanical and oxygen barrier properties of fractions. Journal of Macromolecular Science: Part B, 2015, 54: 275-285.

[261] 陈卫丰．完全生物降解 PPC 共混复合材料的研究进展．塑料科技，2015，43：68-71.

[262] Bian J, Wei X W, Gong S J, et al. Improving the thermal and mechanical properties of poly(propylene carbonate) by incorporating functionalized graphite oxide. Journal of Applied Polymer Science, 2012, 123: 2743-2752.

[263] Gao J, Fu Q, Bai H, et al. Effect of homopolymer poly(vinyl acetate) on compatibility and mechanical properties of poly(propylene carbonate)/poly(lactic acid) blends. eXPRESS Polymer Letters, 2012, 6: 860-870.

[264] Hao Y P, Yang H L, Zhang G B, et al. Rheological, thermal and mechanical properties of biodegradable poly(propylene carbonate)/polylactide/Poly(1,2-propylene glycol adipate) blown films. Chinese Journal of Polymer Science, 2015, 33: 1702-1712.

[265] Hwang S W, Park D H, Kang D H, et al. Reactive compatibilization of poly(*l*-lactic acid)/poly(propylene carbonate) blends: Thermal, thermomechanical, and morphological properties. Journal of Applied Polymer Science, 2016, 133: 43388.

[266] Pang M Z, Qiao J J, Jiao J, et al. Miscibility and properties of completely biodegradable blends of poly(propylene carbonate) and poly(butylene succinate). Journal of Applied Polymer Science, 2008, 107: 2854-2860.

[267] 刘慧宏，徐鼐，潘莉莎，等．聚碳酸亚丙酯与聚羟基丁酸戊酸酯共混型全生物降解材料的结构与性能研究．化工新型材料，2010，38：120-123.

[268] Tao J, Song C, Cao M, et al. Thermal properties and degradability of poly(propylene carbonate)/poly(β-hydroxybutyrate-co-β-hydroxyvalerate) (PPC/PHBV) blends. Polymer Degradation and Stability, 2009, 94: 853-863.

[269] Kim J H, Lee J C, Kim G H. Study on poly(butylene adipate-*co*-terephthalate)/starch composites with polymeric methylenediphenyl diisocyanate. Journal of Applied Polymer Science, 2015, 132: 41884.

[270] Yang G, Hu X, Su J, et al. Significant reinforcement of poly(propylene carbonate): Nanostructured polymer composites of poly(propylene carbonate)/poly(methyl methacrylate) via a supercritical carbon dioxide route. The Journal of Supercritical Fluids, 2013, 82: 200-205.

[271] Pang H, Liao B, Huang Y, et al. Studies on the blends of CO_2 copolymer. Ⅳ. Natural rubber/poly(propylene carbonate) systems. Journal of Applied Polymer Science, 2002, 86: 2140-2144.

[272] Jiao J, Wang S J, Xiao M, et al. Processability, property, and morphology of biodegradable blends of poly(propylene carbonate) and poly(ethylene-*co*-vinyl alcohol). Polymer Engineering & Science, 2007, 47: 174-180.

[273] Rasal R M, Janorkar A V, Hirt D E. Poly(lactic acid) modifications. Progress in Polymer Science, 2009, 35: 338-356.

[274] Cui S, Li L, Wang Q. Enhancing glass transition temperature and mechanical properties of poly(propylene carbonate) by intermacromolecular complexation with poly(vinyl alcohol). Composites Science and Technology, 2016, 127: 177-184.

[275] Bueno Ferrer C, Hablot E, Garrigós MdC, et al. Relationship between morphology, properties and degradation parameters of novative biobased thermoplastic polyurethanes obtained from dimer fatty acids. Polymer Degradation and Stability, 2012, 97: 1964-1969.

[276] Palanivelu K, Sivaraman P, Reddy M D. Studies on thermoplastic polyurethane toughened poly(butylene terephthalate) blends. Polymer Testing, 2002, 21: 345-351.

[277] Dutta J, Chatterjee T, Dhara G, et al. Exploring the influence of electron beam irradiation on the morphology, physico-mechanical, thermal behaviour and performance properties of EVA and TPU blends. RSC Advances, 2015, 5: 41563-41575.

[278] Dutta J, Ramachandran P, Naskar K. Scrutinizing the influence of peroxide crosslinking of dynamically vulcanized EVA/TPU blends with special reference to cable sheathing applications. Journal of Applied Polymer Science, 2016, 133: 43706.

[279] Lai S M, Wu W L, Wang Y J. Annealing effect on the shape memory properties of polylactic acid (PLA)/thermoplastic polyurethane(TPU) bio-based blends. Journal of Polymer Research, 2016, 23: 99.

[280] Lai S M, Lan Y C. Shape memory properties of melt-blended polylactic acid(PLA)/thermoplastic polyurethane(TPU) bio-based blends. Journal of Polymer Research, 2013, 20: 1-8.

[281] Jamaluddin N, Razaina M T, Ishak Z A M. Mechanical and morphology behaviours of polybutylene (succinate)/thermoplastic polyurethaneblend. Procedia Chemistry, 2016, 19: 426-432.

[282] Qiao L, Dong X, Ying Y, et al. Toughening mechanism of PPS/Sr ferrite composites by TPU elastomer. Journal of Applied Polymer Science, 2016, 133: 43564.

[283] Phillips O, Schwartz J M, Kohl P A. Thermal decomposition of poly(propylene carbonate): End-capping, additives, and solvent effects. Polym Degrad Stabil, 2016, 125: 129-139.

[284] Xie D, Zhang C C, Wang X H, et al. End-capping and thermal degradation of poly(propylene carbonate) with different molecular weight. Journal of Wuhan University, 2007, 28: 5-9.

[285] Jiang G, Feng J, Zhang S D, et al. Structure and properties of maleic anhydride capped poly(propylene carbonate) produced by reactive extrusion and effect of resistance time on reaction efficiency. Industrial & Engineering Chemistry Research, 2014, 53: 14544-14551.

[286] Pang S, Xu N, Xu G, et al. Preparation and properties of 4,4′-diphenylmethane diisocyanate blocking modified poly (propylene carbonate). Journal of Applied Polymer Science, 2013, 128: 2020-2029.

[287] 陈祥根．交联聚碳酸丙烯酯的合成与性能研究．广州：华南理工大学，2018.

[288] Guan L T, Du F G, Wang G Z, et al. Foaming and chain extension of completely biodegradable poly(propylene carbonate) using DPT as blowing agent. J Polym Res, 2007, 14: 245-251.

[289] Wang W, Wang X, Weng Y, et al. Chain extension and modification of polypropylene carbonate using diphenylmethane diisocyanate. China Plastics, 2017, 31: 94-98.

[290] 王勋林，吴胜先．聚碳酸亚丙酯扩链研究．塑料工业，2013，12：6-8.

[291] 胡晶莹，周涛，张爱民．端羟基聚碳酸亚丙酯的 MDI 扩链及热稳定性．合成树脂及塑料，2011，28：16-19.

[292] Gao L J, Huang M Y, Wu Q F, et al. Enhanced poly(propylene carbonate) with thermoplastic networks: A cross-linking role of maleic anhydride oligomer in CO_2/PO copolymerization. Polymers, 2019, 11: 12.

[293] Huang M, Gao L, Feng J, et al. Cross-linked networks in poly(propylene carbonate) by incorporating (maleic anhydride/cis-1,2,3,6-tetrahydrophthalic anhydride) oligomer in CO_2/propylene oxide copolymerization: Improving and tailoring thermal, mechanical, and dimensional properties. ACS Omega, 2020, 5: 17808-17817.

[294] Artham T, Doble M. Biodegradation of aliphatic and aromatic polycarbonates. Macromol Biosci, 2008, 8: 14-24.

[295] Paradiso V, Capaccio V, Lamparelli DH, et al. Metal complexes bearing sulfur-containing ligands as catalysts in the reaction of CO_2 with epoxides. Catalysts, 2020, 10: 825.

[296] 丁运生，张志成，史铁钧．阻隔性高分子材料研究进展．功能高分子学报．2001：360-364.

[297] Lee Y, Kim D, Seo J, et al. Preparation and characterization of poly(propylene carbonate)/exfoliated graphite nanocomposite films with improved thermal stability, mechanical properties and barrier properties. Polym Int, 2013, 62: 1386-1394.

[298] Zhai L, Li G, Xu Y, et al. Poly(propylene carbonate)/aluminum flake composite films with enhanced gas barrier properties. Journal of Applied Polymer Science, 2015, 132: 13-22.

[299] Gao F, Zhou Q, Dong Y, et al. Ether linkage in poly(1,2-propylene carbonate), a key structure factor to tune its performances. Journal of Polymer Research, 2012, 19: 9877.

[300] Seo J, Jeon G, Jang E S, et al. Preparation and properties of poly(propylene carbonate) and nanosized ZnO composite films for packaging applications. Journal of Applied Polymer Science, 2011, 122: 1101-1108.

[301] Lee Y, Kim D, Seo J, et al. Preparation and characterization of poly(propylenecarbonate)/exfoliated graphite nanocomposite films with improved thermal stability, mechanical properties and barrier properties. Polymer International, 2013, 62 (9): 1386-1394.

[302] Corre Y M, Bruzaud S, Grohens Y. Poly(3-hydroxybutyrate-*co*-3-hydroxyvalerate) and poly(propylene carbonate) blends: An efficient method to finely adjust properties of functional materials. Macromolecular Materials and Engineering, 2013, 298 (11): 1176-1183.

[303] Xu Y H, Lin L M, Xiao M, et al. Synthesis and properties of CO_2-based plastics: Environmentally-friendly, energy-saving and biomedical polymeric materials. Prog Polym Sci, 2018, 80: 163-182.

[304] Manavitehrani I, Le T Y L, Daly S, et al. Formation of porous biodegradable scaffolds based on poly(propylene carbonate) using gas foaming technology. Mater Sci Eng C-Mater Biol Appl, 2019, 96: 824-830.

[305] 刘宪．聚碳酸亚丙酯多孔材料的制备与性能研究．广州：华南理工大学．2013.

[306] 汪扬烨，何亚东，信春玲，等．4,4′-二苯甲烷二异氰酸酯改性聚碳酸亚丙酯流变及发泡性能的研究．北京化工大学学报（自然科学版），2016，43（5）：45-50.

[307] Yang G H, Su J, Gao J, et al. Fabrication of well-controlled porous foams of graphene oxide modified poly(propylene-carbonate) using supercritical carbon dioxide and its potential tissue engineering applications. Journal of Supercritical Fluids, 2013, 73: 1-9.

[308] Peng X F, Li K C, Mi H Y, et al. Excellent properties and extrusion foaming behavior of PPC/PS/PTFE composites with an in situ fibrillated PTFE nanofibrillar network. RSC Adv, 2016, 6: 3176-3185.

[309] 关丽涛．聚甲基乙撑碳酸酯的化学发泡及改性研究．广州：中山大学．2006.

[310] Guan L T, Du F G, Wang G Z, et al. Foaming and chain extension of completely biodegradable poly(propylene carbonate) using DPT as blowing agent. Journal of Polymer Research, 2007, 14 (3): 245-251.

[311] 王艳艳．降解性聚氨酯的合成及聚甲基乙撑碳酸酯复合材料的发泡性能研究．广州：中山大学．2012.

[312] 孟跃中，王艳艳，肖敏，等．一种全降解聚甲基乙撑碳酸酯发泡材料及其制备方法. CN 102276971A. 2011-07-21.

[313] Zhou D, Zhou R, Chen C, et al. Non-volatile polymer electrolyte based on poly(propylene carbonate), ionic liquid, and lithium perchlorate for electrochromic devices. The Journal of Physical Chemistry B, 2013, 117: 7783-7789.

[314] Morioka T, Ota K, Tominaga Y. Effect of oxyethylene side chains on ion-conductive properties of polycarbonate-based electrolytes. Polymer, 2016, 84: 21-26.

[315] Tominaga Y, Shimomura T, Nakamura M. Alternating copolymers of carbon dioxide with glycidyl ethers for novel ion-conductive polymer electrolytes. Polymer, 2010, 51: 4295-4298.

[316] Nakamura M, Tominaga Y. Utilization of carbon dioxide for polymer electrolytes[Ⅱ]: Synthesis of alternating copolymers with glycidyl ethers as novel ion-conductive polymers. Electrochimica Acta, 2011, 57: 36-39.

[317] Zhou D, Zhou R, Chen C X, et al. Non-volatile polymer electrolyte based on poly(propylene carbonate), ionic liquid, and lithium perchlorate for electrochromic devices. The Journal of Physical Chemistry Part B, 2013, 117: 7783-7789.

[318] Huang X Y, Huang J Y, Wu JF, et al. Fabrication and properties of polybutadiene rubber-interpenetrating cross-linking poly(propylene carbonate) network as gel polymer electrolytes for lithium-ion battery. RSC Advances, 2015, 5: 52978-52984.

[319] Huang X Y, Zeng S S, Liu J J, et al. High-performance electrospun poly(vinylidene fluoride)/poly(propylene carbonate) gel polymer electrolyte for lithium-ion batteries. The Journal of Physical Chemistry, C. Nanomaterials and Interfaces, 2015, 119: 27882-27891.

[320] Huang X, Xu D, Chen W, et al. Preparation, characterization and properties of poly(propylene carbonate)/poly(methyl methacrylate)-coated polyethylene gel polymer electrolyte for lithium-ion batteries. Journal of Electroanalytical Chemistry, 2017, 804: 133-139.

[321] Yu X Y, Xiao M, Wang S J, et al. Fabrication and properties of crosslinked poly(propylene carbonate maleate) gel polymer electrolyte for lithium-ion battery. Journal of Applied Polymer Science, 2010, 118: 2078-2083.

[322] Zhao J, Zhang J, Hu P, et al. A sustainable and rigid-flexible coupling cellulose-supported poly (propylene carbonate) polymer electrolyte towards 5V high voltage lithium batteries. Electrochimica Acta, 2016, 188.

[323] Huang H J, Ding F, Zhong H, et al. Nano-SiO_2-embedded poly(propylene carbonate)-based composite gel polymer electrolyte for lithium-sulfur batteries. Journal of Materials Chemistry A, 2018, 6: 9539-9549.

[324] Zhuang Z L, Yang L Z, Ju B W, et al. Engineering $LiNi_{0.5}Co_{0.2}Mn_{0.3}O_2$/poly(propylene carbonate) interface by graphene oxide modification for all-solid-state lithium batteries. Energy Storage, 2020, 2: 12.

[325] Dukhanin P G, Gaidadin N A, Novakov A I. A solid polymeric electrolyte based on the poly(propylene carbonate)-lithium perchlorate system. Russian Journal of Applied Chemistry, 2014, 87: 1868-1871.

[326] Gui G L. Safety-Reinforced and High-Voltage Poly(propylene carbonate)-Based All-Solid-State Polymer Electrolyte for Ambient-Temperature Solid Polymer Lithium Batteries. ECS Meeting Abstracts, 2016 (2): 692.

[327] Kimura K, Matsumoto H, Hassoun J, et al. A quaternary poly(ethylene carbonate)-lithium bis(trifluoromethanesulfonyl) imide-ionic liquid-silica fiber composite polymer electrolyte for lithium batteries. Electrochimica Acta, 2015, 175: 134-140.

[328] Kimura K, Hassoun J, Panero S, et al. Electrochemical properties of a poly(ethylene carbonate)-LiTFSI electrolyte containing a pyrrolidinium-based ionic liquid. Ionics, 2015, 21: 895-900.

[329] Yoichi T, Kenta Y. Fast Li-ion conduction in poly(ethylene carbonate)-based electrolytes and composites filled with TiO_2 nanoparticles. Chem Commun, 2014, 50: 4448-4450.

[330] Kimura K Y M, Tominaga Y. A highly-concentrated poly(ethylene carbonate)-based electrolyte for all-solid-state Li battery working at room temperature. Electrochemistry Communications, 2016, 66: 46-48.

[331] Yu X Y, Xiao M, Wang S J, et al. Fabrication and characterization of PEO/PPC polymer electrolyte for lithium-ion battery. Journal of Applied Polymer Science, 2009, 115: 2718-2722.

[332] Zhang J J, Zang X, Wen H J, et al. High-voltage and free-standing poly(propylene carbonate)/$Li_{6.75}La_3Zr_{1.75}Ta_{0.25}O_{12}$ composite solid electrolyte for wide temperature range and flexible solid lithium ion battery. Journal of Materials Chemistry A, 2017, 5: 4940-4948.

[333] Luo S Q, Zhao E Y, Gu Y X, et al. Rational design of fireproof fiber-network reinforced 3D composite solid electrolyte for dendrite-free solid-state batteries. Chem Eng J, 2021, 421: 9.

[334] Lundstorm N S R, Luke D. Nonazide ammonium nitrate based gas generant compositions that burn at ambient pressure. US06017404A. 2000-01-25.

[335] Huang Y, Wang J, Liao B, et al. Epoxy resins toughened by poly(propylene carbonate). Journal of Applied Polymer Science, 1997, 64.

[336] Lukaszczyk J, Jaszcz K, Kuran W, et al. Synthesis of functional polycarbonates by copolymerization of carbon dioxide with allyl glycidyl ether. Macromol Rapid Comm, 2000, 21: 754-757.

[337] Geschwind J, Frey H. Poly(1,2-glycerol carbonate): A fundamental polymer structure synthesized

from CO_2 and glycidyl ethers. Macromolecules, 2013, 46: 3280-3287.

[338] Wu X, Zhao H, Nörnberg B, et al. Synthesis and characterization of hydroxyl-functionalized poly (propylene carbonate). Macromolecules, 2014, 47: 492-497.

[339] Hilf J, Phillips A, Frey H. Poly(carbonate) copolymers with a tailored number of hydroxyl groups from glycidyl ethers and CO_2. Polym Chem, 2014, 5: 814-818.

[340] Hilf J, Frey H. Propargyl-functional aliphatic polycarbonate obtained from carbon dioxide and glycidyl propargyl ether. Macromol Rapid Commun, 2013, 34: 1395-1400.

[341] Geschwind J, Frey H. Stable, hydroxyl functional polycarbonates with glycerol side chains synthesized from CO_2 and isopropylidene(glyceryl glycidyl ether). Macromol Rapid Commun, 2013, 34: 150-155.

[342] Jing X, Mi H Y, Peng J, et al. Electrospun aligned poly(propylene carbonate) microfibers with chitosan nanofibers as tissue engineering scaffolds. Carbohydrate Polymers, 2015, 117: 941-949.

[343] Dormer A, Finn D P, Ward P, et al. Carbon footprint analysis in plastics manufacturing. J Clean Prod, 2013, 51: 133-141.

[344] Li X H, Meng Y Z, Chen G Q, et al. Thermal properties and rheological behavior of biodegradable aliphatic polycarbonate derived from carbon dioxide and propylene oxide. Journal of Applied Polymer Science, 2004, 94: 711-716.

[345] Kawaguchi T, Nakano M, Juni K, et al. Examination of biodegradability of poly(ethylene carbonate) and poly(propylene carbonate) in the peritoneal cavity in rats. Chemical & Pharmaceutical Bulletin, 1983, 31: 1400-1403.

[346] Pitt C G, Hendren R W, Schindler A, et al. The enzymatic surface erosion of aliphatic polyesters. Journal of Controlled Release, 1984, 1: 3-14.

[347] Zhu K J, Hendren R W, Jensen K, et al. Synthesis, properties, and biodegradation of poly(1,3-trimethylene carbonate). Macromolecules, 1991, 24: 1736-1740.

[348] Meng Y, Wu J, Xiao M, et al. Progress and application of biodegradable plastic derived from copolymerization of carbon dioxide with epoxides. Petrochemical Technology, 2010, 39: 241-248.

[349] Hsu T J, Tan C S. Block copolymerization of carbon dioxide with cyclohexene oxide and 4-vinyl-1-cyclohexene-1,2-epoxide in based poly(propylene carbonate) by yttrium-metal coordination catalyst. Polymer, 2002, 43: 4535-4543.

[350] Lin L, Xu Y, Wang S, et al. Ring-opening polymerization of *l*-lactide and ε-caprolactone catalyzed by versatile tri-zinc complex: Synthesis of biodegradable polyester with gradient sequence structure. European Polymer Journal, 2016, 74: 109-119.

[351] Chen S, Xiao M, Wang S, et al. Mechanical properties of block poly(propylene carbonate-cyclohexyl carbonate) investigated by nanoindentation and DMA methodologies. J Appl Polym Sci, 2013, 128: 1979-1986.

[352] Li X H, Meng Y Z, Zhu Q, et al. Thermal decomposition characteristics of poly(propylene carbonate) using TG/IR and Py-GC/MS techniques. Polymer Degradation and Stability, 2003, 81: 157-165.

[353] Wu G P, Wei S H, Lu X B, et al. Highly selective synthesis of CO_2 copolymer from styrene oxide. Macromolecules, 2010, 43: 9202-9204.

[354] Nakano K, Kobayashi K, Ohkawara T, et al. Copolymerization of epoxides with carbon dioxide catalyzed by iron-corrole complexes: Synthesis of a crystalline copolymer. Journal of the American Chemical Society, 2013, 135: 8456-8459.

[355] Darensbourg D J, Wilson S J. Synthesis of CO_2-derived poly(indene carbonate) from indene oxide utilizing bifunctional cobalt(Ⅲ) catalysts. Macromolecules, 2013, 46: 5929-5934.

第三章 二氧化碳、环氧化物及第三单体的共聚物

进入 21 世纪以来，国际社会各界对能源短缺和环境污染问题日益关注，二氧化碳的资源化利用逐渐成为科学家的研究热点，而“碳达峰、碳中和”计划更是成为我国未来几十年经济社会发展的战略目标。通过二氧化碳和环氧化物的交替共聚制备脂肪族聚碳酸酯是二氧化碳资源化利用最有前景的路线之一。通过该化学过程不仅有效地利用了二氧化碳，具有成本优势，而且所得的脂肪族聚碳酸酯具有完全生物降解性、生物相容性和气体阻隔性等优异的材料性能，使其在生物医药、食品包装和农业等领域有着广阔的应用前景。其中，研究最多的是二氧化碳和环氧丙烷交替共聚得到的聚碳酸丙烯酯（PPC）。PPC 等脂肪族聚碳酸酯的分子链主要是由大量的酯键和少量的醚键组成，无强极性基团，链的柔顺性好，分子间作用力小，而且该材料一般为无定形结构。这些内在的结构特点导致脂肪族聚碳酸酯的热性能和力学性能往往存在一定缺陷，比如其玻璃化转变温度通常不高于 50℃，这极大地限制了其规模化应用。

近二十年来，人们已经尝试了多种方法对脂肪族聚碳酸酯进行改性，主要包括物理改性和化学改性。物理改性的方法和研究进展在第二章已有详细介绍。尽管物理改性因工艺简单而被广泛采用，但物理改性的途径和效果往往十分有限。而化学改性则是从根本上改变其分子链结构（包括单体结构、序列结构），可有效地改善聚合物的理化性能。化学改性主要包括三(多)元共聚、封端、接枝和交联等方法，后三种方法已在第二章中介绍。而三(多)元共聚是将第三单体引入二氧化碳和环氧化物的共聚体系，是研究最多、改性效果最为明显的化学改性方法。在三(多)元共聚中，聚合物的玻璃化转变温度、熔点、热分解温度、柔性、韧性、力学强度等均可以通过调节单体的种类和投料比例，或者改变反应条件进行控制。但是在三(多)元共聚体系中，研究人员需要考虑的问题在于，几种不同类型的单体在同一个催化体系中反应活性差异很大，而这将给如何调控好产物的组分、分子结构和性能带来一定的挑战。因此，要实现第三单体对脂肪族聚碳酸酯的有效改性，催化剂仍是核心问题之一。

近年来，本领域的研究人员纷纷关注以环酸酐、丙交酯、环内酯或异氰酸酯等化合物作为第三单体参与二氧化碳和环氧化物的三元共聚反应，制备聚酯-聚碳酸酯共聚物。其中，当以环酸酐、丙交酯、环内酯作为第三单体时，均是在脂肪族聚碳酸酯的分子链上引入聚酯链段。该聚酯链段可由为环氧化物/环状酸酐的开环共聚，或者环酯开环聚合获得。在多数

的报道中，所引入聚酯链段通常具有半结晶性、良好生物降解性、较高的力学强度或较好的热性能，可以弥补脂肪族聚碳酸酯（通常是无定形的）的不足，同时大大丰富了 CO_2 基聚合物材料的类型。而添加少量的异氰酸酯可对聚合物主链起到支化、交联和扩链作用，可得到线型、支化或者微交联的脂肪族聚碳酸酯，以提高聚合物的热性能和力学性能。

图 3-1 列出了金属催化剂催化 CO_2、环氧化物与环酯或环酸酐的三元共聚反应机理[1]。

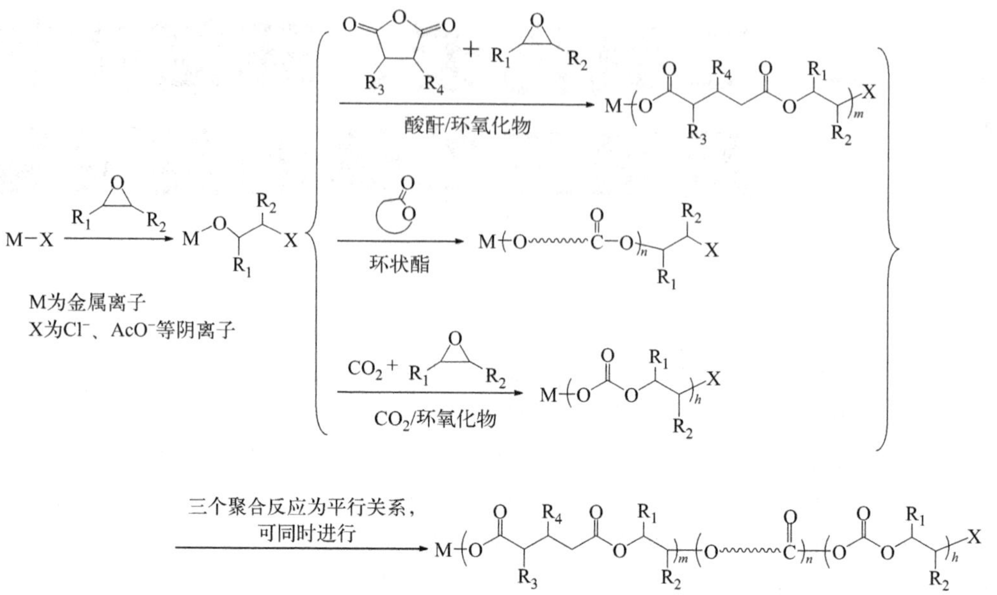

图 3-1 二氧化碳/环氧化物/环酸酐（或丙交酯、环内酯）三元共聚的反应机理

3.1 二氧化碳、环氧化物及环酸酐的共聚物的合成

环氧化物不仅能与 CO_2 共聚制备聚碳酸酯，而且还可以与环酸酐共聚制备脂肪族聚酯。这两条技术路线虽已经发展多年，但是环酸酐作第三单体对 CO_2 和环氧化物的共聚物改性近些年才受到了人们的关注。有趣的是，环氧化物与环酸酐的反应机理与 CO_2/环氧化物共聚反应类似，因此 CO_2、环氧化物和环酸酐三者可以共聚制备聚酯-聚碳酸酯共聚物。引入环酸酐作为第三单体，一方面可以提升聚碳酸酯的热性能和力学性能，另一方面由于环酸酐和环氧化物的结构多样性，可以极大地丰富聚酯-聚碳酸酯共聚物的结构和性能，满足不同产业的应用需求。

3.1.1 二氧化碳/环氧化物/环酸酐三元共聚的金属催化体系

最早用于 CO_2/环氧化物/环酸酐三元共聚的金属催化剂是非均相催化剂，包括聚合物负载双金属配位催化剂（PBM）、戊二酸锌（ZnGA）以及锌-钴双金属氰化配合物［Zn-Co(Ⅲ)DMCC］，但一般只能得到无规或梯度结构。2006 年，Huang 课题组[2] 首先将马来酸酐（MA）作为第三单体参与 CO_2 和 PO 共聚（图 3-2），成功合成了 PPCM 三元共聚物。

研究发现，MA 的引入导致 PPC 的分子量和热性能有了明显的提高，同时相比于纯 PPC 聚合物，PPCM 由于含有酯键，其具有更好的生物可降解性。但是，酯键比碳酸酯键具有更大的柔性，引入马来酸酐将使得共聚物的力学强度和玻璃化转变温度进一步下降。

图 3-2 二氧化碳/环氧丙烷/马来酸酐的三元共聚反应

2008 年，美国康奈尔大学的 Coates 课题组报道了一项开创性的研究结果，他们首次以 BDI-Zn 为催化剂一锅（一步）法合成 CHO、CO_2 和环酸酐（二甘醇酸酐，DGA）三元共聚物，得到二嵌段聚酯-聚碳酸酯共聚物（$M_n = 12000 \sim 37000$）[3]。原位红外监测结果表明（如图 3-3），在反应初期只有聚酯链段生成，只有当环酸酐消耗殆尽之后才开始生成聚碳酸酯链段，这是利用了共聚反应对二氧化碳和环酸酐较大的化学选择性差异，即 CHO 与 CO_2 的共聚速率远低于 CHO 与 DGA 的共聚速率。进一步的研究发现，该三元共聚反应整体速率随着 CO_2 压力的增加而降低，且当 CO_2 压力高于 2.7MPa 时，CO_2 会竞争性插入聚酯链段中。随后各种各样的 Salen 金属配合物催化剂［图 3-4(c)］被设计出来，用于一锅（一步）法制备种类多样的聚酯-聚碳酸酯嵌段共聚物[4-10]。

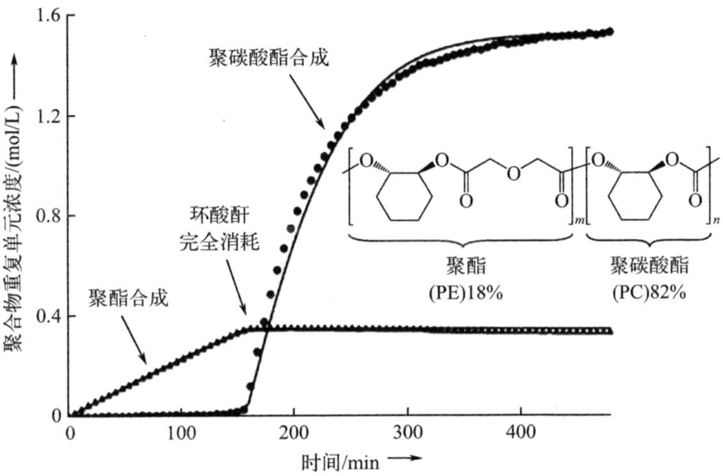

图 3-3 二氧化碳、环氧化物与二甘醇酸酐（DGA）三元共聚反应的原位红外谱图[3]

2011 年，Duchateau 和 Darensbourg 两个课题组分别以（salophen）CrCl/DMAP 和 Salen-CrCl/$PPNN_3$［双(三苯基膦亚基)铵叠氮化物］为催化剂，也利用了环酸酐和二氧化碳的选择性差异，通过一次投料得到二氧化碳/环氧化物/环酸酐的二嵌段三元共聚物[11,12]。随后，Darensbourg 发现以 CHO、CO_2 和苯酐为原料合成的共聚物具有两个 T_g，48℃和 115℃，这是嵌段共聚物的明确特征。2014 年，Liu 等[6] 采用双功能 Salen-Co 配合物催化降冰片烯二酸酐（NA）、CO_2 和 PO 三元共聚。结果发现，由于 NA、CO_2 和 PO 的相对反应活性相差比较大，得到的产物是聚酯-聚碳酸酯的嵌段共聚物，该聚合产物具有两个玻璃化转变温度。以上的文献之所以能获得嵌段共聚物，是由于单体的反应性差异以及单体与所

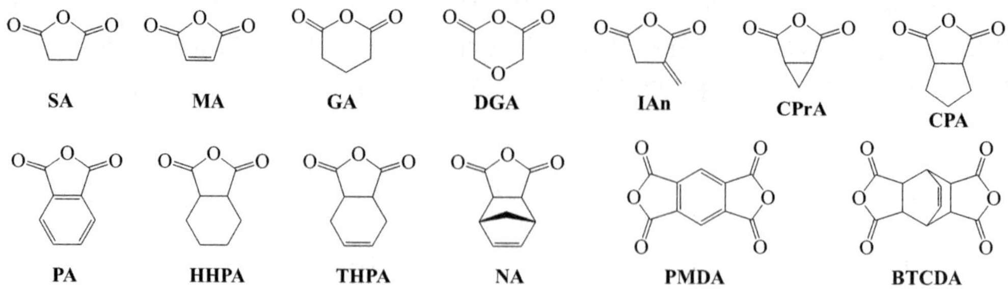

(a) 环酸酐

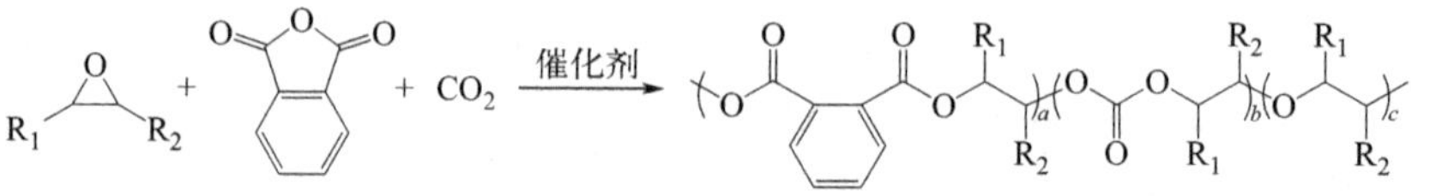

(b) 嵌段共聚物合成

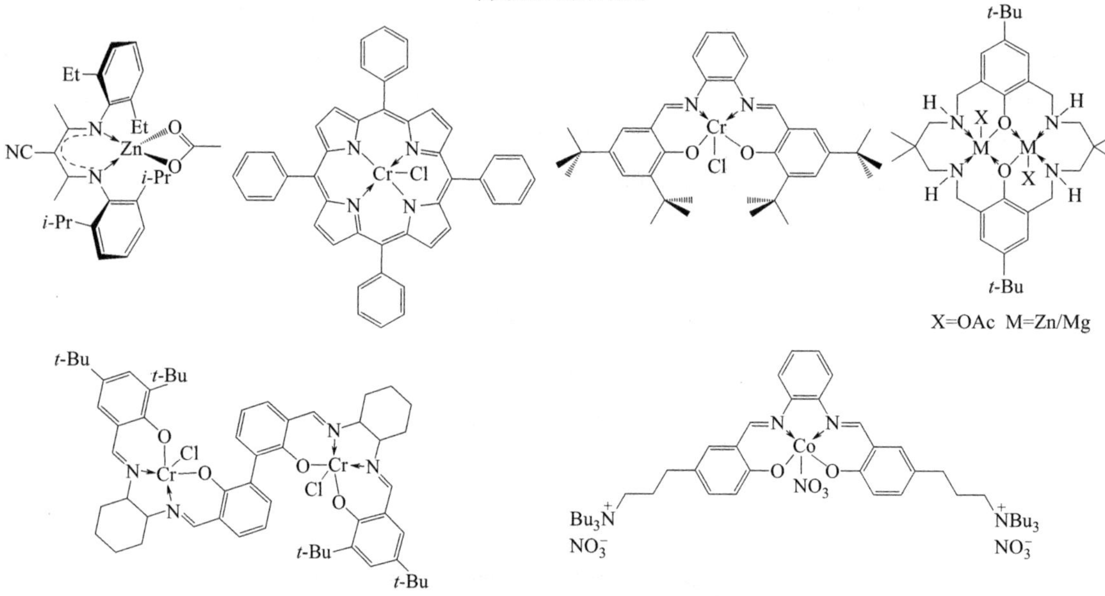

(c) 一锅(一步)法嵌段共聚物的均相催化剂

图 3-4 用于二氧化碳/环氧化物/环酸酐三元共聚的酸酐和金属配合物催化剂

用催化剂的亲和力不同，从而导致 CO_2 插入速率落后于环酸酐。

与均相催化剂不同，多数的非均相金属催化剂用于 CO_2/环氧化物/环酸酐三元共聚时只能得到无规/梯度聚合物，且常伴随着聚醚链段的形成，如双金属配位催化剂（PBM）[2]、戊二酸锌[13-16] 和锌-钴双金属氰化配合物［Zn-Co(Ⅲ)DMCC］[17]。2010 年，中山大学孟跃中课题组[16,18] 用戊二酸锌催化剂研究二氧化碳/环氧化物/马来酸酐（MA）的三元共聚，结果发现 MA 的引入导致 PPCM 分子量的下降和聚醚含量的增多，进而致使其玻璃化转变温度和力学性能的下降，但所得材料的热稳定性得到了改善。他们认为，这可能是由于主链中 MA 结构单元中的双键在高温下会发生交联反应，从而抑制链的降解。随后，孟跃中课题组[13] 还用戊二酸锌催化了邻苯二甲酸酐（PA）、PO 和 CO_2 的三元共聚，并研究单体的竞聚率（图 3-5）。研究结果表明，在戊二酸锌催化体系中，CO_2 的反应活性远高于 PA。当原料中 PA/PO 摩尔比为 1/8 左右时，反应速度最快，产物分子量最大。此外，少量的 PA 可提高共聚物的分子量，同时由于共聚物主链上刚性苯环的存在，使最终所得材料的热性能和力学性能都得到了显著提高。尽管戊二酸锌对 CO_2 和不同的环氧化物共聚均有活性，但戊二酸锌仅被报道用于 CO_2/PO/环酸酐三元共聚中，且不同环酸酐插入 PPC 链中的活性不同，活性从高到低为马来酸酐（MA）＞戊二酸酐（GA）＞六氢苯酐（HHPA）＞5-降冰片烯-2,3-二酸酐（NA）＞四氢苯酐（THPA）＞邻苯二甲酸酐（PA）[19]。此外值得注意的是，与 PBM 对 CO_2 和环酸酐的活性相当不同，戊二酸锌对 CO_2 的活性远高于环酸酐（$k_3>k_1$），因此共聚物中聚酯的含量总是低于理论值[13]。而 Zn-Co(Ⅲ)DMCC 在反应初期对环酸酐的活性略高于 CO_2，形成梯度共聚物，但对环酸酐具有很强的选择性，只有 MA 和丁二酸酐（SA）有活性[20]。

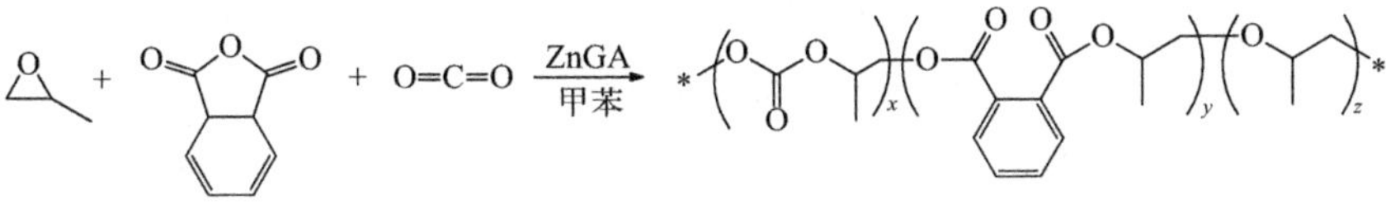

图 3-5　戊二酸锌催化二氧化碳/环氧化物/邻苯二甲酸酐的三元共聚

近期，曹晓瀚、张兴宏等[21] 采用非均相的锌-钴双金属氰化配合物［Zn-Co(Ⅲ)DMCC］在 40℃的反应温度下催化氧化异丁烯（IBO）与 CO_2 共聚，催化效率高达 1.6kg 共聚物/g 催化剂，所得产物聚碳酸亚丁酯（PIBC）具有全交替序列结构，区域规整度高达 95%，数均分子量达 18600。特别地，PIBC 为结晶性高分子，熔点高达 93.7℃，初始热分解温度仅为 145℃。PIBC 的拉伸强度达 4.4MPa，断裂伸长率达 350%。同时，Zn-Co(Ⅲ)DMCC 也能催化 CO_2、IBO 与马来酸酐共聚，得到了具有全交替结构的三元共聚物。该三元共聚物为序列无规、聚集态无定形结构，玻璃化转变温度为 20.9℃、热分解温度为 201℃，表明 MA 的引入抑制了 IBO-CO_2 共聚物和 IBO-MA 共聚物本身的结晶性能，但提升了聚合物的热稳定性。三元共聚物的拉伸强度为 1.7MPa，断裂伸长率达 400%，可见通过共聚的方法可使其韧性得到提高。

如上文所述，一般情况下单酸酐与 CO_2 和环氧化物三元共聚得到的都是线型聚合物，但是部分含有双键等不饱和键的单酸酐能够使得最终的聚合产物形成交联结构。Song 等[22] 用 ZnGA 催化衣康酸酐（IAn）、CO_2 和 PO 的三元共聚，由于 IAn 上的双键被活化，得到交联的聚酯-聚碳酸酯共聚物 PPCIAn。与 PPC 相比，少量 IAn 的引入就可以显著提高共聚物的热性能和力学性能，同时分子链上存在酯键，因此降解性能也得到了改善。此外 IAn 的加入还提高了催化剂的催化效率和产物的分子量。

除了单酸酐，二酸酐作为改性单体改性 PPC 的研究也有所报道。2014 年，Gao 等[22] 通过 CO_2、PO 和均苯四甲酸二酐（PMDA）的三元共聚合成了准互穿 PPC 网络的共聚物（PIPPCN）。研究发现，添加 4%（摩尔分数）的 PMDA，PIPPCN 的热性能和力学强度显著提高，甚至超过了聚烯烃力学强度，且材料依然保持比较好的韧性。随后，基于相似的策略，Gao 等[23] 进一步将双环(2,2,2)辛-7-烯-2,3,5,6-四羧酸二酐（BTCDA）作为第三单体进行三元共聚（图 3-6）。随着 BTCDA 与 PO 的进料摩尔比从 1：100 增加到 4：100，与 12.9MPa 的 PPC 相比，共聚物的屈服强度从 18.1MPa 增加到 37.4MPa，最大的热失重温度增加 294.7℃，比 PPC 高 55.1℃，改性后改善了共聚物的热性能和力学性能。

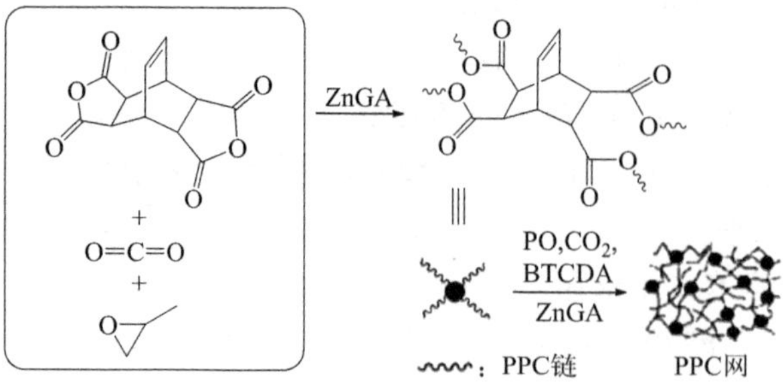

图 3-6 戊二酸锌催化 $COCO_2$/PO/BTCDA 的三元共聚反应

通常情况下，交联结构的引入能改善聚合物的热稳定性和力学性能，目前报道的交联体系均采用非均相催化剂，一般是通过环氧化物或环酸酐的双键来形成交联结构，如烯丙基缩水甘油醚（AGE）、MA、MA 的同分异构体衣康酸酐[24] 等。孟跃中课题组[25] 利用过氧化二异丙苯（DCP）作为交联剂，使 CO_2/PO/MA 三元共聚物交联。2016 年，Müller 课题组[26] 通过以 CO_2/PO/烯丙基缩水甘油醚（AGE）/MA 四元共聚物为基体合成交联的二氧化碳基透明薄膜，通过添加引发剂过氧化二苯甲酰（BPO），使聚合物中电子给体 AGE 和电子受体 MA 的双键进行交联反应。有趣的是，通过调整单体的加料顺序可以调节凝胶产物的黏度、凝胶时间和硬度。2019 年，丰九英课题组[27] 设计了一种 PPC 交联网络（图 3-7），CO_2、PO、缩水甘油糠醚（FGE）和 MA 在戊二酸锌的催化下共聚，利用共聚物中 FGE 的呋喃环和 MA 的双键进行 D-A 反应形成交联网络。另一种形成凝胶结构的方法是引入二酸酐单体，丰九英课题组利用均苯二酸酐（PMDA）[28] 和双环[2,2,2]癸-7-烯-2,3,5,6-四羧酸二酐（BTC-DA）[29] 与 PO/CO_2 共聚，实现了热性能和力学性能增强的伪互穿 PPC 网络的合成。

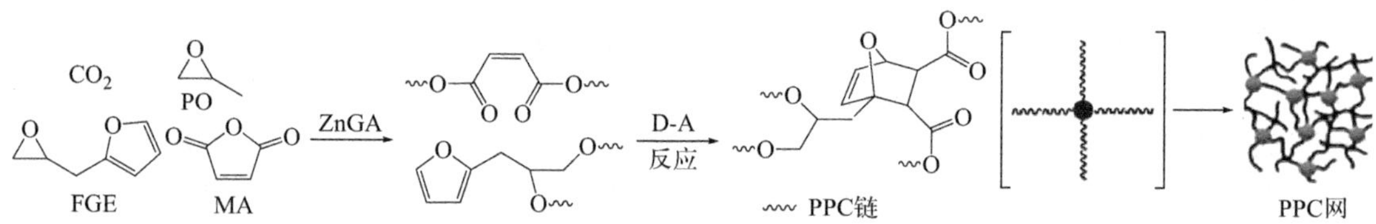

图 3-7 由 $COCO_2$/PO/MA/FGE 四元共聚制备 PPC 交联网络

3.1.2 二氧化碳/环氧化物/环酸酐三元共聚的非金属催化体系

近年来，非金属催化剂也被用于 CO_2/环氧化物/环酸酐的三元共聚反应。2020 年，中山大学孟跃中团队首次用非金属催化剂（TEB/PPNCl）合成了聚酯-聚碳酸酯嵌段共聚物[30]。由于加了四氢呋喃（THF）做溶剂，反应时间较长（24～48h），于是研究了 CO_2/PO/苯酐（PA）的本体共聚，将反应时间缩短至 4～10h[31]。TEB 搭配不同类型的 Lewis 碱能合成无规共聚物以及具有渐变结构的嵌段共聚物，总体来说生成聚酯的速率比较快。2021 年冯晓双课题组通过改变 PO/PA 的比例和聚合步骤合成了具有不同结构的 CO_2/PO/PA 三元共聚物（图 3-8）：当 PO/PA＞10/1 时合成具有渐变结构的嵌段共聚物；当 PO/PA＜10/1 得到无规共聚物；通过后加 CO_2的方式合成了嵌段共聚物[32]。Kerton 团队用三苯基硼（TPB）/PPNCl 催化剂、通过后加 CO_2的方式合成了 CO_2/CHO/PA 和 CO_2/CHO/THPA 两种二嵌段共聚物[33]。李志波团队用 TEB/PPNCl 催化 CO_2/CHO/PA 通过一锅一步法制备几乎完美的二嵌段共聚物，并通过理论计算验证了 CHO/PA 开环聚合的速率高于 CO_2/CHO 的速率[34]。

孟跃中课题组采用三乙基硼烷（TEB）催化 PA/EO/CO_2 一釜共聚的方法成功合成了

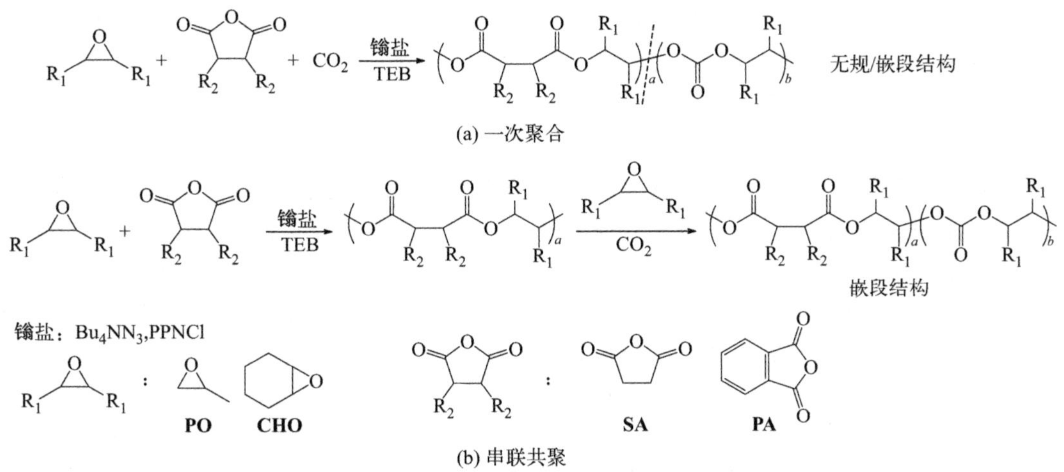

图 3-8 CO_2/环氧化物/环酸酐三元共聚合成方法

聚酯聚碳酸酯三元聚合物[35]。该 PA/EO/CO_2 三元聚合物被证明是梯度结构，并表现出两个分离的 T_g，分别对应于 PA/EO 聚酯段和包含 PA—EO—CO_2 键的 PEC 段。该梯度三元共聚物表现出比 PEC 更好的热性能和力学性能。随后，该团队发现由三乙基硼烷和三乙胺（TEA）组成的最简单的 Lewis 酸碱对，在环氧丙烷、二氧化碳和苯酐的共聚反应中，即使在很低的催化剂负载下也可表现出很高的催化活性[36]。如图 3-9 所示，在 PO/PA/TEB/TEA 投料比为 16000/2000/4/1 以及 65℃的条件下实现了低循环碳酸盐含量不超过 5.0%（质量分数）的环状碳酸酯副产物和高达 1.2kg 聚合物/g 催化剂的高产率。合成的共聚物分子量达到了 131000，聚合物分散度指数（PDI=1.31）较窄，是均相二元催化剂体系催化的结果中最高的。TEB/TEA(1/1) 适用于 CO_2 与各种环氧化物和环酸酐的无规共聚物，而用铵盐（PPNCl）取代 TEA 可获得选择性较差的准嵌段共聚物。有趣的是，少量 PO（摩尔分数为 1%的 CHO）的加入可以显著提高环氧环己烯（CHO）与 PA 和 CO_2 共聚的低活

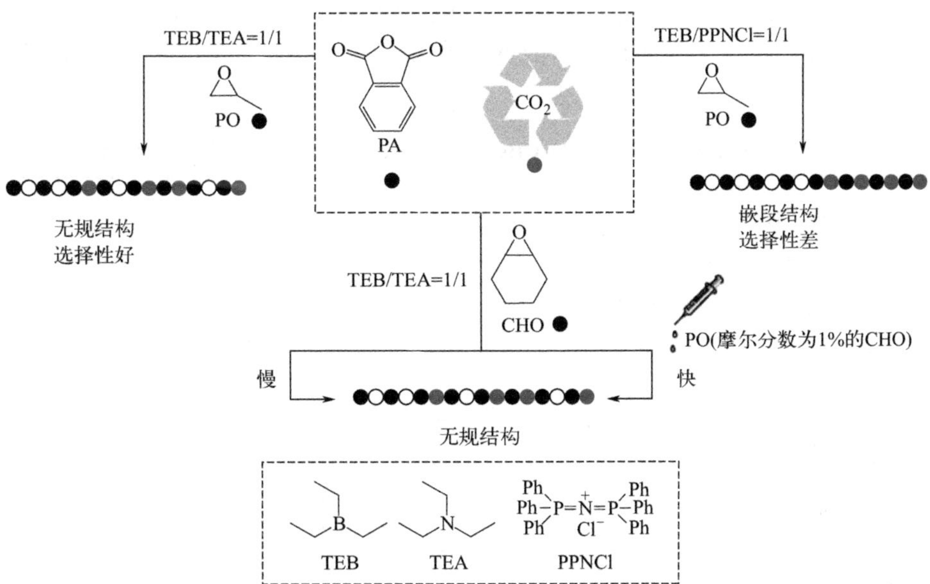

图 3-9 TEB/TEA 和 TEB/PPNCl 催化环氧化物/二氧化碳/苯酐共聚反应分别得到无规和嵌段序列的聚合物

性，这可能是由于 PO 在引发期具有较强的开环能力。通过添加不同的环氧化物和环酸酐，合成聚合物的玻璃化转变温度可在 34～131℃范围内调节。下面将介绍二氧化碳/环氧化物/苯酐多元共聚合成聚酯-聚碳酸酯共聚物的两个典型案例。

【案例一】 二氧化碳/环氧环己烷/环氧丙烷/苯酐四元共聚合成半芳香性聚酯碳酸酯共聚物

据文献报道，芳基硼烷如三苯基硼（TPB）和氟代三苯基硼（BCF）可用于催化环氧化物/CO_2 共聚合成聚碳酸酯，但与烷基硼烷相比，它们成本高且催化活性相对较低[37]。因此，本案例选用 TEB/PPNCl 为非金属催化剂中的路易斯酸/碱组分，用于制备聚酯碳酸酯嵌段共聚物，其中 Cl^- 为引发基团，反应过程见图 3-10。

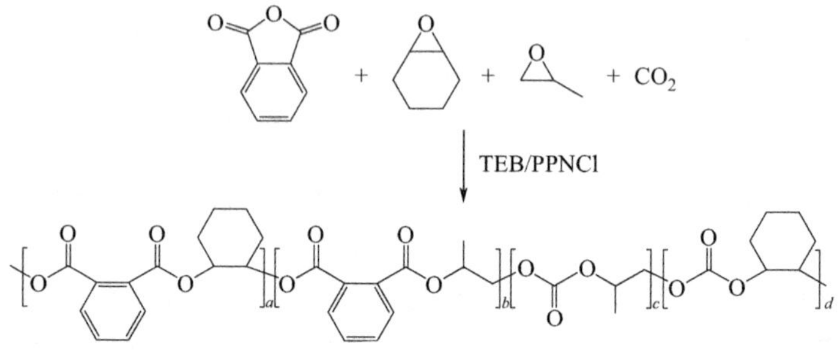

图 3-10 环氧环己烷、环氧丙烷、苯酐和 CO_2 合成聚酯碳酸酯示意图

反应条件的优化结果见表 3-1，探究了反应温度、CO_2 压力、引发剂种类和含量以及催化剂酸碱组分比例对反应的影响。首先，以 TEB/PPNCl/CHO/PO/PA＝2/1/500/500/500 的进料比在不同温度下进行反应（表 3-1，序号 1～4），当反应温度从 60℃升到 100℃且固定反应时间为 24h 时，CHO 和 PO 的转化率都有增加说明共聚反应速率随温度提高，但温度越高聚碳酸丙烯酯越容易发生聚合物链活性末端“回咬”形成热力学稳定的碳酸丙烯酯副产物，导致选择性降低。选择性的计算见图 3-11，为聚合物链中的 PO 与已反应 PO 的百分比，因为 CHO 在当前的反应温度下不会生成环状碳酸酯，所以选择性的计算只以 PO 相关的反应为基础。为了保证反应具有较高的选择性和反应速率，优化选择 70℃作为后续实验的反应温度。

表 3-1 不同反应条件下合成 CHO/PO/PA/CO_2 四元共聚物的反应结果①

序号	TEB/PPNCl/CHO/PO/PA	温度/℃	时间/h	转化率②/%		选择性③/%	M_n/PDI④
				CHO	PO		
1	2/1/500/500/500	60	24	60	63	>99	22600/1.15
2	2/1/500/500/500	70	24	90	92	94	53200/1.16
3	2/1/500/500/500	80	24	98	98	90	52200/1.16
4	2/1/500/500/500	100	24	98	98	54	24400/1.13
5⑤	2/1/500/500/500	70	24	81	89	93	37900/1.20
6⑥	2/1/500/500/500	70	24	89	92	95	41800/1.16
7⑦	2/1/500/500/500	70	24	85	87	95	49800/1.16
8⑦	2/1/500/500/500	80	24	93	93	84	44600/1.16
9⑧	2/1/500/500/500	70	24	97	90	89	58800/1.17

续表

序号	TEB/PPNCl/CHO/PO/PA	温度/℃	时间/h	转化率②/%		选择性③/%	M_n/PDI④
				CHO	PO		
10⑧	2/1/750/750/750	70	48	93	95	92	70000/1.15
11⑧	2/1/1000/1000/1000	70	48	92	96	96	74000/1.14
12⑧	4/1/1000/1000/1000	70	48	97	97	93	77700/1.16
13⑧	6/1/1000/1000/1000	70	48	97	96	93	75200/1.16
14	4/1/1500/1500/1500	70	96	95	95	80	63800/1.14
15⑧	4/1/1500/1500/1500	70	96	90	92	89	73700/1.18

① 所有聚合反应（3.05mL CHO+2.10mL PO+4.4436g PA）在 50mL 高压釜中进行（1MPa CO_2 和 15mL THF），或在其他提到的条件下进行；PA 完全消耗。

②和③ 通过核磁测定。

④ 通过 GPC 测定。

⑤ 0.5MPa CO_2。

⑥ 1.5MPa CO_2。

⑦ 用 Ph_4PCl 代替 PPNCl。

⑧ PA 经升华后使用。

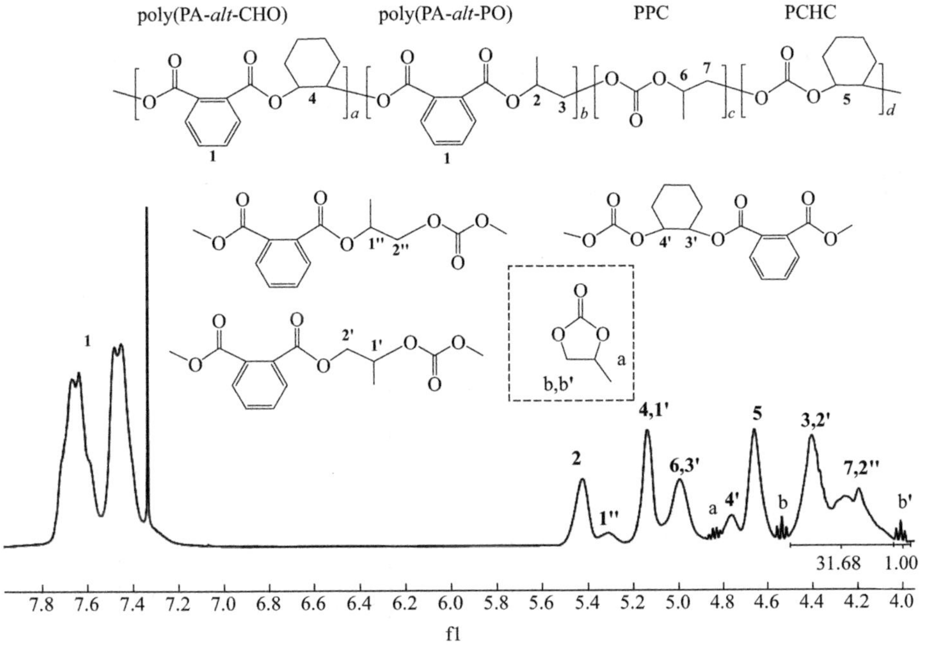

图 3-11 反应液的 ^{1}H-NMR 谱图（表 3-1，序号 2，选择性的计算根据以下公式，选择性=[1−1/(1+31.68/2)]×100≈94%）

CO_2 的压力大小影响其在反应体系中的浓度，所以选择合适的压力很重要（表 3-1，序号 2，5，6）：当压力为 0.5MPa 时，由于 CO_2 的溶解量较少，影响聚碳酸酯的生成速率；当施加压力为 1.5MPa 时，对反应速率的影响不大。综合考虑反应速率和设备耐压成本，选择 1MPa 的 CO_2 进行反应，这与文献中报道用此催化剂合成聚碳酸酯时的压力相同[38]。表 3-1 中序号 2、3、7、8 对比了分别以 PPNCl 和 Ph_4PCl 作为路易斯碱组分时对反应的影响，发现在相同反应条件下 PPNCl 的催化效果略优。表 3-1 中序号 9～11 和 15 表明聚合物的分子量随单体与引发剂比例的增加而增大，但当引发剂含量低到某个程度时，分子量不再增加，因为当苯酐中的二酸含量远高于引发剂含量的时候，改变引发剂含量就不能有效影响分子量了；而将苯酐进行升华纯化后，苯酐中二酸的质量分数由 0.69%降至 0.21%，分子量也从 63800 升至 73700。将 TEB/PPNCl 的比例从 2/1 增大至 6/1（表 3-1，序号 11～13），发现分子量的变化不大，所以反应采用 TEB/PPNCl=2/1 就足够了。

四元共聚物的^{1}H-NMR 和^{13}C-NMR 结构见图 3-12。聚酯和聚碳酸酯结构中氢的信号峰

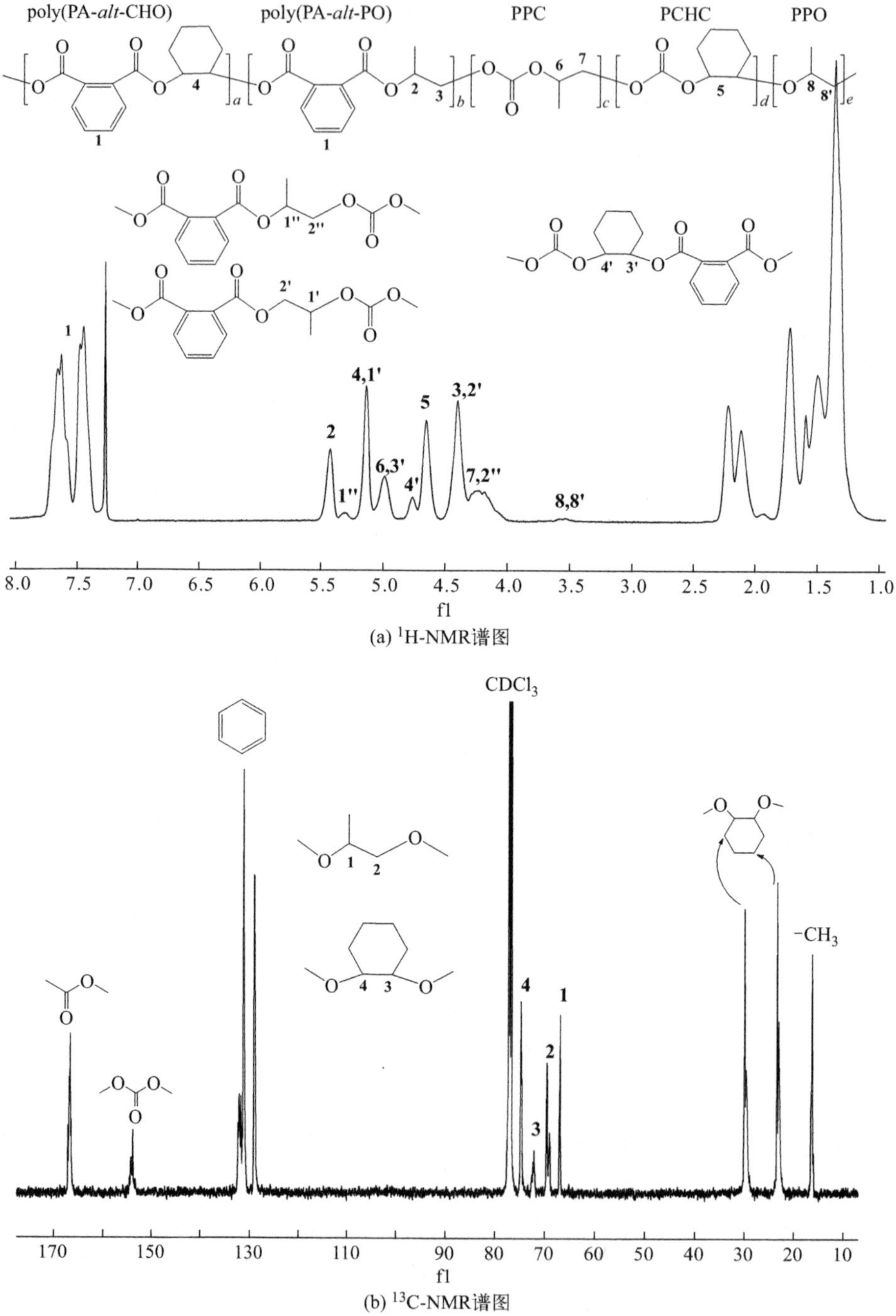

(a) ^{1}H-NMR谱图

(b) ^{13}C-NMR谱图

图 3-12 共聚物的^{1}H-NMR 和^{13}C-NMR 谱图（表 3-1，序号 2）

较强并用数字 1～7 进行标记，表明共聚物链主要由四种链段构成，即 poly(PA-*alt*-CHO)、poly(PA-*alt*-PO)、PPC 和聚碳酸环己酯（PCHC）。标记为 8 和 8′的弱峰（δ=3.42～3.64）为聚环氧丙烷（PPO）的信号峰，计算得出产物中 PPO 的摩尔分数约为 1%，计算方法见图 3-13。不同于 PO 会均聚生成 PPO，CHO 单体在 TEB/PPNCl 催化体系下无法均聚形成聚醚，且由于 PPO 含量太少，可以认为四元共聚物是由聚酯和聚碳酸酯链段组成的。图 3-14(b) 中除了四种主要链段的信号峰，还有一些强度较弱的峰（如 1″和 4′）。根据文献报道的结构并做合理的推测[39]，可以认为聚合物中存在聚酯和聚碳酸酯链段的连接峰，分别为两种 PA-PO-CO_2 结构和一种 PA-CHO-CO_2 结构。除峰 1″和 4′外，其余信号峰均与主要链段的信号峰重叠导致无法识别。即使在^{1}H-^{13}C HMBC 谱图中也很难区分连接片段的信号，但 A～D 信号的出现再次证明共聚物中含有四种主要链段（图 3-14）。研究发现，CHO/PO/PA 三者反应能得到无规的聚酯（PE），CHO/PO/CO_2 三者反应能得到无规的聚碳酸酯（PC），为了验证 CHO/PO/PA/CO_2 四元共聚物中 PE 链段和 PC 链段是连在一起形成聚合物链而不是各自游离形成 PE/PC 共混物，将产物进行扩散序谱（DOSY）测试，发现产物仅显示一个扩散系数，而 PE 和 PC 共混的样品有两个扩散系数，表明目标产物是共聚物而不是 PE/PC 共混物，DOSY 结果见图 3-15。

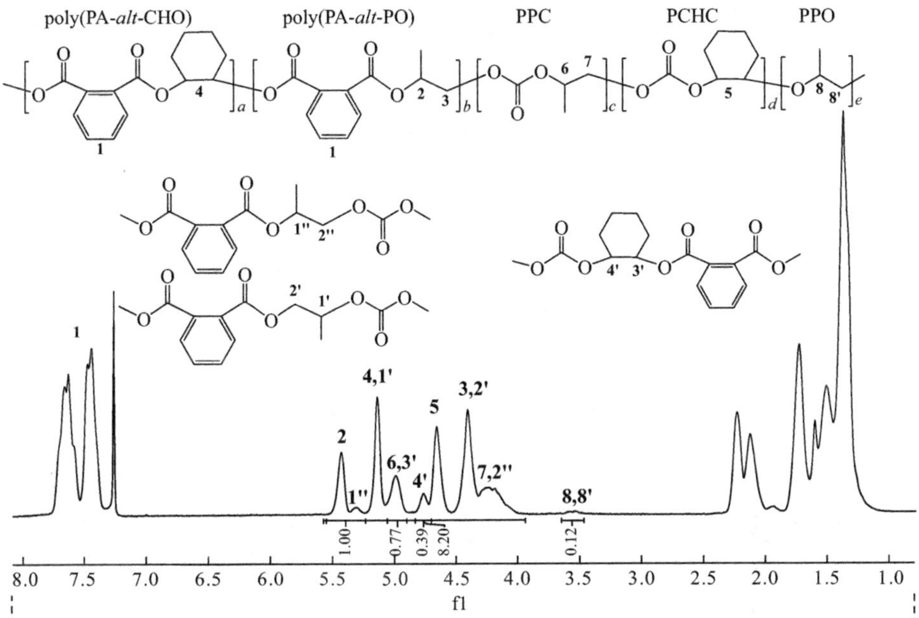

乙醚连接的含量由以下公式计算：

$$PPO\% = \frac{\frac{I(8,8')}{3}}{\frac{I(8,8')}{3} + \frac{I_4+I_3'+I_4'+I_5+I_3+I_2'+I_7+I_2''}{2}} \times 100\%$$

其中大写字母I代表积分峰面积：$I_3'=I_4'$

$$因此\ PPO\% = \frac{\frac{0.12}{3}}{\frac{0.12}{3} + \frac{8.20-1-0.77+0.39}{2}} \times 100\% = 1.16\%$$

图 3-13 聚合物中 PPO 含量的计算

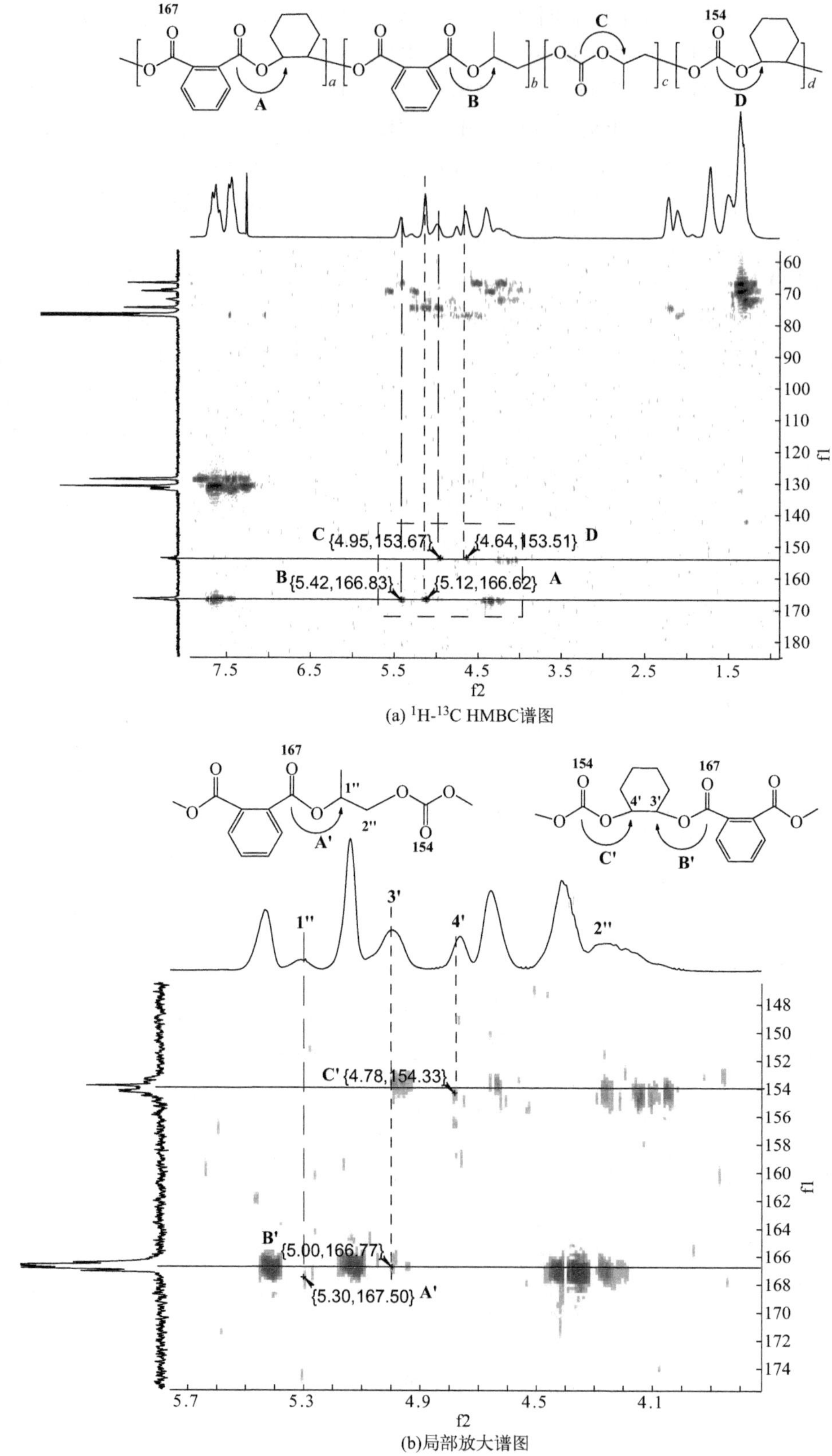

图 3-14　共聚物的^{1}H-^{13}C HMBC 谱图和局部放大谱图（表 3-1，序号 2）

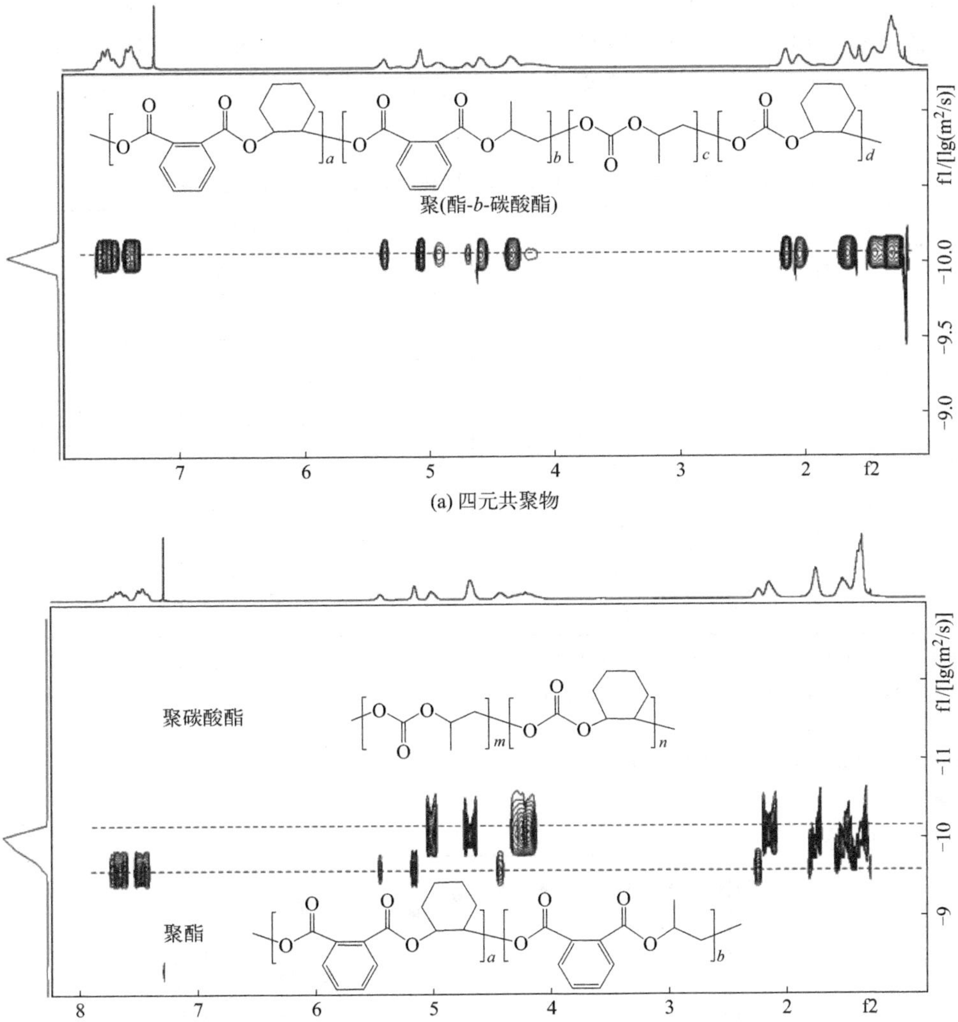

图 3-15 四元共聚物和 PE/PC 共混物的 DOSY 谱图

为了探究四元共聚的反应过程，专门研究一个特定反应在不同反应时间下的^{1}H-NMR 和 GPC 测试结果，以观察 PA 的转化率、酯/碳酸酯单元含量以及分子量的变化，期望得到 CHO/PO/PA/CO_2 共聚时候的链增长信息。此反应的投料比为 TEB/PPNCl/CHO/PO/PA＝2/1/500/500/500，以 THF 为溶剂，反应温度为 70℃，在 1MPa CO_2 压力下反应 24h，每间隔 2h 取一次样，测试结果见表 3-2。PA 转化率、酯键含量和碳酸酯键含量随反应时间变化的趋势图（图 3-16）表明，PA 在前 8h 的反应速率很慢，8h 后迅速反应，表明 TEB/PPNCl 催化体系存在约 8h 的“诱导期”。从反应过程的^{1}H-NMR 谱图中（图 3-17）可以看出，当反应进行到 12h 时，谱图中只有 CHO/PO/PA 共聚物的信号峰，说明聚酯的生成速率较快；延长反应时间到 16h，此时大部分 PA 被消耗，出现 PA-环氧化物-CO_2 连接片段信号峰，说明 CO_2 能插入到聚酯链活性末端，但在 $\delta=4.65$ 处几乎没有 PCHC 的信号峰，表明 PA 的存在阻碍了聚碳酸酯的形成。此处以 PCHC 信号峰的出现作为聚碳酸酯形成的证据是合理的，因为文献中实验数据和理论计算结果表明，CHO/CO_2 共聚反应活性比 PO/CO_2 的高[38,40]。当 PA 完全消耗后，随着反应的进行，聚碳酸酯链段不断增长：

PCHC 信号峰不断增强，PPC 特征信号出现，且出现了 PPC 链段的“回咬”产物——碳酸丙烯酯。连接峰的出现表明 PE 和 PC 链段是连在一起的，在不同时间取样的 GPC 测试结果（图 3-18）也证明了这个结论，因为聚合物的分子量随反应时间的延长而增大，且谱图中没有出现其他信号峰，说明聚碳酸酯链不是由小分子重新引发生成的。

表 3-2 $CHO/PO/PA/CO_2$ 四元共聚在不同反应时间的测试结果①

序号	时间/h	转化率②/%			选择性③/%	组分④(摩尔分数)/%				M_n/PDI⑤
		CHO	PO	PA		CHO	PO	PA	CO_2	
1	4	3	3	6	100	25	25	50	0	ND⑥
2	8	5	9	14	100	18	22	50	0	16100/1.20
3	12	20	36	56	>99	18	22	50	0	21800/1.21
4	16	50	59	99	99	23	27	46	4	37000/1.19
5	18	60	65	100	99	24	26	40	10	40100/1.18
6	20	71	69	100	98	25	25	36	14	44700/1.19
7	22	86	84	100	96	26	24	30	20	46500/1.16
8	24	90	88	100	93	26	24	29	21	48100/1.15

① 所有聚合反应（3.05mL CHO＋2.10mL PO＋4.4436g PA）在 50mL 高压釜中进行（1MPa CO_2，15mL THF，70℃，24h），投料比 CHO/PO/PA/PPNCl/TEB 为 500/500/500/1/2。

②③④ 通过核磁测定。

⑤ 通过 GPC 测定，条件为 0.5MPa CO_2。

⑥ 未确定。

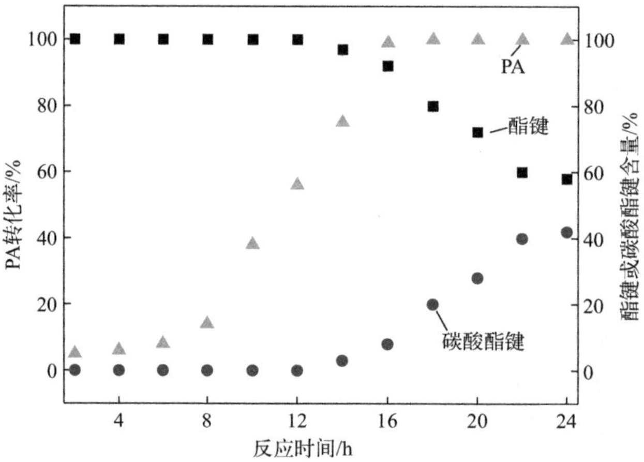

图 3-16 $CHO/PO/PA/CO_2$ 共聚反应时 PA 转化率（三角形）、酯键含量（正方形）和碳酸酯键含量（圆形）随反应时间的变化趋势图

前面在研究反应的链增长过程中发现，聚合物的 GPC 谱图信号峰为双峰，出现这种现象的原因要从聚合反应机理中寻找。文献报道了很多均相金属催化剂催化环酸酐、环氧化物和 CO_2 的三元共聚反应，其反应机理也比较成熟，即在两个催化循环过程之间有一个共同的金属醇盐中间体[41,42]。参照已知机理，在此提出非金属催化剂催化环酸酐、环氧化物和 CO_2 的共聚机理（图 3-19），与金属催化体系类似，聚合反应机理主要包含两个催化循环过程，两者的交集是三乙基硼和双(三苯基膦亚基)铵（PPN^+）共同稳定的烷氧负离子活性末

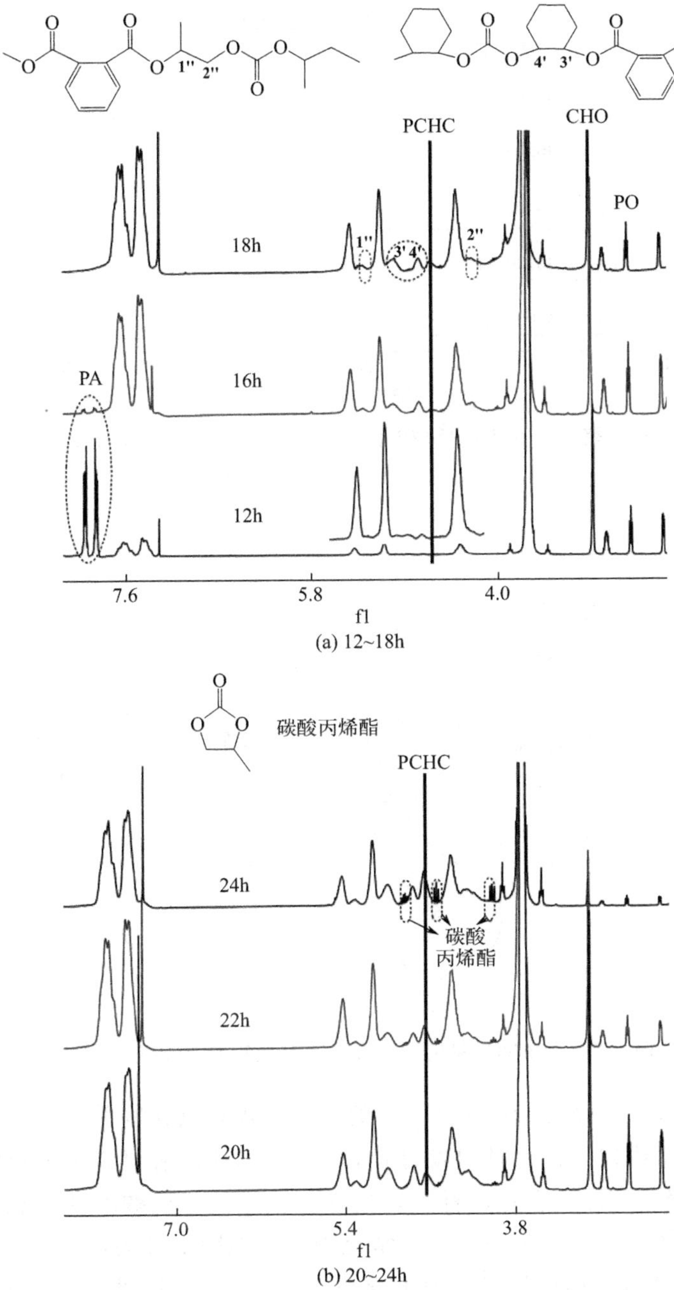

图 3-17　聚合物在不同反应时间取样的[1]H-NMR 谱图

端（活性末端最初由环氧化物开环得到）。考虑单体的反应活性，很明显环酸酐或 CO_2 插入到烷氧负离子活性末端的速度快于环氧化物插入其中的速度[43]，所以体系中聚酯和聚碳酸酯优先于聚醚的形成。前面不同时间取样的[1]H-NMR 已经证明在环酸酐存在的条件下，活性末端优先与环酸酐反应，所以先进行聚酯循环（polyester cycle）过程，即优先形成聚酯。在聚酯循环中，环酸酐插入的速度（过程 A）很快，所以决速步骤是过程 D；在聚碳酸酯循环中，CO_2 的插入速率较快（过程 B），所以决速步骤是过程 C。这与以 TEB 为催化剂合成聚碳酸酯时环氧化物插入羧酸末端是限速步骤的结论一致[40]。

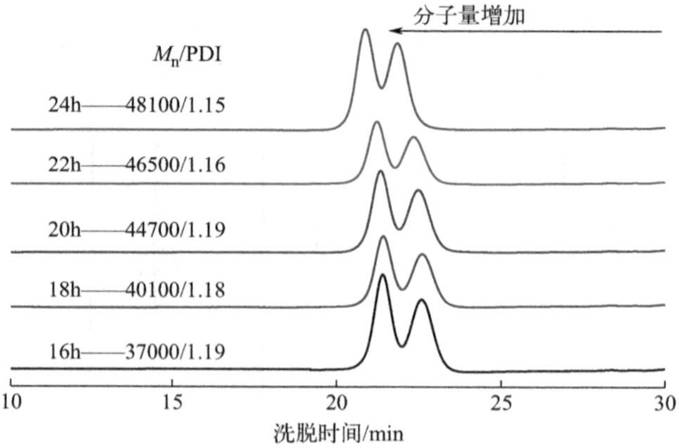

图 3-18 聚合物在不同反应时间的 GPC 图（表 3-2，序号 4～8）

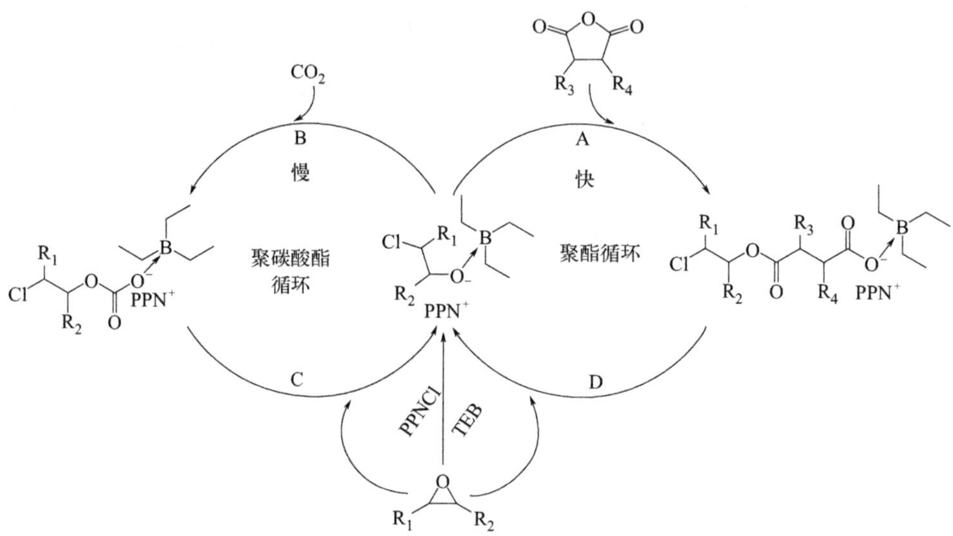

图 3-19 TEB/PPNCl 催化环酸酐、环氧化物和 CO_2 反应机理图

图 3-19 机理图中，引发步骤为 PPNCl 中的 Cl^- 进攻环氧化物并使之开环形成烷氧负离子活性末端。如果体系中仅有这一种引发过程，产物的 GPC 谱图应该为单峰而不是现在的双峰（图 3-20），双峰代表体系存在两种引发过程。参考关于环酸酐和环氧化物共聚的报道结果，可知环酸酐单体中水解产生的二酸通常充当双官能团引发剂，导致实验得到的分子量低于理论值且 GPC 信号峰为双峰[44]。为了弄清 GPC 双峰的归属，分别用升华前后的 PA 在相同反应条件下合成聚合物，其 GPC 结果见图 3-20。无论 PA 是否升华，GPC 曲线第一个峰的分子量均为第二个峰的两倍，说明第一个峰对应的聚合物链由双官能团引发剂引发；当 PA 升华后里面的二酸含量减少，产物第一个 GPC 峰的比例从 63％下降到 51％，说明第一个 GPC 峰是由二酸引发的。明显看到使用升华后的 PA 能合成更高分子量的产物，因为整个体系里的引发剂减少了。总的来说，TEB/PPNCl 催化的 CHO/PO/PA/CO_2 四元共聚体系存在 Cl^- 和二酸两种引发剂，其引发过程及聚酯链增长过程见图 3-21。路径 A 由 Cl^- 引发，聚合物链只能从一个方向增长；路径 B 由二酸引发，聚合物链能同时从两个方向增长，所以其增长速率为路径 A 的两倍，体现在分子量是单引发的两倍。此机理已有相关文

献进行报道[44]。通过两种引发方式得到的 CHO/PO/PA/CO_2 四元共聚物具有两种结构，分别为聚酯-聚碳酸酯二嵌段和聚碳酸酯-聚酯-聚碳酸酯三嵌段共聚物，见图 3-22。

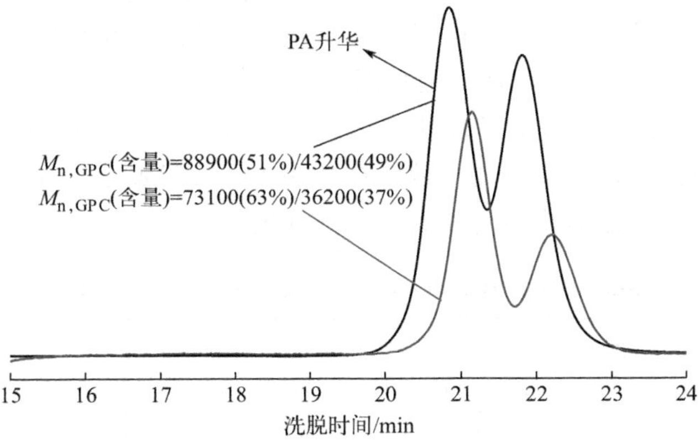

图 3-20　升华前后 PA 合成聚合物的 GPC 图（表 3-1，序号 2 和 10）

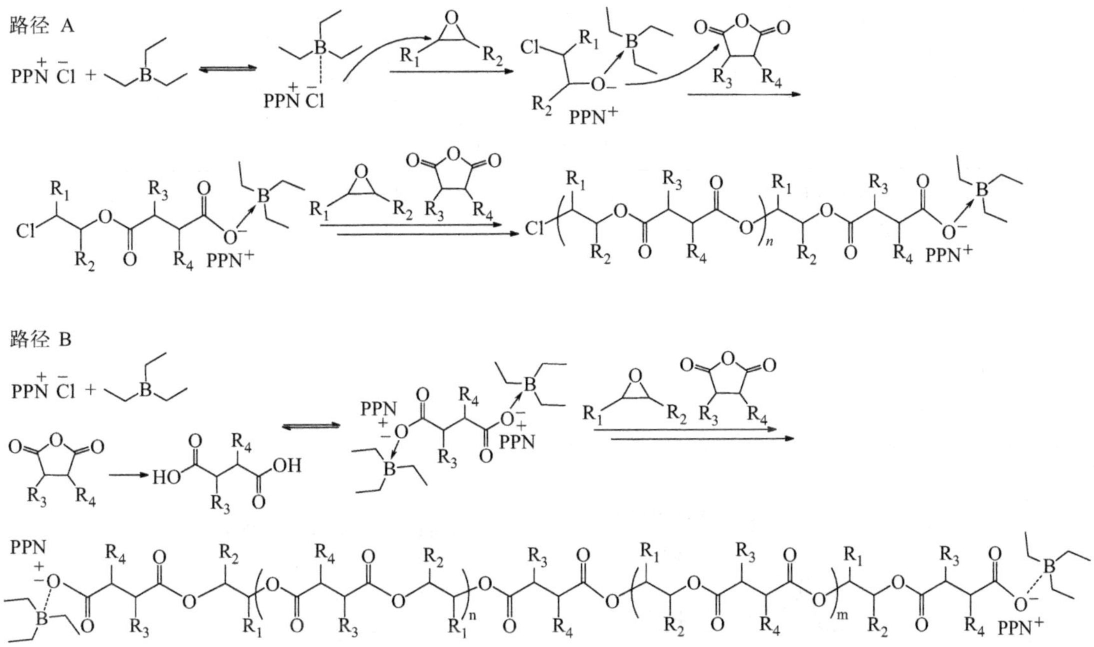

图 3-21　TEB/PPNCl 催化环氧化物和环酸酐共聚的反应机理

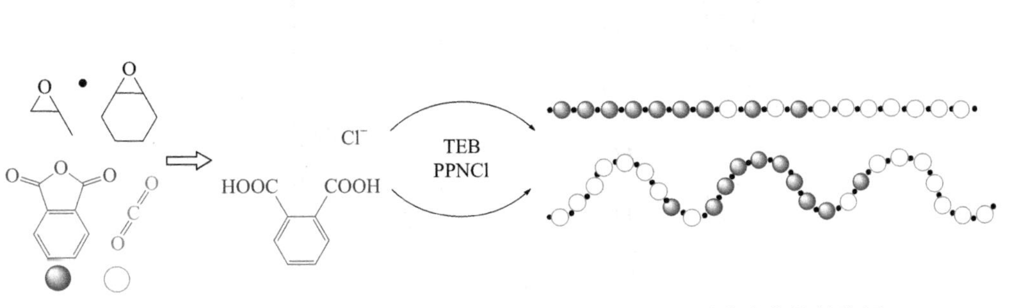

图 3-22　TEB/PPNCl 催化合成 CHO/PO/PA/CO_2 四元共聚物的结构图

从表 3-1 中可以看出 CHO/PO/PA/CO_2 四元共聚反应中 PA 能完全转化完，且 PO 和 CHO 的转化率较高，所以通过改变 CHO/PO/PA 的投料比可以调控四元共聚物的组成。为了方便对比，除了合成四元共聚物外，还合成了纯聚酯（PE）和纯聚碳酸酯（PC），如表 3-3 所示，反应在 70℃下反应 48h 时后，环氧化物单体的转化率较高，合成了分子量范围在 58.7～73.0 的聚合物（^{1}H-NMR 结构见图 3-23）。四元共聚时，已转化的 CHO 都进入分子链中，而部分转化了的 PO 变成了环状副产物，所以聚合物中 CHO/PO 的比率高于它们的投料比。本工作的目的是希望合成一种能在某些领域替代聚苯乙烯的可降解材料，要求具有较高的 T_g（>90℃），好的热稳定性和较高的强度。

表 3-3 CO_2/CHO/PO/PA 共聚物的热性能和力学性能①

序号	CHO/PO/PA	转化率②/%		选择性③/%	组分④(摩尔分数)/%				M_n/PDI⑤	T_g⑥/℃	$T_{5\%}$⑦/℃	T_{max}⑦/℃	应力/MPa	应变/%
		CHO	PO		CHO	PO	PA	CO_2						
1	2/2/1	94	95	84	27	23	14	36	59800/1.17	95	227.6	355.4	48	9.67
2	2/2/3	89	90	98	25	25	42	8	58700/1.16	102	305.2	355.9	55	10.0
3	3/1/2	90	92	95	38	12	27	23	61200/1.18	116	296.0	350.9	54	9.84
4	1/3/2	90	93	81	15	25	31	19	70300/1.21	86	273.7	359.8	31	11.0
5	1/1/1	92	96	90	26	24	28	22	73000/1.14	96	263.2	357.0	53	8.17
6	PC⑧	93	91	75	28	22	0	50	60000/1.19	82	260.0	284.5	47	14.8
7	PE⑨	96	98	100	24	26	50	0	58900/1.18	91	316.2	360.5	57	9.51

① 所有聚合反应（CHO 和 PO 的总量是 60 mmol）在 50mL 高压釜中进行（1MPa CO_2，15mL THF，70℃，48h），投料比（CHO+PO）/PPNCl 为 2000/1。

②③④ 通过核磁测定。

⑤ 通过 GPC 测定，0.5MPa CO_2。

⑥ 通过 DSC 测定。

⑦ 通过 TG 测定。

⑧ CHO/PO/PPNCl=1000/1000/1。

⑨ CHO/PO/PA/PPNCl=1000/1000/1000/1，无 CO_2。

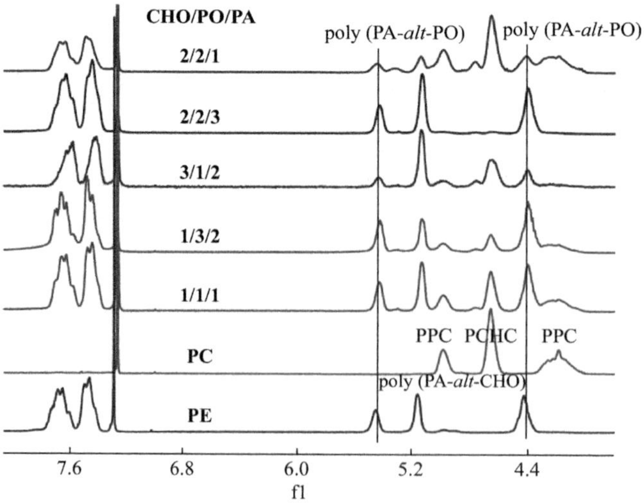

图 3-23 PC、PE 和不同组分的聚酯碳酸酯的^{1}H-NMR 谱图

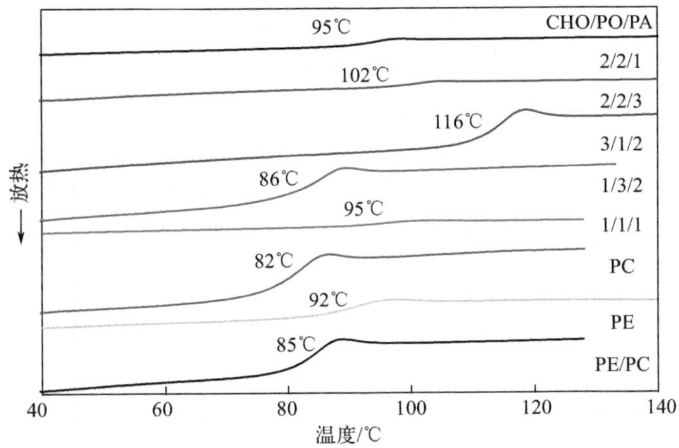

图 3-24 聚合物在第二次升温时测的 DSC 曲线图

众所周知，当两种结构不同但相容性好的无定形聚合物混合在一起时，只能检测出一个 T_g 值，且这个值介于两种聚合物各自的 T_g 值之间。所以将 PE（T_g=91℃）和 PC（T_g=82℃）共混后进行 DSC 测试只检测出一个中间值（T_g=85℃），证明 PE 和 PC 的相容性好。四元共聚产物通过 DSC 测试，发现所有样品都只有一个 T_g，说明嵌段共聚物中 PE 和 PC 链段不出现相分离（图 3-24）。当四元共聚物中的 PO 和 PA 含量较高而 CHO 含量较低时（表 3-3，序号 4），T_g 值较低（86℃）；而当 PO 和 CHO 含量较高而 PA 含量较低时（表 3-3，序号 1），T_g 值能达到 95℃，说明聚合物中 CHO 的含量对 T_g 的影响比 PA 的大。比较四种链段的 T_g 值就能说明问题，poly(PO-*alt*-PA)（62℃），poly（CHO-*alt*-PA）（133℃），PPC（34℃），PCHC（125℃），发现 CHO 共聚物的 T_g 较高，所以提高 CHO 占比更容易提高 T_g。四元共聚物的 T_g 值可以通过增加 PA 或 CHO 的含量来提高到 90℃以上，但综合考虑材料的降解性和原材料成本，CHO/PO/PA=1/1/1 或许是一个比较优的投料比（表 3-3，序号 5）。

通过 TG 评估材料的热稳定性，如图 3-25 所示，四元共聚物的初始分解温度（$T_{5\%}$）温度介于 PC（$T_{5\%}$=260.0℃）和 PE（$T_{5\%}$ = 316.2℃）（除样品 2/2/1 外）；最大失重温度也在 PC 和 PE 之间（350.9～359.8℃），更接近 PE 的失重温度（T_{max} = 360.5℃）。TG 结果明显看出聚合物链中 PC 链段的热稳定性不如

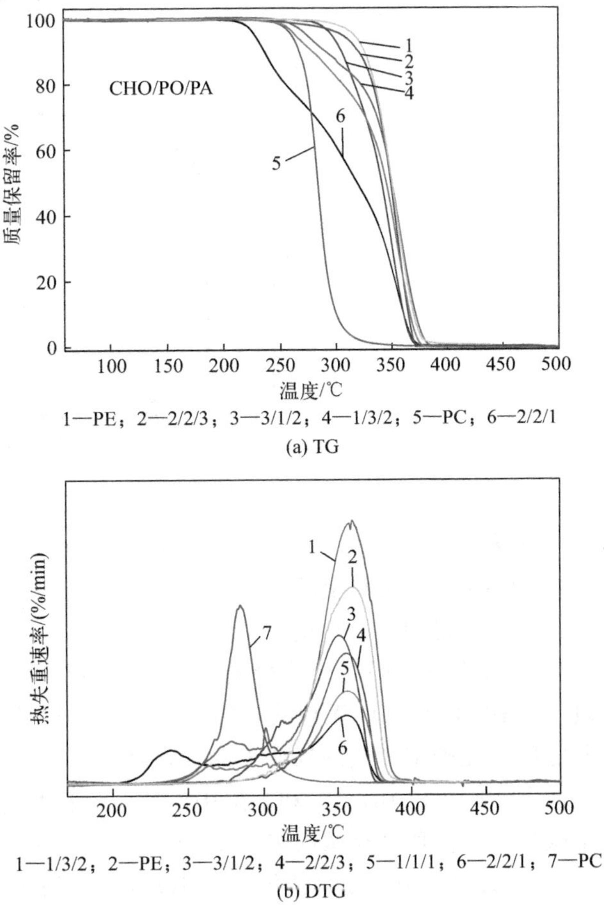

图 3-25 PC、PE 和四元共聚物的 TG 和 DTG 图

PE链段。图3-26拉伸性能测试表明，除高PO含量样品（1/3/2）外，四元共聚物的拉伸应力高于48MPa，但拉伸应变均低于11%，说明材料呈脆性。从外观上看，PE，PE和四元共聚物都是无色透明的，这是因为材料为非晶结构且合成材料所用催化剂是均相非金属催化剂。为了表征材料的透明性，通过紫外-可见分光光度计测试光透过率，如图3-27所示，三种薄膜（约0.024mm厚）在600～1000nm范围内的透光率超过85%，表明聚合物具有良好的透明度。综上四元共聚物的 T_g 值和力学性能与商业聚苯乙烯的相近[45]。

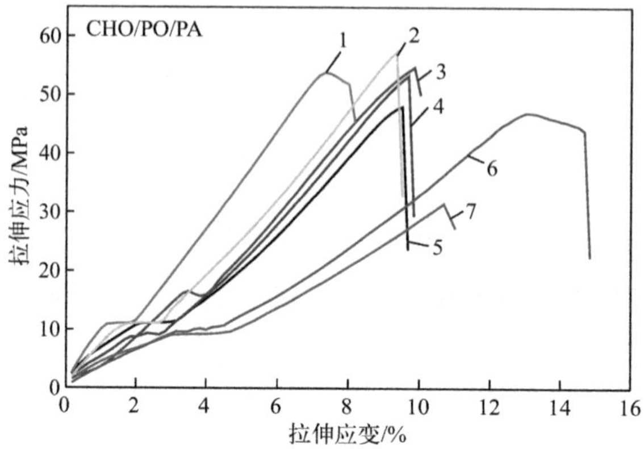

1—1/1/1；2—PE；3—2/2/3；4—3/1/2；5—2/2/1；6—PC；7—1/3/2

图3-26 聚合物的拉伸应力-应变曲线

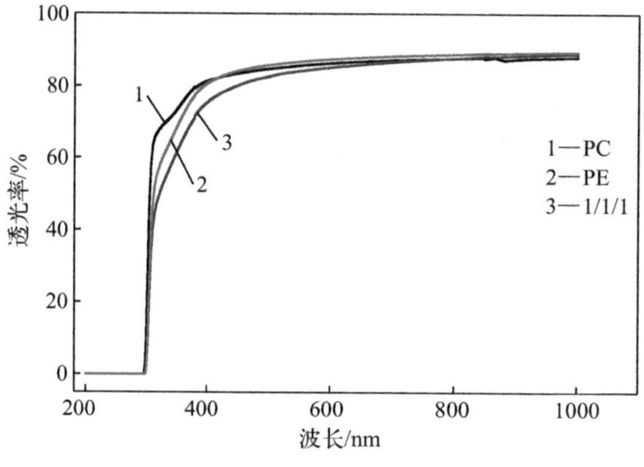

图3-27 材料的紫外-可见光吸收谱图

在该案例中，研究人员选用非金属TEB/PPNCl路易斯酸碱对作为催化剂，催化CHO/PO/PA/CO_2四元共聚反应，成功合成聚酯-聚碳酸酯嵌段共聚物。对其进行机理研究和性能分析，可得到以下结论：

① 聚合反应时先生成聚酯链段（CHO/PO/PA无规共聚物），然后再生成聚碳酸酯链段（CHO/PO/CO_2无规共聚物），当大量PA转化完后，CO_2开始参与反应，所以两种链段之间存在聚酯含量逐渐变少的连接峰。

② PPNCl中的Cl^-和苯酐中的邻苯二甲酸都能作为引发剂，所以合成的聚合物为聚酯-聚碳酸酯二嵌段和聚碳酸酯-聚酯-聚碳酸酯三嵌段共聚物的混合物，其GPC曲线为双峰。

③ 共聚时PA完全转化且CHO和PO的转化率高，所以通过改变单体投料比可以调控聚物链中各组分的含量，进而调控产物的 T_g 值（86～116℃）。

④ 产物具有好的透明度，在 600～1000nm 可见光范围内透过率大于 85%。

⑤ 产物拉伸强度高，可达 55MPa，但断裂伸长率在 11%以内，为脆性材料。

⑥ 四元共聚物其具有与商业聚苯乙烯相似的热性能、力学性能和透明度，因此可能替代不可降解聚苯乙烯在某些领域中的应用。

【案例二】 不同序列结构的二氧化碳/环氧丙烷/邻苯二甲酸酐三元共聚物 PPC-P 的合成

（1）无规 PPC-P 三元共聚物

无规 PPC-P 的合成：将 50mL 不锈钢高压反应釜及聚四氟内衬在 110℃下进行干燥，后转移至手套箱中。将 PA（27mmol）、PPNCl（0.11mmol）、PO（270mmol）、TEB（0.22mmol）依次投入反应釜中，密封好后移出手套箱。将反应釜放置于加热套中，并立即通入 1MPa 的 CO_2，然后加热至 65℃，反应 3h。反应结束后，在冰水浴中冷却反应釜，开釜后先取核磁氢谱样，继而用 1mol/L 的盐酸淬灭反应。粗产物在二氯甲烷中溶解，在乙醇中沉淀。沉淀后的产物在 80℃真空烘箱中干燥。反应式如图 3-28 所示。

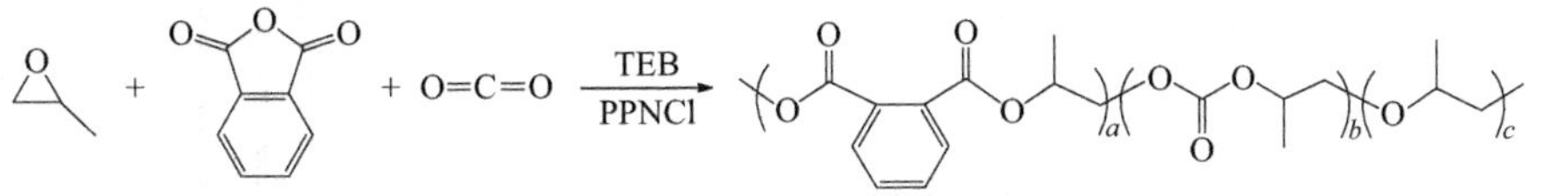

图 3-28 CO_2/PO/PA 的聚合

首先分析无规 PPC-P 聚合物的合成，分别探索催化剂浓度及 PO/PA 摩尔投料比的影响。同样由以往文献报道可知[46]，当 PO/PA 摩尔投料比越大时，PO/PA 和 CO_2/PO 更趋向于无规共聚。所以先固定 PO/PA 的摩尔投料比为 10/1，探究 PA/PPNCl 摩尔投料比对合成无规 PPC-P 聚合物的影响。

无规 PPC-P 粗产物的氢谱如图 3-29 所示。δ 为 7.50、7.55 左右的峰归属于聚合物链上的苯环的 H，5.45、5.00 处分别是聚酯、聚碳酸酯链段 CH 基团的 H 的特征峰，5.3 和 5.1 分别为聚酯-聚碳酸酯交替处与酯基相连的 CH 和与碳酸酯基相连的 CH 的峰，4.0～4.5 是聚酯、

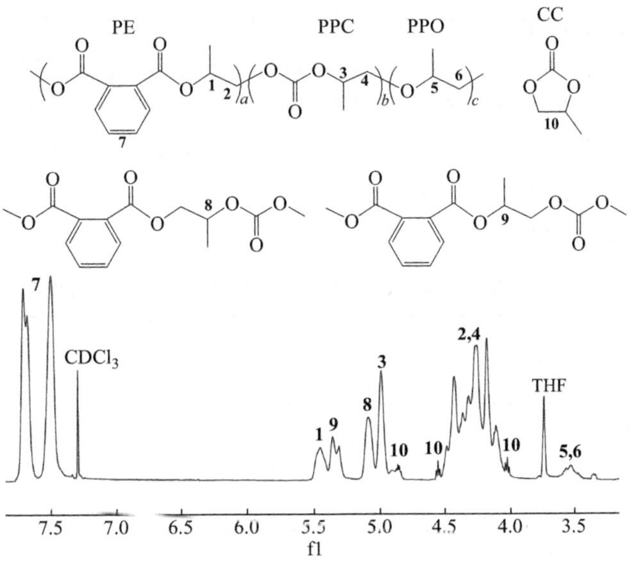

图 3-29 无规 PPC-P 的氢谱图（粗产物）

聚碳酸酯链结构上 CH_2 的 H 的信号，而 3.3～3.6 归属于聚醚链段的 H。图 3-30 是以不同 PA/PPNCl 摩尔投料比，聚合 1h 得到的产物的 ^{1}H-NMR 对比，由对比分析可知，当 PA/PPNCl 为 250/1 时，聚合得到的产物其链上的聚酯-聚碳酸酯交替峰（δ=5.3，5.1）面积较以 500/1 聚合 1h 所得产物的更大，说明 PA 与 CO_2 插入聚合物链的速率接近，使得聚合物链上的聚酯序列分布更无规。由上述研究分析，可知得到无规 PPC-P 合适的 PA/PPNCl 摩尔投料比为 250/1。接下来进一步对 PO/PA 的摩尔投料比如何影响无规 PPC-P 的序列结构进行研究。

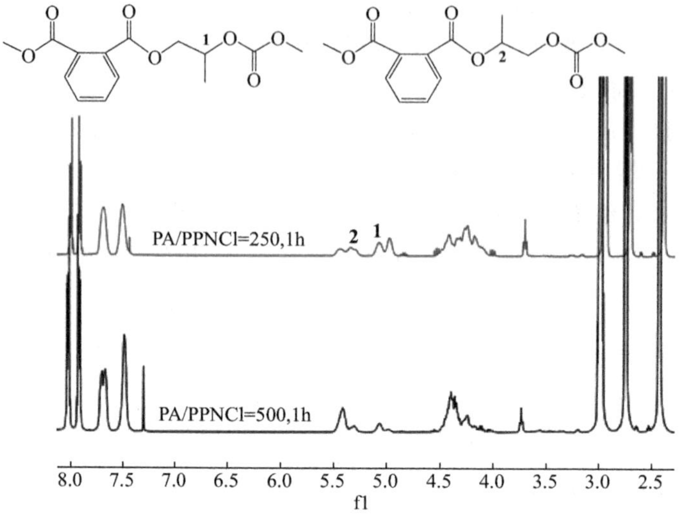

图 3-30 以不同 PA/PPNCl 比例进行的 CO_2/PO/PA 共聚产物氢谱

（PO/PA=10/1，TEB/PPNCl=2/1，T=65℃，p_{CO_2}=1MPa）

由表 3-4 可知，在 PO/PA 摩尔投料比为 10/1～14/1 范围内进行 CO_2/PO/PA 的聚合，从反应 1h 产物的成分分析可以看到，PO/PA 投料比大于或等于 10/1 时（表 3-4，序号 1～3），在 PA 大量转化前就有 CO_2 插入聚合物链中，且聚碳酸酯含量较高（>50%）。从产物的 ^{1}H-NMR 图对比也可以看出（图 3-31）产物中的聚酯-聚碳酸酯交替峰面积大，证明了在这样的 PO/PA 投料比下，聚酯序列在聚合物链上呈无规分布。由 PA 的转化率对比可以看到，随着 PO/PA 摩尔投料比的增大，PA 的转化率降低，即 PA 反应速率降低。当 PO/PA=10/1，反应进行 1h 时，聚合物的聚碳酸酯含量已达到 58%，而大于此投料比聚合时，PPC-P 的聚碳酸酯含量更高，大于设计值（55%），所以虽然当 PO/PA 摩尔投料比大于 10/1 时进行聚合，得到的均是无规共聚物，但为了得到聚酯含量 45%左右的无规 PPC-P，合成的较优投料条件应是 PO/PA/TEB/PPNCl=2500/250/2/1。

表 3-4 不同 PO/PA 投料比的 CO_2/PO/PA 共聚结果①

序号	PO/PA/TEB/PPNCl	时间/h	PA 转化率②/%	PE②/%	PPC②/%	PPO②/%	选择性③/%
1	2500/250/2/1	1.0	65	41	58	1	96
2	3000/250/2/1	1.0	58	32	67	1	98
3	3500/250/2/1	1.0	41	28	70	2	99
4	2500/250/2/1	3.0	100	43	54	3	96

① 反应温度 65℃，压力 p_{CO_2} 1MPa。

②③ 通过核磁测定，PE、PPC、PPO 含量以摩尔分数计。

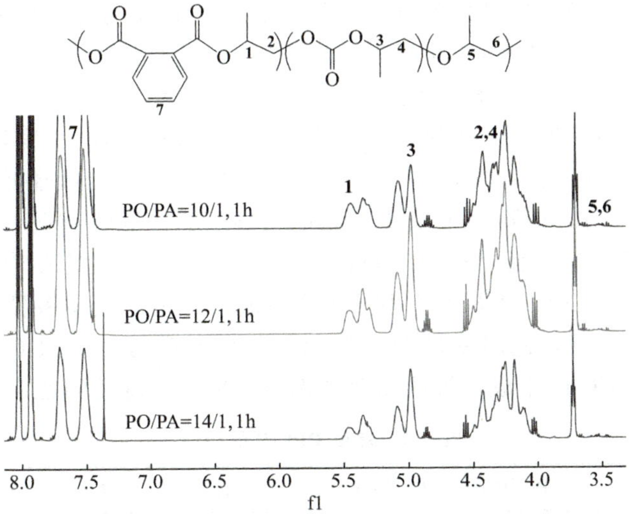

图 3-31　不同 PO/PA 投料比的 CO_2/PO/PA 共聚产物氢谱

采用上述条件聚合 1h 时，PA 的转化率已较高，达到了 65%（表 3-4，序号 1）。为了更细致地研究上述优化后的反应条件合成的聚合物的链结构，在反应进行至 0.5h、1.0h、3.0h 时取样做了产物氢谱的对比分析。从图 3-32 可知，聚合反应进行 0.5h，共聚物的交替单元与均聚单元比例接近，此时 CO_2 与 PA 反应速率相近，且整个反应过程都是如此，共聚物的聚酯、聚碳酸酯含量无明显变化，再次证明以 PO/PA/TEB/PPNCl＝2500/250/2/1 合成的产物为无规 PPC-P。

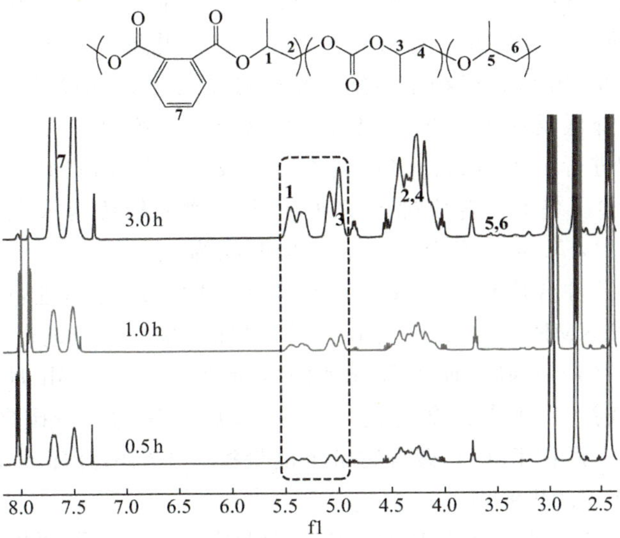

图 3-32　不同反应时间的产物氢谱对比

（2）梯度 PPC-P 三元共聚物

梯度 PPC-P 的合成：梯度 PPC-P 聚合物的合成方法与上述无规 PPC-P 基本一致，区别在于：①将 PA（27mmol）、PPNCl（0.05mmol）、PO（162mmol）、TEB（0.11mmol）投入反应釜中；②反应温度为 60℃；③反应时间为 8h。根据上节的分析，梯度 PPC-P 聚合物的合成条件中，首先可以确定 PA/PPNCl 的摩尔投料比为 500/1（由图 3-32 所示），这样的条件是更有利于得到聚酯序列呈梯度分布的聚合物。接着探究合成聚酯含量45%左右的梯度PPC-P聚合物较为合适的PO/PA摩尔投料比。

对于梯度PPC-P的合成，开始设计PO/PA的摩尔投料比为5/1，65℃聚合5h后，反应得到的聚合物中聚碳酸酯含量还比较低，未达到期望值，但副产物环状碳酸酯（CC）的含量（均为质量分数）已较高，达9%，（表3-5，序号1）；而稍微降低温度进行聚合（序号2），62℃反应进行6h后，得到PPC-P聚合物的聚碳酸酯含量仅40%，此时副反应已经开始加剧，CC含量达到5%。分析出现上述问题的原因，首先CC的产生有两种可能的原因：一是CC是热力学产物，反应温度较高有利于CC生成；二是反应体系黏度较大，不利于单体插入聚合物链的活性末端，此时末端会进攻相邻的碳酸酯键，导致CC生成。由序号2可知，降温不足以抑制CC的生成，说明需要考虑反应体系黏度的问题。

表3-5 梯度PPC-P的合成①

序号	t/h	T/℃	PO/PA	PA转化率/%	PE③/%	PPC③/%	PPO③/%	CC②/%
1	5	65	5	99	62	35	3	9
2	6	62	5	90	56	40	4	5
3	7	65	6	96	47	48	5	10
4	8	65	6	100	45	49	6	18
5	8	60	6	91	43	51	6	2

① 反应条件：投料比PA∶TEB∶PPNCl=500∶2∶1，压力p_{CO_2}=1MPa。

② 以质量分数计，通过核磁测定。

③ 以摩尔分数计。

序号1、2设置的PO/PA投料比较低，反应到后期随着PO转化率的增加，体系黏度增大，使得CO_2难插入聚合物链，所以CC含量增大。提高PO/PA摩尔投料比为6/1（表3-5，序号3、4），反应8h后，产物中聚酯、聚碳酸酯含量达到设计值，但副反应仍然很严重。所以考虑进一步降低反应温度进行聚合。由表3-5的序号5，反应温度60℃、PO/PA摩尔投料比为6/1时进行PO、PA、CO_2的聚合，反应所得PPC-P的聚酯含量为43%，副产物CC含量低（2%）。综上，合成梯度PPC-P聚合物的较优合成条件为：PO/PA/TEB/PPNCl=3000/500/2/1，反应温度为60℃，反应时间为8h。

以优化后的反应条件合成梯度PPC-P，同样在不同反应时间进行取样，对产物进行氢谱的分析对比。由^{1}H-NMR图的对比（图3-33）可知：聚合反应进行1h时，有大量聚酯生成，且均聚单元更多（δ=5.45）而聚碳酸酯的含量极少；反应3h时，共聚物的聚酯和聚碳酸酯含量相当，此时PA还未完全转化；反应8h后共聚物中聚碳酸酯的含量高于聚酯。说明在此反应条件下，产物PPC-P聚合物链上的聚酯、聚碳酸酯序列呈梯度分布。

（3）嵌段PPC-P三元共聚物

嵌段PPC-P的合成：嵌段PPC-P的合成分为两嵌段与三嵌段两种。两嵌段PPC-P的一般合成方法为：将50mL不锈钢高压反应釜及聚四氟乙烯内衬在110℃下干燥，并转移至手套箱中。将PA（27mmol）、PPNCl（0.05mmol）、PO（216mmol）、TEB（0.05mmol）依次投入反应釜中。往2mL离心管中加入54μL TEB，并加入微量PO稀释，而后将此离心管插在反应釜头的管路上，密封好后移出手套箱。将反应釜置于加热套中，加热至70℃，反应2.5h。将釜置冷水中冷却5min，摇晃反应釜，将插在釜头的离心管内的TEB倒入反应釜中，并立即通入1MPa CO_2，随后继续利用加热套加热反应釜至50℃，反应7h。

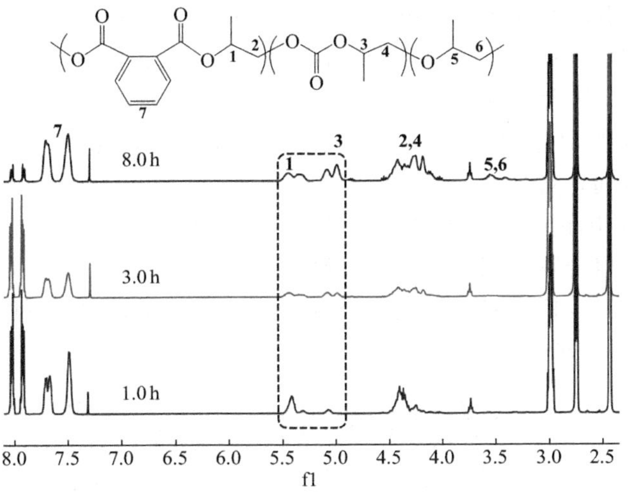

图 3-33　不同反应时间的产物氢谱对比

以 TEB/四丁基羧酸铵盐（A-*m*PhA）催化剂参与的三嵌段 PPC-P 合成为例，三嵌段聚合物的合成方法为：将 50mL 不锈钢高压反应釜及聚四氟内衬在 110℃下干燥，并转移至手套箱中。将 A-*m*PhA（0.10mmol）、PO（241mmol）、TEB（0.20mmol）依次投入反应釜中。密封好后移出手套箱。将反应釜放置于加热套中，并立即通入 1MPa 的 CO_2，然后加热至 50℃，反应 3.5h。然后冷却反应釜，将反应釜转移至手套箱中，开启反应釜，加入 PA，进行充分搅拌，均匀后封好釜。反应釜拿出手套箱后，加热至 60℃，反应 1h。

① TEB/DBU/邻苯二甲酸催化合成嵌段 PPC-P　具有嵌段结构的聚合物，一般通过一锅多步法合成。若是希望采用一锅一步法合成 PPC-P 嵌段聚合物，则需要选取可高选择性催化 PO、PA、CO_2 共聚得到嵌段聚合物的催化剂。TEB/1,8-二氮杂双环[5.4.0]十一碳-7-烯（DBU）这一催化剂催化 PO/PA 共聚的活性高，同时又可以催化 CO_2 与环氧化物的共聚，所以本节选取了该催化剂，同时以邻苯二甲酸作为引发剂协同催化 PO、PA、CO_2 的共聚，以期通过一锅一步法聚合得到聚酯-聚碳酸酯嵌段 PPC-P。

表 3-6 是利用 TEB/DBU/邻苯二甲酸催化剂对，在不同的反应条件下，催化 PO、PA、CO_2 共聚的实验结果。首先分析催化剂的比例对于聚合反应的影响。由序号 1～3 的产物组分分析可知，TEB/DBU 的投料比越大，反应的选择性越好，但同时 PO 自聚的反应速率加快，导致大量聚醚生成。

表 3-6　TEB/DBU/邻苯二甲酸催化合成嵌段 PPC-P①

序号	时间/h	PO/PA/TEB/DBU/PAc	PE②/%	PPC②/%	PPO②/%	选择性/%	M_n/PDI
1	5	4000/500/2.5/2/1	39	59	2	80	21900/1.33
2	5	4000/500/4/2/1	30	54	16	94	17300/1.48
3	5	4000/500/5/2/1	22	47	32	96	13500/1.29
4	5	8000/1000/4/2/1	53	46	1	85	22400/1.35
5	5	2000/250/4/2/1	26	51	23	92	14000/1.39
6	5.5	8000/1000/4/2/1	40	56	4	80	23600/1.34

① 反应温度 65℃，压力 p_{CO_2}=1MPa，PA 转化率=100%。

② 摩尔分数。

尝试调节 PA 与引发剂的比例，由 500/1 增至 1000/1（序号 4），与序号 2 相比，同样的反应时间，得到的聚合产物中聚醚含量大幅降低（由 16%降至 1%）。由 500/1 降至 250/1（序号 5），产物的聚醚含量反而更高，所以 PA 与引发剂的比例应为 1000/1 较合适。序号 4 的聚酯含量为 53%高于设计值 45%，需要在 PA 完全转化后继续反应，提高聚碳酸酯的含量。延长反应时间，得到序号 6。

图 3-34 是表 3-6 中序号 6 的 ^{1}H-NMR 图，可以看到位于 5.3、5.1 处的聚酯-聚碳酸酯交替峰面积较小，且聚合物的聚醚含量也控制在较低水平，得到的聚合物呈现典型的嵌段聚合物特征，但其分子量较低，对于后续的性能测试可能存在影响，所以接下来继续探究合成高分子量嵌段 PPC-P 的方法。

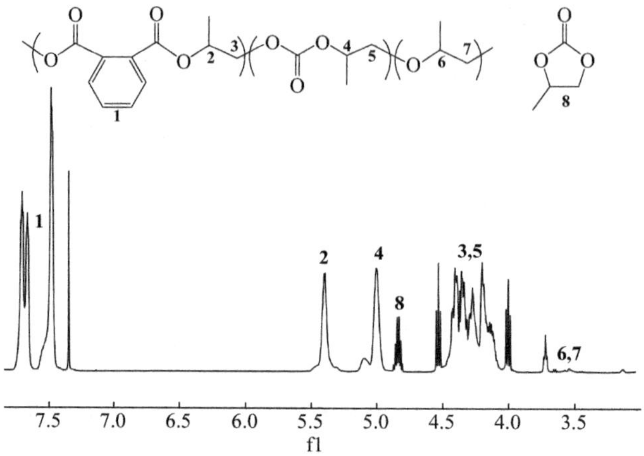

图 3-34 嵌段 PPC-P 的氢谱图（表 3-6，序号 6）

② TEB/PPNCl 催化合成两嵌段 PPC-P 一锅两步法也常用于嵌段聚合物的合成，通过此种聚合方法合成嵌段 PPC-P 的实验设计路线见图 3-36。嵌段 PPC-P 的合成有两个关键问题：一是使两嵌段组分的交替部分尽可能少；二是要让聚酯含量达到目标值（45%左右）。问题一的解决办法是保证第一步 PO/PA 共聚过程中 PA 的转化率尽可能高。通过提高聚合反应温度能加快 PA 的转化速率，但如果反应温度过高，在第二步 CO_2/PO 聚合时容易加剧副反应，产生副产物 CC，降低反应选择性的同时导致聚合物的聚碳酸酯含量达不到设计值。综合以上分析，嵌段聚合物的分步聚合需要采用不同的反应温度。

根据相关文献报道可知 PO 与 PA 的共聚可以在 TEB 与 PPNCl 的摩尔比为 1 时进行，如果摩尔比大于 1，在无 CO_2 的情况下 PO 的自聚的反应速率也会加快。而 CO_2/PO 共聚合成聚碳酸酯，在 TEB 与 PPNCl 的摩尔比为 2 左右时，才可以高选择性（线型聚碳酸酯/环状碳酸酯）地进行。因此设计嵌段共聚物的合成工艺路线为控制 TEB/PPNCl＝1 先进行 PO/PA 的共聚，反应一段时间后，向反应釜中通入 CO_2 的同时，再补加与 PPNCl 等物质的量的 TEB，使得 CO_2 均能插入已生成的聚酯链段，而不是形成 CC。先研究得到聚酯-聚碳酸酯两嵌段共聚物的方法，后续再讨论三嵌段的合成条件。对一锅两步法合成嵌段 PPC-P 的反应温度及反应时间进行优化的结果总结于表 3-7。

由表 3-7 中的序号 1 和 2：第一步 PO/PA 共聚的反应温度 70℃，反应时间为 2h 时，PA 的转化率为 84%；继续延长反应时间至 2.5h，PA 的转化率达到 90%，而由 PO 自聚产生的聚醚含量才 1%，表明第一步聚合生成了一段纯聚酯。由于 CO_2/PO 共聚反应的选择性受温度的影响很大，所以需要对第二步 CO_2/PO 共聚的反应温度进行优化。先在 60℃下进行聚合（表 3-7，序号 3），反应 3h 后，PA 已完全转化，但此时副产物 CC 的含量（质量分数）偏高，达到 7%。为抑制副反应，保证聚合反应的高选择性。继续降低第二步聚合的反应温度至 55℃，由于聚合反应速率会受到反应温度的影响，温度低时相应反应时间需要延长。55℃下 CO_2/PO 聚合 5h（序号 5），合成的聚合物中聚碳酸酯含量（摩尔分数）44%，还未达到目标值，而 CC 含量已达 4%。因此继续降低反应温度至 50℃（序号 7），聚合 7h 时，得到聚合物的聚酯含量为 46%，达到设计值，且副产物 CC 少，反应选择性好，聚醚含量也控制在较低水平。根据以上的实验探究，合成聚酯-聚碳酸酯嵌段 PPC-P 的较优反应条件为第一步 PO/PA 共聚，温度为 70℃，反应 2.5h；第二步 PO/CO_2 共聚，温度为 50℃，反应 7h。

表 3-7 TEB/PPNCl 催化剂催化合成两嵌段 PPC-P①

序号	T②/℃	t②/h	PA 转化率/%	PE③/%	PPC③/%	PPO③/%	CC(质量分数)/%
1	70+0	2.0+0	84	99	—	1	—
2	70+0	2.5+0	90	99	—	1	—
3	70+60	2.5+3	100	47	51	2	7
4	70+55	2.5+4	95	77	22	1	<1
5	70+55	2.5+5	96	55	44	1	4
6	70+50	2.5+6	98	52	46	2	2
7	70+50	2.5+7	100	46	51	3	2

① 反应条件：步骤 1，PO/PA/TEB/PPNCl=4000/500/1/1；步骤 2，TEB/PPNCl=2/1；压力 p_{CO_2}=1MPa。

② T 表示“步骤 1 反应温度+步骤 2 反应温度”，t 表示“步骤 1 反应时间+步骤 2 反应时间”。

③ 摩尔分数。

根据优化的反应条件，采用一锅两步法制备了两嵌段 PPC-P 聚合物（表 3-7，序号 7），从产物的 ^{1}H-NMR（图 3-35）可以看到，聚酯-聚碳酸酯的交替峰（5.3，5.1）面积很小，表明通过一锅两步法得到的嵌段共聚物只含少量交替单元。分子量由第一步产物的 33000 提高到终产物的 54600 [图 3-36(a)]，且分子量分布指数（PDI，即多分散系数）没有明显变

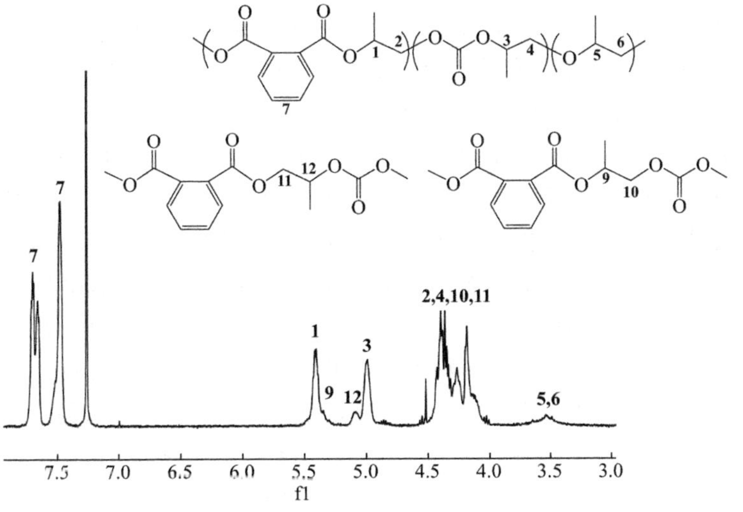

图 3-35 嵌段 PPC-P 的氢谱图（表 3-7，序号 7）

宽。利用扩散序谱［DOSY，图 3-36(b)］证明了合成的产物为共聚物而非共混物，因其只存在一个扩散系数。

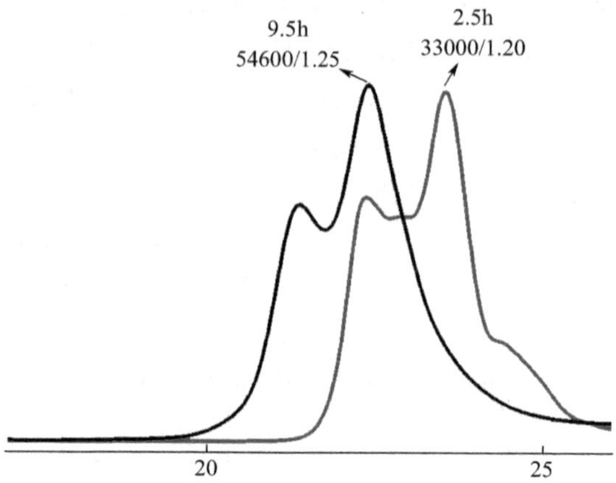

(a) 分子量变化

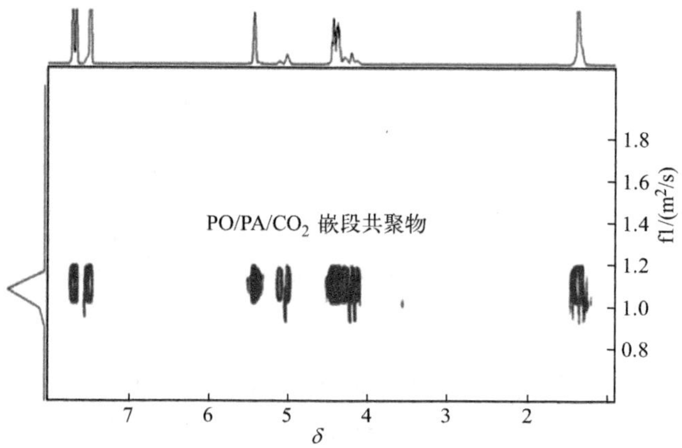

(b) 扩散序谱

图 3-36 一锅两步法合成嵌段 PPC-P 的分子量变化和嵌段 PPC-P 的扩散序谱

③ TEB/PPNCl 催化合成三嵌段 PPC-P 仍然利用高活性的 TEB/PPNCl 催化体系，合成三嵌段 PPC-P，并重新进行合成条件的探究。三嵌段合成的分步投料聚合步骤为第一步先进行 PO/PA 的共聚，合成纯的聚酯，第二步进行 CO_2/PO 共聚，在已合成的聚酯链段上生长聚碳酸酯链段，第三步通过抑制 CO_2/PO 共聚，只进行 PO/PA 的聚合，在聚酯-聚碳酸酯链段上引入第三个聚酯嵌段，合成三嵌段 PPC-P。首先，对前两步聚合的反应条件进行优化。设计分步投料的总摩尔投料比为：PO/PA/TEB/PPNCl＝4000/500/2/1。PO 及 PA 分别在第一步和第三步投入反应釜中。由于室温下 PO/PA 摩尔比为 12/1 时，PA 可以较好地溶解在 PO 中，所以先固定第三步的投料比为 PO/PA＝12/1。此时，前两步的反应条件见表 3-8 的序号 1。由序号 1 的产物组分分析，可以看到在这种反应条件下，选择性不好，可能因为在聚合反应后期，随着 PO 转化率的提升，反应体系的黏度增大，阻碍了单体插入聚合物链中，此时活性链末端发生“回咬”，导致反应选择性变差，说明初始设计的反应条件不合适。提高前两步聚合反应条件中的 PO/PA 投料比是必要的。将 PO/PA 摩尔投料比提高至 8/1（序号 2），反应选择性提高，但产物的聚醚含量较高（15%）。考虑调整催

化剂的比例，轻微地降低 TEB/PPNCl 的比例至 1.5/1 时（序号 3），选择性仅为 30%，产物的聚醚含量也没有明显下降，当 TEB/PPNCl 比例为 2.5/1 时，反应选择性反而比 2/1 时差，且聚醚含量也没有下降（序号 4）。分析原因，可能是因为对于第二步的 CO_2/PO 聚合，TEB 越多，PO 的反应速率更快，70℃下同样的反应时间，在反应体系中没有 PA 的情况下，PO 转化率高的体系更容易生成 CC。

表 3-8 分步投料聚合反应条件优化[①]

序号	PO/PA/TEB/PPNCl	温度/℃	PA 转化率/%	PE[③]/%	PPC[③]/%	PPO[③]/%	选择性/%
1	1870/334/2/1	70	98	52	46	2	81
2	2672/334/2/1	70	99	43	42	15	88
3	2672/334/1.5/1	70	99	54	36	10	30
4	2672/334/2.5/1	70	99	40	44	16	75
5	2672/334/2/1	65	99	41	54	5	94
6[②]	2672/334/1/1	65	90	98	—	2	—

① 反应条件：步骤 1，反应时间 2h；步骤 2，压力 p_{CO_2}=1MPa，反应时间 3h。

② 步骤 1：PO 和 PA 共聚。

③ 摩尔分数。

所以保持 TEB/PPNCl 为 2/1 的同时降低了反应温度（序号 5），由组分分析可知，65℃下进行前两步聚合是比较适宜的。为了保证嵌段聚合物的交替部分尽可能少，对 65℃下第一步 PO/PA 聚合 2h 后 PA 的转化率进行分析。由序号 6 产物的组分分析，第一步聚合后，PA 转化率达到 90%，且聚醚含量低，得到了纯聚酯链段，且可以保证嵌段聚合物的交替部分较少。

优化好前两步聚合的条件后，继续分析第三步聚合的条件。合成三嵌段 PPC-P 的一个重要问题在于如何进行 PA 的第三步投料，使得第三步投入的 PA 能插入已生成的聚酯-聚碳酸酯两嵌段聚合物链上，同时阻碍 CO_2 插入聚合物链，进行纯聚酯链的增长得到聚酯-聚碳酸酯-聚酯的三嵌段共聚物。建立一种分步投料的方法，即利用注射泵，在第三步向反应釜中注入 PA 的溶液，如图 3-37 所示。

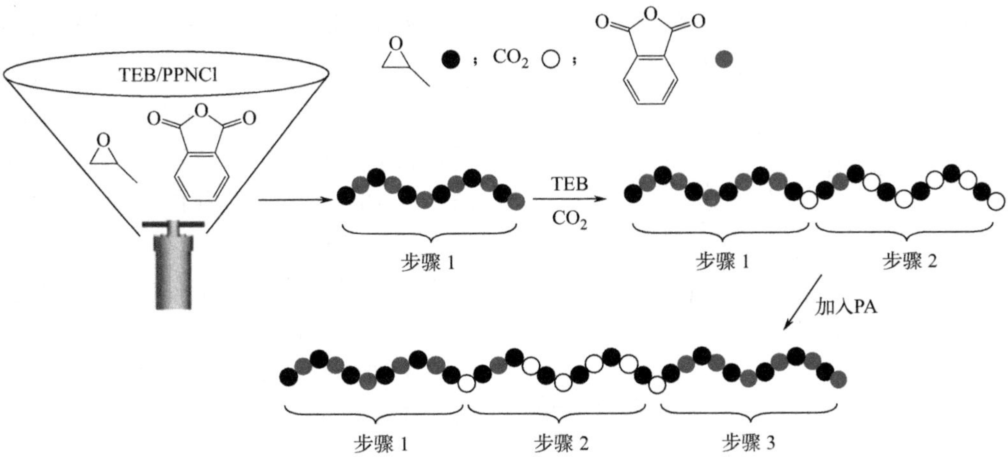

图 3-37 三步投料示意图

如果采用设计的方法，通过注射泵将PA的PO溶液泵入反应釜中，此时反应釜中仍是CO_2氛围，不能得到纯聚酯链段。为了抑制CO_2/PO的共聚，使得第三步聚合得到的是纯聚酯链段，终产物为三嵌段PPC-P，选择抑制CO_2/PO共聚的惰性溶剂溶解PA。尝试将PA充分溶解在二氯甲烷（CH_2Cl_2）中，在第三步投料时注射进反应釜中，这样进行分步投料聚合，得到的产物分析见图3-38及表3-9。

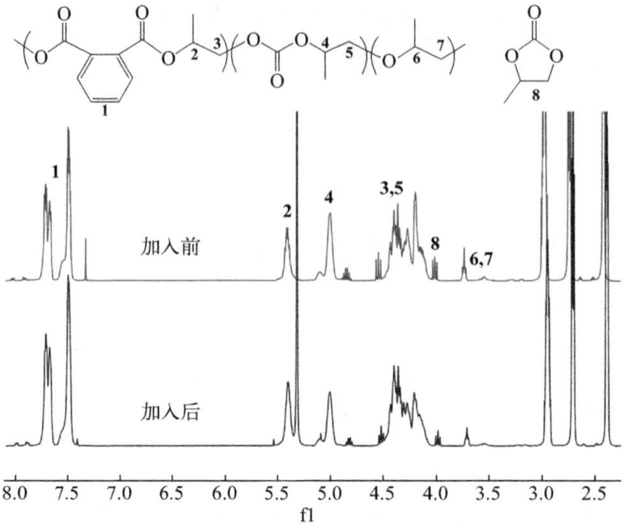

图3-38 加入CH_2Cl_2前后的产物氢谱图

表3-9 加入PA的CH_2Cl_2溶液前后的聚合产物分析

序号	t/h	PE①/%	PPC①/%	PPO①/%	选择性/%	M_n/PDI
1-1	2+0+0	98	—	2	—	11500/1.22
1-2	2+3+0	39	59	2	92	20500/1.30
1-3	2+3+3	49	50	1	92	30000/1.49

① 以摩尔分数计。

由图3-41和表3-9可以看到，第三步向反应釜中泵入PA的CH_2Cl_2溶液，得到的终产物，其聚酯含量有增加，一定程度上确实抑制了CO_2的插入，但从第三步投料前后产物（序号1-2、1-3）的GPC谱图（图3-39）对比，可以看到，加入PA的CH_2Cl_2溶液后，得到的聚合物GPC谱图存在拖尾的现象，且PDI变大。可能的原因是CH_2Cl_2上的氯基团，可能会引发新的链增长，导致聚合物的PDI变大。综上分析，以CH_2Cl_2为溶剂，会导致额外的副反应。

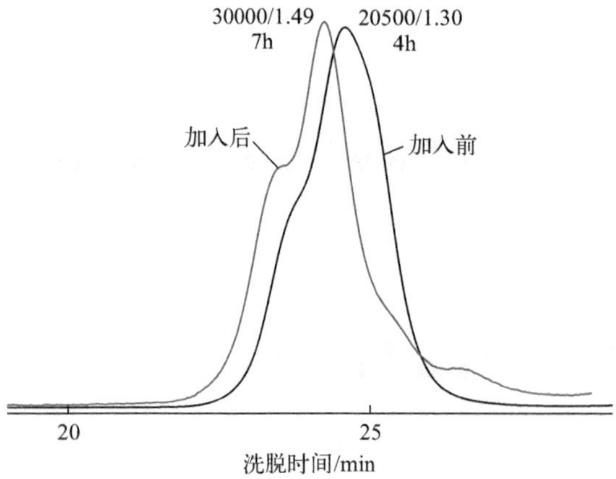

图3-39 加入CH_2Cl_2前后的产物分子量变化

上述实验结果表明，用CH_2Cl_2为溶剂溶解PA后进行二次加入PA的方法不可行，所以需要寻找其他的投料方法。采取将反应釜冷却后转移至手套箱中，开釜进行二次投料的方法，也是一锅多步法进行聚合反应常用的二次或多次投料的方法。由表 3-10，第三步只加入 PA（序号 1-2），三步聚合后得到的终产物含有大量 CC，可能的原因是降温开釜后，反应体系对 PA 的溶解度变小，新加入的 PA 未能完全溶解，导致 PA 反应速率慢，副反应加快，或者是因为前两步聚合后，反应体系黏度大，无论哪种原因都会影响 PA 的插入。所以需要在第三步补充 PO 或者加入 CO_2/PO/PA 溶液聚合时常用的溶剂 THF。

表 3-10 不同 PA 二次投料方式对于聚合的影响①

序号	溶剂	PE/%	PPC②/%	PPO②/%	CC/%
1-1	—	49	50	1	3
1-2	—	65	33	2	21
2-1	—	55	43	2	1
2-2	PO	62	36	2	1
3-1	—	50	48	2	2
3-2	THF	65	34	1	6

① X-1 是步骤 2 的产物，X-2 步骤 3 的产物。

② 摩尔分数。

序号 2-2、3-2 分别为第三步加入 PO 或 THF 稀释反应体系后，再将 PA 加入反应釜中充分溶解然后进行的后续聚合得到的产物。从反应前后所得产物的组分分析来看，第三步聚合的终产物聚酯含量提高且副产物少。对于分步投料聚合，通常会利用扩散序谱（DOSY）对终产物是否为共聚物进行分析。对序号 2-2、3-2 均进行 DOSY 的测试，发现两个产物的 DOSY 谱图都出现了两个扩散系数（图 3-40），说明得到的产物除了有三嵌段聚合物外，还存在纯聚酯链。所以要合成三嵌段 PPC-P 的关键在于找出二次向反应釜中投入 PA 后，PA 不能完全插入已增长的聚合物链上的原因。

对于阴离子聚合反应，反应体系中若出现能充当质子给体的杂质，如水和酸，就会出现以下两种情况：a. 杂质提供的 H 质子容易与活性增长链末端结合，形成死链；b. 杂质本身和被夺去质子的杂质能作为新的引发剂容易形成新的活性中心从而引发新的链增长。所以分析原料 PA 及 PO 的纯度是十分重要的。PA 中主要影响聚合的杂质是邻苯二甲酸，所以对于 PA 的游离酸含量进行测定是非常必要的。国标规定 PA 的游离酸含量可以通过中和滴定法测试。为准确测试 PA 中游离酸的含量，通过电位滴定仪对在上述实验中使用的 PA 进行了检测（如图 3-41）。发现一直用于聚合的 PA（J&K 生产）含有 0.7%（质量分数）的游离酸，而市面上找到的两种工业级 PA，唐山旭阳化工有限公司生产的 PA（PA-XY）及新阳科技集团有限公司生产的 PA（PA-LC）其酸含量均低于 J&K 生产的 PA。酸含量高，存在的游离酸可能会充当引发剂，二次投料后容易产生新链，导致得不到目标共聚物。所以后续聚合将尝试使用工业级 PA。

④ TEB/A-*m*PhA 催化三嵌段 PPC-P 的合成　上小节利用 TEB/PPNCl 催化合成三嵌段 PPC-P 的方法过于烦琐，期望采用更简便的方法进行合成。有文献发现羧酸铵盐是环氧化物与 CO_2 共聚理想的引发剂，所以利用简单的酸碱中和反应制备一系列具有不同官能团数的羧酸盐引发剂，用于合成嵌段或星形聚碳酸酯多元醇。在三嵌段 PPC-P 的合成中，可利用上述双官能团的羧酸铵盐作为引发剂，先进行 CO_2/PO 的聚合得到聚碳酸酯，然后向反应体系中加入 PA，进行 PO/PA 的聚合，从而得到目标的三嵌段 PPC-P。所使用的双官

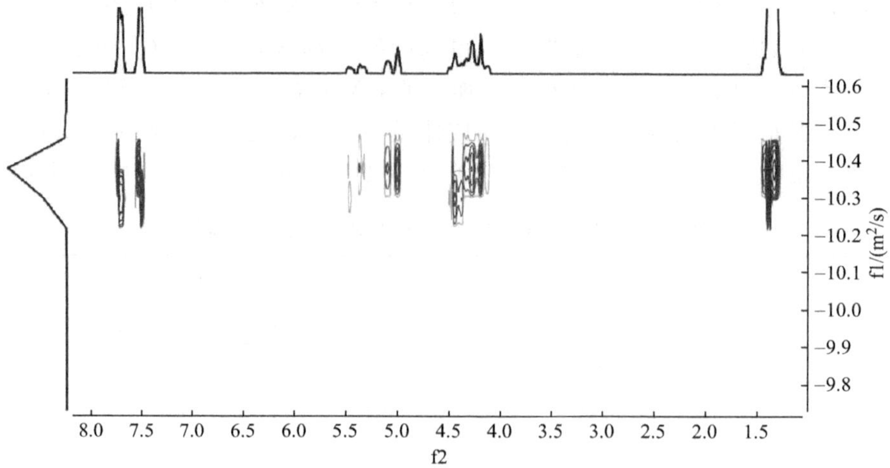

(a) 序号2-2

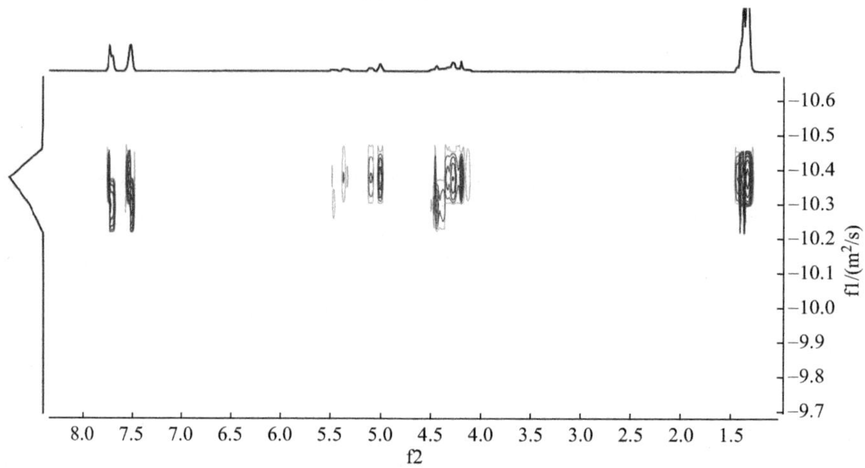

(b) 序号3-2

图 3-40 嵌段 PPC-P 的扩散序谱（表 3-10，序号 2-2、3-2）

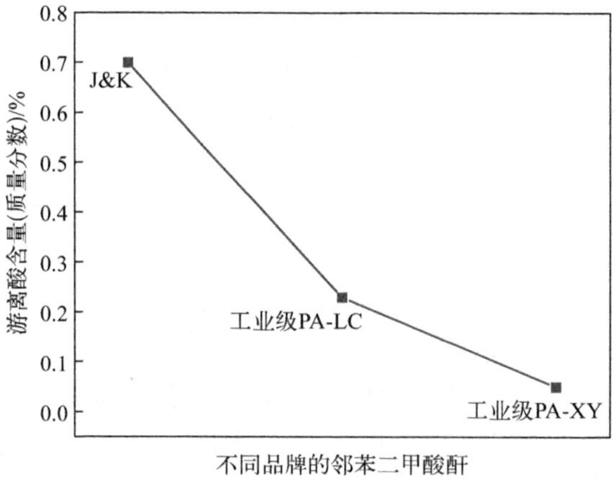

图 3-41 不同品牌 PA 的游离酸含量对比

能团羧酸铵盐引发剂（A-*m*PhA）的结构式及相关表征如图 3-42 及图 3-43。

在 A-*m*PhA 的合成中，要注意以下两点：a. 要保证四丁基氢氧化铵完全转化，因为铵

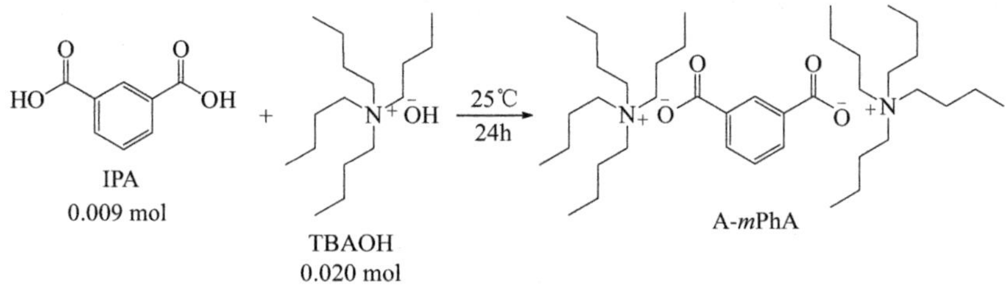

图 3-42 羧酸铵盐引发剂 A-*m*PhA 的结构式

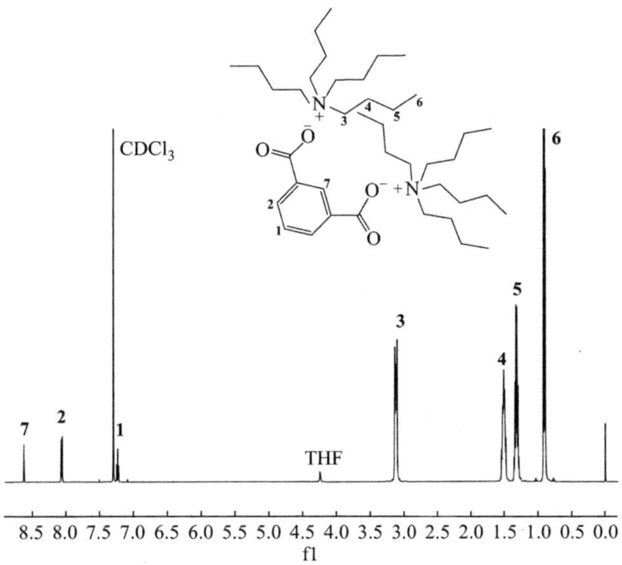

图 3-43 羧酸铵盐引发剂 A-*m*PhA 的氢谱

可能作为单功能的引发剂引发新链增长；b. A-*m*PhA 粗产物的纯化，因为 A-*m*PhA 容易吸潮，所以如何提纯并彻底干燥产品也是影响后续聚合的因素。针对第一点在合成时要采用间苯二甲酸过量的方式进行反应，因为微过量二酸能够作为双引发剂引发聚合，得到的聚合物结构也与 A-*m*PhA 引发的一致。对于第二点，需要采用冷冻干燥的方法除去产物中的水。成功合成 A-*m*PhA 后，以 TEB/A-*m*PhA 为催化剂，先进行 CO_2/PO 聚合，合成聚碳酸酯，聚合一段时间后打开反应釜加入 PA，待 PA 充分溶解于反应体系之后，继续反应，进行 PO/PA 的聚合，得到聚酯-聚碳酸酯-聚酯三嵌段共聚物。

首先优化第一步 CO_2/PO 聚合的反应条件，见表 3-11。初始设计反应摩尔投料比为 PO/TEB/A-*m*PhA 为 2500/1.5/1，反应 3.5h 后，生成的聚碳酸酯中聚醚含量较低，而反应选择性稍差一些，CC 含量（质量分数，下同）达到 8%左右，加入 PA 后分别以 70℃（序号 1-2）、60℃（序号 2-2）进行聚合。由产物的组分对比可知，当第二步加入 PA 后，在 70℃下仅反应 0.5h，副反应就已经明显加快，CC 含量达到 18%，产物的分子量分布也明显变宽（PDI=1.38），说明反应温度过高，聚碳酸酯链的活性末端很快发生“回咬”，这一竞争副反应的速率快，不利于 PA 插入聚合物链中。而降低第二步聚合的温度至 60℃，产物的 CC 含量相对其前一步聚合的产物没有增加，且两步聚合后的产物分子量相比于第一步聚合产物的分子量也有明显增加，从 16400 增加全 22800（表 3-11，序号 2-1 和序号 2-2）。

表 3-11 TEB/A-mPhA 催化 CO_2/PO/PA 共聚

序号	PO/TEB/A-mPhA	PA 转化率/%	时间/h	PE④/%	PPC④/%	PPO④/%	CC(质量分数)/%	M_n/PDI
1-1①	2500/1.5/1	—	3.5	—	99	1	8	17100/1.20
1-2②	—	100	0.5	37	62	1	18	21200/1.38
2-1	2500/1.5/1	—	3.5	—	99	1	10	16400/1.18
2-2③	—	100	1.0	27	72	1	8	22800/1.27
3-1	2500/2/1	—	3.5	—	98	2	3	31100/1.28
3-2	—	87	1.0	17	82	1	2	33900/1.38
4-1	2500/2/1	—	2.5	—	98	2	2	26700/1.31
4-2	—	83	1.0	17	82	1	2	36500/1.30

① 序号 x-1 表示步骤 1 的产物 PPC（$x=1,2,3,4$），温度 50℃，压力 $p_{CO_2}=1MPa$。

② 温度 70℃。

③ 序号 x-2 是步骤 2 的产物 PE-PPC-PE（$x=1,2,3,4$），PA/A-mPhA=100/1，$T=60$℃。

④ 摩尔分数。

TEB/A-mPhA 比例为 1.5/1 合成的聚碳酸酯的分子量不高，可能是因为反应的选择性不好。为了得到分子量更高的聚碳酸酯以合成分子量较高的三嵌段 PPC-P 聚合物，将 TEB/A-mPhA 比例提高至 2/1。当 TEB/A-mPhA 比例提升至 2/1 后，同样的反应条件，第一步 CO_2/PO 聚合得到的聚碳酸酯的分子量升高到 31100（序号 3-1），接着第二步进行 PO/PA 共聚，在 60℃下聚合 1h，终产物分子量相较于第一步聚合的产物增加的不多，且分布略宽。可能的原因是，当增加 TEB 的投料量后，第一步 CO_2/PO 共聚时，PO 反应速率加快，转化率提高，体系黏度增大，容易发生酯交换反应。为验证这一想法，减少第一步聚合的反应时间至 2.5h（序号 4-1），发现最终产物的分子量较第一步聚合后的产物增加了近 10000（序号 4-2），分布指数也没有变宽（如图 3-44 所示），说明 PO/TEB/A-mPhA 为 2500/2/1、在 50℃下反应 2.5h、后加入 PA、60℃聚合 1h 是合成三嵌段 PPC-P 的较优条件。

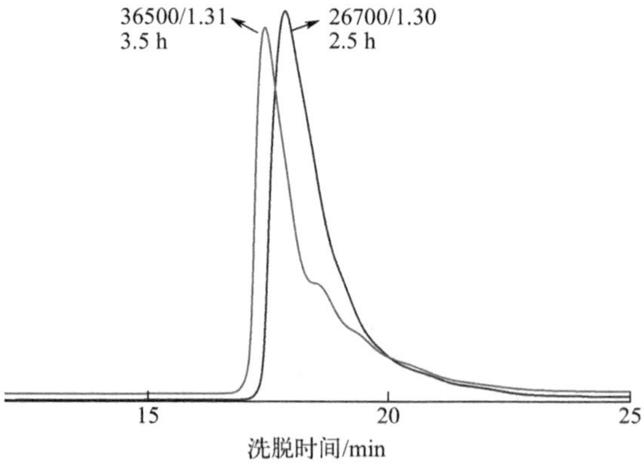

图 3-44 TEB/A-mPhA 催化合成嵌段 PPC-P 的分子量变化

以上述优化后的反应条件，合成三嵌段 PPC-P（序号 4-2）。从产物的^{1}H-NMR（图 3-45）看到，聚合物存在明显的聚酯-聚碳酸酯交替峰（5.4），说明 PA 成功插入聚合物链上。同样对聚合物进行 DOSY 测试（图 3-46），发现聚合物只存在一个扩散系数。说明通过一锅两步法，在 TEB/A-mPhA 催化下可以得到聚酯-聚碳酸酯-聚酯的三嵌段共聚物。

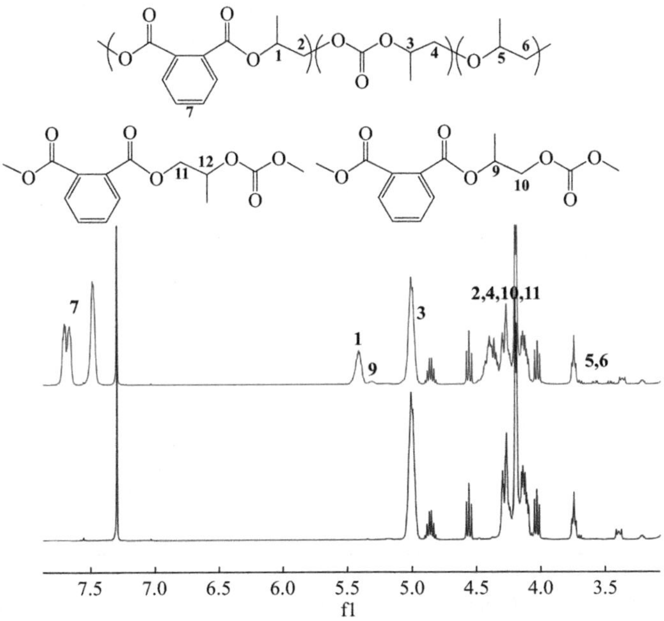

图 3-45 TEB/A-*m*PhA 催化合成嵌段 PPC-P 的氢谱对比

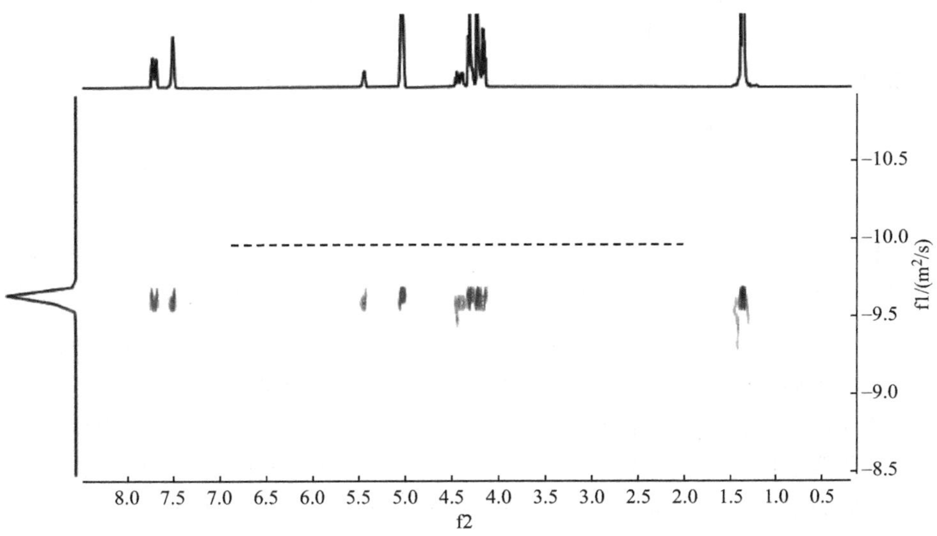

图 3-46 嵌段 PPC-P 的扩散序谱

3.2 二氧化碳、环氧化物及丙交酯的共聚物的合成

通过引入结晶型链段可改善聚碳酸酯的物理性能，同时能降低的加工温度，这将避免加工过程聚合物降解，也节省了能源。聚乳酸（聚丙交酯，PLA）是一种具有较高力学强度（拉伸强度 40～60MPa，弹性模量 3000～4000MPa，弯曲模量 100～150MPa）的结晶型生物降解高分子材料，其熔点可高达 160～180℃，但其韧性较差（断裂伸长率 4%～10%）。

通过二氧化碳、环氧化物及丙交酯（lactide，LA）的三元共聚将 PLA 链段引入脂肪族聚碳酸酯，可实现聚碳酸酯链段与聚丙交酯链段的取长补短，获得兼具较高的玻璃化转变温度、热分解温度、力学强度、断裂伸长率等理化性质的脂肪族聚酯-聚碳酸酯共聚物材料（表 3-12）。

表 3-12 具有不同组分、结构和热性能的 CO_2/环氧化物/LA 的三元共聚物

共聚物	聚酯含量(摩尔分数)/%	M_n	T_g/℃	T_m/℃	参考文献
P(CHC-LA)	20	41600	73	nd	[47]
	49	15800	68	nd	
	71	29500	68	168	
P(PC-LA)	8	118000	48.8	nd	[48]
	12	123000	48.5	164.5	
	29	105000	51.5,62.4	170.0	
	59	95600	51.6,65.3	175.6	

2006 年，中国科学院长春应用化学研究所研究人员[49] 采用稀土三元催化剂 $Y(CCl_3COO)_3$-$ZnEt_2$-glycerine 研究了 L-丙交酯（LLA）同 PO 和 CO_2的三元共聚。取得了不错的效果，LLA 的引入不仅提高了 PPC 材料的热稳定性和力学性能，而且提高了催化剂的催化效率，美中不足的是对其玻璃化转变温度影响不大。而 Kroger 等[47] 发现采用 BDI-Zn 催化剂可用于一步法制备 CO_2、CHO 和丙交酯的无规三元共聚物。2011 年，Huang 等[50] 将双金属配合物催化剂用于 LLA、PO 与 CO_2的三元共聚。引入 LLA 虽可以改善材料的降解性能，但同时也会导致分子量的下降；当引入过多 LLA 时，甚至会使共聚物的玻璃化转变温度降低。

一个很重要的进展是，2015 年中山大学孟跃中课题组采用成本较低的己二酸锌一步法催化了 LLA、PO 和 CO_2的三元共聚，取得了更好的效果，LA 的加入显著提高了聚合物的产率和碳酸酯含量[48]。不仅该反应的催化活性明显提升，而且聚合产物的力学性能、热稳定性和玻璃化转变温度也有所提高。更为重要的是，差示扫描量热仪（DSC）测试结果表明，含有少量（12%）聚丙交酯链段的丙交酯-碳酸丙烯酯共聚物即可出现熔融峰（T_m 为 165℃），说明共聚物中含有结晶链段，这对于聚合物加工十分有利。以上关于二氧化碳、环氧化物及丙交酯的研究进展表明，不同的催化剂将会对共聚反应的进程及共聚物的结构和性能产生重要影响。

近几年，相比于结构不确定的三元共聚物（无规、梯度或多嵌段），具有规整链结构的 CO_2/环氧化物/丙交酯的三元嵌段共聚物的合成引起了研究者的广泛兴趣。一种方法是先合成双羟基封端的大分子聚碳酸酯，纯化干燥后作为大分子引发剂用于引发丙交酯的开环聚合，可得到聚酯-*b*-聚碳酸酯-*b*-聚酯型（ABA）三嵌段共聚物[51,52]。上述方法操作比较复杂，不利于快速简便地合成嵌段共聚物，而一锅法串联反应策略的出现解决了这种问题。例如，2012 年大连理工大学吕小兵课题组运用串联策略合成了嵌段共聚物，即氧化苯乙烯(SO)/CO_2 开环共聚合成 PSC 后，立马加入 H_2O 进行原位封端，再加入 LA 和 DBU 催化剂合成 PSC-*b*-PLA 二嵌段共聚物，见图 3-47(a)[53]。接着美国德州农工大学 Darensbourg 团队改进了上述方法，在 PO/CO_2共聚时就加入适量的 H_2O 作为链转移剂合成了 PPC 二元

醇，再加入 LA 和 DBU 催化剂合成了 PLA-*b*-PCHC-*b*-PLA 三嵌段共聚物，见图 3-47(b)。英国牛津大学的 Williams 课题组采用类似的串联聚合方法合成了 PLA-*b*-PCHC-*b*-PLA 三嵌段共聚物[54]。以上研究人员所合成的三嵌段共聚物 DSC 测试结果都表现出聚碳酸酯的玻璃化转变温度和聚丙交酯的熔点，并且聚合物的力学性能也有所提升。需要注意的是，串联合成策略中第二步加入环酯的时候往往需要加入新的催化剂（如 DBU）来催化环酯的均聚，且注意不能引入新的引发剂才能保证嵌段共聚物的成功合成。

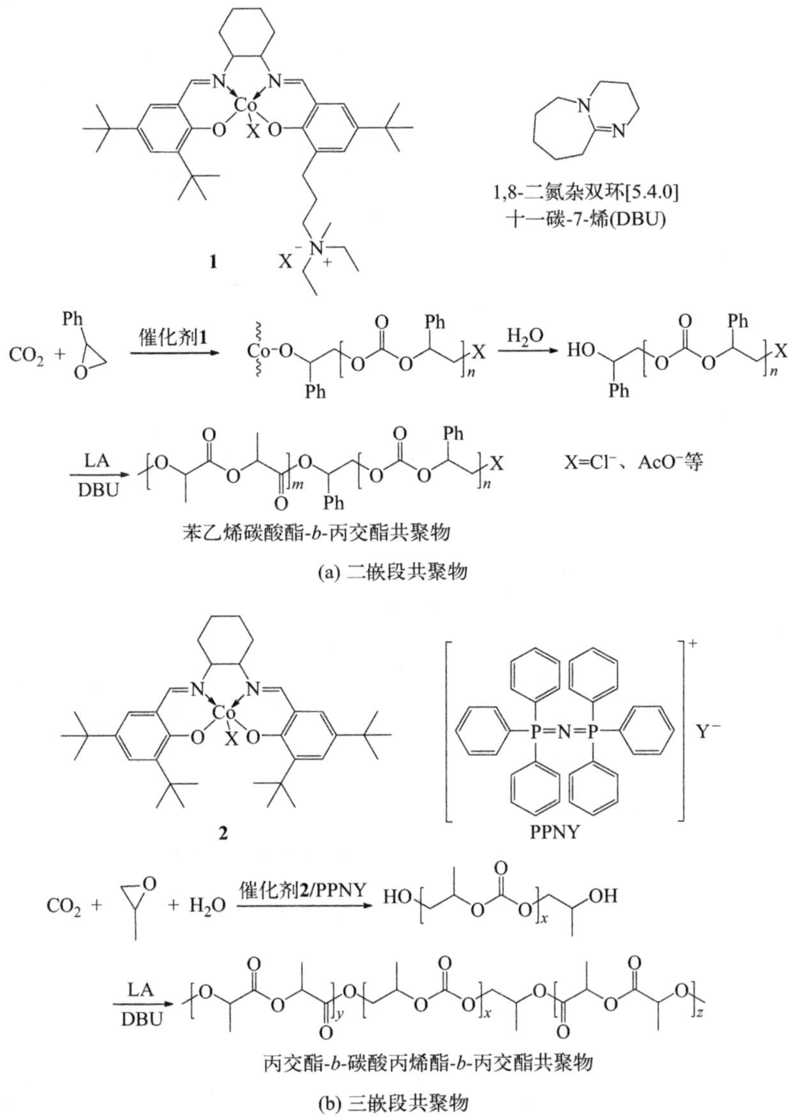

图 3-47 串联聚合方法制备 PSC-*b*-PLA 二嵌段共聚物[53] 及 PLA-*b*-PCHC-*b*-PLA 三嵌段共聚物[55]

下文将介绍中山大学孟跃中课题组在二氧化碳、环氧化物及丙交酯三元共聚物合成方面的两个代表性工作案例。

【案例一】 戊二酸锌（ZnGA）催化 LA、CO_2 和 PO 合成 PLAPC

本案例的共聚合反应体系是 LA、CO_2 和 PO 在甲苯作为溶剂的溶液聚合，以 LA 开环聚合为主，因此需要探索最佳条件反应有利于获得高性能的聚合物。

首先研究温度对聚合反应的影响。表 3-13 列出了在甲苯中不同反应温度下，负载羧酸锌催化 LA、CO_2 和 PO 合成 PLAPC 的结果。从序号 1 中可看出，60℃时，只有少量产物。与之前报道的 CO_2 和环氧丙烷共聚最佳反应温度 60℃相比，说明 LA 单体的加入使得 60℃不再是新体系的最佳反应温度。一般来说，提高反应温度会加快聚合反应速度，增加产率，但是会造成分子量的降低。从序号 1～5 可看出：60℃下，单体几乎不反应；温度从 70℃升到 90℃，单体 LA 和 PO 转化率升高，产率增加，随着反应温度升到 100℃转化率又下降。分子量分指数逐渐变宽，是高温下发生酯交换的结果。综合比较 80℃和 90℃两温度下的产率和分子量，本章选用 80℃为后续反应温度。

表 3-13　反应温度对 LA、CO_2 和 PO 共聚的影响①

序号	T/℃	产率/(g/g 催化剂)	LA 转化率②/%	PO 转化率②/%	M_n③	PDI③
1	60	痕量	—	—	—	—
2	70	14.6	26.6	22.7	11100	1.21
3	80	47.2	87.5	38.7	37300	1.29
4	90	49.4	91.9	41.1	36200	1.45
5	100	44.2	87.1	30.6	27300	1.67

① 反应条件：0.5g 催化剂，24g LA，2.41g PO，5MPa CO_2，20h，40mL 甲苯。

② 通过 ^{1}H-NMR 测定。

③ 通过 GPC 测定。

一般来说，增加催化剂用量，活性位点总量变大，会加快反应速度。表 3-14 列出了不同催化剂用量下的 LA、CO_2 和 PO 合成 PLAPC 的结果。可以看出，随着催化剂用量的增加，单体 PO 的转化率从 16.5%提高到 42.8%，LA 的转化率提高幅度不大，催化剂用量为 0.50g 时，M_n 达到最大。分子量分布指数变化不明显。这说明非均相催化剂表面结构复杂，活性位点不确定，不便于精确控制。综合考虑产率和分子量大小，本章选用 0.50g 催化剂为反应体系后续反应的用量。

表 3-14　催化剂用量对 LA、CO_2 和 PO 共聚的影响①

序号	催化剂/g	产率/(g/g 催化剂)	LA 转化率②/%	PO 转化率②/%	M_n③	PDI③
1	0.12	176.8	89.7	16.5	22400	1.32
2	0.25	88.8	84.9	19.2	31000	1.36
3	0.50	47.2	87.5	38.7	37300	1.29
4	0.75	37.9	94.5	42.8	36000	1.34

① 反应条件：24g LA，2.41g PO，80℃，5MPa CO_2，20h，40mL 甲苯。

② 通过 ^{1}H-NMR 测定。

③ 通过 GPC 测定。

表 3-15 列出了不同反应时间下，LA、CO_2 和 PO 合成 PLAPC 的结果。从表中可看出，随着反应时间的延长，产率和单体转化率都在增大。20h 下的产物分子量最高 37300，高于 40h 的 35400，并且时间增加到 40h，分子量分布也变宽。可推测时间超过 20h 后，体系中发生的酯交换反应，使得分子量降低和分子量分布变宽。从聚合物分子量、单体转化率、节

省时间等多方面考虑，本章中反应时间选择为 20h。但这时间相对不加 LA 单体的 40h，已经缩短了一半。

表 3-15 反应时间对 LA、CO_2 和 PO 共聚的影响①

序号	时间/h	产率/(g/g 催化剂)	LA 转化率②/%	PO 转化率②/%	M_n③	PDI③
1	5	痕量	—	—	—	—
2	10	18.4	35.3	18.2	22100	1.30
3	20	47.2	87.5	38.7	37300	1.29
4	40	50.6	93.9	44.2	35400	1.50

① 反应条件：0.5g 催化剂，24g LA，2.41g PO，5MPa CO_2，80℃，40mL 甲苯。

② 通过 ^{1}H-NMR 测定。

③ 通过 GPC 测定。

PLA 可结晶，是一种机械强度很好的材料，PPC 分子链柔顺，韧性好。PLA 能对 PPC 增强，反之 PPC 又能对 PLA 增韧。因此通过调节 PLAPC 中的 PLA 链段和 PPC 链段的含量比例，进而改变 PLAPC 的性能。表 3-16 列出了不同 LA/PO 投料比例下的，LA、CO_2 和 PO 合成 PLAPC 的结果。从序号 1～5 可看出，随着体系中 PO 含量的增加，LA、PO 单体转率都增大，说明 PO 有助于反应的进行，同时聚合物中 PPC 链段含量亦增加。数均分子量在 33700～39600。根据产物中聚碳酸酯的含量，把序号 1 至序号 5 的产物分别标记为 PLAPC4、PLAPC9、PLAPC19、PLAPC29 和 PLAPC36。

表 3-16 不同 LA/PO 投料比的三元共聚反应①

序号	摩尔比 LA∶PO	LA 转化率②/%	PO 转化率②/%	组分②/%			M_n③	PDI③
				PLA	PPC	PPO		
1	9∶1	86.9	38.8	95.3	4.1	0.6	33700	1.26
2	8∶2	87.5	38.7	90.1	9.0	0.9	37300	1.29
3	7∶3	92.7	54.8	79.9	18.8	1.3	39600	1.26
4	6∶4	93.6	53.2	72.6	25.7	1.7	39100	1.26
5	5∶5	94.3	57.5	61.8	36.3	1.9	35500	1.26

① 反应条件：0.5g 催化剂，80℃，5MPa CO_2，20h，40mL 甲苯。

② 通过 ^{1}H-NMR 测定。

③ 通过 GPC 测定。

在 LA/CO_2/PO 三元共聚中，CO_2 和 PO 交替插入聚碳酸酯，LA 的连续插入形成聚酯，因此会存在 PO 和 LA 竞争的问题。忽略聚醚链段的生成，从表 3-16 中的共聚结果看，产物中聚酯和聚碳酸酯链段的摩尔比始终要低于投料中 LA 和 PO 的摩尔比。为此进行 LA 和 PO 竞聚率研究，定量比较两者活性。固定 CO_2 的压力，即 CO_2 浓度为恒定值，且 CO_2 不能自聚以及和 LA 共聚，只能与 PO 共聚，因此近似条件下，三元体系中忽略 CO_2 的影响，即可计算 PO 和 LA 两单体的竞聚率。竞聚率的计算要求单体在较低转化率下才准确，因此反应时间都为 2 小时，改变 LA 和 PO 的投料比来进行一系列的三元共聚结果如表 3-17。表中 F 为 LA/PO 投料摩尔比，f 为聚合物中聚乳酸链段（PLA）/聚碳酸酯（PPC）摩尔比。定义 LA 的竞聚率为 r_{LA}，PO 的竞聚率为 r_{PO}，根据 Fineman-Ross 方法，

LA 和 PO 竞聚率计算公式如下：

$$\frac{f-1}{F}=-r_{PO}\frac{f}{F^2}+r_{LA} \tag{3-1}$$

将 $(f-1)/F$ 对 f/F^2 作图，如图 3-48，线性拟合得到截距为 LA 的竞聚率 r_{LA}，斜率为 PO 竞聚率 r_{PO}。由图可知 $r_{PO}=0.451$，$r_{LA}=0.897$，在本实验条件下 LA 的竞聚率大于 PO 的竞聚率。竞聚率计算的结果是和实验现象相符合的。

表 3-17 共聚单体的反应活性评价①

序号	p_{CO_2}/MPa	n_{PO}(进料)/mol	n_{LA}(进料)/mol	F②	f③
1	5	0.063	0.146	2.32	3.02
2	5	0.083	0.125	1.50	3.38
3	5	0.104	0.104	1.00	4.40
4	5	0.125	0.083	0.66	4.60

① 反应条件：0.5g 催化剂，80℃，40mL 甲苯，2h。

② 通过测定 LA/PO 投料摩尔比。

③ PLA 和 PPC 成分比例通过 H-NMR 测定。

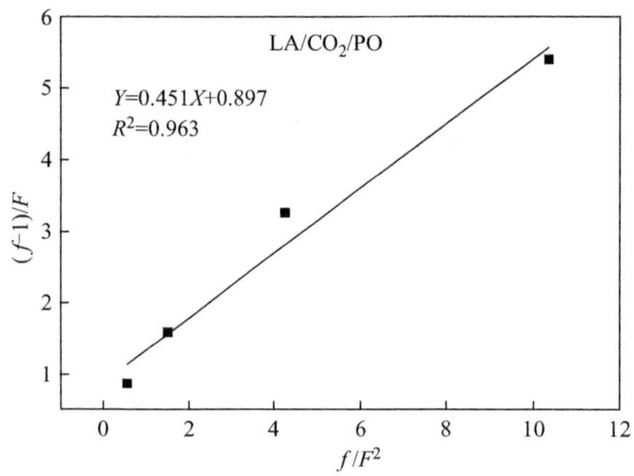

图 3-48 Fineman-Ross 方法测算单体竞聚率

LA 单体的加入能加快 CO_2 和 PO 共聚，而且聚合物中 LA 和 PO 单元摩尔比始终大于它们的投料比。针对这一现象，上述已经用单体竞聚率辅助证明了 LA 竞聚率要大于 PO 的竞聚率，接下来通过 X 射线光电子能谱（XPS）观察单体 PO 和 LA 在催化剂 ZnGA 的表面的配位情况。表 3-18 为分别用 LA 和 PO 处理过的 ZnGA 表面的元素组成。从表面元素组成看，相比较 ZnGA，ZnGA-LA 配合物和 ZnGA-PO 配合物表面的 C、O 元素相对含量均增大，这归结于 LA、PO 在 ZnGA 表面的吸附。

表 3-18 XPS 测定 ZnGA、ZnGA-LA 和 ZnGA-PO 配合物中各元素的含量 单位：%

样品	ZnGA	ZnGA-LA	ZnGA-PO
Zn 2p	9.82	8.38	9.49
O 1s	37.79	38.49	37.08
C 1s	52.39	53.13	53.43

图 3-49 为 ZnGA、ZnGA-PO 配合物和 ZnGA-LA 配合物 Zn 2p 的 XPS 谱图，各结合能值均以 C 1s 的结合能 284.8eV 进行校准。表 3-19 列出了 ZnGA、ZnGA-PO 配合物和 ZnGA-LA 配合物 Zn 2p 的峰值，以及相对于 ZnGA 的 Zn 2p 峰值偏移量。从结合能看，相比较 ZnGA，ZnGA-PO 配合物和 ZnGA-LA 配合物 Zn 2p 谱图均向较低方向移动，峰值结合能分别降低了 0.5eV、0.6eV。这归功于 LA、PO 中氧的外层电子进攻 Zn，使得 Zn 外层电

子云密度增加，能量降低。ZnGA-LA 配合物的 ΔE 值比 ZnGA-PO 配合物大，说明了 LA 比 PO 的配位能力强，使得电子云密度变化更大。

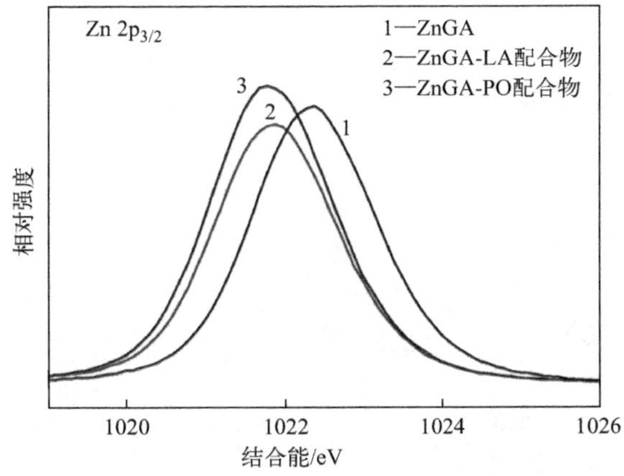

图 3-49 ZnGA、ZnGA-LA 和 ZnGA-PO 配合物的 Zn 2p XPS 谱图

表 3-19 ZnGA、ZnGA-LA 和 ZnGA-PO 配合物的结合能

样品	Zn 2p/eV	ΔE/eV
ZnGA	1022.3	—
ZnGA-LA	1021.7	−0.6
ZnGA-PO	1021.8	−0.5

LA 单体的加入能加速 CO_2 和 PO 的共聚，这可能是 LA 单体能与催化剂 ZnGA 配位，然后能加快 CO_2 和 PO 的交替插入。为此用 UV 测试表征 ZnGA、LA 和 ZnGA-LA 配合物的紫外吸收光谱（图 3-50）。从图中可看出，ZnGA-LA 配合物碳氧双键的紫外吸收出现了红移，这归结于 LA 和 ZnGA 发生了配位。ZnGA 为非均相催化剂，计算过程选取其中一个 Zn 原子，固定其周围烷氧基链段，然后计算单体与 ZnGA 的配位结合能。因为 $E_{相互作用}=E_{AB}-E_{A}-E_{B}+E_{基组重叠误差}$，而 $E_{校正}=E_{AB}+E_{基组重叠误差}$，因此 $E_{相互作用}=E_{校正}-E_{A}-E_{B}$。

LA 与 ZnGA 结合能的理论计算：图 3-51 给出了优化后 ZnGA 与 LA 形成的配合物的构型：配合物 1 为羰基氧与锌原子配位；配合物 2 为碳氧单键中氧与锌原子配位。表

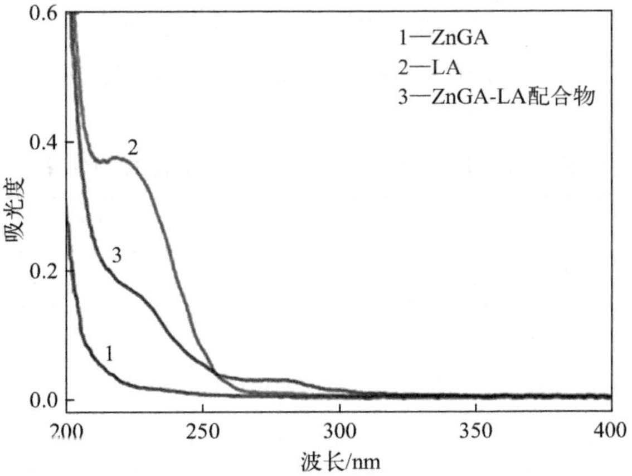

图 3-50 ZnGA、LA、ZnGA-LA 配合物的紫外光谱

3-20 列出了 LA、ZnGA 及配合物的能量计算结果。配合物 1 和配合物 2 的结合能为 −0.077421Hartree（1Hartree=27.21eV）和 0.008947Hartree。其中第一种结合式中配合物 1 羰基氧与锌原子（O39—Zn12）距离为 2.04340Å，第二种结合式中配合物 2 碳氧单键中氧与锌原子（O35—Zn12）距离为 3.70265Å。距离越短说明结合越稳定。因此，LA 与 ZnGA 配位时，以第一种方式即 LA 中羰基氧与锌原子配位。

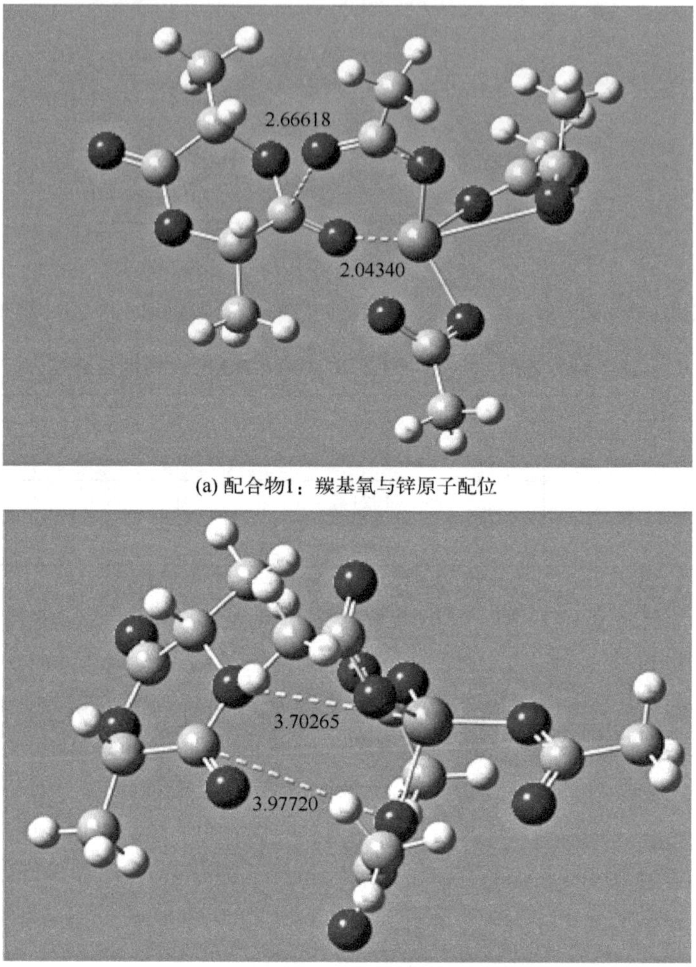

(a) 配合物1：羰基氧与锌原子配位

(b) 配合物2：碳氧单键中氧与锌原子配位

图 3-51　ZnGA-LA 配合物的优化后的几何结构图

表 3-20　LA、ZnGA、ZnGA-LA 配合物的能量　　单位：Hartree

能量	LA	ZnGA	配合物 1	配合物 2
单点能	−534.177995	−2692.719890	−3226.975306	−3226.888938
零点能	−534.037954	−2692.516748	−3226.627645	−3226.548236
焓变	−534.027407	−2692.493161	−3226.593297	−3226.512479
G	−534.072837	−2692.571976	−3226.698109	−3226.623402
修正能	—	—	−3226.975306	−3226.888938

CO_2 与 ZnGA 结合能的理论计算：图 3-52 为优化后 ZnGA 与 CO_2 形成的配合物的构型。表 3-21 为 CO_2、ZnGA 及配合物的能量计算结果。CO_2 中氧与锌原子（O_{31}—Zn_{12}）距离为 3.27081Å。求得 CO_2 与 ZnGA 的配位结合能为−0.000906Hartree。

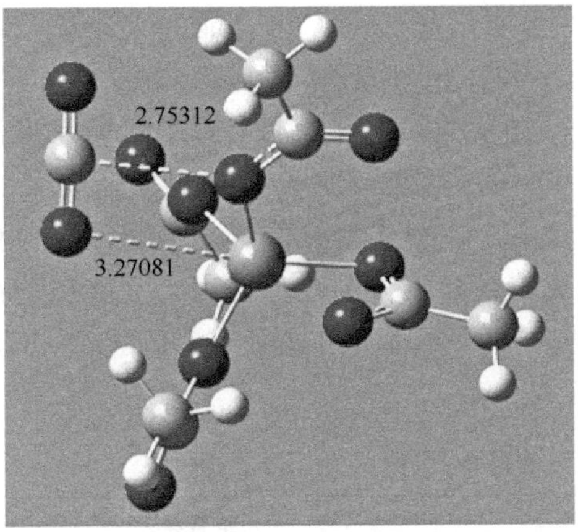

图 3-52 ZnGA-CO_2 配合物的优化后的几何结构图

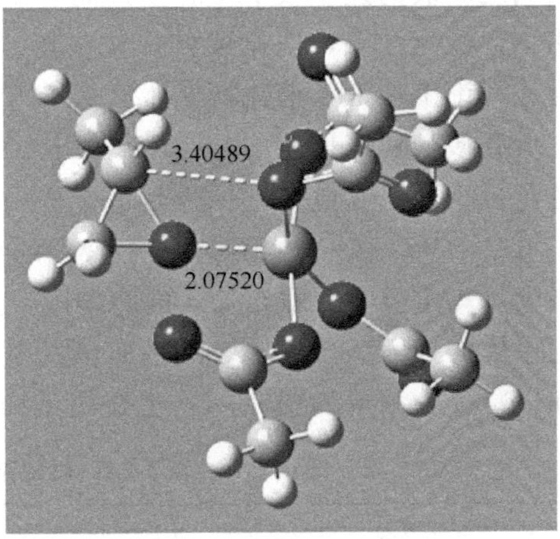

图 3-53 ZnGA-PO 配合物优化后的几何结构图

表 3-21 CO_2、ZnGA、ZnGA-CO_2 配合物的能量 单位：Hartree

能量	CO_2	ZnGA	ZnGA-CO_2 配合物
单点能	−188.500270	−2692.719889	−2881.221065
零点能	−188.489581	−2692.516748	−2881.006838
焓变	−188.485902	−2692.493161	−2880.978903
G	−188.510372	−2692.571976	−2881.070094
修正能	—	—	−2881.221065

PO 与 ZnGA 结合能的理论计算：图 3-53 为优化后 ZnGA 与 PO 形成的配合物的构型。表 3-22 为 PO、ZnGA 及配合物的能量计算结果。PO 中氧与锌原子（O_{31}—Zn_{12}）距离为 2.07520Å。求得 PO 与 ZnGA 的配位结合能为−0.020582Hartree。

表 3-22 PO、ZnGA、ZnGA-PO 的能量

能量	PO	ZnGA	ZnGA-PO 配合物
单点能	−193.043398	−2692.719889	−2885.783869
零点能	−192.957515	−2692.516748	−2885.493421
焓变	−192.952115	−2692.493161	−2885.463691
G	−192.983962	−2692.571976	−2885.557398
修正能	—	—	−2885.783869

根据前面的计算结果可知：LA 与催化剂的配位结合能（配合物 1）最小，为−0.077421Hartree；其次是 PO，结合能为 −0.020582Hartree；CO_2 的最大，为 0.000906Hartree。结合能的差异性，造成了催化剂催化聚合速率和转化率的差异。而配位结构则决定着结合强度，为此，对于配位结构进行更深入的分析。研究发现，LA 与 ZnGA 的配位中羰基与锌原子的距离最短，为 2.04340Å，催化剂中氧原子与 LA 羰基中碳正

离子的距离亦最近，为 2.66618Å，这样导致其与催化剂的配位结合作用最稳定，使得其催化转化率最高；其次是催化剂与 PO 的配位，其氧与锌配位距离为 2.07520Å，碳氧中的碳与催化剂中最近的氧距离为 3.40489Å，这样则导致其与催化剂配位结合作用强度略小，催化碳氧键断裂的速率较 LA 的小；而 CO_2 与催化剂配位结合距离长，导致其配位结合相互作用小，稳定性差，催化聚合转化率低。以上单体与催化剂 ZnGA 结合能的大小以及键长差异从理论上佐证了催化剂 ZnGA 催化单体反应速率和转化率的差异。

负载羧酸锌能催化 LA、CO_2 和 PO 三元共聚，链增长过程中，LA 的连续插入形成聚酯链段，CO_2 和 PO 交替插入形成聚碳酸酯链段，PO 的连续插入形成聚醚链段。表 3-23 列出了 LA、CO_2 和 PO 三个单体中聚合的结果。可看出，负载羧酸锌能成功催化以上单体生成高聚物均需要 PO 的参与，因此推测，反应中首先 PO 和催化剂配位插入，才能引起后续其他单体的插入。接下来，用基质辅助激光解析电离飞行时间质谱（MALDI-TOF-MS）测试加以验证，结果如图 3-54，主要质谱峰分析见表 3-24。

表 3-23 以羧酸锌为催化剂的聚合反应①

序号	单体	聚合物②
1	CO_2,PO	Y
2	PO,LA	Y
3	CO_2,PO,LA	Y
4	LA	N
5	PO	Y

① 反应条件：0.5g 催化剂，40mL 甲苯，80℃，20h。

② Y 表示得到聚合物；N 表示无聚合物。

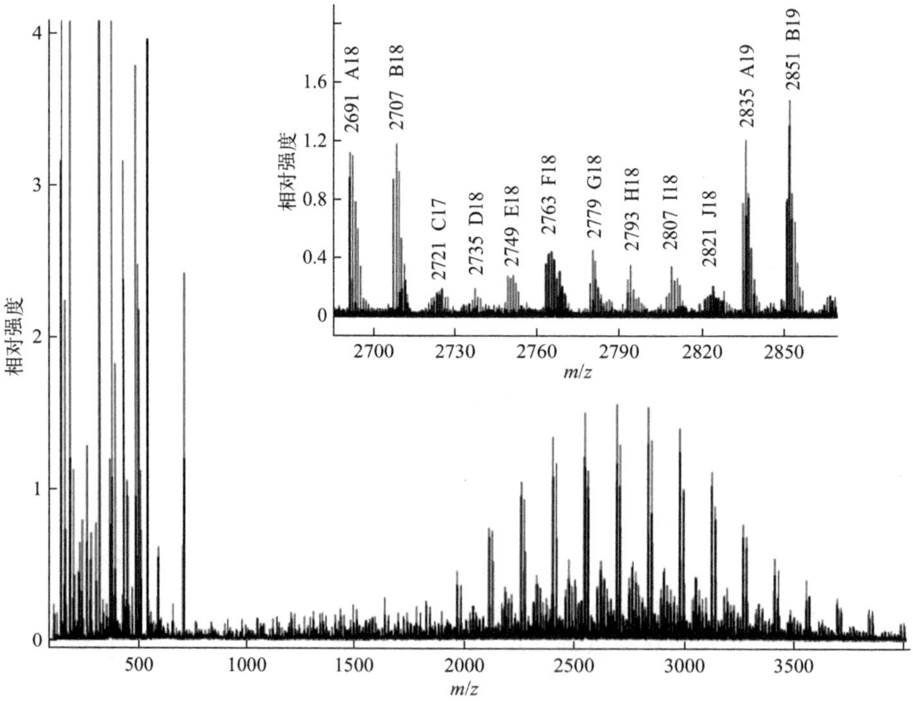

图 3-54 PLAPC 的 MALDI-TOF-MS 图谱

表 3-24 图 3-54 中主要质谱峰的分析

编号	分子量	结构
A18	2691=17+58+144×18+1+23	$HO-C_3H_6O(C_6H_8O_4)_{18}H\ Na^+$
B18	2707=17+58+144×18+1+39	$HO-C_3H_6O(C_6H_8O_4)_{18}H\ K^+$
C17	2721=17+44+58×2+72+144×17+1+23	$HO-CO_2(C_3H_6O)_2C_3H_4O_2(C_6H_8O_4)_{17}H\ Na^+$
D18	2735=17+44+58+144×18+1+23	$HO-CO_2-C_3H_6O(C_6H_8O_4)_{18}H\ Na^+$
E18	2749=17+58×2+144×18+1+23	$HO(C_3H_6O)_2(C_6H_8O_4)_{18}H\ Na^+$
F18	2763=17+58+72+144×18+1+23	$HO-C_3H_6O-C_3H_4O_2(C_6H_8O_4)_{18}H\ Na^+$
G18	2779=17+58+72+144×18+1+39	$HO-C_3H_6O-C_3H_4O_2(C_6H_8O_4)_{18}H\ K^+$
H18	2793=17+44+58×2+144×18+1+23	$HO-CO_2(C_3H_6O)_2(C_6H_8O_4)_{18}H\ Na^+$
I18	2807=2735=17+44+58+72+144×18+1+23	$HO-CO_2-C_3H_6O-C_3H_4O_2(C_6H_8O_4)_{18}H\ Na^+$
J18	2821=17+58×2+72+144×18+1+23	$HO(C_3H_6O)_2C_3H_4O_2(C_6H_8O_4)_{18}H\ Na^+$
A19	2691=17+58+144×19+1+23	$HO-C_3H_6O(C_6H_8O_4)_{19}H\ Na^+$
B19	2707=17+58+144×19+1+39	$HO-C_3H_6O(C_6H_8O_4)_{19}H\ K^+$

从图 3-54 和表 3-24 的结果可看出 CO_2、PO 和 LA 的共聚物中，端基均存在 PO，存在少量 PO 和 CO_2 的交替单元。进一步分析可知，PO 为三元环，张力比六元环的 LA 更大，从而更容易开环。然后 LA 与催化剂结合能更大，反应活性更高。这说明了：CO_2、PO 和 LA 的共聚中，首先由 PO 引发，然后 LA、PO 和 CO_2 竞争插入，但 LA 的插入开环速率更快。

总结上述分析，得出了负载羧酸锌催化 LA、CO_2 和 PO 三元共聚机理：引发阶段，PO 中氧原子首先进攻催化剂的金属中心锌原子，配位插入到 Zn-O 键形成烷氧基锌，活化了金属中心；链增长阶段，LA 的连续插入，形成聚酯链段，CO_2 和 PO 的交替插入形成聚碳酸酯链段，PO 的连续插入形成聚醚链段，但根据竞聚率计算和产物结构分析，LA 的插入比 CO_2 和 PO 的交替插入快，PO 的连续插入较少。

单体转化率的实时监测：利用在线取样的方法，用^{1}H-NMR 分析了不同反应时间下产物组成，从而计算出 PO 和 LA 的转化率。从图 3-55 可看出，LA 和 PO 随着反应时间的延长，两者转化率都在升高，但 LA 比 PO 转化得快，相同反应时间下，产物中 LA 链段单元含量要高于 PPC 单元含量。如图 3-55 所示，5h 内，LA 和 PO 的转化率都比较低，5h 后到 15h，单体转化明显增速，15h 后，单体浓度降低，增速减缓。

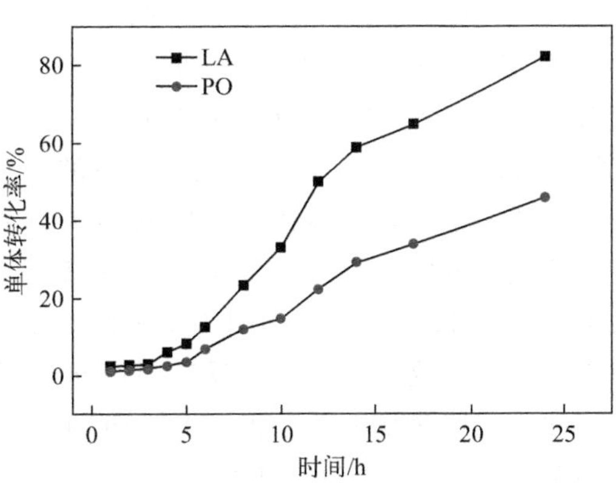

图 3-55 单体转化率与时间的关系函数

原位红外（In-situ IR）监测 LA、CO_2 和 PO 三元共聚：图 3-56(a) 在线红外实时监测三维图，形象地描绘了 LA、CO_2 和 PO 三元共聚中，LA 单体逐渐消耗，PLA 和 PPC 链段逐渐增长的情况。从图 3-56(b) 可看出，LA 单体的消耗和 PPC 链段的增长是同时进行的，说明共聚中 LA 消耗、PLA 和 PPC 链段增长是同时进行的。即说明了共聚中单体随意插入，PLA 链段和 PPC 链段同时增长，形成无规结构。25h 后，LA 单体基本消耗完，但 PO 转化率低，仍然在不断消耗，PPC 链段继续增长。

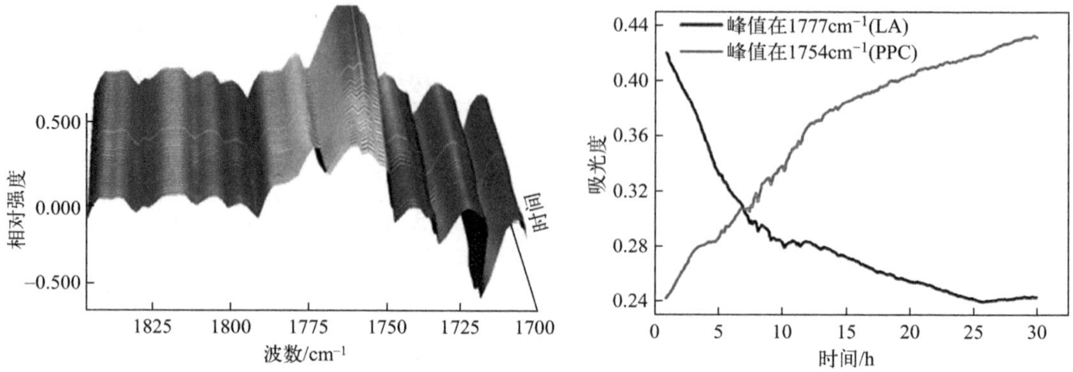

(a) (b)

图 3-56 LA、CO_2 和 PO 三元共聚过程的原位红外三维谱图（a）与 LA（1777cm^{-1}）和 PPC（1754cm^{-1}）的羰基红外吸收强度随时间变化图（b）

【案例二】 己二酸锌催化 CO_2、 PO 和 LA 合成 PPCLA

本案例探究了己二酸锌（ZnAA）催化 CO_2、PO 和 LA 共聚反应条件与机理。固定 CO_2 的压力为 5.0MPa，各单体的摩尔投料比为 PO∶LA＝9∶1，改变反应温度和反应时间，来探究 PO、CO_2 和 LA 三元共聚的最佳条件，结果如表 3-24 所示。随着反应温度的升高，聚合物产率随之增加，60℃时聚合物产率为 203g 聚合物/g 己二酸锌，当温度升高 10℃至 70℃时，聚合物产率增加了约 50%。当温度进一步升高至 80℃，聚合物产率可达 360g 聚合物/g 己二酸锌，几乎是 60℃时聚合物产率的 2 倍。与此同时，比较表 3-24 中序号 1 和序号 3 两组实验可以看到第三单体 LA 的加入能明显提高该反应的聚碳酸酯选择性。在 80℃、5.0MPa 条件下三元聚合物聚的聚醚的选择性为 6%，而在同样条件下 CO_2 和 PO 二元共聚物的聚醚选择性为 10%。

并且，LA 的加入还能很好地抑制副产物环状碳酸酯的生成。在反应条件为 80℃ 和 5.0MPa 时，CO_2 和 PO 二元共聚物形成环状碳酸酯的选择性高达 57%，而在同样条件下，含有 10% LA 的 PO、CO_2 和 LA 三元共聚反应体系的环状碳酸酯选择性仅为 2%。即使反应温度升高到 90℃三元共聚反应体系的环状碳酸酯选择性仍然在 10%以下。一般认为二氧化碳与环氧化合物共聚体系中生成环状碳酸酯的副反应，它主要是由链增长末端发生“回咬”反应形成的。但是，由于 PLA 链段发生“回咬”反应的温度高达 200℃以上，要远远高于 PPC 链段，因此，当引入 LA 作为第三单体后，形成环状碳酸酯的副反应得到很大的抑制。由于副反应的减少，反应平衡向聚碳酸酯方向移动，聚合物产率也就随之上升。

此外，通过比较 LA 和 CO_2、PO 插入后形成的结构（图 3-57），可以看到 LA 插入后形成的 Zn-烷氧结构（区域①）与 PO 插入后形成的 Zn-烷氧结构非常相似。两者的唯一区别在于，LA 插入后形成的 Zn-烷氧结构与一个羰基结构（区域②）相连。在图 3-57 所示结构中，由于羰基的强吸电子作用，Zn—O 键的电子云密度下降，键强度降低。这就使随后的 CO_2 插入反应更加容易，因此，聚合速率明显提高，相同时间内聚合物产率增加。从

表 3-25 中还可以发现，随着反应时间的延长，单体转化率逐渐升高，聚合物产率和分子量也随之而升高。但是有趣的是，反应仅仅 5 个小时，LA 的转化率就达到了 65%，而此时 PO 的转化率仅为 38%。这一结果表明在该共聚体系中 LA 单体的反应速率要明显高于 PO 单体的反应速率。如果仔细观察所合成的共聚物中的各组成单元所占比例，可以看到 LA 结构的摩尔分数始终高于其摩尔投料比。这一结果也表明 LA 单体的插入活性要高于 PO 单体的插入活性。但是，这仅仅是根据聚合物的核磁结果得到的初步结论，显然需要更多的试验结果来相互印证。

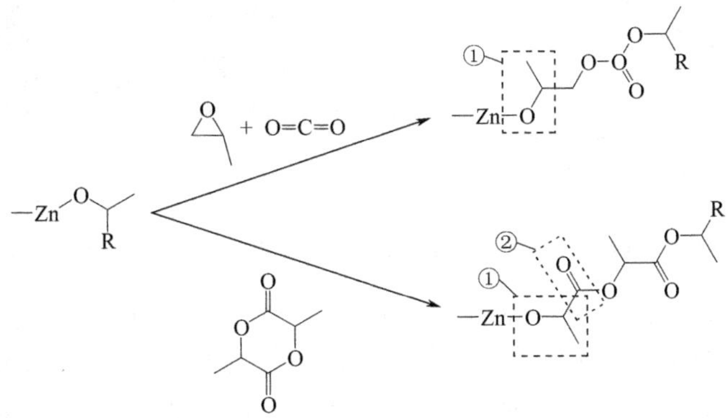

图 3-57 PO、CO_2 和 LA 三元共聚的插入机理

表 3-25 反应温度和时间对 $PO/CO_2/LA$ 三元共聚反应的影响①

序号	温度/℃	时间/h	产率②	选择性③/%	LA 转化率④/%	组分⑤/%			M_n	PDI
						PC	PE	LA		
1⑥	60	40	151	94	—	96	4	—	141000	2.7
2⑥	80	40	314	43	—	90	10	—	83000	1.6
3	60	40	203	99	97	75	3	21	117000	6.6
4	70	40	298	98	96	80	5	15	124000	5.3
5	80	40	360	98	97	78	6	16	108000	4.2
6	90	40	391	93	97	82	8	10	92000	3.1
7	80	5	219	99	65	68	7	25	91000	5.7
8	80	10	255	98	94	75	6	19	104000	5.3
9	80	20	305	96	95	77	7	16	127000	4.5

① 聚合条件：0.5g ZnAA，5.0MPa CO_2。

② 产率：g 聚合物/g 己二酸锌。

③④⑤ 通过 ^{1}H-NMR 测定。

⑥ CO_2 和 PO 的二元共聚。

通过采用 In-situ IR 技术对共聚反应进行观察，可以更加仔细地了解这一过程，如图 3-58(a) 所示。图谱中波数为 $1745cm^{-1}$ 和 $1760cm^{-1}$ 的峰分别代表 PPC 链段中聚碳酸酯和 PLA 链段中聚酯的羰基吸收峰，纵坐标表示吸收峰的强度。由图 3-58 可知，聚合物中 PPC 链段和 PLA 链段均随反应时间的延长而增加。但是，PLA 链段的形成速率要明显快于 PPC 链段形成的速率。

表 3-26 给出了不同 LA 投料比下，CO_2、PO 和 LA 三元共聚的情况。根据之前的讨

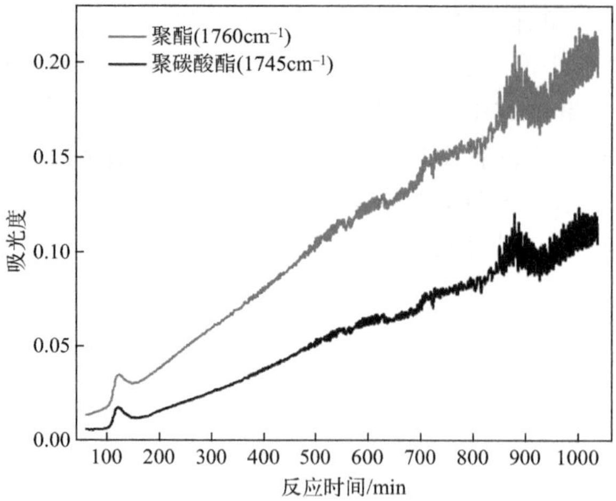

(a)

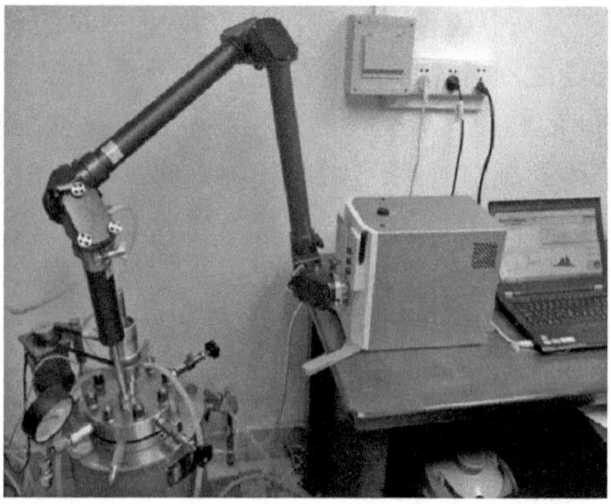

(b) 原位红外仪器

图 3-58 LA、CO_2和 PO 三元共聚过程的原位红外吸收光谱图与原位红外仪器 ReactIR 45m

论，LA 的加入能有效抑制链增长活性中心的“回咬”，减少环状碳酸酯等副产物的生成。由于生成 CPC 小分子的副反应的减少，单位时间内生成聚合物的量增多，宏观表现就是随着 LA 加入量的提高，聚合物产率明显升高。但是，同样情况下聚碳酸酯选择性则变化不大，甚至聚醚等副产物会有一定增加。这是因为 PLA 链段的玻璃化转变温度要高于 PPC 链段，因此反应体系的黏度会随之增大，导致体系中 CO_2 溶解度降低且容易出现局部散热困难。高温下 PO 容易发生自聚，从而导致聚醚含量上升。

表 3-26 采用不同投料比的 PO、CO_2 和 LA 三元共聚

序号	PO：LA①	产率②	选择性③/%	LA 转化率④/%	组分⑤/%			M_n	PDI
					PC	PE	LA		
1⑥	100：0	151	95	—	90	10	—	83000	1.6
2	98：2	279	96	92	93	4	3	130000	3.4
3	96：4	285	99	93	90	5	6	132000	4.3
4	94：6	304	98	92	88	4	8	118000	4.4
5	92：8	312	98	96	82	7	12	123000	4.1
6	80：20	350	93	98	65	6	29	105000	4.1
7	70：30	378	99	98	56	6	38	108000	3.7
8	60：40	417	98	97	47	4	49	91000	3.8
9	50：50	410	96	93	38	3	59	95600	4.1
10⑦	0：100	—⑧	—	—	—	—	—	—	—
11⑨	75：25	—	98	92	—	55	45	25000	1.5

注：聚合条件为 0.5g ZnAA，5.0MPa CO_2，80℃，20h。

① PO/LA 投料比。

② 产率 g 聚合物/g 己二酸锌。

③④⑤ 通过 ^{1}H-NMR 测定。

⑥ 60℃反应 40h。

⑦ LA 在 80℃ 均聚，甲苯作为溶剂。

⑧ 无产物。

⑨ 反应条件为 N_2压力 5.0MPa，80℃，20h。

虽然，ZnAA 能有效催化 CO_2 和 PO 的共聚反应以及 CO_2、PO 和 LA 的三元共聚反应，但是如表 3-26 中序号 10 实验所示，ZnAA 对 LA 的均聚几乎没有活性。2003 年，Ree 等在研究 ZnGA 催化 CO_2、PO 和己内酯（CL）的三元共聚反应时也观察到类似的现象。这些现象说明，二元羧酸锌不能催化内酯的开环反应。在二元羧酸锌催化 CO_2 和 PO 共聚的机理研究中一般认为，PO 首先插入二元羧酸锌中 L_nM-羰基结构中，形成金属烷氧结构 L_nM—OR，随后，CO_2 和环氧化合物交替插入金属烷氧结构 L_nM—OR 形成聚碳酸酯长链。通过比较发现 L_nM—OR 结构不但是 CO_2 和环氧化合物共聚的活性中心，也是一种常见的丙交酯开环的活性种。因此，CO_2 和 PO 共聚体系中由 PO 和 ZnAA 相互作用生成的 L_nM—OR 活性种很可能也是 LA 开环反应的活性种。表 3-25 中序号 11 的验证实验，进一步验证了这一设想。结果表明，当体系中存在 PO 时，ZnAA 可以引发 LA 开环，说明在该反应体系中金属烷氧结构 L_nM—OR 是 LA 开环的活性中心。

热稳定性分析：图 3-59 是不同 PO/LA 投料比下 PO、CO_2 和 LA 三元共聚物的热失重曲线，具体数值如表 3-27 所示。三元聚合物的热稳定性明显高于普通 PPC，并且随着 LA 单体投料量的增加而增加。5%热失重温度和最大热失重温度由普通 PPC 的 219.9℃ 和 257.3℃分别提高至 258.6℃和 302.1℃。可以认为聚合物热稳定性的提高与 PLA 结构的引入密切相关。PLA 链的降解活化能高达 280kJ/mol，而 PPC 链的降解活化能只有 80kJ/mol。因此，当 PPC 主链上含有具有较高热稳定性的 PLA 链段时，脂肪族聚碳酸酯的“解拉链”热降解过程不能连续快速地进行，材料的热稳定性也随之得到提高。

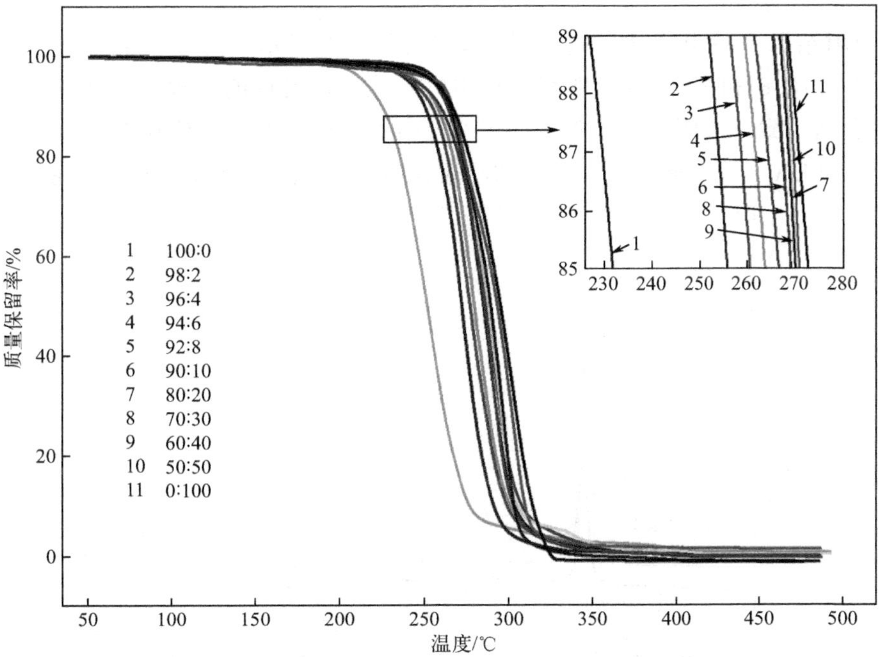

图 3-59 不同 PO/LA 投料比下 PO、CO_2 和 LA 三元共聚物的热重分析曲线

结晶性能分析：图 3-60 是不同 PO/LA 投料比下 PO、CO_2 和 LA 三元共聚物的 DSC 曲线，随着体系中 LA 含量的提高，产物的 T_g 也逐渐提高。例如，由 CO_2/PO 二元共聚物的 T_g 为 35.7℃，而 CO_2/PO/LA 三元共聚物的 T_g 则提高至 38.2℃。并且当 LA 含量超过 8%时，所得聚合物在 164.5℃处出现一个较明显的熔融峰。随着 LA 含量增大，熔融峰变

大并向高温区移动。这一结果说明共聚物中较长的 PLA 序列具备结晶能力，使所得三元共聚物成为可结晶聚合物。

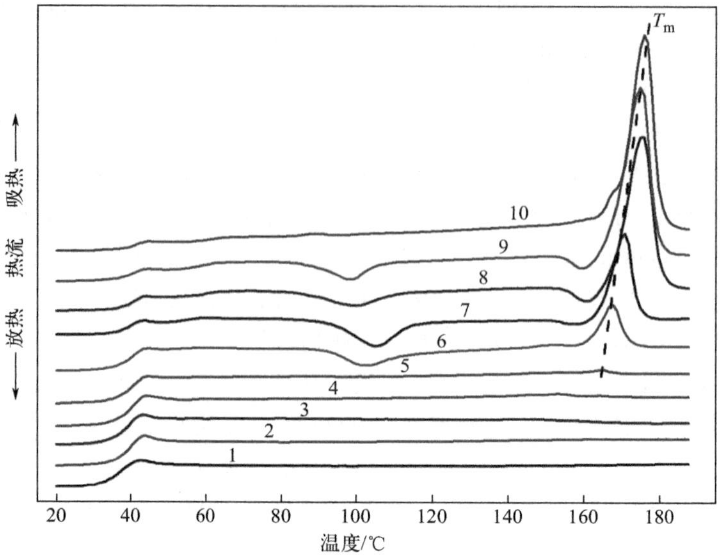

图 3-60 不同 PO/LA 投料比下 PO、CO_2 和 LA 三元共聚物的 DSC 曲线

1—100∶0；2—98∶2；3—96∶4；4—94∶6；5—92∶8；
6—90∶10；7—80∶20；8—70∶30；9—60∶40；10—50∶50

XRD 衍射结果进一步确认了这一结论，如图 3-61 所示。可以看到所得三元共聚物在 14.6°，16.5°，18.8°和 22.1°处有明显的衍射峰。这些衍射峰的位置，与已经报道的 PLA 的特征衍射峰位置一致，表明体系中形成的是 PLA 的晶区。以上 DSC 和 XRD 结果表明所制得的 CO_2、PO 和 LA 三元共聚物是一种可结晶聚合物，并且这些晶区是由 PLA 链段形成的。

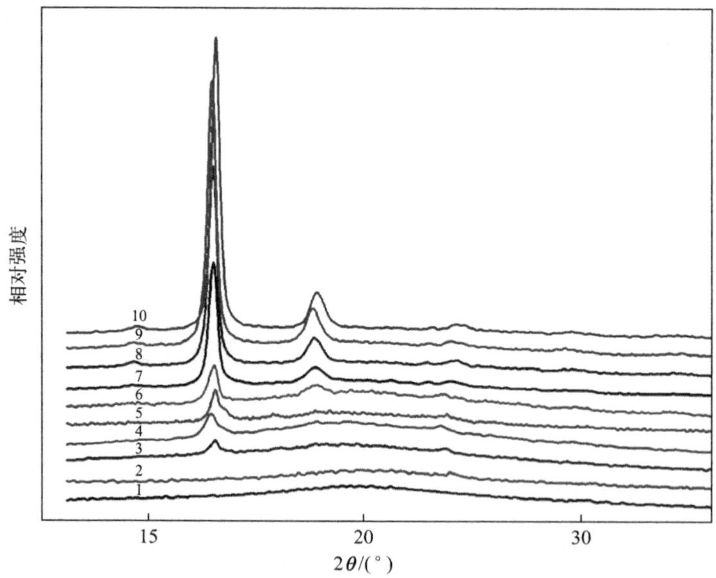

图 3-61 不同 PO/LA 投料比下 PO、CO_2 和 LA 三元共聚物的 XRD 图谱

1—100∶0；2—98∶2；3—96∶4；4—94∶6；5—92∶8；
6—90∶10；7—80∶20；8—70∶30；9—60∶40；10—50∶50

动态力学分析：在外力作用下，研究样品的应变和应力随温度等条件的变化就是动态力学分析（DMA）。聚合物的动态模量、损耗模量和力学损耗（tanδ）等物理量是与聚合物使用性能密切相关的重要参数，这些都可以通过 DMA 测试得到。图 3-62 是不同 PO/LA 投料下 PO、CO_2 和 LA 三元共聚物的动态力学测试结果。与 DSC 测得的 T_g 具有类似的趋势，随着 LA 加入量的增大，tanδ 对应的玻璃化转变温度（T_g）逐渐向高温区移动，具体数值如表 3-27 所示。T_g 由 CO_2/PO 二元共聚物的 44.1℃提高至三元共聚物的 51.6℃。T_g 的提高是由于该三元共聚物是一种具有结晶能力的聚合物，其中散布的晶区能起到固定分子链的作用，类似于物理交联效果，因此，分子链的旋转和运动都受到了一定的限制，体现在宏观上就是 T_g 温度的升高。此外，当体系中 LA 单体的加入量超过 10%时，产物的 tanδ 图谱出现了两个转变。一个位于 49℃对应于较柔软的 PPC 链段的玻璃化转变，另一个位于 63℃对应 PLA 链段的玻璃化转变。随着 LA 加入量的提高，对应于 PLA 相的 tanδ 转变峰愈加明显。以上结果确认了所得共聚物中包含了以 PPC 嵌段和 PLA 嵌段为主的两种分子序列。

表 3-27 不同 PO/LA 投料比下 PO、CO_2 和 LA 三元共聚物的热性能

序号	PO∶LA	T_{g_1}/℃	T_{g_2}/℃	T_m/℃	$T_{5\%}$/℃	T_{max}/℃
1	100∶0	44.5	—	—	219.9	257.3
2	98∶2	46.4	—	—	235.9	275.2
3	96∶4	47.5	—	—	237.9	281.5
4	94∶6	48.8	—	—	246.8	283.9
5	92∶8	48.5	—	164.5	244.6	289.3
6	90∶10	50.6	—	167.3	252.6	292.6
7	80∶20	51.5	62.4	170.0	258.7	295.4
8	70∶30	49.7	62.9	174.9	253.0	293.8
9	60∶40	51.4	63.7	174.8	256.2	297.6
10	50∶50	51.6	65.3	175.6	258.6	302.1
11	0∶100	—	—	—	257.0	305.2

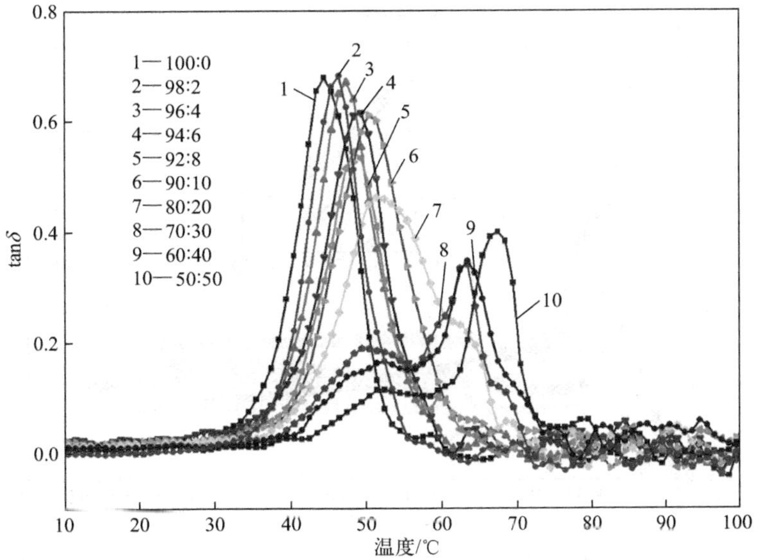

图 3-62 不同 PO/LA 投料比下 PO、CO_2 和 LA 三元共聚物的 DMA 测试结果

拉伸性能测试：对所得 CO_2、PO 和 LLA 三元共聚物的力学性能进行测试，结果如图 3-63 和表 3-28 所示。可以看到三元共聚物的拉伸强度明显高于 CO_2 和 PO 的二元共聚物。当 PO 与 LLA 的摩尔投料比为 98∶2 时，所得聚合物的拉伸强度就提高了将近 10MPa。随着，LLA 加入量的升高，三元共聚物的拉伸强度逐渐升高，最高可达 49.5MPa。我们认为这些性能的提升也是由于 PLA 链段在聚合物中形成了许多微小的晶区，这些晶区起到了类似“交联点”的作用，这些“交联点”能连接和固定分子链，从而提高聚合物的强度。但是，与此同时由于 PLA 是一种非常脆的聚合物，纯的 PLA 断裂伸长率仅为 4%。因此，在三元共聚体系中随着 LLA 加入量的提高，聚合物的断裂伸长率明显下降，当 PO 与 LLA 的摩尔投料比为 60∶40 时，断裂伸长率由普通 CO_2/PO 二元共聚物的 647.5% 下降至 14.8%。从图 3-63 中，可以看到，当 LLA 加入量较高时，聚合物的屈服点消失，材料呈脆性断裂。

表 3-28 不同 PO/LA 投料比下 PO、CO_2 和 LA 三元共聚物的力学性能

序号	PO∶LLA①	拉伸强度/MPa	断裂伸长率/%
1	100∶0	18.6	647.5
2	98∶2	27.1	148.3
3	96∶4	32.2	132.1
4	94∶6	38.2	92.4
5	92∶8	39.6	72.7
6	90∶10	44.5	84.6
7	80∶20	42.6	36.4
8	70∶30	45.8	14.9
9	60∶40	49.5	14.8

① PO 和 LLA 的投料比。

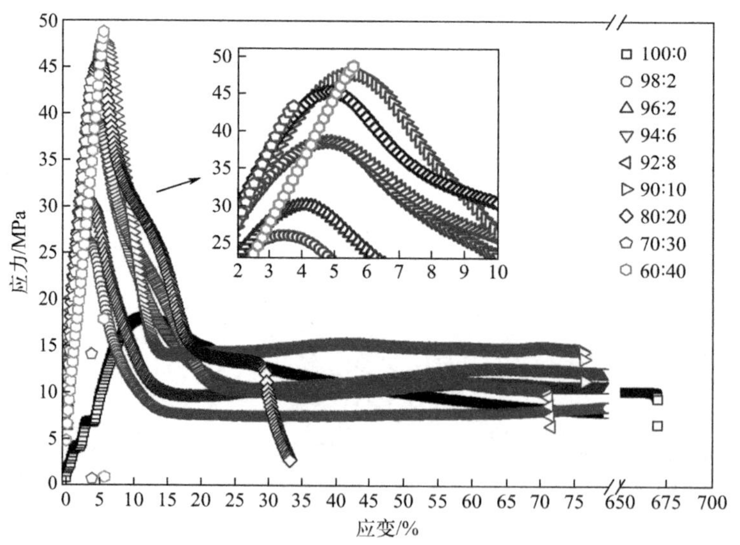

图 3-63 不同 PO/LA 投料比下 PO、CO_2 和 LA 三元共聚物的拉伸应力-应变曲线

3.3 二氧化碳、环氧化物及环内酯的共聚物的合成

在目前的报道中可用环内酯类第三单体种类较多，如图 3-64 所示，一般包括 β-丁内酯（β-BL，BBL）、γ-丁内酯（γ-BL，GBL）、ε-己内酯（ε-CL，ECL）、ε-癸内酯（ε-DL，EDL）等化合物，这些化合物都是合成生物可降解材料的主要原料。因此采用这类第三单体与二氧化碳和环氧化物共聚，引入聚酯链段不仅可以改善热性能和力学性能，而且能调控所得共聚物的降解性能。

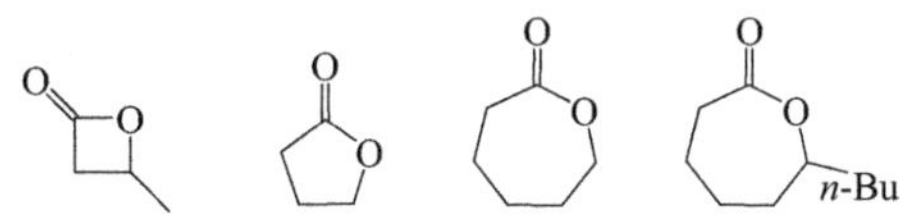

图 3-64 用于 CO_2/环氧化物/环内酯三元共聚的常见环内酯类型

如表 3-29 所示，在二氧化碳/环氧化物/环内酯三元共聚中，戊二酸锌[59,60]、己二酸锌[61]、PBM[62] 和三锌配合物[63] 催化剂通过一锅一步法催化合成的三元共聚物通常为无规或嵌段结构。2003 年，韩国浦项科技大学 Ree 等[56]首先以 ZnGA 实现了 PO、CO_2 和 ε-CL 的三元共聚，他们的产物是以 PPC 长链段为主，随机地插入少量的 PCL 短链段。当 ε-CL 的摩尔投料比高于 30%时，三元共聚物呈现半结晶性，熔点在 50～60℃之间。随着 ε-CL 引入量的增加，催化剂的催化活性逐渐降低，但聚合产物的降解性能有所提升。2006 年，Liu 等[64] 以聚合物负载的双金属配合物（PBM）为催化剂，也进行了 PO、CO_2 和 ε-CL 的共聚，得到了无规的含有一定聚醚的 P(PC-CL-PO) 共聚物材料。如表 3-29 所示。在 CO_2、环氧化物和 ε-己内酯的三元共聚反应中，单体与所用催化剂的亲和力决定了产物中各嵌段形成的先后序列。2015 年，Xu 等用席夫碱（Schiff base）三锌配合物催化剂合成了 CO_2、环氧环己烯（CHO）和 ε-CL 的锥形嵌段共聚物，包含了富 PCL、富 PCHC 两种高分子链[57]。ε-己内酯在席夫碱三锌催化体系中的反应活性比 CO_2 更高，因此能提高聚合反应的转化速率，但是在上述 ZnGA 催化体系中现象却刚好与此相反。

表 3-29 具有不同组分、结构和热性能的 CO_2/环氧化物/ε-CL 的三元共聚物

共聚物	聚酯含量(摩尔分数)/%	M_n	T_g/℃	T_m/℃	参考文献
P(PC-CL)	21	137000	17.7	51.0	[56]
	33	243000	17.6	51.1	
	63	180000	5.9	52.1	
	82	17000	5.4	57.2	
P(CL-CHC)	12	1384800	49.8	—	[57]
	32	1159300	46.6	—	
	60	12400	—	55.0	
	83	25500	—	56.6	
P(CHC-*b*-CL-*b*-CHC)	33	6600	34	ND①	[58]
	67	6500	−37	ND	
	80	13800	−53	38	

① 未检出。

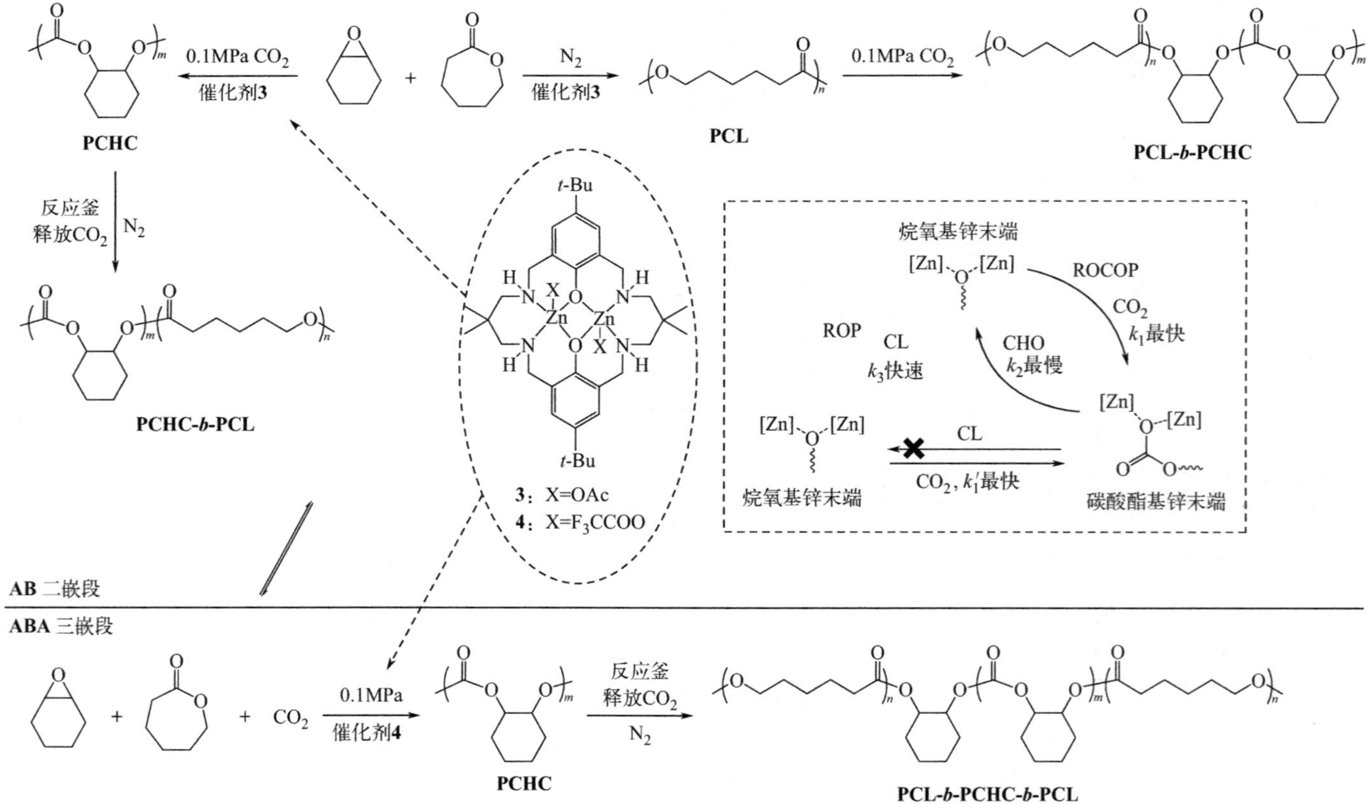

图 3-65　化学选择性共聚合成 CO_2/CHO/CL 嵌段共聚物[67]

此外，有研究人员采用多组分催化剂能通过一锅一步法合成多嵌段聚合物，在其反应体系中，用于催化生成聚碳酸酯和聚酯的催化剂及其反应机理是不同的，即可以在一个反应中同时进行两个催化循环，再通过两个催化循环之间的多次链交换反应合成了多嵌段共聚物。如 2015 年张兴宏团队使用 Zn-Co DMC/$Sn(Oct)_2$ 二元催化体系催化 CO_2/CHO/CL 三元共聚反应得到多嵌段共聚物[65]，以及 2018 年陈学思课题组用 Salen-$Co^{Ⅲ}$/Salen-$Co^{Ⅱ}$/PPNCl 三元催化体系合成 PPC-PLA 多嵌段共聚物[66]。

2014 年，Williams 课题组开发了一种化学选择性共聚方式合成二嵌段聚酯-聚碳酸酯共聚物（图 3-65）[67]。这是一种全新的聚合方式，因为 CO_2 不仅是参加反应的单体，还充当了调整聚合物结构的转换剂。该多元共聚反应包含开环聚合（ring-opening polymerization，ROP）和开环共聚（ring-opening copolymerization，ROCOP）两种方式。往 CHO/CL 混合物中通入 CO_2 只生成 PCHC，而不通入 CO_2 的时候就生成聚己内酯（PCL），所以通过调节 CO_2 就能简单控制生成聚酯还是聚碳酸酯。分析机理发现，烷氧基锌末端在 CO_2 存在时能快速转化为碳酸酯基锌末端，而碳酸酯基锌末端不能引发 CL 的开环聚合，所以在 CO_2 的存在下只能形成聚碳酸酯。随后，他们选用带有易水解的三氟乙酸根的配合物 **4**，成功合成了 PCL-PCHC-PCL 三嵌段共聚物[58]，并进一步通过实验结果和理论计算研究了催化中的动力学机制，发现低的活化能垒和形成更稳定的中间体是引起选择性聚合的原因[68]。

2017 年，Riege 等用 BDI^{CF_3}-Zn-$N(SiMe_3)_2$ 作为催化剂，通过控制 CO_2 的压力来调节 CO_2/CHO/BBL 共聚物的结构为无规或者嵌段结构[69]。反应示意图见图 3-66，当 CO_2 的压力为 0.3MPa 时得到无规共聚物，因为此时生成聚碳酸酯的速率与生成聚酯的速率相当；当 CO_2 的压力为 4MPa 时，BBL 开环聚合生成聚酯的反应完全被抑制，此时只能生成聚碳酸酯。研究发现，将 CO_2 压力从 4.0MPa 降低到 0.3MPa 时，CHO/CO_2 共聚中 CO_2 的反应级数从零级变为一级[70]。2018 年庞烜团队用 Salen-$Cr^{Ⅲ}$Cl/DBU/ROH 催化体系合成 CO_2/PO/LA 三元共聚物，在 CO_2 氛围下，DBU 会形成一种不能催化 LA 开环聚合的化合物，所以通过氩气（Ar）/CO_2 的气氛切换来调节嵌段共聚物的组成[71]。以 CO_2 为开关的化学选择性共聚，可通过改变催化剂类型[72]、单体的种类[73] 以及聚合的步骤，来合成结

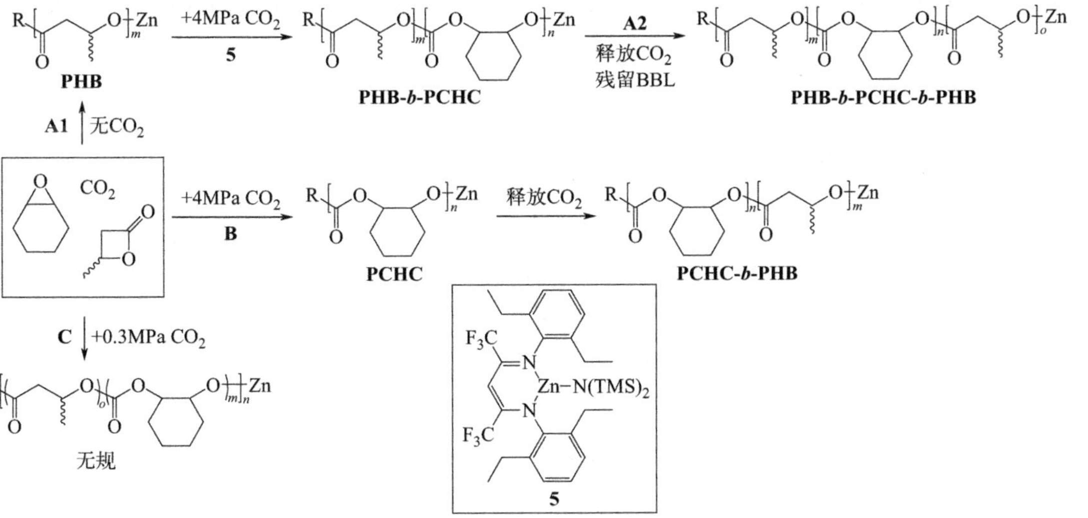

图 3-66 化学选择性共聚合成 CO_2/CHO/BBL 嵌段共聚物[69]

构多样的嵌段共聚物。2020 年 Williams 团队合成了 ABA 型共聚物，A 段为 PCHC 硬段，B 段是 DL 的开环聚合产物聚癸内酯（PDL）软段，根据 PDL 含量的不同，聚合物可用作黏合剂、弹性体和增韧塑料[74]。文献报道的一些聚碳酸酯-聚酯的无规、嵌段共聚物的链结构、热性能和力学性能如表 3-30 所示。

表 3-30 聚碳酸酯-聚酯型三元共聚物的热性能和力学性能

共聚物	M_n	碳酸酯含量（摩尔分数）/%	T_g/℃	$T_{5\%}$/℃	拉伸强度/MPa	拉伸应变/%
CO_2/PO/MA(无规)[75]	67000	4	38	235	21	55
CO_2/PO/PA(无规)[76]	42000	57	47	252	38	6
CO_2/PO/LA(无规)[77]	108000	56	50,63,175①	253	46	15
CO_2/CHO/BBL(无规)[70]	111000	55	58	—	23	1.5
PCHC-PHB(嵌段)[70]	115000	60	3,124	—	26	5
PCHC-PDL-PCHC(嵌段)[74]	59000	54	−50,110	283	20	900

① T_m=175℃。

【案例】 席夫碱锌配合物催化 CO_2、环氧环己烷和 ε-己内酯的三元共聚反应

本工作以席夫碱三锌配合物 **6** 和 **7** 为催化剂，一步法实现 CO_2、CHO 和 ε-CL 的三元共聚，合成了脂环族碳酸酯与脂肪族聚酯的共聚物，如图 3-67 所示。该反应是以本体聚合的形式进行，这是因为聚合产物在 CHO/ε-CL 中溶解性良好。在固定的压力 5MPa 和反应时间 20h 条件下，采用催化剂 **7** 改变反应温度进行聚合反应，如表 3-31 所示。采用^{1}H-NMR 测试、分析聚合粗产物，计算可得到聚合物中每种重复单元（聚碳酸酯、聚酯、聚醚）以及副产物（环状碳酸酯）的比例，如图 3-68 所示。综合考虑产物的选择性、聚合物组分和分子量，最佳的反应温度是 80℃。由于这 5 个聚合物样品的分子量分布都是明显的“双峰”，因此将 GPC 分布曲线切成两部分，分别计算数均、重均分子量。序号 4 表明使用图 3-67 中 **6** 作催化剂时这个三元共聚反应的 TON 比较小，这是由于反应中 CHO 的转化率较低。不过，催化剂 **7** 的选择性以及聚合产物的聚醚含量和分子量分布要更好一点。

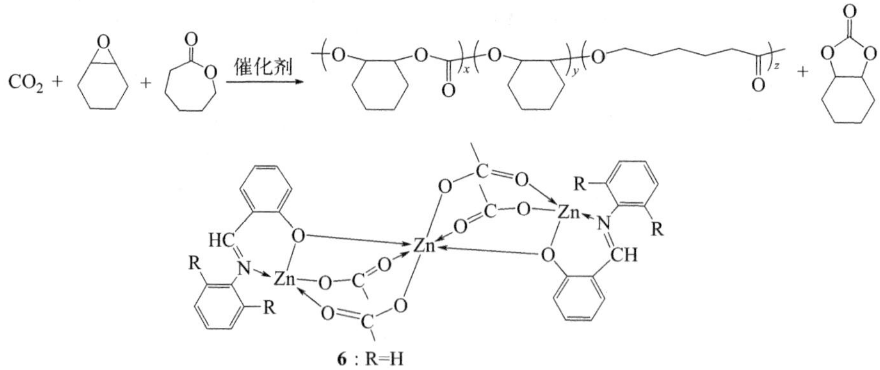

6 : R=H
7 : R= *i*-Pr
催化剂

图 3-67 CO_2、CHO 和 ε-CL 的三元共聚

表 3-31 在不同温度下采用催化剂 7 实施 CO_2、CHO 和 ε-CL 的三元共聚①

序号	温度/℃	TON②	选择性③/%	聚合物组分含量④/%			M_n⑤	M_w/M_n
				CHC	CL	CHO		
1	100	384	80	50.3	35.2	14.6	83700	1.55
							7700	1.69
2	90	368	84	51.8	32.1	16.1	43700	2.27
							6700	1.62
3	80	288	91	55.9	32.4	11.7	115100	3.10
							9300	1.48
4⑥	80	219	93	47.4	46.5	6.2	69200	2.22
							10300	1.34
5	70	234	92	38.9	45.5	15.6	100000	2.82
							9900	1.43

① 反应投料比［CHO］∶［CL］∶［催化剂］＝900∶100∶1（0.493mmol 催化剂），5MPa，20h。

② 在一定反应条件下，单位活性位点上发生催化反应的次数或生成目标产物的数目或消耗反应物的数目。TON＝底物用量（mol）/催化剂用量（mol）。

③④ 通过 ^{1}H-NMR 测定。

⑤ 通过 GPC 测定。

⑥ 序号 4 采用催化剂 **6**。

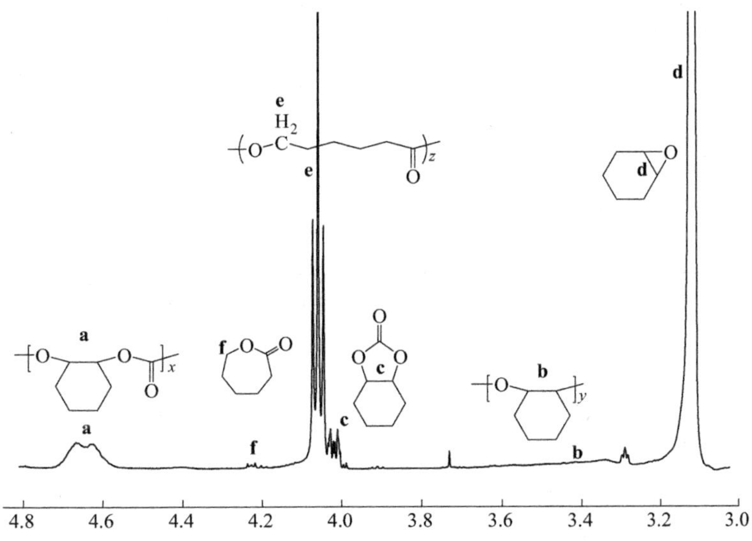

图 3-68 CO_2、CHO 和 ε-CL 三元共聚物的 ^{1}H-NMR（$CDCl_3$）谱图

实验中，通过调节 CHO 和 ε-CL 的投料比，合成了一系列结晶性链段含量不同的三元共聚物，如表 3-32 所示。值得注意的是，三锌配合物可以本体聚合方式合成 PCL，且在 140℃反应时单体转化率超过 99%（表 3-32 中序号 10）。到目前为止，这是第一个同时具备合成聚碳酸酯、聚酯以及两者共聚物能力的催化剂[54,56,78]。对比表 3-32 中序号 1 与序号 2，在引入 ε-CL 第三单体之后，TON 的数值从 180 迅速增长至 270，这表明此体系中 ε CL 反应活性高于 CHO。调节 ε-CL 的投料比例从 2.5%至 40%，得到的聚合物中 CL 单元的含

量分别为11.6%～90.9%。图3-69中拟合的直线表示，聚合产物中CL和CHO单元的摩尔分数都与初始的ε-CL单体摩尔分数呈线性关系，这说明该三元共聚物的组成是可控的。两根直线的交叉点表示当投入17%的ε-CL单体时，聚合物中CL单元的含量正好约为50%。相比CO_2与CHO的共聚物，只添加2.5% ε-CL单体的三元共聚产物中聚醚和环状碳酸酯的含量偏高。不过，可通过增加ε-CL单体的投料量来抑制聚醚和环状碳酸酯的形成。虽然此前有关于CO_2、CHO和ε-CL三元共聚的报道[78]，但是与文献所不同的是，利用该催化剂可以在5MPa的CO_2压力下同时生成聚碳酸酯和聚酯链段，并且可在无CHO状态下，用本体聚合的方法合成纯PCL。

表3-32 不同投料比的CO_2、CHO和ε-CL的三元共聚①

<table>
<tr><th rowspan="2">序号</th><th rowspan="2">CHO∶CL②</th><th rowspan="2">TON</th><th rowspan="2">选择性③/%</th><th colspan="3">聚合物组分分数③/%</th><th rowspan="2">M_n④</th><th rowspan="2">M_w/M_n</th><th rowspan="2">CL转化率⑤/%</th></tr>
<tr><th>CHC</th><th>CL</th><th>CHO</th></tr>
<tr><td>1</td><td>10∶0</td><td>180</td><td>96</td><td>94.0</td><td>—</td><td>6.0</td><td>45500</td><td>4.37</td><td rowspan="11">—</td></tr>
<tr><td rowspan="2">2</td><td rowspan="2">39∶1</td><td rowspan="2">270</td><td rowspan="2">88</td><td rowspan="2">68.0</td><td rowspan="2">11.6</td><td rowspan="2">20.4</td><td>137600</td><td>4.50</td></tr>
<tr><td>4800</td><td>1.96</td></tr>
<tr><td rowspan="2">3</td><td rowspan="2">19∶1</td><td rowspan="2">267</td><td rowspan="2">86</td><td rowspan="2">61.7</td><td rowspan="2">20.4</td><td rowspan="2">17.9</td><td>87800</td><td>2.75</td></tr>
<tr><td>7400</td><td>1.53</td></tr>
<tr><td rowspan="2">4</td><td rowspan="2">9∶1</td><td rowspan="2">288</td><td rowspan="2">91</td><td rowspan="2">55.9</td><td rowspan="2">32.4</td><td rowspan="2">11.7</td><td>115100</td><td>3.10</td></tr>
<tr><td>9300</td><td>1.48</td></tr>
<tr><td>5</td><td>8∶2</td><td>301</td><td>93</td><td>28.8</td><td>59.9</td><td>11.2</td><td>12400</td><td>1.59</td></tr>
<tr><td>6</td><td>7∶3</td><td>350</td><td>94</td><td>12.7</td><td>82.7</td><td>4.6</td><td>25500</td><td>1.41</td></tr>
<tr><td>7</td><td>6∶4</td><td>442</td><td>95</td><td>6.0</td><td>90.9</td><td>3.0</td><td>27400</td><td>1.51</td></tr>
<tr><td>8⑥</td><td>0∶10</td><td colspan="5" rowspan="3">—</td><td>5900</td><td>1.90</td><td>20.0</td></tr>
<tr><td>9⑥⑦</td><td>0∶10</td><td>22900</td><td>1.79</td><td>90.9</td></tr>
<tr><td>10⑥⑧</td><td>0∶10</td><td>29900</td><td>1.64</td><td>99.0</td></tr>
</table>

① 反应投料比[CHO+CL]∶[催化剂]=1000∶1（0.493mmol图3-67中的催化剂**7**），5MPa，20h。

② CHO与CL的投料比。

③ 通过^{1}H-NMR测定。

④ 通过GPC测定。

⑤ CL的转化率通过^{1}H-NMR测定。

⑥ 投料：10mL ε-CL，[CL]∶[催化剂]=1000∶1。

⑦ 序号9反应温度为100℃。

⑧ 序号10反应温度为140℃。

为了了解在Schiff base三锌催化体系中，CO_2、CHO和ε-CL三元共聚反应的过程，我们在固定反应温度和压力条件下，实施了一组反应时间为5h、20h、40h的聚合反应，实验结果如表3-33所示。如图3-68核磁氢谱所示，共聚反应在5h后，体系中的ε-CL已基本转化，这说明ε-CL具有较高的反应活性。同时，因为此时的CHO转化率仍然较低，所以我们可以推定：在聚合反应前期形成的聚合物分子链，主要是长序列的CL与短序列的碳酸酯的无规排列。

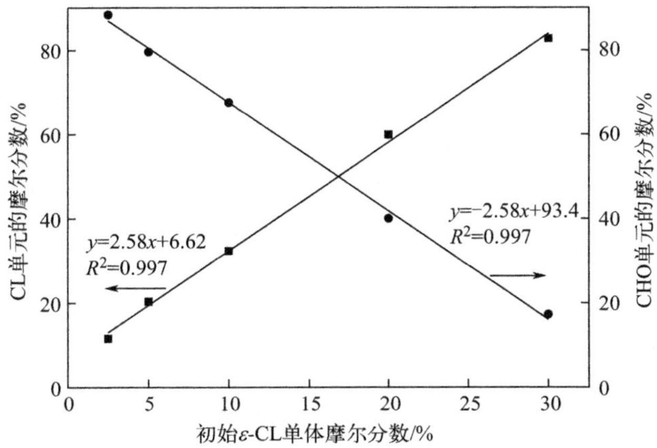

图 3-69　聚合产物中 CL 和 CHO 单元的摩尔分数与初始 ε-CL 单体摩尔分数的关系

表 3-33　不同反应时间的 CO_2、CHO 和 ε-CL 三元共聚

序号	时间/h	TON	选择性/%	组分分数/%			M_n	M_w/M_n
				CHC	CL	CHO		
1	5	165	93	27.6	62.2	12	7100	1.37
2	20	288	91	55.9	32.4	11.7	115100	3.10
							9300	1.48
3	40	572	87	66.7	20.7	12.7	234300	2.97
							7900	1.96

已有文献报道称，对于以配位-插入方式开环聚合的内酯类单体，其首先与金属中心离子配位的是羰基氧原子，而不是醚氧原子[79-81]。因此，相比 ε-CL，位阻效应可能对 CHO 开环过程中形成 Zn—O 键有一定的阻碍作用。单体氧原子的电荷密度也对 Zn—O 键的形成构成影响。利用密度泛函理论计算 CO_2、CHO 和 ε-CL 单体氧原子的自然键轨道电荷，如图 3-70 所示。虽然 ε-CL 的羰基氧原子负电荷密度小于 CHO 的氧原子，即 CHO 氧原子更容易与锌离子配位形成 Zn—O 键，但是在此催化体系中 CO_2/CHO 共聚的定速步骤是 CO_2 的插入。相对惰性的 CO_2 导致了生成碳酸酯单元的速率较慢。另一个影响聚合速率的因素是 Zn—O 醇盐键周围的电子云密度。相比由 ε-CL 单体开环形成的醇盐键，由 CHO 开环形成的醇盐键由于电荷密度更高，会与 Zn 离子束缚得更紧密，从而拖慢了聚合反应速率。

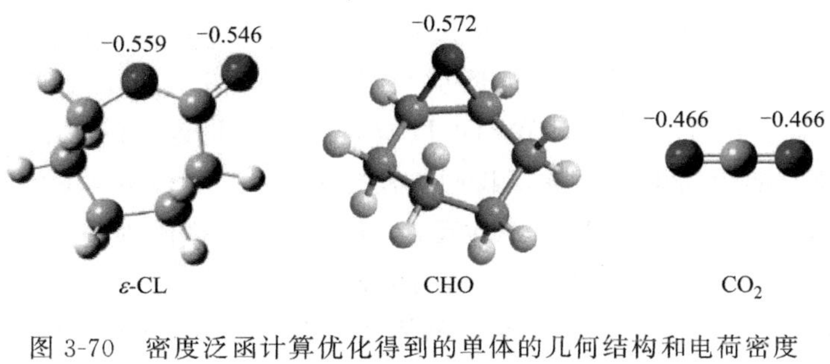

图 3-70　密度泛函计算优化得到的单体的几何结构和电荷密度

（O：黑色，C：灰色，H：白色）

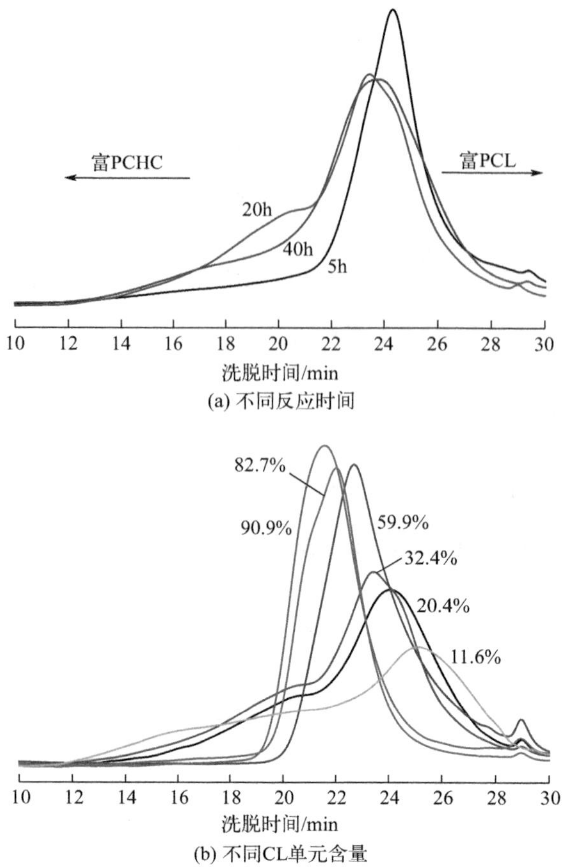

图 3-71 不同反应时间和不同 CL 单元含量的共聚物的 GPC 曲线

除了反应物的固有性质，动力学因素（如单体浓度）也对单体开环反应的竞争有重要的影响。当 ε-CL 单体被消耗到浓度较低时，CO_2/CHO 的交替插入将会变得极具竞争力。更多的 CO_2/CHO 对与金属中心配位插入，因而形成了长序列的聚碳酸酯链段，并有零星的 ε-CL 随机插入。图 3-71 所示 GPC 曲线表明 CO_2、CHO 和 ε-CL 三元共聚物的分子量分布较宽。上文提到在聚合反应开始 5h 后，核磁氢谱测到的 ε-CL 单体浓度已经非常低，但是图 3-71(a) GPC 曲线显示此后聚合物分子量继续在变大，即说明分子链依然保持着活性增长状态。可见在反应后期，碳酸酯单元的形成是占主导的链增长方式。我们通过原位红外监测反应也发现［图 3-72(a)］，反应刚开始时 PCL 浓度迅速增加，且在 100min 之内 ε-CL 单体已基本转化完，而之后主要是 PCHC 的浓度在提升。综合考虑以上实验现象和结果，我们认为这个共聚反应的产物是一个分子链上同时含有酯与碳酸酯单元的三元共聚物，而不是聚碳酸酯和聚酯的混合物。

造成共聚物分子量分布比较宽的原因有两个：一是 CO_2/CHO 和 ε-CL 两者的反应活性差异很大，二是聚合过程发生了链转移反应，特别是延长反应时间的情况下。基于^{1}H-NMR、GPC 以及原位红外的监测结果，我们认为共聚反应首先生成了富 PCL（即长序列 CL 与短序列碳酸酯的无规排列）的三元共聚物，而反应后期主要形成富 PCHC（即短序列 CL 与长序列碳酸酯的无规排列）的共聚物。原位红外实验结果证明反应初期主要是 ε-CL 的聚合物，这是一个阴离子配位聚合反应。从图 3-71 看出，延长反应时间和增加 ε-CL 投料比例都能提高共聚物的分子量，这再次证明 ε-CL 反应活性优于 CO_2/CHO。分子量的宽分布表明在反应后期，有一部分聚合物分子链活性端因为链转移的发生而失活了。特别是，有 CHO 存在的高温体系中，发生链转移反应的可能性很大[78,82]。之所以聚合反应后期的链转移反应更加明显，是因为 CO_2/CHO 的插入速率慢于 ε-CL。因此，我们可以看到反应时间越长的聚合物，其分子量分布越宽。综合以上所有实验结果与讨论，我们描绘出 CO_2、CHO 和 ε-CL 三元共聚反应的过程图，如图 3-72(b) 所示。图中描述了在反应初期，基于单体性质的差异生成富 PCL 的共聚物；反应中期，由于发生链转移反应，部分富 PCL 高分子链停止增长，活性中心向单体或者短链转移了；反应后期由于各个单体浓度的变化和动力学因素形成富 PCHC 共聚物。

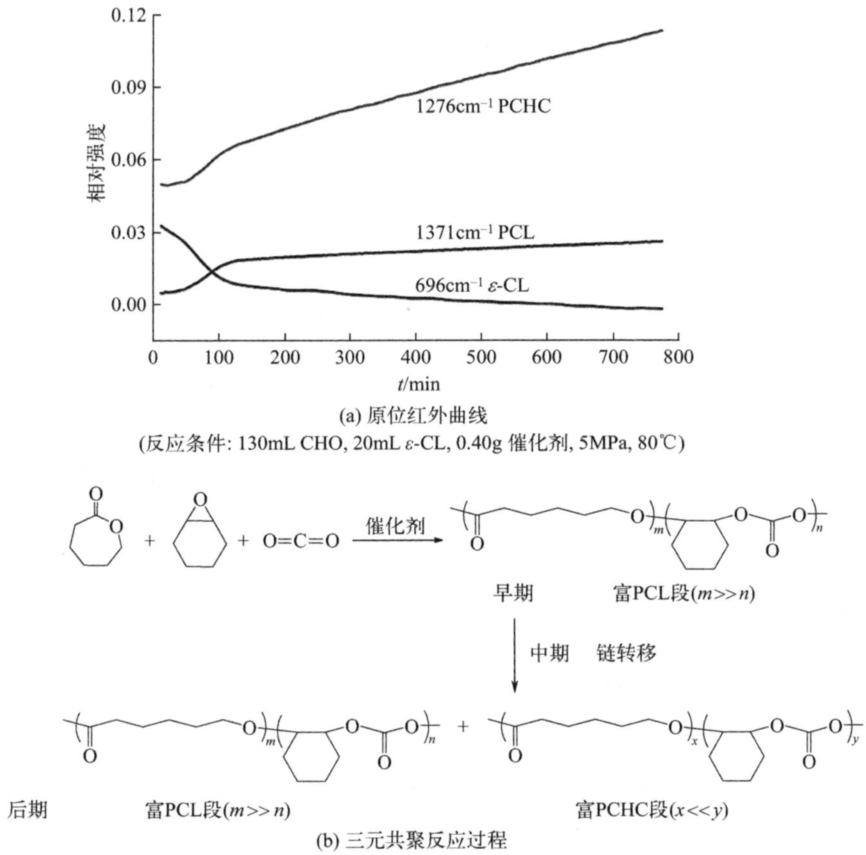

图 3-72 三元共聚的原位红外曲线和三元共聚反应过程示意图

3.4 二氧化碳、环氧化物及异氰酸酯的共聚物的合成

为了提高脂肪族聚碳酸酯的使用性能，可在环氧化物和二氧化碳的共聚中，添加少量的异氰酸酯，如二苯基甲烷-4,4′-二异氰酸酯（MDI），对聚合物主链起到支化、交联和扩链作用，可得到线型、支化或者微交联的脂肪族聚碳酸酯，以提高聚合物的热性能和力学性能。所得的三元共聚物是一种新型可降解脂肪族聚碳酸酯，可满足聚合物在更为广泛领域的应用要求，比聚碳酸丙烯酯具有更广阔的应用前景。二氧化碳、环氧丙烷、MDI 三元共聚生成微交联 PPC 的反应示意图如图 3-73 所示。

1991 年，彭汉、陈立班等[83] 采用负载型双金属阴离子配位催化剂催化二氧化碳、环氧丙烷和甲苯-2,4-二异氰酸酯（TDI）进行三元共聚。他们发现少量 TDI 的加入不会阻碍 PO 和 CO_2 的共聚，只要 TDI/PO 摩尔比值不超过 0.05，PO 转化率都能达到 85%～100%。而且，不加 TDI 时得到的共聚物 PPC 是一黏稠树脂或软性固体，M_n 仅为 1×10^4～2×10^4，加 TDI 得到的三元共聚物则是一种有一定弹性和硬度的固体，说明 TDI 有显著的

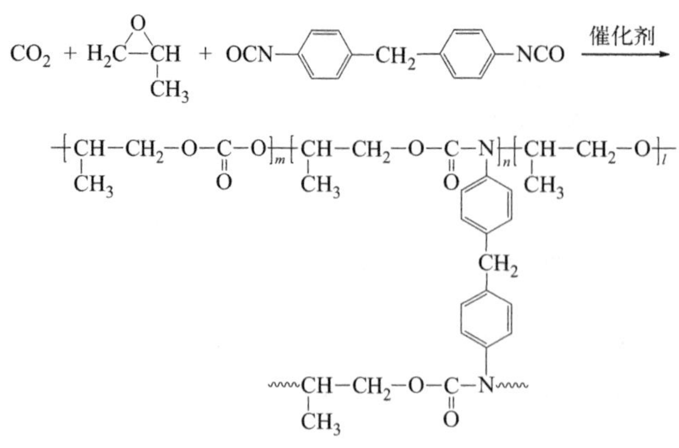

图 3-73 二氧化碳、环氧丙烷、MDI 三元共聚生成微交联 PPC 的反应示意图

扩链作用。根据 GPC 分析结果，该聚合产物的可溶部分的分子量增加了一个数量级。同时，随 TDI 投入量的增加，三元共聚物的分子量分布明显变宽；作浓度外推时，Haggins 常数有随 TDI/PO 值的提高而增大的倾向；不溶性凝胶的含量随着 TDI/PO 值的提高而提高，最后可达到约 85%。以上结果表明，该三元共聚物的分子结构上产生支化和交联。热性能方面，当 TDI/PO 从 0 增大到 0.05 左右时，聚合物的玻璃化转变温度从 −12℃提高到 34℃、热分解温度也有所提高，这与芳香基团的引入有关，更主要的是分子量增大并产生交联的结果。

随后，他们又发现不但二异氰酸酯可以参加反应，而且单异氰酸酯（如异氰酸苯酯，PI）亦可参加反应，得到较高分子量的线性共聚物[84]。在他们的 CO_2、PO 和 PI 的三元共聚反应中，一定范围内异氰酸酯的种类和用量对共聚产率没有很大影响，然而共聚物性质却依赖于异氰酸酯的用量。该三元共聚物的特性黏数随 PI/PO 摩尔比增大而增大，可提高一个数量级。此外，所有的三元共聚物在苯中不溶物含量几乎为零，且用增比黏度作浓度外推时 Haggins 常数不随 PI/PO 值而变。以上结果表明，PI 作为单异氰酸酯具有扩链作用，而不会使聚合物产生支化或交联。通过 CO_2、PO 和 PI 的三元共聚可得到较高分子量的线型脂肪族聚碳酸酯。

此外，以聚碳酸丙烯酯（PPC）和 MDI 为原料也可制备聚碳酸酯型聚氨酯材料。聚碳酸丙烯酯（PPC）是由环氧丙烷和二氧化碳共聚而成，兼具聚碳酸酯和聚醚结构，以其为原料制备的热塑性聚氨酯弹性体（TPU）显示出优异的综合性能。广东工业大学刘保华课题组[85] 以 PPC、MDI 和 1,4-丁二醇（BDO）等为原料，采用预聚体法合成了聚碳酸丙烯酯型热塑性聚氨酯弹性体（PPC-TPU）。探讨了硬段含量、异氰酸酯指数（R）、分子量等对弹性体磨耗性能的影响，并与商业化多元醇制备的弹性体进行比较。研究表明，随着硬段含量、R 值的增加，制备的弹性体的磨耗出现最小值；随着 PPC 分子量增加，弹性体的耐磨性提高。在相同硬段含量下，PPC 型 TPU 的耐磨性优于聚醚型 TPU 的，和聚酯型及 PTMG 型 TPU 的相近。

下文将以戊二酸锌催化二氧化碳、环氧丙烷和 MDI 的共聚合反应为案例，详细介绍引入 MDI 对聚合反应、聚合物结构与性能的影响。

【案例】 戊二酸锌催化二氧化碳、环氧丙烷和 MDI 的共聚合反应

关于戊二酸锌催化二氧化碳和环氧丙烷共聚合反应的相关文献已经报道很多，负载戊二酸锌催化二氧化碳和环氧丙烷聚合的最佳反应条件如下：反应温度为 60℃，反应时间 40 小时，二氧化碳压力为 5.2MPa。然而，在 MDI 作用下环氧丙烷和二氧化碳的共聚合反应采用该反应条件的效果不是很好，催化活性较低，因此我们首先探讨了反应温度、二氧化碳压力和 MDI 的加入量对共聚合反应的影响。

表 3-34 列出了不同的反应温度下，二氧化碳和环氧丙烷在 MDI 的存在下的聚合反应结果。一般来说，提高反应温度会加快聚合反应速度，增加产率，但是会造成分子量的降低。在 MDI 作用下，聚合反应温度由 60℃上升到 80℃，产率大幅度的增加，催化效率从 22.1g 聚合物/g 催化剂增加到 68.7g 聚合物/g 催化剂。随着温度的上升，分子量并没有降低反而有一定的提高，是由于反应体系温度的升高，MDI 的支化交联作用加剧。

表 3-34 不同反应温度下 CO_2、PO 和 MDI 的三元聚合反应

温度/℃	MDI 用量(质量分数)/%	时间/h	产率/%	M_n/M_w/PDI
60	0.5	24	22.1	123000/287000/3.16
70	0.5	24	30.6	198000/312000/1.58
80	0.5	24	68.7	153000/264000/1.73

表 3-35 列出了不同的压力下，MDI 的存在下二氧化碳和环氧丙烷的共聚合反应结果。从聚合反应体系来看，反应压力的变化主要体现为单体插入聚合物增长链的难易。共聚合反应主要发生在体系中的液相，压力越大，二氧化碳在环氧丙烷中溶解度越大，越容易接近聚合增长链并插入。因此，二氧化碳压力越大，分子量越高。

表 3-35 不同的压力下 CO_2、PO 和 MDI 的三元聚合反应

压力/MPa	温度/℃	MDI 用量(质量分数)/%	时间/h	产率/%	M_n/M_w/PDI
4.2	80	1	24	70.1	232000/735000/3.16
5.2	80	1	24	79.0	287000/803000/2.79
4.2	80	2	24	64.6	256000/762000/2.98
5.2	80	2	24	87.3	404000/816000/2.01
4.2	80	3	24	57.4	297000/893000/3.01
5.2	80	3	24	65.9	376000/685000/1.82

在考虑了温度和压力的影响后，确定了最佳的反应条件为 80℃、5.2MPa。不同的 MDI 加入量的作用下，二氧化碳和 PO 共聚合结果列于表 3-36，由表中数据可见，催化剂 ZnGA 能够很好地催化该共聚合反应。该多配体催化剂由氧化锌、戊二酸和其他配体制备而成，是目前已研制合成 PPC 的最为有效非均相催化剂之一。随着 MDI 加入量（质量分数，下同）0.5%增加到 3.0%，F_{MDI} ∶ F_{PC}（聚合物链段中 MDI 单元与甲基亚乙基碳酸酯单元的比值）从 1.1∶100 提高到 11.6∶100。该共聚物链段中的 MDI 单元含量总是大于相应的加料比例，这是由于 PO 在整个共聚过程中既作为反应物又作为溶剂，不完全参与反应而引起的。所得到的微交联 PPC 分子量有非常明显的提高，共聚物可溶的部分数均分子量分布在 153000 到 424000 之间，分布指数处于 1.56～2.79，这表明 MDI 的引入对 PPC 分子链产生支化和交联的作用，另外 PPC 主链存在一些羟基和羧基与 MDI 的异氰酸根反应可起到扩链作用，这些因素都能有效地提高分子量。

表 3-36 不同的 MDI 加入量下 CO_2、PO 和 MDI 的三元聚合反应

样品	MDI∶PO	产率/%	PO 转化率/%	M_n/M_w/PDI	$F_{MDI}:F_{PO}$
1	—	47.0	32	84000/243000/2.89	—
2	0.5∶100	68.8	47	153000/264000/1.73	1.1∶100
3	1.0∶100	76.0	52	287000/803000/2.79	1.5∶100
4	1.5∶100	75.0	51	382000/582000/1.56	1.7∶100
5	2.0∶100	84.3	58	404000/816000/2.01	2.2∶100
6	2.5∶100	71.6	49	424000/897000/2.11	3.6∶100
7	3.0∶100	63.6	44	376000/685000/1.82	11.6∶100

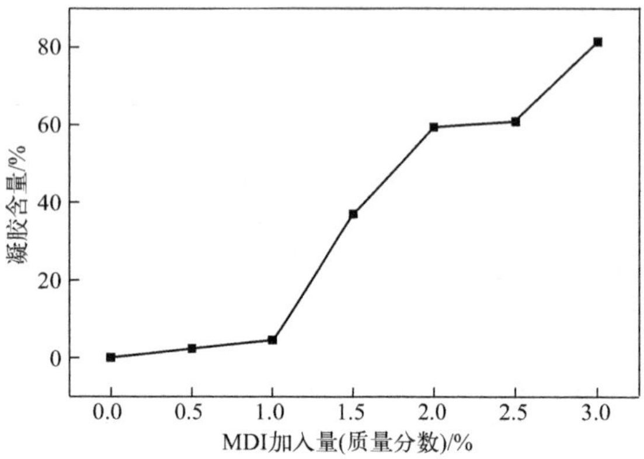

图 3-74 不同 MDI 加入量得到的微交联 PPC 中的凝胶含量

另外，随着 MDI 加入量增加，聚合物的产率不断增加，从 47.0g 聚合物/g 催化剂增加至 84.3g 聚合物/g 催化剂，这由于 MDI 能够与催化剂发生配位作用，引入大位阻的配体有利于配合物的离散性质，同时 MDI 的吸电子基团对聚合反应是有利的，使得催化活性大为提高，加速 PO 插入催化剂的活性中心。但当 MDI 的含量超过 2.0%，在共聚合反应的早期过多 MDI 的加入使分子量急剧增加，导致反应体系过于黏稠，二氧化碳在体系液相中的溶解度减小，产率减小。图 3-74 为微交联 PPC 的凝胶含量随 MDI 的加入量变化的曲线。可以看出，PPC 的凝胶含量随着 MDI 加入量（质量分数）的增加而提高，当 MDI 的加入量为 3.0%时凝胶含量达 81.5%。高的交联度不利于 PPC 进一步加工，我们应该控制微交联 PPC 仍然保持热塑性塑料的性质，因此，当环氧丙烷转化率约为 50%时，最佳的 MDI 加入量应低于 1.0%。

3.5 二氧化碳基多元共聚物的性能及加工

3.5.1 二氧化碳、环氧丙烷和环酸酐的三元共聚物

引入酸酐能调节聚碳酸酯的玻璃化转变温度，芳香族酸酐的引入能提高聚碳酸酯的 T_g，含有 46%（摩尔分数，下同）聚酯的 CO_2/PO/PA 三元共聚物（PPC-P）T_g 为 48℃，相较于 PPC T_g 提高了 10℃[86]。2013 年，Koning 等[80] 尝试将 CO_2/CHO/PA 三元共聚物作为新型涂料，但由于其较高的 T_g，该聚合物表现出非常差的流动性，限制其在涂料方面的应用。多环脂肪族酸酐的引入也能提高聚碳酸酯的 T_g，CO_2/PO/NA 三元嵌段共聚物有两个 T_g，40℃附近的 T_g 归属于 PPC 链段，62～67℃附近的 T_g 归属于聚酯链段[72]。一方

面，单环脂肪族酸酐的引入对提高聚碳酸酯的 T_g 的作用不明显。另一方面，酸酐的引入可以提高聚碳酸酯的热稳定性，CO_2/CHO/MA 三元共聚物的 $T_{5\%}\geqslant 273℃$[20]，聚酯含量为15.7%的 CO_2/PO/MA 三元共聚物的 $T_{5\%}$ 和 T_{max} 相对于 PPC 均提高了约 30℃[87]。

酸酐的加入还能调控聚碳酸酯的力学性能。CO_2/PO/NA 三元共聚物的弹性模量、拉伸强度均比 PPC 高，分别为 95MPa 和 14MPa[19]。2008 年孟跃中课题组[87] 发现随着 MA 含量的增加，CO_2/PO/MA 三元共聚物的拉伸强度下降，断裂伸长率增加，含有 4%的聚酯的共聚物的拉伸强度为 20.6MPa，断裂伸长率为 550%。交联后的 CO_2/PO/MA 三元共聚物 T_g 能提高到 42.9℃，拉伸强度增加到 45.6MPa[88]。

许多交联结构也被证实能提高聚碳酸酯的热性能和力学性能。CO_2/PO/FGE/MA 四元共聚物组成的交联网络具有弹性和尺寸稳定性，最小永久变形为 6.5%，远低于 PPC 的 157.2%，但拉伸强度和断裂伸长率比 PPC 低[27]。添加二酸酐的聚碳酸酯的 $T_{5\%}$ 和 T_{max} 分别能提高到 270℃和 290℃以上，3%（摩尔分数，下同）的 PMDA 的 CO_2/PO/PMDA 三元共聚组成的交联网络[28] 和添加 2%的 BTCDA 的 CO_2/PO/BTCDA 三元共聚组成的交联网络[29] 的拉伸强度、杨氏模量和断裂伸长率分别为 41MPa 和约 30MPa、662MPa 和 1932MPa、406%和 98%。此外，后者在 60～70℃的热定型伸长率和永久变形相较于 PPC 大幅降低，仅为 55.0%和 16.3%，流变性能变差，不能注射成型，但可以热压成型。CO_2/环氧化物/环酸酐共聚物的热性能和力学性能总结于表 3-37。

引入脂肪族酸酐能提高聚碳酸酯的降解速度。含有 57%（摩尔分数）的聚酯结构的 CO_2/PO/MA 三元共聚物在 37℃、pH 7.4 的 PBS 缓冲溶液中降解 8 周，质量损失 26.8%，而 PPC 的质量损失不超过 4%[89]。CO_2/PO/IAn 交联共聚物也显示出比 PPC 更优异的降解性，在 37℃、pH 7.4 的 PBS 缓冲溶液中水解 10 周，质量损失为 28.3%，而 PPC 的质量损失仅为 4.6%[24]。但引入芳香族酸酐如 PA 后的共聚物的降解性能未见报道。实际上，引入苯酐的三元共聚物结构与常见的可生物降解塑料聚己二酸/对苯二甲酸丁二酯（PBAT）类似，PBAT 是一种结晶型的脂肪族/芳香族聚酯，当芳香族聚酯的含量不超过 50%时，其具有良好的降解性能[90]。因此，研究引入苯酐的聚碳酸酯的降解性能有重要意义。

表 3-37 CO_2/环氧化物/环酸酐共聚物的热性能和力学性能①

聚合物	结构	T_g/℃	$T_{5\%}$/℃	T_{max}/℃	拉伸强度/MPa	杨氏模量/MPa	断裂伸长率/%	参考文献
CO_2/PO/NA(0.1%)②	无规	37.0	—	275	14.0	95	—	[64]
CO_2/PO/MA(4%)②	无规	37.5	235	253	20.6	—	550	[81]
CO_2/PO/MA(4%)②	交联	42.9	—	—	45.6	—	—	[75]
CO_2/PO/FGE/MA	交联	11.1	271	289	8.3	—	273	[77]
CO_2/PO/PMDA	交联	—	281	306	41.0	662	406	[78]
CO_2/PO/BTCDA	交联	26.3	274	294	约 30.0	1932	98	[79]

① 符号“—”代表没有该数据。

② 圆括号中的数值为聚酯在聚合物中的含量，摩尔分数。

3.5.1.1 不同序列结构 PPC-P 的热学性能

（1）不同序列结构 PPC-P 的玻璃化转变温度

研究无规、梯度、嵌段三种序列结构 PPC-P 的性能，分析序列结构对其性能的影响。

为了更好地建立序列结构与性能的关系，需对比分子量和组成均相近的 PPC-P 的性能。采用已优化好的反应条件，合成组成相似（聚酯摩尔分数为 45%左右）、分子量相近的三种 PPC-P 并进行比较（见表 3-38），由于三嵌段 PPC-P 的分子量比两嵌段及无规、梯度 PPC-P 的小，所以进行性能对比的嵌段共聚物为两嵌段 PPC-P。

表 3-38 不同序列结构 PPC-P 的热性能

序列结构	PE 含量①/%	PPC 含量①/%	PPO 含量①/%	PE 含量②/%	PPC 含量②/%	M_n/PDI	T_g/℃	T_{max}/℃	$T_{5\%}$/℃
无规	43	54	3	61	38	48400/1.23	48	287,365	272
嵌段	46	51	3	64	35	54600/1.25	39,53	279,366	263
梯度	43	51	6	62	36	47900/1.29	49	287,367	273

① 摩尔分数。

② 质量分数。

图 3-75 是三种序列结构 PPC-P 的 DSC 曲线（测试时按照常用的 10℃/min 的升温速率）。从图中可以看出梯度、无规共聚物只有一个玻璃化转变温度，位于 PA 与 PO 共聚所得聚酯（PE，$T_{g_{PE}}=62℃$）和 PO 与 CO_2 共聚所得聚碳酸酯（PPC，$T_{g_{PPC}}=37℃$）的玻璃化转变温度之间。而嵌段 PPC-P 的 DSC 曲线在 39℃和 53℃处能看到两个不太明显的转折，看似有两个玻璃化转变温度。为了进一步确证，提高升温速率到 20℃/min，重新测试了 DSC 曲线。一般升温速率高时，样品无论是一级的熔融、结晶等转变还是二级的玻璃化转变都会更加明显。如图 3-75(b) 所示，无规和梯度 PPC-P 还是只有一个玻璃化转变温度，而嵌段 PPC-P 的两个玻璃化转变更明显一些。此外，两次测试结果相比，升温速率越快，测试得到的聚合物玻璃化转变温度更高一些，这可能是由于在较高升温速率下，聚合物内部的传热过程不能很快响应，导致测试结果更高。总之，不论以多快的升温速率进行 DSC 测试，嵌段 PPC-P 都存在两个玻璃化转变温度，说明嵌段共聚物中 PE 链段与 PPC 链段发生了微相分离。嵌段聚合物中属于 PPC 链段的 T_g 比纯 PPC 要高一些，而属于 PE 链段的 T_g 比纯 PE 要低一些，这是因为 PE 与 PPC 有部分相容性，所以出现两个互相靠近的 T_g。

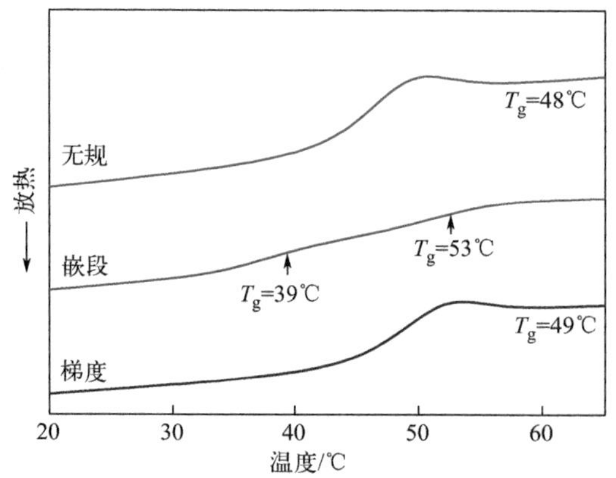

(a) 升温速率10℃/min

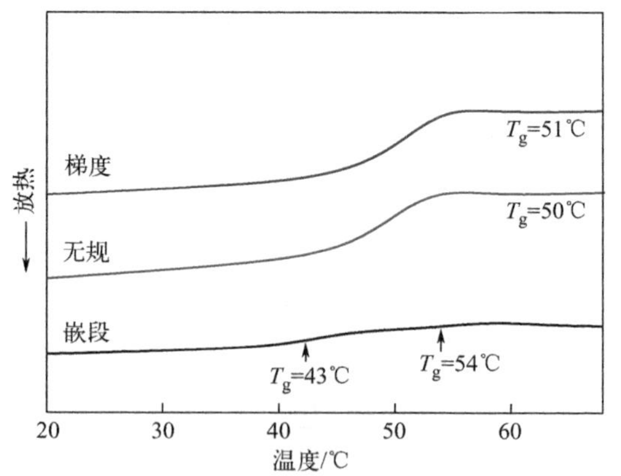

(b) 升温速率20℃/min

图 3-75 不同序列结构 PPC-P 的 DSC 曲线

（2）不同序列结构 PPC-P 的热分解性能

图 3-76(a) 是三种共聚物的热失重曲线。由曲线形状结合图 3-76(b) DTG 曲线可以看

出，PPC-P 的热分解分为两步，较低温段的分解主要是 PPC 链段的分解，较高温下是 PE 链段的分解。嵌段共聚物相对于梯度和无规共聚物来说其两链段的分解明显区别开来，PPC 链段的分解更快。梯度、无规聚合物的 5%热失重温度（$T_{5\%}$）为 272℃左右，嵌段聚合物 5%热失重温度为 263℃。可以看出，梯度、无规共聚物相对嵌段共聚物具有更好的热稳定性。

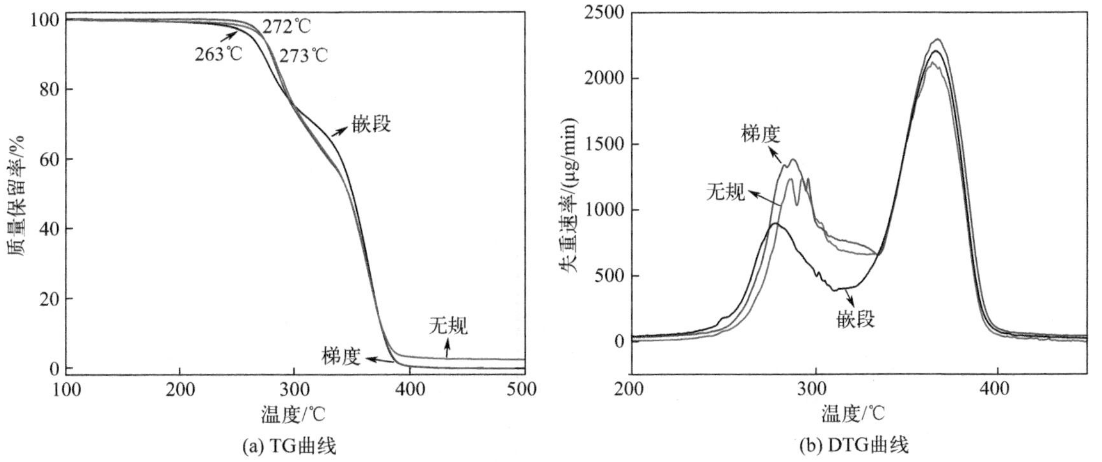

图 3-76 不同序列结构 PPC-P 的 TG 及 DTG 曲线

除了上述动态热重测试，还对三种 PPC-P 进行了静态热重测试，即在恒温条件下测量聚合物质量随时间变化的关系，以此可以测试聚合物的热稳定性以及进一步探讨聚合物的分解过程。首先在 170℃下恒温 200min，通过恒温前后共聚物质量及分子量等的变化，比较不同序列结构 PPC-P 热稳定性的差异以及进一步了解 PPC-P 共聚物的热分解过程。由图 3-77 可知，在 200min 后，梯度、无规聚合物几乎没有质量损失，而嵌段 PPC-P 的质量略微有所下降（<4%）。对测试前后的样品进行 GPC 测试，发现恒温前后梯度、无规 PPC-P 的 PDI 都有一定程度的增加［图 3-78(a) 和 (b)］，嵌段聚合物的 PDI 也增大且增幅大于另两种结构的聚合物，同时其 GPC 曲线变化更明显，恒温后的 GPC 曲线由双峰变成单峰［图 3-78(c)］。由此说明，三种结构的聚合物在 170℃保温后，均发生了断链。测试恒温后剩余样品的^{1}H-NMR［图 3-78(d)］，可以看到，梯度和无规 PPC-P 几乎没有产生解拉链分解的产物 CC，但嵌段 PPC-P 产生了较多的 CC，说明嵌段 PPC-P 恒温后的质量损失是由解拉链式的分解造成的。由以上分析，在 170℃下，PPC-P 聚合物会发生无规断链，而对于聚碳酸酯链段长的嵌段聚合物，解拉链式的分解更为明显。

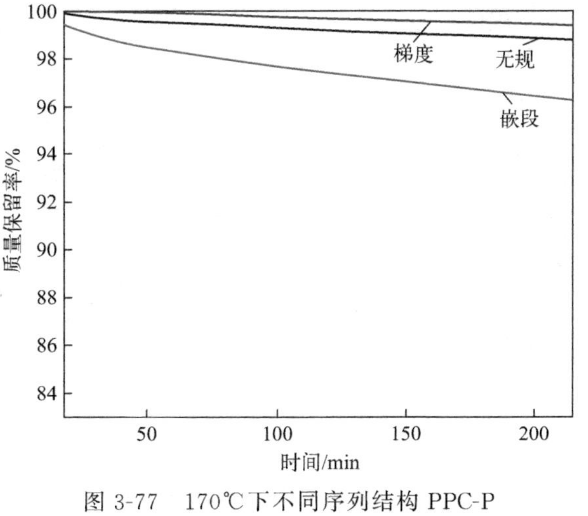

图 3-77 170℃下不同序列结构 PPC-P 恒温 200min 的质量变化曲线

将恒温测试温度提高至 200℃，见图 3-79，发现三种结构聚合物的质量损失都比在 170℃恒温测试时更多，且梯度、无

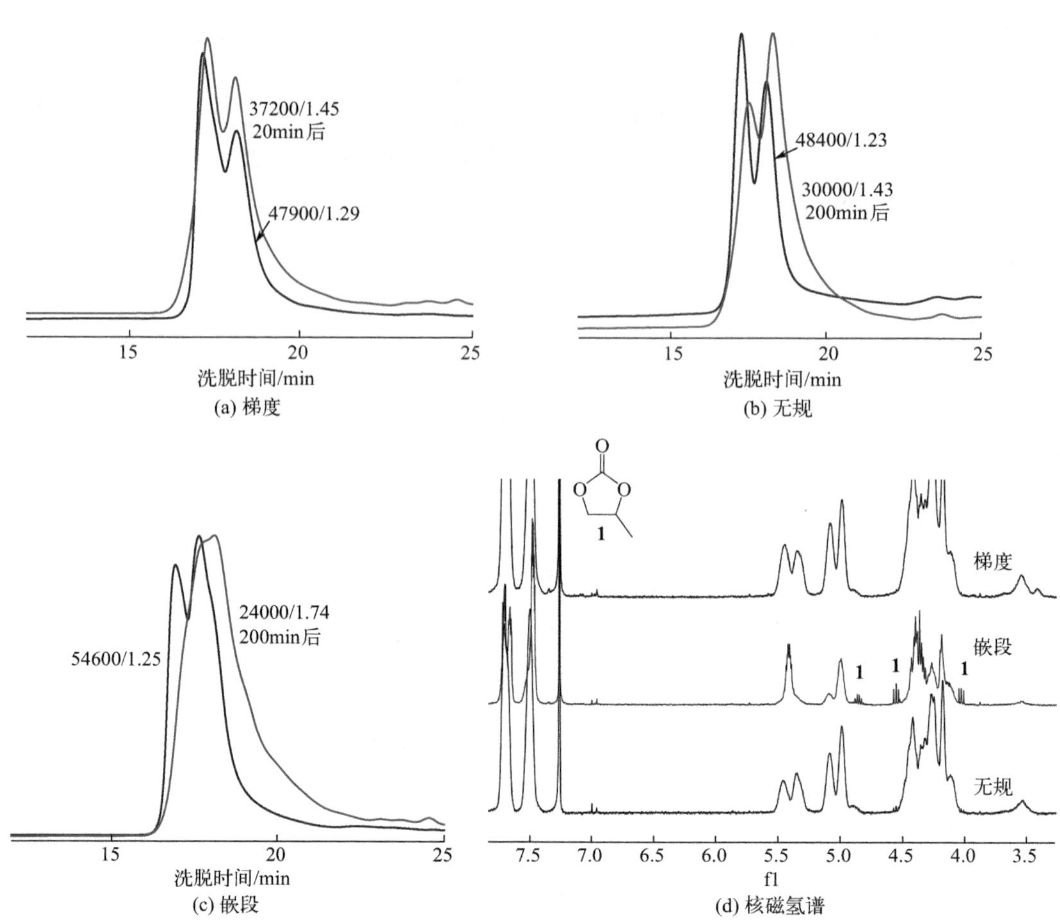

图 3-78 170℃下梯度、无规和嵌段 PPC-P 恒温 200min 后的 GPC 曲线以及核磁氢谱图

规聚合物的质量保持率仍大于嵌段聚合物的。图 3-80 的 GPC 曲线对比可以看出，恒温测试后三种结构 PPC-P 的 PDI 均大幅增加，分子量骤降，对恒温测试后剩余样品进行^{1}H-NMR 测试［图 3-80(d)］，可以看到三种结构 PPC-P 都因解拉链分解产生了 CC。嵌段 PPC-P 产生的 CC 最多，无规 PPC-P 产生的 CC 最少。

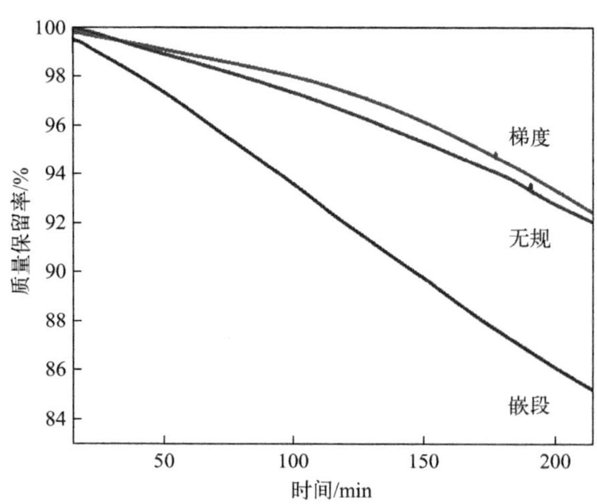

图 3-79 200℃下不同序列结构 PPC-P 恒温 200min 的质量变化曲线图

综合以上分析，提出 PPC-P 聚合物的热分解过程（图 3-81）。PPC-P 聚合物的热分解分为两个过程，一是分子链的无规断裂反应，二是链末端“回咬”造成的解拉链式分解。PPC-P 聚合物的分解首先是主链上稳定性较差的聚碳酸酯链段的断链，导致聚合物的分布变宽；同时伴随着解拉链式分解过程，链末端聚碳酸酯链段越多，解拉链式分解程度越高，使聚合物产生明显的质量损失。对于无规、梯度聚合物，其主链上的聚酯-聚碳酸酯交替链段比嵌段聚合物多，羟基末端的“回咬”

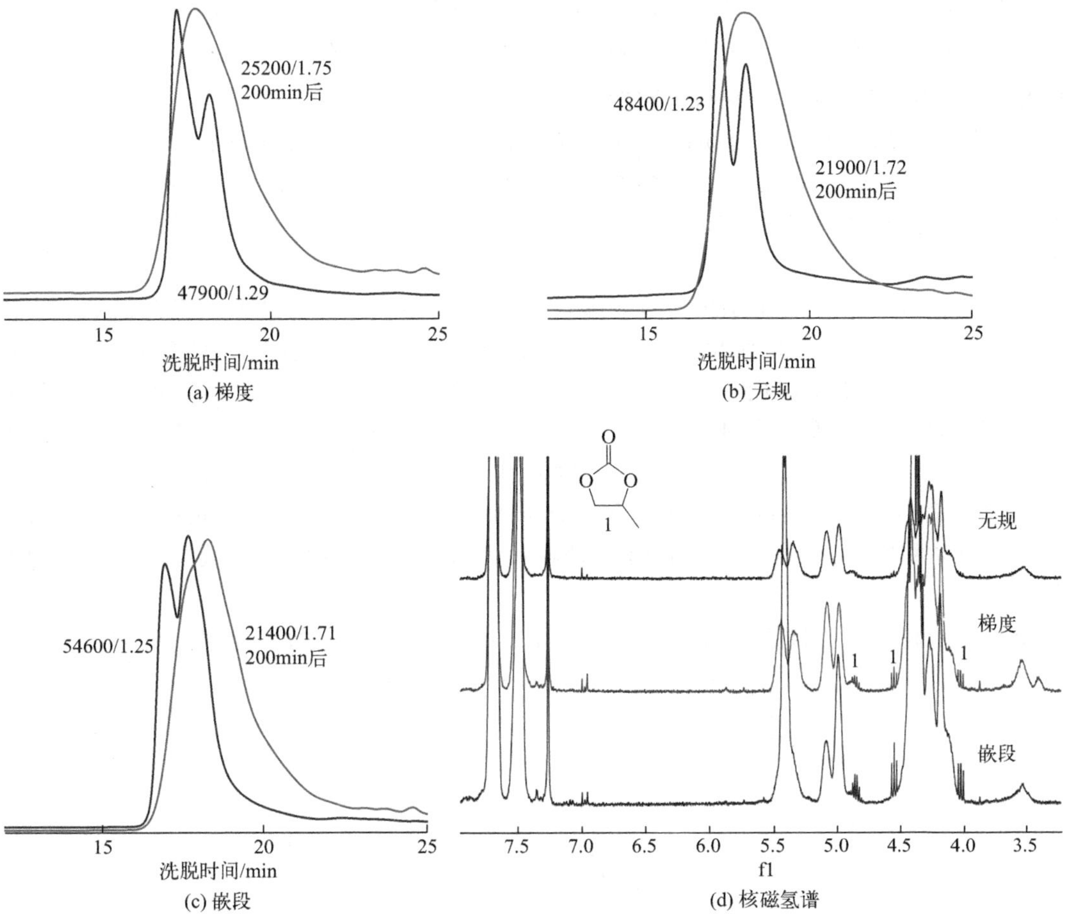

图 3-80 200℃下梯度、无规和嵌段 PPC-P 保温 200min 后的 GPC 曲线以及核磁氢谱图

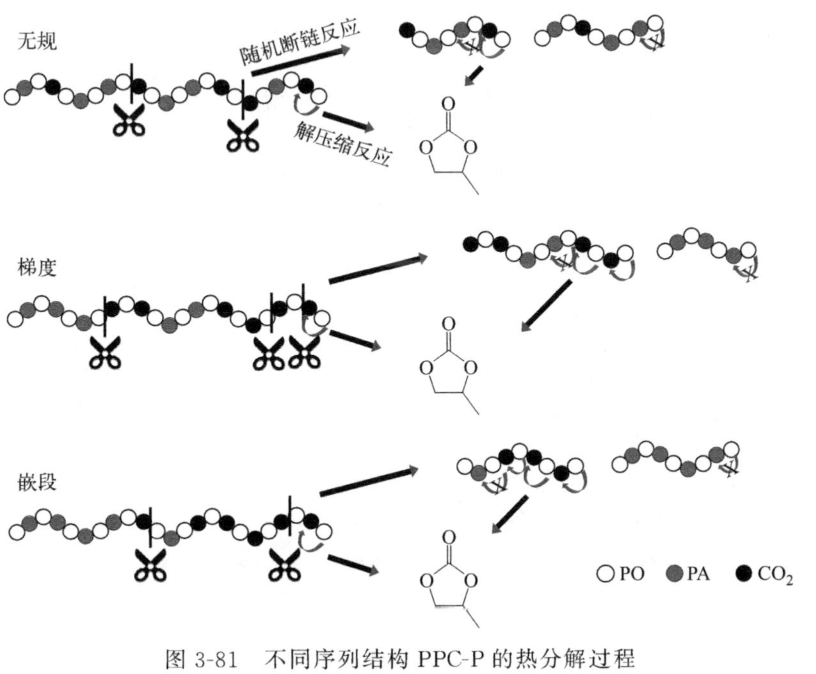

图 3-81 不同序列结构 PPC-P 的热分解过程

会因 PA 的存在而受到抑制，所以对于主链上聚碳酸酯序列长、含量高的嵌段 PPC-P，更容易发生解拉链式分解产生 CC，质量下降更快，其热稳定性更差。

3.5.1.2 不同序列结构 PPC-P 的流变性能

塑料的成型加工大多数时候都在其呈黏流状态下进行，所以讨论不同序列结构 PPC-P 的流变性能对于其今后的加工、物理改性乃至商业应用方面都意义重大。测试聚合物的流变特性较常用的仪器之一就是旋转流变仪，它可以快而准地给出材料的黏弹性等一系列流变性能。

对无规、梯度、嵌段结构的 PPC-P 聚合物分别进行了温度扫描和频率扫描的动态流变测试。首先讨论温度扫描的结果。图 3-82(a) 是在应变 1%、频率 1Hz 的条件下，不同结构 PPC-P 聚合物的剪切黏度随温度（100～170℃）的变化图。在 100～105℃间，三种序列结构的 PPC-P 的剪切黏度由大到小顺序是：嵌段＞梯度＞无规，在 110～150℃，嵌段≈梯度＞无规，温度高于 150℃以后三者的黏度差别不大。随着温度的升高，三种结构聚合物的剪切黏度都会下降，是因为温度上升，分子无规热运动加剧，分子间距变大，使聚合物内部的自由体积增大，因此聚合物链段更容易运动，那么链间的摩擦就会减小，使得黏度下降。

企业对于高分子材料的黏-温特性进行评估的方法之一是，剪切速率一定的情况下，测

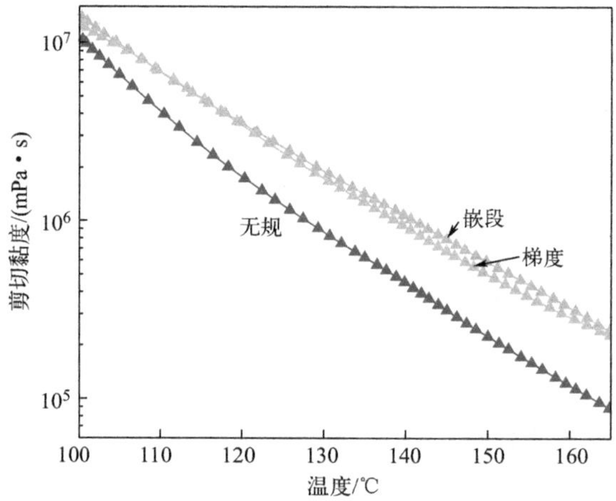

(a) 剪切黏度随温度的变化

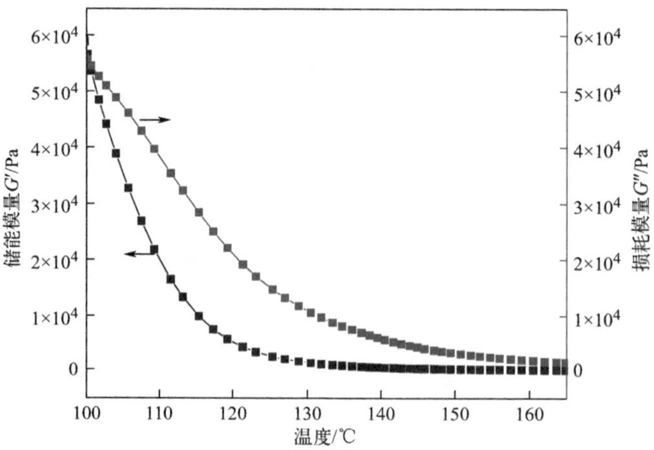

(b)梯度

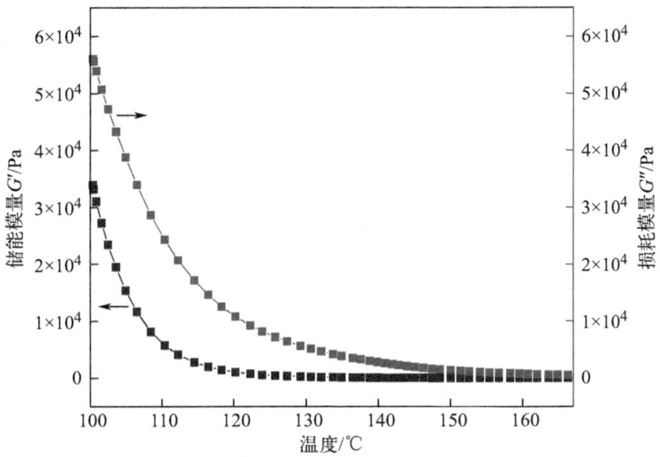

(c) 无规

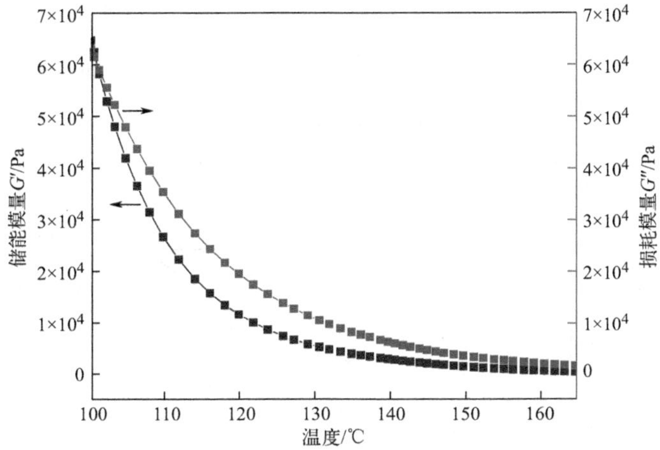

(d) 嵌段

图 3-82 不同序列结构 PPC-P 的剪切黏度随温度的变化及梯度、无规和嵌段聚合物的模量随温度的变化曲线（应变：1%，频率：1Hz）

量熔体在差值为 10℃或 40℃的两个温度下黏度的比值，该比值（称相对流动度指数）越大，代表材料的黏-温敏感性越大。梯度、嵌段聚合物在 120℃、160℃的剪切黏度比值要大于无规 PPC-P 的，说明此温度区间梯度、嵌段 PPC-P 的黏-温敏感性大。由聚合物各自的 G'和 G''随温度变化的对比图［图 3-82(b)、(c)、(d)］可看到，100～170℃，三种结构的聚合物，其 G''值均大于 G'，说明在 100℃以上 PPC-P 处于黏流状态。100～110℃之间，无规聚合物 G''与 G'之差明显大于嵌段和梯度共聚物，表现出更强的黏性。接着对频率扫描测试的结果进行分析。150℃、应变为 1%的条件下，由图 3-83(a) 可以看到，随着剪切频率的增大即剪切速率的增大，三种结构聚合物的剪切黏度都迅速下降，是典型的假塑性流体的剪切变稀行为。其中，嵌段 PPC-P 的黏度降幅最大，而无规 PPC-P 的黏度下降幅度最小，这是因为嵌段聚合物的柔性链段分子量较高，在剪切流场中软段容易解开链段间的缠结，发生取向，因此黏度随剪切频率的增大而明显下降。无规聚合物随频率变化的黏度降幅最低，说明其柔性链段的长度较另两种结构的短，刚性更大。

图 3-83(b)、(c)、(d) 是三种结构的 PPC-P 聚合物在 1%应变条件下的模量-频率曲线。

由图可以看出：随着剪切频率的增大，各样品的 G' 和 G'' 均增大。在高频区，无规 PPC-P 聚合物的 $G''>G'$，仍然更多地表现为黏流状态，而嵌段聚合物和梯度聚合物在高频下，存在 $G'>G''$ 的情况，特别是嵌段共聚物更为明显。这是由于长 PPC 软段的存在，分子链间的缠结网在外力作用时间较短时，缠结点来不及打开，更多地表现为弹性。

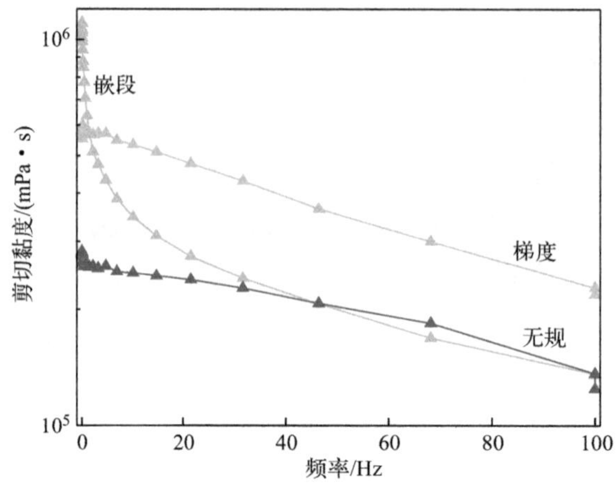

(a) 剪切黏度随频率的变化

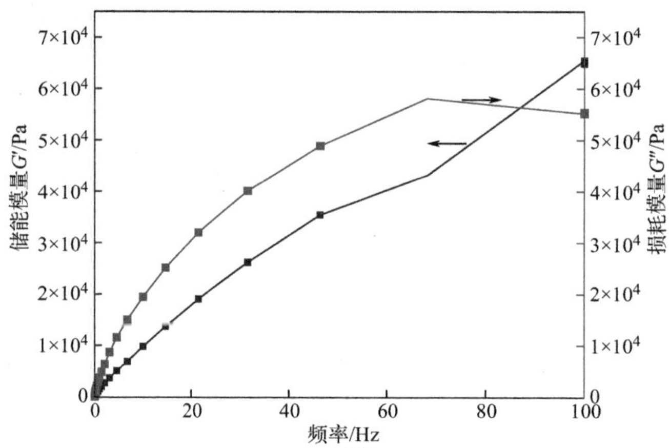

(b) 嵌段

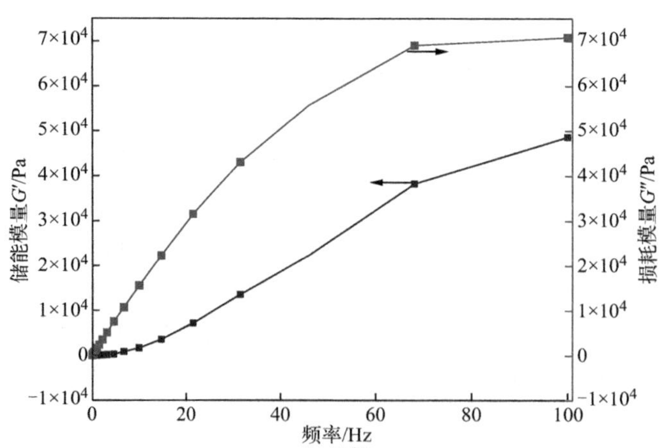

(c) 无规

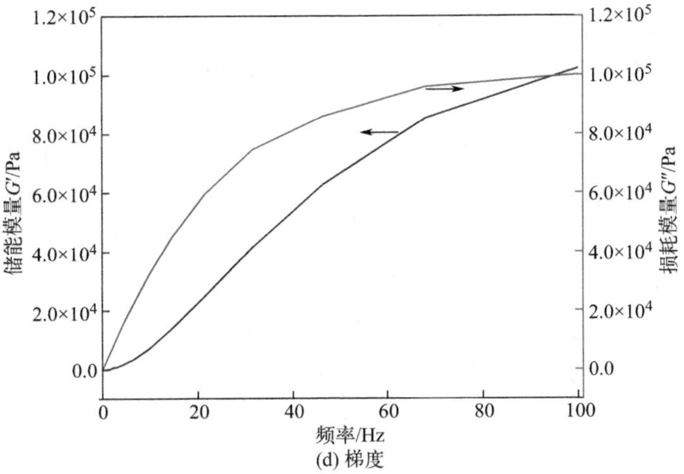

图 3-83 不同序列结构 PPC-P 的剪切黏度随频率的变化及嵌段、无规和梯度 PPC-P 的模量随频率的变化曲线（应变：1%；温度：150℃）

3.5.1.3 不同序列结构 PPC-P 的力学性能

三种不同序列结构 PPC-P 的拉伸应力应变曲线如图 3-84 所示，相应的力学强度数据列于表 3-39，可见三种共聚物的力学性能相似。拉伸强度在 34～38MPa 之间，断裂伸长率均小于 5.5%，都属于硬而脆的材料。嵌段 PPC-P 的断裂伸长率比梯度和无规 PPC-P 的更小，可能是因为嵌段 PPC-P 的聚酯含量稍高一点，其聚酯刚性链段较长且集中，同时，嵌段 PPC-P 表现为两个 T_g，第一个 T_g 在室温以上，而第二个 T_g 比梯度和无规聚合物的 T_g 更高，使得聚合物更脆。梯度和无规 PPC-P 的拉伸强度比嵌段 PPC-P 更高一点，说明刚性 PE 链段的无规插入更有利于力学强度的提高。

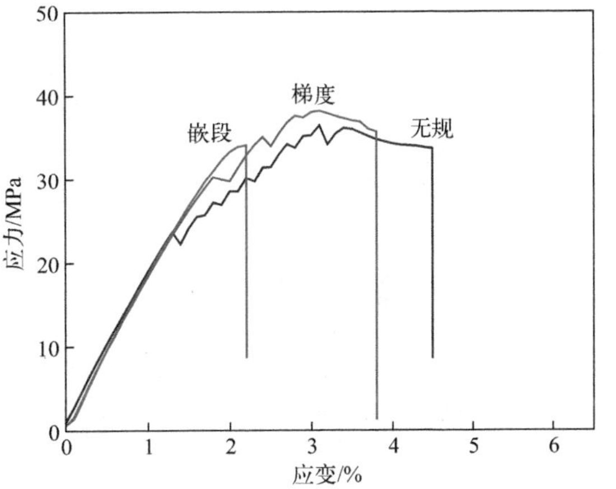

图 3-84 不同序列结构 PPC-P 共聚物的应力-应变曲线

表 3-39 不同序列结构 PPC-P 的力学性能

序列结构	PE① /%	PPC① /%	PPO① /%	PE② /%	PPC② /%	M_n/PDI	拉伸强度 /MPa	断裂伸长率 /%
无规	43	54	3	61	38	48400/1.23	36.0±1.40	5.1±0.5
嵌段	46	51	3	64	35	54600/1.25	34.5±0.65	2.3±0.3
梯度	43	51	6	62	36	47900/1.29	37.8±1.00	3.6±0.3

① 摩尔分数。

② 质量分数。

动态机械分析（DMA）可以给出高分子材料在温度变化过程中，发生形变而呈现的模量及阻尼特性，来准确分析高分子材料的黏弹特性。三种不同序列结构的 PPC-P 共聚物的 $\tan\delta$ 值随温度变化的曲线如图 3-85 所示，从 $\tan\delta$ 的峰值可以读出无规、梯度和嵌段 PPC-P 的玻璃化转变温度分别为 54℃、56℃和 46℃。相较于 DSC，DMA 对于聚合物的玻璃化转变测试更为灵敏，测得的玻璃化转变温度稍高一些。与 DSC 测试结果规律一致，无规和梯度结构的共聚物，其玻璃化转变温度比较接近。而嵌段 PPC-P 未出现类似 DSC 测试得到的两个玻璃化转变温度，而只是出现属于 PPC 链段的玻璃化转变温度，但是 $\tan\delta$ 峰比无规和梯度 PPC-P 要宽很多，这可能是由于嵌段 PPC-P 中 PPC 链段比 PE 链段含量高，且两段的玻璃化转变温度相隔比较近（DSC 测得 T_g 分别为 39℃、53℃），所以在 DMA 测试条件下未能体现出来。由聚合物的储能模量随温度变化图 3-86 可知，室温下无规 PPC-P 的储能模量最大，嵌段 PPC-P 的远小于梯度、无规结构的，说明刚性 PE 链段的无规插入更有利于提高 PPC-P 的储能模量。

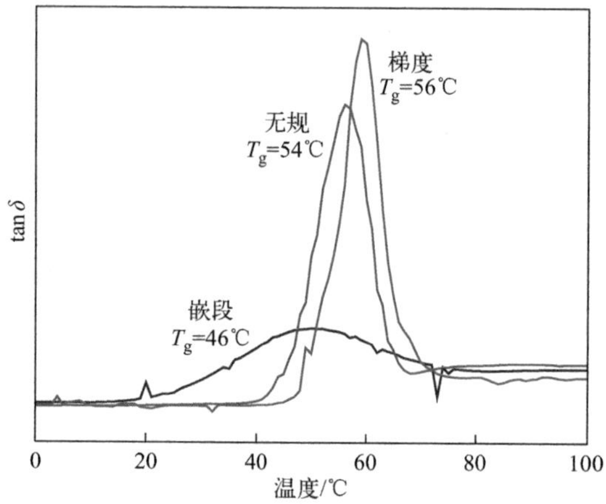

图 3-85 不同序列结构的 PPC-P $\tan\delta$ 值随温度变化的曲线（升温速率：1℃/min）

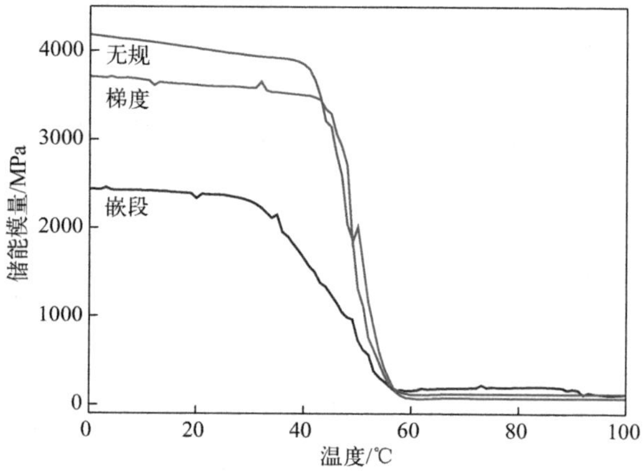

图 3-86 不同序列结构的 PPC-P 储能模量随温度变化的曲线（升温速率：1℃/min，频率：1Hz）

随着温度的升高，三种序列结构的聚合物储能模量都逐渐下降，其中嵌段 PPC-P 由于有较长的 PPC 软段，玻璃化转变温度更低，所以在更低的温度开始下降，但是下降比无规和梯度 PPC-P 缓一些，而无规和梯度聚合物具有相近的玻璃化转变温度，且比嵌段 PPC-P 的 PPC 软段的玻璃化转变温度高，所以储能模量开始下降的温度更高，但下降快。

3.5.1.4 三嵌段 PPC-P 的热学性能

利用 DSC 和 TG 分析玻璃化转变温度及热稳定性（如图 3-87）。在 20℃/min 的升温速率下测试三嵌段 PPC-P 的 DSC 曲线，三嵌段 PPC-P 只存在一个玻璃化转变温度，为 47℃（见表 3-40）。三嵌段共聚物中刚性链段比例低且分子量不高，这可能是其未能出现微相分离的原因。值得注意的是，不是所有嵌段 PPC-P 都能出现微相分离，呈现两个玻璃化转变温度，分子量高低也是决定其是否分相的一个主要因素。分子量太低就无法形成相分离。而三嵌段 PPC-P 的热分解过程与前文分析的类似，TG 曲线有两个平台，且低温段聚合物的质量下降快，$T_{5\%}$ 为 255℃。

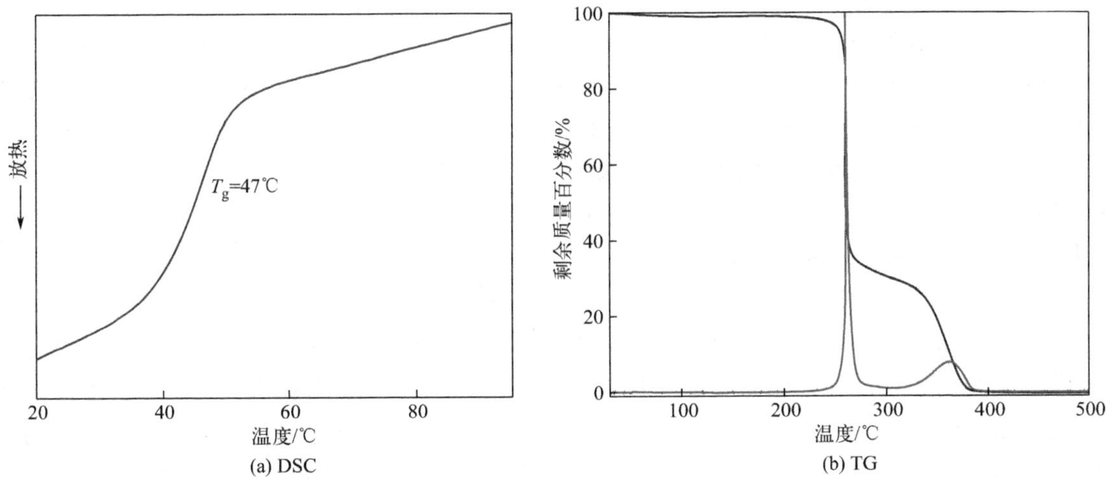

图 3-87 三嵌段 PPC-P 的 DSC 及 TG 曲线

表 3-40 三嵌段 PPC-P 的热学性能

序列结构	PE①/%	PPC①/%	PPO①/%	M_n/PDI	T_g/℃	$T_{5\%}$/℃
三嵌段 PPC-P	17	82	1.0	36500/1.30	47	255

① 摩尔分数。

3.5.2 二氧化碳、环氧丙烷和丙交酯的三元共聚物 PPCLA

3.5.2.1 二氧化碳、环氧丙烷和丙交酯的三元共聚物 PPCLA 的性能

由丙交酯、二氧化碳和环氧丙烷合成的三元共聚物聚（乳酸-碳酸丙烯酯）（PPCLA）作为一种可结晶型聚合物，已在工业中产生并应用。PPCLA 中含有聚乳酸（PLA）链段和聚碳酸丙烯酯（PPC）链段，其中 PLA 链段能结晶，是决定聚集态结构的主要因素，而 PPC 链段以非晶态形式存在，影响着 PLA 链段从无序的状态转变成有序的结晶态重排过程。可结晶的 PLA 力学强度高，但易脆，PPC 分子链柔顺，断裂伸长率高，韧性好。PPC 链段的引入将影响着 PPCLA 的热学、力学和加工流变学等各项性能。

结晶型聚合物的聚集态结构是决定聚合物性能的一个重要因素，而结晶过程是在加工成形过程中结构演变的主要过程之一。深入研究聚合物的结晶行为和结晶动力学对聚合物材料的表征和生产工艺过程的制定具有重要的指导意义。PLA 的结晶行为和结晶动力学已有广泛报道。PLA 是线型大分子，分子结构与立体化学组成相关。LA 有两种不同旋光异构体，因此 PLA 具有三种异构体：左旋（PLLA），右旋（PDLA）和消旋（PDLLA）。其中，PLLA 和 PDLA 均为热塑性聚合物，结晶度可高达 60%。PDLLA 为非结晶型聚合物。PLLA 呈现出多晶态，在不同的结晶条件下，可以形成 α、β 和 γ 三种晶型[91-93]。作为一种新型的生物降解塑料，PPCLA 合成已有多个研究小组报道[94-96]，但其结晶行为和结晶动力学暂时未见报道。因此对其结晶行为和动力学研究不仅具有理论意义，还对其生产加工有现实指导作用。在实践中，生产和加工的聚合物通常是动态的和非等温条件下进行的，研究 PPCLA 非等温结晶动力学，有助于其制备工艺优化和性能的提高。

聚合物的热稳定性取决于聚合物的分子链结构和分子量。PPCLA 的主链为聚酯和聚碳酸酯交替结构。目前，对单纯的 PLA 和 PPC 热分解行为有了很多报道。McNeill 和 Leiper[97] 在控制加热条件和等温条件下研究了 PLA 的热分解行为，利用一级反应动力学模型计算了其在 240～270℃内活化能为 119kJ/mol。Kopinke[98] 研究指出，PLA 的裂解是一个多步反应过程，分子内的酯交换是主要过程，PLA 和含 Sn 催化剂的 PLA 裂解行为不同。Sivalingam[99] 研究指出随着温度的升高 PLA 呈现由随机断链到特殊端基引链断裂变化机制。Cam[100] 研究表明残余单体和金属，如锡、锌、铝和铁，对 PLA 的热分解行为有很大影响。PLA 属于对热十分敏感的物质，热分解的速率取决于分解的时间、温度、低分子量物质的含量以及催化剂的浓度等。由于 PLA 的熔点为 180℃左右，因此其加工温度不要太高，过高的温度会引起热分解，导致 PLA 分子量和性能的降低。PPC 主链为 CO_2 和 PO 单元交替结构，此类聚合物的玻璃化转变温度（T_g）和热分解温度（$T_{5\%}$ and T_{max}）随着分子量的增大而增高。1975 年 Inoue 等[101] 研究了 PPC 的热分解行为，认为开始热分解时，首先端基断裂（scission）失去 CO_2，之后发生解拉链（unzipping）。指出 PPC 的热分解反应分两步进行：首先是聚合物主链的无规热分解，然后发生解拉链分解反应。热分解的最终产物是 CO_2 和 PO。一般而言，高分子量严格交替的脂肪族聚碳酸酯热分解反应活性端基是诱发解拉链反应的因素，然而高分子量脂肪族聚碳酸酯含有的活性端基含量较少。PPCLA 热分解行为将不同于纯 PLA 和纯 PPC，研究 PPCLA 的热分解行为和热分解动力学将为其加工提供指导。

聚合物的热性能与分子结构密切相关。聚合物 PPCLA 分子链由无定形态的 PPC 链段和部分结晶态的 PLA 链段组成。玻璃化转变温度（T_g）是高分子链段从冻结到解冻状态开始运动的一个转变温度，而链段运动一般是通过主链的单键内旋转来实现的。高分子链的柔顺度影响聚合物的 T_g，柔顺度越高，T_g 越低。熔点（T_m）是已结晶聚合物的链结构再次重排，从有序到无序时的温度。T_m 的大小与晶型、晶片厚度等因素有关。图 3-88(a) 给出了不同 PPC 含量的 PPCLA 的二次升温 DSC 曲线。可以清楚看出，所有样品出现了一个放热峰，表明样品在升温过程中出现了冷结晶现象，冷结晶温度峰值标记为 T_{cc}。同时所有样品，都出了两个熔点，这可能是 PPCLA 分子链的 LA 单元二次升温中重结晶或是形成了不同晶型的原因，很多研究小组也发现了 PLA 出现两个熔融峰的现象[102,103]。

图 3-88(b) 给出了（a）中 5～80℃的 DSC 放大图。从中可看出，PPCLA9、PPCLA19、

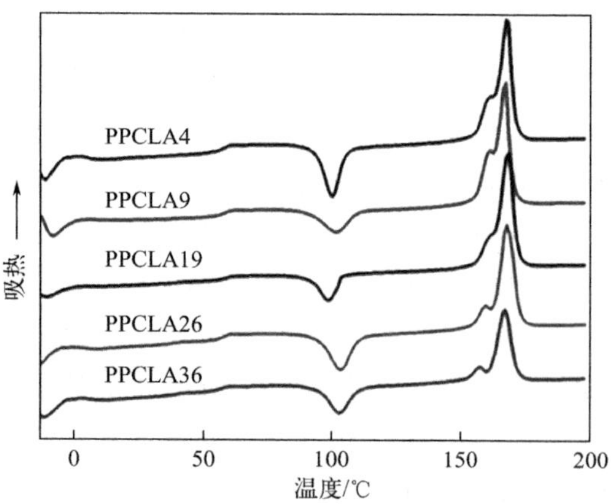

(a) 二次升温DSC曲线

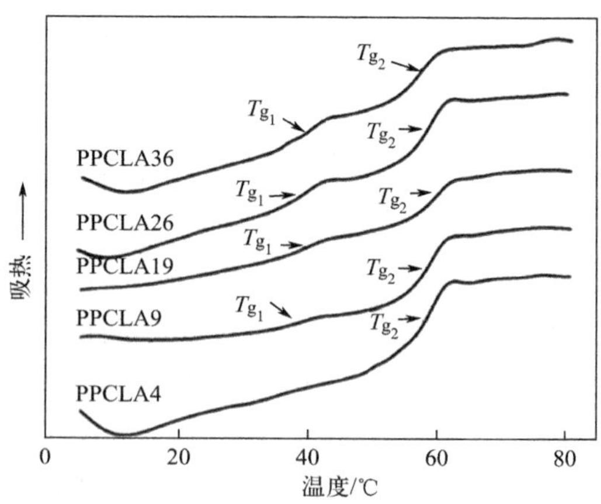

(b) 5~80℃的DSC放大图

图 3-88 不同 PPC 含量的 PPCLA 的二次升温 DSC 曲线及 5～80℃的 DSC 放大图

PPCLA26 和 PPCLA36 都出现在两个玻璃化转变温度（T_{g_1} 和 T_{g_2}），具体值见表 3-41，表明 T_{g_1} 对应 PPCLA 中 PPC 链段，T_{g_2} 对应 PPCLA 中非晶态的 PLA 链段。PPCLA4 只表现出一个玻璃化转变温度即 PLA 链段对应的 T_{g_2}，这是 PPC 含量只有 4%而显现不出的缘故。表 3-41 列出了 PPCLA 的玻璃化转变温度（T_{g_1}、T_{g_2}）、冷结晶温度（T_{cc}）、熔点（T_{m_1}、T_{m_2}）和熔融焓（ΔH_m）。随着 PPC 含量的增加，PPCLA 的熔融焓值降低，说明 PPC 链段的插入，阻碍了 PLA 链段的重排结晶，使得结晶度降低。

热重分析曲线能直观看出物质质量随温度变化情况，反映物质的热稳定性。图 3-89 给出了不同 PPC 含量的 PPCLA 的热重分析曲线，失重 5%的对应的温度（$T_{5\%}$）如表 3-41。可看出，随 PPC 的含量增加，$T_{5\%}$降低，PPCLA 热稳定性变差。LA 链段含量越高，热稳定性越好。这与纯的 PLA 比 PPC 热稳定性要好的事实是一致的。

表 3-41　LA、CO_2 和 PO 共聚物的热性能

样品	T_{g_1}/℃	T_{g_2}/℃	T_{cc}/℃	T_{m_1}/℃	T_{m_2}/℃	ΔH_m/(J/g)	X_c/%	$T_{5\%}$/℃
PPCLA4	—	57.7	100.4	161.9	168.2	48.3	31.9	270
PPCLA9	38.4	58.2	101.9	161.4	167.4	46.3	27.8	262
PPCLA19	38.3	58.8	99.0	161.9	168.4	43.1	20.6	258
PPCLA26	38.7	58.2	103.6	159.9	167.4	40.6	15.2	254
PPCLA36	38.9	57.1	103.2	157.5	167.4	30.1	7.1	249

为详细研究 PPCLA 的热分解行为，选取了 PPC 含量分别的 10%的 PPCLA10 和 38%的 PPCLA38 两样品考察升温速率和 PPC 含量对 PPCLA 热分解行为和热分解动力学的影响。样品 PPCLA10 和 PPCLA38 均以 2.5℃/min、5℃/min、10℃/min 和 20℃/min 的升温速率进行热解以考察升温速率对热失重的影响。升温速率 10℃/min 的热解曲线如图 3-90 所示。由图可知，DTG 曲线都只出现一个峰，说明 PPCLA 热解是一步分解。PPCLA 热分解过程主要有三个阶段：第一阶段，在温度低于 240℃时，仅有少量挥发成分析出，热分解不明显；240～360℃为第二阶段，该温度范围内发生剧烈分解，而后随着温度的增加；第三阶段分解速率减慢，400℃左右反应基本结束。PPCLA10 失重 5%时的温度为 250℃，并于 300℃时分解速率最大。而 PPCLA38 失重 5%时的温度为 236℃，并于 281℃时分解速率最大。可见，PC 含量的增加，PPCLA 热稳定性变差。表 3-42 给出了不同升温速率下的 PPCLA10 和 PPCLA38 热失重温度。升温速率从 2.5℃/min 升高到 20℃/min 时，PPCLA10 的 T_p 和 $T_{5\%}$ 分别提高了 46℃和 51℃，同时 PPCLA38 的 T_p 和 $T_{5\%}$ 分别提高了 45℃和 33℃。T_p 和 $T_{5\%}$ 值均随着速率的升高而增大的现象归结于快速升温导致的滞后效应。

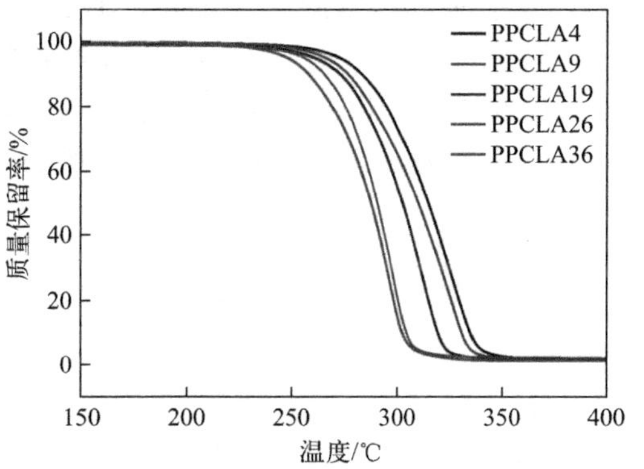

图 3-89　不同 PPC 含量的 PPCLA 的热重分析曲线

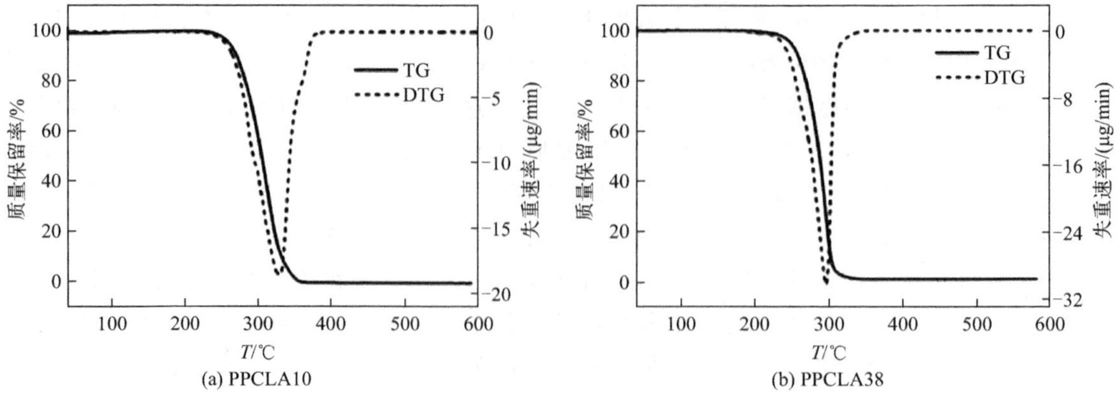

图 3-90 PPCLA10 和 PPCLA38 的 TG 与 DTG 曲线

表 3-42 PPCLA 的热分解温度

β/(℃/min)	PPCLA10		PPCLA38	
	T_p/℃	$T_{5\%}$/℃	T_p/℃	$T_{5\%}$/℃
2.5	282	234	271	229
5	300	250	281	236
10	313	262	295	249
20	328	285	316	262

FTIR 实时监测 PPCLA 热分解产物获得的三维红外谱如图 3-91。图中，x 轴表示波数（cm^{-1}），y 轴表示时间（min），z 轴表示吸光度。从图 3-91 可以看出，三维谱图形象地反映了升温过程中，产物生成的速率和产物的光谱吸收特征，验证了 TG 实验中的三个阶段：①少量挥发成分析出；②聚合物分解剧烈，大量挥发成分析出，产物吸收峰明显；③400℃（36min）挥发残余阶段，谱图大部分吸收峰趋于平缓。

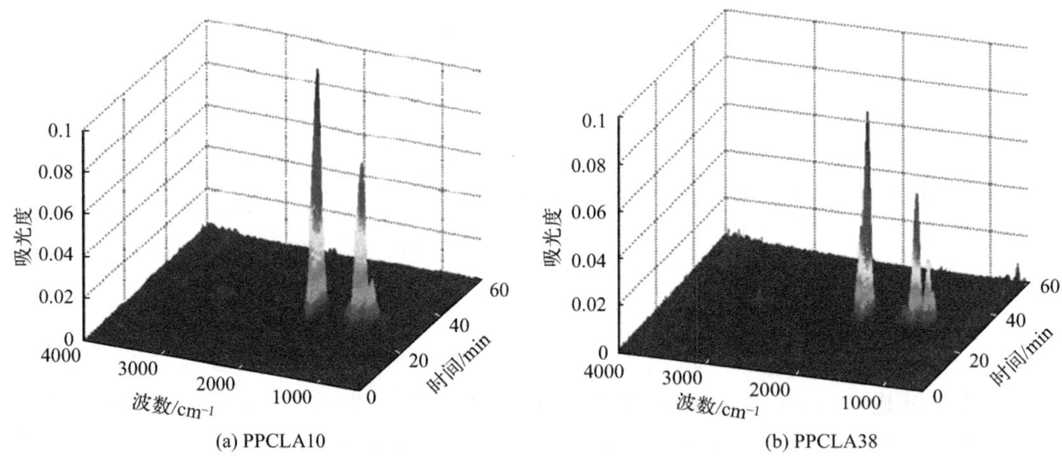

图 3-91 PPCLA10 和 PPCLA38 热分解产物的三维红外谱

图 3-92 给出了不同失重条件下的 PPCLA 热分解气体产物的红外谱图。根据 Lambert-Beer 定律，红外光谱的吸收强度与气体产物的浓度直接相关。从图中可以看出，随着温度的升高，裂解产物从浓度逐渐升高，随后降低。最强的吸收峰在 1790cm^{-1} 归结于 C═O 的伸缩振动，峰 3009cm^{-1} 和 2954cm^{-1} 是 C—H 伸缩振动，峰 1457cm^{-1} 和 1380cm^{-1} 是

C—H 变形振动，证明产物有乙醛存在。结合 $1790cm^{-1}$（C═O 伸缩振动）、$2954cm^{-1}$（C—H 伸缩振动）、$1380cm^{-1}$（C—H 弯曲振动）和 $934cm^{-1}$（环骨架振动）表明产物中含有 LA 或者聚酯链段，酯交换生成了环状低聚物。相比较而言，$1862cm^{-1}$（C═O 伸缩振动）、$1457cm^{-1}$（C—H 弯曲振动）、$1238cm^{-1}$和 $1062cm^{-1}$（C—O—C 伸缩振动）归结于 PPC 链段的裂解产物。

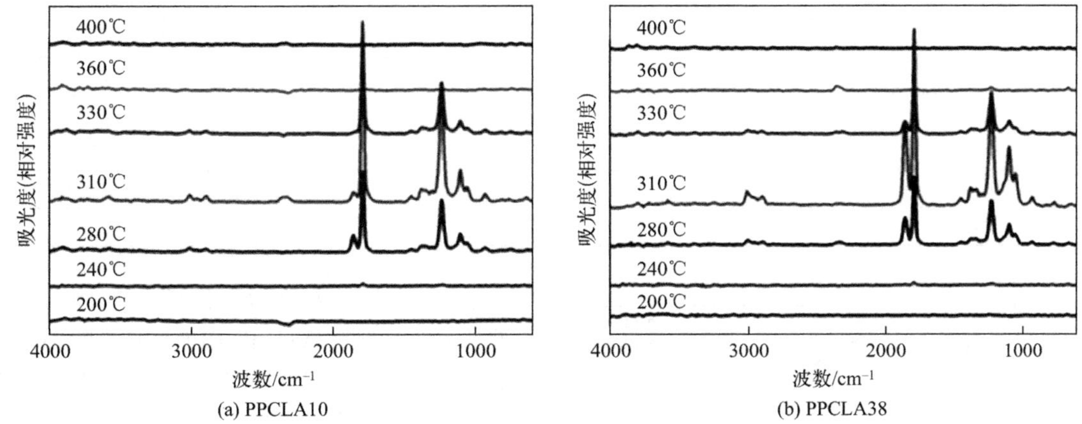

图 3-92 PPCLA10 和 PPCLA38 热分解过程的红外光谱

通过比较图 3-91 与图 3-92，可以发现 PPCLA 的热分解气体产物的 FTIR 吸收曲线与其热失重速率曲线有着相似的特征温度和释放趋势。气体的排放量随着温度的升高而增加，随着温度的进一步增加，气体的排放量迅速减小，直到反应结束。而且，PPCLA10 和 PPCLA38 有着相同的裂解产物，说明 PPC 含量的变化不会引起 PPCLA 裂解方式的变化。分别采用 Ozawa-Flynn-Wall（OFW）法和 Kissinger 法计算了 PPCLA10 和 PPCLA38 的热分解活化能。图 3-93 给出了在给定的失重比下采用 OFW 法的拟合直线，结果表明 OFW 法对聚合物是适用的。表 3-43 给出了 OFW 法计算出来的转化率为 0.2～0.9 下的 E 值和相关系数（r）。PPCLA10 和 PPCLA38 的相关系数均在 0.995 以上，进一步表明 OFW 模型能适用于 PPCLA 的活化能计算。两者的活化能值随着转化率的增加，均逐渐减小。这一现象可能是由于分解程度提高，分子链段变短，分子量减小，所需活化能降低。PPCLA10 和 PPCLA38 的平均活化能分别为 101.7kJ/mol 和 113.2kJ/mol。

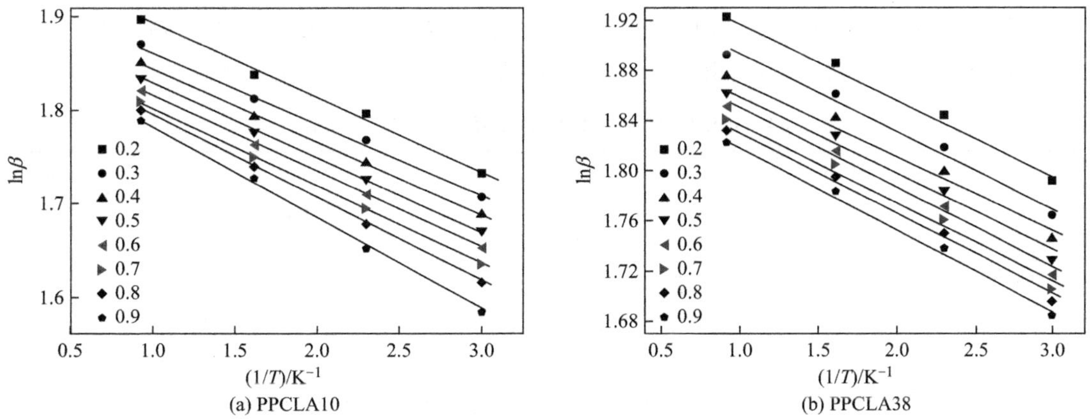

图 3-93 在给定的失重比下利用 OFW 法的拟合直线

表 3-43 OFW 法计算活化能

转化率 α	PPCLA10		PPCLA38	
	E/(kJ/mol)	修正系数(r)	E/(kJ/mol)	修正系数(r)
0.2	109.3	0.995	122.6	0.995
0.3	108.8	0.996	119.7	0.995
0.4	108.1	0.998	116.7	0.996
0.5	106.4	0.999	114.2	0.997
0.6	103.6	0.999	111.9	0.998
0.7	100.1	0.999	109.6	0.999
0.8	94.2	0.999	107.1	0.999
0.9	82.9	0.998	103.7	0.999
平均值	101.7		113.2	

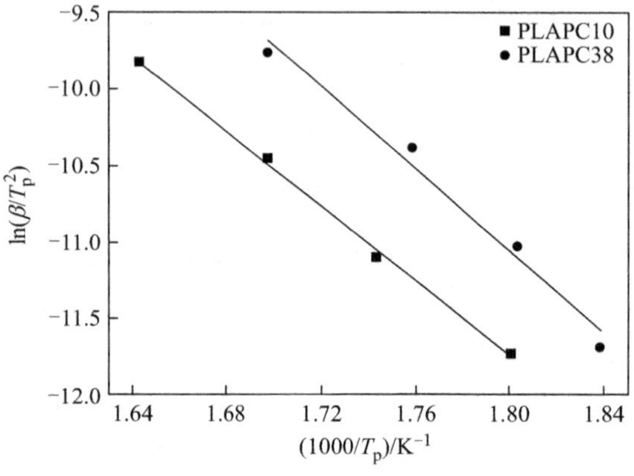

图 3-94 PPCLA10 和 PPCLA38 的 Kissinger 曲线

$\ln(\beta/T_p^2)$ 对 $1/T_p$ 作图（如图 3-94），可计算出 PPCLA10 和 PPCLA38 的活化能分别为 101.3 和 112.1kJ/mol。两值均比 OFW 方法计算出的结果偏小，数值相近，证明了计算值的可靠性。同时，两种方法得出的 PPCLA10 的活化能都小于 PPCLA38，可能是 PPCLA38 链段中富含碳酸酯键断裂需要更多能量的结果。

表 3-44 列出了 PPCLA10 在 400℃下裂解产物的化学成分信息。图 3-95 为 PPCLA10 和 PPCLA38 分别在 250℃和 400℃的 Py-GC 谱图。保留时间 8.9min 和 12.0min 分别是环状碳酸丙烯酯和丙交酯，表明 250℃下，主要是末端 OH“回咬”引起的解拉链反应生成的环状化合物，如图 3-96(a)。400℃下，多出了几个峰，产物成分更复杂。保留时间 2.0min 对应的产物是乙醛，这可能是高温下 PLA 链段无规断裂形成了乙醛和一氧化碳，如图 3-96(b)。保留时间 3.9min 对应的产物是丙烯酸，是 PLA 链段顺式消除反应产生，如图 3-96(c)。值得关注的是保留时间 11.3min 和 12.0min 的碎片有相同的质谱峰。11.3min 峰对应产物为内消旋丙交酯 (meso-lactide)，12.0min 峰对应产物为左旋或右旋丙交酯 (D,L-lactide)，这是 PLA 链段反式酯化反应生成环状低聚物和不同构型的 LA。

表 3-44 PPCLA10 在 400℃下裂解产物的化学成分信息

序号	保留时间/min	化合物	分子式	分子量
1	2.0	乙醛	C_2H_4O	44000
2	3.9	丙烯酸	$C_3H_4O_2$	72000
3	8.9	环状碳酸丙烯酯	$C_4H_6O_3$	102000
4	11.3	内消旋丙交酯	$C_6H_8O_4$	144000
5	12.0	左旋或右旋丙交酯	$C_6H_8O_4$	144000

根据以上分析，PPCLA 热分解机理如图 3-96。包含三种方式：第一，末端基团引起的

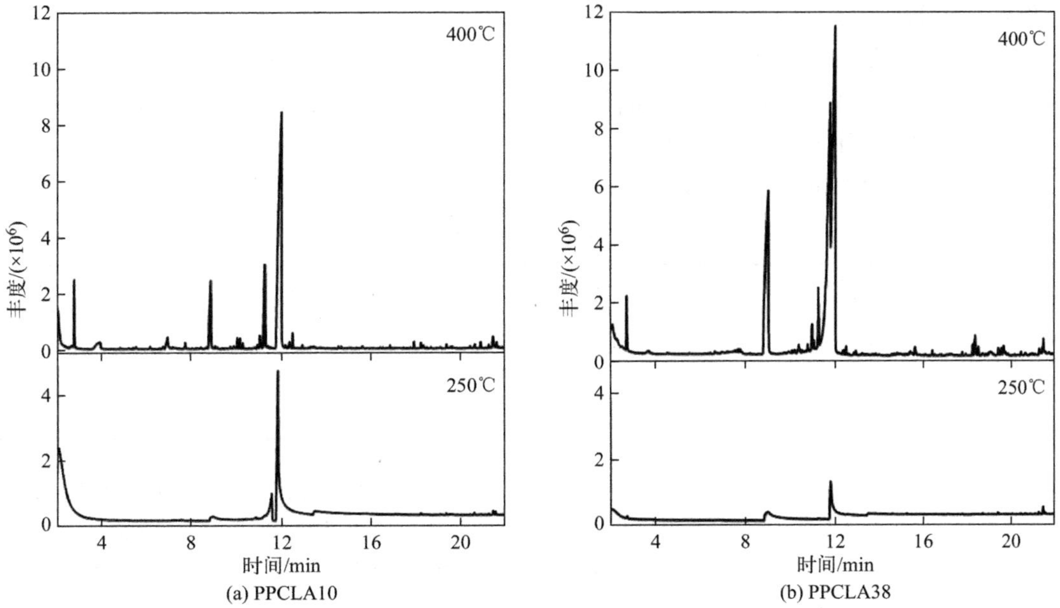

图 3-95 PPCLA10 和 PPCLA38 分别在 250 和 400℃的 Py-GC 谱图

解拉链反应，产物是 LA 和环状碳酸丙烯酯；第二，PLA 链段无规断裂，生成乙醛和一氧化碳；第三，PLA 链段顺式消除反应生成丙烯酸，反式酯化反应生成环状低聚物和不同构型的丙交酯。较低温度下，PPCLA 热分解以解拉链方式进行，生成环状化合物丙交酯和环状碳酸丙烯酯。较高温度下，PPCLA 热分解仍然以解拉链方式为主，伴随着无规断裂和消除反应，生成 LA、环状碳酸丙烯酯、乙醛、一氧化碳和丙烯酸。PPCLA 主链中，PC 和

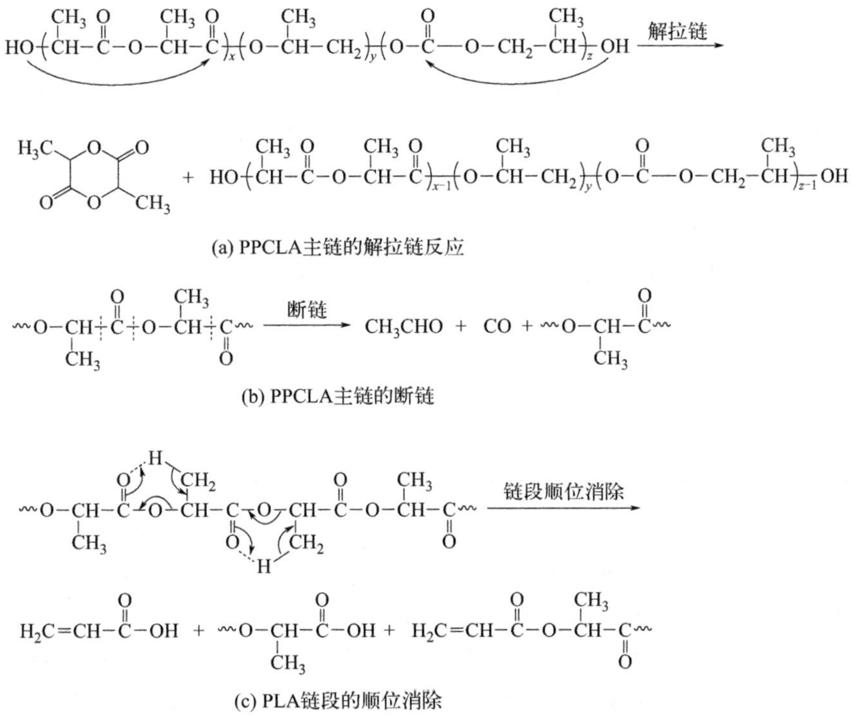

图 3-96 PPCLA 的热分解机理图

LA 相对含量的变化，不影响热分解方式。

选取 PPC 摩尔分数分别为 5%和 38%的 PPCLA（PPCLA5 和 PPCLA38），研究 PPC 含量对 PPCLA 结晶的影响。选取含催化剂的［PPCLA5（催化剂）］和不含催化剂的（PPCLA5），比较催化剂（羧酸锌）残余对 PPCLA 结晶的影响，具体信息如表 3-45，其中，W_p 为链段中 LA 单元的质量分数。

表 3-45　PPCLA 样品的结构特性

样品	PPC 摩尔分数/%	分子量 M_n	PDI	W_p/%	催化剂质量分数/%
PPCLA5(催化剂)	5	33700	1.26	96.4	2.5
PPCLA5	5	33700	1.26	96.4	0
PPCLA38	38	35500	1.26	69.7	0

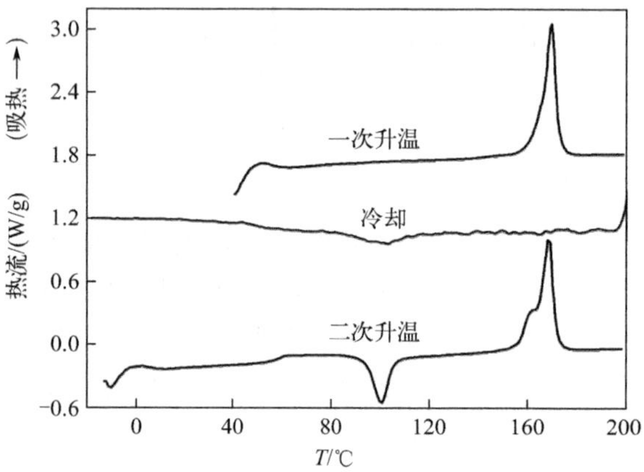

图 3-97　PPCLA5 的 DSC 曲线

图 3-97 给出了样品 PPCLA5 的一次升温，冷却和二次升温的 DSC 曲线。三个步骤以相同速率 10℃/min 进行。可以看出，一次加热时只有一个熔融峰，二次加热时出了两个熔融峰（T_{m_1} 和 T_{m_2}）。冷却和二次加热中都出了放热结晶峰（T_{cc}）。相似的现象在 PPCLA5（催化剂）和 PPCLA38 亦出现。表 3-46 列出了 PPCLA5（催化剂）、PPCLA5 和 PPCLA38 二次升温所测到的 T_g、T_m 和 T_{cc} 值。PPCLA5（催化剂）和 PPCLA5 的玻璃化转变温度（T_g）都是 57.7℃。相比之下，PPCLA38 有两个玻璃化转变温度，分别是 T_{g_1} = 38.9℃ 和 T_{g_2} = 57.1℃。PPCLA5（催化剂）和 PPCLA5 在本实验中，只显示 PLA 链段的玻璃化转变温度，可能是 PPC 链段含量太少的缘故。三个样品，都出现了两个熔点，这可能是 PPCLA 分子链的 LA 单元二次升温中重结晶或是形成了不同晶型。

表 3-46　PPCLA 的玻璃化转变温度（T_g）、熔点（T_m）和冷结晶温度（T_{cc}）

样品	T_{g_1}/℃	T_{g_2}/℃	T_{m_1}/℃	T_{m_2}/℃	T_{cc}/℃
PPCLA5(催化剂)	—	57.7	162.3	168.8	99.2
PPCLA5	—	57.7	161.9	168.2	100.4
PPCLA38	38.9	57.1	157.5	167.4	103.2

图 3-98 是 PPCLA5（催化剂）、PPCLA5 和 PPCLA38 的非等温熔融结晶过程的热焓变化曲线。从这些曲线中，可以看出 PPCLA5（催化剂）结晶放热峰最明显，说明 PLA 含量高和催化剂的存在提高 PPCLA 结晶度。随着降温速率的增大，结晶峰逐渐变宽，峰向低温移动，结晶温度范围增大。这归结于高分子链重排进入晶格是一个松弛过程，造成结晶过程相对于降温过程有“滞后效应”，降温速率增加时，此“滞后效应”也越为明显。

根据图 3-98 的非等温熔融结晶过程的热焓变化曲线，可以知道热结晶峰值（T_p）、焓

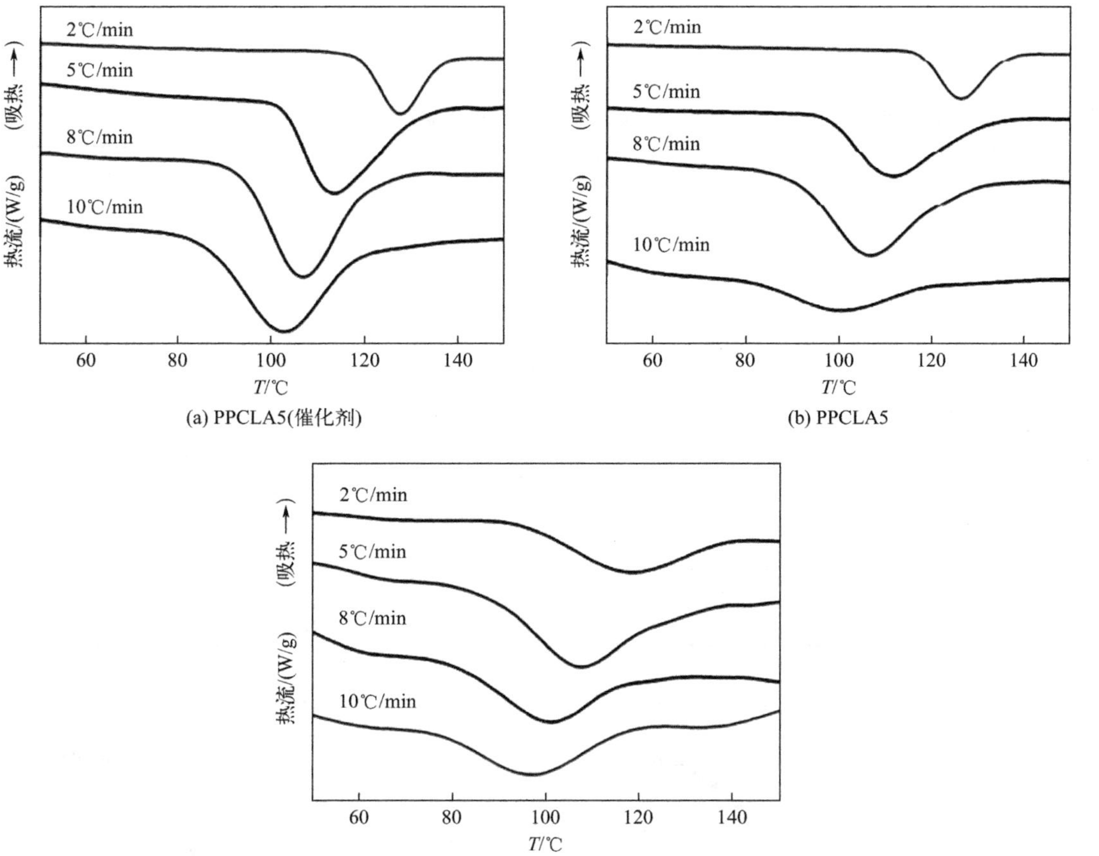

(a) PPCLA5(催化剂) (b) PPCLA5 (c) PPCLA38

图 3-98 PPCLA5（催化剂）、PPCLA5 和 PPCLA38 的非等温结晶 DSC 曲线

值（ΔH）和相对结晶度（X_c）。X_c可以通过式(3-2)计算。PLA 的理想晶体的熔融焓值已有较多报道，范围在 91～148J/g 之间，此处采用 95J/g 计算 PPCLA 的结晶度

$$X_c=[\Delta H/(95\times W_p)] \tag{3-2}$$

式中，W_p 为链段中 LA 单元的质量分数，%。

表 3-47 列出了 PPCLA5（催化剂），PPCLA5 和 PPCLA38 热结晶峰值（T_p）、焓值（ΔH）和相对结晶度（X_c）定量数值。从表中数据可以看到，冷却速率不同，T_p 和 ΔH 均有差异。随着速率的增大，T_p、ΔH 和 X_c 均变小，PPCLA 的结晶性能降低。说明了它们对结晶过程的热变过程有着较强的依赖性。催化剂的存在提高了 PPCLA 的结晶速率和结晶度。相反，PPC 含量的增加，降低了 PPCLA 结晶速率和结晶度。这说明在 PLA 链中 PPC 单元的掺入导致 LA 链排列的规整性下降，从而降低 PPCLA 结晶能力，而催化剂的存在起到了成核剂的作用，促进了 PPCLA 的结晶。

随时间的变化的相对结晶度（X_t）可根据式(3-3)计算得到，其中 T_0 和 T_∞是分别代表结晶开始和结束的温度，ΔH 是在无限小的温度 ΔT 内释放的结晶焓。对于非等温结晶过程，结晶时间和结晶温度的关系如式(3-4)。

$$X_t=\frac{\int_{T_0}^{T}\left(\frac{\Delta H}{\Delta T}\right)\mathrm{d}T}{\int_{T_0}^{T_\infty}\left(\frac{\Delta H}{\Delta T}\right)\mathrm{d}T} \tag{3-3}$$

$$t=\frac{T_0-T}{\beta} \tag{3-4}$$

表 3-47 非等温结晶过程的热结晶峰值（T_p）、冷结晶焓值（ΔH）和相对结晶度（X_c）

样品	β/(℃/min)	T_p/℃	ΔH/(J/g)	X_c/%
PPCLA5(催化剂)	−2	127.7	49.5	56.8
	−5	112.8	47.2	54.2
	−8	106.8	38.7	44.4
	−10	103.5	30.9	35.5
PPCLA5	−2	126.0	48.5	55.7
	−5	110.0	42.4	48.6
	−8	105.7	38.1	43.7
	−10	101.2	27.8	31.9
PPCLA38	−2	119.4	28.8	43.5
	−5	107.6	18.0	27.1
	−8	102.2	6.7	10.1
	−10	98.1	4.6	7.0

根据图 3-98 和以上两方程，可计算相对结晶度随结晶时间的变化，结果如图 3-99。三

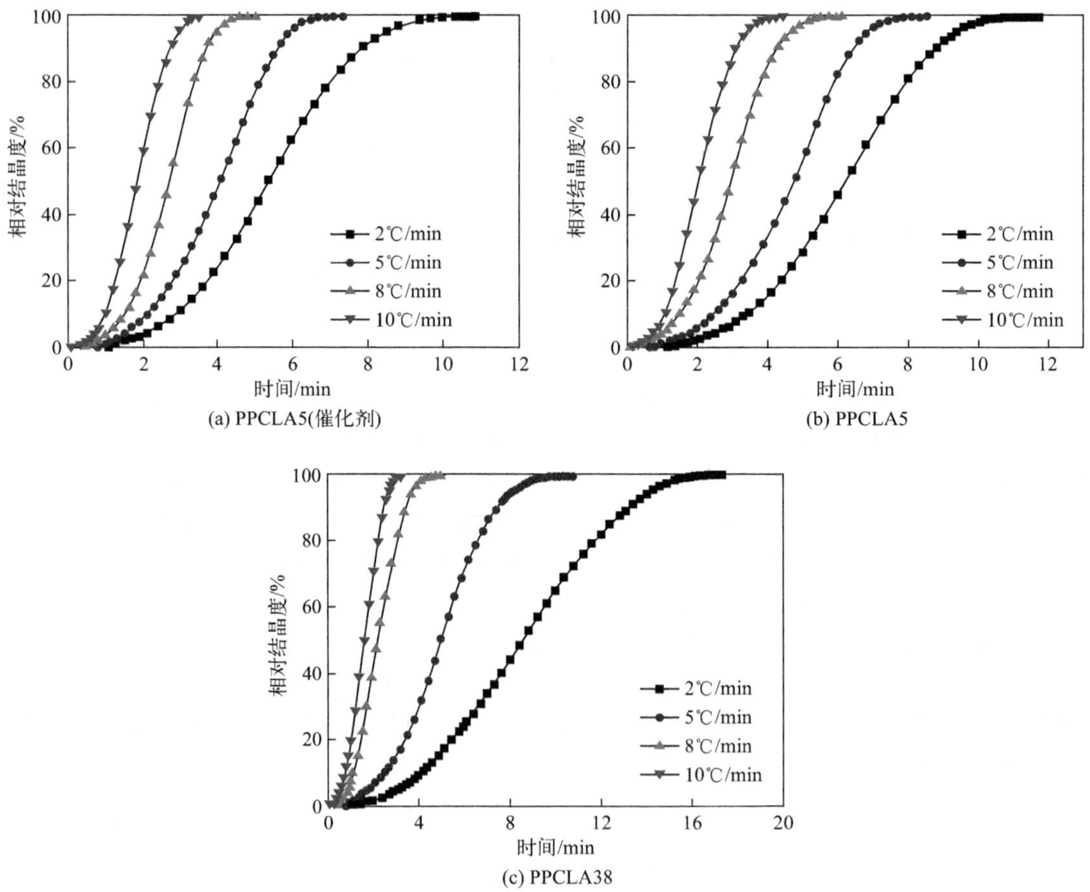

图 3-99 相对结晶度随结晶时间的变化

个样品都具有相似的S形曲线。图中能直观看出，随冷却速率的增加，完成结晶所需时间缩短。结晶半衰期（$t_{1/2}$）即达到50%结晶度是结晶动力学研究的一项重要参数的时间。从图3-99中得到的三个样品的非等温结晶半衰期$t_{1/2}$值如表3-48所示。根据式(3-4)，以$\lg[-\ln(1-X_t)]$对$\lg t$作图，如图3-100。经计算可得LAPC5（催化剂），PPCLA5和PPCLA38的Avrami指数均为$1.9<n<2.4$，表明PPCLA初期结晶阶段是二维的。Jeziorny结晶速率常数是温度变化的函数，三个样品的K_c都随降温速率的增大而增大，如表3-48。PPCLA5（催化剂）的K_c值变化范围为0.09～0.78，PPCLA5的K_c值变化范围为0.06～0.76，PPCLA38的K_c值变化范围为0.05～0.83。

表3-48 非等温结晶动力学参数

样品	β/(℃/min)	$t_{1/2}$/min	n①	K_c②	ΔE/(kJ/mol)
PPCLA5(催化剂)	−2	5.3	2.1	0.09	90.2
	−5	4.0	1.9	0.45	
	−8	2.7	2.1	0.68	
	−10	1.8	2.1	0.78	
PPCLA5	−2	6.2	2.3	0.06	88.4
	−5	4.7	2.3	0.41	
	−8	3.0	2.2	0.66	
	−10	2.0	2.1	0.76	
PPCLA38	−2	8.5	2.4	0.05	99.9
	−5	5.0	2.2	0.44	
	−8	2.2	2.3	0.72	
	−10	1.6	1.9	0.83	

① Avrami指数。

② Jeziorny结晶速率常数。

根据拟合方程，在某一温度下，$\lg[-\ln(1-X_t)]$对$\lg\beta$作图，可得直线，由斜率可得到Ozawa指数m，由截距可得到冷却函数$K(T)$，这里m与Avrami指数n物理意义相同。PPCLA5（催化剂）、PPCLA5和PPCLA38的Ozawa曲线见图3-101。如果Ozawa理论适

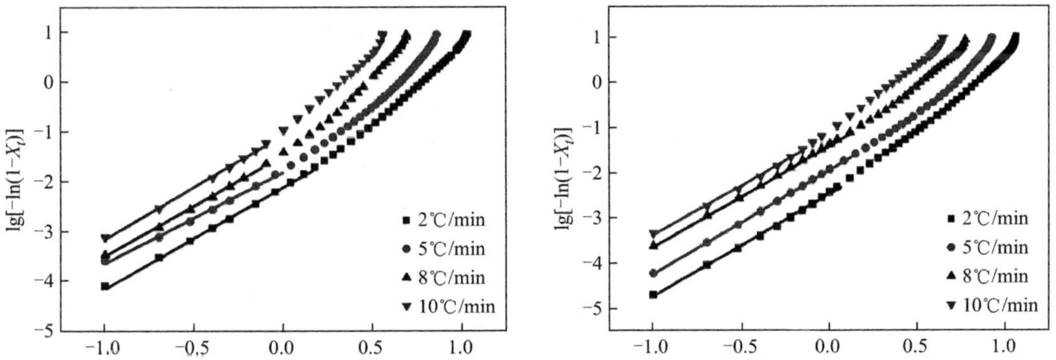

(a) PPCLA5(催化剂)　(b) PPCLA5

图3-100

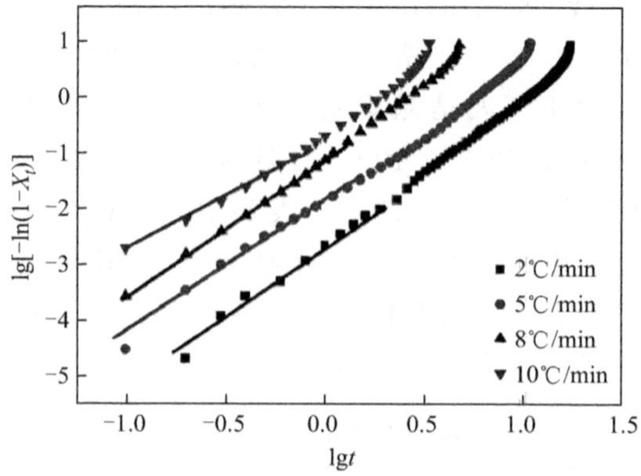

(c) PPCLA38

图 3-100 PPCLA5（催化剂）、PPCLA5 和 PPCLA38 的 Avrami 拟合曲线

用于 PPCLA 非等温结晶动力学描述，三个样品都应该是直线。但 PPCLA5（催化剂），PPCLA5 和 PPCLA38 三者都不是直线，表明 Ozawa 不适用于 PPCLA，这是由聚合物 PPCLA 特殊性和 Ozawa 方法缺陷共同决定的。由图 3-102 知，PPCLA 有两个熔点，出现了二次结晶，而 Ozawa 方法忽略了二次结晶对温度的依赖性[104]。正如其他文献报道，Ozawa 模型不能应用于有二次结晶 PLA 共混物的结晶动力学研究[105,106]。

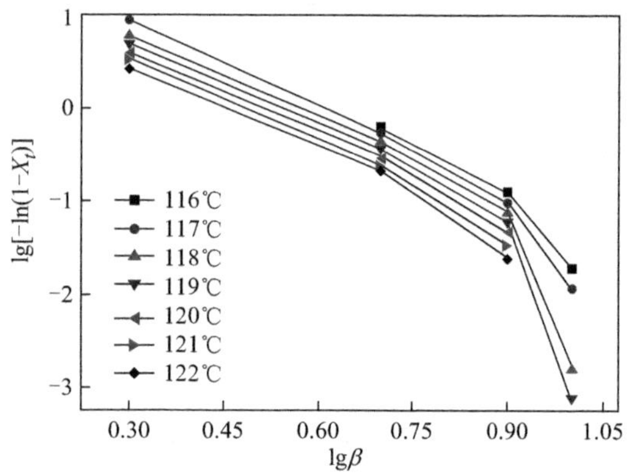

(a) PPCLA5(催化剂)

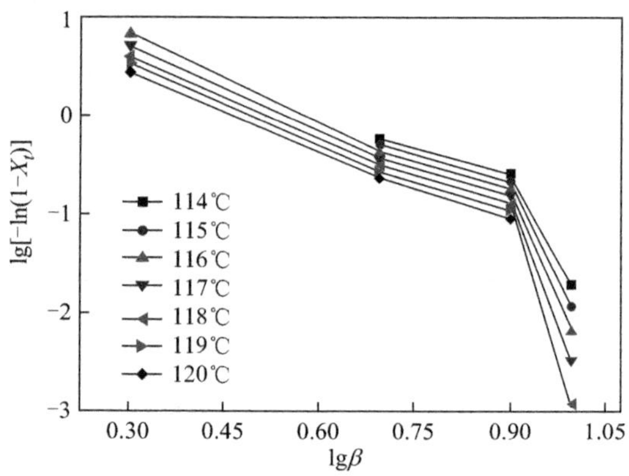

(b) PPCLA5

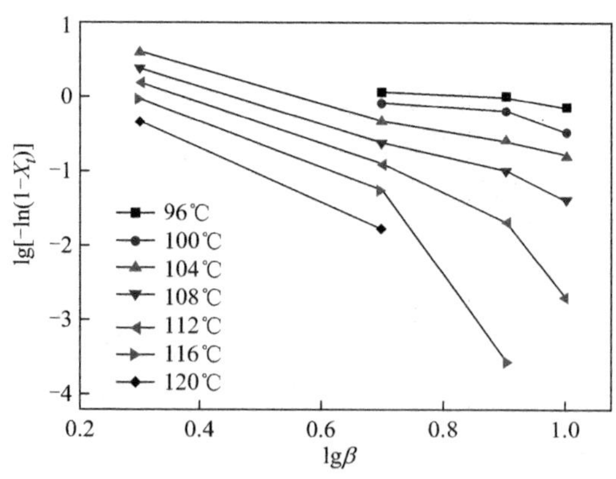

(c) PPCLA38

图 3-101 PPCLA5（催化剂）、PPCLA5 和 PPCLA38 在不同温度下的 Ozawa 拟合曲线

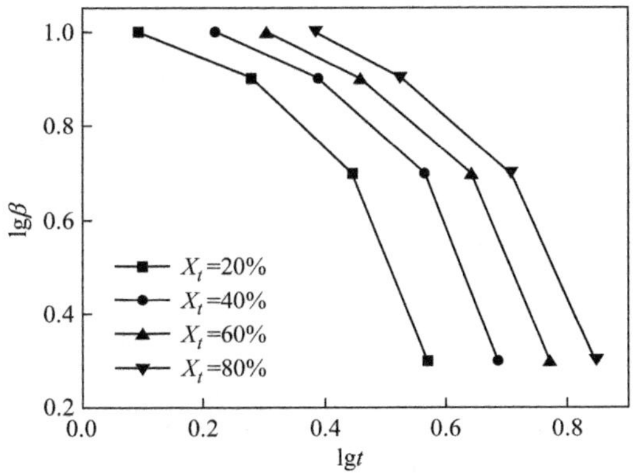

(a) PPCLA5(催化剂)

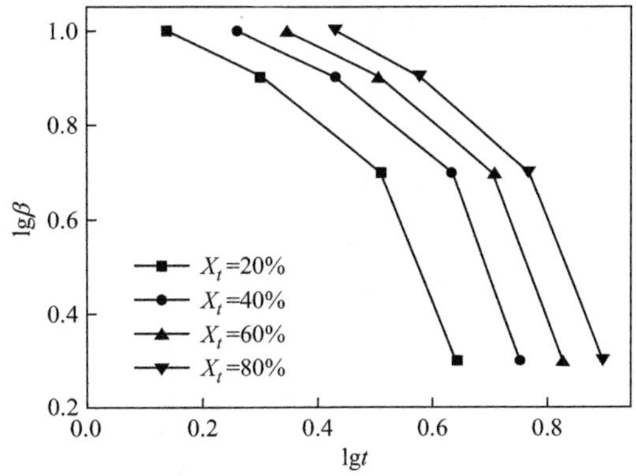

(b) PPCLA5

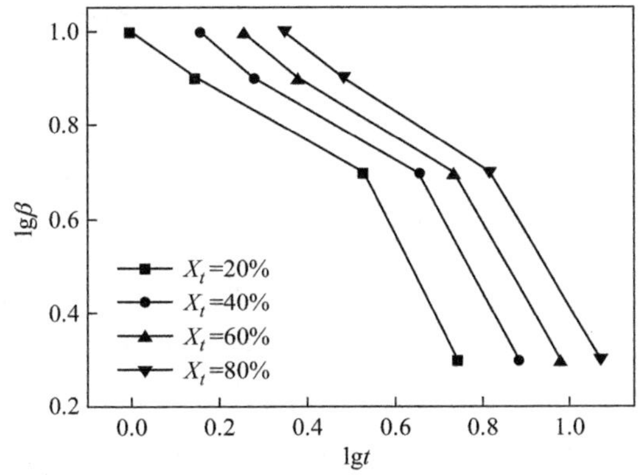

(c) PPCLA38

图 3-102 莫志深法拟合曲线

如图 3-102 所示，$\lg\beta$ 对 $\lg t$ 作图，可看出 $\lg\beta$ 和 $\lg t$ 是非线性，表明莫志深理论也不适用于 PPCLA 的非等温结晶过程。莫志深方程已经成功用于一些聚合物的非等温结晶的描述，但也有一些不适用的例子[107]。

$\ln(\beta/T_p^2)$ 对 $1/T_p$ 作图如图 3-103 所示。计算出的 PPCLA5（催化剂）、PPCLA5 和 PPCLA38 的 ΔE 的值为 90.2kJ/mol、88.4kJ/mol 和 99.9kJ/mol，如表 3-47 所示。研究发现，催化剂（锌盐）的存在对 PPCLA 结晶活化能几乎无影响，PPCLA38 表现出比 PPCLA5 需要更大的活化能，说明较长的 PPC 链起着阻碍 PLA 链段运动的作用。

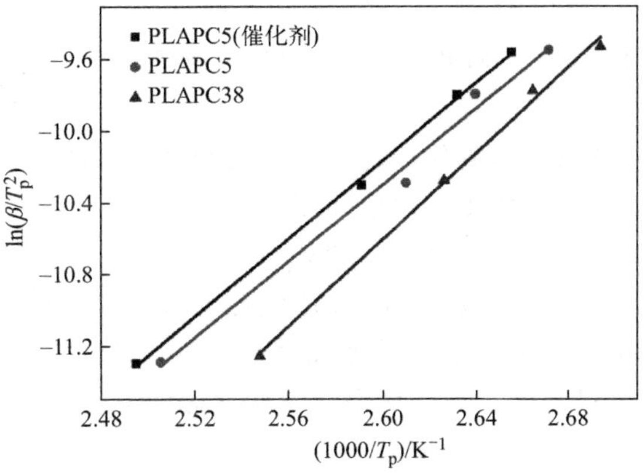

图 3-103 Kissinger 法拟合曲线

动态机械分析（DMA）用来测量高分子材料在周期应力下，材料发生形变时的模量（刚性）和阻尼（能量损耗）特性。DMA 可以定性、定量地表征材料的黏弹性能。PPCLA36 在频率 0.333Hz、1.0Hz、3.333Hz 下的动态力学性能，如图 3-104(a) 所示。从图中可看出，随着测试频率的增大，储能模量（E'）和力学损耗（$\tan\delta$）均增大。PPCLA36 的储能模量约为 2100MPa。力学损耗曲线上有两个峰值（约42℃和61℃），分别对应PPC链段和PLA链段的玻璃化转变温度。图3-104(b)给出了在频率0.333Hz下，不同PPC含量PPCLA的损耗模量（E''）曲线。在相对较低的35℃至50℃范围内，E''随PPC含量的增加而变大；在相对较高的55℃至70℃范围内，E''随PPC含量的增加而减小。

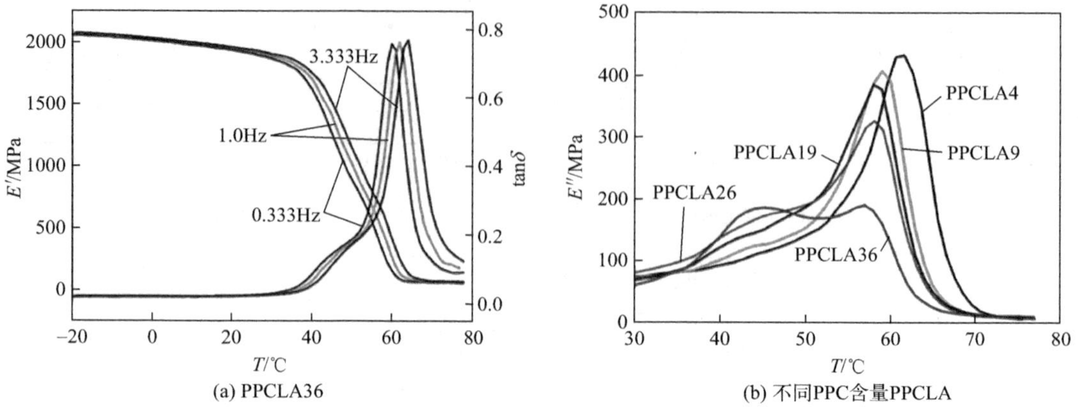

图3-104 PPCLA的DMA测试曲线

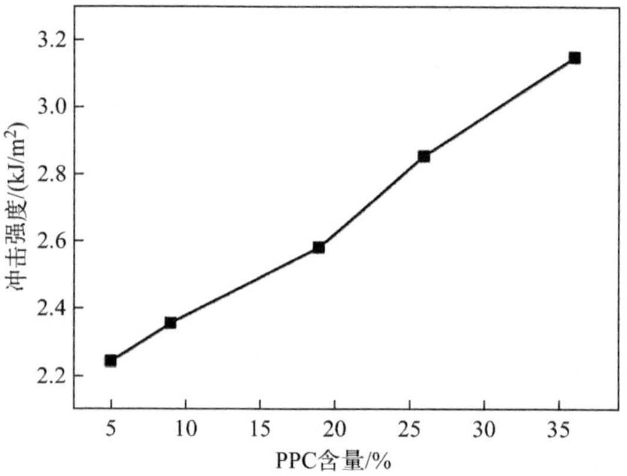

图3-105 不同PPC含量的PPCLA的冲击强度

冲击强度用于评价材料的抗冲击能力或判断材料的脆性和韧性。PLA是一典型的脆性材料，而PPC链段柔韧。PPCLA链段中，PPC链段的存在有利于提高材料本身相对于PLA材料的韧性。图3-105给出了不同PPC含量的PPCLA（5%、9%、19%、26%和36%）的冲击强度值，可看出PPCLA冲击强度随着PPC含量的增加而提高。5%PPC含量的PPCLA5冲击强度为2.24kJ/m^2，36%PPC含量的PPCLA36冲击强度为3.15kJ/m^2，相比较PPCLA5，提高了40.6%。说明PPC链段的引入，有效提高了材料的韧性。

3.5.2.2 二氧化碳、环氧丙烷和丙交酯的三元共聚物PPCLA的加工

（1）PPCLA的熔体流变行为

表3-49给出了0.325kg载荷、180℃下不同PPC含量的PPCLA的熔体流动速率（MFR）。PPCLA的MFR值随PPC含量增加而降低。PPC含量为5%时，MFR为26.5g/10min；当PPC含量增加到36%时，MFR为3.9g/10min。在180℃下，结晶部分的PLA链段已经处于熔化状态，而非晶态的PPC链段会阻碍PLA的流动，PPC含量越多，阻碍越大，即MFR就越低。

表3-49 PPCLA（180℃，0.325kg）的熔体流动速率

样品	PPCLA5	PPCLA9	PPCLA19	PPCLA26	PPCLA36
MFR/(g/10min)	26.5	21.4	16.5	10.8	3.9

图3-106(a)给出了PPC含量为19%的PPCLA（PPCLA19）在不同温度下的流变曲

线。这曲线结果表明，PPCLA 的熔体黏度在实验研究温度范围内随熔融温度的提高而下降，意味着升高熔融温度可以改善聚合物的熔体流动行为。同时也可看出，同一温度下熔体黏度随剪切速率的增加而降低，在实验剪切速率范围内可以观察到切力稀化行为。图 3-106（b）给出了 180℃下，PPC 含量分别是 5%、19%和 36%的 PPCLA 熔体黏度随剪切速率的变化曲线。显然 PPCLA 的熔体黏度随 PPC 含量的升高而增大，无定形态的 PPC 链段的存在阻碍了 PLA 链段的流动。

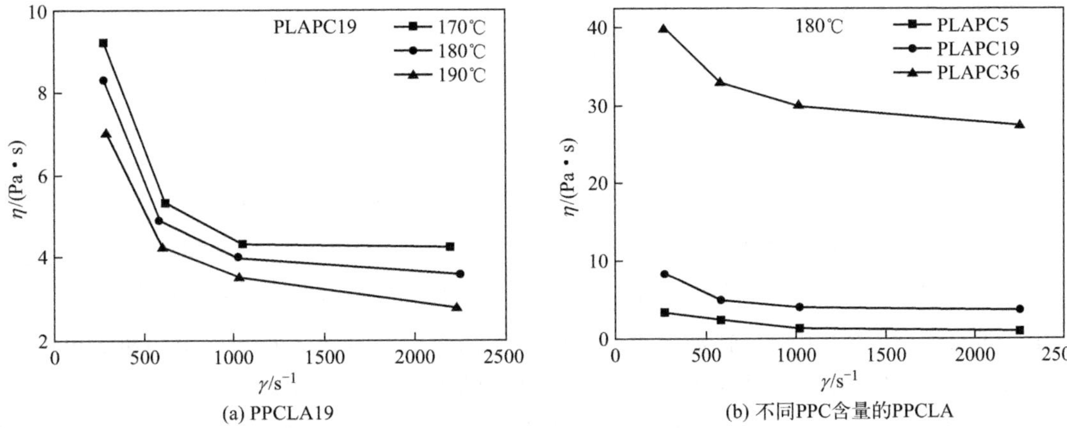

图 3-106 PPCLA 在不同温度下的流变曲线

（2）PPCLA、PPC 和 PLA 的共混改性

共混物在简单剪切力下共混分散动力学方程如下：

$$R^* = \frac{12P\sigma\varphi_d/(\pi\eta\gamma)}{1-4P\varphi_d E_d/(\pi\eta\gamma)} \tag{3-5}$$

式中，R^* 为分散相的平均粒径；P 为有效碰撞概率；σ 为分散相与基质间的界面张力；φ_d 为分散相含量；E_d 为分散相的破碎能力；η 为连续相黏度；γ 为剪切速率。从上式可以看出，分散相的平均粒径与黏度、剪切速率、分散相含量、两相界面张力及分散相破碎能力有关，而分散相平均粒径越小，接触面积越大，相容性越好。改善界面相容性，可以从提高连续相黏度、提高剪切速率、降低分散相含量、降低基质间界面张力和降低分散相破碎能力等方面入手。

中山大学孟跃中课题组以丙交酯单体与 PPC 的合成单体环氧丙烷和二氧化碳共聚，得到聚碳酸酯丙烯酯丙交酯共聚物 PPCLA。共聚物分子链上既有柔韧的常温为高弹态的聚碳酸酯丙烯酯分子链段，又具有强度高的丙交酯链段。通过控制环氧丙烷 PO 与丙交酯 LA 的配比，制得一系列分子链中不同 LA 含量的 PPCLA。通过控制 LA 在 PPCLA 中的含量，可以控制材料的结晶性、力学性能、热降解稳定性以及玻璃化转变温度等，与 PPC 相比，PPCLA 具有可结晶、强度高、热稳定性提高的优点；但断裂伸长率降低、玻璃化转变温度提高使得材料常温下的柔韧性变差。

不相容聚合物共混时发生相分离，呈现的分离结构取决于共混物的组成、界面张力、黏度以及加工条件等。PPCLA 的结构如图 3-107(a) 所示，以二氧化碳、环氧丙烷和丙交酯为单体合成的 PPCLA，主链既含有与 PPC 相同的碳酸酯丙烯酯链段，又含有与 PLA 相同的丙交酯开环链段，因此将 PPCLA 加入到 PPC/PLA 共混物中会促进 PPC 与 PLA 的相容性，PPCLA 与 PLA 共混形成均一相，提高 PLA 的熔体黏度，同时 PPCLA 主链上含有碳酸酯丙烯酯链段，与 PPC 具有较好的相容性，界面张力下降，提高 PPC 与 PLA 相界面的黏结力，在 PLA 提高 PPC 强度的同时，克服 PPC/PLA 材料变脆易断裂的缺点。

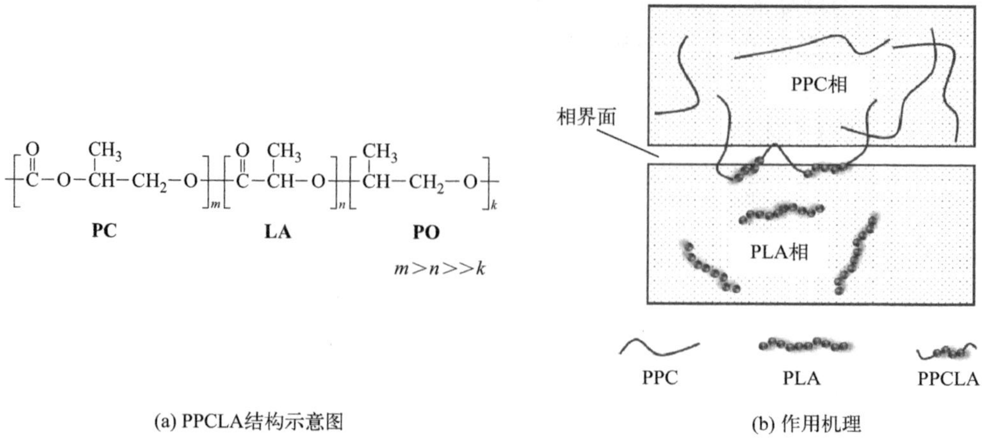

图 3-107 PPCLA 结构示意图和 PPCLA 促进 PPC 与 PLA 相容性作用机理

共混高聚物大多采用螺杆转动挤出熔体的方式加工，测试转子在熔体中的扭矩可以反映螺杆转动混合过程中转动的难易程度以及熔体黏度的大小。相容高聚物共混体系的熔体平衡转矩随含量变化单调增减。图 3-108 表示 PPCLA 与 PLA 按照 100/0、90/10、70/30、50/50、0/100 的比例在 HAAKE 扭矩流变仪中的扭矩随时间变化曲线。从图中可知，180℃下，共混物的扭矩不断下降，物料在流变仪腔内熔融塑化，前 180s 扭矩曲线下降幅度较大，180s 后扭矩值随时间变化的曲线渐趋平稳，表明物料在 180s 几乎全部熔融，180s 后材料在转子的剪切转动下取向剪切变稀、两相融合并伴有少量降解，分子量下降，扭矩值下降幅度变小。为了保证两相材料的充分混合，取 420s 不同配比下的样品的扭矩值进行比较，列于表 3-50 中。PPCLA 含量越高，样品的扭矩值越高，纯 PLA 在该温度下的扭矩值最低仅有 3.2N·m，而纯 PPCLA 的扭矩值最高，为 9.5N·m。PLA 由于其结晶结构，温度高于熔点表现出很好的流动性和较低的熔体黏度，这与 PPC 较高的熔体黏度相差较大，共混物体系扭矩随 PPCLA 含量的提高而增大，反映出共混物熔体黏度的增大，依据等黏度原则，可以判断 PLA 与 PPCLA 共混后，再与黏度较大的 PPC 混合效果更好。

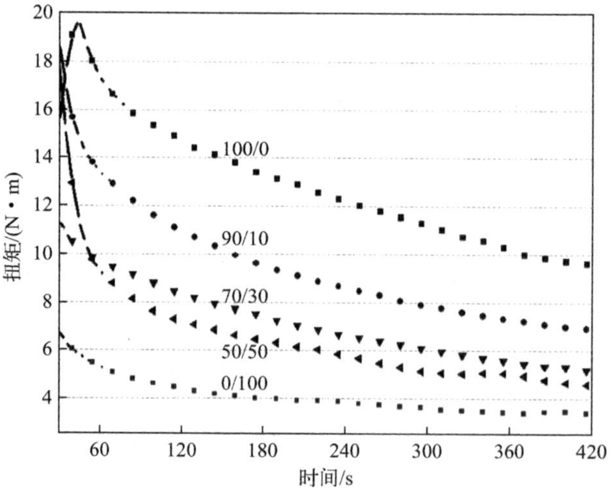

图 3-108 不同比例 PPCLA/PLA 共混物扭矩随时间变化图

表 3-50　PPCLA/PLA 共混物在 420s 时的扭矩值

PPCLA/PLA	100/0	90/10	70/30	50/50	0/100
扭矩/(N·m)	9.5	6.9	5.0	4.5	3.2

PPCLA/PLA 共混物的动态机械性能：动态机械分析（DMA）常用来表征共混物的玻璃化转变温度，不受材料加工成型方式的影响，灵敏度高。图 3-109 是 PPCLA/PLA 共混物损耗因子随温度的变化，以损耗峰作为混合样的玻璃化转变温度。损耗峰对应的温度值列于表 3-51。PPCLA 的玻璃化转变温度较低，39.4℃出现玻璃化转变，而 PLA 的玻璃化转变温度较高，在 64.4℃。PLA 含量改变，共混物的玻璃化转变温度在 36.5～40.4℃范围内波动，而共混物的玻璃化转变温度随 PPCLA 含量上升而下降。聚合物的混溶度（D）可以定义为共混物中组分的玻璃化转变温度 T_g 的差值与纯聚合物的 T_g 差值的比值，表达公式如下：

$$D=\frac{T_{g_1}^{B}-T_{g_2}^{B}}{T_{g_1}^{P}-T_{g_2}^{P}},\ 0\leqslant D\leqslant 1 \tag{3-6}$$

式中，$T_{g_1}^{P}$ 和 $T_{g_2}^{P}$ 是两组分纯物质的玻璃化转变温度；$T_{g_1}^{B}$ 和 $T_{g_2}^{B}$ 是两组分混合后的玻璃化转变温度。D 值反映各组分玻璃化转变温度相互靠近的程度，组分相容性好，玻璃化转变温度相互靠近，D 值减少。对于 PPCLA/PLA 共混物，两相部分相容，在配比为 80/20 有最小的 D 值，表明该比例下两相有较好的相容性。PLA 的玻璃化转变温度降为 49.1℃。

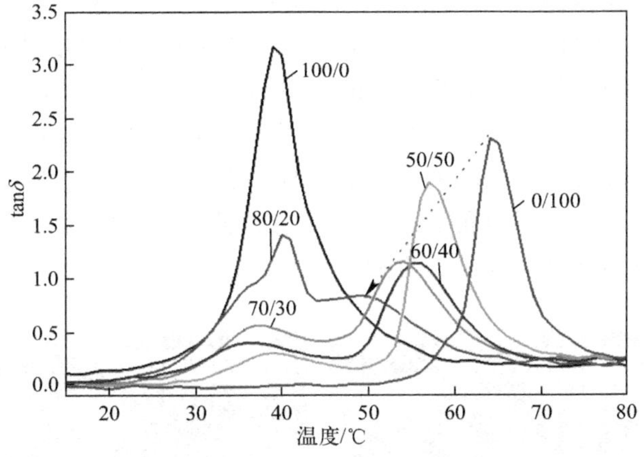

图 3-109　不同比例 PPCLA/PLA 共混物的 tanδ 随温度变化图

表 3-51　PPCLA、PLA 及其共混物的玻璃化转变温度和混溶度

样品	T_g(PPCLA)/℃	T_g(PLA)/℃	D
PPCLA(100)	39.4		—
PLA(100)		64.4	—
PPCLA/PLA(80/20)	40.4	49.1	0.35
PPCLA/PLA(70/30)	37.3	53.8	0.66
PPCLA/PLA(60/40)	36.5	55.5	0.76
PPCLA/PLA(50/50)	38.8	57.0	0.73
PPCLA/PLA(30/70)	40.3	63.5	0.93

PPCLA/PLA 共混物的拉伸性能：PPCLA/PLA 的拉伸强度和断裂伸长率随 PLA 含量的变化如图 3-110 所示。PLA 含量较低时，样品具有较低的拉伸强度和较高的断裂伸长率，PLA 含量在 15%时，具有 20.2MPa 的拉伸强度和 718%的断裂伸长率。而当 PLA 含量超过 40%，材料的断裂伸长率低于 100%，成为脆性材料。这说明 PPCLA 对 PLA 的相容增韧性仅在 PLA 含量较低时较好。

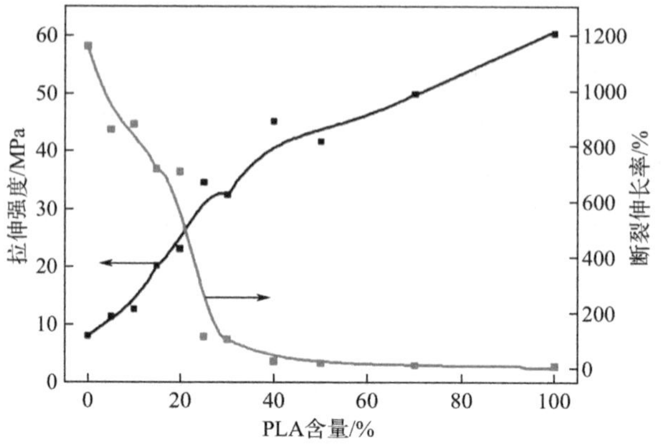

图 3-110 PPCLA/PLA 在不同 PLA 含量下的拉伸性能

图 3-111 表示 PPC 改性材料通过液氮冷却淬断的断裂面。从图 3-111(a)(b) 观察未加入 PPCLA 的 PPC/PLA 微观形貌，可见存在较为明显的相界面，分散相颗粒较大且较断裂面表面粗糙，从材料的结构与力学关系分析，材料较易在分离的相界面处应力集中，沿分离面扩展形成内部缺陷而断裂，降低了材料的柔韧性。而加入 PPCLA 的三元共混物［图 3-111(c)(d)］，淬断面更光滑平整，相界面更加模糊，证明 PPCLA 起到了连接共混物 PPC 相与 PLA 相的作用，从而减少缺陷的形成，在应力集中区域发挥缓冲作用。通过拉伸测试观察 PPC/PLA/PPCLA 的力学性能，原料配比及拉伸强度和断裂伸长率列于表 3-52 中。纯 PPC 具有 32MPa 的拉伸强度和 148%的断裂伸长率。PPC/PLA 在 80/20（摩尔比）下加入

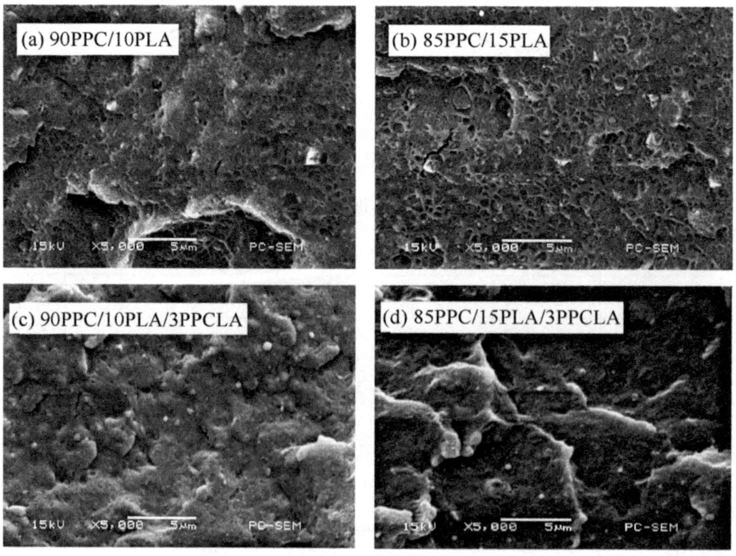

图 3-111 PPC/PLA/PPCLA 三元共混物 SEM 微观形貌图

PPCLA，当 PPC/PLA/PPCLA 按照 80/20/15 配比时，材料具有 33.6MPa 的拉伸强度和 158%的断裂伸长率，远大于 80/20/0 下的 38.4%的断裂伸长率，且超过 PPC 与 PPCLA 的断裂伸长率。继续加入 PPCLA，材料的拉伸强度下降，断裂伸长率下降，这可能是由于 PPCLA 在材料中含量过高，材料的力学性能受 PPCLA 的影响更大，而纯 PPCLA 的强度和断裂伸长率较 PPC/PLA/PPCLA 为 80/20/15 的值要低，进一步加入 PPCLA，材料力学性能下降。由此可知 PPCLA 进一步塑化了 PLA，促进了 PPC 与 PLA 的相容性，PPC/PLA 的柔韧性进一步提高。

表 3-52 PPC/PLA/PPCLA 的拉伸性能

PPC/PLA/PPCLA(摩尔比)	100/0/0	80/20/0	80/20/5	80/20/10	80/20/15	80/20/20
拉伸强度/MPa	32	37.6	34.9	36.9	33.6	33.0
断裂伸长率/%	148	38.4	47.3	86.5	158	126

PPCLA/PLA 混合体系的随 PPCLA 含量提高而单调递增。PPCLA 对 PLA 增容增韧作用明显，随着 PPCLA 含量的提高，PLA 的玻璃化转变温度降低，PPCLA 含量在 80%，PLA 有 49.1℃的玻璃化转变温度。拉伸测试结果表明，PPCLA 含量低于 60%，PPCLA/PLA 变为脆性材料，当 PPCLA 含量 85%，材料具有 20.2MPa 的拉伸强度和 718%的断裂伸长率。在 PPC/PLA/PPCLA 三元共混体系，扫描电镜显示，加入 PPCLA，PPC/PLA 的相界面变得模糊，拉伸测试数据说明 PPC/PLA/PPCLA 配比为 80/20/15 时力学性能最好，共混材料具有 33.6MPa 的拉伸强度和 158%的断裂伸长率。

3.5.3 二氧化碳、环氧化物和环内酯的三元共聚物

引入环内酯能调节聚碳酸酯的热性能，甚至赋予共聚物结晶性能。比如，富含长链 PCL 的 CO_2/PO/CL 三元共聚物在 PCL 含量（摩尔分数，下同）超过 14%时显示出熔点（55～58℃）[108] 另一方面，引入环内酯也会影响聚碳酸酯的力学性能。类似地，富含长链 PCL 的 CO_2/PO/CL 三元共聚物 80℃的熔体流动速率随着 PCL 含量（14%～64%）的增加而增加（0.46～4.39g/10min）。BBL 的引入可以改善 PCHC 的韧性，含有 40%～45% BBL 的嵌段 PHB-PCHC，杨氏模量从 2500MPa 下降到 1200～1350MPa，断裂伸长率为 5%，而无规共聚物的杨氏模量更高，但断裂伸长率低[109]。最近，Williams 课题组[109] 合成了 PCHC-PDL-PCHC 三嵌段共聚物，发现该共聚物表现出良好的热稳定性（$T_{5\%}$ 约为 280℃）、高韧性（112MJ/m^3）和极高的断裂伸长率（>900%）；室温下水解数月无明显的质量损失，但在酸性环境（60℃，甲苯，对甲苯磺酸）中聚合物会迅速降解。含有 49.2% PCL 的 PCL/PCHC 多嵌段共聚物断裂伸长率为 22.8%，高于 PCHC（3.3%）和 PCHC/PCL 共混物（1.8%），但断裂强度（20.4MPa）略低于 PCHC[110]。CO_2/环氧化物/环酯共聚物的热性能和力学性能总结于表 3-53。

此外，引入环内酯可以改善聚碳酸酯的降解性能。引入聚酯链段后 PPC 的水解和药物释放速度提高，CO_2/PO/GBL、CO_2/PO/CL 三元共聚物制备的微胶囊药物释放速度分别比 PPC 快 8 倍和 4.8 倍，后者在 pH＝7.4 PBS 缓冲溶液中水解 8 周后，质量损失为 30%，CO_2/PO/LA 三元共聚物在 pH＝7.4 PBS 缓冲溶液中水解 10 周后，质量损失为 23%[111-113]。

表 3-53 CO_2/环氧化物/环酯共聚物的热性能和力学性能①

项目	CO_2/PO/LA	CO_2/CHO/BBL	CO_2/CHO/BBL	CO_2/CHO/DL	CO_2/CHO/CL
聚酯含量②/%	8	40	45	60	49
结构	梯度	嵌段	无规	嵌段	多嵌段
T_g/℃	48.5	3/124	58	-49.0	71.8
T_m/℃	165	\	\	110	54.2
$T_{5\%}$/℃	245	—	—	278	—
T_{max}/℃	289	—	—	—	—
拉伸强度/MPa	39.6	26	23	5.1	20.4
杨氏模量/MPa	—	1170	1600	81	—
断裂伸长率/%	73	5	1.5	1920	23
参考文献	[93]	[105]	[105]	[109]	[107]

① 符号“—”代表没有该数据，符号“\”代表未测得该数据。
② CO_2/CHO/DL 为质量分数，其余为摩尔分数。

孟跃中课题组使用 DSC 和 TGA 测定所合成的二氧化碳、环氧环己烷和己内酯三元共聚物的玻璃化转变温度（T_g）、结晶温度（T_c）、熔点（T_m）以及热分解温度（$T_{5\%}$/T_{max}）。测试得到的热学参数都列在表 3-54 中。图 3-112 表示含不同组分的三元共聚物的 DSC 曲线。聚合物的 T_g 和 T_m 都是在 DSC 的二次升温曲线上读取，T_c 是在冷却曲线上读取。如我们所料，聚合物的热学性能与各个组分的比例大小关系密切。纯 PCHC 的 T_g 高达 121.2℃，这是由于 PCHC 分子链上有刚性环己烷基。纯 PCL 的熔点为 58.9℃，也与相关文献报道一致[79]。如图 3-112(a) 所示，当共聚物的 PCHC 链段含量高于 67.7%时，PCL 结晶受到抑制，聚合物呈现无定形状态，玻璃化转变温度在 46～50℃之间。而且此时聚合物的 T_g 随着软段 PCL 含量的增加而略微有所下降，这是由于柔软的 CL 碳链与无规的 PCHC 链段共同作用造成的。

表 3-54 具有不同 CL 单元含量的 PCHCCL 的热性能①

CHO∶CL②	CL 单元含量③/%	T_g,T_m/℃	$T_{5\%}$,T_{max}/℃
纯 PCHO	—	121.2,—	200.9,280.0
39∶1	11.6	49.8,—	210.2,280.7
19∶1	20.4	46.8,—	227.7,288.2
9∶1	32.4	46.6,—	262.1,284.3
8∶2	59.9	—,55.0	216.6,322.9
7∶3	82.7	—,56.6	256.5,341.1
6∶4	90.9	—,57.3	262.0,342.4
纯 PCL	100	—,58.9	281.5,345.2

① T_g 和 T_m 通过 DSC 测定，$T_{5\%}$和 T_{max}通过 TGA 测定。
② CHO/CL 单体投料比。
③ 聚合物中 CL 单元含量。

如图 3-112(b) 所示，当 CL 单元含量高于 60%时，共聚物表现出结晶性，熔点介于

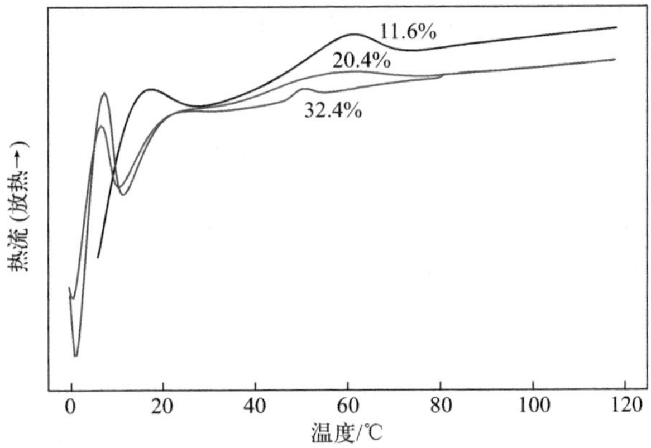

(a) T_g(二次升温曲线)(10℃/min)

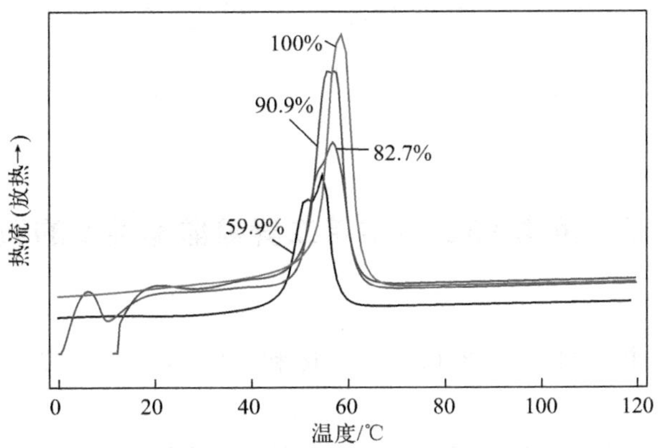

(b) T_m(二次升温曲线)(10℃/min)

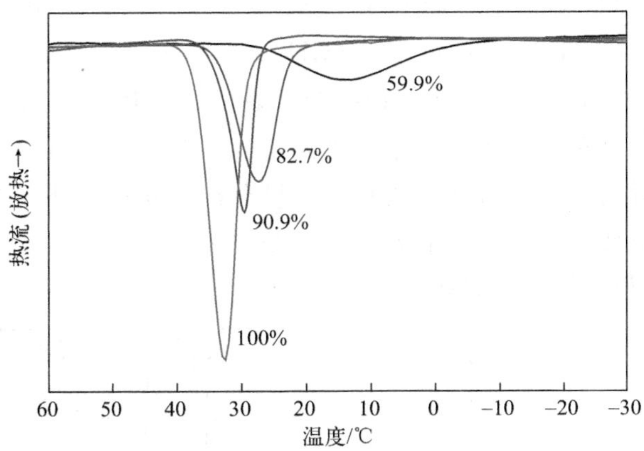

(c) T_c(冷却曲线)(−5℃/min)

图 3-112　不同 CL 单元含量的共聚物的 DSC 测试结果

55～59℃之间。聚合物的 XRD 测试结果与 DSC 是相符的，如图 3-113 所示。XRD 谱图中，CL 单元含量最低的三个样品（PCHC、12% CL、21% CL）只在 15°～20°之间出现“馒头”峰。含 32% CL 的样品只在［110］面有微弱的衍射峰，而 CL 含量较高的四个样品（60% CL、83% CL、91% CL、PCL）在［110］、［111］和［200］面的衍射峰强度随着 CL 含量增加而逐渐增强。如图 3-114 所示，具有半晶性的共聚物的 T_c 和 T_m 均与 CL 单元含量呈线性关系，且都随着 CL 单元含量的增加而提高。从表 3-54 可看出，纯 PCL 的热分解温度

$T_{5\%}$ 和 T_{max} 都远高于纯 PCHC，因此引入了 CL 链段的三元共聚物 PCLCHC 的热稳定性明显提升了。

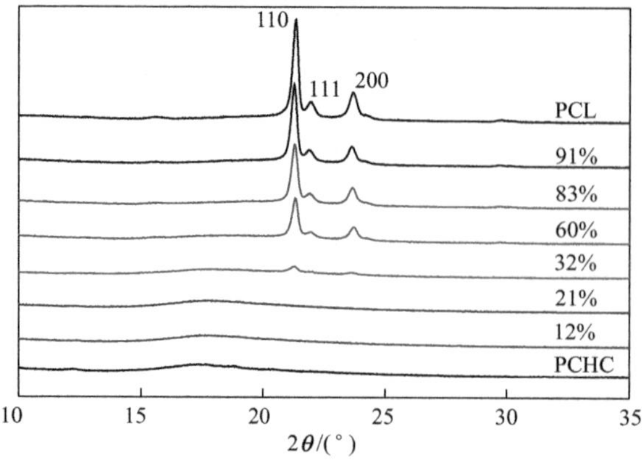

图 3-113 不同 CL 单元含量的共聚物的 XRD 图谱

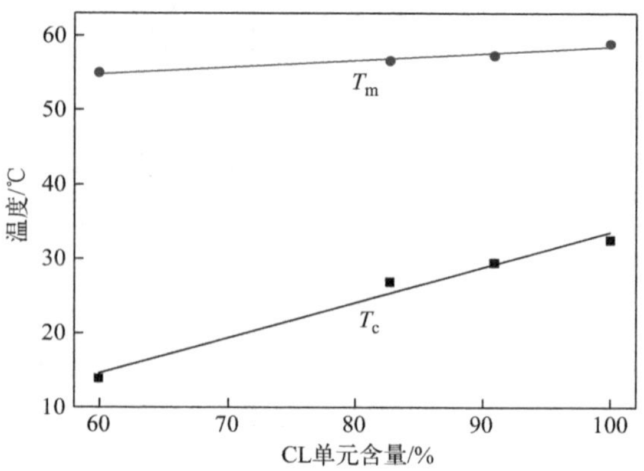

图 3-114 共聚物的 T_c 和 T_m 与 CL 单元含量的关系

3.5.4 二氧化碳、环氧丙烷和二苯甲烷二异氰酸酯共聚的微交联 PPC

3.5.4.1 结构与性能

聚合物的结构决定其性能，因此利用 FTIR 和 ^{1}H-NMR 手段表征了二氧化碳、环氧丙烷共聚物的结构。

图 3-115 是聚碳酸丙烯酯 PPC 和含 2.0% MDI 的 PPC（微交联 PPC）的红外光谱图，图中 PPC 的红外特征峰归属如下：1460cm^{-1}，1380cm^{-1}，2990cm^{-1}（CH_3）；790cm^{-1}，1460cm^{-1}，2890cm^{-1}（CH_2）；1340cm^{-1}（CH）；1750cm^{-1}（s，C═O）；1250cm^{-1}（s，C—O）；1074cm^{-1} 和 790cm^{-1}（s，C—O—C）。对比二元共聚物 PPC 的红外光谱图，微交联的 PPC 在 761cm^{-1} 出现了苯环的面外弯曲振动的吸收峰。另外由 3500cm^{-1} 的羟基的吸收峰的强度变化可以看出，两测试样品的水分含量存在差异，另外一部分 MDI 与 PPC 主链上的羟基发生反应，也使得羟基的吸收峰强度减弱。这些表明催化剂 ZnGA 可以成功地催化少量 MDI 二氧化碳和环氧丙烷的共聚合反应。

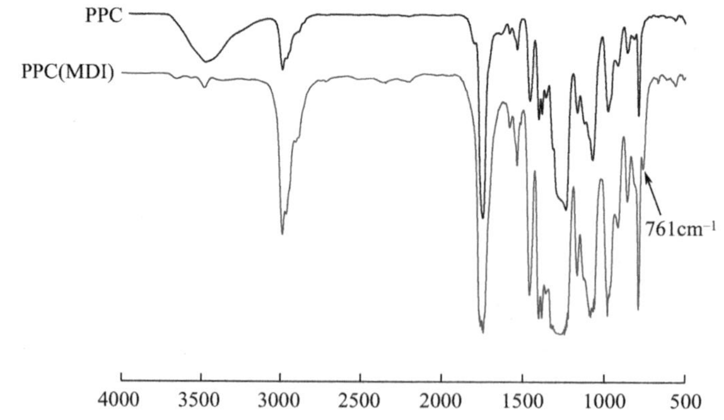

图 3-115 PPC 和含 2.0% MDI 的 PPC 的红外光谱

图 3-116 和图 3-117 为 PPC 和含 2.0% MDI 的 PPC 的拉曼光谱图。从图中可以看出，拉曼光谱的谱带频率与红外光谱基本一致。由于两种光谱的选律不同，一些功能基团谱带的相对强度差别很大，甚至不出现。将微交联 PPC 与 PPC 的拉曼光谱图比较发现，荧光现象对微交联 PPC 的谱图干扰特别严重。PPC 在拉曼激光散射测试时没有出现荧光现象。这表明荧光现象的产生与加入少量的 MDI 有关，MDI 可以与催化剂作用而产生该现象。对比微交联 PPC 的可溶部分和不可溶部分的拉曼光谱图，均出现荧光现象且强度几乎相同，这表明荧光现象的产生是由于聚合物链段中 MDI 的氧原子与锌发生配位作用（图 3-118），形成新的活性中心而导致的。因此，我们认为 MDI 在二氧化碳和环氧丙烷的聚合反应中不仅能使得 PPC 发生微交联作用，而且还能起到助催化剂的作用。

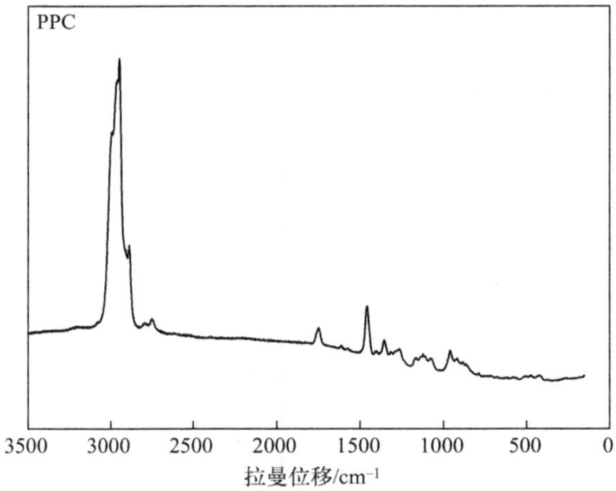

图 3-116　PPC 的拉曼光谱

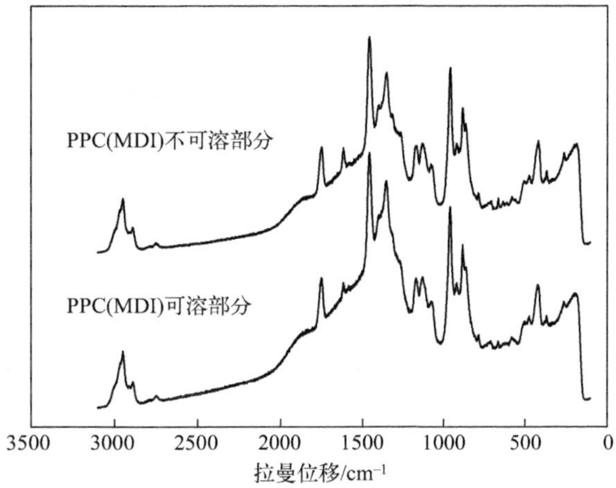

图 3-117　含 2.0% MDI 的 PPC 的拉曼光谱

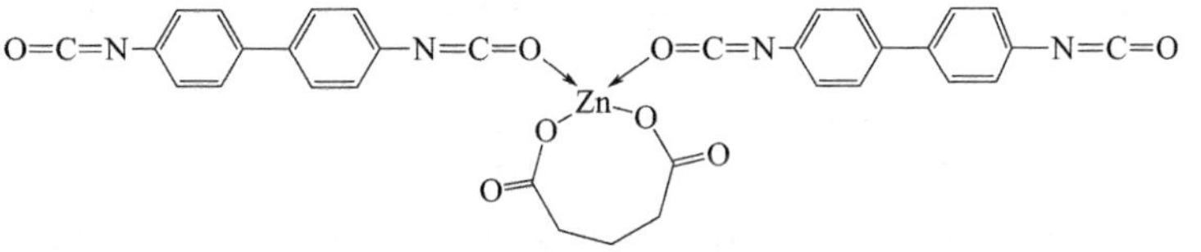

图 3-118　MDI 和催化剂发生配位作用机理示意图

图 3-119 为 PPC 和含 MDI 的 PPC 的 ^{1}H-NMR 谱图。PPC 的 ^{1}H-NMR 谱图［图 3-119(a)］的讯号归属如下：^{1}H-NMR（$CDCl_3$），δ 1.3（d，3H，—CH_3），3.5（m，3H，—CH_2CH—），4.2（m，2H，—CH_2CH—）和 5.0（m，1H，—CH_2CH—）。含 MDI 的 PPC 的 ^{1}H-NMR 谱图［图 3-119(b)］的吸收峰如下：^{1}H-NMR（CF_3COOD），δ1.3（d，3H，—CH_3），3.5（m，3H，—CH_2CH—），4.2（m，2H，—CH_2CH—），5.0（m，1H，—CH_2CH—）和 7.2（d，4H；Ar—H），明显可以看出，在化学位移 7.2 处观察到新出现的吸收峰，该峰归属于 MDI 中苯环上 H 的吸收峰，说明 MDI 已经成功引入 PPC 的分子链中。根据含 MDI 的 PPC 共聚物的 ^{1}H-NMR 相关峰的积分面积 A 可以估算出实际引入的 MDI 单元（F_{MDI}）和碳酸酯单元（F_{PC}）的摩尔分数。

聚合物的热性能与分子结构密切相关。本实验所得聚合物呈无定形，其结构和分子量及其分布对材料的热性能影响很大。通过调节 MDI 的投料量，得到 MDI 含量不同的 PPC 二元共聚物，其热性能结果列于表 3-55 中。

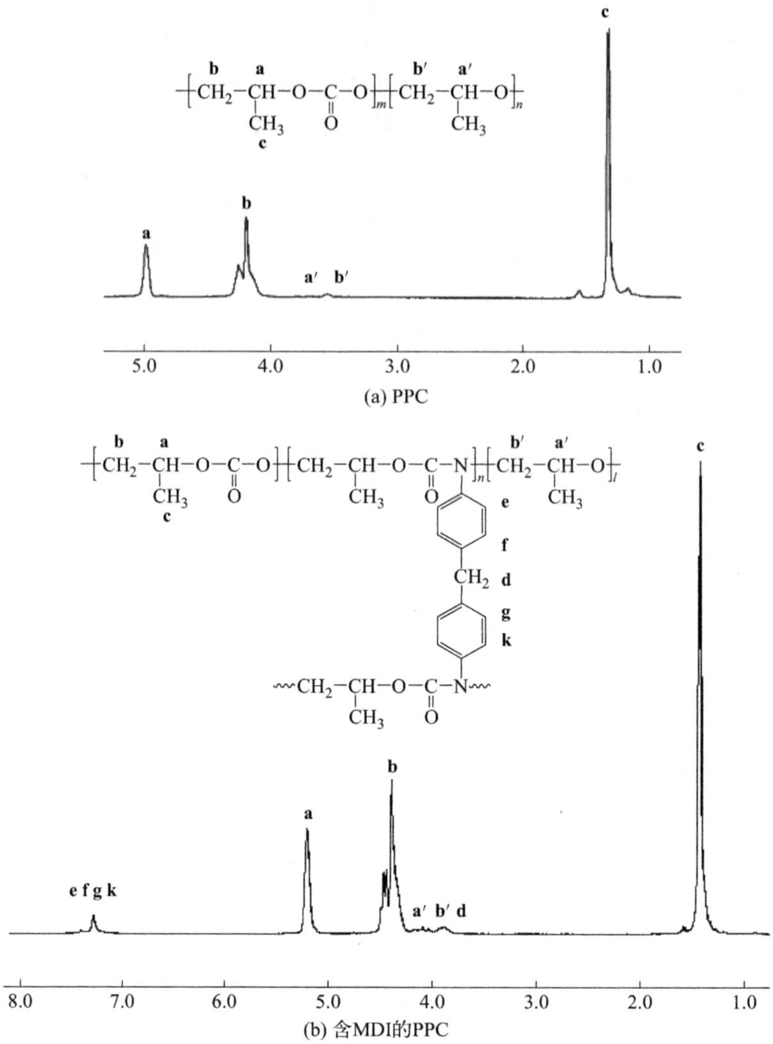

图 3-119　PPC 的[1]H-NMR 谱图和含 MDI 的 PPC 的[1]H-NMR 谱图

表 3-55　添加不同含量 MDI 的 PPC 的力学性能和热性能

样品	MDI 含量①/%	T_g/℃	$T_{5\%}$/℃	T_{max}/℃	拉伸强度/MPa	断裂伸长率/%
1	0	37.8	233	249	22.1	508.70
2	0.5	39.3	242	273	34.0	14.88
3	1.0	38.7	243	273	34.8	12.00
4	1.5	39.1	242	275	36.9	12.00
5	2.0	40.2	242	277	38.3	12.56
6	2.5	40.2	247	278	41.9	8.24
7	3.0	40.8	252	280	41.8	3.08

① 质量分数。

聚合物的玻璃化转变温度（T_g）主要是受结构和分子量及其分布的影响。总的来说，MDI 加入量很少，其结构刚性的苯环对于提高聚合物的 T_g 并没有多大的贡献。但 MDI 单体结构中带有两个异氰酸根，在聚合反应可以起到支化交联的作用，同时还与聚合物链段中端羟基发生反应起到扩链的作用，导致分子量增加，微交联 PPC 的 T_g 有了一定的提高。从图 3-120 可以看出，随着 MDI 的加入量的不断增加，微交联 PPC 的 T_g 不断提高。

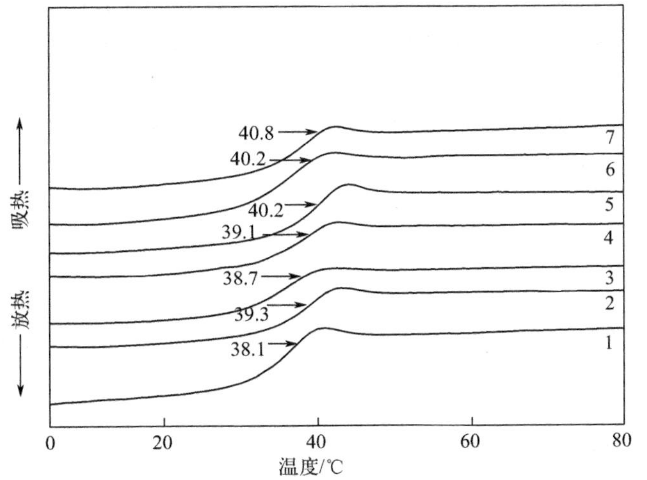

图 3-120 不同 MDI 含量（质量分数）的 PPC 共聚物的 DSC 曲线

MDI 加入量：1—0%；2—0.5%；3—1.0%；4—1.5%；5—2.0%；6—2.5%；7—3.0%

图 3-121 是所得聚合物的热失重曲线。由图可知，加入 MDI 的含量（质量分数，下同）仅为 0.5% 时，聚合物的稳定性就有较明显的提高。聚合物的 5%热失重温度（$T_{5\%}$）从 233℃增加到 242℃，最大热失重温度（T_{max}）从 249℃增加到 273℃。根据 PPC 热裂解的研究结果[21-23]，PPC 的热裂解机制是通过两种方式进行：一种是无规断裂，另一种是由于端羟基发生“回咬”生成环状碳酸酯的“解拉链”式降解。聚合物链段之间发生交联，它能够极大地阻碍端羟基发生“回咬”进攻碳酸酯键中的碳原子，降低生成环状碳酸酯的概率，也就是说引入的 MDI 可以在很大程度上抑制 PPC 的“解拉链”式降解，从而提高共聚物的热分解温度。

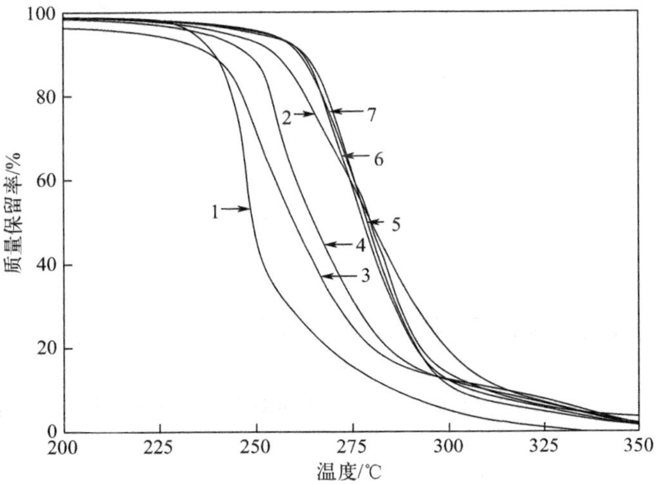

图 3-121 不同 MDI 含量（质量分数）的 PPC 共聚物的热重曲线

MDI 加入量：1—0%；2—0.5%；3—1.0%；4—1.5%；5—2.0%；6—2.5%；7—3.0%

利用热失重-红外测试系统（TG-FTIR）对聚合物连续裂解温度的分解产物进行跟踪分析，图 3-122 为聚合物 PPC（MDI 质量分数 2.0%）的 TG-IR 三维图，在初始分解阶段，聚合物的三维谱图中就显示了 2350cm^{-1} 二氧化碳特征吸收峰，说明聚合物的分子链发生了无规断裂，生成二氧化碳和许多端羟基的分子链。随着温度的升高，活性端羟基的产生加速了解拉链反应，1800cm^{-1}附近出现环状碳酸酯的特征吸收峰也逐步表现出峰强度随温度升高而增强的趋势。图 3-123 为 PPC（MDI 质量分数 2.0%）在不同热分解温度下所得产物的红外光谱图，可以看出，聚合物主分解反应单一，分解产物单纯，分解所得产物主要为环状碳酸丙烯酯和 1,2-丙二醇。

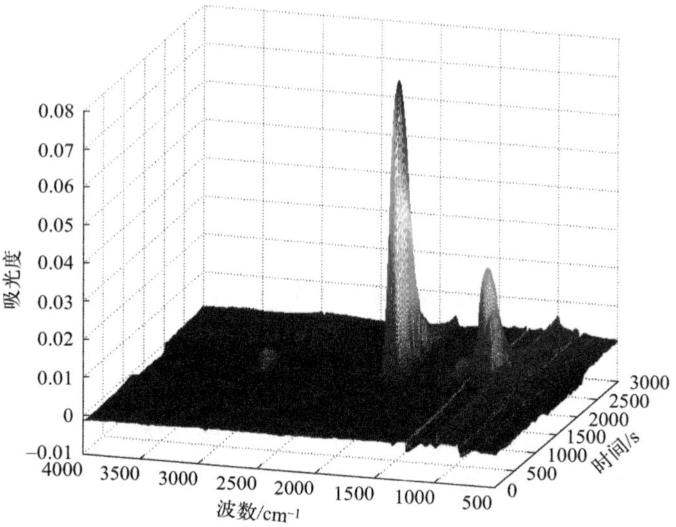

图 3-122 含 2.0wt% MDI 的 PPC 的 TG-IR 三维图

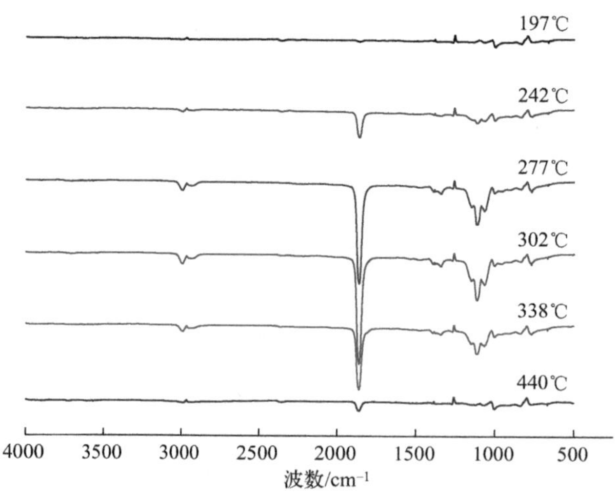

图 3-123 含 2.0% MDI 的 PPC 在不同温度下的分解产物的红外谱图

3.5.4.2 加工

微交联 PPC 的力学性能用拉伸强度和断裂伸长率表征。图 3-124 显示了不同 MDI 含量的 PPC 共聚物的力学性能。从图中可以看出，微交联 PPC 随着 MDI 含量的增加，其拉伸强度不断增加，断裂伸长率呈降低趋势。高分子材料的强度取决于主链化学键力和分子链间的作用力。聚合物中引入 MDI 后，分子间形成的许多交联点或缠结，增强了分子间的相互作用力，使聚合物拉伸强度增大。当 MDI 加入量（质量分数，下同）为 2.5%时，聚合物表现出最好拉伸强度为 41.9MPa，比 PPC 提高近一倍，断裂伸长率为 8.24%。

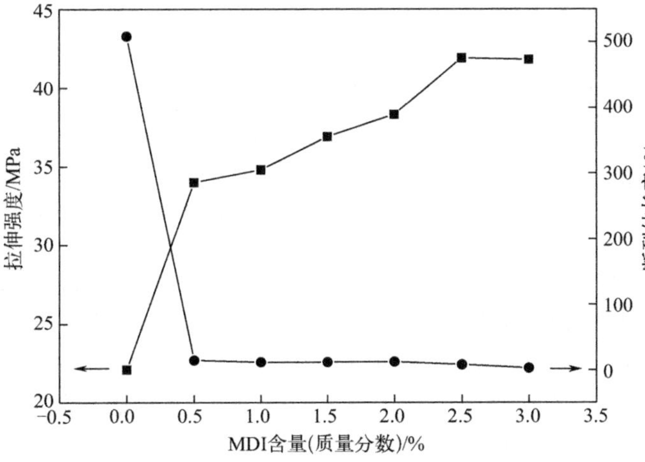

图 3-124 不同 MDI 含量的 PPC 共聚物的力学性能

值得说明的是，在产业化生产中 PPC 在造粒后容易发生黏结，加入少量的 MDI 到环氧丙烷和二氧化碳的聚合体系中，对 PPC 主链支化交联的作用，使聚合物的分子量有着大幅的增加，微交联后的 PPC 的耐热性能和力学性能有了一定的提高，很好地解决了产业化生产中易黏结的问题。通常交联度低于 20%能够保持 PPC 的热塑性性质。从前面的凝胶含量的数据可以看出，要保持微交联 PPC 的热塑性性质，MDI 的投料量不能超过 1.5%。另外，高交联度的 PPC 可以用于注塑成型。因此，我们可以通过调节交联度来满足不同的成型需求。

综上所述，可得出以下结论：

① 利用多配体负载催化剂（ZnGA）成功催化 CO_2 和 PO 在 MDI 作用下的共聚合反应。

② 在反应过程中，MDI 中的氧原子可以与催化剂中锌产生配位作用，形成新的活性中心，从而提高催化活性，起到助催化剂的作用。

③ MDI 对聚合物的链段产生支化交联作用，分子量大幅提高。当 PO 转化率为 50%左右，应控制 MDI 的加入量低于 1.5%，可保持微交联 PPC 的塑性特征。

④ 微交联 PPC 共聚物的耐热性能和力学性能都有较大的提高。在保证其良好的加工性能的前提下，综合性能最好的微交联 PPC 玻璃化转变温度为 39.1℃，热分解温度为 275℃，拉伸强度为 36.9MPa。

3.5.5 其他二氧化碳基多元共聚物

孟跃中课题组合成和设计了 PPC 和聚丁二酸丁二醇酯（PBS）的多嵌段共聚物（PPC-*mb*-PBS)(图 3-125)[114]，通过模拟计算和实验工作，发现该可生物降解材料在宽泛的温度范围内拥有优异的性能：分子动力学模拟表明 PPC-*mb*-PBS 的玻璃化转变温度和 PPC 链段的尺寸有关，单轴变形分子动力学模拟证实了 PPC-*mb*-PBS 的拉伸强度要大于纯的 PPC 并且随着 PPC 的尺寸的减少而增大。由实验测定的玻璃化转变温度和拉伸强度变化趋势和计算机模拟结果一致，说明分子动力学模拟可以很好地预测合成的可生物降解聚合物的力学性能。

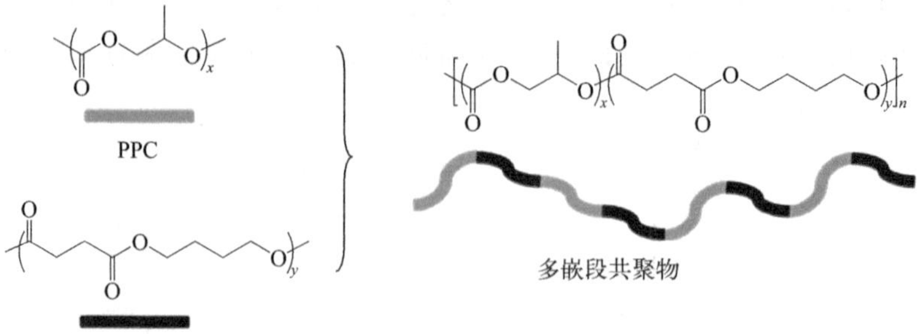

图 3-125 PPC 与聚丁二酸丁二醇酯多嵌段共聚物的设计路线

此外，为了降低 PPC-*mb*-PBS 的脆韧转变温度的影响和增加它的机械强度，又合成和设计了一系列 PPC 二元醇和低聚物 PBS 的多嵌段共聚物（图 3-126）[115]。该工作主要创新点在于，通过改变 PPC 二元醇和 PBS 部分的组成和嵌段长度可以调节 PPC-*mb*-PBS 的结晶度、热性能和力学性能。研究表明，PPC-*mb*-PBS 是半结晶聚合物，其熔融温度为 93～109℃，玻璃化转变温度为−40℃，并且结晶速度和结晶度随着 PBS 的含量以及嵌段长度的增加而增加，机械强度较之纯 PPC 也有很大幅度的提升。

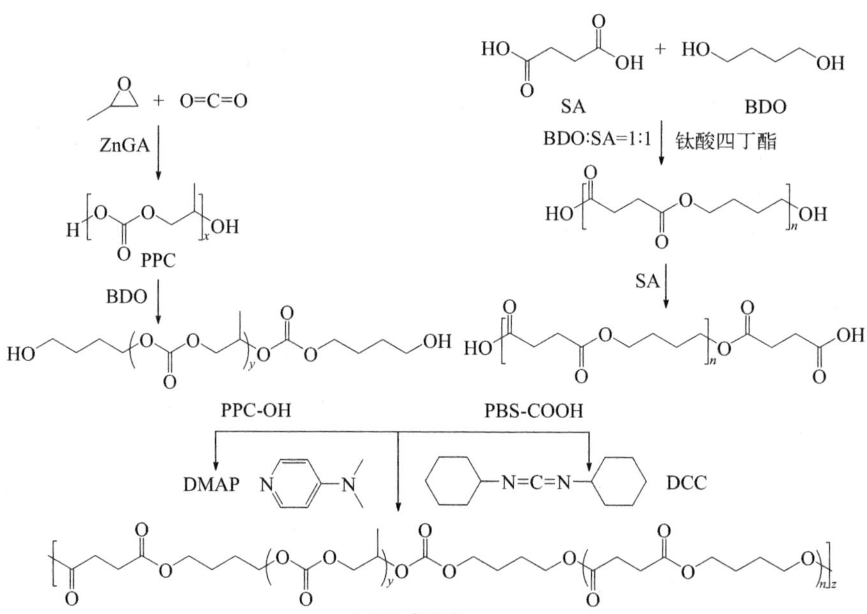

图 3-126 通过耦合反应合成 PPC 和 PBS 的嵌段共聚物示意图

3.6 二氧化碳基多元共聚物的产业化应用

二氧化碳基三(多)元共聚物通常具有半结晶性、良好生物降解性、较高的力学强度或较好的热性能，可以弥补聚碳酸丙烯酯、聚碳酸环己烯酯等常见脂肪族聚碳酸酯的不足，同时大大拓宽了 CO_2 基共聚物材料的应用范围。近年来，二氧化碳基三(多)元共聚物合成技术的蓬勃发展也引起了工业界的极大兴趣，推进了其产业化应用。近年来，中山大学孟跃中课题组已与相关企业合作相继完成了 PPC、PPCLA 等二氧化碳基共聚物的产业化应用。2021 年，孟跃中课题组又与山东联创集团，完成了关于环氧丙烷/二氧化碳/苯酐三元共聚物（PPC-P）合成的技术转让。山东联创集团在 2023 年底前开工建设首条年产 3 万吨的 PPC-P 生产线，并于 2024 年 8 月建成投产；2024 年该公司开始建设第二条 PPC-P 生产线，届时总产能将突破 10 万吨/年。此外，孟跃中课题组还与天源石化、中煤旭阳、信诺立兴、六国化工、天津石化等多家企业达成了关于 PPC-P、PPC-X [环氧丙烷/二氧化碳/苯酐/环氧环己烷（或环氧氯丙烷）多元共聚物]、PPCDL（PPC 二醇）、PECDL（PEC 二醇）等聚合物材料的产业化合作协议，目前已完成多个项目的中试生产试验。下面将阐述孟跃中课题组在二氧化碳基三(多)元共聚物的终端产品应用开发方面的相关内容。

3.6.1 PPCLA 在多层复合软管中的应用

孟跃中课题组将 PPCLA 和乙烯-乙烯醇共聚物（EVOH）进行了共混，并以综合性能最佳的 PPCLA/30EVOH 作为中间层阻隔材料，探讨了其在化妆品多层复合软管中的应用（如图 3-127）。然后对实现 PPC 基阻隔材料和 PE 黏结的热熔胶进行了配方改善及工艺改善。以乙烯甲基丙烯酸（EMAA)/20 松香树脂（20Rosin)（MFR＝1.6g/10min，丙烯酸含量 20%）为热熔胶，PPCLA/30EVOH 为中间层阻隔材料，在 170℃的时候挤出成型，并采用 5℃的冷水急速冷却后剥离强度相对较高。而后通过工厂的多层共挤出机制备化妆品多层复合管材，所制得的软管可以成功成型并实现很好的黏结。图 3-128 为螺杆共挤出设备示意图。图 3-129 为化妆品复合软管片材结构多层共挤出机。分别将 LDPE 和 LLDPE 的共混料、热熔胶及 PPC 基阻隔材料加入到各自的料筒中，在各自适宜温度下熔融后经螺杆推送向前，而后在模头一次挤出成型，并进行冷却与裁切操作。

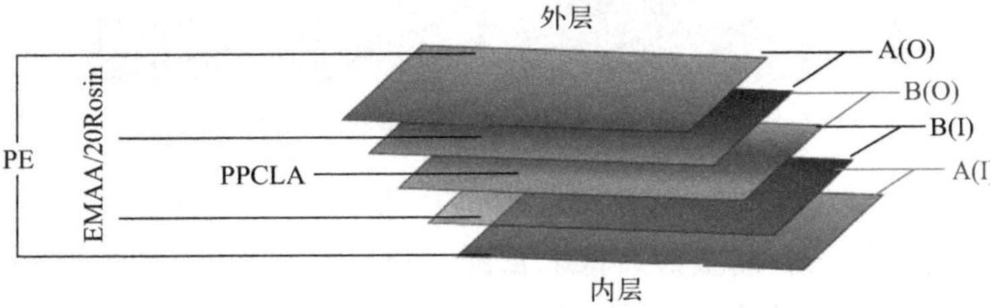

图 3-127 多层复合软管结构和成分示意图

此外，为了降低中间层阻隔材料的成本同时提高其结晶性，采用了结晶度更高更加经济的 PVDC 作为改性材料加入 PPC 中。分别对 PVDC/PPC 的相容性、力学性能、阻隔性能及热稳定性进行了研究，发现 PVDC 和 PPC 相容性良好，少量 PVDC 的加入可以提高 PPC 的阻隔性能、力学性能。同时当少量 PVDC 加入纯化后的 PPC 中时，PVDC/PPC 的分解速度相比 PVDC 变缓，热稳定性有所改善。特别是当 PVDC 含量为 30%时，综合性能更优。

3.6.2 PPCLA 发泡材料

可生物降解塑料 PPC 的推广使用是缓解“白色污染”环境问题的有效途径。将 PPC 制

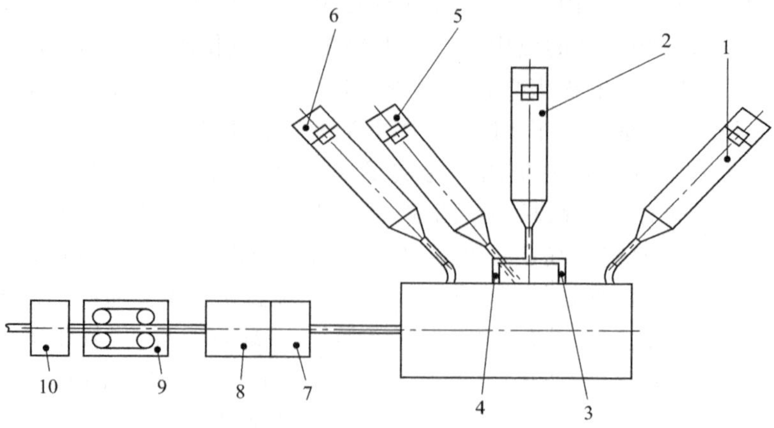

图 3-128 多螺杆共挤出设备结构简图

1—外层材料进料螺杆；2—黏结层材料进料螺杆；3,4—冷却装置；5—中间层阻隔材料进料螺杆；6—内层材料进料螺杆；7—熔融流动装置；8—共挤出装置；9—管材（片材）的拉制（挤压）装置；10—管材（片材）的冷却与裁切装置

图 3-129 化妆品复合软管片材结构多层共挤出机

备为发泡材料是其应用领域之一。但是，现阶段工业生产的 PPC 在已报道的发泡工艺下，难以在发泡倍率、泡孔结构、制备为片材以及泡沫材料性能等方面做到兼顾。PPCLA 是合成 PPC 时引入第三单体进行共聚改性的新一代 PPC 基材料。研究发现，PPCLA 与 PPC 相比，具有更优异的力学性能和热稳定性，而且将其进行发泡时能够更好地克服上述提到的困难。

发泡剂的选择：AC 发泡剂是目前市场上占有量最大的化学发泡剂，发气量最大，性价比最高，且制品无异味。AC 发泡剂初始热分解温度一般在 200℃左右，通常根据需要可添加发泡助剂降低其分解温度，可作为发泡助剂的有金属氧化物、有机酸盐、尿素等，其中使用最广泛的是 ZnO。图 3-130 给出了 AC 发泡剂添加 ZnO 前后的热失重微分曲线（DTG）。可以看出，纯 AC 的初始热分解温度约为 190℃，分解温度范围较宽；添加了 ZnO 之后，AC 的初始热分解温度降低到 170℃左右，并且分解峰比较窄而高。这是因为 AC 发泡剂是一种放热型发泡剂，分解过程中不断产热，而产生的热量又能促进其分解，所以 ZnO 的加入不仅能降低其分解温度，还能提高其分解速率。之前研究 PPC 发泡的工作者在采用 AC 发泡剂进行化学发泡时，常采用添加 ZnO 的方法，常用比例是质量比 AC∶ZnO＝10∶1。这主要是考虑了 PPC 相对较低的初始热分解温度。

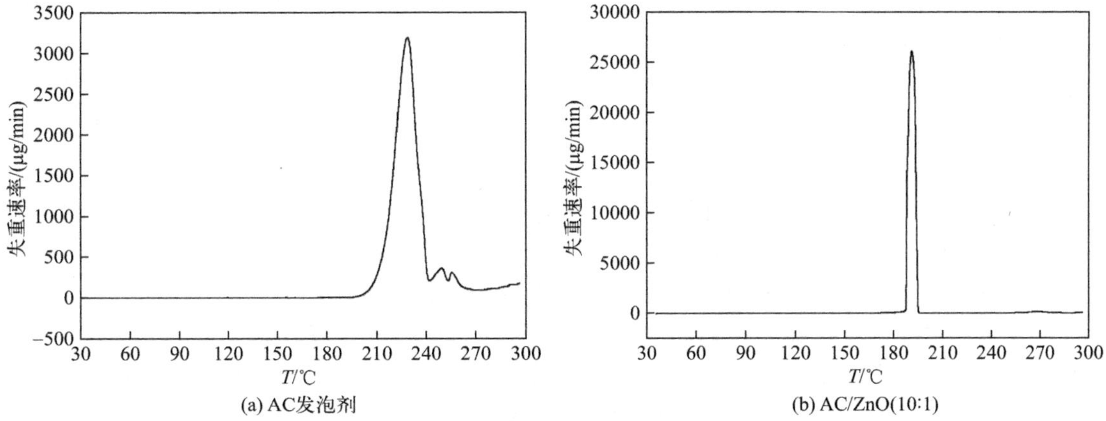

图 3-130　AC 发泡剂的 DTG 曲线和 AC/ZnO（10∶1）的 DTG 曲线

但是，添加了 ZnO 之后由于 AC 分解速率提高，单位时间产热增大，容易使制品变黄，而且也容易引起泡孔塌陷。由于 PPCLA 的热分解温度比 PPC 高出不少，初始热分解温度在 250℃以上，完全覆盖了 AC 发泡剂的分解温度，如果不考虑发泡速率，不添加 ZnO（包括其他发泡助剂）可得到更好的制品。下文也将提到提高发泡速率可以通过提高发泡温度的方法解决。因此，本文之后所涉及到 AC 发泡剂的部分均以不添加任何发泡助剂的情况讨论。

PPCLA 的 MFR：如图 3-131 是 PPCLA 的 MFR 曲线。可以看出，如果取点足够密集，这将是一条比较光滑的曲线。这是因为 PPC 材料是非晶无定形态，不会出现类似晶体融化时的突变情况。虽然 PPCLA 链段中含有结晶态的 PLA 链段，但因为含量较少，所以 PPCLA 整体仍表现为非晶态。

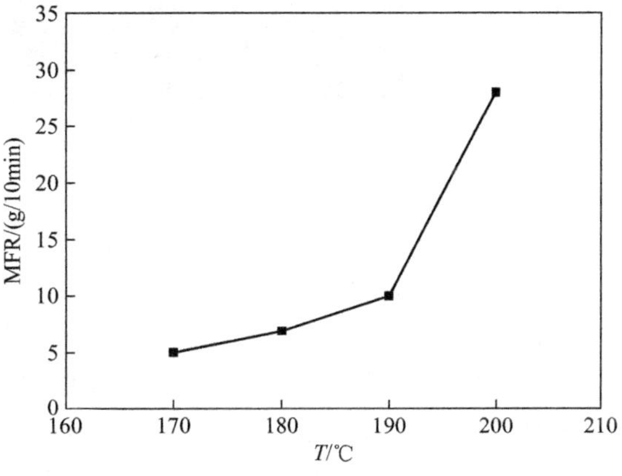

图 3-131　PPCLA MFR 随温度变化的曲线图

在 190℃前，MFR 数值增长相对比较缓慢，此后 MFR 增长速率越来越快。这是因为 PPCLA 分子链中无交联结构，随着温度不断升高，分子链运动越来越强烈，所以 MFR 不断增大且速率越来越快。而 190℃附近恰好是 AC 发泡剂的初始分解温度。更高的 MFR 有利于结构的重塑，即造孔运动的发生。但是，MFR 过高的话，熔体越稀薄，即熔体强度越低，产生的泡孔越容易塌陷。

发泡温度和发泡时间：选择合适的温度需要考虑的因素包括 AC 发泡剂的分解温度、PPCLA 的 MFR 以及熔体强度。根据理论分析和实验结果，发泡温度设定在 190～200℃比较合适，此温度区间 AC 发泡剂可充分分解，且 PPCLA MFR 和熔体强度比较合适，制备出的 PPCLA 泡孔均匀。下文的表征数据均以发泡温度为 190℃，发泡时间为 20min 的样品测量。

应当指出，此发泡工艺实际上的化学变化主要是 AC 的分解，对于这个变化，只要温度合适，时间足够，AC 均能充分分解。所以温度越高，AC 完全分解的时间越短，即发泡时间越短。事实上，在 170～180℃的发泡温度下，经过 40min 或以上的发泡时间，也能得到发泡充分的 PPCLA 泡沫。这是因为，虽然 AC 比较明显的初始分解温度在 190℃左右，但在 170℃以上时，依然有非常少量的 AC 会发生分解，由于这是一个放热过程，产生的热量又会引发材料内部升温，促进 AC 分解，相当于一个引发过程，只是初始温度越低，引发时间越长。当然，一方面由于大烘箱温度 170℃与 190℃还是存在差距的，所以在 170℃的情况下发泡，最终 AC 分解程度相对不充分，表现为 PPCLA 发泡倍率稍小一点。另一方面，上文描述的发泡工艺并未加以模具限制，发泡时材料可进行横向和纵向生长，经过切割可得到厚度为 1～2cm 的片材。如需制备更大的厚度，需要辅以模具限制其横向生长，但是这样操作的结果会使发泡时间相对延长。

发泡剂使用量：在一定范围内，发泡剂使用量越大，所得制品发泡倍率越高。但是，过量的发泡剂及其分解产热和残留物会降低 PPCLA 的熔体强度，从而使泡孔结构坍塌，反而无法制成泡沫材料。经实验探索，AC 含量在 11～12 质量份时（11 质量份时发泡倍率约为 27）便会发生比较明显的坍塌现象，样品结构较差，0～10 质量份是比较合适的。

发泡材料结构分析：图 3-132 分别给出了发泡剂 AC 含量为 4 质量份和 10 质量份时的显微图像。从图中可以看出，泡孔呈典型的蜂窝状结构，排列均匀而紧密；而且可以看到比较明显的孔壁，孔壁完整少有破洞，说明 PPCLA 泡沫大部分泡孔呈闭孔状态。

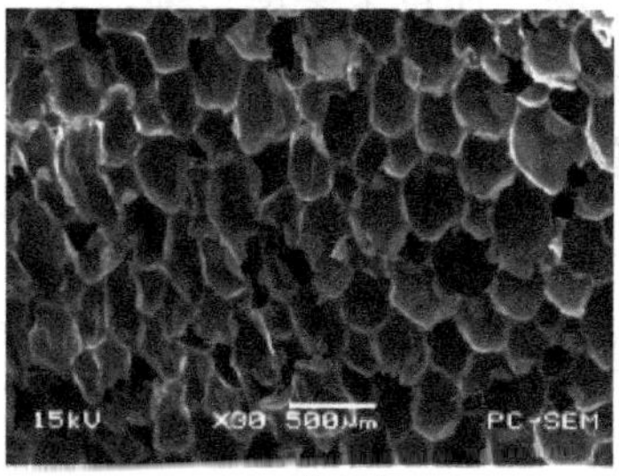

(a) 4 质量份 AC

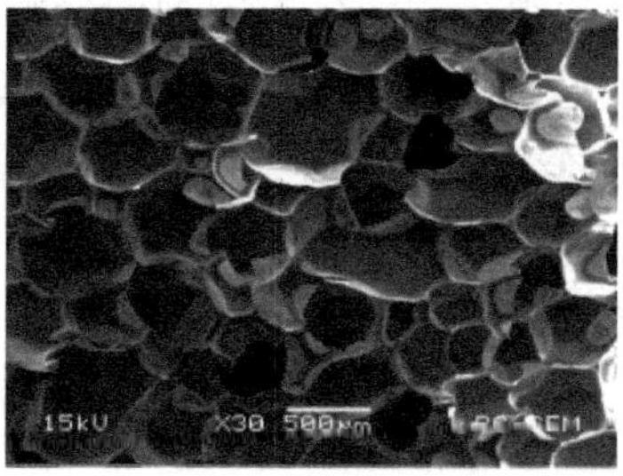

(b) 10 质量份 AC

图 3-132　PPCLA 泡沫显微图像

从表 3-56 可以看出，随着 AC 发泡剂添加量的逐渐增加，泡沫的密度逐渐减小，发泡倍率和孔隙率逐渐增大。这是因为在泡孔结构不出现大面积坍塌，即发泡剂未过量时，其分解产生的气体大部分用于填充泡沫材料，使用量越多，产生气体越多，则泡沫密度越小。由于发泡倍率与密度呈负相关的关系，孔隙率与发泡倍率呈正相关的关系，所以随着密度的变化，发泡倍率与孔隙率也发生相应的变化。事实上，对于同一种基体材料，这三者是等价的，它们分别从不同的角度描述了泡沫材料的膨胀程度。

表 3-56　PPCLA 泡沫结构参数

AC 含量/质量份	平均孔径/μm	密度/(g/cm^3)	发泡倍率/倍	孔隙率/%	泡孔密度/(10^4 个/cm^3)	孔数/(10^5 个/g)
4	362	0.112	11.2	91.0	7.3	6.5
6	507	0.073	17.1	94.2	2.8	3.8
8	564	0.061	20.5	95.1	2.0	3.3
10	706	0.050	25.0	96.0	1.0	2.1

随着 AC 含量的增加，平均孔径逐渐增加，泡孔密度和孔数逐渐减少。这体现了泡孔成长时合并变大的一般规律。孔数反映了单位质量基体材料成型时所含泡孔的数量。AC 发泡剂在使用过程中有热点成核的作用，这是因为 AC 分解放热产生了能量而降低了成核势垒，所以 AC 足量时并不需要添加成核剂。一方面，随着 AC 含量的增加，显然初始成核量应该增加，但最终孔数反而是减少的，说明初始成核量已足够大，随着泡孔的生长变大，合并过程比较显著；另一方面，AC 分解放热也会使材料内部温度稍微提升，含量越多，放热越多，温度变化幅度越大，则熔体强度会稍微下降，即泡孔越容易破裂，也在一定程度上促进了泡孔的合并生长过程。因此，平均孔径随着 AC 含量的增加而逐渐增大，相应地，泡孔密度和孔数逐渐减小。

发泡材料的发泡倍率：Thomas 等曾研究过挤出自由发泡塑料带的密度与配方中 AC 含量之间的关系。当 AC 含量由 0 增加到 0.5 质量份时，PVC 泡沫材料密度由 $1.4g/cm^3$ 迅速减小到 $0.5g/cm^3$。AC 含量从 0.5 质量份增加到 0.75 质量份时，泡沫密度缓慢减小，0.75 质量份到 1 质量份时又开始缓慢增加。这是因为发泡剂达到最适值之后，泡孔开始出现塌陷和合并。这种情况下泡沫材料密度随发泡剂含量的曲线变化类似“U”形[116]。章炎敏等探讨了可膨胀微球发泡剂在低密度聚乙烯体系中的发泡规律，并对泡沫密度进行了理论计算，与实测结果吻合[117]。这种情况下，当温度控制在合理的区间（若是空心玻璃微球，由于其破裂的温度较高可不考虑温度），即可膨胀微球不会破裂时，密度与它的使用量曲线类似于“L”形。

考虑到关系曲线的直观性以及对于同一基体材料密度、发泡倍率和孔隙率三者是等价的，这里选取发泡倍率讨论其与发泡剂含量的关系曲线。此时发泡剂不过量，即不会产生大规模的塌陷现象。

做几个简化假设：①假设发泡剂完全分解产生气体无残留；②假设最终泡沫材料中气体的占有体积与发泡剂使用量成正比，且单位质量发泡剂的实际气体贡献量与其原始发气量成正比。由上述假设①，泡沫材料的质量等于所用基体材料的质量，因为泡沫内部气体与外界压强达到平衡后，发泡剂产生的气体在空气中称重时不占有质量。由假设②发泡剂对泡沫内气体体积的贡献量与其含量成正比，比例因子用 k 表示。设发泡剂含量为 x 质量份。则根据式(3-7)，发泡倍率 R_e 与 x 的关系为：

$$R_e=\frac{\rho_1}{\rho_2}=\rho_1\div\frac{m}{V}=\rho_1\div\frac{100}{\frac{100}{\rho_1}+kx}=\frac{100+k\rho_1 x}{100}=1+\frac{k\rho_1}{100}x \tag{3-7}$$

可以看出，经简化假设之后，发泡倍率 R_e 与 x 的关系为简单的一次函数关系，其中 k 是常数比例因子，ρ_1 是聚合物原密度，也是常数。并且在推导过程中，没有涉及到具体的聚合物和发泡剂，也就是说不只对于 PPCLA 材料和 AC 发泡剂这个体系，对于其他种类的聚合物或发泡剂同样适用，这时只是参数 k 和 ρ_1 发生了改变。当 $x=0$ 时，$R_e=1$，即不使用发泡剂时发泡倍率为 1（不发泡），与实际情况符合。下面用 PPCLA 泡沫发泡倍率随 AC 含量的变化验证式(3-7)。表 3-57 给出了实验测得的相关数值。

表 3-57 PPCLA 泡沫发泡倍率随 AC 含量的变化

AC 含量 x/质量份	0	2	4	6	8	10	11
发泡倍率 R_e/倍	1.0	6.0	11.2	17.1	20.5	25.0	27.0

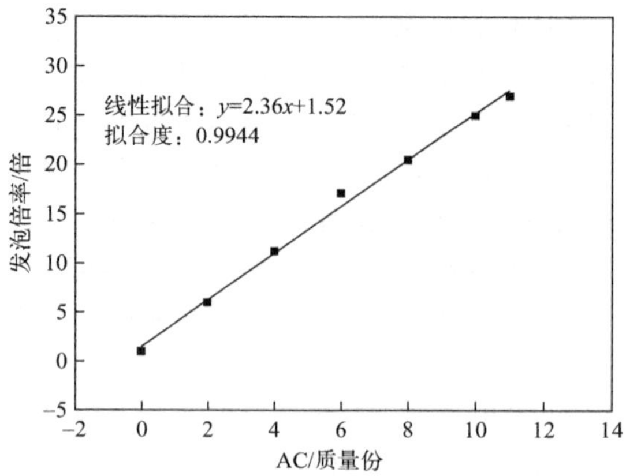

图 3-133 PPCLA 发泡倍率随 AC 含量变化曲线

将表 3-56 数据绘点作图得到图 3-133。可以看出，所有点的排布接近线性分布，与式(3-7) 的分布规律相符合。但是，线性拟合结果截距为 1.52，即发泡剂含量为 0 时发泡倍率为 1.52，这显然与式(3-7) 存在偏差。这主要是因为随着发泡剂含量的增加，泡孔塌陷与合并现象越发明显，从而使发泡倍率稍微下降；从图中也可观察出，后 4 个点的拟合斜率会比前 4 个点的稍小，即参数 k 并非永恒不变，而是稍微变小，从而产生了截距多余的部分。当然，随着发泡剂含量的增加，发泡倍率 0.52 的差距是在误差允许范围内的（0.52/11.2＝4.6%）。通过拟合曲线得到其斜率为 2.36，则可以算出 $k=188.8$，而如果发气量完全贡献于泡沫体积则理论上 $k=220$，实际值偏小除了因为塌陷合并现象外，还可能是因为发泡剂没完全分解以及气体逸出泡沫体。

3.6.3 PPCLA 与热塑性聚氨酯共混发泡材料

PPCLA 材料与 PPC 相似，玻璃化转变温度在室温附近，此时其力学性能受温度影响比较大，特别是如果将其用于包装承压，则随着时间的推移泡沫材料会被缓慢压扁。制备成泡沫材料只是改变了它的宏观结构，并不能改变其微观结构和性能。当然，若是低温下使用则它的强度是足够的。热塑性聚氨酯（TPU）材料由于其结构中软硬段的比例以及合成时原料的差异，会表现出不同的理化性质。通过选取合适牌号的 TPU 有助于解决上述出现的问题，从而制备出结构完好的 PPCLA/TPU 共混泡沫材料。经检测，这种改性材料在常温时力学性能较好且表现出类似“记忆海绵”的慢回弹性。

热塑性聚氨酯的选择：实验发现，并非所有牌号的 TPU 都能够与 PPCLA 共混制备成结构完好的泡沫材料。这与 TPU 的种类以及硬度无关，主要与 TPU 的 MFR 有关。以 PPCLA 为参照，MFR 过大或过小时，制备的泡沫材料都容易发生整块开裂、泡孔塌陷合并严重等现象。表 3-58 列出了牌号 WHT-1685AD 的 TPU 与 PPCLA 的 MFR 随温度变化的数值，可以看出，它们的变化趋势以及对应的数值虽然不是完全一样，但却是比较接近的（TPU 的数值稍大一点）。需要指出的是，这些数值是以质量为衡量的，由于两者密度非常接近，所以换算成体积时差距也不大。考虑到造孔过程是体积变化的过程，对于密度差异较大的材料，可能换算成体积进行比较较为合理。因此，在选用其他聚合物进行共混改性时，除考虑相容性，还应考虑 MFR 的影响，选择大致相当的范围，更有利于得到结构完好的共混改性泡沫材料。

表 3-58 PPCLA 和 TPU 的 MFR 对比

温度/℃	170	180	190	200
PPCLA 的 MFR/(g/10min)	4.8	6.9	9.3	27.9
TPU(WHT-1685AD)的 MFR/(g/10min)	7.0	11.6	14.6	28.4

PPCLA/TPU 发泡材料结构分析：经多次实验，当共混材料组分为 PPCLA：TPU=70：30（质量比）时，所制备的泡沫材料才表现出较明显的回复性。TPU 占比越高，显然泡沫性能越好。考虑到 TPU 的降解性能与 PPCLA 的差距较大，按商业化标准，PPCLA 占比不低于 60%时材料才符合可降解材料范畴，因此下文讨论的 PPCLA/TPU 泡沫材料统一按照 PPCLA：TPU=60：40 制备。图 3-134 给出了共混泡沫材料的试样图，将其用于承压时不会发生类似于 PPCLA 泡沫的永久形变，且其具有较好的回复性能。

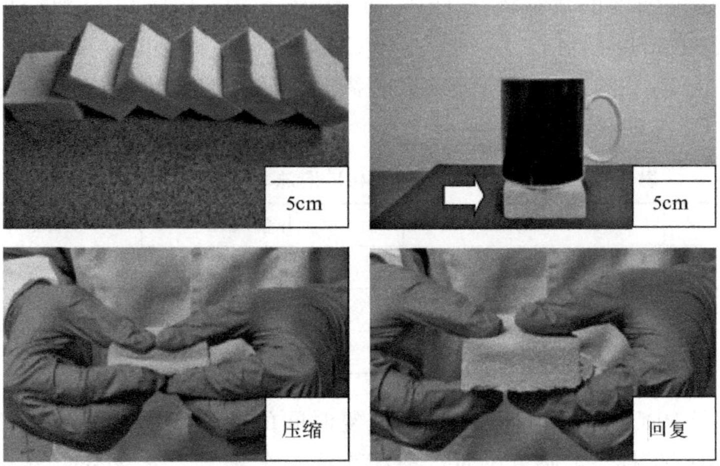

图 3-134 PPCLA/TPU 共混泡沫试样

表 3-59 中各项数据的变化规律与表 3-56 相似，并且发泡倍率（改性材料原始密度按 $1.25g/cm^3$ 计算）随 AC 含量的定量变化关系也符合式(3-7)，各项数据的数值均有一定偏差，表现为 AC 含量相同的情况下 PPCLA/TPU 共混泡沫材料的平均孔径和密度较纯 PPCLA 泡沫偏大，其他项数值偏小。这可能是因为在发泡温度下，所用 TPU 的熔体强度比 PPCLA 偏小，改性材料熔体强度比 PPCLA 小，在发泡过程中，泡孔更容易塌陷合并长大，从而使平均孔径变大，密度变小，继而引起其他结构参数的变化。另外，PPCLA/TPU 改性泡沫材料在 AC 含量达到 7～8 质量份时便会出现比较严重的泡孔塌陷现象，难以制备结构完好的泡沫体，比较合适的添加量在 0～6 质量份。相比之下，PPCLA 泡沫在 AC 添加量达到 11～12 质量份时才会出现类似现象。这也从侧面反映出共混材料熔体强度产生了下降。提高熔体强度可考虑在共混材料中添加少量无机盐（$CaCO_3$），但实验效果不明显。

表 3-59 PPCLA/TPU（60：40）改性泡沫材料结构参数

AC 含量/质量份	平均孔径/μm	密度/(g/cm^3)	发泡倍率/倍	孔隙率/%	泡孔密度/(10^4 个/cm^3)	孔数/(10^5 个/g)
2	590	0.227	5.5	81.8	1.5	0.7
4	738	0.121	10.3	90.3	0.9	0.7
6	902	0.095	13.1	92.4	0.5	0.5

PPCLA/TPU 发泡材料的性能：表 3-60 给出了 PPCLA/TPU 泡沫材料的钢球回弹率。对于聚氨酯海绵或橡胶等泡沫弹性体，钢球回弹率小于 10%则认为材料具有优异的能量吸收性能，一般用于缓冲材料；钢球回弹率大于 60%则可认为其有优异的回弹性能，一般用于鞋底、跑道等。PPCLA/TPU 泡沫材料测试结果介于这两者之间，更偏向于下界，说明

其具有较好的能量吸收性能，可用于缓冲材料。

表 3-60 PPCLA/TPU（60∶40）泡沫材料的钢球回弹率

AC 含量/质量份	2	4	6
钢球回弹率/%	23	32	28

表 3-61 给出了 PPCLA/TPU 泡沫材料的压缩强度参数。一般柔性聚氨酯泡沫（FPF）25%或 65%压痕压缩强度的数量级在 1kPa 到 10kPa，PPCLA/TPU 泡沫材料这两项数值比 FPF 稍大，主要是其密度相对较大，并且 PPCLA 材料柔韧性远不如 TPU。商业标准支撑因子应大于 1.8，所制备的泡沫材料该项数值满足要求并且远大于下界，说明其支撑能力较强，这是因为 PPCLA 的模量较大。

表 3-61 PCLA/TPU（60∶40）泡沫材料的压缩强度参数

AC 含量/质量份	25%压痕/kPa	65%压痕/kPa	支撑因子(65%/25%)/倍
2	27.8	236.6	8.5
4	6.2	43.5	7.0
6	1.7	14.2	8.4

表 3-62 给出了 PPCLA/TPU 泡沫材料恢复时间的测试结果。只有在 AC 含量为 2 质量份时试样能完成测试指标。4 质量份时，泡沫无法完全恢复，永久变形率超过 10%；6 质量份时永久变形率更大。应当指出，在完成前述 25%压痕压缩强度测试时，三个组分的复合泡沫均能完全恢复；完成 65%压痕测试时，4 和 6 质量份组均会产生微小的永久变形，但均在 10%以内。这可能是复合泡沫相对密度稍大、共混材料柔韧性和强度不足等原因造成的，当压痕超出一定范围时泡沫体结构会被破坏产生永久变形，从而无法完全恢复。同样是这个原因，即使压痕数值不大，经过多次反复压缩恢复，也会产生永久变形，次数数值远远达不到 FPF 几万次的标准。

表 3-62 PPCLA/TPU（60∶40）泡沫材料的恢复时间

AC 含量/质量份	2	4	6
回复时间/min	4	—	—

“记忆海绵”在 75%压痕测试条件下，恢复时间一般在 5～15s，这主要是因为其材料本质上还是 FPF，具有优异的柔韧性和恢复性。但 PPCLA/TPU 复合泡沫材料中能起到恢复作用的成分只有 TPU，通过控制 TPU 含量可以调节其恢复时间。根据实验结果，显然只有 TPU 含量达到更高的值时才能大幅缩短恢复时间并保持材料良好的力学性能，但这时材料主体已变为 TPU。综上所述，该研究工作探讨了其他聚合物共混改性 PPCLA 泡沫材料力学性能的可能性和选择标准。通过选择 MFR 与 PPCLA 相当的 TPU，制备了 PPCLA/TPU 泡沫材料，制备工艺同 PPCLA 泡沫一致，最大发泡倍率接近 15 倍，且表现出较好的能量吸收性能、机械强度和恢复能力。

参考文献

[1] Liang J，Ye S，Wang S，et al. Sequence structure control of CO_2-based copolymer and the relationship

between structure and properties. Chinese Science Bulletin, 2020, 66: 798-815.

[2] Liu Y, Huang K, Peng D, et al. Synthesis, characterization and hydrolysis of an aliphatic polycarbonate by terpolymerization of carbon dioxide, propylene oxide and maleic anhydride. Polymers, 2006, 47: 8453-8461.

[3] Jeske R C, Rowley J M, Coates G W. Pre-rate-determining selectivity in the terpolymerization of epoxides, cyclic anhydrides, and CO_2: A one-step route to diblock copolymers. Angewandte Chemie, 2008, 47: 6041-6044.

[4] Chatterjee C, Chisholm M H, Elkhaldy A, et al. Influence of the metal(Al, Cr, and Co) and substituents of the porphyrin in controlling reactions involved in copolymerization of propylene oxide and carbon dioxide by porphyrin metal(Ⅲ) complexes. 3. Cobalt Chemistry. Inorganic Chemistry, 2013, 52: 4547-4553.

[5] 马钰琨，刘绍峰，李志波．有机催化 CO_2/环氧/酸酐交替共聚合成聚碳酸酯/聚酯及其共聚物．高分子学报，2022，53 (09)：1041-1056.

[6] Duan Z, Wang X, Gao Q, et al. Highly active bifunctional cobalt-salen complexes for the synthesis of poly(ester-block-carbonate) copolymer via terpolymerization of carbon dioxide, propylene oxide, and norbornene anhydride isomer: Roles of anhydride conformation consideration. 2014.

[7] Han B, Liu B, Ding H, et al. CO_2-tuned sequential synthesis of stereoblock copolymers comprising a stereoregularity-adjustable polyester block and an atactic CO_2-based polycarbonate block. 2017: acs. macromol. 7b01905.

[8] Huijser S, Hosseininejad E, Sablong R, et al. Ring-opening co-and terpolymerization of an alicyclic oxirane with carboxylic acid anhydrides and CO_2 in the presence of chromium porphyrinato and salen catalysts. 2011, 44: 1132-1139.

[9] Yeob J J, Chan E S, Kodiyan V J, et al. Copolymerization and terpolymerization of carbon dioxide/propylene oxide/phthalic anhydride using a (salen)Co(Ⅲ) complex tethering four quaternary ammonium salts. 2014, 10: 1787-1795.

[10] Zhu Y Q, Saini P K, Charles R, et al. Di-magnesium and zinc catalysts for the copolymerization of phthalic anhydride and cyclohexene oxide. Polymer Chemistry, 2014, 5: 6068-6075.

[11] Huijser S, HosseiniNejad E, Sablong R, et al. Ring-opening *co*-and terpolymerization of an alicyclic oxirane with carboxylic acid anhydrides and CO_2 in the presence of chromium porphyrinato and salen catalysts. Macromolecules, 2011, 44: 1132-1139.

[12] Darensbourg D J, Poland R R, Escobedo C. Kinetic Studies of the Alternating Copolymerization of Cyclic Acid Anhydrides and Epoxides, and the Terpolymerization of Cyclic Acid Anhydrides, Epoxides, and CO_2 Catalyzed by (salen)CrⅢCl. Macromolecules, 2012, 45: 2242-2248.

[13] Liu Y, Xiao M, Wang S, et al. Mechanism studies of terpolymerization of phthalic anhydride, propylene epoxide, and carbon dioxide catalyzed by ZnGA. RSC Advances, 2014, 19: 9503-9508.

[14] 尹静瑶，肖敏，王拴紧，等．二氧化碳基聚碳酸酯二元醇末端羟基含量的测定．高分子通报，2023，36 (06)：713-719.

[15] 张亦乐．三元共聚二氧化碳基脂肪族聚碳酸酯的合成及性能调控．西安：西安石油大学，2022.

[16] Song P F, Xiao M, Du F G, et al. Synthesis and properties of aliphatic polycarbonates derived from carbon dioxide, propylene oxide and maleic anhydride. 2010, 109: 4121-4129.

[17] 周利，王文珍，李磊磊，等．二氧化碳基聚碳酸酯的化学改性研究进展．西安石油大学学报（自然科学版），2023，38 (01)：150-156.

[18] Han D M, Wang S J, Liu Y L, et al. A novel biodegradable polymeric surfactant synthesized from carbon dioxide, maleic anhydride and propylene epoxide. 2015.

[19] Nörnberg B, Luinstra GA. Influence of norbornene dicarboxylic anhydride on the copolymerization of carbon dioxide and propylene oxide. European Polymer Journal, 2015, 73.

[20] Sun X K, Zhang X H, Chen S, et al. One-pot terpolymerization of CO_2, cyclohexene oxide and maleic anhydride using a highly active heterogeneous double metal cyanide complex catalyst. Polymer, 2010, 51.

[21] 曹晓瀚，吕俊奇，赵佳，等．氧化异丁烯与 CO_2 共聚物的合成及其结构与性能．高分子学报. 2022, 53: 1104-1111.

[22] Song P, Mao X, Zhang X, et al. A one-step strategy for cross-linkable aliphatic polycarbonates with high degradability derived from CO_2, propylene oxide and itaconic anhydride. RSC Advances, 2014, 4: 15602.

[23] Gao L, Huang M, Wu Q, et al. Enhanced poly(propylene carbonate) with thermoplastic networks: A cross-linking role of maleic anhydride oligomer in CO_2/PO copolymerization. Polymer, 2019, 11: 11091467.

[24] 卓春伟，范培鑫，刘顺杰，等．微量酸酐诱导增强的二氧化碳/环氧氯丙烷共聚反应．高分子学报，2023, 54 (04): 476-486.

[25] Song P F, Wang S J, Xiao M, et al. Cross-linkable and thermally stable aliphatic polycarbonates derived from CO_2, propylene oxide and maleic anhydride. Journal of Polymer Research, 2009, 16.

[26] Afzal S M, Burkhard K, Christoph G, et al. Transparent films from CO_2-based polyunsaturated poly(ether carbonate)s: A novel synthesis strategy and fast curing. Angewandte Chemie (International ed. in English), 2016, 55: 5591-5596.

[27] Gao L, Chen X, Liang X, et al. A novel one-pot synthesis of poly(propylene carbonate) containing cross-linked networks by copolymerization of carbon dioxide, propylene oxide, maleic anhydride, and furfuryl glycidyl Ether. Polymers, 2019, 11: 11050881.

[28] Gao L, Feng J. A one-step strategy for thermally and mechanically reinforced pseudo-interpenetrating poly(propylene carbonate) networks by terpolymerization of CO_2, propylene oxide and pyromellitic dianhydride. Journal of Materials Chemistry A, 2013, 1: 3556-3560.

[29] Chen X, Wang L, Feng J, et al. Enhanced poly(propylene carbonate) with thermoplastic networks: A one-pot synthesis from carbon dioxide, propylene oxide, and a carboxylic dianhydride. Polymers, 2018, 10: 10050552.

[30] Ye S, Wang W, Liang J, et al. Metal-free approach for a one-pot construction of biodegradable block copolymers from epoxides, phthalic anhydride, and CO_2. ACS Sustainable Chemistry & Engineering, 2020, 8: 17860-17867.

[31] Liang J, Ye S, Wang W, et al. Performance tailorable terpolymers synthesized from carbon dioxide, phthalic anhydride and propylene oxide using Lewis acid-base dual catalysts. Journal of CO_2 Utilization, 2021, 49: 101558.

[32] Chidara V K, Boopathi S K, Hadjichristidis N, et al. Triethylborane-assisted synthesis of random and block poly(ester-carbonate)s through one-pot terpolymerization of epoxides, CO_2, and cyclic anhydrides. Macromolecules, 2021, 54: 2711-2719.

[33] Andrea K A, Wheeler M, Kerton F M. Borane catalyzed polymerization and depolymerization reactions controlled by Lewis acid strength. Chemical Communications, 2021, 57: 7320-7322.

[34] Zhang J B, Wang L B, Liu S F, et al. A Lewis pair as organocatalyst for one-pot synthesis of block copolymers from a mixture of epoxide, anhydride, and CO_2. Macromolecules, 2021, 54: 763-772.

[35] Ye S, Ren Y, Liang J, et al. One-pot construction of random, gradient and triblock copolymers from CO_2, epoxides and phthalic anhydride by metal-free catalyst. Journal of CO_2 Utilization, 2022,

65: 102223.

[36] Liang J, Ye S, Wang S, et al. Biodegradable copolymers from CO_2, epoxides, and anhydrides catalyzed by organoborane/tertiary amine pairs: High selectivity and productivity. Macromolecules, 2022, 55: 6120-6130.

[37] Andrea K, Kerton F M. Triarylborane-catalyzed formation of cyclic organic carbonates and polycarbonates. ACS Catalysis, 2019, 9: 1799-1809.

[38] Zhang D, Boopathi S, Hadjichristidis N, et al. Metal-free alternating copolymerization of CO_2 with epoxides: Fulfilling "green" synthesis and activity. Journal of the American Chemical Society, 2016, 138: 11117-11120.

[39] Darensbourg D, Wilson S. What's new with CO_2? Recent advances in its copolymerization with oxiranes. Green Chemistry, 2012, 14: 2665-2671.

[40] Zhang D, Feng X, Gnanou Y, et al. Theoretical mechanistic investigation into metal-free alternating copolymerization of CO_2 and epoxides: The key role of triethylborane. Macromolecules, 2018, 51: 5600-5607.

[41] Jeske R, Rowley J, Coates G. Pre-rate-determining selectivity in the terpolymerization of epoxides, cyclic anhydrides, and CO_2: A one-step route to diblock copolymers. Angewandte Chemie International Edition, 2008, 47: 6041-6044.

[42] Huijser S, Hosseininejad E, Sablong R, et al. Ring-opening co-and terpolymerization of an alicyclic oxirane with carboxylic acid anhydrides and CO_2 in the presence of chromium porphyrinato and salen catalysts. Macromolecules, 2011, 44: 1132-1139.

[43] Liu Y, Guo J, Lu H, et al. Making various degradable polymers from epoxides using a versatile dinuclear chromium catalyst. Macromolecules, 2018, 51: 771-778.

[44] Lin L, Liang J, Xu Y, et al. Fully alternating sustainable polyesters from epoxides and cyclic anhydrides: Economical and metal-free dual catalysis. Green Chemistry, 2019, 21: 2469-2477.

[45] Mark J. Polymer data handbook. New York: Oxford University Press, 1999.

[46] Liang J X, Ye S X, Wang W J, et al. Performance tailorable terpolymers synthesized from carbon dioxide, phthalic anhydride and propylene oxide using Lewis acid-base dual catalysts. Journal of CO_2 Utilization, 2021, 49.

[47] Kröger M, Folli C, Walter O, et al. Alternating copolymerization of carbon dioxide and cyclohexene oxide and their terpolymerization with lactide catalyzed by zinc complexes of *N*,*N* ligands. Advanced Synthesis & Catalysis, 2006, 348: 1908-1918.

[48] Tang L, Luo W, Xiao M, et al. One-pot synthesis of terpolymers with long *l*-lactide rich sequence derived from propylene oxide, CO_2, and *l*-lactide catalyzed by zinc adipate. Journal of Polymer Science Part A: Polymer Chemistry, 2015, 53: 1734-1741.

[49] Tao Y, Wang X, Zhao X, et al. Crosslinkable poly(propylene carbonate): High-yield synthesis and performance improvement, 2006, 44: 5329-5336.

[50] Liu S, Wang J, Huang K, et al. Synthesis of poly(propylene-*co*-lactide carbonate) and hydrolysis of the terpolymer, 2011, 66: 327-340.

[51] Zhang Y Y, Zhang X H, Wei RJ, et al. Synthesis of fully alternating polycarbonate with low T_g from carbon dioxide and bio-based fatty acid. Rsc Advances, 2014, 4: 36183.

[52] Kember M R, Copley J, Buchard A, et al. Triblock copolymers from lactide and telechelic poly(cyclohexene carbonate). Polymer Chemistry, 2012, 3: 1196-1201.

[53] Wu G P, Darensbourg D J, Lu X B. Tandem metal-coordination copolymerization and organocatalytic ring-opening polymerization via water to synthesize diblock copolymers of styrene oxide/CO_2 and lac-

tide. Journal of the American Chemical Society, 2012, 134: 17739-17745.

[54] Kember M R, Copley J, Buchard A, et al. Triblock copolymers from lactide and telechelic poly(cyclohexene carbonate). Polym Chem, 2012, 3: 1196-1201.

[55] Darensbourg D J, Wu G P. A one-pot synthesis of a triblock copolymer from propylene oxide/carbon dioxide and lactide: intermediacy of polyol initiators. Angew Chem Int Ed Engl, 2013, 125: 10796-10800.

[56] Hwang Y, Jung J, Ree M, et al. Terpolymerization of CO_2 with propylene oxide and ε-caprolactone using zinc glutarate catalyst. Macromolecules, 2003, 36: 8210-8212.

[57] Xu Y, Wang S, Lin L, et al. Semi-crystalline terpolymers with varying chain sequence structures derived from CO_2, cyclohexene oxide and ε-caprolactone: One-step synthesis catalyzed by tri-zinc complexes. Polym Chem, 2015, 6: 1533-1540.

[58] Paul S, Romain C, Shaw J, et al. Sequence selective polymerization catalysis: A new route to ABA block copoly(ester-*b*-carbonate-*b*-ester). Macromolecules, 2015, 48: 6047-6056.

[59] 罗文翰. 二氧化碳、环氧丙烷与第三功能单体共聚物合成、性能及应用研究. 广州: 中山大学, 2018.

[60] Luo W, Xiao M, Wang S, et al. Gradient terpolymers with long ε-caprolactone rich sequence derived from propylene oxide, CO_2, and ε-caprolactone catalyzed by zinc glutarate. European Polymer Journal, 2016, 84: 245-255.

[61] 唐磊. 二氧化碳的催化聚合和还原反应研究. 广州: 中山大学, 2015.

[62] Lu L, Huang K. Synthesis and characteristics of a novel aliphatic polycarbonate, poly[(propylene oxide)-*co*-(carbon dioxide)-*co*-(γ-butyrolactone)]. Polymer International, 2005, 54: 870-874.

[63] Xu Y H, Meng Y Z, Xiao M, et al. Semi-crystalline terpolymers with varying chain sequence structures derived from CO_2, cyclohexene oxide and epsilon-caprolactone: One-step synthesis catalyzed by tri-zinc complexes. Polymer Chemistry, 2015, 6: 1533-1540.

[64] Liu S, Xiao H, Huang K, et al. Terpolymerization of carbon dioxide with propylene oxide and ε-caprolactone: Synthesis, characterization and biodegradability. Polymer Bulletin, 2006, 56: 53-62.

[65] Li Y, Hong J, Wei R, et al. Highly efficient one-pot/one-step synthesis of multiblock copolymers from three-component polymerization of carbon dioxide, epoxide and lactone. Chemical Science, 2015, 6: 1530-1536.

[66] Li X, Hu C, Pang X, et al. One-pot copolymerization of epoxides/carbon dioxide and lactide using a ternary catalyst system. Catalysis Science & Technology, 2018, 8: 6452-6457.

[67] Romain C, Williams C. Chemoselective polymerization control: From mixed-monomer feedstock to copolymers. Angewandte Chemie International Edition, 2014, 53: 1607-1610.

[68] Romain C, Zhu Y, Dingwall P, et al. Chemoselective polymerizations from mixtures of epoxide, lactone, anhydride, and carbon dioxide. J Am Chem Soc, 2016, 138: 4120-4131.

[69] Kernbichl S, Reiter M, Adams F, et al. CO_2-controlled one-pot synthesis of AB, ABA block, and statistical terpolymers from β-butyrolactone, epoxides, and CO_2. Journal of the American Chemical Society, 2017, 139: 6787-6790.

[70] Kernbichl S, Reiter M, Mock J, et al. Terpolymerization of β-butyrolactone, epoxides, and CO_2: Chemoselective CO_2-switch and its impact on kinetics and material properties. Macromolecules, 2019, 52: 8476-8483.

[71] Hu C, Duan R, Yang S, et al. CO_2 controlled catalysis: Switchable homopolymerization and copolymerization. Macromolecules, 2018, 51: 4699-4704.

[72] Li W, Liu Y, Lu X. Bimetallic cobalt complex-mediated enantioselective terpolymerizations of carbon

dioxide, cyclohexene oxide, and β-butyrolactone. Organometallics, 2020, 39: 1628-1633.

[73] Yang Z, Hu C, Cui F, et al. One-pot precision synthesis of AB, ABA and ABC block copolymers via switchable catalysis. Angewandte Chemie International Edition, 2022: e202117533.

[74] Sulley G, Gregory G, Chen T, et al. Switchable catalysis improves the properties of CO_2-derived polymers: Poly (cyclohexene carbonate-*b*-ε-decalactone-*b*-cyclohexene carbonate) adhesives, elastomers, and toughened plastics. Journal of the American Chemical Society, 2020, 142: 4367-4378.

[75] 王文静. 二氧化碳、环氧丙烷和邻苯二甲酸酐三元共聚物的原位支化合成与性能研究. 广州: 中山大学, 2022.

[76] 叶淑娴. 二氧化碳基生物分解共聚物的结构设计、合成及结构性能关系研究. 广州: 中山大学, 2022.

[77] 黄国家. 二氧化碳、丙交酯和环氧丙烷三元共聚物的合成与性能研究. 广州: 中山大学, 2015.

[78] 王漠霖. 特定位点功能化二氧化碳基聚碳酸酯的合成与性能研究. 合肥: 中国科学技术大学, 2022.

[79] Labet M, Thielemans W. Synthesis of polycaprolactone: A review. Chemical Society reviews, 2009, 38: 3484-3504.

[80] Hung W C, Huang Y, Lin C C. Efficient initiators for the ring-opening polymerization of *l*-lactide: Synthesis and characterization of NNO-tridentate Schiff-base zinc complexes. Journal of Polymer Science Part A: Polymer Chemistry, 2008, 46: 6466-6476.

[81] Pang X, Du H, Chen X, et al. Enolic schiff base aluminum complexes and their catalytic stereoselective polymerization of racemic lactide. Chemistry, 2008, 14: 3126-3136.

[82] Jutz F, Buchard A, Kember M R, et al. Mechanistic investigation and reaction kinetics of the low-pressure copolymerization of cyclohexene oxide and carbon dioxide catalyzed by a dizinc complex. J Am Chem Soc, 2011, 133: 17395-17405.

[83] 彭汉, 陈立班, 杨淑英, 等. 二氧化碳-环氧丙烷-甲苯二异氰酸酯的三元共聚. 应用化学, 1991, 8: 78-81.

[84] 彭汉, 陈立班. 从二氧化碳和环氧丙烷及异氰酸酯合成聚亚氨碳酸酯. 高分子学报, 1995, 1: 69-75.

[85] 冼文琪, 丁鹄岚, 宋丽娜, 等. 聚碳酸亚丙酯型聚氨酯弹性体耐磨性的研究. 聚氨酯工业, 2017, 32: 8-10.

[86] Yeob J J, Chan E S, Kodiyan V J, et al. Copolymerization and terpolymerization of carbon dioxide/propylene oxide/phthalic anhydride using a (salen)Co(Ⅲ) complex tethering four quaternary ammonium salts. Beilstein Journal of Organic Chemistry, 2014, 10: 1787-1795.

[87] Song P F, Xiao M, Du F G, et al. Synthesis and properties of aliphatic polycarbonates derived from carbon dioxide, propylene oxide and maleic anhydride. Journal of Applied Polymer Science, 2008, 109: 4121-4129.

[88] Song P F, Wang S J, Xiao M, et al. Cross-linkable and thermally stable aliphatic polycarbonates derived from CO_2, propylene oxide and maleic anhydride. Journal of Polymer Research, 2009, 16: 91-97.

[89] Liu Y, Huang K, Peng D, et al. Synthesis, characterization and hydrolysis of an aliphatic polycarbonate by terpolymerization of carbon dioxide, propylene oxide and maleic anhydride. Polymer: The International Journal for the Science and Technology of Polymers, 2006, 47: 8453-8461.

[90] Witt U, Müller R J, Deckwer W D. New biodegradable polyester-copolymers from commodity chemicals with favorable use properties. Journal of Environmental Polymer Degradation, 1995, 3: 215-223.

[91] Alema C, Lotz B, Puiggali J. Crystal structure of the α-form of poly(*l*-lactide). Macromolecules,

2001, 34: 4795-4801.

[92] 李姣. 聚乳酸单晶的纳米力学性质研究. 长春: 吉林大学, 2023.

[93] 吕超, 罗书品, 郭文静. 基于力学性能和结晶行为探究不同成核剂对聚乳酸性能影响. 复合材料学报, 2023: 1-14.

[94] 李想. 三元催化体系催化丙交酯、环氧化物和二氧化碳共聚. 长春: 东北师范大学, 2021.

[95] 宋昊, 王琪, 刘振宇, 等. 二氧化碳基聚碳酸酯的改性和应用进展. 广州化工, 2022, 50 (05): 23-26.

[96] Gu L, Qin Y, Gao Y, et al. One-pot terpolymerization of CO_2, propylene oxide and lactide using rare-earth ternary catalyst. Chinese Journal of Chemestry, 2012, 30: 2121-2125.

[97] McNeill IC, Leiper HA. Degradation studies of some polyesters and polycarbonates—2. Polylactide: Degradation under isothermal conditions, thermal degradation mechanism and photolysis of the polymer. Polymer Degradation and Stability, 1985, 11: 309-326.

[98] Kopinke F-D, Remmler M, Mackenzie K, et al. Thermal decomposition of biodegradable polyesters—Ⅱ. Poly(lactic acid). Polymer Degradation and Stability, 1996, 53: 329-342.

[99] Sivalingam G, Madras G. Thermal degradation of binary physical mixtures and copolymers of poly(ε-caprolactone), poly(*d*,*l*-lactide), poly(glycolide). Polymer Degradation and Stability, 2004, 84: 393-398.

[100] Cam D, Marucci M. Influence of residual monomers and metals on poly(*l*-lactide) thermal stability. Polymer, 1997, 38: 1879-1884.

[101] Inoue S, Tsuruta T, Takada T, et al. Synthesis and thermal degradation of carbon dioxide-epoxide copolymer. Applied Polymer Symposia, 1975, 26: 257.

[102] Di Lorenzo M L. Calorimetric analysis of the multiple melting behavior of poly(*l*-lactic acid). Journal of Applied Polymer Science, 2006, 100: 3145-3151.

[103] Sarasua J R, Wisniewski M, Le Borgne A, et al. Crystallization and melting behavior of polylactides. Macromolecules, 1998, 31: 3895-3905.

[104] Addonizio M L, Martuscelli E, Silvestre C. Study of the non-isothermal crystallization of poly(ethylene oxide)/poly(methyl methacrylate) blends. Polymer, 1987, 28: 183-188.

[105] Zhao Y, Qiu Z, Yan S, et al. Crystallization behavior of biodegradable poly(*l*-lactide)/multiwalled carbon nanotubes nanocomposites from the amorphous state. Polymer Engineering & Science, 2011, 51 (8): 1564-1573.

[106] Wu D F, Wu L, Wu L F, et al. Nonisothermal cold crystallization behavior and kinetics of polylactide/clay nanocomposites. Journal of Polymer Science Part B: Polymer Physics, 2007, 45: 1100-1103.

[107] Liu Y F, Li W, He Y, et al. Non-isothermal crystallization kinetics of poly(*l*-lactide). Polymer International, 2010, 59: 1616-1621.

[108] 张亦乐, 王文珍, 李磊磊, 等. 二氧化碳与环氧丙烷三元聚合研究进展. 高分子通报, 2021 (08): 19-25.

[109] Kernbichl S, Reiter M, Mock J, et al. Terpolymerization of β-butyrolactone, epoxides, and CO_2: Chemoselective CO_2-switch and its impact on kinetics and material properties. Macromolecules, 2019, 52: 8476-8483.

[110] Li Y, Hong J, Wei R, et al. Highly efficient one-pot/one-step synthesis of multiblock copolymers from three-component polymerization of carbon dioxide, epoxide and lactone. Chemical Science, 2015, 6: 1530-1536.

[111] Lu L B, Huang K L. Preparation of poly(propylene-co-γ-butyrolactone carbonate) and release profiles

of drug-loaded microcapsules. Journal of Polymer Science Part A: Polymer Chemistry, 2005, 43: 2468-2475.

[112] Liu S Q, Wang J L, Huang K L, et al. Synthesis of poly(propylene-*co*-lactide carbonate) and hydrolysis of the terpolymer. Polym Bull, 2011, 66: 327-340.

[113] Peng D M, Huang K L, Liu Y F, et al. Preparation of carbon dioxide/propylene oxide/epsilon-caprolactone copolymers and their drug release behaviors. Polym Bull, 2007, 59: 117-125.

[114] Qin J X, Luo W K, Li M, et al. A novel multiblock copolymer of CO_2-based PPC-*mb*-PBS: From simulation to experiment. ACS Sustainable Chemistry & Engineering, 2017, 5: 5922-5930.

[115] Qin J X, Lin L M, Wang S J, et al. Multiblock copolymers of PPC with oligomeric PBS: With low brittle-toughness transition temperature. RSC Advances, 2018, 8: 14722-14731.

[116] Thomas N L, Eastup R P, Quirk J P. Aspects of formation technology of rigid poly(vinyl chloride) foam. Plastics Rubber and Composites Processing and Applications, 1997, 26 (2): 47-54.

[117] 章炎敏，彭宗林，李勇．可膨胀微球在聚乙烯中的发泡特性研究．塑料工业，2011，39 (11): 107-110.

第四章　二氧化碳基聚氨酯

聚氨酯是聚氨基甲酸酯（polyurethane，PU）的简称。聚氨酯是在高分子链上含有许多重复单元氨基甲酸酯（—NHCOO—）基团的高分子化合物。由于强极性的氨基甲酸酯基不溶于非极性溶剂，因此聚氨酯材料具有耐油性、韧性、耐磨性、耐老化性等优良性质，一般由多元醇化合物（聚醚多元醇或聚酯多元醇）与二元或多元异氰酸酯反应得到。由于原料的多样性，聚氨酯可分别作为塑料、橡胶、纤维、涂料、胶黏剂使用，特别是聚氨酯泡沫塑料、聚氨酯橡胶、聚氨酯涂料发展更加迅猛。

异氰酸酯含有反应活性很高的化学基团，极易与含活泼氢的化合物发生反应。在异氰酸酯的结构中，N 和 O 原子的电子云密度很高，都是负电性，是亲核中心，而 C 原子的电子云密度低，呈正电性，容易受到亲核试剂的进攻。醇类与异氰酸酯的反应为聚氨酯制备中的主要反应。在通常条件下，凡和 O 原子相连接的 H 原子都能与异氰酸酯反应，其中最活泼的就是醇类化合物，它能与异氰酸酯反应生成氨基甲酸酯（图 4-1）。异氰酸酯与醇类化合物的反应中，位阻效应对反应的影响很大。反应速度顺序为：伯醇＞仲醇＞叔醇。例如三苯基甲醇因为位阻效应过强，甚至不和异氰酸酯起反应。

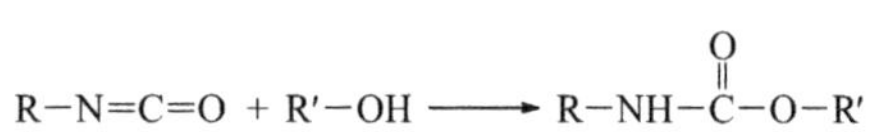

图 4-1　醇与异氰酸酯反应生成氨基甲酸酯

聚氨酯合成需要的原料是双官能度的反应物，常用的原料如表 4-1。其中低聚物二元醇构成聚氨酯链段的软链段，占聚氨酯分子量的 50%～80%，因此对聚氨酯的物理性质和化学性质都有较大的影响。低聚物二元醇结构要求均一且无取代基，这有利于低聚物二元醇链段的聚集，提高聚氨酯的物理性能；若其链段结构不规整或有取代基，则形成无定形的聚氨酯，导致聚氨酯软链段与硬链段相互缠绕无法形成微相分离，降低了聚氨酯的物理性能。根据不同聚氨酯的不同用途，可以选取不同的低聚物二元醇，其分子量通常为 500～4000。低聚物二元醇的分子量对聚氨酯结构的微相分离和晶态形成有较大影响。当软链段分子量大于 2000 或硬链段含量低于 24%时，软链段也可以形成晶态。以聚酯多元醇为例，随着聚酯分子量的增加，分子链中亚甲基数增加，分子间作用力和氢键交联增加，链段的结晶性增加，其硬度、拉伸强度等力学性能有所提高，而断裂伸长率下降。

表 4-1 常用于聚氨酯合成的部分原料

低聚物二元醇	二异氰酸酯	扩链剂
聚己二酸丁二醇酯二醇	二苯基甲烷二异氰酸酯(MDI)	1,4-丁二醇(BDO)
聚 ε-己内酯二醇	甲苯二异氰酸酯(TDI)	1,6-己二醇(HDO)
聚四亚甲基二醇	六亚甲基二异氰酸酯(HDI)	乙二醇(EG)
聚碳酸酯二醇	萘-1,5-二异氰酸酯(NDI)	一缩二乙二醇

以聚酯二元醇为原料制得的聚氨酯具有较高的强度，优良的耐磨性、耐溶性和耐霉菌性能，而耐水性一般；以聚四亚甲基二醇（PTMG）为原料合成的聚氨酯具有优良的弹性和耐低温性；聚丁二烯多元醇合成的聚氨酯具有较高的耐水性和电绝缘性；聚碳酸酯多元醇合成的聚氨酯具有高强度、优良的耐水解和耐磨性，但是其成本较高，本课题组在这方面的研究已有重要进展；聚 ε-己内酯二醇（PCL）合成的聚氨酯具有较好的综合性能，但是其成本限制了应用领域的扩大。这些低聚物二元醇既可以单独作为聚合物的软链段，又能相互混合起来合成聚氨酯，从而满足聚氨酯诸多的性能和应用领域要求。例如，PTMG 中混入聚氧化丙烯二醇（PPG），一方面 PPG 的引入使软链段的侧基增多，增强了硬链段中供氢基团与软链段中聚醚氧原子的氢键形成的位阻，从而减少了软、硬链段间氢键的形成，降低黏度的同时促进了微相分离，提高了聚氨酯的耐低温性。另一方面甲基支链的存在也阻碍软、硬链段的完全分离，弱化了有序排列，对聚氨酯的部分性能是不利的。因此，在合成聚氨酯时，应根据具体的使用环境和性能要求，确定多元醇的种类和比例，以实现最佳的力学性能和工艺操作。

二异氰酸酯是构成硬链段的主要原料，其用量占总量的 20%～50%。合成聚氨酯常用的二异氰酸酯主要为 MDI、TDI、HDI、NDI。4,4-MDI 分子结构中有两个苯环，并且两个—NCO 基分别对称地连在两个苯环的 4 位上，这种高度对称结构不仅赋予聚氨酯刚性，还能使硬链段产生结晶，硬链段的高度有序还导致软、硬链段产生微相分离，从而赋予聚氨酯优良的力学性能。另外，相比于 TDI，MDI 分子量大，具有更低的蒸气压，所制得的聚氨酯更加环保。

合成聚氨酯常用的扩链剂包括脂肪族或芳香族的小分子二醇或二胺，其分子量为 80～350。其中二醇类扩链剂多采用 1,4-丁二醇，也有乙二醇、1,6-己二醇、1,4-双(2-羟乙氧基)苯。这些二元醇与二异氰酸酯反应所生成的聚氨酯在常温下几乎完全结晶，并且在熔融加工时不分解，但在制备硬链段含量高的聚氨酯时，不宜选用乙二醇作为扩链剂，否则高温稳定性比较差。

二胺类扩链剂多采用 3,3′-二氯-4,4′-二氨基二苯基甲烷（MOCA）或亚乙基二胺。然而，使用 MOCA 扩链的聚氨酯存在耐热疲劳性差的缺点；而且 MOCA 扩链剂导致反应速率较快，不利于工艺控制，而且疑似致癌。二胺类扩链剂较少用于合成聚氨酯，这是因为一般的二胺的脲基熔化时会伴随发生分解反应，若采用带有空间位阻效应的二胺与二醇作为扩链剂，可得到硬链段结晶性较差的聚氨酯，这种聚氨酯弹性较差，但可以作为阻尼材料。

在合成时，扩链剂与二异氰酸酯反应生成富含氨酯基的硬链段，形成氢键聚集区。李健等以聚四氢呋喃醚为软链段，与 MDI 合成—NCO 质量分数为 10%～16%的预聚体，再与不同的二元醇扩链剂制备热塑性聚氨酯。表 4-2[1] 所示为不同二醇扩链剂对聚氨酯力学性能的影响。结果表明，短链扩链剂比长链扩链剂合成出来的聚氨酯具有更好的力学性能，这是由于短链扩链剂的引入缩短了硬链段之间的距离，使硬链段之间的氢键更加密集，提高了硬链段的比例。

表 4-2 不同二醇扩链剂对聚氨酯力学性能的影响

扩链剂	拉伸强度/MPa	断裂伸长率/%	剥离强度/(kN/m)
乙二醇	19.0	600	148
一缩二乙二醇	8.0	650	448
二缩二乙二醇	1.6	250	648
1,3-丁二醇	2.9	200	228
1,4-丁二醇	12.0	500	252
新戊二醇	3.8	300	260
双酚 A	6.5	400	196

4.1 非光气路线合成聚碳酸酯二(多)元醇

当前，聚醚型多元醇和聚酯型多元醇在聚氨酯合成领域占据主导地位。但是聚醚型聚氨酯中含有的醚基导致其耐热性能和力学性能的不足，而聚酯型聚氨酯分子链中的酯基导致聚合物制品的水解稳定性较差。这些缺陷一定程度上影响了聚氨酯向高性能材料领域发展的空间。聚碳酸酯型聚氨酯的出现很好地结合了前述两类聚氨酯的优点而避免了可能出现的耐热性能和耐水解性能的不足。聚碳酸酯型聚氨酯在生物相容性方面的优势已经得到证明。表 4-3、表 4-4 分别展示了日本聚碳酸酯二元醇（PCDL）的物理性质，以及聚碳酸酯型聚氨酯与聚醚型和聚酯型聚氨酯的性能对比。

表 4-3 日本聚碳酸酯二元醇规格

型号	N-980	N-981	N-982	N-983
外观(室温)	无色固体	无色固体	液体	液体
分子量	2070	990	1990	980
羟值/(mg KOH/g)	54.1	113.1	56.3	114.3
黏度(75℃)/cSt①	2410	330	1130	250
熔点/℃	53	42	5	5
色度/APHA	20	20	20	20
相对密度(75℃/4℃)	1077	1064	1073	1062
闪点/℃	>260	>260	>260	>260

① 1cSt=$10^{-6}m^2/s$。

由表 4-3 可以看出，聚碳酸酯二元醇分子量一般在 1000～2000 之间，室温下有的呈现无色蜡状固体，而有的呈现液态，其熔点不高，稍微加热就可以形成液态。由此也可以知道聚碳酸酯二元醇是一种易于加工的原料。由表 4-4 可以看出，在热稳定性、耐候性、水解稳定性、耐油性以及低温柔顺性方面，聚碳酸酯型聚氨酯表现都比聚醚型和聚酯型聚氨酯更出色。

表 4-4 日本旭化成聚碳酸酯型聚氨酯与聚醚型、聚酯型聚氨酯的性能对比

多元醇类型	C_5C_6 共聚 聚碳酸酯二元醇	C_6 均聚 聚碳酸酯二元醇	PTMG 聚醚多元醇	PHA 聚酯多元醇	PCL 聚酯多元醇
热稳定性	优	优	差	良	良
耐候性	优	优	差	良	良
柔顺性	良	差	优	良	良
水解稳定性	优	优	良	差	中
耐菌性	中～良	中～良	优	差	差
耐油性	优	优	差	中	差～中
耐乙醇性	优	优	差	中	差
断裂强度/MPa	76～83	76～83	66～72	53～72	64～72
断裂伸长率/%	640	640	910	910	970

聚碳酸酯二元醇根据主链结构的不同可分为脂肪族、芳香族和混合型等三大类。由于多元醇是作为聚氨酯分子链段中的软段，其性能对聚氨酯成品影响很大，芳香族聚碳酸酯二元醇由于含有环状芳基，所以在软段中表现出很大的刚性，对聚氨酯的性能有不利影响。所以目前聚碳酸酯二元醇中研究最多的是脂肪族聚碳酸酯二元醇。

就本章 CO_2 基聚氨酯而言，CO_2 基聚碳酸酯多元醇［包括 CO_2 基聚(碳酸酯-醚)多元醇在内］的工业合成以 CO_2 为原料，而这些多元醇可进一步合成聚氨酯，可使 CO_2 较大规模地实现资源化利用，从而减少温室气体排放和化石燃料的消耗。有研究者对 CO_2 基聚(碳酸酯-醚)多元醇在工厂生产的生命周期进行过评估，包括其本身的生产和包括能源和原料投入的上游过程，特别是考虑从配备二氧化碳捕获试验装置的燃煤发电厂提供 CO_2 的情况：如果聚合物链中包含 20%的 CO_2，就会比传统的聚醚多元醇减少 11%～19%的 CO_2 的排放，化石能源消耗减少 13%～16%，每利用 1 千克 CO_2 用于多元醇合成可避免 3 千克 CO_2 当量的排放，这些减排数字都会随着聚合物链中 CO_2 含量增多而进一步提升。因此，从环境角度来看，聚(碳酸酯-醚)多元醇比传统的聚醚多元醇更有优势[2]。

聚碳酸酯二元醇合成工艺路线中，光气法是最传统的合成路线，以光气为原料引入产品中含有的羰基。工艺分为两个阶段：首先光气与小分子二元醇反应合成中间产物二氯甲酸酯，然后中间产物与小分子二元醇进行缩聚，过程中脱除小分子 HCl。此工艺使用剧毒的原料——光气，使得工艺的环保性和安全性大打折扣。此外，副产品氯化氢对设备的腐蚀性很强，导致设备费用太高。

二氯甲酸酯法本质上与光气法是一样的，光气法中第一步生成的中间产物就是二氯甲酸酯，第二步则与二氯甲酸酯法原理一致。此法与光气法的区别在于它可以合成具有不同链结构的共聚碳酸酯多元醇。但是，该工艺同样会产生小分子 HCl，腐蚀设备。

环状碳酸酯法是通过催化环状碳酸酯与小分子醇的开环聚合而得到目标产物聚碳酸酯二元醇。此法需要的原料环状碳酸酯须在六元环或者六元环以上，如此才能合成一定分子量的目标产物。但该工艺的起始反应物环状碳酸酯在工业上一般是由光气合成的，所以严格意义

上也并不能归类到 CO_2 基，目前有五元环的碳酸酯是由二氧化碳与环氧烷烃合成的。

所以，真正有效、环保、经济的 CO_2 基聚碳酸酯二元醇的制备方法包括：酯交换、CO_2-环氧化物共聚、CO_2 和醇反应、醇解。

（1）酯交换法

有机碳酸酯与小分子二醇在酯交换催化剂存在的情况通过缩聚反应获得聚碳酸酯二元醇，工艺过程的主反应见图 4-2。酯交换法的原料是小分子二醇和有机碳酸酯，两者都是无毒或者低毒的有机物。并且碳酸二甲酯作为一种新兴的有机基础原料，其合成工艺已经实现了绿色化。碳酸二甲酯及其他碳酸酯均可通过 CO_2 来合成，所以，由它们进一步实现的多元醇都被认为是 CO_2 基聚碳酸酯多元醇。酯交换反应条件较为温和，其温度要求不是非常苛刻，一般在 100～220℃之间。反应在酯交换阶段可以在常压下进行，在缩聚阶段需要一定的真空度将小分子醇移出反应体系，促进反应平衡的正向移动，使分子量增长。

催化剂的选择对酯交换反应而言至关重要。目前酯交换催化剂中均相催化剂和非均相催化剂都有研究。其中均相催化剂由于分散于反应体系，导致产品中不可避免地会有残留，但是相对于非均相催化剂具有更多的活性中心。非均相催化剂由于负载于载体之上，可以非常容易地进行再生，且不会污染产品，但是其催化效果有待进一步研究。

$$n\,\mathrm{HO{-}R{-}OH} + n\,\mathrm{R'O{-}\overset{\overset{\displaystyle O}{\|}}{C}{-}OR'} \longrightarrow \mathrm{H(O{-}R{-}O\overset{\overset{\displaystyle O}{\|}}{C})_{\mathit{n}}O{-}R{-}OH} + (2n-1)\mathrm{R'OH}$$

图 4-2 二元醇和碳酸酯通过缩聚反应获得聚碳酸酯二元醇

① 均相催化剂

低聚(六亚甲基碳酸酯)二元醇可以通过 1,6-己二醇和碳酸乙烯酯的酯交换反应来合成，催化剂是 NaCl 或 NaBr，反应温度是 142～145℃，另须加入二甲苯作为共沸溶剂，酯交换反应产生的副产物乙二醇需要同时除去[3]。更高的反应温度会导致产物中含有更多的醚段。如果使用更短的二元醇作反应物，如 1,4-丁二醇，即便反应温度达到 145℃，低聚物中仍含有大量醚键。

碳酸二甲酯和 1,4-丁二醇可通过两步聚合得到聚碳酸酯二元醇，在多种醋酸盐（锂、钠、钾、镁、钙、锶、钡、锌、铜、锰）催化剂中，催化效果最佳的是醋酸钠，产物平均分子量为 2800，PDI 为 1.33，1,4-丁二醇转化率为 73.8%，聚碳酸酯二元醇的产率为 64.7%[4]。

Plasseraud 等用 1-正丁基-3-甲基咪唑-2-羧酸盐（BMIm-2-CO_2^-）作为催化剂前驱体，在无溶剂条件下两步聚合制备高分子量脂肪族聚碳酸酯，主要涉及碳酸二甲酯和烷烃二元醇的酯交换反应[5]。其中 BMIm-2-CO_2^- 的脱羧原位形成的 *N*-杂环卡宾是这个缩聚过程的主要特点。和以往的研究相比，这个缩聚方法避免了使用金属催化剂。如果 DMC 和二元醇用量（物质的量）相等，即可得到羟基封端的聚碳酸酯，即聚碳酸酯二元醇，就可进一步应用于聚氨酯的合成。

② 非均相催化剂

均相催化剂溶于反应体系，很难从反应混合物中分离出来，相反，不溶于反应体系的非均相催化剂，可通过简单的过滤从反应体系中分离出来，并有可能实现催化剂的循环使用。

对双金属氰化物（DMC）和 1,6-己二醇的酯交换反应合成聚碳酸酯二元醇的研究中，

有研究者从 KF/SiO_2、KF/TiO_2、KF/ZrO_2、KF/Al_2O_3、KCl/Al_2O_3、KBr/Al_2O_3、KI/Al_2O_3 比较中发现，KF/Al_2O_3 催化效果最佳，原因是 KF 和 Al_2O_3 的相互作用产生了中等强度到较高强度的碱性中心。在最优条件下，1,6-己二醇的转化率是 85%，聚碳酸酯二元醇的产率是 96%。

金属钙作催化剂时，研究者发现（基本原理不限于钙作催化剂时），聚碳酸酯多元醇的形貌跟分子量及合成所用的小分子二醇组合密切相关。对聚碳酸酯多元醇的热分析表明，小分子二元醇的分子量越高，聚碳酸酯多元醇的熔融放热就会越少，熔融温度就会越低。小分子二元醇从 C_2 到 C_6，伴随着熔点的下降，结晶度越高。

层状双氢氧化物（水滑石，LDH）对碳酸二苯酯和 1,5-戊二醇的酯交换有催化效果。在 Zn-Al-CO_3 LDH、Zn-Al(3∶1)-CO_3 LDH、Mg-Al-CO_3 LDH、Co-Al-CO_3 LDH、Ni-Al-CO_3 LDH、Cu-Al-CO_3 LDH、Zn-Fe-CO_3 LDH、Mg-Fe-CO_3 LDH、Zn-Cr-CO_3 LDH 中，Zn-Al-CO_3 LDH 和 Mg-Al-CO_3 LDH 催化活性更高[6]。也有研究表明 Mg-Fe/Ti-OH LDH 对 DMC 和 1,5,-戊二醇或 1,6-己二醇有催化效果，小分子二醇的转化率可达 89.12%，聚碳酸酯二元醇的分子量最高可达 3030，羟值最低可达 43.5[7]。Ni 掺杂的 Mg-Al-OH LDH 对 1,4-丁二醇和 DMC 酯交换反应有催化效果，1,4-丁二醇的转化率可达 80.9%，聚碳酸酯二元醇的产率能到 95%，分子量为 1880。数次使用以后，催化剂活性也不下降[8]。

金属有机框架（MOFs）结构从被发现以来就在催化领域发展迅猛。一种镧系金属 MOF，Yb(BTC)(H_2O)(DMF)(BTC=1,3,5-苯三甲酸，DMF=N,N'-二甲基甲酰胺）采用 $Yb(NO_3)_3 \cdot 5H_2O$ 和 1,3,5-苯三甲酸通过溶剂热法制得[9]。此 MOF 热稳定性很好，煅烧后通过除去了原本与中心金属离子配位的水分子和 DMF，形成了多孔的 Yb(BTC) 并造成 Yb^{3+} 配位不饱和。该 MOF 比表面积 695m^2/g，微孔 0.68nm，在催化碳酸二苯甲酯和 1,4-丁二醇（或 1,6-己二醇）的酯交换反应来合成聚碳酸酯二元醇中催化效率高于其他已有报道的催化剂，羟值低至 36。

（2）CO_2-环氧化物聚合法

CO_2 基多元醇（CO_2-polyol）也可由 CO_2 与环氧丙烷经调节共聚所制备，这是一类主链同时含碳酸酯和醚单元的聚(碳酸酯-醚)多元醇，以廉价的二氧化碳为主要原料，能降低聚合物多元醇的生产成本 10%～20%，可实现二氧化碳的高附加值利用（产品价值增加 10 倍以上），同时这种新结构多元醇突破了传统多元醇的主链结构限制，由此形成的聚氨酯具有耐水解、耐氧化、耐高温湿热等一系列新性能，有望推动其在高端市场的应用。

合成上，无论是制备高分子量的 CO_2 基聚碳酸酯与制备低分子量的 CO_2 基聚碳酸酯多元醇，使用的催化剂大致相同，差别在于合成 CO_2 基多元醇时须同时加入诸如水、酸、醇等不同链转移剂，且其分子量可通过单体与链转移剂的比例来控制，以此得到的聚碳酸酯型聚氨酯，较由聚醚多元醇制得的聚醚型聚氨酯性能更优异。

① 非均相催化剂

a. 双金属氰化物（DMC） Zn/Co 双金属氰化物是合成 CO_2 基多元醇最常用的高效催化剂。针对这种催化剂，可使用的链转移剂包括二元酸（草酸、丙二酸），三元酸（均苯三甲酸）和四元酸（1,2,4,5-苯四甲酸）。2013 年，Lee 课题组利用 $[ZnCl]_2^+[HCo(CN)_6]^{2-} \cdot [CH_3OH]$（合成方法：$H_3Co(CN)_6 + 2ZnCl_2 \rightarrow [ZnCl]_2^+[HCo(CN)_6]^{2-} + 2HCl$）作催化剂，以二元酸或二元醇作链转移剂，通过 CO_2/环氧丙烷（PO）聚合合成了聚碳酸酯二元醇（图 4-3）[10]。用价廉的己二酸做链转移剂，得到的是低转化率（PO 插入比例，84%）但高酯含量（摩尔分数为 60%）的聚碳酸酯二元醇。

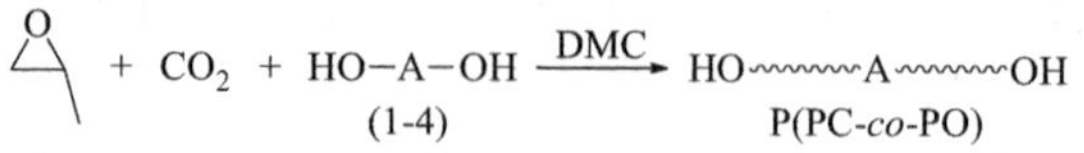

图 4-3 以二元醇作链转移剂，CO_2 与环氧丙烷聚合成聚碳酸酯二元醇

若用其他二元酸，如戊二酸、丁二酸、丙二酸、对苯二甲酸、丙三酸和 1,2,3,4-丁四酸，有类似的低 PO 转化率（80%～85%）。该研究中还尝试使用 1,10-癸二醇作链转移剂，在 10～15bar CO_2 压力、65℃下环氧丙烷插入选择性可达 90%，最终得到分子量约 2000 的高黏度无色油状液体，分子量分布也较窄（$M_w/M_n=1.7$）。链转移剂用量较大时，多数高分子链中带有链转移剂，分子量遵循一个较简单的公式：

分子量=高分子质量/链转移剂的物质的量

计算所得的分子量为 1900，与凝胶渗透色谱测得的分子量 2000 非常接近。降低链转移剂用量时，分子量分布指数 M_w/M_n 从 1.17 升至 1.78。链转移剂用量较少时，高分子链中不含链转移剂的部分便不可忽略，这些链段主要从催化剂和质子杂质增长。因此其分子量分布变宽，并且与凝胶渗透色谱测得的值有显著区别。另外，如 4,9-二羟甲基三环[5.2.1.0^{2,6}]癸烷（图 4-4）的疏水二元醇也可作为链转移剂，可得 M_n 为 2100 和 1600 的 P(PC-*co*-PO)，酯含量（摩尔分数）60%。相反，如丙二醇、乙二醇等亲水二元醇作链转移剂则非常低效，65℃仍不能引发聚合，80～90℃也只有 80%的 PO 转化率。

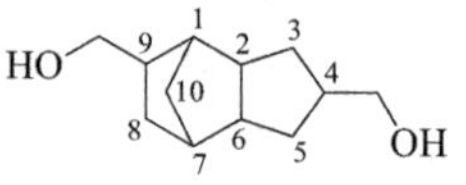

图 4-4 4,9-二羟甲基三环[5.2.1.0^{2,6}]癸烷结构

用二元酸或二元醇作链转移剂可以合成 CO_2 基聚碳酸酯二元醇，只要将二元酸换成四元酸，CO_2 基聚碳酸酯四元醇（图 4-5）即可合成。同样是 Zn/Co 双金属氰化物作催化剂，1,2,4,5-均苯四甲酸作链转移剂，CO_2 和环氧丙烷通过可控的不朽聚合得到 CO_2 基聚（碳酸酯-醚）低聚物四元醇。此低聚物四元醇的数均分子量 M_n 与 PO 和 1,2,4,5-均苯四甲酸呈线性相关。此外，不朽聚合中快速的链转移能使低聚物四元醇的分子量分布较窄，分子量为 1400 时 PDI 为 1.08。且使副产物碳酸丙烯酯的质量分数低至 4.0%。通过寡聚四元醇结构的分析，阐明了引发催化机理中链转移剂的酸度效应：当作为链转移剂的酸 pK_{a_1} 值高于己二酸的 pK_{a_1} 值 4.43，酸仅作链转移剂；当作为链转移剂的酸 pK_{a_1} 值低于丁二酸的 pK_{a_1} 值 4.2，此酸则同时作引发剂和链转移剂，即先引发 PO 自聚成寡聚醚多元醇，然后作为链转移剂实现共聚，原位形成 CO_2 基聚(碳酸酯-醚)低聚物四元醇。

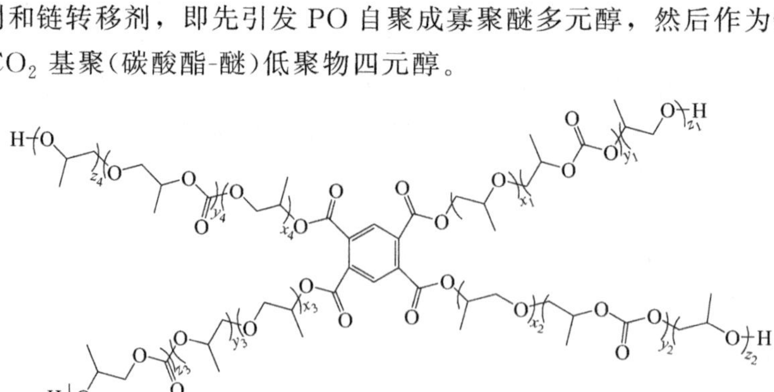

图 4-5 CO_2 基聚(碳酸酯-醚)低聚物四元醇结构

草酸，作为最廉价的二元羧酸，在 Zn/Co 双金属氰化物作催化剂时，也可引发 CO_2 和环氧丙烷共聚来合成多元醇。一般情况下，在草酸作用下，PO 完全转化需用时长达 255min。为克服这一问题，有研究者提出预活化的方法：PO 先在 80℃下自聚成低聚醚二元醇（不受时间和草酸剂量的影响），其后草酸与低聚醚二元醇结合成草酸酯二元醇（1 个草酸分子结合 2 个低聚醚二元醇），此二元醇才是后续共聚反应的链转移剂[11]。优化条件后，反应可在 150min 内完成，远低于此前的 255min。由此方法得到的 CO_2 基二元醇可稳定至 190℃，表明草酸可作为 CO_2 和 PO 共聚反应的有效引发剂。

b. 戊二酸锌（zinc glutarate，ZnGA）　戊二酸锌是最先用于聚甲基亚乙基碳酸酯（PPC）合成的催化剂，易于合成和储存，对环境友好，活性适中，PPC 产率高[12]。更重要的是，ZnGA 催化所得的共聚物中，PO 和 CO_2 含量可通过温度和 CO_2 压力来调控，也即从聚（醚-碳酸酯）到聚(碳酸酯-醚)都可调控合成。研究者利用纳米 ZnGA 作催化剂，合成了羟基封端的 PO/CO_2 共聚物，各种不同结构、不同浓度的链转移剂作用下，可调控 CO_2 基多元醇的链长和组分含量：分子量从 800 到 50000，碳酸酯含量（摩尔分数，下同）从 60％到 92％[13]。聚合过程的在线监测显示，由于链转移剂对催化剂的可逆失活作用，链转移剂控制的共聚过程需要一段特定的引发时间。但随着反应单体的加入，催化剂将被重新激活，持续催化聚合反应。链转移反应的产物，即 CO_2 基二元醇的组分随酯含量（即 CO_2 压力）变化而改变，从而影响低聚物的运动（扩散）能力。酯含量 60％～92％的聚(醚-碳酸酯)二元醇的熔融黏度随分子量增大而增加，且醚含量越高，其链段运动能力越强。这些调控都可以达到改变 CO_2 基二元醇玻璃化转变温度和黏度的目的。

② 均相催化剂

a. Salen 型配合物　准确地讲，Salen 配体指的是二水杨醛缩 1,2-乙二胺配体，但实际上 Salen 型配体的概念已被拓展，泛指二水杨醛缩亚烷基二胺配体。Salen 型配合物被用作催化剂的是手性 Salen-CrCl，其结构如图 4-6 所示。

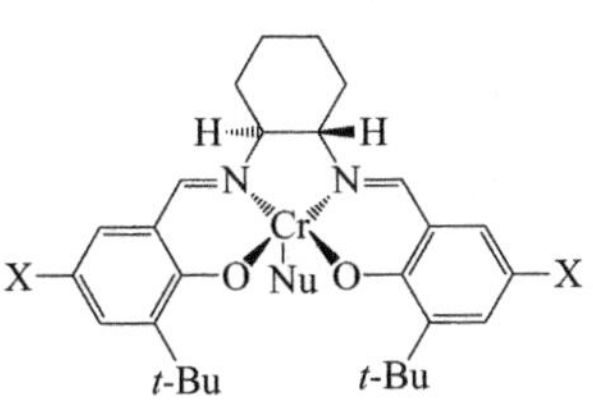

图 4-6　作为 CO_2/PO 聚合的典型 Salen 型配合物催化剂（其中 X＝*t*-Bu 或 OCH_3 等，Nu＝Cl 或 N_3 等，中心金属原子也可以替换为 Co、Al 等）

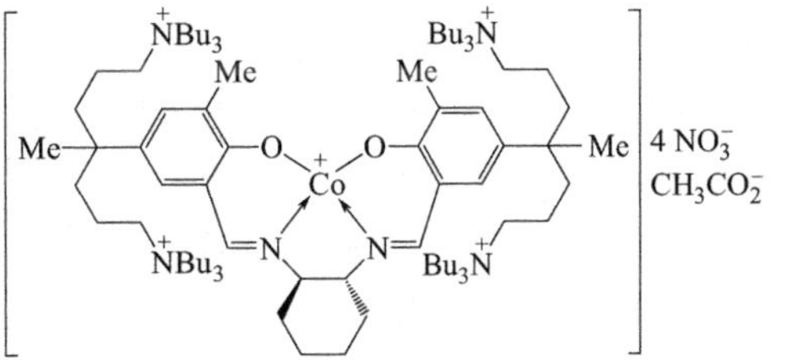

图 4-7　X 为季铵盐的 Salen-CoX 催化剂

对 Salen 型配合物结构（中心金属、配体结构）的改变，会显著改变其催化性能。Salen 配体 X 取代基（X 位置见图 4-6）由如图 4-7 所示的季铵盐取代后，与 Co(Ⅲ) 离子形成 Salen 型配合物催化剂，其制备过程简单适合大规模生产[14]。以图 4-7 所示物质为催化剂催化 PO/CO_2 共聚反应，其催化效率高，转化频率 TOF 可达 $15000h^{-1}$。此外，该催化剂表现出良好的质子耐受性，可用于 PPC 多元醇的制备。如前所述，加入含有—OH 或—COOH 基团的链转移剂，如对苯二甲酸、丁二酸、乙二醇、丙二醇，甚至同时含有—OH 和—COOH 的化合物，可合成低分子量的 PPC 二元醇，链转移剂与催化剂剂量之比为 600

时，周转频率为 9300～11500h^{-1}。如果链转移剂是一元醇（乙醇）或一元酸，得到的自然是 PPC 一元醇。以上所有低聚物的分子量分布都较窄，M_w/M_n 大致为 1.05。无论是一元醇还是多元醇，羟基的存在，都可以使该低聚物作为大分子引发剂，继续引发聚合反应，合成嵌段共聚物，所以，CO_2 基多元醇的后续应用不仅限于聚氨酯。

基于上述研究，又有研究者用两步法制备了聚（环氧环己烷碳酸酯）-*b*-聚丙交酯，其中第一步得到的就是聚（环氧环己烷碳酸酯）二元醇，可作为后续引入第三单体的大分子引发剂，但引入第三单体时仍以无规共聚为主。图 4-8 所示的二元催化剂 Salen-Co(Ⅲ)X/PPNY 可解决这个问题[15]。在此研究中，水的其中一个重要作用是对增长中的高分子的链末端阴离子进行质子化、羟基化，另一个作用是对 PPC 链另一个末端的引发基团进行水解，从而保证两端都是羟基。由此得到的 PPC 二元醇就能够作为大分子引发剂，引发丙交酯的开环聚合，从而得到三嵌段共聚物。这个 Salen-Co(Ⅲ)X/PPNY 二元催化体系的一个特点是其中的 X 取代基是 CF_3COO^-，其水解更容易、速度较其他端基更快。

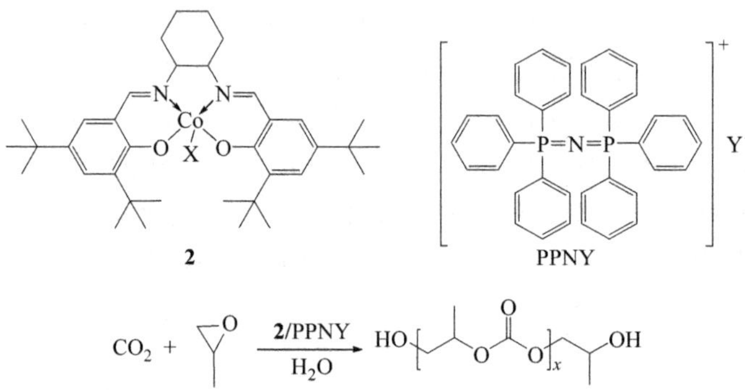

图 4-8 Salen-Co(Ⅲ)X/PPNY 二元催化 CO_2/PO 在 H_2O 作链转移剂情况下制备二元醇（其中 X=Y=CF_3COO^-）

基于同样的 Salen-Co(Ⅲ)X/PPNY 二元催化剂，不用水作催化剂，而用含质子的离子液体，就可以通过离子液体的阴离子的亲核性强弱来调控产物[16]。当离子液体的阴离子是亲核的，如 Cl^-，该离子液体在反应体系中就作为环氧化物开环的共催化剂，由其阳离子引发的链转移反应会被完全抑制，两端分别是羟基和氯取代基。相反，当离子液体的阴离子是不亲核的，如 BF_4^-，离子液体就会作为链转移剂，通过快速、可逆的链转移过程，得到以离子液体为中心的聚碳酸酯，两端分别是羟基和碳酸酯。

Salen-Co(Ⅲ)X 中的阴离子 X，若选用不亲核的阴离子，如 PF_6^-，可催化 CO_2、PO 和环氧环己烷（CHO）交替共聚，得到聚(碳酸酯-醚)二元醇，分子量在 1100～8100 之间可控，碳酸酯含量在 31.3%～52.9%之间通过温度、CO_2 压力、时间及水加入量来控制。其中分子量低于 2000、碳酸酯含量超过 40%的寡聚(碳酸酯-醚)二元醇被认为是较理想的合成 CO_2 基聚氨酯的原料。

还有一些结构与 Salen 型配合物类似，但又更独特的金属配合物可作合成 CO_2 基多元醇的双金属配合物催化剂[17-19]，其化学结构如图 4-9 所示。

b. 非金属催化剂　聚碳酸酯多元醇可由基于 Co、Zn、Mg 等均相催化剂催化合成，这些聚碳酸酯多元醇有较高的碳酸酯含量和较窄的分子量分布。然而，在催化剂的中心金属离子上都结合着阴离子，会引发聚合并产生 ω-单羟基链，从而使得这种条件下得到的聚碳酸酯二元醇和多元醇会被一元醇污染。Feng 课题组利用非金属三乙基硼和四丁基铵碳酸盐

(或羧酸盐)作为理想的双官能团引发剂，引发了 CO_2 和环氧丙烷的聚合，其中碳酸四丁基铵(TBAC)是通过氢氧化四丁基铵与 CO_2 反应得到[20]。在此体系中，CO_2 以羧酸盐的形式(图 4-9)催化了它自身与 PO 的聚合反应。基于不同结构的引发剂，即可合成线型的单、双官能团的聚碳酸酯多元醇和星型的三、四官能团聚碳酸酯多元醇，分子量从 1000 到 10000 可控，碳酸酯含量可高达 95%。特别是其中以双官能团的 TBAC 引发合成的聚碳酸酯二元醇，可用于后续聚氨酯的制备，而且引发剂可以循环利用。

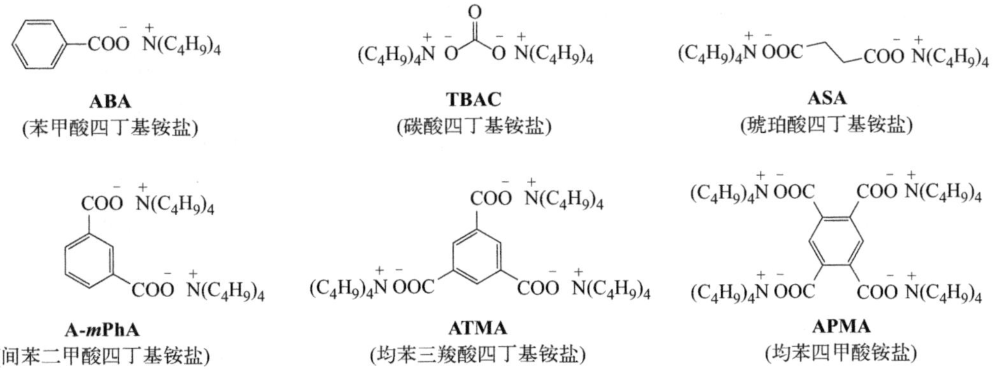

图 4-9 各种多官能团的 CO_2/PO 聚合引发剂

此后，Feng 课题组更进一步，用聚(氯化二烯丙基二甲基铵)(PDMAC)作为聚合物载体、前驱体，即在 PDMAC 链段上结合硼化物引发剂，得到一种大分子引发剂。这种大分子引发剂可在非均相的状态下引发 CO_2 和环氧化物的聚合。该大分子引发剂在四氢呋喃中不溶，从聚碳酸酯二元醇中分离此引发剂比较容易。聚合反应结束，大分子引发剂被分离出来以后可在另一次 CO_2/PO 聚合反应中继续使用。对于聚合反应所得不溶于四氢呋喃的聚碳酸酯二元醇，多次水洗后即可分离出来。

(3) CO_2 和醇反应法

CO_2 与醇反应合成酯类化合物只有水这一种副产物，是一条理想的反应路线，但有机碳酸酯，特别是聚碳酸酯，由于化学平衡的存在，碳酸酯的产率较低。只能通过增大 CO_2 压力，以及反应过程中除水，来提高碳酸酯产率，若要合成低聚物二元醇，反应的要求往往更严格。1998 年，日本的 Kadokawa 课题组报道了 CO_2 和对(间)苯二甲醇的缩聚反应来制备聚碳酸酯或聚碳酸酯二元醇，脱水剂是 *N*,*N*′-二甲基甲酰胺(DMF)，若用三丁基膦/四溴化碳/*N*-环己基-*N*′,*N*′,*N*″,*N*″-四甲基胍作脱水剂，产率可达 81%，分子量 1000～2000[21]。

CeO_2 +2-氰基吡啶催化体系对 CO_2 和二元醇(1,6-己二醇)的缩聚反应有效，可以得到交替共聚的聚碳酸酯，但最大分子量只有 1000 左右(聚合度 7～8)。若用 2-氰基呋喃取代 2-氰基吡啶，组成 CeO_2 +2-氰基呋喃催化体系，则可催化 CO_2 和二元醇的缩聚反应，合成更高分子量的交替共聚的聚碳酸酯，分子量可由二元醇和 2-氰基呋喃的剂量控制，最高可达 5000[22]。实际上，无羟基封端的聚碳酸酯和由羟基封端的聚碳酸酯二元醇可由催化体系控制：首先，由 2-氰基呋喃转化而来的呋喃甲酰胺的反应活性低于由 2-氰基吡啶转化而来的吡啶甲酰胺，CeO_2 +2-氰基呋喃催化体系产生多为酯基封端的聚碳酸酯；其次，2-氰基呋喃在 CeO_2 表面的吸附比 2-氰基吡啶弱，所以 2-氰基呋喃在 CeO_2 活性位点上构成的空间位阻更小，更倾向于得到链段更长的聚碳酸酯二元醇。反应中 CO_2 压力 0.1～5MPa。

更加理想的方案应该是 CO_2 压力等于大气压，可使制备成本特别是设备成本大大降低。对于 CO_2 和二元醇反应，CO_2 压力低了，就要求同时从反应体系除去副产物 H_2O，来推动反应平衡向生成聚碳酸酯二元醇的方向移动。反应温度一般高于 H_2O 的沸点，H_2O 处于气态，除去它就需要提气。提气是一种分离手段，也就是将低沸点气体从液体混合物中除去。对于 CO_2 和二元醇缩聚得到聚碳酸酯二元醇的反应，小分子二元醇和目标产物聚碳酸酯二元醇的沸点都远高于 H_2O，并且，CO_2 压力为大气压时，意味着可以使用流通的 CO_2，接通大气，所以 CO_2 可以作为提气剂，将副产物 H_2O 顺道带离反应体系。在同样使用 CeO_2 催化剂、CO_2 压力低至 1 个大气压的情况下，提气除去 H_2O 的操作，实现了聚碳酸酯二元醇的高选择性（99%）、高产率一步合成，1,4-丁二醇、1,8-辛二醇、乙二醇、1,4-环己二醇的转化率分别是 85%、58%、30%、55%[23]。如果是封闭体系，即便 CO_2 气压高达 7.5MPa，CO_2 和 1,6-己二醇的反应中，1,6-己二醇的转换化率仍低于 1%（图 4-10）。

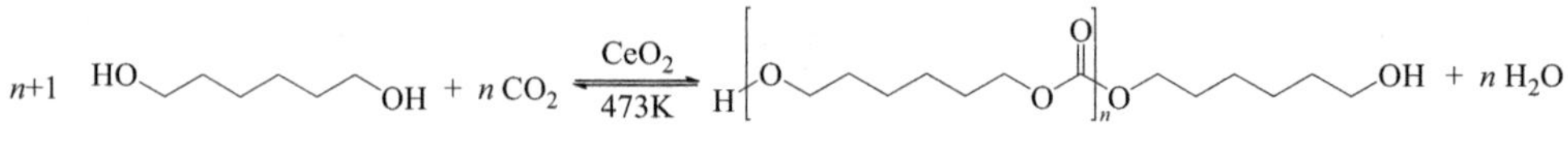

二聚体：n=1，聚合物：n>1

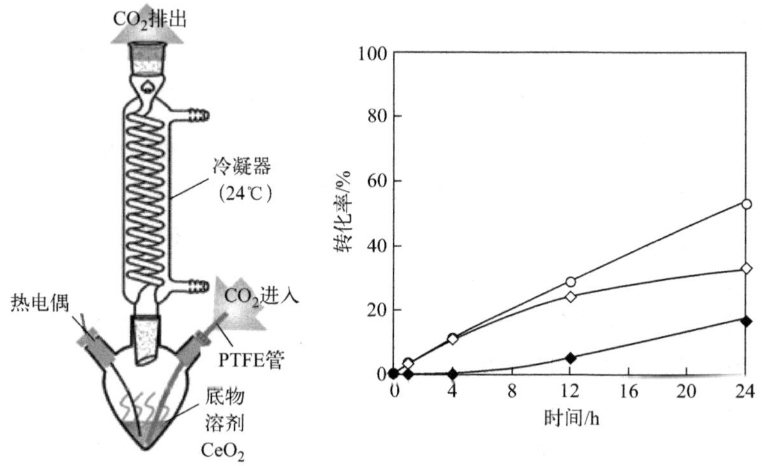

(a) CO_2(压力等于大气压)流通状态下的半连续反应器及其产物随时间的变化

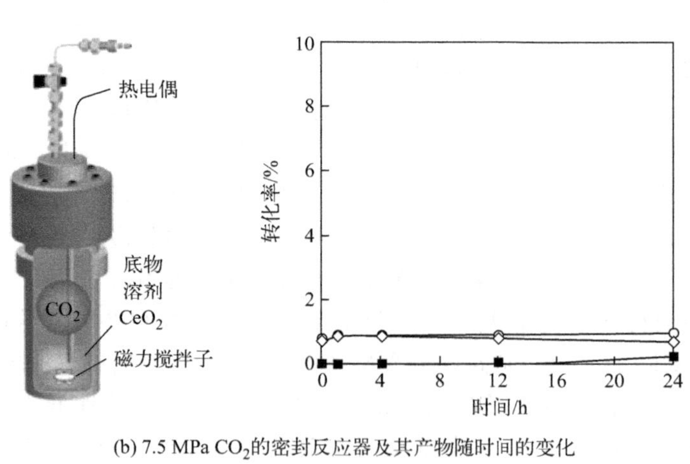

(b) 7.5 MPa CO_2的密封反应器及其产物随时间的变化

图 4-10 CO_2 与 1,6-己二醇在不同反应体系中的反应

○ 转化率；◇ 二聚体产率；◆ 聚合物产率；■ 其他产物（包括酯和醚）的产率

(4) 醇解法

分子量较大的聚碳酸酯可以通过醇或酸对其进行分解，使其分子量变小，寡聚多元醇的一种合成方法就是对分子量较大的聚碳酸酯进行醇解。高分子量的聚碳酸丁烯酯（PBC）（分子量 40000～90000）可在 0.05%的乙醇钠（摩尔分数，下同）催化下，通过碳酸二甲酯和 1,4-丁二醇的缩聚合成。后续加入 15%的二元醇（OH—A—OH），如 1,6-乙二醇，1,5-戊二醇，1,4-环己烷二甲醇或对苯二甲醇，在 150～190℃下搅拌，可将高分子量的聚合物转化为小分子量的低聚物二醇，GPC 测得分子量在 2000 左右[24]。核磁谱图表明—A—单元和亚丁基单元在所得低聚物中随机分布。三元醇或四元醇，如三羟基聚氧化丙烯醚、1,1,1-三(羟甲基)乙烷或季戊四醇，同样可以通过醇解聚碳酸酯得到寡聚多元醇，GPC 测得分子量也大致在 2000，这些低聚物多元醇在室温下多呈蜡状。

聚碳酸丙烯酯（PPC）是常见的 CO_2 基聚合物，它的醇解制 PPC 多元醇更有意义。中山大学孟跃中课题组发现，分子量高达 8 万～10 万的 PPC 也可以被 1,2-丙二醇、1,4-丁二醇或 1,6-己二醇醇解成为 PPC 二元醇[25]。高分子量的 PPC 溶液黏度很高，加入少量的小分子二元醇，在 180℃的较高温度下搅拌，即可得到低分子量的低聚物二元醇，GPC 测得分子量约 3000。他们还发现，PPC 中微量的锌催化剂（戊二酸锌）、过量的二元醇投料以及更高的温度，都能够加速 PPC 的醇解。另外，不同的二元醇能够产生不同端基的 PPC 低聚物二元醇。并且，以此 PPC 低聚物二元醇和聚丙二醇（分子量 3000）为软段，4,4′-亚甲基双(异氰酸苯酯)（MDI）和 1,4-丁二醇为硬段，可以合成 CO_2 基的聚(碳酸酯-醚)型的聚氨酯（图 4-11）。

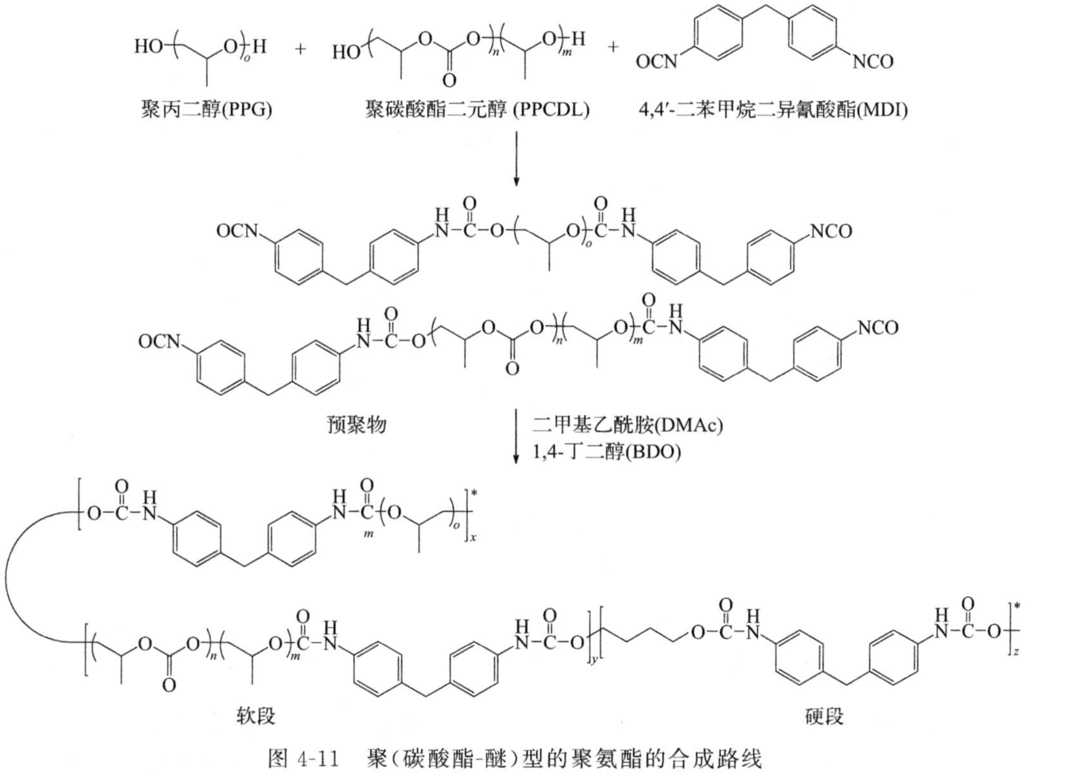

图 4-11 聚(碳酸酯-醚)型的聚氨酯的合成路线

4.2 非光气路线合成氨基甲酸酯

合成聚氨酯传统方法是二元醇（或多元醇）和二异氰酸酯（或多异氰酸酯）的加聚反应，但异氰酸酯一般由胺和光气反应得到，而光气是剧毒品，生产过程就会有潜在危险。因此，聚氨酯合成的新路径、新方法对工业生产和学术研究都非常重要、非常有吸引力。而这些新反应路径就聚焦在如何以更绿色的方法得到聚氨酯的前驱体上，从而实现光气和异氰酸酯的替代和绿色聚合。图 4-12 根据聚氨酯合成路径对光气和异氰酸酯的依赖程度给出了一个前驱体合成的概览[26]，在这些方法中，氮丙啶和 CO_2 共聚是其中一种较少依赖于光气和异氰酸酯的方法，但合成氮丙啶的方法本身和原料毒性使整体通向聚氨酯的路径不那么绿色。

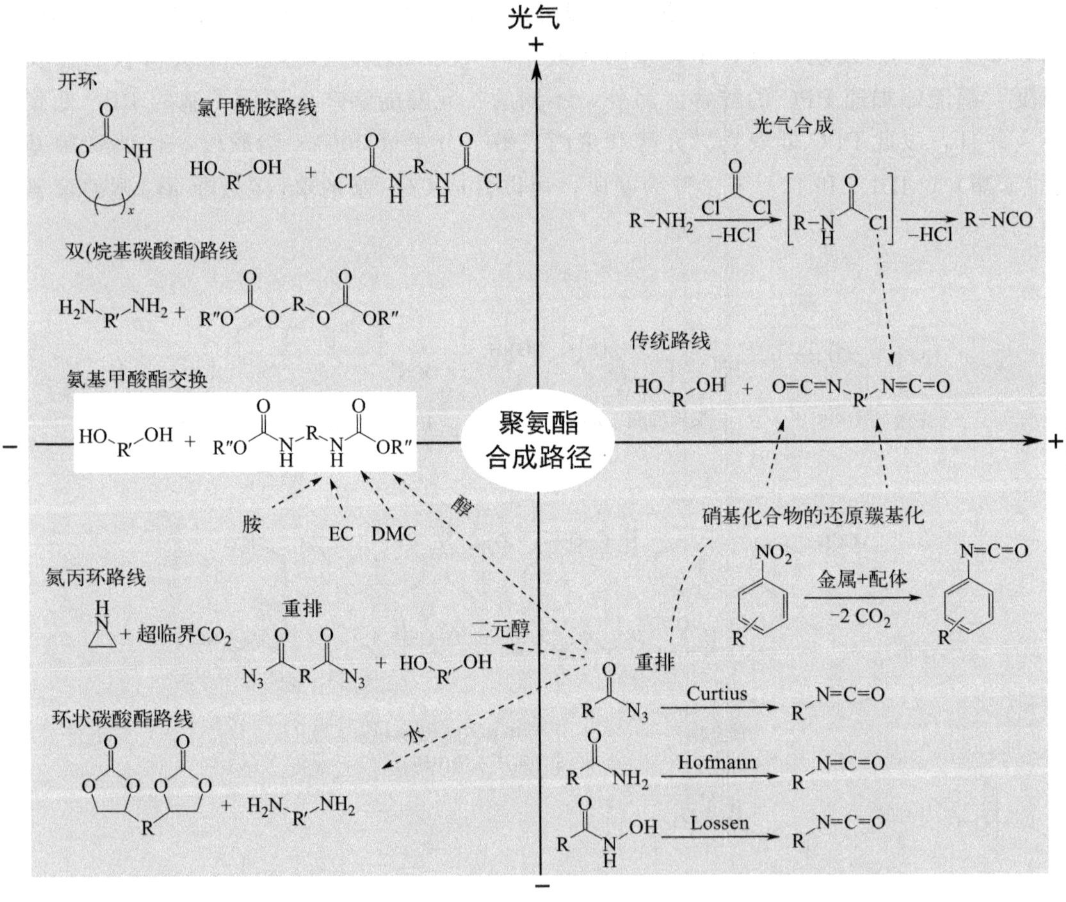

图 4-12 聚氨酯合成路径概览

EC 为碳酸乙烯酯，DMC 为碳酸二甲酯，Curtius 为柯提斯重排；Hofmann 为霍夫曼重排；Lossen 为洛森重排

酰叠氮的重排及其后面与醇的缩聚，通过缩聚过程中原位形成异氰酸酯的方法合成聚氨酯也不依赖于光气和异氰酸酯，但此方法由于过程中的前驱体和反应物处理起来不安全，也

不能取代异氰酸酯法。所以，最被广泛研究以及最有前途的合成聚氨酯的方法是氨基甲酸酯和二元醇的氨酯交换反应缩聚，以及环状碳酸酯和胺的加聚。氨基甲酸酯和环状碳酸酯的合成原料都包括 CO_2，所以这些方法得到的聚氨酯可称为 CO_2 基聚氨酯。

4.2.1　二元醇与二氨基甲酸酯类单体反应合成聚氨酯

目前，二氧化碳基聚碳酸酯合成方法的研究主要是氨酯交换反应缩聚而成，即：①二元醇与烷基二氨基甲酸酯的缩合聚合；②二元醇与羟基烷基二氨基甲酸酯的缩合聚合及羟基烷基二氨基甲酸酯的自聚。

由于苯酚和甲醇是一个很好的离去基团，通过蒸发很容易从反应混合物中除去。因此，目前对于二氧化碳基聚氨酯的研究主要集中在中间体二氨基甲酸酯和二苯基氨基甲酸酯单体的合成上[26]。Jayakannan 等人对二氨基甲酸酯（BMCs）缩聚合成聚氨酯进行了系统的研究（图 4-13）[27-29]。通过二氨基甲酸甲酯与各种二元醇（脂肪族，循环，或聚合物二元醇）的缩合聚合来制备聚氨酯；聚合过程包括两部分：即单体组成的反应体系在 150℃下，以钛酸四丁酯催化进行氨酯交换反应 4h，反应过程使用氮气保护；然后在减压条件下缩合聚合 2h。从逻辑上讲，PU 特性取决于所使用单体的结构特点；玻璃化转变温度在 31～120℃之间，M_w 在 3900～47700 之间。在相同条件下，相比于仲醇，伯醇反应活性更高，从而导致对应的聚氨酯分子量更高。另一方面，不同结构的二氨基甲酸酯与相同的二元醇反应表现出相同的活性。最近，Heng Shui 等人在相似条件下以 Bu_2SnO 为催化剂通过 BMC6 与聚碳酸酯二元醇的缩聚合成聚氨酯[30]。100℃下氨酯交换反应 1h，然后温度提高到 185℃并减压，从而提高聚氨酯的分子量。聚合所得聚（碳酸酯-氨酯）M_w 在 57000～79000，分散系数为 1.3～1.6。XRD 分析表明，聚合物的结晶特性取决于软段和硬段的长度，并在某些情况下，观察到了微相分离。值得注意的是，二氨基甲酸酯合成聚氨酯在没有催化剂的情况下不会发生缩合聚合反应。

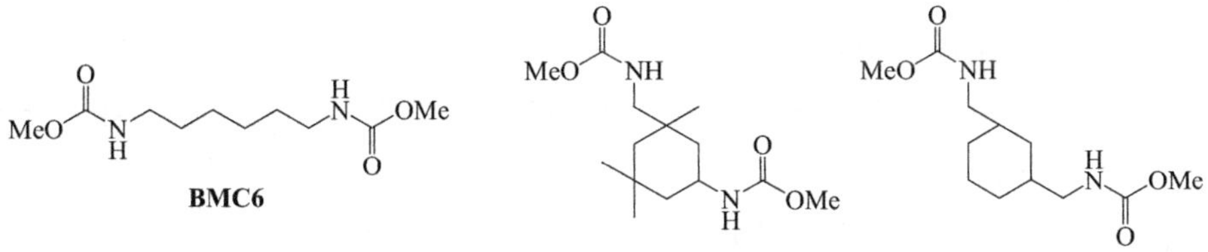

图 4-13　二氨基甲酸甲酯

由于亚烷基二氨基甲酸双(羟乙基)酯可同时扮演二元醇和二氨基甲酸酯的角色，因此其可自行缩聚合成聚氨酯。典型的亚烷基二氨基甲酸双(羟乙基)酯如图 4-14 所示。其中 BHC6 和 BHC12 的自聚合研究已有过报道。亚烷基二氨基甲酸双(羟乙基)酯的自聚合反应如图 4-15 所示：氨基甲酸羟乙酯的末端羟基回咬，生成环碳酸酯和伯胺；伯胺 N 原子上的电子进攻另一分子中氨基甲酸羟乙酯的羰基碳，脱去一分子乙二醇后，在两分子间形成脲结构，生成聚合物。脲含量可以通过降低反应温度来控制，形成的乙二醇可以在真空条件下除去。

1957 年，Scott 等在 150℃和减压条件下以氧化钡为催化剂催化 BHC6 进行自聚合[31]。随后，Yang 等使用两个步骤：在 170℃和氮气氛围下以氯化亚锡为催化剂催化 BHC6 进行自聚合 1h；然后减压反应几个小时以去除形成的乙二醇和继续反应[32,33]。结果所获得的

聚氨酯 M_w 高达 62700，PDI 为 2。聚合物为结晶性聚合物，T_g 在 25～30℃之间，T_m 为 153℃。Utsuno 等人对于影响亚烷基二氨基甲酸双(羟乙基)酯自聚的因素（催化剂和气氛）进行了研究[34]。结果表明 Bu_2SnO 作为催化剂，氮气氛围下更有利于反应的进行。不过所合成的聚氨酯不仅分子量仍较低，M_w 为 5300，PDI 为 2，表现出的 T_g 也较低，为 26℃。

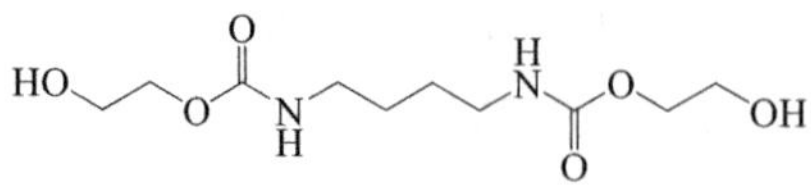

亚丁基二氨基甲酸双(羟乙基)酯(BHC4)

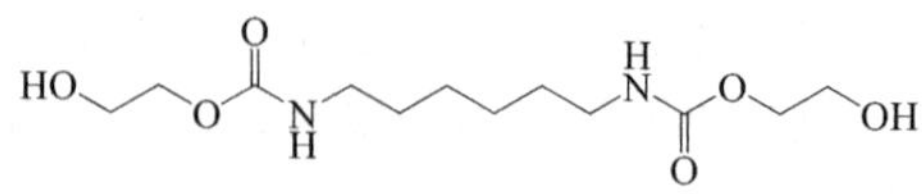

亚己基二氨基甲酸双(羟乙基)酯(BHC6)

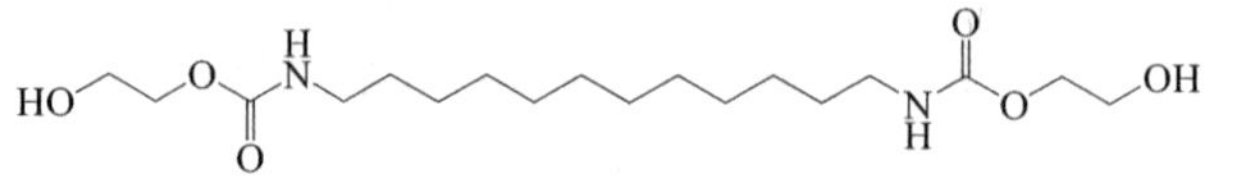

亚十二烷基二氨基甲酸双(羟乙基)酯(BHC12)

图 4-14 亚烷基二氨基甲酸双(羟乙基)酯

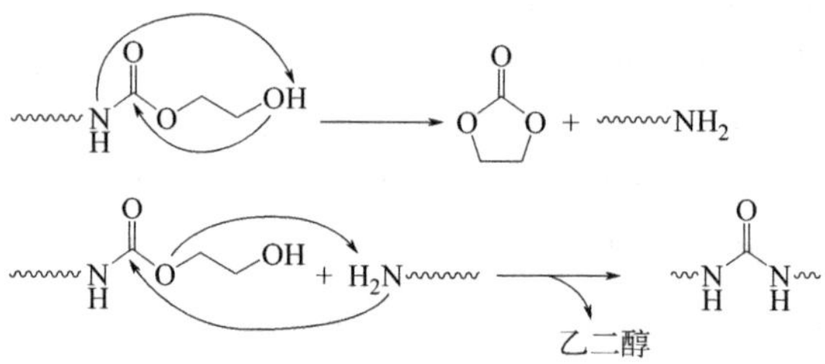

图 4-15 亚烷基二氨基甲酸双(羟乙基)酯自聚合反应

通过羟基烷基二氨基甲酸酯和不同的二元醇的聚合可以在聚氨酯主链上引入软段和硬段，从而调控聚氨酯的 T_g、结晶度、力学性能等。Scott 等人在高温（高达 220℃）下以氧化钡和/或硼酸锌为催化剂，通过 BHC6 与两种不同的二元醇进行缩合聚合[31]。后来，Piotrowska 等人在 Bu_2SnO 的催化下将 BHC4 和 BHC6 与脂肪族二元醇进行缩聚合成聚氨酯，虽然聚合物分子量较低，但是具有良好的结晶性，其 T_g 为 18.5℃，熔融温度为 141.5℃[35]。最近，Yang 等人通过 BHC6 与不同二元醇［包括 PEG、聚酰胺二醇、聚(酯-酰胺)二醇］的缩聚合成二氧化碳基聚氨酯[32,33,36,37]。使用的催化剂为 $SnCl_2$，反应温度在 170～200℃之间，具体取决于所使用的二元醇。所合成的聚合物具有结晶性，同时还表现出良好的力学性能。聚合物的分子量取决于聚合条件，PEG 与 BHC6 聚合所得聚氨酯 M_w 在 54000～94000 之间。

4.2.2 二胺与双碳酸酯类单体反应合成聚羟基氨酯

非异氰酸酯和非光气路线合成聚氨酯中，双环状碳酸酯与二胺的反应是其中研究最多的一种。合成路线是双环状碳酸酯与二胺的加聚，形成线型聚羟基氨酯（PHUs），如图 4-16 所示。Groszos 是这一领域的开拓者之一，1957 年，他通过环状碳酸酯、二胺和尿素的反应制备低聚羟基氨酯[38]。通过这条路线合成的聚羟基氨酯表现优异的性能，不使用异氰酸酯和光气使得制备过程更安全，而且反应物对于空气湿度不敏感。事实上，存储过程中没有特别需要注意的，也不会有不可逆的副产品生成。结构中羟基的赋予聚合物特殊的性质。在氨基甲酸酯分子的β-碳原子上形成的羟基参与分子内和分子间氢键的形成。这些氢键与无孔材料的结合及没有热不稳定的双缩脲和脲基甲酸酯使得其热稳定性和耐非极性溶剂性能得以提高[26,39]。

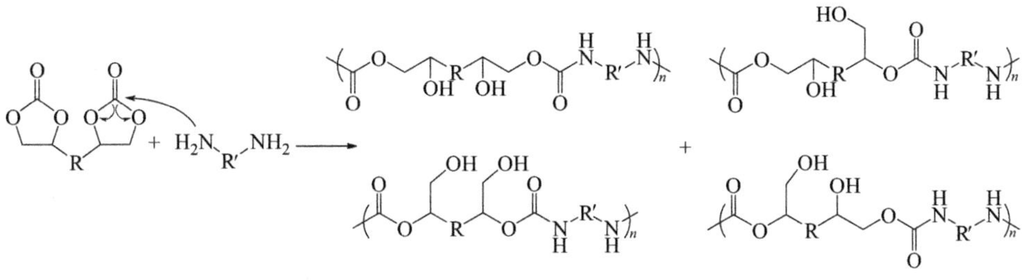

图 4-16 二胺与双五元环状碳酸酯的反应合成聚羟基氨酯

为此，许多科学家对于聚羟基氨酯的力学性能及热性能进行了研究，结果表明单体的化学结构决定着聚羟基氨酯的玻璃化转变温度、熔点的存在与否及分解温度。其玻璃化转变温度分布在－30～100℃之间，取决于反应物的化学结构[40,41]。半结晶聚羟基氨酯其熔点范围为 80～190℃[42,43]。对于脂肪族二胺，许多研究表明，随着脂肪族二胺链长的增大，其主链结构氨酯基团密度降低，从而导致其玻璃化转变温度降低[44-46]。Kim 等人发现，芳香二胺合成的聚羟基氨酯其 T_g 比脂肪族二胺的明显要高[41]。此外，Besse 等人也在双五元（六元）环状碳酸酯与相同二胺合成的聚氨酯中观察到有关玻璃化转变温度的相似的现象[47]。为提高 PHUs 热稳定性，Kim 等在常压和 100℃下，以 N-甲基吡咯烷酮为溶剂，通过相转移催化剂催化二氧化碳和双酚 S 缩水甘油醚合成双环碳酸酯[41]。随后，通过双环状碳酸酯和不同的二胺的加聚合成 PHUs。PHUs 的热性能取决于二胺和单体，其初始热分解温度在 375～388℃之间。Kihara 等发现，3,3′5,5′-四甲基联苯双酚二缩水甘油醚制备所得的双环状碳酸酯与己二胺加成聚合生成的聚羟基氨酯与传统的异氰酸酯制备的聚氨酯在热稳定性上没有明显的差异，初始分解温度均大于 310℃[48]。

Fleischer 课题组首次对于线性 PHUs 的力学性能进行研究。结果发现双五元环碳酸酯和己二胺反应所得 PHUs 其杨氏模量为 7MPa±1MPa，拉伸强度为 9MPa±2MPa，断裂伸长率为 280%±50%[49]。Torkelson 课题组通过双环状碳酸酯氨解法以 1,3-二环状碳酸酯基苯和 1,4-二环状碳酸酯基苯及扩链剂二胺为硬段，以氨基封端的聚四氢呋喃或聚乙二醇为软段，合成 PHUs[50-52]。研究表明，PHUs 拥有十分明显的纳米相分离的形态，尺寸为 10～20nm。由于硬段羟基与软链段的氢键作用，使得其纳米相分离与热塑性聚氨酯（TPU）存在明显的不同。这些 PHUs 具有很好的阻尼性能，并可通过硬段含量和扩链剂结构的变化对其进行调控。PHUs 表现出良好的弹性响应和可拉伸性能，杨氏模量高达 200MPa，拉伸强度高达 9.7MPa 之间，断裂伸长率均在 2000% 以上。羟基的存在使得 PHUs 可作为反应性聚氨酯。虽然其亲水性可能会限制其应用，但羟基的功能化可以使其有所改善。Ochiai 等人以醚酯或硅醚通过原位聚合合成聚羟基氨酯。通过一锅法在非异氰酸酯条件下可以直接将羟基转换成其他官能团，无需进行任何中间体的分离（图 4-17）[53,54]。此外，环状碳酸酯和胺的大量供应及多样性赋予聚合物的工业生产多样化。事实上，环状碳酸酯可以通过多种简单的方法合成，特别是烯烃的环氧化-碳酸酯化反应及二氧化碳与环氧官能团的碳酸酯化，符合绿色、可持续化学的发展方向。因为羟基的存在，赋予了聚氨酯材料新的性能。而且，聚氨酯由于羟基的存在可以进行交联或进一步功能化，从而调控其疏水性、热性能及力学性能，极大地扩展其后续的应用范围。

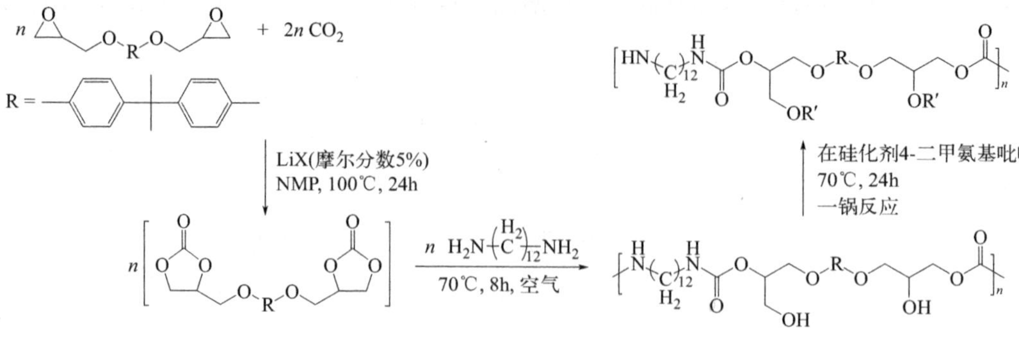

图 4-17 双环碳酸酯与二胺的加成聚合及直接转化聚氨酯示意图

LiX—锂盐；NMP—*N*-甲基吡咯烷酮

4.2.3 二氧化碳与其他单体直接共聚合成聚氨酯

无论是氨基甲酸酯路线还是环状碳酸酯/胺路线，在聚合工艺上都存在较多的步骤。因此，二氧化碳基聚氨酯无疑是一个绿色环保的化学品，也是聚氨酯工业研究的热点之一。氮杂环丙烷与 CO_2 的开环聚合合成聚氨酯（图 4-18）是另一种选择。Kayaki 及其同事在超临界条件下直接以二氧化碳为碳源，通过二氧化碳和氮杂环丙烷共聚合成聚氨酯。共聚物在水溶液中具有 LCST，在 41～85℃范围内存在很明显的相变[55]。最近，Feng 课题组在二氧化碳合成聚氨酯领域取得了重要进展。在催化剂碳酸铯和四丁基溴化铵存在的情况下，以二胺、二卤化物和二氧化碳为原料，通过一锅法、两步法直接合成聚氨酯，如图 4-19 所示[56]。所获得的二氧化碳基聚氨酯分子量为 6000～22000，产率在 85%以上。这些聚氨酯的热性能与那些传统的二异氰酸制备的酯聚氨酯非常相似。这种合成方法不仅可以应用于脂肪族二胺和二卤化物合成脂肪族聚氨酯，还为合成具有所有可能的组合的脂肪族/芳香族卤化物和二胺的聚氨酯提供一个可行方案，为聚氨酯工业的无毒、绿色、可持续发展指明了方向。

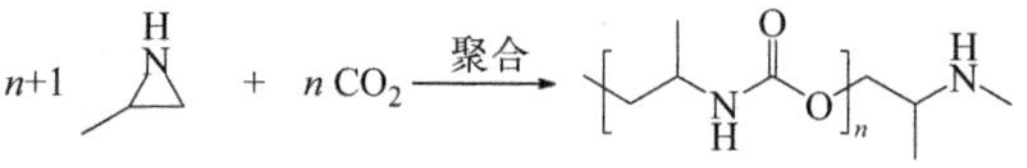

图 4-18 2-丙烯亚胺与二氧化碳的共聚反应

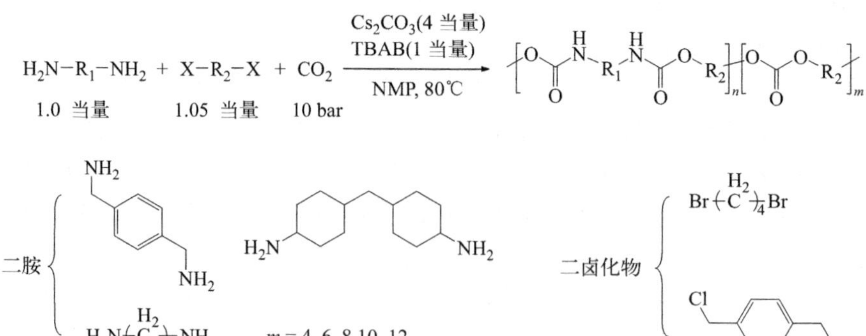

图 4-19 二氧化碳、二胺及二卤代烃直接共聚合成聚氨酯

NMP 为 *N*-甲基吡咯烷酮溶剂

4.3　二氧化碳基聚氨酯的结构与性能

4.3.1　影响聚氨酯结构的因素

任何一种高分子材料的性能均取决于其分子的结构。聚氨酯的各种特性，也是由其结构决定的。例如聚氨酯的特性基团氨基甲酸酯基—NHCOO—与聚酰胺的特性基团酰胺基—NHCO—极其相似，都是可以形成氢键的基团，因此分子间的吸引力强，都是能够形成结晶体的聚合物。但是聚氨酯的特性基团氨基甲酸酯基比聚酰胺的特性基团酰氨基多了一个氧原子，因此增加了聚氨酯分子主链的屈挠性，使二者在性能上产生了许多差异。在聚氨酯中，由于其结构的多变性，使其物理性能、力学性能、耐老化性、水解稳定性及抗霉抗菌性能都有所差异。

在聚氨酯的主链结构中，不仅含有特性基团氨基甲酸酯基，而且还常含有醚基、酯基、脲基甲酸酯基、芳环等各种基团，因此其性能和天然橡胶或烃类合成橡胶有很大差别。而其各种性能与热塑性聚氨酯主链的结构关系极大，聚氨酯高分子链段柔顺性、分子间作用力、聚合物的支化度、结构的规整性都直接影响它的性能。因此，根据产品的要求，改变聚氨酯主链的机构，是制备适合我们需要的热塑性聚氨酯的一个重要途径。例如，用热塑性聚氨酯来制备湿法合成革、干法合成革或发泡聚氨酯鞋底时，可依据产品对硬度、屈挠性、耐寒性和力学性能的要求来设计聚氨酯主链的结构[57]。

一般来说，可以把聚氨酯看成是由柔性链段和刚性链段两部分构成的嵌段聚合物。一般由低聚物多元醇的柔性长链构成软链段，由二异氰酸酯和扩链剂构成硬链段，硬链段和软链段交替排列，形成重复结构单元。除含有氨酯基团外，聚氨酯分子内及分子间可形成氢键，软链段和硬链段可形成微相区并产生微观相分离。

4.3.1.1　低聚物多元醇对聚氨酯性能的影响

聚氨酯所用的多元醇有聚酯多元醇、聚醚多元醇、聚烯烃多元醇等品种。在聚氨酯中大分子二元醇的质量分数为50%～80%，因此对堆砌性能的影响较大。需要考虑多元醇的主要指标有羟值、酸值、色度、黏度、水分、分子量及其分布，以及与异氰酸酯的反应活性等。需要特别说明的是多元醇分子链的规整度对聚氨酯的物理性能有很大影响，如果多元醇是均一的且无取代基，则有利于大分子二元醇的聚集，因而具有较好的物理性能；反之，有利于形成无定形的聚氨酯，从而导致合成的聚氨酯具有较差的物理性能。因此在生产研究过程中考虑大分子二元醇的品质是十分必要的[58]。

(1) 低聚物多元醇的种类

低聚物链段结构的规整性对软链段排列、低聚物本身结构结晶性及制得的聚氨酯性能有很大影响。

聚酯多元醇分子中含有较多的极性酯基，可形成较强分子内氢键，因而聚酯型聚氨酯具有较高的强度、耐磨性及耐油性；聚酯链段易受水分子的侵袭发生断裂，并且水解生成的酸又能催化聚酯链段的进一步水解，因而其水解稳定性比聚醚型聚氨酯差。聚醚多元醇中醚键氧原子相邻的碳原子容易被空气氧化，也容易受紫外线的攻击，因而聚醚型的聚氨酯具有较低的热稳定性和抗光氧化型；醚键不易水解且较为柔顺，所以制得的聚氨酯具有较好的水解稳定性、耐候性、低温柔顺性和耐霉菌性等性能。用聚烯烃类多元醇合成的聚氨酯具有优异的水解稳定性、电绝缘性、低温柔性、气密及水密性能。低官能度的聚丙烯酸酯多元醇制得的聚氨酯具有良好的耐水和耐紫外线性能。精制蓖麻油是一种含双键的植物油多元醇，制得的聚氨酯耐水解，但强度不高。不同的大分子二元醇对聚氨酯性能具有不同的影响，所以在选择大分子二元醇时，应根据产品的使用要求选择合适种类的大分子二元醇。

山东一诺威聚氨酯股份有限公司在控制硬链段含量、R 值恒定的条件下，以聚己二酸-乙二醇-丁二醇酯（PEBA）、MDI 和 BDO 为原料，合成了 TPU，并研究了聚酯多元醇分子量（M_r）对 TPU 综合性能的影响。结果在该 TPU 中，控制 R 值不变，保持硬链段含量相同，随聚酯二元醇 M_r 增加，弹性体硬度变化不大，TPU 的结晶性能增强，并且回弹性、力学性能、耐磨性能均增强[59]。

（2）低聚物多元醇分子量

在确定低聚物多元醇种类的情况下，还需要了解低聚物多元醇分子量对聚氨酯性能的影响。在原料配比一定的情况下，改变低聚物多元醇分子量对聚氨酯性能有较大影响，聚酯型低聚物多元醇分子量对聚氨酯性能的影响见表 4-5。其相应的聚氨酯的结晶度也随之增大，当聚酯的分子量达到 3000 左右时，这种变化就不明显了，分子量较小的聚酯，在聚氨酯链中的软链段长度不够，周围又有硬链段牵制所产生的位置效应，使大分子链规整排列难度较大，所以其结晶度比原料聚酯结晶度大幅度下降；数均分子量较高的聚己二酸丁二醇酯（PBA），由于其自身结晶度已接近定值 30%，故使其形成的聚氨酯也只能保持一定的结晶度[60]。

表 4-5 聚酯型低聚物多元醇分子量对聚氨酯性能的影响

分子量(M_n)	拉伸强度/MPa	断裂伸长率/%	A 型邵氏硬度	300%定伸强度/MPa
1000	33	450	99	19.5
2000	34	525	98	19
3000	39	670	87	13
4000	45	750	74	9

注：聚氨酯所用原料为 MDI、聚己二酸乙二醇酯（PEA）、乙二醇。

由表 4-5 可见，随软链段分子量的增加，软链段比例增加，硬度、弹性模量降低，弹性增加，这可能是由于软链段分子量提高，即分子链中聚酯软链段长度增加，利于大分子之间规则排列、紧密堆积，材料洁净性能提高。同时，聚氨酯链中软链段的增加，使得软链段相难以渗入硬链段微区，降低了软、硬链段之间的相容性，提高了弹性体微相分离程度，进而提高了聚氨酯力学性能。此外，软链段 PEA 为聚酯型，其分子量的提高，还可能促进软链段结晶。最终表现出随软链段 PEA 分子量的提高，聚氨酯的综合力学性能增强[61]。

对硬链段为 MDI-BDO，硬链段质量分数为 32%，软链段为 PEA，分子量为 1433、1961 和 2753 的聚氨酯体系进行测试，采用旋转流变仪研究了热塑性聚氨酯弹性体的动态非等温结晶性能。首先对聚氨酯测试样加热至 200℃以上，然后按设置程序降温，最后得到聚氨酯弹性模量随温度降低的变化关系，如图 4-20 所示。可以看出，聚氨酯弹性模量均随温度降低而增大，并且弹性模量增加的起始温度随 PEA 分子量降低而减小。这是由于随测试温度降低，熔融聚氨酯体系内部开始发生结晶，伴随晶体的不断生长，聚氨酯弹性模量逐渐增大。软链段 PEA 分子量越大，其软链段越长，利于分子链规则排列、紧密堆积，促进体系均相晶核的稳定。因此，软链段 PEA 分子量越高，越早出现结晶，弹性模量增大的起始温度越高[62]。

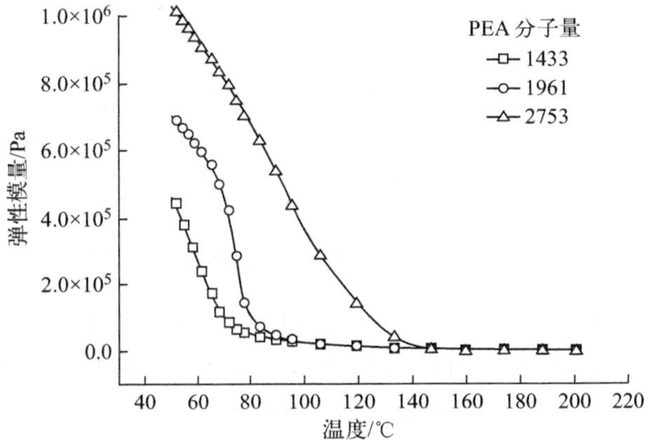

图 4-20　不同 PEA 分子量聚氨酯弹性模量随温度变化曲线

4.3.1.2　扩链剂及交联剂对聚氨酯性能的影响

扩链剂是制备热塑性聚氨酯弹性体常用到的一种功能性助剂，其特点是分子量小、链节短、反应活性高。扩链剂的主要作用：①能使聚氨酯反应体系迅速地进行扩链或交联；②反应活泼，对异氰酸酯和多元醇体系构成较强的反应竞争概率，因此，可选择不同品种的扩链剂及用量，调节反应物的黏度增长等工艺参数，使之适应加工工艺的要求；③调节泡沫体结构和开孔率，提高产品的回弹性、刚性和力学性能，同时，它还能降低原料组分黏度，改善原料各组分的相容性[58]。

扩链剂一般是由 2～4 个官能基团组成的胺类或醇类化合物，但随着聚氨酯工业的发展和应用领域的拓展及产品形式的不断更新，新品种的扩链剂亦在不断推出，但在实际应用过程中，一般选用醇类和胺类扩链剂为主[63]。

扩链剂二元醇的类型对聚氨酯的物理性能影响最大。一般常用的扩链剂二元醇有乙二醇、1,3-丙二醇、1,4-丁二醇、1,6-己二醇等。改变扩链剂的种类和数量，可以有效地调节聚合物的硬度、模量和弹性。随着扩链剂中次甲基数目的增加，制得的聚氨酯的柔顺性增强，断裂伸长率加大；当扩链剂中含有芳族烷基时，制得的聚氨酯的硬度和模量增大。当使用带支链的扩链剂（如 1,2-丙二醇）或将两种不同的扩链剂（如 1,2-丙二醇与 1,4-丁二醇或乙二醇与 1,4-丁二醇）混合使用时，由于生成的聚氨酯主链的规整性降低而使聚氨酯的柔顺性、韧性显著提高，熔点显著降低。在这方面，比调节软链节端羟基聚酯、聚醚的长短效果更明显[57]。

图 4-21 是以醇类为研究对象，不同种类的扩链剂合成的弹性体的 DSC 图谱。

从图 4-21 可以看出，在 200℃附近出现的峰是硬段的解离峰（微晶的熔融），进一步证明微晶的存在。微晶的存在表明聚氨酯弹性体的硬段形成小且多的硬段区，核区表面积较大，可有效地限制软段基料的变形，有利于杨氏模量、拉伸强度提高，但断裂伸长率降低。

由表 4-6 可以看出，直链二元醇扩链的弹性体的性能随着碳原子数的增加，其硬度、拉伸强度、撕裂强度等性能均增加，这是因为随着偶数碳原子数的增加，其分子中的供氢基团

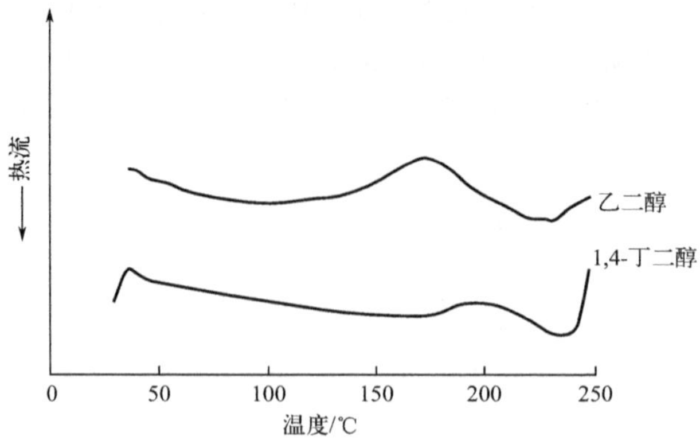

图 4-21 不同扩链剂合成弹性体的 DSC 图谱

与供电子基团比较容易接近，较易形成氢键，而使聚合物分子链较易结晶。随着扩链剂长度的增加，硬链段含量增加，硬段相和软段相的相容性变差，硬段相和软段相的分离效果变得较明显，微相分离程度提高，聚氨酯弹性体力学性能上升[60]。

表 4-6 不同扩链剂对弹性体力学性能的影响

扩链剂	A 型邵氏硬度	拉伸强度/MPa	撕裂强度/MPa	300%定伸强度/MPa
乙二醇	85	31	0.60	10
1,4-丁二醇	88	33	0.65	11
1,6-己二醇	70	38	1.35	20

注：n(PES)∶n(MDI)∶n(扩链剂)=1.0∶2.7∶1.7。

随着扩链剂用量的变化，聚氨酯的性能也会改变，表 4-7 给出了不同用量的扩链剂 1,4-丁二醇对热塑性聚氨酯弹性体力学性能的影响。异氰酸酯指数（R）为 1.03。

表 4-7 扩链剂 1,4-丁二醇用量对热塑性聚氨酯弹性体力学性能的影响

扩链剂质量分数/%	A 型邵氏硬度	拉伸强度/MPa	撕裂强度/(kN/m)	300%定伸强度/MPa	断裂伸长率/%
0.25	70～75	29～31	60	10	510
0.35	75～78	33～35	72	13	470
0.61	80～85	37～40	135	20	440
0.82	>95	44～46	155	28	400

由表 4-7 可知，随着扩链剂用量的增加，热塑性聚氨酯弹性体的硬度、拉伸强度、撕裂强度和 300%定伸强度等力学性能有所提高，而断裂伸长率有所降低。这是因为聚氨酯制品的各项力学性能与聚氨酯的结晶程度有关，而随着扩链剂用量的增加，聚氨酯链段中硬链段含量增加，极性基团增加，结晶性增强[64]。

4.3.1.3 二异氰酸酯对聚氨酯性能的影响

二异氰酸酯在聚氨酯生产中的功能有两个。首先，它作为偶联剂连接大分子二元醇组分，起连接聚氨酯软段作用；还作为偶联剂连接小分子二元醇扩链剂组分，生成聚氨酯的硬段；又作为偶联剂连接软段和硬段，组成聚氨酯链。其次，作为硬段贡献聚氨酯的力学性能，如拉伸强度、杨氏模量、硬度等及耐热性。

二苯基甲烷-4,4′-二异氰酸酯（MDI）的蒸气压低、毒性小、对称性好，制得的弹性体强度一般比甲苯-2,4-二异氰酸酯（TDI）基弹性体高。异佛尔酮二异氰酸酯（IPDI）、亚己基二异氰酸酯（HDI）制得的弹性体具有不黄变的特点，可用于某些耐黄变弹性体等。一些小品种二异氰酸酯也在特殊场合下用于合成聚氨酯弹性体，如结构对称的对苯二异氰酸酯（PPDI）及环己烷-1,4-二异氰酸酯（CHDI）合成的弹性体具有较高的机械强度和耐热性。萘-1,5-二异氰酸酯（NDI）基聚氨酯弹性体具有较高的耐疲劳性能，特别是力学性能、动态性能、永久变形性能及耐油性能极优。

在实际生产过程中，鉴于异氰酸酯类产品中—NCO 基活性的不同，为了控制反应速度和反应方向，在聚氨酯制品的制备过程中，除了考虑二异氰酸酯对产品性能的影响外，与—OH 基的反应活性也是一个关键的因素[58]。

异氰酸酯的种类对热塑性聚氨酯弹性体的力学性能有较大影响，使用结构对称的异氰酸酯制备弹性体时，弹性体链段中含有对称的结构，分子链段间引力增加，结晶性增强，弹性体的各种力学性能有所提高。表 4-8 所示为不同结构的异氰酸酯对热塑性聚氨酯弹性体力学性能的影响[60]。

表 4-8 不同结构的异氰酸酯对聚氨酯弹性体力学性能的影响

项目	MDI	TDI	HDI	IPDI
拉伸强度/MPa	33～35	27～30	20～23	13～16
撕裂强度/(kN/m)	74	66	45	26
300%定伸强度/MPa	13	10	8	5

由表 4-8 可以看出，由芳香族异氰酸酯制备的热塑性聚氨酯弹性体，其拉伸强度、定伸强度和撕裂强度等比脂肪族异氰酸酯型的强。这是因为由 TDI 或 MDI 聚合而成的弹性体，存在对称的苯环结构，链段的刚性增加，硬段的内聚能增大，结晶性增强，链段间易形成硬相微区，使弹性体发生微相分离，物理力学性能得到提高；而由 HDI 和 IPDI 合成的聚氨酯弹性体没有苯环刚性结构的存在，力学性能较差；HDI 具有对称结构，而 IPDI 具有侧链基团，IPDI 合成的聚氨酯弹性体的结晶性比 HDI 合成的聚氨酯弹性体更差，力学性能也更差，但外观呈透明状，光泽度较好[60]。

上面提到了二异氰酸酯是聚氨酯硬段的一部分，再加上二元醇扩链剂，反应形成聚氨酯的硬段[20]。在影响聚氨酯性能的因素中，硬段含量也是重要的一部分。硬段含量是指硬段在聚氨酯中的质量分数，是聚氨酯配方设计中一个重要参数。硬段含量直接影响聚氨酯的氢键、微相分离程度以及结晶性能，是决定其形态的主要因素。不同的硬段含量对聚氨酯力学性能的影响如表 4-9 所示[61]。

表 4-9 聚合物中硬段含量对聚氨酯力学性能的影响

硬段含量/%	断裂伸长率/%	300%定伸强度/MPa	拉伸强度/MPa	A 型邵氏硬度	冲击弹性/%	撕裂强度/(kN/m)	永久变形/%
30.15	588	10	62	78	20	81	4
33	576	14	58	83	14	81	4
35.8	548	16	47	86	13	93	8
38.2	518	18	43	89	10	97	10

续表

硬段含量/%	断裂伸长率/%	300%定伸强度/MPa	拉伸强度/MPa	A 型邵氏硬度	冲击弹性/%	撕裂强度/(kN/m)	永久变形/%
42.6	468	22	39	92	10	111	12
54	438	34	46	98	18	205	60

注：以上制备聚氨酯所用原料为聚己二酸乙二醇酯（分子量为 1367，酸值 0.97），1,4-丁二醇，MDI(—NCO/—OH=1)。

随着硬段含量增大，聚氨酯的硬度、模量提高，撕裂强度、永久变形增大，断裂伸长率下降。这是由于随着二醇扩链剂量的增加，二异氰酸酯的量相应增加，使大分子链上氨基甲酸酯的链节增多，进而使大分子中 MDI-二元醇扩链剂链段之间的氢键（物理交联键）缔合数目增多。这种氢键加强了硬段间的聚集作用，导致硬段与软段之间的微相分离趋于完善，提高了弹性体的模量、硬度。

采用以聚己二酸-乙二醇-丙二醇酯（PEPA）和环氧乙烷/四氢呋喃无规共聚醚（PET）为软段，以异佛尔酮二异氰酸酯（IPDI）和二羟甲基丙二酸二乙酯（DBM）为硬段合成的聚氨酯，在不同的硬段含量（质量分数）下对其性能进行测试，得到结果如表 4-10[65]。

表 4-10　不同硬段含量聚氨酯的玻璃化转变温度和力学性能

w(硬段)/%	T_{g_1}/℃	T_{g_2}/℃	拉伸强度/MPa	断裂伸长率/%
40	−60.7	−17.4	2.30	1156
45	−56.8	−15.6	6.87	1055
50	−56.0	−12.4	18.23	654
55	−57.6	−11.4	27.25	592
60	−59.0	−7.3	32.64	548
65	−59.4	—	34.68	490

注：T_{g_1} 指软段中 PET 的 T_g；T_{g_2} 指软段中 PEPA 的 T_g。

与原料 PET（T_g=−81℃）相比，聚氨酯中 PET 的 T_g 有较大提高。这可能是由于侧链酯基的引入，导致位阻增加，阻碍了—NH—与硬段中—CO—形成氢键的能力，使得硬段不容易聚集，而作为主要质子给予体的—NH—中的氢，易于与软段中醚氧形成氢键，导致聚醚软段与硬段相容性增加，促使 PET 的 T_g 升高[65]。

4.3.1.4　原料配方对聚氨酯性能的影响

（1）原料基本参数的确定

原料基本参数的确定在聚氨酯配方设计的过程中起到至关重要的作用，只有将原料的基本参数确定后，配方的计算才能进行，在配方计算的过程中需要确定原料的参数有：大分子二元醇的分子量、二异氰酸酯和小分子扩链剂的纯度等。尤其大分子醇和小分子醇扩链剂中的水分要严格控制，因为 1mol 水消耗 1mol 的二异氰酸酯，在合成前要对原料进行脱水处理，要求水分低于 0.03%～0.05%，否则会对聚氨酯性能产生较大的影响。

大分子二元醇分子量的计算可以通过式(4-1) 计算：

$$\overline{M_n}=\frac{56.1\times1000\times2}{羟值+酸值} \tag{4-1}$$

式中 2——大分子二元醇的官能度[15]。

(2) 聚氨酯基本参数的确定

聚氨酯原料的基本参数确定后，最重要的是聚氨酯基本配方的硬段含量和 R 值。硬段含量直接影响聚氨酯的氢键、微相分离及结晶性能，是决定其形态的主要因素。硬段质量分数低于 10%时，硬段易溶于软段之中，聚氨酯成为单一软段相；当硬段含量较高、但质量分数低于约 40%时，硬段分散在软段上，软段是连续相；这两种情况下，聚氨酯主要表现出软段相的优势性能，如具有良好的低温性能、断裂伸长率以及弹性，但强度、模量、耐磨性与耐热性能较差。当硬段质量分数在 40%～60%时，聚氨酯微相分离良好，软段相与硬段相均可能是连续相，此时聚氨酯表现出良好的综合性能，断裂伸长率、弹性、强度、模量、耐磨性以及低温性能都比较好。当硬段质量分数大于 60%时，软段分散在硬段之中，硬段是连续相，此时聚氨酯主要表现出硬段相似的性能，具有良好的机械强度、较高的模量与耐磨性能、较好的耐热性，但低温性能、断裂伸长率以及弹性则较差。在设计聚氨酯配方时，应根据产品的性能要求，确定相应的硬段含量范围，计算出初步的实验配方，通过实验进一步对配方进行调整。

4.3.1.5 异氰酸酯指数 R 对聚氨酯性能的影响

—NCO/—OH 摩尔比即异氰酸酯指数 R 对热塑性聚氨酯弹性体的拉伸强度、300%定伸强度和断裂伸长率等都有较大的影响。在聚氨酯中，一般情况下 R 值在 0.95～1.05，大多数在 0.98～1.02 之间。当 R 值<1 时，聚氨酯为纯线性结构，是热塑型产品；R 值>1 时，除产生线性聚氨酯外，还有部分支化甚至交联结构，为半热塑型产品。纯线性结构的聚氨酯可熔可溶，既可以熔融加工如挤出、压延、注塑、吹塑，也可以溶液加工如制成涂料、胶黏剂、浆料等。而半热塑型聚氨酯则可熔，但不全溶，只能熔融加工，不能溶液加工。因此，在设计配方时，应根据产品的性能要求选择适宜的 R 值。

表 4-11 列出了 R 值对聚氨酯力学性能的影响。

表 4-11 R 值对聚氨酯力学性能的影响

—NCO/—OH 摩尔比(R)	拉伸强度/MPa	撕裂强度/(kN/m)	300%定伸强度/MPa	断裂伸长率/%
0.96	20～22	38	4	650
0.98	24～25	48	5	600
1.00	29～31	62	5	570
1.03	33～35	73	13	490
1.05	30～32	82	13	440
1.09	21～23	72	15	380

由表 4-11 可以看出，随着 R 值的增大，拉伸强度和撕裂强度均是先增加后降低，定伸强度却一直增大，而断裂伸长率则下降。这是因为随着 R 值的增大，异氰酸酯用量增加，聚氨酯的硬段含量增加，内聚能增大，结晶性增强，柔韧性降低，断裂伸长率降低，而拉伸强度、撕裂强度和 300%定伸强度等有所增大，但当 $R \geq 1.05$ 时，—NCO 基团过量太多，低聚物较多，因此拉伸强度和撕裂强度又有所下降[60]。

4.3.1.6 水分对聚氨酯力学性能的影响

水分对热塑性聚氨酯弹性体的拉伸强度、撕裂强度等力学性能也有较大的影响，水分含量对聚氨酯力学性能的影响见表 4-12。

表 4-12 水分含量对聚氨酯力学性能的影响

水分质量分数/%	0.3	0.2	0.1	0.07
拉伸强度/MPa	23～25	27～28	32～35	42～45
撕裂强度/(kN/m)	48	58	74	88
300%定伸强度/MPa	7	10	16	25

水分主要来源于原料（如多元醇、扩链剂等）和大气等，如果原料中水分质量分数过大（≥0.2%），在合成热塑性聚氨酯弹性体时，水会快速与异氰酸酯基团发生反应生成氨基甲酸，且很快就分解放出 CO_2 和氨基化合物，氨基化合物进一步与异氰酸酯反应生成脲类等不溶性固体杂质，同时可能导致其他有害副反应发生。水分的反应消耗了部分异氰酸酯基团，影响了物料计算的准确性，最终所得产品不能满足设计的力学性能指标要求，如表 4-12 所示结果，因此生产过程中，应严格控制基础原材料中的水分含量，一般将水分质量分数控制在 0.1%以下比较理想。

4.3.1.7 后硫化时间对聚氨酯性能的影响

热塑性聚氨酯弹性体成型后，在一定温度下硫化，可使反应基本完全，使柔性链段和刚性链段规整排列，但不同的硫化时间对产品力学性能的影响不同。实验将试片放在 110℃的烘箱中常压硫化，热塑性聚氨酯弹性体的力学性能的影响如表 4-13 所示。从表 4-13 可以看出，后硫化时间对热塑性聚氨酯弹性体的力学性能的影响较大，拉伸强度、撕裂强度随后硫化时间的延长而增加；当后硫化时间大于 4.0h 后，拉伸强度、撕裂强度和断裂伸长率等基本稳定。这是由于热塑性聚氨酯弹性体在初步硫化后，反应还不完全，体系中仍然存在着游离的异氰酸酯基团，随着后硫化时间的延长，反应逐步趋于完全，力学性能也逐渐稳定，如常温下放置 1 周，可使聚合物分子链间进一步形成氢键，并产生适当的相分离，热塑性聚氨酯弹性体的力学性能会更加稳定[66]。

表 4-13 后硫化时间对聚氨酯力学性能的影响

后硫化时间/h	拉伸强度/MPa	撕裂强度/(kN/m)	断裂伸长率/%
2.5	20	68	550
3.0	24	73	520
3.5	30	80	490
4.0	35	82	440
4.5	36	84	430

4.3.2 二氧化碳基聚氨酯性能研究进展

脂肪族聚碳酸酯型聚氨酯弹性体具有优良的力学性能、耐水解性能和化学稳定性等，是一类性能优越的弹性体材料。聚甲基亚乙基碳酸酯（PPC）多元醇是由环氧丙烷和二氧化碳共聚而成，兼具聚碳酸酯和聚醚结构，以其为原料制备的聚氨酯显示出优异的综合性能，已有不少相关文献研究。

4.3.2.1　力学性能

广东工业大学刘宝华课题组以 PPC 多元醇、二苯基甲烷-4,4′-二异氰酸酯（MDI）和 1,4-丁二醇（BDO）等为原料，采用预聚体法合成了聚碳酸亚丙酯型热塑性聚氨酯弹性体（PPC-TPU）[67]。其探讨了硬段含量、异氰酸酯指数（R）、分子量等对弹性体磨耗性能的影响，并与商业化多元醇制备的弹性体进行比较。研究表明，随着硬段含量、R 值的增加，制备的弹性体的磨耗出现最小值，这是由于随着预聚体 NCO 含量增加，分子内刚性基团苯环和氨基甲酸酯的含量提高，分子内聚能增加，弹性体的硬度、定伸应力和强度提高。同时硬段含量对 PPC 型聚氨酯弹性体的耐磨性影响较大，在一定范围内，磨耗先降低后增加。这是因为随着硬段含量提高，相应的软段含量比例减少，分子间氢键增多和作用力增强，链段调整能力和韧性较差，体积磨耗也随之增大；随 PPC 分子量增加，弹性体的耐磨性提高，这可能是由于 PPC 合成时，使用聚醚作为起始剂，随 PPC 分子量增加，聚醚链段相对含量降低，碳酸酯键含量增加，而碳酸酯键极性较大，容易形成分子内氢键，分子间作用力增强。另外随着软段分子量的增加，分子链较为柔韧，弹性体柔顺性提高，在受到摩擦时缓冲作用加强，因此聚氨酯弹性体的耐磨性能随着软段分子量的增加而提高。在相同硬段含量下，PPC 型 TPU 的耐磨性优于聚醚型 TPU 的，和聚酯型及 PTMG-TPU 的相近。

又以 PPC 二元醇、MDI 及不同扩链剂（乙二醇、1,4-丁二醇或 1,6-己二醇）制备 CO_2 基热塑性聚氨酯弹性体（PPC-TPU）（图 4-22），对其流变性能和力学性能进行了分析，研究了剪切速率、剪切温度、硬段含量、扩链剂的变化对 PPC-TPU 的影响[68]。结果表明，PPC-TPU 的表观黏度随剪切速率加快而下降，非牛顿指数小于 1。PPC-TPU 展示了典型的假塑性非牛顿流变行为特征。加入塑化剂和抗氧化剂，可显著抑制加工过程中的降解。同时发现表观黏度随硬段含量和扩链剂含量变化而变化。在相同的 185℃ 和剪切速率 $50s^{-1}$ 条件下，硬段含量越高，表观黏度越高，而表观黏度和拉伸强度在以乙二醇为扩链剂时有最大值。另外，随着表观剪切速率（τ）的增加，表观剪切应力（γ）的变化趋势趋于平移，τ-γ 曲线的非线性关系趋于明显，这就是典型的假塑性非牛顿流变行为特征。

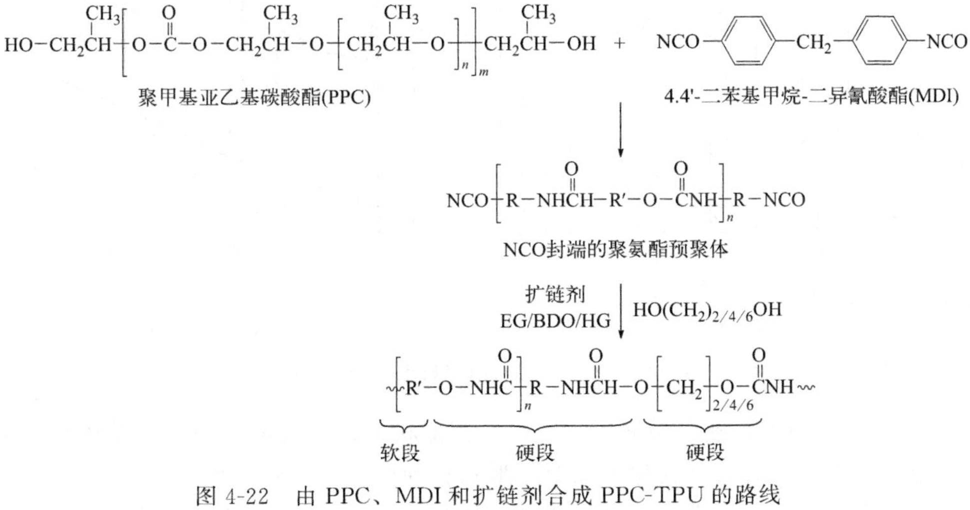

图 4-22　由 PPC、MDI 和扩链剂合成 PPC-TPU 的路线

后又以 PPC 二元醇和异佛尔酮二异氰酸酯（IPDI）、二羟甲基丙酸（DMPA）、乙二胺（EDA）为原料，可制备 PPC 型水性聚氨酯（PPCWPU）[69]。该 PPC 二元醇分子量分布窄，

PDI在1.2～1.3之间，其参与催化剂金属离子质量分数在0.005%～0.01%之间。异氰酸酯指数、DMPA用量对水性聚氨酯乳液及其成膜后性能有显著影响，结果显示，当DMPA的质量分数为5%、异氰酸酯指数值为1.5时产品的综合性能最优，拉伸强度达到50MPa，断裂伸长率达到583%。PPCWPU的强度和PPC型TPU相近，远远超过聚醚型和聚酯型WPU，断裂伸长率处于聚醚型和聚酯型WPU之间。在聚氨酯分子中多元醇主要作为软段组分，其对聚氨酯材料的力学性能有较大影响，该研究以PPG、PBA、PCDL、PPC的二元醇为软段，制备了一系列水性聚氨酯乳液，并对其胶膜性能进行测试，结果显示，PPC和PCDL水性聚氨酯胶膜，由于分子内含有大量的碳酸酯键，能与硬段上的极性基团形成氢键，使硬段相能更均匀地分布于软段中，起到弹性交联点的作用，因此强度较聚醚型聚氨酯高，另外，与PCDL相比，PPC分子链中还含有不少的醚键结构，分子柔顺性较PCDL好，断裂伸长率比PCDL高。PPCWPU还具有良好的耐热性，热分解失重5%的温度为271℃，和其他类型的水性聚氨酯相近，能够满足生产需要。总的来说，PPCWPU的力学性能要优于目前市场上常用的聚醚型与聚酯型水性聚氨酯材料，和PCDL相近，显示出良好的市场前景。

此前提及的中山大学孟跃中课题组将高分子PPC醇解得到的PPC二元醇，以不同比例混合聚丙二醇（PPG）作为软段合成聚(碳酸酯-醚)型聚氨酯（PCEU）[25]。由于PPG玻璃化转变温度较低，PU_{PPG}（软段仅含PPG）非常柔软，A型邵氏硬度只有31，拉伸强度低于2MPa，断裂伸长率88%。加入PPC二元醇作为软段，所得$PCEU_{(40\%\ PPC/PPG)}$（软段含40% PPC和60% PPG，以摩尔分数计，下同）硬度提高至81，拉伸强度21.98MPa，断裂伸长率1198%。进一步增加碳酸酯含量，$PCEU_{(80\%\ PPC/PPG)}$硬度提高至88（图4-23）。另一方面，$PCEU_{(80\%\ PPC/PPG)}$在断裂伸长率为300%时的拉伸强度提高至29.85MPa，不同碳酸酯含量的PCEU的应力-应变曲线如图4-24所示。此PCEU的另一个重要特点是其生物可降解性，其生物可降解性来源于PPC二元醇。

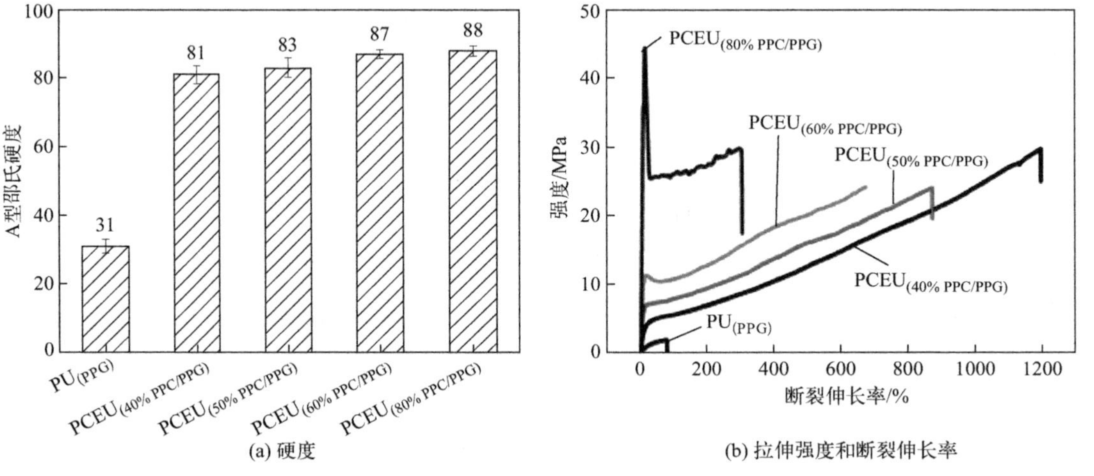

图4-23 聚醚型聚氨酯（PU_{PPG}）和聚(碳酸酯-醚)型聚氨酯（PCEU）的硬度、拉伸强度和断裂伸长率

聚氨酯为典型的软段-硬段型嵌段聚合物，其形状记忆效应可以用两相结构理论来解释：其中软段为可逆相，随着温度变化可以改变形状；硬段为固定相，可以记忆材料的形状。北京化工大学姜志国课题组以碳化二亚胺改性MDI、1,4-丁二醇（BDO）和聚碳酸1,6-己二醇酯二醇（PCDL）为原料，采用一步熔融法合成了系列聚碳酸酯型形状记忆聚氨酯弹性体（PCPU）[70]。表4-14为不同硬段含量的PCPU的形状固定率和形状恢复率。PCPU-12%

(代表硬段质量分数为12%的样品) 不具有形状记忆功能，是由于硬段分子链有记忆原始形状的功能，过低的硬段含量无法获得形状记忆功能。随着硬段含量的增加，形状固定率逐渐减小，是因为随着硬段含量的增多，软段结晶能力越来越差，使材料变得更加难以固定；随着硬段含量的增加，形状恢复率逐渐减小，这是因为硬段含量增加，材料整体氢键化程度降低，分子链段之间作为形状恢复的交联点变少，导致形状难以恢复。此外，硬段含量由15%上升到40%的过程中，形状恢复的速率先增大后逐渐减小，这是因为硬段含量的增加有利于硬段微相的聚集，使得硬段分子链之间的作用力增强，恢复力增大，从而提升了形状恢复速率。但是当硬段含量较高时，分子链之间的相互作用力过强，材料变硬，导致材料难以恢复形状。上述研究表明，聚碳酸酯型形状记忆聚氨酯具有优异的形状恢复能力，且硬段含量为15%和20%的样品具有最高的形状固定率和形状恢复速率。

表 4-14 不同硬段含量的 PCPU 的形状固定率和形状恢复率

项目	PCPU-12%	PCPU-15%	PCPU-20%	PCPU-25%	PCPU-30%	PCPU-35%	PCPU-40%
形状固定率/%	100	100	100	98.6	97.8	86.2	73.3
形状恢复率/%	0	100	100	98.5	97.4	93.2	91.6

4.3.2.2 耐介质性

热塑性聚氨酯弹性体（TPU）还是一类加热可以塑化、溶剂可以溶解的弹性体，具有耐化学品以及加工性能好等优异的综合性能。聚氨酯的使用寿命和耐久性与合成聚氨酯的软段种类和硬段组成有密不可分的关系。一般认为，聚氨酯中官能团的耐氧化性能顺序为：酯>脲>氨基甲酸酯≫醚。官能团的耐水降解性能依次为：酯<缩二脲、脲基甲酸酯<氨基甲酸酯<醚。在聚氨酯材料的实际使用过程中，不同介质、温度和作用时间下是否都显示相同的规律还需根据具体研究才能得出准确结论。

有研究者以不同的低聚物二醇为软段，二苯基甲烷-4,4′-二异氰酸酯和1,4-丁二醇为硬段，合成了一系列硬段含量为45%的聚氨酯，研究了不同软段种类聚氨酯的耐热空气老化性能、耐热水和耐热液压油性能[71]。四种软段分别是：聚四氢呋喃二醇（PTMEG，M_n=2000)，聚己二酸-1,4-丁二醇酯二醇（PBA，M_n=2000)，聚ε-已内酯二醇（PCL，M_n=2000)，聚碳酸酯二醇（PCDL，M_n=2000)。结果表明，聚醚型TPU具有更高的断裂伸长率和弹性恢复率，聚酯型TPU具有更高的硬度、拉伸强度和撕裂强度；在100℃下热老化70h均具有很好的性能保持率（表4-15)；TPU耐70℃热水老化的优劣顺序为PCDL型>PTMEG型=PCL型>PBA型（表4-16)；耐100℃液压油优劣顺序为PCDL型>PTMEG型>PCL型>PBA型，仅PCDL型TPU能在120℃液压油中长期使用（表4-17)。

表 4-15 4种软段类型聚氨酯在热空气老化（100℃，70h）后的物性变化率

项目	PTMEG	PBA	PCL	PCDL
硬度变化率/%	1	0	0	0
100%定伸强度变化率/%	3	0	1	1
300%定伸强度变化率/%	2	3	2	2
拉伸强度变化率/%	−1	8	1	2
断裂伸长率变化率/%	10	11	5	5

表 4-16 聚氨酯在 70℃ 热水中老化 250h 和 500h 后的物性变化率

项目	PTMEG	PBA	PCL	PCDL
硬度变化率/%	−1/−1	−1/2	−1/0	0/−1
100%定伸强度变化率/%	−13/−16	−16/−20	−15/−18	−10/−9
300%定伸强度变化率/%	−14/−21	−10/−12	−21/−32	−13/−19
拉伸强度变化率/%	−16/−33	−20/−24	−16/−35	−13/−19
断裂伸长率变化率/%	−1/−16	16/11	15/−2	1/15

注："/" 前 "/" 后分别为 250h 和 500h 的性能变化率。

表 4-17 聚氨酯在 100℃ 液压油中 250h 和 500h 的物性变化率

项目	PTMEG	PBA	PCL	PCDL
硬段变化率/%	−1/−1	−1/−1	0/0	0/0
100%定伸强度变化率/%	−8/−10	−8/−9	−1/−8	4/3
300%定伸强度变化率/%	−3/—	−6/−45	−5/−29	−2/−2
拉伸强度变化率/%	−14/−29	−26/−66	−15/−61	−16/−22
断裂伸长率变化率/%	−26/−62	−11/−31	7/−11	−4/3

注："/" 前 "/" 后分别为 250h 和 500h 的性能变化率，"—" 表示样品降解无法测量相关项目。

4.3.2.3 生物稳定性能

聚氨酯材料具有优异的力学和生物学性能，尤其是良好的组织相容性和血液相容性，使得其在生物材料领域获得了广泛的应用。对于长期植入人体的聚氨酯材料来说，其生物稳定性一直备受关注。聚醚型聚氨酯（PEU）已经被证明容易发生氧化降解，而聚碳酸酯型聚氨酯（PCU）具有比 PEU 更加优良的力学性能和体内抗氧化性。

清华大学庹新林等采用模拟体内生理环境对其自行合成的 PEU 和不同硬段含量的 PCU 分别进行水解和预氧化-酶降解研究，同时将 PCU 样品植入大耳白兔观察样品在体内的降解情况[72]。结果表明，PEU 和 PCU 均会发生降解，但 PCU 降解比 PEU 慢很多。PCU 植入体内 90 天后表面形貌有轻微变化，数据分子量有明显下降，但是仍大于 5×10^4。PCU 的耐降解性远大于 PEU，尤其是耐氧化-酶降解能力，并且硬段含量越大，耐降解性越强。至降解 170 天时，PCU 仍保持着较高的数均分子量和力学强度，在一定程度上满足生物植入材料的需要。

天津大学冯亚凯等以分子量为 2000 的聚碳酸酯（PCDL）、1,4-丁二醇（BDO）和二环己基甲烷-4,4′-二异氰酸酯（HMDI）为原料合成出了一系列聚碳酸酯型聚氨酯（PCU）[73]。通过 NMR、红外（FT-IR）、拉力实验，差示扫描量热仪（DSC）表征了该聚氨酯的化学结构、力学性能和热性能。在 25℃时，PCU 的杨氏模量随硬段含量增加而略有升高。在有酶催化和没有酶的条件下，考察了材料的降解性能，发现吸水率和重量损失分别低于 4%和 1%。细胞毒性和血液相容性检测表明材料是生物相容、无毒的。聚碳酸酯聚氨酯薄膜对血小板黏附较少，尤其是软段含量较高的材料表面几乎观察不到血小板黏附。这说明聚碳酸酯聚氨酯薄膜的抗凝血性能好。另外，溶血率检测结果发现聚碳酸酯聚氨酯溶血率均<5%，可初步认为该材料符合医用材料的溶血试验要求。但培养细胞过程中，这些聚氨酯材料对细胞形态尚有一定影响。经过喷纺技术制备的人工血管具有微孔结构，初步进行体内植入研究。

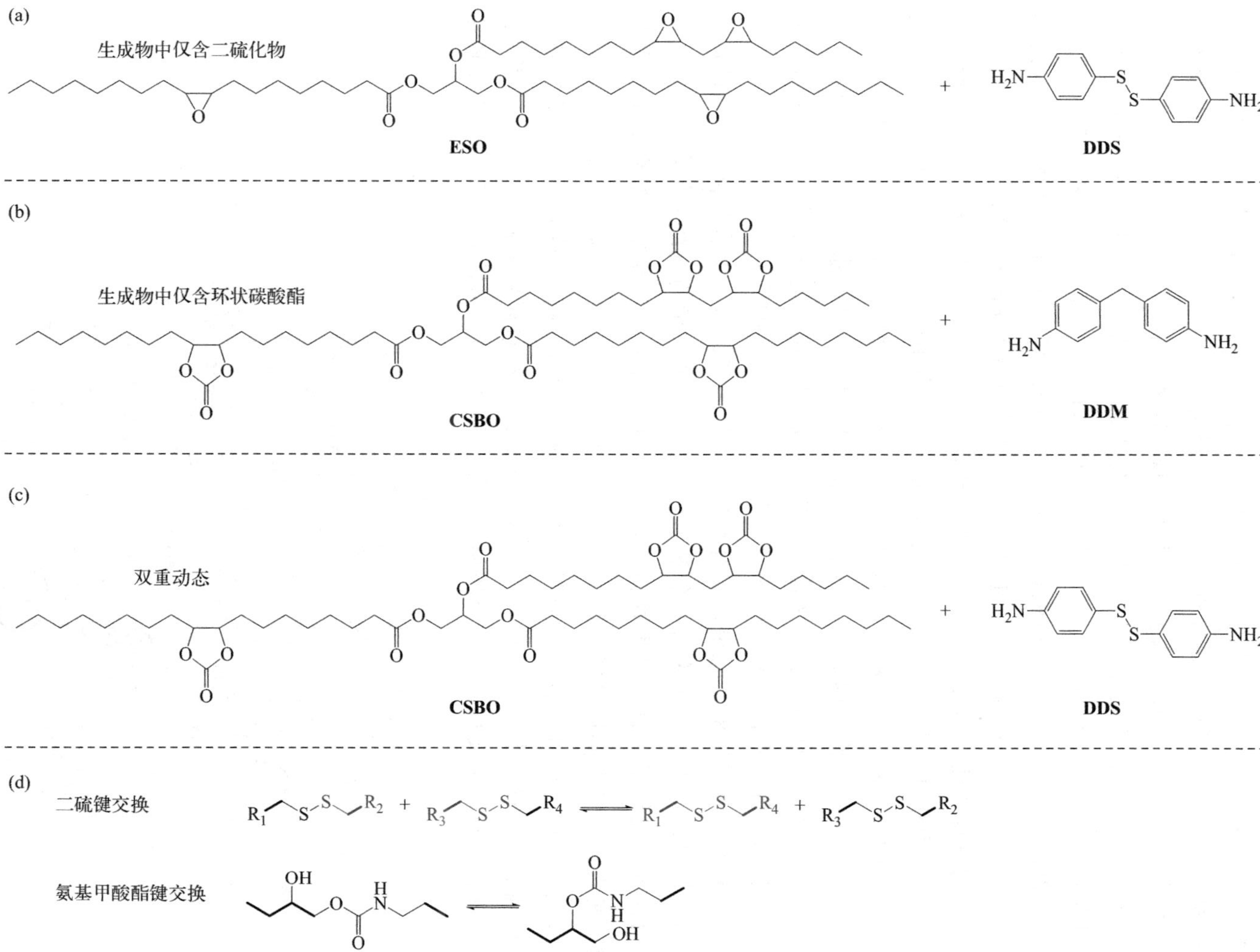

图 4-24 双重动态共价键交换

（a）ESO-DDS 原料化学结构；（b）CSBO-DDM 原料化学结构；（c）CSBO-DDS 原料化学结构；（d）二硫键交换和氨基甲酸酯键交换的机理

ESO—环氧大豆油；CSBO—酯化后的环氧大豆油；DDS—4,4′-二氨基二苯-1,1′-二硫醚；DDM—4,4′-二氨基二苯甲烷

PCU 血管具有超细纤维交联的结构，并提供开放孔。研究结果表明聚碳酸酯聚型氨酯具有优异的物理性能、良好的生物稳定性和生物相容性，因此聚碳酸酯型聚氨酯可能成为人工血管材料。

4.3.2.4 自愈性

在非异氰酸酯法制备的聚氨酯中，环状碳酸酯和氨基反应形成氨基甲酸酯基的同时会生成羟基，在一定温度激发下即可促进氨基甲酸酯基的键交换反应。这些动态的共价键交换反应使非异氰酸聚氨酯具备了自修复和再生的特性，与绿色化学的理念十分契合。但是氨基甲酸酯基和羟基的交换反应要求较高的温度，如想在室温下实现，需要对聚氨酯的结构做一定的改动。

有研究者就先用 CO_2 和环氧大豆油（ESO）反应得到环状碳酸酯化的大豆油（CSBO），然后利用其环状碳酸酯基与二胺［4,4′-二氨基二苯甲烷（DDM）或 4,4′-二氨基二苯二硫醚（DDS）］反应，得到生物基的非异氰酸酯聚氨酯（CSBO-DDM 和 CSBO-DDS），反应无需催化剂和溶剂[74]。此外，ESO 和含二硫键的 DDS 直接反应得到 ESO-DDS 作为对照组观察二硫键本身的动力学性质或可修复性。三种材料网络的对比，体现了双重动态共价键交换的优势（图 4-24）。应力松弛实验证明了在外界刺激条件下，由不同动态共价键结构导致的化学键交换能力是不同的。此外，材料表面的刮痕经历了不同加热时间或紫外光照射时间后的恢复情况，可以用来衡量自修复的能力。由于二硫键交换和氨基甲酸酯键交换同时存在，被严重损坏的材料也用热压修复的方法，来检查此二者的协同作用。这项工作为设计非异氰酸酯聚氨酯在更温和的条件下自修复和再生的行为提供一个可行性的研究。

在绿色化学和可持续发展的理念里，聚合物材料的使用者都希望聚合物能有大量的可再生碳或者具备自修复的能力。对于聚合物包装材料来说，具备大量的自修复位点的聚合物又非常罕见。有研究者发展了一种既是生物衍生，又是 CO_2 衍生的非异氰酸酯聚氨酯包装材料，可通过三种自愈途径来实现材料自修复和循环利用[75]。这些聚氨酯主链上的呋喃环能和双马来酰胺交联后形成有机凝胶，从而具备了热可逆的溶胶-凝胶转变性质，还能实现带溶剂包覆。精挑细选的双马来酸酐交联剂使得这个聚氨酯材料可以依靠热修复、水雾修复、室温干燥条件下自修复，来实现缺陷愈合和循环利用（图 4-25）。多数聚氨酯的可修复性主

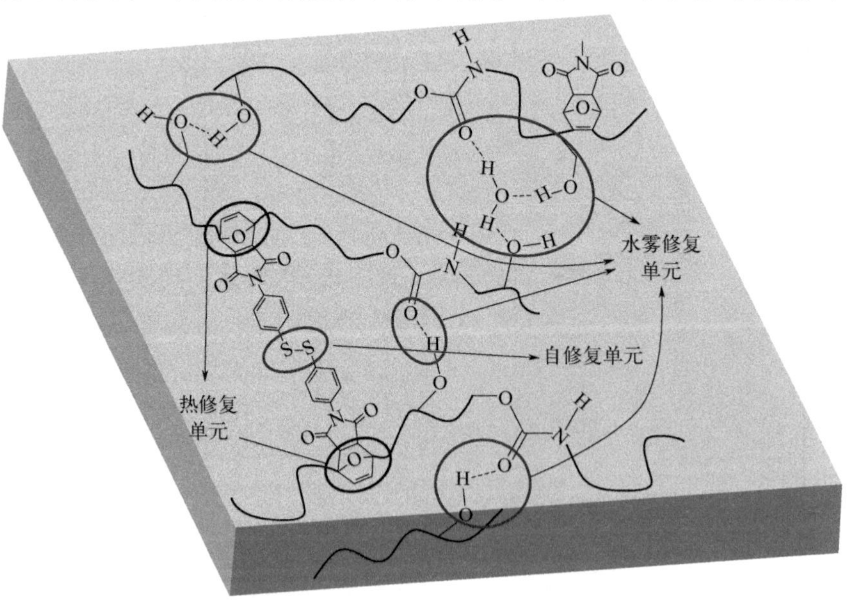

图 4-25 使交联聚氨酯能够实现热修复、水雾修复、自修复的官能团

要由于其软段的玻璃化转变温度较低、柔性较好，但特别地，此聚氨酯是非异氰酸酯法合成的聚羟氨酯，它的水雾修复特性实际上主要源于羟基官能团的存在，这一点也是这个聚氨酯材料区别于其他聚氨酯的最有趣、最重要的特点。

4.4　评述与展望

聚氨酯是各种高分子材料中唯一一种在塑料、橡胶、泡沫、纤维、涂料、胶黏剂和功能高分子领域均有重大应用价值的合成高分子材料，产品渗透到国民经济的方方面面，已成为当前高分子材料中品种最多、用途最广、发展最快的特种有机合成材料。除了广泛应用在如涂料、保温材料和垫材等传统领域外，聚氨酯材料凭借其优越的性能，在生物医疗、高铁、城铁，新能源等新兴领域也具有广阔的发展前景。

目前，全球聚氨酯市场产能已超过 3000 万吨，由于我国的聚氨酯行业发展较快，我国经济发展的国际影响力越来越大，我国在“十二五”期间将 PU 生产产能从 700 万吨扩至 1000 万吨，我国目前的经济战略也对聚氨酯市场需求起到了刺激作用。2019 年我国聚氨酯产量达 1366 万吨，占全球总产量比重的 45%左右，聚氨酯产品消费量达 1185 万吨。我国目前已成为了世界上最大的聚氨酯生产国，也是最大的聚氨酯市场之一。预计到 2025 年，我国聚氨酯市场消费规模将达到 1828 万吨，2020～2025 年复合年增长率为 7.8%。根据 Global Market Insight 的最新报告，2018 年全球聚氨酯市场规模估计为 595 亿美元，到 2025 年，全球聚氨酯市场规模预计将达到 931 亿美元，在预测期间的复合年增长率为 5.8%。而我们的聚碳酸酯二(多)元醇可用于 60%以上的聚氨酯合成领域，市场需求巨大。

目前，聚碳酸酯二(多)元醇已被广泛用于制备品质优良、性能优异的各种聚氨酯材料，聚碳酸酯二(多)元醇可用来合成新一代聚碳酸酯型聚氨酯。与传统的聚氨酯材料相比，聚碳酸酯型聚氨酯具有优良的力学性能、耐水解性、耐候性、耐氧化性及耐磨性。而且聚碳酸酯型聚氨酯具有优良的耐体内氧化性，在水相环境和长期植入体内的医疗装置领域中具有广泛的用途。同时聚碳酸酯二(多)元醇还具有微生物降解性，可发展成一类环境友好型材料。因而聚碳酸酯二(多)元醇及相应的聚碳酸酯型聚氨酯新材料的开发愈来愈受到行业内的重视。由于聚碳酸酯型聚氨酯新材料的优异性能日益受到重视，并已应用到聚氨酯合成革、安全玻璃、皮革涂层、涂料、鞋底、黏结剂等多个领域，因此聚碳酸酯二(多)元醇及其相应的聚碳酸酯型聚氨酯新材料的研究在世界发达国家异常活跃。全球聚碳酸酯二元醇市场规模将从 2019 年的 2.21 亿美元增长到 2024 年的 2.75 亿美元，复合年增长率为 4.5%。日本和欧洲地区的制造商是全球聚碳酸酯二元醇市场中的主要领导者，欧洲和中国是主要消费市场，但中国地区的制造商在技术和工艺方面还不成熟。

近年来随着聚碳酸酯型聚氨酯新型材料的不断发展及其应用领域的不断扩大，聚碳酸酯二(多)元醇生产公司纷纷扩大其生产能力或扩建新装置。日本宇部兴产公司在西班牙卡斯特隆新建了 1 套 1500 吨/年的聚碳酸酯二元醇生产装置；日本旭化成公司也在不断更新聚碳酸酯二(多)元醇的生产设备。

国内较早进入聚碳酸酯二(多)元醇研究的有江苏省化工研究所有限公司、北京盛唐化工有限公司，目前仅有少量产品面世，中国科学院广州化学研究所、中国科学院山西煤炭所亦有研究成果报道。由于生产的产品质量较差，生产不具规模化优势，产品性能与国外同级别产品存在差距，无法与国外产品抗衡，产品多为自用。当前国内生产高端聚氨酯的原料聚碳酸酯二(多)元醇主要是靠进口，且价格昂贵，成本较高。聚碳酸酯二(多)醇在中国的价格为4.5万～6万元/吨左右，特殊牌号的产品在8万/吨，其生产的聚碳酸酯二(多)元醇的成本价格为2万～3万元/吨。

可见，生产性能优异的，特别是可降解的、低成本的聚碳酸酯二(多)元醇项目产品市场空间巨大。

中山大学孟跃中课题组通过CO_2/PO聚合、PPC醇解等多种方法合成的聚碳酸酯二(多)元醇产品性能好、应用广泛；能条件可控地合成结构多样、具有一定分子量的聚碳酸酯二(多)元醇，且产物末端100%都是羟基，其聚碳酸酯含量高于同类产品[64,76-85]。合成方法具有很好的重现性与分子量可控制性。利用本项目产品制备得到的聚碳酸酯型聚氨酯的聚碳酸酯含量也高于同类产品，其力学性能、耐水解性能、耐热性、耐氧化性均优于同类产品。其还具有环境友好性，产品原料来源于工业废气二氧化碳，并且本项目产品能赋予聚氨酯生物可降解性能，该性能是现有的其他材料所不具有的，是独一无二的。他们以工业废气作为二氧化碳的来源，在河南、河北、山东、广东等地建立起了多条合计超过40万吨的PPC生产线。醇解法制得产品聚碳酸酯二(多)元醇原料之一的PPC就是由这条生产线供给，这是独有的原料优势。

参考文献

[1] 李健，陈淑海，陈海良．热塑性聚氨酯弹性体研究进展浅析//中国聚氨酯工业协会弹性体专业委员会2013年年会论文集．西宁，2013：70-81.

[2] Von der Assen N，Bardow A. Life cycle assessment of polyols for polyurethane production using CO_2 as feedstock：Insights from an industrial case study. Green Chemistry，2014，16（6）：3272-3280.

[3] Pawlowski P，Rokicki G. Synthesis of oligocarbonate diols from ethylene carbonate and aliphatic diols catalyzed by alkali metal salts. Polymer，2004，45（10）：3125-3137.

[4] Song M L，Yang X G，Wang G Y. Synthesis of polycarbonate diols（PCDLs）via two-step process using CH_3COONa as an effective catalyst. Chem Res Chinese U，2018，34（4）：578-583.

[5] Naik P U，Refes K，Sadaka F，et al. Organo-catalyzed synthesis of aliphatic polycarbonates in solvent-free conditions. Polym Chem-UK，2012，3（6）：1475-1480.

[6] Wang L P，Wang F，Xu L X. Layered double hydroxides based on different cations as catalysts for synthesis of poly(1,5-pentadiol) carbonate diols. Indian J Chem A，2015，54（5）：607-612.

[7] Wang Y L，Yang L J，Peng X H，et al. High catalytic activity over novel Mg-Fe/Ti layered double hydroxides（LDHs）for polycarbonate diols（PCDLs）：Synthesis，mechanism and application. RSC Advances，2017，7（56）：35181-35190.

[8] Zhu L，Xue W L，Zeng Z X. Synthesis of polycarbonate diols catalyzed by calcined hydrotalcites doped with the transition metal Ni^{2+}. New J Chem，2018，42（19）：15997-16004.

[9] Wang L P，He J，Chen X Y，et al. A lanthanide MOF catalyst with an excellent thermal stability for the synthesis of polycarbonate diol. J Iran Chem Soc，2020，17（9）：2335-2343.

[10] Varghese J K，Park D S，Jeon J Y，et al. Double metal cyanide catalyst prepared using $H_3Co(CN)_6$

for high carbonate fraction and molecular weight control in carbon dioxide/propylene oxide copolymerization. J Polym Sci Pol Chem, 2013, 51 (22): 4811-4818.

[11] Liu S J, Qin Y S, Qiao L J, et al. Cheap and fast: Oxalic acid initiated CO_2-based polyols synthesized by a novel preactivation approach. Polym Chem-UK, 2016, 7 (1): 146-152.

[12] Luo W H, Xiao M, Wang S J, et al. Gradient terpolymers with long epsilon-caprolactone rich sequence derived from propylene oxide, CO_2, and epsilon-caprolactone catalyzed by zinc glutarate. Eur Polym J, 2016, 84, 245-255.

[13] Marbach J, Hofer T, Bornholdt N, et al. Catalytic chain transfer copolymerization of propylene oxide and CO_2 using zinc glutarate catalyst. Chemistryopen, 2019, 8 (7): 828-839.

[14] Cyriac A, Lee S H, Varghese J K, et al. Immortal CO_2/propylene oxide copolymerization: Precise control of molecular weight and architecture of various block copolymers. Macromolecules, 2010, 43 (18): 7398-7401.

[15] Darensbourg D J, Wu G P. A one-pot synthesis of a triblock copolymer from propylene oxide/carbon dioxide and lactide: Intermediacy of polyol initiators. Angewandte Chemie-International Edition, 2013, 52 (40): 10602-10606.

[16] Huang Z H, Wang Y Y, Zhang N, et al. One-pot synthesis of ion-containing CO_2-based polycarbonates using protic ionic liquids as chain transfer agents. Macromolecules, 2018, 51 (22): 9122-9130.

[17] Su Y C, Tsai C Y, Huang L S, et al. Synthesis and characterization of di-nuclear bis(benzotriazole iminophenolate) cobalt complexes: Catalysis for the copolymerization of carbon dioxide with epoxides. Dalton Transactions, 2019, 48 (32): 12239-12249.

[18] Kember M R, Williams C K. Efficient magnesium catalysts for the copolymerization of epoxides and CO_2; Using water to synthesize polycarbonate polyols. Journal of the American Chemical Society, 2012, 134 (38): 15676-15679.

[19] Deacy A C, Moreby E, Phanopoulos A, et al. Co(Ⅲ)/alkali-metal(Ⅰ) heterodinuclear catalysts for the ring-opening copolymerization of CO_2 and propylene oxide. Journal of the American Chemical Society, 2020, 142 (45): 19150-19160.

[20] Patil N G, Boopathi S K, Alagi P, et al. Carboxylate salts as ideal initiators for the metal-free copolymerization of CO_2 with epoxides: Synthesis of well-defined polycarbonates diols and polyols. Macromolecules, 2019, 52 (6): 2431-2438.

[21] Kadokawa J, Habu H, Fukamachi S, et al. Direct polycondensation of carbon dioxide with xylylene glycols: A new method for the synthesis of polycarbonates. Macromol Rapid Comm, 1998, 19 (12): 657-660.

[22] Gu Y, Matsuda K, Nakayama A, et al. Direct synthesis of alternating polycarbonates from CO_2 and diols by using a catalyst system of CeO_2 and 2-Furonitrile. Acs Sustainable Chemistry & Engineering, 2019, 7 (6): 6304-6315.

[23] Gu Y, Tamura M, Nakagawa Y, et al. Direct synthesis of polycarbonate diols from atmospheric flow CO_2 and diols without using dehydrating agents. Green Chemistry, 2021, 23 (16): 5786-5796.

[24] Jeon J Y, Hwang E Y, Eo S C, et al. Preparation of macrodiols and polyols by chopping high-molecular-weight aliphatic polycarbonates. J Polym Sci Pol Chem, 2014, 52 (11): 1570-1580.

[25] Luo W K, Qin J X, Xiao M, et al. Synthesis of aliphatic carbonate macrodiols and their application as sustainable feedstock for polyurethane. Acs Omega, 2017, 2 (7): 3205-3213.

[26] Maisonneuve L, Lamarzelle O, Rix E, et al. Isocyanate-free routes to polyurethanes and poly(hydroxy urethane)s. Chemical Reviews, 2015, 115 (22): 12407-12439.

[27] Deepa P, Jayakannan M. Solvent-induced self-organization approach for polymeric architectures of micropores, hexagons and spheres based on polyurethanes prepared via novel melt transurethane methodology. Journal of Polymer Science Part A Polymer Chemistry, 2007, 45 (12): 2351-2366.

[28] Deepa P, Jayakannan M. Solvent-free and nonisocyanate melt transurethane reaction for aliphatic polyurethanes and mechanistic aspects. Journal of Polymer Science Part A Polymer Chemistry, 2008, 46 (7): 2445-2458.

[29] Deepa P, Jayakannan M. Polyurethane-oligo (phenylenevinylene) random copolymers: π-Conjugated pores, vesicles, and nanospheres via solvent-induced self-organization. Journal of Polymer Science Part A Polymer Chemistry, 2008, 46 (17): 5897-5915.

[30] Pan D D, Tian H S. Polycarbonate polyurethane elastomers synthesized via a solvent-free and nonisocyanate melt transesterification process. Journal of Applied Polymer Science, 2015, 132 (7): 41377.

[31] Dyer E, Scott H. The preparation of polymeric and cyclic urethans and ureas from ethylene carbonate and amines. Journal of the American Chemical Society, 1957, 79 (3): 672-675.

[32] Li C, Li S, Zhao J, et al. Synthesis and characterization of aliphatic poly(amide urethane)s having different nylon 6 segments through non-isocyanate route. Journal of Polymer Research, 2014, 21 (7): 1-10.

[33] Deng Y, Li S, Zhao J, et al. Crystallizable and tough aliphatic thermoplastic poly(ether urethane)s synthesized through a non-isocyanate route. Rsc Advances, 2014, 4 (82): 43406-43414.

[34] Ochiai B, Utsuno T. Non-isocyanate synthesis and application of telechelic polyurethanes via polycondensation of diurethanes obtained from ethylene carbonate and diamines. Journal of Polymer Science Part A Polymer Chemistry, 2013, 51 (3): 525-533.

[35] Rokicki G, Piotrowska A. A new route to polyurethanes from ethylene carbonate, diamines and diols. Polymer, 2002, 43 (10): 2927-2935.

[36] Li S, Zhao J, Zhang Z, et al. Synthesis and characterization of aliphatic segmented poly(ether amide urethane)s through a non-isocyanate route. RSC Advances, 2014, 4 (45): 23720.

[37] Deng Y, Li S Q, Zhao JB, et al. Aliphatic thermoplastic poly(ether urethane)s having long PEG sequences synthesized through a non-isocyanate route. 高分子科学（英文版）, 2015, 33 (6): 880-889.

[38] Groszos S J, Drechsel E K. Method of preparing a polyurethane, 1957.

[39] Webster D C. Cyclic carbonate functional polymers and their applications. Progress in Organic Coatings, 2003, 47 (1): 77-86.

[40] Benyahya S, Desroches M, Auvergne R, et al. Synthesis of glycerin carbonate-based intermediates using thiol-ene chemistry and isocyanate free polyhydroxyurethanes therefrom. Polym Chem-UK, 2011, 2 (11): 2661-2667.

[41] Kim M R, Kim H S, Ha C S, et al. Syntheses and thermal properties of poly(hydroxy) urethanes by polyaddition reaction of bis(cyclic carbonate) and diamines. Journal of Applied Polymer Science, 2001, 81 (11): 2735-2743.

[42] Bähr M, Bitto A, Mülhaupt R. Cyclic limonene dicarbonate as a new monomer for non-isocyanate oligo-and polyurethanes (NIPU) based upon terpenes. Green Chemistry, 2012, 14 (5): 1447-1454.

[43] Prömpers G, Keul H, Höcker H. Polyurethanes with pendant hydroxy groups: Polycondensation of D-mannitol-1,2:5,6-dicarbonate with diamines. Designed Monomers & Polymers, 2005, 8 (6): 547-569.

[44] Steblyanko A, Choi W, Sanda F, et al. Addition of five-membered cyclic carbonate with amine and its application to polymer synthesis. Journal of Polymer Science Part A Polymer Chemistry, 2000, 38

(13): 2375-2380.

[45] Benyahya S, Habas J P, Auvergne R, et al. Structure-property relationships in polyhydroxyurethanes produced from terephthaloyl dicyclocarbonate with various polyamines. Polymer International, 2012, 61 (11): 1666-1674.

[46] Ubaghs L, Fricke N, Keul H, et al. Polyurethanes with pendant hydroxyl groups: Synthesis and characterization. Macromol Rapid Comm, 2010, 25 (3): 517-521.

[47] Besse V, Foyer G, Auvergne R, et al. Access to nonisocyanate poly(thio)urethanes: A comparative study. Journal of Polymer Science Part A Polymer Chemistry, 2013, 51 (15): 3284-3296.

[48] Kihara N, Endo T. Synthesis and properties of poly(hydroxyurethane)s. Journal of Polymer Science Part A Polymer Chemistry, 1993, 31 (11): 2765-2773.

[49] Fleischer M, Blattmann H, Mülhaupt R. Glycerol-, pentaerythritol-and trimethylolpropane-based polyurethanes and their cellulose carbonate composites prepared via the non-isocyanate route with catalytic carbon dioxide fixation. Green Chemistry, 2013, 15 (4): 934-942.

[50] Beniah G, Liu K, Heath W H, et al. Novel thermoplastic polyhydroxyurethane elastomers as effective damping materials over broad temperature ranges. Eur Polym J, 2016, 84: 770-783.

[51] Beniah G, Fortman D J, Heath W H, et al. Non-isocyanate polyurethane thermoplastic elastomer: Amide-based chain extender yields enhanced nanophase separation and properties in polyhydroxyurethane. Macromolecules, 2017, 50 (11): 4425-4434.

[52] Leitsch E K, Beniah G, Liu K, et al. Nonisocyanate thermoplastic polyhydroxyurethane elastomers via cyclic carbonate aminolysis: Critical role of hydroxyl groups in controlling nanophase separation. ACS Macro Letters, 2016, 5 (4): 424-429.

[53] Ochiai B, Sato S I, Endo T. Synthesis and properties of polyurethanes bearing urethane moieties in the side chain. Journal of Polymer Science Part A Polymer Chemistry, 2007, 45 (15): 3408-3414.

[54] Ochiai B, Inoue S, Endo T. One-pot non-isocyanate synthesis of polyurethanes from bisepoxide, carbon dioxide, and diamine. Journal of Polymer Science Part A Polymer Chemistry, 2010, 43 (24): 6613-6618.

[55] Ihata O, Kayaki Y, Ikariya T. Synthesis of thermoresponsive polyurethane from 2-methylaziridine and supercritical carbon dioxide. Angewandte Chemie, 2004, 43 (6): 717-719.

[56] Chen Z, Hadjichristidis N, Feng X, et al. Poly(urethane-carbonate)s from carbon dioxide. Macromolecules, 2017, 50 (6): 2320-2328.

[57] 李国良．聚氨酯材料的微观结构调控及其结构与动态力学性能关系研究．北京：北京化工大学，2015.

[58] 索习东，白子文．影响热塑性聚氨酯弹性体性能的因素浅析．聚氨酯工业，2013，28 (6)：38-40.

[59] 李健，陈淑海，宋小娜，等．聚酯多元醇 M_r 对热塑性聚氨酯弹性体性能的影响．化学推进剂与高分子材料，2016，14 (1)：77-79.

[60] 詹中贤，赫军令．热塑性聚氨酯弹性体力学性能和结晶性能的研究．弹性体，2007，17 (4)：31-35.

[61] 邹鹏．二醇扩链剂对热塑性聚氨酯性能的影响．科技情报开发与经济，2005，15 (14)：141-142.

[62] 李东红，白静静，李振中．软段对热塑性聚氨酯弹性体结构及性能的影响．山西化工，2014，34 (1)：10-12.

[63] 沙莎．新型聚氨酯扩链剂的合成及其与聚氨酯性能的关系研究．北京：北京化工大学，2021.

[64] Liang J X, Ye S X, Wang S J, et al. Design and structure of catalysts: Syntheses of carbon dioxide-based copolymers with cyclic anhydrides and/or cyclic esters. Polym J, 2021, 53 (1): 3-27.

[65] 张文雨，李晋庆，罗运军．新型热塑性聚氨酯弹性体的结构与性能．火炸药学报，2010，33（6）：39-42.

[66] 詹中贤，朱长春．影响热塑性聚氨酯弹性体力学性能的因素．聚氨酯工业，2005，20（1）：17-20.

[67] 冼文琪，丁鹄岚，宋丽娜，等．聚碳酸亚丙酯型聚氨酯弹性体耐磨性的研究．聚氨酯工业，2017，32（5）：8-10.

[68] Xian W Q，Song L N，Liu B H，et al. Rheological and mechanical properties of thermoplastic polyurethane elastomer derived from CO_2 copolymer diol. Journal of Applied Polymer Science，2018，135（11）：45974.

[69] 王亮，麻乐，陈伟彬，等．聚碳酸亚丙酯型水性聚氨酯的合成与性能研究．天然气化工（C1化学与化工），2016，41（1）：41-45.

[70] 李帅，张均，陈建君，等．聚碳酸酯型形状记忆聚氨酯的合成与表征．高分子材料科学与工程，2019，35（1）：1-6.

[71] 吴斌，黄雪梅，罗文顺．软段对聚氨酯弹性体耐介质及力学性能影响的研究．聚氨酯工业，2018，33（3）：35-38.

[72] 庹新林，夏维娟，程晓非，等．聚碳酸酯型聚氨酯的生物降解性．中国组织工程研究与临床康复，2010，14（47）：8831-8834.

[73] 冯亚凯，赵海洋，郭锦棠，等．生物相容性聚碳酸酯聚氨酯微纤维人工血管的研究．高分子通报，2010，（8）：73-77.

[74] Yang X X，Wang S B，Liu X X，et al. Preparation of non-isocyanate polyurethanes from epoxy soybean oil：Dual dynamic networks to realize self-healing and reprocessing under mild conditions. Green Chemistry，2021，23（17）：6349-6355.

[75] Choong P S，Chong N X，Tam E K W，et al. Biobased nonisocyanate polyurethanes as recyclable and intrinsic self-healing coating with triple healing sites. Acs Macro Letters，2021，10（5）：635-641.

[76] Liang J X，Ye S X，Wang S Y，et al. Biodegradable copolymers from CO_2，epoxides，and anhydrides catalyzed by organoborane/tertiary amine pairs：High selectivity and productivity. Macromolecules，2022，55（14）：6120-6130.

[77] Fan C X，Liang J X，Ye S X，et al. Study of the synthesis of CO_2/propylene epoxide/phthalic anhydride terpolymers with different sequence structures and their properties. Acta Polym Sin，2022，53（5）：497-504.

[78] Wang W J，Ye S X，Liang J X，et al. Architecting branch structure in terpolymer of CO_2，propylene oxide and phthalic anhydride：An enhancement in thermal and mechanical performances. Chinese J Polym Sci，2022，40（5）：462-468.

[79] Liang J X，Ye S X，Wang W J，et al. Performance tailorable terpolymers synthesized from carbon dioxide，phthalic anhydride and propylene oxide using Lewis acid-base dual catalysts. Journal of CO_2 Utilization，2021，49：101558.

[80] Liang J X，Ye S X，Wang S J，et al. Sequence structure control of CO_2-based copolymer and the relationship between structure and properties. Chin Sci B-Chin，2021，66（7）：798-815.

[81] Ye S X，Wang W J，Liang J X，et al. Metal-free approach for a one-pot construction of biodegradable block copolymers from epoxides，phthalic anhydride，and CO_2. Acs Sustainable Chemistry & Engineering，2020，8（48）：17860-17867.

[82] Ye S X，Xiang X Q，Wang S J，et al. Nonisocyanate CO_2-based poly(ester-co-urethane)s with tunable performances：A potential alternative to improve the biodegradability of PBAT. Acs Sustainable Chemistry & Engineering，2020，8（4）：1923-1932.

[83] Qin J X, Jiang J Q, Ye S X, et al. High performance poly(urethane-co-amide) from CO_2-based dicarbamate: An alternative to long chain polyamide. Rsc Advances, 2019, 9 (45): 26080-26090.

[84] Alferov K A, Fu Z W, Ye S X, et al. One-pot synthesis of dimethyl hexane-1,6-diyldicarbamate from CO_2, methanol, and diamine over CeO_2 catalysts: A route to an isocyanate-free feedstock for polyurethanes. Acs Sustainable Chemistry & Engineering, 2019, 7 (12): 10708-10715.

[85] Qin J X, Lin L M, Wang S J, et al. Multiblock copolymers of PPC with oligomeric PBS: With low brittle-toughness transition temperature. Rsc Advances, 2018, 8 (26): 14722-14731.

第五章 其他二氧化碳共聚物

将 CO_2 转变为性能优良的高分子材料是其利用与转化非常重要的途径。目前被广泛研究的是 CO_2 和环氧单体的聚合反应用于制备聚碳酸酯。这在前面的章节已详细介绍。近些年，除了利用 CO_2 和环氧单体的聚合反应制备聚碳酸酯之外，科学家们相继报道了多种 CO_2 参与的新型聚合反应并制备了新型 CO_2 基聚合物，为 CO_2 的利用与转化开辟了新途径。

5.1 二氧化碳与二胺直接合成聚脲

聚脲（polyurea，PUA），即主链结构中以脲基团（—NH—CO—NH—）为特征官能团的聚合物。目前，聚脲（PUA）的应用主要在涂层方面。由于聚脲弹性体喷涂技术操作简单，工艺流程短且对环境要求不高，已经在 21 世纪初实现了商业化；同时，聚脲弹性体亦具有良好的阻水性、耐候性及耐磨性，在很大程度上提高了其产业化应用价值，受到了研究人员及社会的广泛关注。在非涂层方面，聚脲高分子材料也深受欢迎[1]。通过反应注塑成型所得的聚脲高分子材料可以应用于汽车部件；而且聚脲具有良好的自润滑性能，可以取代聚酰胺应用于固体润滑剂，不断拓宽其应用领域，工业应用价值极高，前景十分乐观[2]。此外，科学家们还把聚脲应用于生物工程材料领域，合成具有缓释功能的微胶囊、催化剂载体及功能性薄膜，拓展了其应用范围。

传统的聚脲高分子材料的合成方法主要是通过二胺与二异氰酸酯之间的共聚合成。众所周知，异氰酸酯是剧毒化学品，不仅对环境较为敏感，而且使用及储存的过程均具有潜在的危险性[3]。在全世界倡导绿色化学及可持续发展的情势下，二氧化碳基聚脲的开发与研究受到了科学家及社会的广泛关注。通过二氧化碳与二胺的共聚合成聚脲高分子材料不仅可以减少二氧化碳排放及石油基化工中间体的使用，同时避免了危险化学品的使用，合成工艺绿色无毒无污染，符合绿色化学及可持续发展的基本策略，丰富了聚脲的合成方法。因此，二氧化碳基聚脲的合成具有重要的科学研究意义和应用价值。

二氧化碳与二胺共聚合成聚脲可追溯到 20 世纪 70 年代。Yamazaki 等[4,5] 在 40℃和 30atm（1atm＝101325Pa）下，通过二氧化碳和二胺在溶剂体系中的直接反应合成聚脲。缩聚反应受溶剂的影响，吡啶作为叔胺的溶剂效果最好。继续深入研究该反应，发现以亚磷酸二苯酯为催化剂、以吡啶为溶剂时可以促进二胺与二氧化碳的缩合聚合，从而提高聚脲的分子量。Taguchi 等[6] 对于 Yamazaki 的工作进行了改进，以吡啶和 NMP 为混合溶剂，以亚磷酸三苯酯为催化剂，通过添加吡啶磷酸盐也可催化二氧化碳与二胺的反应，从而提高聚脲的产率和分子量。Chu[7] 认为二胺与二氧化碳反应制备聚脲高分子材料时存在两个阶段，如图 5-1 即：①二氧化碳与二胺的缩合聚合首先是氨基甲酸酯盐的形成，即两者的亲核加成反应；②其次是氨基甲酸盐脱水通过自缩聚反应生成聚脲。第一步反应属于酸碱中和反应，比较容易进行容易，二氧化碳的压力对于产物的生成影响不大。第二步氨基甲酸盐进行脱水缩聚，属于控速步骤。

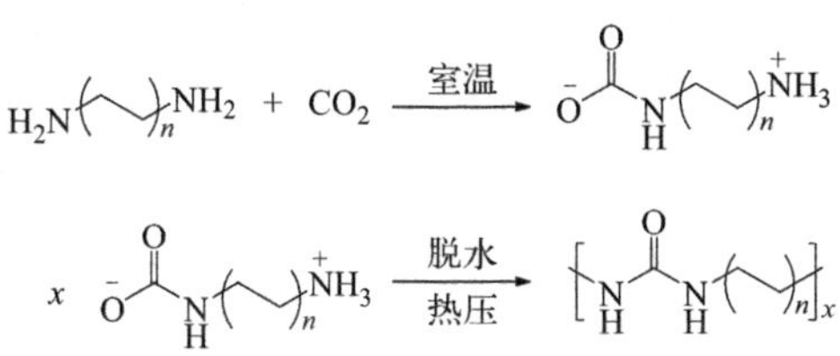

图 5-1 二氧化碳基聚脲的合成路线

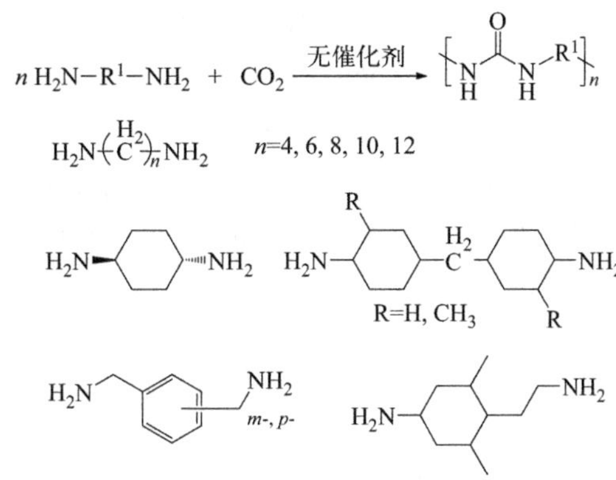

图 5-2 二氧化碳与不同二胺反应合成脲及其聚脲衍生物

国内对于二氧化碳与二胺反应合成聚脲的研究起步较晚。赵凤玉课题组[8] 在没有任何催化剂和溶剂的情况下通过不同结构的脂肪族、脂环族和芳香族二胺与二氧化碳高压缩聚反应得到相应的聚脲（图 5-2），所得的聚合物除了异佛尔酮二胺和 CO_2 形成的聚脲为无定形材料外，其他都是半结晶材料。对于脂肪族二胺，随着碳链长度增加，聚脲的柔性变好，熔点降低，如辛二胺和 CO_2 形成聚脲的熔点为 238℃。红外光谱和 DFT 计算表明，聚脲分子之间可以形成强烈的氢键作用，通过氢键相互作用形成物理交联网络，增强聚合物的力学性能。其中，得益于其独特的氢键网络结构，这类聚脲具有良好的溶剂耐受性和热稳定性。为了解决聚脲的溶解性差的问题，赵凤玉等人[9] 又将二氧化碳与含有醚链段的二胺（如 4,7,10-三氧杂-1,13-十三碳二胺，TOTDDA）进行共聚，成功合成了具有水溶性的聚脲，同时也溶于一些有机溶剂（HMPA、NMP 等）。最后通过含有硅氧烷基团的聚脲与聚碳酸酯二醇在二异氰酸酯的扩链作用下合成具有多嵌段结构的弹性体。结果表明，所合成的无定形聚氨酯脲在一些传统的有机溶剂中具有很好的溶解性。主链结构中硅氧烷和碳酸酯基团的引入，使得新型聚氨酯脲具有良好的柔韧性；由于与其他高分子材料体现出良好的相容性，嵌段共聚物可作为高分子增塑剂，具有广阔的应用前景。

邓友全课题组[10] 在 NMP 中无催化剂情况下通过二氧化碳和脂肪族二胺合成了聚脲，并以聚脲为原料，在 MgO-ZnO 催化下与碳酸烷基酯和二氧化碳反应，制备二氨基甲酸酯。这种二氨基甲酸酯的制备方法更加有效、绿色化，有望取代异氰酸酯合成二氨基甲酸酯的有效方法。接着，为了提高聚脲的生成速率，以离子液体为催化剂，对二胺与二氧化碳的合成聚脲进行了研究，结果发现离子液体可以有效催化聚脲的合成，离子液体的碱性越强，催化反应过程中表现出的催化效率越高[11]。实验发现，离子液体的阴、阳离子对聚脲产率有显著影响。以1-乙基-3-甲基咪唑为阳离子，阴离子对聚脲的产率遵循如下规律：[ATriz]>[OAc]>[Triz]>[BF_4]>[NO_3]>[PF_6]>[Cl]（ATriz——3-氨基-1,2,4-三唑；Triz——1,2,4-三唑）。以已基三丁基磷（[$P_{4,4,4,6}$]）为阳离子，阴离子对聚脲的产率遵循如下规律：[ATriz]>[Triz]>[BF_4]。[$P_{4,4,4,6}$][ATriz] 对聚脲的产率最高（96%）[12,13]。

随后，Zhao 等[11] 以二氧化碳取代高毒性异氰酸酯为羰基源，制备了氨基改性聚硅氧烷的新型聚脲（图 5-3）。结果表明，这类新型聚脲具有疏水性，乙醇、丙酮、四氢呋喃等常见的极性溶剂为该新型聚脲的良溶剂。此外，高含量的脲键呈现优良的有机溶剂吸附性，如 $C_2H_3Cl_3$，因此这类新型聚脲高分子材料有望应用于河流有机污染物清除。Liu 等通过 CO_2 与1,4-丁二胺反应合成尺寸为 2～10μm 的聚脲微球，球体呈花状，其花瓣厚度约为30nm，具有较高的热稳定性[14]。所合成的 PUA 微球用于金属颗粒的固定，以及一系列的 PUA 负载型金属纳米催化剂，如 Pt/PUA、Au/PUA、Pd/PUA。透射电镜观察结果表明，金属纳米颗粒均匀分布在 PUA 的球体表面。在邻氯硝基苯催化加氢实验中，Pt/PUA 纳米催化剂表现出高效的催化性能，室温下在邻氯硝基苯完全转化时对邻氯苯胺选择性高达 99.5%。

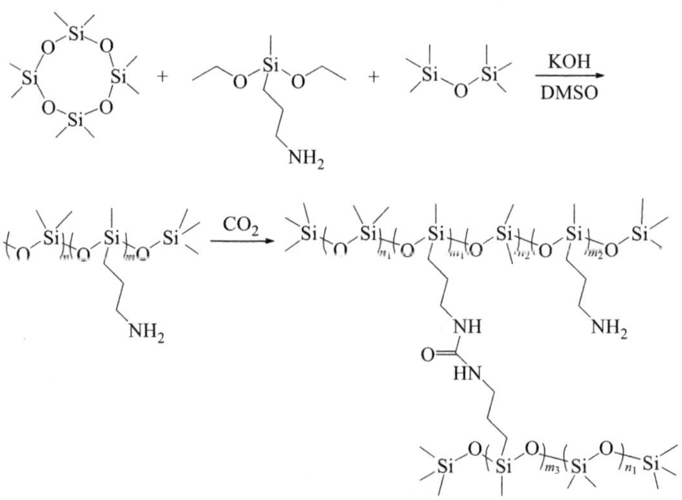

图 5-3 改性聚硅氧烷-聚脲水凝胶的合成路线

DMSO—二甲基亚砜

中山大学孟跃中课题组[15] 首先通过二氧化碳与二胺直接共聚合成聚脲，随后以低分子量聚脲为硬段，以聚碳酸丙烯酯二元醇为软段，合成了聚脲-聚碳酸酯双二氧化碳来源的嵌段共聚物（PUA-*mb*-PPC）。最后对所合成的聚脲-聚碳酸酯共聚物的热性能、力学性能、动态力学性能、形状记忆性能等进行了研究，为其产业化应用奠定坚实的基础。实验发现所制得的聚脲为结晶性聚合物，具有良好的热稳定性，其玻璃化转变温度为−16℃左右。由于聚合物分子形成了微相分离和氢键交联结构，所合成的 PUA-*mb*-PPC 多嵌段共聚物表现出良好的拉伸强度和断裂伸长率，其拉伸强度可高达 30MPa，断裂伸长率可达 500%，形变保持率最高为 96.2%，形变恢复率最高为 98.9%，具有弹性体的结构和性能特征。

5.2 二氧化碳间接法合成聚脲

异氰酸酯的使用使得合成过程对环境敏感且存在安全隐患，非异氰酸酯基聚脲的开发意义重大。由于碳酸酯的合成可以通过二氧化碳的捕获和化学利用实现，因此以碳酸酯替代异氰酸酯作为羰基化试剂是一种可行性极高的方法。CO_2与甲醇、苯酚、环氧乙烷、环氧丙烷反应可制备碳酸二甲酯、碳酸二苯酯、环状碳酸酯，然后碳酸二甲酯等和二胺类化合物反应形成氨基甲酸酯，最后氨基甲酸酯自缩聚或与二胺通过氨酯交换反应可制备聚脲。该方法可在温和条件下通过甲醇、苯酚、乙二醇的脱除，得到高分子量的聚脲。

在1,5,7-三氮杂二环[4.4.0]癸-5-烯（TBD）的催化作用下，Koning课题组[16]通过1,4-丁二胺与碳酸二甲酯以及碳酸二苯酯合成了三种二氨基甲酸酯，然后通过所合成的二氨基甲酸酯与氨基封端的聚醚二胺（PPG-Damine，M_n=400/2000）进行缩合聚合，从而获得相应的聚脲高分子材料。通过调整共聚物主链结构中的软段和硬段比例可以实现聚合物材料性能的调控，不同软硬段比例的聚脲共聚物表现出的力学性能明显不同。Pan及同事[17]通过碳酸二苯酯和己二胺的反应制备了N,N'-二苯基氨基甲酸酯，然后在反应体系中加入氨基封端的聚醚二胺（M_n=2000）和异佛尔酮二胺，合成具有高热稳定性的聚脲共聚物。Kébir等[18]利用二胺和碳酸二甲酯形成二氨基甲酸甲酯，以1,5,7-三氮杂二环[4.4.0]癸-5-烯和碳酸钾催化二氨基甲酸甲酯自缩合制备聚脲，二胺包括丁二胺、己二胺、癸二胺、二聚脂肪二胺（priamine 1074）和4,4'-二氨基二环己基甲烷，形成聚脲的分子量为1700～2700，T_g为－37～118℃，熔点为95～289℃，热分解温度>200℃。此外，他们还将癸二胺与碳酸二甲酯反应生成的二氨基甲酸甲酯与过量的二胺缩聚制备烯丙基端聚脲低聚物（$M_n \approx 2.0\times10^3$，$T_g$=－46℃，$T_{5\%}$=277～292℃），再通过光引发端基烯烃聚合，可制备新型聚脲材料[19]。Sablong等[20]将丁二胺与碳酸二甲酯反应形成四亚甲基-1,4-二氨基甲酸甲酯，再与分子量为400的端氨基聚醚（PPGda400）缩合制备聚脲，比中间带有一个脲基和两个脲基的二氨基甲酸甲酯同PPGda400生成的聚脲性能更优异。并且，他们将四亚甲基-1,4-二氨基甲酸甲酯与M_n=2000的端氨基聚醚（PPGda2000）缩合制备聚脲，发现催化剂类型和吹扫气体氛围对聚脲分子量有显著影响。进一步地，Sablong课题组[21]发现二胺（丁二胺、环己基二甲胺和异佛尔酮二胺）和碳酸二甲酯形成二氨基甲酸甲酯，再与二胺缩聚形成聚脲，进而和二酸酐反应可形成水性聚脲涂料，其中中和试剂三乙胺的量、二胺的比例、聚脲的分子量以及聚脲和二酸酐的比例等条件显著影响聚脲涂料的热机械性能、强度及抗溶剂性能。

聚脲的合成还可以通过环状碳酸酯实现。通过氨解反应，二胺类单体可以将环状碳酸酯开环，从而生成二氨基甲酸酯。二氨基甲酸酯单体有望取代异氰酸酯用于聚脲的合成。Yang及其同事[22]便是以二氨基甲酸酯为原料合成脂肪族热塑性聚氨酯脲。通过哌嗪和碳酸乙烯酯的开环反应制备羟基封端的二氨酯单体，二氨酯单体再与二胺通过氨酯交换缩聚反应合成聚脲（图5-4）。所合成的聚脲分子量最高为43700，玻璃化转变温度为－18.6～116.8℃，熔融温度77.7℃，拉伸强度为6.5MPa，断裂伸长率为180.2%。这种方法可以推广到与多种二胺合成热固性聚氨酯脲或聚脲，将合成方法从有毒的异氰酸酯路线变成非异氰酸酯环保路线。Zhao 等[23] 通过二氨基甲酸酯与几种脂肪族的二胺在170℃缩聚获得聚氨酯-*co*-聚脲共聚物。共聚物中既含有聚氨酯链段，也含有聚脲链段，二氨基甲酸酯的自缩聚可以产生聚氨酯链段，聚脲则通过二胺与二氨基甲酸酯的氨酯交换形成，如图 5-5。聚氨酯-聚脲其拉伸强度高达 37.8MPa，断裂伸长率达 691.3%。他们还利用 TOTDDA、PPG-da230、己二胺和邻苯二甲胺两两组合，首先与碳酸乙烯酯在 100℃ 下进行开环反应形成双(羟乙基)二氨基甲酸酯，然后在高温（170℃）下抽真空进行氨酯交换缩聚形成聚脲，PPG-da230 作为软段，己二胺、邻苯二甲胺、TOTDDA 作为硬段，使聚脲的韧性和强度提高[24]。Qaroush 等[25,26] 研究了微波条件下二胺（丁二胺、己二胺、庚二烷、癸二胺、十二烷二胺）和环状碳酸酯的缩聚，在较为温和的条件下（50℃ 或 100℃，微波功率为 10W 或 220W，10min）可制备出聚脲低聚物。他们发现，己二胺和碳酸丙烯酯反应的产率（65%）远高于己二胺和碳酸乙烯酯反应的产率（54%），而碳酸二甲酯和己二胺几乎不反应。

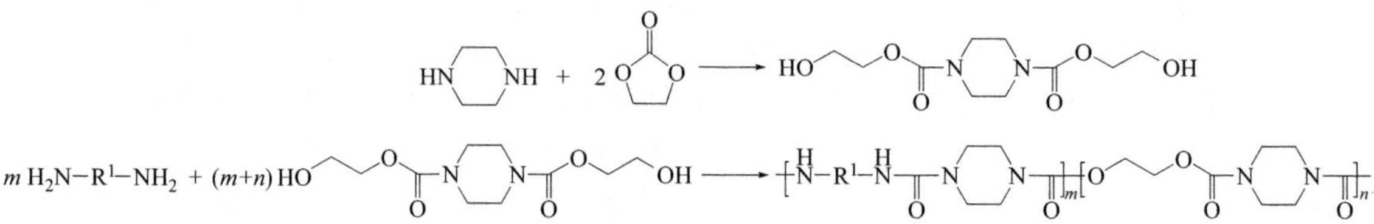

图 5-4 以环状碳酸酯合成聚脲路线图

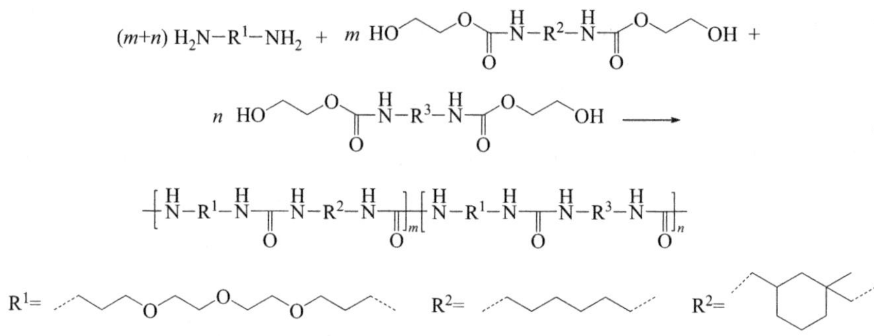

图 5-5 热塑性聚脲的合成反应

利用二氧化碳直接或间接方法合成的聚脲材料除在热塑性塑料、热塑性弹性体、水性涂料等方面的应用外，还可作为生物材料和催化材料进行应用。比如，Bonifacio 课题组[27] 在超临界二氧化碳下，以三(2-氨乙基)胺和 *N*,*O*-二(三甲基硅烷)乙酰胺为原料，合成具有树状结构的聚脲高分子材料。树状聚脲高分子具有良好的水溶性、生物相容性及生物降解性，在生物材料领域有潜在的应用价值。刘志敏课题组[28] 以四丁基偏钨酸铵催化丁二胺和 CO_2 缩聚制备的聚脲为催化剂载体，负载金属 Pt（Pt/PU）催化卤代硝基苯加氢，聚脲载体和 Pt 之间的强相互作用使 Pt 具有富电子状态。而且，富含羰基的聚脲与反应物分子之间存在强相互作用，使得催化活性和选择性显著优于 Pt/C，并且循环使用 5 次，仍保持较好的活性和选择性。他们[29] 还以 CO_2 和二胺缩聚制备的聚脲直接催化苯的 C—H 芳基化反应，其中苯二甲胺和 CO_2 缩聚制备的聚脲活性最高，产率可达到 87%。孟跃中课题组[30] 利用 TOTDDA 和 CO_2 缩聚形成的聚脲为模板介孔造孔剂，制备出多级结构的微孔-介孔分子筛（SAPO-34）。聚脲的引入使制备的 SAPO-34 具有中空立方状形貌介孔，形成缺陷、空隙，且酸度降低。在催化甲醇制备烯烃的反应中，和传统微孔 SAPO-34 相比，加入聚脲制备的 SAPO-34 的选择性更高，寿命延长 1 倍。

5.3 二氧化碳与烯烃化合物的共聚物

作为大宗石油化学品，乙烯、丙烯、丁二烯等烯烃是合成塑料聚乙烯和聚丙烯等高性能材料所必需的。化学家们希望能用烯烃和 CO_2 在催化剂作用下转化成相应的聚酯，不仅可以提供一种高效、简便、成本低廉的聚酯合成方法，而且这种共聚物很有可能兼具聚酯的可降解、聚烯烃的高性能和极性高分子易官能化等诸多优点。美国得克萨斯农工大学的 Miller 等[31] 对烯烃和 CO_2 反应进行了热力学和动力学的全面研究，分别使用平均键解离能、Benson 加法和 DFT 理论计算来衡量乙烯或者 CO_2 掺入聚乙烯链的热力学参数。这些计算结果表明，在合理的聚合温度下，在热力学上不可能形成完美交替的乙烯/CO_2 共聚物（图 5-6）。这个过程的一个主要障碍是涉及 CO_2 的链增长步骤是吸热的。通常，CO_2 和烯烃之间的尝试反应优先产生烯烃均聚。然而，乙烯的有利热力学可以抵消 CO_2 的不利热力学，而乙烯/CO_2 的共聚比大于 2.4 时，共聚的热力学是可行的。Miller 等后来的计算还发现插入 CO_2 之前插入 3 倍物质的量的乙烯后观察到合理的 Gibbs 自由活化势垒。这两项研究都表明，实现 CO_2/乙烯共聚的最具挑战性的问题是为 CO_2 的插入找到有效的动力学途径。

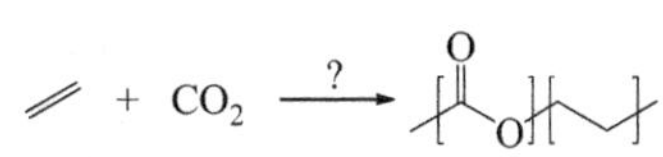

图 5-6 CO_2 和乙烯共聚的设想

相较于乙烯，丁二烯具有相对更高的反应活性。Inoue 等[32] 在 1976 年发现 CO_2 和丁二烯在钯基催化剂的催化下可以生成少量的五元环内酯，然而由于产率极低，且有多种复杂的副产物生成，并未引起大家的重视。1978 年，Musco 等[33] 发现在无溶剂或者苯中，CO_2 可与丁二烯反应生成六元环内酯——3-乙亚基-6-乙烯基四氢吡喃-2-酮（3-ethylidene-6-vinyltetrahydro pyran-2-one，EVL），同时还会生成两种线形酯的副产物（图 5-7）。由于 EVL 环外具有两种双键（乙亚基和乙烯基），主体是内酯结构，因此具有丰富的化学反应活性，引起了科研工作者们的广泛关注。此后，国内外的科研工作者们也先后开展了一系列有关 CO_2 和丁二烯聚合反应的研究，通过不断优化，目前这一反应得到的 EVL 选择性可高达 90%，产率高达 70%。CO_2 和丁二烯制备得到的 EVL 由于丰富的化学性质，可发生催化加氢、氢化甲酰化以及氢化胺化等反应得到多种高附加值化学品。然而 EVL 作为单体通过自

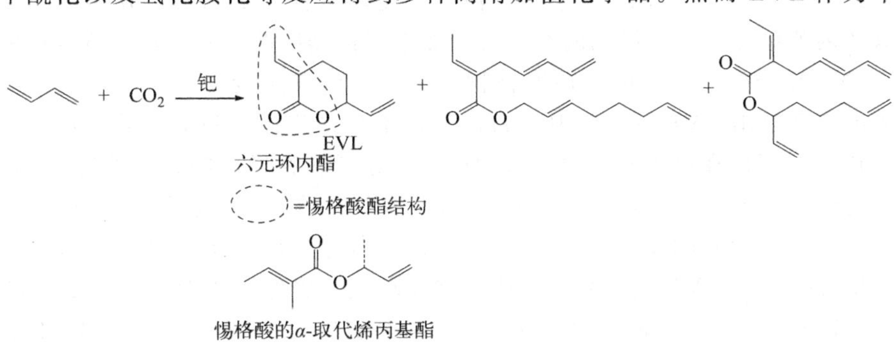

图 5-7 CO_2 和丁二烯的反应

由基聚合得到聚合物还是一个没有得到解决的难题。在先前对 EVL 均聚的研究中，不少研究者认为在自由基、阳离子或阴离子引发剂存在下，反应不会进行。他们认为 EVL 缺乏反应活性可能是由于其与惕格酸（2-甲基-2-丁烯酸）的 α-取代烯丙基酯的结构相似，二者都在常见的聚合条件下表现出较差的反应活性。

直到 2014 年，日本东京大学 Nozaki 等[34] 首先使用 CO_2 和丁二烯反应在钯催化剂的诱导下形成亚稳态内酯中间体 EVL 来规避 CO_2 和烯烃在共聚上的热力学和动力学障碍，并将这一中间体进行自由基聚合得到 CO_2 与丁二烯的共聚物。简单地通过在 100℃下的纯净条件下加热 EVL 和 1,1′-偶氮双(环己基甲腈)(V-40) 的混合物 24 小时，可以 22%的产率获得聚合物材料（聚合物 **1**，图 5-8）。根据体积排阻色谱法（SEC）分析，聚合物 **1** 的分子量为 $M_n = 5700$（$M_w/M_n = 1.3$）。根据 DSC 测试结果可知它的玻璃化转变温度为 178℃。因此，聚合物 **1** 可以作为一种由可再生原料制成的新型工程塑料。当聚合反应以 72 小时的较长反应时间进行更大规模的聚合时，聚合物 **1** 的分子量可以增加到 $M_n = 15000$（$M_w/M_n = 1.2$）。基于^{1}H-NMR 和^{13}C-NMR 分析，聚合物 **1** 的结构中仅有一个重复的双环内酯单元，这表明 EVL 均聚是通过其环上的乙烯基（CH_2═CH—）和乙亚基（CH_3—CH═）部分的交替共聚进行的。

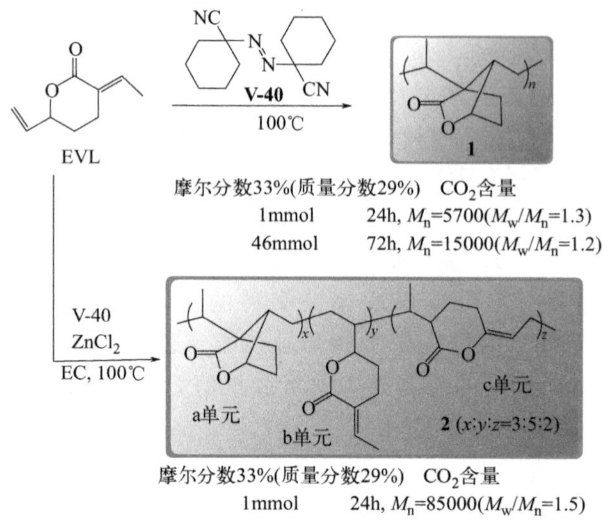

图 5-8 EVL 自由基均聚合成 CO_2/丁二烯共聚物

EC 为碳酸乙烯酯

由于自由基链末端和下一个单体之间的空间位阻，认为惕格酸酯结构在自由基聚合中是相对惰性的。在 EVL 的自由基均聚过程中，通过交替插入乙亚基单元，成功地解决了惕格酸酯单元插入的空间位阻问题，且 CO_2 插入量（以摩尔分数计）可达 33%。乙亚基部分和惕格酸酯部分的自由基加成可能通过分子内自由基环化而形成单元 a（图 5-8，聚合物 **2**）。

据报道，路易斯酸在自由基聚合过程中与 α,β-不饱和酯部分相互作用。在碳酸乙烯酯（EC）溶剂中使用 V-40 和 $ZnCl_2$ 的组合，EVL 均聚物的分子量可以增加到 $M_n = 85000$（$M_w/M_n = 1.5$）(图 5-8)。与图 5-8 中聚合物 **1** 相比，聚合物 **2** 的玻璃化转变温度更高。除了重复的双环内酯单元外，在得到的新聚合物 **2** 中还检测出两种不同的不饱和内酯单元 b 和 c。基于^{1}H NMR 分析，不同单元在聚合物 **2** 中比例的确定为 $x:y:z = 3:5:2$（图 5-8）。单元 b 的存在是由 EVL 的乙烯基的自由基链增长产生的，没有环化，而单元 c 可能是由 α-羰基自由基中间体在自由基链增长过程中的氢原子转移形成的。据报道，$ZnCl_2$ 可加速乙酸烯丙酯的聚合，因为它可以抑制乙酸烯丙酯的降解链转移。此外，$ZnCl_2$ 还被认为可通过配位增强 α-羰基自由基的亲电性，从而加速分子内夺氢形成烯丙基自由基。因此，在存在 $ZnCl_2$ 的情况下，在 EVL 的均聚过程中，除了单元 a 之外，还观察到单元 b 和 c。

三年后，Lin 等开发了一种使用空气作为自由基引发剂在 180℃下使得 EVL 自由基均聚的方法[35]。其中，丁二烯和 CO_2 的共聚可以通过一锅两步法实现。第一步，在碳酸亚乙酯

中进行丁二烯和 CO_2 的钯催化调聚反应，生成 EVL 中间体。除去所有挥发物后，加入 $ZnCl_2$ 和 V-40，将反应混合物在 100℃下加热 24 小时。该过程虽然没有添加任何添加剂或溶剂，但他们发现在聚 EVL 链中，除了 a、b、c 单元的存在之外还形成了其他的结构单元 d（图 5-9）。单元 d 的 ^{1}H-NMR 中除了共轭烯烃氢的消失外，显示出与单体 EVL 相似的信号，这说明共轭烯烃参与了聚合物的骨架形成。一般而言，三取代重复烯烃之间的强空间排斥通常会阻止 d 单元的形成，而在该系统中，由于它与其他单元（a、b 或 c）的共聚，可能不存在这种抑制因素。

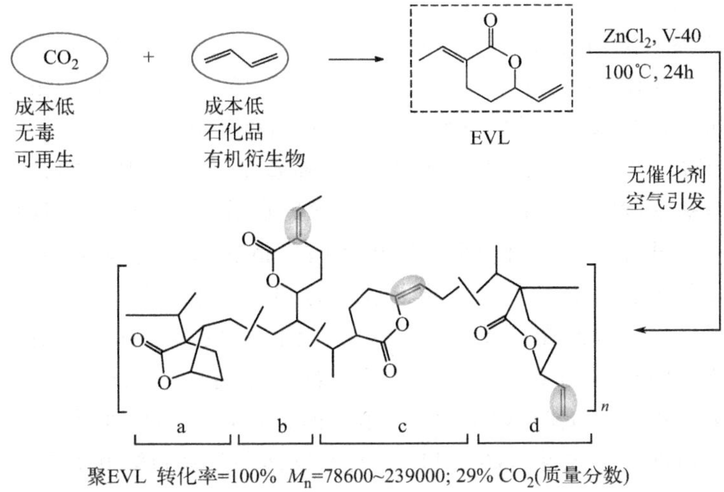

图 5-9 CO_2/1,3-丁二烯衍生聚合物的合成路线

聚 EVL 中不同单元的形成机理如图 5-10 所示，单体 EVL 和 O_2 在加热时的反应可能产生自由基引发剂（I·），它可以攻击 EVL 的两个不同 C=C 键中的任何一个，形成两对自由

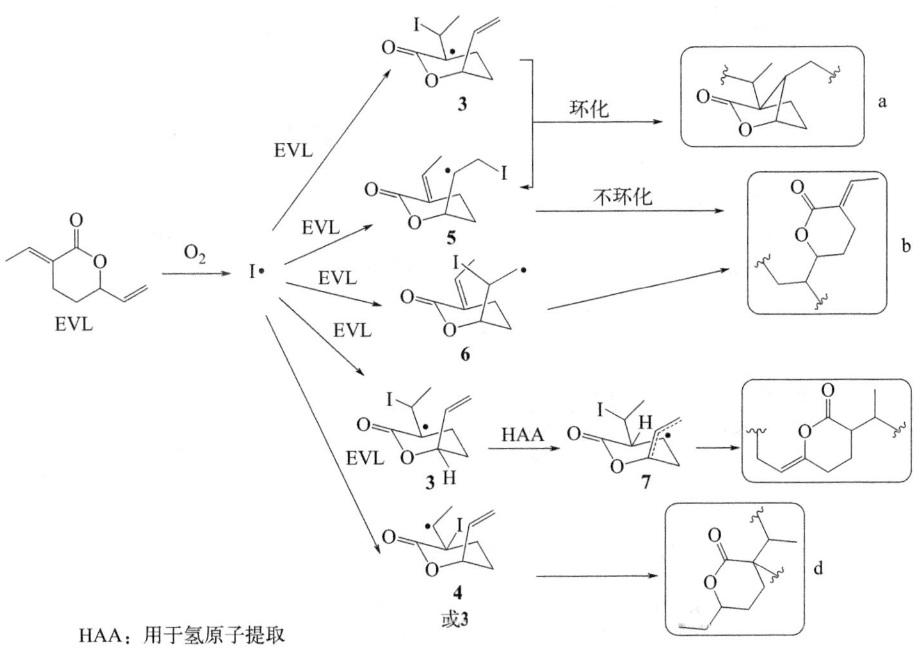

图 5-10 EVL 中形成的四种不同的重复单元

基区域异构体（**3/4** 和 **5/6**）。从 **3/4** 和 **5/6** 直接链增长分别导致形成 d 单元和 b 单元。相反，来自 **3** 和 **5** 的外环化反应导致形成 a 重复单元。最后，分子内 H 原子夺取（HAA）反应为 **3** 可导致烯丙基自由基 **7** 并产生 c 单元。

在这种形式的 CO_2/丁二烯共聚中，获得了基于初始丁二烯量的 47% 的分离聚合物产率。对所得的均聚物进行元素分析，可以发现在最终的聚合物链中 CO_2 掺入量（以质量分数计，下同）为 23%。有趣的是，研究者发现 CO_2、丁二烯和另一种 1,3-二烯的三元聚合也可以通过一锅两步法实现。通过元素分析可知，在 CO_2/丁二烯/异戊二烯三元聚合的情况下，CO_2 在聚合物中的掺入量为 20%，而在 CO_2/丁二烯/1,3-戊二烯三元聚合的情况下，CO_2 在聚合物中的掺入量则为 24%。通过差示扫描量热法（DSC）分析结果可知，三元共聚物的玻璃化转变温度比 CO_2/丁二烯的二元共聚物低得多，这可能是由于将甲基引入到了内酯单元所致。同时，在该方法中，研究者在不同温度下用不同量的空气系统地探测了聚 EVL 的空气引发聚合。实验表明，聚合物的 M_w 随着空气量和温度的升高而降低，这是因为较低的稳态自由基浓度降低了链终止的速率，导致在低 O_2 浓度和低反应温度下可以得到更长的聚合物链。当没有更多可用于增长的单体时，链转移反应发生的概率则更大。此外，O_2 浓度对聚 EVL 的聚合也有显著的影响，过多的 O_2 会通过活性链自由基与 O_2 的竞争反应引起明显的抑制过程，因此在该体系中应该考虑到 O_2 的浓度存在平衡。

利用聚合物结构中丰富的 C=C 键，可以很容易地实现对该聚合物的后聚合修饰。因此，研究者使用 4-二甲氨基吡啶（DMAP）作为催化剂，利用硫醇-烯反应在紫外光的照射下对所得到的聚合物进行了改性（图 5-11）。大多数具有芳基硫醇和烷基硫醇的硫醇-烯反应转化率适中（50%～84%）。此外，聚合物也可以被半胱氨酸（R^9SH）和 PEG-二硫醇

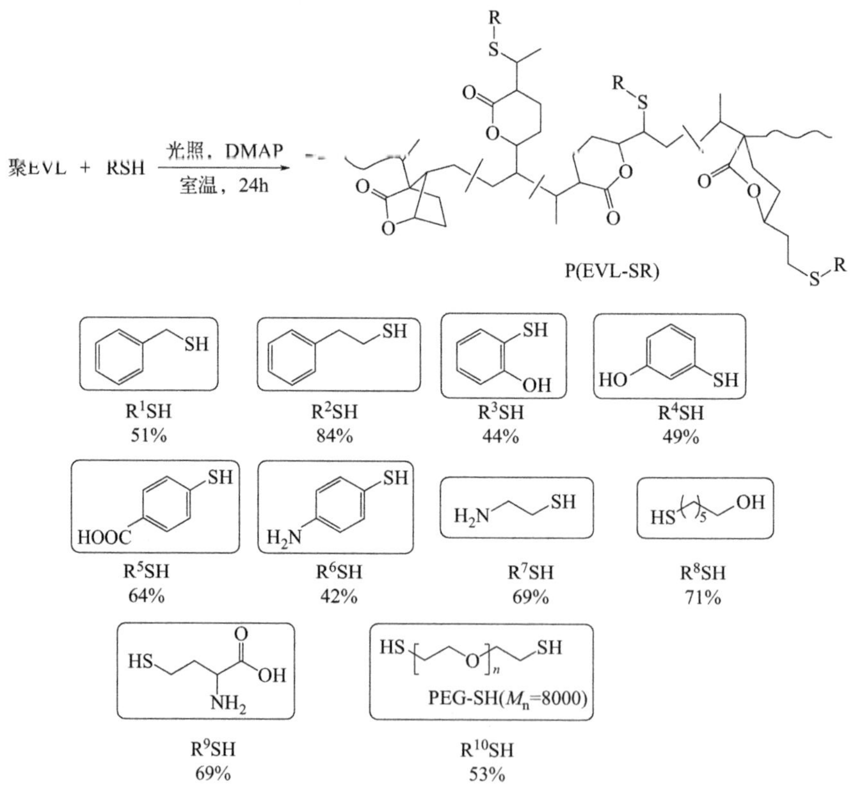

图 5-11 EVL 聚合后改性的路线及原料

($R^{10}SH$)修饰，转化率分别为69%和53%。该案例中的聚合反应不含添加剂/溶剂，烯烃含量高，单体转化率高达100%，为CO_2基聚合物提供了易于改性的烯烃位点，可拓展CO_2基聚合物的性能。

Jian等[36]利用Pd催化剂催化CO_2与1,3-丁二烯之间的C—C偶联反应合成EVL，随后将其与甲醇反应后进一步与丙烯酰氯反应生成单体Ⅱ（R=H）或单体Ⅲ（R=Me）（图5-12）。甲基丙烯酸三乙烯酯型单体Ⅲ具有高的反应活性，可以用于选择性可逆加成-断裂链转移（RAFT）聚合以获得具有线性和超支化拓扑结构的明确聚合物。然而，含有一个2-取代丙烯酸酯单元（α）、一个1,2-二取代丙烯酸酯单元（β）和一个1-取代烯丙基单元（γ）的单体Ⅲ难以再次通过金属催化的配位-插入法与乙烯共聚。因此，研究者合成了替代的丙烯酸酯型单体Ⅱ用于乙烯的共聚以实现CO_2/1,3-丁二烯/乙烯的三元共聚。这是因为未取代的丙烯酸酯单体（如丙烯酸甲酯，MA）在乙烯的插入共聚反应中的反应活性明显高于取代的丙烯酸酯（如甲基丙烯酸甲酯，MMA）。这使得单体Ⅱ具有三个不同的反应性C=C。

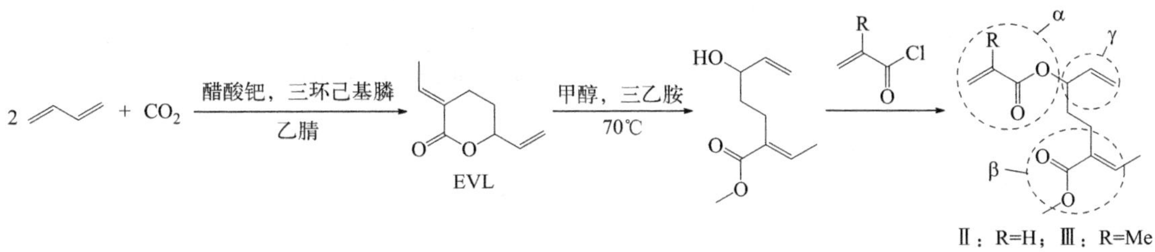

图5-12 1,3-丁二烯和CO_2合成单体Ⅱ和Ⅲ

由于具有较弱的亲氧性和官能团耐受性，过渡金属是烯烃和极性单体配位-插入共聚的有效催化剂。根据之前的报道，α-二亚胺Pd催化剂可以使共聚反应生成高度支化的功能性聚烯烃，而膦磺酸钯催化剂能够生产高度线性的功能性聚烯烃。因此，这些催化剂可用于丙烯酸烯丙酯/乙烯共聚。但α-二亚胺Pd催化剂阻止了乙烯和极性烯丙基单体的共聚且活性低，这可能是共聚反应中存在快速的链转移以及催化剂往往形成稳定的螯合物而失去活性的缘故。相比之下，膦磺酸钯催化剂则表现出相对较高的活性，为了提高共聚反应的活性、乙烯插入量和环化率，还将DMSO与膦磺酸钯进行配位后用作CO_2/1,3-丁二烯/乙烯共聚的催化剂，当用于多烯单体与乙烯的自由基聚合时，得到具有区域和立构规整性的类聚乙烯产物（图5-13）[36]。由于该多烯单体具有两个不同的反应性碳碳双键，因此可能的反应途径会产生更丰富的微结构。尽管在这项工作中CO_2/1,3-丁二烯/乙烯的共聚是间接的，但为获得将CO_2/1,3-丁二烯/乙烯组合成新型聚合物材料提供了有效的途径。

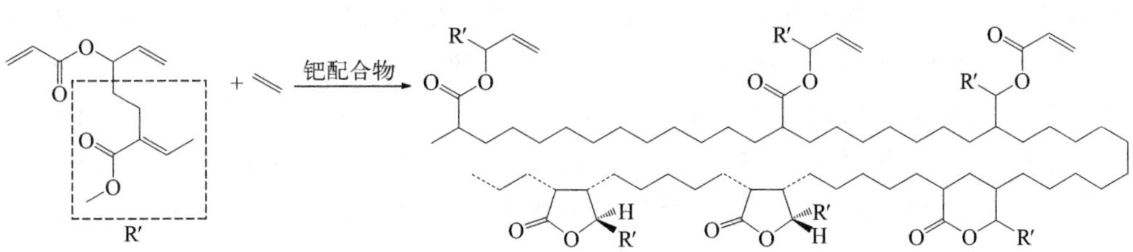

图5-13 多烯单体和乙烯单体的共聚反应

2021年，Kyoko Nozaki课题组[37]报道了通过乙烯和EVL的直接共聚（图5-14），将CO_2插入到最广泛使用的聚乙烯材料中。引入的官能团的微观结构由所使用的聚合策略所控制。当使用卡宾-苯酚钯配合物作为催化剂时，EVL 能够通过配位/插入机理与乙烯共聚，生成聚合物 **8**，且 EVL 的插入量（以摩尔分数计，下同）为 0.47%～2.2% [图 5-14(a)]。根据^{1}H-NMR 结果，只有烯丙基部分参与了与乙烯的共聚，提供了带有不饱和内酯单元的聚乙烯。与配位/插入共聚机理不同，惕格酸酯（1,2-二取代丙烯酸酯）部分和烯丙基部分都参与了由 AIBN 促进的乙烯和 EVL 的自由基共聚，提供了在主链中含有双环内酯（0.53%～6.8%）的聚乙烯 [图 5-14(b) 聚合物 **9**]。虽然配位/插入共聚提供了具有高分子量的高度线性聚乙烯共聚物，但自由基共聚会导致产生更多支化的、低分子量的聚乙烯共聚物。

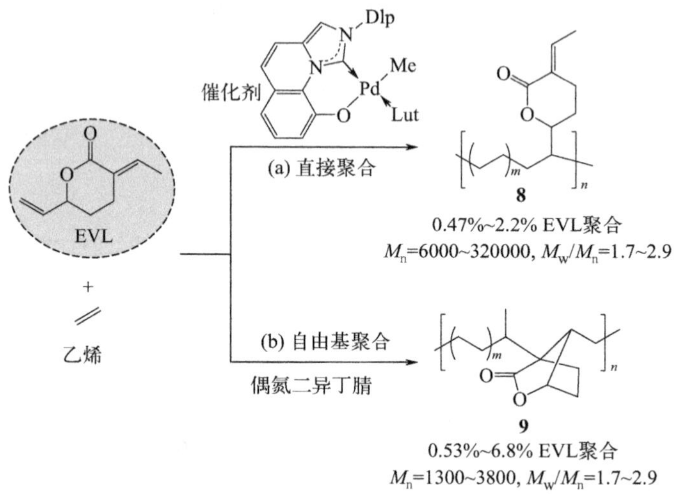

图 5-14 EVL 与乙烯共聚合成 CO_2/乙烯/丁二烯共聚物

来自 EVL 的聚合物的功能单元可用于对所得共聚物的进一步改性。由于惕格酸酯部分可以作为迈克尔加成反应的电子受体，因此可以为共聚物提供后期改性的反应位点。在 100℃加热 24 小时后，发现硝基甲烷在 1,8-二氮杂双环[5.4.0]十一碳-7-烯（DBU）存在下，聚合物 **8** 可以与不饱和内酯单元发生迈克尔加成反应 [图 5-15(a)]。因此，不饱和内酯单元可以被视为获得多样化及功能化聚乙烯的切入点。研究者还探索了聚合物 **9** 中双环内酯单元的开环水解和氨解性能。由于乙烯共聚物 **9** 在水中的溶解度差所以其水解开环并未成功，而双环的氨解开环以高转化率进行（图 5-15）。经过后处理，可以得到一种在聚乙烯主链上同时带有酰胺和羟基的新型共聚物。对得到的共聚物进行 DSC 分析以探索它们的热性能。可以发现在相似的分子量范围内，聚合物 **8** 的熔融温度低于高线性聚乙烯的熔融温度。聚合物 **10** 表现出与聚合物 **8** 相似的熔融特性。与通过配位/插入共聚获得的线性聚乙烯材料不同，聚合物 **9** 和 **11** 在 100～102℃时可以得到更宽的吸热峰。

EVL/烯烃共聚为合成高度通用的烯烃/CO_2/丁二烯共聚物提供了一条可行的途径。通过钯催化的配位/插入共聚或 EVL 和乙烯的自由基共聚来获得不同的主链功能化聚乙烯材料。除乙烯外，常见的烯烃单体包括甲基丙烯酸甲酯（MMA）、丙烯酸甲酯（MA）、苯乙烯（Sty）、氯乙酸乙烯酯（VAcCl）和乙酸乙烯酯（VAc）都能够通过自由基过程与 EVL 共聚。尽管仍然缺乏烯烃/CO_2 直接共聚的方法，但研究者们一直致力于通过烯烃和 CO_2 合成共聚物。在这方面，CO_2 基共聚单体与烯烃的共聚受到越来越多的关注。由于聚烯烃的重要性，烯烃/CO_2 共聚仍将是一个热门研究课题。这些合成研究的目标是生产具有与聚

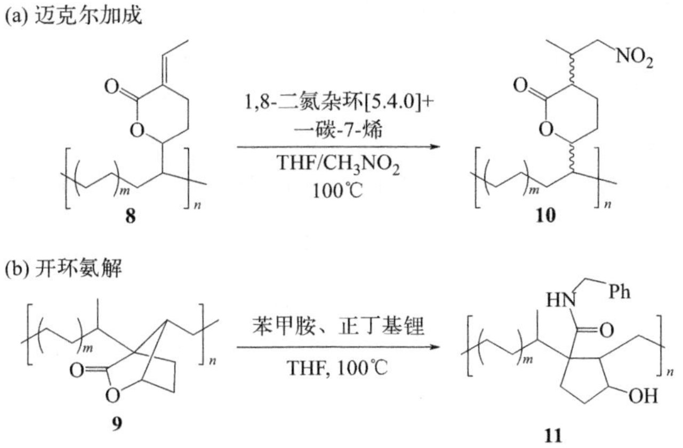

图 5-15 CO_2/乙烯/丁二烯共聚物的改性（THF—四氢呋喃；CH_3NO_2—硝基甲烷）

烯烃相似的力学性能且可降解的聚酯，其中的可降解性由 CO_2 的插入带来。尽管非交替共聚的热力学对于足够高的烯烃/CO_2 比率是可行的，但现有的反应路线是竞争的，烯烃均聚占较大优势，会阻止 CO_2 成功插入聚烯烃的主链。成功的烯烃/CO_2 共聚可能依赖于利用新的反应机制来活化 CO_2。新型催化剂的设计和新型聚合策略可能为未来的直接 CO_2/烯烃共聚提供解决方案。

5.4 二氧化碳与炔烃化合物的共聚物

相比于烯类单体，炔类单体是另一种重要的单体，具有更加丰富的化学性质。一般炔类单体聚合得到的聚合物通常仍然含有不饱和化学键，从而具有特殊的光电性质，这对于丰富和拓展功能化 CO_2 基聚合物具有重要意义。目前，关于 CO_2 和炔类生成小分子的有机反应已有众多报道，但 CO_2 与炔类单体的聚合则鲜有研究，其制约因素可能是环化反应阻碍了聚合物链的增长，导致其很难发展成聚合物。

早在 1992 年，Tsuda 等人[38] 报道了 CO_2 与二炔类单体交替共聚以制备聚（2-吡喃酮）的工作（图 5-16）。该聚合反应在以零价镍为催化剂，四氢呋喃以及乙腈为混合溶剂的条件下可以得到数均分子量范围在 2100～17900 的聚合物。为了防止分子内环化副反应的发生，二炔单体中的 R^1 基团通常为芳基或者是碳原子数在 5 以上的脂肪烃基。此外，在相同的聚合条件下，CO_2 还能和环状二炔单体共聚得到梯形的聚（2-吡喃酮）[39]（图 5-17）。这是首次报道的有关 CO_2 和不饱和烷烃的共聚反应。在该聚合反应中，环二炔的反应活性与环的大小密切相关，当 $m=n$ 时（图 5-17），其反应活性最高。在该条件下制备的聚合物表现出优异的耐热性能，其在氮气氛围下的热分解温度高达 420℃。

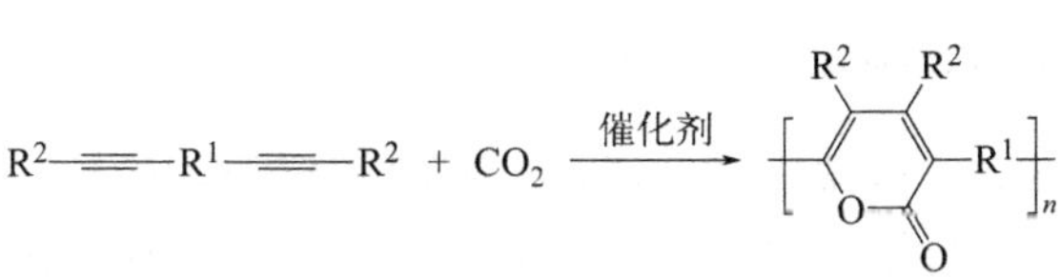

图 5-16 CO_2 与二炔单体的聚合反应

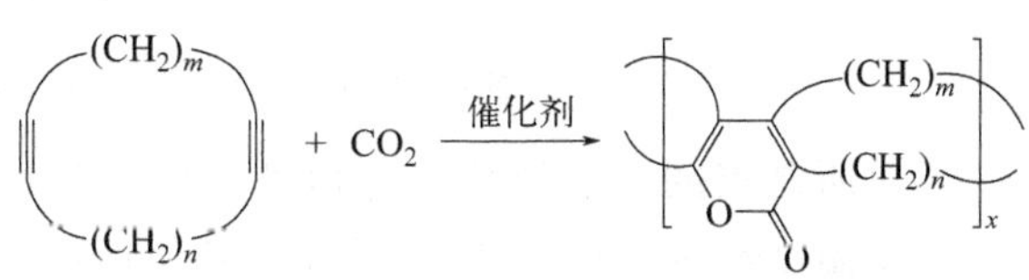

图 5-17 CO_2 与环二炔单体的聚合反应

为了克服 CO_2 和炔烃共聚生成可降解聚酯在热力学和动力学上的障碍，大连理工大学吕小兵课题组[40] 利用 CO_2 和 2-丁炔通过多步反应制备得到了 α-甲亚基-β-丁内酯（$M_\beta BL$）中间体（图 5-18）。首先，CO_2 和 2-丁炔加氢羧化得到惕格酸，随后分别经过光氧化和脱水反应得到 α-甲亚基-β-过氧化内酯，进一步脱氧即可形成（$M_\beta BL$），该中间体最后可在一系列的 Salen-Al 配合物（图 5-19）的催化下进行开环聚合得到可降解聚酯。

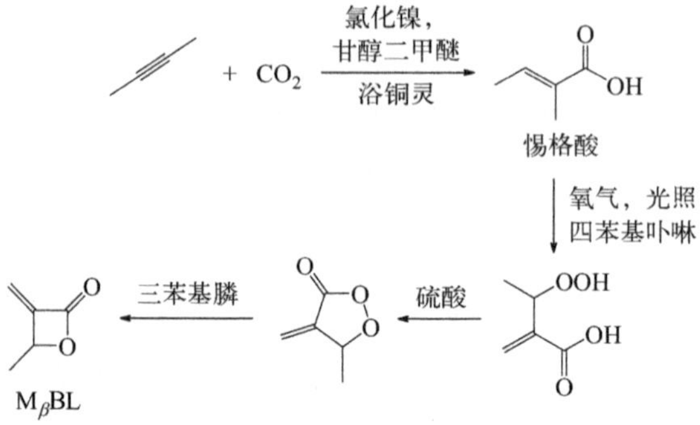

图 5-18 CO_2 与 2-丁炔制备 α-甲亚基-β-丁内酯的路线图

在这之前，Salen-Al 配合物已被证明是各种内酯开环聚合反应中的有效催化剂，可以制备具有可预测微结构和可控分子量且窄分布的聚酯。在该工作中，研究者合成了不同的 Salen-Al 配合物来催化内酯中间体的聚合。实验表明，酚盐环上的二胺骨架和取代基都显著影响了催化剂的活性和聚合物的立体化学（图 5-19）。其中，1,3-丙二胺（**13a**～**13c**）和 2,2-二甲基-1,3-丙二胺（**13d**～**13g**）骨架配合物表现出比乙二胺骨架（**12a**～**12d**）配合物更高的反应活性。而具有相对较小取代基（如氢和叔丁基）的配合物表现出较差的立体选择性。因此，由庞大且对称的三异丙基硅基（**13c** 和 **13g**）造成的 Salen-Al 配合物中小的空腔结构，可能是开环聚合立体选择性的关键因素。

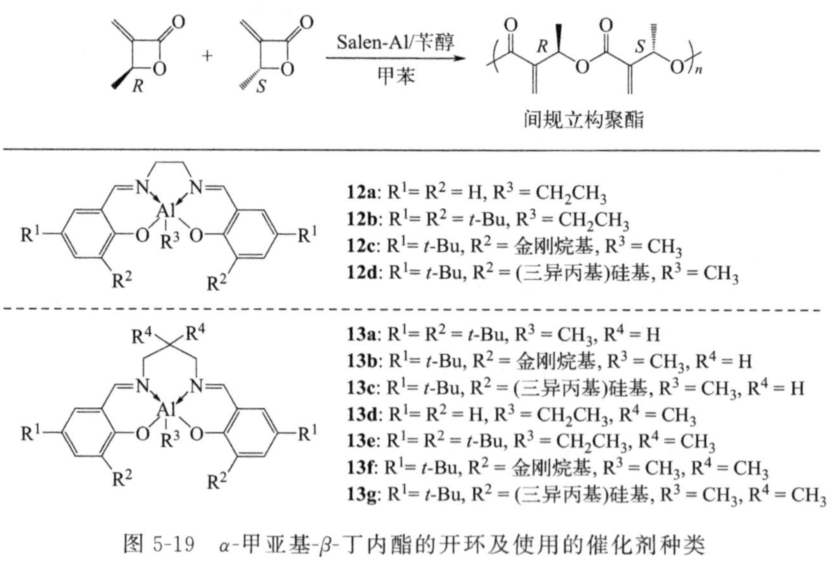

图 5-19 α-甲亚基-β-丁内酯的开环及使用的催化剂种类

对所制得的立构规整聚合物进行热重分析和差示扫描量热表征，发现间规聚合物的玻璃化转变温度约为 20℃，熔点最高可达 109℃；而全同等规聚合物熔点可达到 103℃，热分解温度约为 276℃，具有较宽的加工窗口。广角 X 射线衍射结果表明由 $M_\beta BL$ 中间体聚合得到的产物是一种结晶性高分子量聚合物。该工作为 CO_2 与炔烃的聚合提供了新的方法，同时也为合成 CO_2 基结晶聚合物以及共聚物打开了新思路。

多组分反应（multi-component reaction，MCR）是指三种或更多种起始原料参与的反应，它们在生物体内起着至关重要的作用。各种 MCR 时刻在生物体内发生，用于合成 DNA、RNA、蛋白质等。如今，有机合成领域已经开发了大量的 MCR，例如 Hantzsch 反应、Mannich 反应、Passerini 反应和 Ugi 反应等，它们在制备多功能有机小分子方面发挥着重要作用。最近，多组分聚合（multi-component polymerization，MCP）作为高分子化学的新兴领域延续了 MCR 的诸多优点，例如产品结构多样化、效率高、反应条件温和、原子经济性高和操作简便等。

受到之前建立的 CO_2/端炔双组分聚合的启发并结合多组分反应的优点，研究者们猜想通过引入第三单体，CO_2 和炔类单体也可以进行三组分聚合反应。1996 年，Oi 等人[41] 报道了由碘化亚铜（CuI）和碳酸钾（K_2CO_3）催化的 CO_2、二炔和二卤代物的三组分聚合反应（图 5-20），使用 N,N-二甲基甲酰胺（DMF）、N,N-二甲基乙酰胺（DMAc）或 N-甲基-2-吡咯烷酮（NMP）作为溶剂。这些极性非质子溶剂可以促进后续的亲核取代。

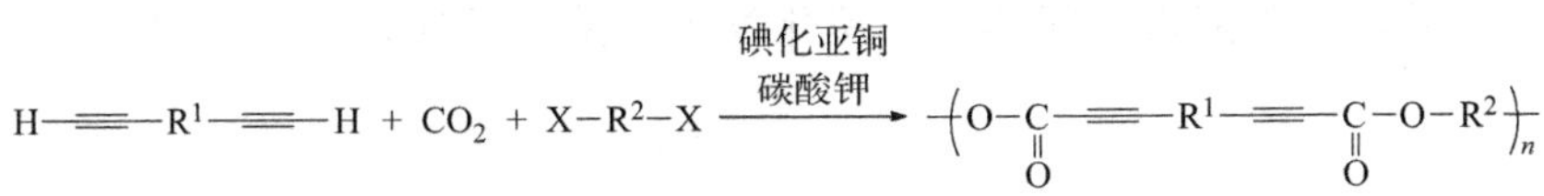

图 5-20　CO_2、二炔和二卤代物三组分聚合反应式

其反应机理如图 5-21 所示，在 K_2CO_3 的存在下，炔烃和 CuI 反应得到乙炔铜，由于 CO_2 的插入可以进一步得到羧酸铜。该羧酸铜对烷基二卤化物进行亲核攻击产生酯键并伴随铜盐的再生，由于反应的连续进行最终产生聚（烷基炔酸酯）。实验发现，催化剂配体、溶剂、炔烃、二卤化物的种类对聚合反应的速率、聚合物的产率均有影响。例如，当添加 1,10-菲咯啉作为 CuI 的配体时可以加速三组分的聚合反应，这是由于 1,10-菲咯啉配体可以增加铜化合物的电子密度进而加速乙炔铜与 CO_2 的亲核加成反应以及羧酸铜和烷基二卤化物的亲核取代。当使用芳族二炔聚合时，其聚合速率和聚炔酯的产率均优于脂肪族二炔，这可能是由于芳族二炔可以更好地防止环化反应。此外，以仲二卤化物作为底物时，聚炔酯的产率低于伯二卤化物，这是因为伯二卤化物具有更高的反应活性可以更快地与羧酸铜中间体发生亲核反应。在最优的聚合条件下，如以 DMAc 为溶剂，1,4-二乙炔基苯和 1,4-二溴丁

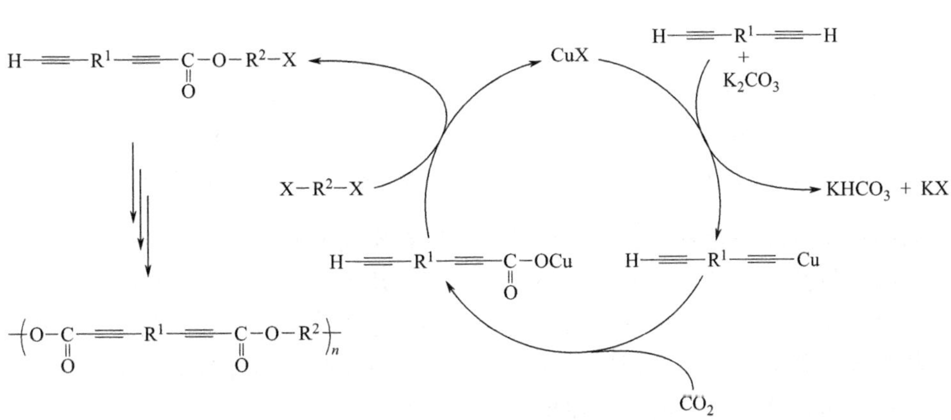

图 5-21　CO_2、二炔和二卤代物三组分聚合的反应机理

烷作为底物进行聚合反应可获得最大产率（82%）和最高数均分子量 M_n（6000）的聚炔酯。虽然该工作为多组分聚合制备聚（烷基炔酸酯）提供了更加简便的方法，但得到的聚炔酯的分子量（3300～6000）和产率（9%～82%）较低，且分布指数高（PDI=5.66）。

基于上述工作的启发，唐本忠院士团队结合 CO_2 和炔类单体开发了新型高效温和的聚合反应，该反应在常压 CO_2 氛围下，采用廉价易得的商业化催化剂催化聚合，通过灵活的单体设计制备了一系列新型功能性聚合物。他们首先提出了由钨酸银（Ag_2WO_4）和碳酸铯（Cs_2CO_3）催化 CO_2、芳族二炔和烷基二卤化物的聚合的猜想[42]（图 5-22）。该假设的依据是银(Ⅰ)盐已被证明是 CO_2 与二炔羧化反应系统的最佳催化剂，因为银与碳碳三键之间能够很好地配位。在 Ag_2WO_4/Cs_2CO_3 催化体系下，图 5-22 中不同炔类单体均可在常压 CO_2 下与不同的烷基二卤化物顺利进行聚合反应，当炔烃的结构为 **14a**、二卤化物结构为 **15c** 时，可得到具有高 M_w（31400）、窄分散指数（PDI<2.00）和高 CO_2 含量（质量分数为 24%）的聚炔酸酯，且产率高达 95%。这些结果表明，CO_2、芳族二炔和烷基二卤化物的聚合在上述的反应条件下具有普遍适用性。该聚合反应的机理可解释为：Ag^+ 首先进攻炔基，在碱性环境下得到炔银中间体；WO_4^{2-} 与 CO_2 配位，并与炔银中间体反应生成炔酸酯银中间体；最后，炔酸酯银中间体和二溴化物进行酯化反应，得到最终的聚炔酸酯。

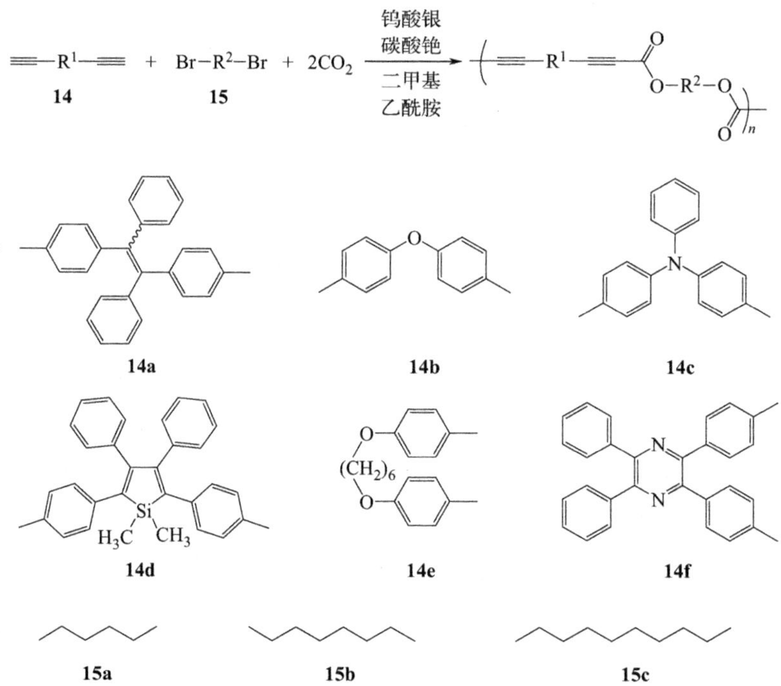

图 5-22 CO_2、二炔和烷基二卤化物在 Ag_2WO_4 存在下的聚合

由于制备的聚炔酯中含有大量的柔性链，所以在常见有机溶剂（DCM、THF 和 DMF）中具有良好的溶解性。通过热重分析法测试，发现聚炔酯失重 5%的温度在 254～384℃，展现出良好的热稳定性。部分聚合物在加热到 800℃时仍保留 60%～70%的质量，因此可被用作耐热材料和碳材料应用于多个领域。此聚炔酸酯主链中炔基被邻近的酯基所活化，具有较高的反应活性，可以通过有效的反应在聚合后进行改性。

串联反应是指一个合成操作中可进行多步反应，与传统的“逐步”操作相比，串联反应可以大大简化实验程序、节省时间。因此，结合串联反应和MCP以开发基于CO_2的高效多组分串联聚合反应（multi-component tandem polymerization，MCTP）是非常有吸引力的。在此基础上，Song等[12]还在合成的聚炔酸酯体系中引入第四单体——胺类单体，成功开发了一种简便有效的“一锅、两步、四组分”串联聚合反应。CO_2、端炔、卤代烷烃和伯/仲胺的四组分串联聚合反应可以在温和条件下有效地进行，以高产率制得高分子量的区域和立构规整的聚烯氨酯。该反应在CO_2和端炔以及卤代烷烃单体聚合完成之后，不经过分离提纯直接加入一级胺或者二级胺单体，进行下一步氢胺化反应，最终通过“一锅法”制得具有100%转化率的区域和立构规整的聚烯胺酯（图5-23）。此外，还可以采用不同的单体组合，制备得到不同主链结构的聚烯胺酯，展现出不同的热学性质。这种高效的聚合后改性方法在功能聚合物的制备中具有重要的意义和参考价值。

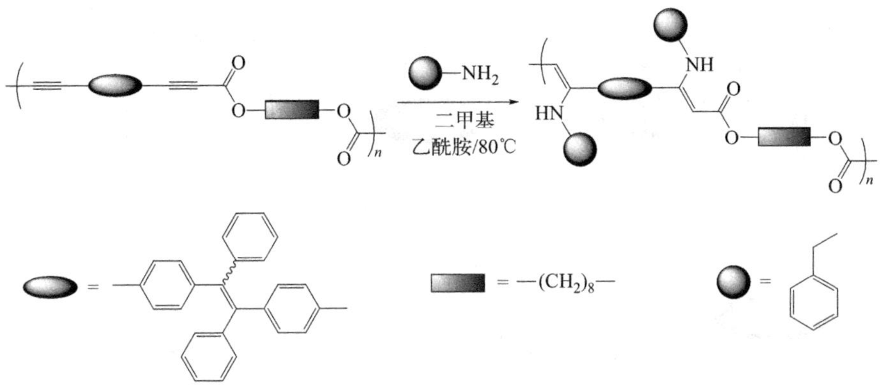

图5-23 聚炔酸酯的后聚合改性

遥爪聚合物是指具有末端反应基团的低聚物，可以被用来进一步聚合或者参与其他反应。遥爪聚合物经常被用作制备嵌段、接枝、超支化或者星型等拓扑结构聚合物。2005年，Matyjaszewski等[43]通过原子转移自由基聚合制得遥爪聚合物，并将末端溴原子转化成叠氮基团，随后被用作大分子单体，通过一价铜催化的叠氮-炔的点击聚合来制备更高分子量的聚三唑。受此启发，作者还利用聚炔酯制备了遥爪聚合物（图5-24）。通过改变图5-24中单体**14c**和**15c**的摩尔比，成功制备了末端含有炔基且M_w为3000的遥爪聚合物**16**。有趣的是，在不经历分离提纯直接加另外一些二卤代烷烃时，此遥爪聚合物的M_w可进一步增大到20600，这一结果表明遥爪聚合物的末端炔仍然具有反应活性。为了进一步印证遥爪聚合物的反应活性，将聚合物**16**分离提纯之后再和二卤代烷烃以及CO_2反应，同样可以得到更高分子量（M_w=10200）的聚炔酯（图5-24）。这是第一次使用CO_2参与的聚合反应制备遥爪聚合物，并将其作为大分子单体应用于进一步聚合，制得更高分子量的功能聚合物。由于该聚合反应具有很好的官能团耐受性，因此可以将具有聚集诱导发光（AIE）特性的四苯基乙烯（TPE）、四苯基吡嗪（TPP）以及噻咯等基元引入聚合物主链中得到具有AIE特性的聚炔酯，所制备得到的聚合物薄膜绝对荧光量子效率可高达61%，这是因为柔性主链使AIE单元在溶液状态下自由旋转，并且在聚合状态下更紧密地包装。

可降解聚合物在生物医学应用和环境保护领域越来越受关注，聚酯是最广为人知的人工合成可降解聚合物。上述乙炔基遥爪聚合物在结构上可以被认为是一种聚酯。室温下，此类聚合物在NaOH水溶液中数分钟内就开始降解。如图5-25所示，某二炔/二卤代物/CO_2聚合物的M_w在20分钟内从13600降至7000。良好的降解性质使聚炔酸酯有望成为一类环境

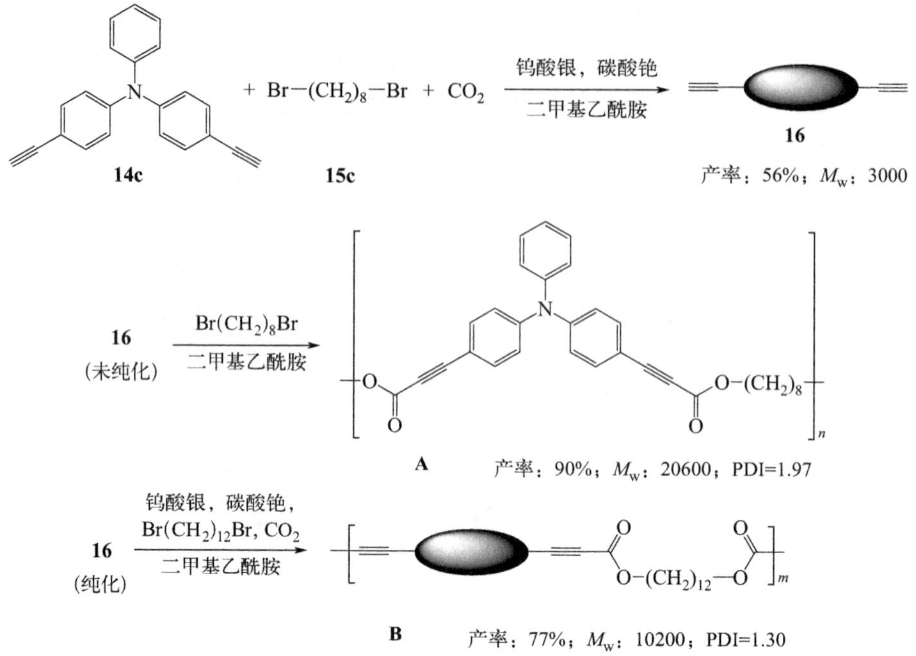

图 5-24 乙炔基遥爪聚合物的制备和聚合

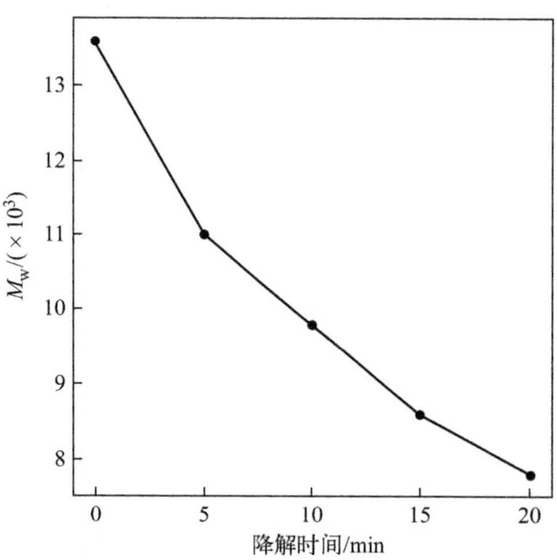

图 5-25 某二炔/二卤代物/CO_2 聚合物的 M_w 随降解时间的变化图

友好材料。对 CO_2、二炔和烷基二卤化物聚合的研究，不仅建立了一种在非常温和的反应条件下将 CO_2 直接转化为有用聚合物的有效途径，而且还提供了一系列具有多功能特性的可降解聚炔酸酯。

超支化聚合物由于具有独特的结构和性质，广泛应用于药物输送载体、纳米催化剂、超分子化学和化学传感器等领域。开发基于 CO_2 的超支化聚合物非常重要，因为这个过程不仅能增加聚合物链段中 CO_2 含量，也能使聚合物产生相较于线型聚合物更加独特的性质。2017 年，Holger Frey 等[44] 报道了利用 CO_2 和环己烯基环氧化物合成超支化聚碳酸酯，这是首次采用 CO_2 制备超支化聚合物。然而，这种聚合策略存在一定的局限性，例如需要在高压 (50atm) 下进行、催化体系复杂、单体有限、所得超支化聚合物难以继续后修饰等。因此，目前急需开发温和高效的聚合反应用于制备基于 CO_2 的超支化聚合物。唐本忠院士课题组基于先前开发的高效温和的 CO_2、端炔和卤代烷烃的聚合反应，设计了“三炔/四炔＋烷基二卤化物＋CO_2”的单体策略，成功构建了基于 CO_2 和炔类单体的功能性超支化聚炔酸酯[45]（图 5-26）。该聚合策略可以在常压 CO_2 氛围下和 DMAc 中，通过简单易得的商业化催化剂 Ag_2WO_4/Cs_2CO_3 催化，以高产率获得高分子量的产物。支化度（DB）是超支化聚合物的一个重要结构参数，其通常是通过 ^{1}H-NMR 谱图分析。值得注意的是：该方法下得到的聚合物具有较高的 DB（61%），高于“常规”超支化聚合物（通常约为 50%），这进一步证实了这些聚合物的超支化结构。制得的超支化聚合物具有良好的溶解性和优异的热稳定性，含有 TPE 和 TPP 基元的聚合物它们在 THF 中几乎不发光，但是加入不良溶剂水后，由于分子内运动受到限制，发光强度明显增加，表现出独特的 AIE 特征。

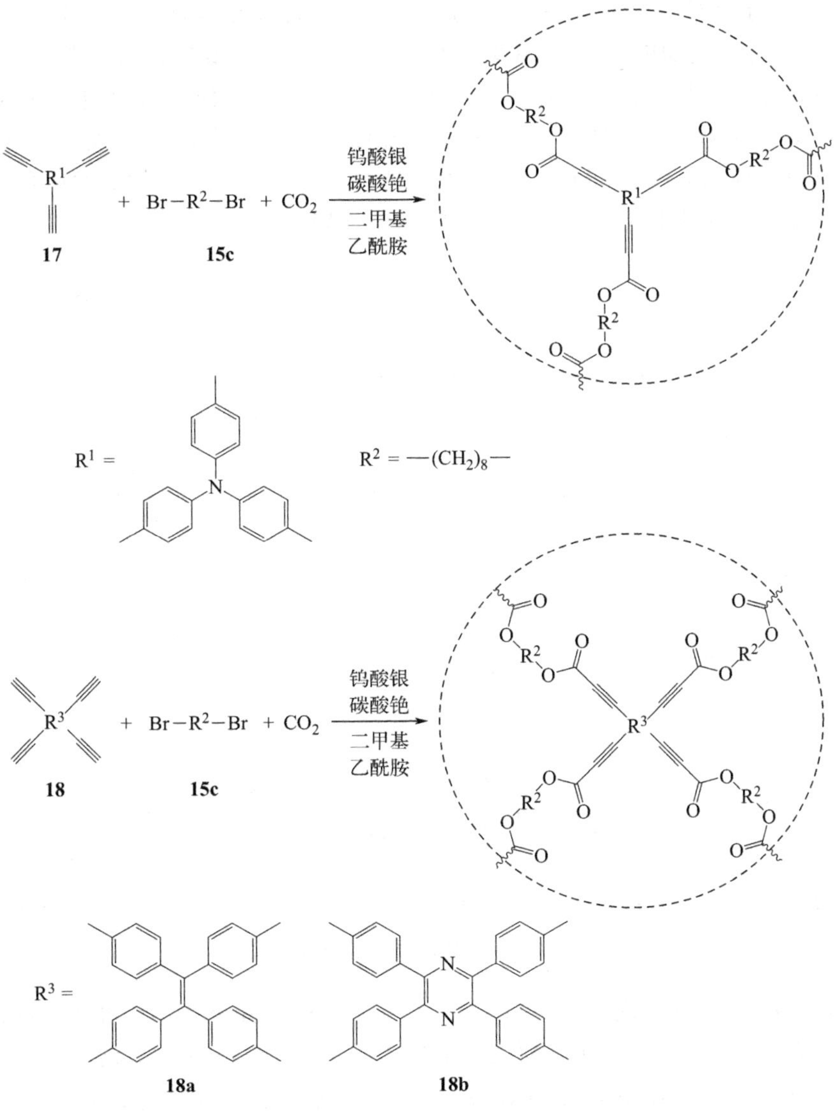

图 5-26 超支化聚炔酯的合成路线

此外，得到的超支化聚炔酯可以进行精确的多步聚合后改性，这对于其他超支化聚合物来说却难以实现，因为空间位阻大、反应活性低。尽管一些超支化聚合物含有一些可修饰官能团，但聚合后改性只能在这些聚合物的外围发生一次。而基于 CO_2 和炔类单体的功能性超支化聚炔酯在支链中含有许多高反应性的炔酯基团，在其外围还具有端炔基团。因此，精确的多步聚合后改性不仅可以在其外围进行，也能在其内部发生，每步的转化率接近100%，最终可以得到结构和序列可控的聚烯氨酯。这项工作不仅实现了更有效地将 CO_2 固定到聚合物材料中，而且制备得到了功能性超支化聚炔酯。

从 CO_2 制备得到的五元环状碳酸酯（5CC）基聚合物是一种新型的功能性聚合物。它不仅具有多种性质，而且可以作为后功能化的重要平台制得更多功能化聚合物。例如，Endo 等[46] 报道了一种从 CO_2 中获得 5CC 基聚合物的间接方法。他们首先通过多步法从 CO_2 中合成了含有碳碳双键的 5CC 单体。然后，他们使用该单体通过自由基聚合进一步得到最终的 5CC 基聚合物。获得的聚合物可以通过酸碱转换出现颜色的变化用于化学传感。这是一种从 CO_2 中获得功能性 5CC 基聚合物的新方法，但合成路线烦琐且低效。因此，探索可以直接从 CO_2 制备得到功能性 5CC 基聚合物的新型、简单而高效的方法颇有意义。Song 等发现从 CO_2 和炔丙醇制备的 5CC 仍然具有碳碳双键，可与其他化合物进一步反应。因此他们提出假设，即引入第三种单体与 CO_2 和双官能团炔丙醇反应便可生成 5CC 基聚合物。在寻找大量的有机反应后，发现卤代芳烃可以在钯催化条件下与碳碳双键偶联而不破坏 5CC 的结构，这样就可以实现将 CO_2 一步转化为 5CC 基聚合物（图 5-27）[47]。

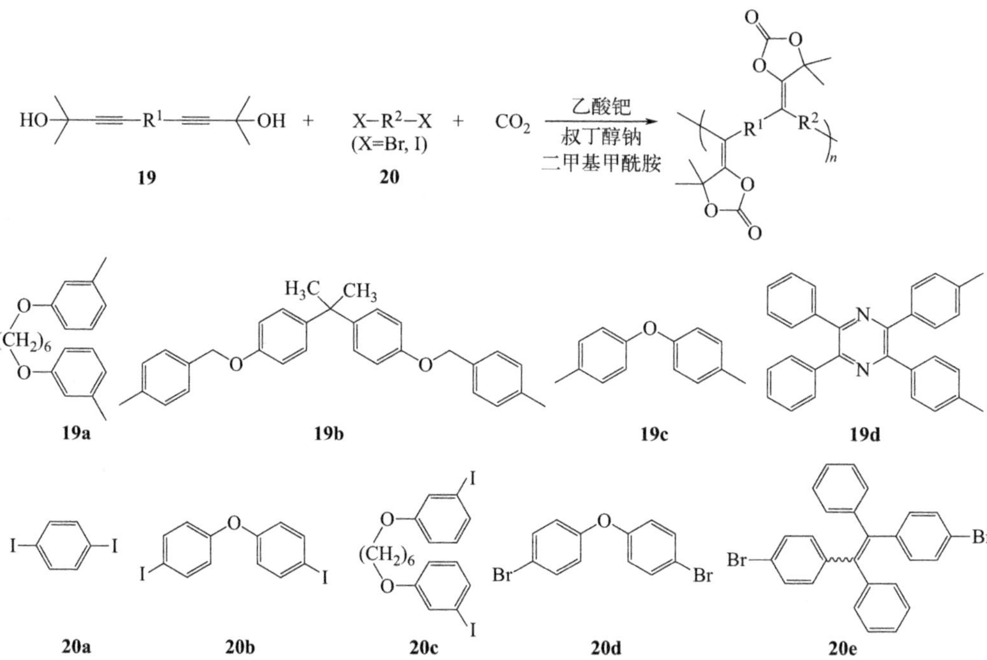

图 5-27 5CC 基聚合物的合成路线图

5CC 聚合反应具有诸多优点，例如，可在常压温和条件下进行、催化体系简单易得以及单体组合多变等。通过 DFT 计算和原位 FT-IR 揭示了反应机理，两者都表明 CO_2、二炔醇和芳基二卤化物之间存在协同反应效应。得到的 5CC 基聚合物可以和胺类化合物反应，通过无催化剂开环聚合，能够以 100%的转化率得到带有氨酯支链的聚合物（图 5-28）。从理论上讲，可以获得两种不同区域规整异构体，但实际最终只得到一种，表明开环反应是具有区域选择性的。由于其优异的官能团耐受性，TPE 和联萘单元可以轻易引入聚合物主链，赋予聚合物在 THF 和水的混合溶液中独特的 AIE 特性，其发光强度随着水的增加而增加。同时由于螺旋手性特性，聚合物几乎表现出重叠的紫外吸收光谱。通过多种单体组合能够以高转化率制得基于 CO_2 超支化聚合物。并且，可以利用“二炔＋四卤代烷烃＋CO_2”单体策略构建多孔聚合物，表面积高达 $172m^2/g$，在气体吸附材料方面显示出一定的应用价值。

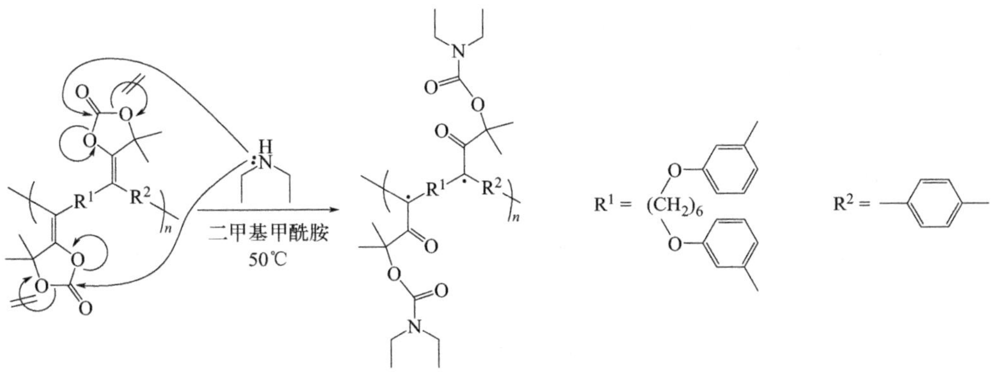

图 5-28 5CC 基聚合物的区域选择性开环路线图

作为新型聚合，CO_2 和炔类的共聚物大大拓展了功能性高分子材料的种类及用途。尽管目前关于 CO_2 和炔类的共聚反应鲜有报道，但上述例子均体现了 CO_2 和炔类聚合的潜力和可观的应用前景。

5.5 二氧化碳与空间位阻的路易斯酸碱对的共聚物

存在空间位阻的 Lewis 酸和 Lewis 碱的组合能够可逆地激活 H_2，引发了大量研究，并自此有了“空间位阻的 Lewis 酸碱对”（FLP）概念。也许最显著的结果是开发用于一系列有机底物加氢的 FLP 催化剂。在过去的十几年中，底物范围已经从极性物种发展到各种不饱和有机分子。此外，有效的立体选择性无金属加氢催化剂也开始出现。H_2 的这种活化机制已经得到探索，并且能够影响这种活化的路易斯酸/碱组合的性质和范围也已扩大到包括各种非金属物种。FLP 与各种其他小分子（包括烯烃、炔烃、CO_2 和一系列元素氧化物）的反应活性也得到了发展。

在前述涉及 CO_2 的聚合反应中，如 CO_2/环氧化物、CO_2/烯烃和 CO_2/炔烃等聚合反应，都受到各种反应条件的限制：金属催化剂的使用、较高的反应温度、较高的 CO_2 压力以及副产物的产生等。能够在比较温和、经济、低能耗又不需要催化剂的条件下将 CO_2 转化为聚合物，不仅是一种十分吸引人的聚合物方法，也是 C_1 化学的重要进展。

复旦大学闫强课题组[48] 深入研究了 CO_2 和 FLP 单体瞬时的、无需催化剂的点击聚合反应。本质上，FLP 是一对分子体积较大的 Lewis 酸和 Lewis 碱，由于空间位阻效应，二者互相排斥，难以结合成经典的 Lewis 加合物，这就使得它们更具反应活性来促进、催化那些原本只能由过渡金属催化的反应[49]。FLP 不仅可作为催化剂，也可作为反应单体，由 FLP 和 CO_2 聚合形成 CO_2/FLP 交替共聚物。研究者合成了两端共轭的 FLP 单体 **21**——一端大体积的三芳基硼作 Lewis 酸基团，另一端是三芳基膦作 Lewis 碱基团其可在室温、常压条件下，瞬时、无催化剂地与 CO_2 聚合物反应，形成 CO_2/FLP 交替共聚物 **22**，且该共聚物具有可逆降解性（图 5-29）。

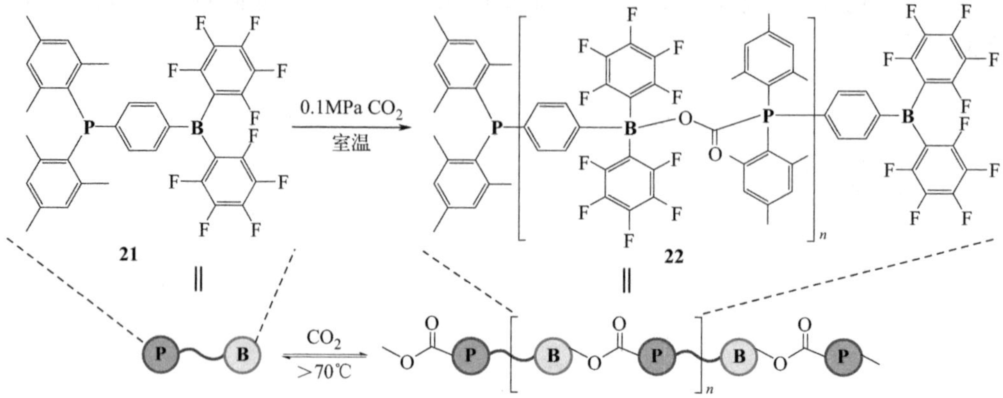

图 5-29 FLP 单体 **21** 及其与 CO_2 反应生成的共聚物 **30**

FLP 单体 **21** 空间位阻较大，其自身在甲苯中不会互相反应，但在 20℃下 CO_2 气体（p_{CO_2}=1MPa）注入单体溶液（0.1mmol/L）后，经过 30 分钟的反应，溶液就由初始的淡黄色转变为半透明并带一定黏度，意味着 CO_2 结合反应发生并形成聚合物 **22**。其关键结构信息由核磁 ^{11}B 谱和 ^{31}P 谱表征。从反应条件对聚合反应动力学的影响中发现，溶剂（极性或非极性）和温度（10～40℃）几乎不影响反应速率，而单体浓度主导了聚合物链长。产物重均分子量 M_w 随单体浓度增加而增大，并在单体 **21** 浓度为 0.1mmol/L 时达到最大［图 5-30(a)］。聚合对反应时间也比较敏感，想要得到分子量较大（58200）的聚合物且转化率足够高，反应时间需要 30 分钟以上。M_w-单体转化率曲线存在一个较长的引发阶段，随后呈指数级增长［图 5-30(b)］，与逐步点击聚合的机理类似。聚合的 CO_2 临界压力（能实现聚合的最低压力）非常重要：将 CO_2 气压从 1.0MPa 降至 0.1MPa，分子量则随之从 58200 降至 13100；当 CO_2 气压低至 0.05MPa 以下，聚合反应就难以进行［图 5-30(c)］。对比其他 CO_2 参与的聚合反应，FLP 单体和 CO_2 的交替共聚反应是非常高效的（类似点击反应），反应温度低，而且不需要催化剂，突破了已知的 CO_2 聚合反应的限制。若能找到低成本 FLP 单体，对 CO_2 转化为高分子材料这个领域来说，将是革命性的。

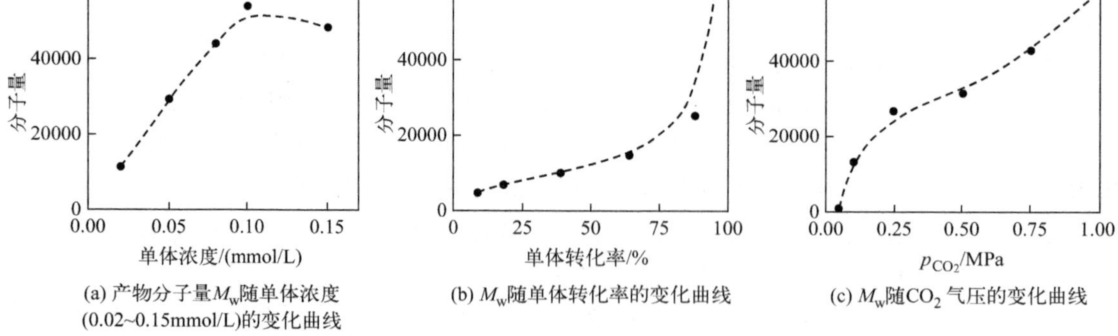

图 5-30 CO_2/FLP 交替共聚中不同聚合条件对分子量 M_w 的影响

（所有反应都在甲苯中 20℃下反应，反应条件只改变一个）

类似的 FLP 共聚物还可作为 CO_2 响应体系。由于 CO_2 本身化学性质稳定、温和、无毒、无污染的特点，对 CO_2 有响应的高分子进行了大量研究。对比其他化学响应的聚合物，CO_2 响应的聚合物在包括细胞模拟、乳液、可变表面、气体引导的纳米输送在内的很多领域有优势。此前也有一些基于 Brønsted-Lowry 酸碱对的 CO_2 响应聚合物，即聚合物呈弱碱性，CO_2 呈弱酸性，基于酸碱平衡而发生 CO_2 响应。但 CO_2 酸性很弱，响应度就很低。为提高响应度，FLP 共聚物为 CO_2 活化提供了平台。

两种苯乙烯单体——一种是（4-乙烯基苯基）-二（五氟苯基）硼烷，吸电子，呈酸性；一种是（4-乙烯基苯基）二（均三甲苯基）膦——分别作为 FLP 的电子受体和电子供体。两种单体分别与苯乙烯通过 RAFT 聚合形成二嵌段共聚物——FLP 受体（**23**）和 FLP 供体（**24**）（图 5-31）[50]。将等量（0.6mmol/L）的 **23** 和 **24** 在甲苯中混合没有显著反应（由于位阻），但当 CO_2 气流（CO_2 气压 1.0atm、流速 0.1mL/s）注入混合物，溶液由透明变为半透明，可见发生了快速的键合反应。另一方面，加入 CO_2 之前，动态光散射测得 **23** 和 **24** 混合物的水合直径是 4.2nm（PDI＝0.14）；而加入 CO_2 之后，尺寸增大 10 倍至 46.8nm（PDI＝0.08），表明了聚合物的产生。透射电镜也能观察到球形的纳米颗粒。这些都表明 CO_2 是聚合反应的关键。此反应实现了 CO_2 引发的胶束化并用作可循环使用的纳米催化剂，用于 CO_2 催化转化。

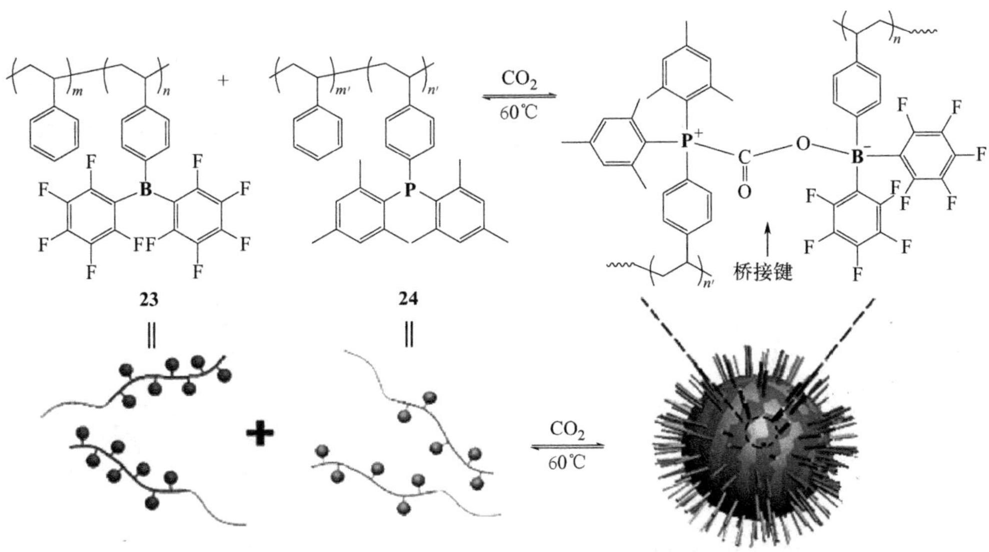

图 5-31 含有空间位阻 Lewis 酸碱对（FLP）的嵌段共聚物（**23** 和 **24**）

研究者还评估了这一基于 FLP 化学的 CO_2 响应体系的响应参数，如敏感程度、可重复性及化学耐受性。带三苯基膦的 **24** 对 267nm 紫外光有强吸收，当 **23**/CO_2/**24** 复合物形成后，带上正电荷的三苯基鏻盐使得吸收变弱，因此可以通过紫外可见吸收光谱的变化来监测 CO_2 刺激对响应参数影响。保持 CO_2 流速时，FLP 和 CO_2 的结合速率正比于 CO_2 分压。当 CO_2 压力为 1atm 时，FLP 的响应时间只有 18s，响应速率是 Brønsted-Lowry 酸碱对 CO_2 响应体系（20min）的 65 倍。**23**/CO_2/**24** 复合物对热敏感，在 60℃以上会降解。经历 8 次交替的 CO_2/热处理循环后，FLP 聚合物仍保持双向响应。

闫强课题组还设计并合成了两个 C_3 对称的含硼或含磷的分子——**25** 和 **26**（图 5-33），两个分子都以 1,3,5-三嗪结构为中心，在外面接上三个大体积的三芳基硼烷或三芳基膦，分别作为三价 FLP 受体或供体[51]。由于 **25** 和 **26** 分子结构都是刚性的、盘状的，并在外围有 3 个可活化位点，所以它们都倾向于在二维方向上与 CO_2 相连，形成平面网络，并进一步通过动态组装调控，自行弯曲为低能量取向的囊泡结构（图 5-32）。此外，其他能被 FLP 活化的多原子气体（例如 CO、N_2O 或 C_2H_4）也同样可以此种方式与 FLP 反应形成囊泡。用不同的气体跟 FLP 单体反应，能够产生不同膜构型和不同膜形貌的囊泡体系，由此，可仅通过选择气体来调控囊泡表面的化学状态和功能。

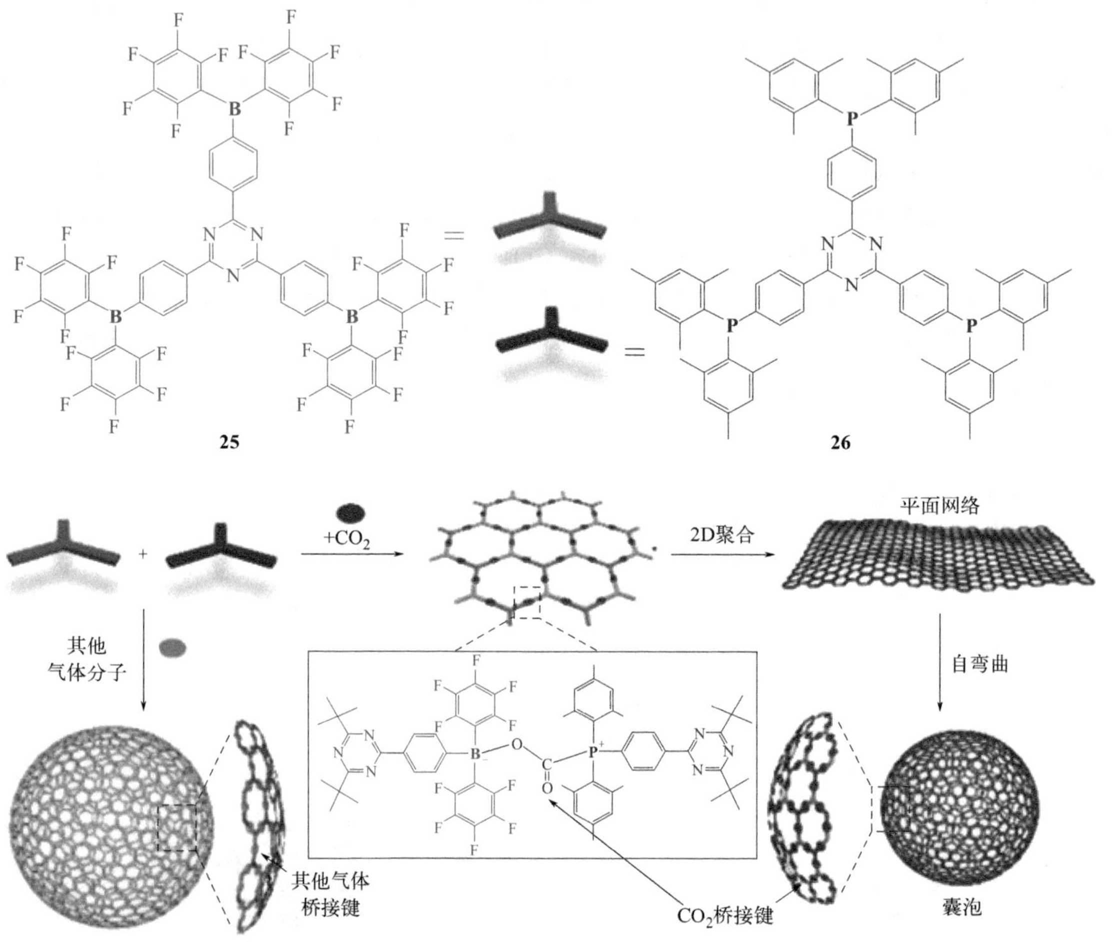

图 5-32　**25** 和 **26** FLP 单体结构示意图及 CO_2 驱动的二维聚合而构建的 CO_2 桥连的囊泡体系和由气体定型的膜构型（见文后彩图）

基于其形貌和反应动力学的分析，研究人员提出可能的机理来解释此 CO_2 驱动的囊泡形成过程：①由于 **25** 和 **26** 都是盘状的刚性分子、在侧面带有三叶草型的 FLP 基团，所以 CO_2 与 FLP 在反应的早期通过面内交联快速聚合；②随着反应进行，小片在二维方向上外延生长成大片薄膜，为了减小表面能，部分薄膜开始凹陷形成小突起；③为减小暴露到溶液的表面积，不同的薄膜自动形成圆帽状囊泡，进一步的 CO_2 交联（聚合）反应诱发圆帽状囊泡继续弯曲，变成碗状胶囊；④过量 CO_2 导致更多的交联，增加曲率，使半封闭的纳米碗变成全封闭的囊泡；⑤由于 CO_2 和 FLP 之间的键合是动态共价的，其动态化学具备校正和修补能力，将小的缺陷修补进而形成闭合的、结构清晰的囊泡。其他盘状分子和大环主体的反应引起的由片状到球形的转化，亦属常见。此囊泡体系以气体可调性为主要特征，即

CO_2 的多少或气体的种类，能够调控膜的曲率。

CO_2 和空间位阻 Lewis 酸碱对（FLP）的聚合交联作用合成的单链纳米颗粒，还可以用于仿真羧化酶的合成[52]。自然界的羧化酶依赖于由 4 个残基形成的键合中心来捕获 CO_2。类似前述，将三芳基硼烷和三芳基膦同时作为侧链引入聚苯乙烯主链上分别作为 Lewis 酸和 Lewis 碱，形成 **27**（图 5-33），两侧链之间由于空间位阻很大，不会发生酸碱化合，但为 CO_2 留下了键合的空间。**27** 在交联之前是松散的链构型，加入 CO_2 后就会由于与 CO_2 交联形成 CO_2 桥接，驱动聚合物链段折叠形成单链纳米颗粒（SCNP）（图 5-33）。SCNP 中位于结合位点的 CO_2 处于高活性状态，使其能够激活惰性的 C—H 键，并进一步从 SCNP 中脱离出来插入 C 原子与 H 原子之间，使 R—H 转变为 R—COOH。这个转化一般在温和条件下是不能实现的。随着活化的 CO_2 的不断脱离，SCNP 逐渐被打开并恢复至松散的链状态（休眠），暂时失去催化活性。在交替的注气和催化循环中，此 SCNP 就可视作可循环使用的仿真羧化酶[52]。

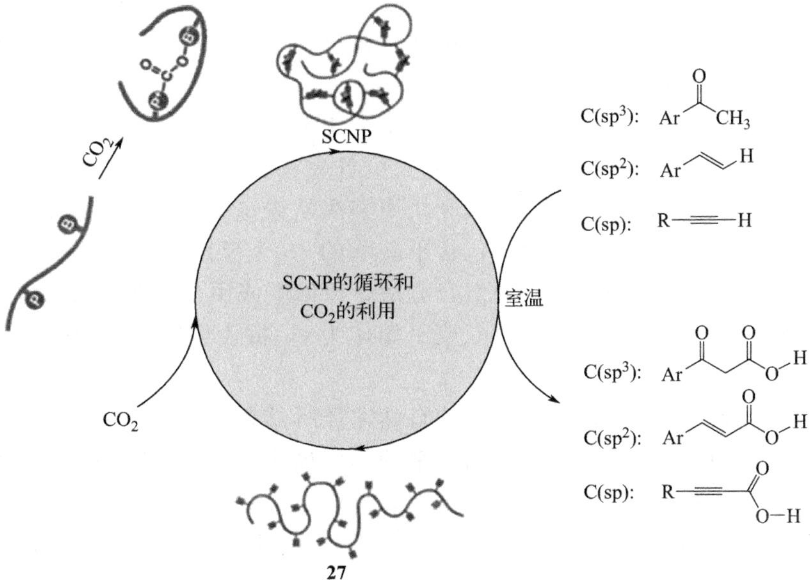

图 5-33 SCNP 的循环和 CO_2 的利用

仿真羧化酶对包含各种 C(sp^3、sp^2 或 sp)—H 键的一系列有机物都有催化羧化的效果（图 5-33）。首先是苯乙酮。在生物体内，苯乙酮的羧化专门由苯乙酮羧化酶完成，这个过程对芳基毒素的代谢尤为关键。但是，在实验室的实验中，CO_2 插入饱和 C(sp^3)—H 键是非常困难的，仅有的例子也都是要求高压和光辅助的有机催化。使用 SCNP 作为纳米催化剂，25℃下就有催化活性。不同取代基的苯乙酮几乎都能在 2～6h 内被定量羧化。引入给电子基团（如甲基、甲氧基）对催化有不利影响（需时更长，6h）。相反，在苯乙酮上引入吸电子基团则对羧化反应有利（需时更短，2h），因为吸电子基团能提高 C—H 键酸性，即弱化该化学键。另外，一般认为羧化酶对不饱和 C(sp^2 和 sp)—H 键没有活性。但研究发现苯乙烯类衍生物上的 C(sp^2)—H 键也能被 SCNP 催化羧化，同时取代基的给/吸电子影响同样有效。SCNP 甚至对 N 杂环双键（如苯并吡咯和苯并噁唑）同样有效，产率约 70%。转化率略低的原因是作为 Lewis 碱的 N 杂环会竞争键合 SCNP 上的硼位点，使该位点不能活化 CO_2。对于 C(sp)—H 键，由于其具有更高的酸性，催化速率更快（1h）。无论是使用芳香基的还是脂肪基或脂肪环基的炔烃，都可以获得 82%～94%的高产率。

5.6 二氧化碳合成淀粉

淀粉是食品和动物饲料中主要的热量组成部分，同时也是一种重要的工业原料。淀粉颗粒中的直链淀粉和支链淀粉高聚物由 α-(1→4)-糖苷键线性连接的葡萄糖残基链组成，其中支链糖苷键上缀有 α-(1→6)-糖苷键分支。植物中的淀粉合成途径包括大约 60 个步骤，并且还包括复杂的调节过程。

尽管人们已经为提高植物淀粉的产量付出了很多努力，光合作用的低效和生物合成淀粉的复杂性仍然是难以逾越的障碍。与之相比，合成生物学的进步则使设计和搭建更有效的 CO_2 固定和化学合成系统成为了可能。受光合作用的中心思想所启发，一些优良的催化剂已经被开发，以用于更有效地使电子从太阳能中获得到能量、从水中得到氢，从而将二氧化碳还原成简单的化学物质。

一些研究人员以一种二氧化碳还原催化剂来产生 C_1 化合物作为原料来进行无细胞淀粉的合成[53]。为了建立这样的混合途径，研究人员首先选择甲酸和甲醇作为候选中间体以连接后续可能的催化剂和生物酶。研究人员利用甲醛酶从候选 C_1 中间体中设计和构建了淀粉合成途径的酶促部分。在反应数据库中包含甲酸酯的 15 个反应和包含甲醇的 8 个反应的基础上，利用组合算法和通量平衡分析的组合方法，以甲酸或甲醇为起点设计了两条简明的淀粉合成途径。理论上，以二氧化碳与甲酸或甲醇作为 C_1 桥连中间体，只经过九个核心反应即可得到淀粉（图 5-34，内环）。

与经过自然选择而演化了数亿年得到的自然途径所具有的功能性和兼容性相比，计算设计途径往往受来自不同生化环境的酶之间带来的不可预测、不达预期的相互作用所阻碍。为了解决这一问题，研究人员采用了模块化组装和替代的策略。研究人员将两条淀粉合成途径划分为更易于管理的模块（图 5-34）：C_1 模块（用于生产甲醛）、C_3 模块（用于生产 D-3-磷酸甘油醛）、C_6 模块（用于生产 D-葡萄糖-6-磷酸）和 C_n 模块（用于合成淀粉）。

在计算路径设计的辅助下，通过组装和替换源于 31 个生物体的 62 种酶的 11 个模块，研究人员建立了自甲醇出发、包含 10 个酶促反应的人工淀粉合成代谢途径（ASAP）1.0（图 5-34，外环）。ASAP 1.0 的主要中间体和目标产物经 ^{13}C 同位素标记实验检测，验证了该途径能完全实现从甲醇合成淀粉的功能。在建立 ASAP 1.0 之后，研究人员试图通过解决潜在的瓶颈来优化这条途径。首先，由于甲醛酶的低动力学活性，其在 ASAP 1.0 中约占总蛋白质剂量的 86%，以维持代谢通量并将有毒的甲醛维持在非常低的水平。体外定向进化增加了甲醛裂合酶（fls）催化活性，产生了变体 fls-M3，使其对 5mmol/L 甲醛制二羟丙酮的活性提高了 4.7 倍。

根据数据库已知的酶构建了五个模块（C_{1a}、C_{1b}、C_{3a}、C_{6a} 和 C_{na}）。尽管 C_{1a}、C_{1b} 和 C_{3a} 模块在单独使用时都展示出了各自的功能，C_{1a} 或 C_{1b} 和 C_{3a} 的组合却并没能将甲酸或甲醇转化为可探测到的 C_3 化合物。研究人员推测这种节能但热力学不利的 C_1 模块产生的边际甲醛可能无法为 C_{3a} 模块中甲醛酶的关键反应提供原料，因此构建了一个热力学更有利的级联反应作为 C_1 模块的替代方案。其中热力学最有利的 C_{1e} 模块与 C_{3a} 模块成功组装，

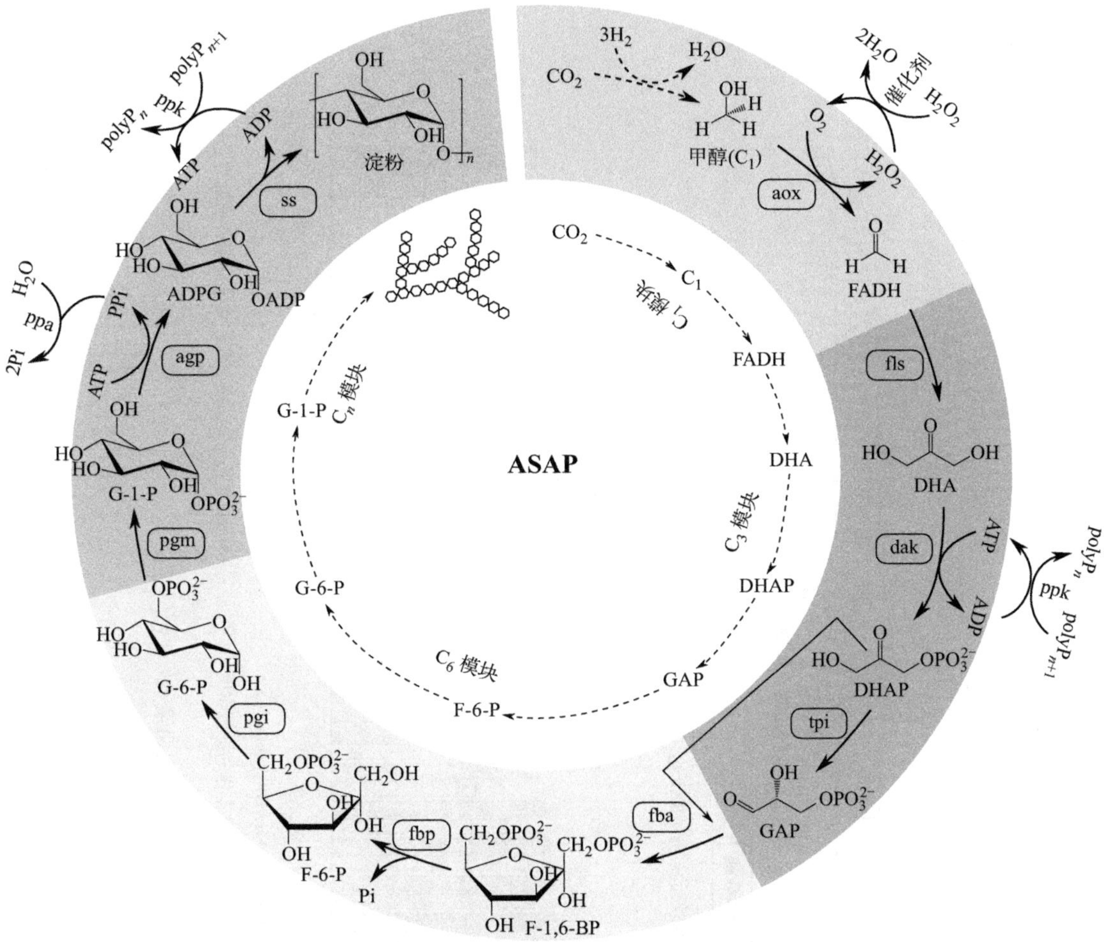

图 5-34 人工淀粉合成代谢途径（ASAP）的设计和模块化组装

内环：通过分模块的计算路径设计绘制的人工淀粉路径示意图，环中的 C_1 表示甲酸和甲醇；

外环：不同模块分别着色的人工淀粉合成代谢途径（ASAP）1.0 示意图，图中显示了辅助酶和化学品

aox—酒精氧化酶；FADH—甲醛；fls—甲醛裂合酶；DHA—1,3-二羟丙酮；dak—二羟丙酮激酶；

ADP—腺苷二磷酸；ATP—腺苷三磷酸；polyP$_n$、polyP$_{n+1}$—多聚磷酸；ppk—多聚磷酸激酶；

DHAP—磷酸二羟丙酮；tpi—磷酸丙糖异构酶；GAP—D-3-磷酸甘油醛；fba—果糖-1,6-二磷酸醛缩酶；

F-1,6-BP—D-果糖-1,6-二磷酸；fbp—果糖-1,6-二磷酸酶；F-6-P—D-果糖-6-磷酸；

pgi—磷酸葡萄糖异构酶；G-6-P—D-葡萄糖-6-磷酸；pgm—磷酸葡萄糖变位酶；G-1-P—D-葡萄糖-1-磷酸；

agp—腺苷二磷酸葡萄糖焦磷酸化酶；Pi—磷酸；PPi—焦磷酸；ppa—焦磷酸酶；

ADPG—腺苷二磷酸葡萄糖；ss—淀粉合成酶

并从甲醇中获得了相当高的 C_3 化合物产率。

组装 $C_{1e}+C_{3a}$ 与 C_{6a} 模块后，得到的目标产物葡萄糖-6-磷酸的量可以忽略不计。碳通量因模块 C_{3a} 中的二羟丙酮激酶和模块 C_{6a} 中的果糖-6-磷酸醛缩酶之间的活性不平衡而受动力学控制停留在了磷酸丙糖中。除此之外，C_{3a} 中甲醛酶催化反应的副产物乙醇醛竞争性抑制了果糖-6-磷酸醛缩酶的功能。基于不同类别的醛缩酶，研究人员构建了两个替代模块。然而，嗜热的果糖-1,6-二磷酸醛缩酶/磷酸酶在环境温度下的活性极低，从而阻碍了 C_{6c} 的性能。

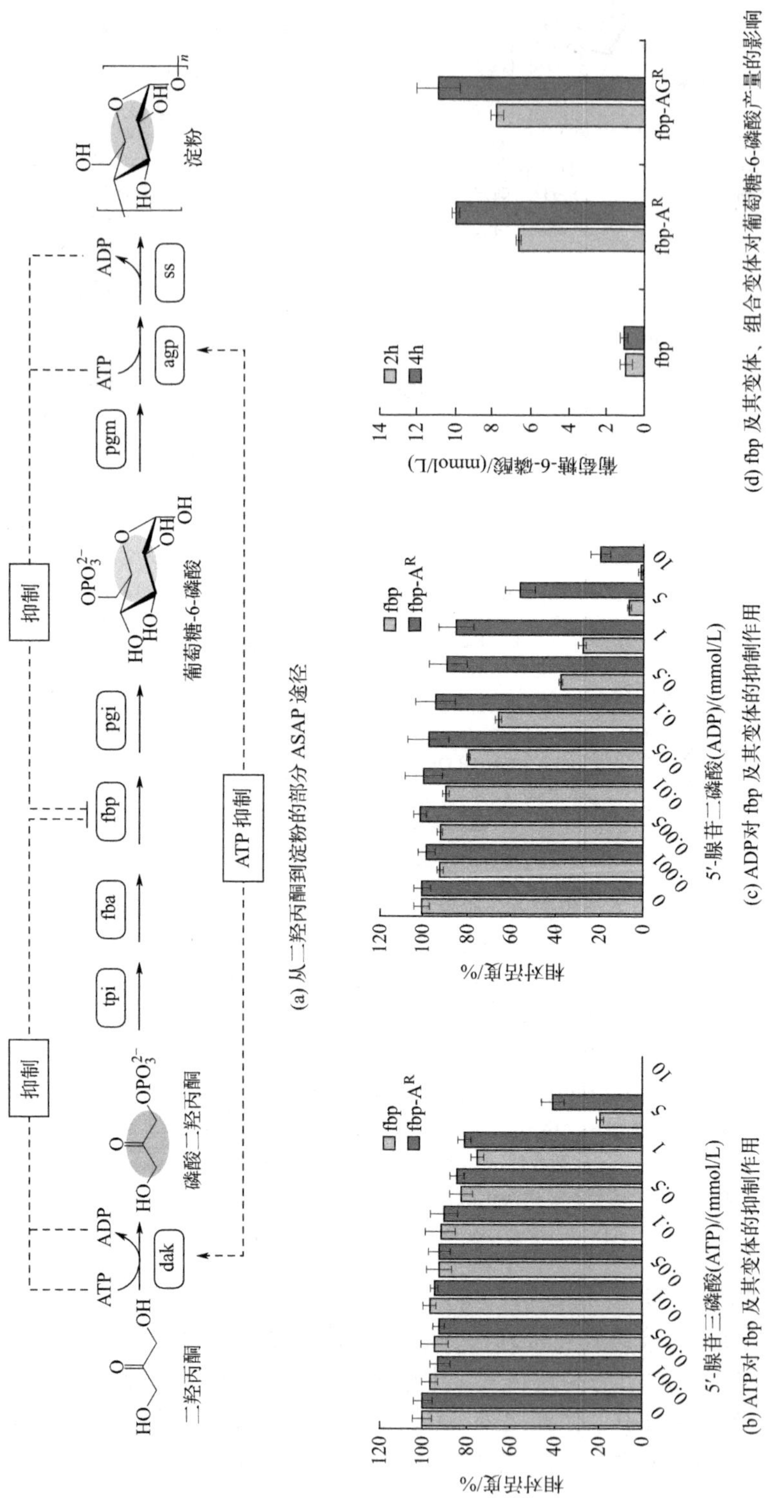

图 5-35 人工淀粉合成代谢途径

对于 $(C_{1e}+C_{3a})+C_{6b}$ 的组合，C_{6b} 模块中由大肠杆菌提取的果糖-1,6-二磷酸酶（fbp）的功能则受到 C_{3a} 模块中二羟丙酮激酶必需的辅助因子 5′-腺苷三磷酸（ATP）和 5′-腺苷二磷酸（ADP）的抑制［图 5-35(a)］。通过将 ATP 再生系统与 $(C_{1e}+C_{3a})+C_{6b}$ 耦合［记为 $(C_{1e}+C_{3a})+C_{6b}^{*}$］，令 ATP 通过多磷酸盐激酶消耗多磷酸盐的途径从 ADP 再生，从而使 ATP 和 ADP 减少到了可以接受的水平，研究人员进而成功从甲醇制得葡萄糖-6-磷酸。组装 $(C_{1e}+C_{3a})+C_{6b}^{*}$ 与 C_{na} 模块后，并未能从甲醇制得足以达到检出量的直链淀粉。无机磷酸盐和 α-D-葡萄糖-1-磷酸的高比例显著抑制了 C_{na} 模块中 α-葡聚糖磷酸化酶合成直链淀粉的过程，而这一高比例可能是在组合的上游部分形成的。研究人员另外构建了一个依赖 ATP 的 C_{nb} 模块，以抵抗高无机磷酸盐/α-D-葡萄糖-1-磷酸比。$[(C_{1e}+C_{3a})+C_{6b}^{*}]+C_{nb}$ 的组装能使研究人员从 20mmol/L 甲醇中以 30mg/L 滴定率制得了直链淀粉（表 5-1）。

尽管 ATP 和 ADP 在再生系统的辅助下能够维持在 1mmol/L 的低水平，但它们仍可能部分抑制大肠杆菌中 fbp 的功能［图 5-35(b) 和 (c)］，据报道这是 5′-腺苷单磷酸的变构抑制作用。fbp 变体（fbp-A^{R}）包含 5′-腺苷单磷酸变构位点的两个突变，可以缓解 ADP 的抑制作用［图 5-35(b) 和 (c)］，并显著提高二羟丙酮产生的葡萄糖-6-磷酸的产量［图 5-35(d)］。三种核苷酸对大肠杆菌中提取的 fbp 和 fbp-A^{R} 的抑制模式分析表明，ATP 或 ADP 是系统中抑制作用的决定性因素。将 fbp-A^{R} 与抗葡萄糖-6-磷酸的变体整合，得到的组合变体 fbp-AG^{R} 能够对此有进一步的改进［图 5-35(d)］。

表 5-1 ASAP 迭代与其他合成途径的比较

路径	基底	能量输入	目标产物	滴定率/(mg/L)	时间/h	产率/[mg/(L·h)]	淀粉合成速率/[nmol C/(min·mg)]
ASAP1.0	甲醇	—	直链淀粉	30±1	10	3.0±0.1	0.15±0.01
ASAP2.0	甲醇	—	直链淀粉	230±5	10	23±1	2.0±0.1
ASAP3.0	二氧化碳	氢气	直链淀粉	1640±86	4	410±22	22±1
ASAP3.1	二氧化碳	氢气	支链淀粉	1280±6	4	320±2	17.2±0.1
CETCH5.4	碳酸氢钠	NADPH	乙醛酸	40.0	1.5	26.7	3.87
卡尔文循环（玉米）	二氧化碳、水	太阳能	淀粉	—	120 天	—	2.58

注：1. 玉米的平均生长期假定为 120 天，这些数字可能因物种、地理位置和栽培方式而异，玉米淀粉中碳单元的平均摩尔质量假定为 27g/mol，玉米中的淀粉合成比体外化学酶 ASAP 中的淀粉合成要复杂得多。

2. 对于 ASAP 迭代，值是平均值，误差条表示标准差（重复次数 $n=3$）。

3. NADPH 为烟酰胺腺嘌呤二核苷酸的还原形式。

由于底物二羟基丙酮及其激酶二羟基丙酮激酶的增加导致前 4 小时淀粉产量发生异常的降低，研究人员将二羟基丙酮激酶和 ADP 葡萄糖焦磷酸化酶之间的 ATP 竞争也纳入了考虑。研究人员证实了二羟丙酮和二羟丙酮激酶的共存通过 C_{nb} 模块严重抑制了淀粉的合成，并以二羟基丙酮磷酸盐为主要产物，而非淀粉，这验证了二羟丙酮激酶确实竞争性地消耗了大部分 ATP。研究人员并没有降低二羟丙酮激酶的剂量，而是试图提高 ADP-葡萄糖焦磷酸化酶（agp）的能力。根据报道的氨基酸替代方案，研究人员创造了三个具有更高活性的 agp 变体，这些变体与二羟基丙酮激酶的竞争得到了增强。最佳的变体 agp-M3 成功将二羟基丙酮的淀粉合成量提高了约六倍。

利用上述三种工程酶（fls-M3、fbp-AG^R 和 agp-M3），研究人员构建了能够在 10 小时内从 20mmol/L 甲醇中以大约 230mg/L 的滴定率制得直链淀粉的 ASAP 2.0（表 5-1）。与 ASAP 1.0 相比，ASAP 2.0 的淀粉产量提高了 7.6 倍。经 ^{13}C 标记的液相色谱-质谱（LC-MS）分析，ASAP 2.0 积累的中间体浓度低于 ASAP 1.0，表明优化策略是有效的。

随着 ASAP 2.0 的成功，研究人员通过先前开发的无机催化剂 ZnO-ZrO_2，将酶促过程与 CO_2 还原耦合起来，进而实现以 CO_2 和氢为起点合成淀粉。由于 CO_2 氢化的条件不利，研究人员在 ASAP 3.0 中开发了一个包含化学反应单元和酶反应单元的化学酶级联反应系统。为了满足甲醛酶对高浓度甲醛的需求，并避免甲醛对其他酶产生毒性，研究人员进一步对酶单元进行了两步操作。在化学反应装置中，CO_2 的转化为甲醇的速率为 0.25g/[(h・g)(催化剂)]，生产的甲醇不断冷凝，并在第一个小时内送入酶装置，最终浓度约为 100mmol/L。在酶促装置中，首先通过补充两种核心酶和辅助过氧化氢酶，在随后的 1 小时内将甲醇转化为约 22.5mmol/L 的 C_3 中间体二羟基丙酮，然后通过补充剩余的八种核心酶和辅助成分，在随后的 2 小时内进一步转化为浓度约为 1.6g/L 的直链淀粉。在碘溶液中，合成直链淀粉显示出与标准直链淀粉样品相同的深蓝色和吸收最大值。

天然淀粉含有约 20%～30%的直链淀粉和 70%～80%的支链淀粉。为了从二氧化碳中合成支链淀粉，研究人员在 ASAP 3.1 中引入了一种来自创伤弧菌的淀粉分支酶。该装置在 4 小时内可产生浓度约为 1.3g/L 的支链淀粉。碘处理后，合成支链淀粉呈红棕色，吸收最大值与标准支链淀粉样品相当。合成直链淀粉和支链淀粉显示出与标准对应物样品相同的核磁共振氢谱的第 1 到第 6 个特征信号。

通过使用时空分离的方法，ASAP 3.0 以 CO_2 为原料，获得了约 410mg/L 的高淀粉生产率。该化学酶途径的淀粉合成速率达到 22nmol C/(min・mg)，比玉米中通过卡尔文循环合成淀粉的速率高 7.5 倍（表 5-1）。该速率也是合成巴豆酰辅酶 A（CoA）/乙基丙二酰辅酶 A/羟基丁基辅酶 A（CETCH）循环速率的 5.7 倍，该循环最近被扩到另一个平台，直接从 CO_2 中获取不同的化合物。ASAP 的理论氢-甲醇能量效率（η_{HME}）和甲醇-淀粉能量效率（η_{MSE}）分别为 85%和 61%，但这些值不考虑诸如酶生产和化学步骤中的高温和高压的过程的能量消耗，这将在实际生产中影响 ASAP 的能量效率。在理想的光伏和水电解装置中，太阳能-电效率（η_{SEE}）可达到 20%，电-氢能量效率（η_{EHE}）可达到 85%，则 ASAP 的理论最大太阳能-淀粉能量效率（$\eta_{SSE}=\eta_{SEE}\times\eta_{EHE}\times\eta_{HME}\times\eta_{MSE}$）将为 9%。考虑到化学步骤在实际生产中的耗能因素（如温度、压力），估计实际 $\eta_{HME'}$ 为 68%，理论 η_{SSE} 调整为 7%，这与 C_3（4.6%）和 C_4（6%）植物的太阳能与生物量的理论光合效率相当，并且是自然环境中植物（2%）理论太阳能-淀粉能量效率估算值的 3.5 倍。

通过 ASAP，可从 CO_2 中不使用细胞，而通过化学酶高效地合成淀粉，ASAP 也将是淀粉工业生物制造等应用的重要起点。

参考文献

[1] 浦鸿汀，刘泰，杨正龙，等．聚脲的合成与应用．高分子材料科学与工程，2008，24：1-5.

[2] 卢培刚，姚立丹，孙东宁．聚脲润滑脂在汽车行业的应用．汽车技术，1994（12）：40-43.

[3] Oishi Y，Padmanaban M，Kakimoto MA，et al. Synthesis and properties of aromatic polyureas from *N*,*N′*-bis(trimethylsilyl)-substituted aromatic diamines and aromatic diisocyanates. Journal of Polymer

Science Part A Polymer Chemistry, 1992, 30: 1363-1368.

[4] Yamazaki N, Iguchi T, Higashi F. Studies on reactions of the *N*-phosphonium salts of pyridines. XIII. Direct polycondensation reaction of carbon dioxide or disulfide with diamines under mild conditions. Journal of Polymer Science Polymer Chemistry Edition, 1975, 13: 785-795.

[5] Yamazaki N, Iguchi T, Higashi F. Studies on reactions of the *N*-phosphonium salts of pyridines—XV: Direct carbonylation of amines with carbon dioxide by a hydrolysis-dehydration reaction with phosphorus compounds. Cheminform, 1976, 1975, 31: 3031-3034.

[6] Higashi F, Murakami T, Taguchi Y. Polyureas from carbon dioxide and diamines by means of triphenyl phosphite and pyridine hydrochloride. Journal of Polymer Science: Polymer Chemistry Edition, 1982, 20: 103-108.

[7] Chu Q. Carbon dioxide capture and conversion to a carbamate salt and polyurea. US 2014024800A1. 2014-01-23.

[8] Wu C, Wang J, Chang P, et al. Polyureas from diamines and carbon dioxide: Synthesis, structures and properties. Physical Chemistry Chemical Physics: PCCP, 2012, 14: 464-468.

[9] Ying Z, Zhao L, Zhang C, et al. Utilization of carbon dioxide to build a basic block for polymeric materials: An isocyanate-free route to synthesize a soluble oligourea. Rsc Adv, 2015, 5: 42095-42100.

[10] Shang J, Liu S, Ma X, et al. A new route of CO_2 catalytic activation: Syntheses of *N*-substituted carbamates from dialkyl carbonates and polyureas. Green Chem, 2012, 14: 2899-2906.

[11] Wang P, Ma X, Li Q, et al. Green synthesis of polyureas from CO_2 and diamines with a functional ionic liquid as the catalyst. Rsc Adv, 2016, 6: 54013-54019.

[12] Wang P X, Fei Y Q, Deng Y Q. Transformation of CO_2 into polyureas with 3-amino-1,2,4-triazole potassium as a solid base catalyst. New Journal of Chemistry, 2018, 42: 1202-1207.

[13] Wang P X, Fei Y Q, Long Y, et al. Catalytic polymerization of CO_2 to polyureas over K_3PO_4 catalyst. Journal of CO_2 Utilization, 2018, 28: 403-407.

[14] Wu Y, Zuo S, Zhao Y, et al. Biomass-derived metal-organic hybrids for CO_2 transformation under ambient conditions. Green Chemistry, 2020, 22: 2846-2851.

[15] 覃家祥. 二氧化碳基嵌段共聚物的分子设计、合成与性能研究. 广州：中山大学，2018.

[16] Tang D, Mulder D J, Noordover B A J, et al. Well-defined biobased segmented polyureas synthesis via a TBD-catalyzed isocyanate-free route. Macromol Rapid Comm, 2011, 32: 1379-1385.

[17] Pan W C, Lin C H, Dai S A. High-performance segmented polyurea by transesterification of diphenyl carbonates with aliphatic diamines. Journal of Polymer Science Part A: Polymer Chemistry, 2015, 52: 2781-2790.

[18] Kébir N, Benoit M, Legrand C, et al. Non-isocyanate thermoplastic polyureas (NIPUreas) through a methyl carbamate metathesis polymerization. European Polymer Journal, 2017, 96: 87-96.

[19] Martin A, Lecamp L, Labib H, et al. Synthesis and properties of allyl terminated renewable non-isocyanate polyurethanes (NIPUs) and polyureas (NIPUreas) and study of their photo-crosslinking. European Polymer Journal, 2016, 84: 828-836.

[20] Donglin T, Dirk Jan M, J NBA, et al. Well-defined biobased segmented polyureas synthesis via a TBD-catalyzed isocyanate-free route. Macromolecular Rapid Communications, 2011, 32: 1379-1385.

[21] Ma S C C, Sablong R J, et al. Non-isocyanate strategy for anionically stabilized water-borne polyurea dispersions and coatings. Journal of Polymer Science Part A: Polymer Chemistry, 2018, 56 (10): 1078-1090.

[22] Li S, Zhao J, Zhang Z, et al. Aliphatic thermoplastic polyurethane-ureas and polyureas synthesized through a non-isocyanate route. Rsc Adv, 2014, 5: 6843-6852.

[23] Li S, Sang Z, Zhao J, et al. Crystallizable and tough aliphatic thermoplastic polyureas synthesized through a nonisocyanate route. Industrial & Engineering Chemistry Research, 2016, 55 (7): 1902-1911.

[24] Long B J, Qing L S, Feng Y C, et al. Amorphous and crystallizable thermoplastic polyureas synthesized through a one-pot non-isocyanate route. Chinese Journal of Polymer Science, 2019, 37: 43-51.

[25] Qaroush A K, AI Hamayda A, Khashman Y K, et al. Highly efficient isocyanate-free microwave-assisted synthesis of [6]-oligourea. Catalysis Science & Technology, 2013, 3(9): 2221-2226.

[26] Qaroush A K, Castillo Molina D A, Troll C, et al. [*n*]-Oligourea-based green sorbents with enhanced CO_2 sorption capacity. ChemSusChem, 2015, 8 (9): 1618-1626.

[27] Restani R B, Morgado P I, Ribeiro M P, et al. Biocompatible polyurea dendrimers with pH-dependent fluorescence. Angew Chem Int Ed Engl, 2012, 51: 5162-5165.

[28] Hao L, Zhao Y, Yu B, et al. Polyurea-supported metal nanocatalysts: Synthesis, characterization and application in selective hydrogenation of *o*-chloronitrobenzene. Journal of Colloid And Interface Science, 2014, 424.

[29] Liu Z H, Yang Z Z, Hao L D, et al. Polyureas derived from CO_2 and diamines: Highly efficient catalysts for C—H arylation of benzene. New Journal of Chemistry, 2017, 41: 51-55.

[30] Yu Y, Qin J, Xiao M, et al. Performance enhanced SAPO-34 catalyst for methanol to olefins: Template synthesis using a CO_2-based polyurea. Catalysts, 2018, 9: 16.

[31] Price C J, Reich B J E, Miller S A. Thermodynamic and kinetic considerations in the copolymerization of ethylene and carbon dioxide. Macromolecules, 2006, 39 (8): 2751-2756.

[32] Sasaki Y, Inoue Y, Hashimoto H. Reaction of carbon dioxide with butadiene catalysed by palladium complexes. Synthesis of 2-ethylidenehept-5-en-4-olide. Journal of the Chemical Society, Chemical Communications, 1976, (15): 605-606.

[33] Musco A, Perego C, Tartiari V. Telomerization reactions of butadiene and CO_2 catalyzed by phosphine Pd(0) complexes: (E)-2-ethylidenehept-6-en-5-olide and octadienyl esters of 2-ethylidenehepta-4,6-dienoic acid. Inorganica Chimica Acta, 1978, 28: L147-L148.

[34] Nakano R, Ito S, Nozaki K. Copolymerization of carbon dioxide and butadiene via a lactone intermediate. Nature Chemistry, 2014, 6 (4): 325-331.

[35] Liu M, Sun Y, Liang Y, et al. Highly efficient synthesis of functionalizable polymers from a CO_2/1,3-butadiene-derived lactone. Acs Macro Lett, 2017, 6 (12): 1373-1378.

[36] Zhang Y, Xia J, Song J, et al. Combination of ethylene, 1,3-butadiene, and carbon dioxide into ester-functionalized polyethylenes via palladium-catalyzed coupling and insertion polymerization. Macromolecules, 2019, 52 (6): 2504-2512.

[37] Tang S, Nozaki K. Advances in the synthesis of copolymers from carbon dioxide, dienes, and olefins published as part of the accounts of chemical research special issue "Sustainable Polymers". Accounts Chem Res, 2022, 55 (11): 1524-1532.

[38] Tsuda T, Maruta K. Nickel(0)-catalyzed alternating copolymerization of 2,6-octadiyne with carbon dioxide to poly(2-pyrone). Macromolecules, 1992, 25 (23): 6102-6105.

[39] Tsuda T, Yasukawa H, Komori K. Nickel(0)-catalyzed cycloaddition copolymerization of ether diynes with carbon dioxide to poly(2-pyrone)s. Macromolecules, 1995, 28 (5): 1356-1359.

[40] Xu Y C, Zhou H, Sun X Y, et al. Crystalline polyesters from CO_2 and 2-butyne via α-methylene-β-butyrolactone intermediate. Macromolecules, 2016, 49 (16): 5782-5787.

[41] Oi S, Fukue Y, Nemoto K, et al. Synthesis of poly(alkyl alkynoates) from diynes, CO_2, and alkyl dihalides by a copper(Ⅰ) salt catalyst. Macromolecules, 1996, 29 (7): 2694-2695.

[42] Song B, He B, Qin A, et al. Direct polymerization of carbon dioxide, diynes, and alkyl dihalides under mild reaction conditions. Macromolecules, 2018, 51 (1): 42-48.

[43] Tsarevsky N V, Sumerlin B S, Matyjaszewski K. Step-growth "Click" coupling of telechelic polymers prepared by atom transfer radical polymerization. Macromolecules, 2005, 38 (9): 3558-3561.

[44] Scharfenberg M, Hofmann S, Preis J, et al. Rigid hyperbranched polycarbonate polyols from CO_2 and cyclohexene-based epoxides. Macromolecules, 2017, 50 (16): 6088-6097.

[45] Song B, Zhang R, Hu R, et al. Site-selective, multistep functionalizations of CO_2-based hyperbranched poly(alkynoate)s toward functional polymetric materials. Adv Sci, 2020, 7 (17): 2000465.

[46] Yoshida Y, Endo T. Synthesis and thermal properties of vinyl copolymers with phenyl vinylethylene carbonate and *N*-substituted maleimides undergoing color change with acid-base switching. Polym Chem-UK, 2016, 7 (44): 6770-6778.

[47] Song B, Bai T, Xu X, et al. Multifunctional linear and hyperbranched five-membered cyclic carbonate-based polymers directly generated from CO_2 and alkyne-based three-component polymerization. Macromolecules, 2019, 52 (15): 5546-5554.

[48] Liu RJ, Liu X, Ouyang K B, et al. Catalyst-free click polymerization of CO_2 and Lewis monomers for recyclable C1 fixation and release. Acs Macro Lett, 2019, 8 (2): 200-204.

[49] Chen L, Liu R J, Hao X, et al. CO_2-cross-linked frustrated Lewis networks as gas-regulated dynamic covalent materials. Angew Chem Int Edit, 2019, 58 (1): 264-268.

[50] Chen L, Liu R J, Yan Q. Polymer meets frustrated Lewis pair: Second-generation CO_2-responsive nanosystem for sustainable CO_2 conversion. Angew Chem Int Edit, 2018, 57 (30): 9336-9340.

[51] Xu M M, Chen L, Yan Q. Gas-constructed vesicles with gas-moldable membrane architectures. Angew Chem Int Edit, 2020, 59 (35): 15104-15108.

[52] Zeng RJ, Chen L, Yan Q. CO_2-folded single-chain nanoparticles as recyclable, improved carboxylase mimics. Angew Chem Int Edit, 2020, 59 (42): 18418-18422.

[53] Cai T, Sun H B, Qiao J, et al. Cell-free chemoenzymatic starch synthesis from carbon dioxide. Science, 2021, 373 (6562): 1523-1527.

中山大学联创碳中和技术研究院简介

2022年11月9日，中山大学与山东联创产业发展集团股份有限公司（简称联创股份公司）正式签署了联合共建“中山大学联创碳中和技术研究院”（简称研究院）合作协议，重点推进碳中和相关技术的研究与应用开发。聚焦二氧化碳高效催化活化科学难点，通过化学转化途径合成功能高分子材料，开展二氧化碳基合成材料及固态锂离子电池领域的研究与开发、人才培养工作，推动研究成果的孵化与转化。研究院的成立对新能源技术、二氧化碳减排、促进国家“双碳”目标的实现具有积极作用。

联创股份公司为研究院提供5000万元建设经费，研究院依托中山大学材料科学与工程学院承建，中山大学化学工程与技术学院参与共建。研究院负责人为孟跃中教授、李洪国先生和王拴紧教授。

中山大学方面由材料科学与工程学院及化学工程与技术学院联合共建研究院，涵盖广东省低碳化学与过程节能重点实验室及广东省生物分解材料工程技术研究中心，具有一流的科研设施条件，人才云集。以孟跃中教授为带头人的科研团队在二氧化碳化学利用领域深耕20多年，其二氧化碳合成全生物降解材料之系列成果，获得了多项国家和省部级奖励，已经成功技术转让和许可7家大型企业，产线全部建成后将形成120万吨/年的二氧化碳基全生物降解塑料的产业集群。联创股份公司专注新能源材料生产与技术开发，经济效益突出，新产品开发和市场推广经验丰富。研究院的顺利建设，为中山大学“产、学、研”合作起到了带头示范作用。

废乘用车轮胎热裂解化学

陈标华　徐瑞年　郑大海　等 编著

U0913363

化学工业出版社

·北京·

内容简介

近年来废轮胎引发的环境生态和生物健康问题日益突出，而热裂解技术可以将废轮胎转化为高价值产品，是一种具有商业潜力的环境友好型废轮胎回收技术。本书重点围绕废轮胎裂解技术进展、废轮胎现状及预测模型、废轮胎热裂解反应过程模拟、废轮胎热裂解特性及产物分布、废轮胎裂解机理及其动力学、裂解反应液相产物分布及 BTX 调控、热解过程中污染物释放规律及路径等内容展开，还涉及裂解过程的原位在线监测技术及化学反应机理计算，是一本全面介绍废轮胎橡胶及其裂解化学反应过程的专著。

本书可为实际生产提供理论指导，可作为相关专业工程技术人员的参考书，帮助读者提升对废轮胎裂解化学过程的理解。同时，也可作为高等院校环境工程相关专业本科生和固废资源化方向研究生的参考用书。

图书在版编目（CIP）数据

废乘用车轮胎热裂解化学 / 陈标华等编著. -- 北京 : 化学工业出版社, 2025. 9. -- ISBN 978-7-122-48696-7

Ⅰ. X734. 2

中国国家版本馆 CIP 数据核字第 20257MB711 号

责任编辑：郭宇婧　满悦芝　　文字编辑：杨振美
责任校对：宋　玮　　装帧设计：张　辉

出版发行：化学工业出版社
（北京市东城区青年湖南街 13 号　邮政编码 100011）
印　　装：北京科印技术咨询服务有限公司数码印刷分部
787mm×1092mm　1/16　印张 15½　字数 381 千字
2026 年 1 月北京第 1 版第 1 次印刷

购书咨询：010-64518888　　售后服务：010-64518899
网　　址：http://www.cip.com.cn
凡购买本书，如有缺损质量问题，本社销售中心负责调换。

定　　价：99.80 元

版权所有　违者必究

前言

PREFACE

我国是废轮胎产生大国之一，废轮胎多半为乘用车轮胎。近些年来，废轮胎引发的环境生态和健康风险问题日益突出，而热裂解技术可以将废轮胎转化为高价值产品（裂解气、裂解油和裂解炭），是一种具有商业潜力的环境友好型废轮胎回收技术。

本书的编写旨在解决以下问题：针对目前轮胎热裂解研究的不足，通过建立废乘用车轮胎热裂解处理企业及处理量地区分布数据库，指导企业生产；在单一组分橡胶裂解机理的基础上，深入研究轮胎裂解过程中的机理，明晰轮胎裂解反应路径；探究多个因素对轮胎裂解过程中苯-甲苯-二甲苯(BTX)形成的影响，优化反应条件，建立 BTX 产量和实验因素间的数学模型；探究轮胎裂解过程中含 N 和 S 的化合物、重金属与二噁英等污染物的生成与迁移规律，有害元素与固液产品之间的相互影响机制，有害产物的抑制规律；建立基于原料和裂解过程的实时污染物预测模型，获得多目标多参数优化的多种污染物一体化控制方法。具体包括以下内容。

（1）归纳总结了废旧轮胎产生的问题、废旧轮胎管理中存在的困难以及目前废旧轮胎回收利用的一些途径；结合乘用车保有量和废轮胎处理量等数据，建立了废乘用车轮胎积累量模型，建立了乘用车保有量、各地区轮胎处理企业分布及其处理量等的轮胎相关数据库。综合来看，我国轮胎处理技术发展不均衡，高利润的轮胎翻新和热裂解企业分布不均衡，废轮胎裂解处理量及技术水平都需要进一步提高。

（2）探究了轮胎裂解过程、裂解机理和裂解过程中天然橡胶(NR)、丁苯橡胶(SBR)、丁烯橡胶(BR)三种橡胶的相互作用机制，并从动力学角度解释了轮胎裂解过程中各阶段反应的难易程度。对裂解油的蒸馏特性、理化性质、油品组分进行了深入分析。裂解油(TPO)蒸馏馏出物的颜色基本上按照沸点升高呈现由浅到深的递变，从最开始的淡黄色透明液体（<453K）逐渐变成浅棕色（453～523K）和深棕色（523～623K）的透明液体，最后变成棕黑色（>623K）不透明液体。建立了废乘用车轮胎的完整裂解机理网络，根据反应机理确定了主要产物的反应路线。研究了废乘用车轮胎裂解的动力学，得到了这一复杂反应体系的活化能，为热裂解反应器的设计、废轮胎热裂解过程中的产品调控和目标产物优化提供了理论依据。

（3）借助分子模拟技术，进行了模型化模拟计算，将多相裂解反应过程中的微-介尺度行为相关联，全面、深入阐释微、介观尺度的科学现象及内在作用机制。综合考虑研究体系中轮胎材料的扩散及微观反应、污染物形成，全面分析介观尺度结构裂解反应特性，提出高效裂解反应过程的设计方案及污染物源头控制的途径。借助计算化学的方法，对废乘用车轮胎中的主要成分进行模型化处理，采用计算分子动力学方法研究不同温度、压力下裂解反应的产物种类及其分布，为梯级利用提供技术指导及理论依据。

（4）分析了裂解过程中的工艺参数（升温速率、温度、压力、载气流量及类型、挥发物停留时间）、裂解反应器类型和内部结构对裂解产物（裂解气、裂解油和裂解炭）的影响，研究了温度、压力、载气流量和颗粒粒度四个参数对热解产率的影响。通过响应面法对实验条件进行优化，建立了四个参数与响应值（裂解油和 BTX 产率）间的模型，量化了各个参数对响应值的影响程度。探究了各变量对苯、甲苯、二甲苯生成的影响，从本质上解释了各变量对苯、甲苯、二甲苯的作用机制，为废轮胎裂解过程中产品结构调控和高价值产物优化奠定了理论基础。

（5）研究了传热和传质对废轮胎裂解过程典型污染物生成规律及污染物与产品相互作用机制的影响。强化传热、传质有助于提高热解油的品质，快速热解过程中热解油质量的提高主要体现在氮/硫/氯化合物和其他杂原子化合物总量的减少，而慢速热解过程中主要体现在芳烃的减少和链烃的增多。此外，热解炭中的有机硫和氯含量都出现降低现象。相比之下，快速热解比慢速热解产生更多的氮/硫/氯污染物。验证了废轮胎热解在抑制二噁英生成方面的优越性，热解有效地抑制了三相产品中多氯代二苯并一对一二噁英(PCDDs)/多氯代二苯并呋喃(PCDFs)的形成，尤其是显著减少了 PCDFs。

本书可为实际生产提供理论指导，可作为相关专业工程技术人员的参考书，帮助读者提升对废轮胎裂解化学过程的理解。同时，也可作为高等院校环境工程相关专业本科生和固废资源化方向研究生的参考用书。

本书第 1 章、第 2 章由陈标华编著，第 3 章由邓声威编著，第 4 章、第 5 章由徐瑞年编著，第 6 章由郑大海编著，第 7 章由林法伟编著。全书由陈标华统稿。

本书相关研究工作得到国家重点研发计划（2018YFC1902601）课题资助。

编著者

2025 年 7 月

目录

CONTENTS

第1章

废轮胎裂解技术进展

截至2022年，我国汽车总量已达到3.07亿辆，而且其数量还在逐年增加[1]，由汽车带来的废轮胎问题（如环境污染、火灾和人类健康等问题）也日益突出[2]。废轮胎已经成为全球固体废物的主要构成之一，也被称为黑色污染。Kandasamy 等人[3] 指出中国自2008年起已经成为废轮胎产生大国之一，而且废轮胎年产生量已达1460万吨，但是我国的废轮胎回收处理量仅为产生量的40%。作为有机固体废物的主体，废轮胎对环境和人类健康构成巨大威胁。常年积累的废轮胎不仅占用大量土地资源，而且污染当地土壤、水源，处理不当还可能危害人和动物的健康。废轮胎本身是一种资源，可以通过现有的轮胎处理技术回收这些有机固废，将其转化为高价值产品，实现废轮胎的资源化利用。

1.1 废轮胎回收技术

针对废轮胎的处理方法种类繁多，大致上可分为传统处理方式和现代处理方式。传统处理方式包括露天堆放、直接燃烧、填埋处理，但是这些处理方式已不再适用，原因如下。

① 轮胎露天堆放多见于不发达国家和地区，尽管这种处理方式相对简单、成本低廉，但是露天堆放的轮胎不仅会占用大量的土地，造成土地资源浪费，而且自然条件下还会释放出大量的氨、硫化物、多环芳烃等有害物质，对周围的环境和生物造成危害。此外，轮胎堆放的场地是苍蝇、蚊子、老鼠、蟑螂的居所，容易滋生许多致病微生物，危害周围居民和动物的健康。轮胎还是易燃品，存在引发火灾的危险。

② 轮胎燃烧方式较为简单，但是燃烧过程中释放的二噁英、呋喃、NO_x 和 SO_2 不仅会污染环境，而且会危害人类和动物的健康。再者，轮胎中的重金属（如锰、铬、铅等）会残留在燃烧后的灰烬中，对附近的土壤和河流造成污染。为了杜绝轮胎燃烧带来的危害，欧盟和美国已先后禁止轮胎燃烧处理[4,5]。

③ 轮胎填埋处理方式盛行于20世纪。轮胎主要成分性质稳定，在自然条件下需要经过80～100年才能完全降解[6]，而且在降解过程中产生的有毒成分和重金属会对附近的植物和地下水资源造成污染，因此欧盟于2003年开始禁止轮胎填埋处理，中国政府也于2006年开始禁止这一轮胎处理方式。

④ 废轮胎是一种特殊的固体废物，轮胎中含有的橡胶、炭黑、钢材可以采用适当的处理方式回收利用。因此，简单地堆放、燃烧、填埋会造成资源浪费。

综上所述，传统处理方式已不能适应可持续发展的要求。相比于传统处理方式，现代处理方式更加合理和经济实用，主要包括原型/改制利用、橡胶回收、热化学利用，详细分类如图 1-1 所示。

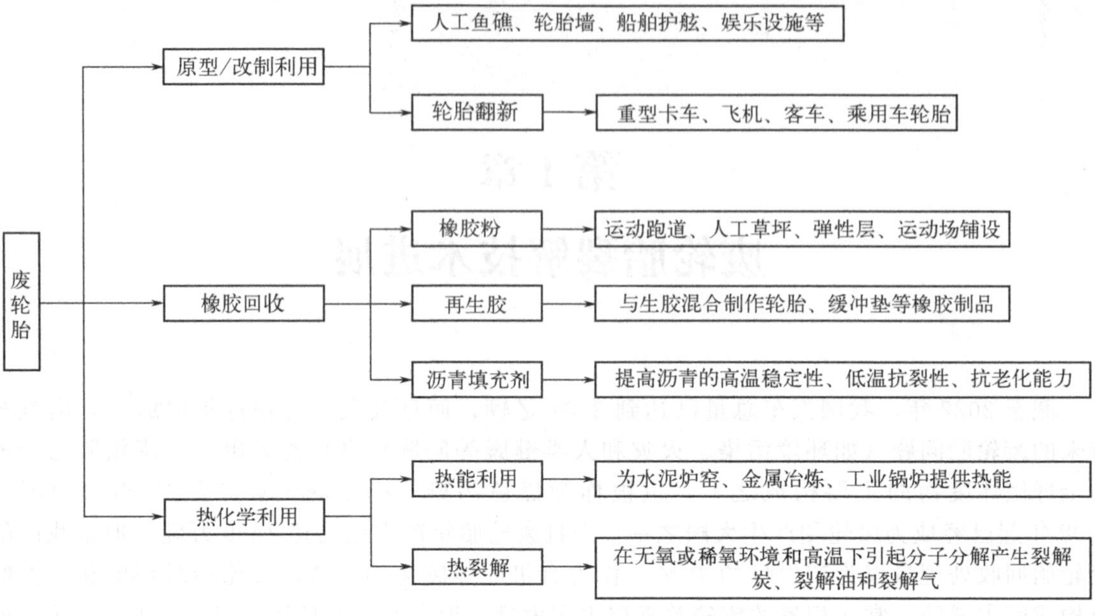

图 1-1　废轮胎现代处理方式

如图 1-1 所示，废轮胎可以直接沉入海底制作人工鱼礁，堆放在赛车道两边或高速公路缓冲区当作缓冲墙使用，悬挂于船舶周围当作护舷使用，做成娱乐设施摆放于公园中；轮胎也可以通过改制加工后再利用，一些磨损程度较小的轮胎可以回收，通过翻新后重新使用。除原型/改制利用外，橡胶回收也是一种重要的废轮胎回收方式。废轮胎可以通过机械手段制成不同粒度的橡胶粉产品，这些产品主要用于生产人工草坪、铺设运动跑道和室内运动场地。轮胎橡胶中的成分主要是聚丁二烯、丁二烯与苯乙烯聚合物，所以橡胶粉也常作为填充剂添加到沥青中，以提高沥青的高温稳定性、低温抗裂性、抗老化能力和耐久性。在我国，还有一部分轮胎回收企业将废轮胎通过再生胶技术重新制成生胶，然后用于轮胎和其他橡胶制品的生产。以上方式主要是在不改变废轮胎橡胶化学性质的基础上进行利用，也有一些技术通过热化学手段对废轮胎进行回收利用，常见的有热能利用技术和热裂解技术。废轮胎中的橡胶和炭黑具有很高的热值，1kg 废轮胎燃烧大概能够释放 36.7MJ 的能量[7]，所以一部分轮胎作为燃料为水泥煅烧、电厂锅炉、金属冶炼和其他工业锅炉提供热能。热裂解技术是当今最重要的轮胎回收技术之一，它可以利用废轮胎在高温和无氧或稀氧条件下生成裂解炭、裂解油和裂解气。

综上所述，废轮胎现代处理技术中最主要的几种方式分别为轮胎翻新、橡胶粉技术、再生胶技术和热裂解技术。下面就这几种技术进行讨论。

1.1.1　轮胎翻新

轮胎翻新是对磨损或损坏后性能下降的轮胎进行修补、抛光、上胶和压合处理的过程，这种处理方式可以延长轮胎使用寿命。该方法被认为是一种直接、有效、经济的轮胎处理方式，主要应用于磨损程度较轻的重型卡车、飞机和客车轮胎。现有的轮胎翻新技术主要包括模具硫化法和预硫化胎面法（又称冷翻新）。模具硫化法是将未硫化的胎面胶在一定温度和压力下贴合到旧轮胎的胎冠上，然后放入模具中硫化。在硫化过程中，可以根据胎面花纹型号选择相应的模具。预硫化胎面法则是将用于翻新的胎面胶提前放入模具中，使其具有一定的花纹、宽度和厚度，然后将硫化好的胎面胶贴合到旧轮胎胎冠上，再次放入硫化罐中硫化。

轮胎翻新是发达国家处理废轮胎的主要方式，全球轮胎翻新年产量 8000 多万条，占新轮胎产量的 7%[8]，美国翻新轮胎年产量约 3000 万条，废轮胎翻新率约 14%[9]，目前我国废轮胎翻新比例不到 4%[10]。造成这种局面的原因有：①我国翻新技术水平有待提高，翻新轮胎质量难以保证；②轮胎磨耗极限标准执行不到位，导致废轮胎过度磨损，不能翻新再利用；③尚未形成高效的轮胎回收和翻新轮胎销售系统，回收困难，销售市场规模小。

1.1.2 再生胶技术

再生胶技术是将去除钢材和纤维成分的废轮胎制成橡胶小颗粒并与水和化学药品按一定比例混合，然后在一定温度和压力下使橡胶内部分子链的交联结构断裂，实现“反硬化”过程。橡胶再生的处理技术最早可追溯到 1847 年，将松节油与硫化后的橡胶混合物经高温煮沸处理后，可以得到再生橡胶。在橡胶制品的生产过程中，再生胶可以取代部分生胶，以降低生产成本，改善橡胶产品的性能。目前采用的再生胶生产技术主要有动态脱硫再生法（恩格尔科法）、低温再生法（TCR 法）、常温再生法、低温相转移催化脱硫法、微波再生法、辐射再生法和压出再生法。由于再生胶技术生产工艺复杂，能耗较高，生产过程中会对环境造成二次污染，所以我国再生胶生产企业数量较少且年产量不高[11]。

1.1.3 橡胶粉技术

橡胶粉技术是将废轮胎在机械力的作用下粉碎为多个粒级的颗粒。其中，8～20 目产品为胶粒，主要应用于运动跑道、人工草坪、弹性层、运动场地面的铺设；30～40 目为粗胶粉，可作为再生胶和活化胶粉的原料，也可以用于路面铺设；40～60 目为细胶粒，可代替部分新橡胶用于橡胶制品的生产；60～80 目为精细胶粉，可应用于建筑材料和橡胶制品的改性，部分高质量胶粉可重新作为制造轮胎的原料。目前胶粉市场上应用最多的是 60～80 目的精细胶粉。在我国，生产橡胶粉是废轮胎回收的主要方式[12]，约占橡胶回收量的 60%。橡胶粉技术虽然可以实现废轮胎的资源化利用，但是并未消除废轮胎对生态环境和人类健康的威胁。

1.1.4 热裂解技术

轮胎热裂解技术是将废轮胎置于无氧或稀氧环境中，利用高温破坏轮胎橡胶中高分子聚合物的 C—C、C—S 和 S—S 等化学键，以获得高价值的产物（裂解炭、裂解油和裂解气）。热裂解技术可以高效地处理废轮胎，减少废轮胎对生态环境的破坏。从循环利用的角度来看，热裂解技术的主要优点是可以将一些有机废物转化为高价值产品[13]。

轮胎热裂解技术最早可追溯到 20 世纪 20 年代[14]，Midgley 和 Henne 等人[15] 通过天然橡胶的破坏性蒸馏实验发现蒸馏产物的主要成分是异戊二烯和异戊二烯二聚体；Dodds 等人[16] 自20世纪60年代起，相继在美国、日本、英国和德国进行了轮胎裂解的实验室研究、中试实验和小规模商业化生产；十年后，美国矿务局与Firestone公司合作[17]，建立了完整的实验室级轮胎裂解系统，该系统每天可处理10kg废轮胎，并产出3.8L裂解油、3.2kg裂解炭、1.4kg裂解气和1kg钢材。在实际生产中，裂解气通常作为能源燃料返回到裂解系统中[18]。裂解炭的主要成分为炭黑，有两种用途：①经过简单处理后，重新用于轮胎生产；②经过深度加工改性，作为活性炭和电极材料使用[19]。裂解油是主要的裂解产物[20]，通过后期的加工处理转化，可作为高价值的成品油或化工原料使用[21]。所以热裂解技术也被认为是一种有商业潜力和吸引力的环境友好型废轮胎回收技术[22]。

1.2 热裂解技术及反应器

热裂解技术是将原料在无氧或稀氧环境下加热到670～900K，使原料中聚合物内分子结构发生不同程度的断键反应。上述过程通常伴随脱水、裂化、异构化、脱氢、芳构化和缩合等反应[23]。Scheirs等人[24] 认为热裂解产物中会混有一些低价值的物质，而且这些物质种类繁多，可以从轻质气体延伸到焦油。所以实际生产中需要根据原料的热力学性质和工艺特点，通过调节热裂解条件（裂解温度、颗粒粒度、反应时间、加热速率、载气类型、载气流量等）优化产品结构，提高产品质量。随着热裂解技术的发展，已经衍生出多种类型的裂解技术和裂解反应器。

1.2.1 热裂解技术

根据反应条件的差异可以将热裂解分为慢速裂解、快速裂解、催化裂解、真空裂解、加压裂解、微波裂解、等离子体裂解、加氢裂解和共裂解。

（1）慢速裂解

慢速裂解是在缓慢升温条件下使物料逐渐裂解。在低升温速率下有机物缓慢裂解，裂解产生的炭黑和挥发物在反应器内停留时间相对较长。升温速率越小，初级产物的二次转化反应就越频繁，将产生更多的焦炭、焦油以及热稳定产品[25]。所以也将慢速裂解过程称为炭化。与快速裂解不同，慢速裂解的目的是获得高价值的焦炭产品。

（2）快速裂解

不同于慢速裂解，快速裂解的升温速率较大。实际生产中，为了使物料充分裂解，物料粒度也要比慢速裂解小，所使用的设备也更复杂[26]。在快速升温条件下，裂解产生的挥发物在高温区的停留时间会更短，更有利于液态产物的形成。在高温条件下，初级产物中高分子量的焦油将进一步分解为低分子量烃[27]。所以，快速裂解的目的是获得高热值的液体燃料和化工原料。快速裂解通常在流化床反应器中进行，其中反应时间的量级是毫秒到秒，一般认为挥发物停留时间小于2s[28]。较长的停留时间会促进二次反应发生，导致液体产品产量显著降低。超快速裂解是指在高温（超过970K）条件下，在极短反应时间（远小于500ms）内，以较高升温速率（一般大于1000K/s）实现的快速裂解过程[29]。

（3）催化裂解

催化裂解是指在催化剂存在的条件下对物料进行热裂解的过程。其目的是促进或提高目标产物的收率或某些性质。Williams等人[30] 在实验中发现，在废轮胎裂解过程中，沸石催化剂（Y型和ZSM-5）的加入可以明显提高苯、甲苯、间二甲苯、对二甲苯和邻二甲苯等单环芳香族化合物在裂解油中的含量。同样，Kar 等人[31] 发现使用膨胀珍珠岩作为催化剂可以提高裂解油的收率，而且可以改善裂解油性质。当催化剂与轮胎的质量比为 0.1 时，与非催化裂解相比，裂解油收率提高了 8.48%。Zhang 等人[32] 也发现 NaOH 不但可以降低废轮胎裂解温度，而且可以提高裂解油产率。在无催化剂的条件下，当裂解油产率为 48%时，需要将裂解温度升高到 830K；而当加入 NaOH 作为催化剂时，裂解温度只需为 750K 就可获得更高产率（50%）的裂解油。Dũng 等人[33] 发现 Ru/MCM（美孚晶体材料）-41 可以促进裂解气的生成，此外，催化剂的存在使得裂解油中轻烯烃产率较非催化裂解提高 4 倍。Elbaba 等人[34] 在废轮胎两段裂解过程中将 Ni-Mg-Al（1∶1∶1）作为催化剂，结果表明混合催化剂可以提高裂解气产率和裂解气中氢气含量。在 Ni-Mg-Al 催化剂的作用下，催化裂解的氢气产率从 0.68%提高到 5.43%。

（4）真空裂解

真空裂解已被广泛应用于秸秆、塑料和油泥的处理[35-37]。它主要是利用真空环境在裂解反应器内产生负压，固体废物裂解产生的挥发性组分在负压环境中会更容易释放并排出反应器。相较于常规裂解环境，真空裂解可以控制挥发性组分在裂解反应器内的停留时间，调节产物间的二次反应程度，优化裂解产物的结构[38]。此外，真空条件还能够降低轮胎裂解的温度，降低对设备材料的耐高温要求[39]；而且真空条件下所得的轮胎裂解炭中挥发性组分残留量较低[39]。Lopez 等人[38] 在实验中发现，在真空（0.025MPa）条件下，轮胎裂解炭产率略有降低（33.5%），比表面积比常压下提高了 $46m^2/g$。可见，真空裂解可以缩短挥发性组分在裂解炭表面的停留时间，防止轮胎裂解炭表面微孔的堵塞，从而改善其表面性能。因此，真空裂解可以增大轮胎裂解炭比表面积，提高其表面性能[40]。但是，真空裂解反应器内传热效率低，因此，为达到相同裂解效果，真空裂解需要增加能量输入[41]。

（5）加压裂解

加压裂解是在裂解反应系统中加入压力平衡器（背压阀），以使裂解反应器内部压力高于环境压力。高压环境对裂解产物的运动具有抑制作用，导致挥发性组分不能及时脱离裂解炭，延长挥发性组分在裂解反应器中的停留时间，增强产物间的二次反应程度。Qin[42] 和 Zeng 等人[43] 分别探究了高压环境中生物质和煤炭的裂解过程，发现裂解反应器中压力的增加会导致裂解炭产率的提高。Wang 等人[44] 在轮胎裂解过程中也发现了相似的现象，随着裂解反应器内压力从常压增大到 2.0MPa，轮胎裂解炭产率相应提高了 10.40%；而且加压裂解会增强轮胎裂解炭表面熔融交联的程度，致使其比表面积比常压下的裂解炭小。Wang 等人[44] 还对高压下得到的裂解炭进行了研究，实验中发现高压环境不仅会影响轮胎裂解炭的晶体形态和表面孔隙直径，还会致使裂解炭具有石墨化倾向；此外，加压后获得的轮胎裂解炭对废轮胎裂解油具有较高的选择性和催化作用[44]。目前，废轮胎加压裂解的研究相对较少，但其处理优势明显。废轮胎加压裂解提高了轮胎裂解炭和裂解油的产率，有利于提高裂解产品总体价值。目前废轮胎的加压裂解仍处于实验室研究阶段，虽然加压更容易获得更高价值的产品，但与工业应用还有一段距离。如果废轮胎裂解的目标产物是高性能的裂解炭和优质的裂解油，则加压裂解可被视为一种优先处理废轮胎的方法。

（6）微波裂解

微波是指频率为 300MHz～300GHz，波长为 1～100cm 的电磁波[45]。微波可以被一些材料吸收并转化为热能[46]，微波的这一特性可以用于废轮胎的裂解。微波裂解轮胎技术的显著特点是废物裂解处理过程效率高[47]，裂解油组分（尤其是柠檬烯成分）选择性高[48,49]。此外，这种加热方法使得热量可以在物料中均匀分散[48,49]。微波裂解技术适用于废轮胎等热导率低的材料，轮胎中的炭黑材料可以增强微波能量向橡胶的传递，促进橡胶裂解[50]。关于微波功率对废轮胎裂解行为的影响已有文献报道[47,51,52]，报道中指出：废轮胎的裂解程度随微波功率的增大而增大；当微波功率为500W时，废轮胎的转化率达到最大值，裂解油、裂解气、裂解炭产率分别为45.0%、18.5%和36.5%。文献中也对微波裂解产物进行了研究[53]，结果表明，裂解炭表面残存的有机物堵塞了裂解炭表面的微孔，但不影响直接利用。文献还指出轮胎裂解炭中的硫含量为初始橡胶中硫含量的一半[54]，而且裂解炭热值较高［(33±3)MJ/kg］[55]，表观密度为0.40～0.56g/mL[56]。与催化裂解技术相比，微波裂解可以减少二次反应的发生。微波裂解技术不需要对轮胎原料进行任何预处理，甚至不需粉碎和研磨，即废轮胎可以直接处理。目前，废轮胎微波处理技术仅处于实验室阶段。与传统裂解方法相比，微波裂解技术不仅缩短了轮胎裂解时间、优化了产品结构、提高了产品性能，还具有许多传统裂解技术所不具备的优点。但微波裂解存在一些问题：微波裂解设备需要大规模连续生产微波能，成本高；对微波裂解机理的认识不全面，无法实现工业化；废轮胎的热效应和非热效应的研究还处于初级阶段，微波利用率低。

(7) 等离子体裂解

等离子体是除固体、液体、气体外的第四种物质状态，是原子电离后产生的正离子和负离子形成的物质状态。等离子体裂解技术具有设备体积小、加热速率快、可以将物质快速分解成小分子等诸多优点，受到了广泛关注。据文献报道[57,58]，等离子体裂解技术是一种新型且很有前途的废轮胎处理技术。Huang等人[59]对利用等离子体裂解技术获得的废轮胎裂解气和裂解炭产物的性质进行了探究，结果表明：裂解气中主要成分是H_2、CO、CH_4、C_2H_2和C_2H_4，热值（标准状况）约为7MJ/m^3；裂解炭产率约为54%，其中灰分含量约为16%，碳含量约为80%，硫含量约为2.7%，裂解炭比表面积约为70m^2/g。Huang等人[60]在研究中发现等离子体的射频功率对轮胎裂解产物的结构有显著影响，即随着射频功率的升高（从1600W增加到2000W），轮胎中橡胶转化率从34.4%提高到78.4%，裂解炭产率从65.6%降低到21.6%。与传统裂解技术相比，废轮胎的等离子体裂解过程也存在一些缺点：裂解炭表面残余的挥发性组分含量高，比表面积小，灰分高；在裂解过程中，由于放电电压高，等离子体不稳定，产生的电火花容易引起爆炸；等离子体裂解设备成本显著高于普通裂解设备。废轮胎的等离子体裂解研究还处于实验室阶段，还未有过工业应用报道。等离子体裂解是一种很有前途的废轮胎处理方法，但不是主要的处理方法。

(8) 加氢裂解

加氢裂解是一项成熟的技术，可以使轮胎裂解产品中的长链烃断裂生成更多的饱和烃，在石油炼制方面得到了广泛的应用[61]。加氢裂解技术是将废轮胎清洁转化为有用产品的一种有效的方法，不但可调节产物的产率和质量，还可以提高废轮胎裂解油的质量，满足燃料油应用的性能需求[62]。加氢裂解主要影响液相（重质油和轻质油组分的比例）和气相（增加H_2、CH_4、C_2H_4等气体的产率）产物的组分和质量[63]，而对裂解炭的产率和性能影响不大。与废轮胎直接裂解相比，加氢裂解可以降低能耗、减少油的二次缩聚和聚合反应、提高裂解油的产率、降低焦油产率[64]。例如，Murena等人[65]研究了加氢裂解工艺对废轮胎裂解产品分布的影响，在703K下，裂解炭的产率约为33.83%。而且加氢裂解后，焦油量减少，使得裂解炭比表面积有所增加（约60m^2/g）。加氢裂解虽然可以获得高质量的裂解油和裂解气，但对反应设备的要求较高，投资成本较高，而且裂解炭性能相对较差。

（9）共裂解

共裂解技术是两种或多种物料在一起裂解，借助物料裂解过程中的优势互补，产生协同效应，提高裂解产物质量的技术。废轮胎、煤[66]、食用油[67]、塑料[68] 和生物质协同共裂解的研究非常多，共裂解的目标是提高液相产物产率和质量[69]。废轮胎橡胶特别是废塑料含有丰富的氢，可以作为氢供体，以提高裂解油产率，优化裂解油组分结构，因此，废轮胎与煤、生物质等材料共裂解具有潜力[70,71]。

废轮胎与生物质共裂解得到的裂解油是一种很有前途的化石燃料替代品。从生物质中获得的裂解油含氧量高，化学稳定性差，有机酸的存在导致腐蚀潜力大，不容易直接用作燃料油[72]。有报道称，生物质与废轮胎共裂解可获得富含多环芳烃的高质量裂解油[71]，此外，轮胎和生物质共裂解很大程度上降低了成品油中的硫含量。在裂解过程的初始和最终阶段，生物质作为激活剂，促进废轮胎的热分解，具有显著的协同效应[73]。

Onay 等人[74] 利用固定床研究了不同裂解温度和不同物料比（废轮胎与褐煤质量比）下褐煤与废轮胎共裂解对裂解产物的影响。实验结果表明，废轮胎/褐煤混合物的裂解炭产率高于仅从废轮胎中获得的裂解炭产率。随着温度的升高，废轮胎裂解炭产率呈下降趋势。Bičáková 等人[66] 通过比较烟煤与废轮胎共裂解产物的性质发现，废轮胎与烟煤的共裂解具有协同促进作用。当混合比例为 1∶1（烟煤/废轮胎）时，废轮胎和烟煤的混合物气化产生的合成气燃烧产生的 CO、CO_2、SO_2 和 NO_x 的排放量分别减少了 3.4%、23.28%、22.9% 和 0.85%。

生物质/轮胎共裂解已被广泛报道，但利用连续裂解反应器装置进行的研究有限。采用螺旋窑反应器对林业废弃物和轮胎进行了进料流量 5kg/h 的连续共裂解[71]，得到了质量稳定的油，所得到的半焦热值为 30MJ/kg 左右。Wang 等人[75] 研究了竹木屑和轮胎在流化床和固定床组成的反应装置中进行的共裂解和在线催化裂化。实验发现样品中轮胎含量的增加显著提高了焦炭产率，而且提高了 BTX（苯、甲苯和二甲苯）等有价值化学品的产率。研究人员利用锥形喷口床反应器对松木和废轮胎进行了连续裂解[76]，共裂解生成了氧和水含量较低的液体及灰分含量较低的固体产品。尽管废轮胎与其他物料共裂解能够提高裂解气和裂解油质量，但对裂解炭的不利影响也不容忽视。虽然废轮胎与生物质共裂解过程的固体产率介于生物质[76] 和轮胎[77] 单独裂解之间，但是共裂解获得的裂解炭中灰分含量较高[78-80]。

1.2.2 热裂解反应器

在轮胎裂解过程中，载气（通常为 N_2 或者 Ar）具有多重作用。首先，载气可以为裂解反应提供无氧环境，保护样品和裂解产物；其次，可以混合反应环境，使反应器内的温度和产物浓度分布均匀，而且可以及时排出裂解产生的挥发物，控制二次反应发生的程度；最后，它还可以作为热能的载体，加速轮胎颗粒的升温。除此之外，载气还会影响反应器中床层的运动状态，具体情况还需要根据载气流量、床层内颗粒粒度和密度作具体分析。通常情况下，可以根据床层内物料的运动状态将反应器分为固定床和移动床，还可根据驱动物料运动的方式细分为气动式（鼓泡式、喷淋/喷射式、循环式和移动式）、机械搅拌式（回转窑、耙式、螺旋式、烧蚀式、搅拌式）和重力式流化床[81]，详细分类如图 1-2 所示。裂解反应器结构对裂解产品（裂解油、裂解气、裂解炭）的产率和性质有重要影响。

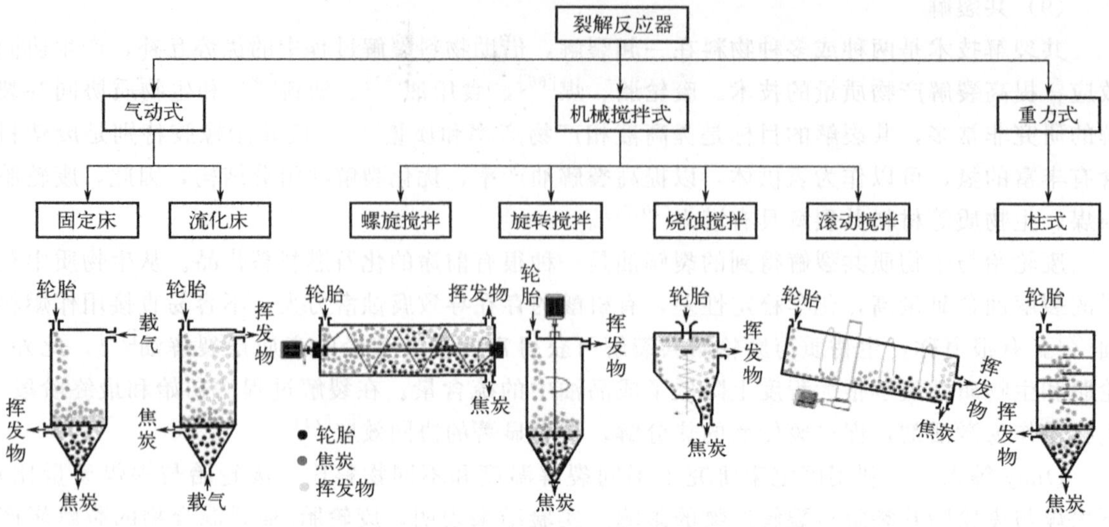

图 1-2　裂解反应器类型[81-84]

(1) 气动式裂解反应器

当载气流量较小时，轮胎颗粒在气流中保持静止，此时的裂解反应器称为固定床；随着载气流量的增加，床层开始膨胀；当流量大于某一特定值时，床层表现出流体的性质，此时称之为流化床。流化床形成的初期也称为鼓泡流化床，进一步增大载气流量时，鼓泡流化床转变为循环流化床。

① 固定床。固定床是一种相对简单的反应器，由于单位时间内的处理量相对较少，一般多用于实验室。固定床反应器的主体是反应管，多由不锈钢或石英等耐高温材料制成，位于反应管外部的电炉（或者其他加热装置）则负责提供热源。样品裂解前需要提前通入载气以便排出反应管中的氧气，裂解过程中颗粒相对静止。固定床裂解器也可以分为多种类型：直立式固定床、卧式固定床、微波加热固定床、太阳能加热固定床。前两者主要从安装方式上区分，后两者则根据提供热源的方式区分。Islam 等人[85,86] 在研究摩托车轮胎的热裂解性质时，采用了直立式裂解反应器。

② 流化床。流化床最早由 Winkler 等人设计完成[87]，并用于煤炭的气化；后 Kaminsky 等人[88] 将流化床应用于煤炭燃烧的研究。20 世纪末，流化床开始应用于生物质的燃烧、气化和热裂解等领域。1998 年 Sasse 和他的同事开始将流化床用于轮胎裂解方向的研究[89]。

鼓泡流化床的载气表观流速介于颗粒临界速度和颗粒带出速度之间，样品颗粒和固体介质放置于流化床中的多孔板上，载气由多孔板下部经过分配器后进入床层内部；样品颗粒和固体介质在载气的带动下呈现出流体的一些性质。Leung 等人[90] 用实验室规模的鼓泡流化床研究了轮胎粉末的裂解特性。在鼓泡流化床中，载气通过位于分配器上面的小孔进入床层内，流动的气体使床层内的轮胎颗粒处于流化状态，而气体和固体颗粒在运动过程中会形成两相气泡[38,91]。喷射式流化床是鼓泡流化床技术的一种创新，其舍弃了鼓泡流化床使用的分配器，将流化床底部设计成锥形。这种进气结构使得两相流有三个独立的区域：区域 1 为喷口，位于反应室底部的中心，气体通过它进入床层；区域 2 在圆锥形环形区域周围，是颗粒运动和剧烈混合的区域；区域 3 在床面以上，该区域的固体在流化的作用下，在区域 2 和

3 之间往复运动。

鼓泡流化床在裂解过程中能够使物料处于流动状态，具有较好的传质和传热效果。但是全混流的特性使得物料在高温裂解区域停留时间短，物料整体转化率低。循环流化床可以使固体物料循环经过高温裂解区域，改善物料的裂解环境，提高物料转化率。因此，循环流化床是鼓泡流化床技术的延伸和发展，其结构也较复杂。物料在流化床内实现循环的条件是提高载气流速，配备气固分离装置和返料系统。Dai 等人[92] 利用循环流化床探究了裂解停留时间和升温速率对轮胎裂解反应的影响。

(2) 机械搅拌式裂解反应器

机械搅拌是裂解反应器常用的一种物料混合方式，由于其搅拌强度高于气动式搅拌，所以可以有效消除气动搅拌带来的沟流、节涌和死区现象，抑制颗粒之间的黏附、结块，以及颗粒在床层壁面的附着。常见的机械搅拌式裂解反应器有回转窑裂解反应器、旋转锥裂解反应器、耙式输送机裂解反应器、螺旋裂解反应器。

回转窑裂解反应器的旋转滚筒由水平或倾斜的圆柱体绕轴旋转而成，在实际生产中可以通过调整旋转滚筒的转速和倾角控制废轮胎在窑内的停留时间和处理量。回转窑转动搅拌和外部加热的方式使得其内部物料升温缓慢、受热均匀、产品转化率高、裂解炭粒径均一。现有的回转炉结构简单，主要包括裂解反应器、给料系统、固体产品收集系统、液气分离系统和尾气处理系统。回转窑裂解反应器是轮胎裂解常用的反应器之一[93-96]。

旋转锥裂解反应器最早由荷兰特文特大学（UT）和思百吉（Spectris）旗下的 BTG 公司共同研发[97]，锥形结构能够优化反应器内部物料的传热和传质效果，而且旋转锥反应器不需要复杂的供气系统，减轻了冷凝系统的压力。因此，旋转锥裂解反应器常用于轮胎和其他有机固体废物的热裂解，其中李俊生[98] 利用旋转锥裂解反应器对木屑进行了裂解实验，实验中的裂解装置主要由旋转锥反应器、螺旋进料器、分离器、冷凝器、吸附装置和真空泵组成。

Pakdel 等人[99] 利用耙式输送机裂解反应器对卡车轮胎连续/间歇性裂解产物的组成做了探究性实验。实验中，裂解反应器的加热板采用熔盐加热方式，裂解反应器是一个长 3m、直径为 600mm 的水平圆柱体。反应器内部配备两个加热板，分别布置在传送链的顶部和底部。加热板内部的熔盐可循环使用，较低温度的熔盐在泵的作用下通过管道系统返回到熔盐加热炉中，加热后的熔盐再次通过管道进入加热板内部。熔盐运动方向与轮胎颗粒运动方向相反。裂解产生的挥发性物质通过反应器上部的排气口排出，并依次经过两套冷却装置，冷却得到的重质油和轻质油分别进入相应的容器，不能冷却的部分经过处理后排出。裂解残余的固体通过反应器底部的排料口进入冷却装置，待物料冷却到室温后，通过管道进入固体储存仓。

螺旋裂解反应器是一种处理量大、可连续处理、结构简单和容易操作的裂解装置，螺旋输送器是设备的动力装置，物料在单螺旋或双螺旋叶片的推送下沿着轴向加热区方向运动。在加热区，轮胎颗粒裂解产生的有机挥发性气体由上部的排料口离开反应器，裂解残余的固体收集到设备底部。螺旋裂解反应器的物料密度高于流化床，因此，其处理量通常是流化床的 40%～60%。由于机械传送的缘故，裂解时螺旋反应器几乎不需要载气，裂解产生的挥发性物质在反应器内停留时间比流化床长，产生的焦炭量也多[100]。此外，为了改善物料间的传热效果，通常将物料与惰性固体颗粒一起加热。但是，受热后的轮胎颗粒会与固体介质结团，不利于轮胎颗粒的进一步裂解和后期的排料。鉴于以上原因，螺旋裂解反应器很难在工业生产中广泛应用[101]。Le Roux 等人[102] 利用螺旋反应器对木屑进行了裂解实验。

(3) 重力式裂解反应器

结构简单和廉价是裂解反应器的一个重要指标，在裂解过程中，废轮胎连续进入反应器，裂解产物（气、液、固）也需要持续排出反应器，而轮胎和固体产品在反应器内需要不断运动，实现这一目标最简单和廉价的方式是利用轮胎自身重力。Roy 和他的同事利用裂解装置对轮胎裂解的过程进行了研究[103,104]，裂解过程采用连续重力输送的方式。

裂解过程中，整个轮胎通过给料系统进入反应器，反应器内堆积的轮胎在高温条件下裂解，产生的有机挥发性组分在载气的带动下由反应器上部的排气口进入冷却系统，冷却后的液体收集到容器中，不能冷却的部分作为燃料返回到燃烧炉中。完成裂解的轮胎通过双辊破碎机破碎后进入冷却池中，冷却后的炭黑和钢材从冷却池的两边排出。

1.3 裂解反应

轮胎中有机组分主要包括天然橡胶（NR）、丁苯橡胶（SBR）和丁烯橡胶（BR），这些聚合物在高温下不稳定，会解聚产生多种结构的自由基，后续反应需要根据聚合物的不同具体分析。NR 和 BR 裂解过程产生的自由基经过一系列反应后会生成大量的脂肪烃，而且脂肪烃中还含有一定量的短链烃（C_6～C_9）。实验中发现，短链烃在高温下不稳定，可以通过环化脱氢反应生成芳烃和环烯烃，也可以通过异构化生成小分子的烷烃和烯烃（C＜6）；而反应中生成的烯烃可以通过第尔斯-阿尔德（Diels-Alder）反应生成环烯烃，并进一步生成芳烃。SBR 裂解过程中会同时产生芳烃和脂肪烃，脂肪烃会通过上述反应生成芳烃和小分子链烃，芳烃则通过脱甲基、歧化等反应生成苯、甲苯、二甲苯等单环芳烃。裂解温度升高至 750K 后，单环芳烃会聚合为多环芳烃。为了了解轮胎裂解过程，这里就过程中所涉及的典型反应进行简单介绍。

1.3.1 解聚反应

轮胎橡胶的主要成分是聚异戊二烯、聚丁苯二烯和聚丁二烯（图 1-3），高温条件下，这些聚合物按照阳碳离子断链规律有选择地断裂生成自由基[105]。其中，顺式 1,4-聚异戊二烯分子结构间的双键在高温下不稳定，会断裂生成不同的烯丙基自由基[106]；聚丁苯二烯结构中两个分子间的单键断裂生成 2-丁烯基自由基和苯异丙基自由基[105]；聚丁二烯的解聚与 NR 相似，在高温下 β 键优先断裂，生成 2-丁烯基自由基[107]。实验中发现，聚合物解聚过程中也会产生少量的小分子链烃（甲烷、乙烷、乙烯等）、氢气和二氧化碳。

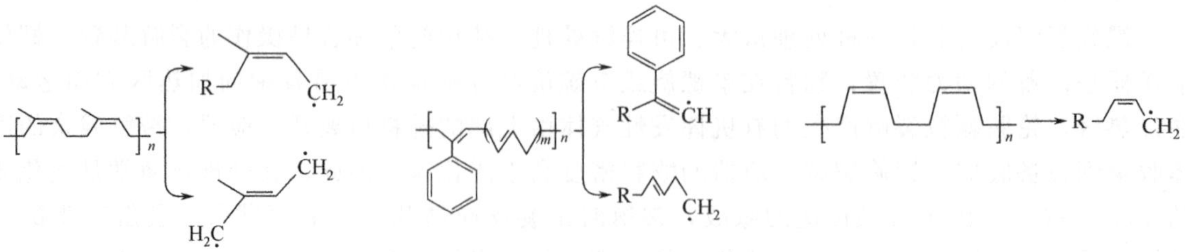

(a) 聚异戊二烯　　(b) 聚丁苯二烯　　(c) 聚丁二烯

图 1-3　轮胎橡胶的主要成分

1.3.2　环化反应

轮胎裂解过程中会生成大量的链烯烃和烷烃，其中部分烯烃会与 H^+ 结合生成对应的烷烃。在适当温度下，烷烃（以正己烷为例）通过脱氢环化反应生成环烷烃。环烷烃经脱氢后又会生成芳香烃，而且该反应是一个吸热过程。链烃的脱氢环化需经历两个连续的反应，而且所需的条件也相对苛刻。因此，在实际的裂解反应中，链烯烃通常会加氢生成烷烃，而只有少部分的烷烃会进入脱氢环化反应。

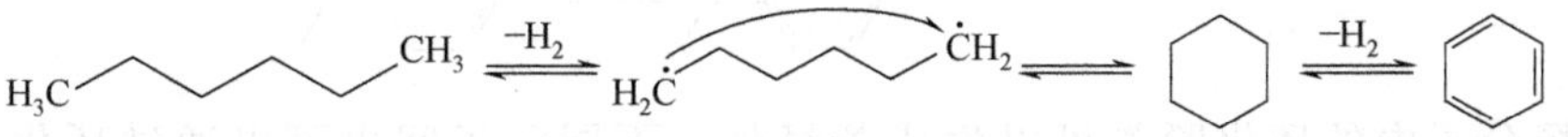
(1-1)

1.3.3　异构化反应

在轮胎热裂解过程中，异构化反应较为常见。在高温条件下，正构烯烃或者烷烃经过阳碳离子转移过程转化为异构烃。而在轮胎裂解产品中，异构烃与正构烃的比值远大于热力学的平衡值。轮胎中还有微量的贵金属，对烯烃的加氢过程有一定影响，有些金属的加氢催化活性低，在一定程度上促进了烷烃的异构化；再者，高温也是引发烷烃异构化的因素之一。烷烃异构化有利于提高裂解的辛烷值，但是不利于芳烃的生成。

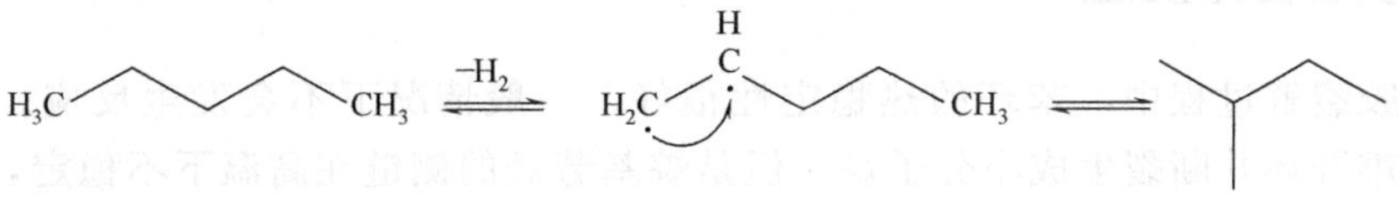
(1-2)

1.3.4　链烃裂化反应

烷烃按照阳碳离子断键规则，有选择性地断键为轻质烷烃，烯烃在与游离的氢结合后也会生成轻质烷烃。烷烃结构可以影响裂化反应，总体而言，异构烷烃要比正构烷烃更容易发生裂化。轮胎裂解前期，聚合物解聚产生的大量氢也会使得环烷烃发生裂解反应，这也就解释了在轮胎前期裂解产物中，小分子烷烃（C<6）为何多以链烃形式存在。

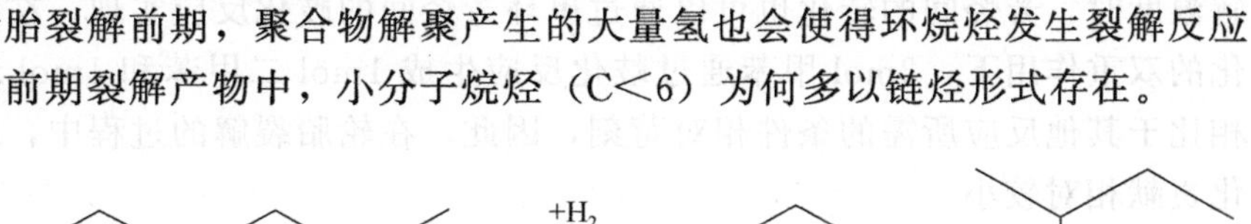
(1-3)

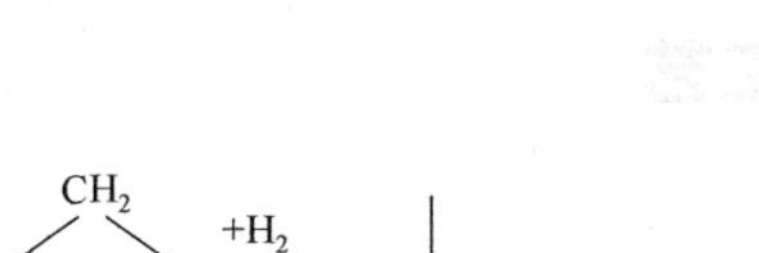
(1-4)

1.3.5　芳香化反应

轮胎裂解油中的组分主要为芳烃和部分多环芳烃，这些单环和多环芳烃一部分来自 SBR 的裂解，另一部分来自 NR 和 BR 的裂解。SBR 初次裂解会产生大量芳烃自由基，在高温下这些自由基会断键生成多环芳烃，多环芳烃则会进一步断键生成单环芳烃；而 NR 和

BR解聚生成的链烃以烯烃为主，部分链烯烃在高温下容易环化生成环烯烃，并通过脱氢反应生成芳烃。下面以丁烯橡胶单体的二聚物为例，介绍烯烃环化生成芳烃的反应过程。二聚物中C^2和C^6位置上的双键在高温下不稳定，π键断裂后会生成新的C═C键，同时长链闭合生成4-乙基-环己烯，脱氢后最终生成乙苯。

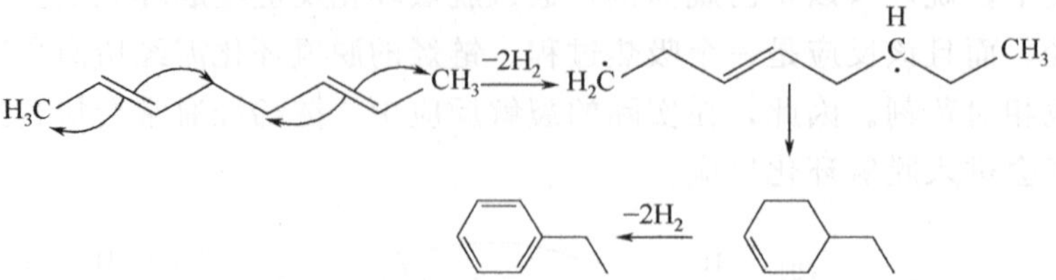

(1-5)

除了烯烃分子内的环化脱氢可以生成芳烃外，不同分子间也可以通过环化反应生成芳烃。2mol烯烃分子在高温下，通过Diels-Alder加成反应生成环烯烃，再通过脱氢生成芳烃。丁二烯和乙烯间的加成反应就是一个典型的分子间环化反应。丁二烯双键中的π键打开，分别与乙烯自由基中的键结合生成环己烯，进一步脱氢后生成苯。

(1-6)

1.3.6 芳烃裂化反应

轮胎橡胶裂解过程中，苯环的热稳定性很好，一般情况下不会发生反应。所以在高温下，苯环很难开环并断裂生成小分子烃，但是烷基芳烃的侧链在高温下不稳定，容易断键生成低级直链烃和苯（或甲苯）。

1.3.7 歧化反应

在轮胎热裂解过程中，芳烃间的转化一般通过烷基化或脱烷基化反应实现。但是，当进一步提高裂解温度时，芳烃间的转化也可以通过单环芳烃间的歧化反应实现。在高温条件和微量金属催化的双重作用下，2mol甲苯通过歧化反应生成1mol二甲苯和1mol苯。芳烃间的歧化反应相比于其他反应所需的条件相对苛刻，因此，在轮胎裂解的过程中，歧化反应对芳烃间的转化贡献相对较小。

1.4 裂解产物与裂解工艺

1.4.1 废轮胎裂解产物

废轮胎裂解产物主要为裂解气[77]、裂解油[48]和裂解炭[108]。裂解气是轮胎在裂解过程中产生的小分子化合物，其产率对裂解温度比较敏感，会随着温度的升高而增加。温度对裂解油产率也会产生影响，过高的温度会将部分裂解油转化为裂解气，低温不利于轮胎中有机组分向裂解油的转化，所以获得裂解油的最佳裂解温度范围为670～870K，此时裂解油产率一般为50%～60%。裂解炭是轮胎裂解后的残余物，是炭黑和橡胶中金属的混合物，占裂解产物的20%～30%。

(1) 裂解气

裂解气组分复杂，目前普遍认为裂解气主要成分为氢气、一氧化碳、二氧化碳、硫化氢、氯化氢、氨气、碳数小于4的烷烃和烯烃及部分沸点较低的芳烃[30,109-111]。其中含量最多的组分为甲烷和乙烯，其次是丙烯、丁烯、异丁烯等小分子烯烃。徐文胜等人[112]在实验中发现，气体中的一氧化碳、二氧化碳主要来自硬脂酸等氧基化合物，硫化氢则主要来自轮胎橡胶中的硫化结构[113]。甲烷和乙烯分别占气体产品的35%和15%，而气体中的芳烃主要来自高温下丁苯橡胶的二次裂解。裂解气成分复杂，而且各组分不易分离，但是气体组成和天然气相近，所以在轮胎工业生产中，裂解气通常作为燃料返回到裂解系统，为轮胎裂解提供能量。

(2) 裂解油

裂解油是轮胎裂解产物中最重要的物质之一[114]，占产物总量的60%～70%。裂解油产品应用的研究一直是热裂解技术的热点问题。目前国内外主要关注裂解油的蒸馏特性、理化性质、油品组成、化学组成和元素组成，前三项将在第3章详细说明。现在普遍认为轮胎裂解油在理化性质方面具有密度大（0.95～0.99g/cm^3）、闪点低（低于302K）、黏度低（常温下仅为2.27～3.63cSt❶）和热值高（40.81～41.70MJ/kg）的特点[115]，而且油中含有微量的金属元素，如锌、铁、钠、镍等。裂解油馏分组成大致可分为轻质油、中质油和重质油[116]，含量分别为裂解油质量的28%、34%和38%。轮胎中有机组分主要由NR、BR和SBR三种橡胶构成，这些有机物会解聚生成芳烃和一部分脂肪烃[112,115,117]，所以裂解油中常含有直链烃的—$(CH_2)_n$—结构和芳烃、烯烃的—C═C—。除此之外，裂解过程中，橡胶结构中的S—S、C—S交联结构会断裂，与橡胶中的氮元素和添加剂中的杂原子生成新的硫结构[118]，如S—O、C—S、—S—S。Laresgoiti等人[119]研究裂解油中多环芳烃（PHA）时发现，裂解油中的PHA主要是萘、菲和联苯，其含量相对较少，主要成分是苯和烷基苯（如甲苯、二甲苯及三甲苯等）。

温和条件下得到的轮胎裂解油中硫含量较高，这在很大程度上限制了其直接使用和深度加工[120,121]。为了实现裂解油高价值利用，在热裂解基础上衍生出了催化裂解技术[122,123]，其目的是提高裂解油组分中高价值化学品的选择性，如苯、甲苯、二甲苯等。但值得注意的是，不同金属如Ni、Co、Pd和Pt表现出不同的催化性能[124-126]。因此，提高裂解产物的质量是废轮胎裂解工艺全面发展中的主要挑战。据报道，由于所获得的催化剂的性能有限，几个工业规模的轮胎裂解项目至今未取得完全的商业成功[4]，所以轮胎催化裂解技术仍有待进一步发展。

(3) 裂解炭

裂解炭是轮胎裂解后残余的固体，约占产品总量的25%。作为重要的轮胎裂解产品之一，裂解炭具有很高的经济价值，改性后的裂解炭可以作为吸附剂、催化剂和电极材料、补强剂和贮存材料使用，实际用途还需根据其性能（物理、化学特性）决定，裂解炭性能很大程度上取决于原轮胎组分、反应器类型[127]。轮胎组分取决于轮胎制造配方，对于不同品牌的轮胎，炭黑及橡胶种类配比都会有差异，不同类型的反应器内部结构也存在差异，而这些差异会直接影响产品结构和性能；裂解工艺对轮胎裂解炭性能的影响较为复杂，不同条件下裂解炭的产率及表面性能都会有差异。

---

❶ 1cSt=1mm^2/s。

不同品牌的轮胎（乘用车轮胎、卡车轮胎、摩托车轮胎和自行车轮胎）在制造过程中所添加的炭黑和硫化促进剂（一般为金属氧化物）比例不同，致使裂解得到的焦炭产率和性能差异明显。裂解反应器类型的差异会影响裂解产物的产率和质量，两相（气固）流模型的裂解反应器，如固定床、流化床、锥形喷气床、回转窑等具有不同的结构，而且其分散系数和载气流速也不同，这些参数决定了反应器内产物的返混程度和停留时间，对裂解反应器的设计和运行具有重要意义。反应器结构在一定程度上还会影响裂解产物的二次反应程度[128,129]，因为不同结构的裂解反应器加热速率也存在差异[119,130,131]。固定床加热速率一般为5～40K/min；回转窑反应器的加热速率影响因素较多，如反应器尺寸、转速、热载体类型[132]；流化床和喷射床的加热速率可以很大（103～104K/min），可以实现轮胎颗粒的快速加热和橡胶组分的快速裂解[30,133]。在该过程中，轮胎颗粒内部会在短时间内产生大量的挥发物，这些物质扩散到颗粒外，在一定程度上缓解了挥发物的焦化反应，也抑制了固体产物的形成。因此，快速裂解得到的焦炭收率通常略高于原轮胎橡胶的炭黑含量，即在25%～35%的范围内[134]。然而，在二级反应程度高、产焦率高的慢速裂解条件下，可以观察到相反的效果。在后一种情况下，裂解炭产率通常在35%～45%之间[129,134,135]。

1.4.2 废轮胎裂解工艺

（1）废轮胎传统裂解工艺

轮胎裂解规模化虽然刚起步，但是我国民间轮胎裂解制油已经存在十几年，处理过程也相对简单，整胎裂解，产品单一。随着轮胎热裂解技术的发展，我国热裂解工艺也得到了完善，并最终形成了如图1-4所示的工艺。该工艺实现了裂解产品多样化，在一定程度上提高了废轮胎热裂解企业利润。现就该工艺简单介绍。废轮胎经过前期处理，剔除钢圈和杂质后，再经过清洗烘干工序处理，最后分割成段。处理后的轮胎进入回转窑裂解反应器，在高

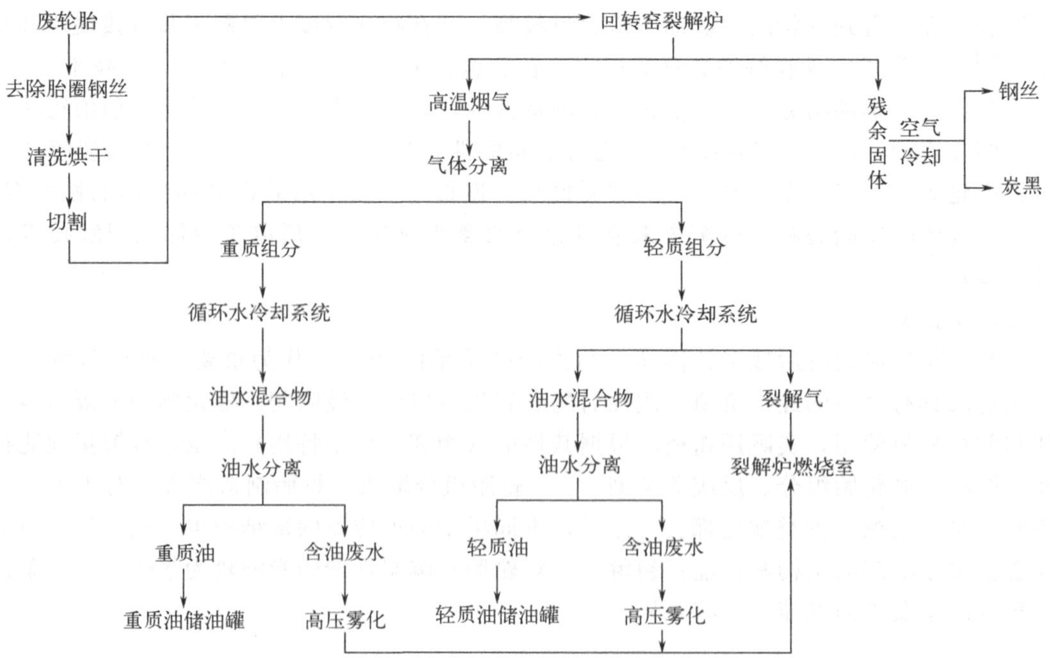

图1-4 废轮胎裂解工艺

温（673～773K）和稀氧条件下裂解处理。裂解产生的高温混合物可分为重质组分和轻质组分，两种组分通过循环水冷却系统后，可获得油水混合物和裂解气。油水混合物经过油水分离装置后，分别得到重质油、轻质油和含油废水；油产品经过质检、评估后分别储存到相应的油罐中，含油废水经过高压雾化处理后和裂解气一起作为燃料返回到裂解炉燃烧室。裂解残余的固体经过空气冷却后得到钢丝和炭黑。轮胎裂解处理得到的钢丝虽然性能有所下降，但可以作为普通钢材销售；裂解炭经过简单处理后可以作为炭黑返回到轮胎加工工艺，或者进一步加工为活性炭和电极材料。

我国绝大多数的轮胎热裂解企业采用了此工艺，相比于民间轮胎裂解工艺，前期处理环节改善了裂解过程中样品间的传热、传质效率，实现了裂解油产品分级，提高了企业效益，拓宽了产品市场。但是，随着热裂解企业数量增加、裂解油市场需求量减小和环保政策日趋严格，废轮胎裂解目的也从获取裂解油转变为对气、油、固三种产品的综合利用。此外，急需一种可以降低裂解产物中 S 和 N 含量，并且能提高裂解产物商业价值的裂解工艺。

（2）废轮胎裂解产物梯级利用工艺

基于我国政府对废轮胎处理技术的资金支持，一种新的裂解工艺被提出，如图 1-5 所示。废轮胎裂解产物梯级利用工艺旨在提高裂解产物的利用率，减少污染物排放。

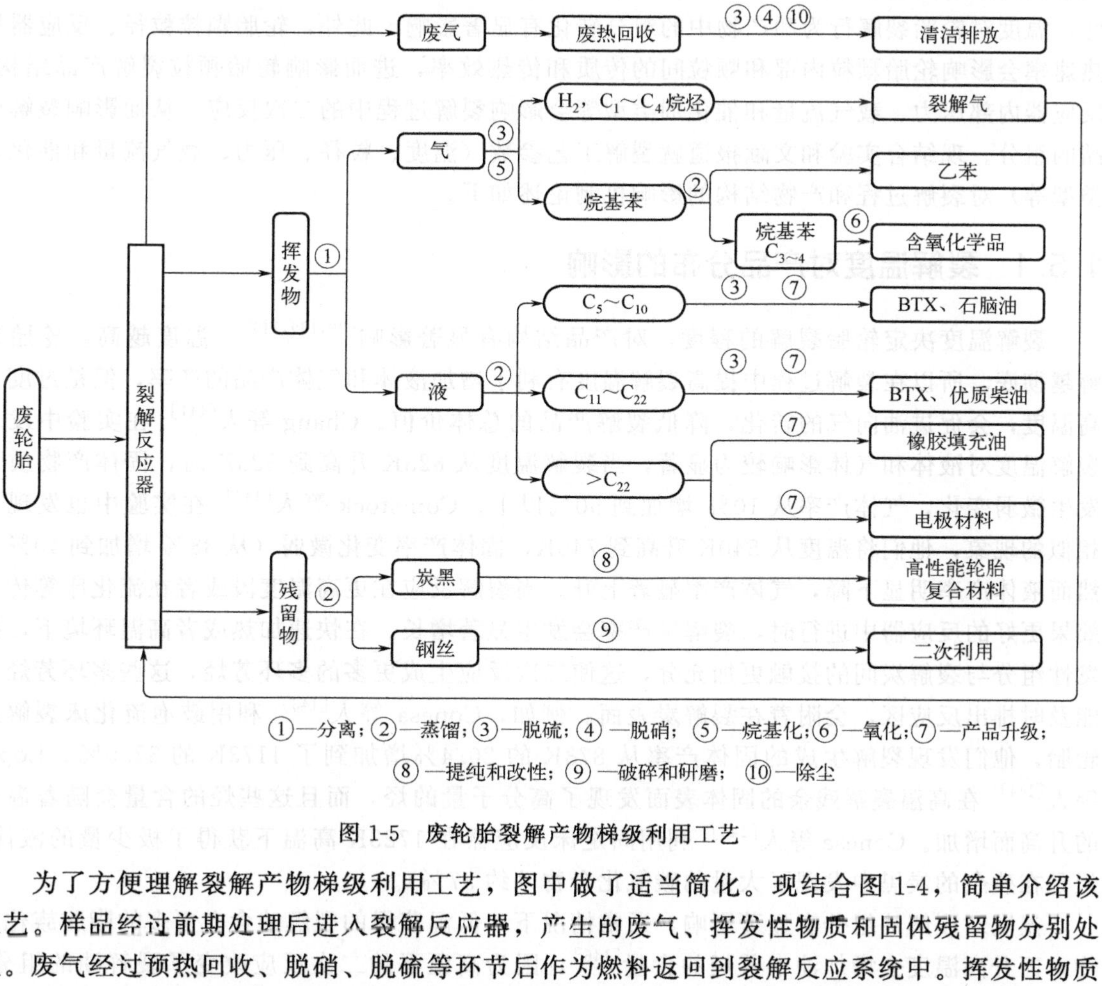

图 1-5 废轮胎裂解产物梯级利用工艺

为了方便理解裂解产物梯级利用工艺，图中做了适当简化。现结合图 1-4，简单介绍该工艺。样品经过前期处理后进入裂解反应器，产生的废气、挥发性物质和固体残留物分别处理。废气经过预热回收、脱硝、脱硫等环节后作为燃料返回到裂解反应系统中。挥发性物质经过冷凝处理后得到气体和液体组分，脱硫后的气体组分进入烷基化反应器，得到 H_2、烷烃（C_1～C_4）和烷基苯。H_2 和烷烃（C_1～C_4）返回裂解炉作为燃料使用。烷基苯可进一步氧化为高价值的含氧化工产品和乙苯，也可作为化工原料直接销售。液体组分经过蒸馏后，分离成 C_5～C_{10}、C_{11}～C_{22} 和$>C_{22}$ 等三组馏分。C_5～C_{10} 的馏分经过脱硫升级处理后可生成石脑油和 BTX，C_{11}～C_{22} 的馏分经过脱硫升级后可生成 BTX 和优质柴油。对于$>C_{22}$ 的馏分，较轻的组分可以加工成芳烃，用作橡胶填充油；较重的组分可以加工成电极材料。固体残留物可以进一步分离为炭黑和钢丝，炭黑经过净化和改性后可用于制造新轮胎、复合材料和电极负极材料[136,137]，钢丝可以二次回收利用。轮胎裂解产物的梯级利用可以提高废轮胎处理的利润，扩大裂解产品的市场。基于以上优点，青岛某科技有限公司设计并建设了一条废轮胎裂解产物梯级利用生产线，虽然其经济效益在市场上只得到了初步检验，但是这种新的裂解工艺为废轮胎裂解处理的发展提供了一个新的方向。

1.5 裂解产物的分布与调控

尽管现有的废轮胎裂解工艺得到的产品可以满足市场标准，但是产品产率低和质量差仍是限制热裂解技术推广的主要原因[138]。轮胎裂解油是最重要的裂解产品，如何提高其产率或者提高油中高价值组分的含量是轮胎裂解技术的研究重点。轮胎裂解是一个吸热过程，因此，温度对轮胎裂解行为和产物中的组分转化有显著影响。此外，轮胎颗粒粒径、反应器加热速率会影响轮胎颗粒内部和颗粒间的传质和传热效率，进而影响轮胎颗粒裂解产品结构；反应器内部压力、载气流量和催化剂类型等会影响裂解过程中的二次反应，从而影响裂解产品的组分。现结合实验和文献报道就裂解工艺参数（温度、粒径、压力、载气流量和催化剂类型等）对裂解过程和产物结构的影响机制论述如下。

1.5.1 裂解温度对产品分布的影响

裂解温度决定轮胎裂解的程度，对产品结构有显著影响[99,139,140]。温度越高，轮胎裂解越彻底。所以在裂解过程中提高裂解温度有利于增加液体和气体产品的产率，但是过度升高温度，会促进油向气的转化，降低裂解产品的总体价值。Chang 等人[141] 在实验中发现裂解温度对液体和气体影响较为显著，当裂解温度从 623K 升高到 823K 时，固体产物质量发生微弱变化，气体产率从 10% 增加到 50%以上。Comstock 等人[142] 在实验中也发现了相似的现象，他们将温度从 540K 升高到 740K，固体产率变化微弱（从 38% 增加到 40%），然而液体产率明显下降，气体产率显著上升。当裂解反应在更高温度段或者在流化床等传热效果更好的反应器中进行时，裂解炭产率会发生显著增长。在快速加热或者高温环境下，挥发性组分与裂解炭间的接触更加充分，这使二次反应生成更多的多环芳烃，这些多环芳烃不能及时排出反应区，会附着在裂解炭表面。例如，Conesa 等人[143] 利用鼓泡流化床裂解废轮胎，他们发现裂解生成的固体产率从 873K 的 20.4%增加到了 1173K 的 32.5%。Lopez 等人[144] 在高温裂解残余的固体表面发现了高分子量的烃，而且这些烃的含量会随着温度的升高而增加。Conesa 等人[145] 利用固定床反应器在 1723K 高温下获得了极少量的液体，但是在残余的炭黑中发现了大量的碳氢化合物（约 37%）。

温度对裂解油组分有显著影响，通常情况下，低温获得的裂解油含有更多的脂肪族化合物，而升高温度会增加油中芳烃的含量[146]，因为高温下的二次反应改变了裂解油的组分，促使部分脂肪烃反应生成芳烃。Williams 等人[54] 在废轮胎裂解实验中发现油中芳烃含量会随着裂解温度的升高而增加，脂肪烃含量则相应减少。Li 等人[95] 在废轮胎裂解的中试实验中发现，当温度从 723K 升高到 873K 时，裂解油的 H/C 值从 1.55 下降到 1.26。这表明油中芳烃含量增多，其中 BTX 化合物的含量增加最为明显。Kaminsky 等人[147] 在实验中发现 773K 下获得的裂解油主要组分为脂肪烃，而当温度升至 973K 时，油中主要组分变为芳烃。Benallal 等人[148] 认为裂解产生的烯烃和二烯烃具有很大的氧化和聚合倾向，当升高温度时，这些物质会通过环化、Diels-Alder、脱氢等反应生成芳香族化合物。

在裂解过程中，裂解温度会直接影响二次反应的类型，进而影响裂解气组分。Diez 等人[149] 在轮胎裂解实验中发现气体中的主要成分是 CO、CH_4、H_2 和 C_2H_6，而 C_4～C_6 的小分子链烯烃和 CO_2 的含量及裂解气的热值都会随着温度的升高而降低，但是裂解气的总产率会随温度升高而增加。Napoli 等人[150] 在实验中也得出了相似的结论，他们认为高温会使气体中高热值的长链烃断裂生成低热值的短链烃和环烯烃。Conesa 等人[145] 在固定床裂解实验中也得出了相似的结论：653K 下得到的裂解气中含有少量的 CO_2 和 CH_4，裂解气总量（标准状况）不超过 $0.5m^3/kg$；当温度升高到 723K 时，气体总量达到了 $3m^3/kg$，CO_2 为主要成分；当温度升高到 823K 时，裂解气总量超过了 $4.5m^3/kg$，而且 H_2 和 CH_4 占据了一半的量。这说明高温会促使气体中的长链烃发生断键和脱氢反应。Galvagno 等人[151] 使用回转窑反应器裂解轮胎时得到了不同的结果，裂解气的产率和热值都会随着裂解温度的升高而升高。作者认为在缓慢加热过程中气体中的短链烯烃同时发生了加氢和芳香化反应，提高了 C/H 值（CH_4、C_2 和 C_3 的增加量大于 H_2 的增加量）。González 等人[139] 在实验中将裂解温度从 673K 升高到 973K 时，裂解气产率和气体中 CO_x（CO+CO_2）占比都有所增加，其中 CH_4、C_2H_4 和 C_2H_6 的浓度明显增加，气体热值也从 $12MJ/m^3$ 增加到 $20MJ/m^3$。作者认为高温下产物会发生脱碳、脱羧反应，而且炭黑上的二次反应使得气体中多碳烃（≥4）断裂生成饱和度更高的短链烃。Kaminsky 等人[88] 在用流化床裂解废轮胎的实验中发现，当温度从 913K 升高到 1113K 时，CH_4、C_6H_6 和 H_2 的含量有所增加。此外，Conesa 等人[143] 在鼓泡流化床实验中发现，随着温度的升高（从 696K 上升到 873K），C_1～C_4 气体组分增加，气体产率从 1.81%增加到 8.26%。作者将其归因于长链烃的二次反应，他们认为产生气体的二次反应对温度特别敏感，升高温度，长链烃不稳定，开始裂解生成分子量更小的烃和 H_2。尽管都是升高温度，研究者们在实验中发现的气体组分及其变化却存在差异；根本原因是相比于固体和液体，气体中的二次反应对温度更加敏感，除此之外，裂解反应器结构的差异会影响传热效率，进而影响二次反应。

1.5.2 颗粒粒度对产品分布的影响

颗粒尺寸通过影响轮胎裂解过程中的传热和传质，进而影响到产品的性质（产率和组分）。一般认为，在热裂解反应过程中，小颗粒内外可以表现出等温效果，不受内部传质和传热差异的限制（材料内部没有质量或温度梯度），大颗粒在裂解中的表现则相反[152]。Beaumont 等人[153] 认为颗粒粒度越大，径向的温度梯度和挥发物质量密度差异越大；相同环境下，颗粒越粗，颗粒内部升温就会越慢，裂解完成所需的时间就会越长[85]。因此，与小粒度样品裂解相比，在相同的裂解时间内，热量在较粗的样品内部只能达到一定深度[103]。在这种情况下，液体和气体的产率就会降低。因此，Bouvier 等人[154] 指出轮胎颗粒的大小与轮胎裂解转化率呈负相关。例如，Dai 等人[92] 在使用循环流化床裂解轮胎(773K)时发现，当轮胎粒度从 0.8mm 减小到 0.32mm 时，轮胎的裂解程度增加，裂解残余物产率下降（从 45%降低到 30%），而且 0.8mm 的颗粒获得的气体和液体的产率低于 0.32mm 的颗粒。作者认为较小的粒度不仅提高了传热和传质效果，而且为二次反应提供了更多的表面积，这也导致裂解过程产生更多的气体产物。类似地，Oyedun 等人[155] 发现颗粒粒径对裂解完成时间有显著影响，他们将颗粒传热模型与动力学模型相结合，以优化不同裂解时间和加热速率下的颗粒尺寸。在 773K 恒温条件下，粒径 10mm 和 50mm 的颗粒裂解完成时间分别为 1.5h 和 2.5h。实验中作者还发现，在 10K/min 的变温条件下，上述颗粒的裂解时间分别为 0.8h 和 1.9h。因此，粒径对轮胎裂解的影响与温度和加热速率都有关。粒度对二次反应也有显著影响，Islam 等人[85] 在 748K 下使用流化床反应器裂解轮胎颗粒时，发现 2cm 颗粒的裂解油产率低于 4cm 颗粒的产率，而 2cm 颗粒的裂解炭和裂解气产率均高于 4cm 颗粒的产率。作者将这种行为归因于挥发性组分在小颗粒内扩散更容易进行，而且较大的比表面积给二次反应提供了更多的反应表面积。在许多裂解研究中，为了将传质和传热现象的影响降到最低，从而获得更高的转化率和更多的初级裂解产物，一般都会选择减小颗粒尺寸。

1.5.3 加热速率对产品分布的影响

加热速率是轮胎裂解反应中又一个关键因素，它对反应速率有显著影响，并影响颗粒内部的温度分布。由于轮胎裂解过程中存在热滞后现象，轮胎颗粒的径向温差会随着加热速率的增加而增大，在热重（TG）裂解实验中表现为失重曲线会向更高的温度区间移动[54,156-158]。这意味着裂解速率随着加热速率的增加而增加，同时裂解开始和完成的温度也会受到加热速率的影响。Williams 等人[156] 将这一现象归因于传热和裂解动力学变化的综合效应。相比于低加热速率下的裂解，快速升温裂解中较高的加热速率除了能促进单位时间裂解量的增加外[158]，还会导致过程温度的快速升高、气体产率的提高和气相中二次反应程度的加深。在实际生产中，裂解气市场价值最低。因此，必须缩短快速裂解中挥发物在颗粒内部的停留时间，尽量减小二次反应程度，实现裂解油产率最大化。据此，Williams[156] 和 Senneca 等人[158] 得出结论，加热速率会影响裂解过程中挥发性组分的特性，还会影响一次反应和二次反应的平衡。

通过改变加热速率可以调节二次反应的发生程度。例如，Williams 等人[156] 评估了流化床中不同加热速率（5K/min、20K/min、40K/min 和 80K/min）下的轮胎裂解反应行为。他们发现随着加热速率的增大（5K/min、20K/min、40K/min 和 80K/min），裂解油中的脂肪烃含量增加，同时芳烃含量下降。这一现象表明，加热速率的升高不利于油相中二次反应的发生。同样地，Murillo 等人[159] 也发现加热速率对轮胎总转化率以及裂解油的产率和性质有显著影响。González 等人[139] 使用流化床裂解轮胎颗粒时，观察到裂解气的产率随着加热速率（5～20K/min）的增大而增加。综上所述，加快加热速率能够使轮胎颗粒快速受热达到裂解温度，但是过快的加热速率会使轮胎颗粒裂解不完全。在实际生产过程中，加热速率是加热方式和反应器结构综合后的表现，因为在相同的加热方式下，反应器结构会影响加热速率。例如，鼓泡流化床在 1s 内会将固体颗粒加热到期望温度[160]。Cheung 等人[161] 通过动力学和传热模型研究发现，在裂解过程中，较低的加热速率虽然可以减少轮胎裂解所需的能量，但是会在一定程度上增加裂解完成的时间。相反，较高的加热速率虽然需要更多的能量，但是裂解时间相对较短。

1.5.4 裂解压力对产品分布的影响

压力是影响轮胎裂解行为的又一个关键因素，因为带压或者真空裂解都对设备和工艺要求相对较高，所以针对压力的研究只停留在实验室阶段。在热裂解中，压力对裂解过程的影响机理如图 1-6 所示，压力可以直接作用于一次和二次反应，也可以通过内扩散来控制反应程度，其中压力对裂解过程的作用 a_1、a_2 和 a_3 可以是正向，也可以是负向。

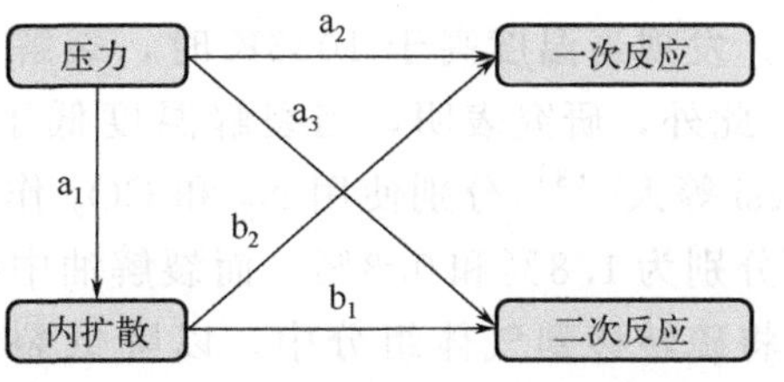

图 1-6 压力对废轮胎裂解过程的影响机理

Chen 等人[162] 发现裂解油中主要组分的含量随着压力的增加而明显增加，但当压力提高到 5.0MPa 时，主要组分含量又迅速下降。作者认为较高的压力会延长挥发性组分在颗粒内部的停留时间，进而促进二次反应，生成更多的芳烃，但是压力过高会导致其他竞争反应的发生。Ma 等人[163] 在轮胎裂解实验中发现，在一定压力范围内，裂解油中柠檬烯含量会随着压力的增大而增大。作者将其归因为高压环境抑制了柠檬烯的化学键断裂和电子转移。González 等人[139] 在塑料加压裂解实验中发现，高压环境中获得的裂解油具有很大的黏性，而且具有更强的结焦性，他们认为高压会促进脱氢反应。与常压和加压裂解实验相比，真空裂解技术受到了更多的关注。Roy 等人[164] 用固定床反应器在 773K 真空条件下裂解废轮胎。当床内压力在 0.8～28.0kPa 之间变化时，气体、液体和固体的产率随压力变化不大，但是裂解油中脂肪烃含量较高，约为 60%。Zhang 等人[127] 用固定床裂解轮胎时发现，在真空条件下（3.5～4.0kPa）得到的炭黑的比表面积与商用碳酸钙相当，而且油中柠檬烯含量随着裂解压力的降低而升高。作者还观察到在炭黑表面形成了一定量的大分子烃类物质，并将这种行为归因于产物中的二次再聚合反应。Lopez 等人[165] 指出真空环境会在轮胎裂解过程中产生真空效应，即真空环境会增加轮胎颗粒的多孔结构，而且真空产生的正压力梯度使产生的挥发性组分及时地向外部扩散，这种扩散缩短了挥发物的停留时间，在一定程度上抑制了二次反应。低压裂解可以降低裂解温度，而且有助于降低惰性气体的质量流量，提高工艺的可行性，还可以降低冷凝装置对收集液体组分的要求[165]。

1.5.5 载气流量对产品分布的影响

裂解过程中惰性气体的存在不仅可以维持反应器内的无氧环境，还可以控制挥发性物质的外扩散[54,139]，影响二次反应（如解聚、加成、脱氢和环化等反应）的发生。在裂解过程中，载气流量的增加会加快挥发性组分的外扩散速率，缩短其在反应器内的停留时间。因此，较高的载气流量可以更快地将裂解产物带离反应区，从而降低二次反应程度。Cunliffe 等人[130] 在轮胎裂解实验中发现，随着载气流量的增加，液体产率由 30%增加到 56.9%。作者认为高流量的载气可以将裂解产生的挥发物在二次反应前带离反应器。同样，Islam 等人[85] 利用固定流化床研究时发现，低载气流量延长了挥发性组分在反应器内的停留时间，导致液相产物产率降低。

除此之外，载气的类型（水蒸气、H_2 和 CO 等）也会影响轮胎裂解过程。Kaminsky

等人[147] 使用鼓泡流化床裂解轮胎时发现，水蒸气的加入明显提高了裂解气中 C_2H_4 和 C_3H_6 的含量，而且气相中 H_2S 含量显著降低。Ogasawara 等人[166] 在 1173K 的裂解实验中，使用 He 和水蒸气的混合物作为载气，实验中他们发现裂解炭产率（约 9%）明显低于以惰性气体作为载气获得的裂解炭产率，且裂解炭比表面积高达 $1260m^2/g$；同时，获得的液相主要成分是脂肪烃和烷基苯。类似地，Betancur 等人[167] 使用二氧化碳作为载气，发现当温度高于 1033K 时，裂解炭受到 CO_2 氧化作用，其比表面积增加了 $414m^2/g$。此外，研究表明，当裂解温度低于 1033K 时，二氧化碳对裂解产品影响较小。Lucchesi 等人[168] 分别使用 N_2 和 CO_2 作为载气，发现裂解炭中的硫含量在 N_2 和 CO_2 气氛下分别为 1.8%和 0.3%，而裂解油中硫含量分别为 0.6%和 0.2%。作者认为二氧化碳可以将硫转移到气体组分中，以降低裂解炭和裂解油中的硫含量。Mastral 等人[169] 报道称，在常压下，H_2 气氛下的轮胎裂解转化率与 N_2 气氛下一样；然而当升高 H_2 压力时，裂解油中芳烃含量大幅度降低，而裂解油产率增加。作者认为高压下 H_2 可以稳定裂解过程中产生的自由基，在抑制大分子芳烃生成的同时，芳烃发生了加氢裂解反应，转变为饱和度更高的脂肪烃。

综上所述，载气是控制二次反应发生的重要变量。一般来说，较高的流量可以防止二次反应，因为挥发物停留时间缩短。另外，正如预期的那样，非惰性载气可以导致一些均相和非均相的二次反应，如解聚和加氢。除载气的性质外，一些物理量如压力和温度也会对裂解产物的分布和性质产生重要影响[170]。

1.5.6 催化剂对产品分布的影响

在轮胎裂解过程中，为了获得目标产物，需要向系统中输入更多的能量以改变或者维持反应物或产物的高转化率、选择性，一般通过改变参数（如温度、压力、颗粒粒径和载气流量等）实现。催化剂的加入可以降低轮胎裂解过程中主反应的活化能，促进废轮胎的快速裂解，改变产品结构，提高小分子量烃的产率，改善裂解油组分结构[171-173]。轮胎裂解过程中催化剂的使用不仅可以促进重油向轻油转化[174]，而且有利于裂解炭表面化学结构的重组，降低其表面杂质官能团含量[175]。催化裂解过程中常用的催化剂有沸石、碱性化合物[如 KOH、Ca $(OH)_2$ 和 Al_2O_3] 和非金属矿物[176-178]。沸石催化剂因其独特的孔隙和通道结构，可负载高活性金属，所以在轮胎裂解过程中受到广泛关注。此外，大多数具有高比表面积的碱性化合物都可以用作裂解催化剂。廉价矿物（如白云石）因含有多种催化元素也受到广泛研究[179,180]。Osorio-Vargas 等人[125,181-182] 利用裂解-气相色谱-质谱联用（Py-GC/MS）系统分别研究了 Ni、Pd、Pt 和 Co 等不同金属催化剂在废轮胎裂解过程中的性能。实验发现这些金属催化剂对高价值芳烃（苯、甲苯、二甲苯和异丙基苯等）有良好的选择性。Kordoghli 等人[175] 研究了催化剂对废轮胎间歇裂解的影响，结果表明 ZSM-5、Al_2O_3、$CaCO_3$ 和 MgO 将轮胎初始裂解温度由原来的 602K 分别延迟到 675K、613K、644K 和 644K，催化剂 $CaCO_3$ 和 MgO 将轮胎裂解过程中的平均活化能由 246.89kJ/mol 分别降低到 121.82kJ/mol 和 128.34kJ/mol。沸石催化剂的高酸性更有利于轮胎裂解炭表面化学结构的重组。

Wang 等人[183] 报道了一种两段裂解工艺，将废轮胎分别放置在两级固定床中，下级固定床裂解产生的裂解炭可以作为催化剂，催化裂解上级固定床产生的挥发性组分。该工艺具有三种优点：①将上一级固定床裂解产生的挥发性组分转变为单环芳烃和脂肪烃；②裂解炭作为产品的一部分，不需要分离；③下级固定床可获得质量和产率较高的裂解炭。另一种提高裂解油和裂解炭产率和质量的方法是加压催化裂解，在高压下裂解炭表面沉积大量的多环芳烃，裂解油中的组分以单环芳烃和脂肪烃为主[184]。

关于废轮胎催化裂解的研究很多，不同催化剂具有不同的催化效果。根据裂解目标产物，准确选择合适的裂解工艺和工艺类型，有利于节约资源、降低能耗、提高产品质量。

1.6 本章小结

乘用车数量快速增加，使得我国废乘用车轮胎产生量呈现井喷式增长，与此同时，废轮胎处理技术和相应管理机制的缺乏，使得废乘用车轮胎一直被认为是一种环境污染物。废乘用车轮胎中的有机组分主要为天然橡胶、合成橡胶和炭黑，这种成分组合使得废轮胎具有很高的热值。

社会对能源和原材料需求量的增加也促使人们寻找一种有效的废轮胎处理技术，用于回收废轮胎中蕴含的能量和原材料，以便替代传统化石燃料和减少二氧化碳排放。轮胎热裂解技术正在重新引起人们的关注，因为热裂解技术不但可以解决废轮胎带来的污染问题，而且能够同时回收轮胎中的能量和材料。

参考文献

[1] Chen B H, Zheng D H, Xu R N, et al. Disposal methods for used passenger car tires: One of the fastest growing solid wastes in China [J]. Green Energy & Environment, 2022, 7 (6): 1298-1309.

[2] Thomas B S, Gupta R C. A comprehensive review on the applications of waste tire rubber in cement concrete [J]. Renewable and Sustainable Energy Reviews, 2016, 54: 1323-1333.

[3] Kandasamy J, Gökalp I. Pyrolysis, combustion, and steam gasification of various types of scrap tires for energy recovery [J]. Energy & Fuels, 2014, 29 (1): 346-354.

[4] Antoniou N, Zabaniotou A. Features of an efficient and environmentally attractive used tyres pyrolysis with energy and material recovery [J]. Renewable and Sustainable Energy Reviews, 2013, 20: 539-558.

[5] Debek C. Modification of pyrolytic oil from waste tyres as a promising method for light fuel production [J]. Materials (Basel), 2019, 12 (6): 880.

[6] Bennett G. Scrap tire technology and markets: by U. S. Environmental Protection Agency [J]. Journal of Hazardous Materials, 1993, 35 (1): 155-156.

[7] Singh R K, Mondal S, Ruj B, et al. Interaction of three categories of tyre waste during co-pyrolysis: Effect on product yield and quality [J]. Journal of Analytical and Applied Pyrolysis, 2019, 141: 104618.

[8] 严伯昌. 废旧轮胎回收利用环保节能利国利民 [J]. 中国汽车市场, 2007, 4 (8): 64-67.

[9] 朱茂电, 王加龙, 赵吕明. 废旧轮胎回收利用技术及其应用前景 [J]. 再生资源与循环经济, 2008, 1 (8): 32-35.

[10] 肖军. 浅论轮胎翻新关键技术及行业发展前景 [J]. 中国轮胎资源综合利用, 2022 (8): 39-44.

[11] 董诚春. 废旧轮胎资源综合利用 [J]. 中国轮胎资源综合利用, 2016, 4 (2): 45-48.

[12] 李如林. 我国橡胶粉生产应用现状及发展 [J]. 中国橡胶, 2000, 16 (15): 14-18.

[13] Scheirs J, Kaminsky W. Feedstock recycling and pyrolysis of waste plastics: Converting waste plastics into diesel and other fuels [J]. Focus on Catalysts, 2006, 26: 757-785.

[14] 胡国华, 张一帆, 张立群. 废橡胶裂解研究进展 [J]. 高分子通报, 2017 (12): 1-13.

[15] Midgley T, Henne A L. Natural and synthetic ribber. Ⅰ [J]. Journal of the American Chemical Society, 1929,

51 (4): 1215-1226.

[16] Dodds J, Domenico W F, Evans D R, et al. Scrap tires: A resource and technology evaluation of tire pyrolysis and other selected alternate technologies [M]. New York: William Andrew Publishing, 1983.

[17] Meardon K. Scrap tire technology and markets [M]. New York: William Andrew Publishing, 1993.

[18] Yao E, Wang Y, Yang Q, et al. Co-pyrolysis mechanism of natural rubber and cellulose based on thermogravimetry-gas chromatography and molecular dynamics simulation [J]. Energy & Fuels, 2019, 33 (12): 12450-12458.

[19] Sagar M, Nibedita K, Manohar N, et al. A potential utilization of end-of-life tyres as recycled carbon black in EPDM rubber [J]. Waste Management, 2018, 74: 110-122.

[20] Khan S R, Zeeshan M, Masood A. Enhancement of hydrocarbons production through co-pyrolysis of acid-treated biomass and waste tire in a fixed bed reactor [J]. Waste Management, 2020, 106: 21-31.

[21] Lanteigne J R, Laviolette J P, Tremblay G, et al. Predictive kinetics model for an industrial waste tire pyrolysis process [J]. Energy & Fuels, 2013, 27 (2): 1040-1049.

[22] 刘英俊，乔慧君，杜爱华. 废轮胎热裂解研究进展 [J]. 世界橡胶工业，2015，42 (1)：41-46.

[23] Rezaiyan J, Cheremisinoff N P. Gasification technologies: A primer for engineers and scientists [M]. Oxfordshire: Taylor & Francis Inc. , 2005.

[24] Scheirs J. Overview of commercial pyrolysis processes for waste plastics [M]. Hoboken: John Wiley & Sons, 2006.

[25] Okuwaki A. Feedstock recycling of plastics in Japan [J]. Polymer Degradation and Stability, 2004, 85 (3): 981-988.

[26] Williams P T. Pyrolysis of waste tyres: A review [J]. Waste Management, 2013, 33 (8): 1714-1728.

[27] Cunliffe A M, Williams P T. Composition of oils derived from the batch pyrolysis of tyres [J]. Journal of Analytical & Applied Pyrolysis, 1998, 44 (2): 131-152.

[28] Bridgwater A V, Peacocke G. Fast pyrolysis processes for biomass [J]. Renewable and Sustainable Energy Reviews, 2000, 4 (1): 1-73.

[29] Fairburn J A, Behie L A, Svrcek W Y. Ultrapyrolysis of n-hexadecane in a novel micro-reactor [J]. Fuel, 1990, 69 (12): 1537-1545.

[30] Williams P T, Brindle A J. Aromatic chemicals from the catalytic pyrolysis of scrap tyres [J]. Journal of Analytical and Applied Pyrolysis, 2003, 67 (1): 143-164.

[31] Kar Y. Catalytic pyrolysis of car tire waste using expanded perlite [J]. Waste Management, 2011, 31 (8): 1772-1782.

[32] Zhang X, Wang T, Ma L, et al. Vacuum pyrolysis of waste tires with basic additives [J]. Waste Management, 2008, 28 (11): 2301-2310.

[33] Dũng N A, Klaewkla R, Wongkasemjit S, et al. Light olefins and light oil production from catalytic pyrolysis of waste tire [J]. Journal of Analytical and Applied Pyrolysis, 2009, 86 (2): 281-286.

[34] Elbaba I F, Wu C, Williams P T. Catalytic pyrolysis-gasification of waste tire and tire elastomers for hydrogen production [J]. Energy & Fuels, 2010, 24 (7): 3928-3935.

[35] Roy C, Pakdel H, Brouillard D. The role of extractives during vacuum pyrolysis of wood [J]. Journal of Applied Polymer Science, 1990, 41 (1/2): 337-348.

[36] Lam S S, Wan Mahari W A, Ok Y S, et al. Microwave vacuum pyrolysis of waste plastic and used cooking oil for simultaneous waste reduction and sustainable energy conversion: Recovery of cleaner liquid fuel and techno-economic analysis [J]. Renewable and Sustainable Energy Reviews, 2019, 115: 109359.

[37] Li X, Zhang X, Shao S, et al. Catalytic upgrading of pyrolysis vapor from rape straw in a vacuum pyrolysis system over La/HZSM-5 with hierarchical structure [J]. Bioresource Technology, 2018, 259: 191-197.

[38] Lopez G, Olazar M, Aguado R, et al. Vacuum pyrolysis of waste tires by continuously feeding into a conical spouted bed reactor [J]. Industrial & Engineering Chemistry Research, 2010, 49 (19): 8990-8997.

[39] Song Z, Yan Y, Xie M, et al. Effect of steel wires on the microwave pyrolysis of tire powders [J]. ACS Sustainable Chemistry & Engineering, 2018, 6 (10): 13443-13453.

[40] Roy C, Darmstadt H, Benallal B, et al. Characterization of naphtha and carbon black obtained by vacuum pyrolysis

of polyisoprene rubber [J]. Fuel Processing Technology, 1997, 50 (1): 87-103.

[41] Hidalgo-Herrador J M, Vráblík A, Černý R, et al. Effect of waste tires addition on a low-temperature hydrovisbreaking process of vacuum residue [J]. Chemical Papers, 2017, 71 (6): 1175-1182.

[42] Qin L, Wu Y, Hou Z, et al. Influence of biomass components, temperature and pressure on the pyrolysis behavior and biochar properties of pine nut shells [J]. Bioresource Technology, 2020, 313: 123682.

[43] Zeng D, Fletcher T H. Effects of pressure on coal pyrolysis and char morphology [J]. Energy & Fuels, 2005, 19 (5): 1828-1838.

[44] Wang F, Gao N, Quan C. Effect of hot char and steam on products in waste tire pressurized pyrolysis process [J]. Energy Conversion and Management, 2021, 237: 114105.

[45] Huang J, Xu G, Liang Y, et al. Improving coal permeability using microwave heating technology: A review [J]. Fuel, 2020, 266: 117022.

[46] Falciglia P P, Roccaro P, Bonanno L, et al. A review on the microwave heating as a sustainable technique for environmental remediation/detoxification applications [J]. Renewable and Sustainable Energy Reviews, 2018, 95: 147-170.

[47] Bartoli M, Rosi L, Giovannelli A, et al. Microwave assisted pyrolysis of crop residues from Vitis vinifera [J]. Journal of Analytical and Applied Pyrolysis, 2018, 130: 305-313.

[48] Song Z, Liu L, Yang Y, et al. Characteristics of limonene formation during microwave pyrolysis of scrap tires and quantitative analysis [J]. Energy, 2018, 142: 953-961.

[49] Song Z, Yang Y, Zhou L, et al. Gaseous products evolution during microwave pyrolysis of tire powders [J]. International Journal of Hydrogen Energy, 2017, 42 (29): 18209-18215.

[50] Song Z, Yang Y, Zhou L, et al. Pyrolysis of tyre powder using microwave thermogravimetric analysis: Effect of microwave power [J]. Waste Management and Research, 2017, 35 (2): 181-189.

[51] Song Z, Yang Y, Sun J, et al. Effect of power level on the microwave pyrolysis of tire powder [J]. Energy, 2017, 127: 571-580.

[52] Undri A, Rosi L, Frediani M, et al. Upgraded fuel from microwave assisted pyrolysis of waste tire [J]. Fuel, 2014, 115: 600-608.

[53] Undri A, Meini S, Rosi L, et al. Microwave pyrolysis of polymeric materials: Waste tires treatment and characterization of the value-added products [J]. Journal of Analytical and Applied Pyrolysis, 2013, 103: 149-158.

[54] Williams P T, Besler S, Taylor D T. The pyrolysis of scrap automotive tyres: The influence of temperature and heating rate on product composition [J]. Fuel, 1990, 69 (12): 1474-1482.

[55] Undri A, Sacchi B, Cantisani E, et al. Carbon from microwave assisted pyrolysis of waste tires [J]. Journal of Analytical and Applied Pyrolysis, 2013, 104: 396-404.

[56] Chen G, Wu D, Weng W, et al. Exfoliation of graphite flake and its nanocomposites [J]. Carbon, 2003, 41 (3): 619-621.

[57] Yang J, Gupta M, Roy X, et al. Study of tire particle mixing in a moving and stirred bed vacuum pyrolysis reactor [J]. Canadian Journal of Chemical Engineering, 2004, 82 (3): 510-519.

[58] Tang L, Huang H. An investigation of sulfur distribution during thermal plasma pyrolysis of used tires [J]. Journal of Analytical and Applied Pyrolysis, 2004, 72 (1): 35-40.

[59] Huang H, Tang L, Wu C Z. Characterization of gaseous and solid product from thermal plasma pyrolysis of waste rubber [J]. Environmental Science and Technology, 2003, 37 (19): 4463-4467.

[60] Huang H, Tang L. Pyrolysis treatment of waste tire powder in a capacitively coupled RF plasma reactor [J]. Energy Conversion and Management, 2009, 50 (3): 611-617.

[61] Suppino R S, Landers R, Cobo A J G. Influence of noble metals (Pd, Pt) on the performance of Ru/Al_2O_3 based catalysts for toluene hydrogenation in liquid phase [J]. Applied Catalysis A: General, 2016, 525: 41-49.

[62] Pikhl O A, Soone Y K, Kekisheva L V, et al. Tire processing using pyrolysis and hydrogenation methods [J]. Solid Fuel Chemistry, 2013, 47 (3): 183-192.

[63] Murena F, Garufi E, Gioia F. Hydrogenative pyrolysis of waste tyres: Kinetic analysis [J]. Journal of Hazardous

Materials, 1996, 50 (2): 143-156.

[64] Pinto F, Miranda M, Costa P. Production of liquid hydrocarbons from rice crop wastes mixtures by co-pyrolysis and co-hydropyrolysis [J]. Fuel, 2016, 174: 153-163.

[65] Murena F, Garufi E, Smith R B, et al. Hydrogenative pyrolysis of waste tires [J]. Journal of Hazardous Materials, 1996, 50 (1): 79-98.

[66] Bičáková O, Straka P. Co-pyrolysis of waste tire/coal mixtures for smokeless fuel, maltenes and hydrogen-rich gas production [J]. Energy Conversion and Management, 2016, 116: 203-213.

[67] Dong R, Zhao M, Xia W, et al. Chemical and microscopic investigation of co-pyrolysis of crumb tire rubber with waste cooking oil at mild temperature [J]. Waste Management, 2018, 79: 516-525.

[68] Bernardo M, Lapa N, Gonçalves M, et al. Study of the organic extraction and acidic leaching of chars obtained in the pyrolysis of plastics, tire rubber and forestry biomass wastes [J]. Procedia Engineering, 2012, 42: 1739-1746.

[69] Grioui N, Halouani K, Agblevor F A. Assessment of upgrading ability and limitations of slow co-pyrolysis: Case of olive mill wastewater sludge/waste tires slow co-pyrolysis [J]. Waste Management, 2019, 92: 75-88.

[70] Fang S, Gu W, Dai M, et al. A study on microwave-assisted fast co-pyrolysis of chlorella and tire in the N_2 and CO_2 atmospheres [J]. Bioresource Technology, 2018, 250: 821-827.

[71] Martínez J D, Veses A, Mastral A M, et al. Co-pyrolysis of biomass with waste tyres: Upgrading of liquid bio-fuel [J]. Fuel Processing Technology, 2014, 119: 263-271.

[72] Shah S, Zeeshan M, Farooq M Z, et al. Co-pyrolysis of cotton stalk and waste tire with a focus on liquid yield quantity and quality [J]. Renewable Energy, 2019, 130: 238-244.

[73] Erkiaga A, Lopez G, Amutio M, et al. Syngas from steam gasification of polyethylene in a conical spouted bed reactor [J]. Fuel, 2013, 109: 461-469.

[74] Onay O, Koca H. Determination of synergetic effect in co-pyrolysis of lignite and waste tyre [J]. Fuel, 2015, 150: 169-174.

[75] Wang J, Zhong Z, Ding K, et al. Catalytic fast co-pyrolysis of bamboo sawdust and waste tire using a tandem reactor with cascade bubbling fluidized bed and fixed bed system [J]. Energy Conversion and Management, 2019, 180: 60-71.

[76] Alvarez J, Amutio M, Lopez G, et al. Improving bio-oil properties through the fast co-pyrolysis of lignocellulosic biomass and waste tyres [J]. Waste Management, 2019, 85: 385-395.

[77] Hu Q, Tang Z, Yao D, et al. Thermal behavior, kinetics and gas evolution characteristics for the co-pyrolysis of real-world plastic and tyre wastes [J]. Journal of Cleaner Production, 2020, 260: 121102.

[78] Wang Z, Burra K G, Zhang M, et al. Co-pyrolysis of waste tire and pine bark for syngas and char production [J]. Fuel, 2020, 274: 117878.

[79] Ucar S, Karagöz S. Co-pyrolysis of pine nut shells with scrap tires [J]. Fuel, 2014, 137: 85-93.

[80] Straka P, Bučko Z. Co-gasification of a lignite/waste-tyre mixture in a moving bed [J]. Fuel Processing Technology, 2009, 90 (10): 1202-1206.

[81] Lewandowski W M, Januszewicz K, Kosakowski W. Efficiency and proportions of waste tyre pyrolysis products depending on the reactor type: A review [J]. Journal of Analytical and Applied Pyrolysis, 2019, 140: 25-53.

[82] Butler E, Devlin G, Meier D, et al. A review of recent laboratory research and commercial developments in fast pyrolysis and upgrading [J]. Renewable and Sustainable Energy Reviews, 2011, 15 (8): 4171-4186.

[83] Bridgwater A V. The production of biofuels and renewable chemicals by fast pyrolysis of biomass [J]. International Journal of Global Energy Issues, 2010, 27 (2): 160-203.

[84] Hita I, Arabiourrutia M, Olazar M, et al. Opportunities and barriers for producing high quality fuels from the pyrolysis of scrap tires [J]. Renewable and Sustainable Energy Reviews, 2016, 56: 745-759.

[85] Islam M R, Haniu H, Rafiqul Alam Beg M. Liquid fuels and chemicals from pyrolysis of motorcycle tire waste: Product yields, compositions and related properties [J]. Fuel, 2008, 87 (13): 3112-3122.

[86] Islam M R, Joardder M U H, Hasan S M, et al. Feasibility study for thermal treatment of solid tire wastes in ban-

gladesh by using pyrolysis technology [J]. Waste Management, 2011, 31 (9): 2142-2149.

[87] Basu P. Biomass gasification and pyrolysis: Practical design and theory [J]. Comprehensive Renewable Energy, 2010, 25 (2): 133-153.

[88] Kaminsky W, Sinn H. Pyrolysis of plastic waste and scrap tires using a fluidized-bed process [C] //ACS Symposium Series, 1980: 423-439.

[89] Sasse F, Emig G. Chemical recycling of polymer materials [J]. Chemical Engineering & Technology, 1998, 21 (10): 777-789.

[90] Leung D Y C, Wang C L. Fluidized-bed gasification of waste tire powders [J]. Fuel Processing Technology, 2003, 84 (1): 175-196.

[91] Olazar M, Jose M S, Penas F J, et al. Stability and hydrodynamics of conical spouted beds with binary mixtures [J]. Industrial & Engineering Chemistry Research, 1993, 32 (11): 2826-2834.

[92] Dai X, Yin X, Wu C, et al. Pyrolysis of waste tires in a circulating fluidized-bed reactor [J]. Energy, 2001, 26 (4): 385-399.

[93] Yazdani E, Hashemabadi S H, Taghizadeh A. Study of waste tire pyrolysis in a rotary kiln reactor in a wide range of pyrolysis temperature [J]. Waste Management, 2019, 85: 195-201.

[94] Galvagno S, Fortuna F, Cornacchia G, et al. Pyrolysis process for treatment of automobile shredder residue: Preliminary experimental results [J]. Energy Conversion and Management, 2001, 42 (5): 573-586.

[95] Li S Q, Yao Q, Chi Y, et al. Pilot-scale pyrolysis of scrap tires in a continuous rotary kiln reactor [J]. Industrial & Engineering Chemistry Research, 2004, 43 (17): 5133-5145.

[96] Díez C, Sánchez M E, Haxaire P, et al. Pyrolysis of tyres: A comparison of the results from a fixed-bed laboratory reactor and a pilot plant (rotatory reactor) [J]. Journal of Analytical and Applied Pyrolysis, 2005, 74 (1): 254-258.

[97] 陈洁，蒋剑春，徐俊明. 旋转锥式反应器催化大豆油裂解制备可再生燃料油 [J]. 太阳能学报，2011，32 (3): 354-357.

[98] 李俊生. 旋转锥生物质裂解反应器裂解工艺的研究 [J]. 环境工程学报，2010 (7): 1609-1614.

[99] Pakdel H, Pantea D M, Roy C. Production of *dl*-limonene by vacuum pyrolysis of used tires [J]. Journal of Analytical and Applied Pyrolysis, 2001, 57 (1): 91-107.

[100] Solar J, De Marco I, Caballero B M, et al. Influence of temperature and residence time in the pyrolysis of woody biomass waste in a continuous screw reactor [J]. Biomass and Bioenergy, 2016, 95: 416-423.

[101] Brassard P, Godbout S, Raghavan V. Pyrolysis in auger reactors for biochar and bio-oil production: A review [J]. Biosystems Engineering, 2017, 161: 80-92.

[102] Le Roux É, Chaouch M, Diouf P N, et al. Impact of a pressurized hot water treatment on the quality of bio-oil produced from aspen [J]. Biomass and Bioenergy, 2015, 81: 202-209.

[103] Benallal B, Roy C, Pakdel H, et al. Characterization of pyrolytic light naphtha from vacuum pyrolysis of used tyres comparison with petroleum naphtha [J]. Fuel, 1995, 74 (11): 1589-1594.

[104] Roy C, Chaala A, Darmstadt H. The vacuum pyrolysis of used tires: End-uses for oil and carbon black products [J]. Journal of Analytical and Applied Pyrolysis, 1999, 51 (1/2): 201-221.

[105] Castaldi M J, Kwon E. An Investigation into the mechanisms for styrene-butadiene copolymer (SBR) conversion in combustion and gasification environments [J]. International Journal of Green Energy, 2007, 4 (1): 45-63.

[106] Chen F, Qian J. Studies on the thermal degradation of *cis*-1, 4-polyisoprene [J]. Fuel, 2002, 81 (16): 2071-2077.

[107] Sanglar C, Nguyen Quoc H, Grenier-Loustalot M F. Studies on thermal degradation of 1-4 and 1-2 polybutadienes in inert atmosphere [J]. Polymer Degradation and Stability, 2010, 95 (9): 1870-1876.

[108] Martínez J D, Cardona-Uribe N, Murillo R, et al. Carbon black recovery from waste tire pyrolysis by demineralization: Production and application in rubber compounding [J]. Waste Management, 2019, 85: 574-584.

[109] Berrueco C, Esperanza E, Mastral F J, et al. Pyrolysis of waste tyres in an atmospheric static-bed batch reactor: Analysis of the gases obtained [J]. Journal of Analytical and Applied Pyrolysis, 2005, 74 (1): 245-253.

[110] Roy V, De Caumia B, Roy C. Development of a gas-cleaning system for a scrap-tire vacuum-pyrolysis plant [J].

Gas Separation & Purification, 1992, 6 (2): 83-87.

[111] Arion A, Baronnet F, Lartiges S, et al. Characterization of emissions during the heating of tyre contaminated scrap [J]. Chemosphere, 2001, 42 (5): 853-859.

[112] 徐文胜，蒋旭光，严大海，等. 废轮胎中试回转窑热解气特性及能耗分析 [J]. 能源工程，2005 (2): 30-34.

[113] Laresgoiti M F, De Marco I, Torres A, et al. Chromatographic analysis of the gases obtained in tyre pyrolysis [J]. Journal of Analytical and Applied Pyrolysis, 2000, 55 (1): 43-54.

[114] Roy C, Chaala A, Darmstadt H. The vacuum pyrolysis of used tires: End-uses for oil and carbon black products [J]. Journal of Analytical and Applied Pyrolysis, 1999, 51 (1): 219.

[115] 严建华，高雅丽，张志霄. 废轮胎回转窑中试热解油的理化性质 [J]. 燃料化学学报，2003, 31 (6): 589-594.

[116] 王慧. 废轮胎热解油的资源化利用研究 [D]. 上海：华东理工大学，2011.

[117] Islam M R, Tushar M S H K, Haniu H. Production of liquid fuels and chemicals from pyrolysis of bangladeshi bicycle/rickshaw tire wastes [J]. Journal of Analytical and Applied Pyrolysis, 2008, 82 (1): 96-109.

[118] 李鑫. 废轮胎流化床热解特性研究 [D]. 杭州：浙江大学，2003.

[119] Laresgoiti M F, Caballero B M, De Marco I, et al. Characterization of the liquid products obtained in tyre pyrolysis [J]. Journal of Analytical and Applied Pyrolysis, 2004, 71 (2): 917-934.

[120] Lee H J, Roh H S. The use of recycled tire chips to minimize dynamic earth pressure during compaction of backfill [J]. Construction and Building Materials, 2007, 21 (5): 1016-1026.

[121] Murugan S, Ramaswamy M C, Nagarajan G. The use of tyre pyrolysis oil in diesel engines [J]. Waste Management, 2008, 28 (12): 2743-2749.

[122] Ahmed N, Zeeshan M, Iqbal N, et al. Investigation on bio-oil yield and quality with scrap tire addition in sugarcane bagasse pyrolysis [J]. Journal of Cleaner Production, 2018, 196: 927-934.

[123] Ruwona W, Danha G, Muzenda E. A review on material and energy recovery from waste tyres [J]. Procedia Manufacturing, 2019, 35: 216-222.

[124] Dũng N A, Mhodmonthin A, Wongkasemjit S, et al. Effects of ITQ-21 and ITQ-24 as zeolite additives on the oil products obtained from the catalytic pyrolysis of waste tire [J]. Journal of Analytical and Applied Pyrolysis, 2009, 85 (1): 338-344.

[125] Osorio-Vargas P, Campos C H, Torres C C, et al. Catalytic pyrolysis of used tires on noble-metal-based catalysts to obtain high-value chemicals: Reaction pathways [J]. Catalysis Today, 2022, 364-396: 475-485.

[126] Vargas P O, Menares T A, Lick I D, et al. Tuning the product distribution during the catalytic pyrolysis of waste tires: The effect of the nature of metals and the reaction temperature [J]. Catalysis Today, 2021, 372: 164-174.

[127] Zhang X, Wang T, Ma L, et al. Vacuum pyrolysis of waste tires with basic additives [J]. Waste Management, 2008, 28 (11): 2308.

[128] Banar M, Akylldlz V, Özkan A, et al. Characterization of pyrolytic oil obtained from pyrolysis of TDF [J]. Energy Conversion and Management, 2012, 62: 22-30.

[129] Kan T, Strezov V, Evans T. Fuel production from pyrolysis of natural and synthetic rubbers [J]. Fuel, 2017, 191: 403-410.

[130] Cunliffe A M, Williams P T. Influence of process conditions on the rate of activation of chars derived from pyrolysis of used tires [J]. Energy & Fuels, 1999, 13 (1): 166-175.

[131] Mkhize N M, Van Der Gryp P, Danon B, et al. Effect of temperature and heating rate on limonene production from waste tyre pyrolysis [J]. Journal of Analytical and Applied Pyrolysis, 2016, 120: 314-320.

[132] Gao N, Wang F, Quan C, et al. Tire pyrolysis char: Processes, properties, upgrading and applications [J]. Progress in Energy and Combustion Science, 2022, 93: 101022.

[133] Czajczyńska D, Krzyżyńska R, Jouhara H, et al. Use of pyrolytic gas from waste tire as a fuel: A review [J]. Energy, 2017, 134: 1121-1131.

[134] Xiao Z, Pramanik A, Basak A K, et al. Material recovery and recycling of waste tyres: A review [J]. Cleaner Materials, 2022, 5: 100115.

[135] Song W, Zhou J, Li Y, et al. Utilization of waste tire powder for gaseous fuel generation via CO_2 gasification using waste heat in converter vaporization cooling flue [J]. Renewable Energy, 2021, 173: 283-296.

[136] Zhu X, Jiang X, Liu X, et al. A green route to synthesize low-cost and high-performance hard carbon as promising sodium-ion battery anodes from sorghum stalk waste [J]. Green Energy & Environment, 2017, 2 (3): 310-315.

[137] Wang A, Zheng Z, Li R, et al. Biomass-derived porous carbon highly efficient for removal of Pb (Ⅱ) and Cd (Ⅱ) [J]. Green Energy & Environment, 2019, 4 (4): 414-423.

[138] Kumaravel S T, Murugesan A, Kumaravel A. Tyre pyrolysis oil as an alternative fuel for diesel engines: A review [J]. Renewable and Sustainable Energy Reviews, 2016, 60: 1678-1685.

[139] González J F, Encinar J M, Canito J L, et al. Pyrolysis of automobile tyre waste. Influence of operating variables and kinetics study [J]. Journal of Analytical and Applied Pyrolysis, 2001, 58 (2): 667-683.

[140] Mastral A M, Murillo R, Callén M S, et al. Influence of process variables on oils from tire pyrolysis and hydropyrolysis in a swept fixed bed reactor [J]. Energy & Fuels, 2000, 14 (4): 739-744.

[141] Chang Y M. On pyrolysis of waste tire: Degradation rate and product yields [J]. Resources, Conservation and Recycling, 1996, 17 (2): 125-139.

[142] Comstock M J. Thermal conversion of solid wastes and biomass [M]. Washington: American Chemical Society, 1980.

[143] Conesa J A, Font R, Marcilla A. Gas from the pyrolysis of scrap tires in a fluidized bed reactor [J]. Energy & Fuels, 1996, 10 (1): 134-140.

[144] Lopez G, Olazar M, Aguado R, et al. Continuous pyrolysis of waste tyres in a conical spouted bed reactor [J]. Fuel, 2010, 89 (8): 1946-1952.

[145] Conesa J A, Martín-Gullón I, Font R, et al. Complete study of the pyrolysis and gasification of scrap tires in a pilot plant reactor [J]. Environmental Science & Technology, 2004, 38 (11): 3189-3194.

[146] Juma M, Koreňová Z, Markoš J, et al. Experimental study of pyrolysis and combustion of scrap tire [J]. Polymers for Advanced Technologies, 2007, 18 (2): 144-148.

[147] Kaminsky W, Mennerich C, Zhang Z. Feedstock recycling of synthetic and natural rubber by pyrolysis in a fluidized bed [J]. Journal of Analytical and Applied Pyrolysis, 2009, 85 (1): 334-337.

[148] Benallal B, Roy C, Pakdel H, et al. Characterization of pyrolytic light naphtha from vacuum pyrolysis of used tyres comparison with petroleum naphtha [J]. Fuel, 1995, 74 (11): 1589-1594.

[149] Diez C, Martinez O, Calvo L F, et al. Pyrolysis of tyres. Influence of the final temperature of the process on emissions and the calorific value of the products recovered [J]. Waste Management, 2004, 24 (5): 463-469.

[150] Napoli A, Soudais Y, Lecomte D, et al. Scrap tyre pyrolysis: Are the effluents valuable products? [J]. Fuel and Energy Abstracts, 1997, 38 (5): 373-382.

[151] Galvagno S, Casu S, Casabianca T, et al. Pyrolysis process for the treatment of scrap tyres: Preliminary experimental results [J]. Waste Management, 2002, 22 (8): 917-923.

[152] Larsen M B, Schultz L, Glarborg P, et al. Devolatilization characteristics of large particles of tyre rubber under combustion conditions [J]. Fuel, 2006, 85 (10): 1335-1345.

[153] Beaumont O, Schwob Y. Influence of physical and chemical parameters on wood pyrolysis [J]. Industrial & Engineering Chemistry Process Design and Development, 1984, 23 (4): 637-641.

[154] Bouvier J M, Charbel F, Gelus M. Gas-solid pyrolysis of tire wastes: Kinetics and material balances of batch pyrolysis of used tires [J]. Resources and Conservation, 1987, 15 (3): 205-214.

[155] Oyedun A, Lam K L, Fittkau M, et al. Optimisation of particle size in waste tyre pyrolysis [J]. Fuel, 2012, 95: 417-424.

[156] Williams P T, Besler S. Pyrolysis-thermogravimetric analysis of tyres and tyre components [J]. Fuel, 1995, 74 (9): 1277-1283.

[157] Aguado R, Olazar M, Vélez D, et al. Kinetics of scrap tyre pyrolysis under fast heating conditions [J]. Journal of Analytical and Applied Pyrolysis, 2005, 73 (2): 290-298.

[158] Senneca O, Salatino P, Chirone R. A fast heating-rate thermogravimetric study of the pyrolysis of scrap tyres

[J]. Fuel, 1999, 78 (13): 1575-1581.

[159] Murillo R, Aylón E, Navarro M V, et al. The application of thermal processes to valorise waste tyre [J]. Fuel Processing Technology, 2006, 87 (2): 143-147.

[160] Helleur R, Popovic N, Ikura M, et al. Characterization and potential applications of pyrolytic char from ablative pyrolysis of used tires [J]. Journal of Analytical and Applied Pyrolysis, 2001, 59: 813-824.

[161] Cheung K Y, Lee K L, Lam K L, et al. Operation strategy for multi-stage pyrolysis [J]. Journal of Analytical and Applied Pyrolysis, 2011, 91 (1): 165-182.

[162] Chen Y, Zhang L, Zhang Y, et al. Pressurized pyrolysis of sewage sludge: Process performance and products characterization [J]. Journal of Analytical and Applied Pyrolysis, 2019, 139: 205-212.

[163] Ma S, Leong H, He L, et al. Effects of pressure and residence time on limonene production in waste tires pyrolysis process [J]. Journal of Analytical and Applied Pyrolysis, 2020, 151: 104899.

[164] Roy C, Darmstadt H, Benallal B, et al. Characterization of naphtha and carbon black obtained by vacuum pyrolysis of polyisoprene rubber [J]. Fuel Processing Technology, 1997, 50 (1): 87-103.

[165] Lopez G, Olazar M, Aguado R. Vacuum pyrolysis of waste tires by continuously feeding into a conical spouted bed reactor [J]. Industrial & Engineering Chemistry Research, 2010, 49 (19): 8993.

[166] Ogasawara S, Kuroda M, Wakao N. Preparation of activated carbon by thermal decomposition of used automotive tires [J]. Industrial & Engineering Chemistry Research, 1987, 26 (12): 2552-2556.

[167] Betancur M, Martínez J D, Murillo R. Production of activated carbon by waste tire thermochemical degradation with CO_2 [J]. Journal of Hazardous Materials, 2009, 168 (2): 882-887.

[168] Lucchesi A, Maschio G. Semi-active carbon and aromatics produced by pyrolysis of scrap tires [J]. Conservation & Recycling, 1983, 6 (3): 85-90.

[169] Mastral A M, Murillo R, Callén M S, et al. Application of coal conversion technology to tire processing [J]. Fuel Processing Technology, 1999, 60 (3): 231-242.

[170] Wang F, Gao N, Quan C, et al. Product distribution from oil sludge and waste tires under high pressure pyrolysis [J]. Fuel, 2022, 311: 122511.

[171] Arabiourrutia M, Lopez G, Artetxe M, et al. Waste tyre valorization by catalytic pyrolysis: A review [J]. Renewable and Sustainable Energy Reviews, 2020, 129: 109932.

[172] Luo S, Feng Y. The production of fuel oil and combustible gas by catalytic pyrolysis of waste tire using waste heat of blast-furnace slag [J]. Energy Conversion and Management, 2017, 136: 27-35.

[173] Alhassan Y, Kumar N, Bugaje I M. Catalytic upgrading of waste tire pyrolysis oil via supercritical esterification with deep eutectic solvents (green solvents and catalysts) [J]. Journal of the Energy Institute, 2016, 89 (4): 683-693.

[174] Olazar M, Aguado R, Arabiourrutia M, et al. Catalyst effect on the composition of tire pyrolysis products [J]. Energy & Fuels, 2008, 22 (5): 2909-2916.

[175] Kordoghli S, Paraschiv M, Kuncser R, et al. Catalysts' influence on thermochemical decomposition of waste tires [J]. Environmental Progress & Sustainable Energy, 2017, 36 (5): 1560-1567.

[176] Danon B, Van Der Gryp P, Schwarz C E, et al. A review of dipentene (dl-limonene) production from waste tire pyrolysis [J]. Journal of Analytical and Applied Pyrolysis, 2015, 112: 1-13.

[177] Arabiourrutia M, Olazar M, Aguado R, et al. HZSM-5 and HY Zeolite catalyst performance in the pyrolysis of tires in a conical spouted bed reactor [J]. Industrial & Engineering Chemistry Research, 2008, 47 (20): 7600-7609.

[178] Shen B, Wu C, Wang R, et al. Pyrolysis of scrap tyres with zeolite USY [J]. Journal of Hazardous Materials, 2006, 137 (2): 1065-1073.

[179] Elbaba I F, Williams P T. High yield hydrogen from the pyrolysis-catalytic gasification of waste tyres with a nickel/dolomite catalyst [J]. Fuel, 2013, 106: 528-536.

[180] Choi G G, Oh S J, Kim J S. Scrap tire pyrolysis using a new type two-stage pyrolyzer: Effects of dolomite and olivine on producing a low-sulfur pyrolysis oil [J]. Energy, 2016, 114: 457-464.

[181] Osorio-Vargas P, Shanmugaraj K, Herrera C, et al. Valorization of waste tires via catalytic fast pyrolysis using palladium supported on natural halloysite [J]. Industrial & Engineering Chemistry Research, 2021, 60 (51): 18806-18816.

[182] Osorio-Vargas P, Lick I D, Sobrevía F, et al. Thermal behavior, reaction pathways and kinetic implications of using a Ni/SiO_2 catalyst for waste tire pyrolysis [J]. Waste and Biomass Valorization, 2021, 12 (12): 6465-6479.

[183] Wang F, Gao N, Quan C, et al. Investigation of hot char catalytic role in the pyrolysis of waste tires in a two-step process [J]. Journal of Analytical and Applied Pyrolysis, 2020, 146: 104770.

[184] Zhang C, Wu R, Hu E, et al. Coal pyrolysis for high-quality tar and gas in 100 kg fixed bed enhanced with internals [J]. Energy & Fuels, 2014, 28 (11): 7294-7302.

第2章

废轮胎现状及预测模型

废轮胎可分为全钢胎和半钢胎。在橡胶组成上，全钢胎中天然橡胶（聚异戊二烯）比例较高，主要用于重型卡车、大型客车和飞机轮胎；半钢轮胎主要由合成橡胶（如丁苯橡胶）制成，主要用于家用汽车、小型卡车和小型客车[1]。众所周知，乘用车保有量的快速增长会带动乘用车废轮胎产生量的增加。由于全钢废轮胎的年产生量远低于半钢废轮胎，因此本书主要关注半钢废轮胎（乘用车废轮胎）。

2.1 数据调研

2.1.1 废轮胎产生量及其分布

由于各地区经济发展不均衡，我国废轮胎产生量呈现地区差异。以2018年为例（图2-1），

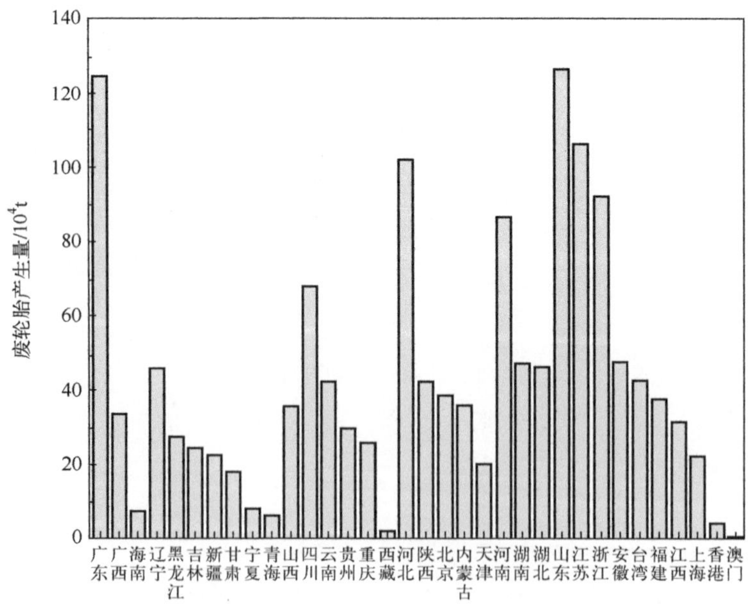

图2-1 2018年废轮胎产生量分布图

我国废轮胎产生量呈现梯度分布，排名靠前的是山东、广东、江苏、河北等省份，其次是浙江、河南、四川等省份，而湖南、安徽、湖北、辽宁等地区位于第三梯队，北京、福建、广西、山西、内蒙古等地区位于第四梯队；其余地区的废轮胎产生量较少。

乘用车保有量的地区差异会在很大程度上影响我国废轮胎产生量的分布，根据调研到的数据[2-4]，2018 年我国废轮胎（含全钢胎和半钢胎）总产生量为 1400 万吨，其中东部沿海各地区的产生量最多，详细信息见表 2-1。

表 2-1　2018 年各地区废轮胎产生量

序号	地区	产生量/10^4t	序号	地区	产生量/10^4t
1	广东	124.62	18	陕西	42.61
2	广西	34.03	19	北京	38.93
3	海南	7.43	20	内蒙古	35.85
4	辽宁	46.02	21	天津	20.24
5	黑龙江	27.41	22	河南	87.12
6	吉林	24.57	23	湖南	47.36
7	新疆	22.58	24	湖北	46.53
8	甘肃	18.1	25	山东	126.72
9	宁夏	8.23	26	江苏	106.49
10	青海	6.33	27	浙江	92.46
11	山西	35.76	28	安徽	47.81
12	四川	68.21	29	台湾	42.8
13	云南	42.16	30	福建	37.63
14	贵州	29.83	31	江西	31.53
15	重庆	25.7	32	上海	22.55
16	西藏	2.1	33	香港	4.49
17	河北	102.38	34	澳门	0.43

由表 2-1 可知，根据 2018 年废轮胎产生量，可以将全国 34 个省级行政区域划分为 5 个梯队。第一梯队包括山东、广东、江苏、河北四个省份，废轮胎产生量均在 100 万吨以上；位于第二梯队的省份有浙江、河南、四川，废轮胎产生量均高于 60 万吨；第三梯队的废轮胎产生量为 35 万～50 万吨，包含安徽、湖南、湖北、辽宁、陕西、台湾、云南、北京、福建、内蒙古、山西；广西、江西、贵州、黑龙江、重庆、吉林、新疆、上海、天津等地区废轮胎产生量为 20 万～35 万吨，位于第四梯队；甘肃、宁夏、海南、青海、香港、西藏、澳门等地区废轮胎产生量低于 20 万吨，位于第五梯队。废轮胎分布除了受乘用车保有量影响外，还受到当地气候、路况和政策的影响。

为方便对废轮胎分布特点进行研究，以 2018 年乘用车轮胎产生量为例进行分析。为方便分析，本书根据经济发展情况和地理因素，将我国 34 个省级行政区域划分为 7 大区域。在此基础上，为深入了解我国废轮胎分布特点，以 2018 年乘用车废轮胎区域分布情况为例进行分析，见图 2-2。

我国乘用车废轮胎分布呈现出东多西少、南多北少的特点。其中东部沿海发达地区产生量最多，约为 509 万吨；其次是北部地区，约为 241 万吨；中部地区、东南地区和西南地区

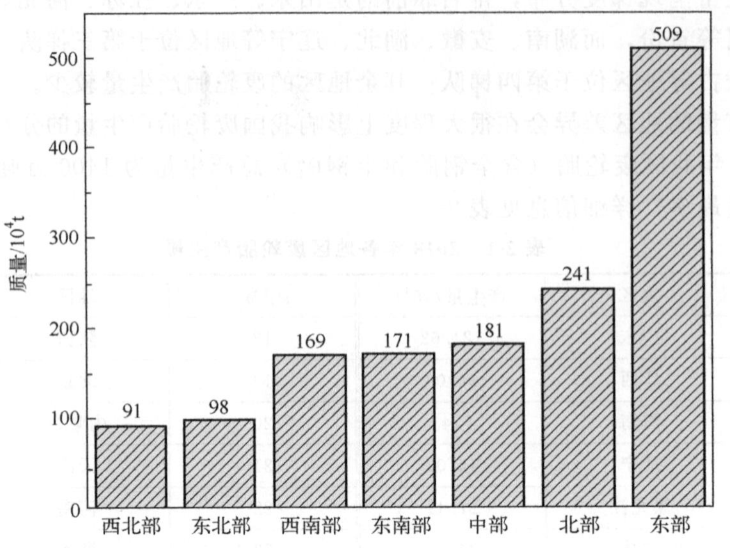

图 2-2 2018 年乘用车废轮胎区域分布

的乘用车废轮胎产生量分别为 181 万吨、171 万吨、169 万吨[2-4]。正如预期的那样，东南部和东部沿海等发达地区比其他地区产生更多的废轮胎。这种分布特点无疑影响了废轮胎回收企业的生产成本。

2.1.2 废轮胎回收及处理

为了使废轮胎回收企业深入了解我国废轮胎（包括全钢胎和半钢胎）回收的情况，以便在实际生产中降低经营管理成本，研究人员对相关工作进行了调研。图 2-3 是 2011—2018 年我国废轮胎产生量和回收率的统计图，由图可知，自 2011 年起，我国废轮胎总产生量整

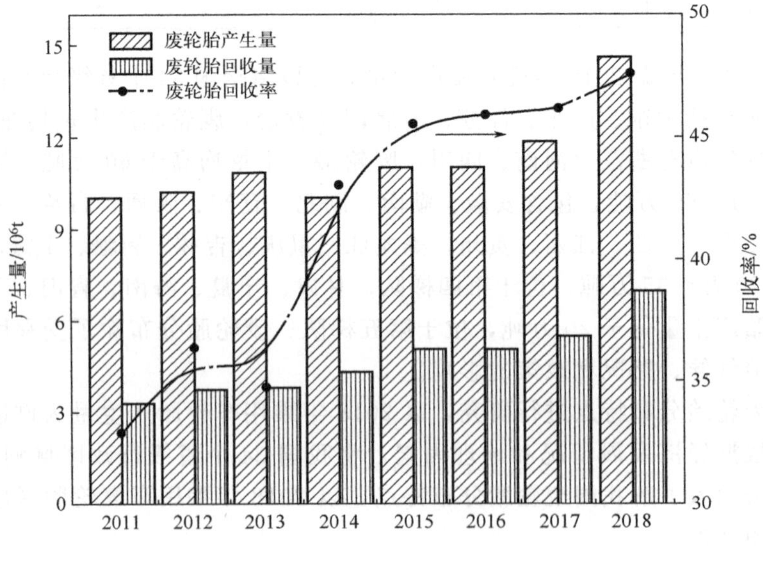

图 2-3 废轮胎年产生量和回收率

体上呈现上升趋势，废轮胎产生量由 2011 年的约 1000 万吨增加到 2018 年的 1460 万吨。废轮胎处理能力（包括轮胎翻新、橡胶回收和热裂解）也呈现逐年增加的趋势[2,5,6]，由 2011 年的 300 万吨增加到 670 万吨。相应的废轮胎回收率也由 33% 增加到 48%（不足 50%），这意味着 2018 年有超过 730 万吨的废轮胎被丢弃在自然环境中。

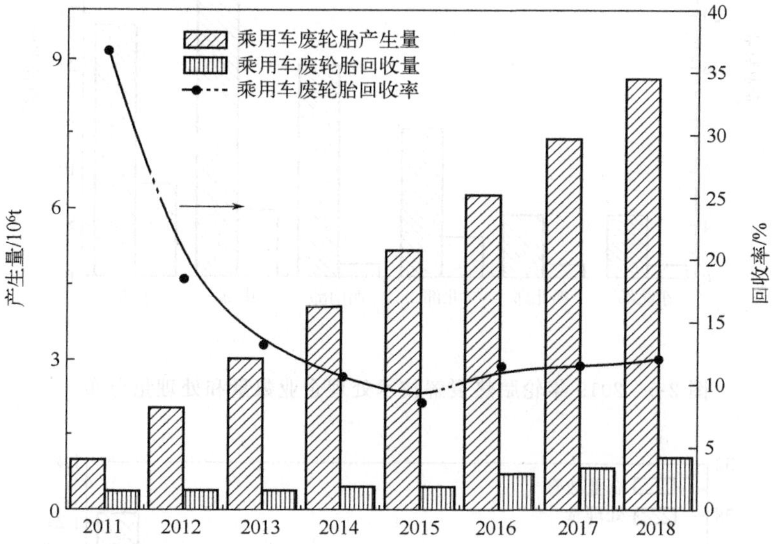

图 2-4 乘用车废轮胎年产生量和回收率

相比于废轮胎的增加趋势，乘用车废轮胎的增加趋势更加明显，见图 2-4。在 2011—2018 年间，乘用车废轮胎产生量由最初的 98.5 万吨快速增加到 859.7 万吨；但是乘用车废轮胎回收处理量增加相对缓慢，由 2011 年的 26.21 万吨增加到 2018 年的 104.23 万吨，回收率由最初的 36.76% 快速减小到 12.12%，这意味着 2018 年全国共有 755.47 万吨的乘用车废轮胎没有经过处理直接丢弃。然而，我国是橡胶消费大国，也是最大的橡胶进口国，进口的橡胶有 50% 要用于轮胎生产。逐年增加的轮胎需求和较低的轮胎回收率，使得橡胶进口量不断增加。因此，改进轮胎回收技术，增加轮胎回收量，不仅能实现废橡胶的高效可持续利用，而且对于我国生态文明建设及可持续发展战略有极其重要的意义。

在了解了废轮胎产生量和回收处理量的基础上，仍需要对我国各地的轮胎回收企业及相应的处理量进行详细的调查。所以接下来本书将以橡胶回收、热裂解和轮胎翻新技术为例，对全国的轮胎回收企业及其处理能力进行系统讨论。

图 2-5 是 2019 年轮胎热裂解技术处理企业数量及相应处理量的分布图。由图可知，截至 2019 年，我国共有 18 家轮胎回收企业采用热裂解技术处理废轮胎，年处理总量为 107 万吨。这些企业主要分布于我国东部和中部地区的山东和河南等地，处理量约占我国热裂解技术处理总量的 57%。而其他地区，如黑龙江、吉林、四川、甘肃、陕西等地的处理企业还未采用热裂解技术。

相比于热裂解技术，轮胎翻新利润较高，所以，截至 2019 年，我国应用翻新技术的轮胎回收企业共有 28 家，由于轮胎翻新程序烦琐、技术要求高、市场拓展困难等，其处理总量仅有 2.98 万吨。应用轮胎翻新技术的企业主要分布于江苏等沿海地区，处理量占轮胎翻新总量的 51.46%，详细信息见图 2-6。

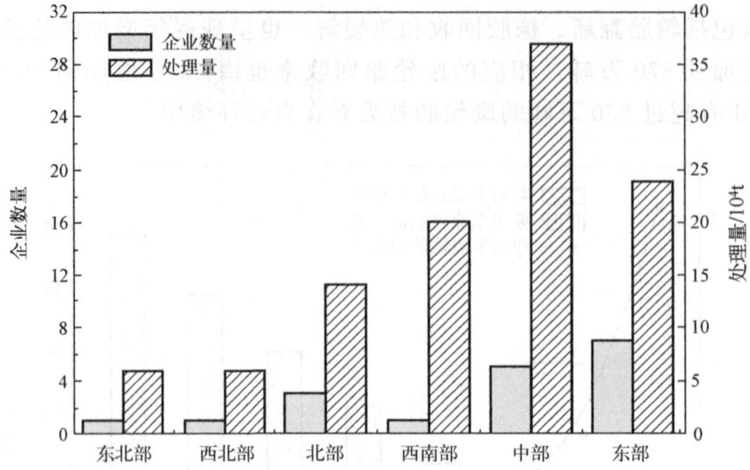

图 2-5 2019 年轮胎热裂解技术处理企业数量和处理量分布

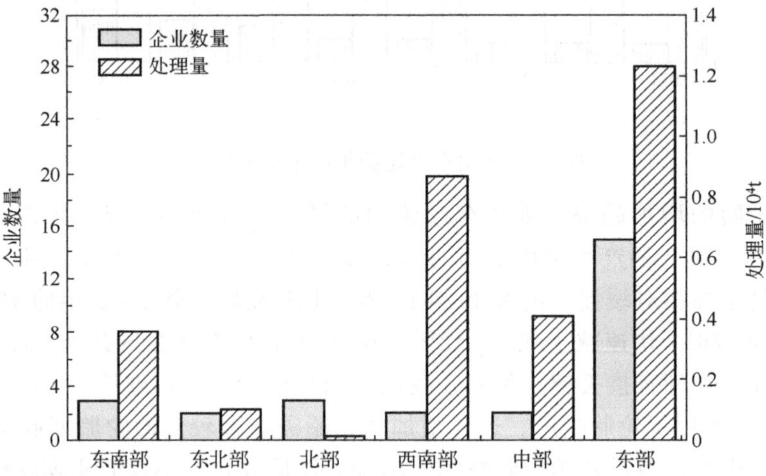

图 2-6 2019 年轮胎翻新技术处理企业数量和处理量分布

橡胶回收方式中的橡胶粉和再生胶技术工艺相对简单，而且市场需求量大。如图 2-7，采用橡胶回收技术的企业共有 52 家，总处理量也高达 155.56 万吨。不同于前两种废轮胎处理技术的企业，橡胶回收企业主要分布于山东、江苏和浙江等地，其中仅山东和江苏两地的处理量就占橡胶回收技术处理总量的 48.21%。

综合分析来看，我国轮胎处理技术发展不均衡，高利润的轮胎翻新和热裂解技术企业分布不均衡，处理技术较落后，处理量少，需要进一步提高技术水平；利润相对较低的橡胶回收技术企业数量众多且主要分布于东部和中部地区，处理量分布不均匀。所以整体来看，轮胎翻新、轮胎热裂解和橡胶回收技术在我国的发展具有以下特点：①各地区处理技术水平参差不齐；②低利润企业数量众多，高利润企业数量不足；③同一种处理技术存在集中现象，而且企业处理量相差较大。这些现象不利于我国废轮胎的回收和轮胎回收企业的发展，为了帮助轮胎回收企业摆脱这种困境，需要对轮胎回收企业和相应的处理量进行进一步的分析。

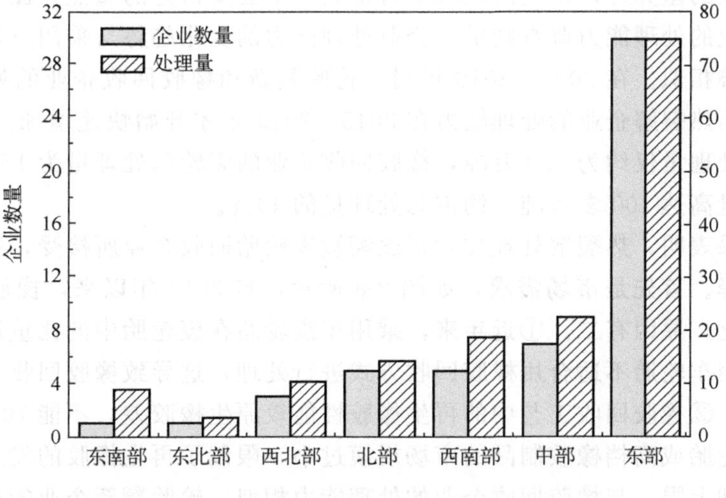

图 2-7 2019 年橡胶回收技术处理企业数量和处理量分布

从上述的分析中可知，运用橡胶回收处理方式的企业数量和处理量都远高于其他两种处理方式，这种方式的利润最低，而且不能彻底解决废轮胎带来的环境问题。为了进一步比较轮胎处理技术的差异，寻找更适用于乘用车废轮胎的处理方式，研究中对三种处理方式进行了更加全面的比较。图 2-8 展示了三种处理方法的发展趋势。轮胎翻新和橡胶回收两种方式在我国出现的时间远早于轮胎热裂解技术，均始于 20 世纪 90 年代初，而热裂解技术从 2005 年开始才在我国得到应用。在过去的几十年里，轮胎翻新和橡胶回收技术在我国得到了快速扩张式发展。截至 2010 年，57% 的轮胎回收企业采用了橡胶回收技术，36% 的企业采用了轮胎翻新，而仅有 7% 的企业采用了热裂解技术。然而，自 2010 年以来，轮胎翻新和橡胶回收企业的数量增长非常缓慢。相比之下，热裂解技术得到了长足发展，截至 2019 年 7 月，已有 19% 的轮胎回收企业采用了热裂解技术。

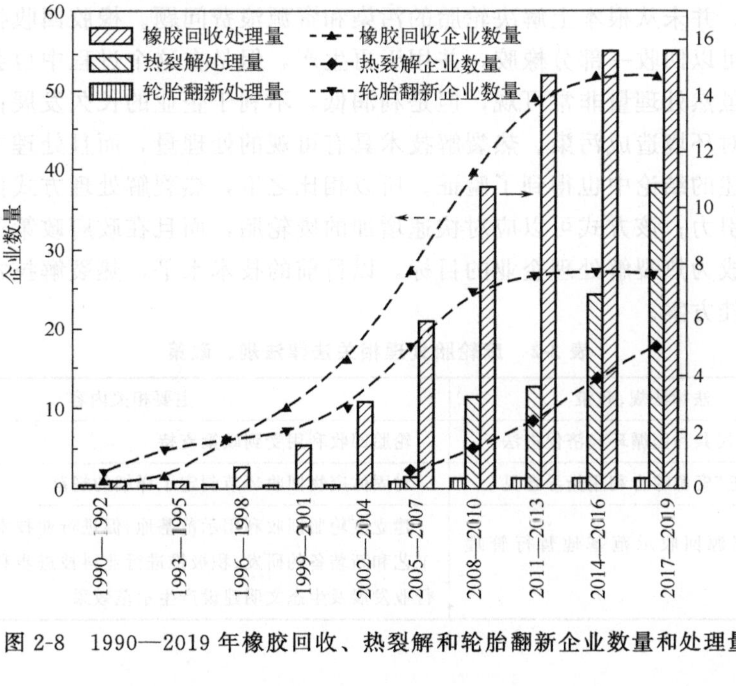

图 2-8 1990—2019 年橡胶回收、热裂解和轮胎翻新企业数量和处理量

除了企业发展的差异外，企业的处理能力也是一个需要讨论的重点。图 2-8 的柱状图展示了不同方式企业的处理能力调查结果，企业处理能力的变化趋势与采用三种处理方式的企业数量的变化趋势相似。在 2001—2010 年间，轮胎翻新和橡胶回收企业的处理能力呈现快速增长的趋势，而热裂解企业的处理能力在 2015—2019 年才开始快速增加。2018 年轮胎翻新企业的废轮胎处理量仅约为 2.3 万吨，橡胶回收企业的废轮胎处理量为 150 多万吨，而热裂解企业的处理量高达 100 多万吨，约占总处理量的 40%。

上述讨论结果表明，热裂解处理技术正逐渐被废轮胎回收企业所接受，这一结果可以从两个方面加以解释。首先是市场需求，如图 2-8 所示，自 2014 年以来，橡胶回收企业的处理量没有明显变化，原因有二。①近年来，乘用车废轮胎在废轮胎中的比重逐年增加；如前所述，废弃的乘用车轮胎不适合用橡胶回收方式进行处理，这导致橡胶回收企业的处理能力没有进一步增加。②橡胶回收工艺中的再生橡胶性能较原生橡胶差，不能 100% 回收，况且再生橡胶生产新轮胎或高档橡胶制品的市场规模过小，限制了再生橡胶的发展，况且橡胶粉市场需求已经达到上限。与橡胶回收企业的处理能力相似，轮胎翻新企业的处理量在近几年没有得到明显的增加，这主要归结为翻新处理的轮胎存在一定的安全隐患（如结构疲劳），尽管轮胎翻新技术可以应用于乘用车废轮胎[8,9]，但是乘用车轮胎翻新的利润很低，因此，许多制造商对这种方法不感兴趣，这就解释了该方法为何自 2011 年以来发展停滞。热裂解技术的适应性较好，不仅适用于乘用车废轮胎，而且可用于处理卡车和大巴车的全钢轮胎。此外，裂解产物（裂解油和裂解炭）作为燃料和原料具有很好的商业价值和广阔的市场。

影响轮胎企业技术选择和处理能力的另一个关键因素是政府引导，为此研究人员系统调研了 2008—2019 年间与轮胎回收相关的法律法规、政策，见表 2-2。这十年间，政府相继颁布了一些法律法规，以鼓励和指导废轮胎回收企业的生产。这些政策为废轮胎回收企业的发展提供了支持（如资金贷款、税收减免和廉价土地），同时也对废轮胎回收企业提出了更高的标准[10,11]，政府希望并要求废轮胎回收企业升级处理技术，严格控制有害物质的排放。政府颁布这些法律法规，旨在规范废轮胎的储存、运输和加工，建立一个严格规范的管理体系，鼓励环保型废轮胎回收企业投身于不断壮大的废轮胎回收产业中。轮胎翻新只是延长了轮胎的使用寿命，并未从根本上解决轮胎的污染和资源浪费问题。橡胶回收技术（橡胶再生和橡胶粉技术）可以回收一部分橡胶，并用于再生产，但是在这个过程中也会产生污染；将轮胎制成橡胶粉虽然处理量非常可观，但是利润低，不利于企业的长久发展；同时生产橡胶粉的过程中也会对环境造成污染。热裂解技术具有可观的处理量，而且处理方式对环境很友好，这一点从上述的结论中也得到了验证。所以相比之下，热裂解处理方式比其他方式对企业和市场更有吸引力；该方式可以应对快速增加的废轮胎，而且在政府政策的鼓励下，大量乘用车废轮胎已成为热裂解处理企业的目标，以目前的技术水平，热裂解技术似乎是处理乘用车废轮胎的最佳方案。

表 2-2　废轮胎处理相关法律法规、政策

年份	法律法规、政策	主要相关内容
2008	中华人民共和国循环经济促进法	轮胎回收利用受到政策支持
2011	“十二五”资源综合利用指导意见	对固体废物回收环节制定了详细的规范
2013	轮胎资源回收示范基地暂行管理办法	建立废轮胎回收利用示范基地，促进行业技术创新、加快行业新工艺和新装备的研发、积极推进行业科技进步和产品升级换代，为行业发展及生态文明建设产生示范效果

续表

年份	法律法规、政策	主要相关内容
2015	资源综合利用产品和劳务增值税优惠目录	进一步提高固体废物循环利用税务优惠力度，促进固体废物清洁循环利用产业发展
2018	工业固体废物资源综合利用评价管理暂行办法	降低固体废物回收和再生产过程中的污染排放量，提高固体废物综合利用率，进一步规范了废轮胎回收利用过程
2018	国家工业固体废物资源综合利用产品目录	对上一条法规作了补充和说明
2019	中华人民共和国固体废物污染环境防治法	进一步提高了固体废物回收过程的污染排放标准，加快废轮胎回收企业升级改造，促进了环保型废轮胎回收企业的发展
2021	资源综合利用企业所得税优惠目录（2021 年版）	对轮胎回收利用企业实行税务减免

综合分析可知，乘用车主要分布在我国北方、东南、西南等部分地区，但是这些地区热裂解企业数量和处理能力相对不足。轮胎处理企业数量和处理能力分布图也说明了轮胎处置能力的分布是不平衡的，运输废轮胎会增加处理成本。而且在选择乘用车轮胎处理技术的同时，企业更关心乘用车废轮胎的积累量和未来几年的产生量等关键信息。为此，在接下来的讨论中，本书将就乘用车废轮胎的积累量和未来几年的产生量等关键信息进行详细的分析。

2.1.3 乘用车轮胎市场调研

在对乘用车废轮胎的积累量和未来几年的产生量等关键信息进行分析之前，需要对我国现有的乘用车轮胎使用情况进行讨论。

我国市场上有上百家乘用车轮胎生产企业，而市场上现有的乘用车轮胎种类更是不胜枚举。因此，本书根据乘用车轮胎在 2018 年的市场份额，选取了 15 个具有代表性的品牌[12-14]，如图 2-9 所示。这 15 个品牌的乘用车轮胎占据了我国乘用车轮胎市场 90%以上的市场份额。

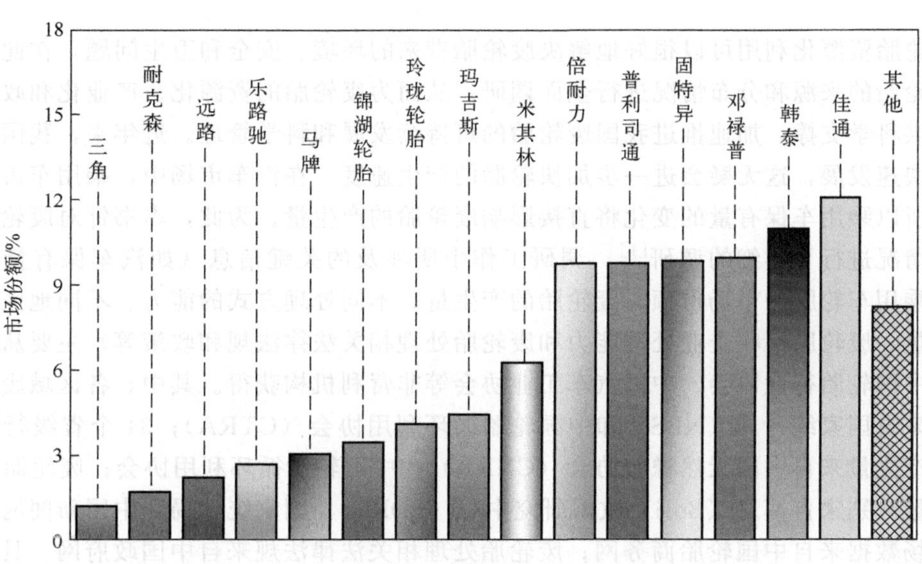

图 2-9 2018 年乘用车轮胎品牌及对应的市场份额

由图 2-9 可知，佳通、韩泰、邓禄普、固特异、普利司通、倍耐力等六个品牌轮胎的市场份额最多，分别为 12.52%、11.4%、10.4%、10.3%、10.11%和 10.1%，共占据乘用车轮胎市场份额的 64.83%。此外，本书还对 15 种乘用车轮胎的具体类型和质量进行了调研，结果如表 2-3 所示。15 个品牌轮胎所使用的配方不同，致使轮胎质量有所不同。以上信息有助于乘用车废轮胎预测模型的建立和后续实验中样品选取工作的开展。

表 2-3　乘用车轮胎样品信息

品牌	规格	牌号	质量/kg
乐路驰	185/65R15	RX3	8.90
韩泰	205/55R16	K407	11.20
普利司通	185/60R14	B250	8.30
倍耐力	175/65R14	P1	8.80
锦湖	195/65R15	KH25	9.20
玛吉斯	205/55R16	MA-656	11.60
固特异	225/50R17	EAGLE NCT5	14.60
邓禄普	215/60R16	SP SPORT 230	12.40
米其林	205/55R16	91W	12.00
远路	185/65R15	88H	9.40
马牌	245/50R18	100Y	16.80
佳通	215/65R16	102H	12.10
耐克森	215/55R17	94V	12.90
玲珑	215/65R15	100H	9.90
三角	205/55R16	91V	10.80

2.2 数据来源

废轮胎资源化利用可以很好地解决废轮胎带来的环境、安全和卫生问题，在此之前，需要对废轮胎的来源和分布情况进行全面调研，从而为废轮胎的资源化、产业化和政府的污染防治提供科学支撑，加速推进我国废轮胎的可持续发展和科学管理。近年来，我国汽车产业得到了快速发展，这无疑会进一步加快轮胎的产生速度。在汽车市场中，乘用车占有绝对的地位，所以乘用车保有量的变化将直接影响废轮胎的产生量。为此，本书针对废轮胎的产生和分布情况进行了详细的调研[1]。调研工作中所涉及的关键信息（如汽车保有量、乘用车数量、乘用车轮胎的市场份额、废轮胎的产生量、不同处理方式的能力、不同地区的处理企业的数量、废轮胎回收企业处理能力和废轮胎处理相关法律法规和政策等）主要从政府官方网站、中国轮胎行业协会、中国汽车工业协会等非营利机构获得。其中，各区域废轮胎产生量数据来自国家统计局（NBS）和中国轮胎循环利用协会（CTRA）；34 个省级行政区域的废轮胎产生量来自中国天然橡胶协会（CNRA）和中国轮胎循环利用协会；废轮胎年产生量和处理量分别来自博思（Bosi）数据研究中心（BDRC）、国家统计局和中国新闻网；乘用车轮胎市场数据来自中国轮胎商务网；废轮胎处理相关法律法规来自中国政府网。具体的信息来源参见表 2-4。

表 2-4　数据来源列表

数　据	来　源	年份	图表
中国各地区废轮胎数量	国家统计局(NBS)	2018	图 2-1
	中国轮胎循环利用协会(CTRA)	2018	
每年废轮胎产生量	Bosi 数据研究中心(BDRC)	2011—2018	图 2-2
	国家统计局(NBS)	2011—2018	
乘用车废轮胎年处理量	Bosi 数据研究中心(BDRC)	2011—2018	图 2-3
	中国橡胶工业协会(CRIA)	2011—2018	
乘用车废轮胎处理量	中国轮胎循环利用协会(CTRA)	2011—2018	图 2-4
热裂解、橡胶回收和轮胎翻新企业的数量及其分布	中国轮胎循环利用协会(CTRA) 国家市场监督管理总局(SAMR)	2019	图 2-5,图 2-6
热裂解、橡胶回收和轮胎翻新企业的处理量	中国轮胎循环利用协会(CTRA)	2005—2019	图 2-7
	国家市场监督管理总局(SAMR)	1990—2019	
中国乘用车分布	国家统计局(NBS)	2018	图 2-8
乘用车轮胎市场份额	中国轮胎商务网	2018	图 2-9
中国汽车和乘用车总量	国家统计局(NBS)	2008—2018	图 2-10
	Bosi 数据研究中心(BDRC)	2008—2018	
中国各省级行政区域废轮胎数量	中国天然橡胶协会(CNRA)	2018	表 2-1
	中国轮胎循环利用协会(CTRA)	2017—2018	
废轮胎处理相关法律法规	中国政府网	2008—2020	表 2-2

2.3　废乘用车轮胎积累量预测模型

由于废乘用车轮胎具有分布范围广和统计难度大等特点，在实际生产中，企业无法对废乘用车轮胎进行准确的统计和调查，因此，直接根据每年产生的废轮胎数量建立预测模型几乎是不可能的。但是，乘用车信息的统计相对容易，所以可以根据乘用车保有量和年增长量等数据间接得到废乘用车轮胎的相关数据。因此，本书基于乘用车相关数据得到一个关于废乘用车轮胎的模型［见式 (2-1)］，该模型可用于预测近几年中国废乘用车轮胎积累量。

$$Q_{accu}=\sum Q_{pc}+\sum Q_{subs}-\sum Q_{disp} \tag{2-1}$$

式中　Q_{accu}——废乘用车轮胎积累量；

Q_{pc}——废乘用车轮胎的年产生量，是乘用车保有量的函数；

Q_{subs}——每年替换下来的废乘用车轮胎数量；

Q_{disp}——每年回收处理的废乘用车轮胎数量。

在求解模型之前，有三个关键参数需要确认。首先，需要确认乘用车年产生量的数据；

其次，需要确认乘用车轮胎的使用年限；最后，必须知道每年废弃轮胎的处理量。

废乘用车轮胎年产生量 Q_{pc} 是乘用车保有量的函数，而乘用车信息可以从 Bosi 数据研究中心和国家统计局获得。2008—2018 年乘用车保有量与 2019—2023 年预测保有量如图 2-10 所示，由图可知，乘用车保有量的增加对汽车总量的增长起到决定性的作用。

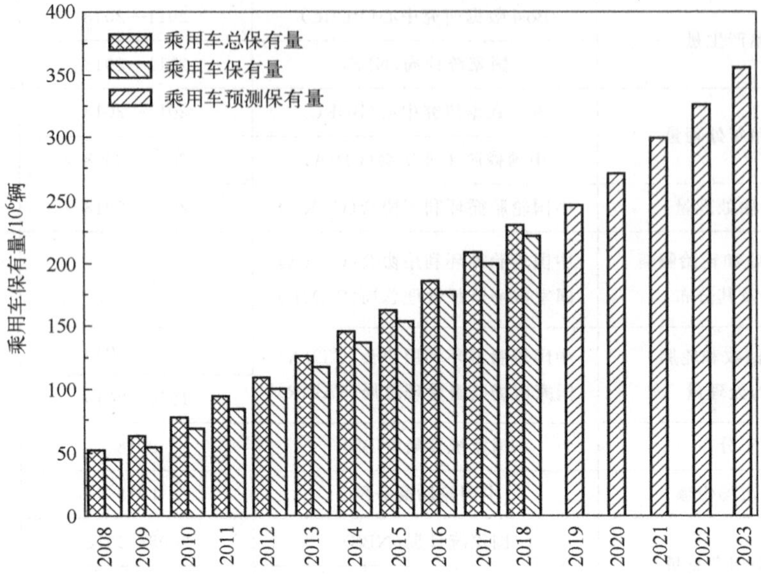

图 2-10　2008—2018 年乘用车保有量与 2019—2023 年乘用车预测保有量

2019—2023 年的乘用车保有量对于精确计算未来几年废乘用车轮胎的产生量至关重要。因此，通过使用中国汽车工业协会预测的乘用车的增长趋势来估算 2019—2023 年的乘用车保有量[15]，结果如图 2-10 中直方图（带有斜线图案）所示。为了获取废乘用车轮胎年产生量的数据，除了乘用车保有量的数据外，还需要确定乘用车轮胎的使用寿命。据调查[16]，乘用车轮胎的平均使用寿命为 5 万～8 万千米，在正常驾驶条件下，乘用车轮胎应该每 4～5 年更换一次。因此，这里可以假设乘用车轮胎的使用寿命符合 $N(4.5, 5/4)$ 的正态分布。除此之外，还需要知道每年替换下来的乘用车轮胎的数量（Q_{subs}）。综上所述，可将第 n 年 Q_{pc} 的计算公式表示为：

$$(Q_{pc})_n = \sum_{i_0=2008}^{n} S_i P_i + S_0 P \tag{2-2}$$

$$S_i = C_i E W \tag{2-3}$$

式中　S_i——第 i 年内新增乘用车所配备的轮胎数量（这里 $i \geqslant 2008$，$n-i>1$）；

C_i——i 年内新增的乘用车数量；

E——每辆乘用车上配用的轮胎数量（这里假设 $E=4$）；

W——每个乘用车轮胎的平均质量（根据前期调研和以前的报道[16]，该值约为 0.01t）；

S_0——2008 年以前积累的乘用车废轮胎数量，可以借助式（2-3）在 2007 年乘用车保有量的基础上计算得到；

P——相应年份乘用车轮胎的更换率，这里假设它符合 $N(4.5, 5/4)$ 的正态分布，并用 P_i 表示轮胎在第 i 年的更换概率，P_3、P_4、P_5、P_6 分别代表乘用车轮胎在≤3、=4、=5、≥6 年份的更换概率。

由正态分布表可知，$P_3=16.54\%$，$P_4=P_5=32.46\%$，$P_6=16.54\%$。轮胎更换率是一个分段函数，可以表示如下：

当 $n-i+1\leqslant 6$ 时，$P_i=P_{(n-i+1)}$；

当 $n-i+1>6$ 时，$P_i=\begin{cases}P_3, & k=2\\ P_4, & k=3\\ P_5, & k=0\\ P_6, & k=1\end{cases}$；$k$ 是 $(n-i)/4$ 的余数。

Q_{pc} 的具体计算过程见表 2-5。Q_{subs} 为乘用车自原配轮胎后更换的轮胎量，计算过程见表 2-6。最后，还需要给出每年废弃轮胎的处理量。基于对轮胎翻新、橡胶回收和热裂解企业废轮胎处理能力的调查结果，2005—2018 年废轮胎企业年处理量如图 2-11 所示。

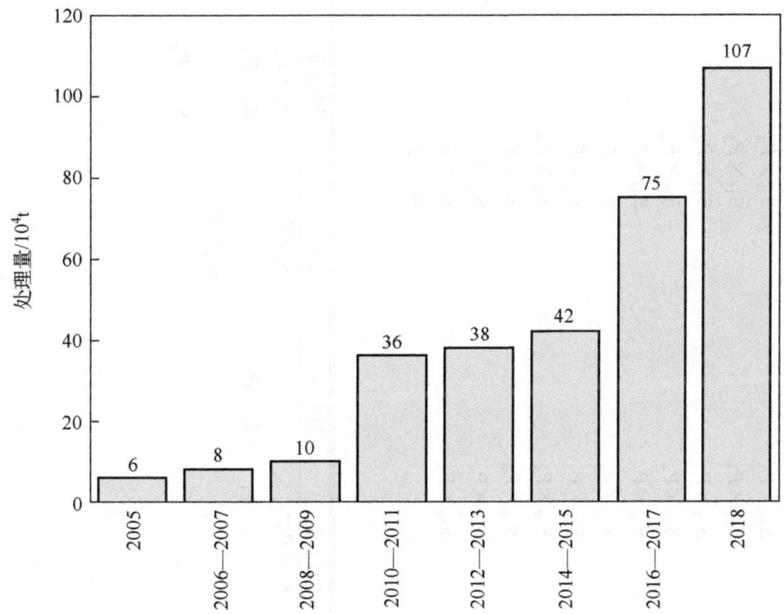

图 2-11　2005—2018 年废轮胎企业年处理量

由图 2-11 可知，我国已注册废轮胎回收企业的处理能力整体上呈现出逐年增加的趋势，其中 2005—2009 年和 2010—2015 年的轮胎处理能力增加速率相近，但是从 2009 到 2010 年，处理量有一个飞跃式的增长。结合上述对政府政策和企业发展规律的讨论可知，2005—2009 年主要是轮胎翻新和橡胶回收企业的高速发展阶段，此时轮胎回收企业和处理量逐年增加，从 2010 年起，轮胎翻新和橡胶回收企业的数量不再增加，处理量也呈现出稳步增长。2015 年后几家大型轮胎热裂解企业投入生产，使得处理量再次出现飞跃式增长。此后，大型热裂解企业的数量每年都有所增加，致使 2016 年后轮胎总处理量每年都有所增加。

表 2-5 Q_{pc} 的计算过程

S_i	2021 年	2022 年	2023 年	2024 年	2025 年
S_0	$S_0\times(P_3+P_3+P_5)$	$S_0\times(P_4+P_4+P_3+P_4+P_6+P_4)$	$S_0\times(P_5+P_3)$	$S_0\times(P_6+P_3+P_6+P_5+P_3)$	$S_0\times(P_3+P_3+P_4)$
S_8	$S_8\times P_6$	$S_8\times P_3$	$S_8\times P_4$	$S_8\times P_5$	$S_8\times P_6$
S_9	$S_9\times P_5$	$S_9\times P_6$	$S_9\times P_3$	$S_9\times P_4$	$S_9\times P_5$
S_{10}	$S_{10}\times P_4$	$S_{10}\times P_5$	$S_{10}\times P_6$	$S_{10}\times P_3$	$S_{10}\times P_4$
S_{11}	$S_{11}\times P_3$	$S_{11}\times P_4$	$S_{11}\times P_5$	$S_{11}\times P_6$	$S_{11}\times P_3$
S_{12}	$S_{12}\times P_6$	$S_{12}\times P_3$	$S_{12}\times P_4$	$S_{12}\times P_5$	$S_{12}\times P_6$
S_{13}	$S_{13}\times P_5$	$S_{13}\times P_6$	$S_{13}\times P_3$	$S_{13}\times P_4$	$S_{13}\times P_5$
S_{14}	$S_{14}\times P_4$	$S_{14}\times P_5$	$S_{14}\times P_6$	$S_{14}\times P_3$	$S_{14}\times P_4$
S_{15}	$S_{15}\times P_3$	$S_{15}\times P_4$	$S_{15}\times P_5$	$S_{15}\times P_6$	$S_{15}\times P_3$
S_{16}	$S_{16}\times P_6$	$S_{16}\times P_3$	$S_{16}\times P_4$	$S_{16}\times P_5$	$S_{16}\times P_6$
S_{17}	$S_{17}\times P_5$	$S_{17}\times P_6$	$S_{17}\times P_3$	$S_{17}\times P_4$	$S_{17}\times P_5$
S_{18}	$S_{18}\times P_4$	$S_{18}\times P_5$	$S_{18}\times P_6$	$S_{18}\times P_3$	$S_{18}\times P_4$
S_{19}	$S_{19}\times P_3$	$S_{19}\times P_4$	$S_{19}\times P_5$	$S_{19}\times P_6$	$S_{19}\times P_3$
S_{20}		$S_{20}\times P_3$	$S_{20}\times P_4$	$S_{20}\times P_5$	$S_{20}\times P_6$
S_{21}			$S_{21}\times P_3$	$S_{21}\times P_4$	$S_{21}\times P_5$
S_{22}				$S_{22}\times P_3$	$S_{22}\times P_4$
S_{23}					$S_{23}\times P_3$

S_i	2011 年	2012 年	2013 年	2014 年	2015 年	2016 年	2017 年	2018 年
S_8			$S_8\times P_3$		$S_8\times P_4$	$S_8\times P_3$	$S_8\times P_5+S_8\times P_3$	
S_9				$S_9\times P_3$		$S_9\times P_4$	$S_9\times P_3$	$S_9\times P_3+S_9\times P_5$
S_{10}					$S_{10}\times P_3$		$S_{10}\times P_4$	$S_{10}\times P_3$
S_{11}						$S_{11}\times P_3$		$S_{11}\times P_4$
S_{12}							$S_{12}\times P_3$	
S_{13}								$S_{13}\times P_3$
S_{14}								
S_{15}								
S_{16}								
S_{17}								
S_{18}								
S_{19}								
S_{20}								
S_{21}								

表 2-6 Q_{subs} 的计算过程

S_i	2011 年	2012 年	2013 年	2014 年	2015 年	2016 年	2017 年	2018 年
S_8			$S_8\times P_3$		$S_8\times P_4$	$S_8\times P_3$	$S_8\times P_5+S_8\times P_3$	
S_9				$S_9\times P_3$		$S_9\times P_4$	$S_9\times P_3$	$S_9\times P_3+S_9\times P_5$
S_{10}					$S_{10}\times P_3$		$S_{10}\times P_4$	$S_{10}\times P_3$
S_{11}						$S_{11}\times P_3$		$S_{11}\times P_4$
S_{12}							$S_{12}\times P_3$	
S_{13}								$S_{13}\times P_3$
S_{14}								
S_{15}								
S_{16}								
S_{17}								
S_{18}								
S_{19}								
S_{20}								
S_{21}								

S_i	2019 年	2020 年	2021 年	2022 年
S_8	$S_8\times P_3+S_8\times P_4+S_8\times P_4+S_8\times P_6$	$S_8\times P_3$	$S_8\times P_3+S_8\times P_5$	$S_8\times P_3+S_8\times P_5$
S_9		$S_9\times P_3+S_9\times P_4+S_9\times P_4+S_9\times P_6$	$S_9\times P_3$	$S_9\times P_3+S_9\times P_5$
S_{10}	$S_{10}\times P_3+S_{10}\times P_5$		$S_{10}\times P_3+S_{10}\times P_4+S_{10}\times P_4+S_{10}\times P_6$	$S_{10}\times P_3$
S_{11}	$S_{11}\times P_3$	$S_{11}\times P_3+S_{11}\times P_5$		$S_{11}\times P_3+S_{11}\times P_4+S_{11}\times P_4+S_{11}\times P_6$
S_{12}	$S_{12}\times P_4$	$S_{12}\times P_3$	$S_{12}\times P_3+S_{12}\times P_5$	
S_{13}		$S_{13}\times P_4$	$S_{13}\times P_3$	$S_{13}\times P_3+S_{13}\times P_5$
S_{14}	$S_{15}\times P_3$		$S_{14}\times P_4$	$S_{14}\times P_3$
S_{15}		$S_{15}\times P_3$		$S_{15}\times P_4$
S_{16}			$S_{16}\times P_3$	
S_{17}				$S_{17}\times P_3$
S_{18}				
S_{19}				
S_{20}				
S_{21}				

2.4 模型验证

将 2.3 节中的参数和轮胎处理量代入式（2-1）后，可以得到每年产生的废乘用车轮胎数量。图 2-12 为 2015—2018 年废乘用车轮胎产生量的计算值与统计值的比较，结果显示，模型的计算结果与实际统计结果十分接近，证明了该模型是可靠的。此外，2025 年废乘用车轮胎预测积累量如图 2-13 所示。

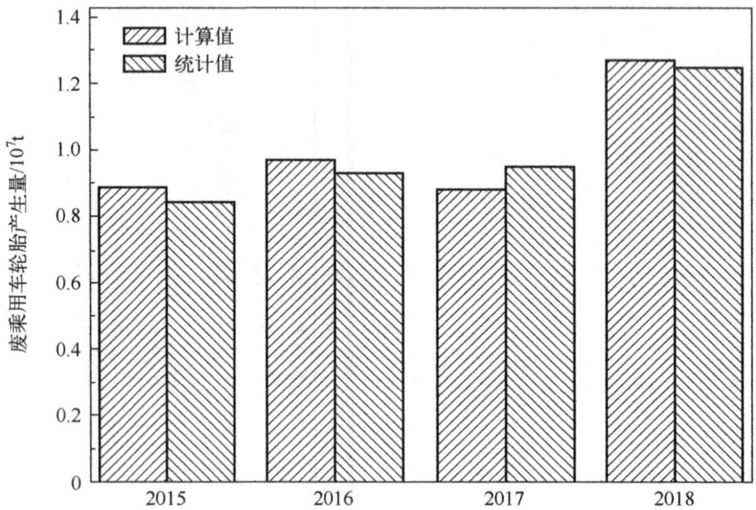

图 2-12 废乘用车轮胎的计算值与统计值的比较

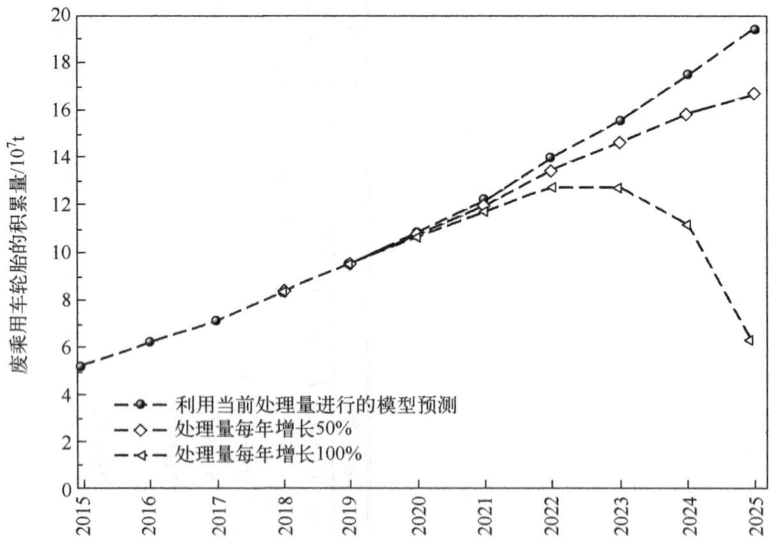

图 2-13 乘用车废轮胎 2025 年预测积累量

图 2-13 中，小球代表未被处理的乘用车废轮胎的积累量（默认 2018 年后废轮胎年处理量不变），这一结果表明，到 2025 年，废乘用车轮胎将超过 1.9 亿吨。此外，该图还表示了

废轮胎处理量逐年增长（◇和◁）情况下，废乘用车轮胎积累量的预测值。结果显示，即使从 2018 年开始，废轮胎处理量每年增加 50%，到 2025 年仍有超过 1.6 亿吨废乘用车轮胎未得到处理。如果处理量以 100%的速度增长，到 2023 年底，废乘用车轮胎的积累量才会减少。这一结果表明，我国废乘用车轮胎处理已迫在眉睫。

2.5 本章小结

本章围绕我国废轮胎处理现状及预测模型展开讨论。首先对我国乘用车废轮胎的产生量和积累量分布、热裂解企业的分布及对应处理量进行了系统调研，建立了较全面的乘用车废轮胎相关数据库。其次，调研了我国乘用车轮胎市场，选取了市场份额最大的 15 个品牌的轮胎作为样品，方便后续研究的开展。最后，根据收集到的数据，建立了能够预测未来几年乘用车废轮胎积累量的模型，从模型中发现废乘用车轮胎的处理量和产生量存在较大的差距。还对废乘用车轮胎的其他处理方式进行了系统调研，并从处理量、企业数量和分布等角度，与热裂解技术进行了比较。主要结论如下：

① 我国各地区废乘用车轮胎产生量不均衡，整体上呈现出东多西少、南多北少的特点。东部沿海发达地区产生量最多，约为 509 万吨，占据总量的 40.05%；其次是北部地区，约为 241 万吨，占据总量的 18.96%；中部地区、东南地区和西南地区的废轮胎产生量相近，分别为 181 万吨、171 万吨、169 万吨。这种分布特点无疑影响了废轮胎回收企业的生产成本。

② 我国废轮胎处理技术发展不均衡，高利润的轮胎翻新和热裂解企业分布不均衡，处理技术较落后，处理量少，需要进一步提高技术水平；而利润相对较低的橡胶处理技术企业数量众多且主要分布于东部和中部地区，处理量分布不均匀。截至 2019 年，我国应用热裂解技术的轮胎回收企业共有 18 家，年处理总量约为 107 万吨，其中山东和河南地区的企业处理量约为热裂解技术总处理量的 57%。我国应用翻新技术的轮胎回收企业共有 28 家，由于轮胎翻新程序烦琐、技术要求高等，处理总量仅有 2.98 万吨，这些企业主要分布于江苏等沿海地区。橡胶回收方式中的橡胶粉和再生胶技术工艺相对简单，而且市场需求量大。我国采用橡胶回收技术的企业共有 52 家，总处理量高达 155.56 万吨。不同于前两者，橡胶回收企业主要分布于山东、江苏和浙江等地，其中仅山东和江苏两地的处理量就占橡胶回收企业总处理量的 48.21%。

③ 根据 2018 年我国乘用车轮胎市场份额，选取了 15 个具有代表性的品牌作为研究对象，这 15 个品牌占据我国乘用车轮胎市场份额的 90%以上，保障了后续研究工作的顺利开展。

④ 建立了乘用车废轮胎预测模型来预测轮胎增长量，为政府和企业制定和调整乘用车废轮胎处理相关政策和工艺提供参考。模型结果显示，我国废乘用车轮胎的处理量远不能满足市场需求，即使从 2018 年开始，处理能力每年增加 50%，到 2025 年仍有超过 1.6 亿吨废乘用车轮胎未得到妥善处理；如果处理量以 100%的速度增长，到 2023 年，废乘用车轮胎的积累量才会减少。我国废乘用车轮胎的处理已迫在眉睫，政府机构、轮胎生产企业和回收企业面临巨大压力。

参考文献

[1] Zhang W, Zhang J, Ding Y, et al. Pyrolysis kinetics and reaction mechanism of expandable polystyrene by multiple

kinetics methods [J]. Journal of Cleaner Production, 2021, 285: 125041.

[2] China Natural Rubber Association. The amount of waste tires produced in China in 018 [R/OL]. (2018-01-19) [2023-01-05]. https: //www. cnraw. org. cn.

[3] China Waste Tire Recycling Association. List of enterprises eligible for industry access [EB/OL]. (2016-10-28) [2023-01-03]. https: //www. ctra. org. cn.

[4] National Bureau of Statistics of China. Civil car ownership [EB/OL]. (2022-12-31) [2023-01-03]. https: // data. stats. gov. cn.

[5] Bosi Data Research Center. Analysis on the current situation and development trend of waste tires in China [EB/OL]. (2021-12-31) [2023-01-03]. https: //www. bosidata. com.

[6] National Bureau of Statistics. Waste tyre recycling enterprises [EB/OL]. (2022-12-31) [2023-01-07]. https: // data. stats. gov. cn.

[7] European Tire & Rubber manufacturer's association. The Annual Report 2011 [R/OL]. (2011-07-12) [2023-01-07]. https: //www. etrma. org.

[8] Piskorz J, Majerski P, Radlein D, et al. Recovery of carbon black from scrap rubber [J]. Energy & Fuels, 1999, 13 (3): 544-551.

[9] Zebala J, Ciepka P, Reza A, et al. Influence of rubber compound and tread pattern of retreaded tyres on vehicle active safety [J]. Forensic Science International, 2007, 167 (2): 173-180.

[10] Deng S, Zhuo H, Wang Y, et al. Multiscale simulation on product distribution from pyrolysis of styrene-butadiene rubber [J]. Polymers (Basel), 2019, 11 (12): 1967-1981.

[11] Landi D, Gigli S, Germani M, et al. Investigating the feasibility of a reuse scenario for textile fibres recovered from end-of-life tyres [J]. Waste Management, 2018, 75: 187-204.

[12] Automobile tire brand ranking [EB/OL]. (2018-10-20) [2023-01-24]. http: //www. tirechina. net.

[13] Automobile tire sales ranking [EB/OL]. (2019-08-26) [2023-01-28]. https: //www. xianjichina. com.

[14] 2018 Auto tire sales ranking [EB/OL]. (2018-07-31) [2023-01-24]. https: //zixun. paizi. com.

[15] China Association of Automobile Manufacturers. Analysis on the development of China's automobile industry market in 2019 [R/OL]. (2019-02-22) [2023-01-10]. https: //www. caam. org. cn.

[16] The service time of PC tires [EB/OL]. (2022-05-24) [2023-01-10]. https: //www. icauto. com. cn.

第3章

废轮胎热裂解反应过程模拟

热解方法是处理废旧轮胎的主要途径之一，具有较高的经济利用价值和发展潜力。热解生成的焦炭可以直接用作燃料，用于生产活性炭或通过脱烷基反应转化为炭黑。热解油中包含石蜡、烯烃和芳香族化合物的混合物[1]，主要是 $C_6 \sim C_{37}$ 的烷烃。此外，热解油的沸点与常规燃料相近，可作为内燃机的替代燃料。废轮胎热解产生的气体主要成分有氢气（H_2）、$C_1 \sim C_4$ 碳氢化合物、二氧化碳（CO_2）、一氧化碳（CO）、含硫化合物（H_2S、COS、CS_2、SO_2）以及少量含氮气体（NH_3）。这些气体成分取决于轮胎制造中使用的各种橡胶的成分，气体组成随热解温度变化而变化，轮胎橡胶在热解过程中主要的初级降解产物会产生高浓度的单烯烃和二烯烃，尤其是丁二烯[2]，这些热解气是热解油冷却以后剩下的气体，经分离处理后用途广泛。其中也存在少量的重金属，并具有环境污染风险，如As、Cd、Cr、Cu、Fe、Ni和Pb[3]。

温度、升温速率和压力是热解的重要影响因素，在较高的温度下可以得到更多的热解气体[4]，真空条件下比常压条件下发生二次反应的概率更低[5]，升温速率的加快会使得热重曲线向高温处移动[6]，因此，通过改变反应条件优化热解反应过程，对获得更高附加值热解产品和更加环保地处理有害物质具有重要意义。虽然有关废轮胎热解反应路径、产物分布结果的分析及影响因素的实验研究成果已经很多，但实验的结果具有一定的偶然性，实验的过程也不够清晰，且宏观的实验分析并不能准确阐明微观条件下热解产物的形成机理。计算机模拟可以实现实验中难以控制的内、外部条件，系统地研究各种因素对模拟体系的影响，如果能在实验的基础上辅以计算机模拟，从分子水平揭示热解反应机理，二者的结果相互验证，可以为橡胶热解过程中调控热解产物的分布、去除硫、判定各种产物生成路径、提高所需产物收率、优化热解工艺等提供依据。

3.1 计算模拟方法及其在橡胶热裂解模拟中的应用

近年来，随着计算机技术的迅猛发展，计算机模拟、实验和理论已经形成三足鼎立的局面，计算化学模拟逐渐被广泛应用于生物学、化学及材料学等领域中各种复杂体系物理性质的研究，成为科研工作者研究复杂理论模型和分析大规模数据的有效手段。图3-1显示了常用的聚合物复合材料计算模拟方法及模拟的尺度。其中，分子模拟是在分子水平上进行的探究模拟，主要分为理论计算和经验计算两大类。理论计算指通过求解薛定谔方程来揭示电子运动及物理化学性质的量子力学（quantum mechanics，QM）方法，包括半经验分子轨道（SMOM）法、从头计算（ab initio method）法和密度泛函理论（density functional theory，DFT）方法。与经验计算相比，理论计算可以更精确地研究键的断裂和生成机理，阐明各种化学反应现象，预测分子的反应规律和稳定性。量子力学方法一般只能对少于几百个原子的体系进行构型优化，然后通过过渡态能垒、电子结构、键能计算来推测反应路径，仅适用于简单的模型和局部化学反应过程模拟，即使是最简单的聚合物，其热解的详细动态信息的计算成本也很高。这限制了对于更大尺度的复杂体系聚合物及其更完整反应路径信息的模拟能力。

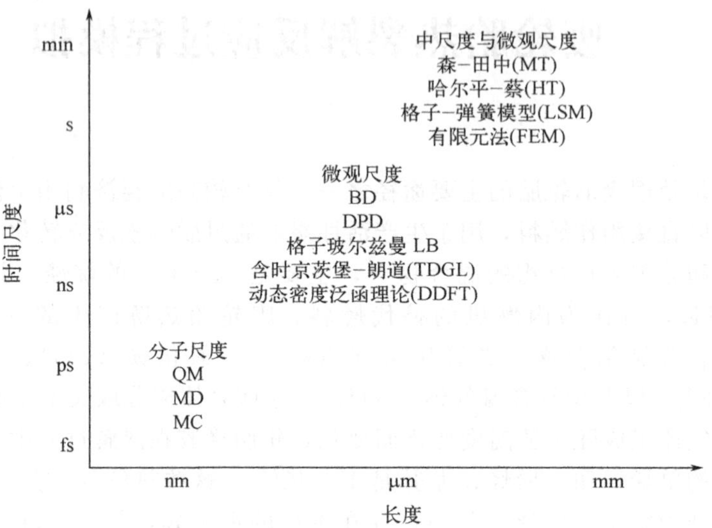

图 3-1　聚合物复合材料的计算模拟方法[7]及模拟的尺度

经验计算主要是指起源于 1967 年左右的分子力学模拟方法（molecular mechanics，MM），能够忽略电子运动，把原子看作一个质点，体系的能量被认为是原子核坐标的函数，因此可以计算较大体系的热力学性质。分子力学主要包括蒙特卡罗（Monte Carlo，MC）、分子动力学（molecular dynamics，MD）、布朗动力学（Brownian dynamics，BD）、耗散动力学（dissipative particle dynamics，DPD）、介观动力学（mesoscopic dynamics，MesoDyn）等方法。分子力学又称为分子力场方法，分子力场中的许多参数可以通过量子化学或实验（经验和半经验参数）的方法得到，可用于计算分子的构象和能量。与量子力学相比，分子力学模拟方法在降低计算成本的同时能够更加简洁快速地模拟更大的尺度[8]，但是，常规的分子模拟方法一般难以达到与量子力学方法一致的准确性。

计算模拟已经广泛运用于橡胶固有性质和材料特征的研究，如通过 MD 模拟 SBR 自由体积、内聚能密度（CED）、方均位移（MSD）和玻璃化转变温度（T_g）等来研究其微观结构特征与宏观性能间的相关性[9]。Uddin 等[10]使用粗粒化 MD 对天然橡胶（NR）进行多尺度建模，预测不同应变速率、应变水平和变形模式以及松弛对力学性能响应的影响；Li 等[11]通过全原子 MD，利用介观动力学模拟 7 种杜仲胶（EUG）/BR 共混物的可混溶性；Hansoh 等[12]使用 DFT 的量子化学模拟在显式聚合物网络模拟模型中，利用 S—S 键断裂力极限作为链条失效极限，成功预测了硫交联（硫化）天然橡胶的拉伸失效应力；Lu 等[13]

采用量子力学方法计算了 18 种天然酚类抗氧化剂的解离能，然后使用 MD 方法分析了所选天然抗氧化剂 AOs 对 NR 复合材料的影响，以探索 AOs 在 NR 基质中的溶解度差异、迁移率和 O_2 渗透性；研究人员[14] 采用 MD 和巨正则系综蒙特卡罗（GCMC）法模拟研究 5 种气体（H_2、N_2、O_2、CO_2、CH_4）在氢化丁腈橡胶（HNBR）和乙烯-丙烯-二烯橡胶（EPDM）中的扩散系数。近年来，利用 MD 对橡胶的计算研究还包括：橡胶热导率[15]，橡胶-石英的摩擦性能[16]，交联橡胶[17]、交联橡胶-颗粒填充物[18-19] 的应力-应变行为，橡胶中小气体（指 He、CO_2、H_2O 等分子体积小、容易在聚合物中渗透的气体）的溶解度[20]，柔性无定形橡胶聚合物的大分子链内部的局部结构和链的堆积情况、分子取向[21]，单壁碳纳米管-橡胶[22]、石墨烯-橡胶[23] 的相容性，二氧化硅/SBR 复合材料界面黏合特性的温度依赖性[24]，复合材料抗氧化老化行为[25]，预测玻璃化转变温度以获得期望的轮胎橡胶热稳定性[26]，橡胶沥青的结块行为和吸附机理[27]。除上述研究外，采用计算模拟方法研究橡胶的热裂解过程也取得了良好的效果[28-51]。

3.2 密度泛函理论及其在热解反应机理研究中的应用

3.2.1 密度泛函理论计算原理

(1) Schrödinger 方程

量子化学是结合量子力学基本原理和数学、物理、计算机等领域知识来解释或预测化学反应机理和实验现象的交叉学科。对小分子体系，量子化学可以进行结构优化，用于过渡态结构、电子与电荷分布、热力学反应热及活化能等相关研究，并可以在理论上预测化学反应路径、反应能垒、振动频率等参数。薛定谔（Schrödinger）在 1926 年提出了著名的量子力学奠基方程——薛定谔方程，定态薛定谔方程表达式为：

$$\hat{H}\Psi(r,m_s,R)=E\Psi(r,m_s,R) \tag{3-1}$$

式中 E——定态下的能量；

$\Psi(x)$——定态下的波函数；

r——电子空间坐标（r_1，r_2，…，r_n）；

m_s——电子自旋坐标（m_1，m_2，…，m_s）；

R——核空间坐标（R_1，R_2，…，R_n）；

$\hat{H}$——哈密顿（Hamilton）算符。

哈密顿量为：

$$H=-\sum_{I=1}^{N}\frac{h^2}{2M_I}\nabla_I^2-\sum_{i=1}^{n}\frac{h^2}{2m_e}\nabla_i^2+\sum_{I<J}^{N}\frac{Z_IZ_Je^2}{|R_I-R_J|}+\sum_{i<j}^{n}\frac{e^2}{|r_i-r_j|}-\sum_{I=1}^{N}\sum_{i=1}^{n}\frac{Z_Ie^2}{|R_I-r_i|} \tag{3-2}$$

式中 N——离子总数；

M_I——第 I 个离子的摩尔质量；

∇_I——第 I 个离子的拉普拉斯算符；

h——普朗克常数；

n——电子总数；

m_e——电子质量；

∇_i——第 i 个电子的拉普拉斯算符；

Z_I，Z_J——第 I 和第 J 个离子的电荷数，其中 I、J 表示离子数；

R_I，R_J——第 I 和第 J 个离子的空间坐标；

r_i，r_j——第 i 和第 j 个电子的空间坐标，其中 i、j 表示电子数。

其中第一项和第二项为离子和电子的动能，第三至第五项为离子与离子、电子与电子以及离子与电子的静电相互作用能。该方程用算符可以表示为以下形式：

$$H = T_I(R) + T_e(r) + V_{ee} + V_{II} + V_{Ie} \tag{3-3}$$

薛定谔方程通过将物质波和波动方程相结合构成二阶偏微分方程的形式来描述微观粒子的运动。不同的系统对应的薛定谔方程式不一样，因此通过解薛定谔方程就能得到波函数的具体形式和能量，只要确定了体系的哈密顿算符（$\hat{H}$）的具体形式，就可求解出体系的波函数 $\Psi(x)$，并得到体系的能量（E），从而可以得到系统的微观性质。

从头计算法（ab initio method）是求解多电子体系问题的非相对论量子理论计算方法，ab initio 源自拉丁语，意为“from the beginning”（从一开始）。从头计算法不引入实验数据，而是直接采用理论方法，在物理学领域被称为第一性原理（first principle）计算方法。最初的从头计算法不需要借助任何经验和半经验的参数，也不做任何近似处理，对分子的全部积分严格按照非相对论的量子力学方程计算，因此，该方法对小的体系可以精确求解，但对大体系则需要引入分子轨道理论的几个基本近似理论[52] 来降低计算量：

① 非相对论近似。从定态方程出发，近似认为处于高速运动中的电子质量等于静止时的电子质量。

② 单电子近似[53]。单电子近似的核心是把单电子受到的作用归结为离子对单电子的作用、其余电子对单电子的作用以及交换势三个作用。

③ 价电子近似。围绕在原子核外的电子可以分为近核电子和外层轨道上的价电子。近核电子被紧紧地束缚在原子核的周围。外层轨道上的价电子是离域的，当多个原子结合在一起时，这些电子的变化很大。价电子近似理论将固体材料看作由原子核和近核电子组成。

④ 玻恩-奥本海默（Born-Oppenheimer）绝热近似[54-55]。也被称为“定核近似”，其核心为：由于原子核的质量比电子的质量大几个数量级，电子的运动速度远远高于原子核的运动速度，因此，原子核可以近似被认为是静止不动的，这样原子核坐标与电子坐标得以近似变量分离，电子和离子可以看成两个独立的子系统，且几乎可以忽略空间中的电子分布。此时，系统的波函数等于电子部分和离子部分波函数的乘积：

$$\Psi_{total} = \psi_{electronic}\psi_{nuclear} \tag{3-4}$$

式中 Ψ_{total}——体系波函数；

$\psi_{electronic}$——电子波函数；

$\psi_{nuclear}$——原子核波函数。

该波函数是整个系统量的近似解，此时，求解体系波函数的复杂过程被分解为两个相对简单的过程。

a. 求解电子波函数：

$$H_e\psi_e = E_e\psi_e \tag{3-5}$$

$$H = T_e(r) + V_{ee} + V_{II} + V_{Ie} \tag{3-6}$$

b. 求解原子核波函数：

$$H_{\mathrm{I}}\psi_{\mathrm{I}}=E_{\mathrm{I}}\psi_{\mathrm{I}} \tag{3-7}$$

$$H=T_{\mathrm{I}}(R)+E_{\mathrm{e}} \tag{3-8}$$

在三个基本近似的基础上，此方法依据原子中原子核和电子的相互作用关系，在解 Schrödinger 方程的过程中进行一些处理，不涉及参数，只使用原子的核电荷数和一些模拟的参量，大大简化了计算过程。值得注意的是，Born-Oppenheimer 绝热近似在电子态出现交叉或者接近时将失去准确性。

⑤ 哈特里-福克（Hartree-Fock，HF）近似。HF 近似[56] 是一种简单化的方法，即用许多简单的单电子方程代替复杂的多电子薛定谔方程，其作用是将多电子体系中的相互作用力视为有效场中的无关联的单电子运动。所有单电子的波函数的乘积近似于一个具有 N 个电子的总波函数。求解电子结构有多种方法，最常用的是自洽场（SCF）方法[57-59]，其具体过程如下：

a. 初始阶段需猜测代替总波函数的所有单电子轨道；

b. 构造单个电子的哈密顿算符；

c. 求解单个粒子的薛定谔方程，得到一组新的单电子轨道；

d. 将通过薛定谔方程得到的单电子轨道作为初始猜测，重复步骤 b 和 c，直到能量、波函数、电子密度等指标收敛。Hartree-Fock 理论的系统能量（E_{HF}）可以分为四项：

$$E_{\mathrm{HF}}=E_{\mathrm{NN}}+E_{\mathrm{T}}+E_{\mathrm{V}}+E_{\mathrm{coul}} \tag{3-9}$$

式中　E_{NN}——核与核之间的排斥作用能，与电子坐标无关；

E_{T}——电子的动能，在不含时间的 HF 理论中，没有考虑核的动能；

E_{V}——核与电子之间的吸引作用能，此项与单电子的坐标相关；

E_{coul}——经典的电子与电子之间的库仑排斥作用能。

（2）Kohn-Sham 方程

1927 年，Thomas 和 Fermi 二人提出了托马斯-费米（Thomas-Fermi）模型，首次将体系能量关联为与电子密度 $n(r)$ 相关的函数。1964 年科恩（Kohn）在 Hartree-Fock 方法的基础上提出了 DFT，也属于第一性原理方法，证明了基态电子能量 E_0 是电子密度的唯一泛函，突破了旧方法的限制，但是初期的 DFT 方法计算量偏大且忽略了电子的关联，能量泛函的具体关系还无法表达出来。1965 年，Kohn 和沈吕九（Sham）对 Hartree-Fock 方法进行改进和发展，将 $3N$（N 是体系电子数）维波函数问题简化为三维电子密度问题[60]，即能量 E 可表示为电子密度 $n(r)$ 的函数[61]，其表达式为：

$$E[n(r)]=\int n(r)\mathrm{d}r \tag{3-10}$$

这个理论与从头计算法最大的不同是引入了电子密度的概念，省略了多电子波函数的中间步骤，直接精确地确定电子密度和基态能量。在 DFT 中系统的能量可以用式（3-11）表示：

$$E_{\mathrm{DFT}}=E_{\mathrm{NN}}+E_{\mathrm{T}}+E_{\mathrm{V}}+E_{\mathrm{coul}}+E_{\mathrm{exch}}+E_{\mathrm{corr}} \tag{3-11}$$

式中，E_{NN} 代表核与核之间的排斥作用，与电子坐标无关；E_{V} 表示核与电子之间的吸引作用；E_{coul} 是电子与电子之间的库仑排斥作用；E_{T} 是电子的动能，没有考虑核的动能；E_{exch} 是非经典的电子与电子的交换能；E_{corr} 是电子之间的动态关联效应能，包括电子运动的相关性及非经典排斥作用。

相比之下，Hartree-Fock 理论没有考虑不同自旋状态的电子之间的相关运动（E_{exch}）。

霍恩伯格-科恩（Hohenberg-Kohn）定理[62-64]的提出大大简化了计算，但是能量泛函的具体表达式还没有得到，只证明了 $F(\rho)$ 的形式。HF 理论采用单行列式，属于用粗略的波函数近似求解 Schrödinger 方程。科恩-沈吕九（Kohn-Sham）方程很好地解决了这个问题，利用变分原理，将能量密度对电子密度进行变分得到 Kohn-Sham 方程，KS-DFT 方程的表达式为：

$$E[\rho]=T_s[\rho]+J[\rho]+E_{XC}[\rho]+\int\rho(r)V_{ext}(r)dr \tag{3-12}$$

式中　$T_s[\rho]$ ——无相互作用体系的电子动能；

$J[\rho]$——库仑作用；

$E_{XC}[\rho]$——包含量子交换效应和电子关联作用的能量；

$\rho(r)$——电子密度；

$V_{ext}(r)$——由原子核或其他外场产生的势。

Kohn-Sham 近似的主要思想包括：①绝大部分动能通过电子密度的无相互作用体系来计算，将没有相互作用粒子的动能和库仑能从 $F(\rho)$ 中分离出来；②在电子相互作用中库仑作用占主导，其中的交换泛函居次要位置；③将动能矫正、自相互作用和非经典的交换作用等其他的相互作用都计入交换关联泛函中。

KS-DFT 计算结果的精确性取决于交换关联泛函的精确性，只要交换关联泛函是精确的，KS-DFT 计算就能得到较为准确的结果。处理交换关联泛函的方法包括局域密度近似（local density approximation，LDA）[65]、广义梯度近似（general gradient approximation，GGA）[66]、杂化密度泛函等。LDA 作为处理交换关联泛函的基础，其基本思想是设定交换关联泛函只与空间各点的局域电子密度相关，并将非均匀体系近似处理为具有均匀系统密度的电子气。LDA 交换关联泛函可以表示为：

$$E_{XC}^{LDA}[\rho]=\int\rho(r)\varepsilon_X[\rho(r)]dr+\int\rho(r)\varepsilon_C[\rho(r)]dr \tag{3-13}$$

式中　$\varepsilon_X[\rho(r)]$——电子交换势；

$\varepsilon_C[\rho(r)]$——电子关联势。

LDA 方法降低了交换关联泛函处理过程的复杂程度，但该方法仍然存在误差，限制了体系与均匀电子气模型相差过大时体系泛函的处理。因此研究者在 LDA 的基础上进行了改进，20 世纪 80 年代广义梯度近似（GGA）被开发出来，引入了电子密度梯度近似的概念。与 LDA 相比，GGA 大大提高了计算结果的精度。GGA 交换关联能被表示为电子密度及其梯度的泛函：

$$E_X^{GGA}[\rho]=E_X^{LDA}[\rho]-\sum F(\chi)\rho^{\frac{4}{3}}(r)dr \tag{3-14}$$

式中　χ——电子密度梯度。

非局域的 GGA 近似方法适用于复杂体系非均匀电子密度的处理，对实际体系的描述有着更高的精确度。泛函的近似处理方法仍存在局限性，电子密度梯度仍然是坐标的函数，与其他位置的电子无关联，为使计算结果更具备精确性，需要将精确交换加入交换关联能量泛函的表达式中，由此发展出多种杂化泛函方法。

与 LDA 和 GGA 纯泛函不同，杂化泛函（hybrid functional）方法在交换-相关势中结合了一定程度的 HF 交换势，此后又引出了双杂化泛函（double-hybrid functional）的概念，该泛函在计算时先进行DFT计算，然后基于得到的DFT轨道按照常规的MP2的方程得到二阶微扰校正能，再按一定权重和DFT能量相组合。从局域密度近似的纯泛函到双杂化泛函，计算精度逐步提高。常用的LDA交换关联泛函有VWN，常用的GGA交换关联泛函有Becke 1988(B88B) 泛函及改进得到的PW91泛函。根据交换关联泛函的选取衍生出了很多DFT方法，如SVWN、SPWLPBE、BP86BLYP、B3PW91、B3LYP、M06-2X等。

3.2.2 密度泛函理论在热解反应机理研究中的应用

DFT已被广泛用于研究一些与废轮胎高分子聚合物结构类似的固体燃料（煤、生物质、聚合物）和一些高能材料的热解过程。基于量子力学的DFT方法分析热解过程的步骤如下所示。首先，探究相关反应可能的路径，构建反应物、中间产物吸附构型并计算基元步骤过渡态，采用高斯（Gaussian）等软件，并使用CCSD(T)/6-31++G(d，p)、M062X/6-31++G(d，p)、M062X/MG3S或B3LYP/6-311++G（d，p）等为基组进行计算。随后，对所得过渡态及稳态构型进行振动频率分析，确保过渡态有且仅有唯一虚频，而反应物、中间产物有虚频。最后，通过频率分析获得焓和吉布斯自由能等热力学参数，比较所得到的反应势能面，判断不同反应路径发生的可能性及先后顺序。

DFT在研究有机分子模型的裂解反应机理和预测反应方向方面有许多成功的例子。例如：Huang等[67] 以6-31++G（d，p）为基组，利用DFT方法提出了8种可能的热解反应途径，用于研究木糖作为半纤维素模型化合物的热降解反应机理。通过在不同温度下，所有反应途径中的标准动力学和热力学参数计算分析得出半纤维素主要裂解产物有2-糠醛、甲基乙二醛、乙醇醛、乙醛和丙酮等。为了突出纤维素热解的初始反应步骤，Zhang[68] 利用DFT模拟纤维素二糖模型的热解反应过程，以6-31G+（d，p）为基组主要计算分析了10条化学反应路径。每条化学反应路径都设计了纤维素链与一些初级产品（如左旋葡聚糖、羟乙醛和5-羟甲基糠醛）的断裂方式，10条反应路径的反应能垒大小为3<1<8<10<4<5<9<2<6<7。在纤维素热解的早期阶段，H^+ 由于其较低的能量势垒（146.23kJ/mol），将引发路径3中葡萄糖键的断裂，此外，纤维素聚合度的降低和形成归因于路径1中的协同反应机制，基于热力学和动力学分析，路径1和8在消耗纤维素的过程中存在平行竞争关系。根据路径10提出了合理的甲醛形成机理，有助于理解初始裂解过程的新路径。

DFT方法也通常与其他模拟方法或实验方法相结合，研究更大体系的裂解行为或者研究实验现象的微观机理。美国国家航空航天局艾姆斯研究中心John W. Lawson等系统比较了DFT、自洽电荷密度泛函紧密结合理论（SCC-DFTB）和ReaxFF方法对酚醛聚合物热解初始阶段的模拟的异同[69]。三种模拟方法得到的主要产物基本一致，只是产量有所不同。在3500 K时，与DFT相比，SCC-DFTB方法高估了CO的产量（300%～400%），低估了游离H(约30%）和小分子 C_mH_nO(约70%）的产量。ReaxFF方法低估了自由H(约60%）和熔融碳环（约70%）的含量。Wei等[70] 采用ReaxFF MD模拟和DFT相结合的方法研究了聚碳酸酯在非等温和等温条件下的热解行为。在较低的升温速率下，模拟较长的停留时间可以使焦油的产率降低，炭和气体的产率增加。在较高的升温速率下，起始分解温度将显著降低。Huang等[71] 采用DFT方法了解木质素的热解机理，在B3LYP/6-31G(d，p）水平上对β-O-4型木质素二聚体模型（1-苯基-2-苯氧-1，3-丙二醇）的热解过程进行模拟。根据β-O-4型木质素二聚体键解离能的相关实验和各反应步骤的活化能计算结果，提

出了 C_β—O 键均裂、C_α—C_β 键均裂和协同反应三种可能的热解途径。Huang 等[72] 采用 DFT 方法在 M062X/6-31++G(d，p) 水平上研究了双酚 A 型聚碳酸酯模型化合物(MPC) 的快速热解机理，并确定了 CO 等主要热解产物的演化过程。首先，计算了 MPC 中主键的离解能，甲基碳与碳原子之间的单键被认为是最容易断裂的键，其次是氧原子与羰基碳之间的单键；然后，根据动力学参数计算结果，推测水解是形成演化产物的主要降解途径，均解裂解和重排反应是双酚 A 型聚碳酸酯（PC）热降解的竞争反应途径。该机理与实验观察到的主要降解产物为 CO_2、双酚 A 和 1，1-双（4-羟基苯基）乙烷的结果一致。Hu 等[73] 结合热解-气相色谱/质谱（Py-GC/MS）热解实验和 DFT 量子化学计算研究了木糖热降解行为，其 DFT 计算以 B3LYP-D3 和 6-311G(d，p) 为基组对木糖、木二糖和木聚糖的反应物、过渡态、中间体和产物进行几何优化，研究了三种模型化合物的详细分解途径并详细分析了聚合度（DP）和支链的影响。结果表明，木糖开环倾向于形成无环 D-木糖的重要中间体，即 1,4-脱水-D-吡喃木糖（ADX）、糠醛（FF）和羟基乙醛（HAA），ADX 唯一来源为 D-木糖的连续环化，也是 FF 和 HAA 的主要形成途径。

在研究橡胶及其衍生产物的裂解时，DFT 方法也时常用于研究该过程的内在机理，例如，Li[74] 用详细的 DFT 计算研究了二苯并噻吩（DBT）的热解机理。经过键解离能计算发现 S—C 键的断裂或 H 迁移初始步骤是引起反应的第一步，H 迁移将产生碳烯，S—C 键的断裂产生三重态。裂解的途径主要有三种，一种是 DBT 直接解离，主导产物为硫原子、2-乙炔基苯并噻吩、3-乙炔基苯并噻吩、乙炔和联苯，另外两种途径是通过硫醇中间体热解。这些结果表明：寻找可能降低 H 迁移或 S—C 键断裂能垒的催化剂以及将噻吩直接转化为硫醇的试剂可能成为噻吩的潜在脱硫方法。

除了模拟聚合物热解外，DFT 方法还能探究催化剂对大分子聚合物硫化和裂解反应过程的影响。Dondi 等[75] 利用 DFT 方法研究催化剂对聚丁二烯硫化反应的作用，结果表明，磺胺/Zn 催化剂对自由基机理无影响，催化剂没有诱导硫化自由基组分转变为极性或存在协同机制的证据。Shi 等[76] 采用 DFT 研究了二硫代氨基甲酸锌（ZDMC）催化丁二烯-苯乙烯橡胶硫化诱导机理，提出了活性硫化剂形成、交联前驱体形成和硫化橡胶网络的形成三个阶段：第一阶段，双分子 ZDMC 在硫化诱导期诱导硫裂解，即硫被插入形成活性硫化剂 A2；第二阶段，由活性硫化剂 A2 与橡胶分子单链反应生成超硫醇的交联前驱体 A6 或 B6；第三阶段，ZDMC 在硫化过程中促进交联前驱体的交联，起到硫化胶的作用。该模拟建立了一种在硫化诱导期Ⅰ期产生锌（Ⅱ）活化硫化剂的新机理，为橡胶硫化促进剂的开发提供了理论依据。Fang 等[77] 使用 DFT 计算，发现钾盐（如 K_2CO_3）可与木质素中的酚羟基反应形成有机钾，并进一步催化热解过程。Dong 等[78] 利用 DFT 计算对 HY 沸石上 α-烯烃催化裂化机理进行机理研究，进一步了解 BrØnsted 酸位点在费-托合成二级反应中的作用机理。

3.3 分子动力学模拟及其在裂解过程研究中的应用

3.3.1 分子动力学基本原理

分子动力学方法通过求解牛顿运动方程来统计模拟系统相点的运动轨迹来获得分子构象进而计算平衡性质，一般流程为在确定的初始速度、初始位置和边界条件下，通过一段时间的 MD 计算粒子间的相互作用势，然后求出每一个粒子所受到的力，进而对由有限个粒子组成的粒子体系建立其牛顿运动方程，并通过数值计算方法，获得这些粒子在相空间的运动轨迹，然后对其运动热物理学运用统计力学方法求其系统平均，进而得出所需要的宏观量[79]。

通常情况下体系的势能分为粒子间相互作用的范德瓦耳斯作用能（U_{VDW}）和分子内相互作用能（U_{int}）两部分：

$$U=U_{VDW}+U_{int} \tag{3-15}$$

范德瓦耳斯作用能是各个粒子对间相互作用势能之和：

$$U_{VDW}=u_{12}+u_{13}+\cdots+u_{1n}+u_{23}+u_{24}+\cdots=\sum_{i=1}^{n-1}\sum_{j=i+1}^{n}u_{ij}(r_{ij}) \tag{3-16}$$

式中　r_{ij}——粒子 i 与 j 间的距离。

根据牛顿第二定律，作用在某物体上的力和该物体的加速度成正比：

$$F_i=m_ia_i \tag{3-17}$$

在经典力学中，系统中每个原子 i 所受的力等于势能的梯度：

$$\vec{\boldsymbol{F}}_i=-\nabla_iU=-\left(\vec{\boldsymbol{i}}\frac{\partial}{\partial x_i}+\vec{\boldsymbol{j}}\frac{\partial}{\partial y_i}+\vec{\boldsymbol{k}}\frac{\partial}{\partial z_i}\right)U \tag{3-18}$$

在极小的时间段内，用有限的时间段 Δt 取代无限小的时间段 $\mathrm{d}t$ 对牛顿第二定律进行积分，然后通过数值积分方法完成，Δt 为时间步长，它的选取是由原子核运动的快慢决定的。通常原子核的振动时间尺度为 10^{-14} s 数量级，故对于通常化合物的 MD 模拟，时间步长选取 $\Delta t=10^{-15}\mathrm{s}=1\mathrm{fs}$。给定初始速度和初始加速度后，可预测经过时间 t 后原子 i 的速度与位置。

$$\frac{\mathrm{d}^2}{\mathrm{d}t^2}\vec{\boldsymbol{r}}_i=\frac{\mathrm{d}}{\mathrm{d}t}\vec{\boldsymbol{v}}_i=\vec{\boldsymbol{a}}_i \tag{3-19}$$

$$\vec{\boldsymbol{v}}_i=\vec{\boldsymbol{v}}_i^0+\vec{\boldsymbol{a}}_it \tag{3-20}$$

$$v(t+\delta t)=v\left(t+\frac{1}{2}\delta t\right)+\frac{1}{2}\delta ta(t+\delta t) \tag{3-21}$$

式中　$\vec{\boldsymbol{r}}$——粒子的位置；

　　　$\vec{\boldsymbol{v}}$——粒子的速度，v_i^0 中上标“0”表示力和速度的初始值。

通常先由系统中原子所在位置计算系统的势能，求出系统中每个原子所受的力及加速度，令 $t=\delta t$（δt 表示非常短的时间间隔），可得到经过 δt 后各分子的位置及速度。重复以上步骤，可以计算得到系统在新的位置的势能，然后再次计算新位置各原子所受的力及加速度，预测经过 δt 后各分子的位置及速度，如此反复循环，即可得到各时间下系统中分子运动的位置、速度及加速度等运动轨迹信息。

在 MD 模拟中，最基本的是通过求解牛顿运动方程来得到粒子的速度与位置。首先建立一个有限差分方程，然后从差分方程导出位置和速度的关系，根据当前步和已知步更新下一步的分子坐标和相关函数，δt 为时间步长，由于 δt 很小，所以可以视受力为恒定不变，随后依据分子力场计算每个瞬时势能。利用上述方法进行运动方程积分的算法有很多，共同点就是对其运用泰勒（Taylor）级数展开，常用的有 Beeman 算法[80]、蛙跳算法[81]、Verlet 算法[82] 等。

以速度 Verlet 算法为例，其基本流程见图 3-2，首先将积分分解成若干个固定时长为 δt

的小阶段，计算出粒子在下一时刻的位置，根据粒子本身和其他粒子相互作用的矢量和得到每个粒子在 t 时刻的受力，进而求出粒子的加速度：

$$r(t+\delta t)=r(t)+\delta t v(t)+\frac{1}{2}\delta t^2 a(t) \tag{3-22}$$

再计算前进半步长的速度：

$$v\left(t+\frac{1}{2}\delta t\right)=v(t)+\frac{1}{2}\delta t a(t) \tag{3-23}$$

然后可得到经过 δt 时间后的速度，接着求出此时的动能，最后由新的位置和原子间相互作用势能得到新的势能和作用在原子上的力，同理可以得到 $t+2\delta t$ 时刻各粒子的新位置与速度，进行下一次循环。模拟运行一定时间后，就会达到平衡态，这时原子的位置将与初始状态无关。

$$v(t+\delta t)=v\left(t+\frac{1}{2}\delta t\right)+\frac{1}{2}\delta t a(t+\delta t) \tag{3-24}$$

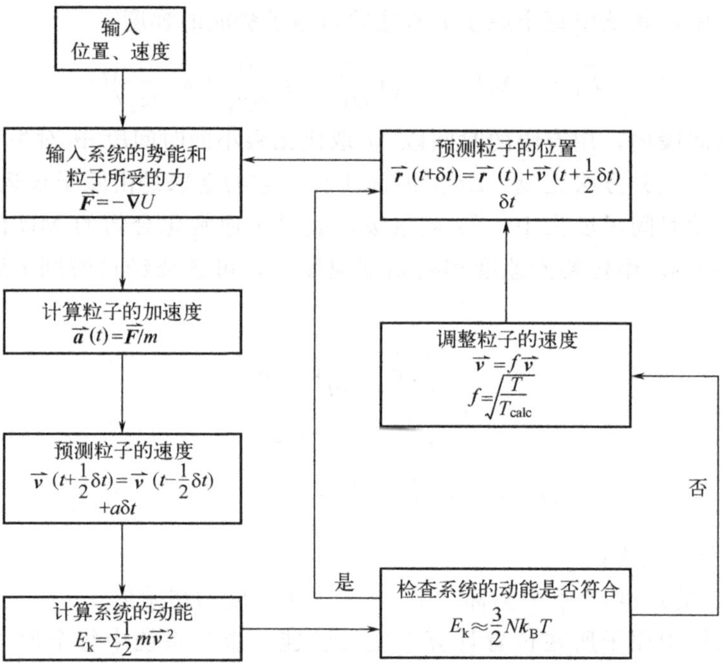

图 3-2 Verlet 蛙跳算法分子动力学计算流程

(1) 初始条件及控温控压方法

进行 MD 模拟时，根据不同的体系选择恰当的边界条件。对于一些非均相体系，采用非周期边界条件，如柔性边界、自由表面边界和固定边界。而大多数体系通常选择周期性边界条件，引入周期性边界条件不仅可以在减少计算资源的同时处理更大的体系，还能消除表面效应和边界作用等弊端[83]。如图 3-3 所示，在周期性边界条件下，一个无限的模拟体系可以转换成一个周期性重复的有限的模拟系统。在进行周期性镜像系统复制之后，每一个晶胞里的原子的空间结构都是一样的，当中心模拟盒子中的某个粒子飞出盒子时，总有另外一个粒子从相对的方向飞入，使得原胞与其上下左右的粒子均存在相互作用。

由于每个粒子与其他粒子间的相互作用不仅会延伸到无穷远还会被重复计算，会耗费许多机时，因此，采用截断半径（cut-off radius）的方法控制远程作用力，虽然会造成一些误差，但可以解决计算量大的问题。计算 Lennard-Jones（LJ）势能（一种用于描述中性原子或分子间范德瓦耳斯相互作用的经典势能模型）时，当 $r>$截断半径 r_c（截断半径不能超过模拟盒子长度的一半，一般截断半径设为 10～15Å❶）时，将粒子间的范德瓦耳斯作用力忽略不计。

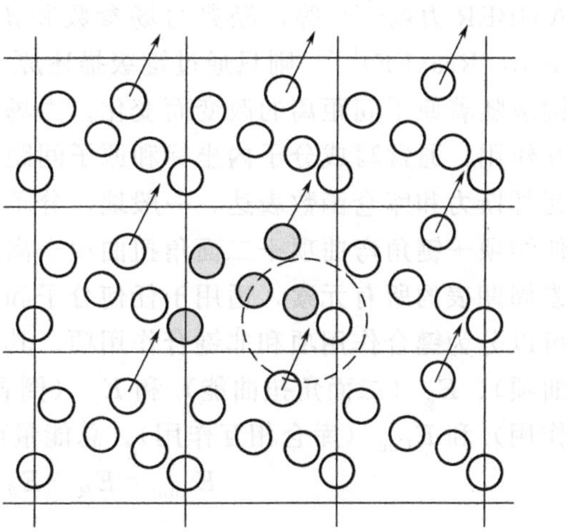

图 3-3　二维的周期性边界

当观察一个系统时，发现其宏观的性质是恒定的，而其微观的状态是不断变化的，本书把这种宏观性质相同而微观状态不同的系统的集合称为系综。动力学性质通过宏观条件下所有可能运动状态的平均值计算，系综如同统计学中的样本，样本越大，统计结果越好。常见的系综包括微正则（NVE）系综、正则（NVT）系综，等温等压（NPT）系综，等压等焓（NPH）系综、巨正则（μVT）系综等，如微正则（NVE）系综是粒子数 N、体积 V、能量 E 保持不变的孤立系综。此系综与外界既没有物质交换也没有能量交换，是一种与外界完全隔离的系综，整个系统的总动量为零。正则（NVT）系综是粒子数为 N、体积为 V、温度 T 恒定不变的系综。此系统与外界只进行能量交换而没有物质交换。在 MD 模拟中，若要保持体系温度恒定，需要对其进行控温处理，常用控温方法有阻尼力法、速度矫正法等。

温度的控制方法：在模拟过程中需要调整温度到预期值，所以选择一个合理的温控方法对于达到预期的模拟结果起着重要的作用。常见的温度控制方法分为标度方法和系综方法，标度方法只对粒子的速度和力进行调整，而系综方法直接在动力学方程中加入修正项，使其动力学方程满足 NVT 系综动力学。标度方法包括直接速度标定法、Woodcock 速度标度法、Berendsen 热浴法、朗之万（Langevin）动力学法、耗散动力学法。其中，直接速度标定法[84]是一种最简单的控温方法，是对模拟过程中的每一步都进行速度的重新标定。系综方法有等动能法和 Nose-Hoover 控制方法[85]。

压力的控制方法：压力相比一些其他量更容易发生波动，更难控制，由于压力与维里系数相关，而维里系数是位置与势能的函数导数的乘积，它随位置的变化速度要比内能的变化速度快很多。恒压算法包括 Berendsen 方法[86]、Hoover 压浴法、Paminello-Rahman 方法[87-88]和 Andersen 方法[89]，恒温恒压算法包括 Nose-Hoover 等。

(2) 力场

除了建立恰当的模型外，对于不同体系的 MD 模拟，还需要选择适合该体系的力场和势函数。一个完整的力场需要坐标函数及可调整的参数等信息。假定分子只能在其能量最低点附近振动，可以通过傅里叶级数展开式表达势能的变化，这一展开式中的待确定参数构成了力场的参数集合。常用的力场有全原子通用力场（UFF 力场）[90]、Dreiding 力场[91]、

---

❶ 1Å$=10^{-10}$m。

AMBER 力场[92] 等，经典力场参数和拓扑结构是固定不变的。反应力场（reactive force field，ReaxFF）[93] 则只通过键级描述原子和原子间的相互作用，没有键角等信息，反应的键级随着原子间距离的改变而变化。力场包含多种势函数，对应不同类型的原子或分子间相互作用，通常写成分子内坐标和原子间距离的势函数，而分子间相互作用需要用原子间范德瓦耳斯力和库仑函数表达，一般地，分子内势能＝范德瓦耳斯非键作用项＋库仑静电项＋键伸缩项＋键角弯曲项＋二面角扭曲项＋离平面振动项。例如，经典的 UFF 力场可以涵盖元素周期表的所有元素，适用于任何分子和原子体系，但是也会产生较大的误差。系统总能量可以分为键合作用项和非键合作用项，其中键合作用项包含 E_{R}（键收缩项）、E_{θ}（键角弯曲项）、E_{φ}（二面角扭曲能）和 E_{ω}（倒置项），非键合作用项包含 E_{vdW}（范德瓦耳斯相互作用）和 E_{Cou}（库仑相互作用）。总能量可表示为：

$$E_{\mathrm{total}}=E_{\mathrm{R}}+E_{\theta}+E_{\varphi}+E_{\omega}+E_{\mathrm{vdW}}+E_{\mathrm{Cou}} \tag{3-25}$$

3.3.2 反应力场分子动力学方法在热解模拟中的应用

MD 方法常用于高分子体系构效关系的研究，如 MD 模拟成功预测了高分子体系的密度、热膨胀系数、玻璃化转变温度等物理性质[94]。然而由于 MD 的经典力场在计算过程中始终保持部分电荷不变且无法描述键的生成和断裂，故而这些研究局限于一般物理性质的计算和构型演变过程的模拟，无法模拟体系的反应机理，也无法解释化学反应过程，因此难以应用于橡胶裂解机理的模拟研究。加州理工学院的研究人员[93] 在 2001 年提出了键级（bond order）的概念。加州理工学院 Goddard 等[95] 在 2008 年开发了第一个用于描述各种碳氢化合物的燃烧和氧化过程的反应力场，后来又引入了其他元素用于催化剂体系。2016 年，van Duin 等[96] 扩展了力场参数数据，重新开发了更完善的参数集，并扩展到部分金属元素。

ReaxFF 是一种基于键序的力场，每个原子对的总势能除了三体、四体距离作用势能和电子势能外还包括键级，模拟过程中的每次迭代，势能都会被重新精确计算。ReaxFF MD 的力场参数集[93,96-100] 由 QM 计算数据拟合后得到，为验证 ReaxFF，通常会将其预测的反应能量与 QM 计算得到的反应能量进行比较，其中涉及从 ReaxFF MD 轨迹中提取各种中间体的几何结构，并对这些结构进行能量最小化处理，以确保比较的一致性。反应力场的训练集还在不断地扩展和更新以覆盖元素周期表中更多的元素，目前已经知晓的元素超过 50 种，在热解和催化领域具有很大的潜力和价值，已经应用的参数集包括烷烃燃烧[101]、高能体系爆炸[97,102]、无机金属催化[103] 和聚合物热解领域[104-107]。ReaxFF MD 包括每一个原子的非成键作用力：范德瓦耳斯作用和库仑力。当原子间超过一定的距离时将被视为断键，键在断裂时共价相互作用的能量变为 0，故而反应力场能够实现从不成键到单键、双键、三键的相互转化。在平衡过程的每一步都重新计算电负性平衡，从而动态模拟自由基的形成、键的键合和断裂。DFT 建模中所需的可能反应路径的先验知识是其在复杂和大规模煤热解建模中应用的另一个重要障碍，ReaxFF MD 无须提前设置反应路径，它比使用广泛的 DFT 方法更快速，且具有与 DFT 接近的精确度。值得注意的是，MD 模拟的时间尺度与实验的时间尺度有着数量级的差别，在 ReaxFF MD 模拟过程中，模拟温度一般比实际实验温度要高，以保证化学反应突破皮秒的时间尺度，在不改变反应路径的情况下加速反应进程。

$$E_{\mathrm{system}}=E_{\mathrm{bond}}+E_{\mathrm{lp}}+E_{\mathrm{over}}+E_{\mathrm{under}}+E_{\mathrm{val}}+E_{\mathrm{pen}}+E_{\mathrm{coa}}+E_{\mathrm{tors}}+E_{\mathrm{conj}}+E_{\mathrm{H\text{-}bond}}+E_{\mathrm{vdW}}+E_{\mathrm{Cou}} \tag{3-26}$$

式中　E_{system}——系统的总势能，由原子之间的共价相互作用和非键相互作用组成；

E_{bond}——共价相互作用，包括键能；

E_{lp}——孤对电子能量；

E_{over}，E_{under}——协调能的高、低校正项；

E_{val}——价角能量；

E_{pen}——惩罚能量；

E_{coa}，E_{conj}——共轭化学键能；

E_{tors}——扭转能；

$E_{H\text{-}bond}$——弱氢键能量；

E_{vdW}——非键相互作用，包括范德瓦耳斯相互作用；

E_{Cou}——库仑相互作用。

ReaxFF MD 模拟方法在煤、生物质、木质素、橡胶等大规模碳氢化合物复杂体系的热解及相关研究中频繁出现，模拟结果与实验结果皆能对应，可以帮助解释烃类化合物的热解，对预测热解产物分布、阐明微观反应机理、分析多因素共同作用或单因素独立作用对热解的影响都做出了重大贡献。

Lu 等[108] 通过 ReaxFF MD 模拟研究了 Kapton 型聚酰亚胺的热解机理以及产物分布的温度依赖性，与实验结果一致，聚酰亚胺热解的主要产物是二氧化碳和氰基自由基，且在热解初期的高温下发现了大量的乙炔分子。在此基础上，他们基于模拟轨迹详细讨论了二氧化碳和氰基自由基的形成机制：CO_2 形成的第一步是酰亚胺环上 C—N 键的断裂，第二步是形成 $-\overset{\overset{\displaystyle O}{\|}}{C}-O-C-$ 结构；氰基的主要形成途径是 C—N 在酰亚胺环上的连续解离和苯的脱碳反应。此外，模拟得到的聚酰亚胺热解表观活化能和指前因子也能够与实验结果达到令人满意的一致。Arvelos 等[109] 使用 ReaxFF 力场对环己酮进行 MD 热解模拟，并用 ChemTrayzer 代码进行数据后处理，成功预测了环己酮热解的反应机理，提出了新的反应路径，即环己酮通过 α-裂解的方式开环并得到主要产物乙烯和乙烯酮。对薄荷烷（1-异丙基-4-甲基环己烷，PMT）是一种生物衍生类异戊二烯碳氢化合物燃料，Wang 等[110] 在他们之前实验研究的基础上通过 ReaxFF MD 对其进行了高温热解模拟，进一步验证了该反应力场的准确性，通过高斯软件中的 6-311＋＋G(d，p) 基组的 B3LYP（Becke 三参数加上 Lee-Yang-Parr）泛函对反应物和产物进行几何优化和频率计算，用于反应力场参数集的训练。通过计算键解离能（BDE）可以推断：C—C 键断裂反应在 PMT 初始热分解中占主导，异丙基的断裂和相邻位点的开环反应是两个主要的起始反应，裂解最丰富的产物是氢气、乙烯、丙烯、甲烷和乙烷。此外还分析了四个主要反应路径：开环反应、异丙基自由基和甲基自由基的消耗反应以及 $\cdot C_{10}H_{19}$ 自由基的形成。

印度理工学院 Bhowmick 等[111] 首次通过 MD（ADF-ReaxFF-2014）研究丙烯腈-丁二烯（NBR）模型化合物的分解机理，发现降解初期的主要产物为丙烯腈、1,3-丁二烯和 2-丁烯。同时，将模拟预测的热解产物、丙烯腈-丁二烯模型化合物热解得到的单体单元的比例与气相色谱-质谱（py-GC-MS）结果对比，丙烯腈-丁二烯共聚物的热分解活化能值与热重分析（TGA）结果对比，皆良好吻合。Bhowmick 等[112] 还对聚丙烯酸酯三元共聚物（ACM10）进行了反应力场 MD 模拟，分析了时间和温度对各种产物演化的影响。当温度低于1400K时，烷基自由基和CO_2是主要产物；温度高于1400K时，在最终产物中检测到烯烃、烷基自由基和CO_2。这与热重-红外光谱（TGA-FTIR）和热分析-气相色谱-质谱联用（STA-GC-MS）的实验结果一致。在模拟的基础上，详细探讨了主导产物（烷基和烯烃）的演化机理。第一步是酯键COO—R断裂，烷基自由基形成；第二步主要是通过侧链酯基β-氢的消除生成烯烃。在一系列不同温度和升温速率条件下，Diao等[113]展开了对环氧树脂热分解的MD模拟研究，结果表明，升温和提高升温速率都缩短了初始热解时间，环氧树脂的热分解是由—C—O—C—断裂引起的，环氧树脂热分解产生主要小分子产物H_2O和H_2有三种典型的机制，分别是自由基攻击机制、分子间和分子内消除机制。环氧树脂热分解过程的机理和化学过程与前人的实验结果基本一致。Nyden等[114]获得了反应分子动力学（RMD）模拟聚甲基丙烯酸甲酯（PMMA）热降解的结果，证明了RMD作为研究材料热转化机制的潜在用途。

Qian等[115]用ReaxFF MD模拟（C/H/O/N/S/B力场参数[99]）并结合实验验证，得到了亚烟煤热解更全面的反应机理。首先，对煤分子的键断裂顺序做相应分析，发现官能团的数量和键能决定着每种产物形成的数量和顺序。MD模拟结果表明，煤大分子低温热解时，芳环侧链与环状烃之间的碳碳键被破坏，产生大量焦油并伴随着许多小分子气体的生成，随后重焦油发生二次反应转化为轻焦油，温度升高后，短链烃类化合物继续裂解。因此，为了获得更高质量的焦油，可调整合适的亚烟煤热解温度和升温速率。Liu等[116]通过ReaxFF MD模拟（Mattsson-2010[98]）研究了褐煤的热解产物特性和热分解机理，并得出四个结论。①与烟煤和次烟煤不同，由于褐煤中含有大量的单环和双环结构，轻焦油是褐煤热解焦油的主要成分。②在较低温度下，褐煤的初始热解产物来源于大分子结构的分解和桥键的断裂，相对较高的温度会促进焦油碎片进一步裂解，并观察到芳香结构的缩合。③小分子H_2O、CO_2和C_2H_4的形成分别来自褐煤的羟基、羧基和亚甲基碳。④分析元素迁移发现C、H元素主要通过缩合反应分别迁移到焦炭和气相中。

MD模拟还可用于多种类物质共热解以及硫化高分子脱硫过程。Hong等[117]采用ReaxFF MD模拟方法研究了煤与聚乙烯（PE）、聚苯乙烯（PS）共热解行为，通过分析特定产物和自由基的分布阐明了共热解过程中的协同作用机理。模拟结果表明，PE和PS热解的主要产物分别是乙烯和苯乙烯。煤/PE和煤/PS共热解表现出积极的协同作用，使得焦油和气体的产量增加，PS对煤热解的促进作用比PE更明显。采用一级反应模型确定了煤、PE和PS、煤/PE及煤/PS的单独热解动力学参数以及共热解动力学参数。结果表明，协同效应显著降低了煤/PE共热解的活化能，而对煤/PS共热解的活化能影响不大。Xiao等[118]通过将高温热重分析与产品气体质谱（TG-MS）和ReaxFF MD模拟相结合，评估了石油焦高温热解过程中的硫去除行为，热解脱硫转化一般遵循以下过程：噻吩硫→COS、C_2S或SCN→HS→SO_2或CS_2。Liang等[119]利用ReaxFF MD力场[120]研究建立了褐煤加氢热解过程中的脱硫机理。通过褐煤热解和水热解两个三维模型再现了不同温度下S原子的存在形式和分布，发现H_2气氛对褐煤有机硫转化有重要作用。褐煤中H_2分子在热解时提供H原子，可以加速磺酰化反应，促进噻吩和硫醚结构转化为硫酚/硫醇结构，氢磺酰基结构可进一步与H_2反应帮助H_2S释放到气体中，实现液体和固体产物的脱硫。

由于聚合物裂解产物众多且模拟过程是动态的，在复杂产物的分析方法上，ReaxFF MD也有相应的应用。中国科学院Li等[121]详细阐述了ReaxFF MD在有机体系热解和氧化的复杂反应和动力学方面的方法进展和应用。该方法能基于物种的化学结构和反应位点，对物种和反应进行分类，自动生成反应网络，从而能够更全面地了解 ReaxFF MD 模拟中的反应途径。文中对理论和实验验证进行了对比，包括反应能的直接比较、QM 计算所得的 BDE 数据和反应能数据的详细比较。此外还简要介绍了液态烃燃料、固体燃料（煤、生物质、聚合物）和一些高能材料热解反应机理的异同。

针对特定反应途径的分析时常借助其他分析方法，Sasikumar 等[122] 将 ReaxFF MD 应用于乙烯-丙烯-二烯-单体（EPDM）橡胶在高温氧化环境中的降解。首先，他们报告了 MolfrACT（分子分数分析自定义工具包）和 KinACT（动力学分析自定义工具包）两个工具包用于从 MD 轨迹中自动提取化学动力学途径。将 RMD 轨迹（转储文件）和键信息表（bonds. reax 文件）作为输入，以识别键信息。MolfrACT 的输出包括形成的物种的分子分数（fra. out）、分子列表（mol. out）、反应列表（reacts. out）等信息。CReSIS 程序通过一帧一帧地遍历 MD 数据来识别当前 MD 轨迹中形成的任何新分子。对于每一个新分子，通过确定在前一帧中生成的新分子反应物来写出一个反应，使用来自前一帧的所有反应物原子标识符集在当前一帧中查找可能的产物。将这个化学计量平衡方案重复几次，直到得到一个化学计量一致的反应，与 VARxMD 不同的是，该算法还能获取特定产物的反应路径。

ReaxFF MD 在研究裂解产物分析或路径时也存在一些局限性。首先是目标体系要有合适的 ReaxFF 力场参数，如果没有合适的参数，有必要建立相应的 ReaxFF 力场；其次，ReaxFF MD 受仿真的时空尺度及温度限制，模拟温度升高使得反应途径多样化，降低了主要反应途径的清晰度；最后，从 ReaxFF MD 模拟中获得的数据分散且维度很高，结合机器学习方法或许可以充分利用来自 ReaxFF MD 模拟的高维反应数据。总而言之，ReaxFF 力场的拓展及在裂解过程中的应用仍有较大的发展空间。

3.3.3 从头计算分子动力学

虽然 MD 模拟能涵盖 $10^4 \sim 10^6$ 的大分子体系，但是其依赖于力场参数，且忽略了电子极化效应，模拟结果可能偏离反应路径，传统的 MD 方法越来越无法满足人们对计算的高精度要求。在不断完善和改良下，从头计算分子动力学（AIMD）方法应运而生。AIMD 方法忽略系统的核量子效应，认为系统满足轨道近似（即单电子近似）和绝热近似[123]。与经典 MD 不同的是，AIMD 方法基于 DFT 并与经典 MD 方法结合，先使用 DFT 方法快速计算原子集合势能，再以 MD 进行模拟。此外，AIMD 计算主要适用于原子数在几十到几百的小分子体系。其中电子基态本征函数和本征值的计算是 AIMD 的核心内容。如图 3-4 所示，AIMD 按如下顺序完成计算。首先，根据电子系统动力学计算原子初始构型的基态单电子轨道波函数，计算基态能量，通过求解 Kohn-Sham 方程得到体系总势能和电子总能量；然后，扩展平面波基函数展开的分子轨道尝试波函数以进行下一步的 MD 模拟，用 Hellman-Feynman 定理求解离子间的相互作用势 γ（即电子和离子耦合系统的势能）以及 V 对离子坐标的微分和每个原子所受到的作用力；接着，原子核位置向前移动，进一步利用牛顿运动方程求得原子的坐标，计算新的基态能量，直至 $t > t_{\max}$（$t_{\max}$ 即 AIMD 模拟的最大设定时间）；最后获取每个时间步下体系的原子构型，继而对原子集合的动力学过程进行描述。

AIMD 由 Roberto Car 和 Michele Parrinello 于 1985 年共同提出，他们介绍了一个关键算法，通过一个增广拉格朗日函数，把跟踪原子核运动以及在给定原子核位置下找到电子基态两步联合到一起进行处理，定义跟踪原子核和电子自由度的运动方程，在该方程中引入了

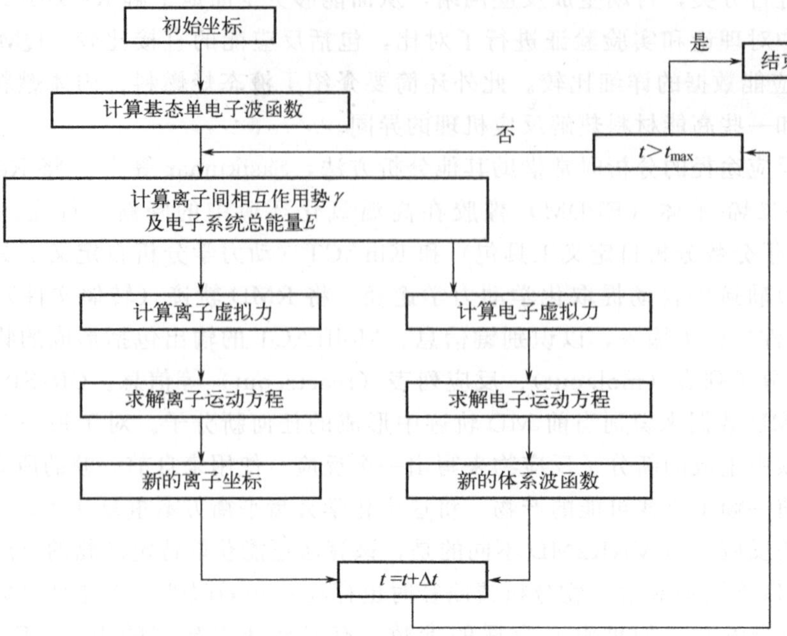

图 3-4　从头计算 MD 模拟流程[123]

虚拟自由度，这种方法称为 Car-Parrinello 动力学方法（CPMD）。到 20 世纪 90 年代，迭代线性代数求解 Kohn-Sham 方程的高效求解方法被广泛应用，只要恰当地使用前一个 MD 步骤得到的电子信息，就可以为原子核位置变更后的基态提供良好的初始近似，从而在接下来的时间步内，能够更高效地计算能量和力，这种方法被称为 Born-Oppenheimer 分子动力学（BOMD）。

AIMD 通过统一 MD 和电子结构理论，彻底改变了复杂分子系统和过程（包括化学反应）计算模拟领域的现实。在 AIMD 方法中，常用的系综包括正则系综、微正则系综以及等温等压系综。AIMD 对体系的电子结构进行了准确的计算，不受限于经验势函数，其准确性远高于经典 MD 方法。使用的经验势函数方法计算量比较大，模拟时间尺度在 ps 量级，模拟的体系大小一般在 100～200 个原子，以节省计算时间，因此模型中只有少数溶质原子，可能出现较大的统计波动。

AIMD 已经用于裂解模拟的研究，但目前对废轮胎和橡胶裂解的模拟研究未有涉及。Maliekkal 等[124] 进行了静态 DFT 计算以及从头计算 MD 模拟纤维素热解中糖苷 C—O 键的活化。通过使用 AIMD 模拟，提供了对糖苷激活更详细的理解，并为研究纤维素热解反应网络中涉及的其他反应提供了框架。AIMD 模拟表明，与以前的实验结果一致，凝结环境中的碳水化合物的羟基通过 2～3 个氢键锚定过渡态，使自由能垒降低（约 134～155kJ/mol）。Agarwal 等[125] 使用 Car-Parrinello 分子动力学（CPMD）模拟了纤维素热解在 600K 和 873K 下发生的分解反应，CPMD 通过各种集合变量（例如糖苷氧的配位数）实现，产生了各种化学反应，例如解聚、碎裂、开环和环收缩。总体结果表明，在 533K 以下，固体中存在“可逆活性纤维素”，环收缩解聚是发生在 533K 附近的可逆活性纤维素转化为液体中间纤维素的关键反应。此外，左旋糖酐前体的形成是纤维素在 673～873K 快速热解过程中一个重要的初始反应。

3.3.4 模拟软件介绍

(1) LAMMPS[126] (Large-scale Atomic/Molecular Massively Parallel Simulator)

LAMMPS是一款开源可并行的粒子MD模拟器，能够在原子尺度、介观尺度和连续介质尺度等多尺度模拟金属、溶液和软物质等体系，该软件原子规模最多可囊括10亿个，可同时调用几万个计算内核与数百个图形处理单元（GPU）进行高效计算，有Linux版本以及Windows下的并行版和非并行版本。一般使用in文件设置特定的命令和参数来调控体系的各种条件，根据牛顿运动定律并使用特定力场运行初始结构文件后得到轨迹文件，轨迹文件配合VMD软件或OVITO软件[127] 可对轨迹的动态过程实现可视化，其他数据文件可通过Python和C语言等进行后处理。由于LAMMPS是一款非图形化界面软件，并且参数使用较为复杂，往往对于使用者有较高的门槛。主流的MD软件还包括GROMACS、NAMD、Amber。

(2) Materials Studio

Materials Studio软件由美国Accelrys公司开发，是一款综合不同尺度模拟方法的商业软件，包括分子模拟的蒙特卡罗和MD模拟方法，可模拟小分子、团簇、聚合物、晶体和非晶体等的物理性质和化学反应相关过程。该软件所含模块功能多样，如分子力学与MD模拟（GULP、Forcite模块），晶体、结晶与X射线衍射分析（Reflex X-Cell模块），量子力学分析（CASTEP、VAMP、DMol3模块），高分子与介观模拟（DPD、Blends、MesoDyn、MesoPro模块）；定量结构-性质关系研究（QSAR、QSAR Plus模块）。例如，Forcite模块主要用于结合合适的力场对结构进行优化，以及对分子大规模热力学和力学性质进行MD相关计算；DMol3模块主要基于DFT计算化学反应机理，可预测配分函数、混合热等性质；MesoDyn模块可以在介观尺度进行模拟，将聚合物转化为高斯链，利用朗之万(Langevin)方程描述高斯链的运动从而模拟共混聚合物的形貌。

(3) Amsterdam Density Functional（ADF）软件[128]

SCM公司开发的ADF软件是一款图形界面软件，可在Windows、Mac或Linux系统中运行，在Windows机器上也能实现高效并行，操作较为简便，可在GUI、BAND、DFTB（包含DFTB-MD）、MOPAC、ReaxFF以及COSMO-RS等模块的建模、分析或可视化分析工具之间自由切换；能用于分子和团簇的DFT、第一性原理、ReaxFF MD和半经验量子化学计算，如ADF和BAND模块支持几何结构优化、过渡态寻找、势能面计算；可人为改进ADF连接Python接口，用于高级、复杂的计算。

(4) Gaussian 09系列程序

高斯（Gaussian）软件在半经验计算和从头计算领域应用广泛，降低了量子化学计算的门槛，经常与GaussView、ChemOffice和HyperChem软件配套使用，软件版本从Gaussian 70版、Gaussian 92版、Gaussian 94版、Gaussian 98版和Gaussian 03版一直到约翰·波普将其工具化得到Gaussian 09版。软件的功能包括分子性质的预测［电荷分布、静电势、偶极矩、HOMO/LUMO（最高占据分子轨道/最低未占分子轨道）、光谱预测（红外、拉曼、核磁、荧光光谱］、能量计算（结合能、解离能、弱相互作用分析）、反应过程（化学反应路径、过渡态搜索）相关计算。

(5) VASP（Vienna Ab-initio Simulation Package）

VASP软件由Hafner等开发，使用平面波基组，通过超软赝势（USPP）、模守恒赝势

(NCPP) 或投影扩充波 (PAW) 方法描述电子与离子间的相互作用。通过近似求解 Schrödinger 方程得到体系的电子态和能量，既可以在 DFT 框架内求解 Kohn-Sham 方程，也可以在 Hartree-Fock 的近似下求解 Roothaan（罗特汉）方程。可以计算材料的结构参数和构型、力学性质、电子结构、光学性质、磁学性质、晶格动力学性质（声子谱等），用于表面体系的模拟、从头计算分子动力学模拟以及激发态的 GW 准粒子修正。一个完整的 VASP 计算过程首先一般需要 4 个输入文件，其中 POTCAR 文件是软件自带赝势，KPOINTS 是 K 点取样设置文件，POSCAR 是描述结构的文件，INCAR 是计算控制参数的文件；然后得到相应的输出文件，如 OUTCAR 文件是最主要的输出文件，CONTCAR 文件是体系弛豫后的结构文件，DOSCAR 文件是电子态密度文件，EIGEVAL 是本征值文件；最后从输出文件中提取数据作图分析。VASP 还能够进行 AIMD 计算，使用有效的矩阵对角化方案和 Pulay/Broyden 电荷密度混合，避免了原始 Car-Parinello 方法可能遇到的问题。

3.4 数值模拟及多尺度模拟在热解研究中的应用

3.4.1 热分析动力学理论基础与应用

大多数动力学研究都是基于热重分析（TGA）和差热分析（DTA）进行的，所有反应都涉及焓的变化，其中模型方程式用于对热谱图中的峰进行反卷积。废轮胎热解的动力学数据的可靠性在很大程度上取决于实验条件，有大量的动力学数据用于描述废轮胎及其聚合物（NR、BR 和 SBR）的热分解。因此，研究废轮胎在动力学受控条件下、不同温度下以及使用综合建模方法进行热解至关重要。大多数模型的热解动力学反应的形式为：

$$r=kC^n \tag{3-27}$$

式中 k——速率常数；

n——反应级数；

r——反应速率；

C——反应物的质量浓度。

由上式可知，r 与 C 的 n 次方成正比。

假设模拟热解反应符合 Arrhenius（阿伦尼乌斯）方程，则速率常数的形式为：

$$k=A\mathrm{e}^{-\frac{E_a}{RT}} \tag{3-28}$$

式中 k——反应速率常数，min^{-1}；

A——指前因子，min^{-1}；

E_a——反应的活化能，J/mol；

R——摩尔气体常数，8.314J/(mol·K)；

T——热力学温度，K。

结合上述两式可以得到反应速率为温度和反应物的质量浓度的函数：

$$r=A\mathrm{e}^{-\frac{E_a}{RT}}C^n \tag{3-29}$$

式中 C——反应物的质量浓度。

已分解的轮胎样品的标准化质量分数 X 计算公式为：

$$X=\frac{m_0-m}{m_0-m_\infty} \tag{3-30}$$

式中 m_0——轮胎样品的初始质量；

m_∞——反应物在反应结束时的最终质量；

m——轮胎样品热解过程中任何时刻的质量。

等温条件下相对于时间的质量损失率如下：

$$\frac{dX}{dt}=Ae^{-\frac{E_a}{RT}}(1-X)^n \tag{3-31}$$

若实验为恒速升温，升温速率为 β，即 $dT/dt=\beta$，使得：

$$\frac{dX}{dT}=\frac{1}{\beta}Ae^{-\frac{E_a}{RT}}(1-X)^n \tag{3-32}$$

将上述方程重新排列，使用微分方程的线性化形式，得到 Friedman（弗里德曼）表达式：

$$\ln\left(\frac{dX}{dt}\right)=\ln\left(\frac{A}{\beta}\right)-\frac{E_a}{RT}+\ln(1-X)^n \tag{3-33}$$

绘制 $\ln\left(\frac{dX}{dt}\right)/(1-X)^n$ 对（$-1/T$）的曲线即可获得 E_a 和 A，然后，通过 E_a 随不同升温速率的变化趋势来判断热解过程是否符合单一动力学模型。若活化能 E_a 几乎不随转化率的变化而变化，说明整个热解过程遵循单一的动力学模型；若活化能 E_a 随转化率的变化而变化且呈现一定规律性，则应考虑是否改变动力学模型。

热分析动力学方法分为等温法和非等温法。等温法相对来说比较简单，对等温形式的反应速率方程进行积分即可得到。非等温法可以分为两类，一类基于微分法（如标准法、Friedman 法、AIC 法），另一类基于积分法［如 Kissinger-Akahira-Sunose（KAS）法、Vyazovkin 法、Flynn-Wall-Ozawa（FWO）法］。在相同转化率下，热解的表观活化能可以通过这些方法得到。

尽管基于模型的动力学与轮胎热解的动力学非常接近，但 FWO 和 KAS 方法过程过度简化。Starink 的无模型方法至少比 FWO 和 KAS 方法准确一个数量级，已被应用于几项动力学研究，该方法将 FWO 和 KAS 的等值转换方法整合到一个表达式中：

$$\ln\left(\frac{\beta}{T^{1.8}}\right)=C_s-1.0037\frac{E_a}{RT} \tag{3-34}$$

式中 C_s——独立于 β 和 T 的常数；

E_a——活化能，根据 $\ln\left(\frac{\beta}{T^{1.8}}\right)$ 对 $1/T$ 的斜率获得。

在非等温条件下，可以用速率常数 $k(T)$ 来补偿反应机理函数，这种补偿效应表明总有一组以上的 E 和 A 进行拟合后与实验数据吻合。除此以外，还可以使用主图（master plot）方法来确定热解反应的机理模型[129]。

废轮胎热解动力学研究的初期通常将整个热解过程视为单步反应或各组分平行反应，各个有机组分独立热解，互不干扰，其优点是简单且只处理有限的参数。然而，废轮胎的成分是非常复杂的有机碳氢聚合物，其热解机理的动力学模型基于多步骤化学反应，这些反应通常包括一组可逆的自由基反应：自由基重组、歧化、β 位断裂等。其热解反应过程必然涉及多个活化能不同的单步反应，各个单步反应的反应速率占废轮胎热解过程总反应速率的权重会随着温度（或转化率）的改变而改变。因此，人们对废轮胎动力学的研究从单级反应速率模型发展为多组分反应速率模型。例如，Leung 等[130]采用热重法/微商热重法（TG/DTG）对废轮胎热解特性进行了探索，并提出了 Three-Component-Simulation 和 Three-Elastomer-Simulation 两个新的动力学模型。Three-Elastomer-Simulation 模型假设轮胎由 NR、BR、SBR 三种橡胶降解为油分和三种中间产物，再经过一轮反应后油被完全降解，而各组分中所含的炭黑和灰分在最终产品中仍然存在。实验结果表明，两种模型的模拟结果与 TG 和 DTG 的实验结果具有良好的一致性，为探究橡胶热解机理提供了一定的参考。

Arabiourrutia[131] 使用动力学模型与气流模型相结合的方法对轮胎热解实验结果进行拟合。基于理想的流动反应器，用两种不同的方法模拟从反应器到测量装置的气体流动模式。此外，还提出了两种动力学方案来分析产品动力学，第一种是生成挥发性产品（气体、液体、芳烃和焦油）的反应，第二种是从液体中形成芳烃的附加二次反应。两种动力学和流动模型耦合策略的预测结果都与实验一致，并认为二次反应的模型性能略好于简单反应。此外，他们总结了动力学模型评估所遵循的程序：首先，提出一个动力学模型，求解动力学模型从而得到反应器内物质的质量分数，然后将质量分数转换为体积分数，接着应用流量模型，得到测点处的体积分数，将体积分数转换为质量分数，最后比较实验质量分数和模拟质量分数以验证动力学模型。

借助 Aspen Plus 软件并利用文献中的反应动力学模型建立模拟流程进行模拟（模型的速率方程用于计算每个产物组分的生成速率和每个反应的动力学速率常数），可以得到温度对热解产物和能量平衡的影响规律、反应条件对热解油的脱硫效率和热解炭活化效率的影响等信息[132]。相比平衡模型，动力学速率模型更准确、更详细，但其计算严格且复杂，所以迫切需要开发一种基于动力学速率的仿真工具，能够在各种操作条件下高精度地预测特定热解过程的产物。Ismail[133] 等基于废旧轮胎热解动力学模型，提出了一种可在 Aspen Plus 中模拟不同操作条件下废轮胎热解工艺的流程模型，这个模型能够预测超过 110 种轮胎的热解产物。

有大量的动力学数据用于描述使用 TGA 研究的废轮胎及其组成聚合物（NR、BR、SBR）的热分解。然而，由于数据通常是在温控实验下收集的，废轮胎热解的动力学数据的可靠性在很大程度上取决于实验条件。此外，在废轮胎热解动力学研究过程中，动力学方法、热解反应器及废轮胎热解动力学参数等对热解收率都有显著影响，因此，研究废轮胎在动力学受控条件下、不同温度下以及使用综合建模方法进行热解至关重要。

3.4.2 热解过程的流程模拟

开发数学模型和反应模式可以帮助理解废轮胎热解过程，除了动力学模型，还包括传质模型、热扩散模型等。随着计算机技术的发展，计算模拟涉及领域逐渐扩大。目前，计算规模已经从简单的一维轴向传热模型、二维截面传热模型扩展到复杂的三维几何结构乃至工业尺度流化床，由于网格分辨率高，二维或三维有限元模型的计算成本更高，但它们提供了可靠的轮胎壁面对流热流结果。此外，这些模型提供了更精确的细节，可以更好地理解不同操作条件下的物理现象。模拟规模的提高得益于计算机性能的增强和相关平行算法的发展，尤其是随着欧拉-拉格朗日方法下并行算法的发展，计算核数增加，合理的并行程序设计可以保持较高的并行效率。经过计算方法和编程优化后的数值模拟方法不仅投入的成本较低、研发时间短，而且能够进行比较准确的模拟，减少了低效的重复劳动，在代替实验的同时，数值模拟还能从理论上对反应器内气固流动的细节进行高精度分析，获得常规肉眼无法看到的细微状况和测量手段无法获得的信息，在机理层面促进了对现象的分析，基于这些优势，国内外许多研究者将数值模拟应用到废轮胎裂解领域当中。

数值模拟研究一般包含以下几个步骤：①建立数值模拟对象，可自行设计流化床；②确定热力学参数以建立能够反映工程问题或物理现象本质的动力学或数学模型，如流体流动和热传导模型、辐射模型和相变模型；③选择合适的坐标系、网格划分程度和准确且高效的计算方法，编写程序，建立流程模型并开始计算；④在计算结束后，通过流场分布图、温度分布图或相关表格来分析数据；⑤讨论流场、温度场以及产物组分分布等模拟结果和实验结果，最后得出结论。这一流程在许多研究中都可以体现，例如，Ismail[133] 等在建立废轮胎热解动力学模型后进行流程模拟，废轮胎经过粉碎机粉碎后，引入固定床反应器进行热解反应，生成焦炭、气体和油化合物。在热解反应阶段，非常规固体原料颗粒在高温下转化为常规元素组分和热解气体。

反应在 Aspen Plus 库中预定义的屈服反应器（DECOMPOS）和塞流反应器（PFR1）中进行。根据先前定义的动力学，除了炭黑和金属，油气产品都处于气相中，在分离器（容器 1）中将这些非蒸气组分与蒸气组分分离。焦炭与固体金属则使用分离器单元（HYCYC1）进一步分离。使用热交换器（HEX1）中的冷却水对产物进行冷却。使用分离器（容器 2）进一步将产物分离到含油产品的液相和含不可冷凝气体产品的气相中。30%的焦炭产品在炉内燃烧以产生加热反应器所需的能量，与吉布斯反应器单元（FURNACE）相对应。

通过比较 Olazar 等[134] 的实验数据，利用该模型分析验证了石油气体产品、非芳烃液体、芳烃和焦油在一系列温度下的质量分数，并根据 Laresgoiti 等的实验结果，模拟了工艺温度对热解的影响，最终发现，随着温度的升高，较大的碳氢化合物链将开裂成小链条，这些小链条重整为芳香化合物形式，使得 C_{10}～C_{15} 的质量分数降低，而较小链 C_7～C_9 质量分数增加。这些结果表明，该仿真模型能够高精度地预测碳氢化合物产物的质量分数。从低能量的角度来看，低温下的操作是最节能的，但由于价格的波动和市场供求关系变化等因素的影响，最低温度下的操作不是最经济实用的，而仿真模型能够根据这些变化调整工艺流程以达到最经济、节能的温度。

工程中的流体流动、传热、燃烧、化学反应、多相流体的数值模拟统称为 CFD（computational fluid dynamics）技术。CFD 类软件（Fluent、STAR-CD、COMSOL 等）一般包括前处理、求解器、后处理三个模块，其成本低，能模拟较为理想的传热传质过程，其主要特点就是以描述该类物理或化学现象的理论方程（代数、微分方程等）为基础，采用计算机，运用一定的数学方法对理论方程加以离散和求解，最终得到一系列对工程实践具有指导意义的规律性的研究结果。英国皇家理工学院 Babler[135] 基于一个连续介质模型提出了一种用于回转窑中木质纤维素生物质热解的模块化数值的模型。该模型提供了一个综合过程模拟器，可以研究各种参数的影响，包括操作参数和反应器尺寸。颗粒流模型由著名的 Saeman 模型描述，根据从中试规模的热解槽获得的实验数据对模型进行验证，在不同的进料流量和热量供应条件下进行了 9 个实验，在高热量供应下模拟与实验存在偏差，在中等高度供热下则较为吻合，此外还发现旋转速率、传热和产量之间存在复杂的相互作用。

研究中往往需要一个准确的数学模型来估计各种聚合物类型的热值，基于从已发表文献中收集到的大量数据，发展预测模型可以缓解实验参数复杂和耗时、昂贵等问题。

热解的机器学习（ML）技术在使用从实验室和生产中收集的数据时具有出色的预测能力，在废料热解中有许多成功的应用，机器学习的方法与传统的模拟方法结合在废料热解研究中也有许多成功的应用，例如可以优化模拟过程，求解复杂动力学模型，以最佳质量使产品收率最大化。Ni等[136] 采用TG-FTIR、动力学、热力学与机器学习结合方法分析了煤泥（CS）和咖啡工业残渣（CIR）以不同比例在不同加热速率下的协同反应作用和共热解特性。在人工神经网络（ANN）模型中，输入温度、升温速率和混合比三个参数可以得到质量损失分数的信息，从而预测CS和CIR共热解的TG数据。结果表明，CS和CIR的共热解具有明显的协同作用，共热解反应是吸热反应，ANN 11是CS和CIR共热解的最佳预测模型。Luo[137] 开发了适用于生物质的经验相关性（EC）、人工神经网络和随机森林（RF）等多种模型，探索动力学参数与加热条件/生物质化学成分之间的复杂和非线性相关性，用于预测应用CFD的单步模型的动力学参数，结果表明，RF模型表现出最佳预测能力。他们的另一项研究[138] 基于CPD模型构建了用于预测煤在各种加热速率下的人工神经网络的模型。与CPD模型相比，ANN模型对总挥发率和释放速率均具有较好的预测能力，计算效率明显提高。Xia等[139] 研究了四种不同加热方式（直接加热、微波辐射、太阳能加热和红外加热）和加热速率、最终温度、停留时间、原料类型和尺寸等操作参数对热解焦产率及其高位发热量（HHV）的影响。他们利用ML技术和大数据，根据加热源和工艺参数，对不同废料的热解焦产率和HHV进行建模和预测。基于文献数据，共收集了61个不同的案例、683个独立观察结果用于机器学习分析，目标变量为Ln（焦炭产量）和HHV，输入变量为加热源、原料类型、原料尺寸、温度、加热速率和停留时间。对几种预测模型［ML线性和多项式回归、k-最近邻（kNN）、人工神经网络和梯度增强模型］进行比较，最终认为梯度增强模型对Ln（半焦产率）和HHV的预测效果最好，精度较高。对几种建模结果进行了比较，提出了能使半焦产率最大、HHV最高的最优策略。

3.5 废轮胎热解产物分布模拟及调控

3.5.1 橡胶中单组分热解产物分布模拟及调控

废轮胎橡胶热解的实际过程是多组分热解，例如：含氮污染物有NH_3、NO、HCN和HNCO等，主要来源于无机氨和杂环氮分解；含硫污染物有H_2S、COS、CS_2、SO_2、CH_3SH和C_6H_5SH等，来源于硫醇、硫醚和噻吩的转化；含氯产物分为有机氯和无机氯，包括HCl和C_6H_5Cl[140]。热解产物复杂的构成使得气体产物分布分析困难，仅气体产物就包括含氮、含硫和含氯等多种化合物，因此，有必要对橡胶的单组分热解进行研究。将实验结合计算机模拟进行多方面对比能够更全面了解废轮胎中橡胶组分热解过程，相较实验而言，MD与DFT方法在研究橡胶热解产物分布问题上可研究的因素更为广泛，能够很好地探索微观的变化，尤其是对于热解过程中气体产物的分析更为便捷。

研究人员对NR的热降解气相产物分布模拟研究进行了初步探索，Yang等[30] 结合反应分子动力学模拟和热重-红外光谱（TG-FTIR）实验，使用ReaxFF力场，通过Maters Studio软件模拟了三个NR长链分子模型来研究裂解过程，结果表明：NR裂解气主要成分为CH_4和C_2H_4，还含有少量C_3H_6和C_4H_6。为分析不同温度对NR热解产物分布变化的影响，总结了 1400～2400K 时天然橡胶的产物分布和 C_5H_8 碎片数量变化。1400K 时，天然橡胶热解生成大于 C_{12} 的二聚体、三聚体等大分子碎片，以及少量 C_5H_8 碎片；1600K 左右时，C_1～C_5 等短链烃急剧增加，尤其是 C_5H_8 自由基，其次是 CH_4、C_2H_4、C_3H_6 和 C_4H_6 等小分子；2200K 时，C_4H_6 略有减少，而 C_5H_8 明显减少，其他小分子运动更为剧烈，分布更为分散。

根据 C_5H_8 热解小分子产物随温度的变化，可以判断 NR 在裂解过程中首先生成了 C_5H_8 自由基，然后中间双键与两端自由基缩合成两个双键，形成 C_5H_8（异戊二烯）单体，最后，C_5H_8 又随温度升高进一步断裂生成 CH_3·和 C_4H_5·等小分子碎片。

与 Yang 等[30] 的结果相似，Yu 等[141] 通过一系列 ReaxFF MD 模拟研究了天然橡胶和硫化 NR 热解产物的演变。随着反应的进行，NR 首先发生大分子链裂解，生成重焦油和轻焦油。随着二次裂解反应的进行，重焦油形成更多的轻质油气，这一阶段的停留时间较长。

NR 热解主要气体产物的演变如下：H_2 和 C_1～C_4 烃是主要的气态产物，2400K 时，S1 体系（未硫化的天然橡胶的热解模拟体系）以 CH_4、H_2、C_4H_6 和 C_3H_6 为主，早期形成异戊二烯，C_2H_2 和 C_3H_4 在后期（分别为 70ps 和 90ps）形成，这表明 C_2H_2 和 C_3H_4 是由其他分子或自由基（如 C_2H_4 和 C_4H_6）裂解的二次反应形成的，这一点从 2800K 时 C_3H_6 和 C_4H_6 的数量变化也可以看出，C_3H_6 和 C_4H_6 的分子数分别在 100ps 和 120ps 达到最大值，随着反应的进行，C_3H_6 和 C_4H_6 的分子数由于二次反应而呈现下降趋势。在 3000K 时，H_2 的数量远高于其他物质，这与轻油通过重组反应形成更多 H_2 同时形成更多重油是一致的。

除了对单组分 NR 的热解模拟外，研究人员还对单组分 SBR 的热解情况进行了模拟。杨启容[44] 等基于 ReaxFF 力场运用 MaterialsStudio 软件对聚合度为 21 的 SBR 模型的热解过程进行 MD 模拟。模拟结果显示，SBR 的初始热解温度为 493K，热解的初步产物为丁二烯；在 493～673K 时，丁苯橡胶继续以一定的速度热解，产物结构无明显变化；683K 时，丁二烯进一步分解成 C_1～C_5 等小分子结构；683K 后，运动更为剧烈，分布更为分散，小分子数量逐渐变得更多；883K 以上新的产物不再继续生成，丁苯橡胶的主链已基本裂解，热解过程趋于稳定。此外，该研究还表明：升温速率越大，热解的起始温度越高，且升高相同温度的情况下热解程度越低；苯的质量分数（丁二烯单体和苯乙烯单体掺杂的比例）越高，丁苯橡胶的起始热解温度越高。

Deng 等人[36] 也对单组分 SBR 的热解进行了模拟。首先，基于聚苯乙烯、1,2-聚丁二烯、顺式 1,4-聚丁二烯和反式 1,4-聚丁二烯四种重复单元构建了四种均聚物样品；然后，在 1500K、2000K、2500K 和 3000K 下使用 NVT 系综进行 ReaxFF MD 模拟，以直接研究丁苯橡胶热解产物的分布并将最终结果与实验进行对比。

为了解这四种不同结构的 SBR 在不同温度下的热解情况，图 3-5、图 3-6 和图 3-7 分别表示四种均聚物在温度为 1500K、2000K 和 2500K 时产物分布随时间的演变。从图 3-5 中可以观察到在 1500K 时，聚苯乙烯热解首先得到 C_8（苯乙烯单体），聚苯乙烯的早期热解阶段产生少量 C_9，这是由于与苯相邻的下一个 C—C 键的随机断键（β位断裂）。1,2-聚丁二烯和反式 1,4-聚丁二烯首先得到 C_4（丁二烯单体）的热解产物，而顺式 1,4-聚丁二烯仅得到少量 C_4 和 C_8 产物，表明顺式 1,4-聚丁二烯比反式 1,4-聚丁二烯更加稳定。

从图 3-6 中可以观察到，2000K 时，四种均聚物热解产物总数都增加了。对于聚苯乙

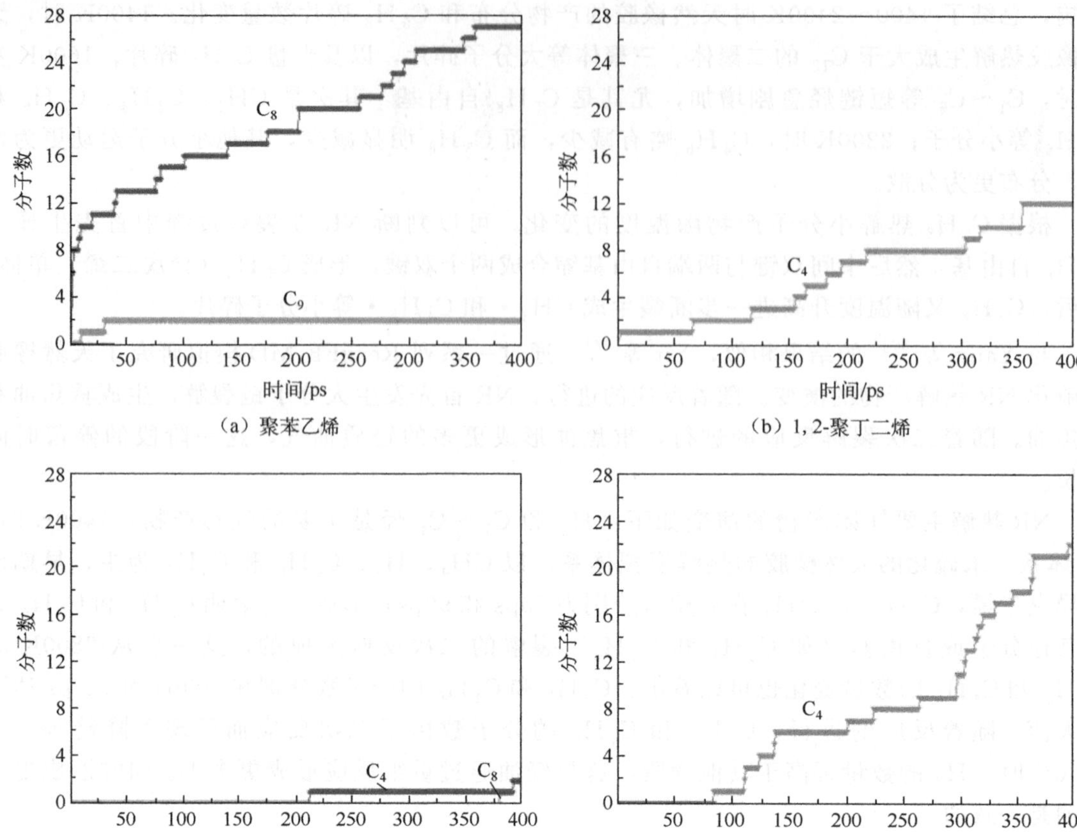

（a）聚苯乙烯　（b）1, 2-聚丁二烯

（c）顺式1,4-聚丁二烯　（d）反式1,4-聚丁二烯

图 3-5　均聚物在 1500K 下热解产物分布的时间演变

烯，温度升高导致 C_8 和 C_9 增加，C_8 的含量在 200ps 后略有下降，而 C_2 等小分子数量增加，表明更多的聚苯乙烯产物断键，初级产物苯乙烯开始分解为其他小产物；对于 1,2-聚丁二烯，主要产物仍然是 C_4（丁烯），且随着进一步热解伴随着 C_2、C_3 小碎片的产生；顺式 1,4-聚丁二烯和反式 1,4-聚丁二烯的热解产物只包含 C_4。

彩图 3-6

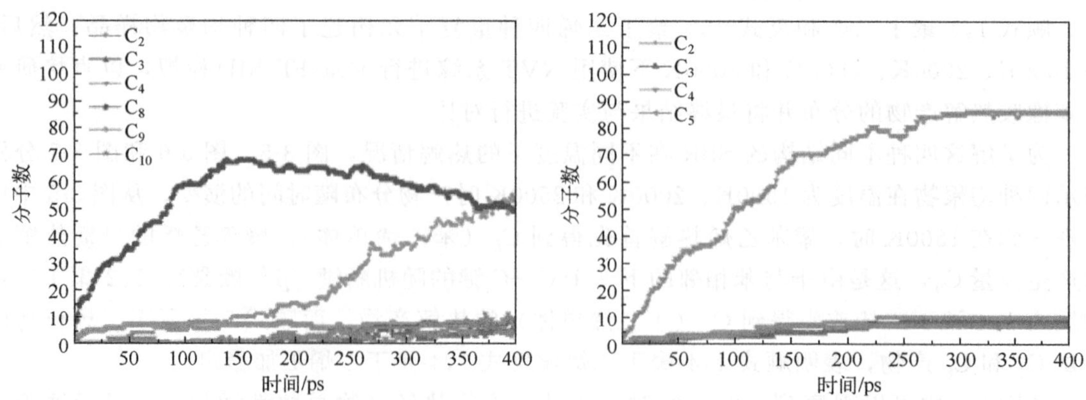

（a）聚苯乙烯　（b）1,2-聚丁二烯

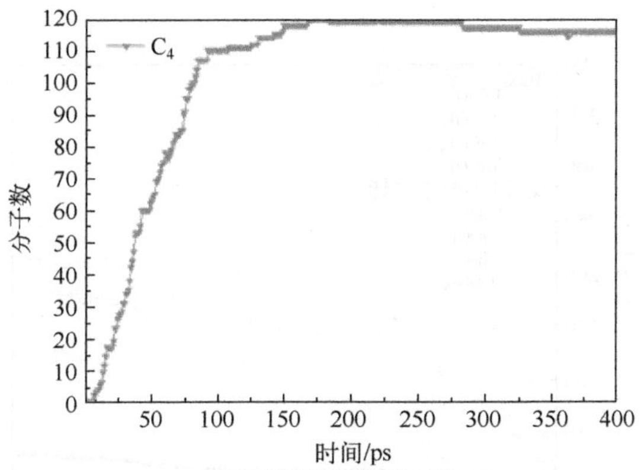

(c) 顺式1,4-聚丁二烯

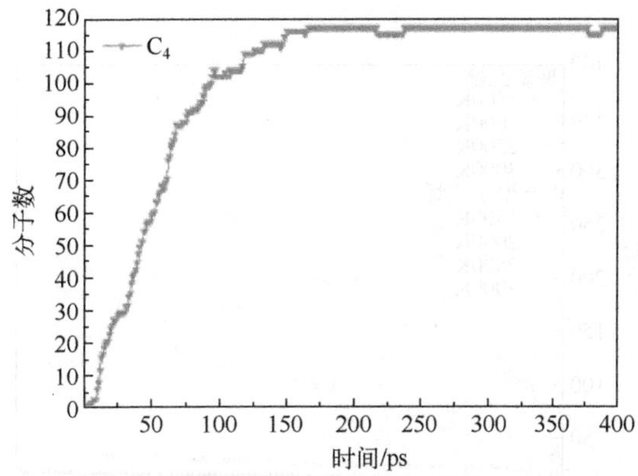

(d) 反式1,4-聚丁二烯

图 3-6　均聚物在 2000K 下热解产物分布的时间演变[36]

如图 3-7 所示，在 2500K 时，均聚物热解产物的分解和生成同时进行，从不同温度下均聚物热解产物总数的时间演变来看（图 3-8），更高的温度使得产物分布更加复杂。聚苯乙烯由于苯的开环产物类型多于其他三种样品，主要热解产物从 C_8 开始，150ps 后苯开环分解为 C_2 和其他小碎片；其他三种样品的初始产物都是 C_4，然后 C_4 进一步分解成 C_2；顺式 1,4-聚丁二烯的产品类型最少，结构最稳定，这是由于与双键最近邻键的 C—C 键的解离能（BDE）较大。此外，所有样品的最终产物都是 C_2，在 3000K 时四种聚合物热解产物分布情况与 2500K 时类似。

彩图 3-7

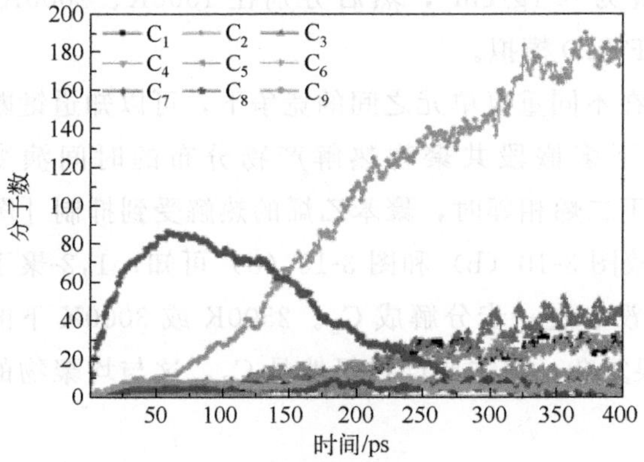

(a)聚苯乙烯

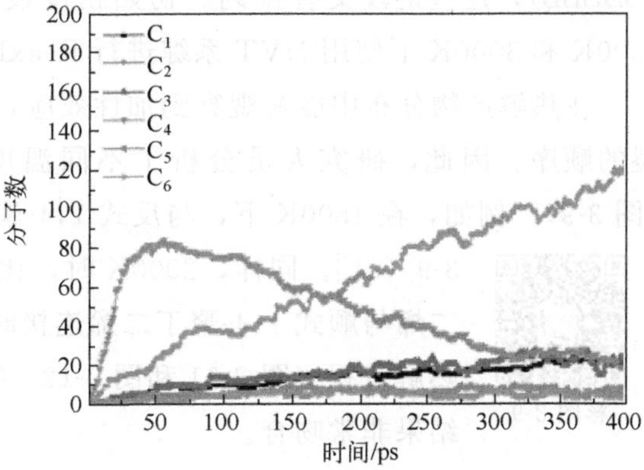

(b)1, 2-聚丁二烯

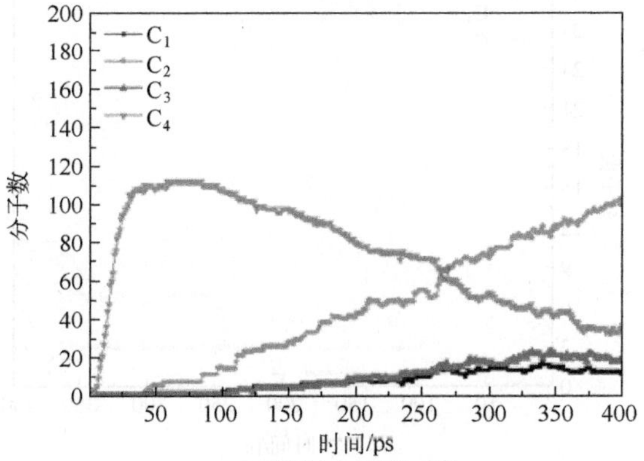

(c)顺式1,4 - 聚丁二烯

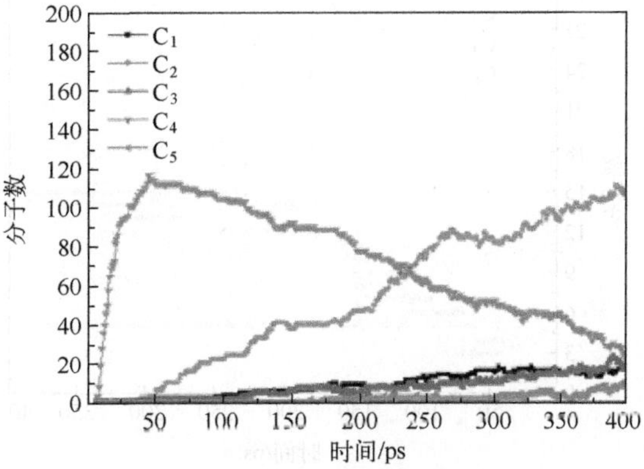

(d)反式1,4 - 聚丁二烯

图 3-7　均聚物在 2500K 下热解产物分布的时间演变[36]

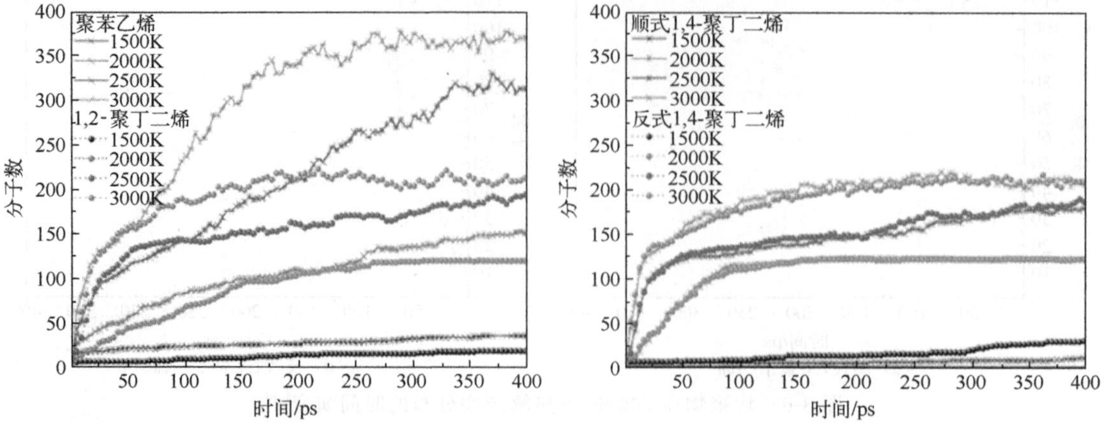

(a)聚苯乙烯和1,2-聚丁二烯

(b)顺式1,4-聚丁二烯和反式1,4-聚丁二烯

彩图 3-8

图 3-8 不同温度下均聚物热解产物总数的时间演变[36]

为了研究单体单元不同连接方式对热解的影响，构建了单体顺序为 AB、AC、AD、BC、BD 和 CD 的 6 种嵌段共聚物。以重复单元为 AB 的共聚物为例，样品由 4 条链组成，每条链中有 6 个链段，每个链段中含有 5 个 A 单元（AAAAA）或 5 个 B 单元（BBBBB），这些链段交替排列。初始密度设置为 $0.1g/cm^3$，然后分别在 1500K、2000K、2500K 和 3000K 下使用 NVT 系综进行 ReaxFF MD 模拟。

在热解产物分布中能够观察到加性效应，在不同重复单元之间的竞争下，可以知道键断裂的顺序。因此，研究人员分析了不同温度下多嵌段共聚物热解产物分布的时间演变（图 3-9）。例如，在 1500K 下，与反式 1,4-聚丁二烯相邻时，聚苯乙烯的热解受到抑制［图 3-9（c）］。同样，2000K 时，比较图 3-10（b）和图 3-10（d）可知，1,2-聚丁二烯与顺式 1,4-聚丁二烯连接时没有进一步分解成 C_2。2500K 或 3000K 下的热解过程（图 3-11 和图 3-12）很复杂，但主要产物仍然是 C_2，这与均聚物的结果非常吻合。

彩图 3-9

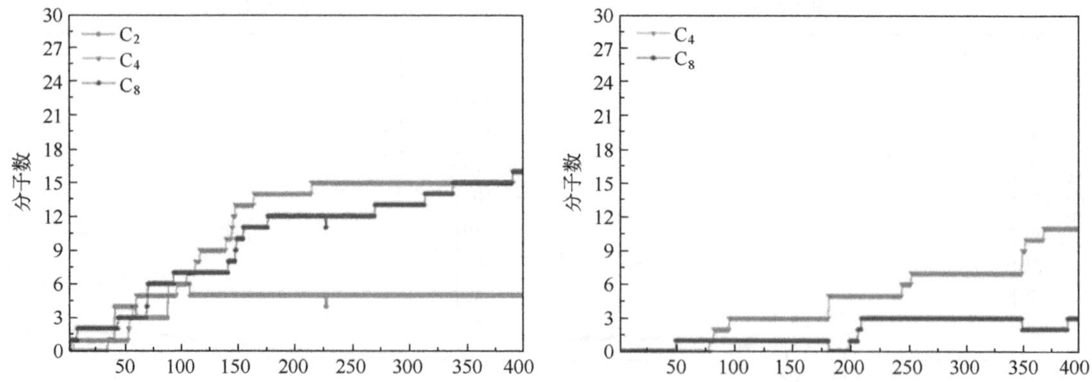

(a)AB嵌段共聚物

(b)AC嵌段共聚物

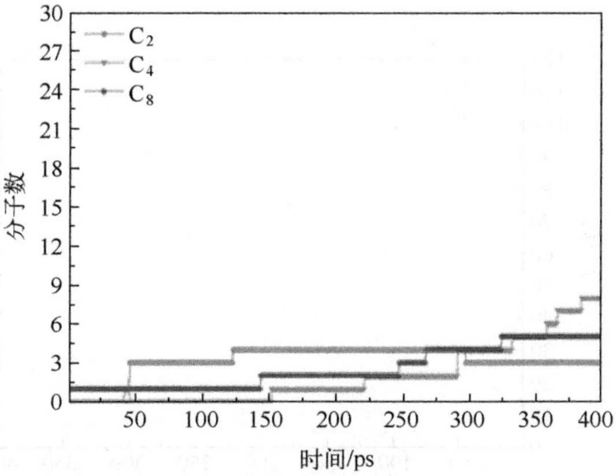

(c) AD嵌段共聚物

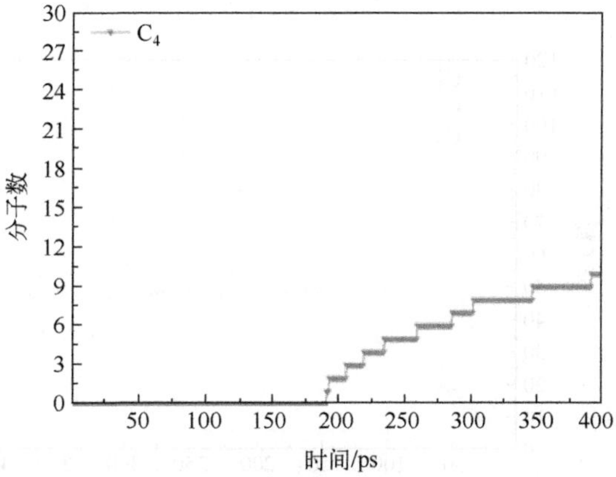

(d) BC嵌段共聚物

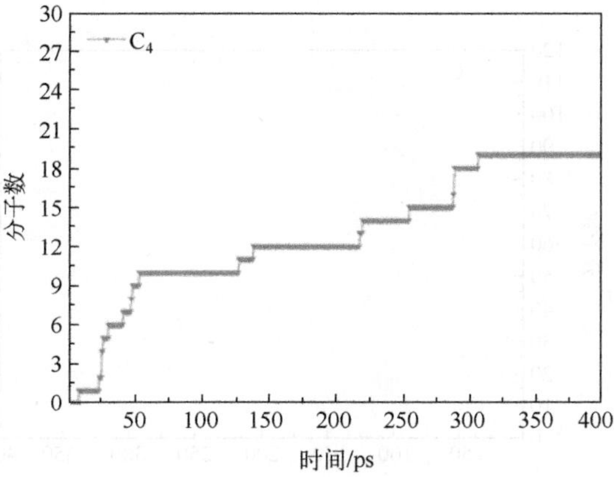

(e) BD嵌段共聚物

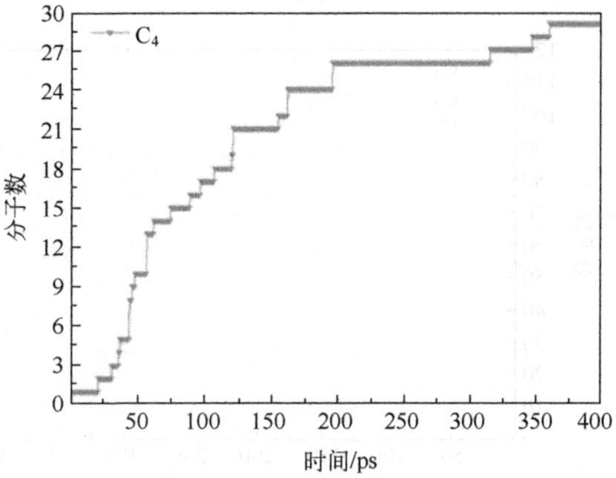

(f) CD嵌段共聚物

图 3-9　1500K 下多嵌段共聚物热解产物分布的时间演变[36]

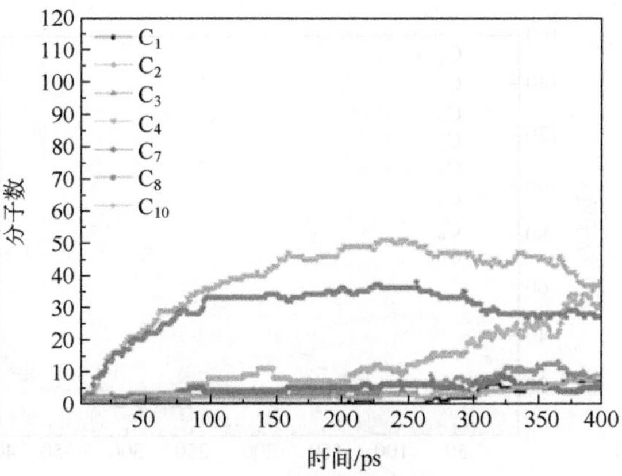

(a) AB嵌段共聚物

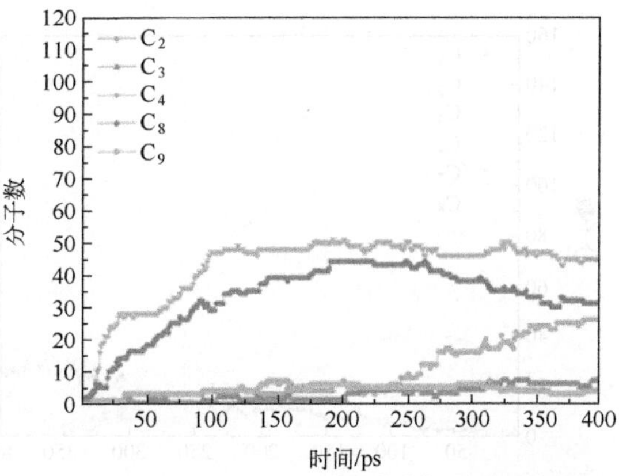

(b) AC嵌段共聚物

图 3-10

彩图 3-10

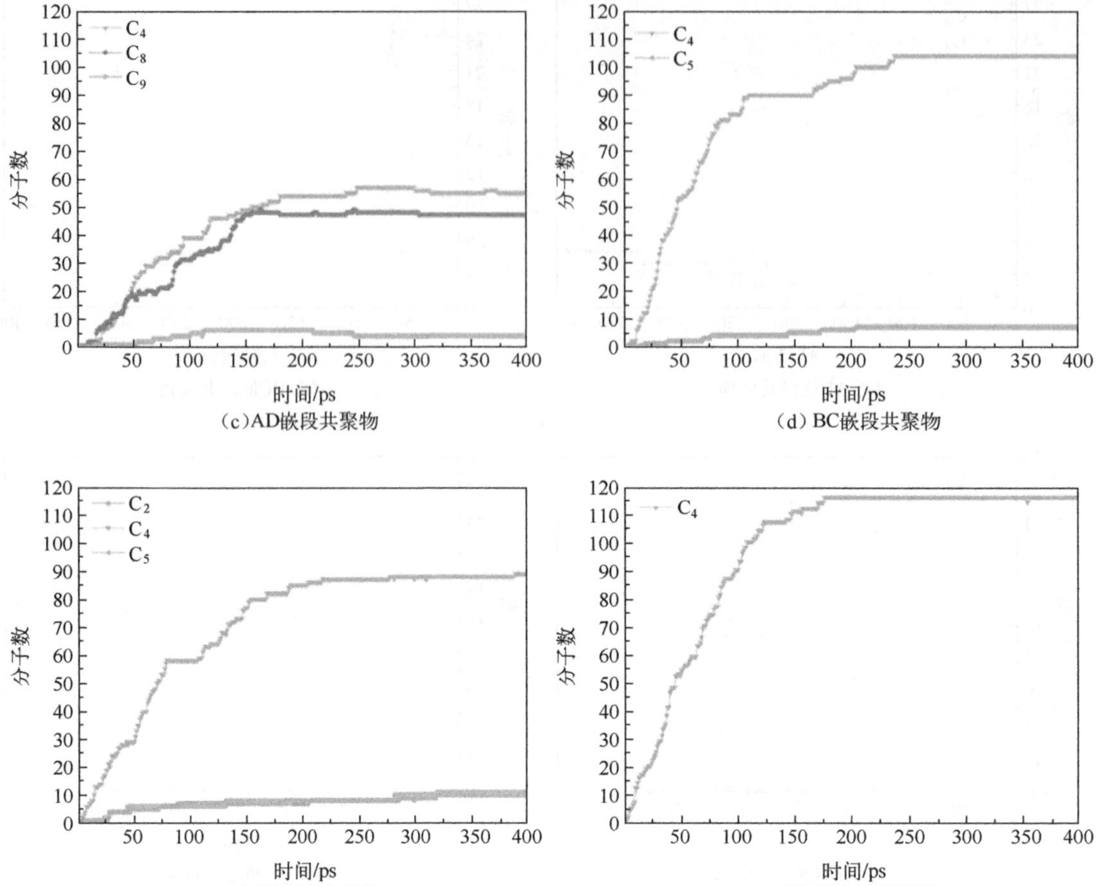

(c)AD嵌段共聚物 (d)BC嵌段共聚物

(e)BD嵌段共聚物 (f)CD嵌段共聚物

图 3-10 2000K 下多嵌段共聚物热解产物分布的时间演变[36]

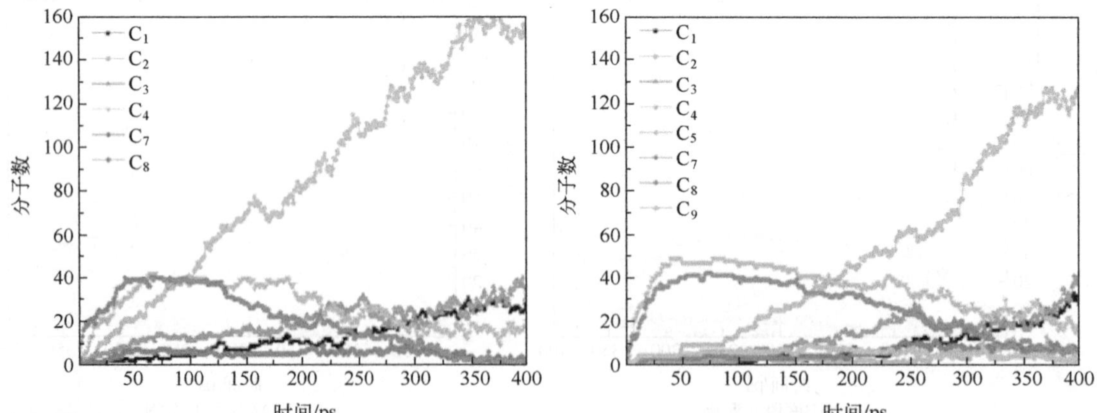

(a)AB嵌段共聚物 (b)AC嵌段共聚物

彩图 3-11

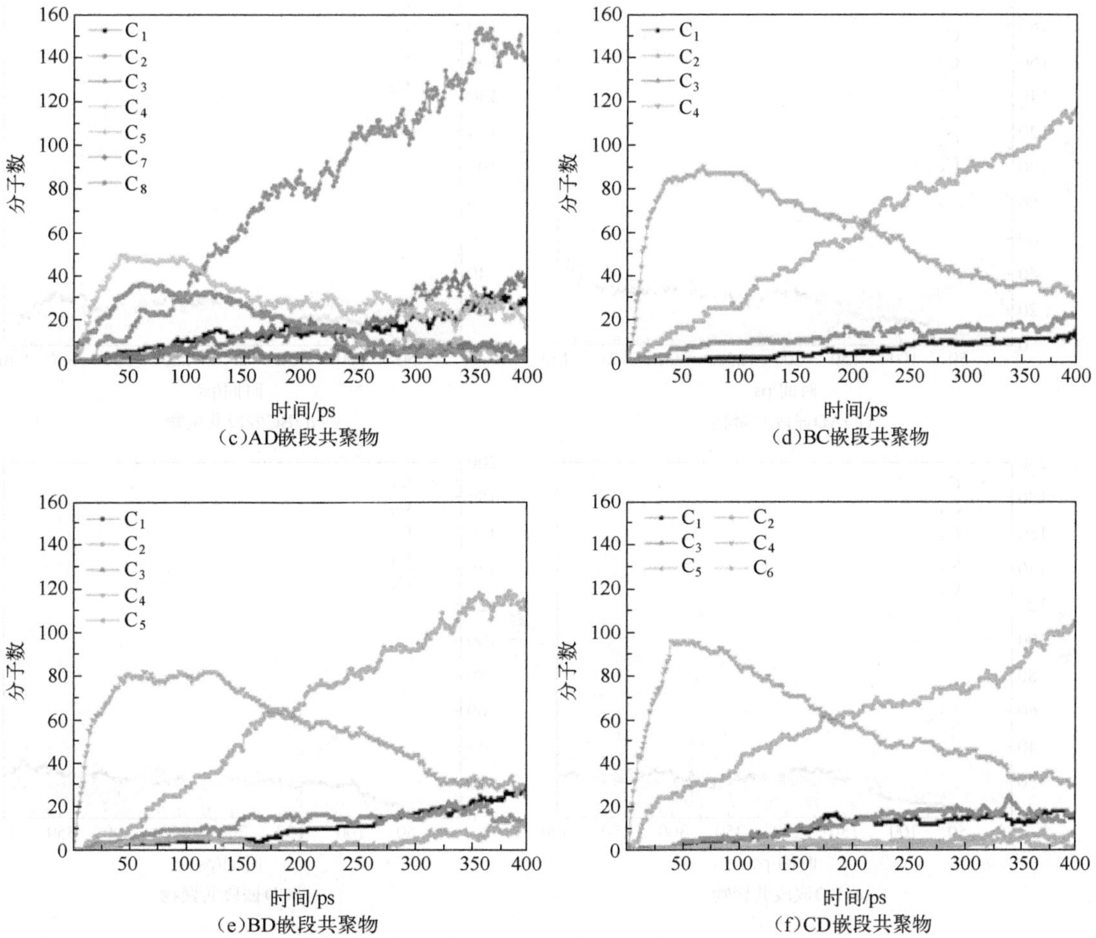

(c)AD嵌段共聚物　(d)BC嵌段共聚物

(e)BD嵌段共聚物　(f)CD嵌段共聚物

图 3-11　2500K 下多嵌段共聚物热解产物分布的时间演变[36]

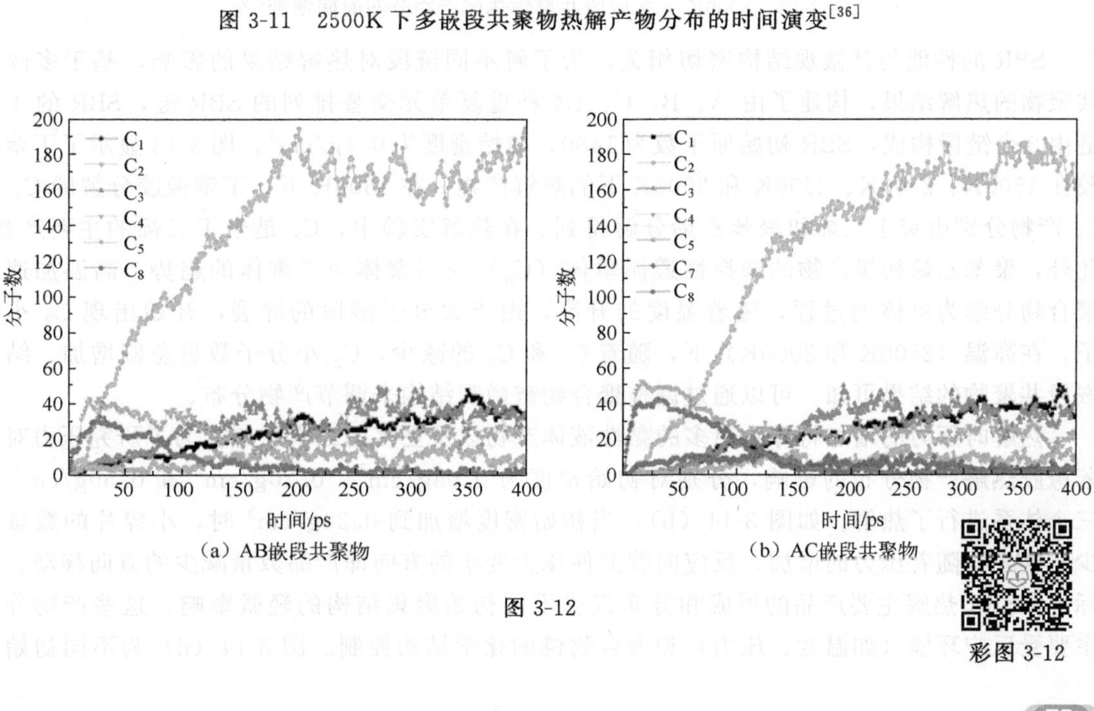

(a) AB嵌段共聚物　(b) AC嵌段共聚物

图 3-12

彩图 3-12

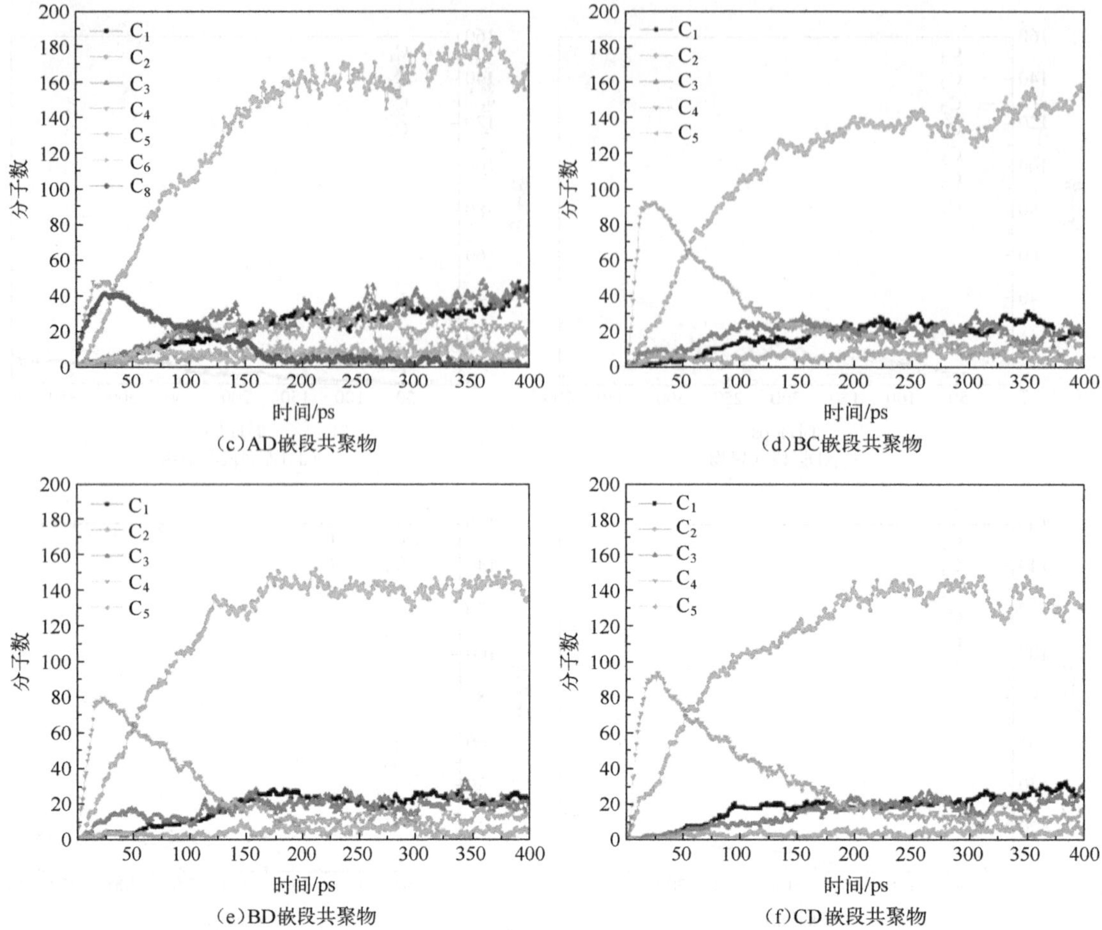

图 3-12 3000K 下多嵌段共聚物热解产物分布时间演变[36]

SBR 的性能与其微观结构密切相关，为了解不同链段对热解结果的影响，基于多嵌段共聚物的热解结果，构建了由 A、B、C、D4 种重复单元交替排列的 SBR 链，SBR 的 4 条链由 8 个链段构成，SBR 初始原子数为 1480，初始密度为 0.1g/cm^3。图 3-13 显示了丁苯橡胶在 1500K、2000K、2500K 和 3000K 下的热解产物。在 1500K 下，丁苯橡胶分解的 C_4 和 C_8 产物分别由聚丁二烯和聚苯乙烯分解得到。在热解实验中，C_4 是聚丁二烯的主要产物，此外，聚苯乙烯初级产物的选择性遵循单体（C_8）＞三聚体＞二聚体的趋势。高温加速了聚合物分解为单体的过程，随着温度的升高，由于大分子链段的碎裂，开始出现 C_2 小分子。在高温（2500K 和 3000K）下，随着 C_4 和 C_8 的减少，C_2 小分子数量急剧增加。结合嵌段共聚物的结果可知，可以通过调整聚合物链微观结构来调节产物分布。

热解时压力的增加将导致更多的黏性液体产物以及更多的二次反应。为了研究压力对丁苯橡胶热解产物分布的影响，分别对初始密度为 0.05g/cm^3、0.20g/cm^3 和 0.50g/cm^3 的三个体系进行了热解。如图 3-14（b），当初始密度增加到 0.20g/cm^3 时，小碎片的数量减少，这表明随着压力的增加，反应向着能使压力变小的方向即产品数量减少的方向移动。实际上，SBR 热解主要产品的形成和分布仅受不同初始聚集结构的轻微影响。这些产物分布主要受反应环境（如温度、压力）和聚合物链的化学结构控制。图 3-14（d）为不同初始密

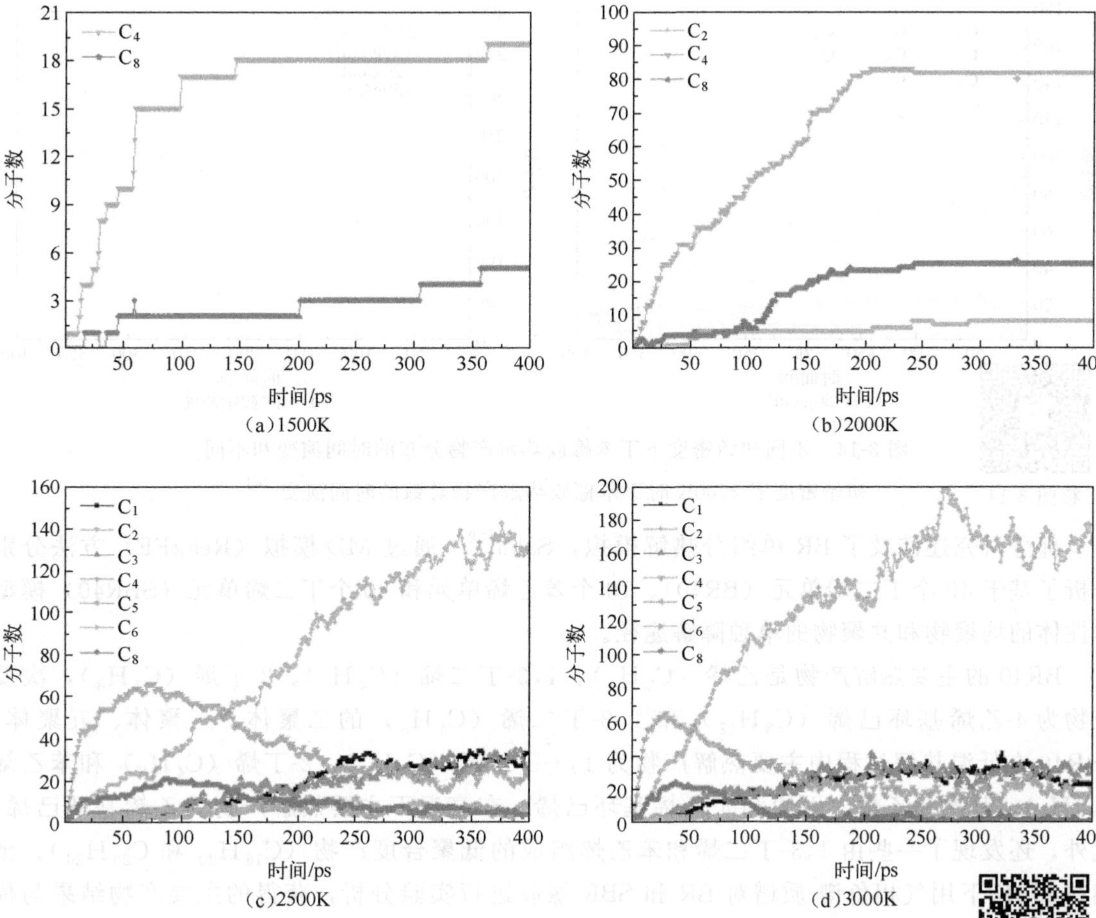

图 3-13　不同温度下丁苯橡胶热解产物分布的时间演变[36]

彩图 3-13

度下 2500K 时 SBR 热解产物随时间的变化，低密度（0.05g/cm^3 和 0.10g/cm^3）样品的总数随着模拟时间的增加而增加，而高密度（0.20g/cm^3 和 0.50g/cm^3）样品的总数随着模拟时间的增加而达到一个平台，表明化学平衡在这个过程中起着重要作用。

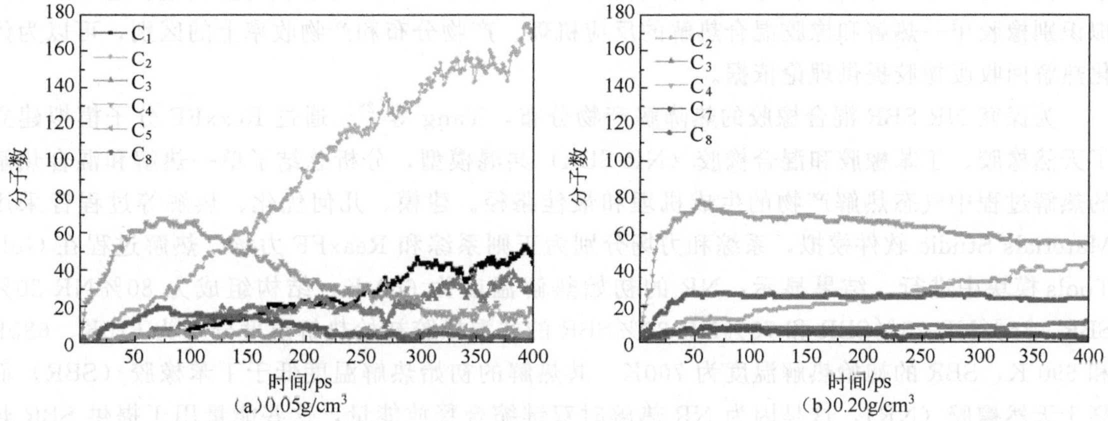

图 3-14

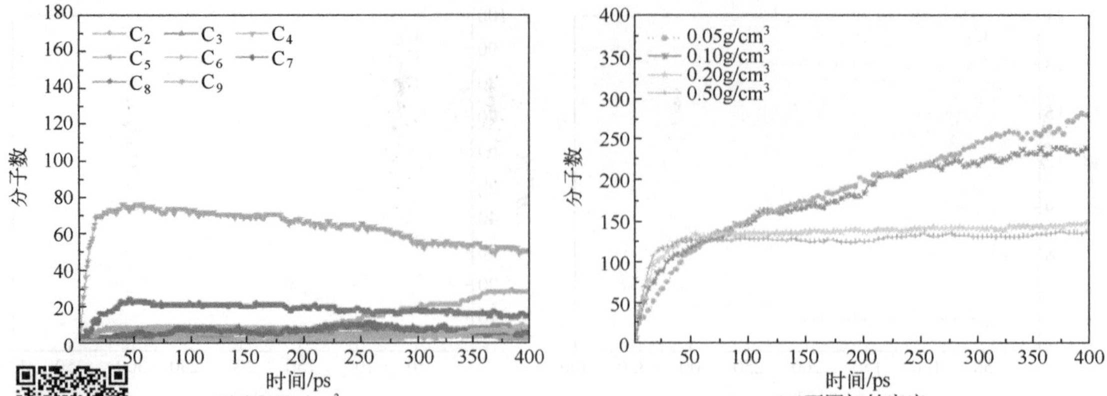

(c) 0.50g/cm³ (d)不同初始密度

彩图 3-14

图 3-14 不同初始密度下丁苯橡胶热解产物分布的时间演变和不同初始密度下 2500K 时丁苯橡胶热解产物总数的时间演变[36]

部分研究还涉及了 BR 单组分热解模拟，Saha[38] 通过 MD 模拟（ReaxFF）方法分别分析了基于 40 个丁二烯单元（BR40）、10 个苯乙烯单元和 30 个丁二烯单元（SBR40）模型弹性体的均聚物和共聚物的单独降解途径。

BR40 的主要热解产物是乙烯（C_2H_4）、1,3-丁二烯（C_4H_6）、2-丁烯（C_4H_8），次要产物为 4-乙烯基环己烯（C_8H_{12}）和 1,3-丁二烯（C_4H_6）的二聚体、三聚体、五聚体。SBR40 在低温热解过程中主要热解产物为 1,3-丁二烯（C_4H_6）、2-丁烯（C_4H_8）和苯乙烯（C_8H_8），其次是乙烯、丙烯和 4-乙烯基环己烯。在高温下主要热解产物为乙烯基环己烯，此外，还发现了一些由 1,3-丁二烯和苯乙烯组成的低聚合度产物（$C_{16}H_{20}$ 和 $C_{20}H_{26}$）。他们在 873K 下用气相色谱-质谱对 BR 和 SBR 橡胶进行实验分析，获得的主要产物结果与模拟一致。

3.5.2 多组分复合体系裂解产物分布模拟及调控

实际的废轮胎热解过程往往是多种类型橡胶共混的，共混橡胶之间的协同机制[142-145]的研究就尤为必要。由于各种化学物质的存在，共热解中的协同效应是一种复杂的现象，包括二次自由基解聚的引发、分子间的氢转移以及自由基歧化、重组或终止反应。通过共混模拟识别橡胶单一热解和橡胶混合热解的反应机理、产物分布和产物收率上的区别，可以为优化热解回收废橡胶提供理论依据。

为探究 NR-SBR 混合橡胶的热降解产物分布，Yang 等[28] 通过 ReaxFF 分子模拟建立了天然橡胶、丁苯橡胶和混合橡胶（NR-SBR）共混模型，分析总结了单一热解和混合热解的热解过程中气态热解产物的生成机理和最佳路径。建模、几何优化、热解等过程皆采用 Materials Studio 软件模拟，系综和力场分别为正则系综和 ReaxFF 力场，热解过程在 Gulp Tools 模块中进行。结果显示：NR 的初始热解温度为 660 K，结构组成为 80%NR-20%SBR、75%NR-25%SBR 和 70%NR-30%SBR 的共混橡胶初始热解温度分别为 670K、685K 和 690 K，SBR 的初始热解温度为 700K。共热解的初始热解温度低于丁苯橡胶（SBR）而高于天然橡胶（NR），这是因为 NR 热解时双键缩合释放能量，这些能量用于提供 SBR 热解时所需的能量。并且，由于混合橡胶连接紧密，SBR 和 NR 同时吸收能量，NR 吸收的能量比单独热解时少。在1600K、1700K和2000K下，分别对天然橡胶、含30%丁苯橡胶的混合橡胶和丁苯橡胶三个模型进行热解，在共混热解时，NR热解产生的初始产物主要是异戊二烯，SBR热解的主要单体产物是1，3-丁二烯和苯乙烯。SBR含量的增加有利于H_2的形成，NR促进CH_4的产生，70%NR-30%SBR则有利于$CH_2=CH_2$的产生。

在不同温度下研究了共混NR-SBR橡胶体系小分子气体的分布，分析2600K时的NR、3100K时的SBR和2900K时的70%NR-30%SBR混合橡胶模型的热解反应产物分布可知，气相产物都主要是H_2、CH_4和$CH_2=CH_2$。1500K时，由于模型的起始碳链的数量各异，天然橡胶、混合橡胶、丁苯橡胶中C_8以上的结构依次减少，天然橡胶热解程度最高，其分离出来的C_1～C_3小分子和C_4～C_8单体较多。

2000K和2500K时，SBR产生的C_8以上的大分子长链在三种类型橡胶中最多，天然橡胶中的小分子和单体数量大于丁苯橡胶。2500K时，天然橡胶和混合橡胶中均不存在C_8以上的大分子。综上，天然橡胶最容易热解，三种模型在热解的过程中都是C_8以上分子数减少，C_4～C_8含量先上升后下降，C_1～C_3小分子数量逐渐增加。热解过程分为两步：先从长链中分离出C_4～C_8单体，单体随温度的升高分解成小分子。

针对多组分热解气体产物的分布情况，杨启容等[49]结合MD方法和DFT方法，对NR、SBR、BR三者的共热解过程进行了模拟，并基于模拟结果对气相产物的反应路径进行分析以推测其反应机理。模拟结果表明，热解过程主要分为两个阶段。在低温（300～1200K）热解阶段发生的主要反应是橡胶长链断裂形成单体，大量的键发生断裂。1200K时，可以观察到少量未断裂的长链以及长链裂解得到的橡胶单体（$>C_8$），47.37%为初始产物（C_4～C_8），35.53%为大分子气体产物（C_3～C_4），少量小分子含C自由基（C_1～C_2），推测主要产物为异戊二烯、苯乙烯和1，3-丁二烯。在高温（1200～2600K）热解阶段发生的主要反应是已脱落的分子基团发生二次断键进一步生成小分子气体和小分子自由基。当温度升高到2600K时，热解产物中除了极少量（0.81%）的碳原子六元环结构属于C_4以上的大分子，其余是C_3以下的小分子结构，而且C_1和C_2多，C_3数量较少；小分子气体中CH_4、H_2、C_2H_4占大部分，还有少量C_2H_6和C_3H_6。

研究表明[146]，在水热气化过程中，天然橡胶的主要气体产物是甲烷，而丁苯橡胶的主要气体产物是乙炔。在超临界状态下，水表现出高密度和低黏度的物理特征，有利于改善热液气化中的传热传质和溶剂性能。有机物在超临界水（SCW）中具有高溶解度这一特性将进一步提高有机物的降解效率，因此，废橡胶制品非常适合通过水热气化进行回收利用。废旧轮胎（ST）完全解聚成有价值的石油产品和燃料气体可以通过超临界水技术实现。然而，ST在SCW中的解聚过程和反应机理仍不清楚，这阻碍了ST在SCW处理和回收中的大规模应用。因此，模拟超临界水状态下的废轮胎热解过程具有重要意义。Chen等[147]基于ReaxFF MD和DFT探索了天然橡胶在热液气化中的降解路径，该研究结果可为废旧橡胶水热气化研究及实验室规模实验系统设计提供参考数据。模拟过程中，天然橡胶的产气量、降解速率和降解效率根据温度、水密度（压力）和水分子数（原料浓度）来确定。模拟结果表明，随着超临界水温度的升高，H_2和CO的产量迅速增加，此外，天然橡胶的降解效率随着温度的升高以及原料浓度和压力的降低而增加。有研究人员基于LAMMPS软件，采用ReaxFF力场构建了天然橡胶、顺丁橡胶和丁苯橡胶硫化共混橡胶体系，该体系包含硫化橡胶和10500个水分子，水与橡胶的质量比设定为2：1，模拟研究了废轮胎在超临界水中的解聚过程。在不同温度下对ST的解聚过程进行模拟，解聚得到的有机组分分为四类，即

C_1～C_4、C_5～C_{13}、C_{14}～C_{39} 和 C_{40+}。分析了质量分数在不同温度下随反应时间的变化，结果表明：ST 在 SCW 中解聚更完全，可能会阻止炭的产生，ST 在超临界条件下的解聚反应速率远高于亚临界条件下的反应速率。与亚临界条件相比，SCW 加速了解聚过程，提高了小分子的产率。这是由于在亚临界和超临界条件下，C_5～C_{13} 分子的变化趋势与 C_{14}～C_{39} 分子的变化趋势相似。SCW 可以打破化学反应平衡，促进 C_{14}～C_{39} 和 C_5～C_{13} 分子解聚成 C_1～C_4 分子。相比于亚临界条件，ST 在超临界条件下解聚更完全，即水的临界点附近的温度对反应过程和最终产物有很大的影响。

Xia 等[148] 基于超临界水的结构特征，构建了 SCW-NR 系统、SCW-BR 系统、SCW-SBR 系统和 SCW-NR-BR-SBR 系统模型，采用反应力场 MD 模拟和 DFT 方法研究了超临界水对废轮胎解聚的促进作用，其研究结果如下。①SCW 在 ST 解聚过程中不仅以团簇形式存在，而且以非键合 H_2O 单体的形式存在。此外，团簇和非键合单体的比例决定了解聚产物的比例。SCW 中的氧原子和橡胶中的碳原子之间的强相互吸引导致了 C—O 键的形成，这将引起相邻 C—C 键的解离能急剧下降，从而使得橡胶完全解聚。②分析了 SCW 对 H_2/CO 生成的影响，结果表明，橡胶中的烷氧基（R—C═O）是 CO 的主要前驱体。③叙述了 ST 与 SCW 解聚生成 H_2 的微观途径，水胶质量比为 4～6，油和氢含量较高。该研究提出的理论结果对理解超临界流体将 ST 转化为有价值的石油和燃气的实用性具有重要意义，也为基于超临界流体的化学过程提供了新的见解。ST-SCW 解聚过程中硫元素的迁移机理尚不清楚，无法识别最终产品中硫物质的化学状态。Xia[149] 在之前所做研究的基础上还利用该模型借助 ReaxFF MD 和 DFT 方法，建立了由天然橡胶、丁二烯橡胶和丁苯橡胶以及硫化剂组成的硫化橡胶分子模型，以研究在 SCW 存在下 ST 解聚过程中详细的硫迁移机制。首先探讨了 ST 与 SCW 解聚过程中的 C—S 单键的断裂，通过 DFT 计算进一步验证了观察到的主要裂解步骤。最终表明，超临界水释放的·OH 自由基加速了 C—S 键的断裂，断裂后，硫元素从 ST 中脱除形成含硫中间体，如 HO—S—OH 和·SOH，含硫中间体进一步氧化成无机硫分子 SO_4^{2-}、$S_2O_3^{2-}$、SO_3^{2-} 和 S^{2-}，随着反应温度的升高，SO_3^{2-} 和 S^{2-} 可被·OH 自由基进一步氧化为 SO_4^{2-}。另外，SCW 介质可以促进硫元素和碳氢化合物产物的分离，通过冷凝和分离过程，超过 90% 的硫元素以无机物形式迁移到水相中。为避免挥发性低价硫在水相中蒸发，他们建议提高解聚温度（>659K）并循环水相产物。

Yu[141] 等的研究表明，水分子可以增强裂解反应，促进重焦油和轻焦油进一步分解成气体产物，同时可以抑制重焦油的二次生成，使液体产品更轻。在 3000K 时，含有更多水分子的反应体系可以产生更多的 H_2、C_2H_2、C_2H_4 和 C_3H_4 分子。在高温下，水分子可以分解为·H 和·OH 自由基。形成的·H 自由基可以引发 H_2 的形成，而·OH 自由基可以促进 C_4H_6 的二次裂解，产生 C_2H_2、C_2H_4 等。在高温下，更多的水分子参与热解反应，可以增强促进作用。可以得出结论，由水分子形成的·H 和·OH 自由基对促进气态产物的产生起着重要作用。为分析 H_2O 对硫析出的影响，他们还研究了不同温度下不同 H_2O 含量的系统热解产生的含硫产物的演变。结果表明，H_2O 的存在可以提供更强的开裂环境并促进 C—S 键的断裂，同时，水分子为反应体系提供了更多的氢，有利于 H_2S 的产生，水分子对低温下 S 向气相的转移影响不大，但在高温下能促进 H_2S 等气态含硫产物的生成。硫化 NR 热解过程中的 S 主要流向液相，为对比水的存在以及不同温度下焦油中不同种类硫产物的分布，研究人员研究了不同反应体系在 2400～3000K 热解后生成的焦油中硫产物的分布，研究发现油中 S 主要以含硫自由基和硫醇、硫化物和噻吩化合物的形式存在，水分子在高温下可以降低噻吩化合物的含量。可以看出，含硫产物的不饱和度随着温度的升高而增加。与 S2 体系（不含 H_2O）相比，由于水分子促进了裂解反应，S4 体系几乎不产生 C_{12} 以上的含硫产物。

3.5.3　热解过程中硫化物分布模拟及调控

硫作为添加剂被广泛用于轮胎制造，通过引入单硫、二硫和聚硫化物形成网络结构来增强橡胶的力学性能，经化学交联的橡胶往往具有耐热温度高、强度高、可逆变形大、弹性高和耐溶剂侵蚀等良好综合性能。然而，在热解过程中，原本以有机形式存在的硫释放到热解产物中，如油、焦油和气体，导致产品质量低下，因此，热解过程中的脱硫对于有效回收硫化橡胶是必要的。以往的热解实验已经证明[150]，废轮胎中 S 主要以芳香硫化物的形式存在，大约一半的原始硫保留在固体焦炭中，而不是转移到气相中；而在气相产物中，H_2S 的含量远高于 COS 和 CS_2 气体；未经硫化的 NR、BR 和 SBR 的解聚遵循 β 位断裂机理，生产出相对纯净的油，主要含有二聚体或三聚体单体环烯烃（来自 NR 和 BR）和苯乙烯（来自 SBR）。而在硫化橡胶的热解过程中，一方面，·S 和·HS 自由基可以捕获·H 产生 H_2S；另一方面，脱氢过程促进了芳构化反应，热解油中形成许多含硫芳香化合物、噻吩、萘以及环烯烃等。在低温下，硫化橡胶比未硫化橡胶更容易分解，油产量增加，而气体产量下降；在较高温度下，产物分布几乎不受硫化过程的影响，但使得热解油的成分更加复杂，并产生更多重油组分。硫化橡胶热解产物强烈依赖于温度、加热速率和停留时间等因素，实验却难以考虑这些单一变量。计算机模拟虽然不能完全取代热化学反应的实验方法，但它可以在原子尺度上指导实验方案并解释实验现象，ReaxFF MD 和 DFT 方法已被用于对不同硫交联结构硫化橡胶的热解行为和硫迁移形态的分析。

为了阐明硫化丁苯橡胶的热解过程，研究温度对热解产物收率和硫化橡胶制品中硫分布的影响，探讨硫化过程对橡胶热解的影响。Wang 等人[37] 的研究中，使用通用力场来描述原子相互作用，进行 ReaxFF MD 模拟以研究硫化 SBR 的热解过程。首先分别构建 S-1、S-2 [图 3-15 (a)]、S-4 和 S-8 四个初始模型，在初始的 SBR 链中各连接 1、2、4 和 8 个硫原子，随后进行 C—S 键的交联。交联过程在 600K 的 NVT 系综中完成，平衡时间为 500ps，时间步长为 0.1fs，反应发生的截止半径设置为 5Å，最终得到交联度分别为 40%、60%、65%和 70%的硫化 SBR 模型，即图 3-15 (b)～(e) 所示的四个模型，从图中可以观察到，随着交联度的提高，聚合物体系堆积更加紧密。图 3-16 所示的方均位移（MSD）曲线也证明了这一点，交联体系的 MSD 远低于只有范德瓦耳斯力驱动聚合物链聚集的自由体系，与硫交联后体系的迁移率降低。

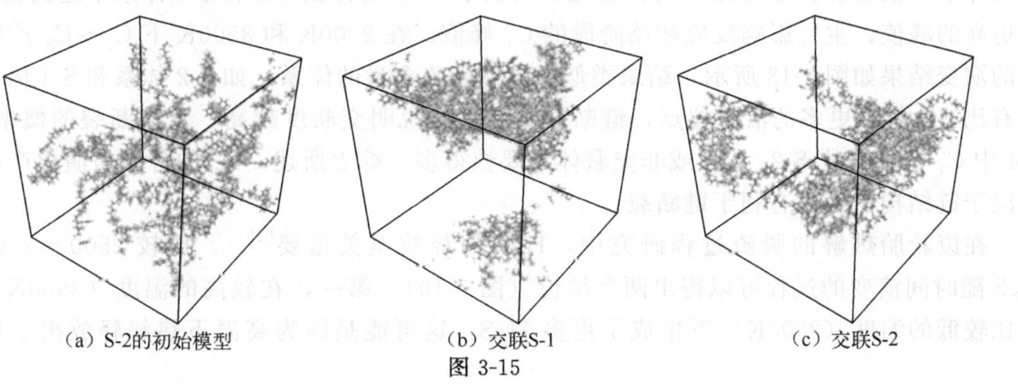

（a）S-2的初始模型　　（b）交联S-1　　（c）交联S-2

图 3-15

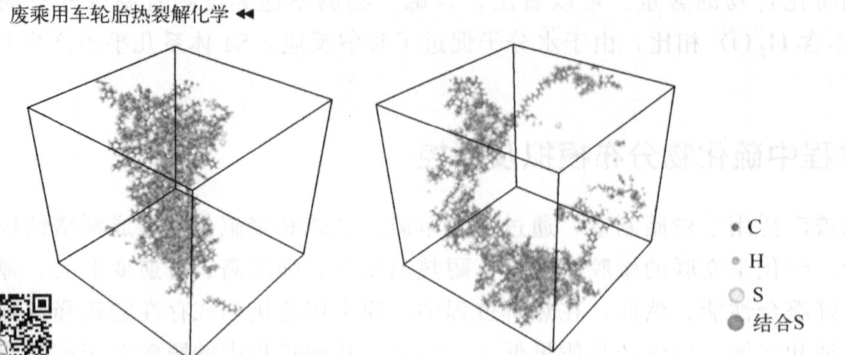

（d）交联S-4　　（e）交联S-8

彩图 3-15

图 3-15　交联体系的快照[37]

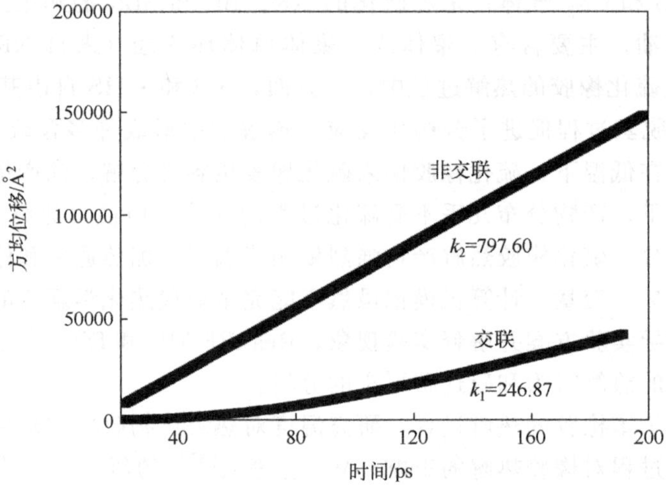

图 3-16　基于各聚合物链质心的 S-2 体系的 MSD（斜率 k 的单位为 $Å^2/ps$）[37]

为了说明硫化过程对主要热解产物分布的影响，对以上不同样品进行了 ReaxFF MD 模拟，以比较未交联体系的热解结果。不同硫含量体系的 C_1～C_8 产物在 2500K 和 3000K 的时间演变如图 3-17，在最开始时，C_4 产物分子数远高于 C_8，这是由于初始模型中每个聚合物链包含的丁二烯单体是苯乙烯单体的三倍，伴随着 C_4 和 C_8 物种的减少，C_2 物种逐渐增加并成为主要产物，且高温会加速这一过程。2000K 和 3500K 两个温度下，对比不同含硫量的体系，发现含硫量对含 C 物种变化影响较小，C_4 物种在 S-2 和 S-4 体系中达到比 S-1 体系更高的峰值，主要影响反应初始阶段的 C_4 峰值。在 2000K 和 3500K 下 C_1～C_8 产物随时间的演变结果如图 3-18 所示，结果类似。具有高硫含量的体系，如 S-2 体系和 S-4 体系，将含有比 S-1 体系更多的活性位点，键断裂更快，这说明交联度越高，发生断裂的概率越大，S-4 中 C_4 的形成比 S-2、S-1 或非交联体系要快得多。综上所述，C_n 的分布与演化产品主要取决于链结构，硫化有利于键断裂。

在废轮胎热解的脱硫过程研究中，H_2S 的释放至关重要[151]，比较 2500～3500K 下 H_2S 随时间演变的过程可以得出两个结论（图 3-19）。第一，在较高的温度（3500K）下热解比较低的温度（2500K）下生成了更多 H_2S，这可能是因为高温下热解释放出了更多的

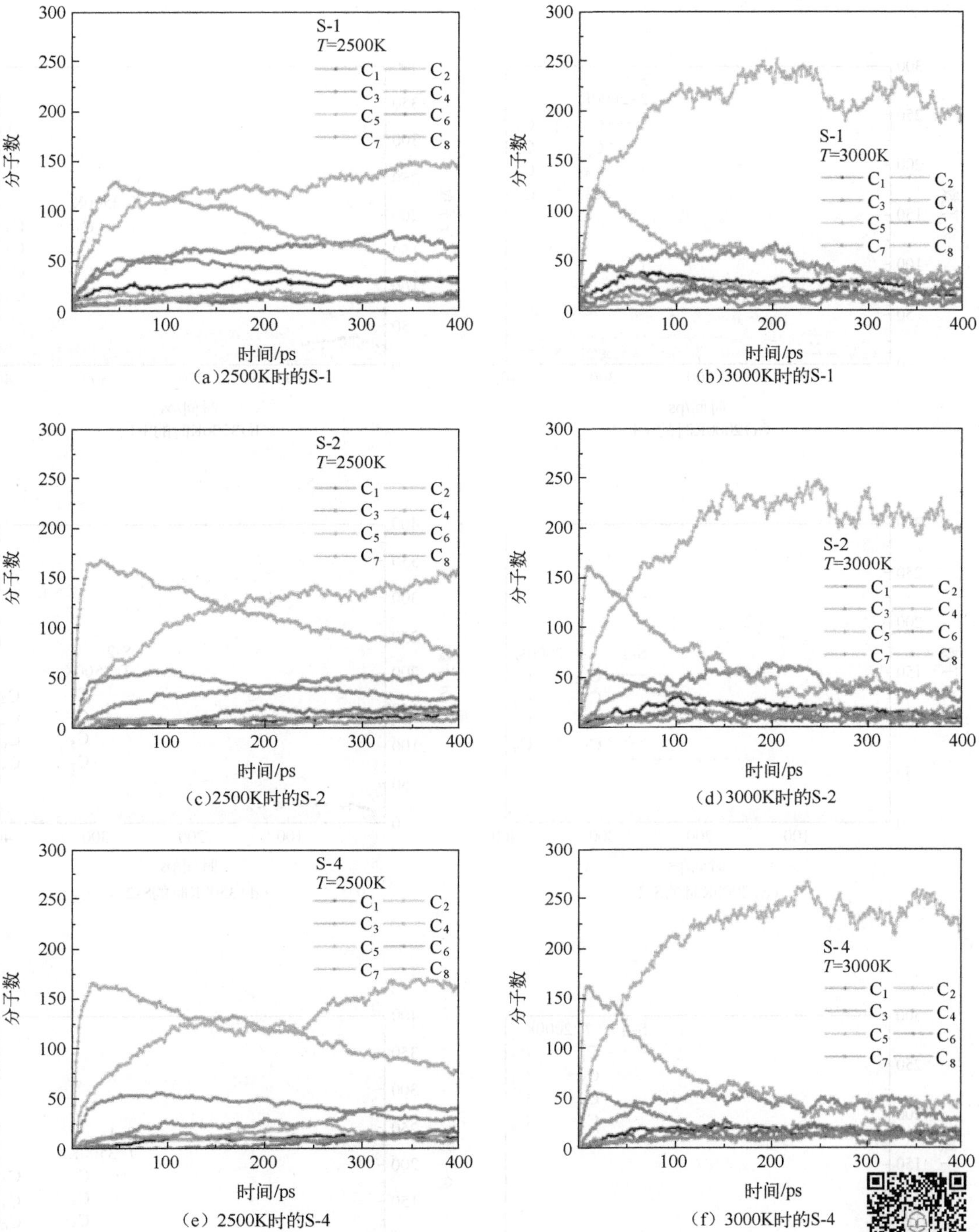

图 3-17 不同温度下热解产物分布的时间演变[37]

彩图 3-17

H_2 分子，有利于 H_2S 的形成。第二，在相同的温度下 S-2 比 S-4 体系产生了更多的 H_2S 气体。在较低的温度下，高密度会抑制 H_2S 的释放，但在高温下密度对 H_2S 的影响很小。如图 3-20 所示，对于 S-2 等低硫含量体系，密度对热解过程的影响很小，不同密度下热解情况几乎一致。然而，在硫含量相对较高的体系如 S-4 中，高密度有助于 H_mS_n 的释放。综合结果表明，温度对 H_2S 产生的影响比密度更显著，密度的影响有限。

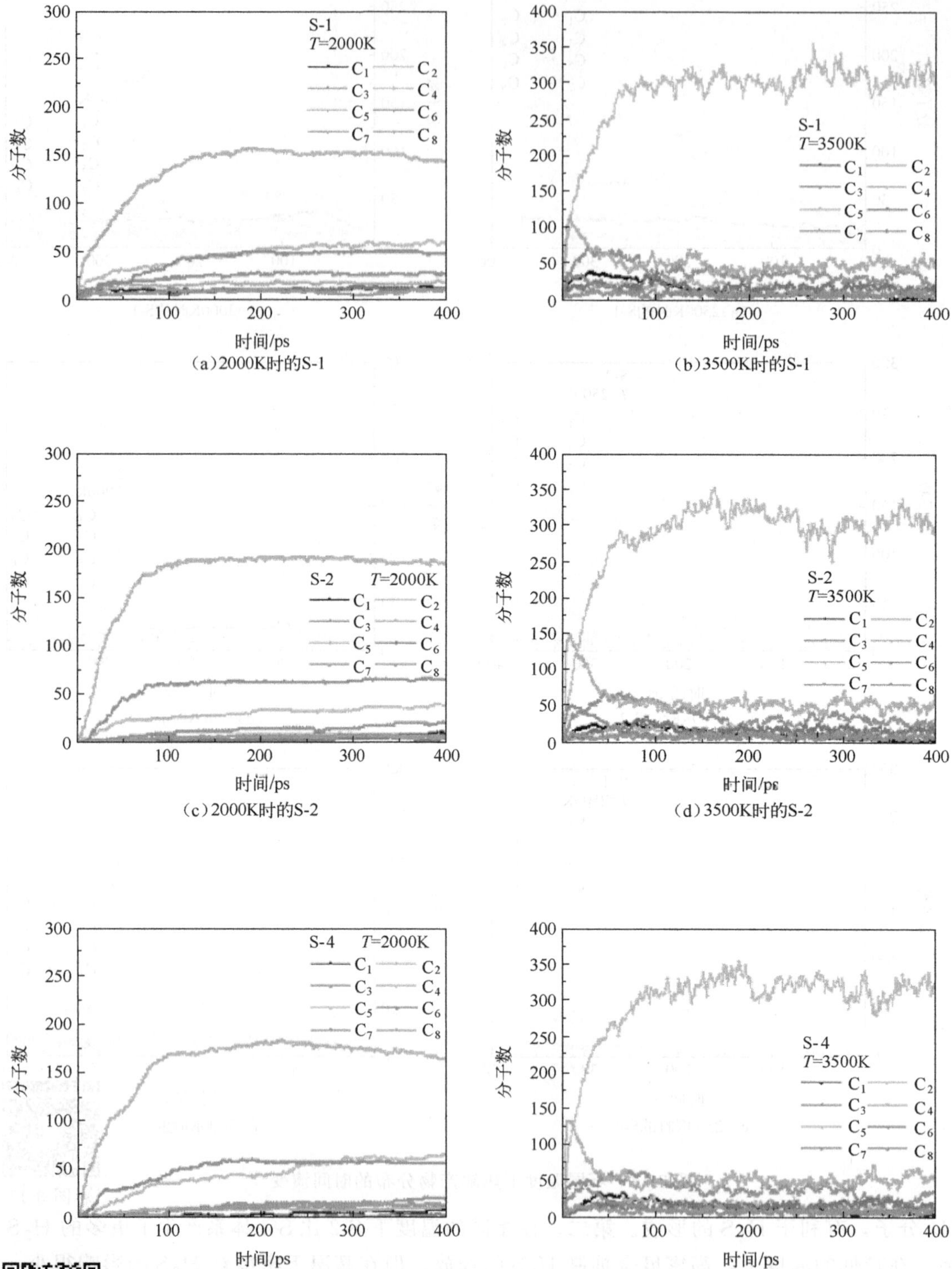

(a)2000K时的S-1　(b)3500K时的S-1

(c)2000K时的S-2　(d)3500K时的S-2

(e)2000K时的S-4　(f)3500K时的S-4

图 3-18　2000K 和 3500K 下 C_1～C_8 产物随时间的演变

彩图 3-18

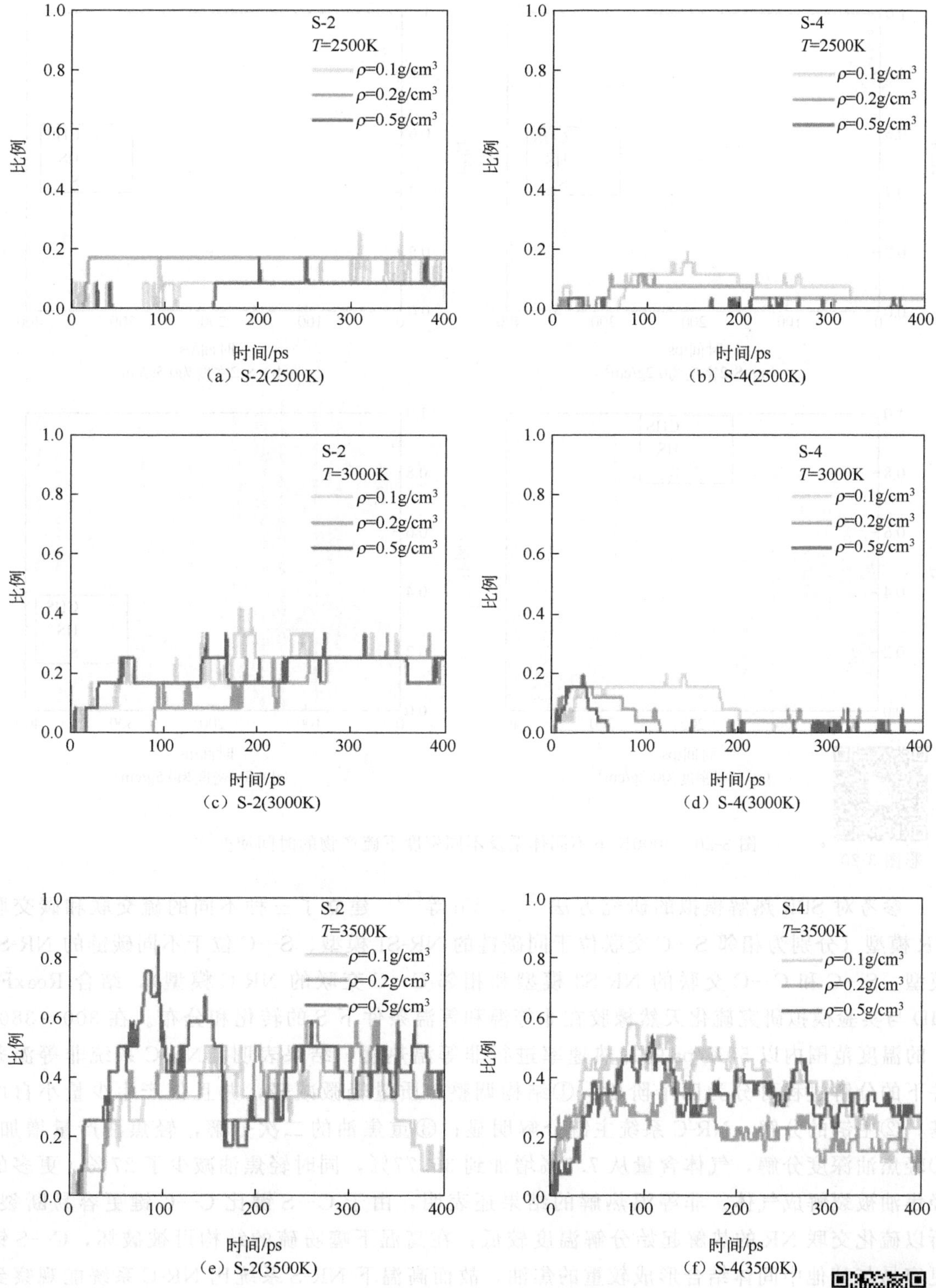

图 3-19　不同体系 H_2S 在 2500～3500K 下的时间演变[37]

彩图 3-19

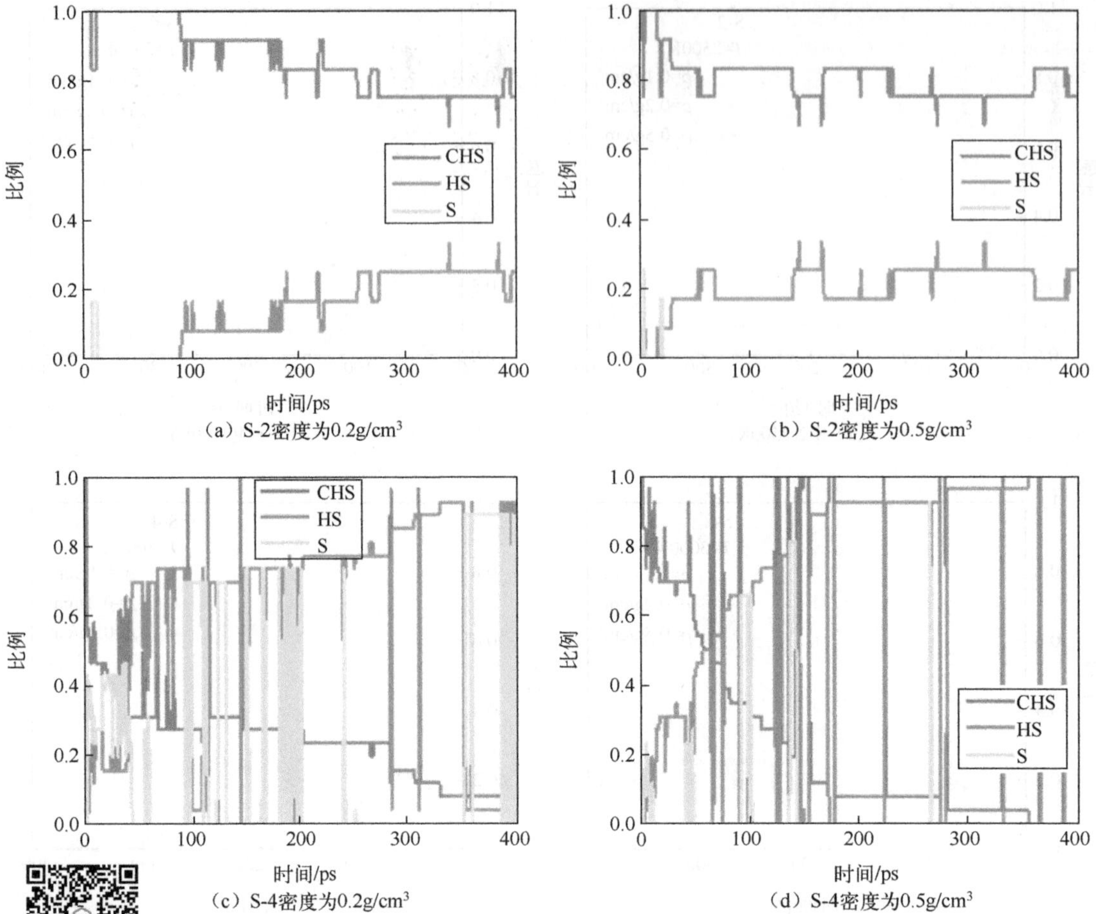

彩图 3-20

图 3-20 3000K 下不同体系及不同密度下硫产物的时间演变[37]

参考对 SBR 热解模拟的研究方法[37]，Yu 等[40] 建立了三种不同的硫交联和碳交联 NR 模型（分别为相邻 S—C 交联位于同碳链的 NR-S1 模型、S—C 位于不同碳链的 NR-S2 模型、S—C 和 C—C 交联的 NR-S3 模型和相邻 C—C 交联的 NR-C 模型），结合 ReaxFF MD 与实验模拟研究硫化天然橡胶在非等温和等温条件下 S 的转化和分布。在 300～3800 K 的温度范围内以 50K/ps 的加热速率进行非等温热解，结果表明，NR-C 系统非等温条件下的分解过程可分为四个阶段：①结构调整，质量轻微减轻，并且仅产生少量小自由基；②主链的分解，NR-C 系统主链分解明显；③重焦油的二次分解，轻焦油产量增加；④轻焦油深度分解，气体含量从 7.5%增加到 35.77%，同时轻焦油减少了 27%，更多的轻焦油被裂解成气体。非等温热解的结果还表明，由于 C—S 键比 C—C 键更容易断裂，所以硫化交联 NR 的热解起始分解温度较低；在高温下噻吩硫的结构可被破坏，C—S 键更容易与其他中间体结合形成较重的焦油，故而高温下 NR-S 系统比 NR-C 系统能观察到更多的重焦油。

硫化橡胶热解的焦油产率随温度升高而降低，相比之下，气体产量相应增加。为分析硫化对于不同温度下 NR 橡胶气体产物组成的影响，统计了 2400～3300K 下三个模型气体产物分子数，所有模型热解气均主要由H_2、CH_4、C_2H_2、C_2H_4、C_3H_4和C_3H_6组成。在2400K时，在NR-C1系统中，主要气体产物是H_2、CH_4、C_2H_4和C_4H_6；对于NR-S1和NR-S2系统，主导气体产物是C_2H_4和C_4H_6。2700K时，反应过程中NR-S1和NR-S2、NR-S3所有气体产物的产量均连续增加，H_2、CH_4、C_2H_4和C_4H_6为主导气体，但NR-S3分解产生的气体产率高于NR-S1和NR-S2，这是因为单个C—S交联促进了碳链的断裂和C_4H_6气体的形成。3000K时，三个硫化交联NR系统产生了更多的气体，特别是H_2、CH_4、C_2H_4，而C_4H_6已经分解为其他小分子气体。根据以上分析可知，与NR-C体系相比，在低温（2400K）下硫化交联结构有利于C_2H_4和C_4H_6的生成。在高温（高于3000K）下，硫化交联结构对气体产物分布的影响可以忽略不计。

为了解NR热解过程中硫的存在形式，分析了不同温度下S在焦油、轻焦油、焦炭和气体中的分布，NR-S1系统在300～2200K之间没有显著变化。在这个温度范围内，所有体系的硫原子都以固体产物的形式存在。在2200～2700K内，固体S转移到气相中，重焦油增加到56%的峰值，之后也被转移到气相中。3100K左右时，轻焦油产量略有下降，表明轻焦油部分分解为气体。与NR-S2相比，NR-S1和NR-S3中的C—S键（0.184nm）比NR-S2中的C—S键（0.181nm）更容易断裂，这使得在较低温度下NR-S1和NR-S3体系中的硫就开始从固相转移到重焦油中，且产生更多的H_2S。由于NR-S2中的C—S和C—C交联比NR-S1和NR-S3的C—S交联更稳定，故低温（2400K）下NR-S2需要更长的时间将硫完全转移到焦油中。在高温（3000K）下轻焦油含量在达到峰值后降低，这是因为C—S键断裂形成更多的环硫醚，从而使S转移到重焦油中。

最后研究人员统计了不同热解温度下的详细产品分布和S的种类以了解不同的硫化结构对硫的产品分布和存在形态的影响。在2400K时，大部分硫连接在大分子长链碳上，没有发现H_2S的形成。与NR-S1和NR-S3相比，NR-S2的产物中含有更多的噻吩硫。随着温度的升高，H_2S含量不断增加，NR-S1的H_2S含量高于其他两个体系，此外，含硫的碳链自由基进一步与·H自由基或其他自由基结合，形成硫醇或其他硫化物。在高温（3300K）下，三个体系S的都主要以噻吩化合物的形式存在。综上所述，不同初始结构会产生不同的硫产物分布。

3.6 热解过程特征产物的生成机理

3.6.1 热解主要产物的生成机理

实验[152-153] 结果表明，顺式1,4-聚异戊二烯（NR）裂解的主要产物是异戊二烯和D-柠檬烯[154]。首先，NR双键之间的β键断裂成两种自由基，这两种自由基都可以继续降解生成异戊二烯，同时这些自由基还可以发生分子内环化和断裂形成D-柠檬烯，这两个反应是竞争反应。其次，异戊二烯通过Diels-Alder反应生成D-柠檬烯[155]，D-柠檬烯反过来又可以通过裂解脱氢生成异戊二烯[156]，换句话说，异戊二烯和柠檬烯之间存在平衡规则行为。D-柠檬烯主要热解产物是环己烯、环己二烯、辛三烯和苯，还包括双环芳烃，如茚和萘[157]。BR热解机理[156] 与NR相似，断链主要发生在β位，通过β位断裂得到2-丁烯基，再经分裂和脱氢反应生成1,3-丁二烯。此外还可以形成其他自由基，这些自由基重新

排列成 C_5 和 C_7 自由基，C_5 和 C_7 自由基进一步形成 1,3-环戊二烯和 1,4-环辛二烯，1,4-环辛二烯可继续发生环化反应。SBR 热解机理[156] 中，丁烯基自由基和苯基异丙基自由基是 SBR 断链过程中的主要自由基产物。2-丁烯基自由基经断链脱氢反应生成 1,3-丁二烯。与此同时，苯基异丙基发生断裂和脱氢反应生成苯乙烯，由苯乙烯配体经气相加成、裂解和缩合反应生成取代芳烃，如 α-甲基苯乙烯、异丙苯和其他苯衍生物。苯乙烯碎片与丁二烯主链的结合也能生成苯衍生物，苯和苯衍生物作为多环芳烃形成的前体，在进一步热解过程中会生成多环芳烃。

目前，废轮胎热解机理的研究大多是实验性的，废轮胎橡胶在分子水平上的热解机理的理论研究相对较少。在实验研究中很难进一步了解其热解产物的详细演化机理。量子化学方法现在越来越多地应用于研究详细的热解反应机理和预测可能的热解途径。

天然橡胶热解的气体产物主要是 CH_4、C_2H_4，由主要链状产物异戊二烯断裂生成，Yang 等[30] 的模拟研究分析了这一过程的详细反应路径，根据天然橡胶键长，推测 C_5H_8（异戊二烯）热解的链引发反应，采用 GGA/BLYP 算法对反应物、中间体和产物进行几何优化和频率计算得到各热力学参数，其中，路径 1 的 ΔG^k 小于其他路径，且路径 1 具有最低的活化能（360.5kJ/mol），因此路径 1 比其他三个路径更容易发生，即更容易产生 CH_3 自由基。将各反应动力学数据输入 Aspen Plus 软件中，进一步获得合理的反应路径。仿真结果表明，C_5H_8 热解产品包括 CH_4、C_3H_6、C_2H_4 和 H_2，CH_3 从主链中分离，从其他分子中抽离出 H 以产生 CH_4，而 C_2H_4 主要是由长链上 C—C 单键的断裂产生的，其他小气体分子则由大分子烯烃或低活性的自由基分解产生。

丁苯橡胶最开始的主要产物是苯乙烯和 1,3-丁二烯，主要气态产物是氢气，其次是甲烷和乙烯。为分析这些产物具体的形成机理，Deng 等人[36] 用 DFT 和 MD 结合的方法模拟了丁苯橡胶（SBR）在不同条件下的热解情况。首先，如图 3-21，基于 16 种以不同方式连接的具有四种重复单元的苯乙烯-丁二烯橡胶三聚体结构片段进行了 DFT 计算，这四种重复单元分别为：A 为—$[CH_2—CH(C_6H_5)]_n$—，B 为—$[CH_2—CH(CH═CH_2)]_n$—，C（顺式）为—$[CH_2—CH═CH—CH_2]_n$—，D(反式）为—$[CH_2—CH═CH—CH_2]_n$—。一般而言，BDE 较低的键在热解过程中更加容易断开，比较 BDE 可以判断丁苯橡胶的初始断裂位置，进而分析主要产物的形成过程。

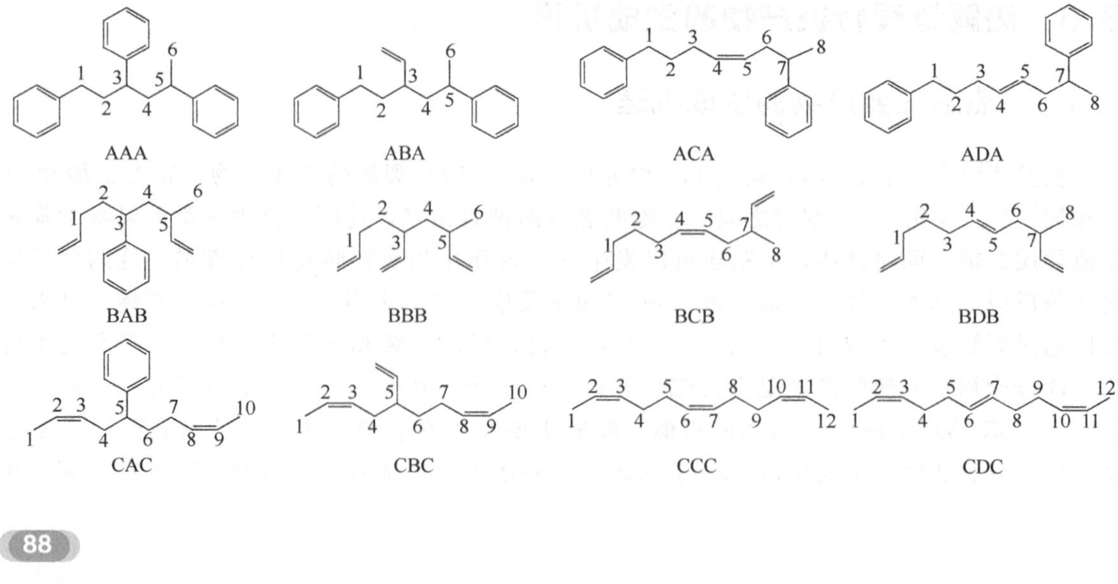

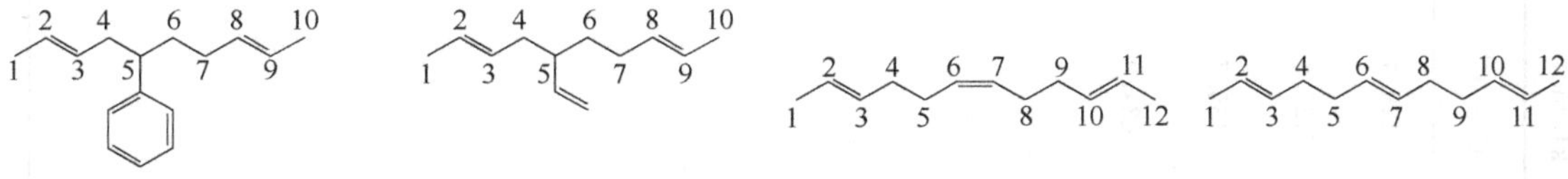

图 3-21　基于丁苯橡胶中四种重复单元的各种连接方法形成的三聚体[36]

分析 BDE 的结果（表 3-1）可以得到以下结论。①AAA 和 BBB 三聚体 C—C 键之间的 BDE 都相差不大，说明主链上的 C—C 键断裂概率相当，BBB 倾向于生成 1-丁烯（C_4）。②CCC 和 DDD 三聚体的 BDE 分布相似，顺式丁二烯和反式丁二烯倾向于破坏与双键相邻的 C—C 键（C^8—C^9、C^4—C^5），即重复单元之间的 C—C 键，生成丁二烯。③比较 ACA 和 ADA（C^1—C^2、C^2—C^3、C^6—C^7）、CAC 和 DAD（C^4—C^5、C^6—C^7）的 BDE，发现与苯环或 C ═C 相邻的下一个 C—C 比其他 C—C 的 BDE 低，因此，重复单元之间的 C—C 键受到 1～2 个超共轭效应的影响，在苯乙烯、丁二烯的重复单元之间的键更容易断裂，从而在 1500K 时首先得到 C_4（丁二烯单体）和 C_8（苯乙烯单体）的热解产物。④ABA 三聚体中 C^1—C^2 键的 BDE（311.3kJ/mol）高于 BAB 三聚体中的 C^1—C^2 键的 BDE（290.0kJ/mol）。可知与苯环相邻的下一个 C—C 单键比与双键键合的下一个单键更难断裂，这是由于乙烯基的超共轭效应强于苯基，使得乙烯基体系的稳定性更强，超共轭体系中较大的总能量导致其相邻 C—C 键的 BDE 较小。

Yang 等[28] 的研究表明 SBR 热解的气态产物主要是 H_2、CH_4 和 CH_2 ═CH_2，此外，他们对丁苯橡胶单独热解的路径进行了分析。首先，丁苯橡胶 C—C 单键断裂，分解为 C_8H_8 和 C_4H_6 两种自由基的结构，苯乙烯由 C_8C_8 自由基两端向内缩合为双键形成，1,3-丁二烯由 C_4H_6 中间的双键同两端自由基缩合形成。研究人员为判断 C_8H_8 断链后形成的 C_4H_6 是何种结构，设计了可能发生的断链行为。根据二聚体断链热解的三条反应路径，路径 1 生成两个 · CH ═$CHCH_2$ ·，路径 2 生成一个 · CH ═$CHCH_2$ · 和一个 1,3-丁二烯，路径 3 生成两个 1,3-丁二烯。反应能垒路径 1＞路径 2＞路径 3。路径 3 的焓变小于 0，是放热反应，其能垒最小，吉布斯自由能也最小，反应最容易发生，C ═C 键形成时释放的能量大于 C—C 键断裂时吸收的能量，判断 C_4H_6 的热解产物主要是 1,3-丁二烯。随着热解的继续，C_4H_6 自由基很容易与 H · 结合，释放出 CH_3 ·。另一种情况可能是第一个形成的 CH_2 · 与 H · 结合，· CH ═$CHCH_2$ 与两个 H · 结合形成 CH_2 ═$CHCH_3$。1,3-丁二烯是丁苯橡胶链断裂的主要产物之一，1,3-丁二烯与 H ·、CH_3 · 和 CH_2 ═CH · 自由基进一步相互碰撞并发生反应，H · 的活性最高，其次是 CH_3 ·、CH_2 ═CH ·，所有路径都是双键位置 C 上的 H 更容易被夺取，所以产物主要是 H_2，然后是 CH_4。SBR 另一主要产物是苯乙烯，苯乙烯与 H ·、CH_3 · 和 · CH_2 ═CH · 自由基进一步反应，根据反应能垒分析 H · 和 CH_3 · 具有相近的活性，但比 · CH_2 ═CH · 的活性更强，主要产物均为 H_2，其次为 CH_2 ═CH_2。根据 1,3-丁二烯和苯乙烯在生成 H · 和 CH_2 ═CH · 过程中的反应路径及相应的能垒，从 1,3-丁二烯中分离 H · 所需的能量较低，从苯乙烯中分离 H · 所需的能量较高。所有路径中，将 H · 从 1,3-丁二烯中分离出来的反应能垒是最小的。生成 CH_2 ═CH · 的路径中，苯乙烯的存在增加了 H · 分离所需的平均能量，导致 H · 的生成更加困难，同时增加了生成 CH_2 ═CH · 所需的平均能量，所以，苯乙烯的存在不利于 1,3-丁二烯生成 H_2、CH_2 ═CH_2。

表 3-1 三聚体主链 C—C 键解离能

单位：kJ/mol

三聚体	C^1—C^2	C^2—C^3	C^3—C^4	C^4—C^5	C^5—C^6	C^6—C^7	C^7—C^8	C^8—C^9	C^9—C^{10}	C^{10}—C^{11}	C^{11}—C^{12}
CCC	429.4	711.8	420.7	221.4	420.5	713.7	420.5	220.6	420.7	711.8	429.4
CDC	428.6	715.6	416.6	233.1	421.2	719.9	423.4	236.7	416.7	716.4	428.6
DCD	434.1	718.9	424.4	233.5	417.1	715.5	415.9	235.3	424.6	721.0	435.7
DDD	435.9	721.3	426.2	235.4	421.0	719.6	423.2	236.1	421.5	719.9	434.0
CAC	427.5	714.0	409.6	229.3	300.0	293.1	413.0	716.3	428.1		
CBC	417.2	703.2	403.8	210.6	283.5	289.5	403.3	703.3	416.9		
DAD	435.8	720.2	417.3	231.7	299.5	294.2	420.3	720.8	435.6		
DBD	435.9	718.7	423.4	220.3	287.8	303.3	428.5	720.4	439.5		
ACA	316.8	300.1	413.8	713.9	413.9	235.9	319.1				
ADA	316.0	303.6	423.1	720.6	420.9	238.7	320.2				
BCB	305.7	303.0	413.2	713.6	414.9	223.5	306.1				
BDB	305.4	303.3	425.5	718.9	419.4	223.5	303.6				
AAA	317.0	307.0	301.9	300.5	316.0						
ABA	311.3	278.3	276.1	290.3	307.0						
BAB	290.0	283.0	281.4	277.7	296.3						
BBB	293.2	268.9	269.6	278.5	294.0						

与气体组分和焦炭组分相比，SBR 油组分的形成机理更具挑战性和实用性。本书的工作采用 DFT 系统地研究了丁苯橡胶裂解机理，计算和分析了裂解最终产物中芳香族产物的来源。

基于丁苯橡胶的重复单元苯乙烯-丁二烯，设计了如图 3-22（a）所示的包含一个苯乙烯和一个丁二烯的结构进行 DFT 计算，C—C 键可能断键的位置有 C^1—C^2、C^2—C^3、C^3—C^4、C^4—C^5，通过比较反应能垒的大小判断断键先后顺序，从而为后续形成的产物提供合理的机理解释。根据 DFT 反应能垒的计算结果，活化能大小顺序为 C^2—C^3（$E_a=3.72\text{eV}$）<C^3—C^4（$E_a=3.95\text{eV}$）<C^1—C^2（$E_a=4.56\text{eV}$）<C^4—C^5（$E_a=5.07\text{eV}$），都为吸热反应，C^2—C^3（$\Delta E=3.15\text{eV}$）、C^3—C^4（$\Delta E=3.81\text{eV}$）的反应能垒也相对低于 C^1—C^2（$\Delta E=4.55\text{eV}$）和 C^4—C^5（$\Delta E=4.75\text{eV}$）。结果表明，C^2—C^3 之间的键最容易发生断裂，与主要产物为苯乙烯和丁二烯这一实验结果吻合。如图 3-22（b）所示为 SBR 另一个可能形成的长链产物 C_9H_{12}，类似地，选取 C^5—C^6、C^6—C^7、C^2—C^3 为三条可能的反应路径进行 DFT 计算，三者的反应活化能接近，反应都会发生，但是，C^2—C^3 断裂的活化能略低，比其他两条路径优先发生。

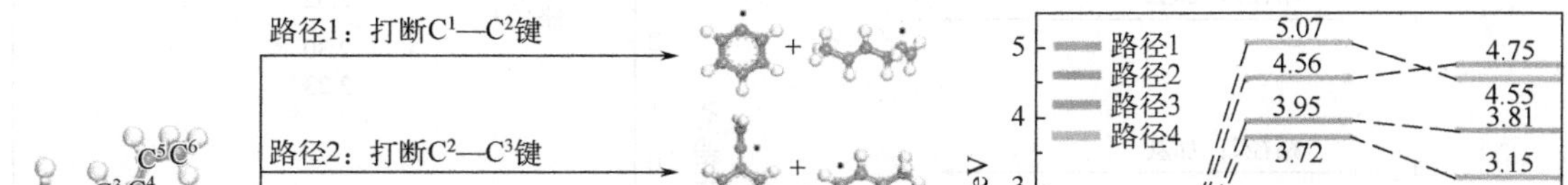

图 3-22 丁苯橡胶和脂肪长链裂解机理及反应能垒

（TS：过渡态）

彩图 3-22

苯乙烯基以及 α-甲基苯乙烯基中间体不稳定，容易进一步加氢形成 α-甲基苯乙烯和苯乙烯。为了分析加氢过程的困难程度，分别计算了苯乙烯基和 α 甲基苯乙烯基加氢的反应能垒。如图 3-23（a），路径 1 为苯乙烯基加氢，反应能为 -3.49eV，其活化能垒为 3.37EV。α-甲基苯乙烯基加氢反应的能垒为 3.66eV，反应能为 -1.65eV。两个反应均为放热反应，其中苯乙烯基加氢的能垒较低且放热量更大，可能是因为对不饱和双键加氢的能垒低于对不饱和单键加氢的能垒，且放热量也大于对不饱和单键加氢。综合考虑丁苯橡胶裂解的能垒，丁苯橡胶裂解的芳香族产物中，含量较多的应为苯乙烯。

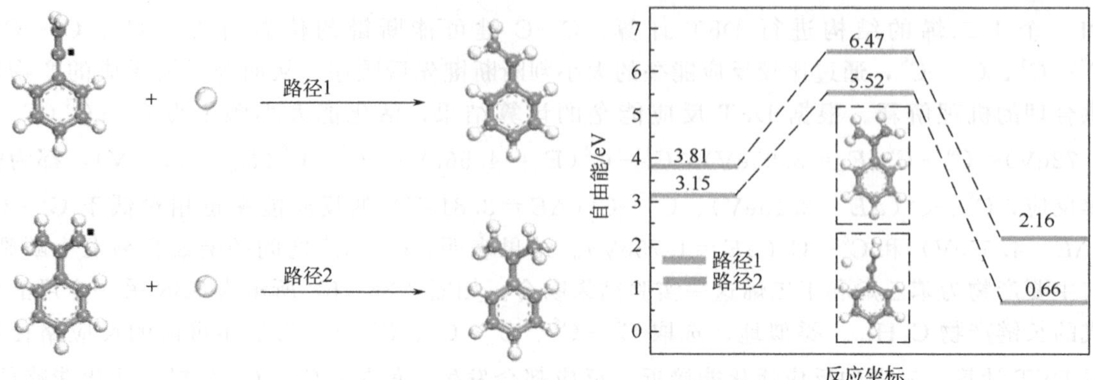

(a) 苯乙烯基（路径1）以及α-甲基苯乙烯基(路径2) 加氢

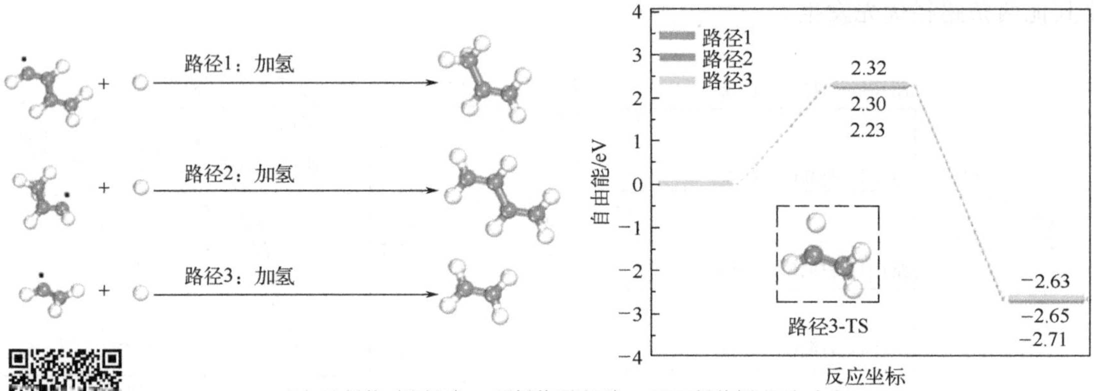

(b) 乙烯基（路径1）、丙烯基(路径2)、丁二烯基(路径3) 加氢

彩图 3-23

图 3-23　加氢过程以及反应能垒

脂肪族长链裂解后形成的六个烯烃中间体也会进一步氢化。对其中三种短链中间产物乙烯基、丙烯基和丁二烯基的加氢反应进行了模拟，通过计算得出，短链的加氢反应在热力学上是放热反应。反应路径和能垒如图 3-23（b）所示。乙烯基、丙烯基、丁二烯基加氢反应的活化能分别为 3.32eV、3.30eV、3.23eV，反应能分别为 −3.65eV、−3.63eV、−3.71eV。三者的活化能比较接近，在反应过程中都会发生，但丁二烯基加氢的活化能最低，是最容易发生氢化反应的路径。

α-甲基苯乙烯两步加氢会生成异丙苯，对 SBR 裂解的产物 α-甲基苯乙烯的后续反应进行了模拟计算，α-甲基苯乙烯两步法加氢反应能垒如图 3-24。首先在 C^1 位置上进行第一步加氢，反应能垒为 $E_{a1}=2.38$eV，这是因为靠近苯环的碳自由基比较稳定，苯环的近端更容易加氢。在 C^2 位置上进行第二步加氢，反应能垒为 $E_{a2}=3.78$eV，第二步加氢具有更高的反应能垒，是该反应的决速步骤。两步加氢的反应能为 −1.40eV，因此是放热反应。

为了探究苯乙烯的后续反应，猜测苯乙烯可能有三条路径（图 3-25）。苯乙烯的第一条路径是通过加氢生成苯乙烷，在 C^1 上首先加氢，$E_{a1}=3.32$eV，然后在 C^2 上加氢，$E_{a2}=3.64$eV，第一步加氢比第二步容易，进一步证明了苯环的近端更容易加氢。第二条路径是

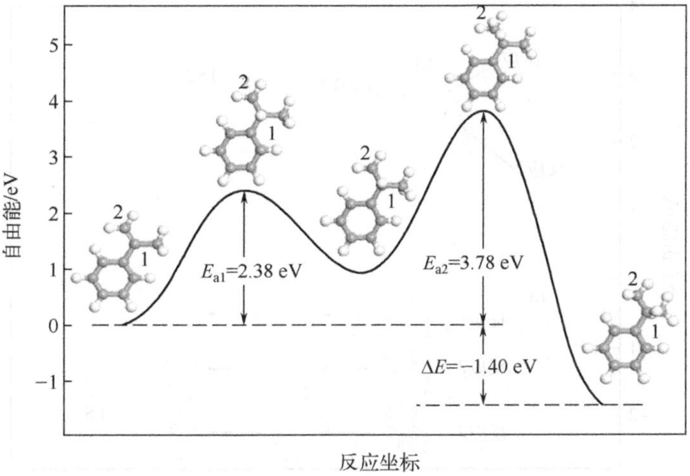

图 3-24　α-甲基苯乙烯两步法加氢反应能垒图

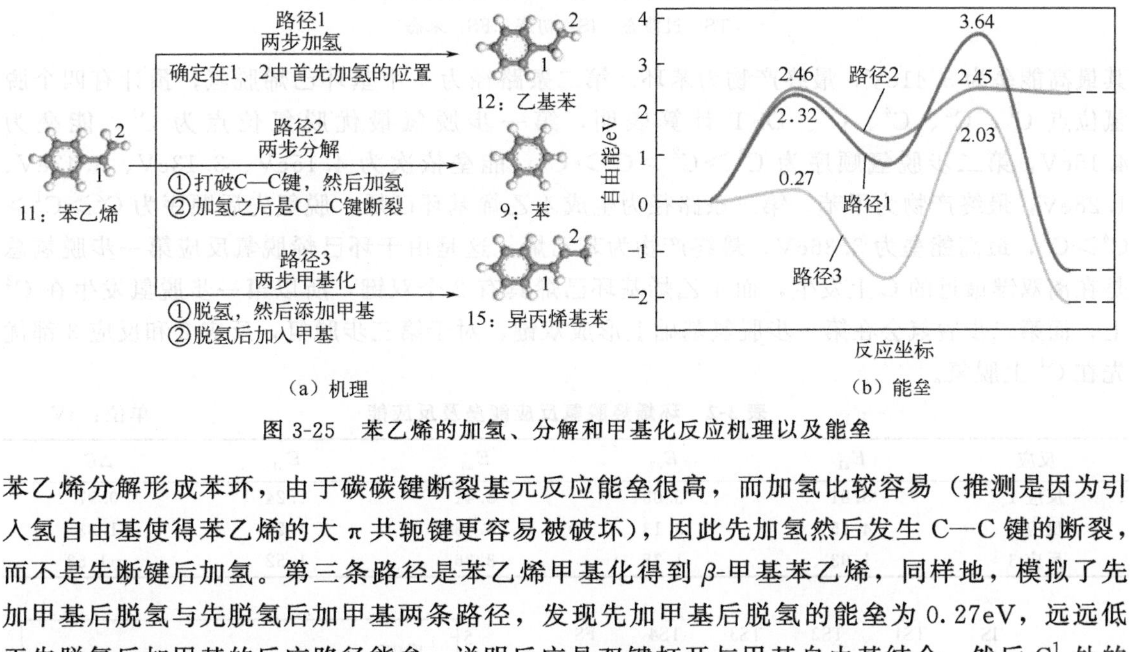

图 3-25　苯乙烯的加氢、分解和甲基化反应机理以及能垒

苯乙烯分解形成苯环，由于碳碳键断裂基元反应能垒很高，而加氢比较容易（推测是因为引入氢自由基使得苯乙烯的大 π 共轭键更容易被破坏），因此先加氢然后发生 C—C 键的断裂，而不是先断键后加氢。第三条路径是苯乙烯甲基化得到 β-甲基苯乙烯，同样地，模拟了先加甲基后脱氢与先脱氢后加甲基两条路径，发现先加甲基后脱氢的能垒为 0.27eV，远远低于先脱氢后加甲基的反应路径能垒，说明反应是双键打开与甲基自由基结合，然后 C^1 处的自由基与 C^2 上脱去一个氢后生成的自由基缩合形成双键。

丁苯橡胶热裂解生成的一部分芳香化合物可能是由短链烯烃发生 Diels-Alder 反应生成环烯烃，随后脱氢缩合而成。如图 3-26，计算了环己烯、4-甲基环己烯和 4-乙烯基环己烯三条反应路径的活化能。反应 1 的能垒最高，为 3.93eV；反应 2 的能垒最低，为 3.50eV，反应能为−1.74eV，放出最多热量，活性最好；只有反应 3 是吸热反应。因此，短链烯烃合成的芳香产物中，4-甲基环己烯的含量应较多。在反应过程中，反式 1，3-丁二烯倾向于向能量较低的顺式构型转变，然后与烯烃发生 Diels-Alder 反应形成环烯烃。

由烯烃加成得到的环烯烃产物还需要通过四步加氢反应才能进一步形成芳香族产物，因此对环烯烃的脱氢反应进行了 DFT 计算，环烯烃脱氢反应能垒及反应能如表 3-2 所示，环烯烃脱氢合成芳烃的过渡态及始末态结构图如图 3-27（a）所示。第一条路径为环己烯脱氢，

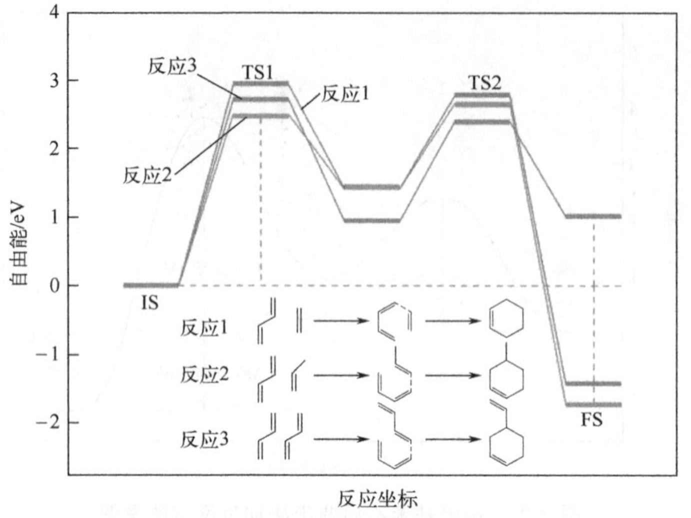

图 3-26　三种烯烃合成环烯烃反应能垒图

（TS：过渡态；IS：初态；FS：末态）

其最高能垒为 3.41eV，最终产物为苯环。第二条路径为 4-甲基环己烯脱氢，预计有四个脱氢位点 C^1、C^2、C^4、C^3。DFT 计算表明，第一步脱氢最优脱氢位点为 C^1，能垒为 4.15eV，第二步脱氢顺序为 $C^1>C^2>C^4>C^3$，能垒依次为 4.15eV、3.13eV、3.43eV、1.28eV，最终产物为甲苯。第三条路径为生成 4-乙烯基环己烯，脱氢先后顺序为 $C^2>C^1>C^4>C^3$，最高能垒为 3.36eV，最终产物为苯乙烯。这是由于环己烯脱氢反应第一步脱氢总是在离双键最近的 C 上发生，而 4-乙烯基环己烯具有 2 个双键，所以第一步脱氢发生在 C^2 上，而第二步脱氢会在第一步脱氢基础上形成双键，对于第三步脱氢，反应 2 和反应 3 都优先在 C^4 上脱氢。

表 3-2　环烯烃脱氢反应能垒及反应能　　单位：eV

反应	E_{a1}	E_{a2}	E_{a3}	E_{a4}	ΔE
反应 1	3.81	3.08	3.41	1.24	0.97
反应 2	4.15	3.13	3.43	1.28	1.33
反应 3	1.93	1.78	3.36	1.52	−1.52

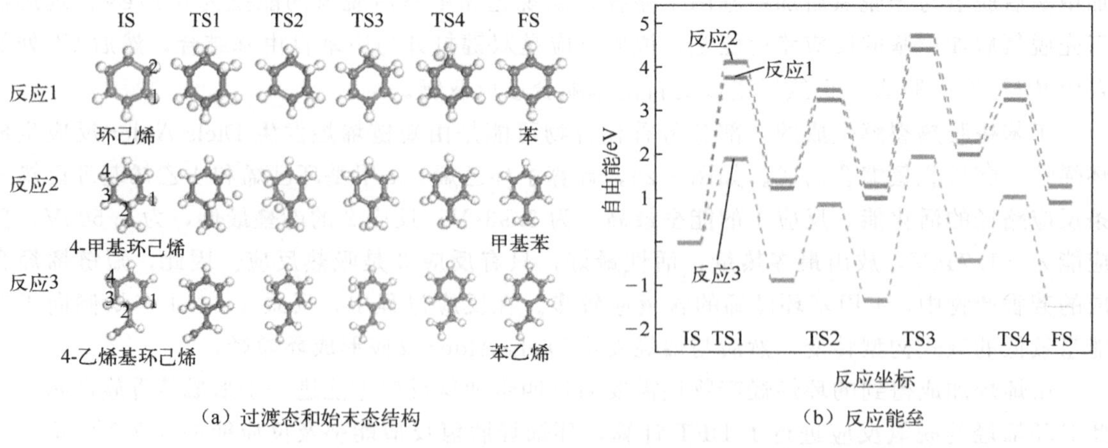

（a）过渡态和始末态结构　　（b）反应能垒

图 3-27　环烯烃脱氢合成芳烃的过渡态和始末态结构图及反应能垒图

通过以上能垒分析可知，三条路径中最易发生的为反应 3。苯的甲基化反应能垒很低，放热较大，说明苯甲基化反应容易进行，反应得到甲苯，而甲苯同样也是反应 2 的产物。因此判断由脂肪链合成芳香族产物中，苯乙烯和甲苯的含量应相对较高。

硫化丁苯橡胶的裂解产物中含有羰基硫（COS），然而其形成机理还不明确，因此对 COS 生成机理展开了探究。首先，推测二硫键断裂和酯键中氧原子进攻碳硫键将导致羰基硫的产生，因此，初始反应模型（$C_{10}H_{22}S_2$ 片段）通过二硫键与两条长链烷烃交联组成，在长链烷烃的末端还加入了乙酸甲酯［图 3-28（a）］，利用 DFT 方法优化后的结构如图 3-28（b）和图 3-28（c）所示，优化后 S—S 键的键长为 3.04Å，相邻的 S—C 键的键长为 1.86Å。

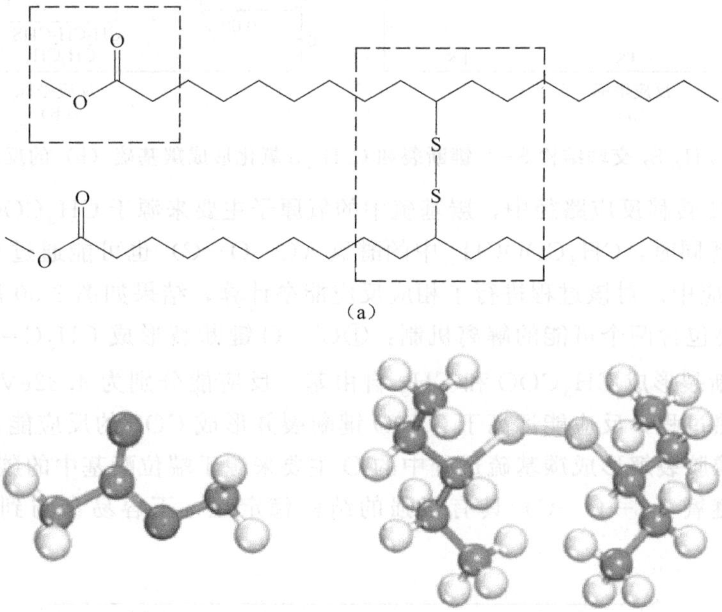

（a）　（b）　（c）

图 3-28　硫化丁苯橡胶链状结构示意图（a）、
乙酸甲酯分子构型（b）和包含二硫键的 $C_{10}H_{22}S_2$ 片段结构模型（c）

为了探究羰基硫的形成机制，推测裂解的第一步是 $C_{10}H_{22}S_2$ 中 S—S 键的断裂，S—S 键断裂后形成两个一样的单链 $C_5H_{11}S$ 片段，乙酸甲酯可以作为氧化剂进攻 $C_5H_{11}S$ 片段的 C═S 键形成羰基硫。如图 3-29（a）所示，根据这一推测对 S—S 键断裂过程的反应势能进行了计算。S—S 键断裂反应的活化能为 2.86eV，反应能为 2.75eV，在热力学上是放热反应，单链 $C_5H_{11}S$ 中 C^3═S 键长为 1.80Å，该计算结果表明相较于后续的氧化反应，S—S 键的断裂具有更高的反应能垒和较强的结构稳定性，是硫化丁苯橡胶生成羰基硫中的决速步骤。生成羰基硫的第二步反应为：在单链 $C_5H_{11}S$ 片段形成后，进一步裂解形成 CH_3CH_2CHS 和 CH_2CH_3 自由基片段，该步骤的主要反应为 C^3—C^4 键的活化和裂解，形成暴露的—CHS 端位基团并作为氧原子进攻位点。计算得到的反应势能面如图 3-29（b）所示，C^3—C^4 键裂解的反应能为 1.43eV，相应的活化能为 1.55eV。最后是第三步：CH_3CH_2CHS 与乙酸甲酯（CH_3COOCH_3）进一步反应，CH_3CH_2—CHS 键断裂，同时伴随着 CH_3COOCH_3 中的 C═O 进攻—CHS 中的 C 原子，以及—CHS 中的 H 原子转移，最终形成目标产物羰基硫（COS）。—CHS 中的 H 原子具有两条不同的迁移路径。路径 1：迁移到相邻的 CH_2CH_3 自由基上形成乙烷。路径 2：迁移到相邻的 CH_3COCH_3 上形成

CH_3CHOCH_3。计算得到路径 1 的反应能为 3.00eV，路径 2 的反应能为 3.96eV。

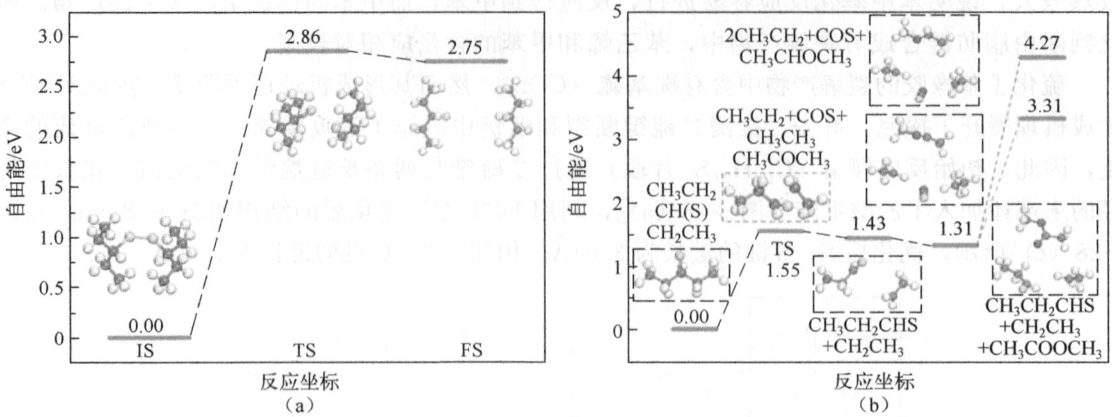

图 3-29　$C_{10}H_{22}S_2$ 交联结构 S—S 键断裂和 $C_5H_{11}S$ 氧化形成羰基硫（b）的反应势能面

在上述两条 H 转移反应路径中，羰基硫中的氧原子主要来源于 CH_3COOCH_3 中的羰基氧（C═O），与此同时，CH_3COOCH_3 中的醚氧（C—O—C）也可能通过与 C═S 反应形成 COS 参与到反应中。对该过程进行了相应反应能垒计算，结果如图 3-30 所示。乙酸甲酯中的 C—O 键主要包含两个可能的解离机制：①C^2—O 键断裂形成 CH_3C═O 和 CH_3O 基团；②C^3—O 键断裂形成 CH_3COO 和 CH_3 自由基。反应能分别为 4.32eV 和 3.58eV，两个过程均为强吸热过程，反应能远高于 C═O 键断裂并形成 COS 的反应能。因此可以得出结论：硫化丁苯橡胶裂解形成羰基硫过程中的 O 主要来源于端位酯基中的羰基氧（C═O），而端位酯基中的醚氧（C—O—C）具有很强的结构稳定性，不容易参与到 COS 的形成过程中。

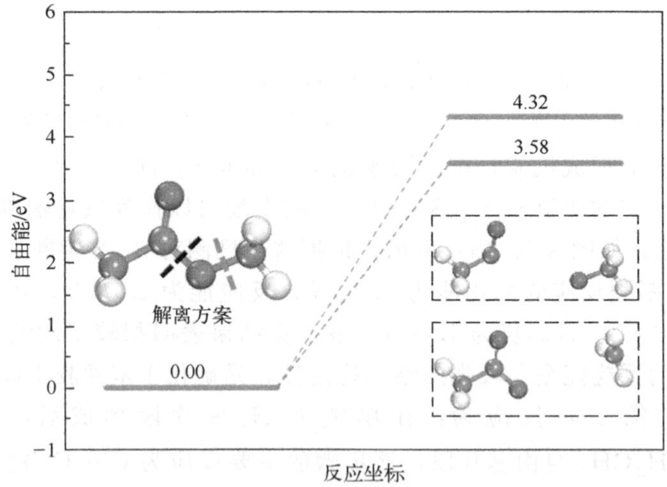

图 3-30　乙酸甲酯 C—O 键断裂形成 C—O 位点反应势能面

NR-SBR 共热解比 NR 单独热解产生更多的 H_2、更少的 CH_4，CH_2═CH_2 则随着 NR 比例的增加呈现先降低后升高的趋势，NR 的初始热解温度比 SBR 低，NR 的热解是放热的，为 SBR 的热解提供了一定的能量。为详细阐述 NR-SBR 的热解路径，解释在共热解中产生上述现象的原因，Yang 等[28] 采用热重法和固定床反应器、气相色谱法对天然橡胶、丁苯橡胶和混合样品进行了研究，与模拟的结果一致，共热解初期的主要产物是异戊二烯、1,3-丁二烯、苯乙烯等，每个单体的产物相互影响。此外，他们利用 DMol3 模块比较了共热解过程不同路径 H_2 相关反应能垒和吉布斯自由能变，模拟结果如图 3-31（a），产生 H· 的路径为路径 26～34，H·攻击各单体夺取 H 产生 H_2 的路径为路径 35～43，在产生 H· 的路径中，路径 34 的能量最低，为 435.19kJ/mol，涉及的单体是 1,3-丁二烯，来自丁苯橡胶，这说明混合橡胶中加入丁苯橡胶有利于 H· 的释放。H·攻击各单体夺取 H 产生 H_2 的路径中，路径 43 能垒最小，这条路径是 1,3-丁二烯产生 H· 的反应，也来自丁苯橡胶，表明丁苯橡胶的加入促进了 H·夺取 H 生成 H_2，丁苯橡胶与天然橡胶共热解比天然橡胶单独热解更有利于产生 H_2。图 3-31（b）所示为 SBR-NR 共热解过程中生成 CH_4 的路径，在异戊二烯和 $\cdot CH_2CH=CHCH_2\cdot$ 生成 $CH_3\cdot$ 的路径中，路径 44 的能垒小于路径 45，路径 44 即异戊二烯更适合产生 $CH_3\cdot$，表明天然橡胶比丁苯橡胶更有利于 $CH_3\cdot$ 的产生。$CH_3\cdot$ 攻击单体的反应路径是路径 46～54。这些路径的反应能垒大小关系为路径 48＜路径 54＜路径 47＜路径 51＜路径 52、路径 50＜路径 46、路径 53、路径 49，异戊二烯夺取 H 生成甲烷的路径中路径 48 是最优的路径，异戊二烯来自天然橡胶，故天然橡胶与丁苯橡胶共热解比天然橡胶单独热解更难产生 CH_4。

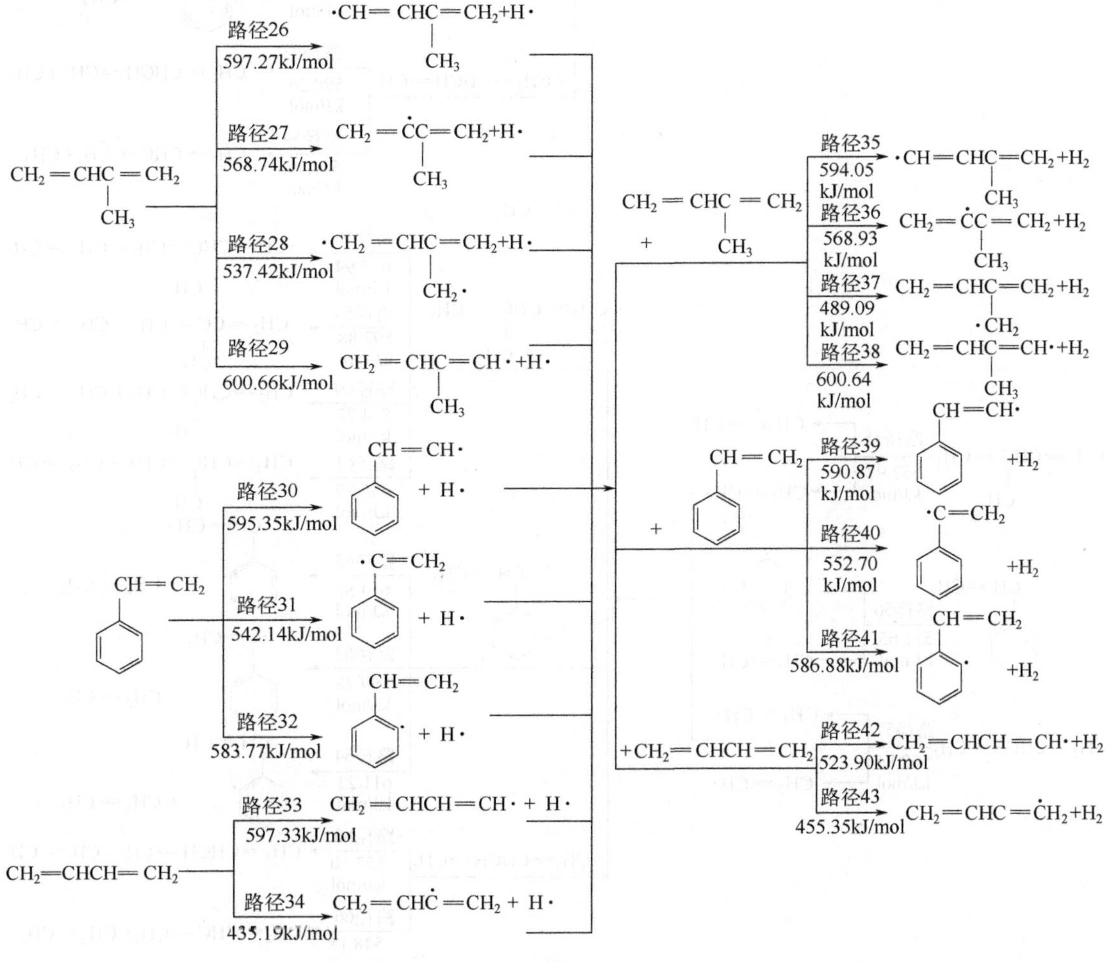

(a) H_2

图 3-31

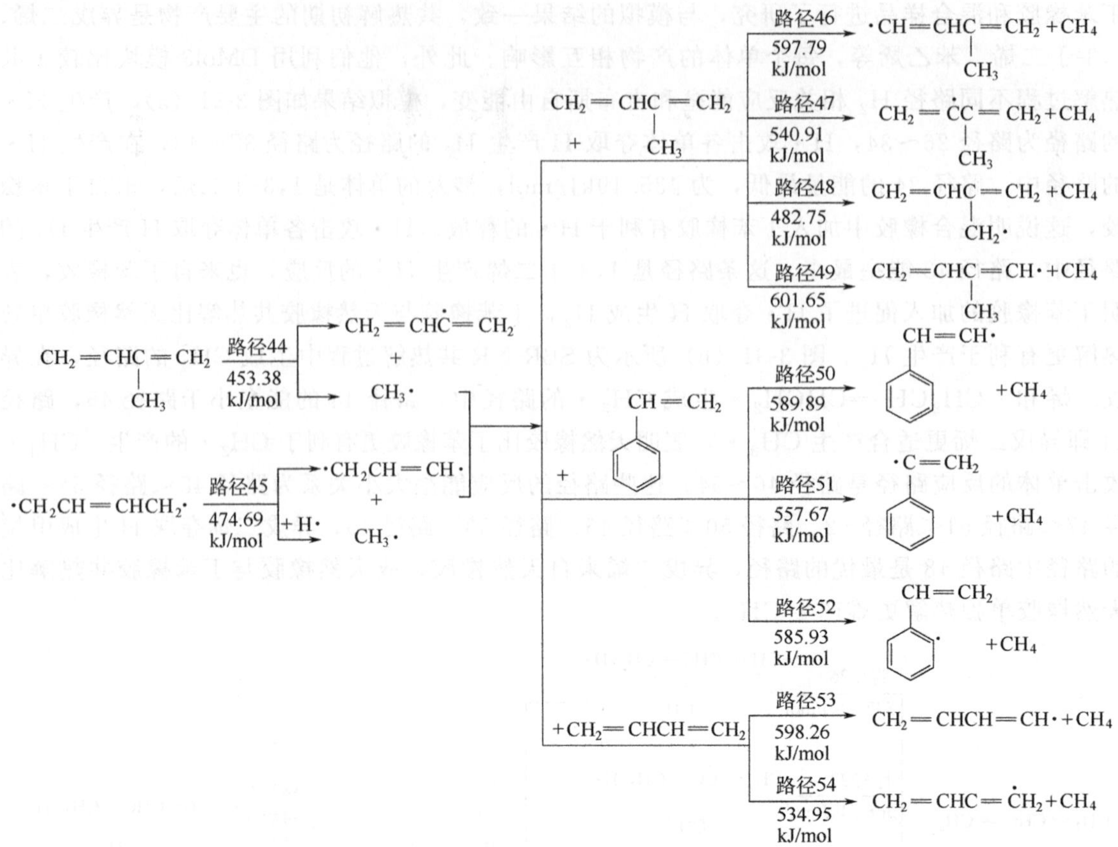

（b）CH_4

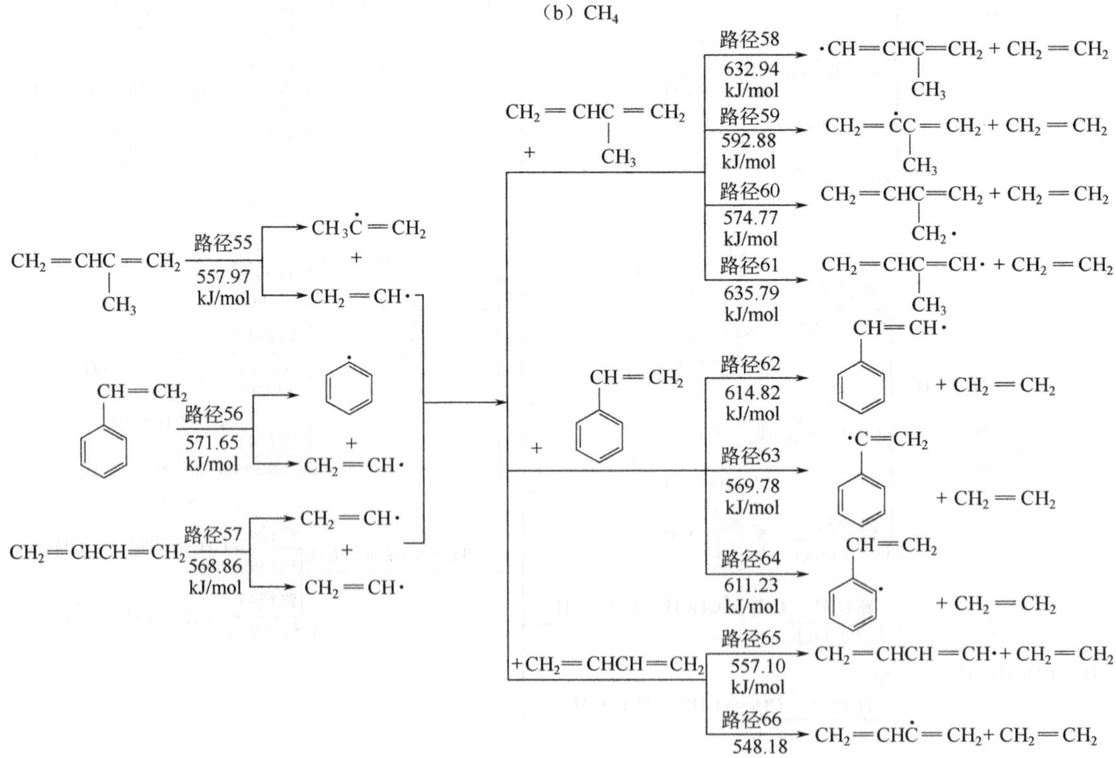

（c）$CH_2=CH_2$

图 3-31　共热解产生 H_2（a）、CH_4（b）和 $CH_2=CH_2$（c）的反应路径[28]

如图3-31（c）所示，$CH_2=CH_2$ 生成的相关路径是路径55～57，同样先比较能垒数据，路径55<路径57<路径56，路径55为最优路径，表明异戊二烯最容易产生 $CH_2=CH\cdot$，异戊二烯来自天然橡胶，故路径55与NR的反应路径相关，天然橡胶更适合产生 $CH_2=CH\cdot$。$CH_2=CH\cdot$ 夺取H的反应为路径58～66。比较能垒大小，路径66<路径65<路径63、60<路径59<路径64、62<路径58、61，其中，路径66是 $CH_2=CH\cdot$ 与1,3-丁二烯碰撞生成乙烯的路径中能垒最小的，而路径66与SBR的反应路径相关，表明丁苯橡胶比天然橡胶更容易发生 $CH_2=CH\cdot$ 夺取H的反应。综上，$CH_2=CH_2$ 的产率会随着丁苯橡胶含量的增加先升高后降低。

杨启容等[49] 对NR-SBR-BR三者共热解的热解产物分布进行了分析，模拟结果表明，热解过程主要分为低温热解和高温热解两个阶段。那么，这两个阶段产物的热解机理分别是怎样的呢？各气体产物之间的形成又是如何相互影响的呢？首先是热解的第一阶段，在该阶段，热解的初始产物与它们各自单独热解的产物一致，但产量不同。通过对化学键键长数据的分析，可以推测断键的可能位置，并根据观察到的产物设计出链初始反应和链转移的反应路径。NR重复单元之间的C—C首先发生了断裂，生成 $C_5H_8\cdot$，然后首尾两端的C—C单键会缩合成双键形成异戊二烯单体。SBR长链先裂解成 $C_8H_8\cdot$ 和 $C_4H_6\cdot$，$C_8H_8\cdot$ 结构两端C—C单键会缩合成双键，形成苯乙烯，$C_4H_6\cdot$ 结构中间的C═C双键断裂与两端自由基结合形成1,3-丁二烯或者发生断裂缩合。同样地，BR链断裂，首先生成 $C_4H_6\cdot$，然后形成1,3-丁二烯。单体中异戊二烯含量最多，其次是1,3-丁二烯，1,3-丁二烯含量高于苯乙烯。随着热解的进行，模型中首先发生断裂的是天然橡胶，其次是丁苯橡胶和顺丁橡胶长链。与异戊二烯相比，1,3-丁二烯释放自由基的可能性较小；苯乙烯相比另外两种单体更不容易释放自由基，是一种难热解的单体结构。

经过自由基生成阶段后，小分子 $CH_3\cdot$、$H\cdot$ 和 $CH_2=CH\cdot$ 在系统中攻击其他单体形成自由基，与单体中的自由基结合形成小分子气体产物。图3-32（a）为 $CH_3\cdot$ 攻击异戊二烯、苯乙烯和1,3-丁二烯的10条反应路径，路径12和路径15的反应能垒接近，分别为270.80kJ/mol和271.20kJ/mol，并且明显低于其他路径。可以推测，$CH_3\cdot$ 最可能的反应是攻击异戊二烯单体和苯乙烯单体以破坏C—H键，然后与释放的 $H\cdot$ 结合形成 CH_4。最容易生成丙烯的路径是路径17，通过攻击苯乙烯单体，$CH_3\cdot$ 的C—C键断裂，然后与 $CH_2=CH\cdot$ 结合形成 $CH_3-CH=CH_2$。所有反应路径均为 $CH_3\cdot$ 夺取 $H\cdot$ 生成 CH_4，这与甲烷是天然橡胶热解中最丰富的气相产物之一的实验结果吻合。

图3-32（b）是 $H\cdot$ 攻击三种橡胶单体的反应路径。比较10条路径，从路径25的能垒（明显低于其他路径，为270.50kJ/mol）可以推测，$H\cdot$ 最可能的反应是攻击苯乙烯单体，使苯乙烯单体的C—H键断裂，并与苯乙烯脱离的 $H\cdot$ 结合形成氢气。比较生成乙烯的两条路径，路径27能垒为295.72kJ/mol，路径30能垒为303.16kJ/mol，可知路径27更容易发生。图3-32（c）为 $CH_2=CH\cdot$ 攻击三种单体的反应路径，路径38的 E 和 ΔG 低于其他7条路径。可以推断，$CH_2=CH\cdot$ 最可能的反应是攻击1,3-丁二烯单体，使单体的C—H键断裂生成 $H\cdot$，$CH_2=CH\cdot$ 与脱离的 $H\cdot$ 结合形成 $CH_2=CH_2$。$CH_2=CH\cdot$ 和 $CH_2=CH\cdot$ 结合形成1,3-丁二烯单体，在高温下结构不稳定，会继续进行裂解反应。综合 $CH_3\cdot$、$H\cdot$ 和 $CH_2=CH\cdot$ 攻击其他单体的分析结果，推断出主要的裂解产物是甲烷、氢

气、乙烯、乙烷和丙烯，且甲烷、氢气和乙烯的含量多于乙烷和丙烯，丁苯橡胶热解得到的气相产物中 CH_4、H_2 和 $CH_2=CH_2$ 都较多，顺丁橡胶热解得到的气相产物中 $CH_2=CH_2$ 最多，天然橡胶热解得到的气相产物中 CH_4 最多。

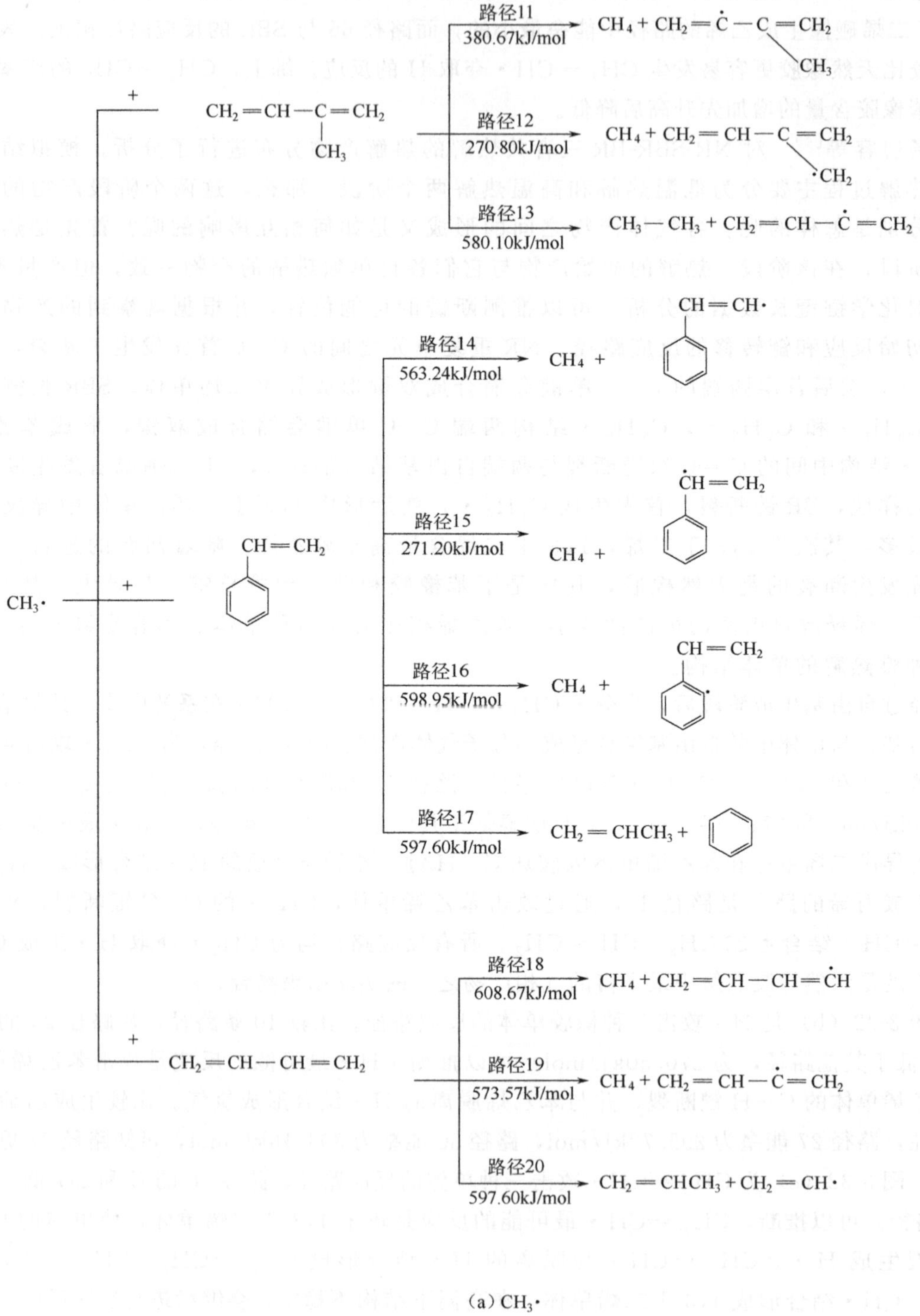

(a) $CH_3\cdot$

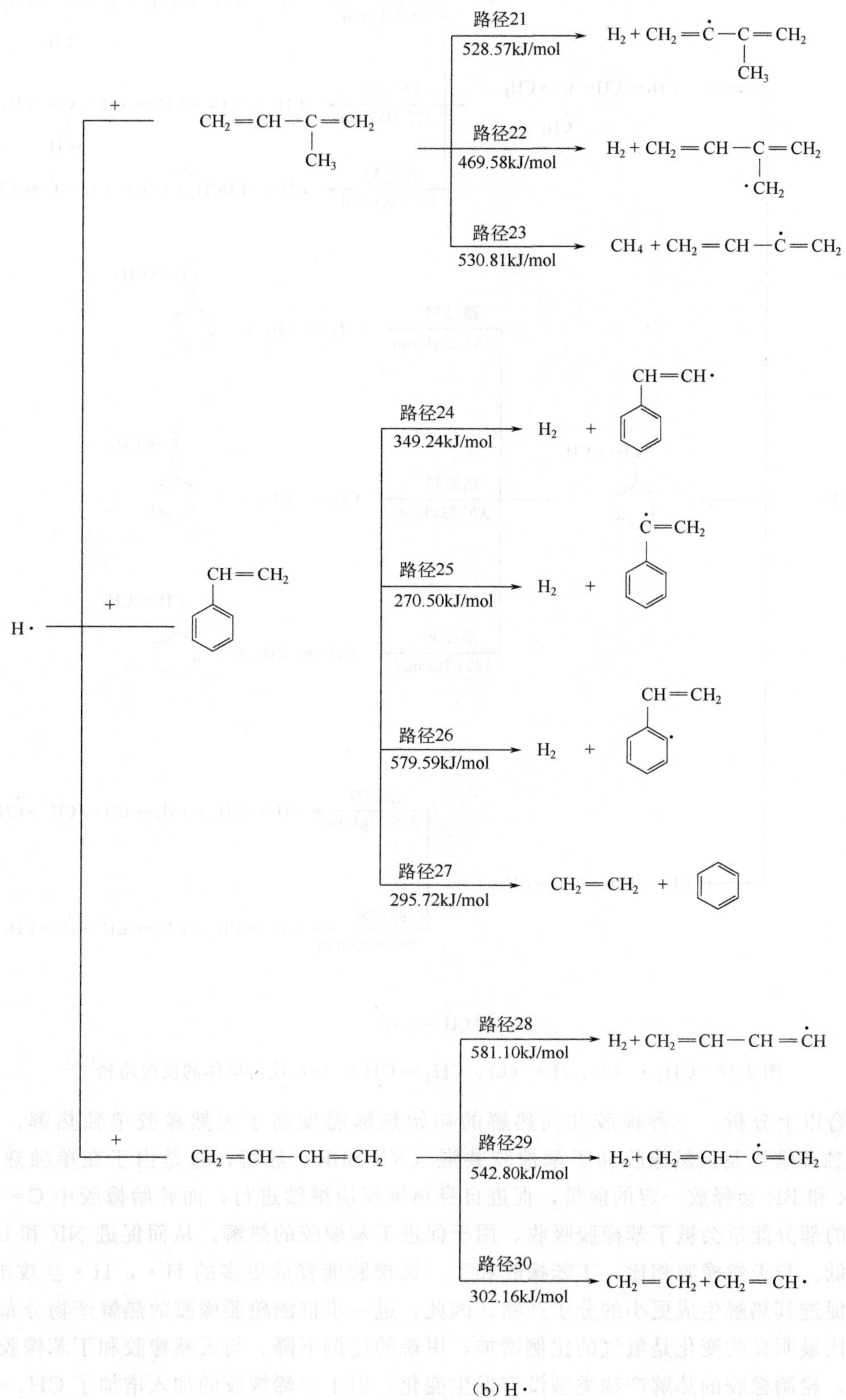
路径21
528.57kJ/mol
路径22
469.58kJ/mol
路径23
530.81kJ/mol
路径24
349.24kJ/mol
路径25
270.50kJ/mol
路径26
579.59kJ/mol
路径27
295.72kJ/mol
路径28
581.10kJ/mol
路径29
542.80kJ/mol
路径30
302.16kJ/mol

（b）H·

图 3-32

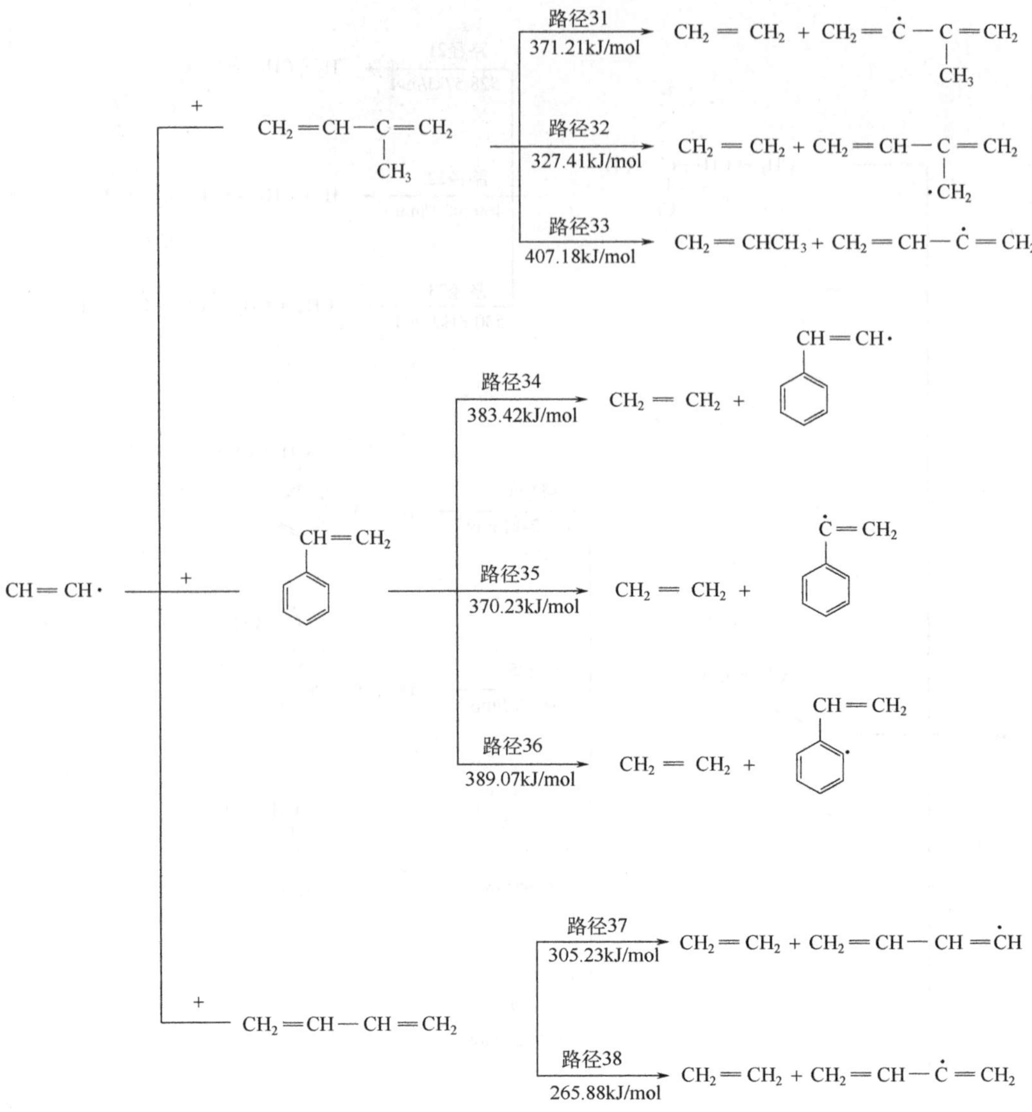

(c) $CH_2=CH\cdot$

图 3-32 $CH_3\cdot$ (a)、$H\cdot$ (b)、$CH_2=CH\cdot$ (c) 攻击单体的反应路径[35]

综合以上分析，三种橡胶共同热解的初始热解温度高于天然橡胶单独热解，而低于SBR单独热解以及天然橡胶和丁苯橡胶共混（NR-SBR）热解，这是由于在单独热解过程中，NR和BR会释放一定的能量，促进自身热解反应继续进行，而轮胎橡胶中C═C生成时释放的部分能量会被丁苯橡胶吸收，用于促进丁苯橡胶的热解，从而促进NR和BR热解能量降低。与天然橡胶相比，丁苯橡胶和丁二烯橡胶能释放更多的H·，H·会攻击C_4H_6单体，促进其热解生成更小的分子产物。因此，进一步推测轮胎橡胶的热解产物分布与天然橡胶相比最明显的变化是氢气的比例增加，甲烷的比例下降。与天然橡胶和丁苯橡胶共混热解相比，轮胎橡胶的热解产物类型没有发生变化，但丁二烯橡胶的加入增加了$CH_2=CH\cdot$的含量（路径38），有利于乙烯的生成。因此，进一步推测，与天然橡胶和丁苯橡胶共混热解相比，乙烯在轮胎橡胶共混热解中的比例有所增加。

共热解通过改性热解反应物来提高热解效率和热解产物的质量，可以提高目标化合物的选择性，并通过协同效应减少焦炭的形成。实验发现微波辅助的纤维素（CE）和轮胎废料的热解过程具有协同效应，但其机理尚不清楚。Yang 等[32] 采用热重-气相色谱结合 MD 模拟研究天然橡胶和纤维素的共热解机理，测定了小分子气体产物（即 H_2、CO_2、CH_4、C_2H_6、C_2H_4 和 C_3H_8）和热解过程中的生产路径，并获得了 NR 和 CE 的最佳混合比。

3.6.2 关键组分热解反应动力学研究

使用量子化学理论计算动力学参数具有更高的精度，有机化合物的热裂解可分为链引发、链增长和链终止反应，随着量子化学水平上 TST（过渡态理论）动力学常数计算和预测的发展，开发了热裂解反应的自由基机理来描述反应过程[158]。假如一个反应为反应物 A 和 B 生成产物 C 和 D，那么反应将首先形成 $(AB)^{\neq}$ 的不稳定过渡态，然后这种过渡状态中间体迅速分解成产物 C 和 D。

$$A+B \longrightarrow (AB)^{\neq} \longrightarrow C+D \tag{3-35}$$

TST 的简单形式的动力学反应速率公式如下：

$$k=\kappa(T)\times\frac{k_B T}{h}\times\frac{\sigma_A\sigma_B}{\sigma^{\neq}}\times\exp\left(\frac{\Delta S^{\neq}}{R}\right)\times\exp\left(-\frac{\Delta H^{\neq}}{RT}\right) \tag{3-36}$$

式中 k——速率系数；

k_B——玻尔兹曼常数；

h——普朗克常数；

$\kappa(T)$——隧穿修正因子；

σ_A，σ_B——反应物的配分函数；

$\sigma^{\neq}$——过渡态的配分函数。

过渡态理论认为从反应物到生成物之间形成了势能较高的活化配合物，活化配合物所处的状态叫过渡态。对过渡态进行频率分析，如果过渡态的几何结构中只存在唯一虚频，说明过渡态寻找正确。经过前面几节的分析可以知道：DFT 的反应动力学通常反映在对动力学参数的求解上，通过对过渡态进行几何优化和动力学计算，得到某个反应可能路径的反应能垒，比较能垒大小，最小的即为最可能发生的路径，然后计算各自由基的反应速率常数，最终确定一个最准确的反应路径。

丁苯橡胶裂解生成的甲苯通过甲基化反应会生成二甲苯和三甲苯，因此，对甲苯的甲基化反应的 4 条路径进行 DFT 计算，如图 3-33 所示，甲苯通过第一步甲基化反应分别生成了邻、间、对三种二甲苯产物，邻二甲苯和间二甲苯又发生第二步甲基化反应生成连三甲苯（1,2,3-三甲苯），间二甲苯还会发生第二步甲基化得到均三甲苯（1,3,5-三甲苯）。所有路径都是放热反应，反应路径 3 具有最低的反应能垒，第一步和第二步的反应能分别为 −1.86eV 和 −1.87eV。对甲苯甲基化反应进行了反应动力学计算，得到了每步的反应速率。甲苯第一步的反应速率数量级均为 10^6，第二步生成三甲苯的路径速率数量级均为 10^4。其中反应速率最快的为反应路径 3。

对路径 1 和路径 3 的第一步甲基化反应进行了 AIMD 模拟，如图 3-34 所示。甲苯的甲基化反应是通过环境中游离的甲基自由基向苯环上的 C 靠近，H 再逐渐脱落与游离的甲基

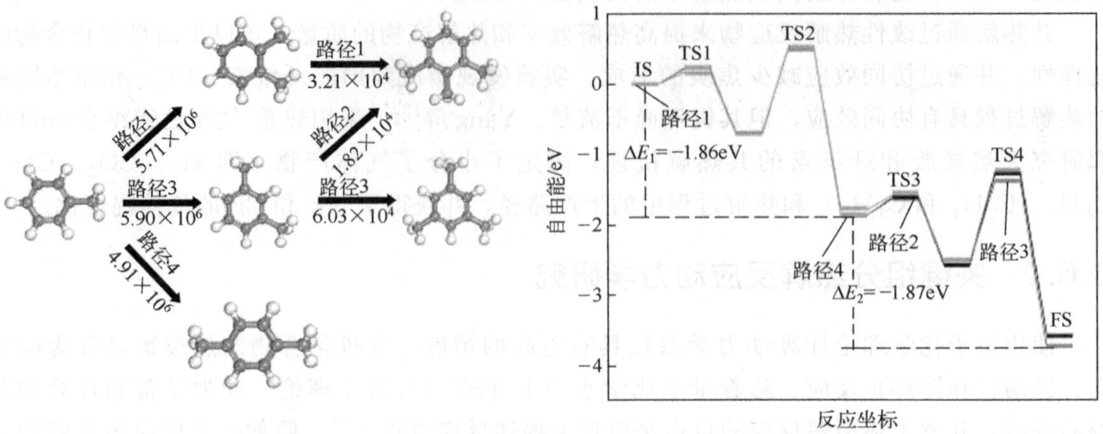

(a) 反应机理　　　　(b) 能垒

图 3-33　甲苯甲基化反应机理及能垒图

自由基结合生成甲烷来实现的。AIMD 结果也验证了这一模拟路径是可靠的。通过反应能垒分析以及动力学分析可得，甲苯的第一步甲基化反应速率较高，因此产物中二甲苯的含量应相对较高。

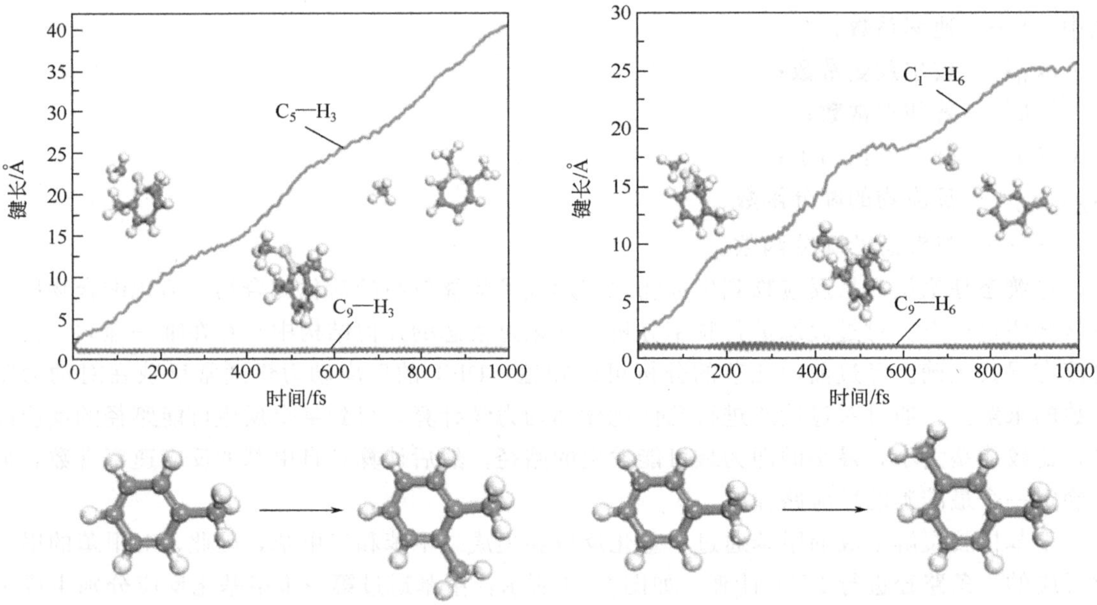

(a) 路径1　　　　(b) 路径3

图 3-34　甲苯甲基化反应 AIMD 模拟结果

在过去的几十年里，许多研究人员使用各种方法来详细研究废轮胎的热解过程，以了解其动力学和机制，寻求热解过程，并提供其机理观点，一种常用的方法是开发适当的数学模型。实验及动力学模型的结合已被广泛应用于废料包括废轮胎的硫化和燃烧性能的研究[131,134,158-166]，包括反应速率动力学模型、传热和传质模型等。动力学分析可以为更好地理解热解行为提供基础。

Martin Olazar 团队[134] 提出了一种新的轮胎热裂解动力学模型。该模型将产物划分为七类，即气体、非芳香族液体、芳香族化合物、焦油（C_{11+}）、焦炭（低级炭黑）、中间体和原轮胎。模型通过中间块的引入和平行-次级反应机制，解释了产物分布随时间的演变。实验在锥形喷动床反应器中进行，通过在线气相色谱分析不同反应时间的产物流，监测各组分质量分数变化，获取动力学数据。模型能准确预测产物块收率随时间的演变，尤其在芳香族和焦油形成的延迟现象上表现优异。

Perejón 等 [167] 提出了一种研究由非独立阶段组成的复杂过程动力学的方法。该方法已通过对天然橡胶热解的动力学分析进行了测试，其计算的动力学参数可以准确地预测实验曲线的变化。Menares[168] 通过将 TGA 和 Py-GC/MS 分析与动力学建模相结合来研究轮胎热解，根据 Bi（毕奥数）与热解参数的比值建立的热图，在动力学条件下进行 Py-GC/MS 实验。结果表明：柠檬烯（51%）和异戊二烯（20.5%）是低于 708K 的温度下检测到的主要化合物，而高于 873K 时柠檬烯转化为单芳烃。Diels-Alder 反应的平衡方法表明，异戊二烯和柠檬烯之间存在平衡规则的行为，特别是在 $T>873$K 时。Starink 模型计算的活化能范围为 101.5～176.7kJ/mol，而基于模型的动力学为 153.7kJ/mol。TGA、动力学建模和 Py-GC/MS 的整合提供了对热解反应机理的深入了解。Navarro[163] 将木质纤维素生物质与六种不同的废弃物（包括废轮胎）共混，并在热重分析仪中进行共热解，采用分布式活化能模型（DAEM）对两种加热速率下的纯原料进行动力学参数拟合，模拟了生物质/塑料混合物在不同质量比例和加热速率下组分的加性效应。Cheung 等[159] 利用轮胎热解实验数据（TGA/DTG 和 DTA）对轮胎热解的反应动力学和热流进行了研究，建立了一个综合考虑失重动力学、放热动力学和热流的数学模型，该模型提出了一个包含两个中间组分的四个反应的动力学框架，采用显式有限差分法模拟单个大颗粒在间歇式反应器内的反应动力学和热流。在加热阶段的基础上提出了一种绝热阶段的多级热解运行策略，与常规运行策略相比，节约了 17.29%的能量。Miranda 等[161] 的废轮胎裂解动力学研究在间歇反应器中进行，目的是对动力学模型进行评估，确定可能直接转化为新产品、平行反应或可逆的基本步骤，并在不同的温度和反应时间建立反应路径，然后将动力学数据与实验数据进行比较，提出的动力学模型与实验数据拟合良好。最后评估了动力学参数，评估了活化能和指前因子对温度的依赖。结果表明，反应速率常数与阿伦尼乌斯方程对数形式之间存在非线性温度依赖，说明反应温度对废轮胎的热解反应机制具有显著的调控作用。Williams [160] 采用具有活化能分布的一级反应模型对生物质废料、废轮胎、垃圾衍生燃料（RDF）和废塑料进行热解。比较了 TGA-MS 和 TGA-FTIR 方法得到的动力学参数，二者获得的热解动力学参数完全一致，验证了两种 TGA 仪器可以提供有价值的废物热解信息。He 等[143] 首次描述了纺织染色污泥（TDS）与橡胶（RT）、聚氨酯（PUT）轮胎的共热解，在该研究中，使用 Coast-Redfern（CR）模型拟合方法，用于估计活化能和给定阶段的反应机理模型，其中，二阶（F2）模型最能描述 TDS 热解的第一个峰，表明该阶段的反应速率主要由反应物的浓度控制，五维扩散（D5）模型最能解释第二个峰值，并能从中看出产物形成速率与阻挡层厚度成反比。利用该模型证明每个阶段所需的活化能随着废旧轮胎混合比例的上升而逐渐下降，指出了共热解的协同作用，此外，共热解产生了更多的碳氢化合物产品，减少了 CO、SO_2 和亚硝酸盐等污染物的排放。Liu[169] 等结合 TG、TG-FTIR 和 Py-GC/MS 研究了废旧橡胶和聚氨酯自行车轮胎的动态热解行为，并分析了其气体产物，还运用 FWO、KAS、Starink 和主图方法确定了其动力学模型。动力学、热力学和综合热解指数数据验证了 PUT

比 RT 更容易分解。主要脱挥过程三个子阶段的热解机理模型最好用二维扩散和两个二阶 RT 模型以及 PUT 的三个连续反应顺序（三半阶、一阶和二阶）模型来描述。

填充硅轮胎胎面橡胶等组分复杂的非均相固相材料往往无法获得准确的动态反应机制及其相关因素，必须采用相对完整的动力学方法，特别是模型检测和模型修正方法，通过测量活化能的变化来揭示反应的复杂性，可以从不同的角度获得热解动力学方程和反应机制。Zhao[170] 通过讨论各种动力学研究方法，提出一种新的多动力学研究方法，研究复杂的材料。它是一个更系统、更严格的理论体系，可以准确计算多组分材料热解过程中考虑的三个动力学因素。通过 $\ln(\beta d\alpha/dT)$ 对 $1/T$ 的拟合曲线，可以看出区间Ⅰ（$\alpha=0.1\sim0.25$）和区间Ⅱ（$\alpha=0.25\sim0.9$）直线的梯度不同，因此，以 $\alpha=0.25$ 为界线，两区间分别遵循一定的动力学方程，定义为反应Ⅰ和反应Ⅱ。分别绘制出反应Ⅰ和反应Ⅱ的转化率曲线，曲线呈现出理论温度滞后的现象，说明整个反应过程不能用单一固定的动力学方程来完全描述。根据转化率曲线，用微分定义绘制反应速率（$d\alpha/dT$）曲线，类似地，不同反应阶段仍存在温度滞后现象。此外，通过分析转化率曲线和反应速率曲线的整体形状，发现填充硅轮胎胎面橡胶的热解过程很可能符合热解类型中的加速模型（幂律模型）。

修正后的结果表明，多动力学研究方法能较准确地得到轮胎热解动力学方程和反应机理。反应Ⅰ的动力学方程确定为 $f(\alpha)=0.2473\alpha-3.0473$，$E_a$ 和 A 分别为 155.26kJ/mol、$5.88\times10^9\text{min}^{-1}$。修正后反应Ⅱ的动力学方程为 $f(\alpha)=0.4142(1-\alpha)[-\ln(1-\alpha)]-1.4143$，$E_a$ 和 A 分别为 315.40kJ/mol、$7.86\times10^{17}\text{min}^{-1}$。

大多数热解模型假设动力学上为限速反应类型，而不考虑反应器中的传热或传质限制，但是为了克服热解模型中的温度限制，必须将传热和传质纳入动力学模型中，以描述热解过程中轮胎的实际温度。Rudniak 等[171]基于简化反应机制的轮胎材料分解生成主要产品，即不凝气体、可凝热解油和固体焦，利用 CFD 软件 ANSYS Fluent 在废轮胎热解过程中建立了动态数学简化模型，该模型考虑了橡胶颗粒内部和周围气相的传热传质动力学。根据文献中 TG/DTG 测量的轮胎主要成分的活化能以及与实验结果拟合的理论预测的指前因子，主要反应路径为伪一级反应，速率常数由 Arrhenius 方程计算。热解过程的数值模拟结果表明，样品的孔隙度和温度分布不均匀。该模拟结果与实验室反应器中轮胎样品的热解过程相对失重的测量结果一致。Khiari 等[162] 对废旧轮胎样品的热解过程进行了建模，使用反应动力学并考虑吸热和放热现象来呈现热解过程中的质量损失和温度曲线，以预测其质量和热损失的分布。他们几乎完全基于 TGA-DTG 数据对单个废轮胎热解建模，该模型包括吸热质量损失和放热裂解反应的动力学，在动力学测定过程中，所有速率均由 TGA/DTG 确定和拟合，数值解析则使用有限元软件 Comsol 来执行。微分方程的分辨率能够将样品内热量变化的曲线作为固定床反应器中温度的函数，当模拟反应与实验达到一致时，就可以得出正确结论。在 2cm 样品中模拟反应不同时刻转化率的分布，粒子开始从边缘向中心消耗，主要热通量从反应器壁流向轮胎表面，然后通过热传导传递到颗粒中心。事实上，在 2cm 粒子中心的放热超过 1500kJ/kg。同时也注意到，小粒径可以在热解过程中更快地传热以缩短工艺完成时间。然而，快速的热传递会引发更多的吸热反应，从而增加能源消耗。

用于描述轮胎热解的模型已广泛用于评估轮胎热解技术。Balasubramanian 等[172] 对过去文献中描述轮胎热解的数学模型进行了综述，讨论了废轮胎热解模型的优缺点，以提供热解过程和现有轮胎活化建模理论的技术见解。例如，基于反应动力学的阿伦尼乌斯速率方程模型假设在基于轮胎化学成分的多组分或多步骤模型中进行一系列平行的一级反应，其结果通常与实验数据高度相关。然而，广泛使用阿伦尼乌斯速率方程的对数可能会掩盖数据中的错误或造成其他不规则现象。并且阿伦尼乌斯速率方程只适用于一种反应，对于同时发生的多种反应，如轮胎热解，必须进行反卷积求解。其他模型包括传热和传质、几何形状，其他物理特性（如孔隙率、比表面积）也需要考虑进来，通过直接或间接影响反映有效温度的额外扩散或传导方程。除了一般动力学模型外，还讨论了仅描述轮胎热解过程特定反应器设计的模型[173]。

3.6.3　含硫产物的热解路径

为了解硫在不同温度下的转化形态，模拟了上述系统在 2000K、2500K、3000K 和 3500K 四种温度下的热裂解[37]。经过 400ps 模拟后，S-2 在 3000K 下热解后 C、H、S 的存在形式如图 3-35 所示。硫原子可以捕获从聚合物链中释放出来的 H_2 并转化为 H_2S，或者与烃类中间产物形成硫醇或硫醚。

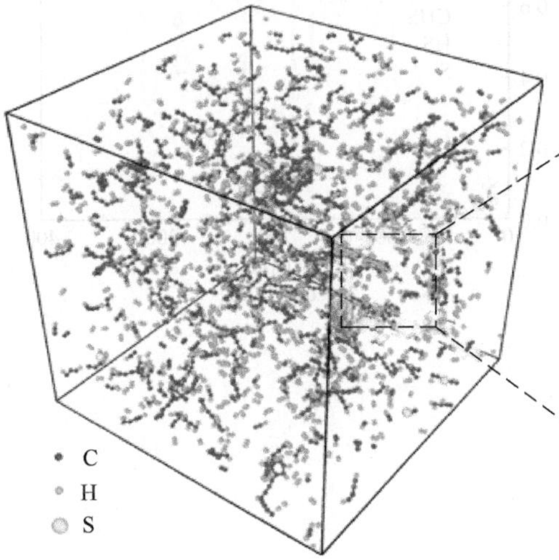

(a) 快照

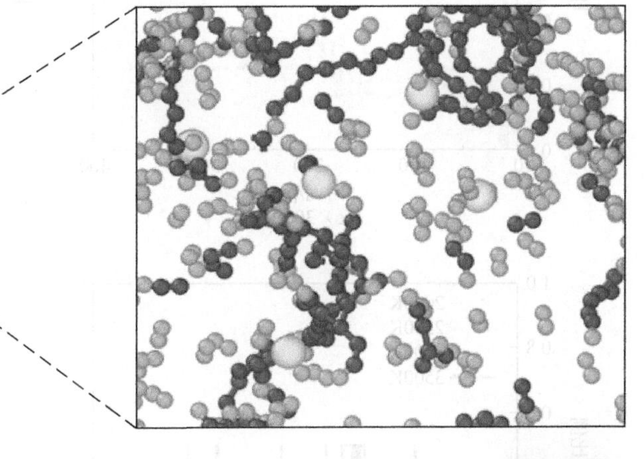

(b) 部分放大图像

图 3-35　S-2 体系在 3000K 下的热解产物分布快照和部分放大图像[37]

彩图 3-35

实验结果表明[174]，只有少量的硫释放为 H_2S 气体，硫的主要部分转移到硫化物、硫酸盐、硫醇和噻吩中，进入油或固体产品中。为进一步了解硫产物详细演变情况，将硫产物统计为 CHS、HS 和 S 以简化分析过程，S-2 体系在 2000K、2500K、3000K 和 3500K 四种温度下的热裂解模拟的硫演变如图 3-36 所示。CHS 产品在所有温度下占最大比例，明显高于 H_2S 产物，这与实验的结果相符。所有 HS 产品仅考虑 H_2S 分子，HS 的比例随着模拟温度的升高而增加，而 S 单质只少量短暂地存在于裂解过程中。上述分布结果是由于 C—S 键比 C—H 键和 C—C 键弱，C—S 键断裂后 S 大概率与聚合物继续粘连，以 R—S/R—SH 的形式存在，而游离的 S 原子可能捕获 H_2 形成 H_2S[150]，这与该实验结果相符。

为分析硫团簇的生长过程，提取了 S-4 体系在 3000K 下的热解数据，S-4 体系的硫团簇

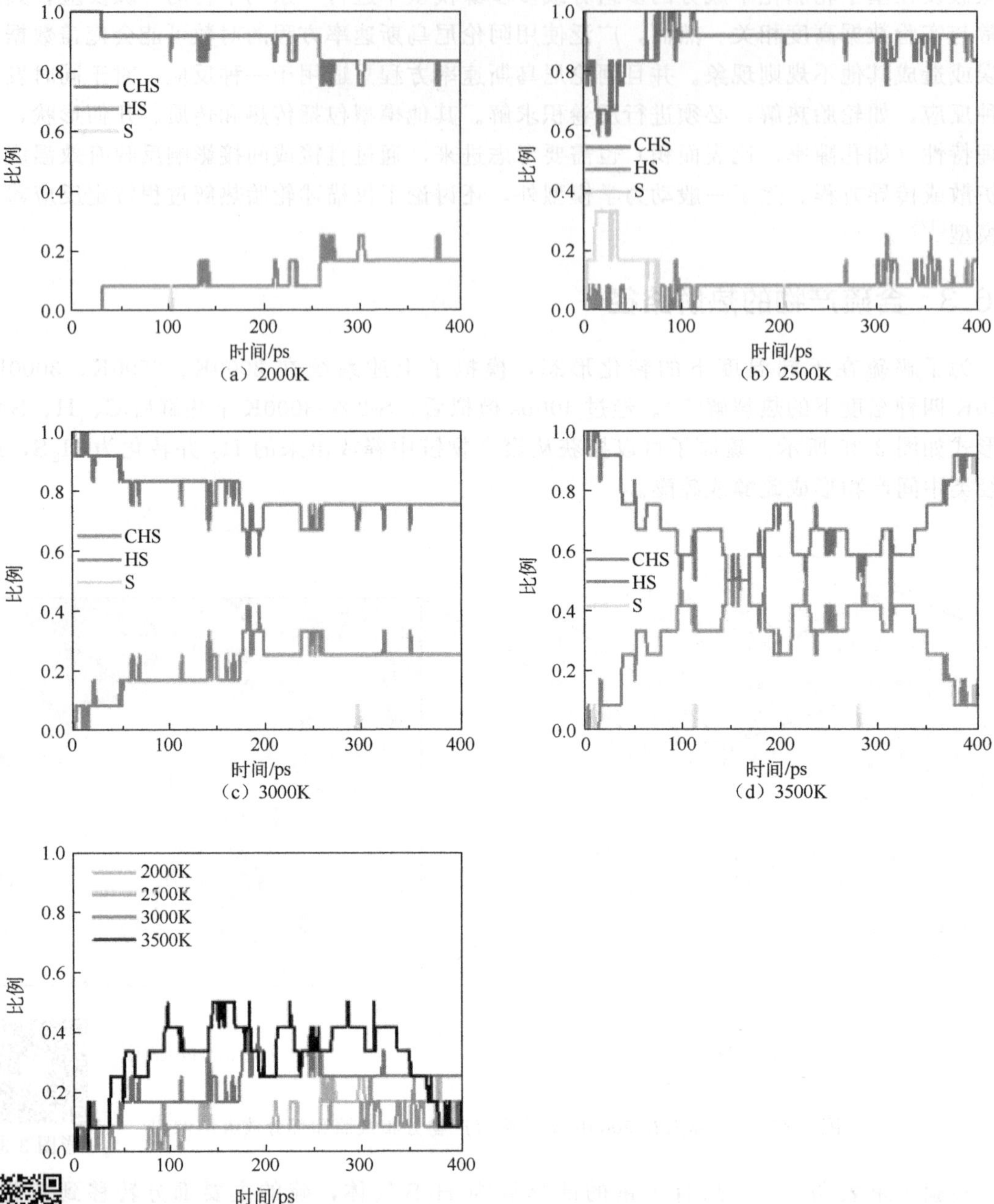

彩图 3-36

图 3-36 S-2 体系硫产物在四个温度下随时间的演变[37]

生长过程如图 3-37，热解反应 50ps 后形成了一个包含 4 个原子的小硫团簇［图 3-37（a）］，随后初始硫团簇将从 H_2S 或 CHS 捕获其他硫原子，这导致 S 和 HS（或 CHS）之间发生了转换，随着氢（或 R）从团簇中剥离，硫团簇继续生长，最后在图 3-37（c）中发现一个包含超过 10 个原子的硫团簇，硫集群是通过重复这个生长过程而形成的。

为进一步研究硫产品的详细演变，图 3-38 展示了 S-4 体系在 2000K、2500K、3000K 和 3500K 四个温度下的硫产物和硫产品的时间变化，与 S-2 体系相比，S-4 体系中的 S 更容易

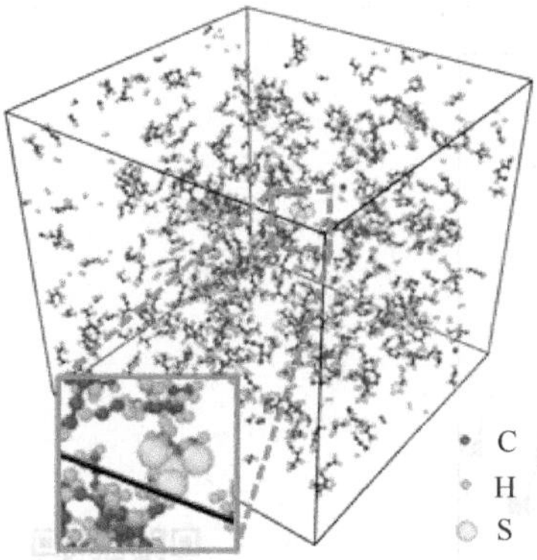

（a）50ps

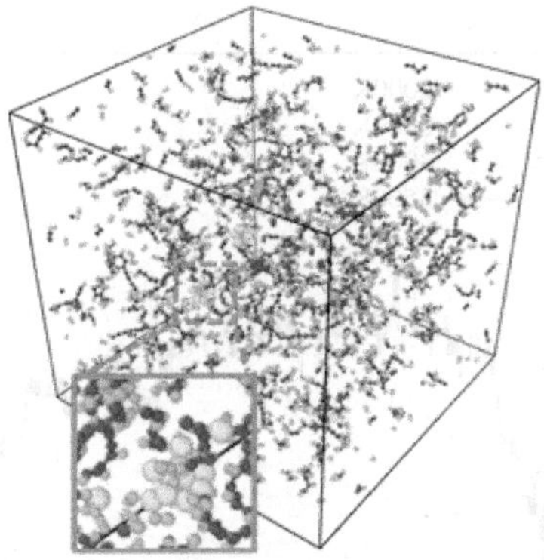

（b）200ps

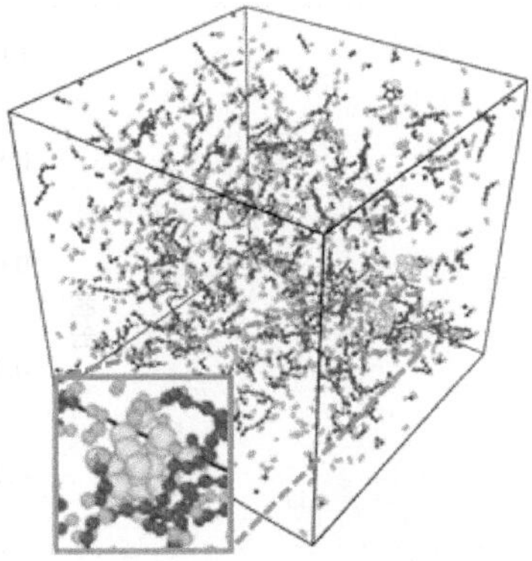

（c）400ps

图 3-37　S-4 体系在 3000K 时热解的快照和部分放大图[37]

彩图 3-37

在一开始就相互接触和结合。图 3-38（a）～（c）中，S 的演化曲线呈现出较高的比例，并且三条曲线波动频繁。由于硫团簇的生长，HS 曲线上升，而 S 曲线下降。图 3-38（e）表明只有小于 1% 的 H_2S 属于 HS 产品。一方面，高温可以消除硫团簇，在高温热解过程中，初始的硫团簇在短暂地存在后消失，原因是相对较高的温度会促进 S—S 单键断裂和 H_2S 的形成。另一方面，更多的 H_2 由于密集的脱氢反应在高热解温度下释放，增加了 H_2S 形成的可能性。

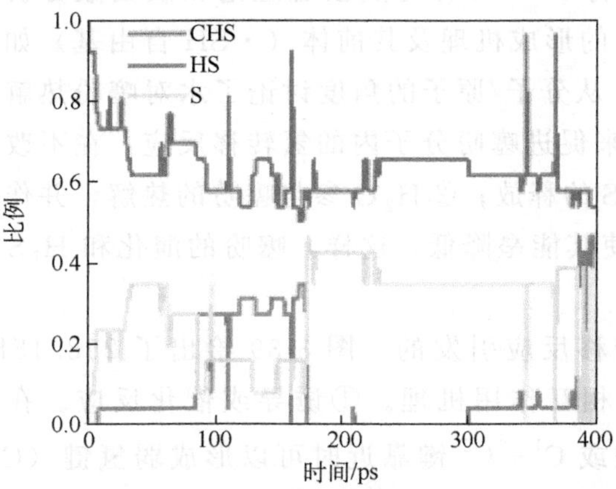

（a）2000K

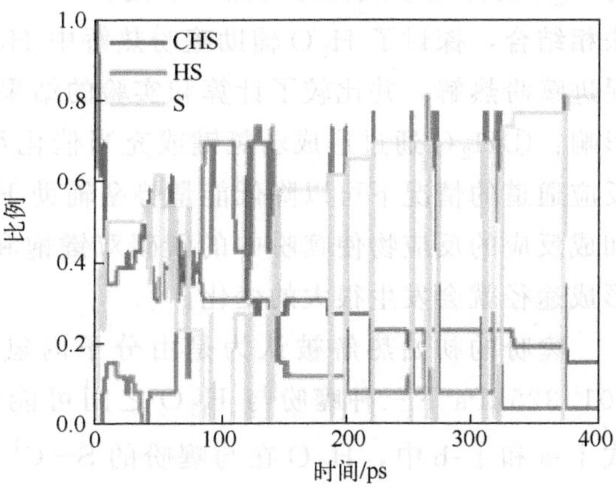

（b）2500K

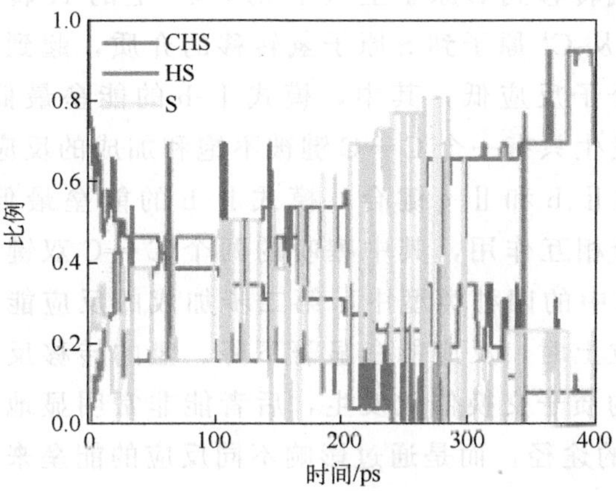

（c）3000K

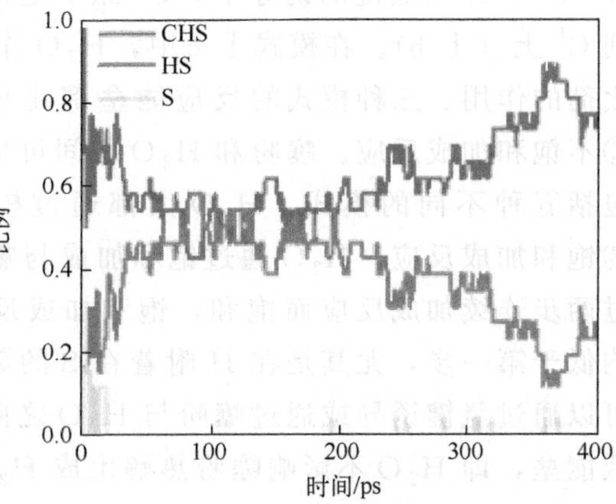

（d）3500K

图 3-38

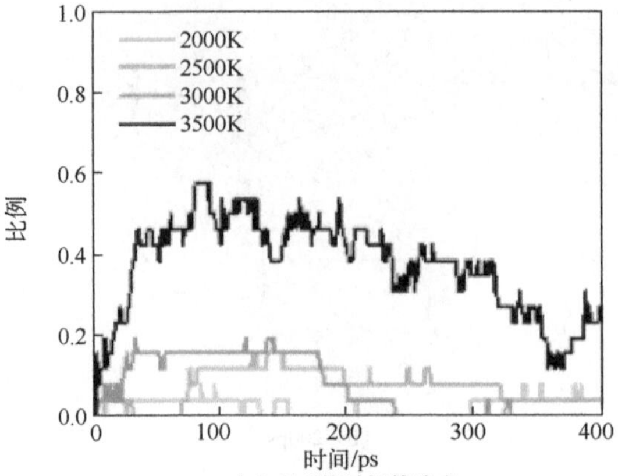

(e) H_2S随时间的演变

彩图 3-38

图 3-38 S-4 体系在四个温度下的硫产物和硫产品的时间演变[37]

噻吩及其衍生物是硫化橡胶热解过程中重要的初级含硫产物，噻吩及其衍生物的热解产物中主要的含硫气体是 H_2S。废轮胎热解气相产物中的 H_2S 很容易通过湿法脱硫、干法脱硫等多种方法处理，但是固体和液体产物中硫的去除还有待研究。研究发现，添加水蒸气有增加热解气体的潜力，硫的迁移可能受到 H_2O 的显著影响，而在 H_2O 存在时 H_2S 的详细形成机理仍然不清楚。Liu[34] 将 DFT 计算与过渡态理论和波函数分析方法相结合，探讨了 H_2O 辅助噻吩热解中 H_2S 的形成机理及其前体（·SH 自由基）如何促进噻吩热解，并比较了计算和实验的结果，从分子/原子的角度讨论了水对噻吩热解的影响：①H_2O 通过形成弱氢键或充当催化剂来促进噻吩分子内的氢转移反应，在不改变反应通道的情况下可以降低能量势垒辅助 H_2S 的释放；②H_2O 参与噻吩的热解，并作为加成反应的反应物使噻吩中的碳碳双键饱和使其能垒降低，这样，噻吩的演化和 H_2S 的形成途径就会发生很大的变化。

噻吩的初始热解被认为是由分子内氢转移反应引发的，图 3-39 给出了 298.15K、101.325kPa 下三种噻吩与 H_2O 之间可能的相互作用机理。①诱导或催化反应。在模式Ⅰ-a 和Ⅰ-b 中，H_2O 在与噻吩的 S—C^1 键或 C^1—C^2 键靠近时可以形成弱氢键（C…H—O），在弱氢键的诱导下，C^1 原子上的氢转移到 S 原子上（Ⅰ-a），C^2 上的 H 转移到 C^1 上（Ⅰ-b）。在模式Ⅰ-c 中，H_2O 作为从 C^1 原子到 S 原子氢转移的介质，起到催化剂的作用。三种模式的反应能垒都比单分子反应低，其中，模式Ⅰ-b 的能垒最低。②不饱和加成反应。噻吩和 H_2O 之间可以发生只有一个 C═C 键被不饱和加成的反应，包括五种不同的模式，H_2O 大都通过模式Ⅱ-b 和Ⅱ-c 键合，模式Ⅱ-b 的能垒最低。③饱和加成反应。H_2O 通过饱和加成与噻吩相互作用，其中噻吩的两个 C═C 双键通过两步连续加成反应而饱和，饱和加成反应中的四种类型中，第二步加成的反应能垒均低于第一步，尤其是在 H 附着在 S 的邻位上时，反应能垒显著下降。氢的转移反应可以通过氢键诱导或通过噻吩与 H_2O 之间的质子交换催化发生，后者能非常明显地降低能垒，即 H_2O 不影响噻吩热解生成 H_2S 的途径，而是通过影响不同反应的能垒来改变它们的竞争力。

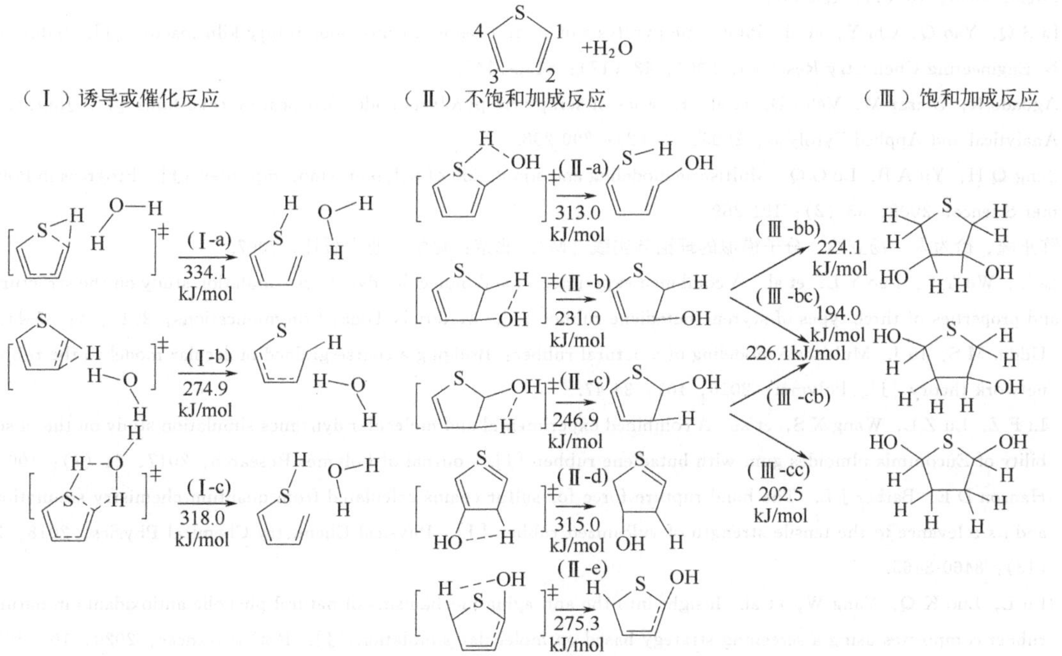

图 3-39　噻吩与 H_2O 的初始相互作用[34]

3.7　本章小结

本章介绍了密度泛函方法和分子动力学基本方法。借助分子模拟技术，进行模型化模拟计算，对废轮胎中的主要成分进行模型化处理，考察了不同连接方式下各化学键的解离能，预测及解释了后续热裂解过程的断键次序及机理、芳烃转化及烯烃合成环烯烃和芳烃的反应，初始裂解过程中 SBR 发生解聚生成自由基，为后续芳香族化合物和脂肪族长链的形成提供了可能。

本章对不同温度、压力下裂解反应的产物种类及其分布进行了研究。通过系统研究轮胎材料热裂解过程中的扩散行为、微观反应机制及污染物生成路径，对多相裂解反应中的微-介观尺度行为进行有效关联，深入揭示微-介观尺度耦合作用下的科学现象与内在机理。基于介观尺度结构演化规律的系统分析，可提出高效裂解工艺设计策略及污染物源头控制方法，为轮胎材料的“梯级利用”提供理论支撑与技术指导。

参考文献

[1]　Martínez J D，Puy N，Murillo R，et al. Waste tyre pyrolysis：A review [J]. Renewable and Sustainable Energy Reviews，2013，23：179-213.

[2]　Okoye C O，Jones I，Zhu M M，et al. Manufacturing of carbon black from spent tyre pyrolysis oil-A literature review [J]. Journal of Cleaner Production，2021，279：123336.

[3]　Chen G Y，Sun B Y，Li J T，et al. Products distribution and pollutants releasing characteristics during pyrolysis of waste tires under different thermal process [J]. Journal of Hazardous Materials，2022，424：127351.

[4]　Conesa J A，Font R，Marcilla A. Gas from the pyrolysis of scrap tires in a fluidized bed reactor [J]. Energy &

Fuels, 1996, 10 (1): 134-140.

[5] Li S Q, Yao Q, Chi Y, et al. Pilot-scale pyrolysis of scrap tires in a continuous rotary kiln reactor [J]. Industrial & Engineering Chemistry Research, 2004, 43 (17): 5133-5145.

[6] Aguado R, Olazar M, Vélez D, et al. Kinetics of scrap tyre pyrolysis under fast heating conditions [J]. Journal of Analytical and Applied Pyrolysis, 2005, 73 (2): 290-298.

[7] Zeng Q H, Yu A B, Lu G Q. Multiscale modeling and simulation of polymer nanocomposites [J]. Progress in Polymer Science, 2008, 33 (2): 191-269.

[8] 陈正隆，徐为人，汤立达. 分子模拟的理论与实践 [M]. 北京：化学工业出版社，2007.

[9] Li Y, Wu Y P, Luo Y L, et al. A combined experimental and molecular dynamics simulation study on the structures and properties of three types of styrene butadiene rubber [J]. Materials Today Communications, 2015, 4: 35-41.

[10] Uddin M S, Ju J. Multiscale modeling of a natural rubber: Bridging a coarse-grained molecular model to the rubber network theory [J]. Polymer, 2016, 101: 34-47.

[11] Li F Z, Lu Z L, Wang X S, et al. A combined experimental and molecular dynamics simulation study on the miscibility of Eucommia ulmoides gum with butadiene rubber [J]. Journal of Polymer Research, 2017, 24 (7): 100.

[12] Hanson D E, Barber J L. The bond rupture force for sulfur chains calculated from quantum chemistry simulations and its relevance to the tensile strength of vulcanized rubber [J]. Physical Chemistry Chemical Physics, 2018, 20 (13): 8460-8465.

[13] Lu L, Luo K Q, Yang W, et al. Insight into the anti-aging mechanisms of natural phenolic antioxidants in natural rubber composites using a screening strategy based on molecular simulation [J]. RSC Advances, 2020, 10 (36): 21318-21327.

[14] Tan J H, Chen C L, Liu Y W, et al. Molecular simulations of gas transport in hydrogenated nitrile butadiene rubber and ethylene-propylene-diene rubber [J]. RSC Advances, 2020, 10 (21): 12475-12484.

[15] Zhao X Y, Fu B Z, Zhang W F, et al. Increasing the thermal conductivity of styrene butadiene rubber: Insights from molecular dynamics simulation [J]. RSC Advances, 2020, 10 (39): 23394-23402.

[16] Guo F C, Zhang J P, Chen Z X, et al. Investigation of friction behavior between tire and pavement by molecular dynamics simulations [J]. Construction and Building Materials, 2021, 300: 124037.

[17] Yagyu H. Coarse-grained molecular dynamics simulation of the effects of strain rate on tensile stress of cross-linked rubber [J]. Soft Materials, 2015, 13 (4): 263-270.

[18] Yagyu H. Simulations of the effects of filler aggregation and filler-rubber bond on the elongation behavior of filled cross-linked rubber by coarse-grained molecular dynamics [J]. Soft Materials, 2017, 15 (4): 263-271.

[19] Kojima T, Washio T, Hara S, et al. Analysis on microstructure-property linkages of filled rubber using machine learning and molecular dynamics simulations [J]. Polymers, 2021, 13 (16): 2683.

[20] Khawaja M, Sutton A P, Mostofi A A. Molecular simulation of gas solubility in nitrile butadiene rubber [J]. The Journal of Physical Chemistry B, 2017, 121 (1): 287-297.

[21] Saha S, Bhowmick A K. An Insight into molecular structure and properties of flexible amorphous polymers: A molecular dynamics simulation approach [J]. Journal of Applied Polymer Science, 2019, 136 (18): 47457.

[22] Luo Y L, Chen X L, Liu H B, et al. Precisely tailoring the thermodynamic compatibility between single-walled carbon nanotubes and styrene butadiene rubber *via* fully atomistic molecular dynamics simulation and theoretical approach [J]. Computational Materials Science, 2021, 186: 109995.

[23] Luo Y L, Wang R G, Wang W, et al. Molecular dynamics simulation insight into two-component solubility parameters of graphene and thermodynamic compatibility of graphene and styrene butadiene rubber [J]. The Journal of Physical Chemistry C, 2017, 121 (18): 10163-10173.

[24] Luo Y L, Liu H B, Xiang B, et al. Temperature dependence of the interfacial bonding characteristics of silica/styrene butadiene rubber composites: A molecular dynamics simulation study [J]. RSC Advances, 2019, 9 (68): 40062-40071.

[25] Luo K Q, You G H, Zhang S D, et al. Antioxidation behavior of bonded primary-secondary antioxidant/styrene-butadiene rubber composite: Experimental and molecular simulation investigations [J]. Polymer, 2020,

188: 122143.

[26] Ryu M S, Kim H G, Kim H Y, et al. Prediction of the glass transition temperature and design of phase diagrams of butadiene rubber and styrene-butadiene rubber *via* molecular dynamics simulations [J]. Physical Chemistry Chemical Physics, 2017, 19 (25): 16498-16506.

[27] Guo F C, Zhang J P, Pei J Z, et al. Investigating the interaction behavior between asphalt binder and rubber in rubber asphalt by molecular dynamics simulation [J]. Construction and Building Materials, 2020, 252: 118956.

[28] Yang Q R, Yu S P, Zhong H W, et al. Gas products generation mechanism during co-pyrolysis of styrene-butadiene rubber and natural rubber [J]. Journal of Hazardous Materials, 2021, 401: 123302.

[29] Saha T, Bhowmick A K. Influence of nanofiller on thermal degradation resistance of hydrogenated nitrile butadiene rubber [J]. Rubber Chemistry and Technology, 2019, 92 (2): 263-285.

[30] Wei X, Zhong H W, Yang Q R, et al. Studying the mechanisms of natural rubber pyrolysis gas generation using RMD simulations and TG-FTIR experiments [J]. Energy Conversion and Management, 2019, 189: 143-152.

[31] Zhou M Y, Xiong X, Drummer D, et al. Interfacial interaction and joining property of direct injection-molded polymer-metal hybrid structures: A molecular dynamics simulation study [J]. Applied Surface Science, 2019, 478: 680-689.

[32] Yao E R, Wang Y Z, Yang Q R, et al. Co-pyrolysis mechanism of natural rubber and cellulose based on thermogravimetry-gas chromatography and molecular dynamics simulation [J]. Energy & Fuels, 2019, 33 (12): 12450-12458.

[33] Bei L, Han Y, Qiao L, et al. The *in situ* effect of H_2S on the decomposition of natural rubber and catalyst activity [J]. Chemosphere, 2021, 283: 131252.

[34] Liu J, Fan X R, Zhao W, et al. Mechanical insight into the formation of H_2S from thiophene pyrolysis: The influence of H_2O [J]. Chemosphere, 2021, 279: 130628.

[35] Yu S P, Yang Q R, Li Z Y, et al. Mechanism analysis of gas products from catalytic pyrolysis of tire rubber based on reaction thermodynamics and kinetics [J]. Fuel Processing Technology, 2022, 227: 107134.

[36] Deng S W, Zhuo H, Wang Y B, et al. Multiscale simulation on product distribution from pyrolysis of styrene-butadiene rubber [J]. Polymers, 2019, 11 (12): 1967.

[37] Wang Y B, Yao S J, Wang W, et al. Pyrolysis of vulcanized styrene-butadiene rubber *via* ReaxFF molecular dynamics simulation [J]. Chinese Journal of Chemical Engineering, 2021, 31: 94-102.

[38] Saha T, Bhowmick A K. High-temperature degradation of butadiene-based model elastomers by reactive molecular dynamics simulation [J]. Journal of Applied Polymer Science, 2020, 137 (16): 48592.

[39] Yang S G, Fan X R, Liu J, et al. Mechanism insight into the formation of H_2S from thiophene pyrolysis: A theoretical study [J]. Frontiers of Environmental Science & Engineering, 2021, 15 (6): 120.

[40] Wei X, Yu J, Du J X, et al. A ReaxFF molecular dynamic study on pyrolysis behavior and sulfur transfer during pyrolysis of vulcanized natural rubber [J]. Waste Management, 2022, 139: 39-49.

[41] Zhang Z, Li J Y, Wan C Y, et al. Understanding H_2O_2-induced thermo-oxidative reclamation of vulcanized styrene butadiene rubber at low temperatures [J]. ACS Sustainable Chemistry & Engineering, 2021, 9 (5): 2378-2387.

[42] Saha T, Bhowmick A K, Oda T, et al. Understanding thermo-oxidative degradation of polyacrylic ester elastomer and its nanocomposites through molecular dynamics simulation and experiments [J]. Polymer Degradation and Stability, 2021, 183: 109457.

[43] 钟浩文，宫薛菲，杨启容，等. 丁苯橡胶气相热解产物反应机理的动力学计算与模型 [J]. 热科学与技术 2020, 19 (2): 159-169.

[44] 钟浩文，杨启容，姚尔人，等. 丁苯橡胶热解过程的分子动力学研究 [J]. 青岛大学学报（工程技术版）2019, 34 (2): 95-100.

[45] 钟浩文. 丁苯橡胶与天然橡胶共热解气相产物生成机理研究 [D]. 青岛：青岛大学，2020.

[46] 陶礼，杨启容，李昭莹，等. 基于分子动力学模拟的轮胎橡胶催化热解制氢机理研究 [J]. 化工进展，2022, 41 (6): 3010-3021.

[47] 于双鹏，杨启容，陶礼，等. 基于分子动力学模拟的轮胎橡胶气相热解产物反应机理 [J]. 化工进展，2021, 40

(6): 3119-3131.

[48] Li J Y, Zheng D H, Yao Z H, et al. Formation mechanism of monocyclic aromatic hydrocarbons during pyrolysis of styrene butadiene rubber in waste passenger car tires [J]. ACS Omega, 2022, 7 (47): 42890-42900.

[49] 杨启容，邹瀚森，魏鑫，等. 天然橡胶热解产物反应机理研究 [J]. 西安交通大学学报 2019, 53 (1): 114-121.

[50] 魏鑫. 天然橡胶热解气相产物生成机理研究 [D]. 青岛：青岛大学，2019.

[51] 魏鑫，张正林，杨启容，等. 天然橡胶热解行为的分子动力学模拟研究 [J]. 青岛大学学报（工程技术版）2018, 33 (1): 92-96.

[52] 理查德，古柏. 分子轨道从头计算法 [M]. 王银桂，译. 北京：科学出版社，1987.

[53] Becke A D. A new mixing of Hartree-Fock and local density-functional theories [J]. The Journal of Chemical Physics, 1993, 98 (2): 1372-1377.

[54] Liu S B. Dynamic behavior of chemical reactivity indices in density functional theory: A Bohn-Oppenheimer quantum molecular dynamics study [J]. Journal of Chemical Sciences, 2005, 117 (5): 477-483.

[55] Falke S, Knöckel H, Friebe J, et al. Potassium ground-state scattering parameters and Born-Oppenheimer potentials from molecular spectroscopy [J]. Physical Review A, 2008, 78: 012503.

[56] Young D. Computational Chemistry: A Practical Guide for Applying Techniques to Real World Problems [M]. Hoboken: John Wiley & Sons Inc, 2001.

[57] Ehrenreich H, Cohen M H. Self-consistent field approach to the many-electron problem [J]. Physical Review, 1959, 115 (4): 786-790.

[58] Liberman D A, Cromer D T, Waber J T. Relativistic self-consistent field program for atoms and ions [J]. Computer Physics Communications, 1971, 2 (2): 107-113.

[59] Kohn W, Sham L J. Self-consistent equations including exchange and correlation effects [J]. Physical Review, 1965, 140 (4A): A1133-A1138.

[60] Slater J C. A simplification of the Hartree-Fock method [J]. Physical Review, 1951, 81 (3): 385-390.

[61] Nityananda R, Hohenberg P, Kohn W. Inhomogeneous electron gas [J]. Physical Review, 1964, 136 (3B): B809-B811.

[62] Bickelhaupt F M, Baerends E J. Kohn-Sham density functional theory: predicting and understanding chemistry [J]. Reviews in Computational Chemistry, 2000, 15: 1-86.

[63] Seidl A, Görling A, Vogl P, et al. Generalized Kohn-Sham schemes and the band gap problem [J]. Physical Review B, 1996, 53 (7): 3764-3774.

[64] Harris J. Adiabatic-connection approach to Kohn-sham theory [J]. Physical Review A, 1984, 29 (4): 1648-1659.

[65] Yabana K, Bertsch G F. Time-dependent local-density approximation in real time [J]. Physical Review B, 1996, 54 (7): 4484-4487.

[66] Perdew J P, Burke K, Ernzerhof M. Generalized gradient approximation made simple [J]. Physical Review Letters, 1996, 77 (18): 3865-3868.

[67] Huang J B, He C, Wu L Q, et al. Thermal degradation reaction mechanism of xylose: A DFT study [J]. Chemical Physics Letters, 2016, 658: 114-124.

[68] Zhang Y Y, Liu C, Chen X. Unveiling the initial pyrolytic mechanisms of cellulose by DFT study [J]. Journal of Analytical and Applied Pyrolysis, 2015, 113: 621-629.

[69] Qi T T, Bauschlicher C W Jr, Lawson J W, et al. Comparison of ReaxFF, DFTB, and DFT for phenolic pyrolysis. 1. Molecular dynamics simulations [J]. The Journal of Physical Chemistry A, 2013, 117 (44): 11115-11125.

[70] Wei X, Yu J, Du J X, et al. New insights into the pyrolysis behavior of polycarbonates: A study based on DFT and ReaxFF-MD simulation under nonisothermal and isothermal conditions [J]. Energy & Fuels, 2021, 35 (6): 5026-5038.

[71] Huang J B, Liu C, Wu D, et al. Density functional theory studies on pyrolysis mechanism of β-O-4 type lignin dimer model compound [J]. Journal of Analytical and Applied Pyrolysis, 2014, 109: 98-108.

[72] Huang J B, He C, Li X S, et al. Theoretical studies on thermal degradation reaction mechanism of model com-

pound of bisphenol A polycarbonate [J]. Waste Management, 2018, 71: 181-191.

[73] Hu B, Lu Q, Zhang Z X, et al. Mechanism insight into the fast pyrolysis of xylose, xylobiose and xylan by combined theoretical and experimental approaches [J]. Combustion and Flame, 2019, 206: 177-188.

[74] Li T S, Li J, Zhang H L, et al. DFT study on the dibenzothiophene pyrolysis mechanism in petroleum [J]. Energy & Fuels, 2019, 33 (9): 8876-8895.

[75] Dondi D, Buttafava A, Zeffiro A, et al. The mechanisms of the sulphur-only and catalytic vulcanization of polybutadiene: An EPR and DFT study [J]. European Polymer Journal, 2015, 62: 222-235.

[76] Shi F X, Li X L, Bai Y N, et al. Mechanism of the zinc dithiocarbamate-activated rubber vulcanization process: A density functional theory study [J]. ACS Applied Polymer Materials, 2021, 3 (10): 5188-5196.

[77] Fang Y, Yin L, Yang H P, et al. Catalytic mechanisms of potassium salts on pyrolysis of β-O-4 type lignin model polymer based on DFT study [J]. Proceedings of the Combustion Institute, 2021, 38 (3): 3969-3976.

[78] Dong X Q, Cheng J, Liu C, et al. Mechanistic insight into the catalytic cracking mechanism of α-olefin on H-Y zeolite: A DFT study [J]. Computational and Theoretical Chemistry, 2021, 1198: 113183.

[79] 陈敏伯. 计算化学：从理论化学到分子模拟 [M]. 北京：科学出版社，2009.

[80] Beeman D. Some multistep methods for use in molecular dynamics calculations [J]. Journal of Computational Physics, 1976, 20 (2): 130-139.

[81] Hockney R W. The potential calculation and some applications [J]. Methods in Computational Physics, 1970, 9: 136.

[82] Verlet L. Computer "experiments" on classical fluids. Ⅰ. Thermodynamical properties of lennard-Jones molecules [J]. Physical Review, 1967, 159 (1): 98-103.

[83] 杨小震. 分子模拟与高分子材料 [M]. 北京：科学出版社，2002.

[84] Woodcock L V. Isothermal molecular dynamics calculations for liquid salts [J]. Chemical Physics Letters, 1971, 10 (3): 257-261.

[85] Nosé S. A unified formulation of the constant temperature molecular dynamics methods [J]. The Journal of Chemical Physics, 1984, 81 (1): 511-519.

[86] Berendsen H J C, Postma J P M, van Gunsteren W F, et al. Interaction models for water in relation to protein hydration [M] //Intermolecular Forces. Dordrecht: Springer Netherlands, 1981: 331-342.

[87] Parrinello M, Rahman A. Polymorphic transitions in single crystals: A new molecular dynamics method [J]. Journal of Applied Physics, 1981, 52 (12): 7182-7190.

[88] Parrinello M, Rahman A. Crystal structure and pair potentials: A molecular-dynamics study [J]. Physical Review Letters, 1980, 45 (14): 1196-1199.

[89] Andersen H C. Molecular dynamics simulations at constant pressure and/or temperature [J]. The Journal of Chemical Physics, 1980, 72 (4): 2384-2393.

[90] Rappe A K, Casewit C J, Colwell K S, et al. UFF, a full periodic table force field for molecular mechanics and molecular dynamics simulations [J]. Journal of the American Chemical Society, 1992, 114 (25): 10024-10035.

[91] Mayo S L, Olafson B D, Goddard W A. DREIDING: A generic force field for molecular simulations [J]. The Journal of Physical Chemistry, 1990, 94 (26): 8897-8909.

[92] Weiner P K, Kollman P A. AMBER: Assisted model building with energy refinement. A general program for modeling molecules and their interactions [J]. Journal of Computational Chemistry, 1981, 2 (3): 287-303.

[93] van Duin A C T, Dasgupta S, Lorant F, et al. ReaxFF: A reactive force field for hydrocarbons [J]. The Journal of Physical Chemistry A, 2001, 105 (41): 9396-9409.

[94] Zhang L, LeBoeuf E J. A molecular dynamics study of natural organic matter: 1. Lignin, kerogen and soot [J]. Organic Geochemistry, 2009, 40 (11): 1132-1142.

[95] Chenoweth K, van Duin A C T, Goddard W A 3rd. ReaxFF reactive force field for molecular dynamics simulations of hydrocarbon oxidation [J]. The Journal of Physical Chemistry A, 2008, 112 (5): 1040-1053.

[96] Ashraf C, van Duin A C T. Extension of the ReaxFF combustion force field toward syngas combustion and initial oxidation kinetics [J]. The Journal of Physical Chemistry A, 2017, 121 (5): 1051-1068.

[97] Strachan A, van Duin A C T, Chakraborty D, et al. Shock waves in high-energy materials: The initial chemical events in nitramine RDX [J]. Physical Review Letters, 2003, 91 (9): 098301.

[98] Mattsson T R, Lane J M D, Cochrane K R, et al. First-principles and classical molecular dynamics simulation of shocked polymers [J]. Physical Review B, 2010, 81 (5): 054103.

[99] Castro-Marcano F, Russo M F, van Duin A C T, et al. Pyrolysis of a large-scale molecular model for Illinois No. 6 coal using the ReaxFF reactive force field [J]. Journal of Analytical and Applied Pyrolysis, 2014, 109: 79-89.

[100] Chen C, Zhao L L, Wang J F, et al. Reactive molecular dynamics simulations of biomass pyrolysis and combustion under various oxidative and humidity environments [J]. Industrial & Engineering Chemistry Research, 2017, 56 (43): 12276-12288.

[101] Cheng X M, Wang Q D, Li J Q, et al. ReaxFF molecular dynamics simulations of oxidation of toluene at high temperatures [J]. The Journal of Physical Chemistry A, 2012, 116 (40): 9811-9818.

[102] Wood M A, van Duin A C T, Strachan A. Coupled thermal and electromagnetic induced decomposition in the molecular explosive α HMX; a reactive molecular dynamics study [J]. The Journal of Physical Chemistry A, 2014, 118 (5): 885-895.

[103] Huang H S, Ai L Q, van Duin A T, et al. ReaxFF reactive force field for molecular dynamics simulations of liquid Cu and Zr metals [J]. The Journal of Chemical Physics, 2019, 151 (9): 094503.

[104] Stoliarov S I, Lyon R E, Nyden M R. A reactive molecular dynamics model of thermal decomposition in polymers. Ⅱ. Polyisobutylene [J]. Polymer, 2004, 45 (25): 8613-8621.

[105] Liu X L, Li X X, Liu J, et al. Study of high density polyethylene (HDPE) pyrolysis with reactive molecular dynamics [J]. Polymer Degradation and Stability, 2014, 104: 62-70.

[106] Wang Q D, Wang J B, Li J Q, et al. Reactive molecular dynamics simulation and chemical kinetic modeling of pyrolysis and combustion of n-dodecane [J]. Combustion and Flame, 2011, 158 (2): 217-226.

[107] Jian C Y, Merchant S, Zang X N, et al. Structural evolutions of small aromatic mixtures under extreme temperature conditions: Insights from ReaxFF molecular dynamics investigations [J]. Carbon, 2019, 155: 309-319.

[108] Lu X, Wang X L, Li Q M, et al. A ReaxFF-based molecular dynamics study of the pyrolysis mechanism of polyimide [J]. Polymer Degradation and Stability, 2015, 114: 72-80.

[109] Arvelos S, Abrahão O, Eponina Hori C. ReaxFF molecular dynamics study on the pyrolysis process of cyclohexanone [J]. Journal of Analytical and Applied Pyrolysis, 2019, 141: 104620.

[110] Wang Y T, Gong S Y, Wang H Y, et al. High-temperature pyrolysis of isoprenoid hydrocarbon p-menthane using ReaxFF molecular dynamics simulation [J]. Journal of Analytical and Applied Pyrolysis, 2021, 155: 105045.

[111] Saha T, Bhowmick A K. High-temperature pyrolysis simulation of acrylonitrile-butadiene model compound with experimental evidence [J]. Journal of Analytical and Applied Pyrolysis, 2017, 125: 243-257.

[112] Saha T, Bhowmick A K, Oda T, et al. Degradation of polyacrylic elastomers: Theoretical and experimental studies [J]. Polymer Degradation and Stability, 2016, 134: 60-75.

[113] Diao Z J, Zhao Y M, Chen B, et al. ReaxFF reactive force field for molecular dynamics simulations of epoxy resin thermal decomposition with model compound [J]. Journal of Analytical and Applied Pyrolysis, 2013, 104: 618-624.

[114] Stoliarov S I, Westmoreland P R, Nyden M R, et al. A reactive molecular dynamics model of thermal decomposition in polymers: I. Poly (methyl methacrylate) [J]. Polymer, 2003, 44 (3): 883-894.

[115] Qian Y N, Zhan J H, Xu W, et al. ReaxFF molecular dynamic simulation of primary and secondary reactions involving in sub-bituminous coal pyrolysis for tar production [J]. Carbon Resources Conversion, 2021, 4: 230-238.

[116] Xu F, Liu H, Wang Q, et al. ReaxFF-based molecular dynamics simulation of the initial pyrolysis mechanism of lignite [J]. Fuel Processing Technology, 2019, 195: 106147.

[117] Hong D K, Li P, Si T, et al. ReaxFF simulations of the synergistic effect mechanisms during co-pyrolysis of coal and polyethylene/polystyrene [J]. Energy, 2021, 218: 119553.

[118] Zhong Q F, Mao Q Y, Xiao J, et al. Sulfur removal from petroleum coke during high-temperature pyrolysis.

Analysis from TG-MS data and ReaxFF simulations [J]. Journal of Analytical and Applied Pyrolysis, 2018, 132: 134-142.

[119] Liang Y H, Wang F, Zhang H, et al. A ReaxFF molecular dynamics study on the mechanism of organic sulfur transformation in the hydropyrolysis process of lignite [J]. Fuel Processing Technology, 2016, 147: 32-40.

[120] Kamat A M, van Duin A C T, Yakovlev A. Molecular dynamics simulations of laser-induced incandescence of soot using an extended ReaxFF reactive force field [J]. The Journal of Physical Chemistry A, 2010, 114 (48): 12561-12572.

[121] Li X X, Zheng M, Ren C X, et al. ReaxFF molecular dynamics simulations of thermal reactivity of various fuels in pyrolysis and combustion [J]. Energy & Fuels, 2021, 35 (15): 11707-11739.

[122] Sasikumar K, Ranganathan R, Rokkam S, et al. Development of chemical kinetics models from atomistic reactive molecular dynamics simulations: Application to iso-octane combustion and rubber ablative degradation [J]. The Journal of Physical Chemistry A, 2022, 126 (21): 3358-3372.

[123] 蓝建慧，卢贵武，黄乔松，等. 从头计算分子动力学方法及其应用 [J]. 石油大学学报 (自然科学版), 2005, 29 (4): 149-153.

[124] Maliekkal V, Dauenhauer P J, Neurock M. Glycosidic C—O bond activation in cellulose pyrolysis: Alpha versus beta and condensed phase hydroxyl-catalytic scission [J]. ACS Catalysis, 2020, 10 (15): 8454-8464.

[125] Agarwal V, Dauenhauer P J, Huber G W, et al. Ab initio dynamics of cellulose pyrolysis: Nascent decomposition pathways at 327 and 600℃ [J]. Journal of the American Chemical Society, 2012, 134 (36): 14958-14972.

[126] Plimpton S. Fast parallel algorithms for short-range molecular dynamics [J]. Journal of Computational Physics, 1995, 117 (1): 1-19.

[127] Stukowski A. Visualization and analysis of atomistic simulation data with OVITO-the Open Visualization Tool [J]. Modelling Simul Mater Sci Eng, 2010, 18 (1): 015012.

[128] Baerends E J. ADF2013, SCM, theoretical chemistry [J]. Com. Theor. Chem. Acc., 1998, 99.

[129] 屈搏宇. 废轮胎热解表观动力学 [D]. 大连: 大连理工大学, 2021.

[130] Leung D Y C, Wang C L. Kinetic modeling of scrap tire pyrolysis [J]. Energy & Fuels, 1999, 13 (2): 421-427.

[131] Arabiourrutia M, Lopez G, Aguado R, et al. Coupling gas flow pattern and kinetics for tyre pyrolysis modelling [J]. Chemical Engineering Science, 2019, 201: 362-372.

[132] 仲华. 废旧轮胎热裂解过程模拟优化 [D]. 青岛: 青岛科技大学, 2020.

[133] Ismail H Y, Abbas A, Azizi F, et al. Pyrolysis of waste tires: A modeling and parameter estimation study using Aspen Plus® [J]. Waste Management, 2017, 60: 482-493.

[134] Olazar M, Lopez G, Arabiourrutia M, et al. Kinetic modelling of tyre pyrolysis in a conical spouted bed reactor [J]. Journal of Analytical and Applied Pyrolysis, 2008, 81 (1): 127-132.

[135] Babler M U, Phounglamcheik A, Amovic M, et al. Modeling and pilot plant runs of slow biomass pyrolysis in a rotary kiln [J]. Applied Energy, 2017, 207: 123-133.

[136] Ni Z S, Bi H B, Jiang C L, et al. Investigation of the co-pyrolysis of coal slime and coffee industry residue based on machine learning methods and TG-FTIR: Synergistic effect, kinetics and thermodynamic [J]. Fuel, 2021, 305: 121527.

[137] Xing J K, Wang H O, Luo K, et al. Predictive single-step kinetic model of biomass devolatilization for CFD applications: A comparison study of empirical correlations (EC), artificial neural networks (ANN) and random forest (RF) [J]. Renewable Energy, 2019, 136: 104-114.

[138] Xing J K, Luo K, Pitsch H, et al. Predicting kinetic parameters for coal devolatilization by means of Artificial Neural Networks [J]. Proceedings of the Combustion Institute, 2019, 37 (3): 2943-2950.

[139] Huang Z H, Manzo M, Xia C L, et al. Effects of waste-based pyrolysis as heating source: Meta-analyze of char yield and machine learning analysis [J]. Fuel, 2022, 318: 123578.

[140] Cheng Z J, Li M, Li J T, et al. Transformation of nitrogen, sulfur and chlorine during waste tire pyrolysis [J]. Journal of Analytical and Applied Pyrolysis, 2021, 153: 104987.

[141] Du J X, Yu J, Qiao L, et al. The reaction mechanism and sulfur evolution during vulcanized nature rubber pyrolysis in the atmosphere of H_2O: A ReaxFF molecular dynamics study [J]. Polymer Degradation and Stability, 2022, 203: 110064.

[142] Shah S A Y, Zeeshan M, Farooq M Z, et al. Co-pyrolysis of cotton stalk and waste tire with a focus on liquid yield quantity and quality [J]. Renewable Energy, 2019, 130: 238-244.

[143] Tang X J, Chen X, He Y, et al. Co-pyrolytic performances, mechanisms, gases, oils, and chars of textile dyeing sludge and waste shared bike tires under varying conditions [J]. Chemical Engineering Journal, 2022, 428: 131053.

[144] Chen R J, Lun L Y, Cong K L, et al. Insights into pyrolysis and co-pyrolysis of tobacco stalk and scrap tire: Thermochemical behaviors, kinetics, and evolved gas analysis [J]. Energy, 2019, 183: 25-34.

[145] Ucar S, Karagoez S. Co-pyrolysis of pine nut shells with scrap tires [J]. Fuel, 2014, 137: 85-93.

[146] Li Q H, Li F X, Meng A H, et al. Thermolysis of scrap tire and rubber in sub/super-critical water [J]. Waste Management, 2018, 71: 311-319.

[147] Nie S Q, Chen M Q, Li Q H. Investigation of the depolymerization process of hydrothermal gasification natural rubber with ReaxFF-MD simulation and DFT computation [J]. Journal of Thermal Analysis and Calorimetry, 2022, 147 (18): 9999-10011.

[148] Yan S, Xia D H, Xuan W W. New insight into enhancement effect of supercritical water on scrap tire depolymerization: A study based on ReaxFF-MD simulation and DFT method [J]. Fuel Processing Technology, 2020, 200: 106309.

[149] Yan S, Xia D H, Liu X J. Beneficial migration of sulfur element during scrap tire depolymerization with supercritical water: A molecular dynamics and DFT study [J]. Science of The Total Environment, 2021, 776: 145835.

[150] Liu S, Yu J, Bikane K, et al. Rubber pyrolysis: Kinetic modeling and vulcanization effects [J]. Energy, 2018, 155: 215-225.

[151] Guo L, He D M, Guan J, et al. Product distribution and sulfur migration in rubber pyrolysis [J]. Advanced Materials Research, 2013, 712/713/714/715: 119-123.

[152] Davis B L, Goldblatt L A, Palkin S. Production of isoprene from turpentine derivatives [J]. Industrial & Engineering Chemistry, 1946, 38 (1): 53-57.

[153] Pakdel H, Pantea D M, Roy C. Production of dl-limonene by vacuum pyrolysis of used tires [J]. Journal of Analytical and Applied Pyrolysis, 2001, 57 (1): 91-107.

[154] Chen F Z, Qian J L. Studies on the thermal degradation of *cis*-1, 4-polyisoprene [J]. Fuel, 2002, 81 (16): 2071-2077.

[155] Golub M A. Thermal rearrangements of unsaturated polymers [J]. Rubber Chemistry and Technology, 1978, 51 (4): 677-685.

[156] Xu F F, Wang B, Yang D, et al. TG-FTIR and Py-GC/MS study on pyrolysis mechanism and products distribution of waste bicycle tire [J]. Energy Conversion and Management, 2018, 175: 288-297.

[157] Ding K, Zhong Z P, Zhang B, et al. Pyrolysis characteristics of waste tire in an analytical pyrolyzer coupled with gas chromatography/mass spectrometry [J]. Energy & Fuels, 2015, 29 (5): 3181-3187.

[158] Shi S. Advances in modeling hydrocarbon cracking kinetic predictions by quantum chemical theory: A review [J]. International Journal of Energy Research, 2018, 42 (10): 3164-3181.

[159] Cheung K Y, Lee K L, Lam K L, et al. Integrated kinetics and heat flow modelling to optimise waste tyre pyrolysis at different heating rates [J]. Fuel Processing Technology, 2011, 92 (5): 856-863.

[160] Singh S, Wu C F, Williams P T. Pyrolysis of waste materials using TGA-MS and TGA-FTIR as complementary characterisation techniques [J]. Journal of Analytical and Applied Pyrolysis, 2012, 94: 99-107.

[161] Miranda M, Pinto F, Gulyurtlu I, et al. Pyrolysis of rubber tyre wastes: A kinetic study [J]. Fuel, 2013, 103: 542-552.

[162] Khiari B, Kordoghli S, Mihoubi D, et al. Modeling kinetics and transport phenomena during multi-stage tire wastes pyrolysis using Comsol® [J]. Waste Management, 2018, 78: 337-345.

[163] Navarro M V, López J M, Veses A, et al. Kinetic study for the co-pyrolysis of lignocellulosic biomass and plastics using the distributed activation energy model [J]. Energy, 2018, 165: 731-742.

[164] Miranda M, Cabrita I, Pinto F, et al. Mixtures of rubber tyre and plastic wastes pyrolysis: A kinetic study [J]. Energy, 2013, 58: 270-282.

[165] Han J, Liu D Y, Qin L B, et al. A modified temperature integral approximation formula and its application in pyrolysis kinetic parameters of waste tire [J]. Energy Sources, Part A: Recovery, Utilization, and Environmental Effects, 2018, 40 (2): 220-226.

[166] Haydary J, Jelemenský L', Gašparovič L, et al. Influence of particle size and kinetic parameters on tire pyrolysis [J]. Journal of Analytical and Applied Pyrolysis, 2012, 97: 73-79.

[167] Perejón A, Sánchez-Jiménez P E, García-Garrido C, et al. Kinetic study of complex processes composed of non-independent stages: Pyrolysis of natural rubber [J]. Polymer Degradation and Stability, 2021, 188: 109590.

[168] Menares T, Herrera J, Romero R, et al. Waste tires pyrolysis kinetics and reaction mechanisms explained by TGA and Py-GC/MS under kinetically-controlled regime [J]. Waste Management, 2020, 102: 21-29.

[169] Tang X J, Chen Z H, Liu J Y, et al. Dynamic pyrolysis behaviors, products, and mechanisms of waste rubber and polyurethane bicycle tires [J]. Journal of Hazardous Materials, 2021, 402: 123516.

[170] Wang C S, Zhao B S, Tian X L, et al. Study on the pyrolysis kinetics and mechanisms of the tread compounds of silica-filled discarded car tires [J]. Polymers, 2020, 12 (4): 810.

[171] Rudniak L, Machniewski P M. Modelling and experimental investigation of waste tyre pyrolysis process in a laboratory reactor [J]. Chemical and Process Engineering, 2017, 38 (3): 445-454.

[172] Quek A, Balasubramanian R. Mathematical modeling of rubber tire pyrolysis [J]. Journal of Analytical and Applied Pyrolysis, 2012, 95: 1-13.

[173] Aylón E, Fernández-Colino A, Murillo R, et al. Waste tyre pyrolysis: Modelling of a moving bed reactor [J]. Waste Management, 2010, 30 (12): 2530-2536.

[174] Unapumnuk K, Keener T C, Lu M M, et al. Investigation into the removal of sulfur from tire derived fuel by pyrolysis [J]. Fuel, 2008, 87 (6): 951-956.

第4章
废轮胎热裂解特性及产物分布

废轮胎的热裂解过程需要在无氧或者稀氧的环境中进行，高温（620～823 K）使得有机聚合物分子内部的化学键发生断裂，产生大量的自由基碎片，而这些自由基经过解聚、断键、环化、脱氢、Diels-Alder和芳香化等反应后，最终生成裂解气、裂解油和裂解炭[1]。裂解气通常作为燃料返回至裂解系统。裂解油可以替代化石燃料，而且其内含有的一些组分（如柠檬烯、苯、甲苯、二甲苯）可以作为一些高价值化工产品的原料[2,3]。裂解炭的主要成分是炭黑，经过简单处理后可以重新用于轮胎生产，也可以经过深度处理，加工成活性炭或者电极材料。

4.1 废轮胎裂解

乘用车轮胎中的有机组分主要由天然橡胶（NR）、丁苯橡胶（SBR）、顺丁橡胶（BR）和少量添加剂组成。在讨论轮胎裂解过程之前，首先应对各个橡胶组分作详细的分析。NR是由橡胶树分泌物经过除杂、凝固和干燥等加工程序后得到的固体产品，是异戊二烯的聚合物，分子量介于10万～180万，平均分子量为70万[4]，其中约99%的戊二烯分子是1,4-顺式结构，分子结构式如下：

$$\left[CH_2-\underset{}{\overset{CH_3}{\overset{|}{C}}}=CH-CH_2 \right]_n$$

NR是长链大分子结构，分子链上有不饱和双键，而且与双键碳连接的 α 碳原子具有一定的活性。另外，由于NR具有优异的弹性和良好的加工性能，在实际生产过程中，通常会加入惰性填料，以提高其拉伸强度；或者加入活性填料，以提高其定伸强度、硬度和耐磨性。NR是非极性橡胶，在极性溶液中比较稳定，而在非极性溶液（如汽油等）中容易发生溶胀，缩短寿命。橡胶中的异戊二烯不饱和键使得其抗氧化性低，所以NR制品在使用中都会因老化问题需要定期更换。

为了更好地了解天然橡胶的性能，对其进行了工业分析和元素分析，结果如表4-1所示。天然橡胶中的挥发分约占98.94%，C元素含量约为86.31%，预示着天然橡胶裂解得到油品的潜力很大。

表 4-1 单一组分橡胶的工业和元素分析 单位：%

样品	工业分析				元素分析				
	水分	灰分	挥发分	固定碳	C	H	O	N	S
天然橡胶	0.36	0.22	98.94	0.48	86.31	12.10	0.84	0.47	0.28
丁苯橡胶	0.39	0.13	98.81	0.67	89.14	10.52	0.09	0.08	0.17
顺丁橡胶	0.06	0.03	99.9	0.01	87.59	11.46	0.45	0.21	0.29

SBR 是聚合单体（丁二烯-苯乙烯）在引发剂和调节剂的作用下通过阴离子溶液聚合反应得到的共聚物。相比于其他橡胶，SBR 滚动阻力小（20%～30%），湿抓力和耐磨性能优越，所以常用于制作轮胎胎面，以提高轮胎的性能[5]。SBR 具有分子量分布窄、支化程度小、丁二烯单元结构中顺式 1,4-结构含量高和非橡胶烃成分含量低等特点，其结构式如下。

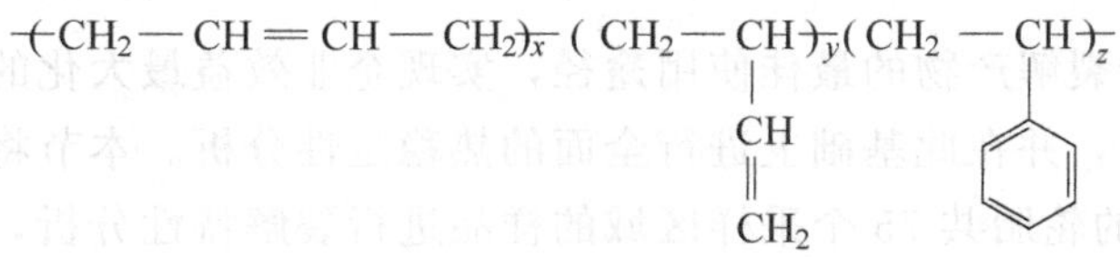

现代 SBR 合成工艺已十分成熟，在合成过程中，苯乙烯和丁二烯单体混合比例、单体的微观结构、聚合物的宏观结构和聚合物的分子量等参数都可以任意调节[6]。SBR 中共有四种结构单元：苯乙烯单元、1,2-丁二烯结构单元、顺式 1,4-丁二烯结构单元、反式 1,4-丁二烯结构单元。这四种结构单元的数量和序列分布、1,2-丁二烯结构单元和苯乙烯结构单元的空间结构对丁苯橡胶的性能有很大的影响[7]。首先，苯乙烯单元可以无规则分布于 SBR 聚合物分子上，也能以嵌段的形式连接到大分子链上；聚合物中苯乙烯单元含量的增加，有利于改善 SBR 加工过程，但是会降低其整体的耐磨性和湿抓力。当丁二烯含量固定时，橡胶的玻璃化转变温度会随着苯乙烯单元含量的增加而提高；由于苯乙烯不参与后期的硫化环节，苯乙烯含量增加会降低橡胶的硫化还原性[8]。其次，丁二烯含量和微观结构对 SBR 影响也较为明显。其中，提高顺式 1,4-丁二烯结构单元在 SBR 中的含量时，橡胶的耐磨性、弹性和耐低温性能也会得到改善。而反式 1,4-丁二烯结构单元含量的增加则会大幅度降低橡胶的柔性、弹性和耐磨性。由于丁二烯参与后期的硫化过程，顺/反式 1,4-丁二烯结构单元含量的提高都可以增加橡胶的硫化强度。研究中发现，SBR 中 1,2-丁二烯结构和含量对 SBR 性能的影响不同于 1,4-丁二烯的影响，反而更接近苯乙烯[6]。张萍等[9]对 SBR 橡胶的研究发现，SBR 中苯乙烯含量约为 25.64%，而丁二烯单元中的顺式结构含量为 24.14%，反式结构含量为 39.64%，1,2-丁二烯结构含量约为 36.21%。通过元素分析发现，SBR 中的挥发性组分约为 98.81%，C、H 元素含量分别为 89.14%和 10.52%，这意味着 SBR 热裂解获得的产品中芳烃含量要高于 NR。

在我国，BR 是仅次于 SBR 的第二大通用合成橡胶。因其耐磨性高、耐低温性能优异、导热率低、弹性好和抗龟裂性能强等优点，在轮胎、胶管以及胶鞋等橡胶制品的生产中都具有广泛的应用。BR 的聚合方法有溶液法、乳液法和气相法。按照聚合物单元的微观结构，可以将 BR 分为高顺式聚丁二烯橡胶（顺式 1,4-丁二烯结构含量≥90%）、低顺式聚丁二烯橡胶（顺式 1,4-丁二烯结构含量为 35%～40%）、高乙烯基聚丁二烯橡胶（1,2-乙烯基结构含量≥65%）、中乙烯基聚丁二烯橡胶（1,2-乙烯基结构含量 35%～65%）和高反式聚丁二烯橡胶（反式 1,4-丁二烯结构含量≥65%）[10]。而轮胎橡胶中所用聚丁二烯橡胶通常指低顺式1,4-丁二烯结构，其最早于1960年开始工业生产，由于其优越的弹性和优异的耐低温性能以及良好的耐磨性，在轮胎制造行业沿用至今[11]。BR是1,3-丁二烯阴离子在非极性溶液中以有机锂为引发剂聚合而成的，其结构式如下：

$$\left[CH_2-CH=CH-CH_2 \right]_n$$

BR结构中包含多个单元：顺式1,4-丁二烯、反式1,4-丁二烯和1,2-乙烯基单元。通常情况下，顺式1,4-丁二烯结构含量为35%～40%，反式1,4-丁二烯结构含量为45%～50%，1,2-乙烯基结构含量为10%～15%[12]。聚合物中反式结构比例的提高有利于增强BR的耐寒性。通过工业和元素分析可知，BR中挥发分含量约为99.9%，C和H元素含量分别约为87.59%和11.46%；BR裂解产品中烯烃含量介于NR和SBR之间。

4.1.1 单一组分橡胶的裂解过程

为了确定废轮胎裂解产物的最佳使用途径，实现企业效益最大化的目的，需要深入分析废轮胎的热裂解行为，并在此基础上进行全面的热稳定性分析。本节将利用热重分析和热裂解技术对15个品牌的轮胎共75个采样区域的样品进行裂解特性分析，并结合现有的测试方式对裂解产品（尤其是裂解油）进行有害元素和物理化学特性分析，以帮助企业确定产品的最佳使用方式，使裂解产物价值最大化。

轮胎橡胶是NR、SBR和BR的混合体，为了了解轮胎橡胶的热裂解过程，首先应对单组分橡胶的裂解过程做深入的分析。NR是异戊二烯的聚合物，在裂解过程中，聚合物会先解聚生成大分子碎片，这些大分子不稳定，会进一步断裂成小分子碎片。实验中，借助热重分析设备，对NR做了裂解分析。热裂解实验在无氧（氮气）环境中进行，氮气流量为40mL/min，裂解温度从室温以5K/min的速度升至870K。

(1) 裂解-气相色谱-质谱联用（Py-GC/MS）系统

本书所涉及的裂解-气相色谱-质谱联用（Py-GC/MS）系统由供气系统、反应器、采样系统、样品收集系统、检测系统和显示系统6个部分组成。详细结构如图4-1所示。其中，供气系统主要由气瓶（8）、阀门（3-2）和气路（5）组成；反应器主要由样品室（7）、反应室（10）、石英管（12）和加热炉（6）组成；采样系统主要由六通阀（4-2）和8个1mL定量环（4-1）组成；样品收集系统主要由冷凝器（14）、集油器（15）和阀门（3-3）组成；检测系统主要由气相色谱（2）、质谱（1）和阀门（3-1）组成；显示系统主要由质量流量计（9）、控制器（13）、显示器（16）和传输线（11）组成。

如图4-1所示，载气（N_2）分为两个支路进入反应系统，一路由反应室上端进入，另一路经过样品室进入。裂解产物中的挥发性物质和载气由反应室下端的出口进入采样系统，采样系统由六通阀和八个1mL定量环组成。实验时，六通阀和定量环应配合使用，实现三种模型：不采样模式、采样模式、进样模式。当采样系统处于第一种模式时，样品经过六通阀直接进入冷却系统，冷凝的液体被收集，气体经过处理后外排；当采样系统处于第二种模式时，样品先通过六通阀，然后进入1mL定量环，多余的气体则再经六通阀进入冷却系统；当系统处于第三种模式时，定量环中的样品在色谱载气（He）的带动下，经过六通阀进入色谱（GC）检测装置，而裂解产物中的挥发物质则经过六通阀其他回流通道进入冷却系统。与GC配合使用的质谱（MS）检测器主要用于定性分析样品组分。

实验所用的裂解反应器由天津市某公司设计，该反应器的裂解反应室由内径为4mm的

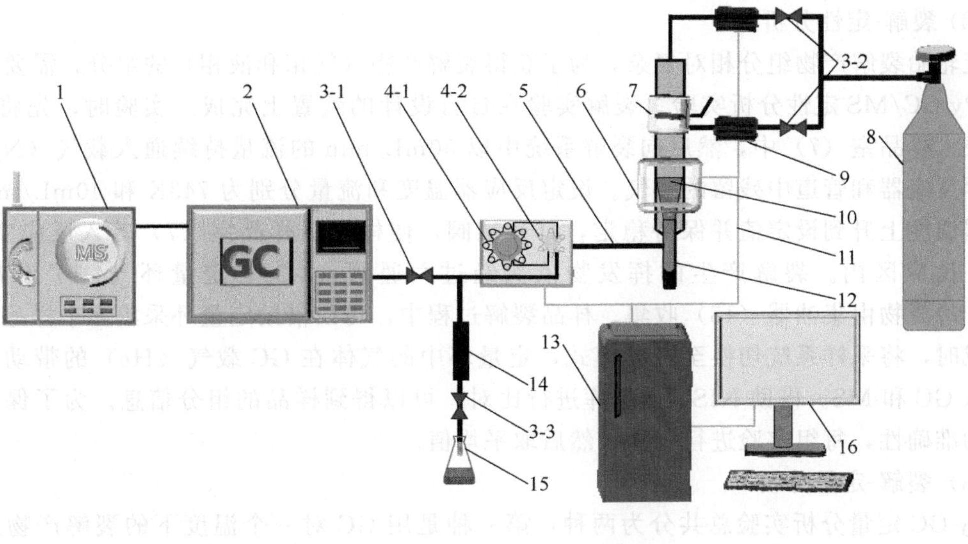

图4-1 裂解实验设备工艺流程图

1—质谱；2—气相色谱；3—阀门；4—采样器（4-1定量环，4-2六通阀）；5—气体管路；6—加热炉；7—样品室；8—气体钢瓶；9—质量流量计；10—反应室；11—传输线；12—石英管；13—控制器；14—冷凝器；15—集油器；16—显示器

不锈钢管制成，反应室通过蝶阀与样品室下端连接，反应室下端与石英管连接。

所用的GC型号及参数：日本岛津GC-2010，进样口温度503K，载气为氦气，载气流量1.0mL/min，分流比100∶1，柱箱采用程序升温，升温程序如表4-2所示。实验所用的MS型号及参数：日本岛津GC-2010，质谱接口温度523K，EI源（电子轰击电离源）电子能70eV，离子源温度473K，扫描范围14～50Da，数据库为美国国家标准与技术研究院(NIST)质谱库。

表4-2 GC升温程序

加热速率/(K/min)	温度/K	停留时间/min
—	363	0
5	373	5
5	383	5
2	403	10
2	423	10
3	453	40
2	473	10
2	503	10
3	533	10

GC所用的毛细柱型号及参数：美国Agilcnt Porabond Q，柱了长度、直径和膜厚分别为25m×0.25mm×3μm。实验过程中，为了防止裂解产生的挥发物在管道或者阀门中冷凝，采样系统、GC和MS三者间的线路和阀门均由加热带缠绕，并维持473K恒温。此外，

采样系统自带加热功能，实验时，其内部的六通阀、定量环及管路均维持 453K 恒温。

(2) 裂解-定性分析

废轮胎裂解产物组分相对复杂，为了获得裂解产物（气相和液相）的组分，需要对样品进行 Py-GC/MS 定性分析实验。裂解实验在自行设计的装置上完成。实验时，先将 10.0g 样品放入样品室（7）中，然后向裂解系统中以 50mL/min 的流量持续通入载气（N_2）2h，以排尽反应器和管道中残留的空气。设定反应器温度和流量分别为 743K 和 40mL/min，当反应器温度上升到设定值并保持稳定，打开蝶阀，使样品从样品室（7）落入反应室（10）的中心反应区内。裂解产生的挥发物依次经过六通阀（4-2）、定量环（4-1）和冷却器（14），冷凝物由集油器（15）收集。样品裂解过程中，可以借助定量环采集多个样品。当采样完成时，将采样系统切换至进样模式，定量环中的气体在 GC 载气（He）的带动下，依次进入 GC 和 MS。借助 NIST 数据库进行比对，可以得到样品的组分信息。为了保证实验信息的准确性，每组实验进行三次，然后取平均值。

(3) 裂解-定量分析

Py-GC 定量分析实验总共分为两种：第一种是用 GC 对一个温度下的裂解产物进行分析，称为普通裂解定量分析；第二种是将 633K 得到的裂解残留固体依次在 663K、693K、723K 和 753K 下进行裂解，并用 GC 对裂解产物进行定量分析，称为分步裂解定量分析。GC 定量分析需要建立在产物定性分析的基础上。

① 普通裂解定量分析。轮胎样品定量分析的前期实验步骤与定性分析大致相同，不同的是定量分析时，反应器裂解温度需要根据实验要求设定为不同的值。样品裂解产物经过 GC 分析后，结合定性分析结果确定各组分的含量。

首先，在样品室（5）中预先放入约 10.0g 样品，再将载气（N_2）以 50mL/min 的流量通入反应系统吹扫 2h，以消除管道中残留的 O_2。然后，待反应室温度升高到设定值（743K）后，将流量调至 40mL/min，打开蝶阀，使样品落到反应室（10）中央。定量分析时，采集的液体由进样针打入 GC 中，而气体样品则先由集气袋收集，再通过气体进样针打入 GC 中。由于气体组分相对较少，所以可通过外标法进行定量；而液体中组分较多，可通过校正面积归一化法进行定量分析。GC 参数设定和柱箱升温程序需和定性分析时的保持一致。

② 分步裂解定量分析。分步裂解法可以提高信噪比[13]，放大轮胎的裂解过程，更好地分析裂解产物。因此，本实验采用分步裂解法来探究裂解过程。实验过程与普通裂解定量分析相似，不同点是裂解反应器内温度需要依次设定为 633K、663K、693K、723K 和 753K。残留固体在逐步升高的温度平台下裂解，轮胎中复杂的反应物也会逐步释放。产物组分定量过程与普通裂解定量分析方法相同。

在这些实验中，使用 GC 来检测每个裂解成分的含量；GC 图谱的归一化峰面积代表各成分的相对含量[14,15]。这些成分的绝对含量是根据它们的相对含量和冷凝物的总产量得到的。挥发性成分的产量通过校正面积归一化法来计算，这是一种在复杂混合物中获得目标成分含量的方法，公式如下：

$$X_i = \frac{A_i F_i}{\sum_i^n A_i F_i} \tag{4-1}$$

$$Y_i = W X_i \tag{4-2}$$

式中 X_i——混合物中第 i 种成分的含量；

F_i——第 i 种成分的修正系数；

A_i——第 i 种成分的峰面积；

n——成分的总数；

Y_i——第 i 种成分的产量，g；

W——冷凝物的质量，g。

值得注意的是，轮胎中的水含量约为 0.43%，而且裂解过程产生的水分极少，所以可以忽略水分造成的计算误差。研究使用的色谱柱可以用来分离多环芳烃，而产物分析色谱图中没有多环芳烃（>3 环）的信号，这说明多环芳烃的含量太少，低于 GC 的检测下限。因此，在计算产量的过程中，也可以忽略多环芳烃造成的计算误差。

③ 裂解特性分析。

a. 热重分析（TG-DTG）。TG-DTG 实验是依照国际热分析及量热学联合会（ICTAC）的动力学委员会制定的标准流程。实验在德国耐驰公司生产的 TG 209 Libra 分析仪中进行。每组实验需在相同条件下进行三次，以确保实验结果的准确性。本书所涉及的 TG-DTG 实验分别采用 5K/min、10K/min、20K/min、30K/min、40K/min 和 50K/min 的加热速率。在 TG-DTG 实验过程中，取 15.0mg 75μm 颗粒放在氧化铝（Al_2O_3）坩埚中，以设定的升温速率，将样品从 300K 加热到 900K。以 99.999% 的 N_2 作为载气，以 40mL/min 的恒定流量通入反应系统中。每次实验前，在相同条件下用空白坩埚进行基准测试，以获得基线，消除系统误差。

b. NR 热重实验。分析结果如图 4-2 所示。由图可知，NR 裂解大约从 575K 开始，在 636K 达到最大裂解速率，在 732K 左右时裂解完成。NR 的整个裂解过程大致可以分为三个阶段。第Ⅰ阶段为 575K 之前，失重率约为 3.25%，主要是 NR 中残留的水分和少量添加剂裂解。第Ⅱ阶段发生在 575～636K，失重率约为 41.88%；NR 组分随着温度的升高逐步裂解，直至达到最大裂解速率；在这个阶段中，NR 聚合物随着温度的升高开始解聚生成自由基并伴随小分子烃的产生，而且随着温度的升高，部分自由基也会断键生成小分子烃[13-15]。

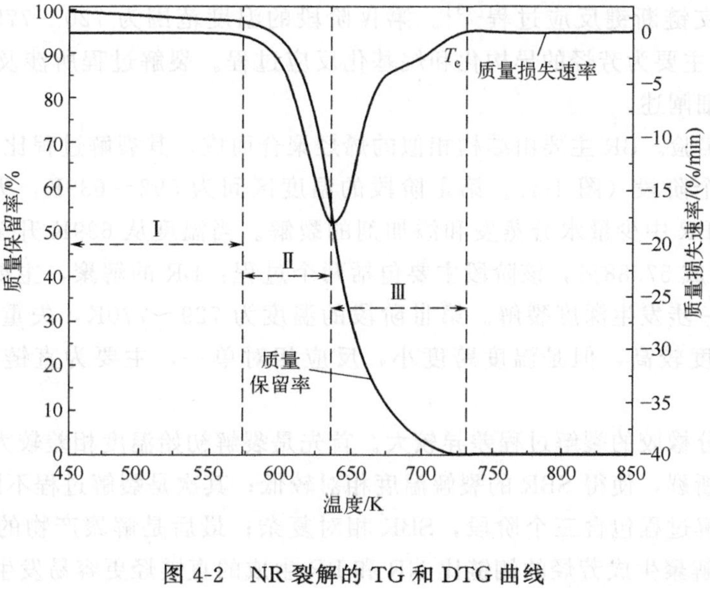

图 4-2 NR 裂解的 TG 和 DTG 曲线

第Ⅲ阶段温度为636～732K，失重率为54.87%；这个过程的温度跨度大于第Ⅱ阶段，主要是该过程是上一阶段的产物继续断键生成更小分子的过程，而裂解过程中DTG曲线出现拖尾现象，主要是特殊反应导致的。上述的每个过程所涉及的反应和生成的产物将在第5章详细阐述。

c. SBR热重实验。SBR结构由多种单体分子组成，因此其分解过程要比NR复杂。为了探究SBR的裂解过程，实验中利用热重分析仪在上述条件下，对SBR进行了裂解实验，结果如图4-3所示。

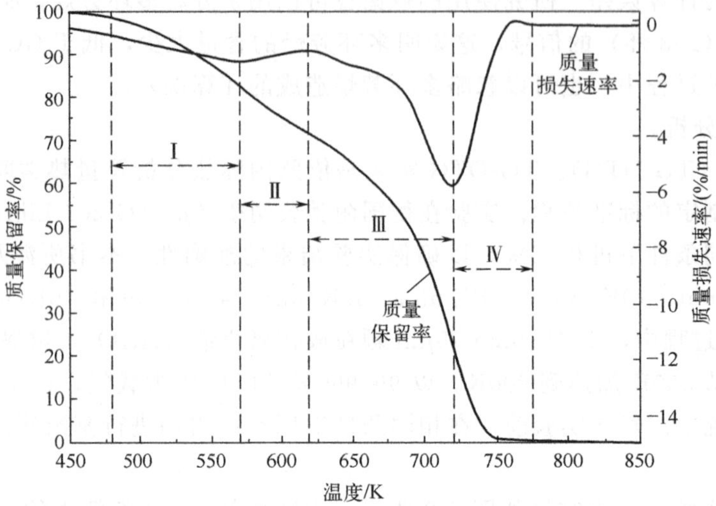

图4-3 SBR裂解的TG和DTG曲线

SBR的裂解过程可以分为四个阶段（如图4-3）。第Ⅰ阶段的裂解温度为479～571K，失重率约为16.26%；该阶段是SBR的解聚过程，而且解聚时还伴有少量小分子烃的生成。第Ⅱ阶段的温度范围为571～619K，失重率为10.30%；该阶段为解聚产物的深度断键过程。第Ⅲ阶段的温度区间为619～720K，失重率为49.05%；该阶段主要是裂解产生的脂肪烃的断键和芳烃支链断键反应过程[16]。第Ⅳ阶段的温度范围为720～775K，失重率约为22.39%；该阶段主要为芳烃的异构化和烷基化反应过程。裂解过程所涉及的具体反应和产物将在下一节详细阐述。

d. BR热重实验。BR主要由结构相似的烯烃聚合而成，其裂解过程比SBR简单，整个过程可以分为三个阶段（图4-4）。第Ⅰ阶段的温度区间为592～639K，失重率为3.96%，该阶段主要涉及BR中少量水分蒸发和添加剂的裂解。当温度从639K升至729K时（第Ⅱ阶段），失重率变成57.88%，该阶段主要包括两个过程：BR的解聚，主要发生在650K左右；解聚产物进一步发生深度裂解。第Ⅲ阶段的温度为729～770K，失重率约为37.35%，虽然反应所需温度较高，但是温度跨度小，反应相对单一，主要为直链烃环化脱氢生成芳烃。

三种单一组分橡胶的裂解过程差异较大。首先是裂解初始温度相差较大，丁二烯和苯乙烯间的键更容易断裂，使得SBR的裂解温度相对较低；其次是裂解过程不同，NR和BR组分相对简单，裂解过程包含三个阶段，SBR相对复杂；最后是解聚产物的深度反应所需温度不一样，SBR解聚生成芳烃的侧链比NR和BR生成的直链烃更容易发生断键。

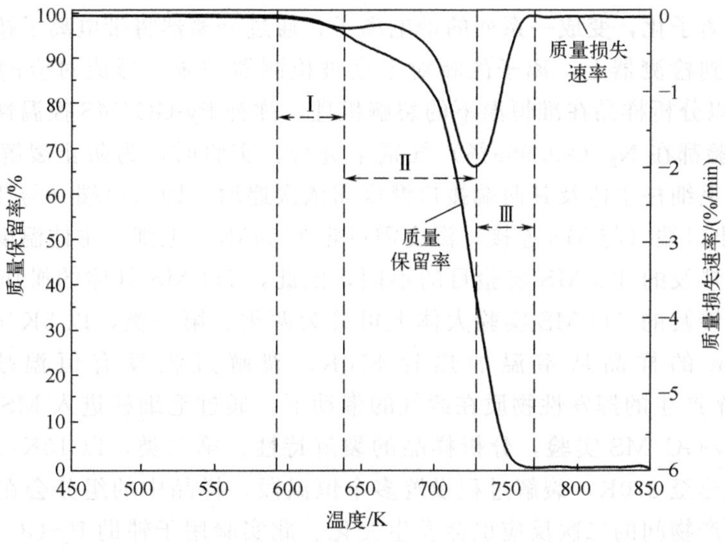

图 4-4　BR 裂解的 TG 和 DTG 曲线

单一组分橡胶裂解过程的探究有助于深入理解轮胎中复合橡胶的裂解行为，为废轮胎的热裂解处理寻找最佳方案。

(4) 元素分析

为了评估裂解技术，需要对样品中的元素（金属和非金属）进行测定。本书所涉及的金属元素含量测定实验，均在 Perkin Elmer ICP-AES-OPTIMA 7000DV 检测器上进行。在进行金属元素测试之前，需要对样品进行预处理。取 10g 轮胎样品在空气氛围中进行分段煅烧。先在 525K 条件下煅烧 1h；然后以 10K/min 的速率将剩余部分加热到 823K，再煅烧 1h；随后以相同的升温速率将残留物加热到 1423K，持续煅烧 1h。煅烧结束后，样品变成了灰白色的粉末。此后，配制符合要求的测试溶液。首先，取 0.010g 煅烧后的粉末加入含有 4.50mL HCl(36%～38%)、1.50mL HNO_3(65%～68%) 和 1.50mL HF(40%) 的混合酸液中，并放置 24h 使之彻底溶解。最后用去离子水将混合酸液稀释到 100mL，用于 ICP（电感耦合等离子体）测量，检测的元素包括 Al、Cr、Fe、Mn、Ni、Pb、Zn 和 Ti 等。

除了上述的金属元素外，本文还借助元素分析仪（德国元素 elementar vario MACRO cube）对轮胎样品、裂解油和裂解炭中的非金属元素（C、H、N 和 S）进行了检测。轮胎中的非金属元素检测分析方法分别参考了 Grieco 等[17]的试验方法和 GB/T 30732—2014 中的非金属元素分析方法。测定时，先称取 15.00mg 样品，并用铝箔包裹严密，再将其放入元素分析仪中。仪器的氧气含量设定为 20%，检测温度设定为 1423K，待温度升至设定值时，启动进样装置，开始检测。样品需在 1423K 恒温环境中煅烧 5h，以保证其完全燃烧。通过检测样品燃烧产生的对应元素氧化物气体含量，可获得轮胎中非金属元素（C、H、N 和 S）的含量。

(5) 热重-质谱分析

热重-质谱联用（TG-MS）实验系统可以在线实时检测样品的热稳定性和产物组分随裂解程度的变化情况。TG 具有较好的温控能力，而且可以实时记录样品的重量随温度的变化情况，TG 中裂解产生的挥发物通过毛细柱（60m×0.25mm×0.25μm）进入质谱。产物分子在质谱中先被离子化，变成一系列的带电离子，通过分离器将带电离子按质荷比分离，分离后的离子被打到检测器上，离子的相对丰度被检测器记录，形成对应的谱图。通过 TG-MS 实验系统可以分析样品在准恒温下的裂解机理，弥补 Py-GC/MS 控温性能差的缺陷。所有的 TG-MS 实验都在 N_2（99.999%）气氛中进行。实验时，为防止裂解产生的挥发物在毛细柱中凝结，毛细柱主体及其两端接口温度需依次递增，即入口端（与 TG 连接）温度需设定为 503K，出口端（与 MS 连接）温度需设定为 543K，毛细柱主体温度需设定为 523K。

由于本书所涉及的 TG-MS 实验目的不同，因此，TG-MS 具体的操作过程和参数会发生变化。本书所涉及的 TG-MS 实验大体上可分为两类。第一类，以 5K/min 的升温速率，将 15.0mg 75μm 的样品从室温加热到 870K，裂解过程没有恒温段，载气流量为 40mL/min。裂解产生的挥发性物质在载气的带动下，通过毛细柱进入 MS 检测器。此实验主要用来辅助 Py-GC/MS 实验，分析样品的裂解特性。第二类，以 10K/min 的升温速率，将样品从室温加热至 870K，裂解过程设置多个恒温段，样品中的组分会在不同温度平台发生裂解反应，而产物间的二次反应也会发生变化。此实验用于辅助 Py-GC /MS 实验，探究轮胎在不同阶段的裂解行为。

4.1.2 轮胎橡胶的裂解过程

为了使轮胎适应不同的使用环境，在生产过程中，企业会根据轮胎不同部位的功能要求，混合使用三种橡胶和添加剂。为了更好地了解废轮胎热解过程，实验中按照轮胎结构特点，将其划分为 5 个区域。本节的研究目的是探究各区域的裂解行为特性，寻求一种新的废轮胎处理方案。实验中，对 15 个品牌的轮胎共 75 个采样区域分别采样，然后进行 TGA-DTG 实验分析。详细的分区采样和实验操作如下。

(1) 混合处理

所用的乘用车废轮胎的混合处理分为两步。第一步为对乘用车废轮胎进行简单处理，从整胎上截取一段轮胎，除去钢丝后，用去离子水清除其表面污垢，然后在 353K 环境中干燥 4h。第二步为对乘用车废轮胎进行精细处理，用剪刀将上一步所得轮胎分割成均匀的小块，随后用粉碎机对样品块进行破碎、过筛处理，得到预期颗粒样品。最后将样品装袋并放置于干燥器中，以便进行后续的实验。详细的处理过程如图 4-5 所示。

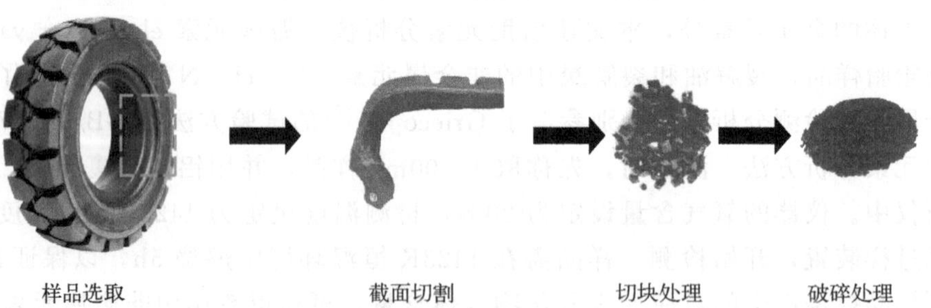

图 4-5 样品处理过程

(2) 分区处理

从整胎上截取一段轮胎，除去钢丝后，按照轮胎结构特点将其分为 5 个区域，见图 4-6。

用去离子水清除各区域样品表面污垢，然后在 353K 环境中干燥 4h，后续处理过程与混合处理相似。先用剪刀将轮胎分割成均匀的小块，然后用粉碎机对样品块进行破碎、过筛处理，得到预期颗粒样品。最后将样品装袋并放置于干燥器中，以便进行后续的实验。

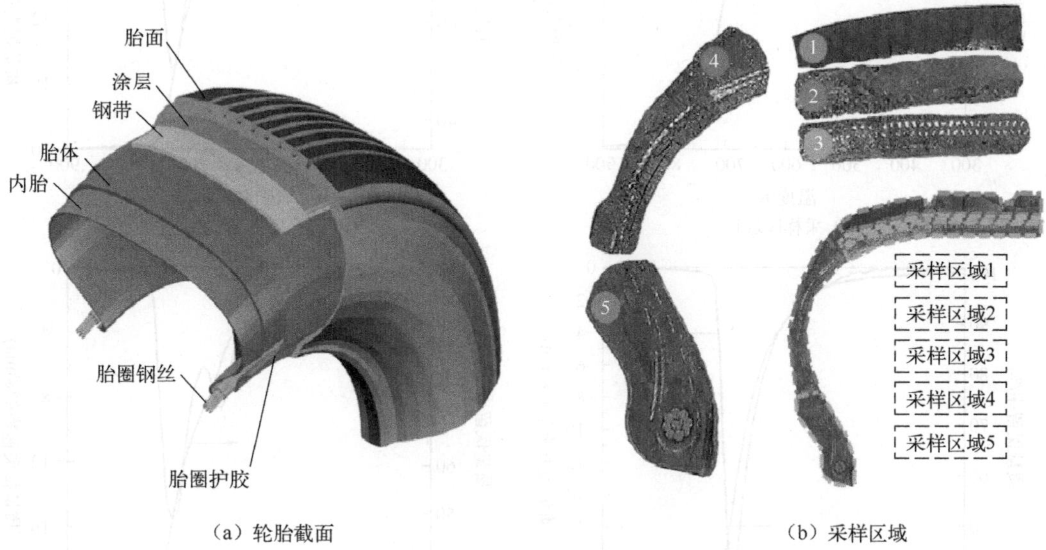

图 4-6　分区采样示意图

通过热重分析发现，15 个轮胎的 5 个采样区域的热稳定性具有一定的相似性，现以佳通轮胎为例对轮胎不同采样区域处的样品进行热稳定性分析。图 4-7 (a)～(e) 分别对应采样区域 1～5 的热重分析结果。图 4-7 (a) 和图 4-7 (b) 分别为佳通轮胎在采样区域 1 和 2 处的热重分析图，它们代表了绝大多数采样区域的分析结果。采样区域 1 处的样品共有两个失重阶段，第一阶段为 476～675K，失重率约为 21.52%，此阶段主要为添加剂裂解、水分的蒸发和部分橡胶解聚的过程。

随着温度的升高，采样区域 1 处的样品进入剧烈裂解阶段 (675～759K)，此阶段伴随着橡胶剧烈的裂解反应，大分子烃进一步裂解成小分子烃。图 4-7 (b) 表明采样区域 2 处的样品组分较复杂，整个裂解过程可以分为三个阶段。第一阶段为 456～592K，失重率约为 7.91%，可归结为水分的蒸发和添加剂的分解；第二阶段 (592～674K) 和第三阶段 (674～777K) 失重率分别约为 20.23%和 37.15%，这两个阶段是多个组分的裂解过程。采样区域 3 [图 4-7 (c)] 和采样区域 1 处的样品具有一定的相似性，裂解阶段都可以划分为两段，且后一段为主要裂解阶段。与采样区域 1 不同的是采样区域 3 处的样品第一阶段与第二阶段的分界不明显。而且剧烈裂解阶段的温度为 588～750K，失重率约为 77.13%，以上现象都说明采样区域 3 处的成分较为简单，而且组分相近。采样区域 4 和采样区域 2 处的样品热稳定性具有很高的相似性，每个裂解阶段所对应的温度和失重率相近。采样区域 5 [图 4-7 (e)] 处的样品较为特殊，整个裂解阶段可以分为三个阶段，分别为 480～570K、570～661K 和 661～764K，其中第二阶段和第三阶段失重率分别为 20.72%和 30.14%。分析结果说明，采样区域 5 处的成分可分为两种，且两者的裂解温度区域有重叠。

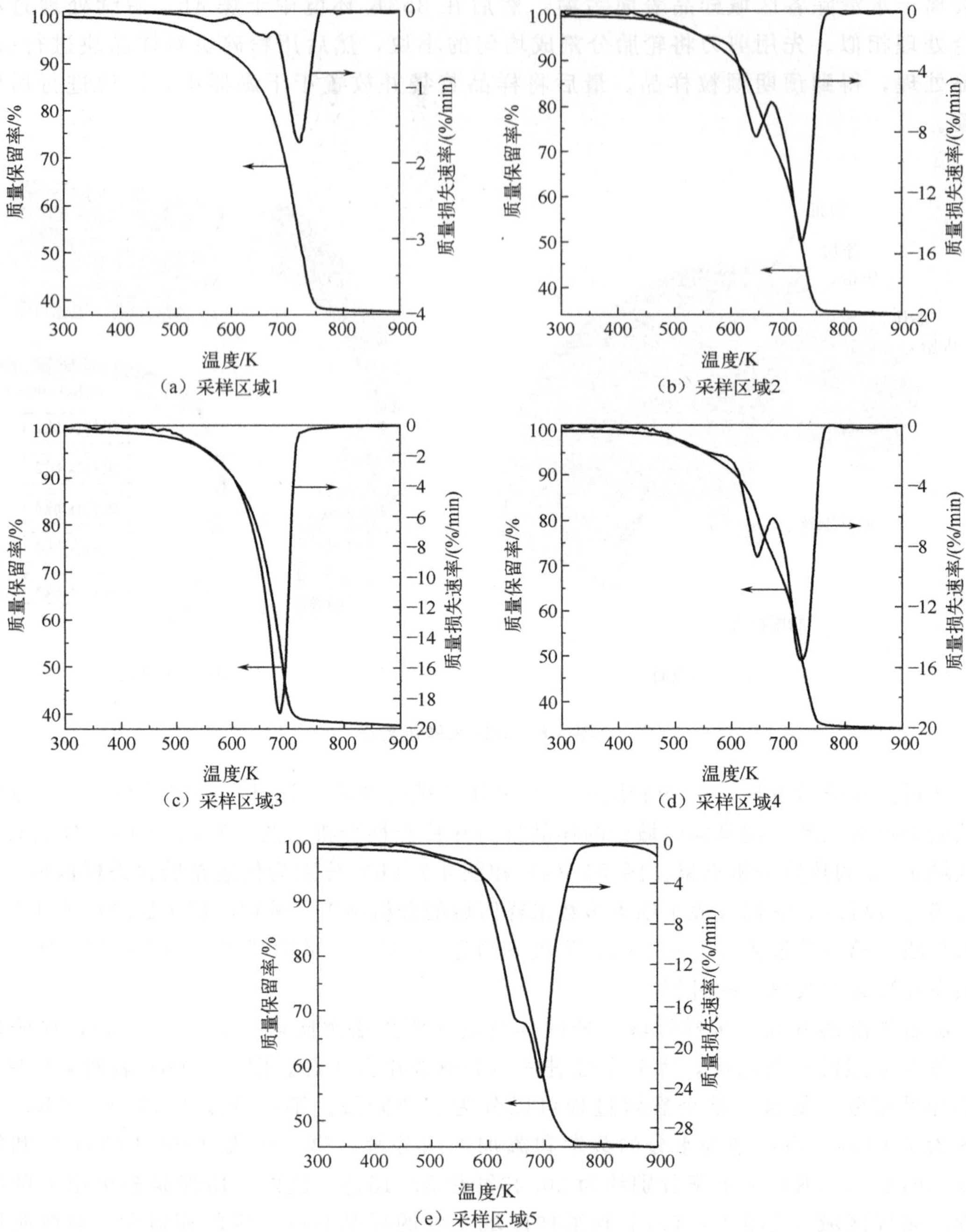

图 4-7　佳通轮胎裂解的 TG 和 DTG 曲线

4.1.3　轮胎橡胶热稳定性分析

(1) 不同区域热稳定性分析

为了深入分析不同位置样品组分的热稳定性，全面分析和对比 15 个品牌轮胎的热稳定性，在 TG 实验数据的基础上，对轮胎主要裂解温度及其对应的裂解量进行了分析，试图寻找一种更加合理的轮胎裂解方案。为了便于理解，这里将轮胎裂解速率最大点所对应的温度，即

DTG 峰所对应温度，视为轮胎不同成分的裂解温度，而且假定每个 DTG 峰代表一种组分。根据 5 个采样区域处内组分的热稳定性和成分组成，可以将 15 个品牌的轮胎划分为 4 组。

如图 4-8 所示，乐路驰、韩泰、普利司通和邓禄普四个品牌轮胎为第一组，它们在采样区域 1、2 和 4 处成分组成结构相似。采样区域 1 处只有一种组分，裂解温度为 720K；采样区域 2 和 4 处含有两种组分的橡胶，而且相同采样区域处组分获得最大裂解量所对应的最低温度（介于 662～700K）相近；韩泰和邓禄普两个品牌轮胎在采样区域 3 处均具有两种组分，而乐路驰和普利司通在此处只有一种组分，但是它们与前两个品牌的主要组分的裂解温度相近，约为 680K。四个品牌的轮胎在采样区域 5 处均含有两种组分，而且最大裂解量所对应的温度相近，约为 660K。由上述分析可知，四个品牌轮胎对应的 5 个采样区域处的组分具有相似的热稳定性，而这种相似性可以为轮胎裂解处理提出一种新的思路。在实际生产中，可以按照采样区域将轮胎分割，热稳定性相似的区域可以混合裂解，这样可以设定最合适的裂解温度，裂解产品的主要组分也相对单一。

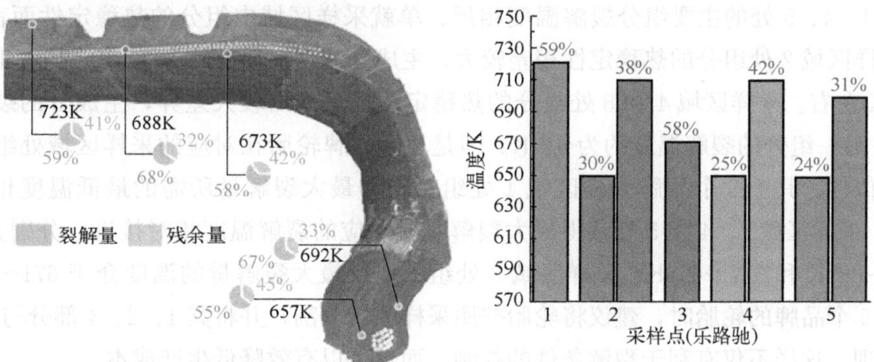

（a）乐路驰

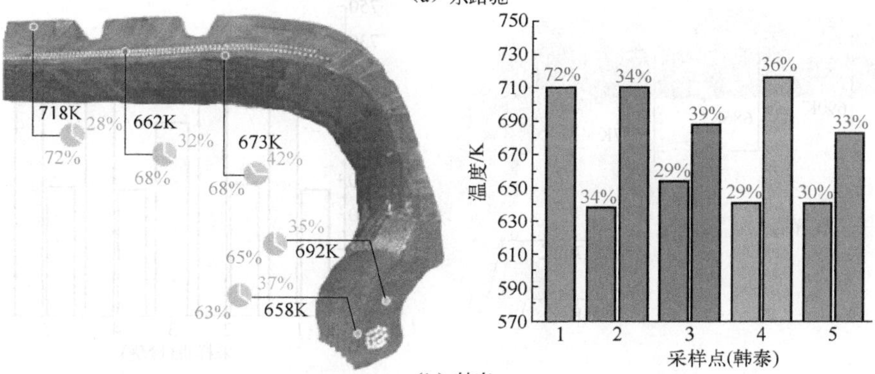

（b）韩泰

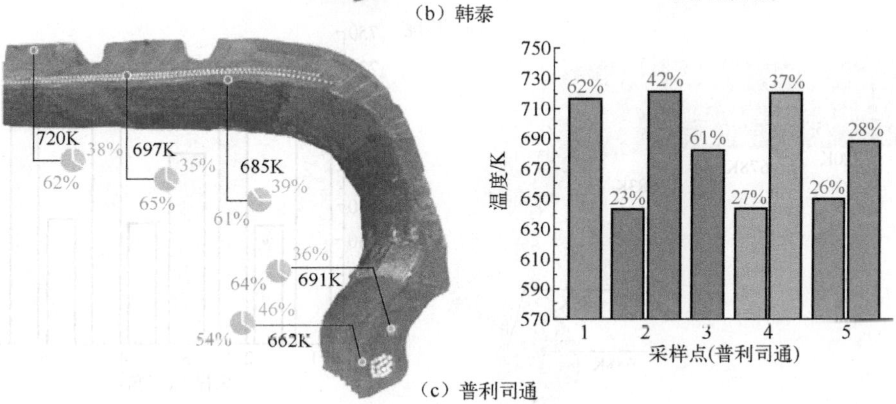

（c）普利司通

图 4-8

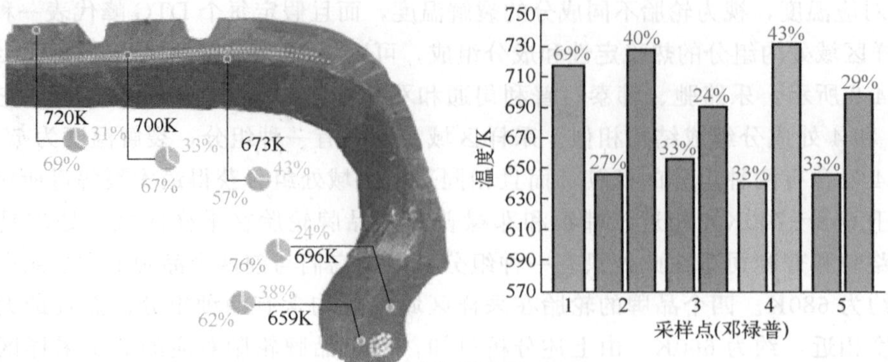

（d）邓禄普

彩图 4-8

图 4-8　5 个采样区域的热重分析

如图 4-9 所示，第二组共有 5 个品牌的轮胎（玲珑、三角、远路、耐克森和佳通），该组轮胎在采样区域 1、4、5 处的主要组分裂解温度相近。单就采样区域内组分的热稳定性而言，5 个品牌轮胎在采样区域 2 处组分的热稳定性相差较大，主成分的裂解温度约为 700K，另一组分的裂解温度在 640K 左右。采样区域 4 和 5 处组分的热稳定性也呈现出较大差异，主成分的裂解温度在 710K 左右，另一组分的裂解温度约为 640K。但是 5 个品牌轮胎在对应的采样区域处组分的热稳定性具有相似性。其中 5 个品牌采样区域 1 处组分获得最大裂解量所需的最低温度相近，介于 690～720K，采样区域 2、4 和 5 处获得最大裂解量时对应的裂解温度相对接近，分别介于 690～720K、673～687K 和 677～695K。采样区域 3 处组分获得最大裂解量的温度介于 671～699K。因此，处理这 5 个品牌的轮胎时，建议将轮胎按照采样区域分割，并将其 1、2、4 部分与 3、5 部分分别混合处理，这样不仅有利于裂解条件的控制，而且可以有效降低生产成本。

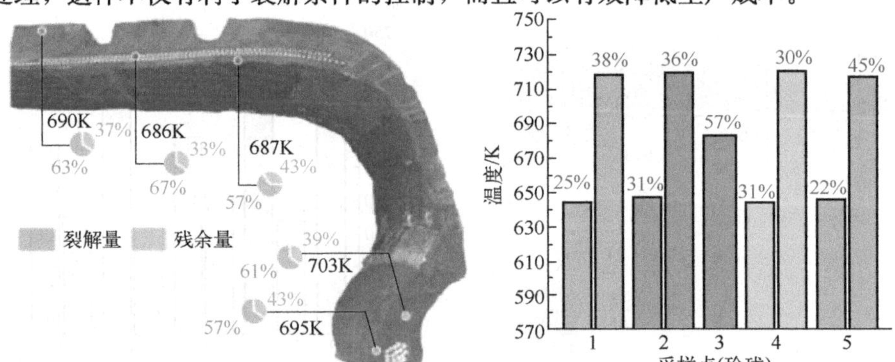

（a）玲珑

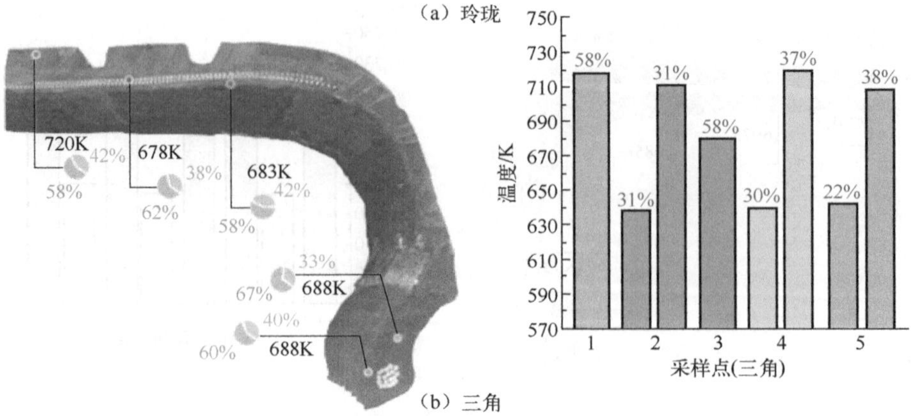

（b）三角

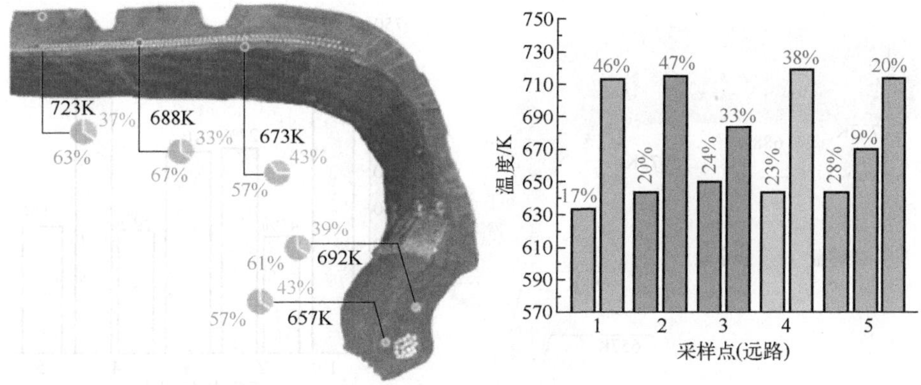

(c) 远路

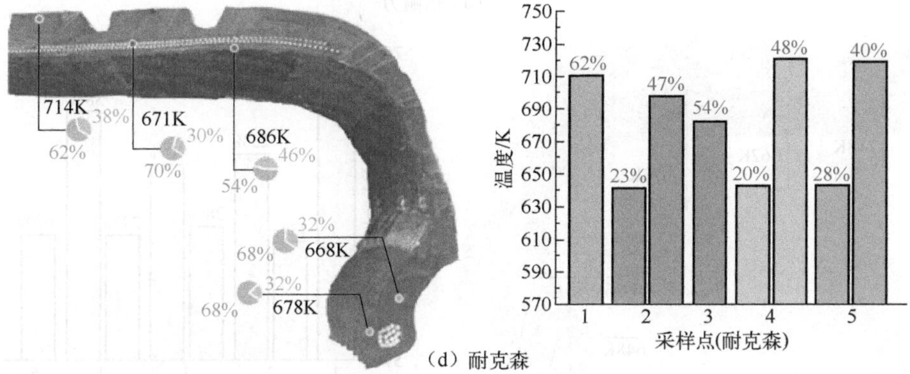

(d) 耐克森

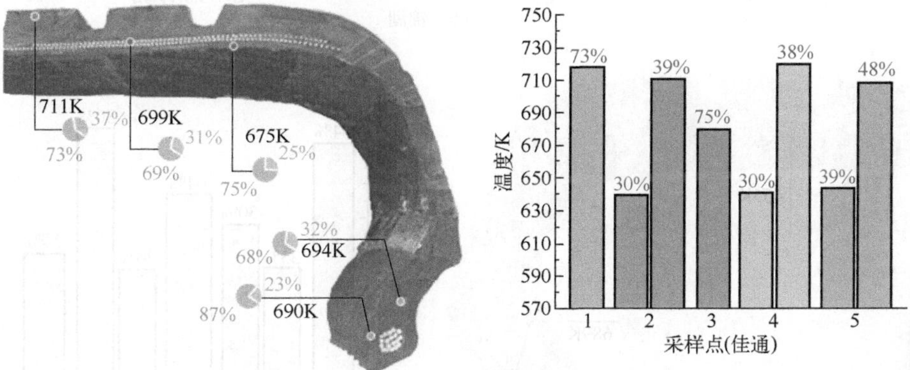

(e) 佳通

图 4-9　5 个采样区域的热重分析结果

彩图 4-9

第三组包括倍耐力、锦湖和米其林三个品牌的轮胎（如图 4-10 所示）。三个品牌轮胎在采样区域 1 处组分的热稳定性较高，裂解温度约为 720K；采样区域 4 处两个组分的裂解温度相差较大，获得最大裂解量所需的最低温度为 690K；而采样区域 5 处只含有一种组分，其裂解温度约为 652K。采样区域 2 和 3 处的组分热稳定性相似，两个区域处的组分获得最大裂解量所需的最低温度相近，分别介于 655～688K 和 673K～686K。因此在实际生产中，可以考虑将其混合处理，并将采样区域 1、4 部分与 2、3 部分隔开，分别裂解处理，采样区域 5 单独处理。

如图 4-11 所示，第四组包含玛吉斯、固特异和马牌三种轮胎。与以上三组轮胎处理方式有所不同，该组轮胎不适合混合处理，需要根据每个品牌轮胎的热稳定性单独处理。玛吉

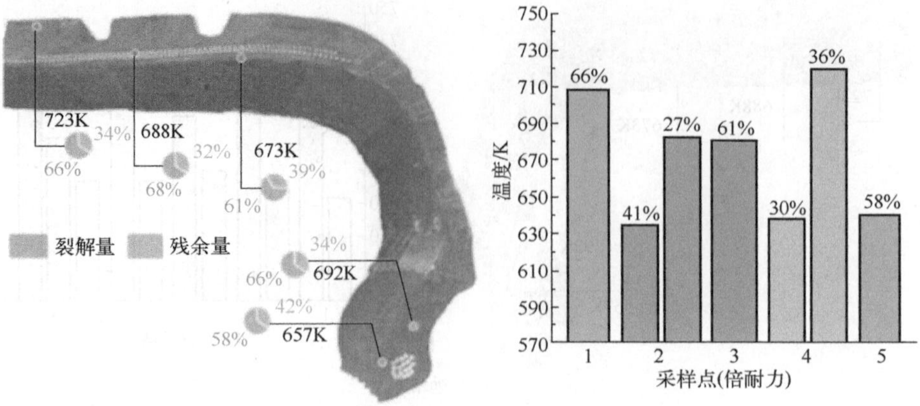

(a) 倍耐力

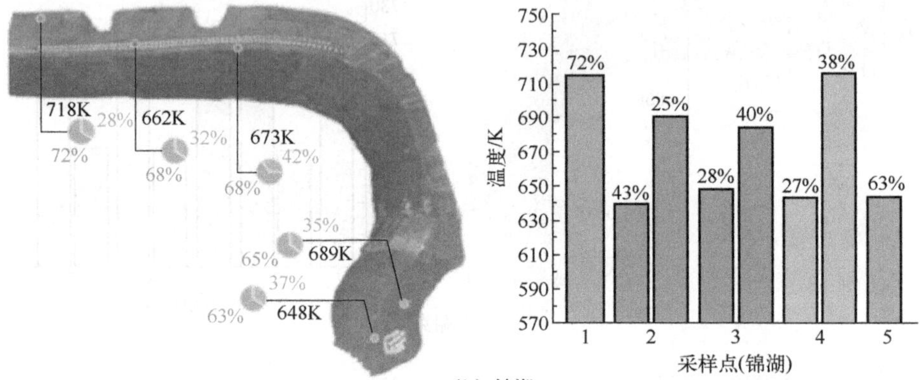

(b) 锦湖

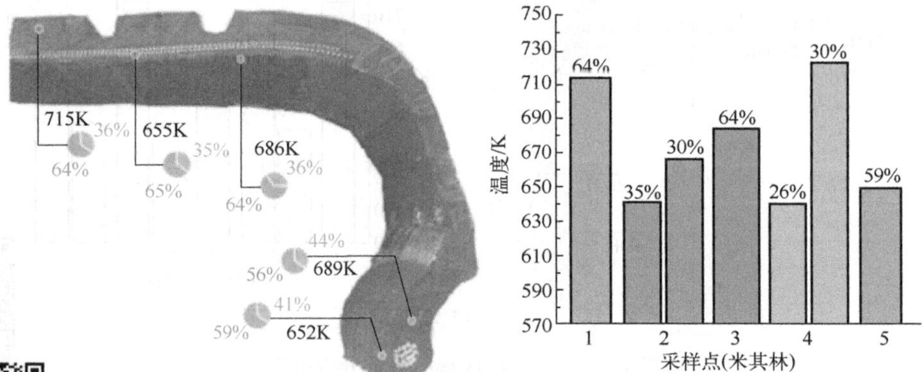

(c) 米其林

彩图 4-10

图 4-10　5 个采样区域的热重分析结果

斯［图 4-11（a)］采样区域 1、3、5 处均含有一种组分，而且三处组分的热稳定性相差较大，最大裂解量所需的温度分别为 710K、677K 和 641K。采样区域 2 和 4 处都含有两种组分，且主要组分的裂解温度分别为 635K 和 712K，相差较大，然而采样区域 5 和区域 2 中主要组分的裂解温度一致。所以在处理过程中可以将采样区域 5 和 2 混合处理。固特异［图 4-11（b)］采样区域 1 处的组分热稳定性较高，裂解温度约为 714K。采样区域 2 内的组分热稳定性相差较大，其中主要组分的裂解温度与区域 1 相近。而采样区域 3 内的组分热稳定性相对区域 2 来说较为接近，裂解温度分别约为 640K 和 680K。采样区域 4 只含有一个组分，裂解温度与区域 5 中主要组分相近。采样区域 3 和 5 中的两个组分的热稳定性具有相似性。因此，在处理固特异轮胎时，可以选择将区域 1 和 2 混合，区域 3、4 和 5 混合处理。马牌［图 4-11（c）］相较其他轮胎，各采样区域的组分相对单一。区域 1、2、4 和 5 的热稳定性相近，其裂解温度介于 716～732K；采样区域 3 的热稳定性相对较差，裂解所需温度约为 690K。因此在处理马牌轮胎时，可以将区域 1、2、4 和 5 混合处理，区域 3 单独处理。

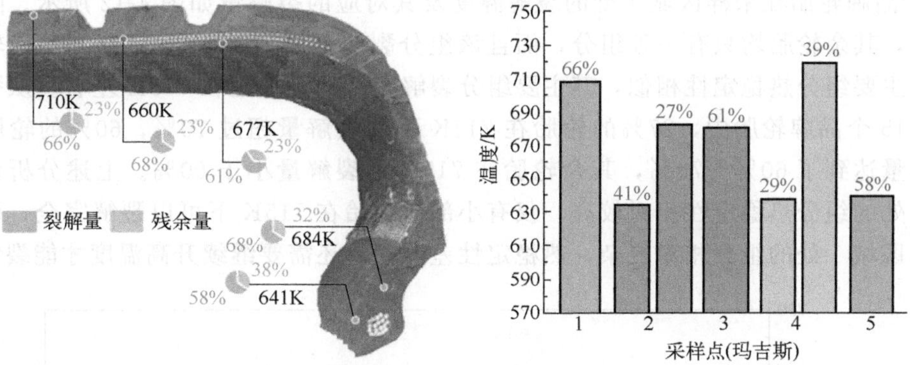

（a）玛吉斯

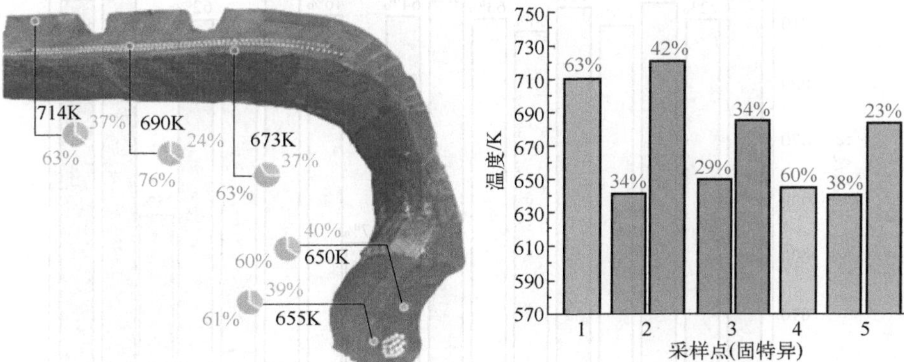

（b）固特异

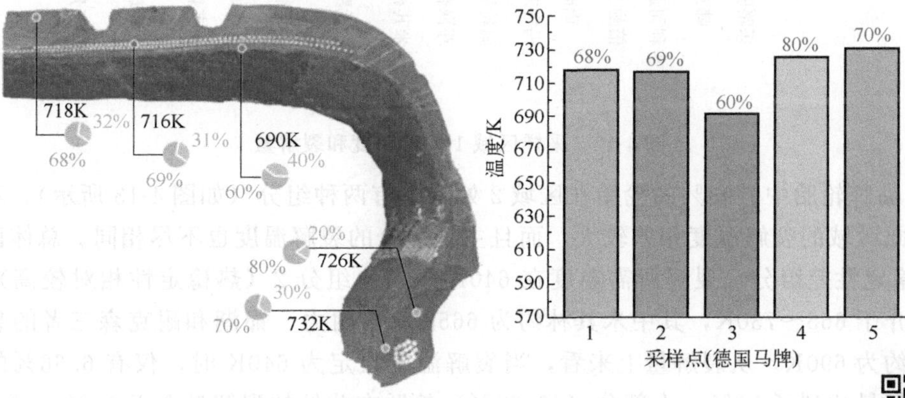

（c）马牌

图 4-11　5 个采样区域的热重分析结果

彩图 4-11

(2) 相同区域热稳定性分析

上一小节分析了轮胎不同区域的热稳定性，并根据热稳定性特点提出了轮胎热裂解处理方案。但是我国乘用车轮胎种类繁多，而且每种轮胎的生产过程和配方各有差异。为了更全面地了解我国乘用车市场上现有轮胎的热裂解特性，需要在上一小节的基础上，进一步分析15个品牌轮胎在五个区域处的裂解特性，同时为轮胎橡胶热裂解过程及裂解机理研究提供实验依据。

15个品牌轮胎在采样区域1处的裂解温度及其对应的裂解量如图4-12所示。除了远路和玲珑外，其余轮胎均只有一种组分，而且该组分裂解温度为715K。远路和玲珑轮胎在区域1处的主要组分热稳定性相似，其主要组分裂解所需的温度也在715K左右。从裂解量角度来看，15个品牌轮胎中，27%的轮胎在715K下的裂解量超过70%，60%的轮胎在此温度下裂解量达到了60%～70%，其余轮胎在715K下裂解量小于60%。上述分析说明，采样区域1处的组分热稳定性相对较高，仅有小部分轮胎在715K下可以裂解完全，而且大部分轮胎在区域1处的组分相对复杂，热稳定性差异大，还需要继续升高温度才能裂解完全。

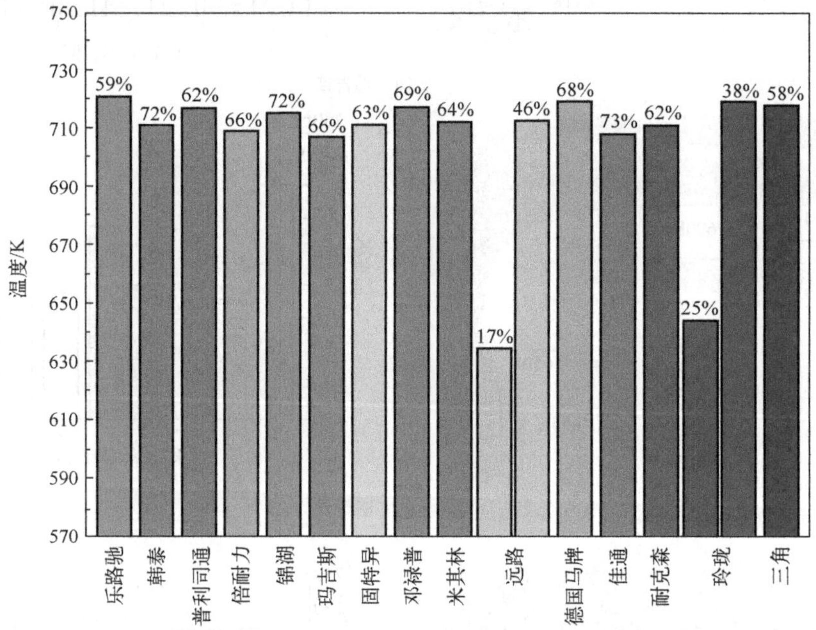

图4-12 采样区域1裂解温度和裂解量

15个品牌轮胎中，93%的轮胎在区域2处均含有两种组分（如图4-13所示）。不同品牌的轮胎在此区域的裂解温度相差较大，而且主要组分的裂解温度也不尽相同。总体而言，组分1（热稳定性差组分）裂解所需温度在640K左右；组分2（热稳定性相对较高）裂解所需的温度介于665～730K，其中米其林约为665K，倍耐力、锦湖和耐克森三者的裂解温度相近，大约为690K。从裂解量上来看，当裂解温度设定为640K时，仅有6.66%的轮胎在区域的裂解量达到了50%，大部分（66.67%）轮胎在此处的裂解量介于30%～40%，其余的裂解量少于30%；当裂解温度升高到700K时，40%的轮胎在区域2的裂解量超过了50%，进一步升高温度到730K，裂解量达到70%的轮胎占26.67%。导致这种现象的原因是大多数品牌轮胎在区域2中的两组分含量相近，而且组分2中物质的裂解温度带（组分2

开始裂解到结束的温度区间）较宽。这也解释了升高温度后为何裂解量仍然较低。因此在研究轮胎裂解过程中，应该适当调节温度，防止区域 2 中的两种物质裂解不完全。

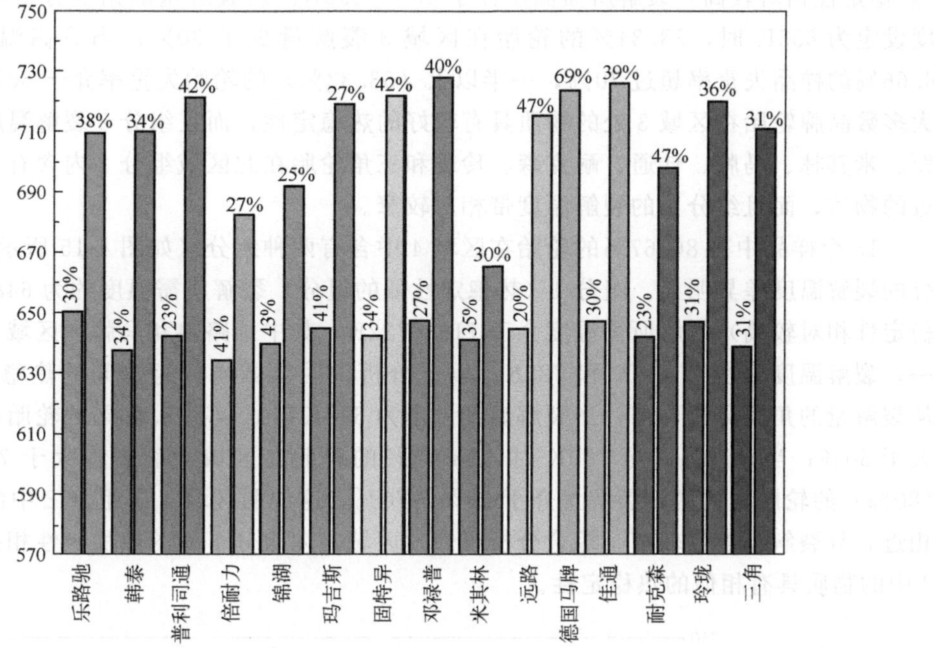

图 4-13 采样区域 2 裂解温度和裂解量

15 个样品中有 40%的轮胎在区域 3 中含有两种组分（如图 4-14 所示），这也反映出乘

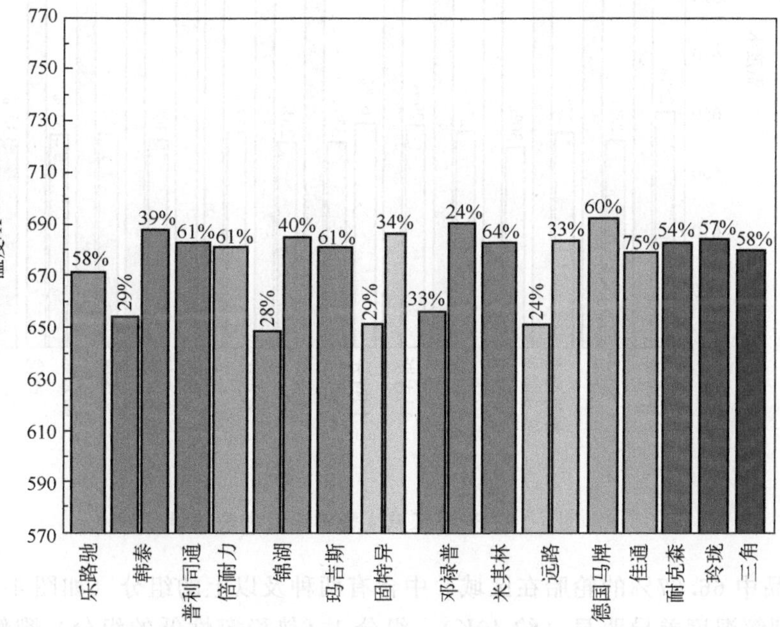

图 4-14 采样区域 3 裂解温度和裂解量

用车轮胎市场上不同品牌轮胎配方有差异，说明了探究轮胎不同区域热稳定性的必要性。首先对样品裂解温度进行分析，组分 1（热稳定性低的组分）裂解所需温度约为 655K，组分 2（热稳定性相对较高）裂解所需温度介于 680～690K。从裂解量的角度分析可知，当裂解温度设定为 655K 时，33.34％的轮胎在区域 3 裂解量少于 30％；当升高温度至 690K 时，6.66％的样品失重率超过 70％，一半以上（53.33％）的轮胎失重率介于 60％～70％。说明大多数品牌轮胎在区域 3 处的物质具有较好的热稳定性，而且组分 2 裂解温度带较宽。玛吉斯、米其林、马牌、佳通、耐克森、玲珑和三角轮胎在此区域组分 1 内含有多种热稳定性相近的物质，而且组分 1 的裂解温度带相对较窄。

15 个样品中有 86.67％的轮胎在区域 4 中含有两种组分（如图 4-15 所示），而且两种组分的裂解温度差异明显。组分 1（热稳定性低的组分）裂解所需温度约为 648K，组分 2（热稳定性相对较高）裂解所需温度介于 718～732K，其中乐路驰和马牌在区域 4 的组分相对单一，裂解温度分别为 645K 和 725K。以上分析说明区域 4 内组分间的热稳定性差异较大。从裂解量的角度分析可知，当裂解温度设定为 648K 时，仅有 6.66％的轮胎在区域 4 裂解量大于 60％；当升高温度至 730K 时，13.33％的轮胎在区域 4 裂解量大于 70％，绝大多数（80％）的轮胎在此区域裂解量介于 60％～70％，这说明区域 4 中组分 2 中的成分热稳定性相近，且裂解温度带较窄。综合分析可知，区域 4 内组分 1 间的热稳定性相差较大，而组分 2 中的物质具有相似的热稳定性。

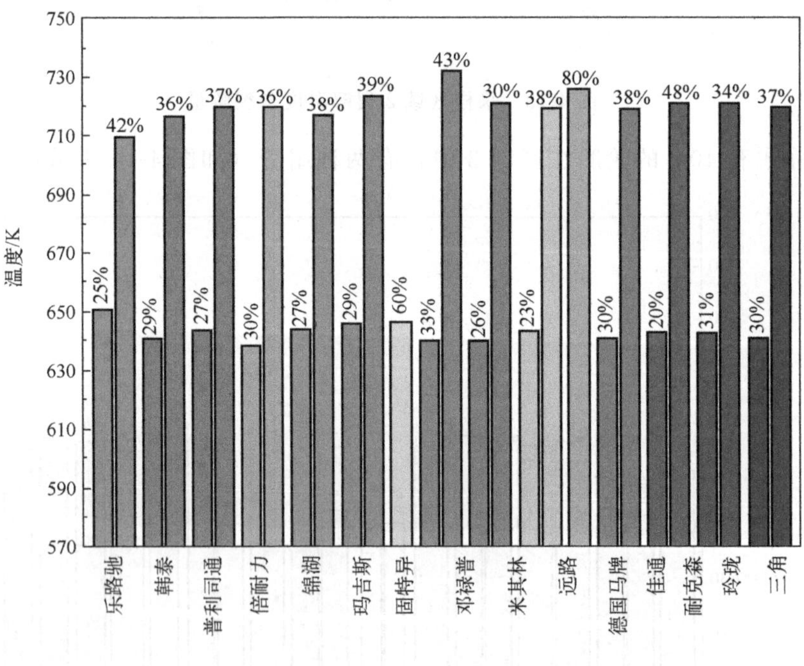

图 4-15　采样区域 4 裂解温度和裂解量

15 个样品中 66.67％的轮胎在区域 5 中含有两种及以上的组分（如图 4-16 所示），而且两种组分的裂解温度差异明显（约 40K）。组分 1（热稳定性低的组分）裂解所需温度约为 650K，组分 2（热稳定性相对较高）裂解所需温度从 685K 到 730K，其中马牌在区域 5 中的成分相对单一，裂解温度为 732K。由裂解量分析可知，当裂解温度设定为 650K 时，裂解量大于 50%的轮胎仅占 26.67%；升高温度至 730K 时，裂解量大于 70%的轮胎占 26.67%。由以上分析可知，15 个品牌轮胎在区域 5 内的组分 1 中的物质热稳定性差异大，而且组分 2 中含有的物质热稳定性相差也较大，裂解温度带较宽，尤其是倍耐力、锦湖和玛吉斯。

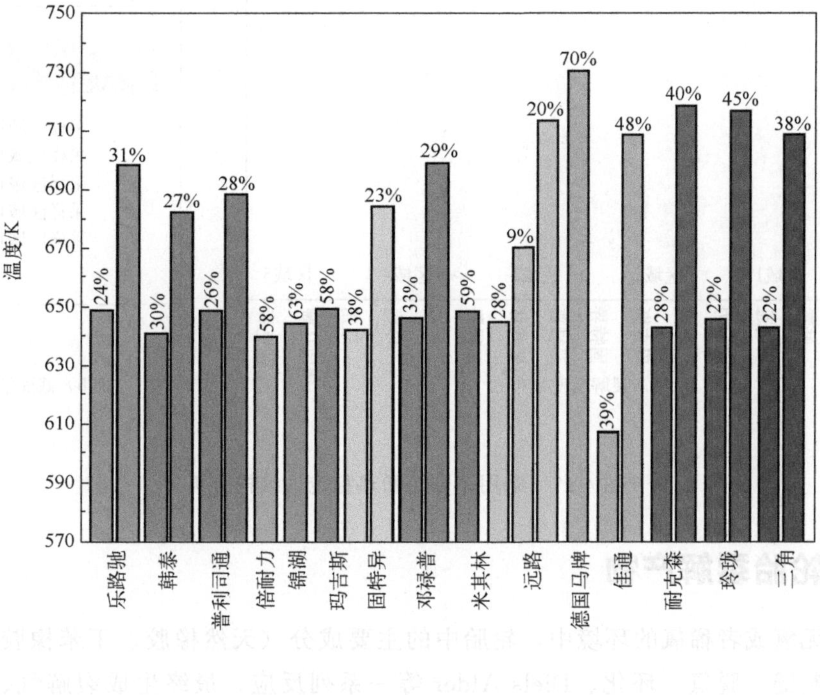

图 4-16　采样区域 5 裂解温度和裂解量

轮胎热稳定性严重影响其后续的热裂解方式、热裂解过程和产品结构，通过对 15 个品牌轮胎 75 个采样区域的分析可知，不同品牌轮胎间的热稳定性具有一定的相似性。这种相似性在一定程度上可以帮助人们理解轮胎裂解过程、指导企业选择合理的裂解方式、方便轮胎回收分类和处理。

为了满足轮胎使用性能、降低生产成本，轮胎生产企业在制造轮胎时，会根据其结构，在不同位置使用满足轮胎性能要求的橡胶。这种制造方式使得轮胎的热稳定性也呈现出结构特征，进而影响轮胎裂解过程、裂解反应机制、裂解产品结构等。为了全面了解轮胎的热稳定性的结构特征，实验中结合热重分析和上述热稳定性分析结果，将15个品牌轮胎的75个样品按照裂解温度划分，结果如图 4-17 所示。图 4-17（a）是 75 个样品的裂解温度分布，结合轮胎截面结构特点［图 4-17（b）］可知，乘用车轮胎所用橡胶基本相同，而且由于不同企业在轮胎生产过程中所使用的添加剂不同，不同区域的组分裂解温度呈现出波动。

综合分析可知，采样区域 5 的裂解温度最低，分布范围为 643～680K。采样区域 3 处的裂解温度稍高，约为 688K。采样区域 1、2 和 4 的裂解温度分布在 703～743K。由上面的热稳定性分析可见，尽管 1、2 和 4 三个区域分布于同一温度带内，但每个区域内都包含多个组分，而且每个组分所经历的裂解过程也不相同。这种差异使得轮胎裂解温度跨度大，完全裂解所需时间长，而且裂解过程产物种类多。

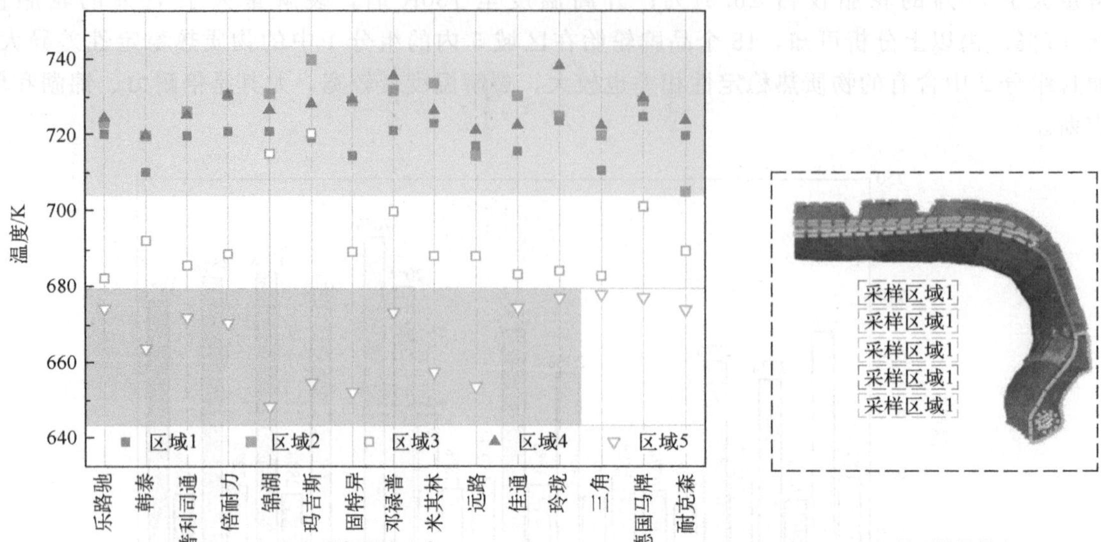

（a）裂解温度分布　　（b）截面结构特点

图 4-17　乘用车废轮胎热稳定性结构分析

4.2　废轮胎裂解产物

在高温无氧或者稀氧的环境中，轮胎中的主要成分（天然橡胶、丁苯橡胶和丁烯橡胶）经过解聚、断键、脱氢、环化、Diels-Alder 等一系列反应，最终生成裂解气、裂解油和裂解炭。轮胎中含有的元素也会进入产品中，严重制约产品升级和利用。为了深入了解轮胎产物性质，本节主要对裂解产品结构及内部的有害元素进行了分析，还重点关注了裂解油的性质。

4.2.1　轮胎裂解产物结构

为了探索真实轮胎裂解产物结构，分别对 15 个品牌轮胎进行了恒温裂解实验（773K，载气流量 40mL/min），实验结果如图 4-18 所示。

由图 4-18 可知，15 个品牌轮胎在恒温条件下的裂解产物结构具有一定的差异，其中裂解气产率为 10.24%～12.39%，裂解油产率为 51.22%～61.96%，裂解炭产率为 25.65%～38.52%。不同品牌间，产品气体产率差异较小，固体和液体产率差异较大。导致这种现象的原因有很多，其中 NR、SBR 和 BR 的比例影响最大，因为三种橡胶在裂解过程中生成脂肪烃、芳烃的能力不同，第 6 章将做详细介绍；其次是裂解温度和载气流量对二次反应的影响，轮胎裂解是一个温控过程，高温引发聚合橡胶发生解聚和断键反应，生成大量的大分子结构，而这些结构会进一步断裂生成长链烃和芳烃以及少量的小分子链烃（C<5），而直链烃的脱氢环化和芳烃侧链的断裂也会生成大量的小分子链烃。高温下附着在固体上的大分子芳烃和脂肪烃会发生焦化反应，将一部分液体转化为固体。产品间的差异主要体现在解聚生产的大分子结构上，在相同的裂解温度和载气流量下，不同结构单元发生二次反应的类型和难易程度不同，导致了不同品牌轮胎裂解产品结构出现差异。产品间的转化反应及其影响因素将在第 7 章详细讨

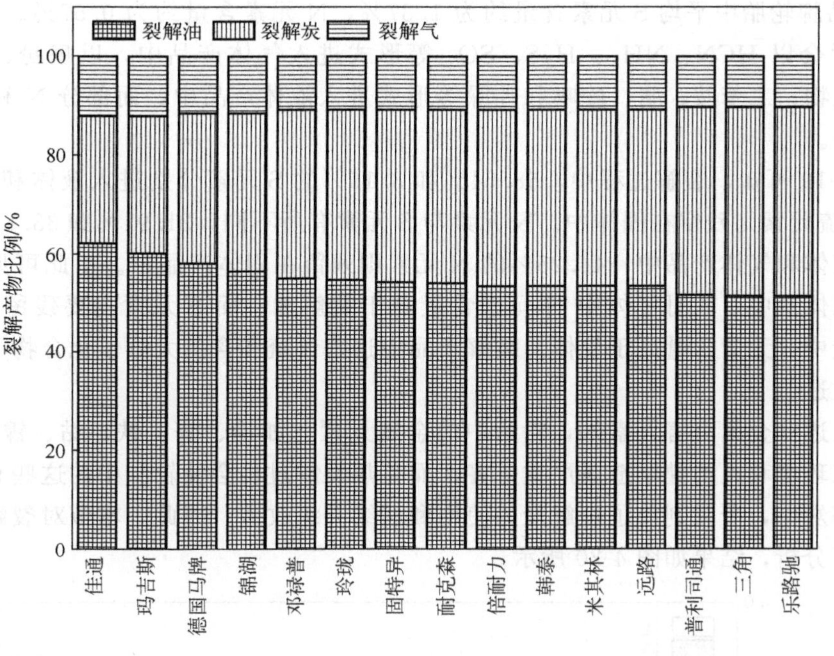

图 4-18　15 个品牌轮胎裂解产物结构

论，此处仅做简化描述，以分析不同品牌轮胎裂解产品间产生差异的原因。

4.2.2　产物中有害元素分布

轮胎中主要的有害元素为 S 和 N，S 元素主要在橡胶生产过程中的硫化环节引入，而 N 元素主要在轮胎生产过程中以添加剂的形式进入轮胎。两种有害元素的存在不仅严重制约了裂解产品的升级应用，还降低了产品的商业价值。

为了探究轮胎样品及其产物中有害元素含量，分别对 15 个品牌的轮胎及其裂解产物(恒温 743K，载气流量 40mL/min) 做了元素分析，测试结果如图 4-19 所示。

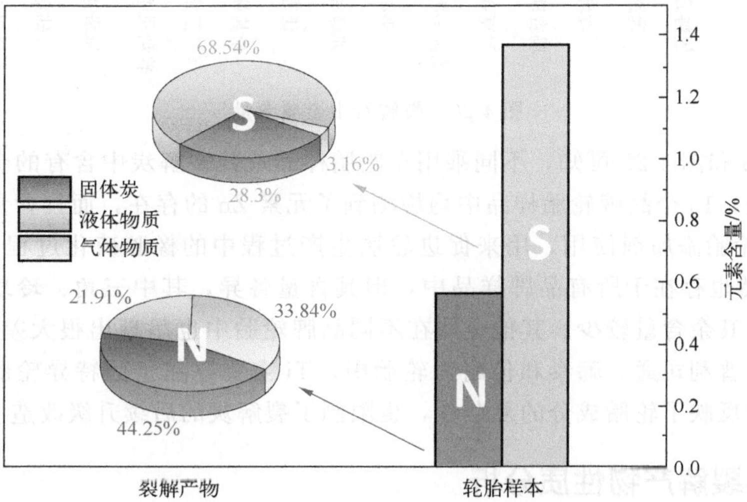

图 4-19　废轮胎及其裂解产物中 N、S 元素含量

15个品牌轮胎中平均S元素含量约为1.37%，N元素含量约为0.57%。裂解过程中，S和N元素会以HCN、NH_3、H_2S、SO_2等形式进入气体产品中，以噻吩、硫化物、硫醇、二硫化物、二苯胺、腈、喹啉和吲哚等形式进入液体产品中，而部分N和S元素会残留在固体中。

由图4-19可知，裂解过程中，68.54%和3.16%的S元素分别进入液体和气体产品中，28.30%的硫元素则残留在固体中。N元素与S元素有所不同，21.91%和33.84%的N元素分别进入液体和气体产品中，44.25%的N元素则残留在固体产品中。由此可见，N元素主要残留在固体炭中，同时气体中N元素含量高于裂解油；而S元素主要残留在裂解油中，同时固体炭中S元素含量高于气体。裂解产品中这些含硫和含氮大分子化合物不利于清洁利用和升级改造。

除了上述非金属有害元素外，轮胎中的金属元素（如铅、锌、铁、钴、镍、锰和镉等）也会对生态环境和人类健康造成严重危害。而且热裂解过程会使轮胎中的这些有害金属全部转移到裂解炭中，严重制约了裂解炭的使用和后续升级改造。因此，本节对裂解炭中的金属元素进行了分析，结果如图4-20所示。

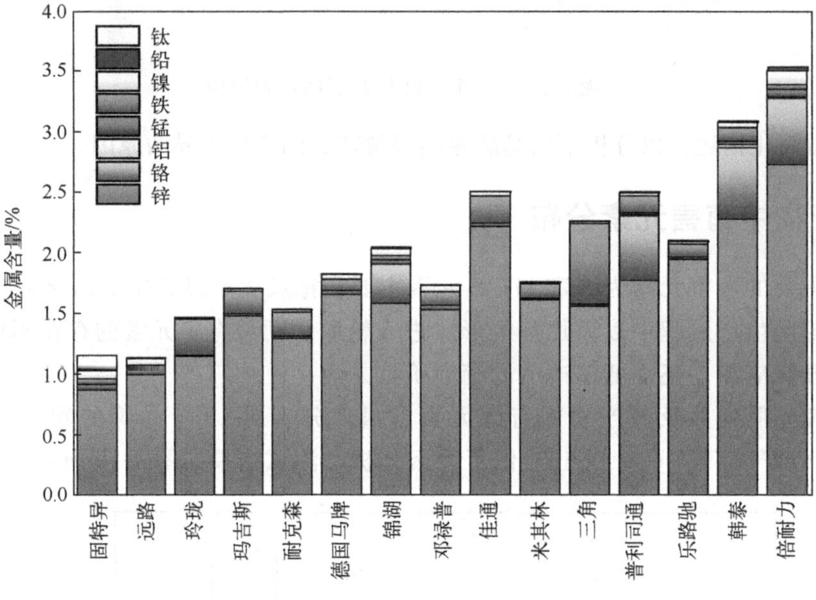

彩图4-20

图4-20 裂解炭中金属含量

结合图4-18和图4-20可知，不同乘用车轮胎样品及其裂解炭中含有的金属种类和含量相差较大。但是，15个品牌轮胎样品中均检测到了元素Zn的存在，而且含量最高。这是因为ZnO常作为轮胎添加剂使用，用来促进轮胎生产过程中的橡胶硫化过程。不同于Zn元素，Fe元素虽然也存在于所有品牌样品中，但其含量各异，其中三角、玲珑、玛吉斯和佳通中含量稍多，其余含量较少。其他金属在不同品牌轮胎中也呈现出很大差异，其中Cr主要存在于锦湖、普利司通、韩泰和倍耐力轮胎中，Ti主要存在于固特异轮胎中。金属种类和含量上的差异反映了轮胎成分的复杂性，也限制了裂解炭的后续升级改造。

4.2.3 轮胎裂解产物性质分析

轮胎裂解油是废轮胎裂解的重要产物之一，约占产品质量的60%～70%。轮胎裂解油通常有三种利用途径：①简单处理后作为燃料油使用；②深度加工处理后分离为石脑油、优质柴油、橡胶填充油等分别使用；③利用现有技术从混合物中提取有价值的组分（例如 BTX）作为工业原料使用。

（1）裂解油的蒸馏特性

为了获得裂解油的蒸馏特性，对佳通轮胎在 743K 下的裂解油进行了蒸馏处理，结果如图 4-21 所示。为了方便分析，将分馏的样品分为三类，即汽油、柴油和重油。其中汽油占比最少，质量分数约为 17.25%；柴油和重油占比相近，分别为 40.44%和 42.31%。

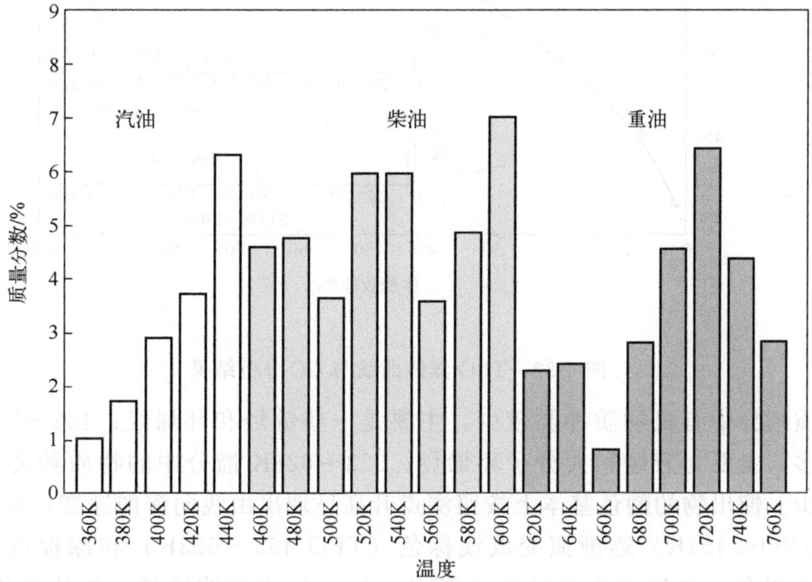

图 4-21　不同温度下的裂解油馏分

为了进一步分析裂解油的馏分特点，实验中采用实沸点蒸馏仪对油品组分进行了分析。不同于常规的蒸馏设备，实沸点蒸馏仪是一套分离精度较高的间歇式减压蒸馏装置。由于设备的分离能力相对较高（相当于 17 块理论板的分离能力），裂解油中各组分的蒸馏温度与其沸点十分相近，在一定程度上可以代表各组分的真实沸点。经过实沸点蒸馏，可以得到混合物中各组分的体积分数及对应的蒸馏温度（沸点），进而得到轮胎裂解油的蒸馏曲线，分析裂解油中各组分的物理化学性质和化学结构，可指导实际生产中的蒸馏切割温度和加工方案的制定。

实验中，将恒温 743K 下得到的裂解油采用 QYMD-80 型原油实沸点蒸馏装置按照 GB/T 17280 标准进行分离。在减压条件下，以传统燃油沸点（汽油 453K，煤油 453～523K，柴油 523～623K）为蒸馏温度，将裂解油（TPO）分离出四个馏分，分别为：沸点低于 453K 的轻馏分，记作 TPO<453K；沸点介于 453K 与 523K 间的馏分，记作 TPO 453～523K；沸点介于 523K 与 623K 间的馏分，记作 TPO 523～623K；沸点大于 623K 的馏分，记作 TPO>623K。此外，借助 GC 对各馏分做了进一步分析，蒸馏曲线和 GC 分析结果如图 4-22 所示。

由图 4-22 可知，在 743K 条件下得到的裂解油中，523～623K 馏分占比最高，其次是 453～523K 的馏分，然后是>623K 的高质馏分，轻质馏分（<453K）占比最少。GC 分析

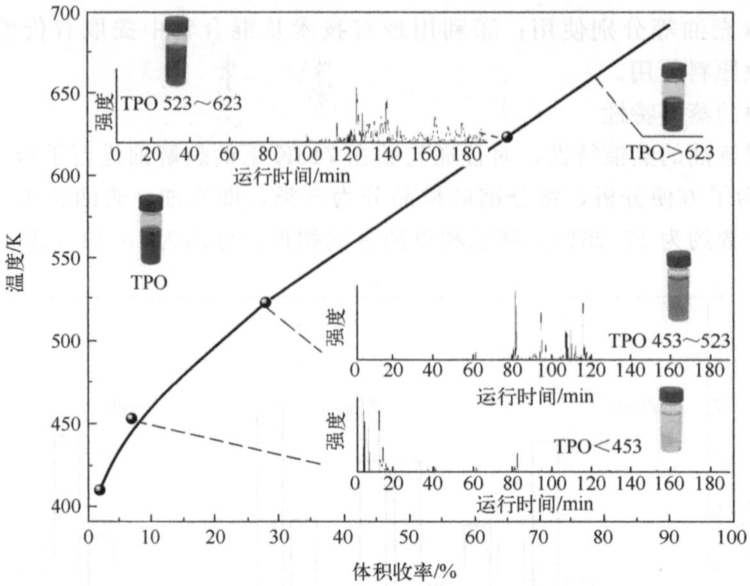

彩图 4-22

图 4-22 TPO 蒸馏曲线与 GC 分析结果

结果显示轻质组分中有机物质种类较少，主要是一些链烃和环烯烃；453～523K 的馏分中物质种类较多，主要为芳烃和大分子环烯烃；523～623K 馏分中的物质种类虽然多，但是含量相对较少。馏出物的颜色基本上按照沸点升高呈现出由浅向深的递变，从最开始淡黄色透明液体（TPO＜453K）逐渐演变成浅棕色（TPO 453～523K）和深棕色（TPO 523～623K）的透明液体，最后变成棕黑色（TPO＞623K）不透明液体，具体变化如图 4-22 所示。而这种颜色逐渐变化的原因可能与液体中杂原子官能团（尤其是 C ═C 和 C ═N）有关[18]。

实验借鉴 Wadrzyk 等人[19] 的方法对不同馏分做了 GC-MS 分析，结果如图 4-23。根据实验结果和文献报道，可以将裂解油中的有机物质划分为五个组分：芳烃，脂肪烃，氧化物，含 N 杂原子烃，含 S 杂原子烃。由图可知，两个低温馏分（TPO＜453K 和 TPO453～523K）的芳烃含量最高，分别为 51％和 34％；其次是脂肪烃，分别为 31％和 26％。芳烃主要为单环芳烃，而脂肪烃主要为环烯烃和一小部分稳定性较差的直链烃。芳烃主要来自 SBR 聚合物的裂解，而脂肪烃则主要来自 NR 和 BR 聚合物的解聚。裂解油中除了芳烃和脂肪烃外，还发现了部分含氧化合物和含 N、S 的化合物。由图 4-23（b）可知，含氧化合物和含 N、S 化合物主要存在于高温馏分段，这些杂原子多与多环芳烃相连。

（2）裂解油的理化性质

轮胎裂解油一般作为燃料或工业原料使用，因此其理化性质对后续的加工和使用方式具有重要影响。裂解油中的非金属元素 C、H、N 含量由元素分析仪（EuroVector EA3000）按照国标 GB/T 30732—2014 规定程序测得，S 元素含量依据 GB/T 388—64 中石油产品元素含量测定法获得，氧含量由差减法获得。轮胎裂解油的热值、密度、黏度、闪点分别依据 GB/T 384 中的石油产品热值法、GB/T 2540—81 中的石油产品密度测定法（比重瓶法）、GB 11137—89 中的石油产品运动黏度测定法和 GB/T 261—83 中的石油产品闪点法测得。裂解油中非金属元素含量依据有关规定进行预处理：先用碘的二甲苯溶液氧化，然后用稀硝

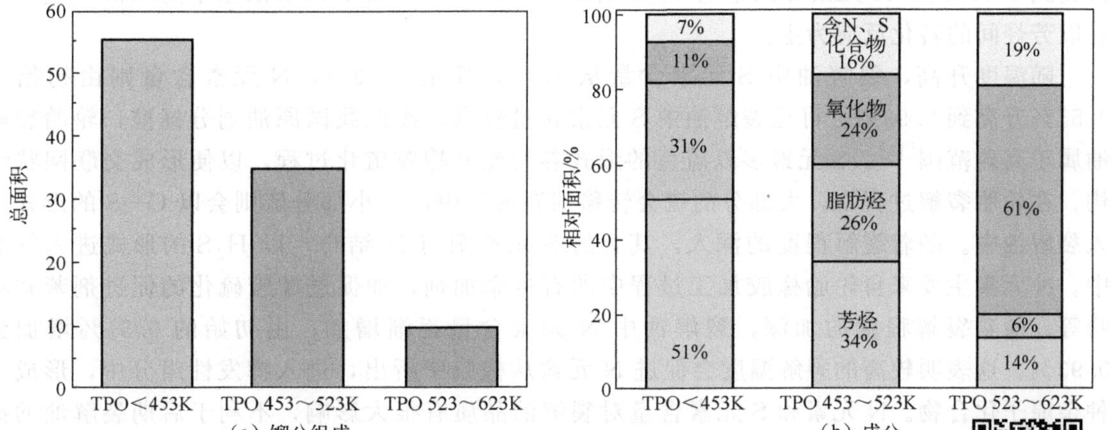

（a）馏分组成　　（b）成分

图 4-23　裂解油分析

彩图 4-23

酸萃取。稀释后的萃取液通过电感耦合等离子体质谱测定金属元素含量。

表 4-3 是固定床裂解油的理化特性分析结果，由表可知，温度对裂解油中元素含量有显著影响。随着裂解温度的升高，C 元素含量逐渐增加，而 H 元素含量逐渐减少，相应的 C/H 比逐渐增加，这也从侧面反映出二次裂解反应的深化与温度密切相关。

表 4-3　轮胎裂解油元素和理化性质分析

项目	673K	723K	773K	823K	873K
C/%	84.67	84.48	84.83	86.46	86.45
H/%	10.78	10.25	9.43	9.38	8.90
N/%	0.51	0.57	0.73	0.79	0.93
S/%	1.77	1.76	1.49	1.48	1.33
O/%	3.27	3.94	4.52	2.89	3.39
C/H	0.67	0.70	0.76	0.78	0.82
密度/(g/cm^3)	0.95	0.97	1.00	0.97	0.99
空气污染指数	17.45	14.20	10.45	15.32	11.06
黏度(308K)/cSt	3.63	2.99	3.22	2.27	2.42
闪点/K	302.24	291.58	304.77	285.49	288.03
总热值/(MJ/kg)	41.70	41.40	40.79	41.32	40.81
M_{air}/%	1.23	2.33	3.68	0.96	1.22

具体分析发现，当裂解温度从 673K 升高至 723K 时，H 元素含量由 10.78% 降至 10.25%，C/H 比略有增加，这说明轮胎中橡胶组分裂解并未完成，而且裂解过程中的初次裂解和二次裂解同时发生，两个过程没有明显的温度界限。当温度从 723K 升高到 773K 时，H 元素降低最为明显，从 10.25% 降低到 9.43%；相应的 C/H 比从 0.70 增加到 0.76。这说明轮胎中橡胶成分在此温度段初次裂解反应基本趋于完全，二次反应中的碳链断键、烯烃的加成和环化、芳烃的支链断裂等反应使得更多的 H 转移到气态中的小分子烷烃和烯烃上，

二次反应进一步加剧。773～873K 时的 H 元素增加量和 C/H 比变化较小，而当温度进一步提高到 873K 时，H 元素降低量与 C/H 增加量大致相当，说明该阶段基本为二次反应，而且以芳烃间的转化反应为主。

随温度升高，裂解油中 S 元素含量从 1.77%降至 1.33%，N 元素含量则由初始的 0.51%升高到 0.93%。可见裂解油中 S 元素含量较高，按照我国原油划分标准，轮胎裂解油属于高硫范围[16]。S 元素多以硫黄的形式参与轮胎橡胶硫化过程，以便形成交联网状结构。在轮胎裂解过程中，大部分的硫会转移到裂解炭中，一小部分硫则会以 C—S 的形式进入裂解油中。随着裂解程度的深入，其余的 S 元素则与 H 结合，以 H_2S 的形式进入气态中。N 元素主要来自轮胎橡胶加工过程中的有机添加剂，如促进橡胶硫化的促进剂苯并噻吩等。随着裂解程度的加深，裂解油中 N 元素含量逐渐增加，由初始的 0.51%增加到 0.93%。这表明较高的裂解温度会促进 N 元素从橡胶中析出，进入挥发性组分中，形成多种杂原子化合物。N 元素和 S 元素含量对裂解油品质有很大影响，不利于后期裂解油的提质。裂解油中的 N 元素在油品燃烧时，会以 NO_x 的形式进入大气，污染环境；而且在裂解油精炼过程中，N 元素还会使催化剂中毒失活。高硫含量不仅会使裂解油散发臭味，而且活性硫会腐蚀储存设备和输送管道，非活性硫在燃烧后会生成 SO_2 和 SO_3 等酸性气体污染环境。

轮胎裂解油的密度为 0.95～0.99g/cm^3，API 重度为 11.43～17.45，依据原油划分标准[20] 属于重质油。但是，轮胎裂解油具有高热值和低黏度的特性；40.81～41.70MJ/kg 的发热量同轻质燃料油接近，黏度 μ 仅为 2.27～3.63cSt（308K），远低于我国原油 10～60cSt（323K）的黏度值。这些使得裂解油作为替代燃料或者与石油衍生物混合使用具有可行性。由表 4-2 可知，随着裂解程度的加深，二次反应中的烯烃加成、环化和芳香化反应使得裂解油中大分子的芳烃和环烯烃的支链断裂，生成一些低沸点的物质。这些低沸点物质会降低裂解油的黏度和闪点，但是它们的存在不利于裂解油的储存和运输。此外，样品中的自由水和结合水（0.96%～3.68%）会进入油相中，而水分的存在会影响其热值，所以在使用和加工前应对裂解油做除水处理。

(3) 裂解油不同馏分的理化性质

为了进一步对裂解油的理化性质进行分析，实验中对 743K 下得到的裂解油进行了分馏处理，并对不同馏分的产物做了元素和理化性质分析，结果如表 4-4 所示。由表可知，323～373K 温度段馏分的 C/H 比较低。随着蒸馏温度升高，373～623K 温度段馏分的 C/H 比增大，说明这部分馏分的芳香化程度较高。623K 以上时，馏分中物质的 C/H 比迅速下降，表明该部分物质的芳香化程度减弱。这主要归结于高含量的沥青质组分，也与二次反应有关，因为二次反应中的双烯加成、环化、芳香化等反应使得大分子的侧链断裂，而且 N 元素主要残留在高沸点的馏分中。

表 4-4　不同馏分段裂解油元素和理化性质分析

温度/K	C/%	H/%	N/%	C/H
323～373	88.23545	9.97895	0.3669	0.73685
373～423	91.02745	9.4925	0.4184	0.79912
423～473	89.7075	9.53265	1.02695	0.7842
473～523	87.7284	9.0659	1.60565	0.8064

续表

温度/K	C/%	H/%	N/%	C/H
523～573	89.4642	9.2386	0.9968	0.80698
573～623	88.3933	9.27405	1.37735	0.79427
>623	81.05585	9.9957	0.7795	0.67576

4.3　本章小结

本章首先探究了单组橡胶的裂解过程，然后对 15 个品牌轮胎的 75 个采样区域进行了热重分析。基于两者的分析结果，首先对 75 个区域的热稳定性展开了讨论，并根据区域的热稳定性，将 15 个品牌轮胎划分为四组，每一组都提出了合理的混合处理方案。最后对 75 个采样区域的热稳定性进行了全面的分析，得到了 15 个品牌轮胎不同区域的裂解温度分布特点，并对裂解温度产生差异的原因进行了分析。在上述分析结果的基础上，对 15 个品牌轮胎在 743K 恒温下进行了裂解实验，并对样品和产物进行了元素和物理化学性质分析。主要的结论如下：

① 废轮胎区域 1 和 3 相似，都有两个失重阶段，裂解反应主要发生在第二阶段，其中区域 1 二段裂解量约 46%，区域 3 二段裂解量约为 77.13%，表明区域 3 内物质成分相对均一；区域 2 和区域 4 的物质组成相似，两者的热稳定性和裂解量相近；区域 5 处的样品较为特殊，整个裂解过程可以分为三个阶段，其中第二阶段和第三阶段失重率分别为 20.72%和 30.14%，表明区域 5 含有至少两种组分。

② 根据 15 个样品的 75 个区域的热稳定性，将 15 个品牌轮胎划分为四组。第一组为乐路驰、韩泰、普利司通和邓禄普四个品牌轮胎，其在区域 1、2 和 4 处的热稳定性具有相似性。第二组包括玲珑、三角、远路、耐克森和佳通五个品牌轮胎，区域 1 和 2 含有两种组分，而且主成分的热稳定性相对较好；区域 4 和 5 的成分热稳定性也呈现出较大差异，主要组分的裂解温度在 710K，另一成分的裂解温度约为 640K。区域 3 的组分裂解温度相近，约为 680K。第三组包括倍耐力、锦湖和米其林三个品牌的轮胎，三个轮胎在区域 1 和 4、2 和 3 热稳定性相似。第四组包含玛吉斯、固特异和马牌三种轮胎，三种轮胎热稳定性相差较大，但是同一品牌的 5 个区域热稳定性具有一定的相似性。

③ 15 个品牌轮胎在恒温条件下的裂解产物具有一定的相似性，其中裂解气产率为 10.24%～12.39%，裂解油产率为 51.22%～61.96%，裂解炭产率为 25.65%～38.52%。而轮胎中 68.54%和 3.16%的 S 元素分别进入液体和气体产品中，28.30%的硫元素则残留在固体中。21.91%和 33.84%的 N 元素分别进入液体和气体产品中，44.25%的 N 元素则残留在固体产品中。

④ 针对轮胎裂解油进行了蒸馏特性和理化特性分析，结果发现两个低温馏分（<453K 和 453～523K）的芳烃含量最高，分别为 55%和 37%；其次是脂肪烃，分别为 36%和 29%。芳烃主要为单环芳烃，而脂肪烃主要为环烯烃和一小部分稳定性较差的直链烃。此外，温度对裂解油中元素含量有显著影响。随着裂解温度的升高，C 元素含量逐渐增加，而 H 元素含量逐渐减少，相应的 C/H 比逐渐增加，反映出二次裂解反应的深化与温度密切相关。

参考文献

[1] Tan V, De Girolamo A, Hosseini T, et al. Secondary reactions of volatiles upon the influences of particle temperature discrepancy and gas environment during the pyrolysis of scrap tyre chips [J]. Fuel, 2020, 259: 116291.

[2] Arabiourrutia M, Lopez G, Elordi G, et al. Product distribution obtained in the pyrolysis of tyres in a conical spouted bed reactor [J]. Chemical Engineering Science, 2007, 62 (18-20): 5271-5275.

[3] Wu Q, Leng S, Zhang Q, et al. Resource and environmental assessment of pyrolysis-based high-value utilization of waste passenger tires [J]. Waste Management, 2021, 126: 201-208.

[4] 何兰珍，刘毅，陈冰. 天然橡胶改性的研究 [J]. 湛江师范学院学报，2002 (6): 46-49.

[5] 李锦山，黄强，赵玉中. 溶聚丁苯橡胶技术现状及发展建议 [J]. 弹性体，2007 (4): 69-73.

[6] 石磊. 不同微观结构溶聚丁苯橡胶性能分析与研究 [J]. 橡塑资源利用，2009 (5): 1-5.

[7] Deng S, Xu W, Zhang J, et al. Tunable mechanical properties of vulcanized styrene-butadiene rubber via regulating cross-linked molecular network structures [J]. Molecular Simulation, 2023, 49 (1): 133-140.

[8] 王象民. 丁苯橡胶的苯乙烯和乙烯基含量：SSBR/NR并用胶中炭黑的分散及相间分布 [J]. 橡胶参考资料，2013, 43 (1): 45-50.

[9] 张萍，邓涛，郝建港，等. 溶聚丁苯橡胶SSBR2305的结构与性能 [J]. 合成橡胶工业，2002, 25 (3): 136-139.

[10] 于明瑞. 聚丁二烯橡胶生产技术进展 [J]. 当代化工，2007, 36 (4): 4.

[11] 张晓琳，李建军. 顺丁橡胶生产工艺及展望 [J]. 化学工程师，2001 (2): 28-29.

[12] Ahmad N, Abnisa F, Wan Daud W M A. Liquefaction of natural rubber to liquid fuels via hydrous pyrolysis [J]. Fuel, 2018, 218: 227-235.

[13] Miranda M, Pinto F, Gulyurtlu I, et al. Pyrolysis of rubber tyre wastes: A kinetic study [J]. Fuel, 2013, 103: 542-552.

[14] Chen J, Mu L, Jiang B, et al. TG/DSC-FTIR and Py-GC investigation on pyrolysis characteristics of petrochemical wastewater sludge [J]. Bioresource Technology, 2015, 192: 1-10.

[15] Danon B, Görgens J. Determining rubber composition of waste tyres using devolatilisation kinetics [J]. Thermochimica Acta, 2015, 621: 56-60.

[16] Chen F, Qian J. Studies on the thermal degradation of *cis*-1, 4-polyisoprene [J]. Fuel, 2002, 81 (16): 2071-2077.

[17] Grieco E, Bernardi M, Baldi G. Styrene-butadiene rubber pyrolysis: Products, kinetics, modelling [J]. Journal of Analytical and Applied Pyrolysis, 2008, 82 (2): 304-311.

[18] 严建华，高雅丽，池涌，等. 废轮胎热解石脑油馏分的组成分析 [J]. 燃料化学学报，2004, 32 (2): 165-70.

[19] Wadrzyk M, Janus R, Rzadzik B, et al. Pyrolysis oil from scrap tires as a source of fuel components: Manufacturing, fractionation, and characterization [J]. Energy & Fuels, 2020, 34 (5): 5917-5928.

[20] 上海化学工业专科学校. 石油化工工艺 [M]. 上海：上海科学技术出版社，1978.

第5章

废轮胎裂解机理及其动力学

轮胎橡胶组分的裂解机理一直是研究废轮胎橡胶回收利用的关键核心问题，针对轮胎橡胶组分已经提出了许多裂解机理。Adrian 等人[1] 在 1998 年提出了一种轮胎橡胶热裂解机理，他们利用裂解实验分析了 NR 的简单裂解机理。Choi 等人[2] 基于自由基反应理论，提出了 BR 裂解的简单反应路径。Ding 等人[3] 在 Adrian 的理论基础上，通过裂解实验研究了 D-柠檬烯单体的反应路径。Xu 等人[4] 在他们的热裂解实验中，论证了 NR、BR 和丁苯橡胶（SBR）的裂解机理；Xu 等人[5] 在报道中阐述了 D-柠檬烯的反应路径，而且与 Adrian 等人提出的机理在一定程度上具有相似性。Tang 等人[6] 综合 NR、SBR 和 BR 三种橡胶的裂解机理，建立了自行车轮胎的裂解机理。为了深入了解轮胎橡胶在热裂解中的行为，研究者们已经做了大量的热裂解实验，也相应地提出了各自的轮胎橡胶裂解机制[7-9]。总体来说，这些研究提供了许多关于橡胶裂解机理的基础理论。然而，这些研究几乎都是针对特定的单一组分橡胶进行的，这与实际轮胎橡胶的分解过程存在差异。因此，这些研究对复杂的轮胎裂解过程没有一个清晰的总体认识，也没有讨论轮胎中不同橡胶之间的相互作用和影响。迄今为止，对轮胎橡胶的裂解行为，特别是复杂裂解产物在裂解过程中的行为还没有一个完整的描述。本章结合单一组分橡胶的裂解过程，对轮胎橡胶的热裂解过程进行了综合分析；对轮胎橡胶的裂解产物分布和裂解机理进行了深入探究，建立了完整的轮胎橡胶裂解机理网络。

5.1 轮胎橡胶裂解反应行为

5.1.1 轮胎橡胶裂解本征反应条件

在裂解过程中，热量从高温区（热源）传递到低温区（样品内部）；同时，裂解产生的挥发性产物从样品的内部迁移到颗粒表面并扩散到气流中。在此过程中，裂解条件（如颗粒粒径、加热速度和载气流速）会对轮胎裂解过程产生极大影响，尤其是产物组分和裂解机理[10-12]。为了消除内外扩散和传热对轮胎橡胶裂解过程的影响，确定热裂解研究的本征动力学条件，实验中首先通过 TGA 分析气体流速对裂解的影响，然后借用 Paulsen 等人[13] 提出的反应-热转换图来探索适当的实验条件，消除内部质量扩散和热传递控制的影响，保证裂解实验在本征动力学状态下进行。实验过程中，根据无量纲裂解数（Py）和 Biot 数

(Bi)的取值，将反应-热转换图划分为 4 个区域：动力学控制区（等温）、热传导控制区、热对流控制区和动力学控制区（非等温）。Py_{I} 是反应与传导时间尺度的比值，Py_{II} 为反应与对流时间尺度之比，Bi 为传导与对流时间尺度之比。这三个无量纲数可以表示如下：

$$Py_{\mathrm{I}}=\frac{\lambda}{\rho C_p r^2 k} \tag{5-1}$$

$$Py_{\mathrm{II}}=\frac{h}{\rho C_p r k} \tag{5-2}$$

$$Bi=\frac{hr}{\lambda} \tag{5-3}$$

式中 λ——轮胎橡胶颗粒内部的热导率；

ρ——轮胎橡胶颗粒的密度；

C_p——轮胎橡胶颗粒的定压比热容；

r——轮胎橡胶颗粒的粒径；

k——动力学常数；

h——热源表面与轮胎颗粒之间的传热系数。

在这里，借鉴 Kerschbaumer[14]、Liu[15] 和 Menares 等人[16] 的研究，分别对 h、λ、C_p 和 ρ 进行了合理的估计。根据他们的工作，h、λ、C_p 和 ρ 的值分别为 1000W/(m^2·K)、0.3W/(m·K)、1417J/(kg·K) 和 526kg/m^3。r 为样品颗粒粒径，来自测量值。动力学常数（k）的取值来自迭代算法。首先，k_1 是动力学常数 k 的初值，可以根据实验结果经合理假设得到。然后，将基于 k_1 在动力学控制区（等温）计算的平均值 k_2 代入方程 $|k_2-k_1|/k_1$。重复前面的迭代步骤，直到方程的值≤1%，最后一次迭代得到的最终值则为 k 的真实值。载气流量和反应-热转换图的实验结果如图 5-1 所示。

如图 5-1 (a) 所示，在 20～100mL/min 的载气流量范围内，TG 曲线的变化规律基本一致，并且失重曲线基本重合，说明在该流量范围内，颗粒与流体主相之间的物质扩散对裂解过程没有产生影响。利用图 5-1 (b) 的裂解反应-热转换图，可以获得不受橡胶颗粒内部传质控制和反应热传递控制的热裂解反应条件。因此，选定气体流量约为 40mL/min、裂解

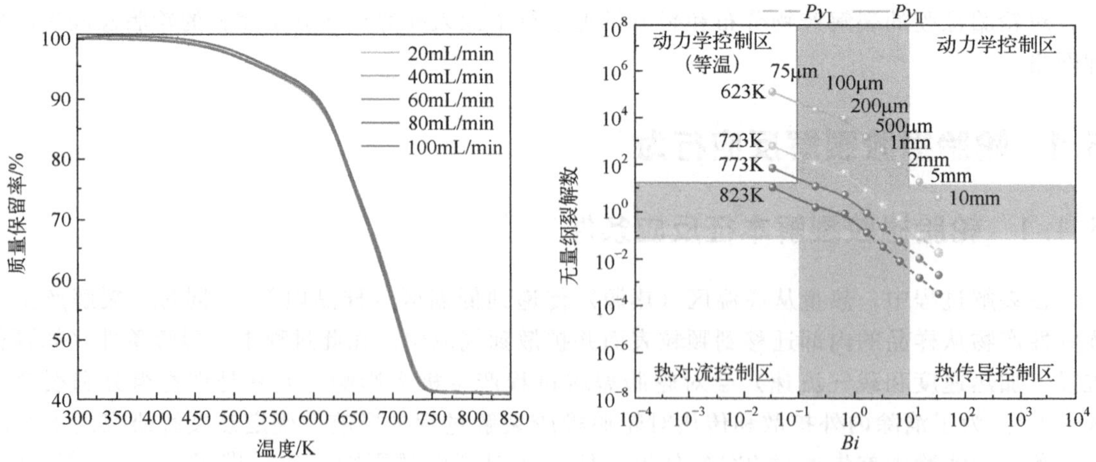

（a）气体流动对扩散的影响　　（b）轮胎橡胶裂解反应-热转换图

图 5-1　动力学控制区域实验条件探究

温度低于 773K、样品粒径小于 75μm 的反应条件作为开展机理研究的条件。在此条件下，轮胎橡胶的裂解过程处于本征动力学控制范围。

5.1.2　轮胎橡胶裂解过程

为了深入分析轮胎橡胶的热裂解行为，首先借助热重分析仪（TG 209 Libra，Natch，德国）初步了解轮胎橡胶的裂解过程。实验中，将约 15.0mg 的 75μm 样品放置在氧化铝（Al_2O_3）坩埚中，在无氧环境中，以 5K/min 的升温速率将样品从 300K 加热到 900K。采用高纯度 N_2（99.999%）作为载气，流量设为 40mL/min。在此基础上，借用 TG-MS 技术，对轮胎橡胶进行了分步裂解实验。该实验可以通过逐步裂解的方式提高信噪比，放大轮胎橡胶的裂解行为，从而更好地分析轮胎裂解过程和识别裂解产物。实验中，温度呈阶梯式上升，每个阶段停留时间约为 20min。每次实验前，用空白坩埚在相同条件下进行空白测试，以获得消除系统误差的基线。实验结果如图 5-2 所示。

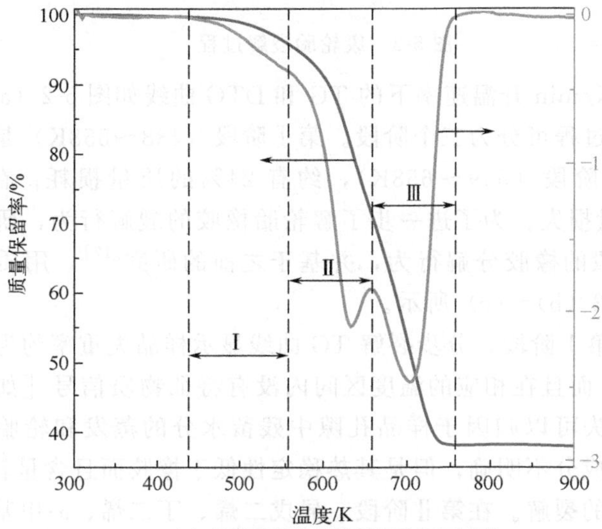

（a）轮胎橡胶的热裂解TG和DTG曲线

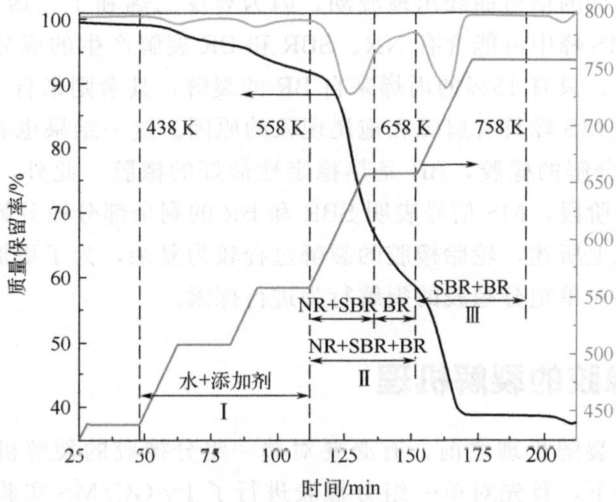

（b）轮胎橡胶分步裂解TG、DTG曲线

图 5-2

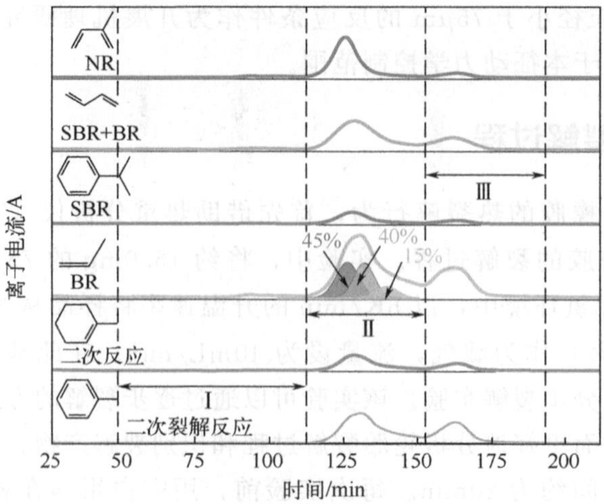

（c）橡胶单体在TGA实验中的MS曲线

彩图 5-2

图 5-2　废轮胎裂解过程

轮胎橡胶颗粒在 5K/min 升温速率下的 TG 和 DTG 曲线如图 5-2（a）所示。DTG 曲线表明，轮胎橡胶的分解过程可分为三个阶段。第Ⅰ阶段（438～558K）是初始裂解阶段，失重率约为 4%；在第Ⅱ阶段（559～658K），约有 24%的质量损耗；在最后阶段（659～758K）约有 33%的质量损失。为了进一步了解轮胎橡胶的裂解行为，研究中采用分步裂解 TG 实验，探究各个阶段的橡胶分解行为，并基于之前的研究[17]，用质谱检测追踪特征物质的信号，结果如图 5-2（b）～（c）所示。

由图 5-2 可知，在第Ⅰ阶段，分步裂解 TG 曲线显示样品失重率约为 6.08%，这远大于其本身的水分含量[18]，而且在相应的温度区间内没有特征物质信号［如图 5-2（c）所示］，因此，此阶段的重量损失可以归因于样品孔隙中残留水分的蒸发和轮胎中某些添加剂的裂解。虽然这些添加剂的成分不明确，但是其热稳定性低于橡胶而且含量较低，因此，该裂解过程并不影响橡胶组分的裂解。在第Ⅱ阶段，异戊二烯、丁二烯、α-甲基苯乙烯和丙烯的质谱信号表明，在 558～658K 温度段，绝大多数 NR、约 75% SBR 和约 35% BR 参与了裂解过程。另外，此阶段丙烯的信号曲线出现波动，因为异戊二烯和丁二烯分解都可生成丙烯，说明这一阶段的丙烯 MS 峰中可能含有 NR、SBR 和 BR 裂解产生的成分。通过对丙烯信号拟合发现，在这一阶段，只有 15%的丙烯来自 BR 的裂解，其余则来自 NR 和 SBR 的裂解，这也很好地解释了丙烯 MS 峰具有肩峰和拖尾现象的原因。这一结果也表明，在轮胎橡胶裂解过程中，NR 是最先分解的橡胶，BR 是热稳定性最好的橡胶；此外，裂解产物之间也发生了二次反应。在最后阶段，MS 信号表明 SBR 和 BR 的剩余部分被分解，而产物发生了剧烈的二次裂解反应。综上所述，轮胎橡胶的裂解过程较为复杂，为了更加清晰地说明轮胎橡胶裂解机理，首先需要对单组分橡胶的裂解行为进行探索。

5.2　单一组分橡胶的裂解机理

在研究轮胎橡胶的裂解机理之前，有必要对单一组分橡胶的裂解机理做深入了解。因此，在本征动力学条件下，首先对单一组分橡胶进行了 Py-GC/MS 实验，以分析其裂解产物的成分，结果如图 5-3 所示。

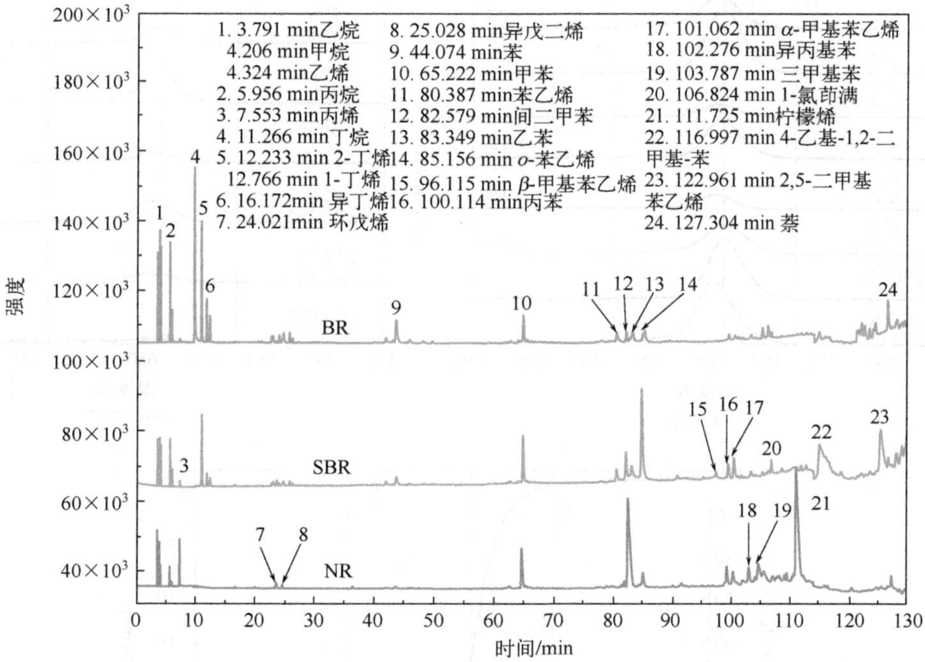

图 5-3　单一组分橡胶（NR、SBR、BR）在 773K 下的裂解产品色谱图

由图 5-3 可知，裂解产物主要由链烯烃、环烯烃和单环芳烃组成。BR 裂解产物以烯烃为主，甲烷、乙烷、丙烷、丁烷、乙烯、丙烯、丁二烯、2-丁烯和异戊二烯等小分子链烃占据产物的绝大部分。在 NR 的裂解产物中，上述链烃相对含量有所减少，而环烯烃（柠檬烯）和芳烃（甲苯和间二甲苯）占据产物的绝大部分。SBR 裂解产物则以丁二烯、甲苯、二甲苯为主。上述色谱结果说明，即使在相同的裂解条件下，三种单一组分橡胶的产物组分也会相差较大。在轮胎橡胶裂解过程中，不同橡胶组分之间可能存在相互作用和影响，因此需要建立三种单一组分橡胶的裂解机理，以帮助理解成分更加复杂的轮胎橡胶的裂解过程。

5.2.1　NR 裂解机理

采用热重-质谱联用技术对轮胎橡胶的裂解机理进行了研究。所有的实验都在惰性气氛中进行，裂解温度从 300K 以 5K/min 的加热速率升至 870K。结合 Py-GC/MS 的结果和之前的报告[17,18]，对一些裂解产物和中间体进行了检测，结果如图 5-4 所示。

图 5-4 (a)～(b) 为 NR 橡胶裂解过程中特征物质的追踪信号。为了便于比较，根据 NR 裂解 DTG 曲线，在 MS 信号曲线上添加 3 条垂直虚线分别表示裂解起始温度（T_s）、裂解结束温度（T_e）和最大失重峰温度（T_m）。结合 DTG 曲线和 MS 信号峰可以发现，NR 在 630K 时发生了剧烈的分解，但是，这些产物或中间产物并不是出现在同一个温度下。这里可以认为在低温下出现的一些产物或中间物质要比在高温下出现的物质在裂解过程中产生得更早一些。此外，具有相同碳结构和官能团的碳氢化合物可以直接归于同一来源。根据这两个原理，NR 的热分解可以用一些自由基反应和随后的脱氢、Diels-Alder、芳香化和烷基化等反应来描述。

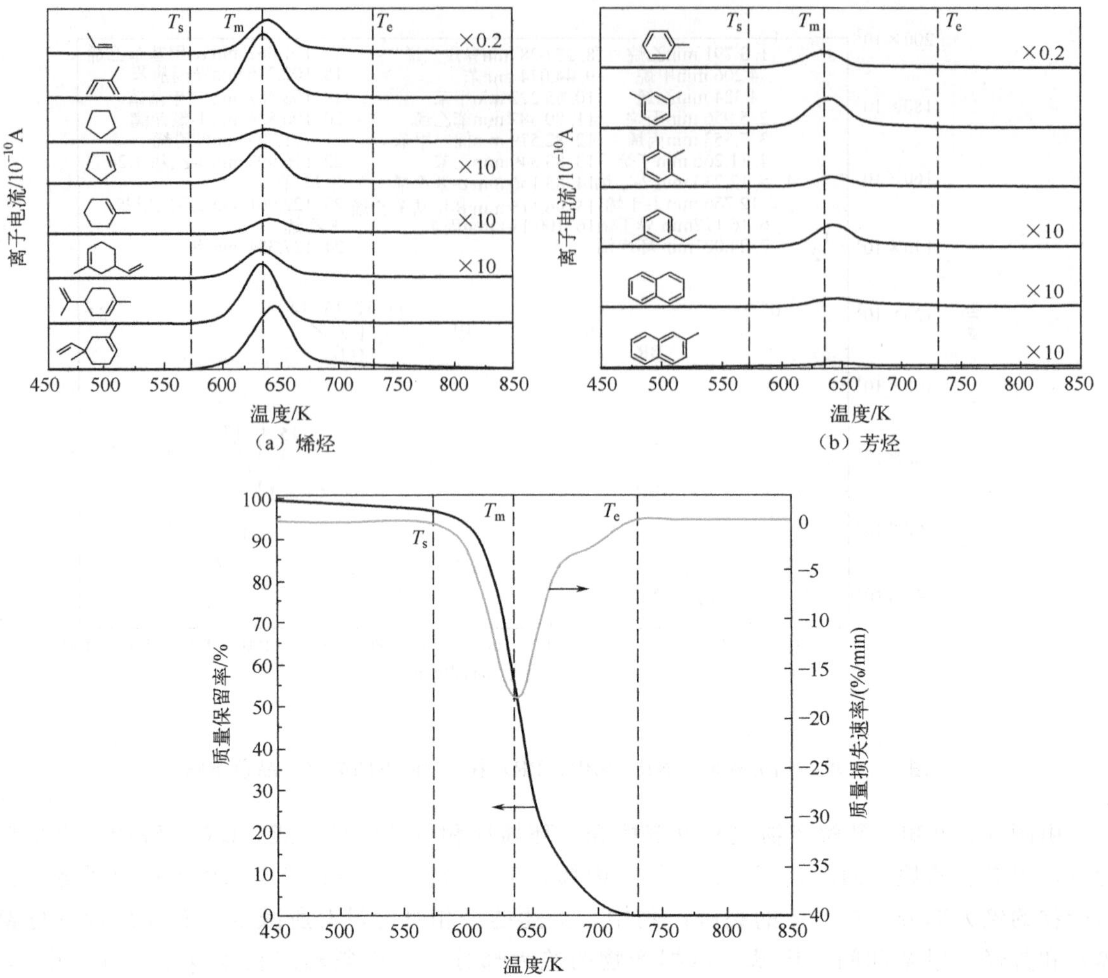

(a) 烯烃

(b) 芳烃

(c) 热重曲线

图 5-4　NR 主要裂解产物 TG-MS 检测结果

由图 5-4 可知，对于这些烯烃［图 5-4（a）］，柠檬烯和异戊二烯主要形成于 T_m，而丙烯和甲基环己烯则要在更高的温度下才能产生；对于这些芳烃［图 5-4（b）］，大部分产物都是在 T_m 后生成的，这意味着这些芳烃主要来自二次反应（烯烃的环化和芳构化）。因此，根据 TG-MS 检测结果，可以绘制出 NR 裂解机理网络图，如图 5-5 所示。机理网络图中不同宽度的线表示反应路径所占的不同比例；线越粗，表示裂解过程中这条反应路径发生的比例越高。NR 的初始裂解过程主要是顺 1,4-聚异戊二烯双键之间的 β 键先发生断裂，随后生成烯丙基，然后这些自由基会进一步转化为短链烯烃（乙烯、丙烯和异戊二烯）和环烯烃（柠檬烯）。其中，柠檬烯的形成有两条途径：烯丙基经分子内环化形成柠檬烯；异戊二烯分子之间通过 Diels-Alder 反应生成柠檬烯。随着温度升高，柠檬烯开始通过烷基转移和分子内结构重组转化为不稳定中间体。同时，低温下生成的链烯烃会转化为环烯烃（环戊烯和甲基环己烯）。在此之后，柠檬烯生成的不稳定中间体会转化为 3-乙基甲苯和三甲苯，三甲苯可以进一步形成甲苯和二甲苯。而那些不稳定的环烷烃和环烯烃还可以通过脱氢进一步生成芳烃。此外，甲苯和三甲苯等芳烃在高温下可发生歧化反应生成二甲苯。

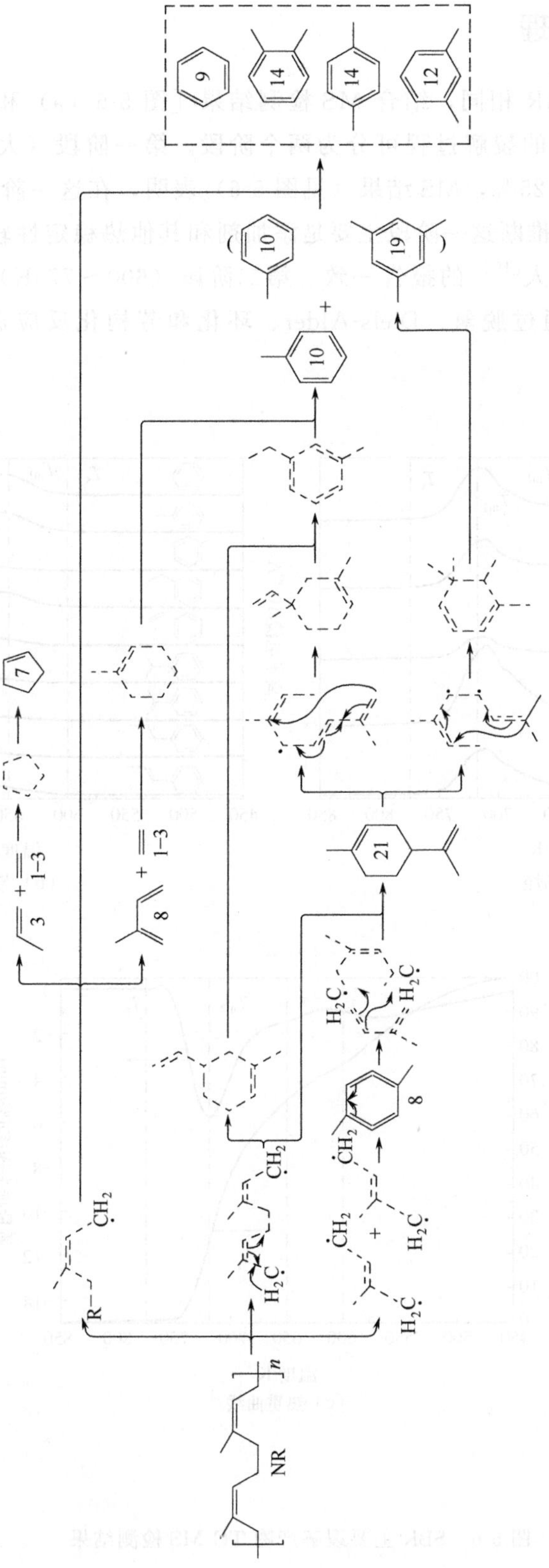

图 5-5　NR 裂解机理网络图

5.2.2 SBR裂解机理

SBR的实验条件与NR相同，结合MS检测结果［图5-6（a）和（b）］和DTG曲线［图5-6（c）］可知，SBR的裂解过程可分为两个阶段。第一阶段（大约从456K到600K）是初始裂解阶段，失重约25%，MS结果（见图5-6）表明，在这一阶段没有生成任何产物或中间物质。因此，可以推断这一阶段主要是添加剂和其他热稳定性较差组分的裂解过程，这与Fernández-Berridi等人[19]的报告一致。第二阶段（600～775K），聚合物（SBR）被大幅度分解，中间产物通过脱氢、Diels-Alder、环化和芳构化反应进一步转化为烯烃和芳烃。

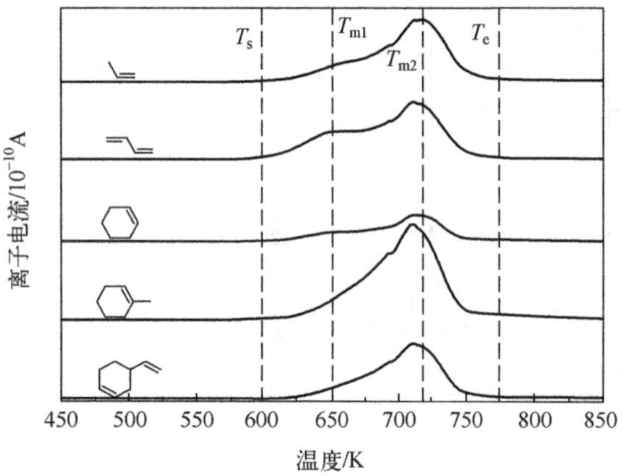

（a）烯烃

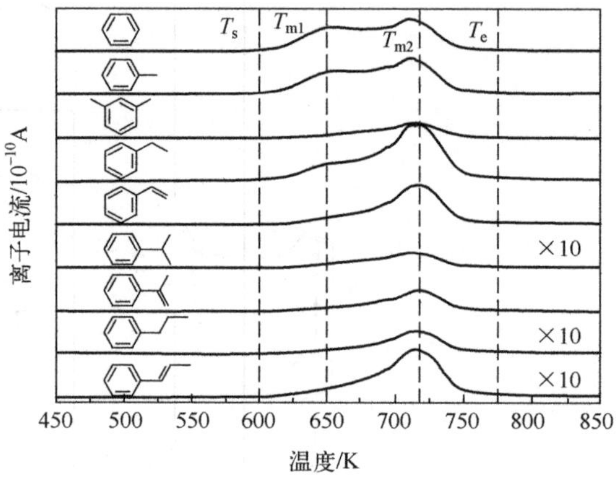

（b）芳烃

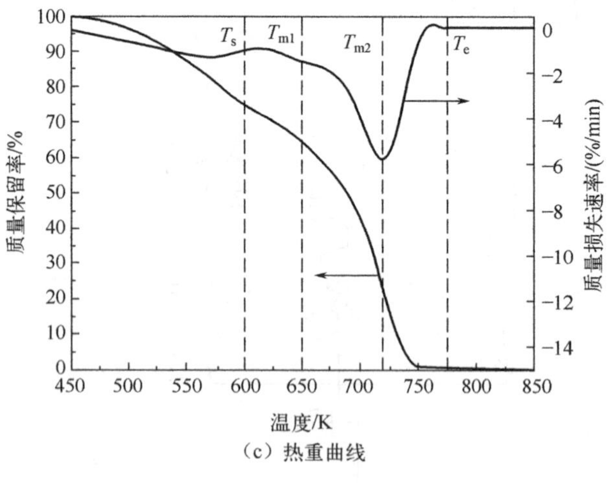

（c）热重曲线

图5-6 SBR主要裂解产物TG-MS检测结果

为了更好地理解SBR裂解过程的第二阶段，在DTG曲线上增添了4条垂直虚线，分别代表裂解开始温度（T_s）、裂解结束温度（T_e）和两个最大失重峰温度（T_{m1} 和 T_{m2}）。由图可知，裂解过程中产生的这些链烯烃和环烯烃主要在 T_{m2} 温度下形成［如图 5-6（a)］，只有一定数量的丁烯在 T_{m1} 产生。说明中间体产生链烯烃的温度相对较低，而环状烯烃的形成需要较高的温度。对于这些芳烃［图 5-6（b)］：苯乙烯、乙苯和 α-甲基苯乙烯主要产自 T_{m2}，这意味着这些芳烃主要来自二次反应（烯烃的环化和芳构化）。

因此，SBR 的初始裂解过程主要是聚合物（SBR）裂解生成 2-丁烯基自由基和异丙烯苯自由基的过程。随着温度的升高，异丙烯苯自由基断键生成苯乙烯和少量异丙烯；同时 2-丁烯基自由基也会经过断键和脱氢反应生成短链烯烃（丁二烯、乙烯和丙烯），这些短链烯烃通过 Diels-Alder 反应生成的环烯烃；而苯乙烯则会转化为乙苯。先前反应生成的环烯烃会通过芳构化和烷基化反应转化为芳香族化合物（苯、苯乙烯和甲苯）。此外，残余的聚丁二烯则会被解聚形成短链烯烃，并进一步转化为芳香族化合物，如图 5-7 所示。

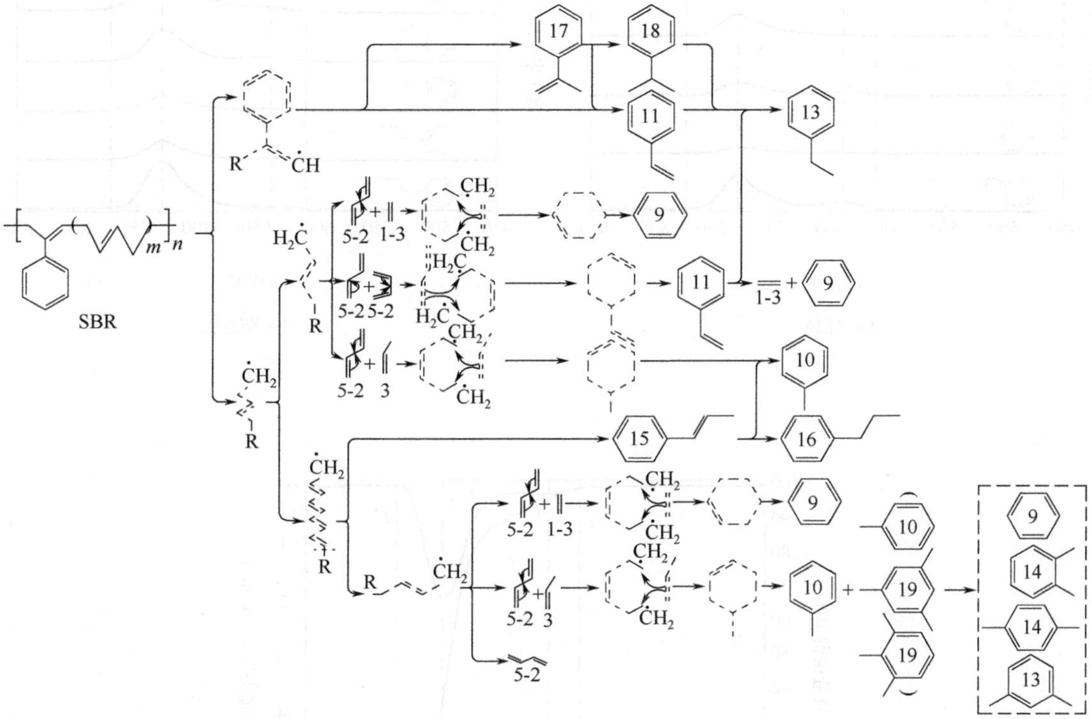

图 5-7 SBR 裂解机理网络图

5.2.3 BR 裂解机理

BR 在与 NR 和 SBR 相同的条件下进行裂解，MS 检测信号和 TG 实验结果如图 5-8 所示。由图可知，BR 裂解产物中烯烃和芳烃的温度均高于 NR 和 SBR，且部分产物的变化趋势与 SBR 相同。为了便于分析 BR 的裂解机理，在 DTG 曲线上增添了 4 条垂直虚线，分别代表裂解开始温度（T_s）、裂解结束温度（T_e）和两个最大失重峰温度（T_{m1} 和 T_{m2}）。由图可知，产物中这些烯烃［图 5-8（a）］、链烯烃和环烯烃主要在 T_{m2} 下形成，只有少部分的丁烯在 T_{m1} 产生。这说明中间体在较低温度下就可以形成链烯烃，而环状烯烃的形成需要较高的温度。对于产物中的芳烃［见图 5-8（b）］，苯乙烯、乙苯、α-甲基苯乙烯和二甲苯主要产自 T_{m2} 温度，这意味着这些芳烃主要来自二次反应中的烯烃的环化和芳构化。与 SBR 的裂解过程相似，BR 的分解机理也是自由基反应。高温下，BR 首先解聚生成 2-丁烯基自由基，然后经过脱氢、Diels-Alder、环化和芳构化等反应，最终转化为苯、甲苯、二甲苯和苯乙烯，如图 5-9 所示。

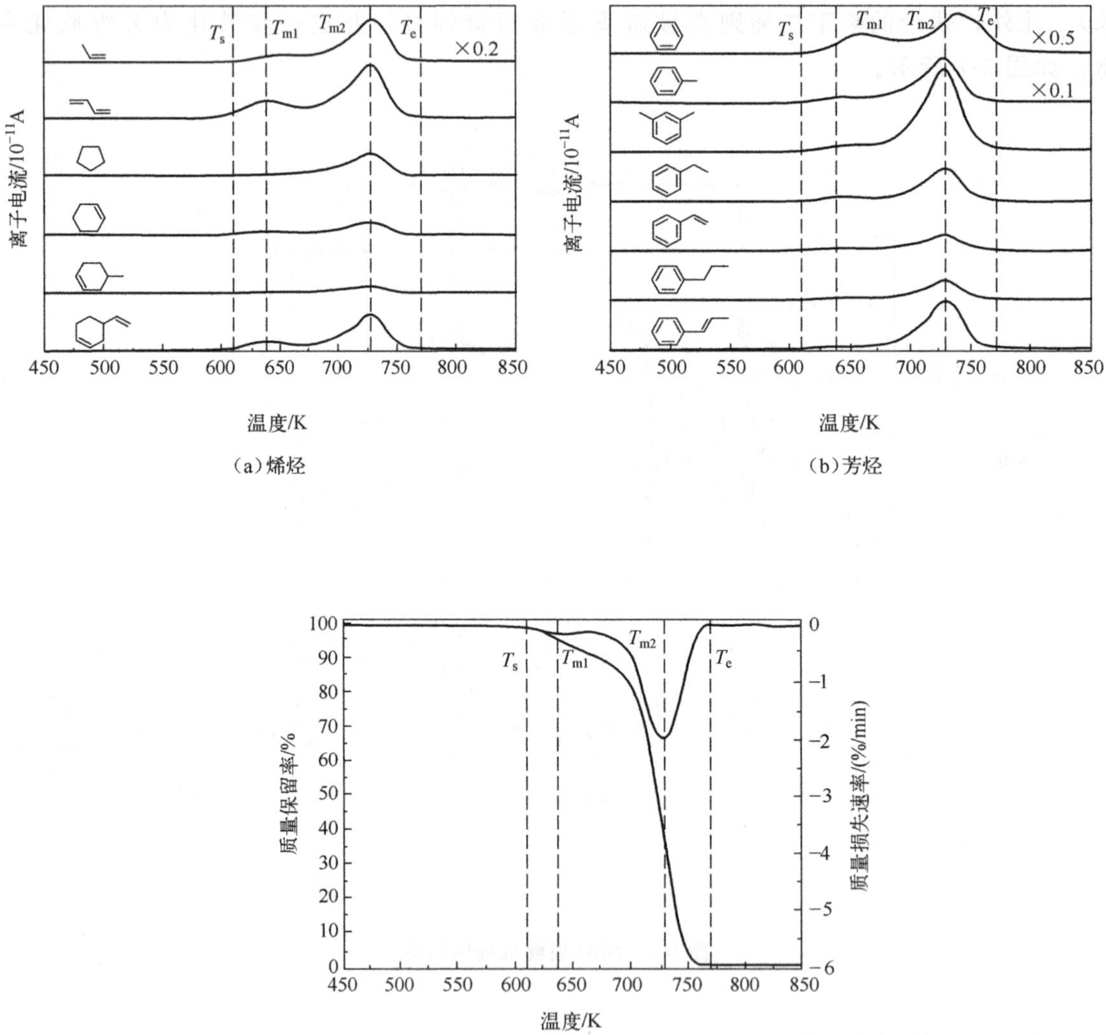

（a）烯烃　（b）芳烃

（c）热重曲线

图 5-8　BR 主要裂解产物 TG-MS 检测结果

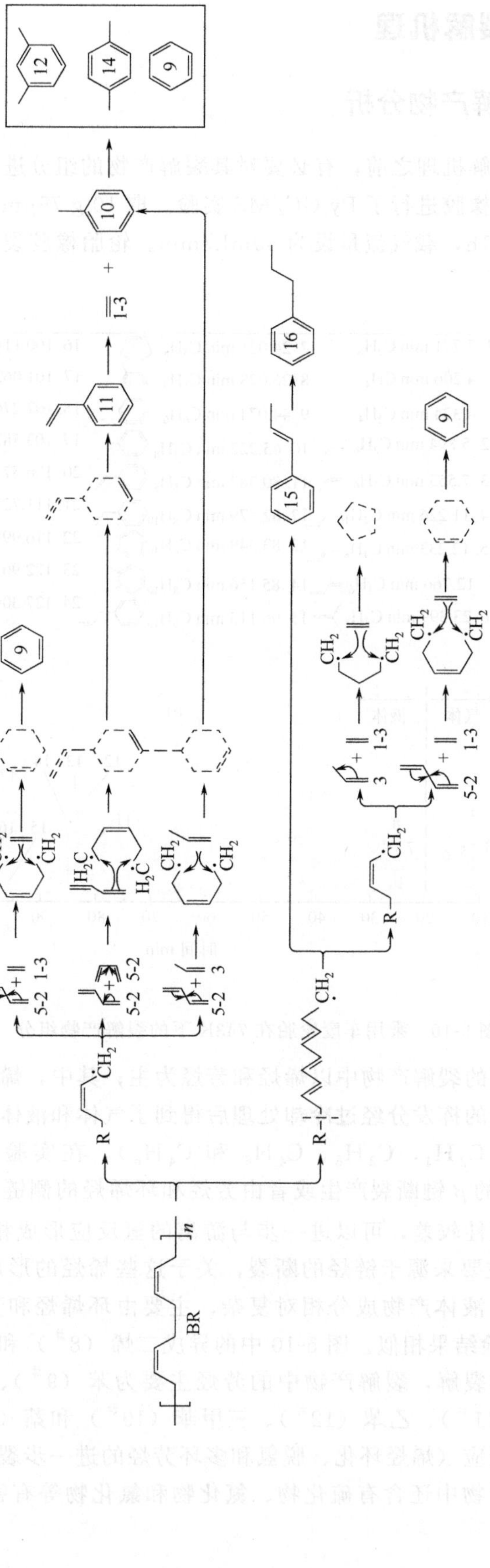

图 5-9　BR 裂解机理网络图

5.3 轮胎橡胶的裂解机理

5.3.1 轮胎橡胶裂解产物分析

在建立轮胎橡胶的裂解机理之前，有必要对其裂解产物的组分进行深入分析。因此，在本征动力学条件下对轮胎橡胶进行了 Py-GC/MS 实验。取 10 g 75μm 样品颗粒于 N_2 气氛中在恒温 743K 条件下裂解 1h，载气流量设为 40mL/min。轮胎橡胶裂解产物的 GC/MS 分析结果如图 5-10 所示。

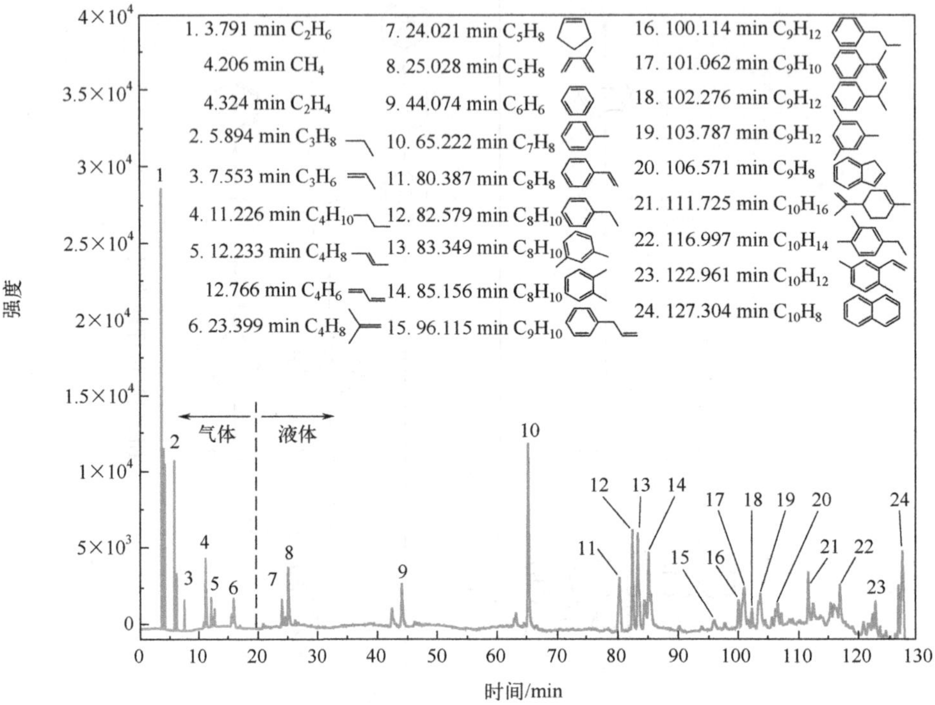

图 5-10 乘用车废轮胎在 743K 下的裂解产物组分

由图可知，轮胎橡胶的裂解产物中以烯烃和芳烃为主；其中，烯烃多为短链烃，而芳烃多为单环芳烃。裂解产生的挥发分经过冷却处理后得到了气体和液体产品。气体产物包括烷烃（$C_1 \sim C_3$）和烯烃（C_2H_4、C_3H_6、C_4H_8 和 C_4H_6）。在实验中发现产物中的烯烃（$<C_3$）主要是由链烯烃的 β 键断裂产生或者由芳烃和环烯烃的侧链断裂生成。然而，气体产物中的这些烯烃热稳定性较差，可以进一步与游离的氢反应形成相应的饱和烃[17]。气体中其他烯烃（C≥3）则主要来源于链烃的断裂，关于这些烯烃的形成路径后续将会作详细说明。不同于气体产物，液体产物成分相对复杂，主要由环烯烃和芳烃组成，这一现象与 Ayanoğlu 等人[20] 的实验结果相似。图 5-10 中的异戊二烯（8#）和柠檬烯（21#）主要来自轮胎橡胶中 NR 组分的裂解，裂解产物中的芳烃主要为苯（9#）、甲苯（10#）、二甲苯（13#、14#）、苯乙烯（11#）、乙苯（12#）、三甲苯（19#）和萘（24#）等。以往的报道将这些芳烃归结为二次反应（烯烃环化、脱氢和多环芳烃的进一步裂解）的产物。另外，在之前的报道中提及裂解产物中还含有硫化物、氮化物和氯化物等有害化合物[21-23]，在研究

中没有检测到这些化合物，即这些化合物的浓度低于检测下限，因此，这些物质的存在不会对轮胎橡胶的裂解机理研究造成影响。经过对比三种单一组分橡胶（NR、SBR 和 BR）与轮胎橡胶裂解产物的结果可知：单一组分橡胶的裂解产物中烯烃含量较高，而且产物中 BTX 含量相差较大；BR 产物中气体组分含量较高；SBR 的裂解产物中二甲苯和甲苯的产率最高。这一结果有助于轮胎橡胶裂解机理网络的建立。

5.3.2 轮胎橡胶裂解路径网络

与建立三种单一组分橡胶的裂解机理类似，首先利用 TG-MS 联用技术，对轮胎橡胶裂解产物中的主要物质进行了信号追踪。图 5-11 为轮胎橡胶裂解产物中主要组分和中间物质的 MS 检测结果。为了便于比较，根据轮胎橡胶的 TG 和 DTG 曲线［图 5-2（a）］，在 MS 图中添加了四条垂直虚线，分别表示裂解起始温度（T_s）、裂解结束温度（T_e）和两个最大失重峰温度（T_{m1} 和 T_{m2}）。由图 5-11（a）可知，烯烃、柠檬烯、异戊二烯和异丁烯主要形成于 T_{m1} 温度，而丙烯、丁二烯、环己烯和甲基环己烯主要生成于 T_{m2}。乙烯是在超过 T_{m1} 的温度下获得的，这表明乙烯是由轮胎和其他裂解产物的二次反应产生的。大多数芳香族产物［图 5-11（b）］主要产生于 T_{m2}，说明这些芳香族产物主要来自二次反应（烯烃的环化和芳构化）。图 5-12 是基于轮胎橡胶 TG-MS 检测结果和三种单一橡胶裂解机理建立的轮胎橡胶的裂解机理图。机理图中用不同宽度的线表示轮胎裂解反应路径；图中线越粗，表示裂解过程该反应路径发生的概率越大。此外，该裂解机理图还考虑了轮胎橡胶的裂解温度，这不仅有助于了解这些反应的难度，而且有助于明确裂解过程中的反应顺序。

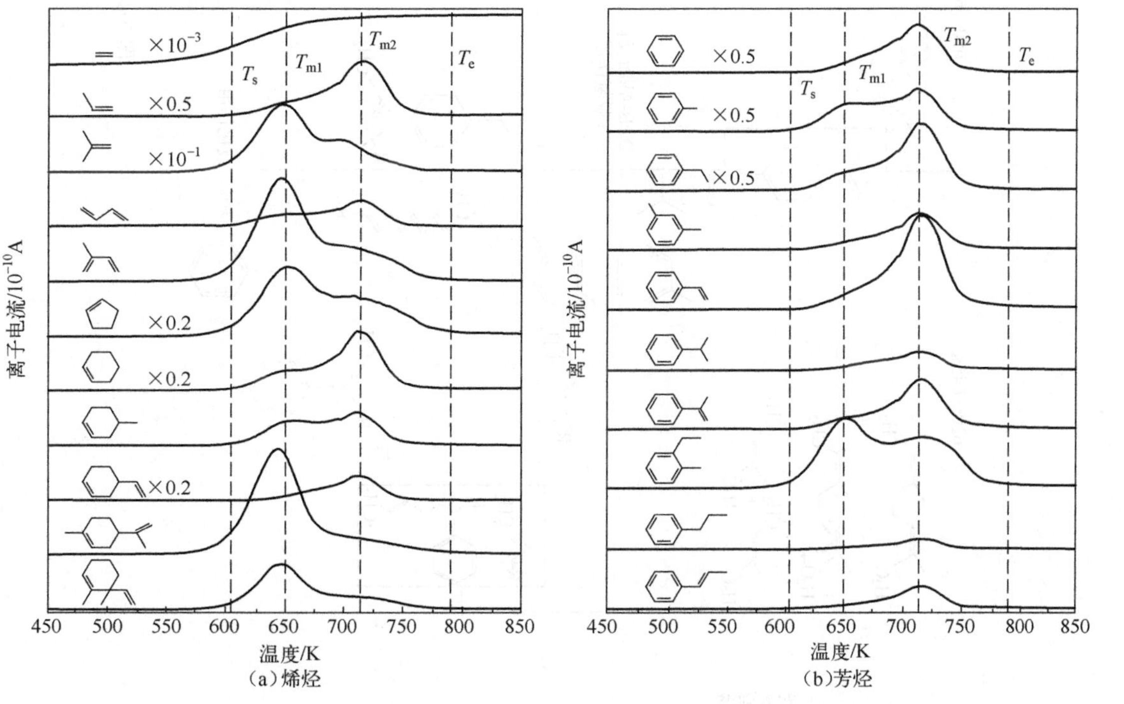

图 5-11 轮胎橡胶裂解产物中主要组分和中间物质的 TG-MS 检测结果

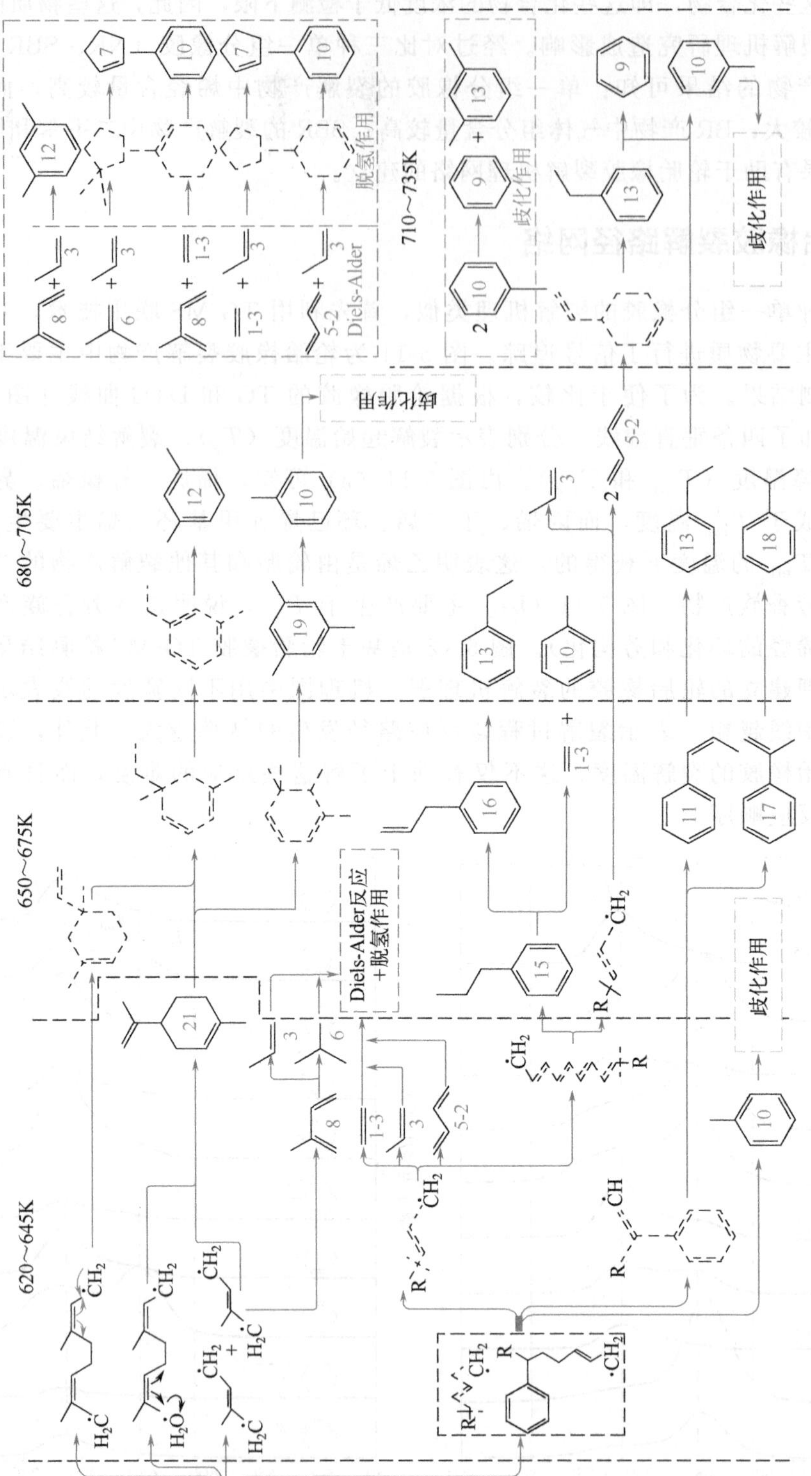

图 5-12 轮胎橡胶裂解机理图

轮胎橡胶是三种橡胶（NR、SBR 和 BR）的混合体，因此，轮胎橡胶的裂解机理与三种单一组分橡胶裂解机理具有一定的相似性。首先，在低温（620～645K）区域，轮胎橡胶经过解聚、断键和环化等反应产生自由基，随后在化合物的解聚、断键过程中产生大量小分子链烯烃（乙烯、丙烯、丁二烯、异戊二烯）。长链烃通过环化反应转化为柠檬烯。另外，异戊二烯分子通过 Diels-Alder 反应也可以生成柠檬烯。此外，在这一阶段还产生了少量的甲苯。图 5-12 中虚线所示的物质在裂解过程中极不稳定，很难在质谱中检测到。随着温度的升高，产物间的反应变得越来越复杂。在 650～675K 温度区间，柠檬烯通过烷基转移和结构重组等反应转化为不稳定中间体。此时，前一阶段生成的链烯烃通过 Diels-Alder 反应转化为环烷烃、烯烃和芳烃。而且环烷烃和烯烃在高温下不稳定，可以通过脱氢反应进一步形成芳烃，如图 5-12 中绿色框所示。此外，产物苯乙烯、α-甲基苯乙烯和异丙基苯的出现表明芳构化反应也发生在这一阶段。当裂解温度进一步升高至约 690K 时，柠檬烯产生的中间产物会转化为 3-甲基乙苯和三甲苯，三甲苯又可进一步形成甲苯和二甲苯。这一阶段的烷基苯主要由相应的烯基苯加氢衍生而来，而这一阶段生成的链烯烃与低温下生成的链烯烃不同，因为前者主要来自 BR 单体的二次反应。最后一阶段（710～735K）所涉及的反应主要是丁二烯裂解产物的后续反应。丁二烯分子之间反应生成环烯烃，环烯烃通过脱氢进一步转化为乙苯，最后通过乙苯的去乙基化和去甲基化分别形成甲苯和苯。此外，甲苯的歧化反应也会在这一阶段产生少量的苯和二甲苯，具体反应如图 5-12 中红色框所示。

虽然根据 TG-MS 实验结果建立了轮胎橡胶裂解的机理网络，但是轮胎的实际裂解是在恒温条件下进行的，而并非本实验研究中所采用的逐渐升温机制。因此，这一机理应在恒定温度下进行验证。为了检验这一机制，使轮胎橡胶颗粒分别在 633K、663K、693K、723K 和 753K 的温度下裂解，借助 Py-GC 联用技术检测轮胎恒温裂解产物的组分，然后用色谱峰的校正归一化峰面积表示各组分的相对含量。此外，在低温下产生的裂解残余在高温下进一步裂解，以消除之前裂解过程的影响，结果如图 5-13 所示。

633K 时轮胎橡胶裂解产物组分主要为链烯烃和环烯烃。产物中柠檬烯（21#）的比例较高，链烯烃的主要成分是异戊二烯（8#），其次是丁二烯（5-2#）、乙烯（1-3#）、丙烯（3#）、异丁烯（6#），这与轮胎裂解机理（图 5-12）中描述的结果一致。当温度升至 663K 时，甲苯（10#）、二甲苯（13# 和 14#）、乙苯（12#）、苯乙烯（11#）和环戊烯（7#）含量都有所增加，而这些物质均来自 Diels-Alder、脱氢和环化反应，这一结果与反应机理图相匹配。在 693K 和 723K 时，裂解产物中主要组分仍为芳烃，这也证实了机理图所示的反应过程，高温有利于芳烃的形成。在 723K 时生成了大量的丁二烯（5-2#），而芳烃含量降低，表明此温度下芳烃开始断键。此外，在 753K 的高温下，得到更多的气态产物（甲烷、乙烷、乙烯和丙烷），芳烃的数量和含量进一步减少，表明在 753K 发生了更加剧烈的芳烃断键反应。此外，该温度下萘的出现说明芳香族裂解和芳构化反应同时发生。这也从侧面说明了，在如此高的温度下，裂解产物/中间体存在一个非常复杂的反应机制，即二次、三次环化和裂解反应同时存在。因此，机理图中没有描述该温度下的反应。综上所述，上述裂解网络图在一定温度范围内可以准确反映轮胎真实的裂解过程。

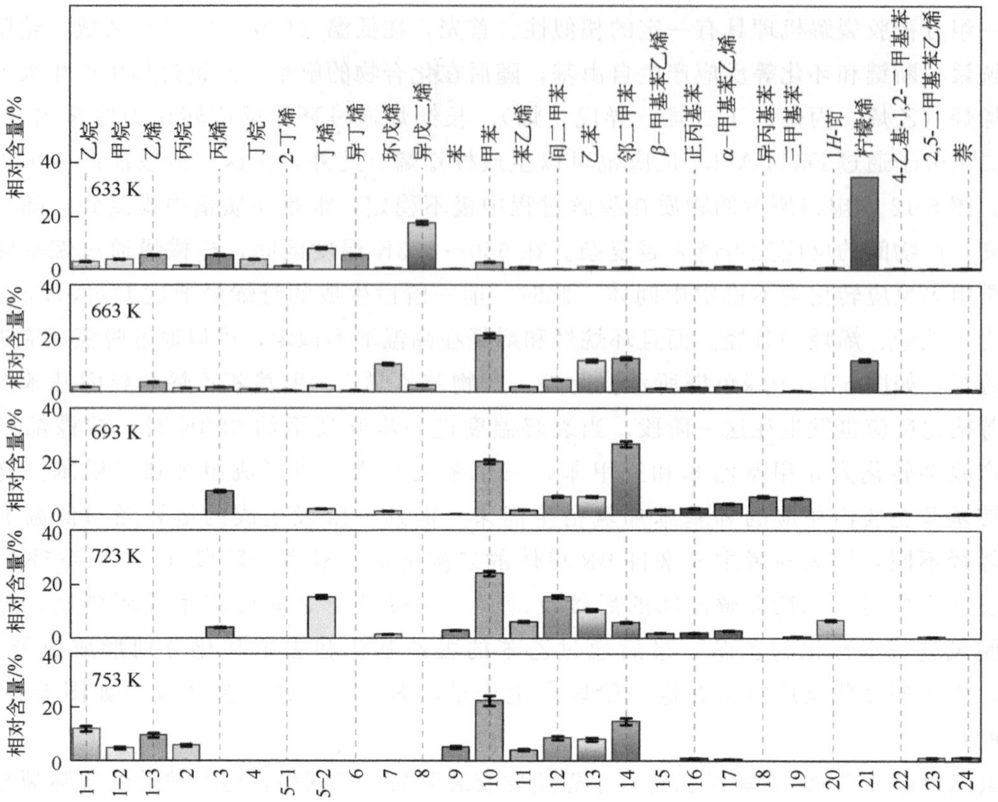

图 5-13　不同温度下裂解产物组分

5.4　轮胎中橡胶组分间的相互作用

为了更好地了解裂解温度对产物的影响，实验中还对不同温度下的一些关键产物进行了 Py-GC 实验，结果如图 5-14 所示。裂解产物中部分烯烃（7# 环戊烯、3# 丙烯和 6# 异丁烯）一直保持较低的含量，这说明裂解温度对这些烯烃的影响较小。相比之下，丁二烯（5-2#）在高温下产量快速增加，当温度达到 760K 时，丁二烯的含量又开始急剧下降。从轮胎橡胶裂解机理网络图（图 5-12）可知，低温区的 Diels-Alder 反应可以消耗大量丁二烯，使得其含量较低。然而，当温度升至 720K 时，BR 的解聚和芳烃的断键产生大量的丁二烯，导致丁二烯的积累量快速增加。当温度超过 750K 时，丁二烯本身开始分解，从而导致其含量又迅速下降。

芳香族化合物［图 5-14（b）］在裂解初始阶段含量较低，裂解温度升高，芳香族化合物含量也随之增加，部分芳烃含量在 730K 时达到峰值；而苯（9#）和萘（24#）的含量仍持续增加。这主要是因为苯是来自芳烃的裂解反应，而萘则是来自芳烃的芳构化反应，这些反应在高温下更容易发生。由图 5-14（b）和（c）可知，柠檬烯含量在约 670K 时达到最大，此后随着裂解温度的升高，柠檬烯含量逐渐减少。这是由于低温有利于链烯烃的环化和异戊二烯的 Diels-Alder 反应的发生，这两种反应也是柠檬烯主要的生成路径。当温度升高时，柠檬烯会转化为芳香族化合物，从而导致其含量减少。另外，异戊二烯含量随温度升高而迅速下降，这是由于在低温时异戊二烯容易转化为柠檬烯，而在高温时其 β 键更易发生断裂生成小分子烯烃，所以在整个裂解阶段，异戊二烯含量一直下降。另外，随着柠檬烯含量的降低，甲苯和二甲苯的含量逐渐增加，说明柠檬烯会转化为这两种芳烃，这与图 5-12 中的反应路线一致。总之，当轮胎橡胶在 730K 左右裂解时，BTX、其他芳烃和丁二烯含量最高，烯烃含量最低。

如前所述，轮胎橡胶是三种橡胶的混合体，且它们的裂解机理有相似之处。因此，有必要将轮胎橡胶与三种单一组分橡胶的裂解机理进行比较。图 5-15 是不同温度下轮胎橡胶（PCWT）和三种单一组分橡胶裂解产物中主要组分的含量变化曲线。

由图 5-15（a）可知，与单一组分橡胶裂解过程相比，轮胎橡胶裂解产生的链烯烃（丙烯、丁二烯和异戊二烯）含量较少，而裂解产生的环戊烯含量较多，尤其是在 700K 的高温下。相比于烯烃，橡胶裂解产生的芳烃种类繁多，并且芳烃含量变化趋势在轮胎橡胶和单一组分橡胶裂解过程中表现有所不同［图 5-15（b）和（c）］，而且轮胎橡胶裂解产生的芳烃如异丙基苯、α-甲基苯乙烯和二甲苯含量均高于单一组分橡胶裂解产生的量。此外，轮胎橡胶在低温下就可以裂解产生大量的芳烃（如异丙烯苯、苯乙烯、乙苯、苯、二甲苯），单一组分橡胶则需要在更高温度下才能获得等量的芳烃。

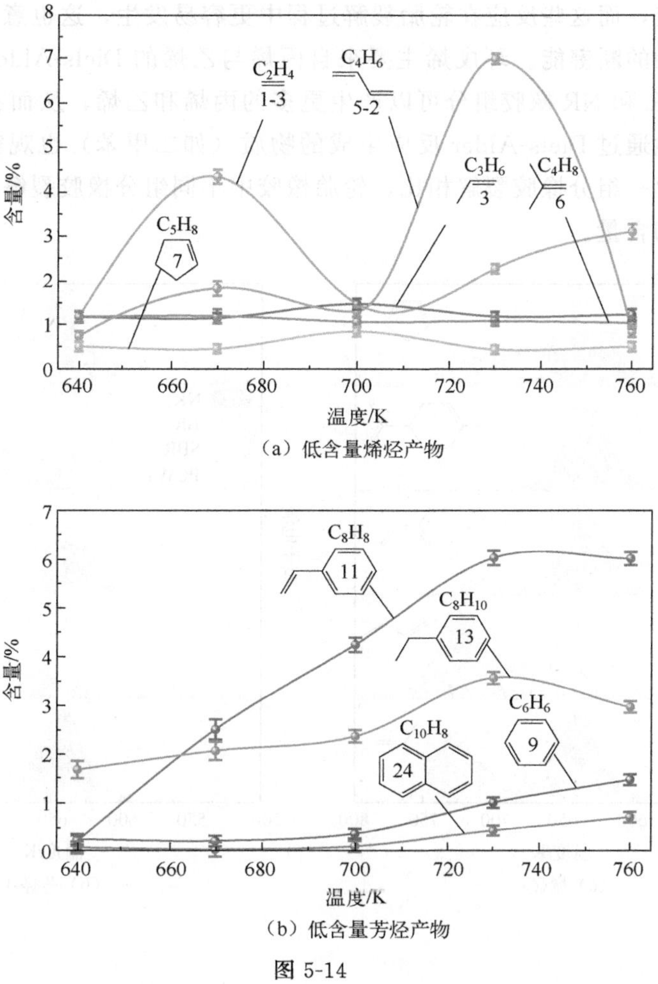

（a）低含量烯烃产物

（b）低含量芳烃产物

图 5-14

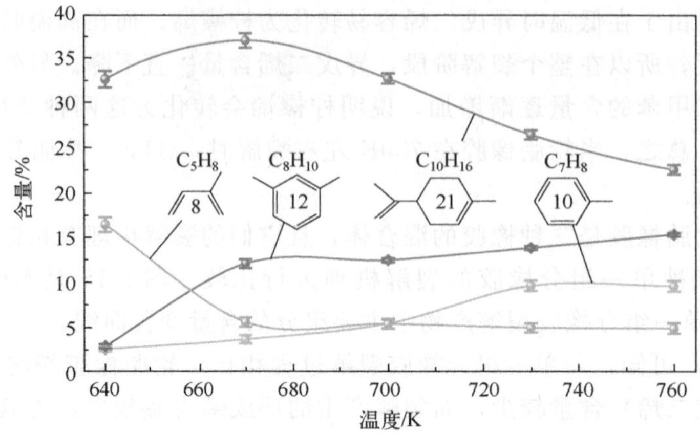

(c) 高含量产物

图 5-14 产物的含量随裂解温度的变化规律

这说明，在轮胎裂解过程中，不同组分的橡胶之间存在相互影响，这种现象在丁二烯的生成过程中表现尤为明显。根据轮胎裂解机理，丁二烯主要来自 BR 和 SBR 的初始裂解产物的二次裂解反应，而这些反应在轮胎裂解过程中更容易发生，这也意味着混合橡胶裂解过程可以降低链烯烃的断键能。环戊烯主要来自丙烯与乙烯的 Diels-Alder 反应，在轮胎裂解过程中，BR、SBR 和 NR 橡胶组分可以产生更多的丙烯和乙烯，从而在裂解过程中生成更多的环戊烯。其他通过 Diels-Alder 反应生成的物质（如二甲苯）也观察到类似的现象。由此可以推断，与单一组分橡胶裂解相比，轮胎橡胶中不同组分橡胶裂解产物之间的反应会显著增加一些芳烃的含量。

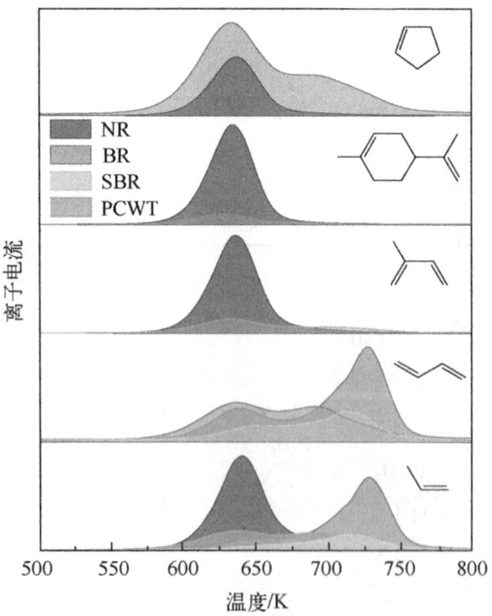

(a) 烯烃

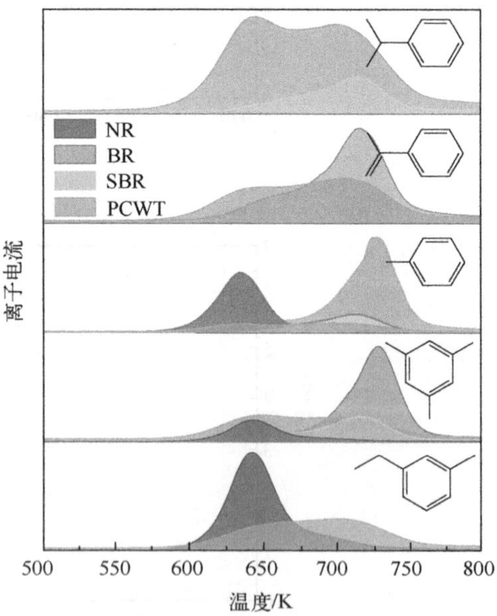

(b) 芳烃-1

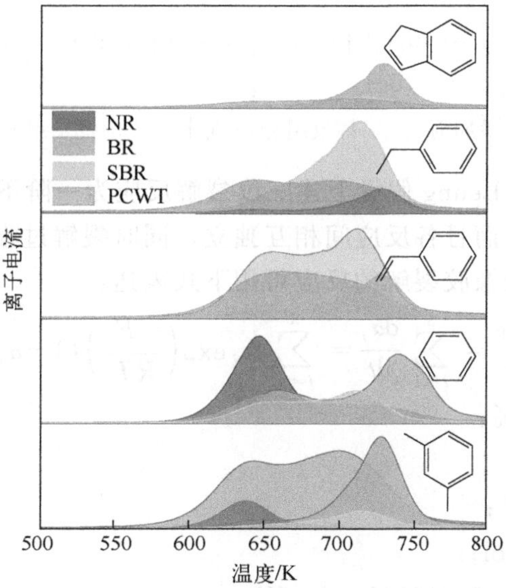

(c)芳烃-2

彩图 5-15

图 5-15 轮胎橡胶和三种单一橡胶裂解产物比较

综上所述，与单一组分橡胶裂解相比，轮胎橡胶裂解不但可以降低长链烯烃的断键能，而且还可以显著提高反应产物中环烯烃和芳烃的含量；除此之外，混合裂解还可以提高 BTX 的选择性，尤其是二甲苯。

5.5 轮胎橡胶裂解过程的动力学研究

轮胎是成分复杂的混合物，主要由 NR、SBR、BR 和轮胎添加剂（油、促进剂、填料、硫化加速剂/抑制剂）构成。为了更好地了解废轮胎裂解过程，需要对轮胎裂解过程中动力学的相关参数进行研究。本节主要基于轮胎橡胶整体的裂解行为，建立轮胎复杂裂解体系的动力学方程；此外，还结合裂解过程中不同组分的裂解行为求解了轮胎橡胶裂解过程的动力学。

5.5.1 多组分裂解反应体系的动力学模型构建

轮胎中橡胶组分较多，裂解过程复杂，仅了解其裂解机理远远不够，还需要从动力学角度分析每类反应进行的难易程度，以便深入地理解轮胎裂解所要经历的每个阶段的难易程度。活化能（E_a）是衡量各阶段轮胎裂解难易程度的重要指标，E_a 越小，裂解反应越容易进行，反之则较难发生。鉴于轮胎裂解过程的复杂性，在实际研究中，需要将裂解过程或者动力学求解过程进行简化，以便获得轮胎裂解动力学参数。现有的轮胎裂解动力学体系主要通过三种方式研究和求解。

（1）简化裂解过程

Leung 等人[24] 在早期轮胎裂解过程的动力学研究中，将轮胎裂解过程分为多个阶段。首先轮胎颗粒在反应器中裂解产生裂解油、水和部分中间产物，而这些中间物质在高温下不稳定，会进一步发生裂解反应，生成裂解炭。在中间产物裂解过程中，还伴随着挥发性组分和气体的生成。详细的过程如下。

轮胎样品 → 中间产物1 → 中间产物2 → 裂解炭

↓ 水分+油+添加剂　↓ 挥发组分1+气体　↓ 挥发组分2+气体

在动力学求解过程中，Leung 假设上述三段裂解反应为一阶不可逆过程，一系列反应会随着温度的升高相继发生，而且各反应间相互独立，同时裂解过程中所发生的反应都符合阿伦尼乌斯定律。据此，轮胎橡胶裂解的反应可用下式表达：

$$\frac{\mathrm{d}\alpha_T}{\mathrm{d}t}=\sum_{i=1}^{3}\frac{\mathrm{d}\alpha_i}{\mathrm{d}t}=\sum_{i=1}^{3}A_i\exp\left(\frac{-E_i}{RT}\right)(1-\alpha_i) \tag{5-4}$$

式中　α——裂解转化率，%；

T——裂解温度，K；

A——指前因子，s^{-1}；

E——活化能，kJ/mol；

R——摩尔气体常数，8.314J/(mol·K)。

对上式两侧取对数后可得式（5-5）：

$$\ln\frac{\mathrm{d}\alpha_T}{\mathrm{d}t}=\ln\sum_{i=1}^{3}\frac{\mathrm{d}\alpha_i}{\mathrm{d}t}=\ln\left[\sum_{i=1}^{3}A_i\exp\left(\frac{-E_i}{RT}\right)(1-\alpha_i)\right] \tag{5-5}$$

三段反应独立发生，而且反应随着温度的升高逐次发生，不互相重叠。因此，当第一段反应发生时 $\alpha_1=\alpha_T$，$\alpha_2=0$ 和 $\alpha_3=0$；可得$\frac{\mathrm{d}\alpha_1}{\mathrm{d}t}=\frac{\mathrm{d}\alpha_T}{\mathrm{d}t}$，$\frac{\mathrm{d}\alpha_2}{\mathrm{d}t}=0$ 和$\frac{\mathrm{d}\alpha_3}{\mathrm{d}t}=0$。因此，式（5-5）也可以简化为式（5-6）。

$$\ln\left[\frac{\mathrm{d}\alpha_1}{\mathrm{d}t}\Big/(1-\alpha_1)\right]=\ln A_1-\frac{E_1}{RT} \tag{5-6}$$

通过上式可以做出一条 $\ln[(\mathrm{d}\alpha_1/\mathrm{d}t)(1-\alpha_1)]$ 对 T 的直线，该直线的斜率为 $-E/R$，截距为 $\ln A_1$。

重复上述过程，可以求出第二和第三段裂解反应的活化能（E）和指前因子（A）。Leung 通过简化轮胎裂解过程，使得裂解反应的动力学参数在求解过程中简单化。但是简化裂解反应过程会给求解结果带来很大的误差，因此这类处理方式只适用于组分相对简单的单一组分橡胶裂解过程。

（2）优化算法

轮胎橡胶中除了单一组分橡胶外，通常还含有几十种成分，如炭黑、加工油、增塑剂、硫化剂等。因此，在轮胎裂解过程中含有大量的平行反应，而且反应在时间或者温度上会有重叠。简化后的单一的传统反应模型已不适用于轮胎裂解[25,26]。现有的动力学求解过程大都需要事先假设裂解反应模型/机理[27,28]，而裂解反应模型的选取存在一定的随机性，这也使得求解的动力学参数至今没有统一的范围。优化算法在动力学建模中的应用一定程度上弱化了模型选取环节对动力学求解过程的干扰。但是在使用优化算法进行动力学建模时，可能很难获得收敛解。因此，在实际操作中，需要将轮胎裂解反应划分为几个独立的子反应，通过求解各子反应的裂解动力学参数，进而获取整个轮胎裂解过程的动力学参数。此外，Olazar 等人[29] 在利用优化算法的同时，还引入了调节函数去修正反应模型，以便获取更加真实的动力学参数。

在动力学求解过程中，Olazar 等人[29] 将裂解过程中的平行反应和连续反应考虑在内，他们认为轮胎裂解过程是逐步进行的，在反应器中轮胎首先裂解产生裂解气、裂解油、中间产物和一部分芳烃；中间体在高温下不稳定，会进一步反应生成焦油、裂解炭和芳烃。详细的裂解机理如下：

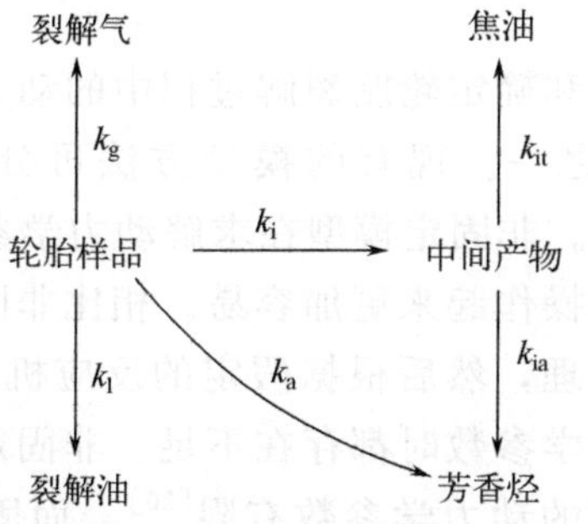

在这个由平行反应和连续反应组成的反应机理中，反应常数 k_g、k_l、k_a、和 k_i 分别对应生成裂解气、裂解油、芳烃和中间产物的初级反应；反应常数 k_{it}、k_{ia} 和 k_{ic} 分别对应生成焦油、芳烃和裂解炭的反应常数。假设 α_n 为轮胎裂解反应中的转化率：

$$a_n=\frac{W_0-W_t}{W_0} \tag{5-7}$$

式中　W_0——轮胎反应前质量和；

W_t——反应 t(min) 时的剩余质量。

整个轮胎裂解过程和 7 个子反应状态的裂解反应模型可以分别表示为：

$$\frac{d\alpha_n}{dt}=(k_g+k_l+k_a+k_i)(1-\alpha_n) \tag{5-8}$$

$$\frac{d\alpha_g}{dt}=k_g(1-\alpha_g) \tag{5-9}$$

$$\frac{d\alpha_l}{dt}=k_l(1-\alpha_l) \tag{5-10}$$

$$\frac{d\alpha_a}{dt}=k_a(1-\alpha_a)+k_{ia}\alpha_i \tag{5-11}$$

$$\frac{d\alpha_t}{dt}=k_{it}\alpha_i \tag{5-12}$$

$$\frac{d\alpha_c}{dt}=k_{ic}\alpha_i \tag{5-13}$$

$$\frac{d\alpha_i}{dt}=k_i(1-\alpha_n)-k_{ia}\alpha_i-k_{it}\alpha_i-k_{ic}\alpha_i \tag{5-14}$$

式中　α_g、α_l、α_a、α_t、α_c 和 α_i——每个反应环节的转化率。

借助式 (5-14)，通过最小化均方误差 Error 可以得到合适的动力学参数。

$$\text{Error}=\frac{\sum_{i=1}^{n_l}\sum_{j=1}^{n_{exp}}\lfloor\alpha_{i,j}-\alpha_{i(cal),j}\rceil^2}{n_l n_{exp}} \tag{5-15}$$

式中 $\alpha_{i(\text{cal}),j}$——转化率的计算值；

$\alpha_{i,j}$——转化率的实验值；

n_1——参与计算的反应个数；

n_{exp}——参与计算的反应个数。

误差公式 Error 考虑了在不同反应时间和不同温度下进行的所有反应得到的实验结果。

(3) 模型求解

近年来，许多计算方法被用来计算和确定轮胎裂解过程中的动力学参数和裂解机理，其中，模型求解动力学也是常用的方法之一。现有的模型方法可分为非固定模型（model-free）和固定模型（model-based）两种。非固定模型在求解动力学参数时，可以不用考虑轮胎裂解过程中所涉及的反应机理，因此操作起来更加容易。相比非固定模型，固定模型需要预先设定裂解过程中可能发生的反应机理，然后根据假定的反应机理模型求解动力学参数。但是，这两种方式在求解轮胎裂解动力学参数时都存在不足。非固定模型方式的求解过程过于简单，无须考虑反应机理，致使得到的动力学参数有限[26]。而固定模型假定裂解反应机理时，通常是用多个现有的反应机理与轮胎裂解的 TG 数据相匹配，并从中选取最佳的机理。在实际操作中，可能存在多个机理模型同时符合一个反应过程的现象，而且不同模型求解的动力学参数可能相差几个数量级[30]。为了更好地理解两种方式的求解过程，这里以 Chen 等人[31] 的研究为例进行简要讲解。

Chen 等人利用非固定模型中的 Flynn-Wall-Ozawa 和 Kissinger-Akahira-Sunose 模型求解动力学参数[32]，两个模型分别表示如下：

FWO 模型：

$$\ln(\beta)=\ln\left[\frac{AE_{\text{a}}}{Rg(\alpha)}\right]-5.331-1.052\frac{E}{RT} \tag{5-16}$$

KAS 模型：

$$\ln\left(\frac{\beta}{T^2}\right)=\ln\left[\frac{AE_{\text{a}}}{Rg(\alpha)}\right]-\frac{E}{RT} \tag{5-17}$$

在裂解过程中，Coats-Redfern 方法是常用的固定模型之一[33]，其表达式如下：

CR 模型：

$$\ln\left[\frac{g(\alpha)}{T^2}\right]=\ln\left[\frac{AR}{\beta E_{\text{a}}}\left(1-\frac{2RT}{E_{\text{a}}}\right)\right]-\frac{E_{\text{a}}}{RT} \tag{5-18}$$

在实际裂解实验中，CR 模型中的 $2RT/E_{\text{a}}\ll 1$，因此上式又可简化为下式：

$$\ln\left[\frac{g(\alpha)}{T^2}\right]=\ln\left(\frac{AR}{\beta E_{\text{a}}}\right)-\frac{E_{\text{a}}}{RT} \tag{5-19}$$

将不同升温速率下的热重实验数据代入上式，可以得到裂解转化率 α 下的 $\ln[g(\alpha)/T^2]$ 对 $1/T$ 的直线，而且直线斜率为转化率 α 下的活化能 E_{a}[30]。

5.5.2 轮胎橡胶裂解过程的动力学参数求解

根据废轮胎橡胶裂解反应体系的特点，结合上述研究方法的优缺点，采用非固定模型和固定模型相结合的手段对废轮胎橡胶的裂解过程进行动力学解析。固定模型是轮胎裂解动力学中比较流行的求解方法，其依据现有的反应模型去逐个匹配轮胎裂解过程，寻找合适的轮胎裂解模型，前文中已经做过简述。但是这种方式在求解过程中存在很大的缺陷（自由度过大），致使多个完全不同的机理模型可能同时适用于一个裂解过程，而这在实际情况中是不可能存在的。Mui 等人[34] 在研究中提出了补偿效应理论，即“轮胎裂解过程中，指前因子（A）和活化能（E_a）的乘积是一个常数，指前因子所带来的系统误差可以被活化能所补偿，反之亦然”。在实际操作中可以通过细化反应过程来降低自由度。本研究采用非固定模型和固定模型相结合的方法来降低模型法求解过程中的自由度。实际研究中发现非固定模型和固定模型的动力学是互补的，研究人员利用固定模型和非固定模型相结合的方式研究了聚己二酸乙烯的裂解过程。首先从固定模型中选取合适的反应模型，然后将确定的最佳反应模型与非固定模型相结合，再通过等转换法确定每个裂解阶段的 E_a。现利用现有非固定模型和固定模型对轮胎裂解过程进行了建模，并对每个裂解反应阶段的活化能和指前因子进行了估计。热裂解动力学的方程在 Arrhenius 方程的基础上经过简单转换而来，方程可以用式（5-20）描述：

$$\frac{d\alpha}{dT}=\frac{A}{\beta}\exp\left(\frac{-E}{RT}\right)f(\alpha) \tag{5-20}$$

式中　α——裂解转化率，%；

T——裂解温度，K；

A——指前因子，s^{-1}；

β——升温速率，K/min，是温度（T）和时间（t）的函数；

E——活化能，kJ/mol；

R——摩尔气体常数，8.314J/(mol·K)；

$f(\alpha)$——反应机理函数。

升温速率 β 和转化率 α 可以表示如下：

$$\beta=\frac{T}{t} \tag{5-21}$$

$$\alpha=\frac{m_0-m_t}{m_0-m_f} \tag{5-22}$$

将式（5-21）和式（5-22）代入式（5-20），并对其等号两侧分别积分，分离变量后可得式（5-23）：

$$\int\frac{d\alpha}{f(\alpha)}=-\frac{AE}{R\beta}\int\frac{\exp(-y)}{y^2}dy \tag{5-23}$$

然而，需要强调的是式（5-23）等号右端积分部分没有解析解。为了求解动力学参数，研究者们提出了许多近似解来代替积分部分。为了便于理解，对式（5-23）进行简单变形后得到式（5-24），然后对其两端取对数并分离变量后可得式（5-25）。

$$g(\alpha)=\frac{AE}{R\beta}p(y) \tag{5-24}$$

$$\ln[g(\alpha)]=\ln\left(\frac{AE}{R}\right)+\ln[p(y)]-\ln\beta \tag{5-25}$$

式中　$g(\alpha)$——反应机理函数 $f(\alpha)$ 的积分形式；

$p(y)$——温度的积分，为 T 的函数，$y=E/(RT)$；

$g(\alpha)$——反应机理函数的积分形式，可以用来描述乘用车轮胎（PCWT）的反应过程。

式（5-25）中 $\ln(AE/R)$ 和 $\ln[p(y)]$ 的值在恒定温度下是独立的，Quek 等人[35]已经证明了这一点。因此，式（5-25）右边的前两项是恒定温度 T_α 下的常数。换句话说，在一定温度 T_α 下，函数 $\ln[g(\alpha)]$ 对 $\ln\beta$ 的变化趋势是恒定的。为了便于理解废轮胎的分解过程，国际热分析与量热联合会动力学委员会（ICTAC）提出了36种反应模型$[g(\alpha)]$和相应的反应机理[36-40]，结果如表5-1所示。如果轮胎的裂解过程符合表中的某一反应模型，则式（5-25）中 $\ln[(g(\alpha)]$ 对 $\ln\beta$ 的曲线斜率应接近-1，相应的线性相关系数 R^2 应近似1，$g(\alpha)$ 的值可由图5-16获得。

为了得到活化能（E_a）的准确值，采用无模型（Senum-Yang）公式替换式（5-25）中的近似解：

$$p(y)=\frac{\exp(-y)}{y}\frac{y^3+18y^2+88y+96}{y^4+20y^3+120y^2+240y+120}=\frac{\exp(-y)}{y}h(y) \tag{5-26}$$

基于模型和无模型相结合的方法求解活化能和指前因子，结果如表5-2所示。

表5-1 反应模型函数和相应的反应机制

序号	$g(\alpha)$	$f(\alpha)$	反应机理
1. 化学过程或机理的非调用方程式			
1	$1-(1-\alpha)^{2/3}$	$3/2(1-\alpha)^{1/3}$	化学反应
2	$1-(1-\alpha)^{1/4}$	$4(1-\alpha)^{3/4}$	化学反应
3	$(1-\alpha)^{-1/2}-1$	$2(1-\alpha)^{3/2}$	化学反应
4	$(1-\alpha)^{-1}-1$	$(1-\alpha)^2$	化学反应
5	$(1/2)[(1-\alpha)^{-2}-1]$	$1/2(1-\alpha)^3$	化学反应
6	$(1/3)[(1-\alpha)^{-3}-1]$	$(1-\alpha)^4$	化学反应
7	$1-(1-\alpha)^2$	$1/2(1-\alpha)$	化学反应
8	$1-(1-\alpha)^3$	$1/3(1-\alpha)^2$	化学反应
9	$1-(1-\alpha)^4$	$1/4(1-\alpha)^3$	化学反应
2. 加速速率方程			
10	$\alpha^{3/2}$	$2/3\alpha^{-1/2}$	成核现象
11	$\alpha^{1/2}$	$2\alpha^{1/2}$	成核现象
12	$\alpha^{1/3}$	$3\alpha^{2/3}$	成核现象
13	$\alpha^{1/4}$	$4\alpha^{3/4}$	成核现象
14	$\ln\alpha$	α	成核现象
3. 随机成核和随后的生长			
15	$-\ln(1-\alpha)$	$1-\alpha$	假设随机成核及其随后的生长
16	$[-\ln(1-\alpha)]^{2/3}$	$3/2(1-\alpha)[-\ln(1-\alpha)]^{1/3}$	假设随机成核及其随后的生长
17	$[-\ln(1-\alpha)]^{1/2}$	$2(1-\alpha)[-\ln(1-\alpha)]^{1/2}$	假设随机成核及其随后的生长
18	$[-\ln(1-\alpha)]^{1/3}$	$3(1-\alpha)[-\ln(1-\alpha)]^{2/3}$	假设随机成核及其随后的生长
19	$[-\ln(1-\alpha)]^{1/4}$	$4(1-\alpha)[-\ln(1-\alpha)]^{3/4}$	假设随机成核及其随后的生长
20	$[-\ln(1-\alpha)]^2$	$1/2(1-\alpha)[-\ln(1-\alpha)]^{-1}$	假设随机成核及其随后的生长
21	$[-\ln(1-\alpha)]^3$	$1/3(1-\alpha)[-\ln(1-\alpha)]^{-2}$	假设随机成核及其随后的生长
22	$[-\ln(1-\alpha)]^4$	$1/4(1-\alpha)[-\ln(1-\alpha)]^{-3}$	假设随机成核及其随后的生长
23	$\ln\alpha/(1-\alpha)$	$\alpha/(1-\alpha)$	分支核
4. 减速速率方程			
4.1 相边界反应			
24	α	1	收缩盘
25	$1-(1-\alpha)^{1/2}$	$2(1-\alpha)^{1/2}$	收缩圆柱体（圆柱形对称）
26	$1-(1-\alpha)^{1/3}$	$3(1-\alpha)^{2/3}$	收缩球体（球面对称）

续表

序号	$g(\alpha)$	$f(\alpha)$	反应机理
4.2 基于扩散机制			
27	α^2	$1/(2\alpha)$	一维扩散
28	$[1-(1-\alpha)^{1/2}]^{1/2}$	$4\{(1-\alpha)[1-(1-\alpha)^{1/2}]\}^{1/2}$	二维扩散
29	$\alpha+(1-\alpha)\ln(1-\alpha)$	$[-\ln(1-\alpha)]^{-1}$	二维扩散
30	$[1-(1-\alpha)^{1/3}]^2$	$(3/2)(1-\alpha)^{2/3}[1-(1-\alpha)^{1/3}]^{-1}$	三维扩散，球面对称
31	$1-2/3\alpha-(1-\alpha)^{2/3}$	$(3/2)[(1-\alpha)^{-1/3}-1]^{-1}$	三维扩散，圆柱形对称
32	$[(1-\alpha)^{-1/3}-1]^2$	$(3/2)(1-\alpha)^{4/3}[(1-\alpha)^{-1/3}-1]^{-1}$	三维扩散
33	$[(1+\alpha)^{1/3}-1]^2$	$(3/2)(1+\alpha)^{2/3}[(1+\alpha)^{1/3}-1]^{-1}$	三维扩散
34	$1+2/3\alpha-(1+\alpha)^{2/3}$	$(3/2)[(1+\alpha)^{-1/3}-1]^{-1}$	三维扩散
35	$[(1+\alpha)^{-1/3}-1]^2$	$(3/2)(1+\alpha)^{4/3}[(1+\alpha)^{-1/3}-1]^{-1}$	三维扩散
36	$[1-(1-\alpha)^{1/3}]^{1/2}$	$6(1-\alpha)^{2/3}[1-(1-\alpha)^{1/3}]^{1/2}$	三维扩散

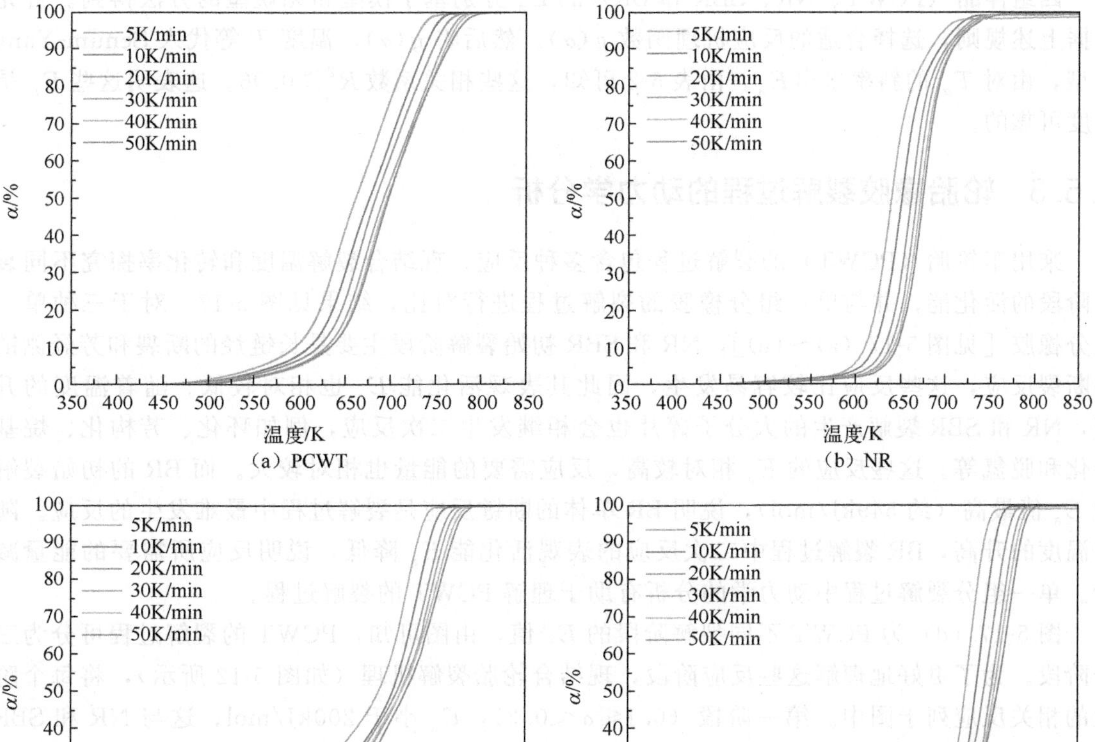

图 5-16 不同升温速率下的转化率

彩图 5-16

表 5-2 PCWT 及三种橡胶动力学参数及相关性系数 (R^2)

α/%	NR		SBR		BR		PCWT		
	E_a /(kJ/mol)	R^2	E_a /(kJ/mol)	R^2	E_a /(kJ/mol)	R^2	E_a /(kJ/mol)	A /min^{-1}	R^2
0.1	191.7	1.00	67.98	0.88	544.95	0.89	169.45	1.20×10^3	0.98
0.2	214.45	0.99	72.89	0.88	324.29	0.92	191.89	1.33×10^5	0.99
0.3	211.69	1.00	121.82	0.89	292.05	0.99	200.75	1.08×10^6	0.99
0.4	212.81	1.00	165.44	0.91	307.34	0.99	240.37	1.53×10^9	0.99
0.5	210.02	0.99	248.71	0.91	284.05	1.00	231.93	3.52×10^8	0.98
0.6	230.86	1.00	244.01	0.92	281.59	1.00	243.6	2.22×10^9	0.97
0.7	234.16	0.98	240.67	0.92	271.86	1.00	242.15	1.49×10^9	0.96
0.8	283.47	0.99	186.12	0.93	272.93	1.00	273.78	2.17×10^{11}	0.97
0.9	339.63	0.97	223.99	0.92	265.46	1.00	246.17	7.03×10^9	0.99

四组样品（PCWT、NR、SBR 和 BR）的 E_a 分别基于模型和无模型的方法得到。首先根据上述规则，选择合适的反应机理函数 $g(\alpha)$。然后将 $g(\alpha)$、温度 T 等代入 Senum-Yang 模型，由对 T_α 的斜率求出 E_a。由表 5-2 可知，这些相关系数 $R^2\geqslant0.96$。这表明这些 E_a 是高度可靠的。

5.5.3 轮胎橡胶裂解过程的动力学分析

乘用车轮胎（PCWT）的裂解过程包含多种反应，现结合裂解温度和转化率探究不同裂解阶段的活化能，并与单一组分橡胶的裂解过程进行对比，结果见图 5-17。对于三种单一组分橡胶［见图 5-17（a）～(c)］，NR 和 SBR 初始裂解阶段主要是长链烃的断裂和芳烃侧链的断裂反应，这些反应比较容易发生，因此其表观活化能 E_a 也相对较低。随着温度的升高，NR 和 SBR 裂解产生的大分子碎片也会相继发生二次反应，例如环化、芳构化、烷基转化和脱氢等。这些反应的 E_a 相对较高，反应需要的能量也相对较大。而 BR 的初始裂解的 E_a 值最高（约 549kJ/mol），说明 BR 单体的断键反应是裂解过程中最难发生的反应。随着温度的升高，BR 裂解过程中二次反应的表观活化能 E_a 降低，说明反应所需要的能量减少。单一组分裂解过程中动力学的分析有助于理解 PCWT 的裂解过程。

图 5-17（d）为 PCWT 不同裂解阶段的 E_a 值，由图可知，PCWT 的裂解过程可分为三个阶段。为了更好地理解这些反应阶段，现结合轮胎裂解机理（如图 5-12 所示），将每个阶段的相关反应列于图中。第一阶段（$0.1\leqslant\alpha<0.3$），E_a 小于 200kJ/mol；这与 NR 和 SBR 聚合物的初始解聚规律相吻合，在这一阶段有大量的链烯烃生成。第二阶段（$0.3\leqslant\alpha<0.7$），E_a 约为 240kJ/mol；这一过程主要为 BR 的初始解聚、芳构化和烯烃的 Diels-Alder 反应。在最后阶段（$\alpha\geqslant0.7$），E_a 进一步增加到 270kJ/mol，主要反应为 Diels-Alder、歧化和脱氢等反应。这里需要说明，当 α 达到 0.9 时，E_a 迅速下降到 240kJ/mol。这一现象可以从单一组分 SBR 和 BR 的裂解过程得到解析，当温度升至 737K 以上时，两组分都表现出较低的 E_a 值。而且在此温度下，PCWT 所涉及的反应主要为芳烃侧链断裂生成烯烃的反应（如上述 PCWT 裂解机理），该反应所需的能量也低于芳构化过程。因此，在 $\alpha\geqslant0.9$ 时，E_a 值有下降趋势。

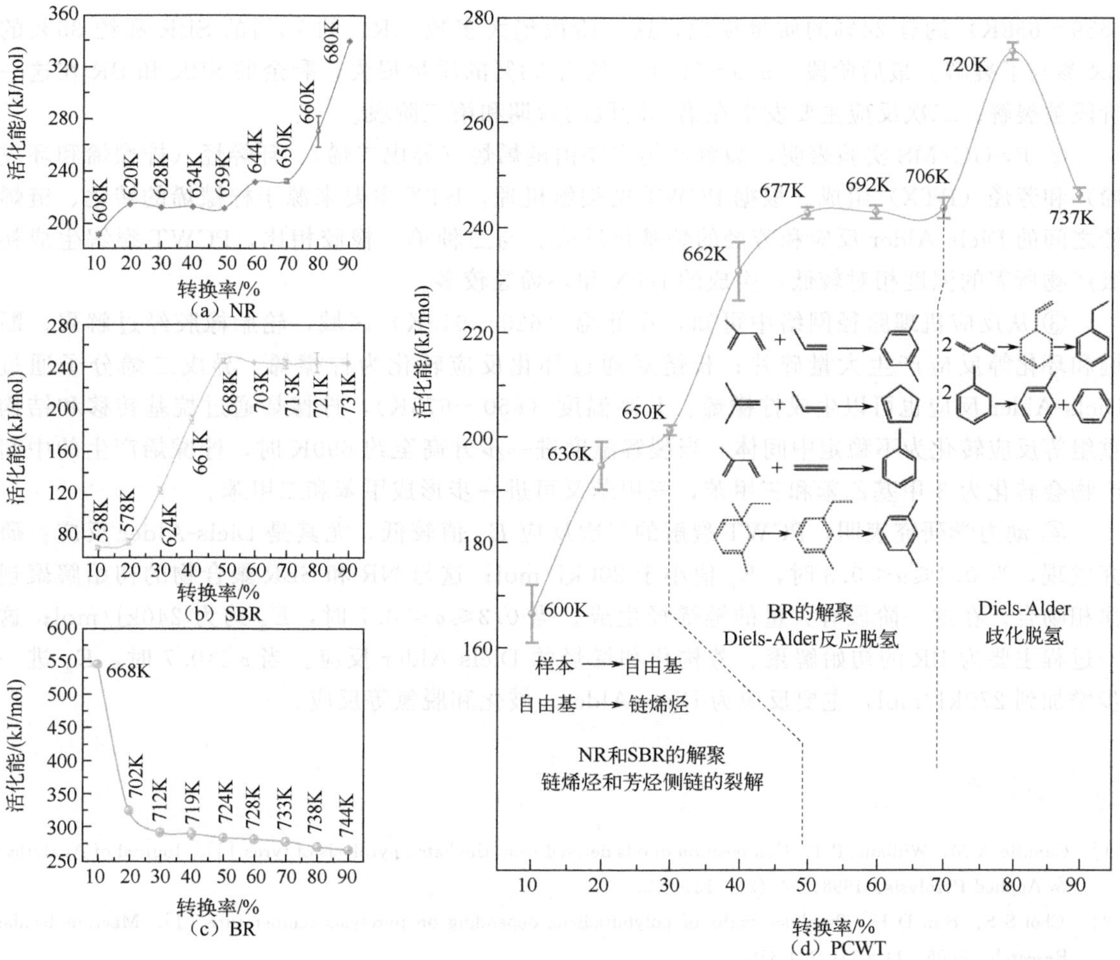

图 5-17　不同转换率下的活化能

此外，从三种橡胶（NR、SBR 和 BR）和 PCWT 裂解过程的对比可知，在相同温度下，PCWT 的 E_a 值低于三种单一组分橡胶。结合之前对 PCWT 裂解机理的分析（PCWT 裂解反应所需温度低于单体橡胶的裂解过程），可以推断出 PCWT 的裂解过程要比单一组分橡胶的裂解过程更加容易，混合组分的裂解过程存在协同效应。这一现象的出现可以归结为炭黑的催化作用。炭黑作为轮胎裂解产物之一，其多孔结构和内含的多种金属元素在裂解过程中可以视为催化剂[41]。

5.6　本章小结

本章围绕轮胎橡胶裂解过程展开讨论，在本征动力学区域，探究了轮胎裂解过程和裂解产物组分；探究了单一组分橡胶裂解机理，并在此基础上建立了轮胎橡胶裂解机理反应路径；对比单一组分橡胶与轮胎橡胶裂解过程，揭示了轮胎裂解过程中不同组分间的相互作用；从动力学的角度分析了轮胎裂解过程，探究了轮胎裂解反应机制。主要结果如下。

① 轮胎橡胶裂解过程可以划分为三个阶段。第Ⅰ阶段（438～558K）是初始裂解阶段，

失重量约为4%，主要是轮胎样品孔隙中水分的蒸发和轮胎中某些添加剂的裂解。第Ⅱ阶段（559～658K）约有24%的质量损耗，这一阶段绝大多数NR、约75%的SBR和约35%的BR参与了裂解。最后阶段（659～758K）约有33%的质量损失，剩余的SBR和BR在这一阶段被裂解。二次反应主要发生在第二阶段的后期和第三阶段。

② Py-GC/MS实验表明，裂解产物主要由链烯烃（异戊二烯）、环烯烃（柠檬烯和环戊烯）和芳烃（BTX）组成。根据PCWT的裂解机理，BTX主要来源于柠檬烯的转化、链烯烃之间的Diels-Alder反应和芳烃的烷基化反应。与三种单一橡胶相比，PCWT裂解生成初级产物所需的温度相对较低，生成的BTX和环烯烃较多。

③ 从反应机理路径网络中可知，在低温（620～645K）区域，轮胎橡胶经过解聚、断键和环化等反应产生大量碎片；长链烃通过环化反应转化为柠檬烯，异戊二烯分子通过Diels-Alder反应也可以生成柠檬烯。升高温度（650～675K），柠檬烯通过烷基转移和结构重组等反应转化为不稳定中间体。当裂解温度进一步升高至约690K时，柠檬烯产生的中间产物会转化为3-甲基乙苯和三甲苯，三甲苯又可进一步形成甲苯和二甲苯。

④ 动力学研究表明，PCWT裂解的二次反应E_a值较低，尤其是Diels-Alder反应。研究发现，当$0.1 \leqslant \alpha < 0.3$时，$E_a$值小于200kJ/mol；这与NR和SBR聚合物的初始解聚规律相吻合，在这一阶段有大量的链烯烃生成。当$0.3 \leqslant \alpha < 0.7$时，$E_a$约为240kJ/mol；这一过程主要为BR的初始解聚、芳构化和烯烃的Diels-Alder反应。当$\alpha \geqslant 0.7$时，E_a进一步增加到270kJ/mol，主要反应为Diels-Alder、歧化和脱氢等反应。

参考文献

[1] Cunliffe A M, Williams P T. Composition of oils derived from the batch pyrolysis of tyres [J]. Journal of Analytical & Applied Pyrolysis, 1998, 44 (2): 131-152.

[2] Choi S S, Han D H. Pyrolysis paths of polybutadiene depending on pyrolysis temperature [J]. Macromolecular Research, 2006, 14 (3): 354-358.

[3] Ding K, Zhong Z, Zhang B, et al. Pyrolysis characteristics of waste tire in an analytical pyrolyzer coupled with gas chromatography/mass spectrometry [J]. Energy & Fuels, 2015, 29 (5): 3181-3187.

[4] Xu F, Wang B, Yang D, et al. Thermal degradation of typical plastics under high heating rate conditions by TG-FTIR: Pyrolysis behaviors and kinetic analysis [J]. Energy Conversion and Management, 2018, 171: 1106-1115.

[5] Xu F, Wang B, Yang D, et al. TG-FTIR and Py-GC/MS study on pyrolysis mechanism and products distribution of waste bicycle tire [J]. Energy Conversion and Management, 2018, 175: 288-297.

[6] Tang X, Chen Z, Liu J, et al. Dynamic pyrolysis behaviors, products, and mechanisms of waste rubber and polyurethane bicycle tires [J]. Journal of Hazardous Materials, 2021, 402: 123516.

[7] Wei X, Zhong H, Yang Q, et al. Studying the mechanisms of natural rubber pyrolysis gas generation using RMD simulations and TG-FTIR experiments [J]. Energy Conversion and Management, 2019, 189: 143-152.

[8] Han J, Li W, Liu D, et al. Pyrolysis characteristic and mechanism of waste tyre: A thermogravimetry-mass spectrometry analysis [J]. Journal of Analytical and Applied Pyrolysis, 2018, 129: 1-5.

[9] Wang Y B, Yao S J, Wang W, et al. Pyrolysis of vulcanized styrene-butadiene rubber via ReaxFF molecular dynamics simulation [J]. Chinese Journal of Chemical Engineering, 2021, 31 (3): 94-102.

[10] Ding K, Zhong Z, Zhang B, et al. Catalytic pyrolysis of waste tire to produce valuable aromatic hydrocarbons: An analytical Py-GC/MS study [J]. Journal of Analytical and Applied Pyrolysis, 2016, 122: 55-63.

[11] Edwin R R, Robert K Z, Pillai B C. Optimization of process parameters in flash pyrolysis of waste tyres to liquid and gaseous fuel in a fluidized bed reactor [J]. Energy Conversion and Management, 2013, 67: 145-151.

[12] Yazdani E, Hashemabadi S H, Taghizadeh A. Study of waste tire pyrolysis in a rotary kiln reactor in a wide range

of pyrolysis temperature [J]. Waste Management, 2019, 85: 195-201.

[13] Paulsen A D, Mettler M S, Dauenhauer P J. The role of sample dimension and temperature in cellulose pyrolysis [J]. Energy & Fuels, 2013, 27 (4): 2126-2134.

[14] Kerschbaumer R C, Stieger S, Gschwandl M, et al. Comparison of steady-state and transient thermal conductivity testing methods using different industrial rubber compounds [J]. Polymer Testing, 2019, 80: 106121.

[15] Liu L, Song J, He Y, et al. Determination of heat conductivity in tire compound and error analysis [J]. Tire Industry, 2006, 26 (4): 240-243.

[16] Menares T, Herrera J, Romero R, et al. Waste tires pyrolysis kinetics and reaction mechanisms explained by TGA and Py-GC/MS under kinetically-controlled regime [J]. Waste Management, 2020, 102: 21-29.

[17] Li D, Lei S, Lin F, et al. Study of scrap tires pyrolysis-Products distribution and mechanism [J]. Energy, 2020, 213: 119038.

[18] Kwon E, Castaldi M J. Fundamental understanding of the thermal degradation mechanisms of waste tires and their air pollutant generation in a N_2 atmosphere [J]. Environmental Science & Technology, 2009, 43 (15): 5996-6002.

[19] Fernández-Berridi M J, González N, Mugica A, et al. Pyrolysis-FTIR and TGA techniques as tools in the characterization of blends of natural rubber and SBR [J]. Thermochimica Acta, 2006, 444 (1): 65-70.

[20] Ayanoğlu A, Yumrutaş R. Production of gasoline and diesel like fuels from waste tire oil by using catalytic pyrolysis [J]. Energy, 2016, 103: 456-68.

[21] Tang X, Chen X, He Y, et al. Co-pyrolytic performances, mechanisms, gases, oils, and chars of textile dyeing sludge and waste shared bike tires under varying conditions [J]. Chemical Engineering Journal, 2022, 428: 131053.

[22] Wang H, Hu H, Yang Y, et al. Effect of high heating rates on products distribution and sulfur transformation during the pyrolysis of waste tires [J]. Waste Management, 2020, 118: 9-17.

[23] Zhang J, Sun G, Liu J, et al. Co-combustion of textile dyeing sludge with cattle manure: Assessment of thermal behavior, gaseous products, and ash characteristics [J]. Journal of Cleaner Production, 2020, 253: 119950.

[24] Leung D Y C, Wang C L. Kinetic modeling of scrap tire pyrolysis [J]. Energy & Fuels, 1999, 13 (2): 421-427.

[25] Kordoghli S, Khiari B, Paraschiv M, et al. Impact of different catalysis supported by oyster shells on the pyrolysis of tyre wastes in a single and a double fixed bed reactor [J]. Waste Management, 2017, 67: 288-297.

[26] Li B, Liu G, Gao W, et al. Study of combustion behaviour and kinetics modelling of Chinese gongwusu coal gangue: Model-fitting and model-free approaches [J]. Fuel, 2020, 268: 117284.

[27] Liu S, Yu J, Bikane K, et al. Rubber pyrolysis: Kinetic modeling and vulcanization effects [J]. Energy, 2018, 155: 215-225.

[28] Wang J, Lian W, Li P, et al. Simulation of pyrolysis in low rank coal particle by using DAEM kinetics model: Reaction behavior and heat transfer [J]. Fuel, 2017, 207: 126-135.

[29] Olazar M, Lopez G, Arabiourrutia M, et al. Kinetic modelling of tyre pyrolysis in a conical spouted bed reactor [J]. Journal of Analytical and Applied Pyrolysis, 2008, 81 (1): 127-132.

[30] Slopiecka K, Bartocci P, Fantozzi F. Thermogravimetric analysis and kinetic study of poplar wood pyrolysis [J]. Applied Energy, 2012, 97: 491-497.

[31] Chen F, Zhang F, Yang S, et al. Investigation of pyrolysis kinetics, thermodynamics, product characteristics and reaction mechanism of rubber seed oil [J]. Energy Conversion and Management, 2021, 244: 114535.

[32] Qiao Y, Wang B, Ji Y, et al. Thermal decomposition of castor oil, corn starch, soy protein, lignin, xylan, and cellulose during fast pyrolysis [J]. Bioresource Technology, 2019, 278: 287-295.

[33] Zou H, Zhang J, Liu J, et al. Pyrolytic behaviors, kinetics, decomposition mechanisms, product distributions and joint optimization of Lentinus edodes stipe [J]. Energy Conversion and Management, 2020, 213: 112858.

[34] Mui E L K, Cheung W H, Lee V K C, et al. Compensation effect during the pyrolysis of tyres and bamboo [J]. Waste Management, 2010, 30 (5): 821-830.

[35] Quek A, Balasubramanian R. Mathematical modeling of rubber tire pyrolysis [J]. Journal of Analytical and

Applied Pyrolysis, 2012, 95: 1-13.

[36] Ding Y, Ezekoye O A, Lu S, et al. Thermal degradation of beech wood with thermogravimetry/Fourier transform infrared analysis [J]. Energy Conversion and Management, 2016, 120: 370-377.

[37] Gai C, Zhang Y, Chen W T, et al. Thermogravimetric and kinetic analysis of thermal decomposition characteristics of low-lipid microalgae [J]. Bioresource Technology, 2013, 150: 139-148.

[38] Irmak A D, Parthasarathy P, Goldfarb J L, et al. Pyrolysis reaction models of waste tires: Application of Master-Plots method for energy conversion via devolatilization [J]. Waste Management, 2017, 68: 405-411.

[39] Ma Z, Chen D, Gu J, et al. Determination of pyrolysis characteristics and kinetics of palm kernel shell using TGA-FTIR and model-free integral methods [J]. Energy Conversion and Management, 2015, 89: 251-259.

[40] Persenaire O, Alexandre M, Degée P, et al. Mechanisms and kinetics of thermal degradation of poly (ε-caprolactone) [J]. Biomacromolecules, 2001, 2 (1): 288-294.

[41] Chao L, Zhang C, Zhang L, et al. Catalytic pyrolysis of tire waste: Impacts of biochar catalyst on product evolution [J]. Waste Management, 2020, 116: 9-21.

第6章

裂解反应液相产物分布及BTX调控

裂解油通常被认为是最有价值的裂解产品，因为它含有各种有机成分，如苯、甲苯和二甲苯（BTX），除了被直接用作燃料油外，还可用于生产高价值的化工原料。裂解油的高值化利用已经成为废轮胎裂解技术发展的重要方向。在高温（约760K）条件下，裂解油中BTX占据主要成分，而且其含量与裂解条件密切相关。然而，就目前的研究而言，还没有一项研究能够揭示出裂解参数对BTX形成的影响机制。因此，深入探究裂解参数对BTX的影响机制，有利于提升裂解油品质量，避免高价值物质的浪费，完善轮胎热裂解知识体系，对轮胎热裂解技术的推广具有重要意义。

6.1 裂解反应液相产物中BTX的分布

从第5章可以得知废轮胎裂解过程可以分为三个阶段［如图6-1（a）所示］：第一阶段（438～558K）失重约6.08%，主要是轮胎颗粒孔隙中残余水分的蒸发和一些添加剂的裂解。第二阶段（559～658K）失重约24%，大部分的NR、部分的SBR和少量的BR在该阶段开始裂解；其中，NR首先裂解，SBR与BR也随着温度的升高相继参与到裂解过程中。此

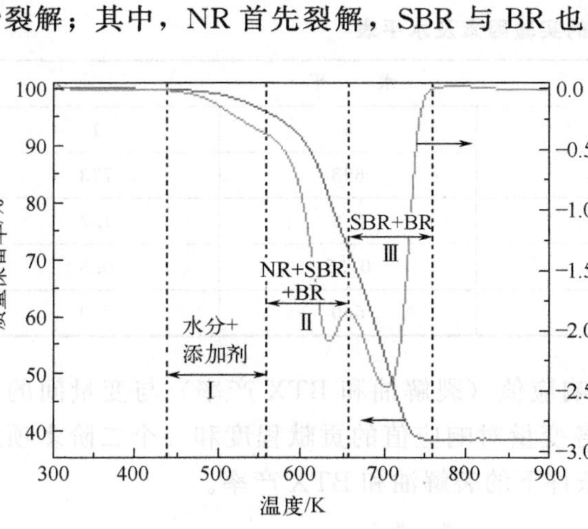

（a）10K/min下的TG/DTG曲线

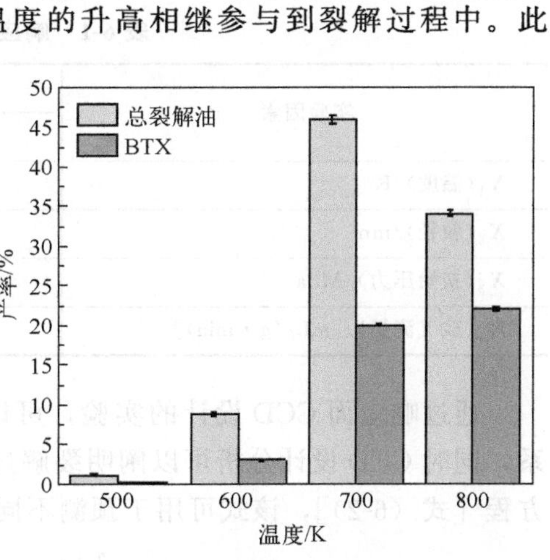

（b）不同温度下裂解油总产率和BTX相对含量

图6-1　轮胎裂解性质

外，该阶段还伴随脱氢、Diels-Alder、环化、芳构化等二次反应。第三阶段，剩余的 SBR 和 BR 开始裂解，并伴有强烈的二次反应。图 6-1（b）是不同温度下，轮胎裂解油总产率和油中 BTX 的相对含量，由图可知，高价值组分 BTX 主要产生于第二和第三阶段；根据之前对裂解机理的研究[1-6]，可以推断出大部分 BTX 是由裂解油中烯烃和芳烃的二次反应产生的。值得注意的是，BTX 的生成伴随着深度裂解反应，这些反应以牺牲裂解油产率为代价，裂解油被转化为更多的气体和短链烯烃。综上所述，BTX 的生成与裂解油的生成密切相关，但 BTX 在液相产物中所占比例与裂解油产量并不完全成正比。

6.2 裂解反应液相产品的预测模型

6.2.1 响应面实验模型

为了研究裂解反应条件与裂解油及 BTX 产率之间的关系，同时寻找最优的裂解反应工艺参数，掌握调控裂解油产品的手段，本研究利用 Design-Expert 的中心复合（central composite design，CCD）设计，在以往单因素实验结果的基础上，设计了四因素三水平的响应面实验。通过响应面实验，建立针对裂解油和 BTX 组分产量与裂解反应条件之间关系的预测模型。实验中对轮胎的裂解条件进行了优化，实验因素及水平见表 6-1。实验旨在评估在 −1、0 和 1 三个不同水平下，四种废轮胎裂解参数（即温度、粒径、压力和载气流量）对响应值（裂解油和 BTX 产率）的影响程度。温度、粒径、载气流量的取值范围分别为 623～773K、0.4～1.2mm、3.0～7.0mL/(g · min)。参考单因素实验结果和前人研究[2,3]，实验同时考虑了压力范围（0.2～0.5MPa）。根据设计结果，共进行了 30 组实验，如表 6-2 所示，包括 16 个阶乘运算、8 个轴向点运算、6 个中心点运算，实验数表示如下：

$$N=2^m+2m+c=2^4+2\times4+6=30 \tag{6-1}$$

式中，N 为实验数；m 为实验因素个数；c 是一个常数，用来表示中心点重复次数（当 $m=4$ 时，c 为 6）。

表 6-1 响应面实验的实验因素及水平表

实验因素	水平		
	−1	0	1
X_1(温度)/K	623	698	773
X_2(粒径)/mm	0.4	0.8	1.2
X_3(初始压力)/MPa	0.2	0.35	0.5
X_4(载气流量)/[mL/(g · min)]	3.0	5.0	7.0

通过响应面 CCD 设计的实验，可以得到响应值（裂解油和 BTX 产率）与变量间的关系，同时 CCD 设计分析可以阐明裂解过程中各变量对响应值的贡献程度和一个二阶多项式方程［式（6-2)]，该式可用于预测不同实验条件下的裂解油和 BTX 产率。

$$Y=b_0+\sum_{i}^{n}b_iX_i+\sum_{i}^{n}b_{ii}X_i^2+\sum_{i}^{n}\sum_{j>1}^{n}b_{ij}X_iX_j \tag{6-2}$$

式中，Y 为响应值（Y_{oil} 和 Y_{BTX} 分别为裂解油和 BTX 的收率）；b_0、b_i、b_{ii}、b_{ij} 为常

数，分别代表常数回归系数、线性回归系数、平方回归系数和交互回归系数。利用该模型，可以很容易地找到一个优化的响应值。

表 6-2 响应面分析方案及实验结果

试样编号	实验编号	实验因素				产率/(g/100g)			
		温度/K	粒径/mm	压力/MPa	载气流量/[mL/(g·min)]	油	BTX	气体	固体碳
17	1	643	0.80	0.25	5.00	13.37	18.28	8.51	78.12
13	2	673	1.20	0.10	7.00	31.13	20.92	18.56	52.31
1	3	673	0.40	0.40	7.00	29.62	9.68	13.12	57.25
7	4	673	0.40	0.10	3.00	25.32	22.10	11.26	63.42
11	5	673	0.40	0.40	3.00	24.50	24.85	8.76	66.73
15	6	673	1.20	0.40	3.00	26.05	9.93	9.12	64.83
3	7	673	1.20	0.10	3.00	29.19	6.37	12.58	63.23
9	8	673	0.40	0.10	7.00	27.84	25.82	16.51	55.65
5	9	673	1.20	0.40	7.00	31.70	9.98	14.39	53.91
22	10	723	0.80	0.50	5.00	45.92	27.28	14.65	43.40
30	11	723	0.80	0.25	5.00	50.48	20.77	7.59	43.38
20	12	723	0.80	0.25	5.00	49.48	23.28	7.59	43.37
21	13	723	0.80	0.25	1.64	43.16	16.54	11.26	45.22
19	14	723	0.80	0.25	5.00	49.39	20.95	7.65	43.37
26	15	723	0.13	0.25	5.00	41.14	11.14	12.07	51.57
28	16	723	1.40	0.00	5.00	52.05	23.83	5.41	41.98
23	17	723	0.80	0.25	5.00	52.75	23.28	7.28	43.40
24	18	723	0.80	0.25	5.00	50.48	23.28	7.59	43.38
25	19	723	1.47	0.25	5.00	48.95	7.49	7.99	42.42
27	20	723	0.80	0.25	8.36	44.21	10.73	15.46	41.94
29	21	723	0.80	0.25	5.00	50.85	19.06	7.61	43.38
16	22	773	1.20	0.10	3.00	45.59	23.13	23.18	38.23
14	23	773	0.40	0.40	7.00	37.05	11.32	20.60	42.35
2	24	773	1.20	0.10	7.00	40.88	36.93	22.74	38.18
8	25	773	0.40	0.10	3.00	40.12	29.99	16.46	43.42
6	26	773	0.40	0.10	7.00	36.76	24.09	20.69	42.55
12	27	773	0.40	0.40	3.00	38.68	39.75	17.70	43.62
10	28	773	1.20	0.40	3.00	40.93	35.77	20.69	38.38
4	29	773	1.20	0.40	7.00	39.01	24.05	10.96	38.38
18	30	803	0.80	0.25	5.00	32.07	41.36	24.24	37.69

四个因素经过拟合得到了两组表示变量和响应值间关系的回归方程，分别如式（6-3）

和式 (6-4) 所示：

$$Y_{oil}=-967+4.188X_1+23.126X_2-35.860X_3+1.368X_4+0.009X_1X_2-0.051X_1X_3 -0.002X_1X_4-13.880X_2X_3-0.013X_2X_4+0.226X_3X_4 -0.004X_1^2-11.597X_2^2-37.741X_3^2-0.007X_4^2 \tag{6-3}$$

$$Y_{BTX}=-287.756+1.232X_1+17.690X_2+25.961X_3+0.703X_4+0.057X_1X_2 +0.017X_1X_3+0.001X_1X_4+5.207X_2X_3+0.216X_2X_4 -0.426X_3X_4-0.001X_1^2+12.543X_2^2+25.108X_3^2-0.003X_4^2 \tag{6-4}$$

式中，X_1、X_2、X_3、X_4 分别为温度、颗粒粒径、压力、载气流量；各项前的正号和负号分别表示各变量对响应的协同和拮抗作用。对比这两个方程的系数可以发现，BTX 的产率比裂解油的产率对颗粒粒径、压力和载气流量的变化更为敏感。模型拟合了裂解油和 BTX 产率的统计数据，结果如表 6-3 所示。由表可知模型的标准差较小，相关系数 (R^2) 值较大，这说明两个模型具有很高的可信度[4]。

表 6-3 裂解油和 BTX 产率与四个变量模型评价

模型评估	裂解油	BTX
标准差(质量分数)/(g/100g)	1.121	1.904
平均值/(g/100g)	38.956	21.398
相对标准偏差/%	2.878	8.900
预测的残差平方和/%	75.366	235.456
R^2	0.994	0.979
调整后的 R^2	0.988	0.959
预测的 R^2	0.974	0.907
模型信噪比/%	47.524	26.602

6.2.2 模型准确性分析及数据预测验证

为了验证模型的可靠性和预测能力，进行了更多不同条件下的裂解实验，如图 6-2 所示。图中红点表示的是在模型基础数据范围之外条件下的实验数据。这些数据用以验证所建立模型的适用性和预测能力。由图可知，这些红点的实验值与模型给出的预测值非常接近，说明这两个模型在更大范围的裂解条件下也是非常可靠的，也证明了这两个模型可以用来寻找裂解产物优化调控的最优反应条件。

此外还采用 SAS RSREG 程序对实验数据进行了方差分析 (ANOVA)，以便评估变量对响应的显著性，结果如表 6-4 和表 6-5 所示。方差分析表明，裂解油和 BTX 产率模型的 p 值均 <0.0001，这表明模型的 95.0%置信区间 ($p<0.05$) 具有很高的可靠性。F 值和 p 值是评价所选模型和变量的关键参数[5,6]。F 值越大，p 值越小，说明模型越准确，变量对响应的影响越大。表中结果表明模型不仅是可靠的，而且还定量地比较了这四个变量对裂解油和 BTX 产率的影响程度。

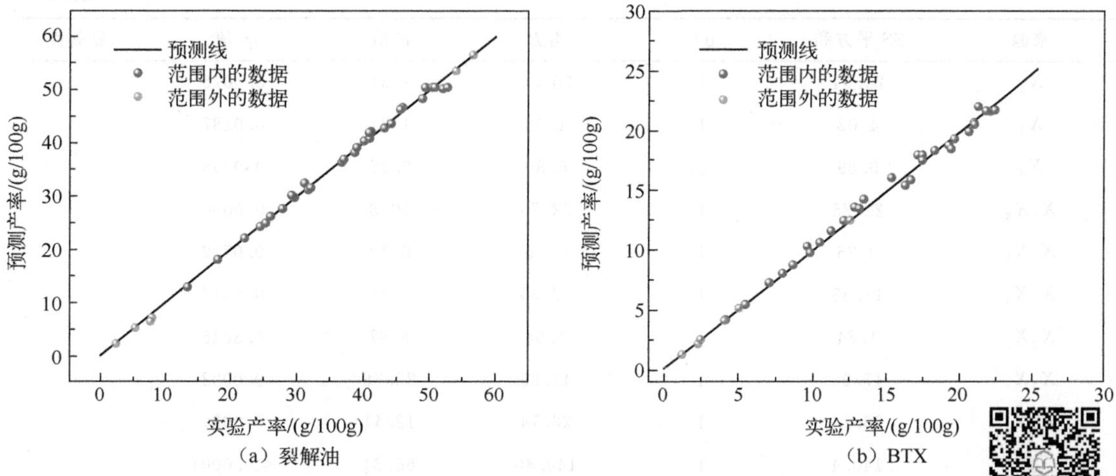

彩图 6-2

图 6-2　轮胎裂解油和 BTX 产率预测值与实验值比较

表 6-4　裂解油产率模型方差分析

来源	SS 平方和	df	均方	F 值	p 值	显著性
模型	2913.00	14	208.07	165.55	<0.0001	显著
X_1	1810.67	1	1810.67	1440.65	<0.0001	
X_2	12.73	1	12.73	10.13	0.0062	
X_3	4.22	1	4.22	3.36	0.0868	
X_4	105.47	1	105.47	83.91	<0.0001	
X_1X_2	0.56	1	0.56	0.45	0.5133	
X_1X_3	2.32	1	2.32	1.84	0.1946	
X_1X_4	45.04	1	45.04	35.83	<0.0001	
X_2X_3	13.09	1	13.09	10.41	0.0056	
X_2X_4	0.18	1	0.18	0.14	0.7111	
X_3X_4	7.33	1	7.33	5.83	0.0290	
X_1^2	1697.23	1	1697.23	1350.39	<0.0001	
X_2^2	53.16	1	53.16	42.30	<0.0001	
X_3^2	9.49	1	9.49	7.55	0.0150	
X_4^2	106.74	1	106.74	84.93	<0.0001	
残差	18.85	15	1.26			
拟合不足检验	11.42	10	1.14	0.77	0.6633	不显著
纯误差	7.44	5	1.49			
总平方和	2931.86	29				

表 6-5　BTX 产率模型方差分析

来源	SS 平方和	df	均方	F 值	p 值	显著性
模型	821.60	14	58.69	27.86	<0.0001	显著
X_1	472.71	1	472.71	224.37	<0.0001	

续表

来源	SS平方和	df	均方	F值	p值	显著性
X_2	20.04	1	20.04	9.51	0.0076	
X_3	4.02	1	4.02	1.91	0.0187	
X_4	0.89	1	0.89	0.42	0.0258	
X_1X_2	22.75	1	22.75	10.8	0.0050	
X_1X_3	0.26	1	0.26	0.12	0.0732	
X_1X_4	17.35	1	17.35	8.23	0.0117	
X_2X_3	1.84	1	1.84	0.87	0.3646	
X_2X_4	47.95	1	47.95	22.76	0.0002	
X_3X_4	26.14	1	26.14	12.41	0.0031	
X_1^2	140.4	1	140.40	66.64	<0.0001	
X_2^2	71.44	1	71.44	33.91	<0.0001	
X_3^2	4.20	1	4.20	1.99	0.1784	
X_4^2	29.37	1	29.37	13.94	0.0020	
残差	31.60	15	2.11			
拟合不足检验	11.13	10	1.11	0.27	0.9622	不显著
纯误差	20.47	5	4.09			
总平方和	853.20	29				

6.3 裂解产品结构分布调控

6.3.1 裂解产物产率与反应条件的关系

为了深入了解实验变量对轮胎产品结构的影响，得到最优的裂解工艺条件，使裂解油产率最大化，利用裂解油产率模型公式［式（6-3)］，得到了实验条件（变量）对裂解油产率的影响机制，详细情况如图 6-3 所示。

裂解温度和其他变量（颗粒粒径、压力、载气流量）对裂解油产率的影响如图 6-3（a)～(c）所示。由图可知，相对于其他三个参数，温度对裂解油产率的影响较为显著，引起这一现象的主要原因为轮胎裂解过程是一个温控过程。随着温度的升高，裂解油产率先增加后减小，约在 740K 处取得最大值。在前半段升温过程中，裂解油的增加主要来自轮胎橡胶的初期裂解；此外，气相中烯烃间的 Diels-Alder 反应也会将部分气体转化为裂解油。当温度进一步升高时，裂解油中长链脂肪烃和芳烃侧链发生断裂，产生大量气体，导致裂解油产率下降。而图 6-4 中裂解气产率在相应温度区间具有增加趋势，这一现象可以很好验证上述结论。此外，当温度高于 760K 时，挥发物中大分子碳氢化合物会聚合生成多环芳烃，并附着在裂解炭表面。这一结论也可以从裂解炭产率在该温度区域具有明显的增加趋势得到验证，详细信息如图 6-5 所示。

图 6-3（d）和（e）分别为在 738K 恒温条件下颗粒粒径和压力以及粒径和流量对裂解油产率的影响。由图可知，当颗粒粒径从 0.20mm 增加到 1.14mm 时，裂解油产率从 44g/

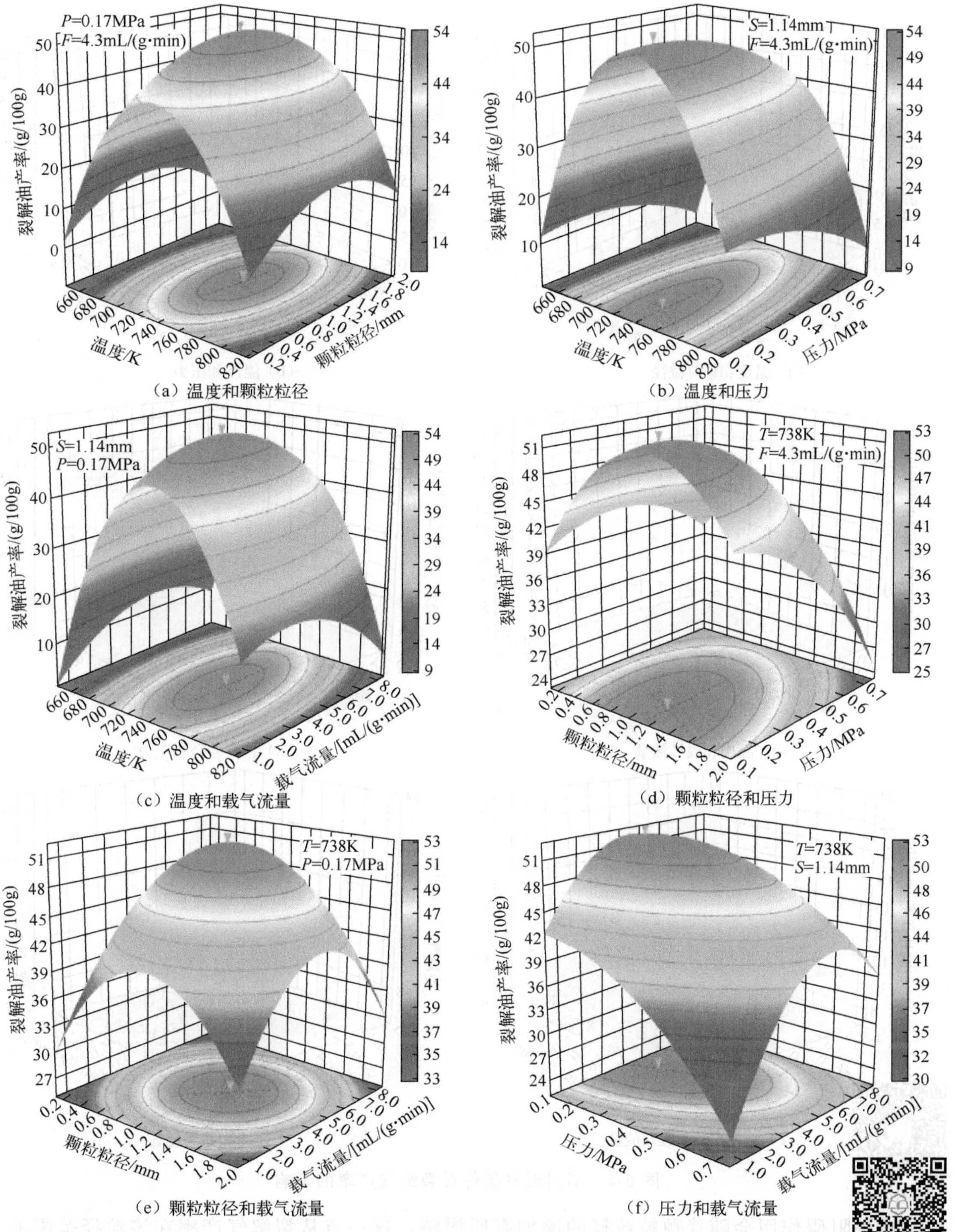

（a）温度和颗粒粒径　（b）温度和压力

（c）温度和载气流量　（d）颗粒粒径和压力

（e）颗粒粒径和载气流量　（f）压力和载气流量

图 6-3　不同裂解条件对裂解油产率的影响

彩图 6-3

100g 增加到 52g/100g。当粒径大于 1.14mm 时，裂解油产率随着粒径增加而逐渐下降。这是因为在裂解过程中，细颗粒会形成致密层，阻碍裂解产生的挥发物透过床层，延长其在反应区的停留时间，促进挥发性组分间的二次反应，致使一些小分子脂肪烃通过加氢、环化、Diels-Alder 和芳构化反应迅速形成高分子脂肪烃和芳烃。

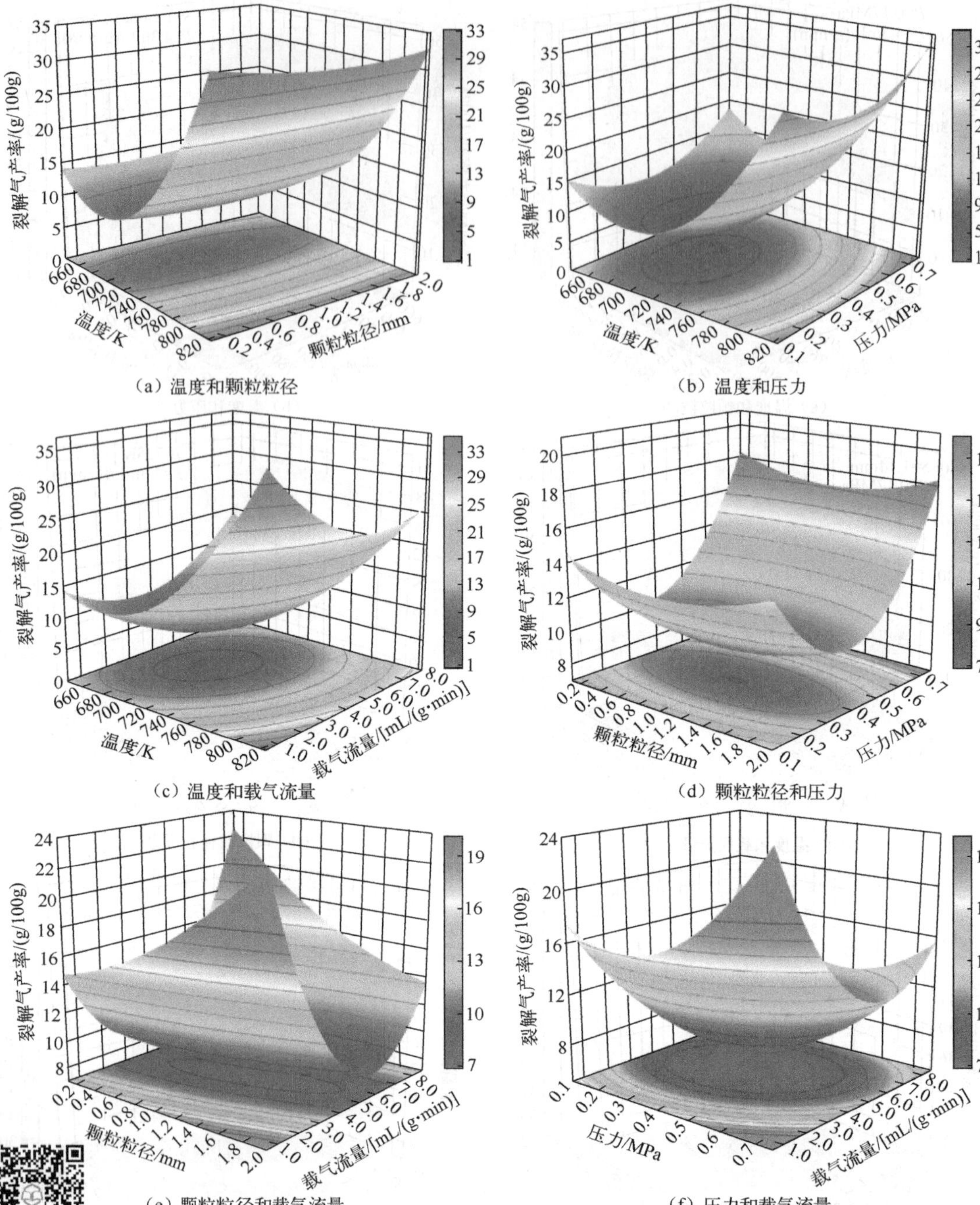

(a) 温度和颗粒粒径　(b) 温度和压力

(c) 温度和载气流量　(d) 颗粒粒径和压力

(e) 颗粒粒径和载气流量　(f) 压力和载气流量

彩图 6-4

图 6-4　不同裂解条件对裂解气产率的影响

这种阻碍作用会随着颗粒粒径的增加有所缓解，这一点从裂解气产率在该粒径范围的变化趋势上也可以得到验证［图 6-4（d）和图 6-4（e）］。尽管粗颗粒间的孔隙更有利于挥发物的扩散，但是当颗粒粒径大于 1.14mm 时，挥发物在颗粒内部的扩散占据主导作用。因此，此时随着颗粒粒径的增加，挥发物质内部扩散的时间被延长，挥发物间的二次反应得到了增强，这不仅会促进长链脂肪烃的键断裂，还会促进焦油的生成，从而降低裂解油产率。这也可以通过裂解气和裂解炭的产率变化趋势得到印证，见图 6-4（d）和图 6-5（d）［或

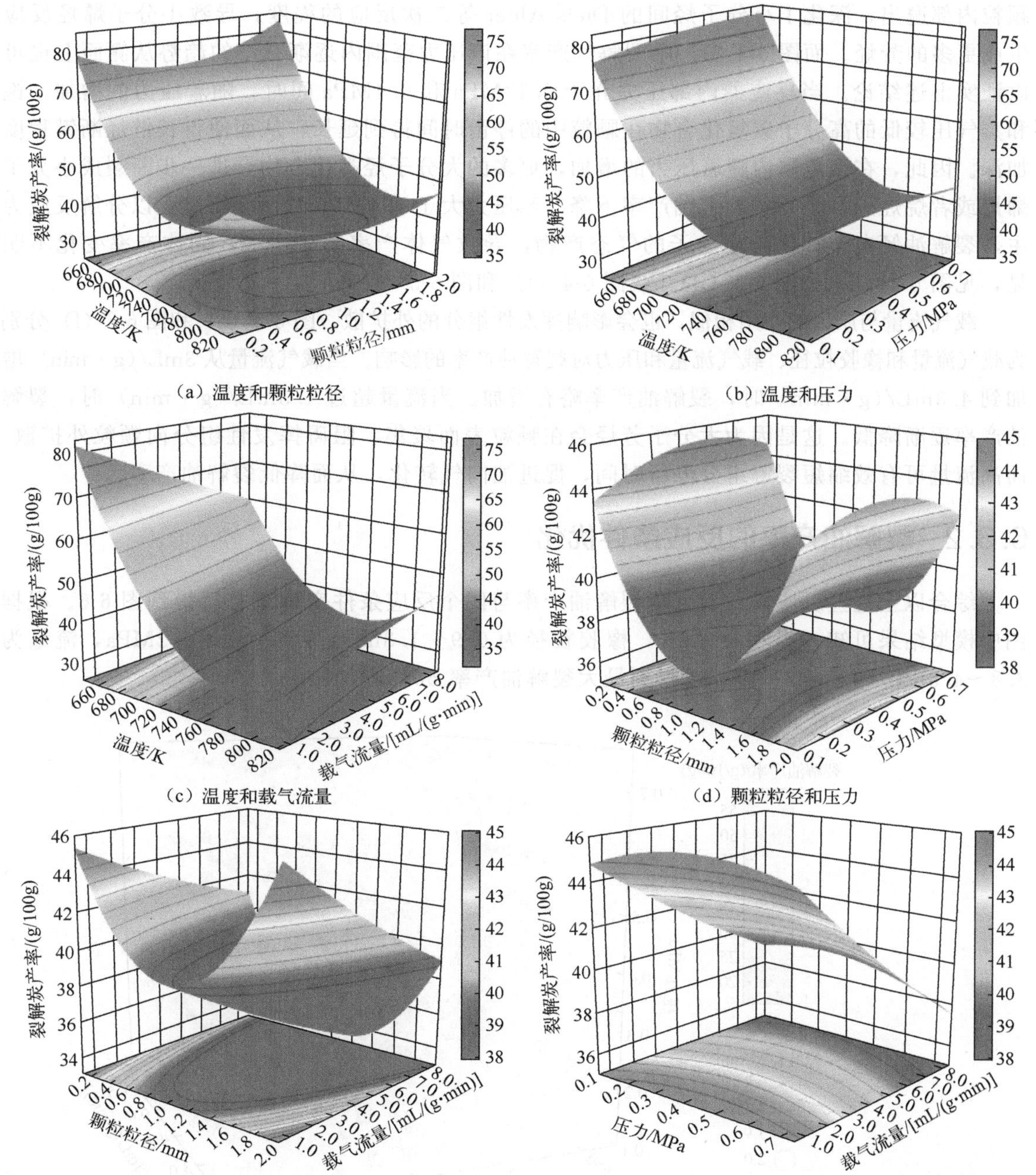

(a) 温度和颗粒粒径　(b) 温度和压力

(c) 温度和载气流量　(d) 颗粒粒径和压力

(e) 颗粒粒径和载气流量　(f) 压力和载气流量

图 6-5　不同裂解条件对裂解炭产率的影响

彩图 6-5

图 6-4（e）和图 6-5（e）]。

实验中还探讨了压力对轮胎裂解行为的影响，图 6-3（d）和图 6-3（f）分别为 738K 恒温条件下压力和颗粒粒径、压力和载气流量对裂解油产率的影响，实验中反应器压力从 0.1MPa 逐渐增大到 0.75MPa。由图可知，当压力从 0.1MPa 增加到 0.75MPa 时，裂解油产率先缓慢增加，然后从 52g/100g 下降到 42g/100g。可见高压会阻碍裂解产物在颗粒内部的扩散，从而使颗粒在反应区的停留时间延长[7,8]。在 0.1～0.17MPa 范围内，随着压力的增大，裂解油产率缓慢增加。这是因为在低压范围内，增加压力可以抑制短链烯烃从颗粒内部逸出，深化了小分子烃间的 Diels-Alder 等二次反应的程度，导致小分子烯烃反应生成更多的芳烃。而图 6-4（f）中裂解气产率在该压力范围内逐渐减小的趋势从侧面上也可以证实上述结论。当反应器内部压力介于 0.17MPa 和 0.4MPa 间时，随着压力的增加，饱和蒸气压较低的高分子碳氢化合物在颗粒中的停留时间得到延长，从而使得长链烃断键程度加深。因此，在该范围内随着压力的增加，更多的大分子烃类化合物会进一步断裂成小分子烯烃或者烷烃[9-11]，导致裂解油产率下降。当压力大于 0.4MPa 时，裂解过程以分解反应为主，裂解油倾向于转化为小分子的气态产物，导致气体产率明显增加，固体产率变化不明显，见图 6-4（d）和图 6-5（d）[或图 6-4（f）和图 6-5（f）]。

载气流量与压力的作用相似，也会影响挥发性组分的外扩散，图 6-3（e）和图 6-3（f）分别为载气流量和橡胶粒径、载气流量和压力对裂解油产率的影响。当载气流量从 3mL/(g·min) 增加到 4.3mL/(g·min) 时，裂解油产率略有增加。当流量超过 4.3mL/(g·min) 时，裂解油产率逐渐降低。这是因为大分子芳烃会在颗粒表面聚集，阻碍挥发性组分向颗粒外扩散，而高流量可有效缩短裂解组分停留时间，促进油向气转化，从而降低裂解油产率。

6.3.2 裂解油产率的反应条件优化

综合以上这些反应条件后，将裂解油产率与四个反应条件变量汇总后得到图 6-6。根据图中模型结果可知，当 $T=740\text{K}$，橡胶粒径为 0.9～1.3mm，$P=0.1\sim0.2\text{MPa}$，流量为 3.8～4.5mL/(g·min) 时，可得到最大裂解油产率 56.2g/100g。

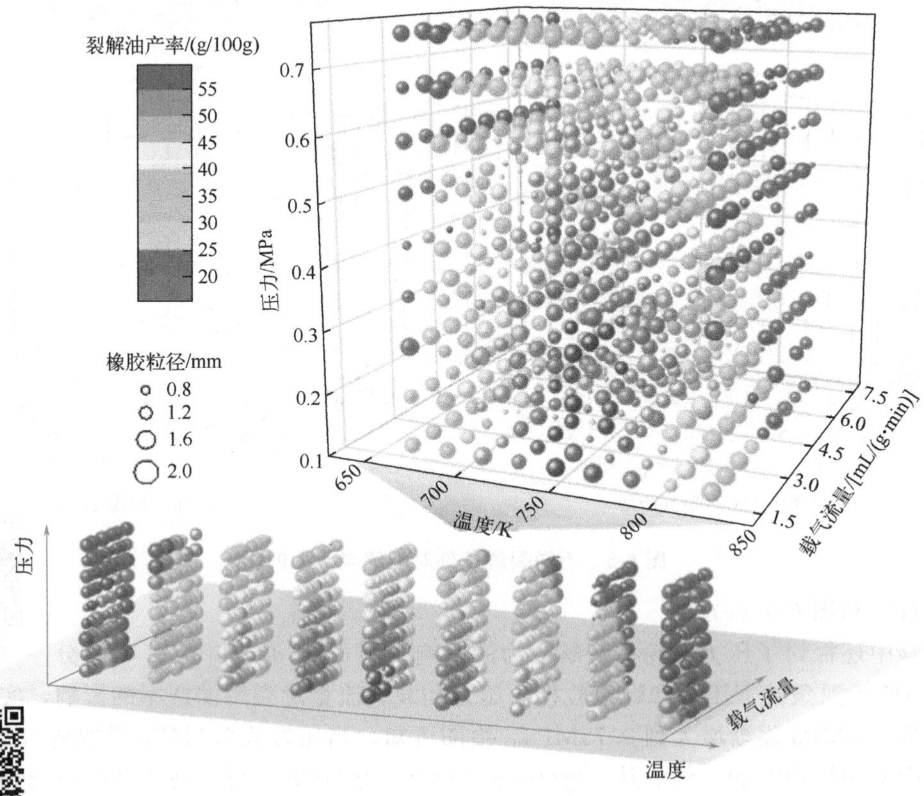

彩图 6-6

图 6-6 裂解油产率与温度、压力、载气流量和颗粒粒径的关系

6.4 高价值组分 BTX 的调控

6.4.1 BTX 产率与反应条件的关系

根据前人的研究[1,2,12]，废轮胎裂解产物的组分与裂解温度、颗粒粒径和载气流量密切相关。废轮胎热裂解是一个温控过程，裂解产物的组分对温度十分敏感。颗粒粒径、压力和载气流量对裂解油的组成有显著影响。Gupta 等人[13] 利用响应面法（RSM）评估了温度、载气流量等实验参数对生物质裂解产物组分的影响，并发现优化后的参数可以显著提高 BTX 的产率。Wang 等人[14] 研究了温度和压力对废轮胎和油泥共裂解的影响，指出在优化的实验参数下，混合裂解得到的油中单环芳烃含量可达 57.11%。根据上述研究，轮胎裂解过程中，温度、颗粒粒径、压力和气体流量这四个因素对裂解油产率及组分（尤其是 BTX 含量）有显著影响。因此，这里就上述条件对 BTX 的产率的影响和影响机制也展开了研究。

为了使 BTX 的收率最大化，研究中也采用了响应面法（RSM）对实验条件进行了优化，并根据实验结果建立了 BTX 产率与四个实验参数之间的关系模型。基于 BTX 的产率模型，RSM 结果如图 6-7 所示。与裂解油产率模型相比，BTX 的产率对这些参数的响应有很大差异。图 6-7（a）～（c）绘制了温度和其他三个参数对 BTX 产率的影响。由图可知，温度对 BTX 产率有很大的影响，在 770K 时 BTX 产率最高，高于裂解油产率最高时的温度（738K），这说明高温下聚合物的深度分解和随后的二次反应（Diels-Alder、环化和芳构化反应等）有助于提高 BTX 产率。此外，颗粒粒径对 BTX 产率的影响比对裂解油产率的影响大得多，而且颗粒越小越有利于 BTX 的生成。压力对 BTX 产率的影响程度要小于其对裂解油产率的影响程度。但 BTX 最大产率所需的压力（0.47MPa）要明显高于裂解油最大产率所需的压力（0.17MPa）。图 6-7（d）～（f）是颗粒粒径、压力和载气流量三个因素对 BTX 形成的影响。由图可知，颗粒粒径对 BTX 产率的影响要明显大于其他两个参数，其中图 6-7（f）说明流量对 BTX 生成的影响大于压力，而且与裂解油［图 6-3（d）～（f）］相比，小粒径、高压力、低流量的条件更有利于 BTX 的生成。

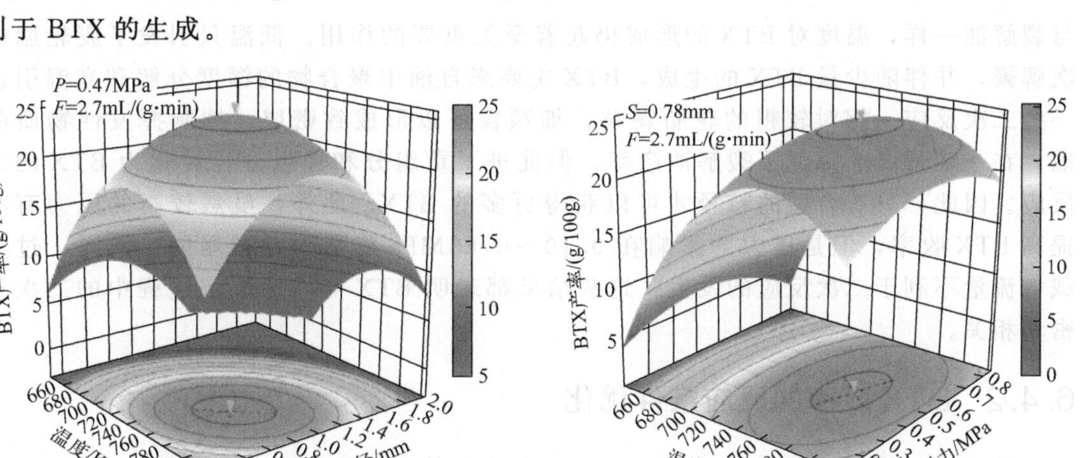

（a）温度和颗粒粒径　　（b）温度和压力

图 6-7

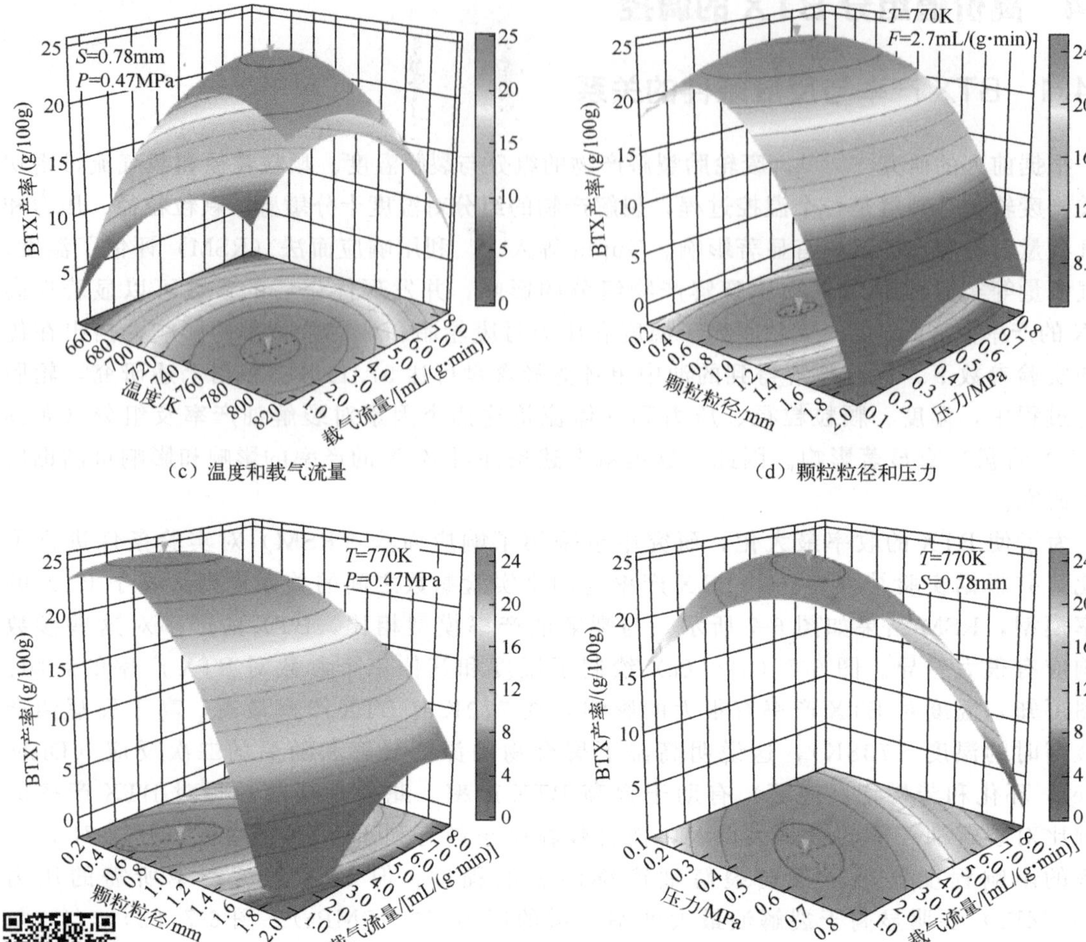

(c) 温度和载气流量　(d) 颗粒粒径和压力

(e) 颗粒粒径和载气流量　(f) 压力和载气流量

彩图 6-7

图 6-7　不同裂解条件对 BTX 产率的影响

与裂解油一样，温度对 BTX 的形成仍起着至关重要的作用。低温只引发了废轮胎的一次解聚，并伴随少量 BTX 的生成，BTX 主要来自油中聚合物的深度分解和高温引发的一些二次反应。相对较粗的轮胎颗粒，细颗粒可以形成致密层，抑制挥发性物质的扩散，在一定程度上降低了裂解油产率，但促进了重组分和轻组分烃转化为 BTX 的二次反应。因此，只有合适的粒径才可以获得更多的 BTX。此外，虽然较高的压力有利于提高 BTX 收率，但是压力的影响在 0.10～0.85MPa 范围内是微弱的。同时，过大的载气流量不利于二次反应的发生，这些结果都表明 BTX 与轮胎裂解过程中的二次反应密切相关。

6.4.2 BTX 产率的反应条件优化

通过 BTX 产率模型，获得了 BTX 生成的最佳条件，如图 6-8 所示。当 $T=750\sim780$K，$S=0.65\sim0.8$mm，$P=0.45\sim0.58$MPa，$F=2.0\sim2.8$mL/(g · min) 时，每 100g 轮胎橡胶可产生 26.5g BTX。

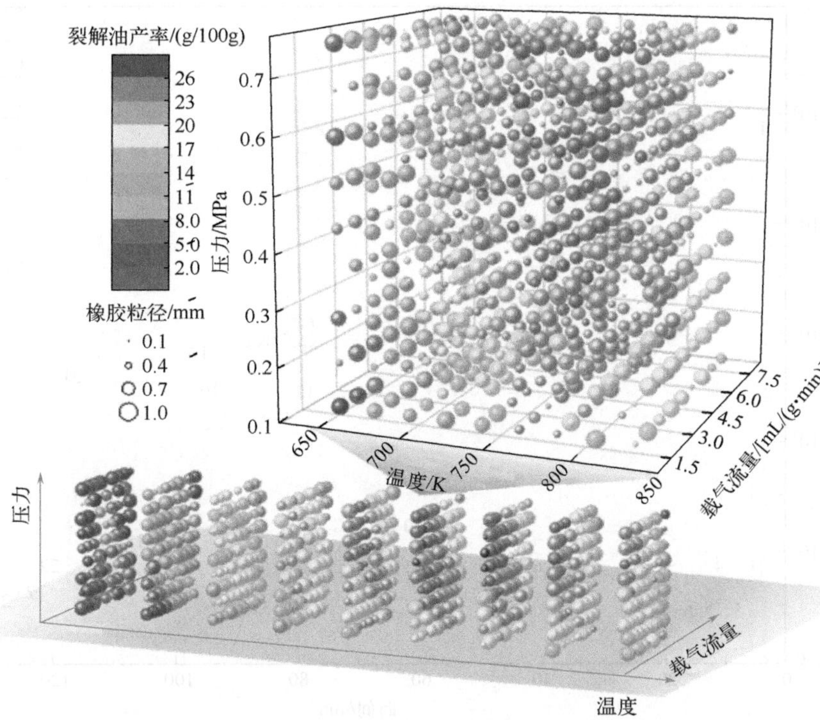

图 6-8 BTX 产率与温度、压力、载气流量和颗粒粒径的关系

彩图 6-8

6.5 BTX 产物的调控机制

6.5.1 裂解油组成

通过 RSM 实验获得了最佳裂解条件，BTX 是裂解油中最重要的组分，其含量变化不仅与油中其他组分有关，还与小分子烃（裂解气）有关。为了进一步探究裂解条件对 BTX 的影响机制，探讨不同条件下 BTX 与裂解产物组分间的关系。在之前的章节中已经对废轮胎橡胶裂解产物的组分做了分析，此处采用佳通轮胎样品进行产物研究。裂解结果显示裂解产生的挥发物中含有约 100 种成分，根据产物分布情况，选取了其中 24 种主要产物进行定性分析，结果如图 6-9 所示。

6.5.2 裂解油组成与裂解条件的关系

为了便于分析，将这些产品划分为六组：①小链烯烃（$<C_6$），包括乙烯、丙烯、丁二烯、异戊二烯和少数链烯烃；②链/环烯烃（$C_6 \sim C_8$），包括少量芳烃（不含 BTX）；③单环芳烃（$C_9 \sim C_{11}$）；④多环芳烃（$<C_{11}$）；⑤BTX；⑥柠檬烯（Lim）。为了更好地了解四种因素对 BTX 与其他组分的影响机制，在不同条件下进行了 Py-GC 实验，结果如图 6-10 所示。

对四种不同粒径的橡胶样品在 770K、0.1MPa 和 4.0mL/(g·min) 条件下进行 Py-GC 裂解实验，结果如图 6-10（b）所示。随着颗粒粒径的增大，大分子烃裂解过程中挥发物结焦炭化程度加深，该过程使裂解油总量随粒径增大而减少。此外，粒径的增大也会使小链烯

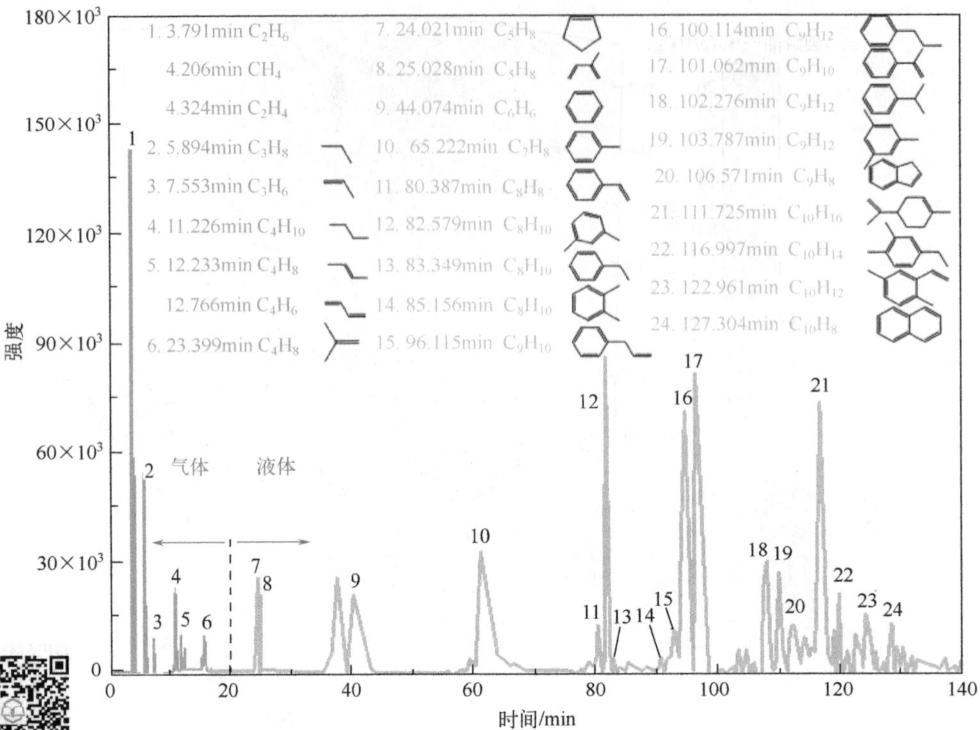

彩图 6-9

图 6-9 废轮胎在 743K 下裂解产物组分

烃（$<C_6$）的产率下降，但是高分子烃（$<C_{11}$）和单环芳烃（$C_9\sim C_{11}$）含量在这一过程中相对稳定。这说明小链烯烃（$<C_6$）的加成反应在较大的橡胶颗粒内部得到了加强，而粒径变化对高分子烃（$<C_{11}$）和单环芳烃（$C_9\sim C_{11}$）含量影响相对较小。总体来说，小分子链烯烃（$<C_6$）的 Diels-Alder 反应对粒径变化更加敏感，而柠檬烯向 BTX 的转化和大分子烃（$<C_{11}$）的裂解在一定程度上也会受到粒径影响。当粒径为 0.8mm 时，BTX 产量最大；这与上述 BTX 模型的预测值吻合，从侧面说明了模型的可靠性。

图 6-10（c）显示了压力对产物的影响，其实验条件为 770K、0.8mm 和 4.0mL/(g·min)。可以看出，随着压力的升高，单环芳烃（$C_9\sim C_{11}$）、多环芳烃（$<C_{11}$）和柠檬烯的含量迅速下降。相比之下，链/环烯烃（$C_6\sim C_8$）和 BTX 的产率有所提高。这说明高压有利于柠檬烯和高碳芳烃（$<C_9$）向 BTX 的转化。而小分子链烯烃（$<C_6$）随压力从 0.1MPa 升高到 0.5MPa 逐渐减少，在 0.7MPa 下突然增加。这说明在相对较低的压力下（<0.5MPa），小分子链烯烃之间的 Diels-Alder 反应增强，产生更多的链/环烯烃（$C_6\sim C_8$）和 BTX，但在高压下，高分子芳烃（$<C_9$）和 BTX 会断键生成小分子链烯烃（$<C_6$）；此外还发现，高压会抑制高 C 数烃类的产率（$<C_{11}$）。

图 6-10（d）为载气流量对裂解产物组分的影响，其实验条件为 770K、0.1MPa 和 0.8mm。由图可知，随着流量的增加，小分子链烯烃（$<C_6$）、柠檬烯和多环芳烃（$<C_{11}$）含量明显提高。而链/环烯烃（$C_6\sim C_8$）、单环芳烃（$C_9\sim C_{11}$）和 BTX 的产率明显降低。这一结果表明，高流量会阻碍链/环烯烃（$C_6\sim C_8$）、单环芳烃（$C_9\sim C_{11}$）向 BTX 的转化。由于流量主要决定了裂解产物的扩散时间，由此也可以验证，BTX 主要来自二次反应。而且这一结果也有力地证实了小分子链烯烃（$<C_6$）间的 Diels-Alder 反应和柠檬烯的转化反应是 BTX 的主要来源之一。

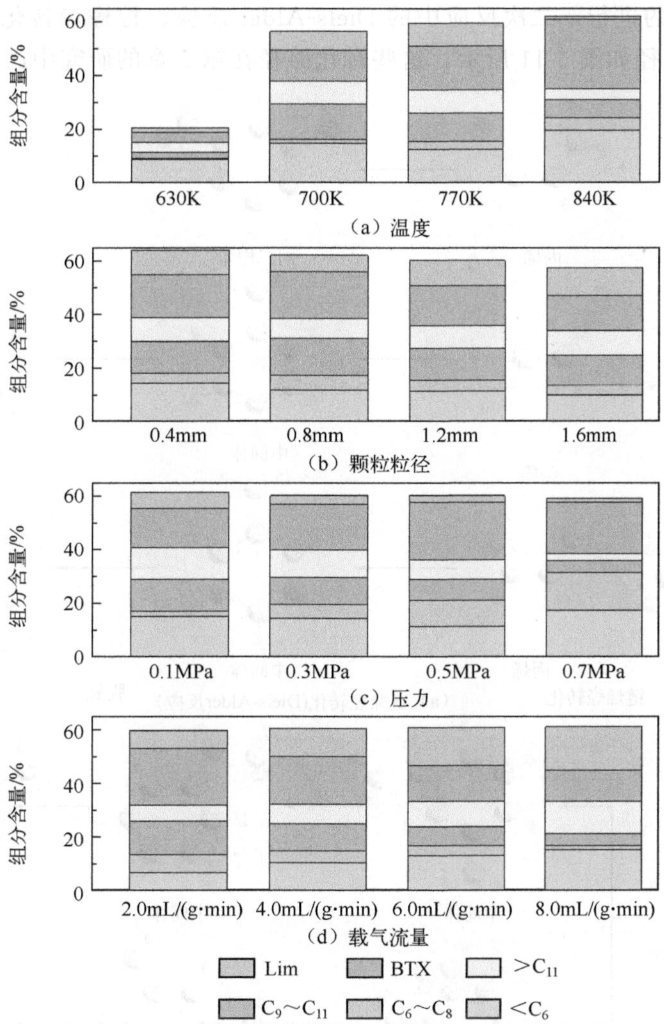

图 6-10　不同裂解条件下产物组分

彩图 6-10

6.5.3　BTX 的形成机制

上述结果揭示了 BTX 与其他裂解产物之间的关系，并在此基础上阐明了 BTX 的主要形成路径。少量 BTX 来自轮胎橡胶（NR、SBR 和 BR）的初次解聚，此过程还伴随大量自由基碎片的生成，反应机理如下：

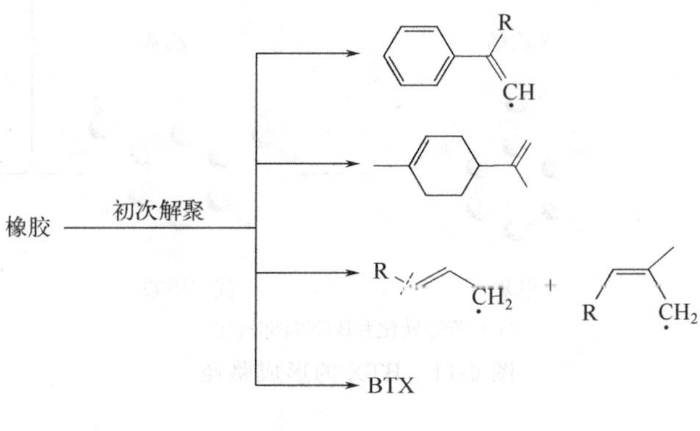

随着裂解过程的进行，二次反应中的 Diels-Alder 反应、柠檬烯转化和芳烃转化会生成大量 BTX，反应路径如图 6-11 所示，这些转化路径在第 5 章的研究中已经得到证明。

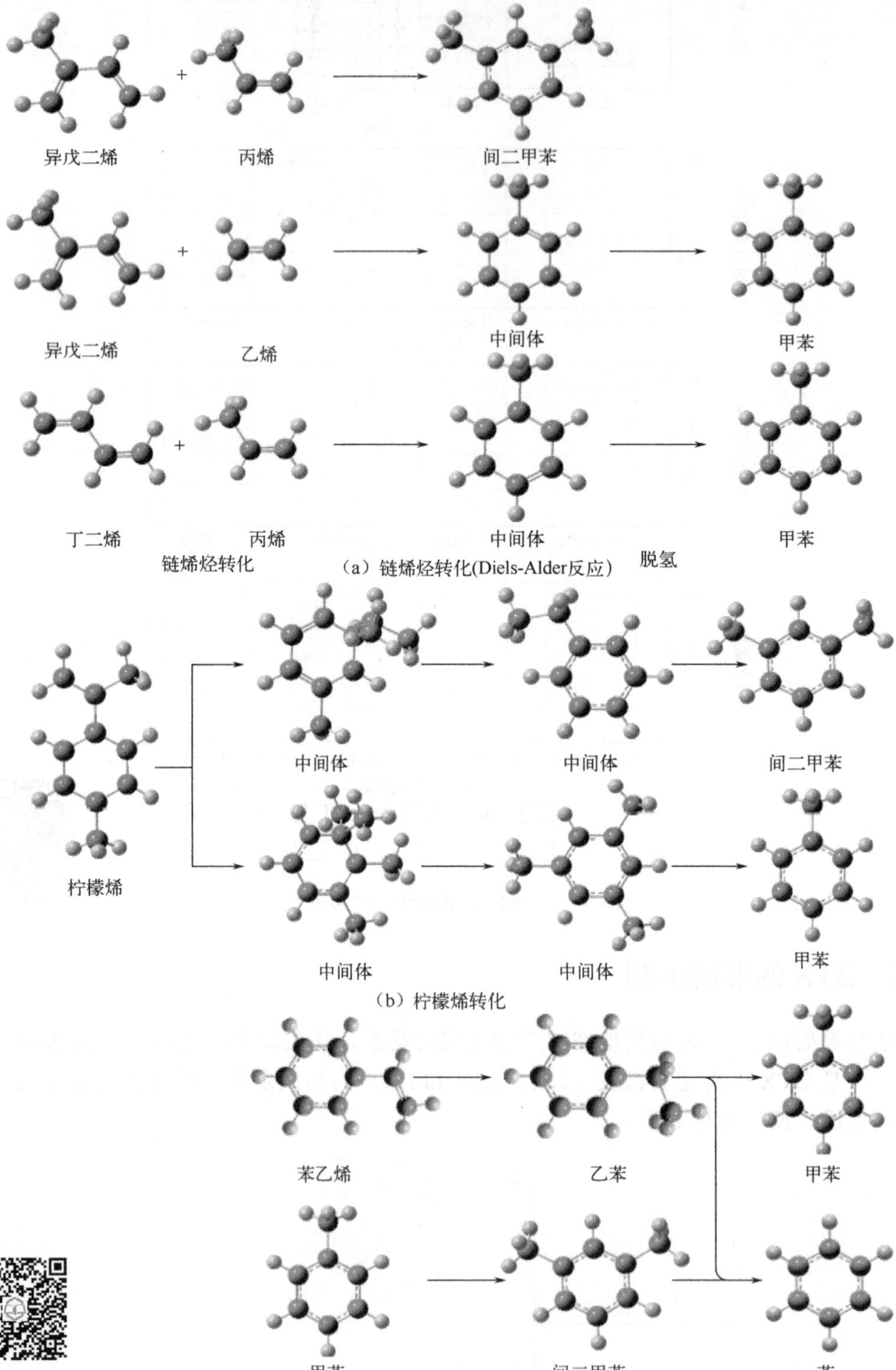

（a）链烯烃转化(Diels-Alder反应)

（b）柠檬烯转化

（c）芳烃转化和BTX内部转化

彩图 6-11

图 6-11　BTX 的形成路径

聚合物裂解生成的链烯烃先通过 Diels-Alder 反应转化为环烯烃，再通过脱氢反应生成甲苯和二甲苯［如图 6-11（a）所示］。这些反应可以将小分子链烯烃（气体）转化为裂解油。此外，柠檬烯转化是生成甲苯和二甲苯的另一个主要途径，如图 6-11（b）所示。在轮胎裂解过程中，NR 裂解生成柠檬烯，柠檬烯在高温下不稳定，可以通过烷基转移和分子结构重排反应转化为不稳定的中间体。这些中间产物会进一步转化为甲苯和二甲苯。除了甲苯和二甲苯，苯乙烯也是最常见的裂解产物之一。然而苯乙烯在高温下不稳定，容易转化为甲苯和苯，详细反应路径见图 6-11（c）。上述三种反应是 BTX 在轮胎裂解过程中的主要生成路径，需要强调的是 BTX 在高温下也会相互转化，如甲苯可以通过歧化反应转化为苯和二甲苯。

6.6 本章小结

本章主要围绕废轮胎裂解工艺参数对产品结构的影响展开研究，重点讨论了温度、粒径、初始压力和载气流量对裂解气、裂解炭和裂解油产量及组分的影响机制。结合现有实验条件，采用响应面法对废轮胎的热裂解参数进行了优化，并建立了两个数学模型，量化了裂解油、BTX 产率与实验参数（温度、颗粒粒径、压力和载气流量）之间的关系。通过对不同裂解条件下产物的分析，系统地研究了四个参数对裂解油和 BTX 产率的影响机制。还借助 Py-GC 在线检测手段揭示了 BTX 的生成机理。本章研究的发现可为废轮胎热裂解技术的升级和 BTX 等高价值产物的获取提供理论依据。根据实验数据可以得到以下重要结论：

① 建立了裂解油和 BTX 产率的数学模型，并由此得到了裂解油和 BTX 的最佳裂解条件。对于裂解油，最佳反应条件为：裂解温度 T＝720～750K、颗粒粒径 S＝0.9～1.3mm、反应器内压力 P＝0.1～0.2MPa、载气流量 F＝3.8～4.5mL/(g·min)。对于 BTX，最佳反应条件为：裂解温度 T＝770～780K、颗粒粒径 S＝0.65～0.8mm、反应器内压力 P＝0.45～0.58MPa、载气流量 F＝2.0～2.8mL/(g·min)。

② 废轮胎热裂解过程中，温度主要控制轮胎橡胶的初次裂解程度。可通过调节橡胶粒径、压力和载气流量等因素来调节二次裂解反应，从而控制产物中 BTX 的含量。

③ 废轮胎在一次解聚阶段只产生少量的 BTX，大部分 BTX 来自二次反应：小分子链烯烃的 Diels-Alder 反应、柠檬烯转化和芳烃转化反应。

④ BTX 生成的最佳温度相对较高，但过高的温度会降低油和 BTX 的产量。合适的颗粒粒径可以促进小分子链烯烃/柠檬烯向 BTX 的转化，抑制焦化反应。合理的压力不仅能促进大分子烃（$<C_{11}$）向 BTX 的裂解，而且能促进小分子链烯烃之间的 Diels-Alder 反应。

参考文献

[1] Zheng D, Cheng J, Dai C, et al. Study of passenger-car-waste-tire pyrolysis: Behavior and mechanism under kinetical regime [J]. Waste Management, 2022, 148: 71-82.

[2] Kyari M, Cunliffe A, Williams P T. Characterization of oils, gases, and char in relation to the pyrolysis of different brands of scrap automotive tires [J]. Energy & Fuels, 2005, 19 (3): 1165-1173.

[3] Gupta G K, Mondal M K. Bio-energy generation from sagwan sawdust via pyrolysis: Product distributions, characterizations and optimization using response surface methodology [J]. Energy, 2019, 170: 423-437.

[4] Idris R, Chong C T, Asik J A, et al. Optimization studies of microwave-induced co-pyrolysis of empty fruit bunches/waste truck tire using response surface methodology [J]. Journal of Cleaner Production, 2020,

244：118649.

[5] Arvindekar A U, Laddha K S. An efficient microwave-assisted extraction of anthraquinones from rheum emodi: Optimisation using RSM, UV and HPLC analysis and antioxidant studies [J]. Industrial Crops and Products, 2016, 83: 587-595.

[6] Zhang L, Zhou B, Duan P, et al. Hydrothermal conversion of scrap tire to liquid fuel [J]. Chemical Engineering Journal, 2016, 285: 157-163.

[7] Cuypers F, Helsen L. Pyrolysis of chromated copper arsenate (CCA) treated wood waste at elevated pressure: Influence of particle size, heating rate, residence time, temperature and pressure [J]. Journal of Analytical and Applied Pyrolysis, 2011, 92 (1): 111-122.

[8] Kumar A, Yan B, Tao J, et al. Co-pyrolysis of de-oiled microalgal biomass residue and waste tires: Deeper insights from thermal kinetics, behaviors, drivers, bio-oils, bio-chars, and in-situ evolved gases analyses [J]. Chemical Engineering Journal, 2022, 446: 137160.

[9] Mohammed I Y, Abakr Y A, Yusup S, et al. Valorization of napier grass via intermediate pyrolysis: Optimization using response surface methodology and pyrolysis products characterization [J]. Journal of Cleaner Production, 2017, 142: 1848-1866.

[10] Varma A K, Thakur L S, Shankar R, et al. Pyrolysis of wood sawdust: Effects of process parameters on products yield and characterization of products [J]. Waste Management, 2019, 89: 224-235.

[11] Duan P, Jin B, Xu Y, et al. Co-pyrolysis of microalgae and waste rubber tire in supercritical ethanol [J]. Chemical Engineering Journal, 2015, 269: 262-271.

[12] Williams P T. Pyrolysis of waste tyres: A review [J]. Waste Management, 2013, 33 (8): 1714-1728.

[13] Gupta S, Patel P, Mondal P. Biofuels production from pine needles via pyrolysis: Process parameters modeling and optimization through combined RSM and ANN based approach [J]. Fuel, 2022, 310: 122230.

[14] Pan Y, Sima J, Wang X, et al. BTEX recovery from waste rubbers by catalytic pyrolysis over Zn loaded tire derived char [J]. Waste Management, 2021, 131: 214-225.

第7章 热解过程中污染物释放规律及路径

在轮胎生产制造过程中，含有氮、硫和一些重金属元素（如铁、铜、锌和钴）的添加剂会加入橡胶中以提高轮胎性能，这会使得轮胎中含有大量的有害元素。通常废轮胎的硫含量（质量分数）约为1.4%～2.6%，氮含量（质量分数）约为0.2%～0.8%。此外，轮胎中也含有氯元素，这可能会导致二噁英的形成。在热解过程中，这些有害元素会不可避免地迁移到热解产品中，最终导致设备的腐蚀和二次污染。含有氮、硫和氯的小分子污染物，如HCN、NH_3、H_2S、SO_2和HCl，可以通过简单的方法去除。然而大分子有机污染物，如噻吩类化合物、二苯胺和1-氯吲哚，毒性较高，如不及时处理会引发更严重的环境风险。此外，热解气和油中的氯和氯化物在之后的燃烧应用中会产生有害污染物，如多氯二苯并对二噁英（PCDDs）和多氯二苯并呋喃（PCDFs）。总体而言，废轮胎的热解倾向于产生大量存在于油气中的污染物，包括无机小分子污染物、高挥发性有机小分子污染物（主要存在于气相产品中）、低挥发性有机大分子污染物（主要存在于油相产品中）和重金属。

以往文献在研究污染物生成规律及污染物与产品相互作用机制时，主要是通过固定床反应器如管式炉进行实验，忽略了实际操作条件。在实际工程应用中，废轮胎热解反应器可分为连续进料的快速热解和间歇进料的慢速热解，其中传热和传质对污染物的形成和热解产品质量有重要影响。

7.1 废轮胎热解过程中含氮、硫和氯污染物的释放

7.1.1 含氮、硫和氯污染物的来源和危害

轮胎的胶料在制造过程中会经过橡胶密炼和橡胶硫化这两个重要步骤。“密炼”即将配方确定好的原材料通过物理挤压作用混合在一起，这一过程中加入大量的添加剂如油类氧化剂、增黏剂、补强剂和填充剂等等[1]，这些添加剂中含有一定量的氮、硫和氯等有害元素。密炼后的橡胶需要提升强度和抗张强度，会进行“硫化”这一重要环节，硫黄和一些硫化促进剂如二硫代甲酸盐和磺酰胺促进剂被用于硫化过程，以通过形成具有三维网络结构的硫化橡胶来达到提升理化性能的目的。根据先前的研究，废轮胎中的硫含量约为1.4%～2.6%，氮含量约为0.2%～0.8%[2,3]。另外，很少有研究关注轮胎中含有的氯。

这些有害元素会不可避免地迁移到热解产品中，最终在热解过程中导致设备腐蚀和二次

污染。含有氮、硫和氯的小分子污染物，如 HCN、NH_3、H_2S、SO_2 和 HCl，可以通过简单的方法去除。然而，大分子有机污染物，如苯并［α］咔唑、1-氯萘等，是不可生物降解的，具有更高的毒性，会导致更严重的环境风险[4]。此外，热解气体和油中的氯和氯化物会在焚烧后产生有害污染物，即多氯二苯并对二噁英（PCDDs）和多氯二苯并呋喃（PCDFs）[5]。因此，研究废轮胎热解过程中氮、硫和氯的转化过程对了解污染物的释放机制具有重要意义。

7.1.2 热解过程中氮、硫和氯元素迁移的影响因素

经过硫化过程后，轮胎橡胶中氮、硫和氯元素的赋存状态比较复杂，大部分硫元素以有机硫 C—S 键的形式存在[6]，具体多为脂肪族硫。同样添加剂中的氮和氯元素在硫化后也主要以有机物的形式存在，有机氮主要包括氧化型氮、吡啶氮和季氮等[7]。而氯元素在废轮胎中主要是以有机氯的形式存在，热解后的热解炭中氯主要以无机氯的形式存在。目前的研究表明热解产物中氮、硫和氯的含量和形态主要受到热解条件包括热解温度、升温速率和热解气氛的影响。

（1）热解温度

热解温度会影响氮、硫和氯等元素在三相产物中的分布。Aydin 等人[8] 研究发现，热解油中硫的含量随着热解终温从 623.15 K 升到 973.15K 出现了先减少后增加的变化，热解油最低含硫量出现在 773.15K。Hu 等人[9] 发现在快速热解过程中，673.15K 热解温度下废轮胎中的有机硫化物会更容易分解并释放到热解油和热解气中。Chen 等人[2] 利用 Py-GC/MS 技术研究废轮胎快速热解后逸出气中 SO_2、NH_3 和 NO 随温度的变化规律，研究发现 SO_2 在 723.15K 释放最剧烈，主要与有机硫的分解有关，而 NO 的释放浓度很低，没有明显的峰值，NH_3 在 673.15 K 有明显的释放峰。

（2）升温速率

利用管式炉热解废轮胎发现升温速率为 303.15K/min 时，含硫污染物的释放量最多，随着升温速率增大到 313.15K/min，SO_2 的释放量出现了降低。对于热解气中含氮和含硫污染物，随着升温速率的升高，并没有出现明显的释放规律。Mkhize 等人[10] 通过对比 278.15K/min、288.15K/min 和 298.15K/min 升温速率下热解产物的具体成分，发现热解油中柠檬烯的产率随着升温速率的增加而升高，在 298.15K/min 下产率最高。Akkouche 等人[11] 探究了升温速率对热解油中硫含量和热解气中含硫污染物的影响，发现增加升温速率会促进热解气中 H_2S 的释放，而且导致热解油中硫含量下降。

（3）热解气氛

Cheng 等人通过对比氮气和二氧化碳氛围下废轮胎的热解，发现二氧化碳气氛能促进热解炭中有机硫的分解并加速吡啶氮向吡咯氮的分解。董根全等人[12] 进行废轮胎在氮气、氢气、水蒸气氛围下的热解，重点分析了热解油中硫组分和含量的差异，发现氢气和水蒸气气氛下热解油中的硫含量均低于氮气热解条件下产生的热解油中的硫含量。李鑫等人[13] 利用流化床研究了氮气、二氧化碳气氛下 H_2S、HCN 和 NH_3 气体的释放特性，发现在二氧化碳气氛下热解时 H_2S 的释放量略高于氮气气氛。在二氧化碳气氛下，含氮污染物以 NH_3 为主，NH_3 的释放随着热解温度的升高而降低。

7.1.3 传热与传质

总体而言，目前对热解过程中硫、氮和氯元素迁移影响因素的研究主要集中在热解的反应条件上，研究升温速率、热解温度和气氛等对污染物释放的影响。但这些研究大部分通过热重实验或常见的管式炉开展，废轮胎热解的物料总量少。而实际的固定床废轮胎热解物料量相对较多，会存在传热传质的问题。在其他固废的热解处理过程中，大部分研究针对物料本身的颗粒或设备的改进所带来的传热传质对三相产率的影响。Rofiqul 等人[14] 发现 $2cm^3$ 的废轮胎在 748.15K 终温下热解产生的热解气的产率比 $4cm^3$ 的高，而热解油的产率比 $4cm^3$ 的低。Kaminsky 和 Raveendran 等人采用多种多阶段反应模型来模拟热解过程，分别研究了传热传质对轮胎和生物质热解的影响[15,16]。Li 等人[17] 设计了一种新型反应器，称为真空桨式快速热解反应器，并发现通过提高搅拌速度促进传热和传质可以提高生物质热解油的产量。然而，这些研究并没有关注产品质量和污染物释放特性。为了让读者更好地了解传热传质对废轮胎热解过程中氮、硫元素在各产物中的分布和主要污染物气体的变化规律，本书在自行设计的固定床反应器上进行了不同热解工况的实验，以研究废轮胎热解过程中传热传质对产物分布和污染物释放特性的影响。

7.1.4 废轮胎热解过程中重金属和二噁英的释放

(1) 重金属

轮胎本身在生产制造过程中会加入大量含有金属元素的添加剂，在使用和回收的过程中也会混入一些金属元素。这些元素中的重金属元素主要有锌（Zn）、砷（As）、镉（Cd）、铅（Pb）、铬（Cr）和镍（Ni）等。在废轮胎热解过程中，若这些重金属元素迁移到热解气或热解油中，在后续的产品利用过程中容易产生二次污染。唐兰等人[18] 发现在废轮胎热解过程中加入10%的白云石吸收剂，固相中 Fe、Cu、Zn 的含量会大幅度增加。这些吸收剂可以通过熔融反应抑制重金属的挥发，还可以通过化学吸附固定高挥发性的重金属。通常热解过程中 Cd、Pb、Zn 和 Cu 的挥发率比燃烧过程中的挥发率低。但目前关于能否通过改进热解反应器（促进传热传质）来促进废轮胎热解过程中重金属的固定还没有详细的研究。

(2) 二噁英

二噁英（dioxin，缩写为 PCDD/Fs），通常包含多氯二苯并对二噁英（PCDDs）和多氯二苯并呋喃（PCDFs）两类化合物，而不是一种单一物质。这类物质毒性较大并且无色无味[19]。Ma 等人[20] 研究了在垃圾热处理过程中掺混氧化钙对 PCDD/Fs 生成的抑制作用，结果表明 PCDD/Fs 在热解条件下的产生量较少，而随着氧气的通入，PCDD/Fs 的浓度呈现出先升高后下降的趋势。氧化钙的加入对 PCDD/Fs 生成有着明显的抑制作用。但目前针对废轮胎热解三相产物（包括热解炭、热解油和热解气）中二噁英和热解油气燃烧后所释放的二噁英的对比分析还较少。

7.2 样品的制备与研究方法

7.2.1 样品的制备

(1) 废轮胎

研究的废轮胎取自四川某废轮胎橡胶回收工厂，筛选出粒径 1～3mm 的样品。表 7-1 给出了废轮胎样品的元素分析结果。废轮胎的元素分析（C、H、N 和 S）采用元素分析仪（Thermo Scientific Flash 2000，美国）测得。Cl 元素含量由离子色谱仪（ICS-5000＋，美国）测得。通过表 7-1 可以看出废轮胎中含有一定量的氮、硫和氯元素，分别为 0.63%、2.41%和 0.39%。

表 7-1　废轮胎的元素分析

样品	元素含量/%				
	C	H	N	S	Cl
废轮胎	77.81	5.58	0.63	2.41	0.39

（2）模拟轮胎橡胶

由于废轮胎的成分比较复杂，直接研究废轮胎热解难以深入探索其中含硫污染物的热解机理。轮胎成分复杂主要是由于硫化过程中引入的大量添加剂与橡胶发生交联反应生成复杂的硫化橡胶，同时硫化过程中也引入了大量的硫元素。因此本书为研究硫的迁移转化，模拟了轮胎生产过程中的密炼和硫化环节，制备出模拟轮胎橡胶，包括三种不同配方的密炼橡胶（CR）和对应的硫化橡胶（VR），其中使用的天然橡胶（NR）、丁苯橡胶（SBR-1500）样品和本工作中使用的各种添加剂由英格尔检测技术服务（上海）有限公司提供，配方中使用了两种典型的硫化促进剂 *N*-叔丁基-2-苯并噻唑亚磺酰胺（TBBS，$C_{11}H_{14}N_2S_2$）和二甲基二硫代氨基甲酸锌（ZDMC，$C_6H_{12}N_2S_4Zn$）。这些材料的规格如表 7-2 所示。

表 7-2　制备模拟轮胎橡胶的原料的规格

名称	规格	名称	规格
天然橡胶	越南 3L 天然橡胶	TBBS	质量含量≥99%
丁苯橡胶	SBR-1500	ZDMC	质量含量≥99%
橡胶硫黄粉	质量含量≥99.9%	炭黑	炭黑 N330
氧化锌	质量含量≥99.7%		

模拟轮胎橡胶的具体组成如表 7-3 所示，CR 样品由实验室密炼机［X(S)M-1.5，转子速度 0～80r/min］制备。CR-1 和 CR-2 中的 CR 分别采用 TBBS 和 ZDMC 硫化促进剂。CR-3 不添加硫化促进剂，而是使用硫黄本身作为促进剂。配方 1（VR-1）、配方 2（VR-2）和配方 3（VR-3）的硫化橡胶（VR）用相同配方的混炼胶在平板硫化机（XLB-Q600×600×4/ 1400T）中进行硫化。硫化过程在 433.15K 下进行，并在 10MPa 的压力下保持 15min。此外还制备了一种不含硫的物理混合橡胶（PR）作为基准。

表 7-3　模拟轮胎橡胶的三种配方

成分	CR-1/VR-1 /%	CR-2/VR-2 /%	CR-3/VR-3 /%	PR /%
天然橡胶	36.92	36.92	37.27	38.71
丁苯橡胶	24.62	24.62	24.84	25.80
硫黄	3.69	3.69	3.73	—
氧化锌	3.08	3.08	3.11	3.23
TBBS	0.92	—	—	—
ZDMC	—	0.92	—	—
炭黑	30.77	30.77	31.06	32.06

模拟轮胎橡胶的工业分析按照《橡胶 灰分的测定 第2部分：热重分析法》(GB/T 4498.2—2017)、《橡胶溶剂抽出物的测定》(GB/T 3516—2006) 进行检测，测定模拟轮胎橡胶干燥后的灰分、挥发分和固定碳的含量。利用元素分析仪（Thermo Scientific Flash 2000，美国）测得模拟轮胎橡胶元素分析结果如表7-4所示。硫化过程释放了一定量的 H_2S，这导致硫化橡胶的硫含量比相同配方的密炼橡胶低。

表7-4 模拟橡胶轮胎的元素分析和工业分析

样品	元素分析(干基)含量/%				工业分析(干基)含量/%		
	C	H	N	S	固定碳	挥发分	灰分
CR-1	83.78	7.21	0.23	4.10	31.29	65.34	3.37
CR-2	84.48	6.99	0.22	3.12	31.44	64.98	3.59
CR-3	84.30	7.26	0.14	4.31	31.61	65.15	3.24
VR-1	84.27	7.27	0.26	3.30	32.12	64.26	3.61
VR-2	84.47	7.30	0.20	3.06	33.08	63.39	3.53
VR-3	85.43	7.32	0.13	3.18	31.43	65.04	3.52

7.2.2 热解产物的检测方法

(1) 热解油分析

热解油中的碳、氢、氮、硫的含量由元素分析仪（Thermo Scientific Flash 2000，美国）测得，而热解油中的主要组分以及含氮、硫和氯有机污染物通过气相色谱-质谱联用仪（GC-MS）测得。GC-MS测定实验过程中选用Rtx-5MS色谱柱，测试程序为：吹扫气为氦气，流量3mL/min；分流比：50∶1；首先加热至50℃保持3min，然后加热至573.15K保持5min，升温速率为10℃/min。获得的色谱峰利用NIST质谱数据库鉴定。

(2) 热解气分析

热解气中的主要气态化合物（例如 H_2、CO、不可冷凝 C_xH_y 和惰性 CO_2）组成通过气相色谱法（Agilent 7890A，美国）检测。热解气体的气相色谱分析使用带有火焰离子化检测器和热导检测器的气相色谱仪。GC升温程序：首先加热至323.15K，保持1min；然后以10℃/min的升温速率加热至433.15K，保持2.5min；再以10℃/min的升温速率加热至573.15K，保持9min。参考标准气体化合物包括氢气、一氧化碳、二氧化碳、甲烷、乙烷、乙烯、丙烷和丙烯。

(3) 热解炭分析

热解炭中碳、氢、氮、硫和氯元素的含量同样通过元素分析仪（Thermo Scientific Flash 2000，美国）测得。采用X射线光电子能谱（XPS，Thermo Fisher ESCALAB Xi+，美国）和Al Kα辐射源（1486.6eV）研究废轮胎、模拟轮胎橡胶和热解炭中氮、硫、氯和锌的元素形态。结合能用C 1s在284.5eV下校准。通过X射线衍射（XRD）研究了热解过程中结晶度的变化。实验在X射线衍射仪（Pert Pro MPD）上进行，电压为40 kV，电流为40 mA，扫描范围为10°～90°(2θ)，扫描速度为8 (°)/min。

7.2.3 污染物的检测方法

（1）热解气中氮、硫、氯污染物分析

在以废轮胎为原料研究污染物释放规律的过程中采用烟气分析仪（Korno GT-2000，中国）检测污染物的含量（NH_3、HCN、SO_2、H_2S、CS_2 和 HCl）。其中 NH_3、HCN、SO_2 量程为 $0\sim1000\times10^{-6}$，分辨率为 0.01×10^{-6}。以模拟轮胎橡胶为原料研究热解气中含硫污染物的释放规律时，结合 TG-MS 实验，利用 MS 检测器同时识别出质量范围（m/z）为 1～100 的演化气体，重点分析 H_2S、COS、CS_2 和 SO_2 等含硫污染物。

（2）重金属分析

用电子天平称取 0.20g 的废轮胎原料和热解炭于玻璃消解管中，加入 12mL 混合酸溶液[浓硝酸：高氯酸（体积比）为 5∶1] 振荡均匀。将消解管放入消解仪中消解，消解程序为从室温经过 30min 升至 423.15K，在 423.15K 保持 3h。由于废轮胎本身碳含量较高，热解炭中也仍有较高的碳含量，需要重复添加多次混合酸溶液，直至完全消解。消解完成后将消解溶液进行定容、过滤。采用 ICP-OES（电感耦合等离子体发射光谱仪，Agilent 730，美国）测定稀释定容后的消解液的重金属含量，之后通过换算得到废轮胎原料和热解炭的重金属含量。

（3）二噁英分析

对于热解气和热解油气燃烧后的烟气中的二噁英先用 XAD-2 树脂收集，而热解油和炭则直接收集，之后将收集的样品送到第三方测试机构进行二噁英测试，具体测试流程为通过索氏提取、硅胶柱纯化、活性炭柱纯化和氮气吹扫顺序进行处理。最后，通过高分辨率气相色谱-高分辨率质谱（HRGC-MS）（Agilent 7890B 和 JMS-800D 超聚焦）对二噁英进行定性和定量检测。

7.2.4 热解实验装置及方法

（1）TG-MS 和 TG-IR-GC/MS 实验

热重-质谱实验（thermo gravimetry-mass spectrometer，TG-MS）通过采用配备有质谱仪（Netzsch QMS 403 C Aeolos）的热重分析仪（Netzsch STA 449 F3 Jupiter）初步确定废轮胎的热解过程和热分解所产生的具体气体组分。单次实验将约 10 mg 的废轮胎置于热重炉的氧化铝坩埚中。反应炉温度从 323.15K 升至 873.15K，升温速率 10℃/min。热解过程的气氛为 50mL/min 的氮气。TG-IR-GC/MS 实验使用另一台热重分析仪（TG 209F1，耐驰，德国），并通过傅里叶变换红外光谱法（Bruker VERTEX70，德国）和气相色谱/质谱法（PerkinElmer Clarus SQ8）使用相同的升温程序分析废轮胎在特定温度下热解产生的逸出气的具体成分。其中 TG-IR-GC/MS 中的 GC/MS 的采样点根据热重实验中 DTG 曲线最大失重速率点的温度确定。

为了确定模拟轮胎橡胶的热分解过程，将质量为 (15 ± 0.5)mg 的模拟轮胎置于氧化铝坩埚中，以 283.15K/min 的升温速率从环境温度加热至 873.15K。为了分析 CR 和 VR 样品热解过程中不同阶段含硫污染物的释放，对热重实验设置了梯级升温程序：首先从 323.15K 加热到 573.15K，然后从 573.15K 加热到 673.15K，最后从 673.15K 加热到 773.15K。在每个阶段，温度保持 60min，以确保相应污染物完全释放。升温速率固定在

283.15K/min，氮气（N_2）流量设置为50mL/min。

（2）Py-GC/MS实验

废轮胎的快速热解实验采用热裂解-气相色谱/质谱联用技术（pyrolysis-gas chromatography/mass spectrometer，Py-GC/MS）鉴定热解产物的分子结构。在快速热解过程中，0.50mg样品在823.15K下热解并保持30s。在70eV的电子碰撞离子源（EI）模式下，获得GC/MS光谱。根据数据库和先前的文献数据，确定了色谱峰所代表的成分。

TG-IR-GC/MS和Py-GC/MS实验可以在线识别不同阶段的热解产物和释放的污染物，这成为固定床实验的关键补充。它们不仅可以提供废轮胎基础的热解特性数据，还可以从DTG结果中分析出主要热解区间的位置。最重要的是，这两个实验可帮助比较慢速和快速热解之间的差异。特别是Py-GC/MS可以反映最实际的快速热解，可以在1s内升高到目标温度。另外，由于原料量少，内部传热也很快，这在常规的固定床反应器中无法实现。

7.3 固定床间歇进料热解过程的产品特性和污染物释放规律

废轮胎通过固定床快速热解是制备液相产品的有效方式。但实际工业废轮胎快速热解过程中存在物料堆积造成的传热传质的问题。为解决废轮胎快速热解过程中传热传质不充分的问题，可以通过改变入料方式，采用间歇入料来减弱废轮胎快速热解过程中的堆积效应。但改变入料方式后，传热传质对废轮胎热解过程中的产品特性和污染物释放规律的影响尚不明确。本节通过TG-IR-GC/MS和Py-GC/MS研究废轮胎慢速热解和快速热解的热解区间以及热解过程的主要逸出气成分。同时针对废轮胎的快速热解，在间歇入料的固定床上研究了不同入料次数对废轮胎热解的影响。重点关注了三相产物中氮和硫的分布以及热解油的品质，同时分析了热解炭中重金属的残留率以及热解气中含氮、硫和氯污染物的释放规律。

7.3.1 间歇进料的固定床热解装置

废轮胎的间歇进料热解实验利用图7-1所示的系统进行。热解反应装置主要包括：高纯氮气（99.99%）和质量流量计组成的供气系统，间歇入料装置和电阻炉以及不锈钢管组成的立式炉反应系统。其中，立式炉设计为左右两段以方便地收集热解油。其左侧部分的高度为83.10cm，直径为4.20cm；右侧部分的高度为72.10cm，直径为1.00cm。有两个加热区，一个在底部，一个在中间。反应器的左端高度为60.00cm，直径为4.20cm；右端高度为72.10cm，直径为1.00cm。将不锈钢固定床置于电炉内控制热解温度，并在立式炉中插入热电偶在线监测实际热解温度。在立式炉底部配备循环无水乙醇（268.15K）的冷凝系统来收集热解油。从冷凝器流出的热解气首先进入配备有二氯甲烷稀释液的吸收器中，被二氯甲烷吸收，然后进入烟气分析仪在线分析热解气中的含氮、硫和氯污染物。实验前，关闭间歇进料装置，并打开供气系统吹扫反应器0.5h，排空立式炉内的空气。之后通过电阻炉控温设备将立式炉加热到873.15K，打开间歇进料装置，将40g废轮胎分别以40g/次、10g/次和5g/次投入立式炉中进行热解反应。其中10g/次和5g/次的投料间隔时间为30min。这样是进行快速热解，是模拟工业应用。不过通常的快速热解在反应器中进行高加热速率的反应，可以在几秒内达到目标温度。热解实验结束，立式炉温度降至室温，对冷凝装置和立式炉进行称重。热解前后立式炉的质量差记录为热解炭的质量。热解油的质量为冷凝装置前后的质量差。热解气的质量则由样品质量减去称得的热解油和热解炭的质量之和得到。为确保实验的可重复性，每次间歇入料热解实验均进行至少两次重复实验。

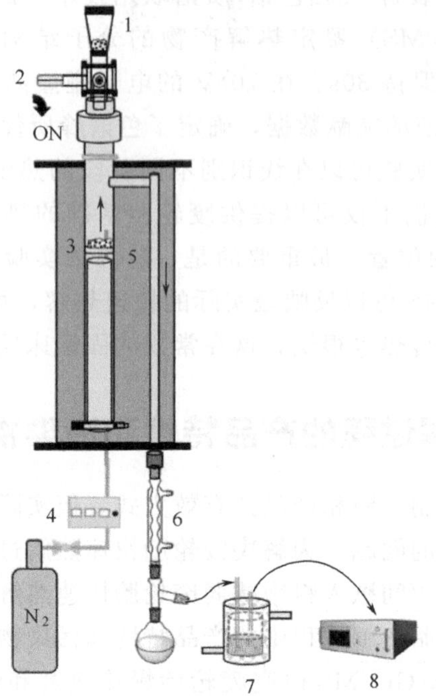

图 7-1 配备间歇入料装置的固定床反应器

1—料仓；2—阀门；3—载物板；4—质量流量计；5—不锈钢管；6—冷凝系统；7—气体吸收装置；8—烟气分析仪

7.3.2 废轮胎热解特性

图 7-2(a) 为 283.15K/min 升温速率下废轮胎热解的 TG 和 DTG 曲线。可以发现根据 DTG 曲线，废轮胎的热分解可分为三个阶段：阶段Ⅰ（443.15～573.15K）与水和轻挥发性化合物的挥发有关[21]；阶段Ⅱ（573.15～703.15K）对应天然橡胶的剧烈开裂[22,23]；阶段Ⅲ（703.15～823.15K）与丁苯橡胶（SBR）和丁二烯橡胶（BR）的降解相关[24]。DTG 曲线中最大失重速率出现在 657.15K，此外样品的总质量损失约为 62.25%，最终固体产物生成比例约为 37.75%。

图 7-2（b）的三维红外光谱图显示了热解过程中 CO、CO_2、CH_4、C_2H_4 的释放过程，它们的吸收峰分别位于 $2109cm^{-1}$、$2353cm^{-1}$、$3014cm^{-1}$ 和 $950cm^{-1}$ 处。此外其他官能团，如—C—H—(脂肪族)、—C ═C—(芳香族)、—C ═C—(脂肪族）和—C—H—(芳香族）的吸收峰出现在 $1459cm^{-1}$、$1520cm^{-1}$、$1650cm^{-1}$ 和 $3080cm^{-1}$[25]。结合这些谱图和热重结果可以发现：阶段Ⅰ释放了少量 CO 和 CO_2，这应该是由于少量炭黑的分解；阶段Ⅱ出现了大量—C ═C—(脂肪族）和—C—H—(脂肪族)。另外再结合 CO_2、CH_4、CO 和 C_2H_2 在阶段Ⅱ的 MS 数据（图 7-3)，可以认为该阶段的主要反应是环烯烃的开环和再闭环反应，从而产生较多的烷基和烯基碎片[26]。此外，少量—C ═C—(芳香族）也在阶段Ⅱ被观察到。阶段Ⅲ生成了较多的—C ═C—(芳烃)，同时—C—H—(脂肪族）几乎消失。这些

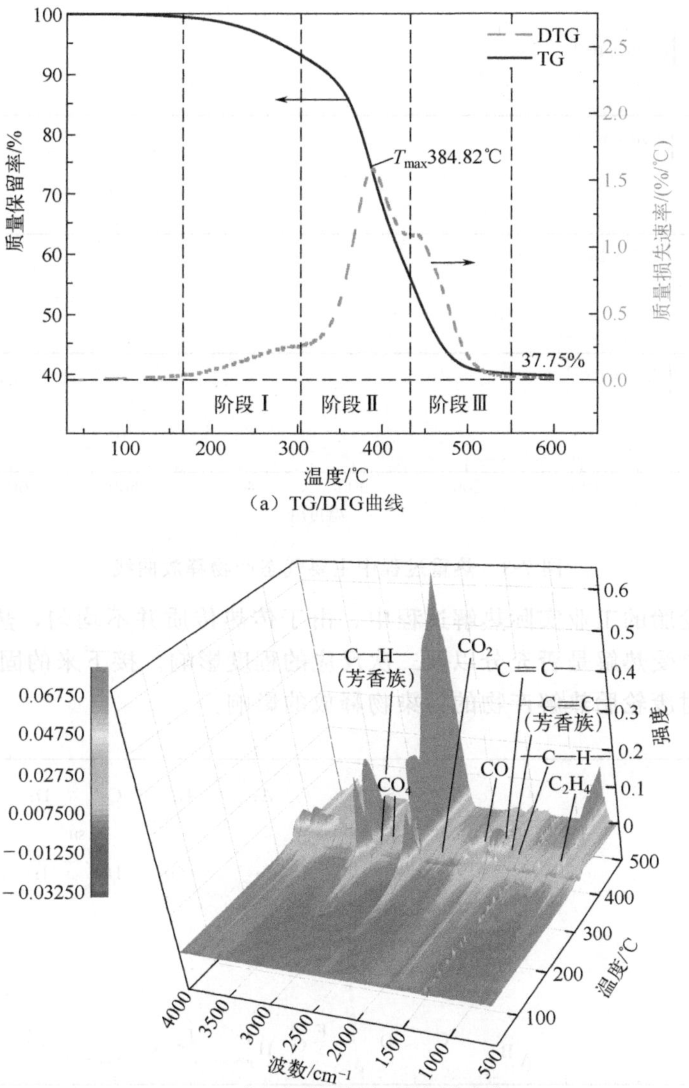

(a) TG/DTG曲线

(b) 热重过程的三维红外光谱

图 7-2 废轮胎在 283.15K/min 时热解

彩图 7-2

官能团的释放现象有助于解释废轮胎的热解过程：首先，低温下橡胶出现断链，并降解产生了小分子烯烃和环烯烃[27,28]。随后，随着热解温度升高，释放的烯烃和环烯烃进行了一系列反应，如 Diels-Alder、环化和芳构化反应，以形成苯和苯衍生物。

从图 7-2（a）同样可以看出废轮胎热解过程中最明显的裂解反应发生在 657.15K 附近。因此计划通过 TG-IR-GC/MS 在线收集该温度下的 GC/MS 光谱，以检测反应最激烈时的热解气的具体成分。如图 7-4 所示，该温度下的主要产物包括柠檬烯、环烯烃和芳烃，与第Ⅱ阶段反应过程描述一致[29]。657.15K 点在阶段Ⅱ内，主要是天然橡胶的分解。天然橡胶发生无规则分解产生相应的单体自由基，自由基进行交联、聚合，最后生成相应的热解产物。环烯烃尤其是柠檬烯主要来源于 NR 和 SR 的降解或烯烃的环化反应[30]。柠檬烯是由烯丙基基团的分子内环化产生的。此外，通过表 7-5 可以看出一些含氮/硫的有机污染物被检测出，如苯并噻吩和噻吩。这些污染物与添加剂（如磺酰胺促进剂、二硫代甲酸盐）的热分解

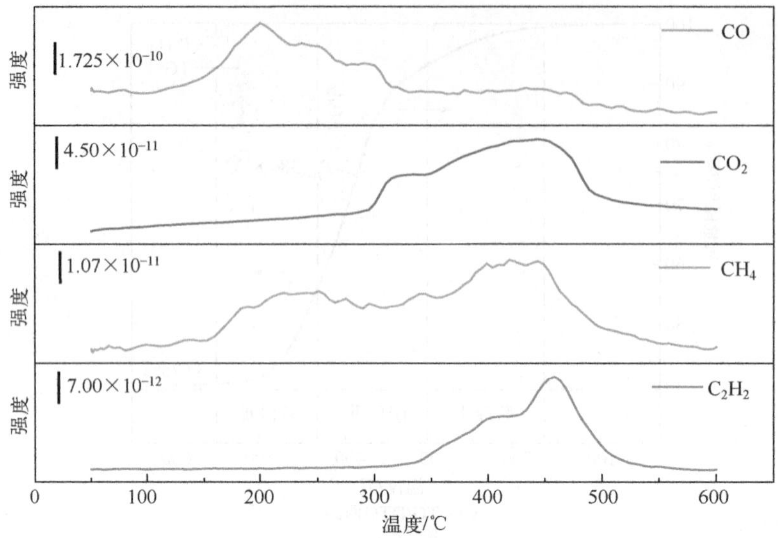

图 7-3　热重过程中主要气态产物释放曲线

密切相关。在废轮胎的工业实际热解过程中，由于传热传质并不均匀，热解产物中的芳烃、烯烃等的含量主要受热解是否充分以及二次反应的程度影响。接下来的固定床热解实验会重点研究传热传质对废轮胎热解产物的污染物释放的影响。

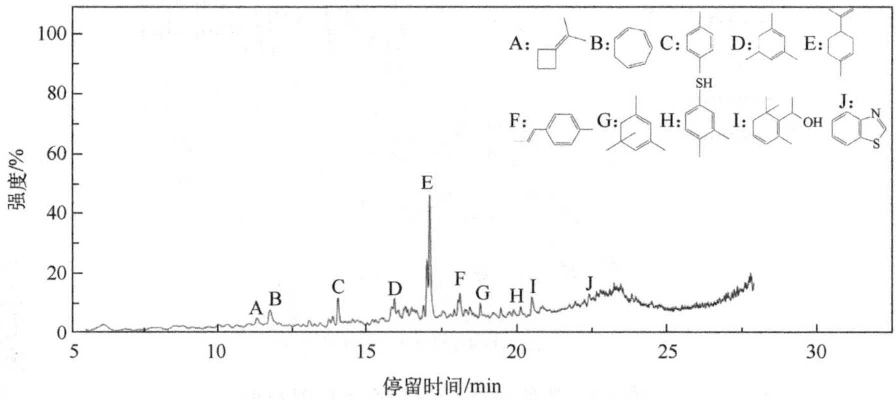

图 7-4　废轮胎热解过程中 657.15K 下采集到的 GC/MS 光谱

表 7-5　657.15K 时释放的热解气的主要组分

编号	停留时间/min	组　分
A	11.592	1-甲基亚乙基-环丁烷
B	11.748	1,3,5-环庚三烯
C	14.091	对二甲苯
D	15.895	1,3-环己二烯,1,3,5-三甲基
E	17.167	D-柠檬烯
F	18.178	对-(1-丙烯基)-甲苯
G	18.845	1,3-环己二烯,1,3,5,5-四甲基
H	20.122	3,4-二甲基硫代苯酚
I	20.525	2,6,6-三甲基-1-异丙醇-环己二烯
J	22.453	苯并噻唑

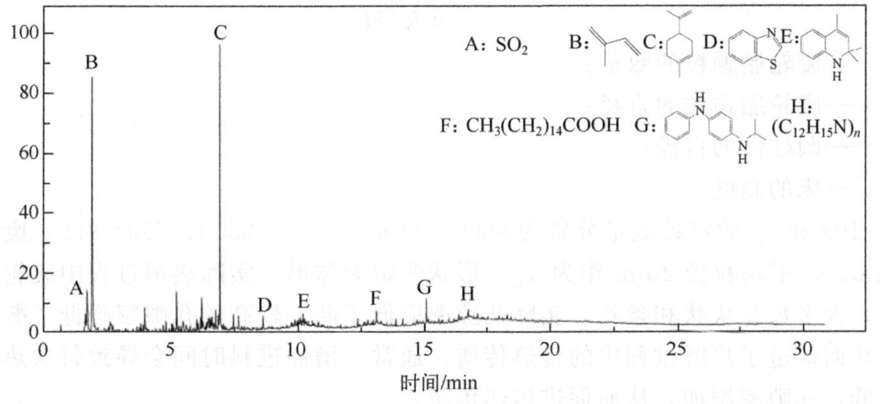

图 7-5 Py-GC/MS 在 823.15K 下的热解产物色谱图

表 7-6 823.15K 快速热解获得的主要产品

编号	停留时间/min	组 分
A	1.70	二氧化硫
B	1.94	异戊二烯
C	6.82	D-柠檬烯
D	8.47	苯并噻唑
E	9.97	2,2,7-三甲基-1,7-二氢喹啉
F	12.79	棕榈酸
G	14.69	*N*-苯基-*N*′-(1,7-二甲基丁基)-对苯二胺
H	16.32	聚 2,2,7-三甲基-1,7-二氢喹啉

另外为了进行比较，并为后续固定床热解实验提供参考依据，还通过 Py-GC/MS 实验在线鉴定了 823.15K 下快速热解的热解产物（如图 7-5 所示）。表 7-6 列出了这些化合物的详细信息，比较发现，在快速热解过程中检测到更多的含氮和硫的污染物，包括二氧化硫、苯并噻唑、2,2,7-三甲基-1,7-二氢喹啉、棕榈酸、*N*-苯基-*N*′-(1,7-二甲基丁基)-对苯二胺和聚 2,2,7-三甲基-1,7-二氢喹啉等。

7.3.3 三相产率与有害元素分布

实验前，关闭间歇进料装置并打开供气系统，吹扫立式炉反应器 0.5h，排出反应器内的空气。之后通过电阻炉控温设备将反应器加热到 873.15K，打开间歇进料装置，将 40g 废轮胎分别以 40g/次、10g/次和 5g/次投入固定床中进行热解反应。其中 10g/次和 5g/次的投料间隔时间为 30min。将 40g 废轮胎分成 1 次、4 次和 8 次分别加入固定床反应器，这样可以减弱废轮胎在热解过程中因物料过多而形成的堆积效应。40g、10g 和 5g 的床层高分别为 4.90cm±0.1cm、1.2cm±0.1cm 和 0.5cm±0.1cm。此外，对于粒径分布和形状效应，使用单粒径颗粒填充法的计算方法进行孔隙率估算，公式如下：

$$\varepsilon=\frac{1}{6}\frac{Nd_p^3}{R_t^2 H} \tag{7-1}$$

式中 N——废轮胎颗粒的数量；

d_p——废轮胎颗粒的直径；

R_t——圆柱体的直径；

H——床的高度。

40g、10g 和 5g 的颗粒数量分别为 6800～7700、1900～2300、750～900。废轮胎的粒径为 1～3mm。以平均粒径 2mm 作为 d_p。形状假定为球形。实际热解过程中废轮胎的形状是不规则的，大多数是块状和条状，实际孔隙率应低于此。较高的孔隙率降低了叠层的气体阻力系数，从而促进了热解过程中的传热传质。通常，增加进料时间会导致每次热解反应的床层高度降低，孔隙率增加，从而促进传热传质。

废轮胎热解的产物分布如图 7-6(a) 所示，其中热解气产率为 26.16%～29.21%，热解油产率为 33.45%～35.50%，热解炭的比例为 40.39%～35.29%。可以看出入料次数的增加可以促进废轮胎热解过程中的传热传质，生成更多的热解油和热解气。通常越高的加热速率越有利于热解油的生成[10]，但如果为了提高热解油的产率，促进传热传质以促进聚合物的裂解也是一种途径。此外，热解油二次裂解反应产生更多的小分子气态烃同样会导致较高的产气率[10]。

废轮胎的成分研究表明，氮、硫和氯是潜在的有害元素，它们会迁移到热解油气中，造成二次污染。相比之下，将这些有害元素固定在热解炭中是较好的选择[31]。为了进一步分析热解过程中氮、硫和氯元素的转化特征，分别检测了热解炭和热解油中的元素含量，氮和硫元素在三相产品中的分布随着入料次数的变化没有太大的波动 [图 7-6 (b)～(c)]。不过对比氮和硫元素在三相产物中的分布可以发现，它们在炭中的比例明显不同。其中氮在炭中的比例范围为 38.59%～42.74%，而硫在炭中的含量范围为 58.32%～64.52%。相比于硫元素，氮元素更倾向于迁移到热解油中，其中氮在热解油中的比例范围达到了 50.01%～54.26%，远高于硫元素在油中的比例范围（11.11%～13.38%）。24.35%～28.29%的硫元素迁移到热解气中，而氮元素的这一比例仅为 5.86%～7.24%。总体来说，氮倾向于迁移到热解油中，而硫倾向于释放到热解气中[32]。不过入料次数似乎对氮和硫元素的迁移特性影响不大。实际上元素分析结果表明，炭中的氮和硫含量随着入料次数的增加而增加。然而，炭产率的下降最终导致炭中氮和硫的总质量几乎没有明显变化。这表明更多的入料次数会导致热解油的氮和硫含量降低。因此，更多的入料次数促进了氮、硫从油向热解炭的转化，使得更多的氮、硫累积在热解炭中。另外，除了氮和硫元素，热解炭中的锌元素也值得重点关注。据估计，每年从废轮胎中回收的氧化锌可达 7000t[33]。从图 7-6 (d) 可以看出热解炭中锌的总质量从 0.73g 增加到 0.88g。考虑锌作为热解炭高价值利用的掺杂元素或对其进行二次金属资源的提取均是很有前景的研究。

另外热解炭中氮、硫和氯的赋存状态也随着入料次数的增加发生变化。氮、硫、氯和锌元素在废轮胎和热解炭中的赋存状态通过 XPS 进行检测，N 1s、S 2p、Cl 2p 和 Zn 2p 的 XPS 光谱分析如图 7-7 所示。从图 7-7(a) 可以看出，废轮胎中氮元素的赋存形态主要有胺氮（400.3～402.5eV）、吡咯氮（397.8eV±0.2eV）。轮胎中添加的硫化促进剂是这些含氮物种的主要来源，废轮胎原料中胺氮比例为 47.22%，吡咯氮比例为 52.78%。废轮胎经过不同入料次数的热解后，氮形态的种类并没有发生变化，主要变化的是胺氮和吡咯氮的相对

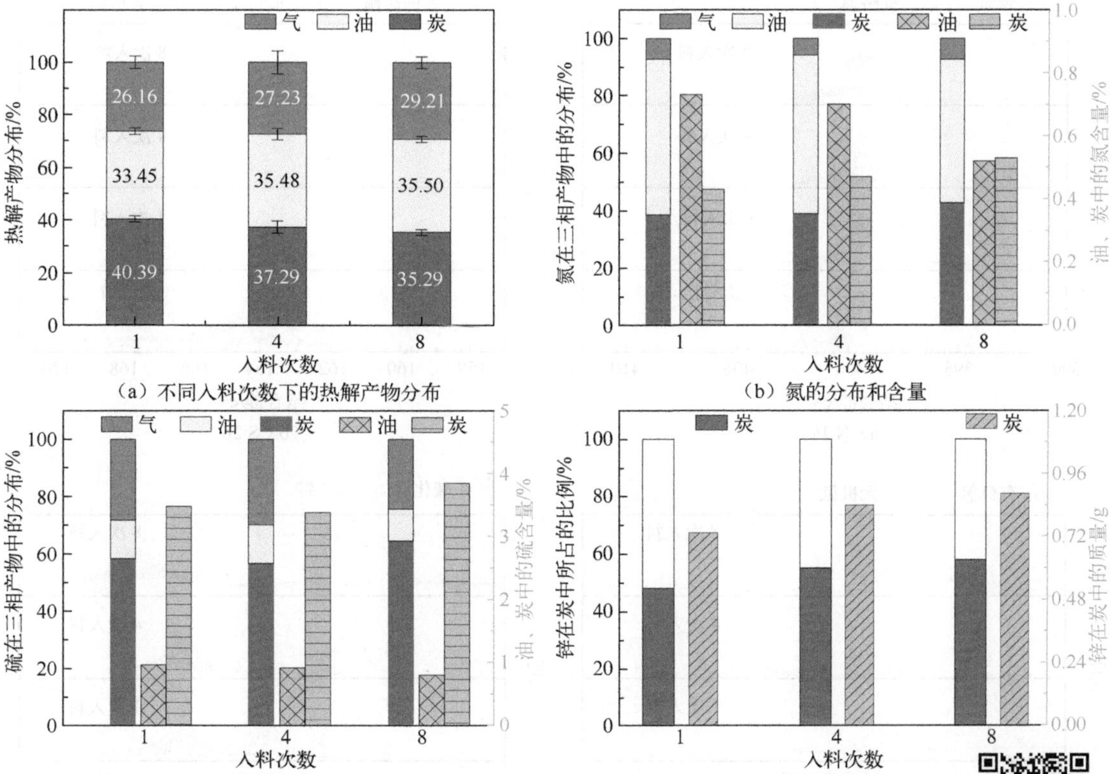

（a）不同入料次数下的热解产物分布

（b）氮的分布和含量

（c）硫的分布和含量

（d）锌在炭中的比例和质量

图 7-6　热解产物分布及元素分布和含量

彩图 7-6

含量。一次入料的热解炭中胺氮的含量高达 84.01%，而吡咯氮仅有 15.99%，随着入料次数的增加，胺氮的比例逐渐降低。这表明在热解过程中促进传热传质可能会抑制吡咯氮向胺氮的转化，从而使得热解炭中吡咯氮的含量增加。硫是废轮胎中含量最高的有害元素，在废轮胎中可观察到两种典型的硫形态，黄铁矿硫（一种无机硫化物，161.0～163.2eV）和有机硫（165.5～166.5eV），如图 7-7（b）所示。黄铁矿硫是废轮胎中硫的主要存在形态，占硫总含量的 64.07%。热解后，除了上述两种形态外，热解炭中出现了少量的硫酸盐（168.9～170.1eV）。由表 7-7 和图 7-7 可以看出，有机硫的含量在热解后明显减少甚至消失，而无机硫化物的含量逐渐增加，这可能是因为热解过程中有机硫转化为硫酸盐。由图 7-7（b）可知，在 8 次入料次数下，黄铁矿硫的含量最高达到 98.84%，且没有硫酸盐的产生。相比之下，一次入料的条件下会产生 8.29% 的硫酸盐，这表明传热传质的促进会抑制硫酸盐的生成。废轮胎中氯的赋存状态主要分为有机氯和无机氯，其中有机氯含量为 66.86%。与硫元素类似，废轮胎热解后热解炭中有机氯的含量明显减少，4 次入料热解工况下的有机氯含量仅为 6.96%［图 7-7（c）］。而无机氯含量则明显增加，但对比不同入料次数发现，传热传质对于有机氯向无机氯的转化并没有太大的影响。废轮胎原料中锌和硫化锌主要是生产过程中的氧化锌在硫化过程中与硫自由基反应生成的。其中锌的含量为 61.30%，硫化锌为 38.70%。通过图 7-7（d）可以发现热解炭中锌的含量范围为 60.62%～61.80%，硫化锌为 38.20%～39.38%。这表明传热传质的促进对于锌的赋存状态的影响也不大。

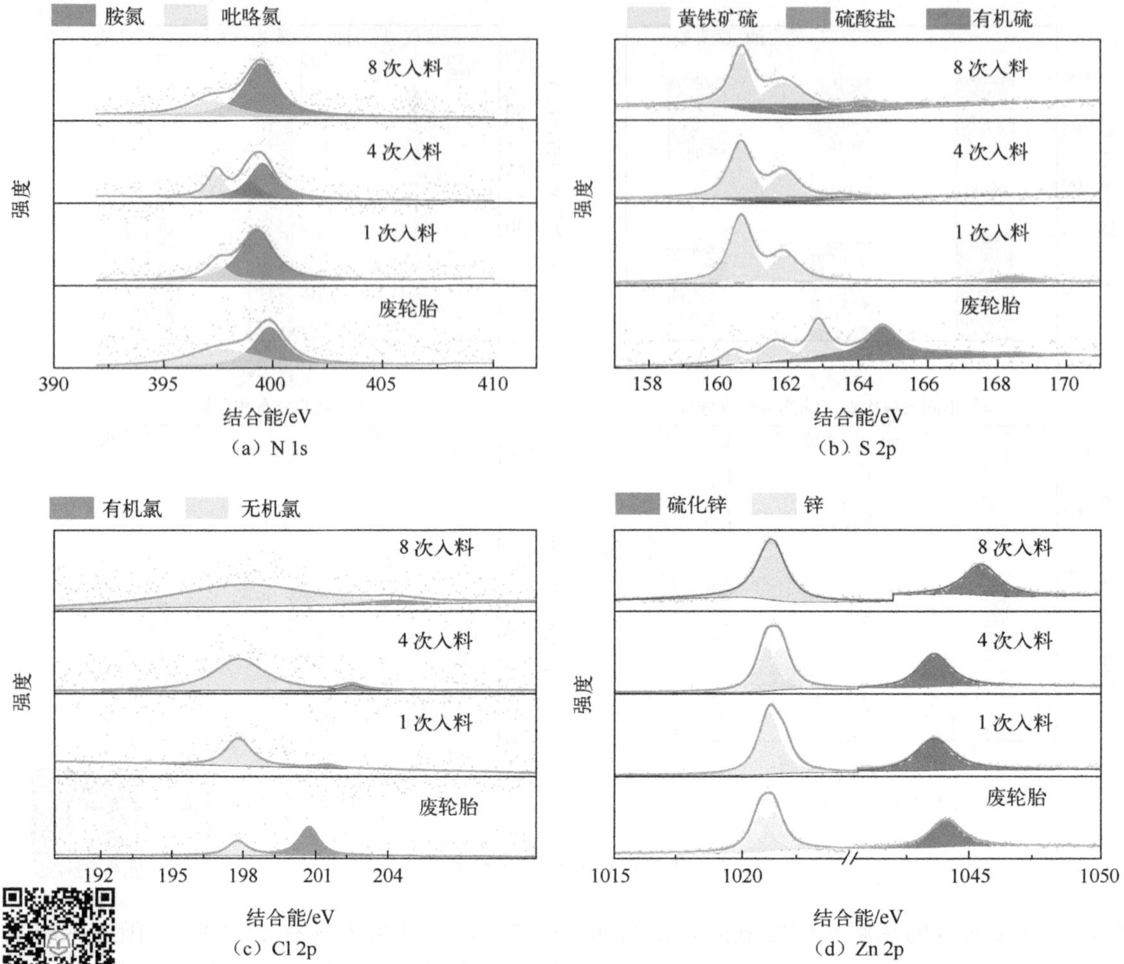

彩图 7-7 图 7-7 废轮胎和热解炭的 N 1s (a)、S 2p (b)、Cl 2p (c) 和 Zn 2p (d) 的 XPS 光谱

表 7-7 废轮胎和热解炭中氮、硫、氯的分峰拟合结果 单位：%

元素	类别	废轮胎	1 次入料	4 次入料	8 次入料
氮	胺氮	47.20	84.01	76.33	71.77
	吡咯氮	52.78	15.99	23.67	28.23
硫	黄铁矿	64.07	91.71	94.42	98.84
	硫酸盐	0.00	8.29	0.00	0.00
	有机硫	35.93	0.00	0.00	1.16
氯	有机氯	66.86	7.87	6.96	9.38

7.3.4 热解炭中重金属迁移特性

图 7-6 (d) 显示了废轮胎热解后锌在炭中的残留率，可以发现入料次数的增加导致更多的锌保留在热解炭中，这一比例随着入料次数的增加从 48.00%升高到了 57.79%。除了锌，轮胎制造过程中也会添加其他具有环境风险的重金属，如砷、铬、镉、铜、铁、镍和

铅[34]，这些元素在废轮胎热解过程中同样存在对环境的潜在危险。图 7-8 所示为不同入料次数下所得热解炭中重金属（砷、铬、镉、铜、铁、镍和铅）的残留情况。由图中可以看出，砷、铬、镉、铜、铁、镍和铅这 7 种重金属在热解炭中的固定能力随着入料次数从 1 次增加到 4 次和 8 次均增强。对于易挥发性的重金属砷、铅，它们在高温条件下容易与氧化钙反应生成 $Ca_3(AsO_4)$、Ca_2PbO_4 等[35,36]。而对于不易挥发的铬和镍元素，它们在高温下会与氧化硅和氧化钙等反应，在热解炭中生成较稳定的氧化物[37]。因而推测传热传质的增强促进了废轮胎热解过程中氧化钙等中间物质的释放从而提高了重金属的残留率。表 7-8 通过 ICP 分析出了废轮胎和快速热解中热解炭的重金属离子浓度，其中锌的浓度是炭中其他金属的 35～57736 倍，大约为 54.85～62.23g/kg。显然热解炭中所有这些金属的浓度在快速热解后都有所增加。锌、铜、铁和镍的浓度随着入料次数的增加呈现出不断升高的趋势。砷、镉、铬的浓度从 1 次到 4 次再到 8 次进料的过程中呈现先上升后下降的趋势，不过从 4 次入料到 8 次入料的下降程度较低。为了分析重金属在热解炭中的固定率，将重金属浓度乘以在不同入料次数下获得的炭质量。由于炭产率略有下降，固定率的变化趋势与浓度的变化趋势相同。相比之下，所有这些金属在 1 次进料的情况下仅表现出 40%～60% 的固定率。尽管砷、铬和镉的浓度也观察到轻微下降，但更多的入料次数可以获得更高的固定率，其中铬、铜和铅的固定率最高，最高可达 80%。但是废轮胎热解后仍有大量重金属流入热解油和热解气中，这是下一步工作需要重视的地方。

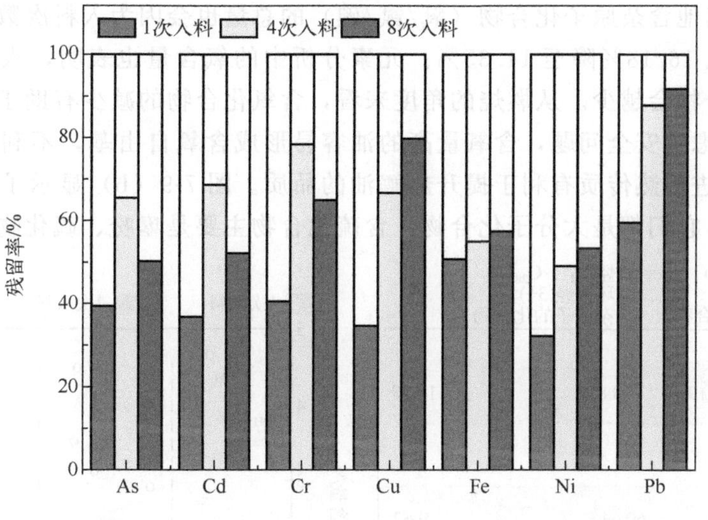

彩图 7-8

图 7-8 不同入料次数下热解炭中重金属的残留率

表 7-8 废轮胎和快速热解中热解炭的重金属浓度 单位：mg/kg

重金属	废轮胎	1 次入料	4 次入料	8 次入料
Zn	38220.00	54850.00	59200.00	62225.00
As	4.63	5.45	8.54	6.55
Cd	0.86	0.95	1.67	1.27
Cr	8.12	9.86	17.96	14.86
Cu	54.23	56.15	101.92	121.92
Fe	1034.33	1572.48	1605.33	1673.67

续表

重金属	废轮胎	1 次入料	4 次入料	8 次入料
Ni	33.03	31.75	45.70	49.65
Pb	70.96	126.28	175.53	183.27

7.3.5 热解油的主要组分及含氮、硫和氯污染物分析

为了充分回收热解油并分析热解油中的有害物种，对热解后的油依次进行冷凝收集和二氯甲烷溶剂吸收。用峰面积归一法计算热解油各组分的相对含量，并将其分为六类：C_1～C_{12} 的链烃、C_{13}～C_{28} 的链状烃、芳烃、多环芳烃（≥3）、含氮/硫/氯化合物及其他含杂原子的化合物，其结果如图 7-9(a) 所示。入料次数的变化对热解油的成分有明显影响，热解油中单环和双环芳烃所占比例最高，但随着入料次数从 1 次增加到 8 次，芳烃的含量由 63.90%下降到 58.83%。C_{13}～C_{28} 的链状烃和多环芳烃（≥3）的含量也随着入料次数的增加呈现出不断下降的趋势。相反，随着入料次数的增加，C_1～C_{12} 的链烃比例从 9.47%增加到 21.62%。总体来说，入料次数越多，产生的芳烃越少（从 65.10%到 58.83%），但产生的链烃更多（从 18.72%到 26.81%）。结果表明促进传热和传质可以提升热解油的品质，推测可能是因为促进传热传质极大地加剧了解聚和开环反应，从而促进了低碳链烃的生成[38]。因此，在未来的大规模研究中应注意物料的堆积效应，它会严重影响热解油的品质。含氮、硫和氯化合物及其他含杂原子化合物（氧/氟/碘）的总量也会因为入料次数的增加而受到抑制，它们的比例从 16.18%降至 14.35%。元素分析中的氧含量也表明，入料次数越多，热解油中的含氧化合物会越少。从燃烧的角度来看，含氧化合物的减少有助于提高热解油的热值[39,40]。此外考虑到安全问题，含氧量高的油容易形成含氧自由基，不利于长期运输和储存[41]。因此，促进传热传质有利于提升热解油的品质。图 7-9（b）显示了含氮、硫和氯化合物的详细组成，它们都是大分子化合物。含硫化合物主要是噻吩、硫化物、硫醇和二硫化

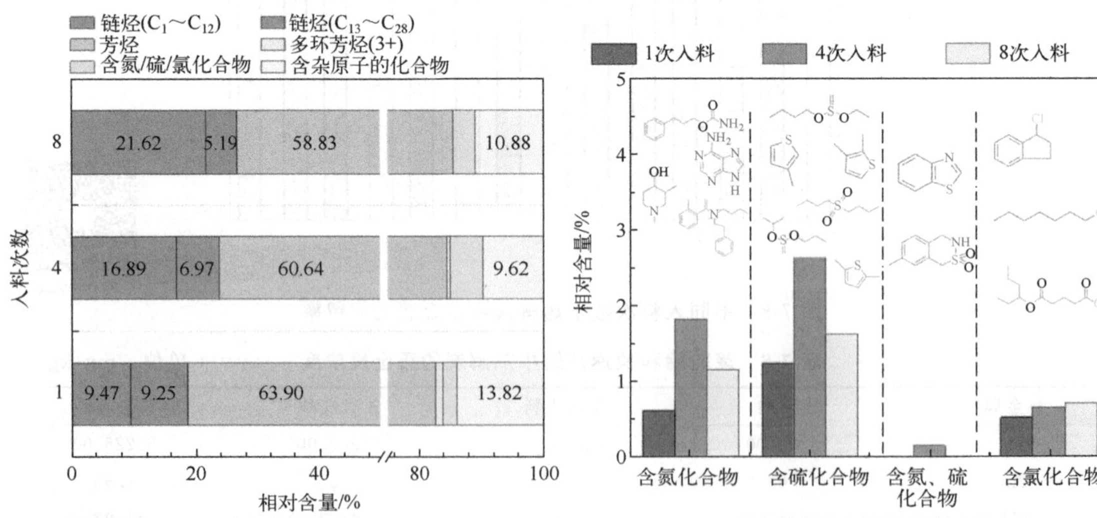

(a) 热解油成分

(b) 热解油中氮/硫/氯化合物含量

彩图 7-9

图 7-9 冷凝收集的热解油的成分及热解油中氮/硫/氯化合物含量

物，而含氮化合物主要是二苯胺、腈、喹啉和吲哚。含氯化合物主要是少量氯苯和氯化脂肪烃。这些大分子化合物不利于热解油的清洁利用，在燃烧过程中会释放污染物并造成腐蚀[42]。

图 7-10（a）为由于不完全冷凝而被二氯甲烷溶液吸收的有机化合物的组成。在实际应用中也存在不完全冷凝，这些化合物可能会释放到气体中。与冷凝回收的热解油类似，芳烃的含量占主导地位，占总含量的 86.76%～93.91%。芳烃中的一些沸点低的化合物会变成挥发性有机化合物，一旦发生泄漏，会造成二次污染。C_{13}～C_{28} 链状烃由于挥发性较弱，随着传热传质的增强在二氯甲烷吸收溶液中的含量逐渐降低。挥发性更弱的多环芳烃（≥3）在二氯甲烷吸收溶液中并未检测出。同时，二氯甲烷吸收液中含氮、硫和氯污染物的种类远少于热解油中的种类［图 7-10（b）］。因此，促进传热传质在一定程度上有利于抑制含氮、硫和氯大分子化合物的生成。

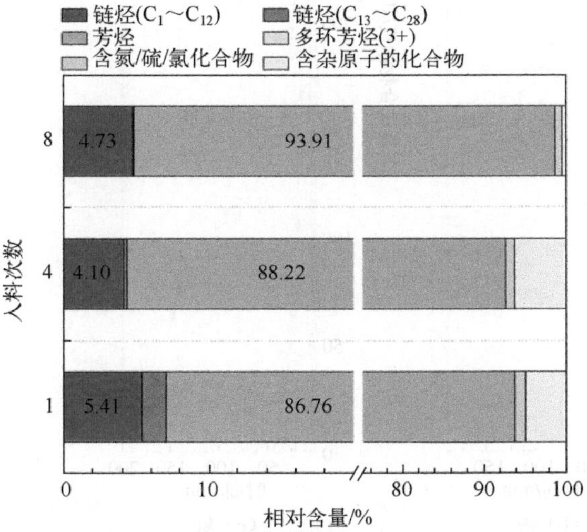

（a）热解油的成分

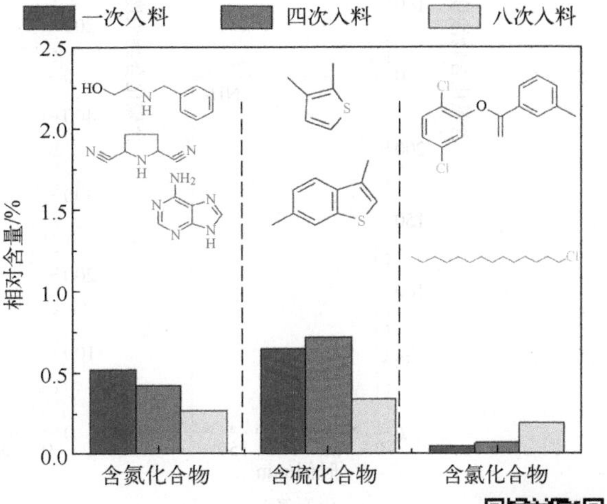

（b）热解油中氮/硫/氯化合物含量

图 7-10　二氯甲烷吸收的热解油的成分及热解油中氮/硫/氯化合物含量

彩图 7-10

7.3.6　热解气中含氮、硫和氯污染物的释放特性

图 7-11（a）分析了配备间歇入料的固定床反应器中 HCN 和 NH_3 的释放曲线。由于每次实验的入料次数不同，均选择了第一次入料期间的释放曲线进行比较。从图中可以看出，废轮胎一经投入便有 HCN 和 NH_3 产生。NH_3、HCN 释放曲线都有一个明显的峰值，且随着入料次数的增加，曲线的峰值并未发生移动。从图 7-11（b）可以看出 H_2S 和 SO_2 具有比其他污染物高得多的浓度。与含氮污染物不同，它们的释放曲线的峰值会随着入料次数的变化发生偏移。废轮胎中的·SH 自由基被认为是含硫污染物的主要来源，对于含硫污染物的迁移在后续有详细分析。含氯污染物如酸性气体 HCl 的释放也不容忽视。此外，如果热解气用于燃烧供热，这些污染物会进一步转化为二噁英，因此这些污染物是二噁英形成的前驱体。图 7-11(c) 显示了不同入料次数下废轮胎热解过程中 HCl 的释放曲线。由 XPS 结果可以发现，废轮胎中有机氯含量较高，热解时有机氯的分解是形成含氯污染物的重要原因。整体来看更多的入料次数即表示单次有更少的废轮胎投入，这会使得污染物呈现出更弱和更

短的释放曲线。另外 HCN 和 H_2S 的释放周期较长，而 NH_3、SO_2 和 HCl 在 50min 内便完成释放。最后计算定量释放量并将其列于表 7-9 中。除 H_2S 外，所有其他污染物的释放量均呈现出随入料次数增加而下降的趋势。这些结果表明促进传热传质在一定程度上抑制了含氮、硫和氯污染物的释放，而物料的堆积效应反而促进了污染物的释放。

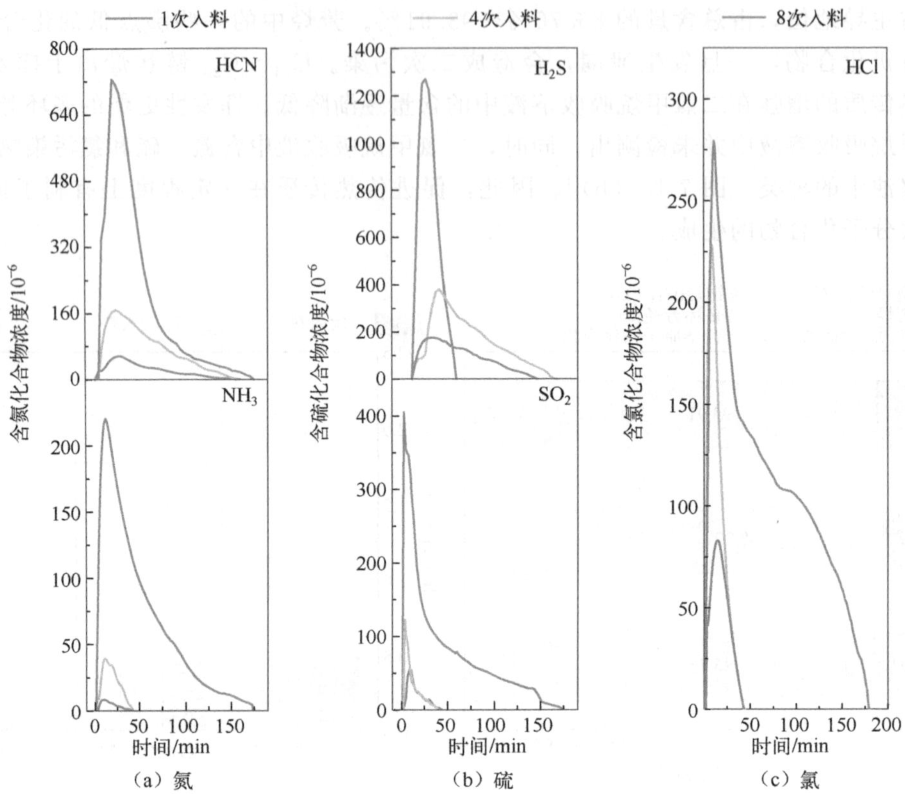

图 7-11　快速热解过程中小分子氮/硫/氯污染物在线释放曲线

表 7-9　快速热解过程中小分子 N/S/Cl 污染物的质量　　单位：g

污染物种类	1 次入料	4 次入料	8 次入料
HCN	0.14	0.15	0.11
NH_3	0.12	0.04	0.01
H_2S	0.18	0.54	0.56
SO_2	0.51	0.18	0.24
HCl	0.43	0.34	0.33

7.4 固定床慢速搅拌热解过程的产品特性和污染物释放

废轮胎的固定床慢速热解过程中同样存在着传热传质不充分的问题。与快速热解不同，废轮胎慢速热解过程时间较长，分次入料不能解决物料堆积的问题。为解决传热传质不充分的问题，考虑通过添加搅拌器来促进废轮胎热解过程中的传热传质。但改变搅拌速度后，传热传质对废轮胎热解过程中的产品特性和污染物释放规律的影响同样不明确。为此本节在配备搅拌器的固定床热解器上，通过改变搅拌速度，重点关注搅拌带来的传热传质的变化对废轮胎热解过程中三相产率、氮和硫在三相产品中的分布、热解炭中的重金属残留率及热解气中含氮、硫和氯污染物释放的影响，并与 7.3 中的快速热解进行对比。另外还分析了热解产物中的二噁英以及热解油和热解气燃烧后释放二噁英的问题。

7.4.1　配备搅拌器的固定床热解装置

废轮胎样品的热解实验在如图 7-12 所示的固定床反应器上进行。该固定床反应器的设计与 7.2 中配备间歇进料器的快速裂解装置中的固定床反应器类似，主要区别在于该反应器配备了搅拌装置，用于热解过程中的搅拌，同时高纯氮气（99.99%）和质量流量计组成的供气系统从上方通入氮气，同样配备了热电偶在线监测实际热解温度，并在立式炉底部配备循环无水乙醇（268.15K）的冷凝系统来收集热解油。为了研究废轮胎在固定床搅拌慢速裂解过程中的污染物释放情况与油相产品的品质，首先放入 40g 的废轮胎原料，然后将反应器以 10℃/min 的升温速率加热到 873.15K 并保持 1h，热解实验结束后，等待反应装置冷却至室温。热解油和热解炭的回收方法与产率计算方法与 7.2 节中一样。对每组实验进行两次重复，以保证实验的可重复性。

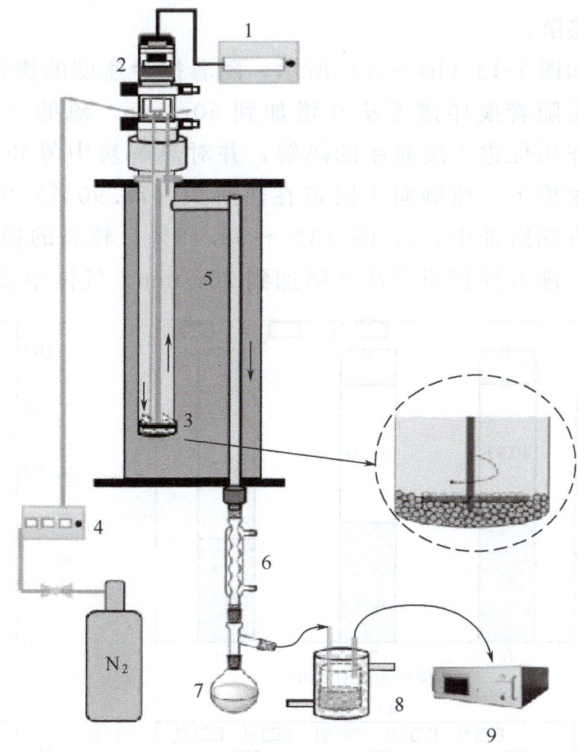

图 7-12　配备搅拌装置的固定床反应器

1—搅拌控制器；2—精密标尺；3—搅拌叶片；4—质量流量计；5—不锈钢管；6—冷凝管；7—液体收集装置；8—气体吸收装置；9—烟气分析仪

在实际的工业应用中，废轮胎的热解油气通常进行燃烧供能。本书对搅拌热解过程（50r/min）产生的三相产物和热解油气燃烧产生的烟气中的二噁英进行了相关评价。对于燃烧，将 O_2（99.99%）以 20mL/min 的流量通入左管的顶部，并将上炉温度固定在 1123.15K 以确保完全燃烧。之后将燃烧气通过 XAD-2 树脂收集，而油和炭直接收集，按照 2.3.3 中的二噁英分析方法进行测试。

7.4.2　三相产率与有害元素分布

对于慢速热解，将装有废轮胎物料的反应器从 323.25K 加热到 873.15K，升温速率为

283.15K/min，并在 873.15K 下保持 1h。搅拌片直径为 3.80cm。25r/min 意味着叶片在 1min 内旋转了 25 周，相应的圆周速度为 0.05m/s。50r/min 意味着叶片在 1min 内旋转 50 周，圆周速度为 0.10m/s。搅拌热解过程中的总传热主要与叶片穿过主床物料的时间有关[17,43]，较高的搅拌速度可以促进传热效果。如图 7-13（a）所示，较高的搅拌速度可以提高热解油的产率，随着搅拌速度从 0 增加到 50r/min，热解油的产率从 46.37%增加到 50.09%，同时热解炭的产率从 41.95%下降到了 35.27%，热解气的产率从 14.64%降到 11.68%。因此，可以通过搅拌增强热解过程的传热和传质，从而获得更少的热解炭并生成更多的裂解油。搅拌作用可能会阻碍热解油在焦炭表面的二次沉积反应和焦炭气化，从而在一定程度上降低热解气含量[44,45]。与上述间歇入料的固定床热解相比，搅拌慢速热解表现出更高的热解油产率和较低的气体产率。因此，若以获取热解油为目标，建议在搅拌下进行慢速热解。

如图 7-13（b）～(c) 所示，随着搅拌速度的提高，热解炭中氮和硫的含量略有增加。尤其是随着搅拌速度从 0 增加到 50r/min，硫的含量从 55.52%增加到 73.90%。因此，搅拌作用促进了废轮胎的热解，并对热解炭中氮和硫的固定表现出促进作用。在较高的搅拌速度下，硫倾向于固定在热解炭（73.90%）中，而氮的比例仅为 41.57%。氮主要分布在热解油中，占 48.13%～53.43%。较高的搅拌速度在一定程度上降低了油中氮的比例。随着搅拌速度从 0 增加到 50r/min，气体中硫的比例从 27.11%下降到 5.51%，这

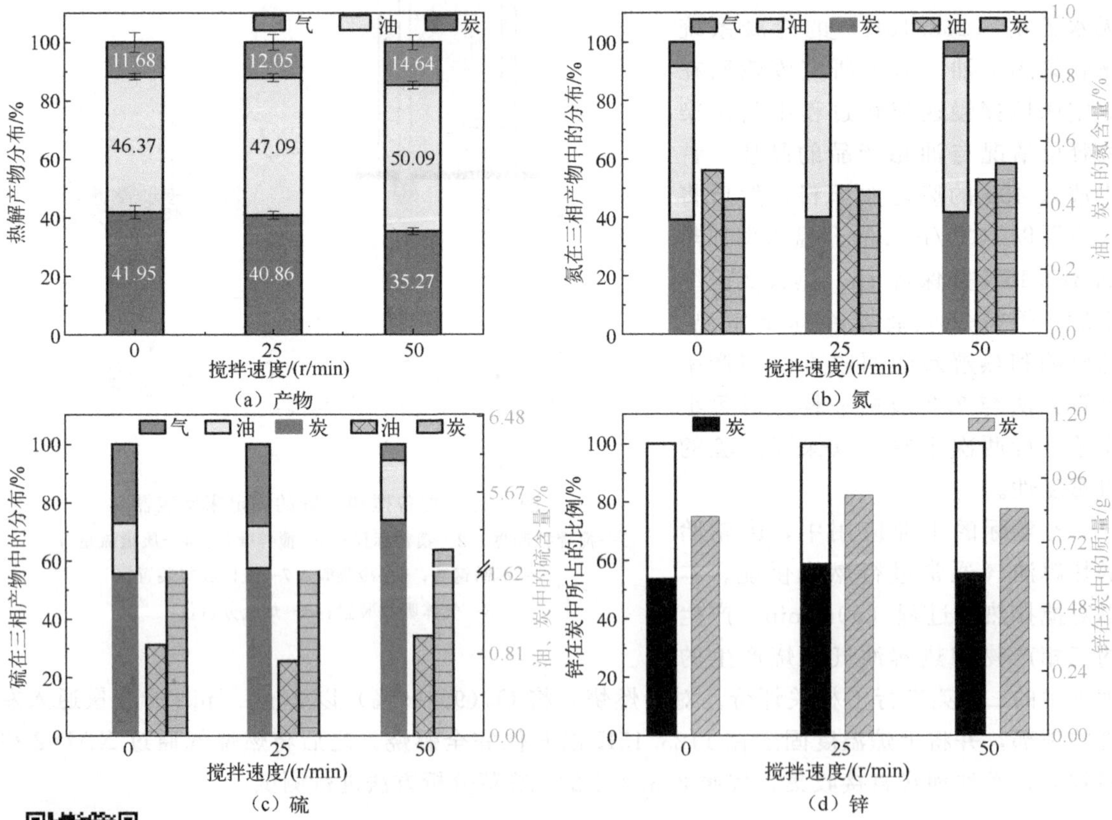

图 7-13 不同搅拌速度下的热解产物分布、氮/硫在三相产物中的分布以及油和炭中的氮/硫含量、锌在炭中的比例和质量

彩图 7-13

应归因于热解炭中硫的固定率较高。热解炭中硫的增加主要是由于热解炭对热解气的吸附和脱硫，其机理可能是：有机硫分子利用芳香环的离域π电子与热解炭中的铁、铜和锌等金属离子形成π型配合物，吸附在热解炭上[46]。此外，热解炭对有机硫的吸附过程还涉及物理吸附。最重要的是，慢速热解中的搅拌促进了热量和质量传递，从而增强了废轮胎的热解，但抑制了污染物向气体释放，使更多污染物保留在热解炭中。搅拌同样导致热解炭中锌的固定率从53.56%增加到58.66%和55.29%［图7-13（d）］。保留比例按硫＞锌＞氮顺序下降，这与上述快速热解一致。7.3 节中的热解炭中锌最高可达0.88g，而在慢速搅拌热解的情况下锌最高仅有0.53g，若考虑对其进行二次回收，可考虑间歇入料的工况。

热解炭中氮、硫和氯的赋存状态同样也随着搅拌速率的增加发生改变。图 7-14 所示为废轮胎及不同搅拌速率下热解炭的 XPS 光谱。氮、硫和氯元素的赋存状态在种类上与 7.3 中的一致，并未出现新的元素形态。氮元素的存在形态主要有胺氮和吡咯氮，相对于未搅拌热解产生的炭，搅拌后的热解炭中胺氮的含量增加了 4.86%～5.88%，但搅拌速率的增加对胺氮和吡咯氮的含量并未产生较大的影响。总体来说传热传质促进了热解炭中吡咯氮向胺氮的转化，这与 7.3 节的结论一致。硫元素的形态主要有有

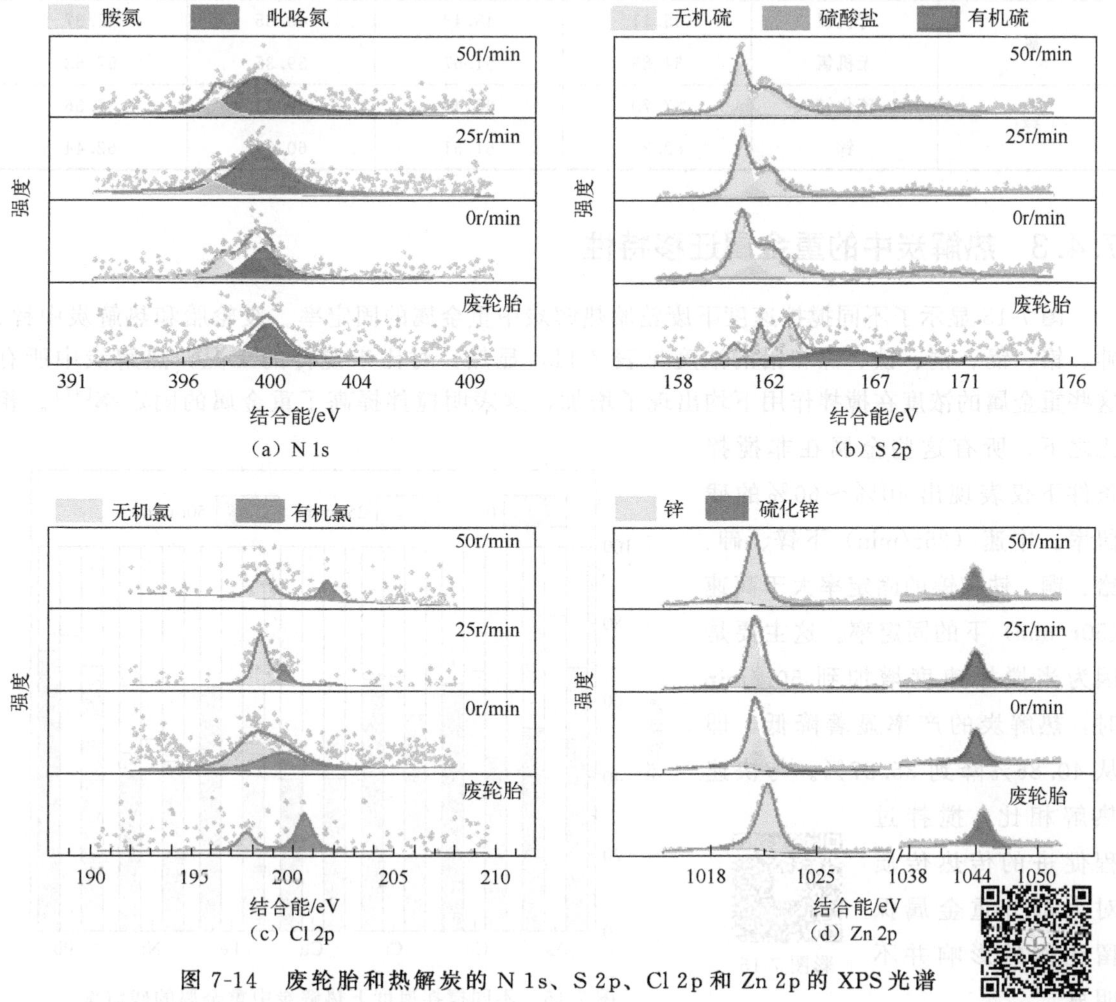

(a) N 1s (b) S 2p (c) Cl 2p (d) Zn 2p

图 7-14 废轮胎和热解炭的 N 1s、S 2p、Cl 2p 和 Zn 2p 的 XPS 光谱

彩图 7-14

机硫和无机硫两种，其中无机硫有黄铁矿硫和硫酸盐两类。如表 7-10 所示，黄铁矿硫仍是热解炭中硫的主要赋存状态，占硫总含量的 92.42%～97.08%。但值得注意的是，在最高搅拌速率 50r/min 工况下，热解炭中有 7.58%的硫酸盐，而在 7.3 节入料次数的增加使得硫酸盐的含量出现了降低甚至减少。对于氯元素，废轮胎热解后热解炭中有机氯的含量减少，但仍有 40.65%～42.37%的有机氯存在于热解炭中。相比于改变入料次数，搅拌作用对于有机氯的转化效果并不明显。而对于锌元素，废轮胎中的锌与硫化锌含量与热解炭中两种价态的比例并未有太大变化，这表明传热传质的促进对于锌赋存状态的影响也不大。

表 7-10 废轮胎和热解炭中氮、硫、氯的分峰拟合结果 单位：%

元素	类别	废轮胎	0r/min	25r/min	50r/min
氮	胺氮	54.15	80.73	86.61	85.59
	吡咯氮	45.85	19.27	13.39	14.41
硫	黄铁矿	60.84	95.73	97.08	92.42
	硫酸盐	0.00	4.27	2.92	7.58
	有机硫	39.16	0.00	0.00	0.00
氯	有机氯	65.11	48.43	40.65	42.37
	无机氯	34.89	51.57	59.35	57.63
锌	硫化锌	37.70	38.49	39.21	37.56
	锌	62.30	61.51	60.79	62.44

7.4.3 热解炭中的重金属迁移特性

图 7-15 显示了不同搅拌速度下废轮胎热解炭中重金属的固定率。废轮胎和热解炭中锌、砷、铬、镉、铜、铁、镍和铅的浓度见表 7-11。显然，对比未搅拌的工况，热解炭中所有这些重金属的浓度在搅拌作用下均出现了增加，这表明搅拌提高了重金属的固定率[47]。相比之下，所有这些金属在非搅拌条件下仅表现出 40%～60%的残留率。中速（25r/min）下锌、砷、铬、铜、铁和镍的固定率大于高速（50r/min）下的固定率。这主要是因为当搅拌速度增加到 50r/min 时，热解炭的产率显著降低，即从 40.86%降到 35.27%。与快速热解相比，搅拌过程促进的传热传质对大部分重金属保留比例的影响并不明显。

彩图 7-15

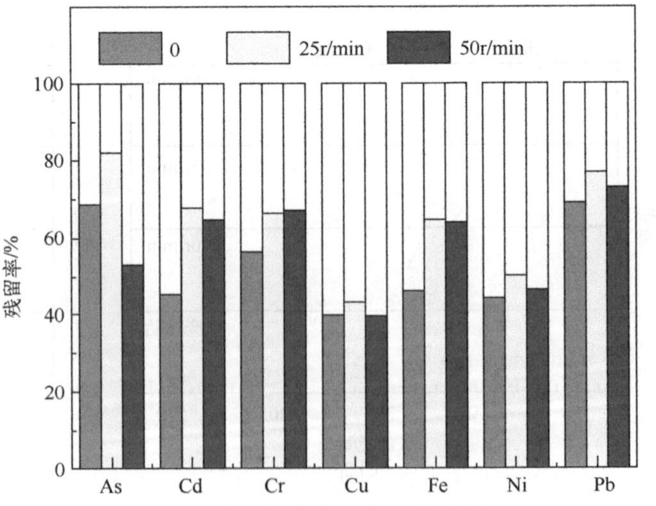

图 7-15 不同搅拌速度下热解炭中重金属的残留率

表 7-11　废轮胎和慢速热解中热解炭的重金属浓度　　单位：mg/kg

重金属	废轮胎	0r/min	25r/min	50r/min
Zn	38220.00	48802.48	54875.73	59925.43
As	4.63	7.56	9.28	6.93
Cd	0.86	0.93	1.43	1.58
Cr	8.12	10.88	13.18	15.43
Cu	54.23	51.42	57.26	60.87
Fe	1034.33	1136.41	1635.25	1872.5
Ni	33.06	34.87	40.53	43.44
Pb	70.96	116.82	133.61	146.93

7.4.4　热解油的主要组分及含氮、硫和氯污染物分析

类似于入料次数对快速热解过程中热解油的影响，搅拌速度也对油的成分有显著影响［图 7-16（a)］。随着搅拌速度的增加，热解油中生成的 $C_1 \sim C_{12}$ 链烃（从 14.50% 到 20.18%～29.90%）更多，而芳烃更少（从 50.41% 到 35.89%～35.58%），总链烃含量也从 26.31% 提高到 43.49%。这些观察表明，搅拌极大地促进了解聚和开环反应，从而提高了低碳链烃的产量。促进传热传质有利于获得更多的轻油馏分。但这种效果在快速热解中并不明显，快速热解产生的热解油中仍含有一定数量的 $C_{13} \sim C_{28}$ 长链烃。含氮、硫和氯化合物总量在高速搅拌下没有明显下降，只是在 8.47%～10.64% 之间浮动。图 7-16(b) 显示含硫化合物由噻吩、硫化物、硫醇和二硫化物组成，而含氮化合物由二苯胺、腈、喹啉和吲哚组成，含氯化合物主要为少量氯苯和氯代脂肪烃。

彩图 7-16

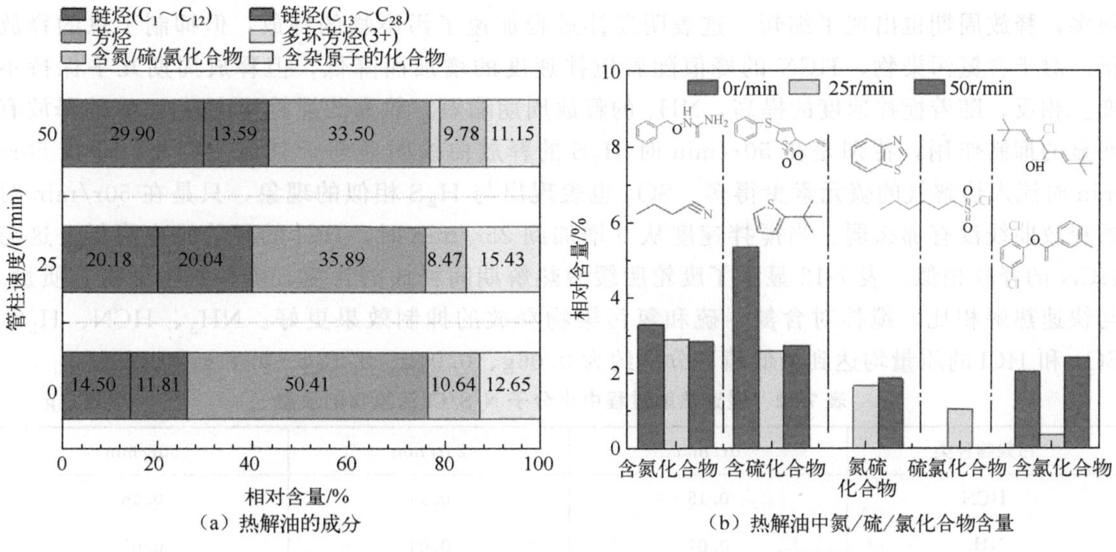

(a) 热解油的成分　　(b) 热解油中氮/硫/氯化合物含量

图 7-16　冷凝收集的热解油的成分及热解油中氮/硫/氯化合物含量

图 7-17(a) 显示了由于不完全冷凝和高挥发性而被二氯甲烷溶液吸收的有机化合物的组成。$C_1 \sim C_{12}$ 的链烃和芳烃占主导地位，分别占总含量的 31.60%～29.35% 和 45.02%～53.20%。多环芳烃（≥3）几乎消失了，但仍有一小部分长链烃随着搅拌速度的增加而增

加。含氮、硫和氯化合物的含量也在2.21%～4.45%范围内浮动，但与热解油相比，比例要小得多。含杂原子化合物主要是醛和酮。此外，含氮、硫和氯的大分子化合物也容易释放到热解气体中，造成潜在风险。

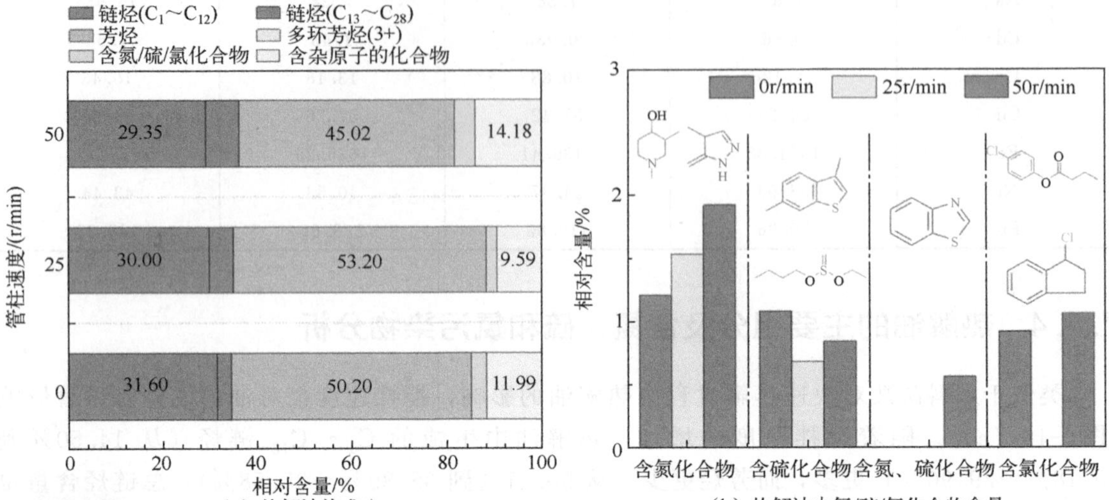

(a) 热解油的成分

(b) 热解油中氮/硫/氯化合物含量

图7-17　二氯甲烷吸收的热解油的成分及热解油中氮/硫/氯化合物含量

彩图7-17

7.4.5　热解气中含氮、硫和氯污染物的释放特性

图7-18为小分子含氮、硫和氯污染物在不同搅拌速度下的释放曲线，包括HCN、NH_3、H_2S、SO_2和HCl。由于搅拌作用，这些含氮、硫和氯污染物的释放曲线都下降了很多，释放周期也出现了缩短。这表明搅拌过程加速了污染物的释放，但抑制了总的释放量。对于含氮污染物，HCN的峰值随着搅拌速度的增加而降低，但释放周期几乎保持不变。相反，随着搅拌速度的提高，NH_3的释放周期缩短。较高的搅拌速度对H_2S的释放有明显的抑制作用，特别是在50r/min时H_2S的释放曲线明显弱于其他污染物，即在50r/min时流入热解气的硫元素少得多。SO_2也表现出与H_2S相似的现象，只是在50r/min时的释放曲线没有那么弱。当搅拌速度从0增加到25r/min时，HCl的释放峰也降低，这与HCN的释放相似。表7-12显示了废轮胎缓慢热解期间释放的含氮、硫和氯污染物总质量。与快速热解相比，搅拌对含氮、硫和氯污染物释放的抑制效果更好。NH_3、HCN、H_2S、SO_2和HCl的质量均达到最低值，分别约为0.06g、0.01g、0.13g、0.11g、0.22g。

表7-12　慢速热解过程中小分子N/S/Cl污染物的质量　　单位：g

污染物种类	0r/min	25r/min	50r/min
HCN	0.15	0.11	0.06
NH_3	0.07	0.04	0.01
H_2S	0.65	0.63	0.13
SO_2	0.24	0.22	0.11
HCl	0.26	0.13	0.22

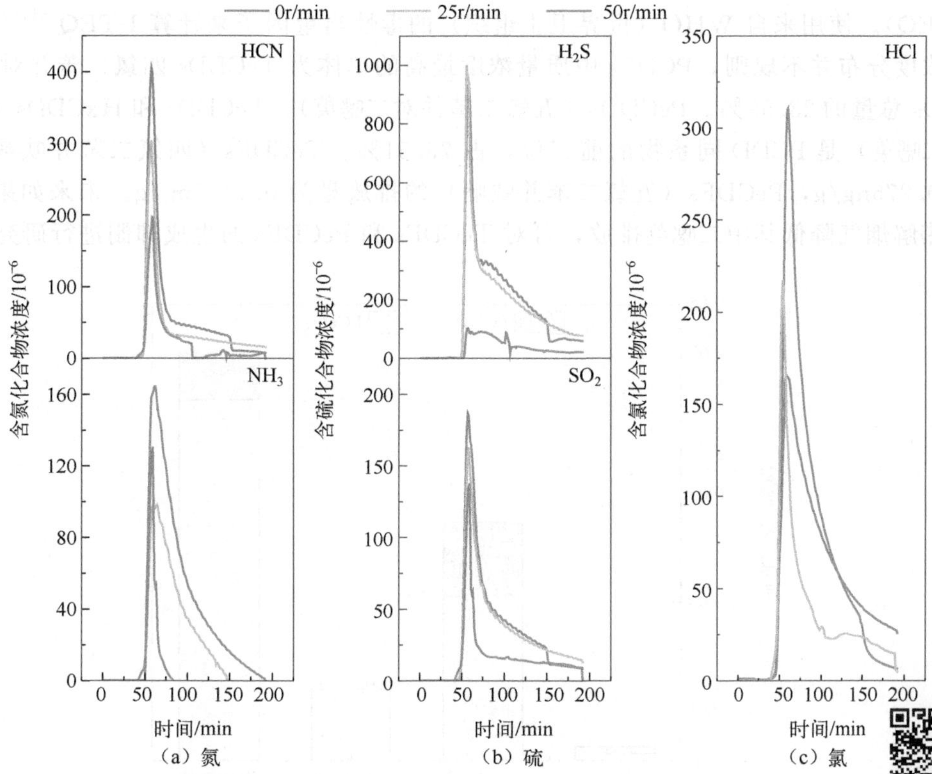

图 7-18　慢速热解过程中小分子氮、硫、氯污染物在线释放曲线

彩图 7-18

7.4.6　二噁英释放规律与对比

在热处理过程中，氯是最受关注的多氯二苯并二噁英和多氯二苯并呋喃（PCDD/Fs）的风险源[48,49]。为了研究废轮胎热解和废轮胎热解产物燃烧中 PCDD/Fs 形成的差异性，在 50r/min 的搅拌速度下慢速热解过程中测量 PCDD/Fs 的形成：①检测热解产物包括热解气、热解油和热解炭中的 PCDD/Fs；②检测未冷凝的热解油与热解气混合燃烧产生烟气中的 PCDD/Fs。对于燃烧，具体为将 O_2(99.99%) 以 20mL/min 的流量通入左管的顶部，并将上炉温度固定在 1123.15K 以确保完全燃烧。之后将燃烧气通过 XAD-2 树脂进行收集，而油和炭直接收集。根据图 7-19（a），热解油中的 PCDDs 和 PCDFs 分别为 0.0012ng/g 和 0.0017ng/g，在热解产品中均为最低值。热解气中的 PCDD/Fs 同样较少，分别为 0.0012ng/g 和 0.0138ng/g。相比于热解气和热解炭，热解油中的 PCDD/Fs 较多，PCDFs 达到了 0.031ng/g，PCDDs 也有 0.014ng/g。整体来看热解油中的二噁英毒性最大，热解气中的毒性次之，热解炭中的毒性最小。将热解产物与热解油和热解气燃烧后烟气中的 PCDD/Fs 进行对比，发现热解气体和油中 PCDD/Fs 的产量（0.06ng/g）远低于燃烧产生的烟气中的 PCDD/Fs（0.60ng/g）。结合热解油中含有一定量的烃类物质以及含氯的芳烃，推测热解油燃烧产生二噁英主要是由于高温均相反应，烃类物质和含氯的芳烃通过环化缩合和氯代形成多氯联苯等前驱体之后经过高温重构生成 PCDD/Fs[50]。这也说明了热解有效地抑制了三相产物中 PCDD/Fs 的形成，尤其是显著减少了 PCDFs，主要原因是避免了热解油中烃

类物质的高温均相反应。图 7-19（b）给出了燃烧烟气中 PCDD/Fs 的详细成分和总毒性当量（I-TEQ）。使用来自 WHO（世界卫生组织）的毒性当量因子来计算 I-TEQ[51,52]。其单体质量浓度分布并不规则，PCDFs 中质量浓度最高的单体为 TeCDDs 四氯二苯并对二噁英，占 PCDDs 总量的 28.59%。PeCDDs（五氯二苯并对二噁英）、TeCDDs 和 HxCDDs（六氯二苯并对二噁英）是 PCDD 同系物的前三位，占 73.51%。TeCDFs（四氯二苯并呋喃）的排放量为 0.275ng/g，PeCDFs（五氯二苯并呋喃）的排放量为 0.1675ng/g。未来如果要针对废轮胎热解烟气降低其中二噁英排放，可对 TeCDFs 和 PeCDFs 的生成抑制进行研究。

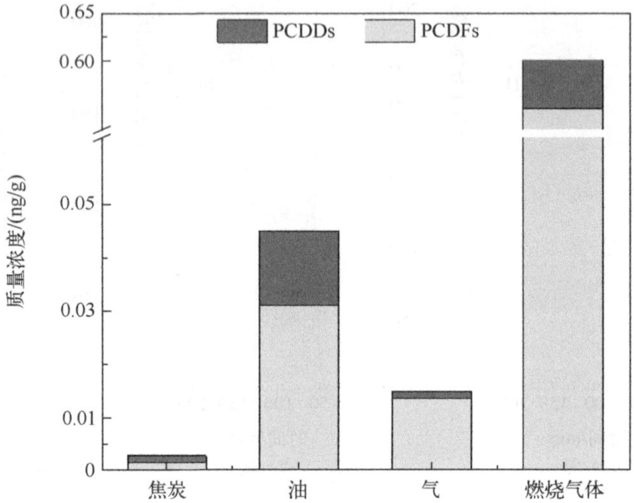

（a）分布

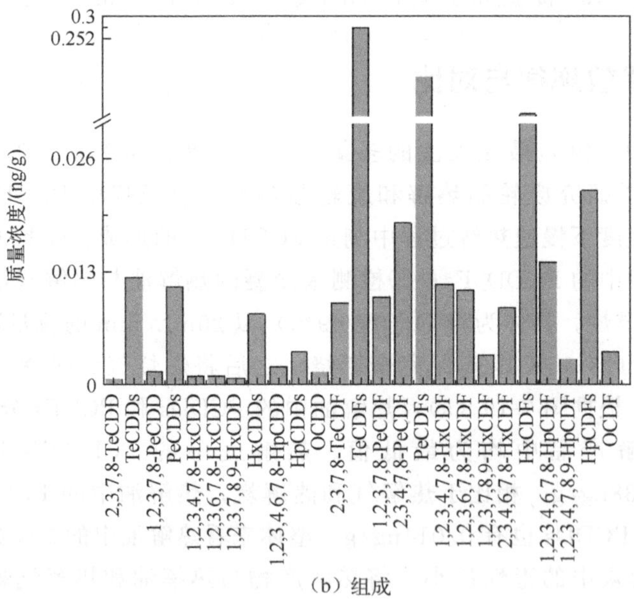

（b）组成

图 7-19 热解和燃烧产物中二噁英的分布及燃烧气体中二噁英的具体组成

（HpCDD：七氯二苯并对二噁英；OCDD：八氯二苯并对二噁英；HxCDF：六氯二苯并呋喃；HpCDF：七氯二苯并呋喃；OCDF：八氯二苯并呋喃）

7.5 基于模拟硫化的废轮胎热解过程含硫污染物释放机理

硫元素广泛存在于轮胎中[53]，是废轮胎热解过程中含量最高并且危害较大的污染元素。轮胎制造过程中的硫化是为了获得更好的抗拉强度和弹性。硫化过程中引入各种添加剂，特别是硫化促进剂，与橡胶发生复杂的交联反应，形成硫化橡胶，造成复杂的开裂过程[54-56]。硫化过程是轮胎橡胶中硫组分的来源，对于找出硫的迁移转化路径具有重要意义。热解油的主要成分也来源于硫化橡胶的热解，因此硫元素容易迁移到油中并影响其质量[16]。以往的研究主要集中在温度和升温速率等热参数对废轮胎热解硫转化的影响。如当热解的最终温度为673.15K和737.15K时，有相当多的硫分布在热解油中。然而，将热解温度提高到973.15K会促进硫迁移到热解气体中[9]。高加热速率促进了轮胎的快速裂解和更多自由基碎片的形成，导致大量小分子如 H_2S、CH_4 和 H_2 的形成[57]。较高的入料速率抑制了硫元素向气体中的迁移，从而提高了焦炭中的硫含量[58]。显然废轮胎热解过程中硫的转化是废轮胎安全处置所重点关注的对象。此前，Seidelt 等人[44] 通过热重分析研究了轮胎添加剂在轮胎热解过程中的影响，发现添加炭黑、硫黄和氧化锌对橡胶热解的影响较弱。Liu 等人[59] 研究了天然橡胶、丁苯橡胶在硫黄浸渍后的热解行为，结果表明硫黄浸渍后的硫化橡胶在低温下的分解更剧烈。然而，这些研究只是通过溶液浸渍将添加剂与橡胶混合，这与实际轮胎生产过程中使用的热硫化方法不同。热硫化是一种化学融合过程，因此会导致物理混合和实际轮胎之间的成分完全不同。硫化促进剂的硫化过程对废轮胎中硫含量的贡献占主导地位，而硫化作用下的硫转化被忽略了。因此，研究硫化橡胶的热解行为对于发现废轮胎热解过程中硫的迁移途径至关重要。本节通过制备已知配方的模拟轮胎橡胶，利用梯级热解手段，重点关注了硫化和硫化添加剂对模拟轮胎橡胶的影响，并对各阶段的热解产物中的硫的分布进行了分析和表征，概括出了含硫污染物的基本迁移路径。

7.5.1 梯级升温热解实验方法

为了研究硫在模拟轮胎橡胶中的迁移转化，在图7-20所示的带有搅拌器的固定床热解器中，通过梯级升温程序进行进一步实验，以收集不同阶段的产品进行分析、表征和比较。预先将20g模拟轮胎橡胶放入装置中，搅拌速度设置为25r/min。首先将反应器加热至323.15K，保温15min，以去除水分。采用梯级热解程序以10℃/min的升温速率依次加热到573.15K、673.15K和773.15K。将程序设置为分别在573.15K、673.15K和773.15K下保持1h。反应器出口安装了无水乙醇（268.15K）循环冷凝系统。两套冷凝装置交替安装，分别收集573.15～673.15K和673.15～773.15K的热解油。同时进行另一组实验，在673.15K结束加热程序，获得热解终温为673.15K的热解炭。载气为 N_2（99.99%），流量为200mL/min。热解油分析方法与之前章节相同，用二氯甲烷洗涤和溶解热解油，然后用GC-MS（GCMS-QP2010SE，日本）检测。对于热解气，通过气相色谱法检测气态化合物组分。

7.5.2 硫化过程对裂解行为的影响

如图7-21所示，具有相同配方的CR和VR样品呈现出相似的TG/DTG曲线。特别是TG曲线几乎相互重叠，总质量损失为35%。残渣的质量比例接近ZnO(3.08%～3.23%)

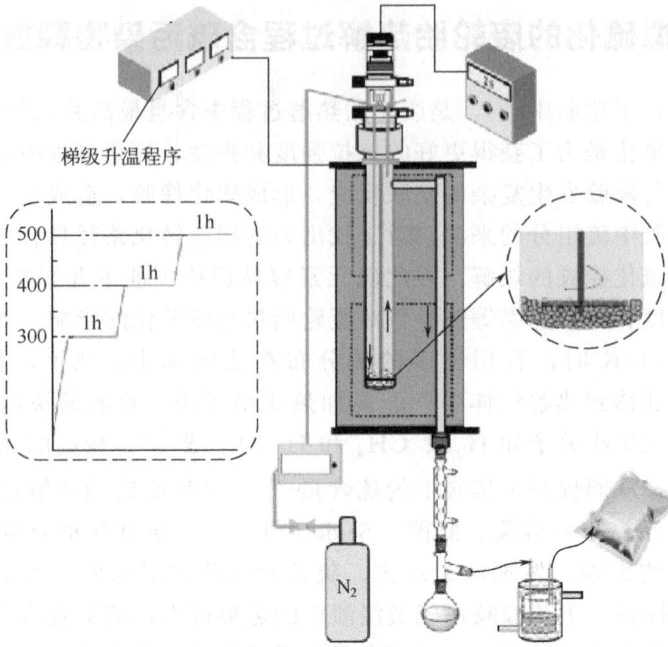

图 7-20　梯级升温热解实验装置

和炭黑（30.77%～32.06%）质量分数的总和。热解过程分为三个阶段，323.15～573.15K的第一阶段与脱水有关，质量损失很少[60]。热解过程主要发生在573.15～773.15K的温度范围内，根据DTG曲线的两个峰可分为两个阶段：第二阶段是573.15～673.15K，对应硫化NR[9,61]的开裂；第三阶段在673.15～773.15K，对应硫化SBR[58]的降解。显然，DTG曲线的两个峰分别出现在643.15K和723.15K。643.15K的峰为1,3-丁二烯的热解峰，而723.15K的峰为1,3-丁二烯的分解特征峰[62]。最初，CR在两个阶段表现出平衡的峰值，但添加促进剂（TBBS和ZDMC）削弱了第一个峰的强度，加强了第二个峰的强度。这表明TBBS和ZDMC的加入在较高温度下增加了橡胶降解难度。VR样品在643.15K时的第一个峰强度高于CR样品，而在723.15K时的第二个峰则相反。这些现象表明硫化过程中的加热可以通过热化部分NR来促进1,3-丁二烯在643.15K下的分解[59]。另外，硫化的交联作用增强了1,3-丁二烯的热稳定性，减轻了其在723.15K时的降解。即使对于添加单硫（硫化橡胶中通过单个硫原子形成的交联结构，具体表现为C—S单键）的VR-3，TG结果也表现出对热降解的硫化作用。

10℃/min加热速率下的热重数据还用于通过Coats-Redfern方法计算动力学参数，以详细说明硫化对第二阶段和第三阶段模拟轮胎热解的影响。Coats-Redfern方法遵循n阶反应模型。图7-22显示了CR和相应的线性拟合结果。详细的计算可以在有关文献中找到[7,8]。表7-13中给出的R^2值在第二阶段和第三阶段均较高，表明拟合效果良好。不难发现，CR和相同配方的VR样品的曲线拟合之间的差异几乎可以忽略不计。CR样品在第二阶段的活化能分别为186.34kJ/mol、185.48kJ/mol和201.24kJ/mol，均低于VR样品的活化能（分别为193.54kJ/mol、196.07kJ/mol和203.41kJ/mol）。在第三阶段，CR样品的活化能均高于VR样品。因此，硫化在第二阶段导致硫化NR的活化能较高，但在第三阶段导致硫化SBR的活化能较低。

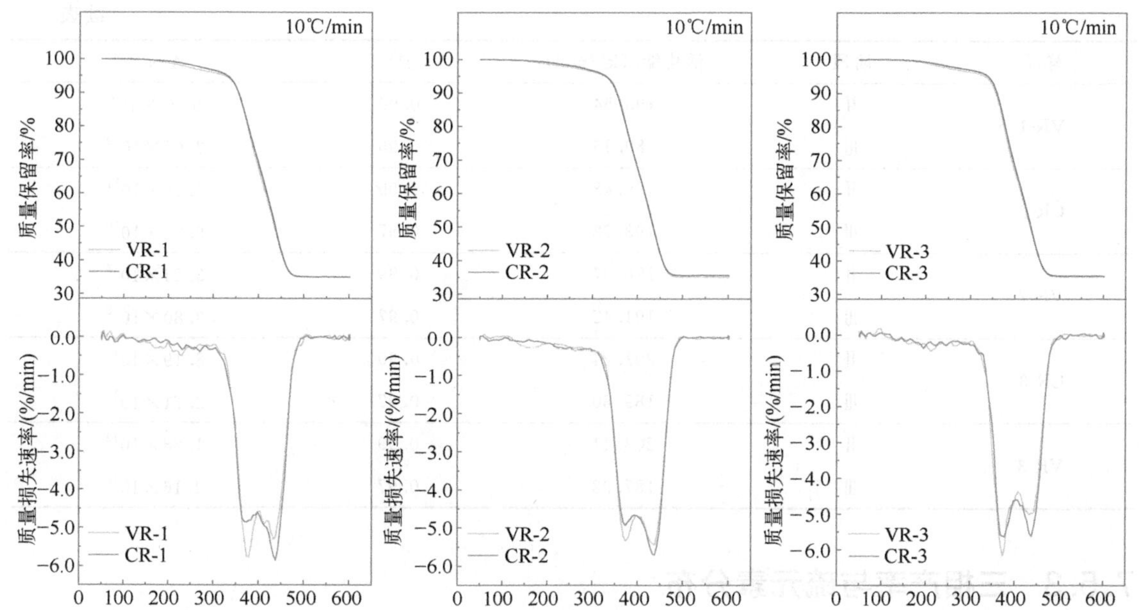

（a）CR-1和VR-1　（b）CR-2和VR-2　（c）CR-3和VR-3

图 7-21　10℃/min 下模拟轮胎橡胶的 TG/DTG 曲线

彩图 7-21

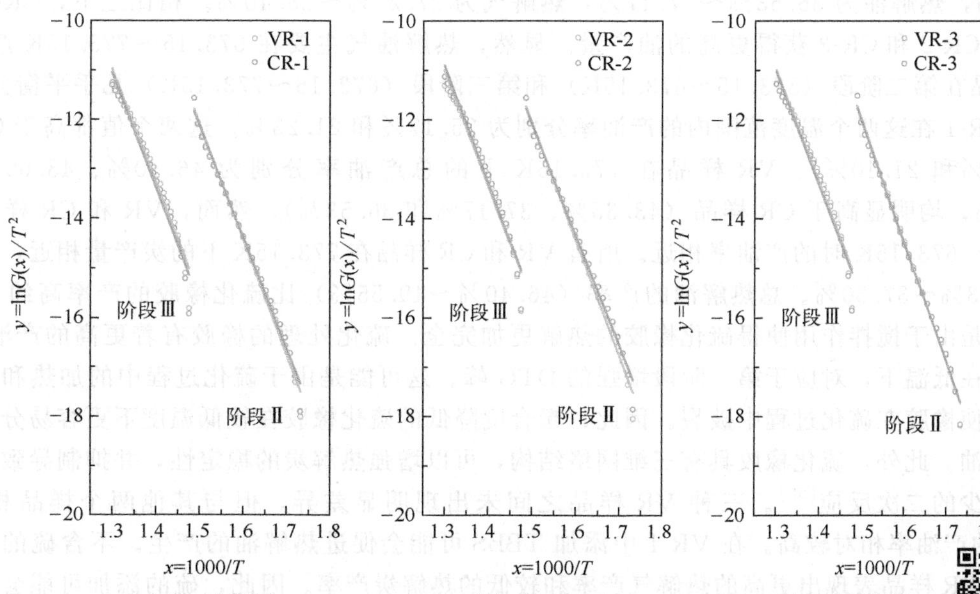

（a）CR-1和VR-1　（b）CR-2和VR-2　（c）CR-3和VR-3

彩图 7-22

图 7-22　第二阶段和第三阶段 CR 和 VR 样品的阶段动力学参数计算

表 7-13　CR 和 VR 样品的表观活化能、指前因子和相关系数

样品	阶段	活化能/(kJ/mol)	R^2	A/s^{-1}
CR-1	Ⅱ	186.34	0.99	4.82×10^{11}
	Ⅲ	192.17	0.97	4.06×10^{10}

续表

样品	阶段	活化能/(kJ/mol)	R^2	A/s^{-1}
VR-1	Ⅱ	193.54	0.99	9.91×10^{9}
	Ⅲ	189.16	0.96	2.67×10^{10}
CR-2	Ⅱ	185.48	0.99	4.45×10^{11}
	Ⅲ	193.72	0.97	6.08×10^{10}
VR-2	Ⅱ	196.07	0.99	3.24×10^{12}
	Ⅲ	191.42	0.97	3.80×10^{10}
CR-3	Ⅱ	201.24	0.99	8.19×10^{12}
	Ⅲ	189.60	0.97	2.71×10^{10}
VR-3	Ⅱ	203.41	0.99	1.28×10^{13}
	Ⅲ	187.92	0.97	2.16×10^{10}

7.5.3 三相产率与硫元素分布

通过热重实验发现硫化对热解表现出一定的影响，为了确定硫化对热解产品的具体影响，分析了每个温度范围内的产品产量［图 7-23（a）］。不同配方的 VR 样品表现出相似的三相产物分布，热解炭产率为 36.05%～37.50%，热解油为 46.40%～49.55%，热解气为 12.95%～17.24%。CR-2 和 CR-3 也具有非常接近的产物分布：热解炭为 34.43%～36.22%，热解油为 36.53%～37.17%，热解气为 27.25%～28.40%。相比之下，CR-1 的热解比 CR-2 和 CR-3 获得更高的油产量。显然，热解油气主要在 573.15～773.15K 产生，VR 样品在第二阶段（573.15～673.15K）和第三阶段（673.15～773.15K）几乎平衡分布。例如 VR-1 在这两个温度范围内的产油率分别为 25.17%和 21.23%。这两个值都高于 CR-1（22.25%和 21.10%）。VR 样品在 773.15K 下的总产油率分别为 46.40%、48.60%和 49.55%，均明显高于 CR 样品（43.35%、37.17%和 36.53%）。然而，VR 和 CR 样品在 573.15～673.15K 时的产油率相近。所有 VR 和 CR 样品在 773.15K 下的炭产量相近，大约为 34.43%～37.50%。总热解油的产率（46.40%～49.55%）比硫化橡胶的产率高约 5%，这可能是由于搅拌作用使得硫化橡胶的热解更加完全。硫化处理的橡胶有着更高的产油率，特别是在低温下，对应于第一阶段增强的 DTG 峰。这可能是由于硫化过程中的加热和挤压步骤，使橡胶在硫化过程中破裂。因此，聚合度降低的硫化橡胶在较低温度下更容易分解产生热解油。此外，硫化橡胶具有三维网络结构，可以增强热解炭的稳定性，并抑制导致热解气体减少的二次反应[59]。三种 VR 样品之间未出现明显差异，但与其他两个样品相比，VR-1 的产油率相对较高。在 VR-1 中添加 TBBS 可能会促进热解油的产生。不含硫的作为基准的 PR 样品表现出更高的热解气产率和较低的热解炭产率。因此，硫的添加可能会引起交联反应，从而在热解过程中获得更多的热解炭。

图 7-23（b）显示了通过元素分析获得的热解油和热解炭样品中的硫含量，并计算了三相产物中的硫分布。热解炭中硫的固定率均低于 40%，这低于废轮胎在固定床中热解产生的热解炭中的硫含量。VR 样品的热解炭中硫固定率略高于 CR 样品。此外三种不同的硫化橡胶也表现出差异，即 VR-2 和 CR-2 的热解炭中固定了比其他两种配方更高的硫。这也可能是因为硫化过程中的交联反应有利于硫物质的稳定。VR-2 和 VR-3 热解产生的总油中硫

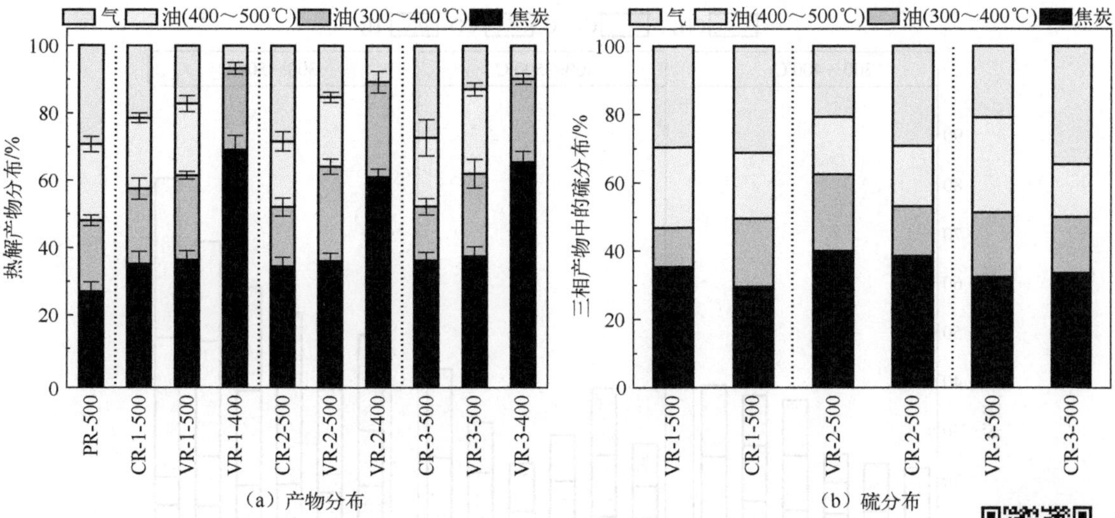

图 7-23　不同热解温度下的热解产物分布和三相产物中的硫分布

彩图 7-23

比例高于 CR-2 和 CR-3。具体而言，硫化过程导致低温区油中硫的相对含量较高，而高温区油中的相对含量较低。而 VR 样品中气体中的硫含量均低于 CR 样品。值得注意的是，硫化效果似乎对三相产品中的硫转化表现出积极的影响，即在热解炭中的固定率较高，但在气体中含量比较低。然而对于 VR-1、VR-2 和 VR-3 的硫化作用显著促进了硫向油的迁移，这严重影响了油的品质，热解油需要进一步提质和提纯以供使用。

7.5.4　热解气品质与含硫污染物的释放

图 7-24 给出了 573.15～673.15K 和 673.1～773.1K 检测到的具有热值的气体成分，H_2、CO、CH_4 和 C_2～C_3（C_2H_4、C_2H_6、C_3H_6 和 C_3H_8）是检测到的主要可燃气体。较高的温度下，VR 样品产生更多的可燃气体。VR-2 在 573.15～673.15K 下获得的气体比 CR-2 少。与 CR-1 和 CR-3 相比，VR-1 和 VR-3 也表现出相同的趋势。同时 VR-1 和 VR-3 在 673.1～773.1K 时比 CR-1 和 CR-3 产生了更多的气体。CR 样品的总产气量远高于 VR 样品。这表明 CR 样品的热解产生了更多的不可燃气体，例如 CO_2。低热值（LHV）也基于可燃气体的含量计算，除了 VR-2 和 CR-2 在 673.1～773.1K 的情况外，VR 样品的 LHV 均低于 CR 样品。因此，硫化过程抑制了聚合物裂解成小分子可燃气体。所有这些样品的总 LHV 的变化不大，大约在 17.48～22.95MJ/m^3，接近中等热值气体，可作为热解反应器的辅助燃料。

与可燃气体相比，热解气中的硫以相对少量的污染物形式存在。因此，典型的含硫污染物通过质谱检测器在 TG 反应器中进行在线监测。图 7-25 显示了 m/z 为 34、48、60 和 64 的释放曲线。表 7-14 列出了所有这些含硫污染物的积分区域面积。为了消除硫化对硫化橡胶中原始硫含量降低的影响，还计算了基于硫含量的相对值并在括号中列出。这些含硫污染物从 403.15～463.15K 开始释放，在 573.15～673.15K 加速释放，并在 673.15～773.15K 结束释放。具体而言，CH_3SH 在第一阶段（323.15～573.15K）没有明显释放。SO_2 释放曲线在第一和第三阶段都表现出更高的强度。温度稳定在 673.15K 时，VR-2 和 VR-3 在第

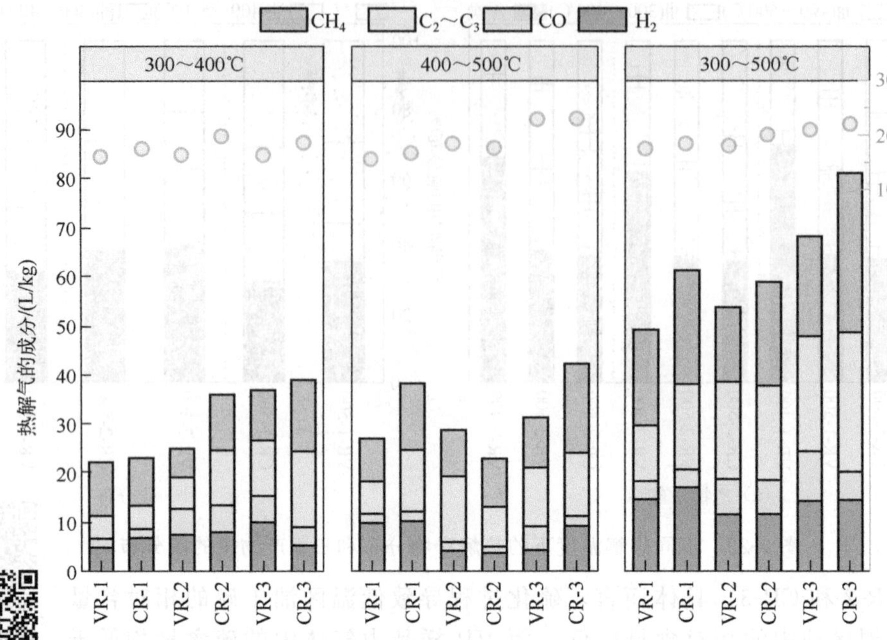

彩图 7-24

图 7-24　热解气的主要成分和低热值

二阶段观察到 SO_2 的二次峰。这六个样品在第一阶段表现出不同的释放曲线，而在其他两个阶段仅表现出不同的释放强度。VR-3 和 CR-3 的 H_2S 在第一阶段表现出明显更强和更早的释放曲线。同样，CR-3 在第一阶段的 CH_3SH 释放也超过了其他配方的样品。H_2S 和 CH_3SH 主要由 C—S_x 与 · H 结合或 · H/ · CH_3 和 · SH 直接结合生成，分别来源于聚合物和含硫化合物的分解[63]。推测 VR-3 中的单质硫比其他配方中的有机硫更活跃，因此有助于在第一阶段释放更多的 H_2S 和 CH_3SH。VR-3 的 H_2S 和 CH_3SH 释放量远低于 CR-3 在每个阶段的释放量。硫化过程可能会破坏元素硫的原始结构，从而获得更少的 H_2S 和 CH_3SH。相比之下 · H 更容易从聚合物中去除，因此在第一阶段检测到多个具有一定强度的 H_2S 释放峰。不同的是，含硫化合物的分解主要在 573.15～673.15K，产生更多的 · SH。此外聚合物的降解也主要发生在该温度范围内。因此，H_2S 和 CH_3SH 的释放集中在这个阶段。第三阶段的尾峰应该来自包裹在聚合物内部的残留硫，具有较高的稳定性。

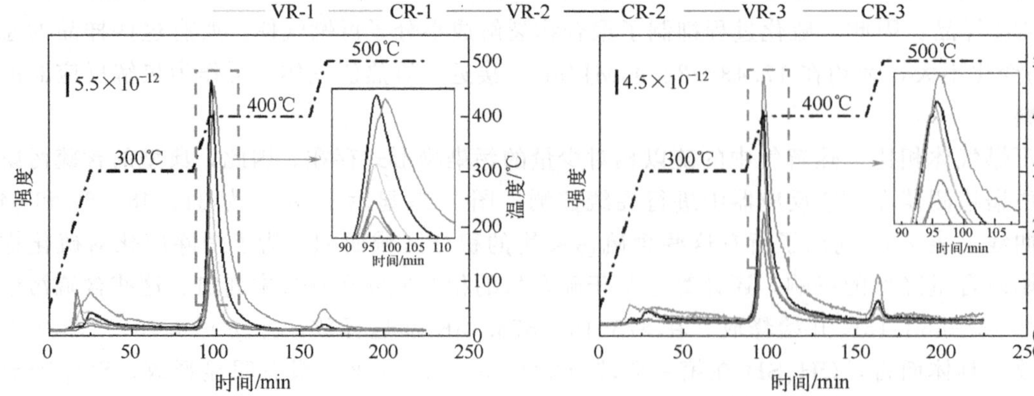

(a) m/z =34(H_2S)　　(b) m/z =48(CH_3SH)

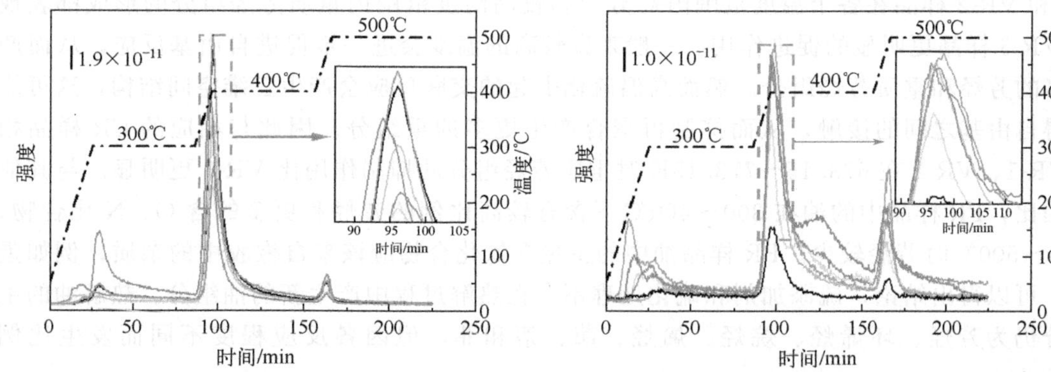

（c）m/z =60(COS)　　（d）m/z =64(SO_2)

图 7-25　模拟轮胎梯级热解过程中含硫污染物的释放特征

彩图 7-25

在第一和第三阶段，CR-2 出现一个较弱的释放峰，而 VR-2 的释放强度可以忽略不计。尤其是第二阶段，VR-2 的释放量远低于 CR-2，这可以从表 7-14 的数值中反映出来。但 VR-1 和 CR-1 没有出现这种现象，甚至表现出完全相反的变化。因此可以推测硫化过程可以稳定（或钝化）VR-2、VR-3 的硫化物。COS 可能是由硫化橡胶中的 C—S_x 和 ZnO 的二次反应形成的。添加剂 ZnO 对硫有很强的亲和力，反应生成的 ZnS 具有很高的稳定性[65]。ZnO 在 H_2S 和 SO_2 的进一步释放过程中可以会再次反应，达到脱硫的效果。H_2 可能与 COS 反应，减少高温热解产生的 COS。表 7-14 显示 CR 样品产生的 COS 均高于 VR 样品，这表明硫化可能会阻碍 C—S_x 与 ZnO 的反应。VR-1 和 VR-3 释放的 SO_2 与 CR-1 和 CR-3 略有差异，但与 CR-2 相比，VR-2 释放的 SO_2 明显更多。因此，VR-2 中 ZDMC 的硫化倾向于与含氧基团相结合，生成更多的 SO_2 并减少 H_2S 的生成。

表 7-14　模拟轮胎梯级热解过程中含硫污染物的释放量

成分	m/z	积分区域面积/10^{-10}					
		VR-1	CR-1	VR-2	CR-2	VR-3	CR-3
H_2S	34	3.27(0.99)	1.32(0.40)	1.43(0.43)	5.41(1.64)	2.26(0.68)	9.08(2.75)
CH_3SH	48	9.83(2.98)	1.07(0.32)	0.65(0.20)	1.67(0.51)	0.43(0.13)	1.79(0.54)
COS	60	1.13(0.34)	1.78(0.54)	2.46(0.75)	2.44(0.74)	2.12(0.64)	2.33(0.71)
SO_2	64	0.83(0.25)	0.92(0.28)	1.42(0.43)	0.40(0.12)	1.26(0.38)	1.21(0.37)

注：括号内的值是通过将积分面积除以表 7-4 中的硫含量得到的。

7.5.5　热解油主要组分和含硫污染物的转化

图 7-26（a）为不同温度范围内热解油的具体成分，其中饱和烃类如烷烃非常少，但不饱和烃类，如芳烃、环烯烃、烯烃和重质芳烃组分（芘、萘和菲）在所有这些样品中占据主导地位。环烯烃主要在 573.15～673.15K 产生，在 673.15～773.15K 含量下降明显。芳烃和重质芳烃组分的比例在 573.15～673.15K 时超过 45%，并在 673.15～773.15K 时进一步明显提升。与 CR 样品相比，VR 样品在 573.15～673.15K 下获得了更高比例的芳烃以及重质芳烃组分，但环烯烃含量较少。尽管 VR 样品的芳烃含量仍高于 CR 样品，但在 673.15～773.15K 时，VR 样品与 CR 样品相比产生了更少的重质芳烃组分。这表明硫化有利于热解过程中的脱氢、芳构化和聚合[59]。因此与对应的 CR 样品相比，具有典型硫化促进剂的

VR-1 和 VR-2 样品在各个温度范围内对芳烃和较高温度范围内重质芳烃组分的形成都表现出比 VR-3 样品更明显的促进作用。一般来说较高的温度会进一步促进自由基反应，从而产生更多的芳烃和重质芳烃组分。然而高温硫化引起的交联反应会产生三维空间结构，这可能会阻碍自由基之间的接触，从而抑制再聚合产生更多的重组分。因此与相应的 CR 样品相比，VR-1、VR-2 在 673.15～773.15K 对重质芳烃组分的抑制作用比 VR-3 更明显。与其他样品相比，PR 样品中的油在 300～400℃下含有较高比例的芳烃和更多的含 O、N 化合物，但 400～500℃时芳烃较少。PR 样品油中的少量含氮化合物应该来自橡胶中的杂质，例如蛋白质。可以得出结论，硫添加剂和硫化处理不会在热解过程中产生新的油组分。热解油的主要成分仍为芳烃、环烯烃、烷烃、烯烃、茚、萘和菲，但因各反应程度不同而发生比例变化。

图 7-26（b）显示了热解油中含硫化合物的详细组成。在 573.15～673.15K 下仅检测到三种类型的含硫化合物，即噻吩、苯并噻吩和乙酰基苯并噻吩。更复杂的含硫化合物是在更高的温度下（大约 673.15～773.15K）产生的，尤其是一些硫氧化合物。除了 ZnO，包括蛋白质、脂肪酸和葡萄糖在内的杂质也有助于生成含氧化合物，它们在较高温度下更活跃。在较高温度下硫和氧自由基之间的复合导致了这些硫氧化合物的形成。对比 VR 和 CR 样品，573.15～673.15K 下硫化促进了噻吩和乙酰基苯并噻吩的生成，但对苯并噻吩的抑制明显。与 CR-1 和 CR-2 相比，CR-3 产生的噻吩比例最高达到 69.30%。这表明硫黄比 TBBS 和 ZDMC 硫化促进剂更容易形成噻吩。硫化可能会将促进剂中的硫转化为单质硫，从而产生更多的噻吩。CR-1 和 CR-2 在 673.15～773.15K 下甚至没有检测到噻吩，而 VR-1 和 VR-2 再次产生噻吩，这进一步验证了上述推测。热解油中大量的苯并噻吩应该来源于 TBBS 和橡胶中的原始苯环。因此，具有有机硫促进剂的样品显示出更高比例的苯并噻吩和乙酰基苯并噻吩。VR-1 和 CR-1 中的 TBBS 本身具有苯并噻唑结构，与苯并噻吩相似。在 573.15～673.15K 下苯并噻吩在 CR-1 中的比例最高，约为 74.00%。CR-3 和 VR-3 在 673.15～773.15K 时也产生更多的苯并噻吩和乙酰基苯并噻吩，这表明较高的温度促进热解油的芳构化。另外检测到的 673.15～773.15K 下的亚硫酸、羧酸和氟代羧酸仅在 CR 样品中观察到，并未出现在 VR 样品中。可以推测硫化抑制了硫酸根和羧基的形成。VR-2 在 673.15～773.15K 下的油中产生更复杂的成分，包括硫醇和短链羧酸。这可能是由于热解过程促进了不规则的断链，抑制了 ZDMC 的解聚，从而产生具有更复杂成分的热解油。

7.5.6 热解炭中硫的转化

为了研究热解过程中热解炭的硫赋存状态变化，对 VR 样品和热解炭进行了 XPS 分析。图 7-27 显示了 S 2p 光谱，每个种类的计算比例（面积，%）列于表 7-15。显然在所有 VR 样品中仅检测到脂肪族硫化物（有机硫化物）。热解终温为 673.15K 的条件下，ZnS 和大部分脂肪族硫在热解炭中转化为其他无机硫化物的比例增加。随着热解终温从 673.15K 升高到 773.15 K，ZnS 和其他无机硫的比例升高，有机硫化物的比例进一步下降。部分有机硫化物裂解并转化为热解气和热解油，另一些则作为无机硫化物固定在热解炭中。废轮胎中硫的分解促进了硫转化的关键中间体·SH 的形成。硫化橡胶裂解产生的·SH 与无机化合物的反应促进了硫向热解炭的迁移[64]。CR 和 VR 样品在 773.15 K 的热解炭中出现了一定量的砜类有机化合物，这应该归因于热解炭和挥发物之间的反应。更高的温度进一步促进了它们的相互作用，从而在炭表面产生更多的砜。在煤热解过程中也发现了类似的现象，即焦炭

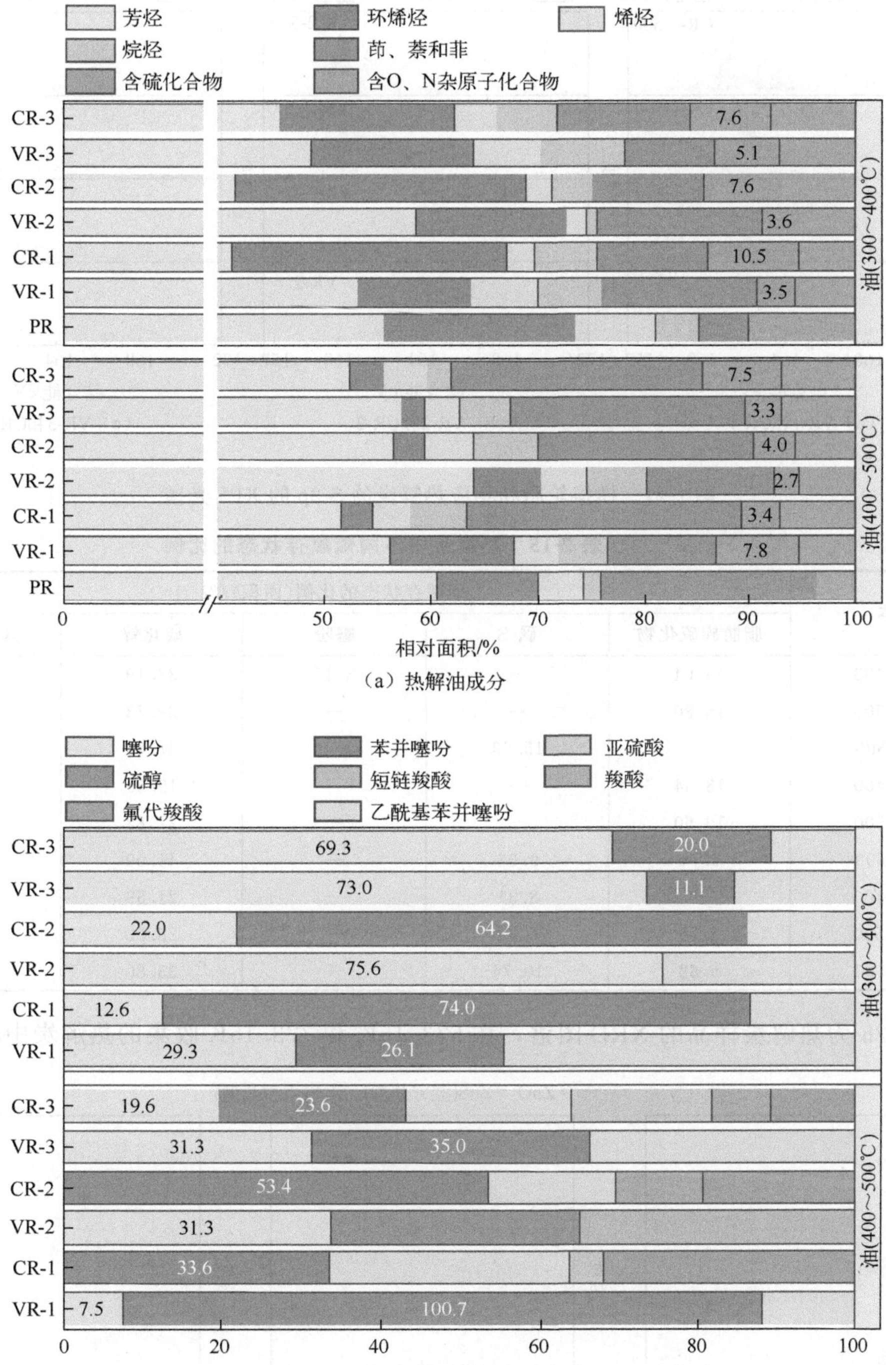

（a）热解油成分

（b）含硫化合物类型

图 7-26 冷凝回收热解油的成分和热解油中含硫化合物的类型

彩图 7-26

和挥发物之间的二次反应强烈影响硫的转化[65]。CR-1-500 产生的热解炭中的砜比 VR-1-500 多，同样的现象也发生在 CR-2、CR-3 和 VR-2、VR-3 上。硫化可能会抑制有机硫转化为砜，尤其是在高温下。同时，硫化促进剂 TBBS 和 ZDMC 的加入加剧了这种抑制作用。

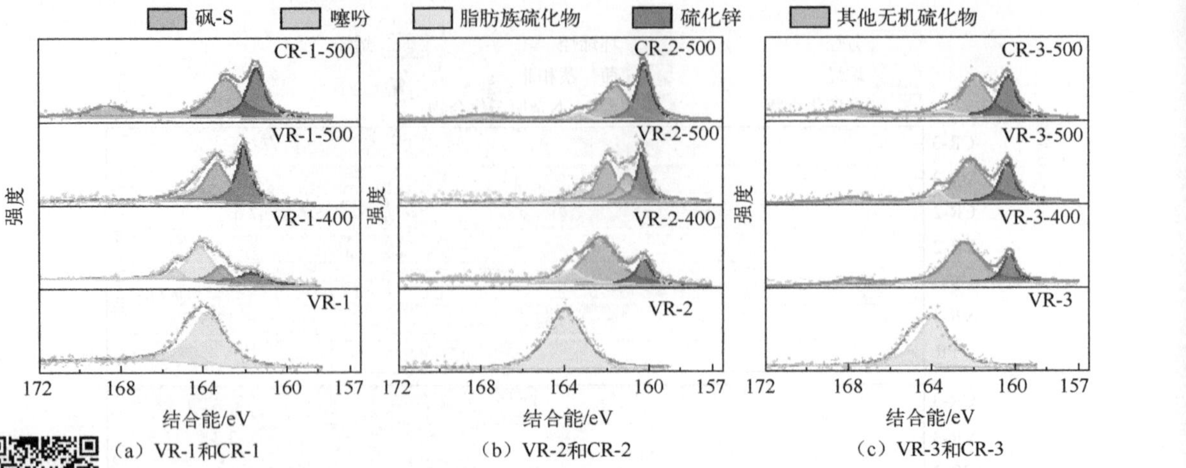

彩图 7-27

图 7-27 模拟轮胎和相应热解炭的 S 2p 的 XPS 光谱

表 7-15 热解炭中不同硫赋存状态的比例

样本	硫赋存状态的比例(面积)/%				
	脂肪族硫化物	砜-S	噻吩	硫化锌	其他无机硫
VR-1-400	49.64	—	8.15	22.19	20.02
VR-1-500	16.80	—	—	39.73	43.47
CR-1-500	—	15.53	—	37.65	46.82
VR-2-400	13.64	—	—	19.69	66.67
VR-2-500	10.60	—	—	27.82	61.58
CR-2-500	6.74	9.03	—	41.00	43.23
VR-3-400	—	8.31	—	21.59	70.10
VR-3-500	6.75	6.78	—	28.30	58.17
CR-3-500	5.62	10.74	—	35.80	47.85

图 7-28 为热解炭样品的 XRD 图谱，在 673.15K 和 773.15K 收集的热解炭中均检测到

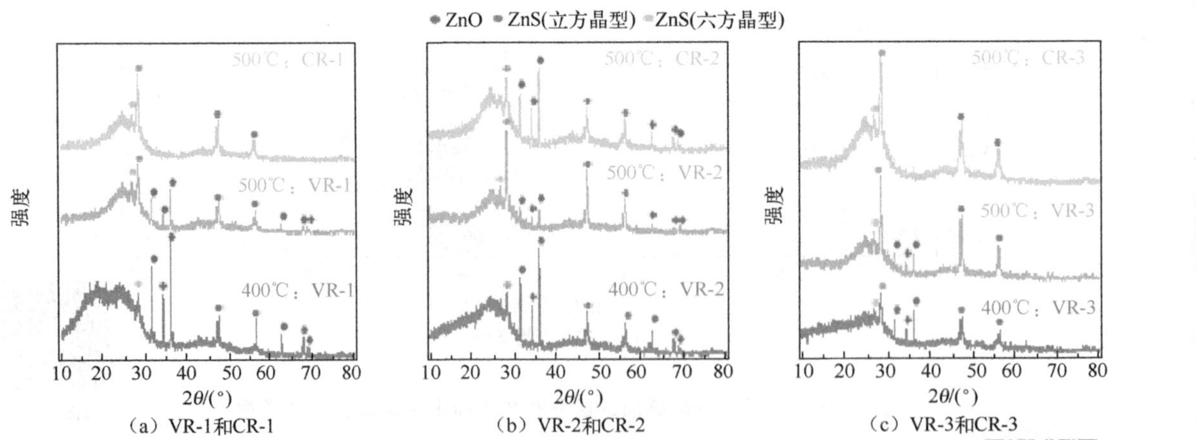

图 7-28 热解炭的 XRD 图谱

彩图 7-28

ZnS 和 ZnO。ZnO 是唯一的含金属元素的添加剂，因此在热解过程中会捕获无机硫化物。如图 7-28（a）～(c）所示，随着热解温度 673.15K 升至 773.15K，更多的 ZnO 转化为 ZnS。在 773.15K 时 CR-1 和 CR-3 形成的热解炭中 ZnO 几乎消失了。结合 XPS 数据，硫化可能会抑制一些硫酸盐的形成。

7.5.7 热解过程硫迁移转化规律

含硫化合物从硫化剂到热解产物的详细转化途径如图 7-29 所示。主要的含硫气体是 H_2S、SO_2、COS、CH_3SH。H_2S 和 CH_3SH 的释放是由于交联结构有机硫 C—S_x 与 · H 的结合［式（7-2）～式（7-3)］。随着温度升高，硫化橡胶分解形成更多的 · SH［式(7-4)］、· H 和 · CH_3。这些自由基在 673.15K 时进一步反应促进 H_2S 和 CH_3SH 的剧烈释放［式（7-5)～式(7-6)］。

$$\text{C—S}_x + \cdot\text{H} \longrightarrow \text{H}_2\text{S} + \text{S—R} \tag{7-2}$$

$$\text{CH}_3\text{—S}_x\text{—R} + \cdot\text{H} \longrightarrow \text{CH}_3\text{SH} + \text{S—R} \tag{7-3}$$

$$\text{S—R} \longrightarrow \cdot\text{SH} + \text{R}\cdot \tag{7-4}$$

$$\cdot\text{SH} + \cdot\text{H} \longrightarrow \text{H}_2\text{S} \tag{7-5}$$

$$\cdot\text{SH} + \cdot\text{CH}_3 \longrightarrow \text{CH}_3\text{SH} \tag{7-6}$$

COS 的形成与 C—S_x 和 ZnO 的二次反应有关［式（7-7)］。该反应还促进了热解炭中 ZnS 的形成。SO_2 的形成机理与 COS 类似，但在 673.15～773.15K 时仍有少量 SO_2 释放，可能是由热解油中的一些含氧化学物质（醇、醚）产生的 · SH 和 · OH 的二次反应产生的［式（7-8)］。含硫污染物主要是热解油（573.15～673.15K）中的噻吩、苯并噻吩和乙酰基苯并噻吩。这主要是由于硫化橡胶在热解过程中发生芳环开环和 C—S 键断裂，伴随脱氢与环化反应。芳香族硫化物通常非常稳定，在热解过程中很难分离出硫[66]。因此在 673.15～773.15K 发现的硫代酮（R—C ═ S）和多硫化物（R′—S_n—R）可能是 H_2S 和 SO_2 与不饱和烃的二次反应的产物。在模拟轮胎橡胶中，硫仅

彩图 7-29

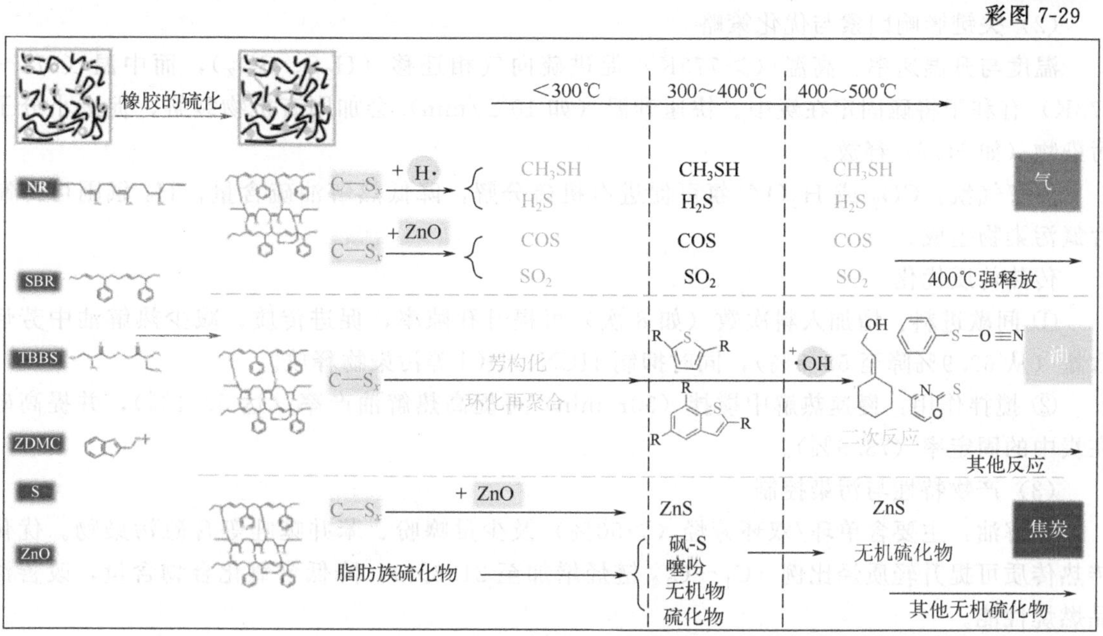

图 7-29 废轮胎热解过程中的硫转化途径：从硫化剂到热解产物

以有机硫化物的形式存在。ZnO 与有机硫的反应［式（7-7）］产生了热解炭中 ZnS 的主要形式。随着最终温度从 673.15K 升高到 773.15K，更多的有机硫转化为无机硫。实验还证实了硫在油中转化为 H_2S、SO_2、COS、CH_3SH 和其他含硫污染物是由于这些有机硫化物的裂解。

$$C—S_x + ZnO \longrightarrow COS + ZnS \tag{7-7}$$

$$2\cdot SH + 4\cdot OH \longrightarrow 2SO_2 + 3H_2 \tag{7-8}$$

7.6 本章小结

废轮胎热解作为一种资源化处理技术，虽能有效回收油、气和炭等高附加值产物，但过程中硫、氮、氯等有害元素及重金属、二噁英的释放可能引发严重的二次污染问题。本章通过实验研究与理论分析，系统探讨了废轮胎热解过程中污染物的迁移转化规律及关键影响因素，并提出了优化控制策略。

（1）污染物来源与释放特性

轮胎制造过程中添加的硫黄、硫化促进剂（如 TBBS、ZDMC）及含氯、重金属的添加剂是污染物的主要来源。热解过程中，硫、氮、氯等元素通过不同路径迁移至三相产物中。

硫：以有机硫（脂肪族硫化物）为主，热解时分解生成 H_2S、SO_2、COS 等小分子污染物，或转化为热解炭中的无机硫（如 ZnS）。

氮：主要存在于热解油中（50%以上），以胺氮、吡咯氮形式存在，释放的 NH_3、HCN 等气体污染物浓度较低。

氯：热解后有机氯部分转化为 HCl，残留于炭中的氯以无机形态为主。

重金属（Zn、Cu、Pb 等）和二噁英（PCDD/Fs）的释放则与热解温度及后续燃烧条件密切相关。低温热解可抑制重金属挥发，而热解油燃烧会显著增加二噁英生成风险。

（2）关键影响因素与优化策略

温度与升温速率：高温（>773K）促进硫向气相迁移（H_2S、SO_2），而中温（673～773K）有利于将硫固定在炭中。快速升温（如 10℃/min）会加剧有机物裂解，促进小分子污染物（如 H_2S）释放。

热解气氛：CO_2 或 H_2O 气氛可促进有机硫分解，降低热解油硫含量；H_2 氛围可抑制含氮污染物生成。

传热传质优化：

① 间歇进料：增加入料次数（如 8 次）可提升孔隙率，促进传质，减少热解油中芳烃含量（从 63.9%降至 58.8%），同时抑制 HCN、HCl 等污染物释放。

② 搅拌作用：慢速热解中搅拌（50r/min）可提高热解油产率（达 50.1%），并提高硫在炭中的固定率（73.9%）。

（3）产物特性与污染控制

热解油：主要含单环/双环芳烃（>50%）及少量噻吩、苯并噻唑等含硫污染物。优化传热传质可提升轻质烃比例（C_1～C_{12} 链烃增加至 21.6%），降低含氧化合物含量，改善油品燃烧性能。

热解炭：硫、氮的固定率分别为 58%～64%和 38%～43%，锌（ZnO/ZnS）等重金属残留率可达55%～80%。XPS分析表明，传质优化促进硫从有机态（C—S_x）向无机态（ZnS）转化。

热解气：含H_2、CH_4等可燃组分（热值17～23MJ/m^3），但H_2S、SO_2等污染物需通过吸收或催化脱除。

（4）硫化过程的硫迁移机理

通过模拟硫化橡胶（VR）与未硫化橡胶（CR）对比实验，揭示了硫化对硫转化的影响：

硫化促进剂（如TBBS）通过交联反应增强橡胶热稳定性，抑制低温阶段硫释放，但高温（773K）下硫更易转化为噻吩类化合物进入热解油。

ZnO与硫反应生成ZnS是炭中硫固定的主要途径，硫化过程可减少砜类有机硫的生成，提升无机硫比例。

（5）环境风险与建议

重金属控制：添加白云石等吸附剂可有效固定重金属（如Zn残留率提升至58%），但需进一步优化反应器设计以提高固定效率。

二噁英防控：热解阶段PCDD/Fs生成量较低（<0.03ng/g），但热解油燃烧时需严格控制氯含量及燃烧温度（>1123K），避免均相反应生成二噁英。

废轮胎热解的污染物释放规律受热解条件、物料特性及反应器设计的综合影响。通过优化温度、气氛、传热传质及硫化工艺，可显著降低污染物排放，提升产物品质。未来研究需进一步探索多污染物协同控制技术，并结合工业化应用验证其经济性与环境效益。

参考文献

[1] 邓桂芳．橡胶塑炼行业发展趋势［J］．化学工业，2015，33（12）：28-31.

[2] Chen J，Ma X，Yu Z，et al．A study on catalytic co-pyrolysis of kitchen waste with tire waste over ZSM-5 using TG-FTIR and Py-GC/MS［J］．Bioresource Technology，2019，289：121585.

[3] Zhang X，Wang T，Ma L，et al．Vacuum pyrolysis of waste tires with basic additives［J］．Waste Management，2008，28（11）：2301-2310.

[4] Bhuvanendran N，Ravichandran S，Kandasamy S，et al．Spindle-shaped CeO_2/biochar carbon with oxygen-vacancy as an effective and highly durable electrocatalyst for oxygen reduction reaction［J］．International Journal of Hydrogen Energy，2021，46（2）：2128-2142.

[5] Li Y，Wang H，Jiang L，et al．HCl and PCDD/Fs emission characteristics from incineration of source-classified combustible solid waste in fluidized bed［J］．RSC Advances，2015，5（83）：67866-67873.

[6] 李淼．废轮胎热解过程中氮、硫、氯的迁移特性实验研究［D］．天津：天津大学，2020.

[7] Nikku M，Deb A，Sermyagina E，et al．Reactivity characterization of municipal solid waste and biomass［J］．Fuel，2019，254：115690.

[8] Aydin H，Ilkihc C．Optimization of fuel production from waste vehicle tires by pyrolysis and resembling to diesel fuel by various desulfurization methods［J］．Fuel，2012，102：605-612.

[9] Hu H，Fang Y，Liu H，et al．The fate of sulfur during rapid pyrolysis of scrap tires［J］．Chemosphere，2014，97：107.

[10] Mkhize N M，van der Gryp P，Danon B，et al．Effect of temperature and heating rate on limonene production from waste tyre pyrolysis［J］．Journal of Analytical and Applied Pyrolysis，2016，120：317-320.

[11] Akkouche N，Balistrou M，Loubar K，et al．Heating rate effects on pyrolytic vapors from scrap truck tires［J］．Journal of Analytical and Applied Pyrolysis，2017，123：419-429.

[12] 董根全，杨建丽，刘振宇．废轮胎热解油品的组成与硫含量研究［J］．燃料化学学报，2000（6）：537-541.

[13] 李鑫，严建华，曹玉春，等. 废轮胎流化床热解过程典型污染气体的排放特性 [J]. 浙江大学学报（工学版），2004，38 (7)：888-892.

[14] Rofiqul I M, Haniu H, Rafiqulalambeg M. Liquid fuels and chemicals from pyrolysis of motorcycle tire waste: Product yields, compositions and related properties [J]. Fuel, 2008, 87 (13/14): 3112-3122.

[15] Kaminsky W, Sinn H. Pyrolysis of plastic waste and scrap tires using a fluidized-bed process [C] //ACS Symposium Series, 1980: 423-439.

[16] Raveendran K, Ganesh A. Heating value of biomass and biomass pyrolysis products [J]. Fuel, 1996, 75 (15): 1717-1720.

[17] Li R, Deng X S, Gou J S, et al. Vacuum paddle fast pyrolysis reactor design and internal heat transfer investigation [J]. Materials Science Forum, 2012: 468-474.

[18] 唐兰，黄海涛，王欢. 废轮胎等离子热解过程中微量金属元素在固体产物中的分布与控制 [J]. 三峡环境与生态，2009，2 (1)：32-35.

[19] 马家瑜. 村镇垃圾热解气化过程中二噁英生成特性的研究 [D]. 杭州：浙江大学，2022.

[20] Ma H T, Du N, Lin X Y, et al. Inhibition of element sulfur and calcium oxide on the formation of PCDD/Fs during co-combustion experiment of municipal solid waste [J]. Science of the Total Environment, 2018, 633: 1263-1271.

[21] Chen F, Qian J. Studies of the thermal degradation of waste rubber [J]. Waste Management, 2003, 23 (6): 467.

[22] Machin E B, Pedroso D T, de Carvalho J A. Energetic valorization of waste tires [J]. Renewable and Sustainable Energy Reviews, 2017, 68: 306-315.

[23] Singh S, Wu C, Williams P T. Pyrolysis of waste materials using TGA-MS and TGA-FTIR as complementary characterisation techniques [J]. Journal of Analytical and Applied Pyrolysis, 2012, 94: 99-107.

[24] Shah J, Jan M R, Mabood F. Recovery of value-added products from the catalytic pyrolysis of waste tyre [J]. Energy Conversion and Management, 2009, 50 (4): 991-994.

[25] Fernández-Berridi M J, González N, Mugica A, et al. Pyrolysis-FTIR and TGA techniques as tools in the characterization of blends of natural rubber and SBR [J]. Thermochimica Acta, 2006, 444 (1): 67-70.

[26] Quek A, Balasubramanian R. Liquefaction of waste tires by pyrolysis for oil and chemicals—A review [J]. Journal of Analytical and Applied Pyrolysis, 2013, 101: 1-16.

[27] Gueissaz L, Massonnet G. Tire traces-discrimination and classification of pyrolysis-GC/MS profiles [J]. Forensic Sci Int, 2013, 230 (1-3): 46-57.

[28] Zhao H, Xing T, Li L, et al. Synthesis of cobalt and nitrogen co-doped carbon nanotubes and its ORR activity as the catalyst used in hydrogen fuel cells [J]. International Journal of Hydrogen Energy, 2019, 44 (46): 25180-25187.

[29] Danon B, van der Gryp P, Schwarz C E, et al. A review of dipentene (dl-limonene) production from waste tire pyrolysis [J]. Journal of Analytical and Applied Pyrolysis, 2015, 112: 1-13.

[30] Menares T, Herrera J, Romero R, et al. Waste tires pyrolysis kinetics and reaction mechanisms explained by TGA and Py-GC/MS under kinetically-controlled regime [J]. Waste Management, 2020, 102: 21-29.

[31] Xu F, Wang B, Yang D, et al. TG-FTIR and Py-GC/MS study on pyrolysis mechanism and products distribution of waste bicycle tire [J]. Energy Conversion and Management, 2018, 175: 288-297.

[32] Sienkiewicz M, Kucinska-Lipka J, Janik H, et al. Progress in used tyres management in the European Union: A review [J]. 2012, 32 (10): 1747-1751.

[33] 周园芳，欧阳少波，熊道陵，等. 废轮胎热解炭黑灰渣中锌提取工艺 [J]. 有色金属科学与工程，2020，11 (6)：10-77.

[34] 唐晓浩. 共享自行车两类废轮胎与印染污泥共热解/焚烧热处置特性研究 [D]. 广州：广东工业大学，2022.

[35] Chen D, Hu H, Xu Z, et al. Findings of proper temperatures for arsenic capture by CaO in the simulated flue gas with and without SO_2 [J]. Chemical Engineering Journal, 2015, 267: 201-206.

[36] Cai H, Liu J, Kuo J, et al. Ash-to-emission pollution controls on co-combustion of textile dyeing sludge and waste tea [J]. Science of the Total Environment, 2021, 794: 148667.

[37] Zhang Z, Huang Y, Wang R, et al. Analysis on Zn-rich waste tire treatment via co-combustion with coal: Thermal property and migration/leaching of heavy metals [J]. Journal of Environmental Chemical Engineering, 2021, 9 (6): 106365.

[38] Conesa J A, Martín-Gullón I, Font R, et al. Complete study of the pyrolysis and gasification of scrap tires in a pilot plant reactor [J]. Environmental Science & Technology, 2004, 38 (11): 3189-3194.

[39] Chen J, Ma X, Yu Z, et al. A study on catalytic co-pyrolysis of kitchen waste with tire waste over ZSM-5 using TG-FTIR and Py-GC/MS [J]. Bioresource Technology, 2019: 289.

[40] Kandasamy J, Gökalp I. Pyrolysis, combustion, and steam gasification of various types of scrap tires for energy recovery [J]. Energy & Fuels, 2014, 29 (1): 346-354.

[41] Li J, Lin F, Li K, et al. A critical review on energy recovery and non-hazardous disposal of oily sludge from petroleum industry by pyrolysis [J]. Journal of Hazardous Materials, 2021, 406: 124706.

[42] Choi G G, Oh S J, Kim J S. Scrap tire pyrolysis using a new type two-stage pyrolyzer: Effects of dolomite and olivine on producing a low-sulfur pyrolysis oil [J]. Energy, 2016, 114: 457-464.

[43] Passaponti M, Rosi L, Savastano M, et al. Recycling of waste automobile tires: Transforming char in oxygen reduction reaction catalysts for alkaline fuel cells [J]. Journal of Power Sources, 2019, 427: 87-90.

[44] Seidelt S, Müller-Hagedorn M, Bockhorn H. Description of tire pyrolysis by thermal degradation behaviour of main components [J]. Journal of Analytical Applied Pyrolysis, 2006, 75 (1): 11-18.

[45] Lam K L, Lee C W, Hui C W. Multi-stage waste tyre pyrolysis: An optimization approach [J]. Chemical Engineering Transactions, 2010, 21: 857-858.

[46] Arcibar-Orozco J A, Acosta-Herrera A A, Rangel-Mendez J R. Simultaneous desulfuration and denitrogenation of model diesel fuel by Fe-Mn microwave modified activated carbon: Iron crystalline habit influence on adsorption capacity [J]. Journal of Cleaner Production, 2019, 218: 69-82.

[47] Cheung K Y, Lee K L, Lam K L, et al. Integrated kinetics and heat flow modelling to optimise waste tyre pyrolysis at different heating rates [J]. Fuel Processing Technology, 2011, 92 (5): 856-863.

[48] Moreno A I, Font R, Gomez-Rico M F. Inhibition effect of polyurethane foam waste in dioxin formation [J]. Waste Management, 2019, 97: 19-26.

[49] Aracil I, Font R, Conesa J A. Semivolatile and volatile compounds from the pyrolysis and combustion of polyvinyl chloride [J]. Journal of Analytical Applied Pyrolysis, 2005, 74 (1/2): 467-478.

[50] Kaune A, Lenoir D, Nikolai U, et al. Estimating concentrations of polychlorinated dibenzo-p-dioxins and dibenzofurans in the stack gas of a hazardous waste incinerator from concentrations of chlorinated benzenes and biphenyls [J]. Chemosphere, 1994, 29 (9-11): 2087-2096.

[51] Weber R, Hagenmaier H. Mechanism of the formation of polychlorinated dibenzo-p-dioxins and dibenzofurans from chlorophenols in gas phase reactions. [J]. Chemosphere, 1999, 38 (3): 529-549.

[52] Ryu J Y. Formation of chlorinated phenols, dibenzo-p-dioxins, dibenzofurans, benzenes, benzoquinnones and perchloroethylenes from phenols in oxidative and copper (Ⅱ) chloride-catalyzed thermal process [J]. Chemosphere, 2008, 71 (6): 1100-1109.

[53] Unapumnuk K, Keener T C, Lu M, et al. Investigation into the removal of sulfur from tire derived fuel by pyrolysis [J]. Fuel, 2008, 87 (6): 951-956.

[54] Akiba M, Hashim A S. Vulcanization and crosslinking in elastomers [J]. Progress in Polymer Science, 1997, 22 (3): 477-521.

[55] Dong M P, Hong W H, Sang G K, et al. Heat generation of filled rubber vulcanizates and its relationship with vulcanizate network structures [J]. European Polymer Journal, 2000, 36 (11): 2429-2436.

[56] Ru L F, Yong Z, Feng L, et al. Effect of high-temperature curing on the crosslink structures and dynamic mechanical properties of gum and N330-filled natural rubber vulcanizates [J]. Polymer Testing, 2001, 20 (8): 927-936.

[57] Wang H, Hu H, Yang Y, et al. Effect of high heating rates on products distribution and sulfur transformation during the pyrolysis of waste tires [J]. Waste Management, 2020, 118: 9-17.

[58] Tang L, Huang H. An investigation of sulfur distribution during thermal plasma pyrolysis of used tires [J]. Jour-

nal of Analytical and Applied Pyrolysis, 2004, 72 (1): 37-40.

[59] Liu S, Yu J, Bikane K, et al. Rubber pyrolysis: Kinetic modeling and vulcanization effects [J]. Energy, 2018, 155: 217-225.

[60] Arabiourrutia M, Lopez G, Artetxe M, et al. Waste tyre valorization by catalytic pyrolysis: A review [J]. Renewable and Sustainable Energy Reviews, 2020, 129: 109932.

[61] Sienkiewicz M, Kucinska-Lipka J, Janik H, et al. Progress in used tyres management in the European Union: A review [J]. Waste Management, 2012, 32 (10): 1747-1751.

[62] Brazier D W, Schwartz N V. The effect of heating rate on the thermal degradation of polybutadiene [J]. Journal of Applied Polymer Science, 1978, 22 (1): 117-124.

[63] Yan J D, Yang J L, Liu Z Y. SH radical: The key intermediate in sulfur transformation during thermal processing of coal [J]. Environmental Science & Technology, 2005, 39 (13): 5047-5051.

[64] Fernandez A M, Barriocanal C, Alvarez R. Pyrolysis of a waste from the grinding of scrap tyres [J]. Journal of Hazardous Materials, 2012, 203/204: 236-243.

[65] Zhang Y, Wang M, Qin Z, et al. Effect of the interactions between volatiles and char on sulfur transformation during brown coal upgrade by pyrolysis [J]. Fuel, 2013, 103: 917-922.

[66] Calkins, William H. Investigation of organic sulfur-containing structures in coal by flash pyrolysis experiments [J]. Energy & Fuels, 1987, 1 (1): 59-64.